Monitoring on

陆生野生动物疫源疫病监测

（第二版）

Terrestrial Wildlife-borne Infectious Diseases

国家林业和草原局野生动植物保护司
国家林业和草原局生物灾害防控中心　主编

辽宁科学技术出版社
·沈阳·

图书在版编目（CIP）数据

陆生野生动物疫源疫病监测/国家林业和草原局野
生动植物保护司，国家林业和草原局生物灾害防控中心
主编．—2版．—沈阳：辽宁科学技术出版社，2023.9
ISBN 978-7-5591-3194-2

Ⅰ.①陆…　Ⅱ.①国…　②国…　Ⅲ.①野生动物
病—疫情管理　Ⅳ.① S858.9

中国国家版本馆 CIP 数据核字（2023）第 155706 号

出版发行：辽宁科学技术出版社
　　　　　（地址：沈阳市和平区十一纬路 25 号　邮编：110003）
印　刷　者：辽宁鼎籍数码科技有限公司
经　销　者：各地新华书店
幅面尺寸：185mm×260mm
印　　张：43.5
字　　数：980 千字
出版时间：2023 年 9 月第 1 版
印刷时间：2023 年 9 月第 1 次印刷
责任编辑：陈广鹏　乔志雄　孙　东
封面设计：周　洁
责任校对：栗　勇
封面图片：张洪峰

书　　号：ISBN 978-7-5591-3194-2
定　　价：280.00 元

联系电话：024-23280036
邮购热线：024-23284502
http://www.lnkj.com.cn

《陆生野生动物疫源疫病监测》（第二版）编委会

主任委员： 吴长江　董振辉

委　　员：（按姓氏笔画为序）

李　明　初　冬　张国钢　周继勇　钟　海

柴洪亮　徐　钰　彭　鹏

主　　编： 初　冬　张国钢　李　明　柴洪亮　周继勇

徐　钰

编　　委：（按姓氏笔画为序）

于明远　王亚君　卢琳琳　田丽红　刘　衍

齐墩武　孙贺廷　李　祥　李文博　李景浩

吴　华　沈　颖　张泽均　张晓田　张浩园

钟　海　侯志军　姜　璠　秦思源　钱法文

栾福林　梦　梦　崔东阳　梁宏蕊　彭　鹏

韩　阳　曾祥伟　楚国忠　雷从从　解林红

第二版前言

《陆生野生动物疫源疫病监测》自 2007 年首次出版以来，已经成为全国陆生野生动物疫源疫病监测防控工作从业者的主要参考书和各级林草主管部门、监测站的必备工具书。近年来，监测工作发生了巨大的变化，特别是新冠肺炎疫情发生后，党中央、国务院从保障广大人民群众生命健康和切身利益出发，强化了国家公共卫生、生物安全法治保障立法修法工作，已经颁布实施的《中华人民共和国生物安全法》《中华人民共和国野生动物保护法》等多部法律，都对林草部门科学、规范开展陆生野生动物疫源疫病监测防控工作做出了详细规定，涉及体系建设、监测预警、信息报送、无害化处理等多个方面，为适应这些新变化，我们组织对本书进行了修订。

第二版在保留原书框架的基础上，主要进行了以下几方面的修改和调整：一是根据目前所面临的新形势、新要求，对组织管理篇部分内容进行了调整，将日常监测作为单独篇章内容进行了细化，完善了应急管理等章节的内容；二是根据最新的研究成果，对疫源篇、疫病篇的部分内容进行了修改，并新增了近年来多发的非洲猪瘟等重大动物疫病和部分人畜共患病的相关内容；三是新增了陆生野生动物疫源疫病监测防控信息管理系统的操作指南。

修订后的第二版继续保持第一版的特色：一是实用性。突出陆生野生动物疫源疫病监测防控基本内容，使其更加适合基层一线工作者的需求。二是创新性。在一些章节加入了本书编者的科研成果，增加了原创的内容。三是易读性。在本书版式设计上，力求编排新颖，版式紧凑，形式多样，主体层次清晰，类目与章节安排合理。

本书是一个阶段性的总结文献，具有时限性，加之编委会成员来自不同单位，受到不同教育背景和学术流派的影响，以及自本书第一版出版后，由于各种原因部分编写成员出现变动等，使得第二版部分内容与第一版有所差异，不足之处在所难免，希望各位读者在使用过程中给予指正，以便进一步修订提高。

编 者

2023 年 5 月

郑 序

在本书即将出版之际，我们迎来了第 36 个世界环境日。野生动物、生态环境等正成为最受人们关注和讨论的热点话题，而且，越来越多的人开始认识到野生动物是构成生物多样性的基本单元之一，是维系自然生态系统能量流动和物质循环的重要环节。保护野生动物资源，更好地发挥其生态价值，对促进社会可持续发展具有十分重要的意义，是一件利在千秋的大事。

我国野生动物资源十分丰富，仅脊椎动物就有 6400 多种，其中鸟类 1332 种、兽类 581 种、爬行类 412 种，它们分布在森林、草原、荒漠、湿地等不同类型的生态系统中。由于各种野生动物的生活习性不同，生存环境多样，感染的疾病和携带的病原体也极其复杂，从而导致野生动物疫病复杂化、多样化，甚至成为许多人畜共患病的病源，也给野生动物资源和公共卫生安全带来严重威胁。随着人类活动范围不断扩大，局部地区生态失衡、环境污染加剧，病毒变异加速，人类与野生动物接触也更加频繁，野生动物疫病向人类、家禽家畜传播的潜在威胁和风险不断加大。近年来，多次从野生鸟类体内检出 H5N1 禽流感病毒，尤其是 2005 年暴发的候鸟高致病性禽流感疫情，不仅对公共卫生安全造成极大的威胁，还在一定程度上引起了社会恐慌，影响了经济的发展。同时，也让人们更为清楚地认识到防范野生动物疫病，保护野生动物资源，维护生态平衡的重要性和紧迫性。

国家林业局从加强动物疫病防疫的大局出发，根据候鸟等野生动物分布、活动规律，科学规划，因地制宜，充分整合现有资源，启动建设了全国野生动物疫源疫病监测体系，全面开展野生动物疫源疫病监测防控工作。两年多的实践证明，这一重大举措对保障畜禽养殖业健康发展、维护公共卫生安全和生态安全具有十分重要的意义。

本书全面概括了近几年我国野生动物疫源疫病监测工作开展情况，总结了许多科学的工作方法和先进的工作理念，同时系统地介绍了鸟类、兽类及疫病方面的基础知识，涉猎范围广泛，条理清晰，语言简洁流畅，是一本集培训、科普于一体的专业化图书，对提高监测工作者、野生动物爱好者的业务能力和认知水平，增强疫病防范意识具有较强的作用，对从业人员的实际监测工作也有较高的指导意义。

中国科学院院士
北京师范大学教授 郑光美

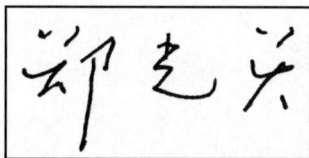

2007 年 6 月于北京

夏　序

  野生动物疫病具有持续时间长、变异速度快、危害范围广、死亡率高、预见准确性差、防治难度大等特点。目前，世界上已证实的人畜共患病至少有250种，包括病毒病、细菌病、衣原体病、立克次体病、真菌病、寄生虫和其他种类的疾病，其中对人类有严重危害的约有90种，其直接和间接经济损失巨大。野生动物疫病成为影响生态平衡和人类经济发展、生命安全的巨大隐患。2005年全球暴发的禽流感，正是由于鸟类等野生动物疫病与人类交叉感染而形成的，造成大量的家禽类死亡，也波及了人类。这些野生动物疫病对整个生物界造成了巨大影响，并直接威胁着人类社会，使得整个社会对野生动物疫源疫病重新有了更为清醒和正确的认识，对野生动物疫源疫病的防控也更为谨慎、合理、科学。

  国家林业局本着"以生态建设为主"的发展战略，切实从保护野生动物安全、社会经济发展和公众安全高度出发，优化配置，整合资源，全面启动了全国野生动物疫源疫病监测体系，并不断增加投入，加强基础设施建设和能力建设，使我国野生动物疫源疫病的监测预警、防控和科研工作进入了跨越式发展阶段。

  野生动物疫源疫病监测、预警是贯彻《中华人民共和国野生动物保护法》和《重大动物疫情应急条例》的主要内容之一，也是保护野生动物安全的前提和基础。根据全国监测预警工作的需要和监测体系建设的要求，国家林业局野生动物疫源疫病监测总站组织有关单位共同编写了《陆生野生动物疫源疫病监测》一书，这是我国野生动物疫源疫病监测工作中的第一本指导用书，也是第一本系统分析、讲述野生动物疫源疫病的专业图书，是我国野生动物监测工作科学化的最新成果。此书不仅有很高的学术价值，更重要的是为基层监测工作者提供了简便实用的工具，直接指导其工作的各个环节，同时，对监测人员自身业务能力的提升有着极大的辅助作用。随着此书的出版发行，必将加速我国野生动物疫源疫病监测工作的规范化、科学化和标准化进程，同时也将对我国野生动物生态保护工作发展起到积极作用。

  我有幸先睹此书，在此书正式推出和出版之际，我由衷表示祝贺，并为之作序。

中国工程院院士
军事医学科学院研究员　夏咸柱

2007 年 5 月于长春

第一版前言

人畜共患病一直是备受人类关注的热点问题。从 6 世纪大流行的鼠疫到近几年暴发的 SARS、禽流感，野生动物疫病发生的范围不断扩大，种类不断更新，破坏性也有愈演愈烈的趋势，严重威胁了野生动物安全和生态安全，也给经济发展和公共卫生安全带来了巨大的影响，已经成为制约全球经济发展、公共卫生安全和野生动物保护工作发展的重要因素。党中央、国务院十分关注我国野生动物资源的保护和管理工作，特别是对于重大的野生动物疫情给予高度重视，并多次做出专题部署和重要批示。国家林业局从保护野生动物资源、维护公共卫生安全和生态安全的大局出发，于 2005 年 4 月率先建立了全国野生动物疫源疫病监测体系，全面开展野生动物疫源疫病的监测工作，并取得了显著的效果。根据当前野生动物疫情频发的严峻形势，为了进一步贯彻落实《中华人民共和国野生动物保护法》、《重大动物疫情应急条例》和《陆生野生动物疫源疫病监测规范（试行）》，推广普及野生动物疫源疫病监测知识，系统强化监测技术人员的专业知识和业务技能，国家林业局野生动植物保护司和国家林业局野生动物疫源疫病监测总站协同中国科学院动物研究所、全国鸟类环志中心、浙江大学和东北林业大学的专家共同编写了《陆生野生动物疫源疫病监测》一书。

全书共分为五部分。（1）组织管理篇主要讲述了野生动物疫源疫病监测工作的任务、职责、管理流程、应急处置、监测预警和相关法规的释义等。（2）疫源篇由鸟类和兽类两部分组成，涵盖了鸟类结构与功能、鸟类识别、我国候鸟迁徙与研究和我国大陆野鸟的迁徙动态，系统地阐述了食虫目等 10 个目野生动物的鉴别特征、地理分布、生活习性。（3）疫病篇主要包括野生动物疫病概述和主要疫病各论。（4）技术篇由安全防护、鸟类环志、野生哺乳动物捕捉、样本采集及处理等技术组成。（5）附录收集了《中华人民共和国野生动物保护法》等 9 个法律法规及规章。全书配有 400 余幅图片。

本书是我国野生动物疫源疫病监测行业正式出版的第一本专业图书，以满足当前野生动物疫源疫病监测工作的需要为目的，体现了科学性、知识性、适用性、可操作性、普及性的原则，可作为野生动物疫源疫病监测行业的培训教材和社会科普性读物。

由于作者水平有限，编写时间紧迫，难以概括野生动物疫源疫病监测工作全貌，尤其是监测组织与管理篇，由于监测工作尚处于起步阶段，可借鉴经验较少，其涉及的内容仅供参考。书中如有不当之处，敬请读者批评指正。

编　者

2007 年 5 月 8 日

目 录

ZUZHIGUANLIPIAN

第一篇

组织管理篇

第一章

陆生野生动物疫源疫病监测概述

自SARS、高致病性禽流感连续暴发以来，野生动物源传染病越来越受到国际和国内社会各界的广泛关注。在自然界，野生动物源传染病随着野生动物的迁徙（迁移）而具有大范围传播的潜在危险，不仅直接威胁人类生命健康和经济社会发展，还严重威胁珍稀濒危野生动物的生存和生物多样性。陆生野生动物疫源疫病监测是指调查疫源陆生野生动物活动规律，掌握陆生野生动物携带病原体本底，发现、报告陆生野生动物感染疫病情况，研究和评估疫病发生、传播、扩散风险，分析、预测疫病流行趋势，提出监测防控和应急处理措施建议，预防、控制和扑灭陆生野生动物疫情等系列活动的总称。其中，疫源是指携带危险性病原体，危及野生动物种群安全，或者可能向人类、饲养动物传播的陆生野生动物。疫病是指在陆生野生动物之间传播、流行，对陆生野生动物种群构成威胁或者可能传染给人类和饲养动物的传染性疾病。例如，野犬向人、其他动物传染狂犬病，猪通过蝙蝠而感染尼帕病。这里，野犬和蝙蝠就是疫源，狂犬病和尼帕病就是疫病。

第一节 陆生野生动物疫源疫病监测面临的形势

随着人口增长和经济的发展，野生动物与人、与饲养动物之间的接触日渐频繁。由于野生动物及其携带的疫病具有广布性、多样性、流动性等特性，其监测防控是一个世界性的难题。

一、疫源和疫病种类多

我国是世界上野生动物资源最为丰富的国家之一，约有兽类686种、鸟类1445种、爬行类552种、两栖类548种，这些野生动物由于各自的生活习性不同，生存环境多样，所携带的病原体极其复杂，如病毒、细菌、立克次体、衣原体、寄生虫等，形成一个庞大的天然病原体库。资料表明，许多畜禽和人类的疫病，如艾滋病、禽流感、新城疫、鼠疫、口蹄疫、狂犬病、尼帕病、猴天花病、西尼罗河热、登革热等都来源于野生动物，或者其主要宿主和传播媒介就是野生动物，如翼手目的蝙蝠是尼帕、SARS等病毒的主要携带者，啮齿目的老鼠携带有鼠疫杆菌，雁鸭类的水鸟体内广泛存在着禽流感病毒等。据统计，在已知的1415种人类病原体中，62%是人畜共患的；在畜禽身上发现的病原体中，77%都与其他宿主物种共有，而至今尚未发现的人畜共患病病原体的种类、数量，更是难以估测。这些疫病不仅可以直接或间接传播给人和畜禽，而且可反向传播，实现在野生动物、畜禽、人类间的跨界传播甚至循环传播和扩散蔓延，监测防控十分困难。

二、由野生动物引发的人畜共患病危害大

人畜共患病（Zoonoses）是指脊椎动物和人之间自然传播和相互感染的疾病，即人类

和脊椎动物由共同病原体引起的，在流行病学上又有联系的疾病。

由野生动物引发的人畜共患病的危害主要表现在对公共卫生、饲养动物安全和野生动物3个方面。

（一）对公共卫生的危害

20世纪全球暴发了3次流感，其中50年代末和60年代末暴发的两次流感均源自禽流感，共导致175万人死亡。源自非洲黑猩猩的艾滋病病毒，已经给无数家庭造成深重的灾难，并成为严重的社会问题。狂犬病作为一种古老的人畜共患病，对人类生命健康安全的威胁始终存在，世界上每年因狂犬病死亡的人达35000～50000例。据世界卫生组织（WHO）统计，2002年年底开始的SARS疫情冲击了全球32个国家和地区，发病总数8422例，死亡916人，全球因此损失了590亿美元，其动物传播来源至今尚未完全查清。自2003年年底开始暴发的高致病性禽流感（HPAI）疫情，已肆虐全球130多个国家和地区，连南极洲的企鹅也未能幸免，这不仅给各国的公共卫生安全和经济建设造成了极大的损失，而且严重影响了国际贸易。

世界卫生组织提出，H5N1亚型高致病性禽流感病毒（HPAIV）对人类健康的影响受到了极大的关注基于以下两个原因：一是1997年香港发生的禽流感疫情，已发现禽流感病毒在人群中导致严重疾病，死亡率近60%；二是H5N1亚型病毒有可能发展成引发流感大流行的毒株，对全球的公共卫生安全构成严重的威胁。

（二）对饲养动物安全的危害

根据联合国粮农组织（FAO）统计，自2003年年底至2006年年初，因禽流感暴发，约有2亿只家禽被宰杀或死于禽流感。仅在欧洲，禽流感的蔓延已给当地禽类养殖业造成420亿美元的损失。2005年，我国因高致病性禽流感发病家禽16.31万只，死亡禽类15.46万只，扑杀家禽2257.12万只，国家财政补偿2亿多元。2012年，墨西哥因H7N3亚型高致病性禽流感疫情，宰杀家禽近2000万只，经济损失达46亿比索（约合3.5亿美元）。2022年夏季，欧洲大陆暴发了有史以来最大规模的禽流感疫情，从挪威的斯瓦尔巴群岛到乌克兰，共影响了欧洲37个国家，有近4800万只禽类被扑杀。

源自非洲的非洲猪瘟，发病率和死亡率高达100%，目前尚无有效疫苗。据世界动物卫生组织（WOAH）统计，截至2022年9月，全球五大洲的63个国家和地区报道发生过非洲猪瘟疫情。2011年，俄罗斯因非洲猪瘟疫情造成30万头家猪死亡，带来经济损失约2.4亿美元。2018年8月，非洲猪瘟疫情正式侵入我国，并迅速蔓延，截至目前，全国31个省（自治区、直辖市）均发生过非洲猪瘟疫情。

又如口蹄疫，在一个新的流行地区，牛的发病率可达90%～100%，但病程一般呈良性经过，成年牛致死率为3%～5%，而犊牛致死率可达50%～70%。英国在1922—1924年大规模暴发了口蹄疫，共扑杀了27.3万头家畜，其中，牛13.6万头、羊7.6万头、猪6.1万头。

（三）对野生动物的危害

由于野生动物栖息的生境偏僻，具体死亡数据不易统计，经济损失更不易计算。

2005年5—6月，我国青海省青海湖发生候鸟死亡，经国家禽流感参考实验室确诊为H5N1亚型高致病性禽流感病毒所致，造成斑头雁、棕头鸥、渔鸥等6000多只候鸟死亡。这起疫情是我国乃至世界历史上第一次正式记载候鸟因感染高致病性禽流感病毒而大批死亡。

截至目前，已有斑头雁（*Anserindicus*）、棕头鸥（*Larus brunnicephalus*）、

渔鸥（*Larus ichthyaetus*）、普通鸬鹚（*Phalacrocorax carbo*）、赤麻鸭（*Tadorna ferruginea*）、黑颈鹤（*Grus nigricollis*）、红脚苦恶鸟（*Amaurornis akool*）、灰喜鹊（*Cyanopica cyanus*）、灰背伯劳（*Lanius tephronotus*）等200余种野生鸟类因感染高致病性禽流感病毒死亡。

野生动物疫病危害性大的根本原因在于长期以来人类对源自野生动物的病原体认知较少，没有研究出应对措施，一旦暴发和迅速传播，一些烈性传染病就可能肆虐，待人类认识其特性并掌握其防控措施时，往往已经造成极为严重的危害。

三、野生动物疫病传播渠道广

疫病的传播方式主要分为自然传播和人为传播两种。疫病在种内的传播方式主要分为水平传播和垂直传播两种。水平传播主要通过种内的直接或间接接触（包括媒介动物或昆虫）而实现。垂直传播是通过繁殖，将疫病从上一代传染给下一代。

自然传播是人畜共患病的主要传播渠道，风险最大的是通过野生动物远距离迁徙（迁移）而实现疾病的大范围传播、暴发。自然传播主要通过直接或间接接触，如撕咬、捕食、饮水以及媒介昆虫的叮咬等实现。1998—1999年马来西亚暴发的尼帕病毒脑炎，就是由于尼帕病毒随着其主要宿主蝙蝠的排泄物和呼吸道分泌物污染了果园和猪圈，并最终由猪传染给了人类，致使265名养猪工人发病，其中105人死亡，还有116万头猪被扑杀；也有学者认为，尼帕病毒在猪群中的传播可能与椋鸟类如椋鸟、八哥等有关，这些鸟通常会在猪场觅食，且常常停留在猪的身上，啄食其背部的蜱，并可在不同的猪群间或养猪场间活动。

人为传播是不可忽视的传播渠道，即通过人类有意或无意的活动，如贸易、交往和不安全地携带病料造成疫病的传播扩散，造成2006年非洲尼日利亚、尼日尔等国暴发高致病性禽流感疫情的一个重要原因就是禽类的非法贸易。

野生动物中有一些兽类和鸟类有季节性迁移或迁徙的习性，其中候鸟的迁飞可达数千千米甚至上万千米，中途停歇数次，致使疫病的传播更加难以控制。据全球鸟类环志的研究结果，全球有9条候鸟迁徙通道，迁徙候鸟活动范围几乎覆盖了除南极洲以外的六大洲所有国家，原发于非洲的西尼罗河出血热随着鸟类的大规模迁徙，传播至世界各地。2005—2006年，世界上几十个国家和地区先后发生候鸟高致病性禽流感疫情，候鸟发病地点数和死亡数量为历年之最，再加上全球化进程加速了世界各国人员的交往、动物及其产品贸易，经济的发展加大了对自然资源的掠夺，特别是对自然生态环境的破坏性开发，加快了动物病原向人类传播的速度。由于人类与自然的不协调发展，新发传染病出现频率明显加快，人的传染病来自动物的比例明显增高，据报道，1940—2004年全球335例新发传染病，其中动物源性占60.3%，而动物源性疾病中的71.8%来源于野生动物。亨德拉、尼帕、西尼罗河热、疯牛病、猴痘、高致病性禽流感、SARS等由动物传播给人类的烈性病毒性传染病的出现，使过去的5~10年才出现一种新传染病，加快到现在的1~2年就出现一种新型传染病。

经专家分析，禽流感病毒可以通过多种途径感染人。一是直接接触、食用发病死亡禽只；二是通过呼吸道吸入含有高浓度禽流感病毒的飞沫及粪便粉尘；三是接触被禽流感病毒污染的污染物和水源；四是接触带毒的候鸟、留鸟和观赏鸟。所以说，人类感染高致病性禽流感的传染途径不仅仅是接触病鸡，也可能接触野鸟的尸体或者接触被候鸟污染的一些环境，比如说水源、羽毛、粪便等，也可能成为传染的渠道。另外，在一些地方尚未找到疫源，即未知疫源，以香港地区为例，1997年感染禽流感18例中，大约有1/3没有找到传染源。

人感染H7N9禽流感疫情自2013年3月底在我国暴发以来，截至2021年底，累计感染1500余人，死亡600余人。目前研究表明，该病毒是发生重配的新亚型流感病毒，主要是禽源性，人感染该病毒在全球范围内尚属首次。值得引起重视的是该病毒与H5N1病毒传染模式不同，其毒力和致病性在动物中是低致病的或无致病性，但对人毒力很强。这就要求我们在监测工作中，既要从大局出发开展严密监测，又要做好规范的防范措施，对我们的监测防控工作提出了更高的要求，不能因野鸟无症状就忽视了个人防护，造成了疫病感染传播。

四、野生动物携带的病原体变异速度加快

疫病病原体寄生在野生动物、饲养动物和人类等宿主体内，在与宿主机体相互斗争中，通过突变和渐变两种基本方式来实现自身的变异和进化，以适应自身生存、繁殖的需要。同时由于人类一些盲目、破坏性活动的影响，造成全球生态环境的恶化、生态失衡、环境污染等，加剧了自身变异，对野生动物病原体变异起到了催化剂的作用，导致各种新的野生动物病原体不断出现。如禽流感病毒基因很容易发生漂移和重组，致病力也可能随着病毒的变异而变化。以往公认抵抗力较强的候鸟和水禽带毒但很少发病，而2005年以来候鸟和水禽均出现大批死亡现象，并且喜鹊、麻雀、红脚苦恶鸟等留鸟也出现死亡。从目前来看，高致病性禽流感主要集中在禽流感病毒H5和H7亚型上，但并非其他亚型不致病，而且病毒基因经过重组后，可以使低致病性病毒转变为高致病性病毒。自1966年以来，国内外科学家曾多次发现H9N2亚型禽流感病毒引发禽类发病的情况。同时，野生动物及其产品的过度利用和自身迁徙以及频繁贸易，也增加了人类、家禽家畜与野生动物接触并被感染的机会，并促使一些病原体因交叉传染而发生快速变异。

五、自然疫源性疾病分布广泛，自然疫源地种类繁多

自然疫源性学说是由20世纪30年代后期，苏联科学院院士巴甫洛夫斯基提出的。自然疫源性疾病是指一种疾病的病原体不依赖于人而能在自然界生存繁殖，并只在一定的条件下才能传染给人与家畜。存在自然疫源性疾病的地域称为自然疫源地。

我国幅员辽阔，生态类型复杂多样，野生动物（包括媒介昆虫）以及人畜共患病病原体种类繁多且非常活跃，因而我国自然疫源性疾病分布广泛，自然疫源地种类繁多，并有扩大和复燃之势，如新疆地区的出血热、钩体病、恙虫病，东南地区的鼠型斑疹伤寒，东北地区的流行性斑疹伤寒，南方的血吸虫病，"三北"地区的鼠疫、森林脑炎、莱姆病等。据《我国重要自然疫源地与自然疫源性疾病》一书对我国主要自然疫源性疾病的统计，22种自然疫源性疾病的自然疫源地遍布全国各省（区、市）的多种生态类型之中。

同时，一些新的自然疫源性疾病病原体在我国又不断被发现，如粒细胞埃立克体、查菲埃立克体和布尼亚病毒感染等，还可能存在一些未知的自然疫源性疾病，这些都会给人类造成潜在的危害。另外，人类的生产、生活对自然环境干扰、破坏，可能会导致原有的

自然疫源地消失或形成新的自然疫源地，使自然疫源性疾病得以扩展和蔓延，甚至引来本地不存在的自然疫源性疾病。如围湖（海）造田（地）、毁林垦荒、兴修水利、旅游探险等活动破坏或改变原来的生物群落，使病原体赖以生存、循环的宿主和媒介的生存环境发生了改变，从而能够导致自然疫源性疾病的增强、减弱或消失，同时，也可能使人们感染的概率增加。莱姆病的出现与城镇化导致人类和鹿、鹿鼠、蜱的接触增加有关。随着气候转暖，中国的莱姆病由南方向山东、河南、河北、辽宁等中原和北方地区扩展。

六、相关工作基础薄弱

我国陆生野生动物疫源疫病监测工作起步晚，基础薄弱，加之野生动物分布区大多处于偏远落后、人烟稀少地区，地方财力、物力有限。因此，应对野生动物疫病的能力非常弱，具体表现在如下几个方面。

（一）陆生野生动物疫源疫病研究工作滞后

目前，我国对陆生野生动物疫源疫病的研究，局限于候鸟以及大熊猫、朱鹮、扬子鳄、梅花鹿等部分重点保护野生动物物种。野生动物疫病的研究与饲养动物疫病、人的疫病研究相比，存在着全国范围内携带某种病原体的野生动物活动规律不清、取样困难、流行病学调查不完整等困难。农业农村、卫生健康等部门在这一领域组织的研究同样局限于某些特定的疫病，且这些研究与野生动物生物学、生态学研究缺乏有机结合，对陆生野生动物疫源疫病监测工作支持力度有限。陆生野生动物疫源疫病现有的研究资料十分零散，基础资料和相关信息积累有限，难以满足陆生野生动物疫源疫病监测工作的需要。

（二）缺乏完善科学的监测预警体系和管理制度

目前，欧美等一些发达国家已建立了较为完善的野生动物疫病监测预警技术体系、管理体系和相关制度，收集了大量野生动物病原体样本，积累了丰富的研究资料。一旦野生动物野外种群出现异常病症，有关监测取样站点将立即进行标准化取样、送检，其技术依托机构可在较短时间内将样本与储备的各种病原体样本进行比较分析，确定疫病的病原体种类并提出其传播特点、途径和趋势，预警机构能够及时向受威胁范围内的公众发出预警信息，并协助动物防疫、卫生机构及时将疫情控制在最小范围内。而我国的重点野生动物疫病主动监测预警工作刚刚起步，距离监测工作的目标还有很大的差距。

（三）基础条件差，投入和能力不足

目前，国家依托于现有的部分林业有害生物防治、野生动植物资源管护、鸟类环志等机构，初步建立了陆生野生动物疫源疫病监测防控体系，但由于监测工作技术要求高，监测实施单位编制内人员偏少，尤其是既懂野生动物又懂疫病知识的专业技术人员匮乏。国家在监测基础设施方面的资金投入有限，必备的仪器、设备、交通、通信、人员防护等基础设施需要加强和改善，致使监测实施单位在短期内还不具备全方位监测野生动物疫情的条件和能力。

（四）相关的法律法规有待完善

《中华人民共和国野生动物保护法》（以下简称《野生动物保护法》）、《中华人民共和国生物安全法》（以下简称《生物安全法》）、《中华人民共和国动物防疫法》（以下简称《动物防疫法》）、《中华人民共和国传染病防治法》（以下简称《传染病防治法》）等相关法律法规虽然都在有关条款中，要求按职责分工开展野生动物疫源疫病监测

防控，但如何分工、如何开展均未具体明确，部分职能交叉环节存在衔接上的法律真空。随着疫病防控的形势发展，部分条款与实际需求存在脱节问题，野生动物疫源疫病监测防控所必需的种群动态监测、样品采集检测、疫病早期预警、疫情应急处置等工作由不同部门承担，易造成部门间推诿，影响实际工作的顺利开展。加强陆生野生动物疫源疫病监测，及时发现野生动物疫情，从而将疫情控制在最小范围，是确保野生动物种群安全、维护公共安全和生态平衡的迫切需要，也是保障国民经济可持续发展和人民生命健康的必然要求。全面开展陆生野生动物疫源疫病监测工作，是新形势下林业和草原工作中一项重要而紧迫的任务，是全面加强野生动物保护管理工作的一项重要内容。

第二节　陆生野生动物疫源疫病监测工作的现状

党中央、国务院高度重视陆生野生动物疫源疫病监测防控工作，温家宝总理等中央领导同志曾明确要求，国家林业局要会同有关部门加强对野生动物的疫情监测，尤其是加强对野鸟驯养繁殖场等重点区域的病毒监测和隐患排查。在有关部门的大力支持下，陆生野生动物疫源疫病监测防控体系建设分别纳入了《全国动物防疫体系建设规划（2004—2008年）》和《"十一五"期间国家突发公共事件应急体系建设规划》，监测防控工作取得了长足的进展。

一、发展历程

1982年，原林业部成立了全国鸟类环志中心，在全国范围内开展鸟类环志工作，基本掌握了涉及我国的3条世界性候鸟迁飞路线在我国的分布情况，明晰了200多种候鸟在我国的分布、迁飞、越冬等规律。

1995—2003年期间，国家林业局组织完成了以数量调查为主要目的的第一次全国陆生野生动物资源调查，基本查清了252个珍稀濒危物种的种群数量、分布、栖息地状况及主要受威胁因子；首次掌握了191个物种的基础数据，填补了资源数据方面的空白；首次掌握了61个物种的种群动态；基本掌握了野生动物驯养繁育状况。调查成果为我国实施全国野生动植物保护及自然保护区建设工程和履行有关国际公约等提供了重要科学依据。

2003年，在抗击SARS和禽流感的工作中，国家林业局与全国防治非典型肺炎科技攻关组密切配合，派专家参加科技攻关组流行病学工作组，参与野外果子狸和人工驯养繁殖果子狸等野生动物的采样工作。协调中国科学院动物研究所、东北林业大学等相关机构和协作单位承担了"SARS疫情预测预报""SARS病毒宿主溯源""SARS基因疫苗研制""野生鸟类禽流感的流行性病学调查"等项目研究，研究和掌握了许多野生动物生活习性、活动规律。其技术和成果不仅可有机结合到陆生野生动物疫源疫病监测预警工作之中，而且为解决可能面临的技术难题提供技术指导。

2004年，在防控高致病性禽流感工作中，国家林业局严格按照党中央、国务院要求，针对鸟类可能传播疫情的隐患，及时部署，采取了保护珍贵、濒危鸟类，密切关注各地鸟类疫情信息，严厉打击乱捕乱猎违法行为，加强鸟类保护管理和协助开展科学研究等一系列积极措施，强化野生动物保护管理，有力地配合了防治高致病性禽流感工作，并为逐步开展陆生野生动物疫源疫病监测工作积累了一定的经验。同时，国家林业局与中国科学院动物所、中国疾病预防控制中心等单位和相关大专院校建立了良好的协作关系和联合攻关机制，储备了大量人才和技术力量，为陆生野生动物疫源疫病监测工作的开展提供有效的技术保障和支持。同年，国家林业局和中国科学院针对陆生野生动物携带、传播人畜共患病的现状，共同研究提出了在全国建立陆生野生动物疫源疫病监测体系的构想，联合向国务院呈报了《关于建立全国陆生野生动物疫源疫病监测预警体系的请示》，组织专家编制了《全国陆生野生动物疫源疫病监测预警体系建设总体规划》，即通过整合现有资源，以现有林业有害生物防治体系、自然保护区管理体系、鸟类环志网络、野生动物保护体系、野生动物救护繁育体系和森林生态系统定位观测体系为主体，在野生动物疫病多发区域、人与野生动物、饲养动物密切接触区域，野生动物迁徙通道、迁飞越冬（夏）地、停歇地和繁殖地等野生动物集中分布区域建立陆生野生动物疫源疫病监测站点，对野生动物疫情进行有效的监控。

2005年3月15日，国家林业局组织召开了全国野生动物疫源疫病监测工作视频电话会议，标志着陆生野生动物疫源疫病监测防控工作和体系建设工作正式启动。各级林业部门切实加强组织领导，积极落实各项措施，扎实开展监测防控，确保"第一时间发现、第一现场处置"突发野生动物异常情况，为维护公共卫生安全、保障经济社会发展、促进生态文明建设做出了新贡献。11月10日，国家林业局正式成立了野生动物疫源疫病监测总站（以下简称"监测总站"），具体负责全国陆生野生动物疫源疫病监测的组织与管理。

2005年11月18日，国务院出台了《重大动物疫情应急条例》（以下简称《应急条例》），其中第一章第四条第三款规定"县级以上人民政府林业主管部门按照职责分工，加强对陆生野生动物疫源疫病的监测"。这是国家首次以法律的形式确定了林业部门在防控重大动物疫情中所承担的职责，肩负着陆生野生动物疫源疫病监测工作的重任。

2006年3月7日，国家林业局下发了《陆生野生动物疫源疫病监测规范（试行）》（以下简称"《监测规范》"）。它的发布是我国陆生野生动物疫源疫病监测工作中的一件大事，对于满足当前候鸟高致病性禽流感监测工作的迫切需要，对于规范全国陆生野生动物疫源疫病监测工作，保障监测体系高效有序运行，提升监测水平和应急处置能力具有重要的指导意义和深远的历史意义。

2011年，国家林业局分别与中国科学院、中国人民解放军军事医学科学院合作，在中国科学院动物研究所、中国人民解放军军事兽医研究所挂牌成立了国家林业局中国科学院野生动物疫病研究中心和国家林业局长春野生动物疫病研究中心，标志着我国陆生野生动物疫源疫病监测防控科技支撑上升到了一个新的台阶。

2013年1月22日，陆生野生动物疫源疫病监测防控工作的第一部部门规章——《陆生野生动物疫源疫病监测防控管理办法》（以下简称《管理办法》）以国家林业局第31号令公布，自2013年4月1日起正式施行。该办法共28条，就加强陆生野生动物疫源疫病监测防控管理，防范陆生野生动物疫病传播和扩散的具体管理措施做出了规定，该办法的颁布实施对全国陆生野生动物疫源疫病监测防控工作有着重要的指导作用。

2014年12月1日，林业行业标准《陆生野生动物疫源疫病监测技术规范》（LY/T 2359—2014）正式实施。此标准是在2006年颁布实施的《监测规范》基础上，根据多年的工作实践经验完善修订而成的，从监测、样品采集、样本保存包装和检测、安全防护、信息报告、应急处置等技术要求方面，对陆生野生动物疫源疫病监测工作进行了全面规定。

2018年6月，国家林业和草原局办公室下发通知，在各国家级自然保护区加挂国家级野生动物疫源疫病监测站牌子，要求其负责辖区内野生动物疫源疫病监测、主动预警及信息报送工作。此项举措，进一步提高了野生动物疫源疫病监测覆盖率，切实发挥了国家级自然保护区在野生动物疫源疫病监测防控与主动预警工作中的作用，把各国家级自然保护区开展的野生动物疫源疫病监测信息有效纳入国家林业和草原局野生动物疫源疫病监测信息管理系统。

2020年1月，国家林业和草原局下发了《国家林业和草原局突发陆生野生动物疫情应急预案》。《预案》明确，根据突发陆生野生动物疫情的种类、涉及范围、危害程度和疫情流行趋势，将疫情划分为特别重大、重大、较大和一般4级。县级以上人民政府陆生野生动物保护主管部门要加强组织领导，组建专家委员会、应急处置预备队，制定本辖区疫情应急预案和实施方案并定期评估修订。结合地区实际，开展陆生野生动物疫病监测、演练培训和科普宣传。建立陆生野生动物疫源疫病监测防控经费分级投入机制和应急物资储备。疫情发生时，应急响应要从快从严、快速反应，尊重科学、有效反应，保护优先、依法处置。疫情扑灭后，承担应急响应工作的部门应当组织人员及时对疫情应急处置工作进行评估。

2022年4月，国家林业和草原局下发了《国家林业和草原局关于公布国家级陆生野生动物疫源疫病监测站名单的通知》。《通知》明确了720处国家级陆生野生动物疫源疫病监测站名称及具体实施单位。

2023年7月，国家林业和草原局下发了《病死陆生野生动物无害化处理管理办法》。《办法》明确了病死陆生野生动物无害化处理工作的主体责任和适用对象，规定了分类原则、处理前监管、处理的基本原则、处理方法、收集暂存和转运、资料台账和处理后的合理利用等内容，并对加强病死陆生野生动物无害化处理工作提出了具体要求。

二、陆生野生动物疫源疫病监测工作成效

自2005年正式启动全国陆生野生动物疫源疫病监测防控体系建设工作以来，各级林业部门，克服困难，创造条件，积极争取资金、政策支持，监测站网络、规章制度、人员能力、科技支撑等方面的建设工作都取得了重要进展。

（一）艰苦创业，陆生野生动物疫源疫病监测防控体系建设稳步推进

陆生野生动物疫源疫病监测防控体系经历了从无到有、逐步发展的历程。在国家深化机构改革的大潮中，在不能新建机构的情况下，各地按照"整合资源、节约高效"的原则，发扬了艰苦创业、开拓创新的精神，结合实际，依托野生动植物保护管理站、自然保护区、森林病虫害防治检疫站等现有机构，建成了由350处国家级、768处省级和一大批市县级监测站组成的陆生野生动物疫源疫病监测站网络，为监测防控工作的顺利开展奠定了坚实的基础。在国家林业局的积极争取和国务院及有关部门的大力支持下，陆生野生动物疫源疫病监测防控体系建设被纳入了《全国动物防疫体系建设规划（2004—2008年）》和《"十一五"突发公共事件应急体系建设规划》，完成了350处国家级监测站的基本建设投资1.4亿元，落实中央和地方财政经费超过2.2亿元，为监测防控工作的正常开展创建了有利条件。2018年，在474处国家级自然保护区加挂国家级野生动物疫源疫病监测站的牌子，壮大了监测防控力量。截至目前，全国已建成以720处国家级监测站为主体，覆盖

国家、省、市、县4级联动的野生动物疫源疫病监测防控体系。为实现信息化、数字化管理，组织研发并正式启用了野生动物疫源疫病监测信息网络直报系统，并完成了信息直报系统向管理系统的升级改造，研发并运行了配套的"管理系统App"和"采集系统App"，在此基础上，通过对野生动物疫情、主动监测预警等进行大数据关联分析，初步建成了可视化"野生动物疫源疫病监测感知平台"。

（二）建章立制，监测防控工作行为逐步规范

完善的规章制度，是确保陆生野生动物疫源疫病监测防控工作规范有序、科学发展的前提。为规范监测防控工作行为，强化监测防控工作管理，国家林业和草原局先后颁布实施了《监测规范》《管理办法》和《应急预案》，发布实施了《陆生野生动物疫病分类与代码》（LY/T 1959—2011）、《陆生野生动物疫源疫病监测技术规范》（LY/T 2359—2014）、《野生动物疫病危害性等级划分》（LY/T 2360—2014）、《动物园陆生野生动物疫病防控技术通则》（LY/T 3111—2019）等行业技术标准，为监测防控工作的标准化和监测防控工程项目建设的标准化提供了技术保障。指导督促各地逐步建立了领导责任、岗位责任、应急值守、保密管理、人员安全防护、应急响应等制度，为监测防控工作的规范开展提供了制度保障。

（三）强化培训，陆生野生动物疫源疫病监测防控能力稳步提升

结合林业工作实际和陆生野生动物疫源疫病监测防控工作特点，组建了一支多元化、专兼结合、总数约15000人的监测防控工作队伍，为确保监测防控工作的顺利开展提供了人员保障。组织编辑并出版了《陆生野生动物疫源疫病监测》《禽流感防治与野生动物疫病》《中国大陆野生鸟类迁徙动态与禽流感》《野生动物疫病学》等培训教材和书籍，举办了上百期不同层面的专业培训和应急演练，对上万人次的人员进行了技术培训，使监测防控和应急处置能力不断提高。创建了陆生野生动物疫源疫病监测网，编印了《野生动物疫源疫病监测简报》，及时反映陆生野生动物疫源疫病监测防控工作动态。印制下发了近30万份陆生野生动物疫源疫病监测防控宣传挂图、海报和折页，多层次、多渠道、多形式广泛开展了科普宣传教育，引导社会积极参与，提高了公众自我防范野生动物疫病的意识和能力，以及主动报告野生动物异常情况的自觉性，初步形成了群防群控的良好局面，壮大了监测防控力量。

（四）凝聚力量，陆生野生动物疫源疫病监测防控科技支撑能力显著增强

科技是先导，面对新的职能，在林业部门普遍缺乏陆生野生动物疫源疫病专业技术人才和科技支撑平台的情况下，各级林业主管部门主动加强与科研机构的联系与合作，充分依托社会公共资源，初步建立了陆生野生动物疫源疫病监测防控科研队伍和技术平台。特别是国家林业和草原局中国科学院野生动物疫病研究中心和国家林业和草原局长春野生动物疫病研究中心的成立，标志着我国陆生野生动物疫源疫病监测防控科技支撑上升到了一个新的台阶，必将极大地促进我国陆生野生动物疫源疫病监测防控科研工作的快速发展。近年来，国家林业和草原局还组织分析了我国20多年的鸟类环志及迁徙研究成果，基本掌握了我国东部、中部、西部迁徙区主要疫源候鸟的基本情况；组织开展了重点疫源候鸟迁徙规律与主动预警研究、禽流感溯源、禽流感病毒生态学、细小病毒疫苗研制等基础研究、应用研究和技术攻关，并取得了重要突破，为开展疫病风险评估、疫情流行趋势预测等奠定了基础。"十三五"时期，野生动物疫源疫病监测防控科技项目首次上升为国家级重点项目，参与科研项目的广度深度、人员受众规模空前，有效锻炼了科研队伍，大幅提高了科技支撑能力。

（五）联防联控，突发野生动物疫情得到了有效控制

强化疫情防控，防止疫情的扩散和蔓延，不是一个部门或一个单位能够做到的事情，必须在政府的统一领导下，部门分工、各司其职、密切协作才能实现。为此，林业和草原主管部门特别重视联防联控和跨区域合作，积极会同农业、卫生、海关等部门，研究分析了高致病性禽流感、甲型H1N1流感、鼠疫、小反刍兽疫、非洲猪瘟等疫病的传播风险和防控措施，联合对市场高致病性禽流感、北部边境地区非洲猪瘟疫病防控进行了专项督查，强化了市场监管和隐患排查，努力降低疫病发生和传播风险。加强重点地区、重点时节陆生野生动物疫源疫病监测防控，开展了人工繁殖场所野生动物疫源疫病监测防控专项督查。各地"第一时间发现、第一现场处置"突发野生动物异常情况，有效控制了候鸟高致病性禽流感、野猪非洲猪瘟、岩羊小反刍兽疫、大熊猫犬瘟热等多起突发野生动物疫情，为维护公共卫生安全和社会稳定做出了重要贡献。

（六）交流合作，负责任大国的地位和形象逐步树立

2005年青海湖发生候鸟高致病性禽流感疫情之后，国际社会对野生动物疫病所造成的危害愈加重视，迁徙物种公约、湿地公约和世界动物卫生组织、联合国粮农组织等诸多国际公约与组织涉足陆生野生动物疫源疫病领域，尤其对我国禽流感等野生动物疫病问题十分关注。对此，国家林业和草原局严格按照国家有关规定和局领导要求，一方面，严格审视国际合作项目，切实维护国家利益；另一方面，积极参与相关国际活动，争取国际社会的理解和支持，提升国际影响力。通过派出去、请进来等方式，学习国外先进的监测防控经验和做法，不断提高我国监测防控管理水平。联合美国、泰国、越南、柬埔寨、俄罗斯、日本、韩国等亚太国家，举办了"亚太地区野生动物疫病国际学术研讨会"，初步建立了"亚太地区野生动物疫病监测和防控网络"，使疫情信息、防控经验等方面的交流与合作更加通畅。通过谈判，中美陆生野生动物疫源疫病监测防控合作项目，纳入了中美自然保护议定书附件十一；与联合国粮农组织等国际组织的沟通、协商更加深入，并就野生动物疫病工作组相关事宜和合作调查研究项目达成共识；与保护国际、国际野生生物保护学会签署了合作备忘录，发展空间不断拓宽。认真落实国务院要求，在广西、云南开展了边境联防联控试点，为做好边境联防联控工作摸索途径与经验。

监测防控实践证明，陆生野生动物疫源疫病监测防控密切关乎着野生动物资源保护、野生动物产业和畜牧业健康发展，尤其是关乎着公众的生命健康安全，在公共卫生安全大局中具有十分重要的"前沿哨卡"地位和"屏障"作用。

（钟海　彭鹏　栾福林　梦梦　卢琳琳）

第二章

陆生野生动物疫源疫病监测的任务和职责

第一节　陆生野生动物疫源疫病监测的主要任务

一、陆生野生动物疫源疫病监测的现实意义

加强陆生野生动物疫源疫病监测，就是在疫病传播、扩散环节中，建立起一道前沿哨卡，通过监测，及时发现野生动物疫情，对疫情发生、发展趋势做出预测预报，及时采取有效措施，阻断疫情向人类、饲养动物传播，从而将疫情控制在最小范围。陆生野生动物疫源疫病监测是维护生物安全、公共卫生安全的前沿屏障，是保护生物多样性、维护生态平衡，建设生态文明和美丽中国的重要保证。

（一）加强陆生野生动物疫源疫病监测，是贯彻落实法律法规和党中央、国务院领导同志重要指示批示的需要

健全陆生野生动物疫源疫病监测防控体系，更好地开展监测防控工作，是认真贯彻落实《生物安全法》《野生动物保护法》《应急条例》的客观要求和具体行动。随着工作的逐步深入，陆生野生动物疫源疫病监测在维护生物安全和公共卫生安全大局中的地位凸显。2009年初，温家宝总理等国务院领导同志批示指出："林业局要会同有关部门加强对野生动物的疫情监测，尤其是加强对野鸟驯养繁殖场等重点区域的病毒监测和隐患排查。"连续几届全国人大会议，政府工作报告均强调要加强重大动植物疫病防控。特别是2021年9月29日，习近平总书记在主持中央政治局第三十三次集体学习时强调："要实行积极防御、主动治理，坚持人病兽防、关口前移，从源头前端阻断人畜共患病的传播路径"，更是对野生动物疫源疫病监测防控工作提出了新的、更高的要求。

（二）加强陆生野生动物疫源疫病监测，是维护人民生命健康安全的需要

疫源野生动物处于人畜共患病发生和传播的重要环节，甚至首要环节，作为疫病宿主一直是威胁人民生命健康安全的重大隐患。在人类活动范围不断扩大，人与野生动物接触方式多样化和接触距离不断缩小甚至零距离的情况下，野生动物疫病向人传播扩散的隐患越来越大。这些疫病轻则引起人间散发病例，重则危及公共卫生安全，扰乱正常的社会生活秩序，引发严重的社会问题。历史上，有多起野生动物疫病导致人间疫情流行，造成重大伤亡和财产损失的惨痛教训。加强陆生野生动物疫源疫病监测，是屏蔽和阻断野生动物疫病向人传播，有效保障公共卫生安全的内在要求。

（三）加强陆生野生动物疫源疫病监测，是保障经济社会持续稳定健康发展的需要

我国是世界上野生动物繁育利用和畜禽饲养最多的国家之一，野生动物繁育利用与畜牧业的安全直接关系到经济发展和社会稳定。野生动物繁育利用不仅关系到我国传统医药的传承和发扬，而且密切关联着许多产业的发展，在提供中药原料、增加就业岗位、繁荣

农村经济、促进农民增收等方面都发挥着极其重要的作用。野生动物一旦出现重大疫病流行，不仅会危及野生动物繁育利用业自身的发展，还将威胁畜牧业的发展。SARS使果子狸繁育利用业遭到毁灭性打击，产生了一系列经济和社会问题，教训十分深刻。加强陆生野生动物疫源疫病监测，是防范和控制疫病在野生动物间流行蔓延，屏蔽和阻断疫病向畜禽传播，促进经济社会持续稳定健康发展的必然要求。

（四）加强陆生野生动物疫源疫病监测，是保护生物多样性，维护生态平衡，促进国际履约的需要

野生动物是宝贵的自然资源，在维护生态平衡中发挥着不可替代的作用。重大野生动物疫病的暴发流行，将严重危害野生动物资源，甚至危及种群安全，导致生态失衡。特别是对于珍稀濒危野生动物，尤其是种群数量小、分布区域狭窄的物种，一旦感染重大疫病，可能导致物种的灭绝，多年的野生动物保护成果将毁于一旦，给自然生态系统造成无法修复的损害。此外，由于我国陆生野生动物疫源疫病监测防控能力和水平较低，在涉及共同承担防控源自野生动物疫情的国际义务时，一些国际组织或机构借此对我国相关工作进行蓄意攻击，诋毁我国国际声誉和负责任大国形象，造成不利影响。加强陆生野生动物疫源疫病监测，有利于加强珍贵濒危野生动物保护，巩固生态建设成果，提高我国地位，树立负责任大国形象。

二、陆生野生动物疫源疫病监测的主要内容

陆生野生动物疫源疫病监测工作要坚持"边建设边工作、边探索边完善"的工作方针，突出抓好"建章立制、体系建设、队伍建设、科学监测、信息报告"5个重点环节，建立健全规章制度和科技支撑体系，进一步完善监测站网络和信息报告体系，大力加强人才队伍建设，全面提升我国陆生野生动物疫源疫病监测水平。

（一）建立健全规章制度

根据《生物安全法》《野生动物保护法》《应急条例》等法律法规赋予的权利和义务，从实际出发，制定相关的标准、操作细则、管理制度等，逐步形成监测技术有规范、监测管理有办法、应急处置有预案、体系建设有方案、考核评比有标准等，使监测工作法治化、规范化、制度化。

（二）优化监测站网络

目前，我国已经建成了由720处国家级和一大批地方级监测站组成的陆生野生动物疫源疫病监测站网络，奠定了监测防控工作顺利开展的基础。但是还有许多野生动物集中分布区、重要的边境地区、家禽家畜密集区、野生动物驯养繁育密集区和集散地等区域，尚未纳入有效的监测覆盖范围，还存在着大量监测盲区。需要进一步优化监测站点布局，科学设立巡查路线和固定观测点，逐步提高监测覆盖率。

（三）加强监测信息管理

监测信息及时准确地报告是监测工作的重要环节之一，快捷、全面、准确、保密是监测信息报告系统的基本要求。首先，要获取科学、全面的监测信息；其次，监测信息的报告要及时、准确、保密。为此，要通过多种途径提高工作人员的野生动物识别等方面的水平和能力，加强监测信息的管理，充分利用先进的科技手段，进一步优化报告方式，提高监测信息报告的准确率、时效性。

（四）开展陆生野生动物疫源疫病监测防控工作

按照《监测规范》的规定，在每年的重点监测时段和重点监测区域，实行监测信息日报告制度。各级监测站对所承担的监测区域和设立的巡查线路和固定观测点，及早部署，调配人员，到岗到位，严密监测，一旦发现各种野生动物异常情况要按规定报告。做到"勤监测、早发现、严控制"，在第一时间发现异常情况并按规定向上级监测管理机构和当地野生动物保护主管部门以及有关检测机构报告，采取严格措施控制第一现场，禁止无关人员、饲养动物靠近、接触异常死亡野生动物，防止可能的疫情扩散和蔓延。在监测中，发现大量野生动物死亡事件，无论是否为疫情，均以快报的形式报告。

要达到上述要求，就要做好以下工作：一是确定陆生野生动物疫源疫病监测的范围、对象和重点区域以及重点监测时段。二是在野生动物迁徙通道、迁飞停歇地和集群活动区等重点区域设立固定监测点、巡查线路，开展监测工作，及时准确地掌握野生动物迁徙、集群活动和异常情况等（从哪里来，何时来，异常种类、数量和症状，到哪里去，何时去，有哪些种类、数量等）。三是加强巡护，制止无关人员、畜禽进入上述区域与野生动物接触或从事其他干扰野生动物的活动。四是加强对鸟类和其他动物异常死亡的采样和报检工作。五是规范监测信息报告内容，认真填报野生动物种类、种群数量、特征、生境、地理坐标、异常情况和报检情况以及尸体、现场处理情况等信息。

一旦发现疫病，应在地方政府领导下，立即启动应急预案，采取有效防控措施，防止疫情扩散，阻断疫情向人类、饲养动物的传播，将疫情控制在最小范围，尽力减少疫病给野生动物种群特别是给珍贵濒危野生动物造成灾难性伤害，保护生物多样性，维护生态平衡，维护公共卫生安全。

（五）提高陆生野生动物疫源疫病监测防控科技水平

为加强对监测防控的科学指导，国家林业和草原局成立了陆生野生动物疫源疫病监测防控工作专家委员会，由有关野生动物、人畜共患病专家和监测管理人员组成，指导全国的监测工作。同时，国家林业和草原局还依托相关科研院所，充分利用社会公共科研技术力量和设施设备，开展横向协作，对野生动物宿主、疫病流行、传播规律和暴发机制等基础内容进行研究，对野生动物与重大人畜共患病的关系、重点陆生野生动物疫病监测预警技术等进行重点攻关，积极开展超前研究，预先掌握野生动物携带的病原体的种类、特点和传播途径，同时，注重引进、开发监测工作中先进、实用的技术，提高监测预警水平。基层监测单位应建立跨部门、跨行业、跨领域、跨学科的协同攻关机制，引进人才，培训人员，夯实基础，解决制约陆生野生动物疫源疫病监测工作的瓶颈问题，提高监测预警的科学性。

（六）做好陆生野生动物疫源疫病本底调查

本底调查是由野生动物保护主管部门组织，全面收集掌握辖区内野生动物资源情况和野生动物疫病的种类、发生、流行及危害状况等基本信息，准确掌握自然疫源地、陆生野生动物疫病宿主及易感野生动物种类、分布等基本情况，为确定重点监测区域（巡查线路、观测点）和重点监测物种提供科学依据。同时，通过本底调查所获得的资料、数据，应逐步建立起野生动物资源数据库、野生动物迁徙数据库和野生动物疫病数据库，有的放矢开展监测工作，提高监测和预警的准确性。

（七）组织开展技术培训和宣传工作

国家林业和草原局负责国家级监测站和省级监测管理机构的技术培训，各省监测管理机构负责辖区内省级、市县级监测站等从事监测工作的人员的培训，以提高监测人员的业务素质和技术水平，保障监测工作的顺利进行。监测技术培训的重点是野外巡查、定点观测和野生动物捕捉技术、采样技术、环志（跟踪）技术、初步检测、样品保存、运输技术、防护技术和监测信息报告以及应急处置等。

宣传工作要遵照"科学宣传，宣传科学"的原则，通过多种形式，广泛宣传《生物安全法》《野生动物保护法》《应急条例》《管理办法》和《监测规范》等法律法规，以及国家关于动物疫情防控的方针政策，普及野生动物疫病和防疫知识，减轻不必要的恐慌，引导群众科学监测防控，发现野生动物死亡等异常情况要及时报告，提高监测工作人员和群众的监测防范意识。

（八）提高突发事件应急处置能力

根据本地区野生动物种类、分布、迁移迁徙规律和疫病发生特点等具体情况，针对可能出现的各种野生动物疫病，制定应急预案。做到职责分工明确，运转协调，部署周密，安排科学，确保对各种疫情的快速处置和有效隔离防控。同时要做好必要的应急物资储备。

在应急预案的制定过程中，应按照《应急条例》有关规定，参照《国家林业和草原局突发陆生野生动物疫情应急预案》的要求，做到统一领导、分级管理，快速反应、加强合作，科学防控、区域联动，加强预防、群防群控。在制定应急预案时要考虑到监测防控工作涉及林草以外的其他部门，要由人民政府的组织和协调。应急预案要经人民政府的审批或备案。

要定期组织开展应急演练，通过演练检验应急预案的操作性，提高人员的应对能力。

第二节　全国陆生野生动物疫源疫病监测防控体系

全国陆生野生动物疫源疫病监测防控体系是由监测站网络、预警系统、信息管理与决策指挥系统、应急保障系统等几部分组成的，是一个以监测站网络为基础、以科学技术为支撑、以信息管理为平台、以决策指挥为核心、以应急响应为目标的有机整体（图2-1）。

一、监测站网络

监测站网络由国家级和地方级陆生野生动物疫源疫病监测站组成，是开展监测防控工作的基础。主要依托基层野生动物保护管理站、自然保护地、林业和草原工作站、有害生物防治站、鸟类环志站等机构建设。

国家级监测站的主要任务是辖区内陆生野生动物分布区域的巡护，陆生野生动物种群动态的监测、异常情况的发现、监测信息的报告、样品的采集和送检，并做好陆生野生动物突发疫病（情）的处置等。

国家级监测站主要配备野外巡护监测、样品采集保存和运输、个人防护、信息采集传输、无害化处理等设备。

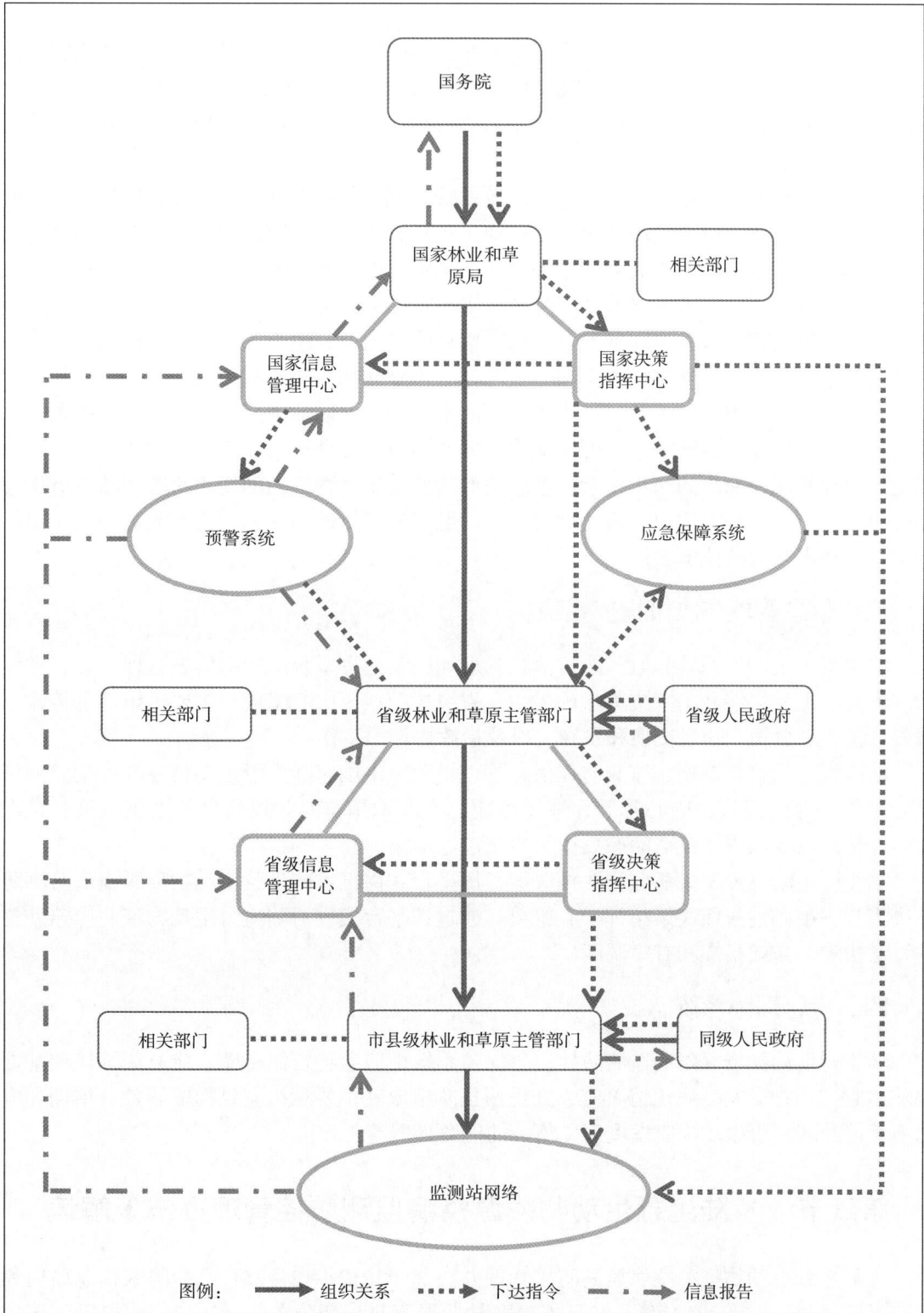

图2-1　全国陆生野生动物疫源疫病监测防控体系框架结构示意图

二、预警系统

预警系统由陆生野生动物疫源疫病样本库、陆生野生动物疫病研究中心、陆生野生动物流行病学区域调查中心、候鸟迁徙研究中心、陆生野生动物疫病初检实验室、预警站等组成。主要承担样品初检、风险评估、趋势分析、防控建议、技术指导、技术攻关等工作。

预警站主要依托区位比较重要、工作条件较为成熟，具有针对性和代表性的基层类监测站建立。主要承担重要疫源陆生野生动物（包括野生种群、圈养种群、半放养种群等）种群动态、活动规律的调查监测，相关样品的采集、保存和运输，配合科技支撑单位开展主动预警等方面工作。每年根据全国监测工作的需要实行动态管理。

陆生野生动物疫源疫病样本库、陆生野生动物疫病研究中心、陆生野生动物流行病学区域调查中心、候鸟迁徙研究中心和陆生野生动物疫病初检实验室的建立，主要依托社会公共资源，综合考虑基础条件、科研实力等因素，在东北区、华北区、蒙新区、青藏区、西南区、华中区和华南区等七大野生动物地理区划内，合理布设。其主要职能是进行陆生野生动物异常死亡原因的初步诊断，开展疫源陆生野生动物的活动规律研究和陆生野生动物疫源疫病本底调查、快速检测、重大技术难题研究等方面的研究，为监测防控工作提供科学指导和强有力的技术支持。

三、信息管理与决策指挥系统

陆生野生动物疫源疫病监测防控信息管理和决策指挥系统由国家信息管理中心、省级管理中心、远程终端和国家决策指挥中心、省级决策指挥中心组成。主要承担信息传输、报告、汇总、分析，信息交换和发布，以及指挥协调等工作。

陆生野生动物疫源疫病监测防控信息管理平台，由国家陆生野生动物疫源疫病监测信息管理中心、省级管理中心和远程终端组成。主要承担监测防控信息的采集、报告、汇总、分析，以及国内外疫情动态数据库的完善等工作。

陆生野生动物疫源疫病监测防控决策指挥平台，由国家陆生野生动物疫源疫病监测防控决策指挥中心、省级决策指挥中心组成。通过该平台实现对陆生野生动物疫病应急处置的科学决策、高效指挥和有序调度。

四、应急保障系统

陆生野生动物疫源疫病监测防控应急保障系统由应急物资储备库、应急演练培训基地和陆生野生动物突发疫病（情）应急处置预备队组成。主要承担应急物资储备、培训和应急演练以及陆生野生动物突发疫病（情）的应急处置等工作。

第三节　《陆生野生动物疫源疫病监测防控管理办法》解读

《陆生野生动物疫源疫病监测防控管理办法》于2012年12月25日经原国家林业局局务会议审议通过，并于2013年1月22日以国家林业局第31号令公布，自2013年4月1日起正式施行。该办法对陆生野生动物疫源疫病监测防控工作做了较为明确的规定，有利于监测防控工作的规范化、程序化和制度化，对加强陆生野生动物疫源疫病监测防控工作，防范陆生野生动物疫病传播和扩散，维护国家公共卫生安全和生态安全，保护野生动物资源，具有重要的现实意义和深远意义。

一、关于主管部门和机构的规定

第三条是对国家林业和草原局的职能和职责的规定，即"国家林业局负责组织、指导、监督全国陆生野生动物疫源疫病监测防控工作。县级以上地方人民政府林业主管部门按照同级人民政府的规定，具体负责本行政区域内陆生野生动物疫源疫病监测防控的组织实施、监督和管理工作""陆生野生动物疫源疫病监测防控实行统一领导，分级负责，属地管理"。

第四条是对国家林业和草原局陆生野生动物疫源疫病监测机构的规定，即"国家林业局陆生野生动物疫源疫病监测机构按照国家林业局的规定负责全国陆生野生动物疫源疫病监测工作"。这事实上就是对国家林业和草原局生物灾害防控中心（原国家林业局野生动物疫源疫病监测总站）的规定，给它一个在法律上的地位。

二、关于监测防控具体措施的规定

第六条是对监测防控体系的规定，即"县级以上人民政府林业主管部门应当建立健全陆生野生动物疫源疫病监测防控体系，逐步提高陆生野生动物疫源疫病检测、预警和防控能力"。

第七条是对有关人员的在监测方面的职责的规定，即"乡镇林业工作站、自然保护区、湿地公园、国有林场的工作人员和护林员、林业有害生物测报员等基层林业工作人员应当按照县级以上地方人民政府林业主管部门的要求，承担相应的陆生野生动物疫源疫病监测防控工作"。作为部门规章，只能对本系统管理的有关人员职责做出规定，对这些人员来说，也是硬性的要求。

第八条是对县级以上野生动物保护主管部门的规定，即"县级以上人民政府林业主管部门应当按照有关规定定期组织开展陆生野生动物疫源疫病调查，掌握疫病的基本情况和动态变化，为制定监测规划、预防方案提供依据"。通过开展调查，掌握基本情况是开展工作的基础。

第九条是对省级、国家级野生动物保护主管部门的规定，即"省级以上人民政府林业主管部门应当组织有关单位和专家开展陆生野生动物疫情预测预报、趋势分析等活动，评估疫情风险，对可能发生的陆生野生动物疫情，按照规定程序向同级人民政府报告预警信息和防控措施建议，并向有关部门通报"。

三、关于监测站和监测站职责的规定

第十条是对监测站设立的规定，即"县级以上人民政府林业主管部门应当按照有关规定和实际需要，在下列区域建立陆生野生动物疫源疫病监测站：（一）陆生野生动物集中分布区；（二）陆生野生动物迁徙通道；（三）陆生野生动物驯养繁殖密集区及其产品集散地；（四）陆生野生动物疫病传播风险较大的边境地区；（五）其他容易发生陆生野生动物疫病的区域"。

第十一条是对监测站级别和命名的规定，即：第一款"陆生野生动物疫源疫病监测站，分为国家级陆生野生动物疫源疫病监测站和地方级陆生野生动物疫源疫病监测站"。第二款"国家级陆生野生动物疫源疫病监测站的设立，由国家林业局组织提出或者由所在地省、自治区、直辖市人民政府林业主管部门推荐，经国家林业局组织专家评审后批准公布"。第三款"地方级陆生野生动物疫源疫病监测站按照省、自治区、直辖市人民政府林业主管部门的规定设立和管理，并报国家林业局备案"。第四款"陆生野生动物疫源疫病监测站统一按照'××（省、自治区、直辖市）××（地名）××级（国家级、省级、市级、县级）陆生野生动物疫源疫病监测站'命名"。之所以对监测站的命名做了规定，是为了便于信息统计，及时发现疫源和疫病。

第十二条是对监测站和监测员的规定，即"陆生野生动物疫源疫病监测站应当配备专职监测员，明确监测范围、重点、巡查线路、监测点，开展陆生野生动物疫源疫病监测防控工作""陆生野生动物疫源疫病监测站可以根据工作需要聘请兼职监测员""监测员应当经过省级以上人民政府林业主管部门组织的专业技术培训；专职监测员应当经省级以上人民政府林业主管部门考核合格"。

四、关于监测方式及报告制度的规定

陆生野生动物疫源疫病监测方式包括日常监测和专项监测。日常监测是最基本的监测制度，主要是通过巡护、观测等方式，对是否发生陆生野生动物疫情提出初步判断意见。专项监测是对特定的陆生野生动物疫源疫病或者重点区域进行的监测。第十三条做了明确规定，即"陆生野生动物疫源疫病监测实行全面监测、突出重点的原则，并采取日常监测和专项监测相结合的工作制度""日常监测以巡护、观测等方式，了解陆生野生动物种群数量和活动状况，掌握陆生野生动物异常情况，并对是否发生陆生野生动物疫病提出初步判断意见""专项监测根据疫情防控形势需要，针对特定的陆生野生动物疫源种类、特定的陆生野生动物疫病、特定的重点区域进行巡护、观测和检测，掌握特定陆生野生动物疫源疫病变化情况，提出专项防控建议""日常监测、专项监测情况应当按照有关规定逐级上报上级人民政府林业主管部门"。

第十四条规定，日常监测分别实行重点时期监测和非重点时期监测。重点时期和非重点时期由省级野生动物保护主管部门规定；重点时期监测实行日报告制度，非重点时期监测实行周报告制度。但是发现异常情况的，应当按照有关规定及时报告。

五、关于重点监测陆生野生动物疫病种类和疫源物种目录的规定

制定目录是监测的需要，疫源疫病种类多，不可能全部监测，所以要有重点。因此第十五条规定，即"国家林业局根据陆生野生动物疫源疫病防控工作需要，经组织专家论证，制定并公布重点监测陆生野生动物疫病种类和疫源物种目录；省、自治区、直辖市人民政府林业主管部门可以制定本行政区域内重点监测陆生野生动物疫病种类和疫源物种补充目录"。有了这个目录，县级以上人民政府野生动物保护主管部门应当根据前款规定的目录和本辖区内陆生野生动物疫病发生规律，划定本行政区域内陆生野生动物疫源疫病监测防控重点区域，并组织开展陆生野生动物重点疫病的专项监测。

六、关于陆生野生动物异常情况应急处置的规定

发现陆生野生动物疫病，如何处理是这样的顺序：报告、调查核实、评估、采取措施、应急预案、防控。关于报告，是在第十六条规定的，即"本办法第七条规定的基层林业工作人员发现陆生野生动物疑似因疫病引起的异常情况，应当立即向所在地县级以上地方人民政府林业主管部门或者陆生野生动物疫源疫病监测站报告；其他单位和个人发现陆生野生动物异常情况的，有权向当地林业主管部门或者陆生野生动物疫源疫病监测站报告"。

关于核实，是第十七条规定的，即"县级人民政府林业主管部门或者陆生野生动物疫源疫病监测站接到陆生野生动物疑似因疫病引起异常情况的报告后，应当及时采取现场隔离等措施，组织具备条件的机构和人员取样、检测、调查核实，并按照规定逐级上报到省、自治区、直辖市人民政府林业主管部门，同时报告同级人民政府，并通报兽医、卫生等有关主管部门"。

关于评估，是省级野生动物保护主管部门应当做的，第十八条明确规定，即"省、自治区、直辖市人民政府林业主管部门接到报告后，应当组织有关专家和人员对上报情况进行调查、分析和评估，对确需进一步采取防控措施的，按照规定报国家林业局和同级人民政府，并通报兽医、卫生等有关主管部门"。

关于防控措施，第十九条是这样规定的，即"国家林业局接到报告后，应当组织专家对上报情况进行会商和评估，指导有关省、自治区、直辖市人民政府林业主管部门采取科学的防控措施，按照有关规定向国务院报告，并通报国务院兽医、卫生等有关主管部门"。

七、关于应急预案和实施方案的规定

第二十条规定，即"县级以上人民政府林业主管部门应当制定突发陆生野生动物疫病应急预案，按照有关规定报同级人民政府批准或者备案""陆生野生动物疫源疫病监测站应当按照不同陆生野生动物疫病及其流行特点和危害程度，分别制定实施方案。实施方案应当报所属林业主管部门备案""陆生野生动物疫病应急预案及其实施方案应当根据疫病的发展变化和实施情况，及时修改、完善"。同时第二十一条规定："县级以上人民政府林业主管部门应当根据陆生野生动物疫源疫病监测防控工作需要和应急预案的要求，做好防护装备、消毒物品、野外工作等应急物资的储备。"

第二十二条规定了应急预案的启动，即"发生重大陆生野生动物疫病时，所在地人民政府林业主管部门应当在人民政府的统一领导下及时启动应急预案，组织开展陆生野生动物疫病监测防控和疫病风险评估，提出疫情风险范围和防控措施建议，指导有关部门和单位做好事发地的封锁、隔离、消毒等防控工作"。

八、关于陆生野生动物疫源疫病监测防控与野生动物保护的规定

第二十三条规定，即"在陆生野生动物疫源疫病监测防控中，发现重点保护陆生野生动物染病的，有关单位和个人应当按照野生动物保护法及其实施条例的规定予以救护""处置重大陆生野生动物疫病过程中，应当避免猎捕陆生野生动物；特殊情况确需猎

捕陆生野生动物的，应当按照有关法律法规的规定执行"。

九、其他规定

第二十四条规定："县级以上人民政府林业主管部门应当采取措施，鼓励和支持有关科研机构开展陆生野生动物疫源疫病科学研究。""需要采集陆生野生动物样品的，应当遵守有关法律法规的规定。"第二十五条规定："县级以上人民政府林业主管部门及其监测机构应当加强陆生野生动物疫源疫病监测防控的宣传教育，提高公民防范意识和能力。"第二十六条规定"陆生野生动物疫源疫病监测信息应当按照国家有关规定实行管理，任何单位和个人不得擅自公开。"第二十七条规定："林业主管部门、陆生野生动物疫源疫病监测站等相关单位的工作人员玩忽职守，造成陆生野生动物疫情处置延误、疫情传播、蔓延的，或者擅自公开有关监测信息、编造虚假监测信息，妨碍陆生野生动物疫源疫病监测工作的，依法给予处分；构成犯罪的，依法追究刑事责任。"

第四节　相关法律法规解读

目前，与陆生野生动物疫源疫病监测防控有关的法律法规主要包括《生物安全法》《野生动物保护法》《动物防疫法》《传染病防治法》和《应急条例》等。

一、中华人民共和国生物安全法

2020年10月17日，十三届全国人大常委会第二十二次会议表决通过了《中华人民共和国生物安全法》，自2021年4月15日起正式施行。该法明确了生物安全的重要地位和原则，确立了各项生物安全风险防控的基本制度，全链条构建生物安全风险防控的"四梁八柱"。《生物安全法》是新时期野生动物疫源疫病监测防控工作的重要依据。

第一条明确了立法的目的是"为了维护国家安全，防范和应对生物安全风险，保障人民生命健康，保护生物资源和生态环境，促进生物技术健康发展，推动构建人类命运共同体，实现人与自然和谐共生"。

第二条规定生物安全的概念"本法所称生物安全，是指国家有效防范和应对危险生物因子及相关因素威胁，生物技术能够稳定健康发展，人民生命健康和生态系统相对处于没有危险和不受威胁的状态，生物领域具备维护国家安全和持续发展的能力"。并明确了本法的适用范围"从事下列活动，适用本法：（一）防控重大新发突发传染病、动植物疫情；（二）生物技术研究、开发与应用；（三）病原微生物实验室生物安全管理；（四）人类遗传资源与生物资源安全管理；（五）防范外来物种入侵与保护生物多样性；（六）应对微生物耐药；（七）防范生物恐怖袭击与防御生物武器威胁；（八）其他与生物安全相关的活动"。

第二十七条规定了监测网络的建设和主要工作"国务院卫生健康、农业农村、林业草原、海关、生态环境主管部门应当建立新发突发传染病、动植物疫情、进出境检疫、生物技术环境安全监测网络，组织监测站点布局、建设，完善监测信息报告系统，开展主动监测和病原检测，并纳入国家生物安全风险监测预警体系"。

第二十八条规定："疾病预防控制机构、动物疫病预防控制机构、植物病虫害预防控制机构（以下统称专业机构）应当对传染病、动植物疫病和列入监测范围的不明原因疾病开展主动监测，收集、分析、报告监测信息，预测新发突发传染病、动植物疫病的发生、流行趋势。"

第二十九条规定："任何单位和个人发现传染病、动植物疫病的，应当及时向医疗机构、有关专业机构或者部门报告。医疗机构、专业机构及其工作人员发现传染病、动植物疫病或者不明原因的聚集性疾病的，应当及时报告，并采取保护性措施。依法应当报告的，任何单位和个人不得瞒报、谎报、缓报、漏报，不得授意他人瞒报、谎报、缓报，不得阻碍他人报告。"

第三十条规定："国家建立重大新发突发传染病、动植物疫情联防联控机制。发生重大新发突发传染病、动植物疫情，应当依照有关法律法规和应急预案的规定及时采取控制措施；国务院卫生健康、农业农村、林业草原主管部门应当立即组织疫情会商研判，将会商研判结论向中央国家安全领导机构和国务院报告，并通报国家生物安全工作协调机制其他成员单位和国务院其他有关部门。发生重大新发突发传染病、动植物疫情，地方各级人民政府统一履行本行政区域内疫情防控职责，加强组织领导，开展群防群控、医疗救治，动员和鼓励社会力量依法有序参与疫情防控工作。"

第三十一条规定："国家加强国境、口岸传染病和动植物疫情联合防控能力建设，建立传染病、动植物疫情防控国际合作网络，尽早发现、控制重大新发突发传染病、动植物疫情。"

第三十二条规定："国家保护野生动物，加强动物防疫，防止动物源性传染病传播。"

第三十三条第三款规定："国务院卫生健康、农业农村、林业草原、生态环境等主管部门和药品监督管理部门应当根据职责分工，评估抗微生物药物残留对人体健康、环境的危害，建立抗微生物药物污染物指标评价体系。"

第五十四条第三款规定："国务院科学技术、自然资源、生态环境、卫生健康、农业农村、林业草原、中医药主管部门根据职责分工，组织开展生物资源调查，制定重要生物资源申报登记办法。"

第六十六条规定："国家制定生物安全事业发展规划，加强生物安全能力建设，提高应对生物安全事件的能力和水平。县级以上人民政府应当支持生物安全事业发展，按照事权划分，将支持下列生物安全事业发展的相关支出列入政府预算：（一）监测网络的构建和运行；（二）应急处置和防控物资的储备；（三）关键基础设施的建设和运行；（四）关键技术和产品的研究、开发；（五）人类遗传资源和生物资源的调查、保藏；（六）法律法规规定的其他重要生物安全事业。"

第七十条规定："国家加强重大新发突发传染病、动植物疫情等生物安全风险防控的物资储备。"

第七十一条规定："国家对从事高致病性病原微生物实验活动、生物安全事件现场处置等高风险生物安全工作的人员，提供有效的防护措施和医疗保障。"

二、中华人民共和国野生动物保护法

《中华人民共和国野生动物保护法》于1988年颁布，后于2004年、2009年、2016年、

2018年和2022年先后5次修改，作为野生动物保护领域的一部重要法律，在第一条就明确了立法的宗旨是"为了保护野生动物，拯救珍贵、濒危野生动物，维护生物多样性和生态平衡，推进生态文明建设，促进人与自然和谐共生"。并对野生动物的定义进行了阐述："野生动物是指珍贵、濒危的陆生、水生野生动物和有重要生态、科学、社会价值的陆生野生动物。"

在第六条第二款规定："社会公众应当增强保护野生动物和维护公共卫生安全的意识，防止野生动物源性传染病传播，抵制违法食用野生动物，养成文明健康的生活方式。"

在第十一条规定："县级以上人民政府野生动物保护主管部门应当加强信息技术应用，定期组织或者委托有关科学研究机构对野生动物及其栖息地状况进行调查、监测和评估，建立健全野生动物及其栖息地档案。对野生动物及其栖息地状况的调查、监测和评估应当包括下列内容：（一）野生动物野外分布区域、种群数量及结构；（二）野生动物栖息地的面积、生态状况；（三）野生动物及其栖息地的主要威胁因素；（四）野生动物人工繁育情况等其他需要调查、监测和评估的内容。"

在第十四条规定："各级野生动物保护主管部门应当监测环境对野生动物的影响，发现环境影响对野生动物造成危害时，应当会同有关部门及时进行调查处理。"

在第十六条规定："野生动物疫源疫病监测、检疫和与人畜共患传染病有关的动物传染病的防治管理，适用《中华人民共和国动物防疫法》等有关法律法规的规定。"

在第二十一条规定："禁止猎捕、杀害国家重点保护野生动物。因科学研究、种群调控、疫源疫病监测或者其他特殊情况，需要猎捕国家一级保护野生动物的，应当向国务院野生动物保护主管部门申请特许猎捕证；需要猎捕国家二级保护野生动物的，应当向省、自治区、直辖市人民政府野生动物保护主管部门申请特许猎捕证。"

在第三十八条规定："禁止向境外机构或者人员提供我国特有的野生动物遗传资源。开展国际科学研究合作的，应当依法取得批准，有我国科研机构、高等学校、企业及其研究人员实质性参与研究，按照规定提出国家共享惠益的方案，并遵守我国法律、行政法规的规定。"

在2016年修订的《中华人民共和国陆生野生动物保护实施条例》中对野生动物资源管理、保护等也有明确的规定。

第七条规定："国务院林业行政主管部门和省、自治区、直辖市人民政府林业行政主管部门，应当定期组织野生动物资源调查，建立资源档案，为制定野生动物资源保护发展方案、制定和调整国家和地方重点保护野生动物名录提供依据。"同时规定："野生动物资源普查每十年进行一次。"

第八条规定："县级以上各级人民政府野生动物行政主管部门，应当组织社会各方面力量，采取生物技术措施和工程技术措施，维护和改善野生动物生存环境，保护和发展野生动物资源。"同时明确要求："禁止任何单位和个人破坏国家和地方重点保护野生动物的生息繁衍场所和生存条件。"

第九条规定："任何单位和个人发现受伤、病弱、饥饿、受困、迷途的国家和地方重点保护野生动物时，应当及时报告当地野生动物行政主管部门，由其采取救护措施；也可以就近送具备救护条件的单位救护。救护单位应当立即报告野生动物行政主管部门，并按照国务院林业行政主管部门的规定办理。"

三、中华人民共和国动物防疫法

《中华人民共和国动物防疫法》于1997年颁布，后于2007年、2013年、2015年和2021年先后4次修改。作为动物防疫领域的重要法律，对动物、动物疫病等的概念、疫病分类及管理措施进行了详细规定。

第三条规定："本法所称动物，是指家畜家禽和人工饲养、合法捕获的其他动物。"同时规定："本法所称动物疫病，是指动物传染病，包括寄生虫病。"

第四条规定："根据动物疫病对养殖业生产和人体健康的危害程度，将动物疫病分为下列3类：（一）一类疫病，是指口蹄疫、非洲猪瘟、高致病性禽流感等对人、动物构成特别严重危害，可能造成重大经济损失和社会影响，需要采取紧急、严厉的强制预防、控制等措施的；（二）二类疫病，是指狂犬病、布鲁氏菌病、草鱼出血病等对人、动物构成严重危害，可能造成较大经济损失和社会影响，需要采取严格预防、控制等措施的；（三）三类疫病，是指大肠杆菌病、禽结核病、鳖腮腺炎病等常见多发，对人、动物构成危害，可能造成一定程度的经济损失和社会影响，需要及时预防、控制的。"同时规定："人畜共患传染病名录由国务院农业农村主管部门会同国务院卫生健康、野生动物保护等主管部门制定并公布。"

第十条规定："县级以上人民政府卫生健康主管部门和本级人民政府农业农村、野生动物保护等主管部门应当建立人畜共患传染病防治的协作机制。"

第二十条第三款规定："县级以上人民政府应当完善野生动物疫源疫病监测体系和工作机制，根据需要合理布局监测站点；野生动物保护、农业农村主管部门按照职责分工做好野生动物疫源疫病监测等工作，并定期互通情况，紧急情况及时通报。"

第二十八条规定："采集、保存、运输动物病料或者病原微生物以及从事病原微生物研究、教学、检测、诊断等活动，应当遵守国家有关病原微生物实验室管理的规定。"

第三十二条规定："动物疫情由县级以上人民政府农业农村主管部门认定；其中重大动物疫情由省、自治区、直辖市人民政府农业农村主管部门认定，必要时报国务院农业农村主管部门认定。本法所称重大动物疫情，是指一、二、三类动物疫病突然发生，迅速传播，给养殖业生产安全造成严重威胁、危害，以及可能对公众身体健康与生命安全造成危害的情形。在重大动物疫情报告期间，必要时，所在地县级以上地方人民政府可以作出封锁决定并采取扑杀、销毁等措施。"

第三十三条第四款规定："县级以上地方人民政府野生动物保护主管部门发现野生动物染疫或者疑似染疫的，应当及时处置并向本级人民政府农业农村主管部门通报。"

第三十四条规定："发生人畜共患传染病疫情时，县级以上人民政府农业农村主管部门与本级人民政府卫生健康、野生动物保护等主管部门应当及时相互通报。"

第五十条规定："因科研、药用、展示等特殊情形需要非食用性利用的野生动物，应当按照国家有关规定报动物卫生监督机构检疫，检疫合格的，方可利用。人工捕获的野生动物，应当按照国家有关规定报捕获地动物卫生监督机构检疫，检疫合格的，方可饲养、经营和运输。国务院农业农村主管部门会同国务院野生动物保护主管部门制定野生动物检疫办法。"

第五十七条第四款规定："动物和动物产品无害化处理管理办法由国务院农业农村、野生动物保护主管部门按照职责制定。"

第五十八条第三款规定："在野外环境发现的死亡野生动物，由所在地野生动物保护主管部门收集、处理。"

第六十条规定："各级财政对病死动物无害化处理提供补助。具体补助标准和办法由县级以上人民政府财政部门会同本级人民政府农业农村、野生动物保护等有关部门制定。"

四、中华人民共和国传染病防治法

《中华人民共和国传染病防治法》于1989年颁布，2004年进行了修订。作为传染病防治领域的重要法律，对传染病分类、人畜共患病防治等进行了详细规定。

第三条规定："本法规定的传染病分为甲类、乙类和丙类。"并对重要传染病进行了分类："甲类传染病是指：鼠疫、霍乱。乙类传染病是指：传染性非典型肺炎、艾滋病、病毒性肝炎、脊髓灰质炎、人感染高致病性禽流感、麻疹、流行性出血热、狂犬病、流行性乙型脑炎、登革热、炭疽、细菌性和阿米巴性痢疾、肺结核、伤寒和副伤寒、流行性脑脊髓膜炎、百日咳、白喉、新生儿破伤风、猩红热、布鲁氏菌病、淋病、梅毒、钩端螺旋体病、血吸虫病、疟疾。丙类传染病是指：流行性感冒、流行性腮腺炎、风疹、急性出血性结膜炎、麻风病、流行性和地方性斑疹伤寒、黑热病、包虫病、丝虫病，除霍乱、细菌性和阿米巴性痢疾、伤寒和副伤寒以外的感染性腹泻病。上述规定以外的其他传染病，根据其暴发、流行情况和危害程度，需要列入乙类、丙类传染病的，由国务院卫生行政部门决定并予以公布。"

第四条规定："对乙类传染病中传染性非典型肺炎、炭疽中的肺炭疽和人感染高致病性禽流感，采取本法所称甲类传染病的预防、控制措施。其他乙类传染病和突发原因不明的传染病需要采取本法所称甲类传染病的预防、控制措施的，由国务院卫生行政部门及时报经国务院批准后予以公布、实施。"

第十三条规定："各级人民政府农业、水利、林业行政部门按照职责分工负责指导和组织消除农田、湖区、河流、牧场、林区的鼠害与血吸虫危害以及其他传播传染病的动物和病媒生物的危害。"

第二十二条规定："疾病预防控制机构、医疗机构的实验室和从事病原微生物实验的单位，应当符合国家规定的条件和技术标准，建立严格的监督管理制度，对传染病病原体样本按照规定的措施实行严格监督管理，严防传染病病原体的实验室感染和病原微生物的扩散。"

第二十五条规定："县级以上人民政府农业、林业行政部门以及其他有关部门，依据各自的职责负责与人畜共患传染病有关的动物传染病的防治管理工作。与人畜共患传染病有关的野生动物、家畜家禽，经检疫合格后，方可出售、运输。"

第三十六条规定："动物防疫机构和疾病预防控制机构，应当及时互相通报动物间和人间发生的人畜共患传染病疫情以及相关信息。"

第七十五条规定："未经检疫出售、运输与人畜共患传染病有关的野生动物、家畜家禽的，由县级以上地方人民政府畜牧兽医行政部门责令停止违法行为，并依法给予行政处罚。"

五、重大动物疫情应急条例

2005年11月18日，针对近几年重大动物疫情防控工作中出现的新情况、新问题，特别总结了2004年以来预防、控制、扑灭高致病性禽流感的经验，为了进一步明确各级人民政府及其有关部门在重大动物疫情应急工作中的职责，建立起信息畅通、反应快捷、指挥有力、控制有效的重大动物疫情快速反应机制，提高各级政府和全社会应对和处置高致病性禽流感等重大动物疫情的能力，国务院以第450号令颁布了《应急条例》。2017年10月，为了依法推进简政放权、放管结合、优化服务改革，国务院组织对《应急条例》进行了修改。

该条例首次明确了野生动物保护主管部门开展陆生野生动物疫源疫病监测防控的法律地位，是监测防控工作初始阶段的重要法律依据，也是后续相关法律法规修订的依据。

（一）主要条款解读

《应急条例》第四条第三款规定："县级以上人民政府林业主管部门、兽医主管部门按照职责分工，加强对陆生野生动物疫源疫病的监测。"

如何理解这条规定？在《中华人民共和国动物防疫法》的第三条中规定："本法所称动物，是指家畜家禽和人工饲养、合法捕获的其他动物"，即兽医主管部门的法定职责是负责家畜家禽和人工饲养、合法捕获的其他动物的疫病监测，而野生动物保护主管部门的职责应是负责陆生野生动物野外种群的疫源疫病监测和检测。

解读这款规定，可以得到四方面的信息：一是明确了县级以上人民政府野生动物保护主管部门开展陆生野生动物疫源疫病监测工作的合法性，确定了其法律地位。二是县级以上人民政府野生动物保护主管部门可根据此款的规定协调有关部门在监测机构和人员编制以及经费投入等方面予以支持。三是在赋予权利的同时，也要承担起相应的义务和职责。四是在《应急条例》中能够确定野生动物保护主管部门承担陆生野生动物疫源疫病的监测工作，是对前一阶段监测工作的充分肯定。

（二）主体框架

《应急条例》坚持以人为本和保护人民群众利益的指导思想，遵循"加强领导、密切配合，依靠科学、依法防治，群防群控、果断处置，及时发现、快速反应，严格处理、减少损失"的原则，在重大动物疫情的应急准备，重大动物疫情的监测、报告和公布以及重大动物疫情的应急处理等方面确立了一系列制度；进一步明确了各级政府和政府有关部门在防控重大动物疫情工作中的职责以及不履行职责应当承担的责任。

1. 重大动物疫情的应急准备制度

在《应急条例》第二条中规定："本条例所称重大动物疫情，是指高致病性禽流感等发病率或者死亡率高的动物疫病突然发生，迅速传播，给养殖业生产安全造成严重威胁、危害，以及可能对公众身体健康与生命安全造成危害的情形，包括特别重大动物疫情。"

重大动物疫情出现的突然性、发展的迅猛性和危害的严重性，要求各级人民政府居安思危，在平时就必须做好充分的资金、物资储备以及人员和技术等方面的应急准备。这种应急准备，是预防、控制、扑灭突发的重大动物疫情的前提、基础和保障。《应急条例》对应急准备主要规定了3项制度：

一是应急预案制定制度。《应急条例》规定，县级以上人民政府应当制定重大动物疫情应急预案。

二是建立物资储备制度。根据高致病性禽流感等重大动物疫情防治工作的实践经验，《应急条例》规定，国务院有关部门和县级以上地方人民政府及其有关部门，应当按照应急预案的要求，做好疫苗、药品、设施设备和防护用品等物资储备。

三是建立应急预备队制度。应急预备队是控制和扑灭重大动物疫情的重要力量，《应急条例》对应急预备队的建立、任务、人员组成等作了明确规定。

2. 重大动物疫情的监测、报告和公布制度

建立和完善疫情监测、报告制度，是发现和迅速控制重大动物疫情的重要途径和手段；健全疫情公布制度，体现了我国政府对重大动物疫情处置的公开、透明和对公众身体健康与生命安全的高度负责。疫情的监测、报告和公布对于启动应急机制，迅速控制和扑灭突发重大动物疫情也具有重要意义。为此，《应急条例》确立了以下5项制度：

一是监测网络和预防控制体系制度。《应急条例》规定，县级以上地方人民政府应当建立和完善重大动物疫情监测网络和预防控制体系，特别强调要加强动物防疫基础设施和乡镇动物防疫组织建设，并保证其正常运行，提高对重大动物疫情的应急处理能力。

二是重大动物疫情监测制度。《应急条例》规定，动物防疫监督机构负责重大动物疫情的监测，饲养、经营动物和生产、经营动物产品的单位和个人应当配合，不得拒绝和阻碍。

三是重大动物疫情报告制度。《应急条例》规定，有关单位和个人发现动物出现群体发病或者死亡的，应当立即向所在地的县（市）动物防疫监督机构报告。同时对各级动物防疫监督机构、兽医主管部门向本级人民政府和上级主管部门报告重大动物疫情的内容、程序和时限作了明确规定。

四是重大动物疫情的确认程序、权限和公布制度。《应急条例》规定，重大动物疫情由省级人民政府兽医主管部门认定；必要时，由国务院兽医主管部门认定。重大动物疫情由国务院兽医主管部门按照国家规定的程序，及时准确公布；其他任何单位和个人不得公布。这样规定，从程序上保证了疫情公布的及时性和准确性。

五是重大动物疫情通报制度。《应急条例》规定，国务院兽医主管部门应当向国务院有关部门和军队有关部门以及省、自治区、直辖市人民政府兽医主管部门通报重大动物疫情的发生和处理情况；尤其是发生重大动物疫情可能感染人群时，卫生主管部门和兽医主管部门应当及时相互通报情况。同时规定，疫情发生地人民政府与毗邻地区的人民政府要通力合作，相互配合。

3. 重大动物疫情的应急处理制度

重大动物疫情应急处理是一项复杂、艰巨的工作，关系到控制、扑灭重大动物疫情目标的实现。《应急条例》对此规定了以下4项制度：

一是建立应急指挥系统制度。突发重大动物疫情应急工作是一项系统工程，必须在各级政府的统一领导、指挥下才能顺利完成。因此，《应急条例》规定，重大动物疫情发生后，国务院和有关地方人民政府应当建立应急指挥系统。

二是应急预案的启动制度。《应急条例》规定，重大动物疫情发生后，由兽医主管部门提出建议，本级人民政府决定启动应急预案。《应急条例》同时明确规定了疫点、疫区、受威胁区应当分别采取的应急处理措施。

　　三是基层组织的群防群控制度。重大动物疫情的控制和扑灭离不开基层政府和群众性自治组织的协助和配合，《应急条例》规定，乡镇人民政府、村民委员会、居民委员会应当组织力量，向村民、居民宣传动物疫病防治的相关知识，协助做好疫情信息的收集、报告和各项应急处理措施的落实工作。

　　四是有关单位和个人的配合制度。对重大动物疫情采取控制和扑灭措施，既需要政府的全力投入，统一指挥，也需要有关单位和个人的积极配合。因此，《应急条例》规定，重大动物疫情应急处理中采取的隔离、扑杀、销毁、消毒、紧急免疫接种等控制、扑灭措施，有关单位和个人必须服从；拒不服从的，由公安机关协助执行。

　　此外，《应急条例》对违规行为规定了严格的法律责任，并明确规定构成犯罪的，依法追究刑事责任。

（初冬　张晓田　徐钰）

第三章
陆生野生动物疫源疫病监测防控工作的管理

陆生野生动物疫源疫病监测防控管理是指在监测过程中组织、实施、监督和协调等所进行的行政管理活动的总称。在监测工作中应坚持"加强领导、密切配合、依托体系、科学监测、专群结合、快速反应"的方针，在监测工作管理中应坚持分级负责、属地管理的原则。

国家林业和草原局主管全国陆生野生动物疫源疫病监测防控工作，国家林业和草原局生物灾害防控中心具体负责全国陆生野生动物疫源疫病监测工作的组织与管理工作。省级及以下各级野生动物保护主管部门主管本辖区的陆生野生动物疫源疫病监测防控工作，成立相应的机构具体负责本辖区的陆生野生动物疫源疫病监测防控工作。

陆生野生动物疫源疫病监测防控工作是一项必须常抓不懈的法定工作。各地野生动物保护主管部门要根据陆生野生动物疫源疫病监测工作需要和实际情况将野生动物疫源疫病监测、野生动物资源监测和鸟类环志等功能整合为一体，实现一站多能，逐步提高监测预警的针对性、时效性、准确性，逐步实现由被动监测向主动预警的转变。加强野生动物资源监测，明晰辖区内陆生野生动物种类、数量、分布情况以及自然疫源地情况；积极通过环志、日常监测等手段，准确掌握陆生野生动物集群动态和活动规律；积极加强与相关科研单位合作，强化科技支撑，提高监测工作的科技含量；有条件的监测站要积极开展取样和初检的试点工作。县级以上人民政府野生动物保护主管部门按照同级人民政府的要求，并按照《应急条例》《管理办法》的规定和监测工作的需求，具体负责本行政区域内陆生野生动物疫源疫病监测防控的组织实施、监督和管理工作。各级野生动物保护主管部门应积极协调落实各级监测站基础设施基本建设投资，将监测站所需经费纳入地方财政预算，加强对资金和物资使用情况的监督检查，同时，各级野生动物保护主管部门要组建一支相对稳定、专兼职结合的监测队伍，并开展技术培训，提高监测技术水平和应急处理能力。在具体工作中，应遵循《管理办法》《监测规范》的要求，开展监测、信息报告和应急处置等工作。为加强对监测工作的科学支持，省级以上野生动物保护主管部门应建立陆生野生动物疫源疫病监测防控专家委员会，为监测工作提供技术咨询和指导。在发生突发陆生野生动物疫病时，在当地政府组织下，做好应急处置、监测和防控工作。为了营造监测工作良好工作氛围，要加大宣传普及陆生野生动物疫源疫病监测防控和防控知识的力度，引导社会各界力量参与监测防控工作。

第一节　监测人员的职责和管理

监测人员按其职责和隶属关系分为专职监测员和兼职监测员。

专职监测员为履行岗位职责的监测站工作人员，应具备一定学历或有相关工作经历，并经过省级以上野生动物保护主管部门岗位培训，合格后方可上岗。专职监测员的职责是负责监测区域的陆生野生动物资源、陆生野生动物安全状况的调查，组织、指导兼职监测员开展监测工作。每次野外调查要将观测到的陆生野生动物资源情况填入调查记录表格，报告调查信息；发现陆生野生动物异常情况（行为异常或异常死亡，包括猎杀、机械伤害和中毒等）按要求记录监测信息，并及时上报。

兼职监测员为监测站长期或临时聘用的林草系统内职工或当地群众，应经过省级以上野生动物保护主管部门组织的专业技术培训。兼职监测员的职责是在日常监测工作中，发现、报告陆生野生动物异常情况，做好现场的隔离并配合专职监测员开展监测、应急处置等工作。

为了保证监测工作的顺利开展，各级监测站应积极争取编办和上级主管部门的支持。国家级监测站需配备专职监测员不少于3人。省级监测站需配备专职监测员不少于2人。

各省级监测管理机构要建立监测人员登记管理制度。各级监测站点的监测人员要保持相对的稳定，人员变更需报上级监测管理机构备案。

乡镇林业和草原工作站、自然保护地、国有林场的工作人员和护林员、林草有害生物测报员、野生动植物保护员等基层林草工作人员，是林草工作顺利实施的最基础的保障队伍，其日常巡查、巡护等工作的区域也是野生动物集中分布或者人与野生动物密切接触地区，因此，上述人员也应该承担监测的职责，在做好本职工作的同时，发现并报告陆生野生动物突发异常情况。

第二节　陆生野生动物疫源疫病监测站建设和管理

陆生野生动物疫源疫病监测站建设和管理包括了监测站点布设、仪器设备配备和监测资金管理等内容。

一、陆生野生动物疫源疫病监测站建设

陆生野生动物疫源疫病监测站建设应坚持"统一规划、科学布局、节约高效、功能齐备"的原则。

（一）监测站的布局

陆生野生动物疫源疫病监测站具体承担陆生野生动物疫源疫病监测防控职责，通过巡护、观测等方式掌握陆生野生动物种群动态，发现陆生野生动物异常情况，并对陆生野生动物疫病发生情况做出初步判断，及时报告陆生野生动物疫病情况，并开展应急处置的单位，是开展陆生野生动物疫源疫病监测防控工作的基础。因此，监测站的设置必须综合陆生野生动物的生活活动特性、陆生野生动物资源分布特点和野生动物疫病发生特点等情况，重点布设在陆生野生动物集中分布区、陆生野生动物迁徙通道、陆生野生动物驯养繁殖密集区及其产品集散地、陆生野生动物疫病传播风险较大的边境地区和其他容易发生陆生野生动物疫病的区域。

各监测实施单位原则上必须是现有林草系统中具有独立法人资格的非行政管理机构，并尽可能将野生动物保护、自然保护区管理、鸟类环志、检测鉴定、生态观测、宣传教育等功能与疫源疫病监测防控整合一体，实现一站多能，促使其在野生动物保护和疫源疫病监测防控工作中发挥最大效能。

陆生野生动物疫源疫病监测站，分为国家级陆生野生动物疫源疫病监测站和地方级陆生野生动物疫源疫病监测站。国家级陆生野生动物疫源疫病监测站的设立，由国家林业和草原局组织提出或者由所在地省、自治区、直辖市人民政府野生动物保护主管部门推荐，经国家林业和草原局组织专家评审后批准公布。地方级陆生野生动物疫源疫病监测站按照省、自治区、直辖市人民政府野生动物保护主管部门的规定设立和管理，并报国家林业和草原局备案。

（二）监测能力建设

各监测实施单位应具有经当地编办批准成立的机构和人员等基础工作条件，要有专用的办公室、资料档案室和储备应急物资、交通工具的库房，有条件的监测站应设立初检实验室。国家级陆生野生动物疫源疫病监测站应配置专职监测人员，配置人数可参照表3-1。

表3-1　国家级陆生野生动物疫源疫病监测站专职监测员配置表

类型		点、线数量		辖区面积（km²）	配置人数（人）
		巡查线路（条）	工作点（个）		
日常监测	设在保护区的监测站	3~5	2~3	<1000	4~8
		6~11	4~7	1000~2000	8~16
		≥12	≥8	≥2000	16~32
	设在县级行政区的监测站	5~9	2~3	<2000	2~4
		10~19	4~7	2000~10000	4~7
		≥20	≥8	≥10000	7~10
专项监测	设在保护区的监测站	4~7	3~5	<1000	5~10
		8~15	6~11	1000~2000	10~20
		≥16	≥12	≥2000	20~40
	设在县级行政区的监测站	5~9	3~5	<2000	3~5
		10~19	6~11	2000~10000	5~8
		≥20	≥12	≥10000	8~12

注：可根据监测站的点、线数量或其辖区面积两类指标之一，或两类指标同时具备确定监测员配备人数。具备下列情况之一的，可根据工作需要，适当提高专职监测人员配备数量，提高幅度不应超过高一档次的上限：一、设在自然保护区，且跨县级行政区的；二、设在地级市所属行政区域，且监测范围跨县级行政区的；三、监测范围内乡镇总人口密度超过80人/km²的；四、处于陆生野生动物疫病常发区或自然疫源地的；五、监测范围内陆生野生动物圈养、驯养繁育活动较多的；六、处于边境地区的。

监测站要正式挂牌，名称为"××（省、自治区、直辖市）××（地名）××级（国家级、省级、市级、县级）陆生野生动物疫源疫病监测站"。

各监测站要明确监测范围、重点、巡查线路、监测点，其监测范围必须与其监测能力相适应。要绘制辖区内的野生动物分布、迁徙路线和巡查线路、固定监测点图。

二、基础设施、仪器设备和资金

基础设施的建设包括办公用房、公共服务用房、工作用房和辅助用房等的新建和改扩建。

监测站购置的仪器设备应满足信息采集、信息报告、野外监测巡护、野生动物取样跟踪、野生动物远程监控和个人防护等需要。仪器设备应设立台账，明确专人管理和保管，定期进行维护。国家级陆生野生动物疫源疫病监测站的详细建设内容可参照表3-2。

表3-2　国家级陆生野生动物疫源疫病监测站的详细建设内容建议

项目	建设内容
设施建设	野外固定监测用房等业务用房的新建和改扩建，以及标本室、隔离救护场所、应急物资储备库、库房、车库、食堂等辅助用房和服务用房的改扩建
信息采集设备	移动信息采集设备、图像采集设备、音视频采集设备和存储设备等
信息报告设备	计算机、打印机、扫描仪、传真机、网络设备等
野外监测巡护设备	巡护工作车（船）、单（双）筒望远镜、夜视仪、测距仪、对讲机、远程视频监测设施设备、无人机、卫星电话等
取样跟踪设备	捕捉工具、液氮罐或-80℃低温冰箱、便携式保存箱、环志工具、遥感信号发射跟踪设备等
救护设备	运输工具、笼箱、捕捉工具、诊断治疗工具、饲养设备
个人防护设备	野外工作防护设备、生物安全防护设备等
应急处置设备	消毒药剂、喷雾（粉）机、焚烧炉、野外工作服、帐篷、睡袋、发电设备、隔离警戒带等
样品初步检测设备	解剖工具、负压超净工作台或生物安全柜、样品处理、样品初步检测分析等

监测经费主要用于日常监测、办公、添置和维修仪器设备、应急处置等工作。各监测站应根据《管理办法》的规定，多方筹集经费，拓宽资金来源渠道，保证监测工作的顺利开展。监测经费实行专款专用，不得私自截留、挪用。

第三节　规章制度建设

为了加强陆生野生动物疫源疫病监测工作的管理，使监测工作规范化、制度化，制定相关的规章制度是十分必要的。

一、责任制度

陆生野生动物疫源疫病监测工作已成为法定的、日常性工作，事关国家生物安全、公共卫生安全、经济发展和生态安全的大局，责任非常重大。因此，建立健全责任制度，落实岗位职责是监测工作的一项重要内容。

首先，要建立各级领导的责任制。在政策、机构、人员、资金等方面予以大力支持。监测工作无小事，要树立大局观念，不能有丝毫麻痹、松懈的想法，要本着对国家、对人民、对子孙后代负责的原则，按照国家的要求，扎实组织开展监测工作，认真履行法定职责。

其次，要在各级监测站和监测人员中建立责任制。监测人员要按照《监测规范》的要求，根据所负责的监测区域、野生动物种类、生活习性等，划定责任范围和监测重点区域，明确第一责任人，科学合理设置固定观测点和巡查路线，从机制上保障监测工作的有效性、针对性和准确性。做到"勤监测、早发现、严控制"，在第一时间发现，在第一现场控制，保证监测信息报告及时和准确，保证对发生野生动物异常死亡的现场和尸体进行严格处理，保证疫情不扩散，严格落实岗位职责制，做好监测工作。

第三，要以人为本，制定个人防护要求，并严格执行，同时，要定期组织监测人员进行体检，有条件的地区还可为监测人员办理医疗保险，保证监测工作的顺利开展。

二、工作制度

为了使野生动物疫源疫病监测、报告、应急处置等工作环节规范、有序，应制定一系列制度，加以规范管理。

第一，各省级监测管理机构应根据《监测规范》的精神，结合当地实际情况制定《监测实施细则》，以规范当地的监测工作。

第二，根据《监测规范》线路巡查和定点观测的规定，制定具体的要求和制度，保证工作落到实处。

第三，制定监测值班和信息报告制度，明确责任，以保证监测信息的及时准确上报。

第四，为了应对突发重大野生动物疫情，应制定当地的应急预案，并报当地政府备案，同时，做好应急物资储备计划或方案。

三、管理制度

管理制度涉及布设监测站点、人、资金、物资和档案等方面的管理。

第一，制定监测站建设方案或规划。监测站点合理的布设和科学的建设方案是开展监测工作的基础，有计划地减少监测盲区和逐步提高监测设施设备性能是监测质量的保证。

第二，制定监测员管理制度。监测人员要经过技术培训，并且要保持相对的稳定，省级监测管理机构要做好监测人员备案管理。

第三，加强监测资金的管理。做到监测资金专款专用，不许挪用、占用。

第四，制定仪器设备管理制度。仪器设备要登记账册，使用和维护要有登记，要有专人保管。

四、宣传通报制度

陆生野生动物疫情信息由国家林业和草原局通报国家相关部门，依法予以发布。其他任何单位和个人不得以任何方式公布陆生野生动物疫情。

五、监督考核制度

随着野生动物疫源疫病监测工作的开展，需要制定有效的监督考核制度以确保各项工作按照法律法规、规章制度、规划方案和上级要求落到实处。一是通过监督考核，总结表扬先进，推广行之有效的监测技术和管理方法。二是通过监督考核，及早发现问题，把问题消灭在萌芽状态，杜绝各类不规范、不到位的行为。三是通过制定监督考核制度，使这项工作制度化、公正化，以促进监测工作健康发展。

（徐钰 刘衍 梁宏蕊）

第四章
陆生野生动物疫源疫病日常监测

第一节　日常监测的目的和意义

按照《管理办法》有关规定，陆生野生动物疫源疫病监测实行全面监测、突出重点的原则，并采取日常监测和专项监测相结合的工作制度。其中，日常监测以线路巡查、定点观测等方式为主，了解陆生野生动物种群数量和活动状况，掌握陆生野生动物异常情况，并对是否发生陆生野生动物疫病提出初步判断意见。开展陆生野生动物疫源疫病日常监测是监测防控工作中的一项重要的基础性工作，能够及时掌握野生动物种群数量和分布情况，第一时间发现野生动物死亡或异常情况，为野生动物疫源疫病监测防控工作提供疫源物种和疫病种类本底数据支持。

一、日常监测是开展监测防控的重要手段

日常监测是开展野生动物疫源疫病监测防控工作的重要手段。通过日常监测，可以实时了解、掌握野生动物种群分布和活动情况，明确当地优势野生动物种类和数量，及时发现野生动物异常或死亡情况，为科学防控野生动物疫病提供基础数据支持。

二、日常监测能够掌握野生动物种群时空分布和活动规律

日常监测采取线路巡护、定点观测等方式，观察并记录陆生野生动物种类、数量及安全状况，在科学布设巡护线路和一定时间内，可掌握辖区内陆生野生动物种群时间、空间的分布和活动情况，掌握辖区内重点疫源物种种类和数量情况，为野生动物疫源疫病监测防控提供疫源物种本底数据支持。

三、日常监测能够及时发现野生动物异常情况

各地在开展野生动物疫源疫病日常监测过程中，能够及时发现野生动物行为异常、发病或死亡情况，并针对上述情况可采取封控现场、临床检测、样品采集、送检和逐级上报等措施。因此，日常监测是发现野生动物异常情况的重要途径，是野生动物疫病监测与防控工作中不可或缺的关键内容。

第二节　日常监测的方法和要求

一、日常监测类型

日常监测根据陆生野生动物迁徙、活动规律和疫病发生规律等分别实行重点时期监测和非重点时期监测。

1. 重点时期监测

每日1次开展线路巡查和定点观测，实行日报告制度。突发陆生野生动物疫病应急处置期间，对重点区域和路线实行24h监控。

重点时期监测确定的原则：

（1）根据国家和本省的重点监测疫源动物在本辖区分布变化节点（繁殖、越冬、迁徙等）来确定。

（2）可能在本辖区发生国家和本省的重点监测疫病的易发病时间来确定。

（3）自然灾害的灾后防疫，如冰雪、地震、洪水等。

（4）根据监测防控形势需要来确定，可多时段。

2. 非重点时期监测

每7d至少进行1次线路巡查或定点观测。

二、监测方法

按照《管理办法》的规定，各级监测站点应根据辖区内陆生野生动物分布活动的具体情况，采取点面结合的监测方式，分线路巡查、定点观测和群众报告等方法开展监测工作。

（一）线路巡查

即在监测站点所辖区域内根据陆生野生动物种类、习性及当地生境特点科学设立陆路、水路巡查线路，定期对沿线的陆生野生动物资源情况进行观察记录。

巡查线路的布设应根据辖区内陆生野生动物资源分布情况、生态环境类型，综合考虑人员、交通等因素而科学设计样线；样线应根据陆生野生动物资源随季节动态变化及时调整，应覆盖辖区内陆生野生动物主要分布区，相同生态类型的应安排在同一样线；样线宽度的设置应使监测人员能清楚观察到两侧的陆生野生动物及活动痕迹；样线长度应使监测人员当天能够完成一条样线的监测工作，并用GPS进行定位。

1. 森林生态系统

在森林生态系统中，样线布设应考虑野生动物的栖息地类型、活动范围、生态习性和透视度。

南方森林生态系统样线长度以2000～5000m为宜，样线单侧宽度两栖类5～15m、爬行类10～15m、鸟类25～30m、兽类20～25m，在原始森林内单侧宽度可以适当提高5～10m。

北方森林生态系统中的针叶林、针阔混交林以及阔叶林样线长度为3000～10000m。在实际调查中，根据地形条件以及植被状况，确定5000～8000m的样线长度。样线宽度基于调查动物特性，一般应为两栖类5～15m、爬行类10～15m、鸟类20～30m（冬季视野开阔可以增加到30～40m）、兽类25～30m。

2. 草原生态系统

监测样线应按随机布设，样线间隔一般不少于2000m；实际行进路线长度根据具体情况确定，样线宽度左右各125m。原则上，样线方向须横截山体走向，由此覆盖山体中上部。

样线上行进的速度根据调查工具确定，步行宜为每小时2000～3000m，不宜使用摩托车等噪声较大的交通工具进行调查。

3. 荒漠生态系统

考虑尽量沿道路布设样线。样线宽度，平原可达到1000～2000m；在山区则受到山体的限制，一般为100～250m。

4. 湿地生态系统

样线长度以3000～5000m为宜，样线单侧宽度根据生境类型和调查对象而定，一般为50～200m。步行宜为每小时1000～2000m。

（二）定点观测

在陆生野生动物种群聚集地（如越冬地、越夏地、繁殖地）或迁徙通道（如停息地）等重点监测区域设立专人执守的固定观测点进行定点观测，记录野生动物异常情况。

固定观测点主要设置在陆生野生动物种群集中分布、活动区域或者迁徙通道的重点地区。监测人员应使用大比例尺地形图、GPS或借助森林资源调查固定样地的标桩等对监测点进行定位。使用直接计数法进行监测记录。

（1）野外监测发现野生动物实体或动物痕迹时，记录其种类、数量及其所在的栖息地类型。

（2）对于野鸟调查时间宜为清晨（日出0.5h～3h）或傍晚（日落前3h至日落）。到达样点后，宜安静休息5min后，以调查人员所在地为样点中心，观察并记录四周发现的鸟类名称、数量、距离样点中心距离等信息，每个个体只记录1次，能够判明是飞出又飞回的鸟不进行计数。

（3）对于爬行类、两栖类调查季节宜为出蛰后的1～5个月内，因不同种类活动时间不同，调查时间应分为白昼监测和夜晚监测。

（三）群众报告

各级野生动物保护主管部门和陆生野生动物疫源疫病监测站应设立并向社会公布应急值守电话，建立应急值班制度。接到群众报告野生动物异常情况后，应立即组织专职监测员赶赴现场，调查核实情况，如不能排除疫病因素，要立即封锁现场，向当地动物疫病预防控制机构报（送）检。

驯养繁育场监测。按照国家有关繁育场防疫的规定，对场内野生动物种群情况变动情况进行监测，及时发现异常变化，并做好无害化处理工作。

三、样本采集

具体的样本采集方法，在技术篇中详细讲解。这里只重点强调样本采集的原则以及需要填报的表格要求。在取样调查前，一定要备足所有必要的物品及仪器设备（人员安全防护用具、采样用品、尸体剖检用品、保存器皿、调查记录表格等）。

（一）样本采集原则

（1）怀疑为重大动物疫情的应立即报告当地动物疫病预防控制机构，由其组织开展取样；确认非重大疫病致死的，各级监测站点可根据自身条件组织取样，送相关具有检测能力的实验机构进行检测。但怀疑炭疽的尸体或个体，需要有专业技术人员按照国家有关规定进行取样和尸体无害化处理以及消毒。

（2）对于国家级或省级重点保护野生动物，紧急情况下实行死亡动物采样与报批同步；正常情况下，应在获得国家相关部门的行政许可后，根据国家有关要求确定具体采样方式和强度。

（3）对于非重点保护野生动物，采样强度可根据野生动物种群大小，结合疫源疫病调查的需要进行确定。

（二）样本采集的其他要求

（1）活体野生动物的样本采取无损伤采样方式，如拭子、粪便和大型动物血样的采集。

（2）野生动物尸体的样本采取损伤采样方式，如脾、肺、肝、肾和脑等组织的采集。特殊情况下，活体野生动物也可采取损伤采样方式取样。也适用于垂死或表现出典型症状的野生动物。尸体采样必须在动物死亡24h内进行。

（3）野生动物被无损伤采样后，应根据野生动物健康状况及时放归自然生境或进行救护。

（4）采样所用物品需进行消毒，死亡野生动物需无害化处理。

（三）样本采集强度

（1）病原检测样本必须采集不低于2～5个样本，珍贵、濒危野生动物不低于2个样本。

（2）非重点保护野生动物的血清学检测样本不低于30个有效样本，且必须保证每个样本有一个复制品。珍贵、濒危野生动物根据具体情况决定。

（四）捕捉和采样要求

陆生野生动物的捕捉，根据监测取样的需要，针对不同的野生动物特点，采用不同的方法进行。为了从业人员和野生动物的安全，野生动物的捕捉必须由专业人员进行。

陆生野生动物疫源疫病监测样本的采样方式包括活体野生动物的非损伤采样方式，如拭子、粪便和血样的采集。活体野生动物和尸检野生动物的损伤采样方式，如脾、肺、肝、肾和脑等组织的采集。

国家重点保护物种、珍贵濒危野生动物活体原则上不采用损伤性采样方式。

陆生野生动物疫源疫病监测样本的采集种类，根据监测疫病的种类可采集血液、组织或脏器、分泌物、排泄物、渗出物、肠内容、粪便或羽毛等。

采样人员可根据记录仪器内预设模式，及时准确地填入监测数据；或者填写野外样本采集记录表（见附录9，附件2）。

野外样本采集记录表填写要求：

（1）动物种类：指需要采集样本的野生动物名称，以学名为准。

（2）采样地点：指野外捕捉采样的地点。

（3）地理坐标：为采样地点的具体经纬度数据。

（4）生境特征：按《全国陆生野生动物资源调查与监测技术规程（修订版）》执行。野生动物生境分为森林、灌丛、草原、荒漠、高山冻原、草甸、湿地及农田8大类型。

（5）样本类别：为尸体、血液、组织或脏器、分泌物、排泄物、渗出物、肠内容物、粪便或羽毛等。

（6）样本数量：每一种样本类别的取样数量。

（7）样本编号：可参照以下格式进行，××（日）/××（月）/××（年）—发生异常地点—采样野生动物名称及编号（1、2、3）—样本类别（多头份样本可编号予以区别）。

（8）包装种类：样本的包装材质，如eppendorf管、西林瓶、离心管、塑料袋等。

（9）野生动物来源情况：采样动物如为驯养繁育的野生动物应说明该种群人工繁育的时间、地点，饲料、饮水来源及其品质状况，饲养区周围有无野生动物或其他的饲养动物及与家禽家畜的接触情况。

（10）野生动物免疫情况：驯养野生动物自身及与之密切接触的动物的免疫情况等，这些基本要素对疾病的流行病学诊断有重要价值。

（11）采样动物处理情况：如无损伤采样，放飞；损伤采样尸体的无害化处理等。

四、报（送）检

发现野生动物异常死亡时，应根据现场检查结果，采取报告当地动物疫病预防控制机构处理或自行采样，并将样本移交至检测单位时，应填写报检记录表（见附录9，附件3）。样本移交时应与样本接收单位办理移交手续。报检或移交样本后，应密切关注检测结果，及时上报并归档。

认真收集、整理动物取样检测结果，可为开展野生动物疫源疫病预警监测工作提供数据支持。

报检记录表填写说明：

（1）日期：为报告当地动物疫病预防控制机构或办理样本移交手续的日期。

（2）现场检测结果：为当地动物疫病预防控制机构现场诊断的结论。

第三节　监测信息报告

监测信息报告是指监测站将监测过程中采集到的陆生野生动物种类、种群数量、分布情况、行为异常和异常死亡信息，以及样品采集信息、检验检测报告等逐级上报的过程。信息报告分为日报告、周报告、快报和专题报告4种形式。陆生野生动物疫源疫病监测信息通过全国陆生野生动物疫源疫病监测防控信息管理系统报送。

监测信息处理是指对采集到的信息进行汇总、分析，得出野生动物疫病传播扩散趋势的过程。

实行监测信息报告的目的是便于野生动物疫源疫病监测防控管理机构全面、准确、及时地掌握辖区内野生动物疫源疫病发生动态和监测工作进展，为预警分析、应急决策提供科学依据。

一、术语

（1）重大野生动物疫情是指野生动物突然发生重大疫病，且传播迅速，导致野生动物发病率或者死亡率高，给野生动物种群造成严重危害，或者可能对人民身体健康与生命安全造成危害的，具有重要经济社会影响和公共卫生意义。考虑到野生动物活动范围较大，疫情涉及的范围以县级行政区划叙述。

（2）野生动物异常死亡事件是指在某一地点、在一特定时间内发生野生动物异常死亡。

（3）突发事件是指在一定区域，短时间内发生波及范围广泛、出现大量患病野生动物或死亡病例，其发病率远远超过常年的发病水平。

（4）野生动物生境是指野生动物赖以生存的环境条件。它由一定的地理空间（非生物环境）、植物和其他生物（生物环境）构成，其中由植物组成的植被是野生动物生境的主要因子，是地理空间条件的综合反映。野生动物生境类型的划分按照原林业部1995年制定的《全国陆生野生动物资源调查与监测技术规程》的8种类型划分，即森林、灌丛、草原、荒漠、高山冻原、草甸、湿地及农田8大类型。

（5）小生境是指各种野生动物在大的生态环境中，选择最适合其生活的具体环境条件，这些条件构成了野生动物生活的小生境。它是某种野生动物取食、活动、筑巢、隐蔽的具体地点。在调查中，应给予充分的重视。小生境应以一定的地物特征加以说明，如：林缘、林间空地、火烧迹地、采伐迹地、未成林造林地、林下、林冠、溪岸、沟边、湖岸、河岸、沟谷、阳坡、阴坡、山崖、峭壁、洞涵、村边、林丛、草丛、灌丛、水泡、沼地、田间地头、果园庭院、居民点等。

（6）地理坐标是指发现野生动物异常情况地点的经纬度数据，用GPS取得。

（7）种群是由同种生物的个体组成，是分布在同一生态环境中能够自由交配、繁殖的个体群，但又不是同种生物个体的简单相加。在自然界，种群是物种存在、物种进化和表达种内关系的基本单位，是生物群落或生态系统的基本组成部分。

种群特征包括种群密度、年龄组成、性别比例、出生率和死亡率等。种群的核心特征是种群密度。出生率、死亡率、年龄组成和性别比例，直接或间接地影响种群密度。

（8）快报是在无论是否实行日报告制度，只要发现野生动物大量行为异常或异常死亡或确诊为疫情等情况时就立即实时实施。

（9）专题报告内容包括野生动物疫源疫病本底调查、专项监测、科学研究成果和总结报告等。

《管理办法》中规定，在日常监测中，根据陆生野生动物迁徙、活动规律和疫病发生规律等分别实行重点时期监测和非重点时期监测。

日常监测的重点时期和非重点时期，由省、自治区、直辖市人民政府野生动物保护主管部门根据本行政区域内陆生野生动物资源变化和疫病发生规律等情况确定并公布，报国家林业和草原局备案。

重点时期内的陆生野生动物疫源疫病监测情况实行日报告制度，非重点时期的陆生野生动物疫源疫病监测情况实行周报告制度。但是发现异常情况的，应当按照有关规定及时报告。

二、重点监测时期的报告制度

按照《管理办法》的要求，重点监测时期的监测信息报告实行日报告和快报制度。

日报告制度是指在重点时期内，各国家级野生动物疫源疫病监测站的巡护、观测频次是每日1次，并在每日14点前将当日（或前一日）监测到的陆生野生动物种类、种群数量、活动地点、行为异常和异常死亡等信息按要求逐级上报。

快报是在发现野生动物异常死亡或得到检测结果等，不按规定时间及时报告信息的报告制度。

三、非重点时期的报告制度

非重点时期原则上实施周报告和快报制度。

在此时期各级野生动物疫源疫病监测站每周至少开展1次巡护、观测，并在每周五14点前将本周监测到的陆生野生动物种类、种群数量、活动地点、行为异常和异常死亡等信息填报信息报告，逐级上报。但在此时期内，如有特殊情况，应以快报形式报告。

当然，各级野生动物保护主管部门如果有更严格的工作要求，巡护及信息上报也应从严。

四、突发事件快报的实施

实施突发事件快报制度是在无论是否实行日报告制度，只要发现野生动物大量行为异常或异常死亡或确诊为疫情等情况时就立即实时实施。

各监测站点当发现野生动物大量行为异常或异常死亡时，必须立即组织两名或两名以上专业技术人员赶赴现场，进行流行病学现场调查和野外初步诊断，确认为疑似传染病疫情后立即向当地动物疫病预防控制机构报告，并在2h内，将情况报送防控中心和省级监测管理机构以及当地野生动物保护主管部门，并按照《监测规范》的规定要求进行处理。防控中心接到《监测信息快报》后，应在2h内向国家林业和草原局报告。

每例突发异常事件填报1份，快报信息还应包括以下内容：

（1）现场封锁。监测信息报告中应有对野生动物异常死亡的现场采取封锁措施的内容。

（2）现场消毒和尸体处理。监测信息报告中还应说明现场消毒处理情况。

（3）报检。监测信息报告中要有报检内容、受理单位和初步检测结果等。

如确诊为传染病疫情，报检单位应在2h内将情况向防控中心和省级监测管理机构报告；防控中心应在1h内向国家林业和草原局报告。

五、陆生野生动物疫源疫病监测信息报告填写要求

野外监测人员可使用PDA等监测设备进行实时监测、记录、上报，或者也可在监测工作结束后及时将监测情况填入野生动物疫病野外监测记录表，回到监测站后，将信息录入监测直报系统内上报。监测信息应妥善保管。

（1）监测人：应为经过相关专业培训且具备上岗资格的监测员。

（2）监测站点：应说明为某监测站及所属的某监测点或巡查线路名称，如青海省青海湖国家级陆生野生动物疫源疫病监测站——黑马河监测点；巡查线路用起止名称表示。

（3）监测区域：监测点所负责的监测区域，以当地地名为准。

（4）地理坐标：每次外出监测时GPS给出的地理坐标数据，要求出发时即开机，沿事先设定的巡护线路，每发现野生动物时，都要记录地理信息（轨迹）和物种、数量、路左或路右、距巡护线路的距离等，当发现野生动物有异常情况时，在保证安全的前提下，尽可能靠近野生动物或异常死亡的动物并用GPS仪定位记录数据，将GPS数据通过手持监

测设备实时上报，或在监测工作结束后，转入计算机保存并上报，同时，要将现场隔离，防止无关人员或其他动物接触（靠近）。

（5）种类：野生动物的标准名称应为学名，必要时可请相关方面的专家进行鉴定。

（6）种群数量：记录观测到的某野生动物种群数量。

（7）生境特征：按《全国陆生野生动物资源调查与监测技术规程（修订版）》执行。野生动物生境分为森林、灌丛、草原、荒漠、高山冻原、草甸、湿地及农田8大类型。

（8）种群特征：是指该物种种群是否具有迁徙习性以及其年龄垂直结构、性别情况等，如3成体、2亚成体、1幼体，3雌3雄。

（9）异常情况记录：如在监测过程中发现野生动物异常情况，需注明死亡前（或死亡后）的外观症状（如皮肤有无出血、精神状态、行为状况等），死亡或发病数量等。

（10）现场初步检查结论：应由监测人员或当地动物疫病预防控制机构做出。明显可判定为非疫病因素的可由监测人员做出结论，其他均由动物疫病预防控制机构做出。

（11）现场处理情况：填写是否采取现场消毒（包括消毒药剂和方法）、隔离等现场处理措施。

（12）异常动物处理情况：对初步检查发现异常的野生动物是否取样、进行掩埋、焚烧等《监测规范》规定的处理措施。

（秦思源 解林红 李景浩）

第五章
突发陆生野生动物疫情应急管理

目前，源自野生动物的人畜共患病已经成为影响全球公共卫生安全的重大问题，野生动物在人畜共患病发生、传播中的作用正在成为医学、公共卫生、病原学家们探讨的热点话题，更是传染性疾病预防和控制不可回避的问题。来自动物防疫和生态领域的专家提醒，"动物的健康就是人类的安全"，随着人口增加和人类社会经济活动日趋频繁，人们接触野生动物的机会越来越多，原来在野生动物种群内部发生的疾病有可能加速向人类传播。各国政府越来越清楚地认识到，野生动物疫病不仅对野生动物种群、畜牧业生产造成危害，而且还关系到公共卫生安全与人民群众生命健康，关系到社会的和谐与稳定。有效应对和科学处置突发陆生野生动物疫情已经成为各国政府一项重要而艰巨的任务。

第一节　突发陆生野生动物疫情应急处置概述

突发陆生野生动物疫情具有高风险的特征，即具有造成重大损失的可能性。陆生野生动物突发疫情通常还表现出结果上的高度不确定性以及高度的偶然性。突发野生动物疫情应急管理的结果取决于我们采取什么行动，然而，我们却无法确切知道究竟什么是最佳行动，这意味着处理突发野生动物疫情的人始终是在高度紧张的状态下运行。

一、突发事件的类型

突发事件可分为"常规型"与"危机型"两类。当一种突发事件在人们有（或应当有）资源来进行事先组织和准备的地方发生的次数足够频繁时，这类突发事件便转化为一个常规型的事件。当突发事件的规模不同以往、突发事件的成因前所未知、资源的结合与以往不同，响应者们所面临的便是危机型或异常型突发事件所带来的挑战。

在这两类突发事件中，由于常规型突发事件性质决定了在对突发事件的理解认识、应对准备和响应措施是有准备的，而危机型突发事件则在这3个方面有很多不确定性。2003年，一名从香港飞抵加拿大的感染者将SARS传播至加拿大时，当地的医务工作者仅仅意识到这是一种已经在中国南方报告的尚未命名、十分神秘、能够致人死的肺炎。在多伦多公共卫生官员控制住疫情之前，仅仅数月，SARS的感染者上升至375人，其中44人死亡。这些人中很多都是在医院里被感染的。医院里预防呼吸道传染的常规措施，尽管足以预防普通的肺炎或流感，却远远无法阻止SARS的传播。目前，突发陆生野生动物疫情如候鸟高致病性禽流感也属于危机型突发事件，随着人们认识的提高、应对能力的增强、对其发生规律的了解不断深入，其逐步向着常规型突发事件转变。但总有新发、新传入的疫病即危机型突发事件发生，这是我们需要积极应对的，也是认识逐步提高和能力增强的一个过程。

二、应急处置的指导原则

突发陆生野生动物疫情具有突然暴发、起因复杂、难以判断、迅速蔓延、危害严重、影响广泛等特点，而且往往相互交织，处置不当可能产生连锁反应。具有"突发性"与"隐蔽性""偶然性"与"必然性"，其间存在着辩证的关系，在有效应对和处置时，必须搞清楚突发事件背后的隐蔽原因，探索偶然性背后的必然性；必须坚持预防与应急并重，用系统、综合的办法去应对，用科学的手段快速处置；必须坚持常态与非常态相结合，加强预防工作，整合应急资源，全面提高应对突发疫情的综合能力；必须归纳总结出大量的实践经验，找出普遍规律以指导实践工作。

中共中央在《关于构建社会主义和谐社会若干重大问题的决定》中，明确指出："建立健全分类管理、分级负责、条块结合、属地为主的应急管理体制，形成统一指挥、反应灵敏、协调有序、运转高效的应急管理机制，有效应对自然灾害、事故灾难、公共卫生事件、社会安全事件，提高危机管理和抗风险能力。按照预防与应急并重、常态与非常态结合的原则，建立统一高效的应急信息平台，建设精干实用的专业应急救援队伍，健全应急预案体系，完善应急管理法律法规，加强应急管理宣传教育，提高公众参与和自救能力，实现社会预警、社会动员、快速反应、应急处置的整体联动。"这其中包含了应急管理的指导原则即"分类管理、分级负责、条块结合、属地为主"。在各级政府职能中要遵循"预防与应急并重、常态与非常态结合的原则"，开展应急信息平台的建立、应急救援队伍的建设、健全应急预案体系、完善应急管理法律法规、加强应急管理宣传教育等方面的工作。

各级林业和草原主管部门在应对突发陆生野生动物异常情况时，首先要制定好突发陆生野生动物疫情应急预案。其次要做好应急准备，在加强监测工作的同时，积极开展重大野生动物疫情突发事件的预警工作。再次是要做好应急宣传教育，提高全社会的防控意识。

三、应急预案的类型

应急预案是指各级人民政府及其部门、基层组织、企事业单位、社会团体等单位，为依法、迅速、科学、有序应对突发事件，最大限度减少突发事件损失而预先制定的工作方案。《管理办法》第二十条规定："县级以上人民政府林业和草原主管部门应当制定突发陆生野生动物疫情应急预案，按照有关规定报同级人民政府批准或者备案。"

预案编制单位可根据实际情况编写应急预案操作手册。操作手册一般包括风险隐患分析、处置工作程序、响应措施、应急队伍和装备物资情况，以及相关单位联络人员和电话等。

应急预案应根据有关法律法规和制度要求，结合本地区、本部门和本单位实际，科学确定内容，提高针对性；合理设计响应分级，明确具体应对措施，提高操作性；明确责任分工，确保责任落实；文字简洁规范、通俗易懂。

应急预案按照制定主体划分，包括政府及其部门应急预案、基层组织和单位应急预案两大类。

政府及其部门应急预案是指各级人民政府及其部门为规范和指导本行政区域、本系统突发事件应对工作制定的应急预案，包括总体应急预案、专项应急预案和部门应急预案。总体应急预案是应急预案体系的总纲，是政府组织应对突发事件的总体制度安排，主要规定突发事件应对的基本原则、组织体系、运行机制等，明确相关各方面的职责和任务，由各级人民政府制定并公布实施。专项应急预案是政府及其有关部门为应对某一类型或某几种类型突发事件，或者针对某项重要专项工作而预先制定的涉及多个部门职责的工作方案，由有关部门牵头制定，报本级人民政府批准后实施。部门应急预案是政府有关部门根据总体应急预案、专项应急预案和部门职责，为应对本部门（行业）突发事件或者为突发事件应对工作提供队伍、物资、装备、资金保障而预先制定的工作方案，由各级政府有关部门制定印发，报本级人民政府备案。

基层组织和单位应急预案是指居委会、村委会和机关、企业、事业单位、社会团体等为规范本地区、本单位突发事件应对工作制定的应急预案，侧重明确应急响应的责任人、风险隐患监测、事故防范措施、信息报告、预警响应、应急处置、人员疏散撤离组织和路线、现有应急资源情况以及相关单位联络方式等，体现自救互救和先期处置特点。

第二节　突发陆生野生动物疫情的分级和管理原则

一、突发陆生野生动物疫情的分级、分期

陆生野生动物疫情是指在一定区域，陆生野生动物突然发生疫病，且迅速传播，导致陆生野生动物发病率或者死亡率高，给陆生野生动物资源造成严重危害，具有重要经济社会影响，或者可能对饲养动物和人民身体健康与生命安全造成危害的事件。事件的分级和分期是应急预案中最重要最基础的部分，科学的、合理的分级是应急管理的基础。

（一）分级

世界上大多数国家通行的做法是，对突发疫情实行分级管理，不同级别的疫情采取不同的应对措施。其难点在于：是按疫情的客观属性（产生原因、影响范围、损失后果等）来分，还是按照疫情管理的主观属性（疫情的影响程度、政府应对能力的强弱等）来分。分级的意义在于为疫情管理所需要动员的资源和能力提供指导。例如，有些疫情损失和影响重大，但控制事态发展比较容易，政府处理快速简单，这类疫情就不一定有很高的级别，如动物园内珍贵濒危野生动物发病死亡；相反，有些疫情起初危害和影响不大，但潜在危害很大，波及迅速，难以控制，这类疫情就应当被列为较高级别，如野生动物野外种群暴发的传染病。

疫情的实际级别与预警级别密切相关，但由于识别疫情的性质和程度经常会随着疫情发展变化的过程而定，预警级别并不完全等于疫情的实际危害程度和影响范围。在疫情发生后，会根据实际情况确认和调整疫情的级别。

《国家林业和草原局突发陆生野生动物疫情应急预案》中根据突发陆生野生动物疫情的种类、涉及范围、危害程度和疫情流行趋势等情况，将疫情划分为特别重大（Ⅰ级）、重大（Ⅱ级）、较大（Ⅲ级）和一般（Ⅳ级）4级。

1.特别重大陆生野生动物疫情（Ⅰ级）

（1）陆生野生动物种群中暴发Ⅰ类陆生野生动物疫病引起的疫情，并呈大面积扩散

趋势，且可能对生物安全、公共卫生安全和野生动物种群安全造成严重威胁。

（2）我国尚未发现的或者已消灭的动物疫病在陆生野生动物种群中发生，且可能存在扩散风险。

（3）全国2个以上省级行政区域内发生同种重大突发陆生野生动物疫情（Ⅱ级），并有证据表明其存在一定关联。

（4）国家林业和草原局认定的其他情形。

2. 重大陆生野生动物疫情（Ⅱ级）

（1）陆生野生动物暴发Ⅱ级陆生野生动物疫病引起的疫情，并呈扩散趋势，且可能对生物安全、公共卫生安全和野生动物种群安全造成威胁。

（2）一个省（区、市）的2个以上地级行政区域内发生同种较大突发陆生野生动物疫情（Ⅲ级），并有证据表明其存在一定关联。

（3）省级人民政府野生动物保护主管部门认定的其他情形。

3. 较大陆生野生动物疫情（Ⅲ级）

（1）陆生野生动物暴发Ⅲ级陆生野生动物疫病引起的疫情，并呈扩散趋势，且可能对生物安全、公共卫生安全和野生动物种群安全造成威胁。

（2）1个市（地、州、盟）的2个以上县级行政区域内发生同种一般陆生野生动物疫情（Ⅳ级），并有证据表明其存在一定关联。

（3）市（地、州、盟）级人民政府野生动物保护主管部门认定的其他情形。

4. 一般陆生野生动物疫情（Ⅳ级）

在一个县级行政区域内，发生Ⅳ级陆生野生动物疫病以外疫病引发的疫情，并呈流行扩散趋势。

（二）分期

突发事件通常遵循一个特定的生命周期。每一个级别的突发事件都有发生、发展和减缓的阶段，需要采取不同的应急措施。因此，需要按照突发陆生野生动物疫情的发生过程将每一个等级的突发陆生野生动物疫情进行阶段性分期，以此作为政府采取应急措施的重要依据。根据突发陆生野生动物疫情可能造成的威胁、实际危害已经发生、危害逐步减弱和恢复4个阶段，可将突发陆生野生动物疫病总体上划分为预警期、暴发期、缓解期和善后期4个时期。各时期应急处置管理的任务与能力要求见表5-1。

表5-1　疫情分期管理的任务与能力要求

分期	发生阶段	能力要求	主要任务
预警期	事前	预警预备	防范疫情的发生，尽可能控制疫情发展
暴发期	事中	快速反应	及时控制疫情并防止其蔓延
缓解期	事中	恢复重建	保持应急措施的有效并尽快恢复正常秩序
善后期	事后	评估学习	从危机中学习

1. 预警期

主要是指陆生野生动物疫情发生之初，疫情征兆已经出现的时期。此时期的管理任务是防范和阻止疫情的发生，或者把疫情控制在特定的区域内，其关键在于预测预报能力。

2. 暴发期

此时疫情进入紧急阶段，疫情已经发生，该阶段的管理主要任务是及时控制疫情并防止其蔓延，其关键在于快速反应能力。

3. 缓解期

此时疫情进入相持阶段，仍然有可能向坏的方向发展，该阶段的管理主要任务是保持应急措施的有效性并尽快恢复正常秩序。

4. 善后期

此时疫情得到有效解决，该阶段的管理主要任务是对整个事件处理过程进行调查评估并从事件中获益，其关键在于善后学习能力。

当然，由于突发陆生野生动物疫情演变迅速，各个阶段之间的划分有时不一定很容易确认，而且很多时候是不同的阶段相互交织、循环往复，从而形成突发陆生野生动物疫情应急管理特定的生命周期。

二、突发陆生野生动物疫情应急管理的基本原则

突发陆生野生动物疫情应急管理必须实现体制建设与激励机制、责任机制的有机结合，实现预警与应急管理、常态管理和非常态管理的有机结合，实现一个全面整合的政府突发陆生野生动物疫病管理循环过程，从而不断提升政府的应急管理能力。

1. 统一领导，分级管理

根据突发陆生野生动物疫情的性质、范围、危害程度和发展变化，对突发陆生野生动物疫情实行分级管理和动态调整。县级以上人民政府野生动物保护主管部门在本级人民政府统一领导下，负责辖区内突发陆生野生动物疫情应急处置工作。

2. 快速反应，加强合作

各级野生动物保护主管部门要依照有关法律、法规，建立和完善突发陆生野生动物疫情应急体系、应急反应机制和应急处置制度，提高突发陆生野生动物疫情应急处置能力。发生突发陆生野生动物疫情时，在当地政府的领导下，各有关部门和单位要通力合作、资源共享、措施联动，快速有序应对突发陆生野生动物疫情。

3. 科学防控，区域联动

突发陆生野生动物疫情应急处置工作要充分尊重和依靠科学，要强化防范和处置突发陆生野生动物疫情的技术保障。要加强疫情发生地的应急监测和受威胁地区的日常监测，实行区域联动，做到勤监测、早发现、严控制，防止陆生野生动物疫情传播扩散。

4. 加强预防，群防群控

贯彻预防为主的方针，加强陆生野生动物疫源疫病监测防控知识的宣传，提高全社会防范突发陆生野生动物疫情的意识；落实各项防范措施，做好人员、技术、物资和设备的应急储备工作，并根据需要定期开展技术培训和应急演练。要广泛组织、动员公众参与突发陆生野生动物疫情的发现报告，做到群防群控。

第三节　突发陆生野生动物疫情应急处置的程序

《管理办法》中第二十二条规定："发生重大陆生野生动物疫病时，所在地人民政府

林业主管部门应当在人民政府的统一领导下及时启动应急预案，组织开展陆生野生动物疫病监测防控和疫病风险评估，提出疫情风险范围和防控措施建议，指导有关部门和单位做好事发地的封锁、隔离、消毒等防控工作。"

应对突发陆生野生动物疫情时，应急处理采取边调查、边处理、边核实的方式，以有效控制疫情的发生。一般情况下，按以下程序进行处置。

一、信息报告

野生动物异常情况是指野生动物行为异常或异常死亡。

任何单位和个人发现野生动物行为异常或异常死亡等情况，应立即向当地陆生野生动物疫源疫病监测站报告，监测站在接到报告或了解上述情况后，应立即派人员进行调查、核实。

各级陆生野生动物疫源疫病监测站在监测工作中，发现野生动物行为异常或异常死亡等情况，应立即派专业人员进行调查、核实。

在进行上述工作时，监测站应将调查、核实情况按规定上报。同时，对疑似染病的野生动物报国家林业和草原局指定的实验室或当地动物疫病预防控制机构取样检测，以确认病因。

突发陆生野生动物疫病信息应按照《管理办法》《监测技术规范》的有关规定，通过全国野生动物疫源疫病监测防控信息管理系统进行报告。

县级以上人民政府林业和草原主管部门、各级野生动物疫源疫病监测站和科技支撑单位为突发陆生野生动物疫情的责任报告单位。责任报告单位的法定代表人为突发陆生野生动物疫情的责任报告人。

任何单位和个人应当向当地林业和草原主管部门或野生动物疫源疫病监测站报告突发陆生野生动物异常信息及隐患。

二、预警

预警是根据疫情的发生、发展规律及相关因素，用分析判断和数学模型等方法对可能发生疫情的发生、发展、流行趋势做出预测，对于提高疫情防控工作预见性和主动性，减少损失具有重大的意义。

《管理办法》第九条规定："省级以上人民政府林业主管部门应当组织有关单位和专家开展陆生野生动物疫情预测预报、趋势分析等活动，评估疫情风险，对可能发生的陆生野生动物疫情，按照规定程序向同级人民政府报告预警信息和防控措施建议，并向有关部门通报。"预警内容包括事件基本情况、级别、起始时间、可能影响的范围和应采取的措施的建议等。

省级以上人民政府林业和草原主管部门应当向发生地及毗邻和可能涉及的地区的林业和草原主管部门发布预警信息，必要时报告同级人民政府。

三、先期处置

为了防止异常死亡的野生动物可能携带的人畜共患病病原体传播扩散，造成潜在的损失，需要采取一系列措施进行应急处置。首先，经现场初检疑似或不能排除疫情因素的突发陆生野生动物异常情况，应对发生地点实行消毒并隔离封锁。其次，对陆生野生动物尸体及其产品、其他物品应做无害化处理，运送动物尸体及其产品、其他物品应采用密闭、不渗水的容器，装卸前后必须要消毒。第三，对病弱的陆生野生动物应及时隔离、救护。

在日常监测巡查工作中，发现野生动物异常情况后，要立即采取下列应急处理的措施：一是要对发生地点周围设立醒目的警戒旗或用警戒带进行隔离封锁，防止无关人员和家禽家畜进入现场引起可能的疫病传播扩散。二是对野生动物死亡地点进行消毒处理，消毒药剂可用火碱、生石灰等。三是报有关检测机构取样检测，并办理报检手续。监测站应加强与检测机构的联系，确保第一时间掌握检测结果，并及时上报检测结果。四是异常动物尸体应做无害化处理。

确诊为重大野生动物疫情后，事发地林业和草原主管部门要进一步加强封锁隔离措施，防止无关人员和家禽家畜靠近，以控制事态发展，组织开展应急救援工作，并及时向同级和上级林业主管部门报告。

事发地的各级林业和草原主管部门在报告特别重大、重大疫情信息的同时，要根据职责和规定的权限启动相关应急预案，及时、有效地进行先期处置，控制事态。

四、应急响应

发生突发陆生野生动物疫情时，各级林业和草原主管部门在同级人民政府的领导和上一级林业和草原主管部门的技术指导下，按照早发现、快反应、严处置的原则，迅速开展应急处置工作。要根据突发陆生野生动物疫情的发生规律、发展趋势以及防控工作的需要，及时调整预警和响应级别。

（一）分级响应

根据野生动物疫情发生情况和分级标准，分别启动不同级别的预案。

1. Ⅰ级响应

特别重大突发陆生野生动物疫情发生后，国家林业和草原局及时向国务院报告，启动本预案。

国家林业和草原局立即组织专家委员会分析评估，提出应急处置建议等，组织有关专家赴现场指导处置工作，将疫情和工作进展情况及时上报。

在国家林业和草原局的指导下，省（区、市）级人民政府野生动物保护主管部门在本级政府的领导下，立即组织开展应急处置工作。

疫情发生的市（地、州、盟）级和县（市、区、旗）级人民政府野生动物保护主管部门在本级人民政府领导下，开展疫情的应急处置工作。

2. Ⅱ级响应

重大突发陆生野生动物疫情发生后，省（区、市）级人民政府野生动物保护主管部门及时向省级人民政府报告，启动省（区、市）级疫情应急响应机制。

省级人民政府野生动物保护主管部门立即组织专家委员会分析评估，提出应急处置建议等，开展应急处置工作，将工作情况及时报告国家林业和草原局和本级人民政府。国家林业和草原局加强指导和监督，协助开展应急处置工作。

疫情发生的市（地、州、盟）级和县（市、区、旗）级人民政府野生动物保护主管部门在本级人民政府领导下，开展疫情的应急处置工作。

3. Ⅲ级响应

较大突发陆生野生动物疫情发生后，市（地、州、盟）级人民政府野生动物保护主管部门及时向本级人民政府报告，启动应急响应机制。

市（地、州、盟）级人民政府野生动物保护主管部门立即组织开展应急处置工作，将工作情况及时报告上一级野生动物保护主管部门，同时报送本级人民政府。省级人民政府野生动物保护主管部门应当加强指导和监督，协助开展应急处置工作。

疫情发生的县（市、区、旗）级人民政府野生动物保护主管部门在本级人民政府领导下，开展疫情的应急处置工作。

4. Ⅳ级响应

一般突发陆生野生动物疫情发生后，县（市、区、旗）级人民政府野生动物保护主管部门及时向本级人民政府报告，启动应急响应机制。

疫情发生的县（市、区、旗）级人民政府野生动物保护主管部门立即开展应急处置工作，将应急工作情况及时报告上一级野生动物保护主管部门，同时报送本级人民政府。市（地、州、盟）人民政府野生动物保护主管部门加强指导和监督，协助开展应急处置工作。

（二）响应措施

1. 组织协调

各级林业和草原主管部门在同级人民政府或其成立的突发应急指挥部的统一领导和上级主管部门的业务指导下，调集林业和草原应急专业队伍和应急资金、应急物资等相关资源，开展突发陆生野生动物疫情应急处置工作。

2. 现场处置

各级突发陆生野生动物疫情应急处置预备队和其他具备有效防护能力、现场处置知识和技能的人员承担突发陆生野生动物疫情现场应急处置工作。

（1）封锁隔离。应急处置人员按照指挥部的要求，根据突发陆生野生动物疫情应急处置工作的需要及专家委员会的建议，设置相应的封锁隔离区域，维持现场秩序，保障人员、物资安全，防止家禽家畜进入，确保应急处置工作的正常开展。

为防止致病因子通过人员、器具或物资向外传播，要对所有与之接触过的人和物品都要消毒。消毒剂可使用10%的漂白剂（0.5%次氯酸盐）、来苏水、70%的乙醇。

要对离开疫情发生区域的车辆底部进行消毒。

（2）样品采集和快速检测。专业人员在完成发生区域基本情况的调查后要尽早进行样品采集工作。有条件时，应当尽早开展现场快速检测，以便根据检测结果指导开展现场处置工作。

（3）无害化处理。

①焚毁。将动物尸体及其产品、其他物品投入焚化炉或用其他方式烧毁炭化。

②深埋。掩埋地应远离学校、公共场所、居民住宅区、村庄、动物饲养和屠宰场所、饮用水源地、河流等地区。

掩埋前应对需掩埋的动物尸体、产品或其他物品实施焚烧处理。掩埋坑底铺2cm厚生石灰。掩埋后需将掩埋土夯实。动物尸体、产品或其他物品上层应距地表1.5m以上。焚烧后的动物尸体、产品或其他物品表面，以及掩埋后的地表环境应使用有效消毒药喷、洒消毒。

但此方法不适用于可能或者确诊为感染炭疽等芽孢杆菌类疫病，以及牛海绵状脑病、痒病的陆生野生动物及其产品、组织的处理。

3. 病弱陆生野生动物救治

对病弱陆生野生动物的救治要以确保不造成疫情的扩散蔓延为前提。救护单位要做好救护场所的隔离、消毒和救护人员的个人防护等。

4. 分析评估

突发陆生野生动物疫情专家委员会要对疫情发生趋势进行分析预测，对应急处置工作进行评估。

5. 紧急措施制定

各级林业和草原主管部门根据评估结果及时调整应急处置措施，可以在本行政区域采取限制或者停止陆生野生动物及其产品的收购、出售、运输、携带、邮寄、加工、利用和猎捕野生动物等紧急措施，必要时发布预警信息。

6. 应急处置人员的防护

参与应急处置的人员，要了解各类防护装备的性能和局限性，选择适宜的防护装备，在没有适当个体防护的情况下不得进入现场工作。

要设立现场洗消点，注意对人员、车辆、工具等的消杀处理。

7. 信息发布

突发陆生野生动物疫情信息发布要严格按照国家有关规定执行。通过授权发布、发新闻稿、接受记者采访、举行新闻发布会和专业网站、官方微博等多种方式、途径，及时、准确、客观、全面向社会发布疫情应对工作信息，回应社会关切。发布内容包括疫情发生时间、地点、范围、流行病学调查情况和疫情应急处置工作开展情况等。

8. 宣传教育

利用广播、电视、报刊、互联网等多种媒体，采取多种形式，向社会公众开展野生动物疫源疫病监测防控知识、突发陆生野生动物疫情应急知识、相关法律法规的科普宣教，提高群众的防控意识和自我防护能力，引导群众科学认识、科学对待突发陆生野生动物疫情。

要充分发挥有关社会团体在陆生野生动物疫源疫病监测和应急处置方面的科普宣教作用。

（三）应急响应的终止

自疫情发生区域内最后一头（只）发病陆生野生动物及其他有关陆生野生动物和产品按规定处理完毕起，经过该疫病的至少一个最长潜伏期以上的监测，未出现新的病例时，启动应急响应的部门应当组织有关专家对疫情控制情况进行评估，提出终止应急响应的建议，按程序报批，并向上级主管部门报告。

五、非事发地区的应急措施

接到预警信息后，有关地区林业和草原主管部门要密切关注事件进展，及时获取相关信息，要加强重要疫源野生动物和重点疫病的监测工作；要组织好本行政区域人员、物资等应急准备工作，并根据上级主管部门的统一指挥，支援突发陆生野生动物疫情发生地的应急处置工作；要有针对性地开展野生动物疫源疫病监测防控知识的宣传教育，提高公众自我保护意识和能力。

六、后期评估

突发陆生野生动物疫情扑灭后，承担应急响应工作的部门应当组织有关人员对突发陆生野生动物疫情应急处置工作进行评估。评估的内容主要包括：陆生野生动物资源状况、生境恢复情况，流行病学调查结果、溯源情况，疫情处置经过、采取的措施及效果评价，应急处置过程中存在的问题、取得的经验和建议。

评估报告报上级主管部门和本级人民政府。

第四节　突发陆生野生动物疫情应急处置的监督管理

一、预案演练

应急预案的演练是应急准备的一个重要环节，相关法律法规和应急预案对预案的演练都有明确的要求。通过应急预案的演练可以检验预案的可行性和应急反应的准备情况。通过应急预案的演练，可以发现应急预案存在的问题，完善应急运行工作机制，提高应急反应能力。

应急预案的演练分为桌面演练、功能演练和全面演练。

（1）桌面演练是指相关应急单位的代表和关键岗位的人员，按照应急预案的运作程序讨论紧急情况时应采取的行动计划。桌面演练一般在会议室进行，通过讨论，解决应急预案存在的问题，锻炼应急管理人员解决问题的能力。桌面演练主要解决各部门的协调行动，检查各单位的应急准备情况。通过演练，评估预案存在的问题，提出改进的措施和建议。桌面演练结束后提出书面报告，根据报告中的改进意见，要对应急预案进行修订完善。桌面演练的成本低，通常也为功能演练和全面演练做准备。

（2）功能演练是针对应急预案中的某项应急响应措施或其中某些保障功能进行的演练。功能演练一般在应急指挥中心举行或模拟事件现场进行。根据事件功能要求，调用必要的设备和人员，检验应急响应人员以及应急管理体系的反应能力。功能演练比桌面演练规模要大，需要调用和组织一定的人员和设备。因此，功能演练要进行认真的计划，提出演练方案，经相关部门领导确认后执行。功能演练后要分阶段进行评估，提出书面建议，完善应急预案，并报送有关部门完善应急响应工作机制。

（3）全面演练是针对某类事件发生而开展的整个预案演练。

二、宣传和培训

应急预案是应对突发陆生野生动物疫情的经验教训的总结。预案能否行之有效，有赖于实践的检验和各行为主体之间的密切协作以及对于预案的深刻认知和熟练掌握，这些都需要在预案的培训和演练中得到锤炼。为此，各级林业和草原主管部门和各级监测站应根据制定的应急预案，要有计划地对各级指挥员、应急处置和管理人员进行培训，提高应急管理水平和专业技能；要通过图书、报刊、音像制品和电子出版物、广播、电视、网络等媒体，广泛宣传应急法律法规和预防、避险等常识，增强公众的忧患意识、社会责任意识和规避风险、个人防护等能力。

应急预案操作性很强，不仅涉及部门职能和运作程序，而且涉及一些关键部门和领导的联系方式和方法。因此，一些预案具有一定的保密性。这就对应急预案的发布提出了要求，就是该公布的公布，不该公布的不公布。

三、责任、奖惩、补偿和灾后恢复

陆生野生动物疫情应急处置工作实行行政领导负责制和责任追究制。对应急管理工作中做出突出贡献的先进集体和个人要给予表彰和奖励。

对在突发陆生野生动物疫情的监测、报告、调查、防控和处置过程中，有玩忽职守、失职、渎职等违纪违法行为的，对未经授权私自泄露相关野生动物异常情况信息的，对未经授权在突发陆生野生动物疫情现场私自开展样品采集的，依据国家有关规定追究当事人的责任。

对因参与突发陆生野生动物疫情应急处置工作致病、致残、致死的人员，按照有关规定给予相应的抚恤和补助。

因应急处置工作需要扑杀人工繁育陆生野生动物的，按照有关规定和程序给予补偿。突发陆生野生动物疫情扑灭后，应采取有效措施促进陆生野生动物资源和生态恢复。

第五节　突发陆生野生动物疫情应急预案管理

一、应急预案的制定

突发陆生野生动物疫情应急处置需要各职能部门的协调与合作，建立协调联动的应急工作机制，动员社会力量参与。因此，应急预案的编制工作需要政府各职能部门的参与。尤其我国应急预案的制定工作刚刚起步，应急管理体制和应急工作机制不健全，很多部门对应急管理工作不熟悉，各部门共同参与制定应急预案，可以加强部门间的合作，建立和完善应急工作体制，形成携手联动的工作机制，提高应急反应能力。

应急预案是在现有管理体制下，充分利用现有资源编制的应急工作计划。因此，需要对过去的疫情应对工作进行评估，对即将发生的疫情进行分析和预测，对现有的应急资源进行调研，获得足够的信息和建议，协调好部门关系，避免不必要的重复投入。

在制定突发陆生野生动物疫情应急预案时，要重点把握以下7个方面：一是假定突发陆生野生动物疫情肯定发生。二是突发陆生野生动物疫情具有不可预见性和严重破坏性。三是应急预案的重点是应急响应的指挥协调。四是应急指挥的核心是控制。五是应急预案应覆盖应急准备、初级响应、扩大响应和应急恢复全过程。六是应急预案只规定能做到的。七是强调应急预案的培训、宣传和演练。

二、应急预案的评估与修订

应急预案是根据以往的经验和可能出现的疫病的特点等事前编制的，带有一定的主观性，与事实可能存在一定的差距，而且疫情在不同的历史时期也具有不同的特征。因此，需要定期对疫情应急预案进行评估与修订，使之更加完善，更加符合实际工作的需要。基本的评估工作流程如下：

（一）制订评估方案

评估方案中要有评估的目的，评估组的牵头部门，参加单位和专家，评估工作的原则、时间、内容和方法。评估方案在实施中可以根据需要进行必要的调整。

1. 确定评估原则

评估工作要坚持客观、公正、准确的原则。不能带着观点去寻找支持的依据，评估的意见和结论应在评估过程中逐渐形成。同时，评估要及时，应力争在应急工作结束的同时开展评估。

2. 确定评估的标准

评估标准既要有衡量应急工作总体效果的标准，又要有衡量具体应急措施的分项标准。总体标准是指从整体看应急工作的时效性；分项标准是指从每项应对措施看时效性。评估标准要有操作性，能量化的一定要量化。由于疫病种类不同，评估标准不可能千篇一律、一个标准。一般情况下，可分为刚性标准和柔性标准。刚性标准是法律法规、规范性文件和应急预案有明确规定的，或者是约定俗成的；柔性标准是对比性标准，要通过对比或者分析推理得出结论。

3. 确定评估的重点

在全面了解疫情的基础上，要围绕重点环节进行评估。一般情况下，以下几方面的内容必须要进行评估：应急组织指挥体系和职责方面，监测、检测、预警等方面，监测信息收集、汇总分析和报告等方面，应急响应（包括分级响应、现场指挥、上下级之间、同级不同部门之间的应急响应中的关系）等方面。要评估这些方面的应对工作是否及时、准确、有效。其他方面，要根据疫情的特点，确定评估的内容。

4. 确定评估的方法

评估的方法应当具有针对性、实用性和操作性。一般情况下，以下几种方法是应当采用的：实地考察调查，阅读资料，召开不同形式、不同类型、不同层面的座谈会，问卷调查或抽样调查，自下而上或自上而下，点面结合等。上述方法既可以单独使用，也可以结合起来使用。

（二）全面了解疫情的真实情况

主要包括：疫情发生的起止时间、地点、疫病种类，传播扩散的途径、过程、等级，受害物种种类、数量，对当地影响的范围及潜在的危害程度。

（三）全面了解应急工作的真实情况

主要了解监测、预警、应急反应的过程以及应急保障的情况。描述上述过程，在全面、真实的前提下，要注意以下几个方面：在反映应急速度时，要以时间次序纪实；在反映应急工作运行机制状况时，要从纵向应对工作关系、横向应对工作关系以及纵、横向应对工作关系3个方面纪实；在反映应急效果时，从疫情的危害程度、控制效果等方面纪实。

（四）全面分析应急工作

分析要坚持实事求是的原则，要结合应急处置中的具体事例，有针对性，要符合逻辑，有说服力，用事实说话。要对应急措施逐项进行分析，哪些应急措施是及时、准确和有效的，还有哪些应急措施不及时、不到位。例如，分析"应急响应"，可采取调阅工作记录，与有关部门座谈，走访基层干部和群众，并跟踪决策的形成、落实的全过程和效果；分析"监测、预警"，可采取查看监测部门的监测工作记录、会商会议、预警信息报告的记录，听取其他有关部门和群众对其工作的评价，考察工作效果；分析"信息报告和反馈"，可采取将报告内容与了解到的真实情况进行对比的方法来衡量其真实性和及时性；分析"应急准备"，可采取实地查看应急物资和装备、同应急人员座谈、调阅相关应急预案的方法考察其应急准备工作是否充分；分析应急处置，可通过了解应急处置人员、应急物资到达现场的时间来考察应急处置工作的及时性，通过走访有关部门和群众来考察应急处置的实际效果。

（五）全面评估应对工作

评估要客观、公正和全面，既要对应急工作做出总体评价，又要对重点应急工作做出评价。评估既要肯定成绩，又要指出存在的问题，还要提出有针对性的改进建议和意见。对成功经验，要逐条简要阐述；对存在的主要问题，要依据事实逐条列举；对建议和意见，要结合实际问题提出。在评估时要充分听取评估组每位成员的意见，对不同意见进行讨论，达不成一致意见的，采纳多数人的意见。必要时，重新核实、重新评估。

（六）撰写评估报告

评估报告主要内容有：前言、疫情发生的全过程、应急处置工作的全过程、分析和评价、结论和建议。参加评估的成员都应在评估报告上签字。如对评估报告有不同意见，可在签字时表明意见。评估报告中还应包括相关的附件。

第六节　陆生野生动物疫情应急保障

应急保障是应急管理的重要组成部分，是保障应急处置行动及时、有序进行的基本条件，是保障人民群众生命安全，减少财产损失和及早控制疫情的重要举措。应急保障应包括法律法规、组织机构、人员队伍、经费和物资等方面的支持与保障。

《管理办法》中第二十一条规定："县级以上人民政府林业主管部门应当根据陆生野生动物疫源疫病监测防控工作需要和应急预案的要求，做好防护装备、消毒物品、野外工作等应急物资的储备。"

一、法律法规

应对突发陆生野生动物疫情，依据的现行法律法规包括《野生动物保护法》《生物安全法》《应急条例》《国家突发公共事件总体应急预案》和《陆生野生动物疫源疫病监测防控管理办法》等。

二、组织机构

突发陆生野生动物疫情应急管理机构包括应急指挥部、专家委员会和应急处置预备队。

应急指挥部一般设立在各级林业和草原主管部门，主要负责组织、协调和指导突发陆生野生动物疫情应急处置工作，其成员单位可包括办公室、野生动植物保护管理、自然保护地管理、湿地管理、计划财务、国际合作、宣传、森林公安局等部门。

专家委员会由各级林业和草原主管部门根据突发陆生野生动物疫情应急处置工作需要组建，其主要职责为：提出陆生野生动物疫情防控策略和建议，对确定突发陆生野生动物疫情和事件分级及采取的措施、疫情预警提出建议，对突发陆生野生动物疫情应急处置进行技术指导、培训，对突发陆生野生动物疫情应急响应的终止、后期评估提出咨询意见，承担指挥部和日常管理机构交办的其他工作。

县级以上林业和草原主管部门应根据突发陆生野生动物疫情应急处置工作需要，组织经验丰富的专业人员，组建应急处置预备队，做好参与本辖区或协助其他区域进行突发陆生野生动物疫情应急处置的准备。

三、经费保障

充足的经费支持是有效控制突发陆生野生动物疫情的重要保障。处置突发陆生野生动物疫情所需要的财政经费，应当按照财政应急保障预案执行，建立陆生野生动物疫源疫病监测防控经费分级投入机制，将突发陆生野生动物疫情应急处置经费纳入财政预算，建立突发陆生野生动物疫情应急处置准备金制度，为应急处置工作提供合理而充足的资金保障。要协调有关部门确保监测防控经费及时、足额到位，共同加强对监测防控经费使用的管理和监督。

四、物资保障

各级林业和草原主管部门根据日常掌握的情况和野生动物疫病流行的趋势，储备应急所需的消毒药剂药械、日常监测、样品采集、防护用品、交通及通信工具等设备及其他物资。

因突发陆生野生动物疫情应急处置需要，可向本级人民政府或上级主管部门申请应急物资紧急调运。

（彭鹏　张晓田　于明远）

第六章

陆生野生动物疫源疫病专项监测

在当前全球生态失衡、环境污染致使野生动物病原体变异加快的趋势下，防范重大传染性疫病的任务日益加重，开展陆生野生动物疫源疫病专项监测，实现对突发陆生野生动物疫病及其蔓延趋势的提前预测和有效防范。这不仅将为发现、防范重大野生动物疫情，避免珍稀濒危野生动物因染病受到重大损失，维护生态平衡，提供又一有效手段，并将为防止野生动物疫源疫病向畜禽、人类传播建立一道新的屏障，从而在保障畜禽业稳定发展、维护公共卫生安全和生物安全、促进国民经济和社会可持续发展等各个方面，产生积极而深远的综合效益。

第一节 专项监测的目的和意义

随着人类活动不断拓展、经济全球化发展，使人类时刻面临着许多现实存在和潜在的威胁、风险。突发野生动物疫情就是其中之一，特别是在当前气候变化、生物多样性保护压力加大，野生动物生境破坏严重、野生动物与人和畜禽的接触日渐频繁的大背景下，这种威胁和风险正呈迅速增加之势。

自2003年SARS疫情发生以来，新发突发传染病发生日趋严峻复杂，新发突发传染病的危害和影响是全方位的，教训更是十分深刻，它警示了加强突发事件预警、提高应急能力的紧迫性。突发野生动物疫情预警作为应急管理的重要内容，密切关系到生态安全、生物安全、经济发展和社会稳定，亟须引起各级政府和主管部门、相关部门的重视和加强。

近年来，国家颁布了《生物安全法》《突发事件应对法》《野生动物保护法》《动物防疫法》《国家突发重大动物疫情应急预案》等法律法规，党中央、国务院领导同志多次就野生动物疫情监测和防控做出重要批示指示，加强突发野生动物疫情预警能力建设是贯彻落实法律法规和领导部署精神的客观要求和具体行动。

近年野生动物疫情发生形势十分严峻复杂。一是疫情整体呈多样化和多点散发态势，疫情预警、野外防控难度大。2005—2009年间野鸟高致病性禽流感疫情在青藏高原连年发生，特别是2006年的疫情曾波及青海、西藏2个省区、5个地市、8个县，尤其是2020年以来，全国共报告野生鸟类禽流感疫情近20起，感染物种包括大天鹅、黑颈鹤、斑头雁等26种野生鸟类，流行毒株亚型为H5N1、H5N6和H5N8禽流感病毒，涉及山西、山东、辽宁等13个省份；2012—2016年，传染性胸膜肺炎在西藏羌塘高原呈连年间歇性发生态势，累计导致3800余只藏羚羊死亡，局部种群死亡率高达20%，波及那曲地区4个县、12个乡（镇）、约30个村，已成为危害藏羚羊种群健康、危及物种安全的首要传染病；近年来，西北地区岩羊等野生羊类接连发生小反刍兽疫疫情，存在家—野互传的风险隐患。二是自然疫源性疾病在个别地区时有发生，多种疫病在国内野生动物种群中首次发现，疫情对野生动物资源特别是珍稀濒危野生动物资源造成了较大危害，对种群安全的潜在威胁巨大。

三是寄生虫病的危害不容忽视，特别是在野外恶劣的自然条件下野生动物体质下降，容易染病、导致死亡。如2005年，新疆塔什库尔干自然保护区发生的羊疥螨感染，在伴有全身营养不良的情况下，累计导致约7000只岩羊、北山羊死亡。因此，我们需要针对不同疫源物种和疫病种类开展专项监测工作，即主动监测预警工作，由被动监测转为主动监测，及时主动监测预警重点野生动物疫病发生情况，科学预测下一阶段重点野生动物疫情发生趋势。

通过开展陆生野生动物疫源疫病专项监测工作，建立陆生野生动物疫病数据库、陆生野生动物资源数据库和陆生野生动物迁徙数据库，加强信息数据的横向、纵向交流，保证监测预警机构和行政主管部门在第一时间获取各种信息，及时把握疫病动态变化，对疫病可能蔓延的范围和潜在的危害进行综合评估，及时提出预测、预报信息，为制定危害陆生野生动物安全和人民健康的疫病防控措施提供依据。

第二节　专项监测方法及要求

专项监测是指根据疫情防控形势需要，针对特定的陆生野生动物疫源疫病种类、特定的陆生野生动物疫病、特定的重点区域进行巡护、观测和检测，掌握特定陆生野生动物疫源疫病变化情况，提出专项防控建议。建立陆生野生动物疫源疫病监测预警系统，在前期监测工作的基础上做好疫源疫病的本底调查、动态监测、样本采集、研究分析和预测预报等工作，构建陆生野生动物资源数据库、陆生野生动物迁徙数据库和陆生野生动物疫病数据库，达到掌握基本情况、及时提出预警信息、确保动物安全和人民健康的目的。

一、专项监测

主要包括针对某种或某类疫源野生动物的本底调查、某种或某类疫病的本底调查以及某种或某类疫病的预警等。

专项监测由国家林业和草原局根据监测防控工作的需要，制订计划、实施方案组织实施。

二、专项监测方法

开展陆生野生动物疫源疫病专项监测工作，需制订陆生野生动物疫源疫病调查方案和实施细则，统一样本采样、分析、检测鉴定技术标准和操作规程，主要包括疫源动物本底调查、疫病本底调查和预警工作。

（一）疫源动物本底调查

按照国家林业和草原局统一规划和部署，结合本辖区内野生动物种类和分布情况，开展陆生野生动物疫源动物本底调查工作，具体调查方法可参考《全国第二次陆生野生动物资源调查》中有关规定。

（二）疫病本底调查

按照国家林业和草原局统一规划和部署，以国家发布的疫源物种名录和疫病种类为主，各地可结合本辖区内实际情况制定当地疫源物种名录和疫病种类，开展陆生野生动物疫病本底调查工作，做好野生动物样品采集、运输、保存和检测任务。

（三）预警

预警工作是各级林草部门开展陆生野生动物专项监测的重要组成部分，属于事前或主动监测，而日常监测是事后或被动监测。预警是在疫源动物本底调查和疫病本底调查结果的基础上开展主动监测预警工作，科学分析研判疫病发生风险和流行趋势，并提出对策建议。预警包括实时预警和趋势预警2种，实时预警是指制订实施方案，在一定时限内有计划地开展疫源物种样品采样，快速送至实验室进行病原检测，结合野生动物迁徙或迁移规律分析研判野生动物疫病发生风险流行形势，及时发布预警信息；趋势预警是指根据国内外野生动物、饲养动物及人感染疫病、疫情数据，结合野生动物活动规律和分布情况，分析研判今后一个阶段（半年或一年）野生动物疫病发生风险和流行形势，并发布预警信息。

开展陆生野生动物疫源疫病专项监测工作首先要在野生动物迁徙或迁徙通道以及其他集中分布区的重点地区，开展有计划的采样（拭子样、血清样、组织样、粪便样以及水样、土壤样），利用国家林业和草原局指定检测机构或社会上已建立的公共检测平台，进行检测，收集有关检测信息，初步掌握野生动物疫源物种本底和疫病本底情况。其次检测出可能为重大疫病后，在陆生野生动物资源数据库、陆生野生动物疫病数据库和陆生野生动物迁徙数据库以及日常监测、人为活动和社会经济状况等信息支持下，综合分析各种信息，建立陆生野生动物疫源疫病模拟预测模型，通过陆生野生动物疫源疫病监测防控感知平台实现可视化表达，向当地和潜在受威胁地区发布发生期、发生范围、危害程度和经济损失的预警。接到预警信息的各级林业主管部门应迅速采取防控措施，必要时启动应急预案，严密防范可能的疫病扩散和危害。

第三节　陆生野生动物疫源疫病本底调查

一、疫源物种本底调查

陆生野生动物疫源物种本底调查属于专项调查中的重要组成部分，有关疫源物种本底调查工作可以参考《全国第二次陆生野生动物资源调查》中相关要求。

（一）调查范围

全国有陆生野生动物分布、活动的区域。

重点调查区域如下：

——陆生野生动物集中分布区域，包括集中繁殖地、越冬（夏）地、夜栖地、取食地及迁徙中途停歇地等，具体生态类型包括湿地、滩涂、林地等；

——陆生野生动物或者其产品与人、饲养动物密切接触区域，如鸭、鹅等家禽易与候鸟接触的湖区、库区，喜鹊、乌鸦和麻雀等伴人鸟活动区域；

——曾经发生过重大动物疫情的地区，如发生过高致病性禽流感疫情的青藏高原，处于口蹄疫危险期的西北部分地区，流行性出血热高发期的东北部分地区等；

——某种疫病的自然疫源地，如西南、西北地区的鼠疫自然疫源地；

——陆生野生动物疫病传播风险较大的边境地区；

——国家要求监测的其他区域。

（二）调查对象

主要调查对象为陆生脊椎动物中的兽类、鸟类、爬行类和两栖类，重点调查对象包括如下：

——可能携带危险性病原体，危及野生动物种群安全，或者可能向人类、饲养动物传播的陆生野生动物；

——列入国家重点保护野生动物名录的陆生野生动物；

——《濒危野生动植物种国际贸易公约》及其他公约或协定中所列陆生野生动物；

——国家保护的有益的或者有重要经济、科学研究价值的陆生野生动物；

——我国特有种、环境指示种、旗舰种、伞护种及生态关键陆生野生动物；

（三）调查指标

——种群数量。某物种总的种群数量，以及国家级保护区内数量、地方级自然保护区内数量和保护区外数量。

——种群密度。某物种平均种群密度，在某个地区的种群密度，以及国家级保护区内种群密度、地方级自然保护区内种群密度和保护区种群密度。

——濒危物种分布。某物种在某个区域的分布数量。

——受威胁状况。某个区域受疫病威胁因素，受威胁等级。

——栖息地状况。对于进行专项调查的疫源物种，应调查栖息地面积、国家级保护区内栖息地面积、地方级自然保护区内栖息地面积。

（四）调查方法（按疫源物种种类划分）

1. 迁徙类野生动物调查方法

具有明显的繁殖地、越冬地以及迁徙路线停歇地特征的迁徙候鸟，可以采用同步调查法。迁徙候鸟，在冬季和夏季鸟类种群稳定期间进行调查，每次调查应在所有繁殖地/越冬地同时进行，相邻的繁殖地/越冬地也应同时开展调查。

2. 其他野生动物调查方法

对其他分布较广、数量较大的非迁徙类野生动物种群采用常规调查方法进行调查。

（1）样点法。样点法适用于雀形目鸟类。

在调查样区内均匀设置一定数量的样点，以各个样点作为中心点，计数一定半径区域内鸟类的种类及数量，以此估计鸟类的数量，同时记录生境状况。

（2）样线法。样线法适用于大部分兽类和开阔栖息地上鸟类。

以调查样区为相对独立地域设置调查样线，并开展野外样线调查。调查样线应按随机布设，并考虑其可行性。发现动物或其痕迹时，记录动物名称、动物/痕迹种类、数量及距离样线中线的垂直距离、地理位置等信息。

（3）样方法。样方法适用于爬行类和两栖类。

在调查样区内随机布设若干样方，至少四人同时从样方四边向样方中心行进，仔细搜索并记录发现的动物名称及数量，通过计数各个样方内动物数量，估计整个调查区域内动物数量。

（4）集群地计数法。集群地计数法适用于集群繁殖或栖息的兽类和鸟类。

首先通过访问调查、历史资料等确定动物集群时间、地点、范围等信息，并在地图上标出。在动物集群期间进行调查，记录集群地的位置、动物的种类及数量等信息。

（5）红外自动数码照相法。主要针对数量稀少、活动规律特殊、在野外很难见到其踪迹或活动痕迹的物种（如虎、豹等），采用此方法。在调查地点布设自动数码照相机，选择目标动物经常行走的小道以及野生动物水源地附近安装相机；对每一台相机进行编号，每一相机对应一记录本，记录相应信息。

根据照相机记录的信息确定动物的种类、数量和分布等，并记录相机安放位置的生境状况。

二、疫病本底调查

陆生野生动物疫病指在陆生野生动物之间传播、流行，对陆生野生动物种群构成威胁或者可能传染给人类和饲养动物的传染性疾病。按照"全面监测，突出重点"的原则，陆生野生动物疫病本底调查可分为全面疫病本底调查和重点疫病本底调查。

（一）全面疫病本底调查

1. 疫病调查范围

（1）已知的野生动物与人类、饲养动物共患的传染性疾病。

（2）对野生动物种群自身具有严重危害的传染性疾病。

（3）我国尚未发现的或者已消灭的，与野生动物密切相关的人或饲养动物的传染性疾病。

（4）突然发生的未知传染性疾病。

（5）国家要求监测的其他疾病。

2. 疫病调查种类

在《监测规范》中，按宿主分列出了一些重要的、野生动物易发生的疫病。

（1）鸟类。细菌性传染病：巴氏杆菌病（禽霍乱）、肉毒梭菌中毒、沙门氏杆菌病、结核、丹毒等。

病毒性传染病：禽流感、冠状病毒感染、副黏病毒感染、禽痘、鸭瘟、新城疫、东部马脑炎、西尼罗病毒感染、网状内皮增生病毒感染等。

衣原体病：禽衣原体病（鸟疫）等。

立克次体病：Q热病等。

（2）兽类。细菌性传染病：鼠疫、猪链球菌病、结核、野兔热、布鲁氏菌病、魏氏梭菌病、炭疽、巴氏杆菌病等。

病毒性传染病：流感、口蹄疫、非洲猪瘟、小反刍兽疫、副黏病毒感染、汉坦病毒感染、冠状病毒感染、狂犬病、犬瘟热、登革热、黄热病、马尔堡病毒感染、埃博拉病毒感染、西尼罗病毒感染、猴B病毒感染等。

（二）重点疫病本底调查范围和种类

（1）纳入国家林业和草原局公布的重点监测陆生野生动物疫病种类。

（2）纳入各省、自治区、直辖市人民政府野生动物保护主管部门公布的本行政区域内重点监测陆生野生动物疫病种类。

（三）疫病本底调查样品采集

样品采集实施单位在按照《陆生野生动物疫源疫病监测技术规范》（LY/T 2359—2014）等要求的基础上，应科学制订样品采集计划，根据采集地区野生动物种群数量、分布情况以及以往疫病发生情况，科学布设样品采集地点和采集数量，此外还应注意以下事项：

（1）鸟类采样要求。同步样品和哨兵动物：详细记录采样地点、时间、种群数量、物种名称、采样数量、GPS定位等详细信息，做到每一份样品的来龙去脉信息清晰、可追溯。

粪便样品：除记录上述信息外，粪便样品要求尽量明晰物种，对不确定物种的需进行拍照，以便后期甄别。在候鸟集群迁徙时，粪便样采集要有一定时间间隔，保证样品的代表性。

（2）兽类采样要求。

①以野猪非洲猪瘟为例。省级监测管理机构在其辖区内制定实施计划，具体负责组织开展野猪猎捕，可依托当地兽医主管部门或国家林草局长春野生动物疫病研究中心进行样品采集。野猪猎捕后重点收集野猪体表的体外寄生虫，然后再采集野猪组织、血液样品。在样品采集时，需要将采样地点、性别、大概年龄、体重等详细信息做好记录。

体外寄生虫：收集猎捕到的野猪体外寄生虫媒，将其放入有螺旋盖的样品瓶（管）中，放入少量土壤，盖内衬以纱布，常温保存运输。

血液、组织样品：可在屠宰野猪时用含有EDTA抗凝剂的采血管接取2～5mL血液。组织样品包括淋巴结（颌下淋巴结、腹股沟淋巴结或肠系膜淋巴结）、脾脏、肺脏、肾脏、肝脏、扁桃体，各脏器采取3cm见方大小的小块，每种样品单独放在塑料管或塑料封口袋中。采集的血液、组织样品可置于放有冰袋（或冰冻的矿泉水）的采样箱或泡沫箱中保存，长时间保存时可冷冻于-20℃的冰柜或家用冰箱冷冻层保存。运输时，可用泡沫箱盛装，箱内放置冰袋，保证运输时样品处于低温环境。

野猪窝周边土壤中的虫媒：在野外猎捕巡查过程中，发现野猪窝，要对野猪窝周边土壤进行过筛，收集虫媒，放入少量土壤，盖内衬以纱布，常温保存运输。

②以岩羊小反刍兽疫为例。相关省级监测管理机构在岩羊等野生小反刍兽类集中活动区域，开展新鲜样品采集，必要时开展活体捕抓工作，采集肛咽拭子，由检测单位派人参加并培训有关采样人员实施。

（四）数据上报和信息反馈

开展陆生野生动物疫病本底调查的相关单位所有样品采集和实验室检测信息要通过陆生野生动物疫源疫病监测防控信息管理系统相关模块上报。

（五）生物安全要求

各有关单位在开展陆生野生动物疫病本底调查工作中，做好人员生物安全防护；涉及陆生野生动物猎捕时，要严格执行审批程序；涉及高致病性病原微生物实验活动的，严格执行《病原微生物实验室生物安全管理条例》有关要求，防范生物安全事件的发生。

第四节　陆生野生动物疫病预警

一、陆生野生动物疫病预警的内涵

"预警"一词起源于军事领域，原指通过预警来提前发现、分析和判断敌人的进攻信号，并把这种进攻信号的威胁程度报告给指挥部门，以便提前采取应对措施。后来，这一概念被逐步应用到政治、经济、社会、自然等多个领域。在自然灾害领域，预警是指在灾害或灾难以及其他需要提防的危险发生之前，根据以往的总结的规律或观测得到的可能性前兆，向相关部门发出紧急信号，报告危险情况，以避免危害在不知情或准备不足的情况下发生，从而最大限度地减轻危害所造成的损失的行为。在传染病领域，预警是指在传染病暴发或流行出现前，或发生早期发出警示信号，以提醒暴发或流行可能发生或其发生的范围可能扩大的风险。

突发陆生野生动物疫病预警，是指承担野生动物疫源疫病监测预警的单位，根据本辖区有关过去疫病资料的收集和现在获取疫病的有关数据、情报和资料，运用逻辑推理和科学预测的方法技术，对本辖区疫病出现的约束性条件、未来发展趋势和演变规律等做出科学的估计和推断，并发出确切的警示信号，使政府和民众提前了解疫病发展的状态，以便及时采取相应对策，防止和消除因疫病带来的不利后果的活动。

二、陆生野生动物疫病预警的分类

（一）预警分类

预警工作是各级林草部门开展陆生野生动物专项监测的重要组成部分，属于事前或主动监测，而日常监测是事后或被动监测。

预警包括实时预警和趋势预警2种。实时预警是指制订实施方案，在一定时限内有计划地开展疫源物种样品采样，快速送至实验室进行病原检测，结合野生动物迁徙或迁移规律分析研判野生动物疫病发生风险流行形势，及时发布预警信息。趋势预警是指根据国内外野生动物、饲养动物及人感染疫病、疫情数据，结合野生动物活动规律和分布情况，分析研判今后一个阶段（半年或一年）野生动物疫病发生风险和流行形势，并发布预警信息。

（二）预警方式

根据野生动物疫病的不同特点和危害程度，突发陆生野生动物疫病预警分为直接预警、定性预警、定量预警以及长期预警。

1. 直接预警

当野生动物种群中发生重大人畜共患病（如炭疽）且野生动物与人接触机会较多时，应直接进行突发陆生野生动物疫病衍生灾害预警。

2. 定性预警

采用综合预测法、控制图法、Bayes概率法等多种统计方法。借助计算机完成对野生动物疫病的发展趋势和强度的定性估计，明确流行是上升还是下降，是流行还是散发。目前应用较为普遍的是控制图法。

3. 定量预警

采用直线预测模型、指数曲线预测模型、简易时间序列、季节周期回归模型等对野生动物疫病进行定量预警。

4. 长期预测

采用专家咨询（会商）法对野生动物疫病的长期流行趋势进行预警。

三、陆生野生动物疫病预警的原理与方法

（一）预警原理

在特定的时间、地域和陆生野生动物种群，陆生野生动物疫病的流行水平一般在一定的范围内波动，即维持在某种期望的常态水平内，当陆生野生动物疫病的发生超过这个水平时，表明其出现了异常情况，进而提示存在暴发或流行的可能。陆生野生动物疫病预警的基本原理即是通过一定的分析方法、模型或技术手段，从相关监测数据中发现和识别陆生野生动物疫病超出期望常态水平的异常情况。因此，预警过程可以被看作是一个信息变换的过程，即将监测数据变换为预警信息。

（二）预警指标

要及时有效预防或应对各种突发陆生野生动物疫病，需要建立灵敏高效的预警系统。而预警指标是预警系统的重要组成部分，构建灵活、完善、有效的预警指标体系是预警系统构建成功的保障。

预警指标是具有潜在预警价值的指标，指标的波动幅度在一定程度上与疫病的流行或暴发相关联。一旦指标的波动范围超过了规定的警戒线，即可发出警报，启动相应的流行病学调查或人工干预手段。因此，预警指标需具备及时性、准确性和可操作性的特点。

1. 及时性

即指标能够尽可能早地发现野生动物疫病或者其前兆，对疫病发生前、发生、发展中的相关情况能及时反映，为应对措施的启动赢得时间。

2. 准确性

指通过指标可以尽可能准确地对疫病做出预测，避免不必要的应对措施启动。指标反映的情况、信息与疫病的实际流行情况尽可能保持一致。

3. 可操作性

指标所需要的数据、信息和资料容易收集得到。

由于各种传染发生所涉及的各个阶段的主要因素、影响过程及指标性质不同，因此所构建的指标体系往往不能涵盖所有相关的影响因素，并且针对不同传染病的相应指标体系也不尽相同。如莱姆病、疟疾、血吸虫病等虫媒传染病发生的预警研究应充分考虑环境地貌、土壤类型、森林分布、气候、植被等因素的作用，综合评价适合蜱类、蚊类、钉螺类生物生存的程度，科学确定各指标的预警界限，提高对传染病的预警能力；对于SARS、结核病等呼吸道传染而言，平均气压、平均蒸发量和平均降水量等与呼吸道传染病密切相关的多种气象因素会通过影响传染病发生的各个环节，间接影响传染病的分布与传播。因此，气象变量应作为指标体系的主要指标变量。根据实际工作中逐渐丰富的指标体系并在此基础上尽可能全面、客观地对指标体系进行评价，才能提高传染病预警工作的及时性与有效性。

（三）预警模型

流行病学对制定和完善监测、预防、控制策略与措施有重要意义，基于数学模型的理论流行病学研究是其重要方向之一。传染病分析与预测模型的研究和应用在人类健康防控领域开展较为广泛，也较为深入。借鉴该领域的成功做法，加强在突发陆生野生动物疫病预警中的应用研究，对监测防控野生动物疫病有很好的促进作用。

按预警所需的数据、信息和资料类型可将预警模型分为时间预警模型、空间预警模型及时空预警模型。

1. 时间预警模型

时间预警模型关注特定区域内陆生野生动物疫病相关监测指标的时间分布或变动特征，以此来反映陆生野生动物疫病暴发或流行的风险是否显著增高。时间预警模型包括基于控制图的预警模型、时间序列模型、线性回归模型、马尔科夫链模型等。此类模型的特点在于，根据过去一段时间监测变量值的大小，利用上述统计模型预测未来该变量值的大小。根据预测值的大小，按时间资料的分布特点确定备选预警阈值，并结合实际情况，调整预警阈值的大小。当实际水平超过阈值，则发出预警报告。

2. 空间预警模型

空间预警模型主要分析在某一时间点或时间段内陆生野生动物疫病相关病例或事件的空间分布或变动特征，并将关注区域的发病水平与全部或周边区域的发病水平相比较，探测关注区域的疫情是否存在统计学意义的空间聚集（cluster），据此判断是否发出预警信号。目前应用较多的空间预警模型有广义线性混合模型、小区域回归分析检验法、空间扫描统计等模型。

3. 时空预警模型

时空预警模型同时关注陆生野生动物疫病疫情在时间和空间两个维度上的变化，通过挖掘和利用监测数据中的时间和空间信息，识别传染病暴发或流行的高风险区域和时段，从而提高聚集性探测和预警的及时性和准确性。目前使用较为普遍的有：WSARE（What's Strange About Recent Events）、PANDA（Population-Wide Anomaly Detection And Assessment）、时空扫描统计（Space-Time Scan Statistic）等。

四、重点野生动物疫病主动监测预警实践

为深入贯彻落实《野生动物保护法》《动物防疫法》《生物安全法》等法律要求，推动监测防控由"面上监测"向"重点防控"转变，顺应"被动防御"向"主动保障"的新要求新趋势，国家林业和草原局把提升主动监测预警能力摆在重要位置，针对重点病种、重点区位自2012年正式启动重点陆生野生动物疫病监测预警试点工作。结合国内外主要野生动物疫病发生状况，此项工作从试点到铺开，预警对象（病种选择）不断完善，实施范围不断优化，成效逐步凸显。

（一）重点疫病监测预警对象

充分考虑野生动物疫病对公众生命健康、经济社会发展的危害，兼顾鸟类与兽类、野外种群与人工繁育环节相关疫病的监测防控需求，将禽流感、新城疫等鸟类疫病，非洲猪瘟、小反刍兽疫等兽类疫病，以及野生动物中可能存在冠状病毒作为主要预警对象。

（二）采样物种与样品类型

1. 鸟类疫病

将雁鸭类、鸻鹬类等候鸟作为主要采样物种，将被救护鸟类以及人工繁育鸟类、散养水禽等哨兵动物作为辅助采样物种。在样品类型上，以疫源鸟类集中分布区的粪便等环境样品为主，以环志、救护、养殖、罚没等鸟类的拭子、血清等样品为辅。

2. 兽类疫病

将野猪、岩羊、北山羊等兽类作为主要采样物种。针对非洲猪瘟，猎捕野猪后重点收集野猪体表的体外寄生虫，然后再采集野猪组织、血液样品；针对小反刍兽疫，主要采集野生小反刍兽类粪便、分泌物等样品。

3. 冠状病毒病

上述鸟类疫病和兽类疫病主动监测中采集的疫源物种和样品作为冠状病毒的主要检测对象；同时，有条件的单位可采集与人类密切接触的猫科、犬科、鼬科等野生动物的拭子、血液和粪便样品。

（三）实施范围

禽流感、新城疫等鸟类疫病以途经我国的4条迁徙通道为主；非洲猪瘟以东北、西南边境地区及重点风险省份为主，小反刍兽疫以甘肃河西走廊、青海刚察县、宁夏贺兰山历史疫情发生地及其周边潜在风险区域为主。冠状病毒病结合上述鸟类疫病和兽类疫病的实施范围，以及动物园、野生动物园等统筹实施。

（四）组织与分工

专项工作方案明确，国家林业和草原局野生动植物保护司负责主动监测预警工作的组织领导等工作；局生物灾害防控中心负责主动监测预警工作的资金项目拨付、督促指导、数据审核汇总与分析、检查和考核等工作；承担监测预警任务的各相关省级林业和草原主管部门负责辖区内实施单位及其人财物的协调落实、监督管理等工作；样品采集实施单位在技术依托单位的指导下，负责细化落实样品采集时间、地点和人员等，按要求进行样品采集、保存、运送及相关信息网络上报等工作；国家林业和草原局中国科学院野生动物疫病研究中心、国家林业和草原局长春野生动物疫病研究中心、东北林业大学、全国鸟类环志中心，从技术层面负责疫源物种和有关疫病的调查、检测及信息网络上报工作，按照职责分工，密切配合，共同实施监测预警工作。

同时，鼓励有条件的省份结合辖区内疫源野生动物分布、疫病发生等实际情况，强化纵横联合、技术支撑，组织开展本辖区的野生动物疫病主动监测预警工作，及时将野生动物样品采集、检测等相关信息录入陆生野生动物疫源疫病监测防控信息管理系统。

（五）实践进展概要

十多年的实践中，实时分析、集中研判、趋势预测、疫病预警能力稳步提升，重点陆生野生动物疫病监测预警工作取得了十分显著的成效。一是将试点工作转为常态工作，聚焦禽流感、非洲猪瘟、小反刍兽疫等野生动物重点疫病，优化预警站点布局，强化样本采集和实验室检测质量监管，初步构建主动监测预警新发展格局；二是在重点区域、重点时节共计采集了野生动物样品40余万份，分离到禽流感病毒600余株，首次在活体野猪中检测到非洲猪瘟病毒核酸阳性，首次在国内检出了野生鸟类携带H5N6、H5N8等亚型禽流感病毒阳性样品，初步掌握了我国野生动物集中分布区域、重点物种携带病原体时空分布情况；三是发挥监测预警网络基础优势，积极配合开展中国–世界卫生组织全球新冠病毒溯源，对新冠疫情前后在华南海鲜市场，武汉市、湖北省和湖北省周边省份以及全国重点省（区、市）内采集的近300个物种、5万余份的野生动物样本进行核酸检测，对2019年11月至2020年3月期间采集的35个品种、1914个野生动物血清样本进行了回溯抗体检测（结果均为阴性），为我国应对国际舆论、发出林草部门声音提供了重要科技支撑；四是密切跟踪国内外野生动物疫病发生动态，及时组织召开了野猪非洲猪瘟、候鸟禽流感等专题趋势研判会，健全完善趋势分析研判机制，充分发挥专家专业支撑作用，深入分析和研判月度、季度、年度野生动物疫情发生趋势和防控对策，形成工作报告上百份，为国家林草局党组科学决策提供重要依据和参考。

（孙贺廷　秦思源　雷从从）

YIYUANPIAN

第七章

鸟类学基础知识

　　鸟类（Aves，Birds）是体表被覆羽毛，有翼，恒温和卵生的高等脊椎动物。鸟类学是研究鸟类的生命科学。一般可分为两大类：一类是以学科为主的基础鸟类学，主要是研究鸟类的形态、分类、生理、行为、遗传、进化、生态等的科学；另一类是以应用专题为主的应用鸟类学，主要是研究鸟类同人类经济活动的关系等的科学。进化和适应是生命科学的两个基本观点。所谓进化观点，即现存生物都是古代生物经过长期进化而来的，从水生到陆生，从简单到复杂，从低级到高级。适应观点表现在结构与功能相适应、生物机体与环境相适应。

　　结合鸟类环志和疫病监测的实际需要，本篇主要围绕鸟类识别，介绍鸟类的结构和分类。

第一节　鸟类的结构与功能

　　鸟类是从爬行类进化而来的，在进化过程中获得一些新的进步性特征，如旺盛的新陈代谢和高而恒定的体温，完善的繁殖方式和较高的后代成活率以及独特的飞行运动。长期适应飞行使鸟类的躯体结构发生了重大改变，独特的飞行运动方式使鸟类在生存竞争中占有优势，能使鸟类迅速而安全地寻觅适宜栖息地或躲避天敌及恶劣自然条件的威胁，成为陆生脊椎动物中分布最广、种类最多的一个类群。

一、体被

　　鸟的体被包括皮肤及皮肤的衍生物，是动物体表的致密的覆盖物。其主要功能是保护体内环境的稳定，构成有效的隔绝层，防止机械的、化学的损伤以及细菌等微生物的侵袭。另一个主要功能是保持和调节体温，通过皮肤的致密结构、羽衣以及皮下脂肪组织来构成隔热层，以减少体热的散失。

　　鸟类的皮肤薄而纤细，松动地覆于肌肉、皮下组织或皮下的气囊之外，这有利于骨骼肌和羽毛的运动。在某些结构，如喙、跗跖、脚、翅骨等，皮肤几乎是紧贴在骨骼表面的。鸟类的皮肤衍生物包括皮肤腺和角质皮肤衍生物。

　　鸟类皮肤缺乏腺体，除了外耳道的皮下具有蜡腺以外，唯一可见的大型皮肤腺是尾脂腺，其分泌物主要是油脂。一般认为鸟类以喙啄取所分泌的油脂，涂抹在羽片以及角质鳞片外面，对羽毛、角质喙和鳞片有保护作用，因而水禽以及以鱼为食物的鸟类，尾脂腺最为发达。鸟类角质皮肤衍生物包括羽毛、鳞片、距、爪、喙、额板、蜡膜、肉冠、肉垂和孵卵斑等。羽毛是表皮的角质化衍生物，是鸟类所特有的结构。羽毛与爬行类的鳞片同源。其主要功能是：①保护皮肤不受损伤。大多数鸟类的羽毛具有羽色和纹、斑等装饰，起着保护色的作用，进一步强化了保护功能。②在体表形成有效的隔热层，使鸟类保持高而恒定的体温。在神经系统的控制下，通过附于羽根基部的肌肉控制，可借改变羽毛的位置和方向而散热，从而调节体温。③是鸟类完成飞翔的重要结构，由于体羽自前向后的覆瓦状排列，使整个鸟体的轮廓成为流线型，大大减少了飞行的阻力。鸟类翅膀上的大型成列的飞羽和尾基着生的大型尾羽，起着机翼和舵的作用。④有触觉功能。⑤在个体识别以及繁殖期的求偶炫耀方面有重要作用。

　　原始鸟类的羽毛可能均匀地着生在体表，现存的一些种类如企鹅、鸵鸟、叫鸭和鼠鸟目的鸟类的体表仍遍布羽毛。绝大多数鸟类的体羽只着生在体表的一定区域内，称为羽区或羽迹（图7-1），各羽区之间不着生羽毛的地方称为裸区。羽毛的这种分布方式，有利于剧烈的飞翔运动，不致使肌肉的收缩受到限制。

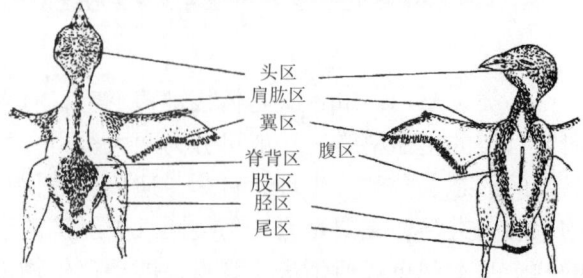

图7-1　典型雀类的羽区

　　羽区的分布以及每一羽区的着羽形式，在同一"科"的鸟类中常是相似的。这对于了解鸟类的亲缘关系有一定的意义。

　　翼区后缘所着生的一列强大而坚韧的羽毛称为飞羽。其着生在手部（腕骨、掌骨和指骨）上的飞羽称初级飞羽，一般为9~12枚，非雀形目鸟类为10枚。着生在前臂部（尺骨）上的飞羽称次级飞羽，通常为10~20枚（图7-2）。

　　飞羽的数目和形态是鸟类分类的重要依据（图7-3）。鸟翼的背、腹面都有一系列（大、中、小）覆羽呈覆瓦状将飞羽基部覆盖，使翅膀的表面呈流线型，能减少飞翔中的阻力。尾区着生一列强大的尾羽，左右对称，一般10或12枚，多者可达24~32枚。尾羽的背、腹面也有覆羽。鸟类的飞羽和体羽有多种多样的色泽、斑纹和光泽，不同区域可能差别较大，是鸟类识别的重要特征（图7-4）。鸟类的尾羽在飞行中起平衡和舵的作用，依据飞翔特性以及生活习性的不同，尾羽的形态也多种多样，是分类的重要依据（图7-5）。

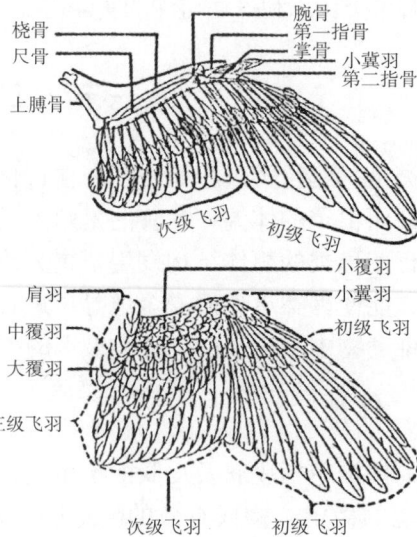

（上图示翼羽所附着的内部骨骼）

图7-2　鸟类翅膀上的羽毛

　　羽毛的定期更换称为换羽（附图1）。换羽是鸟类十分重要的生物学现象，使之能长年保持完好的羽饰，以适应飞翔生活的需要，并能应对如迁徙、求偶炫耀、育雏活动

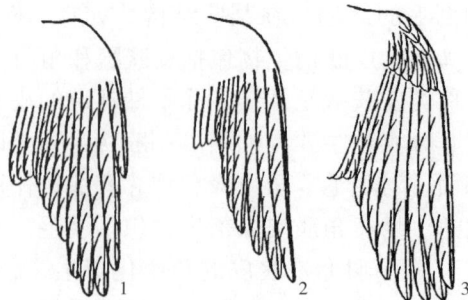

1.圆翼（黄鹂）2.尖翼（家燕）3.方翼（八哥）

图7-3　鸟类翅膀类型示意图

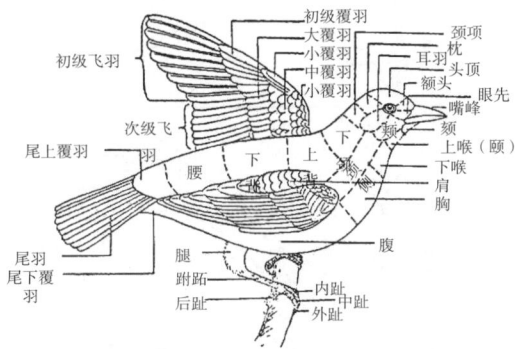

图7-4　鸟类的飞羽与体羽分区

（引自郑作新，1982）

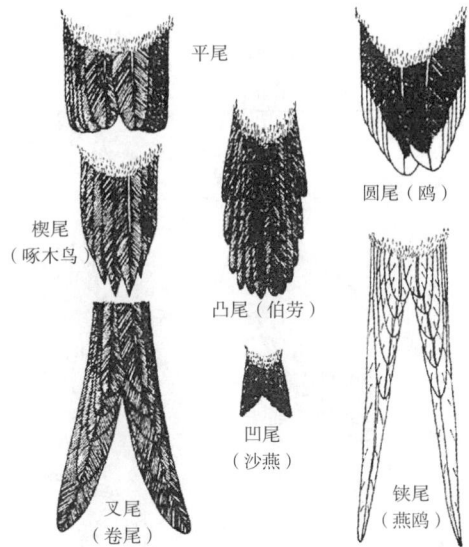

（引自郑作新，1966）

图7-5　鸟类的尾羽类型

等对羽毛造成的损伤。鸟类从雏鸟出壳到性成熟要经历多次换羽，然后每年仍要规律性地进行换羽，通常一年有两次换羽。繁殖期过后所换的羽饰称基本羽（也称为冬羽），晚冬至早春期间所换的新羽称替换羽（也称为夏羽或婚羽）。鸟类换羽是以逐次、有序、左右对称的方式进行的。

换羽在鸟类年生活周期中是一个"难关"，羽衣的更新顺利与否直接影响着其迁徙的成败甚至能否生存。因此，研究鸟类的换羽特征，对于了解鸟类分类、系统发育、进化与适应具有重要意义。

其他角质皮肤衍生物主要有：

（1）鳞片。覆盖于腿的下部、脚以及喙的基部，形状多样。亲缘关系较近者具有类似的鳞型，是分类学上常用的重要特征。

（2）距。主要见于跗跖部后方，是跗跖骨后方突起的骨棍，在雄鸟较发达，普遍见于鸡形目鸟类。

（3）爪。足趾端部的角质结构，由于生活方式的不同，鸟爪在形态上多种多样（图7-6）。

（4）角质喙。是包被鸟类上、下喙部的硬角质鞘，是取食、撕裂或切碎食物的器官，因取食方式不同而在喙的形态上有很大变异（图7-7）。雁鸭类的角质喙较柔韧，外有皮膜覆盖，在喙尖处另有加厚的部分称为嘴甲。鸽、鸮类的上喙基部为柔软的皮肤，即为蜡膜。犀鸟的上喙基部形成巨大的头盔。许多秧鸡科鸟类的上喙基部向后延伸并形成宽阔的额板，如骨顶鸡（*Fulica atra*）。许多鸟类的雏鸟在破壳之前，其上喙顶端生有一个向上的角质突起，称为卵齿。其作用是破壳，孵出1～2d即脱落。

（5）肉冠、肉垂和肉裙。一些鸟类，特别是鸡形目鸟类，头颈部皮肤特化而成。裸露，能迅速充血，雄鸟特别发达，用以在求偶炫耀时向雌鸟展示。

（6）孵卵斑。大多数鸟类，特别是孵卵的鸟类，在孵卵期间胸腹部的真皮加厚，血管增多，羽毛脱落，形成孵卵斑。这有利于将孵卵鸟类的体温传导给巢内的卵。孵卵斑的数目因种类而不同，同种鸟类的孵卵斑则是一致的，可作为判断亲缘关系的一种依据。

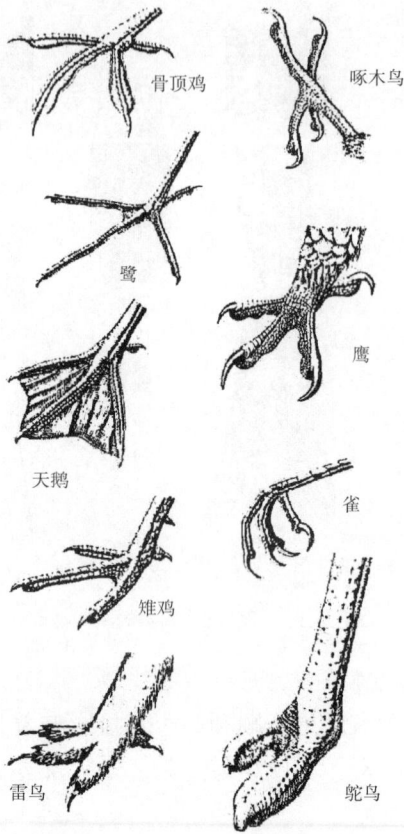

图7-6　鸟类的足与爪类型

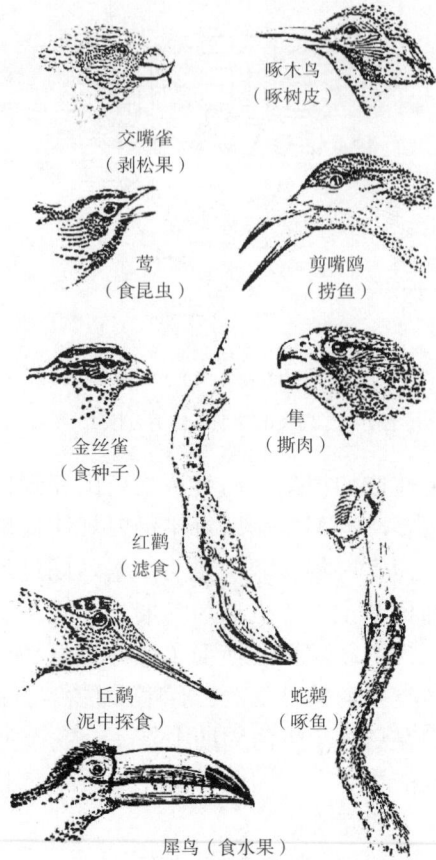

图7-7　鸟喙的各种形态

二、骨骼及肌肉系统

（一）骨骼系统

骨骼系统具有支持躯体和保护内脏的功能，也是躯干和四肢肌肉的附着点，能在肌群的操纵下完成杠杆运动，共同构成鸟类的运动器官。此外，骨骼在体内钙的贮存及调节血液中钙、磷代谢以维持正常的生理活动方面，具有重要作用。鸟类长期适应于飞翔生活，骨骼系统发生了显著特化。主要表现在以下几个方面：

（1）骨骼的充气现象。鸟类的骨骼很轻便，骨壁很薄，大多数长骨、带骨和头骨内，都有气囊侵入或在发育早期就形成众多的气腔。

（2）骨骼的愈合与变形。鸟类许多骨骼退化、变形以及某些骨骼广泛愈合，从而使得骨骼变得十分坚固（附图2）。

（3）骨壁薄而轻，但十分坚固。一些承力的骨骼，特别是长骨的骨壁内墙，常有许多纵横交错的骨质梁架加固，能获得最大的支撑和抗力。

（二）肌肉系统

肌肉系统由骨骼肌、内脏肌和心肌组成。在神经支配，内分泌调节以及有关器官系统的协调下，完成躯体运动、内脏器官蠕动和血液循环等生理活动。鸟类适应于飞翔生活，在骨骼肌方面发生显著的变化，在肌肉特征方面表现为：

（1）背肌趋于退化，颈肌复杂，使头部完成多方向和多方位的精细动作。

（2）胸肌发达，支配扇翅运动。

（3）后肢肌肉发达和复杂，发展了与栖止抓持有关的巧妙装置（附图3）。鸟类四肢肌肉的特征之一是：较大的肌块均位于腹部并向重心部位集中，自其发出长而有力的肌腱来操纵远端骨骼（特别是爪、脚骨）的运动。这对于鸟类保持重心和平衡十分重要。

（三）飞行

飞行是鸟类独特的运动方式，是在神经系统的控制下，由骨骼、肌肉和羽片所构成的飞翔器官（翼与尾）协同完成的。鸟类飞行时基本上是鼓翼、滑翔和翱翔3种方式交替使用。一般小型鸟类以鼓翼及滑翔为主，大型鸟类多具较好的翱翔能力。鸟类在扬翅时不会产生推力，此时是靠前一次扇翅时所产生的水平方向的动量而前冲。

鸟类飞行速度在不同种类之间以及同一种类在不同条件下均有较大差异。一般来说，小型雀类为32.2~59.6km/h，雁鸭类95~115km/h，雨燕为110~190km/h。鸟类的飞行高度受大气含氧量的限制，一般不高于海拔5000m，绝大多数鸟类的飞行高度为400~1000m。

三、消化系统

消化系统的主要功能是摄取食物并进行物理和化学消化，使之成为简单的可溶性营养物质，然后经小肠消化吸收，再通过血液循环系统输送到全身。另一部分未消化吸收的残渣在大肠形成粪便，经泄殖腔排出体外。鸟类的消化系统包括消化道和消化腺两部分（附图4），其特点是消化能力强，消化过程快；食量大，对食物的利用率高。

鸟类的消化道开始于喙，喙是鸟类的取食器官，现代鸟类均无牙齿。鸟喙在形态结构及功能上因食性差异而有显著的适应性变化。鸟类口腔后部与咽之间没有明显的分界，此共同的腔称口咽腔。口咽腔的顶壁由硬腭构成。口咽腔底部有舌。舌一般为狭长的三角形。鸟类食物的多样性使舌在形态和功能上发生各种适应性改变。口咽腔黏膜上分布有许多唾液腺，主要功能是湿润食物，以利于吞咽。鸟类的食管相对更长，更宽大。食管的中部或下部具有一个能与食管区分开的膨胀部，即嗉囊。食谷和食鱼的鸟类往往嗉囊发达，便于一次取得更多食物。鸟类的胃分为腺胃和肌胃两部分。腺胃又称前胃，容积较小，主要分泌黏液、胃酸和胃蛋白酶原。肌胃又称砂囊，中央较厚边缘较薄，主要功能是机械性地研磨食物并进行酶和酸的水解。鸟类的肠道由小肠、大肠和泄殖腔组成。小肠分为十二指肠、空肠和回肠，大肠由盲肠和直肠构成，直肠的末端膨大部分是泄殖腔，泄殖腔是鸟类排粪、排尿及生殖的公共通道。鸟类的消化腺主要是肝脏、胰脏。

四、呼吸系统与发声器官

呼吸系统通过摄入氧气和排出二氧化碳的气体代谢方式来维持机体的新陈代谢活动。呼吸系统在完成气体交换的同时，也实现了对体内环境的热调节，这对于恒温动物特别是鸟类在剧烈的飞翔活动中排出多余的产热，是非常重要的。鸟类特殊的肺结构及复杂的气囊系统，使呼气及吸气时均有富含氧气的气体沿着单一方向流动通过肺，为旺盛的新陈代谢提供保证（图7-8）。气囊系统是鸟类特有的结构，在保证高效呼吸和散热方面起着重要作用。鸟类呼吸的基本特征是，不论吸气还是呼气，均有富含氧气的气体从肺的平行支气管连同微气管中流过，而且气体是沿着同一方向流动，这种与其他陆栖脊椎动物不同，习惯上称为"双重呼吸"。此外，鸟类具有特殊的发声器官——鸣管及鸣肌。鸣肌的复杂程度与鸟类的鸣叫密切相关，鸣肌的种类和数目，是研究鸟类系统分类与进化的一个指标。

五、循环系统

循环系统的主要功能是运送血液和淋巴，把营养物质、氧和激素送到身体各器官、组织和细胞，进行新陈代谢，同时又将各器官、组

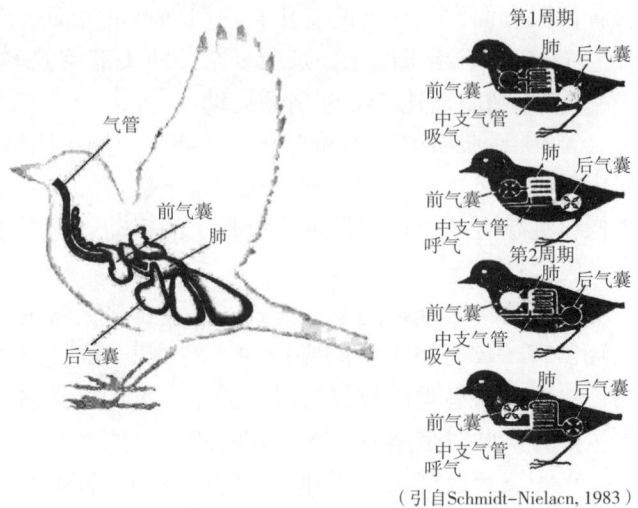

（引自Schmidt-Nielacn, 1983）

图7-8　鸟类的气囊结构、呼吸周期及气流流向

织和细胞的代谢产物带到肺、肾等器官排出体外。循环系统还可调节组织的水分含量，维持机体内环境的稳定以及运送抗体，保护机体免受细菌、病毒等微生物或其他有机大分子的侵袭；并能将肌肉和消化系统所产生的热输送到全身。

鸟类的循环系统反映了较高的代谢水平。心脏四腔，具有右体动脉弓，心脏容量大，心跳频率快，动脉压高，血液循环迅速。具尾肠系膜静脉，肾门静脉趋于退化（附图5）。

鸟类淋巴系由淋巴管、淋巴组织和淋巴器官组成。淋巴管主要与血管外体液返回血液有关，淋巴组织通过形成抗体而对异质抗原起作用，由此产生适应性免疫。

六、泌尿生殖系统

泌尿系统由肾脏、输尿管和泄殖腔组成。主要功能是保证体内环境的稳定，通过不断地将体内多余的水分和离子排出体外，能保持体液渗透压的动态平衡。由肝产生的新陈代谢含氮废物及时地以尿酸形式排出，以免机体中毒。肾脏为泌尿场所，经输尿管导尿到泄殖腔。绝大多数鸟类无膀胱，这与排泄产物尿酸为半固体状态，以及适用于飞翔生活、减轻体重有关。一些鸟类，特别是海洋鸟类，具有发达的盐腺，能将体内多余的盐分排出，属于肾外排泄。

生殖系统由生殖腺、生殖导管及附属腺体组成。雄性生殖系统是由精巢、附睾、输精管和泄殖腔与阴茎构成。鸟类大都不具阴茎，在某些鸟类尚有痕迹如雁形目的雄鸟。雌性生殖系统由卵巢和输卵管组成，末端开口于泄殖腔内的泄殖道。鸟类的卵巢和输卵管在成熟期仅左侧发育，进入繁殖期才增大，繁殖期过后又缩小（图7-9）。

卵巢排出的卵细胞在输卵管前端喇叭状开口后面的卵带区停留、受精，此区分泌一薄层浓蛋白，紧裹在卵细胞周围。卵细胞沿输卵管旋转下行，并不断包裹浓蛋白，同时，两端形成螺旋状卵带。继续下行，管壁腺细胞的分泌物构成卵细胞几丁质成分的内、外壳膜。含钙化合物的硬壳及色素在输卵管下端的膨大部（子宫）形成。鸟蛋的基本结构见图7-10。

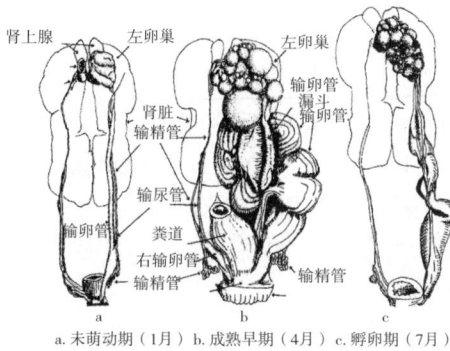

a. 未萌动期（1月）b. 成熟早期（4月）c. 孵卵期（7月）

图7-9　雌家麻雀的生殖系统发育阶段

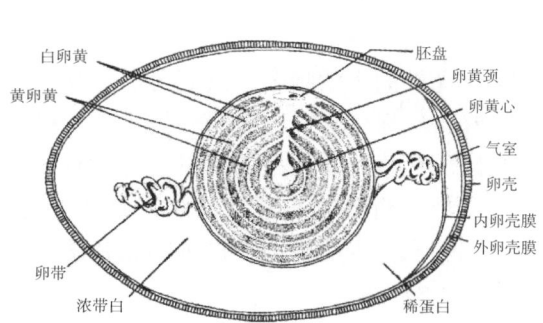

图7-10　鸟蛋的结构模式

繁殖周期是指大多数鸟类每年呈周期性的繁殖活动，北半球鸟类的繁殖周期开始于春季北迁，至秋季南迁越冬为止（附图6）。它是在外源性因素（如光照、温度、雄鸟的求偶炫耀、交配以及巢、卵的刺激）影响下所引起的内源性繁殖周期性活动。

七、神经系统、感官和内分泌

鸟类神经系统结构与功能基本上与其他高等脊椎动物相似，由中枢神经系统（脑与脊髓）和外周神经系统构成。能接受体内、外的刺激，经过中枢的整合而发出适当的反应，从而维持体内环境的稳定及应对多变的外界条件，并能选择性地将一些信息以记忆和学习的形式贮存于大脑，在各种冲动的影响和协调下，形成多种有利于机体的、复杂的行为。

鸟类的中枢神经系统由脑和脊髓组成。鸟类的自主神经系统由交感神经和副交感神经组成。主要功能是调节内脏活动和新陈代谢过程，以保证体内环境的平衡和稳定。

适应鸟类飞翔的特征包括中脑视叶十分发达，眼球大，视力发达；小脑十分发达。眼，大多数鸟类的双眼为侧位，少数不同程度双眼向前。眼球对远视和近视有强大的调节能力；一般下眼睑比上眼睑大，有较大的活动性，通过向上运动而闭眼。鸟眼具有"双重调节"的功能，即通过同时改变晶体和角膜曲度，调节视力。鸟类不具外耳郭，耳孔通常被耳羽所覆盖，嗅觉不灵敏。

生命活动是在神经系统和内分泌系统的控制和协调下实现的。内分泌系统所分泌出来的活性物质称为激素，分泌激素的腺体称内分泌腺。鸟类的主要内分泌腺有脑下垂体、甲状腺、甲状旁腺、后腮腺、肾上腺、胰岛、性腺、松果腺和胸腺。

八、小结

鸟类独特的飞行运动方式，需要旺盛的新陈代谢供给能量，保持体温恒定。进化形成一系列特殊的结构如体表被覆羽毛，保持温度和体形，飞羽和尾羽是飞翔的利器；骨骼轻而有气腔，广泛的愈合。前肢演变为翅；胸大肌发达；以喙取食，牙齿退化；复杂的气囊系统与肺连通，高效呼吸，重要的冷却装置；心脏容积大，心搏速度快，血流迅速；感官及神经系统高度发达。鸟类完善的繁殖方式和较高的后代成活率使其在生存竞争中获得优势，广泛分布于地球上的各个角落。

第二节　鸟类识别

依据鸟类的生活状态，人们可以将其分为两类：野生鸟类和笼养鸟类。野生鸟类自由自在地在自然界生活，而笼养鸟类则受到鸟笼的限制。有的鸟笼可能较大，如野生动物园或百鸟园的鸟笼，鸟在里面可以飞行；有些鸟笼很小，刚刚容许鸟在里面转身和蹦跳。笼内的鸟可能是近日刚从野外捕获，有些可能已被囚禁多日或多年。还有许许多多的观赏鸟、家鸽和家禽生活在人类提供的笼舍内，完全依赖人类生活。然而追溯它们的祖先，都来自野生鸟类。

形形色色的鸟类需要人们去欣赏和识别。了解和认识鸟类是鸟类爱好者最先遇到的问题，也是鸟类环志、疫源疫病监测、保护、管理等面临的基本问题。中国有鸟类26目109科497属1445种（郑光美等，2017），约占世界鸟类种类数量的13.6%。中国地域辽阔，横跨多个温度带，地形复杂，不仅迁徙鸟类的种类多，也有许多特有的种类。本节主要结合多年野外工作经验，简要介绍一下鸟类的识别。

在我国，许多人喜欢鸟类，熟悉当地鸟类的习性和土名（当地名）。大部分土名已经抓住了该种鸟类与其他鸟类相互区别的形态特征或行为特征，达到识别鸟类的目的。由此可见，鸟类识别并不难，只要留心观察和长期实践，了解和认识当地鸟类是可以做到的。

虽然土名能够识别鸟类，但不科学。首先，土名描述的特征不够严密，较少反映不同种类之间的亲缘关系。其次，不便于研究人员之间的交流，特别是国际交流。例如，种与亚种的科学名称普遍使用双名制（属名+种名）和三名制（属名+种名+亚种名），这涉及分类学基本原理与方法，即运用多学科交叉的研究成果来阐述有关物种或类群的起源、进化历史以及各类群间的亲缘关系。

自18世纪以来，世界主要国家的博物馆、大学都有自己的标本馆，藏有本国乃至全球各地的鸟类标本，主要是假剥制标本。其中最宝贵的是模式标本，即首先发现并定名的剥制标本。英国最古老的标本已经300余年，我国首个由国人制作的鸟类剥制标本也超过100年。凭借这些标本，鸟类分类学研究进展迅速。研究内容以种类鉴定为主，在不断识别和鉴定物种的基础上研究种的系统分类以及系统发育。

种是分类学的基本单元，其定义是能够（或可能）相互配育的自然类群，这些类群与其他这样的类群在生殖上相互隔离。确定物种应同时考虑形态的、地理的和遗传学的特征。同一种必须具有相对稳定的、一致的形态学特征；一定的地理分布区并在此区域内生存和繁衍后代；以及特定的遗传基因，表现为同种个体之间可配育，不同种之间不能配育或偶然杂交但杂交的子代不具繁殖能力。

分类阶元是指分类体系中的各单元，如科、属、种等。在鸟类中采用的有：亚种、种、属、族、亚科、科、亚目、目、总目、纲。其中目的字尾用"-formes"，科的字尾用"-idae"，亚科的字尾用"-inae"，族的字尾用"-ini"来表示。

种上的分类阶元用以表达种在一个动物分类系统中的地位以及与其他种（或其他分类阶元）间的亲缘关系。从分类学来说，只有种（和亚种）是具体的，而种上诸分类阶元都是抽象，是基于对大量种（现存的和已灭绝的）的综合研究成果。例如"属"的定义是一个聚合的分类阶元。包括一个种或一群推测在系统发育上有共同起源的种，属与属之间存在着明确的间断。确定属名需指定一个模式种，而且属名作为同属内所有物种学名的第一个名称。它意味着本属内的所有种与该模式种间的相似程度要大于其他属的模式种。再如"科"的定义是属上分类阶元，包括一个属或一群在系统发育上有共同起源的属。科的特征是在概括各属的形态、适应的基础上归纳出来的，它在研究起源进化和地理分布上有重要意义。其他更高阶元的确定依次类推。

分类学所依据的特征以形态学为基础，结合显微形态学、生理生态学、行为学、细胞遗传学和生物化学等领域的技术成果，综合分析判断，提出表型鉴别方案。任何以单一领域的研究成果去修改鸟类分类系统或亲缘关系的做法，都是片面和不足取的。目前国内出版的书籍，分类体系主要有3种：《中国鸟类系统检索》（郑作新，1964）、《中国鸟类野外手册》（约翰·马静能等，2022）以及《中国鸟类分类与分布名录》（郑光美等，2017）。其中，郑光美等采用的体系比较与国际接轨。

无论如何，以鸟类假剥制标本为主建立起鸟类分类学，出版了许多检索表、图谱和名录。直到现在，《中国鸟类系统检索》（郑作新，1964）对于识别手中鸟还有重要参考价值。

数十年来，随着生态平衡、生物多样性保护等观念的普及，我国野外观鸟有了较大的发展。特别是高倍、清晰的望远镜和摄像设备的普及，以及高质量鸟类图版的印刷，更有利于野外鸟类识别。现代鸟类的野外识别可能无须丰富的鸟类分类学知识，但依据的图鉴和描述却是鸟类分类学长期积累的结果。

一、手中鸟的识别

手中鸟是指被捕获或救护的鸟，可在近距离或拿在手中仔细观察它，或与图鉴仔细对照。通常的识别过程是先判别到类群（如雉鸡、雁鸭、鸻鹬、鸥、燕鸥、伯劳、燕、鸫等），再与该类群内各个种的图形对照。图鉴中的类群相当于分类学中的科。如果能够识别到科，已经是比较有经验的人员，完全有可能依照图鉴查到种。

对于初学人员，建议利用《中国鸟类系统检索》中的检索表，结合适当的图鉴，对照识别鸟类。例如，先看目别检索表，将鸟识别到目，再由目到科（相当于类群）。比较难识别的鸟类是雀形目，需要经常反复和试探才能找到正确的科。最后对照图谱和文字描述，确定种类。为了使用方便，我们将每一目所包括的类群标在括号内。例如，检索手中的斑头雁。最先看1，蹼是否发达？斑头雁的蹼较发达，看2。鼻是否成管状？不清楚。先认为鼻呈管状，结果是鹱形目，指的是鹱、信天翁、海燕这类鸟，明显与手中鸟不符。所以，继续看3，"趾间具全蹼"及"趾间不具全蹼"。斑头雁的蹼明显与图7-11中的全蹼不同，因此，继续看检索表的4。"嘴扁""先端具嘴甲"与手中鸟相符，应属雁形目。翻看雁鸭类图鉴，可以查出斑头雁。最后，还须对照文字描述，核实是否相符。

雀形目鸟类多是生活在山野、林地、荒漠、草原上的小型鸟类。许多鸟类色彩鲜艳，繁殖期鸣声悦耳，更有许多迁徙性鸟类，是主要的观赏和环志对象。近些年，我国每年的环志鸟数量10万只以上，其中90%为雀形目鸟类。使用雀形目检索表难度更大。首先，专业词汇多，如"靴状鳞""盾状鳞"。其次是字意抽象，如"嘴粗健而侧扁""嘴强壮而侧扁"。最后，常遇到"例外"的情况，只能凭经验和试探。初次使用检索表的人常有共同感觉：认识的鸟一查就到，不认识的鸟难以检索到。只有经常使用，不断摸索，才会有一定指导意义。

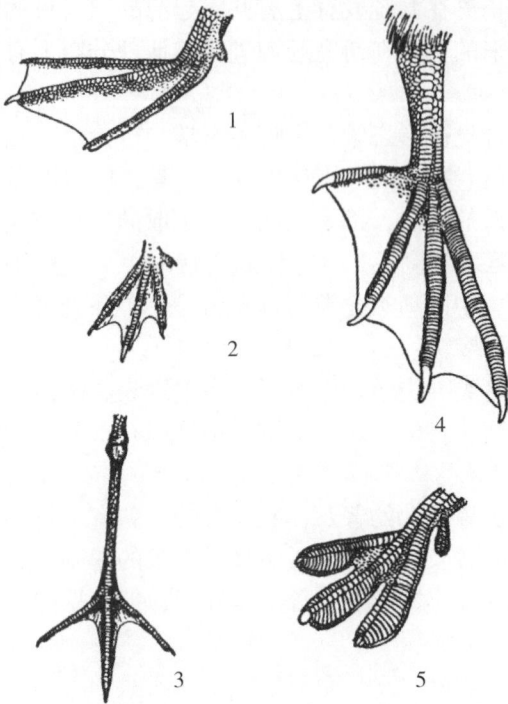

1.蹼足　2.凹蹼足　3.半蹼足　4.全蹼足　5.瓣蹼足

图7-11　鸟蹼的各种类型

此外，雀形目检索表（引自郑作新，1964）与现行的分类体系有些差别，使用时应留心比较。

二、野外鸟的识别与观鸟

对于野生动物疫源疫病监测人员，野生动物资源保护和调查的人员，野外观鸟应是其本职工作。对于其他行业的人员，野外观鸟是娱乐和业余兴趣。这种爱好也可为野生动物保护管理或环境保护服务。业余观鸟人员发现周围鸟的种类或数量减少，可向政府部门提出质疑，是否人类居住的环境受到威胁和影响。

无论何种人员，野外观鸟的根本目的是了解和认识鸟类。人类从狩猎、采摘发展到现代文明经历了漫长的年代，其中物质丰富是最重要的基础。经过改革开放富裕起来的中国人，已经开始形成业余观鸟人群。实践表明，野外观鸟需要经验，经验越多观察越准确。许多业余观鸟人员，甚至刚刚从事野生动物保护、管理、监测的人员可能都不是专业鸟类学工作者。但经过一段时间的实践，他们的野外识别能力，野外摄影技术都已经很专业。

本节主要介绍野外观鸟的装备与器材以及野外鸟类识别方法。每个人的学识和经历不同，体会也不尽相同，不必追求方法的一致。

（一）装备与器材

通常的观鸟活动都在居住地点附近，一般不远行，也不在野外过夜。这时，最基本的装备和器材相对比较简单。主要有：①双筒望远镜；②背包；③野外图鉴；④笔记本和铅笔；⑤与季节相应的衣物（图7-12）。

双筒望远镜的倍数不宜太高，以8倍或10倍最好。倍数越高，要求越稳定，没有支架很难办到。在经济条件允许的前提下，尽量选购高清晰度望远镜。此外，必须注意正确地清洁和保养，防止受潮发霉。

单筒望远镜（镜头20倍定焦或20～60倍变焦）在鸟类识别中作用很大，应尽可能购买。日本、德国、奥地利等许多国家都生产，质量都不错。以前，有些单位曾用靶镜代替单筒镜观鸟，效果并不理想。如果已经购买到单筒镜，务必选择合适的三脚架。不要只图轻便，三脚架的重量应与单筒镜的重量相适应，避免头重脚轻，不稳定。

双肩背包在野外必不可少。各类物品，包括吃、喝等生活用品都在其内。有人喜欢用斜挎包，方便取出、送回物品，特别是经常使用的物品，但容积不如双肩背包。

记录本和笔一定要有。笔记本最好放在防水袋中，铅笔或圆珠笔都可，不要用墨水

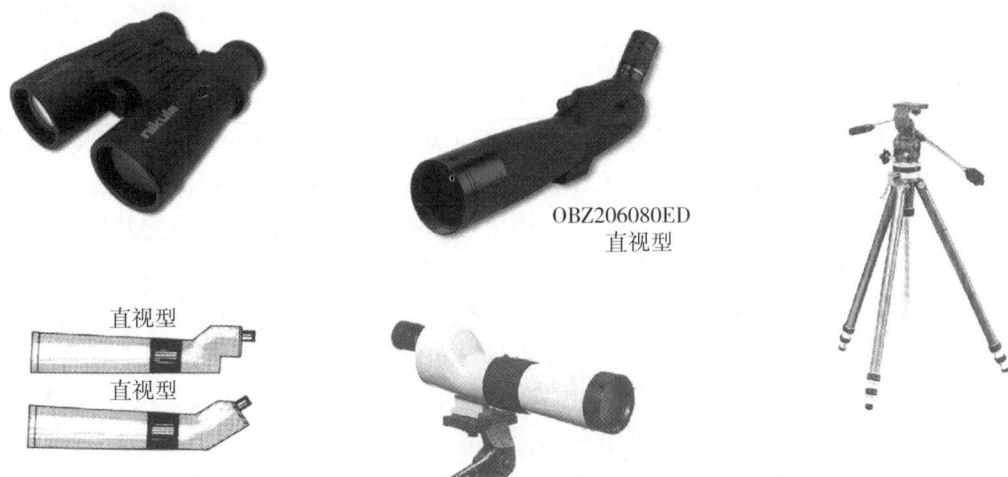

OBZ206080ED
直视型

直视型

直视型

图7-12 望远镜和三脚架

笔，以防遇水变模糊。记录的内容除时间、地点以外，更应记录鸟的栖息环境、行为特征、明显羽色或形态特征以及伴生物种等。如果能够画出素描图，更便于鸟类的识别（图7-13）。

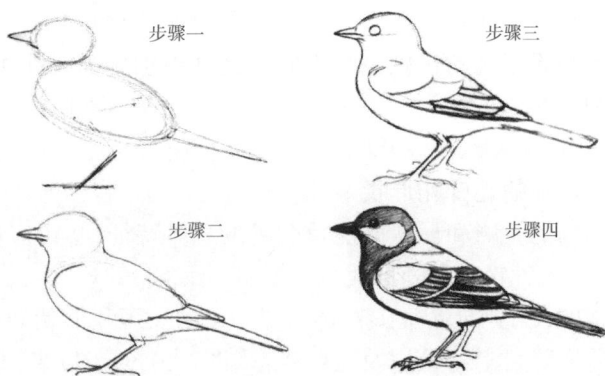

步骤一
步骤二
步骤三
步骤四

合适的衣物很重要。最好是适宜野外的服装和鞋帽，避免蛇、虫叮咬。颜色不要过于艳丽，与绿色环境不要反差太大（图7-14）。

图7-13 野外素描（引自《鸟类图鉴》）

图鉴最好随身携带，便于随时翻阅和对照（图7-15）。

以上是观鸟的基本装备和器材。如果经济条件允许，建议提高装备和器材的质量。其他一些装备，如GPS、照相机，特别是数码相机和录像机，能够及时拍摄带有特殊标记（带有发射器、彩环、旗标等）的鸟，具有特殊重要意义。

图7-14 观鸟衣物

《中国鸟类野外手册》PDA版
马敬能、菲利普斯、何芬奇等著

图7-15 野外图鉴

（二）观鸟前的准备

开始观鸟之前，应该首先了解周围地区的鸟类，至少本省、市、自治区应该分布的鸟类。也要了解当前季节，特定栖息地应该出现的鸟类。依据这些基本分析，列出当地鸟类名录。有针对性地检索应该识别的鸟类，翻阅有关的图鉴描述，记忆各类鸟的野外特征。

观鸟应注意天气状况。天气恶劣（大风、大雨、浓雾等）不仅影响观察和倾听的效果，鸟类本身也会躲避，不易见到。此外，应根据鸟的习性安排最佳观鸟时间，包括每日的最佳时间。用夜视仪观察夜间鸟类的活动，一定很有吸引力。

（三）野外鸟类识别方法

对于初学者或刚刚对观鸟感兴趣的人员，最简便快速的鸟类识别方法是"看图识鸟"法。此类方法常见于湿地和水鸟保护区（如湖边）。在观鸟窗口架有单筒望远镜，下面有彩色图版，画有当前季节水面上可能出现的鸟类，包括不同年龄、性别个体的差异。观鸟人员只要按图对照，可以识别水中鸟类（附图7）。

附图7中有绿头鸭、针尾鸭、鸳鸯、琵嘴鸭、斑嘴鸭、绿翅鸭、赤膀鸭、赤颈鸭、凤头潜鸭、红头潜鸭、斑背潜鸭、黑水鸡、骨顶鸡以及小鸊鷉等14种。其他鸟类，包括水边的鸟和山林、荒野中的鸟类也可用"看图识鸟"的方法练习野外识别（附图8）。山林和荒野鸟类一般体形较小，很少长时间栖落在同一地点且周围经常有遮蔽物。也许正是半遮半掩不易观察，才更有趣味性。

另一值得推广的鸟类识别经验是：仔细观察，记住特征，迅速翻阅图鉴，与记忆对照，找出可能的种类。再通过多次观察、对照，最后确定种类。

与手中鸟的识别完全不同，野外识别鸟类只能用眼，或借助望远镜，通过观察鸟的轮廓和形状，鸟的大小，标志性特征，以及对鸟的行为、习性、鸣声、栖息地利用等方面的综合分析，确定鸟的种类。以下我们将分别举例说明。

1. 鸟的轮廓和形状

鸟的轮廓和形状既能反映鸟的总体特征，也可以反映头、喙（嘴）、尾、腿等部位的局部特征。一种轮廓和外形代表一类鸟，有经验的观鸟人员甚至可判别到种。例如水边鸟外形：根据嘴的长短和形状（图7-16），头、颈的长短和形状（图7-17），腿、脚的长度（图7-18），水面游泳姿势（图7-19）以及飞行姿态（图7-19下半图）来识别不同的鸟类。

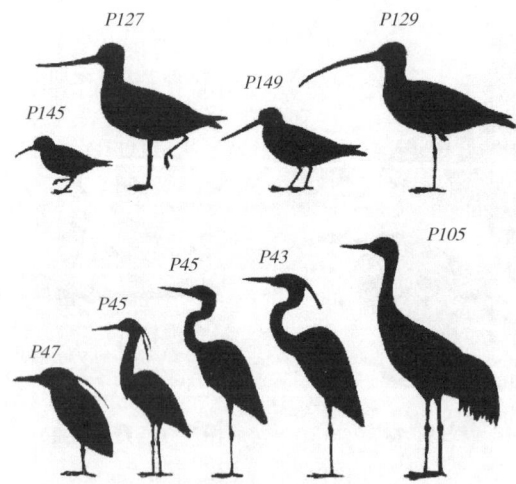

P145 黑腹滨鹬 P127 斑尾塍鹬 P149 沙锥
P129 大杓鹬 P47 夜鹭 P45 小白鹭 P45 大白
鹭 P43苍鹭 P105 鹤

图7-16 嘴的长短和形状比较

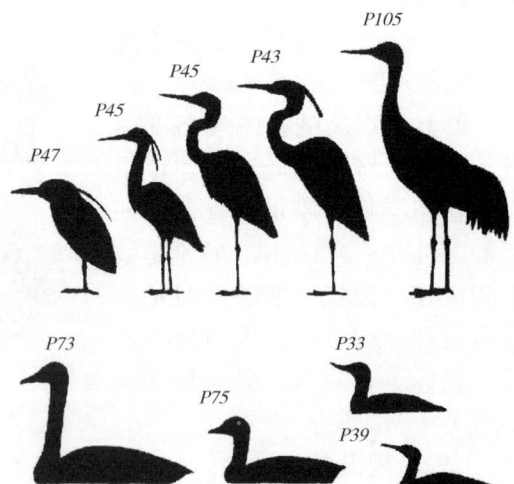

P47 夜鹭 P45 小白鹭 P45 大白鹭 P43 苍鹭
P105 鹤 P73 天鹅 P75 雁 P33 潜鸟 P39 鸬鹚

图7-17 头、颈的长短和形状比较

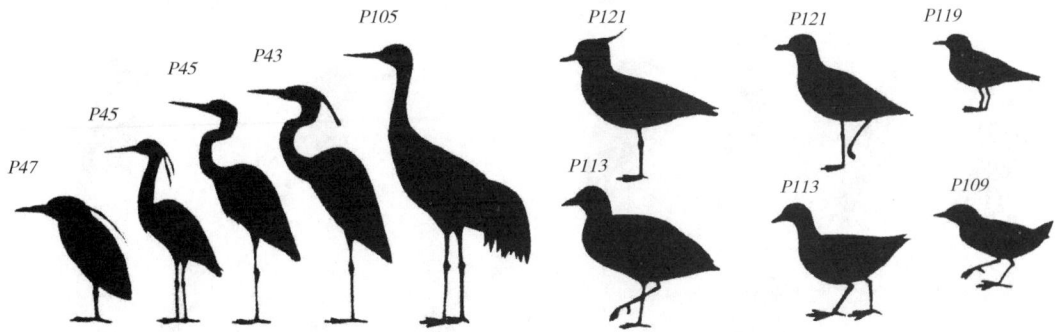

P47 夜鹭 P45 小白鹭 P45 大白鹭 P43 苍鹭 P105 鹤 P121 凤头麦鸡
P121 灰头麦鸡 P119 鸻 P113 骨顶鸡 P113 黑水鸡 P109 田鸡

图7-18 腿的长度比较

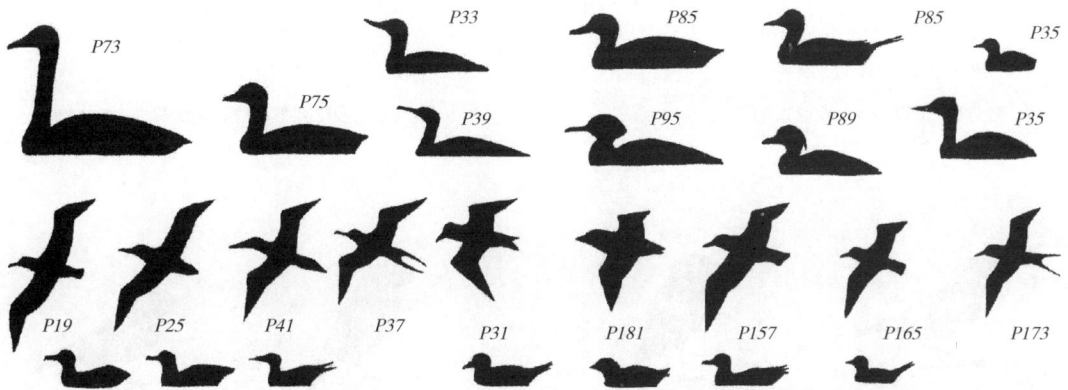

P73 天鹅 P75 雁 P33 潜鸟 P39 鸬鹚 P85 鸭 P85 针尾鸭 P35 䴙䴘 P95 秋沙鸭
P89 凤头潜鸭 P35 凤头䴙䴘 P19 信天翁 P25 鹱 P41 鲣鸟 P37 军舰鸟
P31 海燕 P181 海雀 P157 鸥 P165 鸥 P173 燕鸥

图7-19 水面游泳姿势及飞行姿态比较

水鸟嘴（喙）的形状和长短变化很大，头与喙的比率更能反映喙的长短。例如，大杓鹬喙的长度约是头宽的3倍（图7-16 P129），而斑尾塍鹬（图7-16 P127）的喙约为头宽的2倍且略有弯曲。还可以看到，鹭、鹤、天鹅、雁、潜鸟和鸬鹚的脖子弯曲程度和弯曲的形状有差异（图7-17）。与麦鸡、田鸡、骨顶鸡相比，鹤、鹭的腿更修长（夜鹭除外）（图7-18）。不同类群水鸟水面游泳姿势也是不同的（图7-19）。

林地内小型鸟较多，嘴的长短和形状变化较大。猛禽的嘴通常较短（图7-20），冠鱼狗、赤翡翠、普通翠鸟、啄木鸟、旋木雀的嘴长直（图7-21），鹟、莺、鸲、鸫的嘴较细（图7-22），蜡嘴雀、燕雀、麻雀、鸦、蚁䴕、山雀和乌鸦的嘴形各有特点（图7-23）。

许多山野、林地鸟的尾部差异较大，褐河乌、鹪鹩、鹌鹑、灰椋鸟的尾部短（图7-24），鸭、鹊鸲、紫寿带、灰山椒鸟、红尾伯劳、大山雀、大杜鹃、金腰燕、灰喜鹊、喜鹊、长尾雉的尾部相对较长（图7-25）。有的鸟耳羽突出（长耳鸮）、羽冠明显并特殊（黄喉鹀、太平鸟、云雀、冠鱼狗、戴胜），或体态与众不同（长尾林鸮）（图7-26），或飞翔时展翅姿态不同（图7-27），这些都是鸟类识别的重要依据。

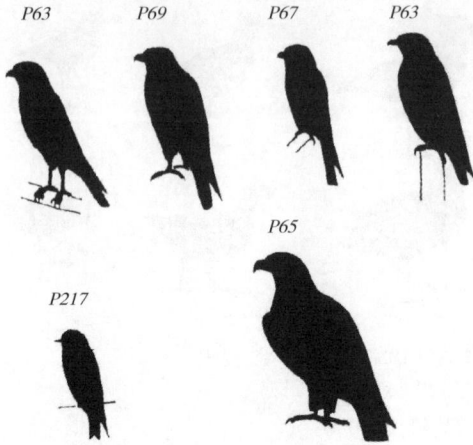

P63 鹭 P67 隼 P69 游隼 P63 鹰
P65 金雕 P217 沙燕

图7-20　嘴形短的鸟

P203 冠鱼狗 赤翡翠 普通翠鸟
P209 啄木鸟 P277 旋木雀
P211 绿啄木鸟

图7-21　嘴形长的鸟

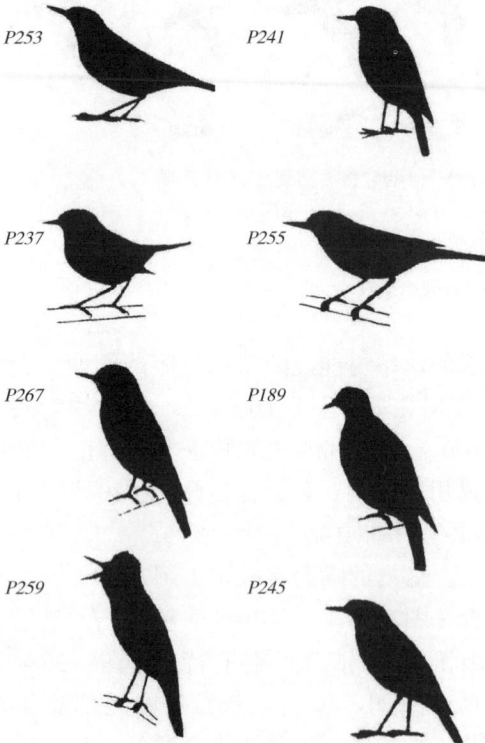

P253 鸫 P241 鸲 P237 歌鸲 P255 树莺
P189 绿鸠 P267 姬鹟 P259 大苇莺 P245 矶鸫

图7-22　嘴形细的鸟

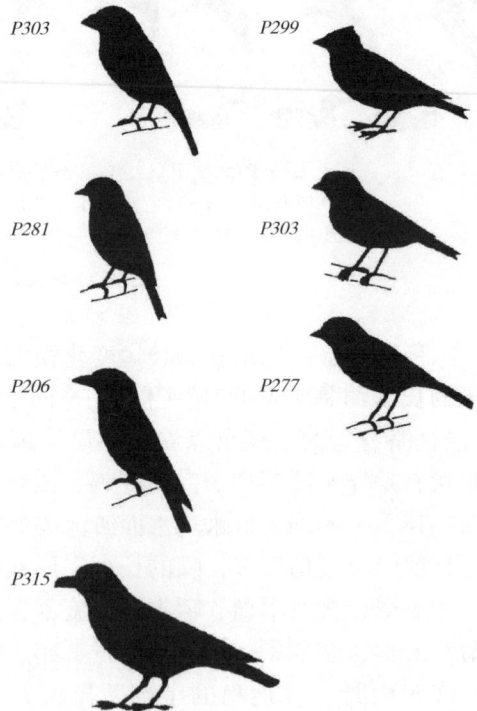

P303 蜡嘴雀 P299 燕雀 P303 麻雀
P281 鸦 P206 蚁䴕 P277 山雀 P315 乌鸦

图7-23　嘴形异的鸟

P233　P233

P103

P305

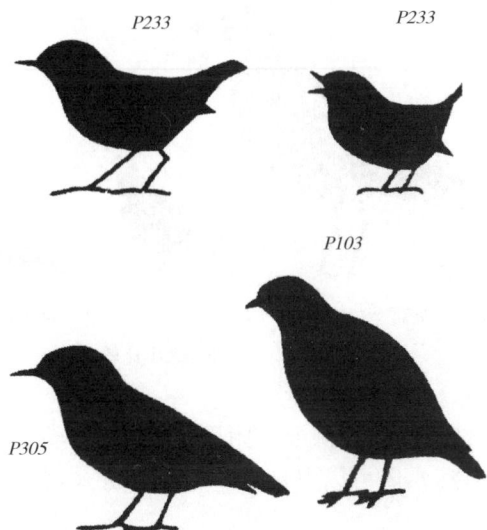

P233 褐河乌　P223 鹪鹩　P103 鹌鹑　305 灰椋鸟

图7-24　尾短的鸟

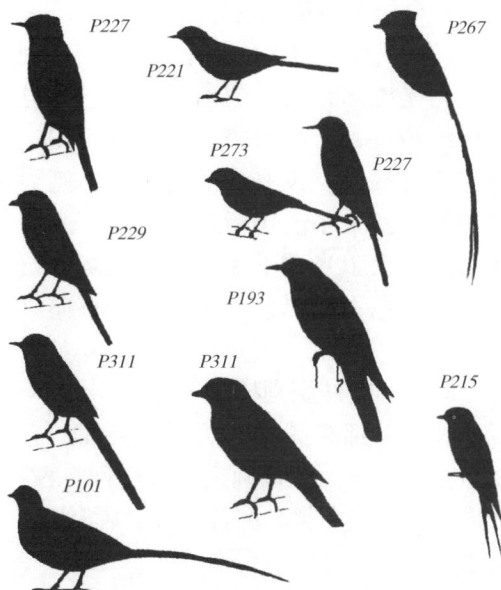

P227　P221　P267

P273　P227

P229

P193

P311　P311　P215

P101

P227 鹎　P221 鹊鸲　P267 紫寿带
P227 灰山椒鸟　P229 红尾伯劳
P273 大山雀　P193 大杜鹃　P215 金腰燕
P311 灰喜鹊 喜鹊　P101 长尾雉

图7-25　尾长的鸟

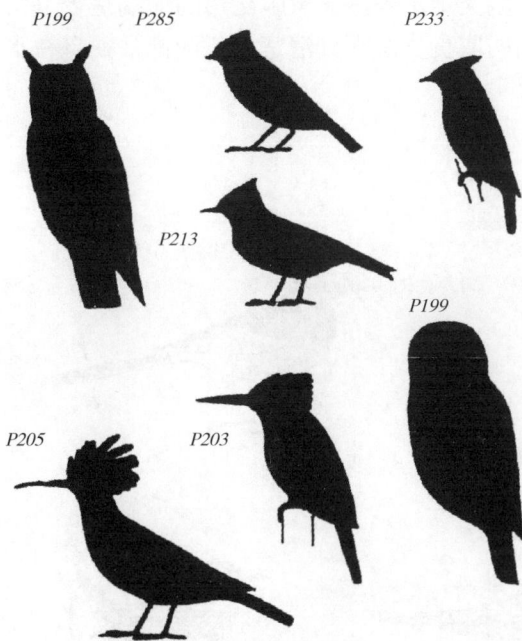

P199　P285　P233

P213

P199

P205　P203

P199 长耳鸮　P285 黄喉鹀　P233 太平鸟
P213 云雀　P199 长尾林鸮　P203 冠鱼狗
P205 戴胜

图7-26　头部特殊的鸟

P67　P61

P65

P315

P205

P193　P201

P215

P67 隼　P61 鹰　P65 雕　P315 乌鸦　P205 三宝鸟
P201 白腰雨燕　P215 金腰燕　P193 大杜鹃

图7-27　飞翔时展翅姿态

2. 鸟的大小和羽色

鸟的大小是相对的（图7-28）。现代最大的鸟是鸵鸟，最小的鸟是蜂鸟。常见的斑头雁约70cm，喜鹊约40cm，麻雀约10cm。特别在望远镜中，没有参照物比较，则很难看出鸟的真实大小。用望远镜观鸟，不同强度和角度的太阳光照下颜色可能失真，最常出现的是红色看成黑色，应从不同方向多观察几次。

乌鸦　　　　旅鸫　　　　家麻雀

图7-28　鸟的外形大小比较

3. 鸟的野外识别特征

许多鸟都有其特殊的形态特征，有时只要抓住1~2点，足以确定物种名称，称为该种鸟的野外识别特征（附图9）。鸟的轮廓和外形有时代表一类鸟的特征，如雁和鸭。再仔细观察，还可以发现一些特征，如斑嘴、斑头或凤头等，可以识别到种。

4. 鸟的习性

鸟的许多习性，包括巢址选择、觅食环境、觅食方法、身体部位的摆动、集群与否以及飞行姿态都是某种鸟或某类鸟的特征，可以达到野外识别的目的或供鸟类识别参考。如鹡鸰，尾细长，外侧尾羽具白，常做有规律的上下摆动（山鹡鸰为左右摆动）（图7-29）；啄木鸟凿洞筑巢（初级巢洞利用），大山雀利用旧树洞做巢（次级巢洞利用）；鸻鹬类都在海滩取食，鸻类个体小，疾行急走；鹬类走走停停；黑脸琵鹭的嘴端是否呈勺状以及面部黑色等特征不容易看清，但左右横扫的取食姿态十分清楚。孤沙锥常独自在水塘边活动，燕子抄掠过水面，百灵扶摇直冲蓝天。

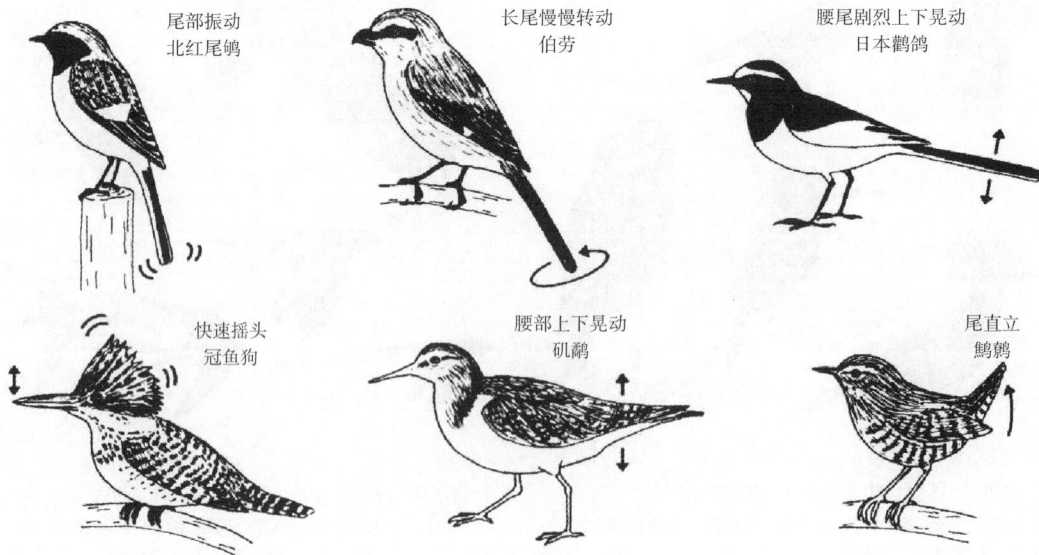

尾部振动
北红尾鸲

长尾慢慢转动
伯劳

腰尾剧烈上下晃动
日本鹡鸰

快速摇头
冠鱼狗

腰部上下晃动
矶鹬

尾直立
鹪鹩

图7-29　停落时特有的动作

5. 鸣叫

鸟的叫声和鸣声具有种类特性。有些雀形目鸟类鸣肌发达（鸣禽），繁殖期鸣声悦耳（雄鸟）。当然，并不是所有鸟的叫声都令人喜爱。野外经验丰富的人，只听叫声就可识别种类或统计数量。观鸟时应仔细聆听（图7-30），有条件可以录音（图7-31）。目前有网站可以检索到鸟鸣的录音。常见鸟的鸣声如大山雀（吱吱黑）、四声杜鹃（快快割谷）等。

图7-30 仔细聆听鸟的叫声

图7-31 野外录鸟的叫声

6. 栖息地

动物栖息的环境，如地貌、气候、水文、土壤、植被等称为生境。对于野生动物，最好称为栖息地。鸟类与栖息地有不可分割的关系。长期的历史演化和自然选择，鸟类的形态、行为已经适应特定的环境和生态位因子。可以说，每种栖息地类型都有其特有的鸟类，有些鸟类不可能在某种栖息地生活。在全球范围内，地球表面至少应该有10种天然栖息地类型：极地、苔原、高山区、针叶林、阔叶林、热带雨林、草原、荒漠、湿地和海洋。当然，在局部范围内，栖息地类型还可继续进一步分类（图7-32、图7-33）。湖泊、池塘、河流，海滨和沼泽可以划入湿地范畴。

图7-32 市区公园

图7-33　郊区农田

　　总之，无论鸟类环志，疫源疫病监测，还是野外观鸟，鸟类识别都是最基础的技能。只要付出努力，是否具备野生动物专业经历，都能够达到专业水准。如果说短期内认识全球的、全国的鸟类可能有一定难度。但是，认识当地的鸟类应该没问题。以当地（本省、市）鸟类名录为依据，多听多看，对照实物和图鉴反复实践。用不了几年，不仅认识常见的鸟类，还可以发现当地新记录，即以前没有记录到的种类。

　　手中鸟不是死的标本，不让鸟类受伤，甚至不让鸟类受委屈，才能体现人类的仁慈和爱心。当我们握鸟时，看鸟时，展翅时都要小心，顺其自然。切记及时将鸟放飞，以免鸟儿过于紧张导致死亡。

　　由于鸟类相似或近似的特征太多，观察鸟类务必仔细和认真。认识手中鸟会有助于识别野外的鸟类。由于网捕并不能将所有的鸟类都捕到，所以，手中鸟的种类有限，许多鸟只能靠观察。有些鸟在望远镜下能够识别，但拿在手中倒不知何物。这是由于手中鸟信息太多，一时不知从何入手。

　　鸟类识别能力的提高需要浓厚的兴趣、坚持不懈和认真踏实的态度。识别的方法也因人而异。

三、各目主要鸟类介绍

　　本节参照《鸟类学》（郑光美等，2012）的描述，结合《中国鸟类野外手册》（约翰·马静能等，2000）的图谱，简要介绍中国鸟类24目和101科的主要特征。

1. 潜鸟目（Gaviiformes）

　　外形似䴙䴘。大多背黑腹白；喙长而尖；腿短而后移，前3趾具蹼，后趾退化；多在淡水生活。广泛分布于全北区的高纬度地带，冬季南迁，多沿海岸分布。本目只有潜鸟科（Gaviidae），1属5种，我国4种。代表种类红喉潜鸟（*Gauia stellata*）（附图10）。

2. 䴙䴘目（Podicipediformes）

外形似鸭。嘴尖，眼先多具一窄条裸区，颈细长而直，尾甚短，各趾具瓣蹼。世界性分布，以温、热带居多，淡水生活。本目仅䴙䴘科（Podicipeddae）1科，5属22种，我国2属5种。代表种类小䴙䴘（*Podiceps ruficollis*）（附图11）。

3. 鹱形目（Procellariiformes）

海洋性鸟类。体形似鸥，大小不等，体羽以黑、白、灰或暗褐色为主；喙粗壮而侧扁，末端具钩，鼻孔开口于角质管内，可为1或2个管孔；前趾具蹼，后趾退化或缺如；翅细长而尖，擅在海面翱翔。均为世界性分布，全球共4科23属110种，我国有3科7属13种。

（1）信天翁科（Diomediedae）。大型鹱类，鼻孔侧位，不愈合。代表种类短尾信天翁（*Diomedea albatrus*）（附图12）。

（2）鹱科（Procellariidae）。中型鹱类，鼻孔背位，左右分离。代表种类钩嘴圆尾鹱（*Pterodroroma rostrata*）（附图13）。

（3）海燕科（Hydrobatidae）。小型鹱类，鼻孔背位，在中央愈合为一。代表种类黑叉尾海燕（*Oceanodroma monorhis*）（附图14）。

4. 鹈形目（Pelecaniformes）

大型游禽。翅长而尖，喙长而末端具钩，适于啄捕鱼类；大多具喉囊；4趾间具一完整的蹼膜。多在树上筑巢，少数在岩崖地面筑巢。大多分布于温带及热带沿海及内陆，共6科7属68种，我国有5科5属17种。

（1）鹲科（Phaethontidae）。喙短而钝，末端微下弯；中央尾羽极长，约等于体长；分布限于热带海洋。代表种类短尾鹲（*Pheathon aethereus*）（附图15）。

（2）鹈鹕科（Pelecanidae）。大型游禽。喙长，上喙末端下弯成钩；下喙下缘有巨型喉囊；体羽白、灰或褐色。广布于各大陆的温暖水域。代表种类斑嘴鹈鹕（*Pelecanus philippensis*）（附图16）。

（3）鲣鸟科（Sulidae）。中等游禽。喙短钝、锥形，喉囊不显；体羽以白色具黑为多。分布限于温带海洋。代表种类红脚鲣鸟（*Sula Sula*）（附图17）。

（4）鸬鹚科（Phalacrocoracidae）。大型游禽。喙呈圆柱状，末端具钩；喉囊不显；体羽大多黑色，少数下体白色。广布于温热带的内陆及沿海。代表种类普通鸬鹚（*Phalacrocorax carbo*）（附图18）。

（5）军舰鸟科（Fregatidae）。中等游禽。喙形似鸬鹚但上、下喙的末端均显著下弯成钩；雄鸟具鲜艳的红色带黑斑的喉囊；尾长，末端明显分叉（叉形尾）。海洋生活，飞行灵敏迅捷。代表种类小军舰鸟（*Fregata minor*）（附图19）。

5. 鹳形目（Ciconiiformes）

大、中型涉禽，喙、颈、腿均长，以适应涉水取食；胫部常部分不被羽，趾细长，趾间基部微具蹼（少数种类蹼发达），后趾若存在时与前3趾在一水平面上；羽色多样但均缺乏鲜艳色泽。广布于全球内陆及沿海地带，共5科38属115种，我国有3科18属34种。

（1）鹭科（Ardeidae）。小型至大型涉禽。喙较细长而直，末端尖细；中趾长超过跗跖之半，爪具栉缘，中趾与外侧趾间基部具微蹼。广布于温、热带。代表种类池鹭（*Ardeola bacchus*）（附图20）和栗苇鳽（*Ixobrychus cinnamomeus*）（附图21）。

（2）鹳科（Ciconiidae）。喙粗壮而直，头部常不完全被羽，体羽为白、黑色或全为黑色。广布于温、热带地区。代表种类黑鹳（*Ciconia nigra*）（附图22A）和东方白鹳（*C. ciconia*）（附图22B）。

（3）鹮科（Threskiornithidae）。喙细长而下弯（鹮类）或先端扁平如匙状（琵嘴鹭），头部近喙基处有裸皮，一般体羽为纯色，或白或黑。广布于温、热带地区。代表种类朱鹮（*Nipponia nippon*）（附图23）。

6. 红鹳目（Phoenicopteriformes）

全球只1科1属5种，分布于除澳洲以外的大陆温暖水域。体羽多红色，颈长，嘴长而下弯；腿极长，前3趾具蹼，后趾退化。我国只1种，可能是在中亚繁殖后进入我国。代表种类大红鹳（又称火烈鸟）（*Phoenicopterus rubdr*）（附图24）。

7. 雁形目（Anseriformes）

游禽。喙扁平似鸭，先端有"嘴甲"，喙缘具栉板以滤食；前3趾间具蹼，后趾退化、较前趾位高；翅部有绿色、紫色或白色翼镜。广布于全球，共2科44属160种。繁殖在北半球，南迁越冬。我国只有鸭科（Anatidae），共20属50种。包括所有的天鹅、雁和鸭。代表种类大天鹅（*Cygnus cygnus*）（附图25）、鸿雁（*Anser cygnoides*）（附图26）和针尾鸭（*Anas acuta*）（附图27）。

8. 隼形目（Falconiformes）

昼行性猛禽。嘴、脚强健并具利钩，喙基具蜡膜；翅强而有力，善疾飞及翱翔；广布于全球。全世界有5科80属311种。我国有3科24属63种。

（1）鹗科（Pandionidae）。鹗为鱼鹰，趾下满布刺状鳞片，外趾可后转成"对趾型"以抓持鱼类，较罕见。代表种类鹗（附图28）。

（2）鹰科（Accipitridae）。中、大型猛禽。上喙边端具弧形垂突，种类甚多，广布全球，代表种类鸢（*Miluus korshun*）、苍鹰（*Accipiter gentilis*）（附图29）、雀鹰（*A.nisus*）、白尾鹞（*Circus cyaneus*）、普通鵟（*Buteo buteo*）、金雕（*Aquila chrysaetos*）、白尾海雕（*Haliaeetus albicilla*）、秃鹫（*Aegypius monachus*）和高山兀鹫（*Gyps himalayensis*）（附图30）。

（3）隼科（Falconidae）。中、小型猛禽。喙较短，侧方有齿突；种类较多，遍布全球。代表种类小隼（*Microhierax melanoleucos*），为最小的猛禽。此外，尚有红隼（*Falco tinnunculus*）（附图31）、红脚隼（*Falco amurensis*）等。

9. 鸡形目（Galliformes）

体形大多似鹑或鸡，为地栖性鸟类。喙短钝似鸡；腿、脚健壮，爪钝，适于奔走及挖土寻食；本目鸟类为世界性分布，大多为留鸟。全世界有7科76属285种。我国有2科2属63种。

（1）松鸡科（Tetraonidae）。中、大型鸡类。喙较短，鼻孔被羽；跗跖全部或局部被羽，雄鸟无距；两性多异型，雄鸟求偶期有复杂的炫耀，大多一雄多雌。遍布于古北界的高纬度地带。代表种类黑嘴松鸡（*Tetrao paruirostris*）（附图32）。

（2）雉科（Phasianisae）。小到大型鸡类。喙粗而强，鼻孔被羽；跗跖多不被羽，雄鸟多具距；世界性分布。代表种类雉鸡（环颈雉）（*Phasianus colchicus*）（附图33）。

10. 鹤形目（Gruiformes）

小到大型涉禽（少数例外），一般具有涉禽的外形（喙长，颈长，腿长）。本目主要依内部形态结构的相似性而将亲缘关系较近的各类组合在一起，它们适应于不同的生活方式，外观相差甚多。一般后趾趋于退化并显著高于前趾。世界性分布，繁殖于北半球，南迁越冬。全球有11科58属203种。我国有4科17属34种。

（1）三趾鹑科（Turnicidae）。体形及生活习性似鹌鹑，但后趾缺如，腿较细长。雌雄异型，雌鸟体大、羽色较鲜艳。代表种类黄脚三趾鹑（*Turnix tanbi*）（附图34）。

（2）鹤科（Gruidae）。体形似鹭，但后趾小而高位，不能栖树握枝。喙长而直，头部常有裸皮。全世界15种有9种在我国有分布，其中黑颈鹤（*Grus nigricollis*）为我国特有种；丹顶鹤（*G. japonensis*）（附图35）主要在我国东北繁殖，长江流域为白鹤（*G. leucogeranus*）的世界最大的越冬种群栖息地。

（3）秧鸡科（Ralldae）。中小型涉禽。喙较长而直或短钝，有些种类具白或红色额甲；腿及脚趾细长。少数（例如骨顶鸡属）体以黑为主，外形似鸭，趾间具瓣蹼，为适应于游泳生活的一支。代表种类灰胸秧鸡（*Gallirallus striatus*）（附图36）和白骨顶（*Fulica atra*）（附图37）。

（4）鸨科（Otididae）。体形略似鸵鸟，适应于在草原上奔走，喙粗短；腿长而健，趾短粗，后趾退化消失；许多种类的颈、肩披有长羽。代表种类大鸨（俗称地鵏）（*Otis tarda*）（附图38）。

11. 鸻形目（Charadriiformes）

中、小型涉禽。翅狭而长；一般有涉禽的外观，但嘴形变异较大；后趾退化，存在时位置较高，前趾间或具微蹼；体背羽色以斑驳的黑、白、褐为主，很少鲜丽。世界性分布，在北半球繁殖，春、秋季大群迁徙。全球有18科90属350种，我国有14科48属126种。

（1）雉鸻科（Jacanidae）。中、小型涉禽。喙长直，末端略下弯似鸡；腿及趾特长；翼角处有1枚角质长刺状距；许多种类的中央尾羽特长。广泛分布于各大陆的温、热带淡水水域。代表种类水雉（附图39）。

（2）彩鹬科（Rostratulidae）。中小型涉禽。喙长直，先端膨大；腿及脚、趾均细长。两性异型，雌鸟体大而且羽色较雄鸟华丽，一雌多雄，雄鸟孵化及育雏。广泛分布于旧大陆南部和中南美的淡水水域。代表种类彩鹬（*Rtratula benghalensis*）（附图40）。

（3）蛎鹬科（Haematopodidae）。中型涉禽。体羽多为黑色或黑、白二色；喙与腿、脚、趾均为红色，后趾缺失，前趾基有微蹼。广布于各大陆的沿海地带。代表种类蛎鹬（*Haematopus astralegus*）（附图41）。

（4）鹮嘴鹬科（Ibidorhynchidae）。中型涉禽。全球只1属1种。鹮嘴鹬（*Ibidorhyncha struthersii*），见于我国西部高原，罕见留鸟或垂直迁移。腿及嘴红色，嘴长且下弯。胸部一道黑白色的横带（附图42）。

（5）反嘴鹬科（Recurvirostridae）。中、大型涉禽。喙长而直，先端上翘或下弯；腿一般更为细长；后趾短小，前趾间有微蹼。广布于各大陆的温、热带淡水水域。代表种类有黑翅长脚鹬（*Himantopus himantopus*）（附图43）。

（6）石鸻科（Burhinidae）。中型涉禽。喙短而钝。头和眼相对比例较其他鸻类显著为大；胫跗骨与跗跖骨之间的关节显著膨大；不具后趾，前3趾之间有微蹼。代表种类大石鸻（*Esacus recurvirostris*）（附图44）。

（7）燕鸻科（Glareolidae）。小型涉禽。喙短、基部宽阔似燕，先端下弯；翅长而尖，尾叉形；上体褐或灰色，下体白。以昆虫为主食。代表种类普通燕鸻（*Glareola maldiuarum*）（附图45）。

（8）鸻科（Charadriidae）。中、小型涉禽，喙短而直，先端较宽；体色以褐、黑、灰、白为基本色，腹羽白；后趾多缺失。广布于世界各地沿海及淡水水域，种类及数量众多。代表种类凤头麦鸡（*Vanellus vanellus*）、金眶鸻（*Charadrius dubius*）（附图46）和剑鸻（*C. hiaticula*）。

（9）鹬科（Scolopacidae）。中、小型涉禽。喙形多样，有短直、长直以及长而下弯；体羽大多暗淡或具斑驳，适于隐蔽；多具4趾，跗跖前、后均被盾状鳞。在北半球高纬度地带繁殖，迁徙及越冬时遍布各地；种类及数量繁多。代表种类矶鹬（*Actitis hypoleucos*）（附图47）。

（10）贼鸥科（Stercorariidae）。中、大型涉禽，善于游泳。喙粗壮而侧扁，先端具钩；翅长而尖，中央1对尾羽特长；腿短，前趾间具蹼，后趾小而高位；具黑头顶，背羽褐色，腹白。代表种类中贼鸥（*Stercorarius pomarinus*）（附图48）。

（11）鸥科（Laridae）。小至大型涉禽，善于游泳。喙强壮，侧扁，远嘴端具钩；翅狭长而尖，尾圆形；腿较短，前3趾间具蹼，后趾小而高位；雌雄同色，体羽以灰、褐为主，腹多白色。在沿海及内陆水域活动，分布遍及全球。代表种类红嘴鸥（*Larus ridibundus*）（附图49）。

（12）燕鸥科（Sternidae）。小至大型涉禽，善于游泳。喙强壮，侧扁，远嘴端不具钩；翅狭长而尖，尾叉形（如燕鸥）；腿较短，前3趾间具蹼，后趾小而高位；雌雄同色，体羽以灰、褐为主，腹多白色。在沿海及内陆水域活动，分布遍及全球。代表种类普通燕鸥（*Sterna hirundo*）（附图50）。

（13）剪嘴鸥科（Rynchopidae）。中型涉禽，善于游泳。外形似燕鸥，翅狭长而尖；尾较短，叉形尾；喙侧扁，下喙显著长于上喙（约35mm），上喙端部平齐似铲；分布于亚、非、美洲的亚热带及热带海域及淡水流域。代表种类剪嘴鸥（*Rynchops albicollis*）（附图51）。

（14）海雀科（Alcidae）。中型涉禽，善于游泳及潜水。海洋生活，外形略似企鹅；腿后移，在陆上近于直立；前趾间具蹼，后趾缺失；喙短、宽而侧扁；翅短，适于水下划行，也能快速扇翅飞行。典型羽饰是背黑、腹白，喙部有鲜艳色泽。栖息于北半球的亚极地和冷水水域，偶尔进入我国水域。代表种类扁嘴海雀（*Synthliboramphus antiquus*）（附图52）。

12. 沙鸡目（Pterocliformes）

全球只有沙鸡科（Pteroclididae）1科，2属16种。内部形态结构和外形似鸽，为栖息于荒漠及半荒漠草原的类群，体羽以沙黄色为主，适于隐蔽；喙短而强，形似鸡喙，嘴基不具蜡膜；腿短，趾粗壮，基部连并，跗跖及趾被羽，后趾缺失。除澳洲外，广布于旧大陆的荒漠草原地区。我国1属5种。代表种类毛腿沙鸡（*Syrrhaptes paradoxus*）（附图53）。

13. 鸽形目（Columbiformes）

小型至中型鸟类，体形似鸽。体羽密而柔软，以褐、灰色为主，少数华丽闪光；喙短而细弱，基部大都柔软并具蜡膜；腿短，脚强健，具钝爪；翅长而尖，飞行迅捷；嗉囊发达。栖息于森林或山崖，在平原地面取食。广布于世界各地，只有鸠鸽科（Columbidae）1科，41属309种，我国有7属31种。代表种类山斑鸠（*Streptopelia orientalis*）（附图54）。

14. 鹦形目（Psittaciformes）

小型至中等攀禽。喙短钝，先端具利钩，适于剥食种子硬壳并衔枝攀缘；上颌与头骨间有可动关节；腿短，对趾型足，爪强健具钩；树栖强，很少落地；体羽大多带有红、绿色泽。雌雄相似。本目有2科84属353种，我国只有鹦鹉科（Psittacidae）3属7种。代表种类绯胸鹦鹉（*Psittacula alexandri*）（附图55）。

15. 鹃形目（Cuculiformes）

中型攀禽。喙较纤细，先端微下弯，常具鲜艳色泽；腿短而弱，对趾型或转趾型足（又称半对趾型），适于攀缘及栖树握枝；翅尖长，尾长而呈圆形；雏鸟晚成性。一些种类（主要是旧大陆的杜鹃科、杜鹃亚科的种类以及少数几种鸡鹃亚科种类）有寄生性繁殖习性，产卵于其他鸟类的巢中，由义亲代孵及哺育。鹃形目鸟类主食昆虫，属森林益鸟。分布遍及全球，但以温热带种类居多，有迁徙习性。全球有2科34属159种，我国只有杜鹃科（Cuculidae）1科8属20种。代表种类大杜鹃（*Cuculus canorus*）（附图56）。

16. 鸮形目（Strigiformes）

夜行性猛禽，体形大小不一。具钩嘴、利爪以抓捕、撕食猎物；嘴基具蜡膜；眼大；双眼向前，眼周多具面盘，耳孔特大且常左右不对称；足为转趾型，脚、腿健壮，常被羽。广布于各地。全球有2科27属205种，我国有2科13属31种。

（1）草鸮科（Tytonidae）。头骨狭长；面盘为心脏形；中趾爪的内侧具栉缘；腿长，在树上栖止时清晰可见；跗跖部的被羽不达于趾部。代表种类草鸮（*Tyto capensis*）（附图57）。

（2）鸱鸮科（Strigidae）。头骨宽大；面盘如存在时为圆形；腿短，在栖止时不可见；跗跖被羽达于趾部。世界性分布。代表种类红角鸮（*Otus scops*）和长耳鸮（*Asio otus*）（附图58）。

17. 夜鹰目（Caprimulgiformes）

夜行性攀禽。喙短而宽、口裂极大，有极发达的口须；翅长尖，飞行迅速灵便；尾长呈圆形；腿短而弱，跗跖被羽；并趾型，中趾爪内侧具栉缘；体羽松软，色似枯枝落叶，适于昼间隐蔽。全球有5科20属117种，我国有2科3属8种。

（1）蟆口鸱科（Podargidae）。中型种类。口裂极大，喙宽阔，先端具钩；似三宝鸟那样在空中翻飞追捕昆虫。分布于东南亚及澳洲热带林区。我国只1种，黑顶蟆口鸱（*Batrachostomus hodgsoni*）（附图59）。

（2）夜鹰科（Caprimulgidae）。体形小。喙短而宽。广布于全球，有季节性迁徙。代表种类普通夜鹰（*Caprimulgus indicus*）（附图60）。

18. 雨燕目（Apociformes）

小型攀禽。喙形多样，或短宽似燕，或细长；翅尖长适于疾飞或短圆可"悬停"飞行；腿短而弱，跗跖大部被羽；广布于全球，共2科19属96种，我国有2科5属10种。

（1）雨燕科（Apodidae）。体形似燕但尾叉较小；喙短宽、口裂大；跗跖被羽或裸露，腿、脚短弱，四趾朝前或后趾能前、后转动；体羽大多黑褐。代表种类金丝燕

（*Collocalia fuciphaga*）和普通楼燕（*Apus apus*）（附图61）。

（2）凤头雨燕科（Hemiprocnidae）。体形似雨燕但额部有明显冠羽。后趾不能转动，可抓持物体或树枝栖止；翅长而尖；尾长具深分叉。分布于东南亚及新几内亚，不迁徙。我国只有凤头雨燕（*Hemiprocne coronata*）（附图62）1种，云南西部留鸟。

19. 咬鹃目（Trogoniformes）

小型攀禽。喙短而粗壮，先端具钩；腿短而弱，异趾型足（第1、2趾向后，第3、4趾朝前），适于攀树握枝；翅短圆，尾长而呈楔形；腿大，四周有一圈鲜艳的裸皮；体羽松软而密，常有鲜艳色泽及金属闪光，雌雄异色。本目仅咬鹃科（Trogonidae）1科，6属39种，我国1属3种，代表种类红腹咬鹃（*Harpactes wardi*）（附图63）。

20. 佛法僧目（Coraciiformes）

小型至大型攀禽。喙形多样，适应于多种生活方式，腿短，脚弱，并趾型；翅短圆；大多在洞穴中筑巢，雏鸟晚成鸟。广布于全球，以温热带为多。共7科34属152种，我国有3科11属20种。

（1）翠鸟科（Alcedinidae）。体形小至中等。喙粗长而直，先端尖锐，常具红色；腿短而弱，并趾；翅圆，尾短或中等；体羽紧密，以蓝、绿、栗、白色为主，有的具点斑。代表种类普通翠鸟（*Alcedo atthis*）（附图64A）和蓝翡翠（*Halcyon pileata*）（附图64B）。

（2）蜂虎科（Meropidae）。小型攀禽，喙细长、侧扁而下弯；翅长而尖；尾长；有些种类为方形尾，有些种类的中央尾羽伸长呈细尖；前趾基部并合；体羽华丽，以绿色最普遍，也有红色、蓝色、黄色、栗色；多数种类自眼先过眼至耳羽有一宽黑带。代表种类栗喉蜂虎（*Merops philippinus*）（附图65）。

（3）佛法僧科（Coraciidae）。中等攀禽。喙粗壮而宽，呈锥形但先端微下弯具钩；第2、3趾基部连并；翅长而尖；尾长，多为方形；典型羽色为蓝、绿色，代表种类三宝鸟（*Eurystomus orientalis*）（附图66）。

21. 戴胜目（Upupiformes）

中等攀禽。喙细长而尖，先端下弯，第3、4趾基部连并；尾长，方形。全球有2科3属10种，我国只有戴胜科（Upupidae）1属1种，即戴胜（*Upupa epops*）。头顶具扇状冠羽；体羽土棕色，在翅及尾羽上有显著的黑、白斑（附图67）。

22. 犀鸟目（Bucerotiforms）

热带森林鸟类。只犀鸟科（Bucerotidae）1个科，共9属53种，我国有4属5种，都为留鸟。中、大型攀禽。喙极大，下弯并有沟纹，常为红色或黄色；喙基顶部常具盔突，雄者比雌者大；趾基部连并；翅大而强健，飞时有声；尾长，多为圆形；典型羽色为黑、白，少数为黑、灰。代表种类冠斑犀鸟（*Anthracoceros coronatus*）（附图68）。

23. 鴷形目（Piciformes）

中、小型攀禽。喙粗壮、长直如凿状；对趾型足；尾羽大多具坚硬的羽干，在啄木时起支撑作用；分布遍及各地，多不迁徙。共6科63属408种，我国有3科14属39种。

（1）须鴷科（Capitonidae）。小型攀禽。喙粗大，稍下弯，在嘴的上、下有发达的口须；大多具有鲜艳羽饰；在树干或沙岸凿洞为巢。代表种类大拟啄木鸟（*Megalaima uirens*）（附图69）。

（2）响蜜䴕科（Indicatoridae）。小型攀禽。喙短钝似雀，雄鸟的眉、头顶及颊黄色，腰背部为鲜亮的金黄色及三级飞羽具白色条纹为识别特征。寄生性繁殖，产卵于翠鸟、食蜂鸟等的洞巢内。分布于非洲及南亚热带森林内。我国只有黄腰响蜜䴕（Indicator xanthonotus）（附图70），西藏南部、云南西部留鸟。

（3）啄木鸟科（Picidae）。中、小型攀禽。喙凿状，具特化的舌器以钩食树皮下的昆虫；尾羽羽干坚硬，末端突出；对趾型足；雌雄羽色相似，但雄羽常有特殊红色斑。广布于世界各地。代表种类大斑啄木鸟（Picoides major）（附图71A）和灰头绿啄木鸟（Picus canus）（附图71B）。

24. 雀形目（Passeriformes）

中、小型鸣禽，喙形多样，适于多种类型的生活习性；鸣管结构及鸣肌复杂，大多善于鸣啭；离趾型足；跗跖后缘鳞片常愈合为整块鳞板；种类及数量众多，适应辐射到各种生态环境内，占鸟类的绝大多数，全球共100科1158属5700余种，约占世界鸟类种数的59%。我国有44科188属764种，约占我国鸟类种类数量的55.7%。

（1）阔嘴鸟科（Eurylaimidae）。小型热带森林鸟类，喙短、宽而平，口裂大，喙端具钩；翅中等；尾圆形或楔形；后趾发达，前趾基部连并，跗跖较强健，后缘为网鳞。我国有2种，长尾阔嘴鸟（Psarisomus dalhousiaehe）（附图72A）和银胸丝冠鸟（Serilophus lunatus）（附图72B），皆为留鸟。

（2）八色鸫科（Pttidae）。地栖性小鸟，色彩绚丽具闪光。喙短，基部宽阔，先端窄而下弯；头大，颈短，尾极短；腿较长；趾爪较大，适于在地面穿行及奔跑。分布于非洲、东南亚和澳洲的亚热带、热带地区。在西藏东南部，云南南部，广西西南部等地为留鸟，代表种类仙八色鸫（Pitta nympha）（附图73），在黄河中下游以南地区为夏候鸟。

（3）百灵科（Alaudidae）。小型鸣禽。体形及多数种类的羽色略似麻雀，腿、脚强健有力，后趾具1长而直的爪；跗跖后缘具盾状鳞；喙短而近锥形；翅尖而长，内侧飞羽（三级飞羽）较长；尾羽中等长度，具浅叉，外侧尾羽常具白色。世界性分布，我国6属15种，多分布在草原、荒漠、半荒漠等地，大多具有迁徙习性。代表种类百灵（Melanocorypha mongolica）、凤头百灵（Galerida cristata）（附图74）和云雀（Alauda aruensis）。

（4）燕科（Hirundinidae）。小型鸣禽，体似家燕。喙短扁，基部宽阔，上喙近先端有一缺刻；翅狭长而尖；叉形尾；腿短而细弱；雌雄羽色相似。世界性分布，北方者有迁徙。我国有4属12种，代表种类灰沙燕（Riparia riparia）、岩燕（Ptyonoprogne rupestris）、家燕（Hirundo rustica）（附图75）和毛脚燕（Delichon urbica）。

（5）鹡鸰科（Motacillidae）。小型鸣禽。体形较纤细。喙较细长，先端具缺刻；翅尖长，内侧飞羽（三级飞羽）极长，几与翅尖平齐；尾细长，外侧尾羽具白，常做有规律的上下摆动（山鹡鸰为左右摆动）；腿细长，后趾具长爪。广布于全球，在高纬度地区繁殖者有迁徙。我国有3属20种，代表种类山鹡鸰（Dendronanthus indicus）、白鹡鸰（Motacilla aiba）和树鹨（Anthus hodgsoni）（附图76）。

（6）山椒鸟科（Campephagidae）。中、小型鸣禽。体形较纤细；喙短宽，先端下弯，微具缺刻；翅中等；尾细长；腿较短弱，适于树栖。体羽松软，腰羽羽干坚硬。分布于欧亚大陆的温、热带地区，有迁徙行为。我国有3属10种，代表种类赤红山椒鸟

（*Pericrocotus flammeus*）（附图77），雌雄异型，雄鸟红、黑两色，雌鸟为橄榄褐、黄色。

（7）鹎科（Pycnonotidae）。中、小型鸣禽。喙形较细尖，先端微下弯；翅短圆；尾细长，方尾或圆尾；腿短；体羽较松软，后颈部见有纤羽。树栖性；主要分布于非洲、南亚至菲律宾的热带和亚热带地区。我国7属22种，代表种类白头鹎（*Pycnonotus sinensis*）（附图78）近年已经向北扩散到河北和北京。

（8）雀鹎科（Aegithinidae）。外形与叶鹎相似，过去为同一科。树栖性绿色小鸟，下体黄色。我国1属2种，代表种类黑翅雀鹎（*Aegithina tiphia*）和大绿雀鹎（*Aegithina lafresnayei*）（附图79），云南南部留鸟。

（9）叶鹎科（Chloropseidae）。中、小型鸣禽。体形似椋鸟；喙基较宽阔，前部渐成细长，上喙微下弯或具钩；翅短而圆；尾短，方形；腿较短。两性异色。体羽以绿、蓝、黄为主，常具金属闪光。我国1属3种，西藏东南部，云南西南部，长江以南地区留鸟。代表种类橙腹叶鹎（*Chloropsis hardwicbii*）（附图80）。

（10）和平鸟科（Irenidae）。体形中等，体羽为蓝色及黑色。我国只有和平鸟（*Irena puella*）（附图81）1属1种，西藏东南部，云南南部林栖留鸟。

（11）太平鸟科（Bombycillidae）。小型鸣禽。体羽松软，以粉褐色为主，头顶具长冠羽。嘴短，基部宽阔，尖端微具缺刻；鼻孔圆形，被以盖膜；太平鸟与小太平鸟易区别，不同处在于尾尖端为黄色而非绯红。尾下覆羽栗色，初级飞羽羽端外侧黄色而成翼上的黄色带，三级飞羽羽端及外侧覆羽羽端白色而成白色横纹。成鸟次级飞羽的羽端具蜡样红色点斑。广布于古北界北部，具迁徙性。全球共1属3种，我国有2种，太平鸟（*Bombycilla garrulus*）（附图82）和小太平鸟（*Bombycilla japonica*）。

（12）伯劳科（Laniidae）。中、小型鸣禽。喙粗壮而侧扁，先端具利钩和齿突；翅短圆；尾长，圆形或楔形；跗跖强健，趾具钩爪。头大，自嘴基过眼至耳羽区有一宽的过眼纹。为"雀中猛禽"，大型伯劳可捕食鼠类及小鸟。分布于除澳洲和中、南美洲以外的所有大陆，有迁徙行为。共3属31种，我国1属13种。代表种类红尾伯劳（*Lanius cristatus*）（附图83）和棕背伯劳（*Lanius schach*）。

（13）盔鵙科（Prionopidae）。外形似伯劳，中等体形（20cm），体色灰褐，具深色眼纹，嘴尖端带钩。北纬25°以南地区的留鸟。全球共3属11种，我国1属1种，钩嘴林鵙（*Tephrodornis gularis*）（附图84）。

（14）黄鹂科（Oriolidae）。中型鸣禽。喙长而粗壮，约等于头长，先端稍下曲，上喙端有缺刻；鼻孔裸露，盖以薄膜；翅尖长；尾短圆，跗跖短而弱。体羽鲜丽，多为黄、红、黑等色的组合，雌鸟与幼鸟多具条纹。分布于欧洲、亚洲、澳洲的温带和热带地区，2属29种，我国1属6种，代表种类黑枕黄鹂（*Oriolus chinensis*）（附图85），具迁徙性。

（15）卷尾科（Dicruridae）。中型鸣禽。喙基较宽阔，嘴强健，上喙先端稍下弯并具锐钩，有较发达的口须；鼻孔被羽掩盖；翅尖，尾叉形；许多种类的外侧尾羽或向上卷曲，或极度延长且中段仅具羽干，飞时有如飘舞的蝴蝶；腿、脚强健，爪钩状。性格凶猛，领域性强。分布于欧亚大陆的热带地区，共2属23种，我国1属7种，代表种类发冠卷尾（*Dicrurus hottentottus*）（附图86），大盘尾（*D. paradiseus*）部分种类具迁徙性。

（16）椋鸟科（Sturnidae）。中、小型鸣禽。喙一般较长而直，上喙先端稍有下弯，端部微具缺刻；翅圆或尖形；尾中等长，方尾；脚健壮；大多具有黑色金属闪光的羽饰，少数有白、粉红、灰褐等，有的在头部具黄色肉垂。集群性强，杂食性。广布于欧亚大陆，有迁徙行为。全球共28属114种，我国8属18种。代表种类灰椋鸟（*Sturnus cineraceus*）、北椋鸟（*Sturnia sturnina*）（附图87）、八哥（*Acridotheres cristatellus*）和鹩哥（*Gracula religiosa*）。

（17）燕鵙科（Artamidae）。中、小型鸣禽。喙基宽阔，口裂大，喙短；翅长而尖，尾短圆，腿短而健壮。体形似椋鸟，体羽多为灰、褐、白、黑等的不同组合。分布于亚洲热带地区及澳洲，共1属11种，我国只有灰燕鵙（*Artamus fuscus*）1种（附图88）。

（18）鸦科（Corvidae）。中、大型鸣禽。体形似乌鸦或喜鹊，体羽以黑、褐、灰、蓝为主，常具金属闪光；雌雄同色。喙粗壮而长直，先端下弯，嘴尖锐或具微钩与缺刻；翅短圆；尾短圆或长凸形；腿、脚健壮，适于地面行走及栖树握枝。多集群活动，杂食性。鸦科鸟类分布遍及全球，共23属117种，我国14属30种。代表种类松鸦（*Garrulus glandarius*）、星鸦（*Nucifraga caryocatactes*）、红嘴山鸦（*Pyrrhocorax pyrrhocorax*）、黑尾地鸦（*Podoes hendersoni*）和秃鼻乌鸦（*Corvus frugilegus*）（附图89）。

（19）河乌科（Cinclidae）。中、小型鸣禽。喙长而直，先端稍下弯；鼻孔被盖膜覆盖；翅短而圆；尾短；腿较长而健壮；趾、爪长而有力，适于在水边奔走。在欧、亚、美洲呈分散的不连续分布，共1属5种，我国1属2种，留鸟。代表种类褐河乌（*Cinclus pallasii*）（附图90）。

（20）鹪鹩科（Troglodytidae）。小型鸣禽。喙较细长而侧扁，端部稍弯；翅短圆；尾羽极短；腿脚强健，趾、爪较大，适于在水边奔走。体羽大多褐色具黑褐横斑，栖止时尾竖立.本科16属79种，绝大多数种类限在美洲分布，只有1种广泛分布于欧、亚、非洲大陆，即鹪鹩（*Troglodytel troglodytes*）（附图91）。在我国有多个亚种，不迁徙。

（21）岩鹨科（Prunellidae）。中、小型鸣禽。喙细尖，上嘴先端微具缺刻，喙的中部更为侧扁；鼻孔斜形，具盖膜；翅较尖；尾长，端部微凹；腿、脚健壮，后趾有长爪。体羽大多橄榄褐色，有杂斑纹。广布于古北界，共1属13种，我国9种。代表种类棕眉山岩鹨（*Prunella montanella*）（附图92）。

（22）鸫科（Turdidae）。中型鸣禽。喙较健，略侧扁，上嘴先端微具缺刻；鼻孔不被羽掩盖；翅短圆至长尖；尾短或适中；跗跖长而强健。广布于全球，共59属335种，我国20属92种。体形及生活方式差异很大。代表种类红喉歌鸲（*Luscinia calliope*）（附图93A）、北红尾鸲（*Phoenicurus auroreus*）、黑背燕尾（*Enicurus leschenausti*）、漠鵰（*Oenanthe deserti*）、蓝矶鸫（*Monticola solitarius*）、斑鸫（*Turdus naumanni*）（附图93B）和乌鸫（*T. merula*）。

（23）鹟科（Musciapidae）。小型鸣禽，善在空中飞捕昆虫。口裂大，喙宽阔而扁平，一般较短，上喙下中有棱嵴，先端微有缺刻；鼻孔覆羽；翅一般短圆；腿较短，脚弱；尾一般为中等，方形或楔形，少数种类中央尾羽特长。遍布于旧大陆，以非洲、印度、东南亚及澳洲种类最多，共17属116种，我国9属34种，有迁徙行为。代表种类白眉姬鹟（*Ficedula zanthopygia*）（附图94）。

（24）扇尾鹟科（Rhipiduridae）。具鹟科特征，扇形尾。全球只1属43种，我国3种，分布在西藏，云、贵、川、两广及海南各省，留鸟。代表种类黄腹扇尾鹟（*Rhipidura hypoxantha*）（附图95）。

（25）王鹟科（Monarchidae）。具鹟科特征，有些种类尾羽甚延长。全球17属98种，中国2属3种，具迁徙性。代表种类黑枕王鹟（*Hypothymis azurea*）、寿带（*Terpsiphone paradisi*）（附图96）和紫寿带（*Terpsiphone atrocaudata*）。

（26）画眉科（Timaliidae）。中、小型鸣禽。喙细直而侧扁，先端有不同程度的下弯，上喙多有缺刻；鼻孔被羽或须毛覆盖；翅短圆；尾长，呈圆形或楔形；腿长，脚趾强健；擅鸣啭及效鸣。广布于旧大陆但主要分布于东洋界的亚热带及热带地区，共47属263种，我国27属118种，是全球画眉科种类最多的国家。代表种类棕颈钩嘴鹛（*Pomatorhinus ruficollis*）、白颊噪鹛（*Garrulax sannis*）、画眉（*Garrulax canorus*）和红嘴相思鸟（*Leiothrix lutea*）（附图97）。

（27）鸦雀科（Paradoxornithidae）。群栖性小型鸟类。喙厚似鹦鹉，本科共3属20种，我国有3属18种，除文须雀外多为留鸟。代表种类棕头鸦雀（*Paradorornis webbianus*）（附图98）。

（28）扇尾莺科（Cisticolidae）。从莺科划分出来的一大类，包括扇尾莺和鹪莺，共14属111种，我国3属10种，多为留鸟。代表种类棕扇尾莺（*Cisticola juncidis*）（附图99）。

（29）莺科（Sylviidae）。小型鸣禽。体形纤细；喙细尖，上喙先端多有缺刻；翅短圆；尾短至中等；腿短而细。羽色以灰、褐及橄榄绿为主，雌雄羽色相似。多栖息于灌木或稀疏林内，鸣声清脆、多变、悦耳。广布于旧大陆但主要在欧、亚、澳洲，共48属281种，我国有16属99种，许多种类具有迁徙习性。代表种类大苇莺（*Acrocephalus arundinaceus*）、灰林莺（*Syluia communis*）、黄腰柳莺（*Phylloscopus proregulus*）（附图100）和长尾缝叶莺（*Orthotemus sutorius*）。

（30）戴菊科（Regulidae）。形似柳莺的小型鸟，头顶具艳丽斑纹。全球1属6种，我国有2种，代表种类戴菊（*Regulus regulus*）（附图101）和台湾戴菊（*Regulus goodfellow*）。前者有迁徙种群，后者为留鸟。

（31）绣眼鸟科（Zosteropidae）。小型鸣禽。体多绿色，眼周具一圈白羽。喙细小而稍下弯；鼻孔被膜掩盖；翅尖形，尾短而平；腿脚强健。雌雄羽色相似。分布于非洲、东洋界和澳洲，共14属94种，我国1属3种，部分种群迁徙。代表种类暗绿绣眼鸟（*Zosterops japonica*）（附图102）。

（32）攀雀科（Remizidae）。小型鸣禽。体形介于鹟与山雀之间，喙尖锥形；鼻孔被须掩盖或裸出；翅短而尖；尾短，方形或凹形。主要分布于古北界，共5属13种，我国2属3种，部分种群迁徙。代表种类攀雀（*Remiz consobrinus*）（附图103），在水边的树枝上编织下垂的袋状巢。

（33）长尾山雀科（Aegithalidae）。小型鸣禽。形态与习性似山雀。区别在于尾甚长，呈楔形；羽松软。两性羽色相似。遍布于欧、亚大陆，共3属9种，我国1属5种。代表种类银喉长尾山雀（*Aegithalos caudatus*）（附图104），多不迁徙。

（34）山雀科（Paridae）。小型鸣禽。喙短钝，略呈锥状；鼻孔略被羽覆盖；翅短圆；尾适中，方形或稍圆形；腿、脚健壮，爪钝。羽松软，雌雄羽色相似。分布于古北界和北美洲，共3属55种，我国3属20种。代表种类大山雀（*Parus major*）（附图105）。

（35）鸭科（Sittidae）。小型鸣禽。形态结构和习性似山雀。喙强直而尖，适于凿啄树皮；翅短圆，尾短；脚、趾强健，爪长弯适于抓持，可在树上攀缘。体羽以蓝灰色为主，常具黑色过眼纹；雌雄同色。分布于全北界、东洋界和澳洲界，共1属24种，我国11种。代表种类普通鸭（Sitta europaea）（附图106），多不迁徙。

（36）旋壁雀科（Tichidromidae）。体形略小（16cm），体羽灰色。尾短而嘴长，翼具醒目的绯红色斑纹。可在岩崖峭壁上攀爬。全球只1属1种，代表种类红翅旋壁雀（Tichodroma muraria）（附图107），我国有分布，有迁徙种群。

（37）旋木雀科（Certhiidae）。小型适于在树干攀爬觅食的鸣禽。喙细长而下弯，尖端具缺刻；鼻孔呈裂缝状；翅短圆；腿短，趾、爪强健；尾楔形，各羽的羽干坚韧并成尖羽形，很似啄木鸟的尾，用以支撑啄食或攀爬，常沿树干绕圈螺旋上行觅食。全北界和非洲分布，共2属7种，我国1属5种，皆为留鸟。代表种类旋木雀（Certhia familiaris）（附图108）。

（38）啄花鸟科（Dicaeidae）。体小，为旧大陆最小的鸟类。喙细尖，先端喙缘有众多锯齿；翅、尾均短。两性多异色，雄羽鲜艳具闪光。分布于东洋界和澳洲界，共2属44种，我国1属6种，多不迁徙。代表种类红胸啄花鸟（Dicaeum ignipectus）（附图109）。

（39）花蜜鸟科（Nectariniidae）。小型鸣禽。体纤细；喙细长而尖，有的并下弯，先端有锯缘；舌管状，富伸缩性，先端分叉；翅短圆；尾型多样，有的短而平，有的中央尾羽特长；腿细长。雌雄异色，雄鸟羽色华丽且具金属闪光，雌鸟多橄榄绿色。分布于非洲、东洋界和澳洲，共14属130种，我国5属12种，皆为留鸟。代表种类叉尾太阳鸟（Aethopyga christinae）（附图110）。

（40）雀科（Fringillidae）。小型鸣禽。喙多为粗壮的圆锥形，上、下喙缘紧密接合，适食植物种子；翅具9枚初级飞羽，12枚尾羽；羽色多样；脚、腿强健，适于栖树和地面觅食。分布遍及全球，共4属35种，我国5属13种，皆为留鸟。代表种类红交嘴雀（Loxia curuirostra）、黑尾蜡嘴雀（Eophona migratoria）、锡嘴雀（Coccothraustes cocothraustes）和黄雀（Carduelis spinus）（附图111）。

（41）织雀科（Ploceidae）。中、小型鸣禽。喙似麻雀，适于啄食植物种子；翅圆形，具10枚初级飞羽，最外侧者显著退化；尾羽12枚，最外侧尾羽常短于最内侧者；脚强健，适于栖树和在地面行走。多集大群，营建球状巢或在洞穴内筑巢。织雀科的自然分布（不包括引入种的分布）限于旧大陆，多在非洲，共16属114种，我国1属2种，代表种类黄胸织雀（Ploceus philippinus）（附图112）和纹胸织雀（Ploceus manyar）。都是留鸟。

（42）梅花雀科（Estrididae）。小型鸣禽。以植物种子为食，喙和体形均与鸭、雀相似。羽色华丽，多具长尾。分布于澳洲和旧大陆的热带地区，共28属140种，我国3属5种，皆为留鸟。代表种类红梅花雀（Amandava amandava）（附图113）。

（43）燕雀科（Fringillidae）。中、小型鸣禽。形似织雀但尾较长，呈凹形，嘴小而厚，以种子为食。分布于全北界、印度次大陆、中南半岛和太平洋诸岛，共20属135种，我国16属56种，许多种类可长距离迁徙。代表种类燕雀（Fringilla montifringilla）（附图114）、金翅雀（Carduelis sinica）、普通朱雀（Carpodacus erythrinus）和白腰朱顶雀（Carduelis flammea）（附图115）。

（44）鹀科（Emberizidae）。小型鸣禽。一般主食植物种子。喙大多为圆锥形，较雀科为细弱，上下喙边缘不紧密切合而微向内弯，因而切合线中略有缝隙。分布在古北界的典型种类，体羽大多似麻雀，外侧尾羽有较多的白色。遍布全球，共72属321种，我国6属31种，许多种类具迁徙习性。代表种类黄喉鹀（*Emderiza cioides*）（附图116）。

第三节　我国的候鸟及迁徙研究

一、我国的候鸟

移动是野生动物的基本特征之一。为了寻找适宜的生活条件，具有运动条件的野生动物都要移动。由于绝大多数鸟类能够飞行，鸟类移动的距离相对较大。

迁徙是指动物有规律地进行一定距离移动（迁居）的习性。例如鸟类的迁徙、鱼类的洄游、高山兽类的垂直移动、昆虫的迁移等。鸟类的迁徙通常是指在每年春、秋两季，鸟类在繁殖地与越冬地之间定期定向的迁飞习性。

一般来讲，大多数迁徙的鸟类在低纬度地区越冬，在高纬度地区繁殖，但是有些鸟类在同纬度的东西半球之间迁飞到另一地点。就某一地区而言，有些种类可常年见到，另一些鸟类只能在特定季节才能见到。通常可根据是否迁徙和迁徙习性的不同，将鸟类分为留鸟、候鸟和迷鸟。候鸟还可分为夏候鸟、冬候鸟和旅鸟。

（一）留鸟（resident）

留鸟是指终年栖息于同一地区，不进行远距离迁徙的鸟类，如喜鹊、花尾榛鸡、麻雀（*Passer montanus*）（附图117）和普通鸭（*Sitta europaea*）（附图118）等。

（二）候鸟（migrant）

候鸟是指春秋两季沿着比较稳定的路线，在繁殖区和越冬区之间迁徙的鸟类。如雁、鸭、鸻、鹬类以及家燕（*Hirundo rustica*）、斑鸫（*Turdus eunomus*）、黄腰柳莺（*Phylloscopus proregulus*）、燕雀（*Fringilla montifringilla*）等。

根据候鸟到达某一地区的旅居情况，又可分为以下类型：

（1）夏候鸟（summer resident）。夏季在某一地区繁殖，秋季离开到南方较温暖地区过冬，翌年春又返回这一地区繁殖的候鸟。就该地区而言，称夏候鸟。如小杜鹃（*Cuculus poliocephalus*）（附图119）、家燕等为北京的夏候鸟。

（2）冬候鸟（winder resident）。冬季在某一地区越冬，翌年春季飞往北方繁殖，至秋季又飞临这一地区越冬的鸟，就该地区而言，称冬候鸟。如灰鹤（*Grus grus*）为北京的冬候鸟，大天鹅（*Cygnus cygnus*）为山东荣成的冬候鸟，灰背鸫（*Turdus hortulorum*）为长江以南的冬候鸟（附图120A，120B）。

（3）旅鸟（traveler或migrant）。候鸟迁徙时，途中经过某一地区，不在此地区繁殖或越冬，这些种类就成为该地区的旅鸟。如大滨鹬（*Calidris tenuirostris*），春天去西伯利亚繁殖和秋天返回澳大利亚越冬时都在上海崇明东滩短暂停留，成为上海地区的旅鸟。

由此可见，候鸟的划分因地区而异，同一种鸟在一个地区是夏候鸟，而在另一个地区则可能是冬候鸟。如灰鸻（*Pluvialis squatarola*）（附图121）在西伯利亚为夏候鸟，在澳大利亚则为冬候鸟，在我国丹东为旅鸟。燕雀是黑龙江的夏候鸟，长江以南的冬候鸟，北京地区的旅鸟。

（4）迷鸟（straggler bird）。迷鸟是指在迁徙过程中，由于狂风或其他气候因子骤变，使其偏离通常的迁徙路径或栖息地偶然到异地的鸟。如埃及雁（*Alopochen aegyptiaca*）偶见于北京，美洲鹤（*Grus americana*）偶见于云南等。

一般来讲，鸟类的迁徙习性，包括迁徙路线和迁徙策略相对比较稳定。但是，不同种类之间变化较大，同一物种的不同种群常常也有区别。因此，长期和深入细致的迁徙研究，将不断揭示不同物种之间及不同种群之间的迁徙特性。

如果按类（目）统计，我国的潜鸟、䴙䴘、信天翁、鹱、海燕、鲣鸟、鹈鹕、鲣鸟、鸬鹚、军舰鸟等科皆为当地留鸟。䴙䴘中，除小䴙䴘（*Tachybaptus ruficollis*）为当地留鸟外，其他䴙䴘种类具有迁徙性。

鹭科中的1种鹭，2种鸦，鹮科中的朱鹮不迁徙，其他种类以及鹳科的所有种类都迁徙。鸡形目大多为留鸟。鸻形目鸟类中只有4~5种不迁徙，鸽形目大都不迁徙，只有4~5种具有部分迁徙习性。鹦鹉一般不迁徙。杜鹃科鸟类有迁徙行为，如红翅凤头鹃（*Clamator coromandus*）（附图122）。但普通鹰鹃（*Cuculus varius*）、紫金鹃（*Chrysococcyx xanthorhynchus*）、绿嘴地鹃（*Phaenicophaeus tristis*）、褐翅鸦鹃（*Centropus sinensis*）、小鸦鹃（*C. bengalensis*）（附图123）是当地留鸟。鸮形目和夜鹰多不迁徙，只有几种具部分迁徙习性。附图124为我国罕见的猛鸮（*Surnia ulula*），2003年在黑龙江嫩江环志站获得。

只分布在海南、云南、西藏南部的雨燕为留鸟，其他几种为迁徙鸟。咬鹃目我国1属3种，不迁徙。佛法僧目的翠鸟科大多为当地留鸟。犀鸟和啄木鸟不迁徙。

雀形目的中、小型鸣禽，种类和数量众多，分布广泛，留鸟和候鸟所占比例都较高。

以上粗略统计的主要依据是长期的调查和观察。由于鸟类标记、鸟类环志工作在我国刚刚起步，研究成果尚不明显，因此，随着候鸟研究工作的深入，对我国鸟类迁徙的认识将逐渐全面和深刻。

二、鸟类迁徙研究的基本方法

人们通过传统的野外观察感知到鸟类的迁徙现象，在野外观察的基础上候鸟研究发展了一些有效的方法和手段。鸟类迁徙研究的基本方法可以分为两类：标记法和跟踪法。

（一）标记法

标记法是将个体进行标记，依据标记的材料和方法，又可分为环志法和彩色标记法。

（1）环志法（Ringing or Banding）。环志法首先是捕捉鸟类，将刻有唯一号码的金属环佩戴在鸟腿上（附图125），将环志鸟的现场观察信息（环型、环号、年龄、性别、体重等）详细记录，通过在其他地方的回收研究候鸟的迁徙情况。通过环志回收可以获得许多候鸟迁徙信息，包括繁殖地、越冬地、中途停歇地以及迁徙速度、迁徙路径等资料，还可以研究鸟类寿命、性成熟年龄、羽毛更换情况等。通过环志鸟的年龄和性别鉴定，可以推断种群的数量变化趋势，为鸟类资源保护和管理提供科学依据。

环志法简单易行，但需要付出很大的劳力，一般来讲再次发现环志鸟的概率较低。此外，环志研究需要世界性的广泛协作。早在20世纪30年代，许多国家就已建立了鸟类环志研究的专门机构。我国环志研究工作起步较晚，直到1982年，才在中国林业科学研究院成立了"全国鸟类环志中心"，负责全国鸟类环志的研究工作。

（2）彩色标记法（Color Marking）。彩色标记法首先也需要捕捉鸟类，将彩色塑料环佩戴在腿上（旗标或腿环）、翅膀（翅标），颈部（颈环）（附图126）。复层彩色塑料环（简称彩环）可以刻有号码，单层彩色塑料环一般无号码。旗标是单层彩色塑料环制成，一端留有突起，形似旗帜，又称"彩色旗标"（color leg flag）（附图127）。

带有号码的彩环或者旗标可以用作个体标记。彩色旗标用来标记"东亚—澳大利西亚迁徙通道"上不同地点的鸻鹬类。为了保证结果的准确性及不混淆，澳大利亚提出"东亚—澳大利西亚迁徙通道彩色旗标建议书"，得到沿迁徙通道各国政府和环志管理部门的支持。该建议书规定了使用彩色旗标的申报程序和管理方式，并具体规定沿"东亚—澳大利西亚迁徙通道"各地点的旗标组合方式和彩色。例如，辽宁丹东周围地区使用的彩色旗标组合为橙色和绿色，绿色旗标在上，橙色旗标在下，共同佩戴在右腿胫部裸露处。而上海崇明周围地区使用黑、白彩色旗标组合，白色旗标在上，黑色旗标在下，共同佩戴在右腿胫部裸露处。

（二）跟踪法

跟踪法是应用现代科学技术研究鸟类迁徙。主要的方法可以分为3类：雷达跟踪、无线电遥测和卫星跟踪。

（1）雷达跟踪（radar）。第二次世界大战以后，雷达技术得到迅速发展。鸟类学工作者曾经与大型机场和气象站合作，利用他们的监视雷达开展鸟类迁徙研究。迁徙的大型鸟或迁徙群在雷达荧光屏上显示为不同大小的亮点，能够知道100km以内候鸟群的体积、迁徙方向、高度和速度等。但雷达不能辨识候鸟的种类，遇到候鸟集群迁移时，亦难分辨其个体情况，因为一个亮点可能代表一只大型候鸟，也可能是几只小型候鸟。

（2）无线电跟踪（radiotelemetry）。无线电遥测是研究鸟类生态学的有效方法，也曾用来研究鸟类迁徙。候鸟被捕捉后安装上无线电信号发射器，再利用汽车上或飞机上的无线电接收器接收该鸟发出的信号，可以追踪其迁徙的整个过程（附图128）。如美国1967年曾利用此方法追踪一只灰颊夜鸫（*Catharus minimus*），通过一夜连续8h的飞机追踪，发现该鸟从伊利诺州一直迁飞到650km以外的威斯康星北部。

（3）卫星跟踪（satellite transmission）。20世纪80年代末期，国际上开始尝试利用人造卫星对候鸟的迁徙进行研究，并取得了很大的成功。与环志法和雷达跟踪法相比，卫星跟踪技术具有跟踪范围广，时间长，可以准确地得到跟踪对象的迁徙时间、地点和迁徙路径等优点。目前，在我国卫星跟踪方法已被广泛运用于研究大天鹅（附图129）、雁鸭如中华秋沙鸭、绿头鸭、斑嘴鸭、斑头雁、豆雁、灰雁，鸥类如遗鸥、渔鸥等，鹤类如黑颈鹤、白头鹤，猛禽如苍鹰、猎隼等，以及其他物种如东方白鹳、黑脸琵鹭、普通鸬鹚、大杓鹬迁徙路线的研究。

卫星跟踪的原理是：首先将研究对象安装上卫星发射器，发射器按照用户的设定时间间隔每隔一段时间发射一次信号；然后当卫星经过研究对象的上空时，传感器接收到发射器传来的信号后将信号转送到地面接收站处理中心；再经计算机处理，得到跟踪对象所在地点的经纬度、高度、温度等信息，最后将这些信息通过互联网传送给用户。

限制卫星跟踪技术广泛使用的因素主要在于发射器的重量。卫星跟踪信号发射器的寿命至少应该半年以上。早期的信号发射器比较重，成本也较高，只能用于大型鸟类。近些年，由于芯片技术的发展，发射器的重量大大减轻，已经研制出使用于中、小型鸟类的发射器。目前，卫星信号的接受是国际普遍采用的Argos系统。1978年，美国海洋与大气局（NOAA）、美国国家航空航天局（NASA）和法国空间站（CNES）达成协议，成立了基于人造卫星的定位数据收集系统，它将用于海洋学、气象学和生物学的位置数据卫星系统，包括对野生动物活动进行监测在内的许多研究，这个卫星系统称为Argos系统。我国目前已自主研发国产卫星跟踪器，采用移动通信的方式传输信号，其费用相对较低。

三、我国大陆鸟类迁徙研究的历史和现状

自1889年丹麦鸟类学家马尔顿逊（Martnson H.C.）用特殊标志的金属环标记候鸟以来，鸟类环志工作几乎普及到世界上所有发达国家和一些发展中国家。在100多年的时间里，全世界环志的鸟类上亿只。通过大量的环志和回收记录，许多国家逐渐地摸清了本国迁徙鸟的种类、主要迁徙路线和规律，数量变化、季节性分布和死亡的原因等。环志成果所揭示的内容（规律），为保护鸟类及其栖息环境提供了重要依据。

中国的鸟类环志研究工作起步较晚。20世纪60年代初，中国科学院动物研究所首次开展环志研究，对1万只黄胸鹀进行了环志。我国利用统一的特殊标记的金属环开展候鸟迁徙研究开始于1983年（香港、澳门和台湾的鸟类环志尚未进入我国鸟类环志体系管理之中），至今为止，历经的路程可分为起步、发展、巩固和夯实4个阶段。

（一）起步阶段

1983—1997年为起步阶段。1981年3月3日，我国历史上第一份保护候鸟的国际双边协定《中华人民共和国政府和日本国政府保护候鸟及其栖息环境协定》签订。为了执行中日候鸟保护协定，1981年11月国务院成立了"全国鸟类环志办公室"，设在当时主管野生动物的林业部。1982年10月，在中国林业科学研究院成立"全国鸟类环志中心"，负责候鸟研究具体事宜及规划和培训，初步确定了我国鸟类环志工作以林业部为主管机构的管理体制。同年，林业部在大连召开全国"鸟类保护和环志工作座谈会"，使中国鸟类环志工作迈出了关键性一步。

在该阶段，环志中心确定了我国金属鸟环的制作、使用办法、鸟类环志站的建立和管理、鸟类的捕捉及环志技术等一系列规定，开始了我国鸟类环志事业。1983年7月，环志中心在青海湖保护区首次开始了我国有组织有计划地环志鸟类的试验。可喜的是当年就见成果，青海湖环志的斑头雁在印度被回收。1985年，出版了我国第一部鸟类环志年鉴《中国鸟类环志年鉴1982—1985》。

1985—1997年，中国的鸟类环志年环志数量只有4000～5000只，仅是邻国日本年环志数量的1/40。其原因可能多种多样，但基本限制因素是缺少开展鸟类环志的动力，缺少热爱环志的人员及没有稳定的专项经费。

（二）发展阶段

1998—2003年为发展阶段。1998年以后，国内外加强野生动物保护的氛围极大加强。各种国际保护组织纷纷到我国开展工作，双边和多边国际合作比较频繁，极大地促进了野生动物保护的宣传教育、资源调查、保护研究等各项工作。特别是我国确立了加强全国生态环境建设的基本国策以后，从国家林草局到基层林场，希望开展鸟类环志，增加野生动物保护科技含量的热情大大加强。国家林业局通过多种渠道，增加鸟类环志的资金投入，

加强法律法规的建设和工程建设的规划，全国鸟类环志及候鸟研究有了长足进步，进入发展阶段。

在该阶段，我国鸟类环志的数量达20余万只，跃居亚洲第一。同时，通过培训、研讨会等形式，进一步提高了环志人员的自身素质，加强了环志人员对环志操作程序、环志技术、鸟类救护技术等方面的培训。在2003年，我国还在全国鸟类环志中心建立了中国第一个鸟类环志数据库，加强了对我国30余年的环志回收数据的组织与管理，以及对数据的查询、统计与分析。

鸟类环志的方法在该阶段有了进一步的提高。为了增加环志鸟被发现的概率，为水鸟佩戴了彩色标记物，如鹤鹳类佩戴红色的腿环，鸻鹬类佩戴彩色旗标，雁类佩戴彩色颈环等等，通过再观察，回收的效率有了极大的提高，而且还与其他国家如美国、澳大利亚、日本、韩国、俄罗斯等进一步加强了政府间和科研单位间的联系，推动了我国鸟类环志的研究工作，我国鸟类环志又上了一个新的台阶。

（三）巩固阶段

2004—2008年为巩固阶段。在此阶段，中国的年环志数量超过20万只，位居亚洲先列。全国先后开展鸟类环志工作的单位有90余个，东北地区和环渤海湾基本形成鸟类环志网络。截至2006年底，中国地区共环志鸟类600余种165余万只。

采用了卫星跟踪技术对候鸟的迁徙路线进行研究，并为候鸟禽流感监测与防控提供科技支撑，是这个阶段的特色。与环志法相比，卫星跟踪技术具有跟踪范围广，时间长，可以准确地得到跟踪鸟的迁徙时间、详细的地点和迁徙路线等优点。2005年春季，全国鸟类环志中心、中国科学院昆明动物研究所和美国鹤类基金会合作，对云南大山包国家级自然保护区黑颈鹤越冬种群的迁徙路线进行了卫星跟踪，掌握了大山包黑颈鹤春季详细的迁徙路线，为黑颈鹤迁徙路线的全面保护提供了科学依据。2005年5月，在我国青海湖6000多只候鸟死亡，这是世界上首例H5N1高致病性禽流感病毒引起候鸟大规模死亡的实例。为了加强对青海湖重要候鸟的监测，准确提供与迁徙动态和迁徙路线有关的信息，防范并阻断禽流感病毒向家禽和人类的传播，2006—2008年期间，在科技部和国家林业局的支持下，全国鸟类环志中心采用卫星跟踪技术确定并绘制了青海湖重要繁殖候鸟的迁徙路线；掌握了重要繁殖候鸟在湖区的活动规律；对禽流感疫源候鸟迁徙路线上重要栖息地进行了实地考察；对重要地点进行了禽流感发生和传播风险评估。

（四）夯实阶段

2009—2020年为夯实阶段。在此阶段，我国构建了全国鸟类环志网络，各地在每年的相同时间和相同地点，同时开始鸟类环志。通过鸟类环志网络，有助于对鸟类特别是林鸟的种群数量进行动态监测。全国鸟类环志中心加强了各环志地点的监督与管理，以环志质量优先为原则开展鸟类环志，自2016年开始，在国家林业局的统一部署下，在全国各环志地点选择条件较好（包括基础设施和环志人员的基本素质）的环志站，作为环志标准站，进一步推动我国鸟类环志事业的发展。

由于我国国产卫星跟踪设备的研发逐渐成熟，加之发射器的价格也相对较低，我国科研单位采用卫星跟踪方法研究鸟类迁徙路线得到了广泛使用。全国鸟类环志中心已经成功跟踪了80余种候鸟完整的迁徙路线，获得了500多万条卫星数据，在此基础上，环志中心建立了全国候鸟迁徙数据库，进一步对鸟类迁徙与禽流感的传播模式进行了深入研究，揭示了禽流感传播与鸟类迁徙具有密切的联系。

目前，我国鸟类环志以及所获得的成果已经走在亚洲的最前列，揭示了许多濒危鸟类的迁徙路线，为加强迁徙路线的保护提供了科学依据；获得了许多禽流感疫源鸟类的迁徙路线，为我国禽流感防控提供了科技支撑；鸟类环志和回收数据奠定了我国鸟类迁徙规律的研究基础，积累了丰富而有价值的宝贵资料；填补了中国鸟类生态学研究及世界鸟类环志研究在亚洲东部地区这一重要领域的空白。我们相信，随着我国生态文明建设进一步加强，中国的鸟类环志研究水平将会得到进一步的提升，国际的交流与合作也将得到进一步的加强。

第四节　我国大陆野生鸟类迁徙动态

一、世界鸟类迁徙的基本趋势

（一）鸟类迁徙的方向

鸟类迁徙的方向取决于越冬地和繁殖地之间的位置，由于大多数迁徙鸟类在北方高纬度地区繁殖，南方低纬度地区越冬，因此，鸟类多是南北迁徙。一般来说，越是气候严酷的北方地带，迁徙鸟类的比例愈大。以美洲为例，美国的候鸟比例比加拿大小，墨西哥则更小。到了亚马孙热带雨林地区，鸟的种类很多，但大部分是不迁徙的留鸟。

温度并不是鸟类选择越冬地的唯一条件，优越的食物资源应该是鸟类选择越冬地的重要因素，其次光照时间、雨雪等方面的差异也决定了鸟类迁徙。如迁徙的方向是赤道方向，但不一定到达赤道，如果存在着更为丰富的食物资源，鸟类的迁徙方向可能偏离或与正常方向相反。尽管如此，鸟类迁徙的基本趋势是南北迁徙。少数种类先是东西迁徙，然后再南北迁徙，如极北柳莺。卫星跟踪结果表明，还有一些种类基本是东西迁徙。

（二）迁徙路线或通道

鸟类的迁徙路程是漫长的，沿途需要经过森林、草原、高山、大川、沙漠、岛屿和海滩等多种栖息环境。鸟类往返于繁殖地和越冬地之间的迁徙个体或迁徙群都有自己的迁徙路线和停歇地点，这些迁徙路线和停歇地点可能相同，也可能不同。许许多多鸟类迁徙经过某些特定的地理区域，形成所谓的"迁徙通道"。"迁徙通道"内的"迁徙路线"是复杂和纵横交错的。

迁徙通道的宽度及走向取决于多种因素。首先是繁殖地和越冬地的面积，如果繁殖地和越冬地仅限于狭窄地区，迁徙通道不会很宽。反之，则不会很窄。其次是地形。有些从繁殖地起飞的鸟类为了避免飞越沙漠或大洋，而绕过这些障碍到达它们的越冬地。例如欧洲中部的一些鸟类迁徙时是从地中海的两侧沿岸绕过而不是直接飞过宽阔的海面；有的绕到地中海的东部，再沿尼罗河向南飞以避免气候条件恶劣的撒哈拉沙漠。中欧国家的鹤类是经过西班牙到东欧意大利，白鹳从欧洲到非洲越冬时，为了避开在海上飞行，它们宁可绕道在陆地上飞行。除地形外，影响鸟类迁徙通道走向的因素应该考虑季风和气流。合适的季风和气流有助于飞行，而且，随季风而来的气温和降雨方面的变化会引起植被和鸟类食物的变化。此外，还应考虑历史因素。鸟类的繁殖地、越冬地和迁徙中途停歇地的选择是长期自然选择的结果，一旦形成"本能"行为，轻易不会发生改变。

如果根据迁徙研究结果将每种鸟的迁徙路线和迁徙通道作图，可以清楚看出春、秋两季迁徙的轨迹。但是，不可能将所有鸟类的迁徙轨迹都同时在图面表现。美国国家地理杂志曾力图比较细致地表达全球范围内鸟类的迁徙动态，他们将候鸟分为5类：陆地鸟、雁鸭和天鹅、鸻鹬和其他涉禽、海鸟、鸥和燕鸥、猛禽。此外，凡是卫星跟踪研究结果，直接用线段表示。尽管如此，全球范围内的鸟类迁徙看起来仍比较复杂。

20世纪90年代中期，为了探讨亚太地区的湿地和水鸟保护，亚洲湿地局曾经描述过全球候鸟迁徙趋势。2005年，随着禽流感在全球范围内出现，候鸟被认为可能传播禽流感病毒。此时，湿地国际（Wetlands International）与世界卫生组织（FAO）合作，又提出一份全球候鸟8条主要迁徙通道的迁徙趋势图。应该说，8条迁徙通道主要集中了各国候鸟迁徙研究的成果，基本反映了全球候鸟的迁徙趋势，尤其是水鸟的迁徙趋势。但是，由于对许多物种缺乏全面和系统的研究，尤其是雀形目鸟类和猛禽的迁徙研究，全球范围内候鸟迁徙通道的描述还将不断改进和完善。

随着对候鸟迁徙路线的进一步研究，目前将全球候鸟迁徙通道划分为9条（图7-34），分别是东大西洋迁徙通道、黑海—地中海迁徙通道、西亚—东非迁徙通道、中亚迁徙通道、东亚—澳大利西亚迁徙通道、西太平洋迁徙通道、太平洋—美洲迁徙通道、大西洋—美洲迁徙通道、密西西比—美洲迁徙通道。

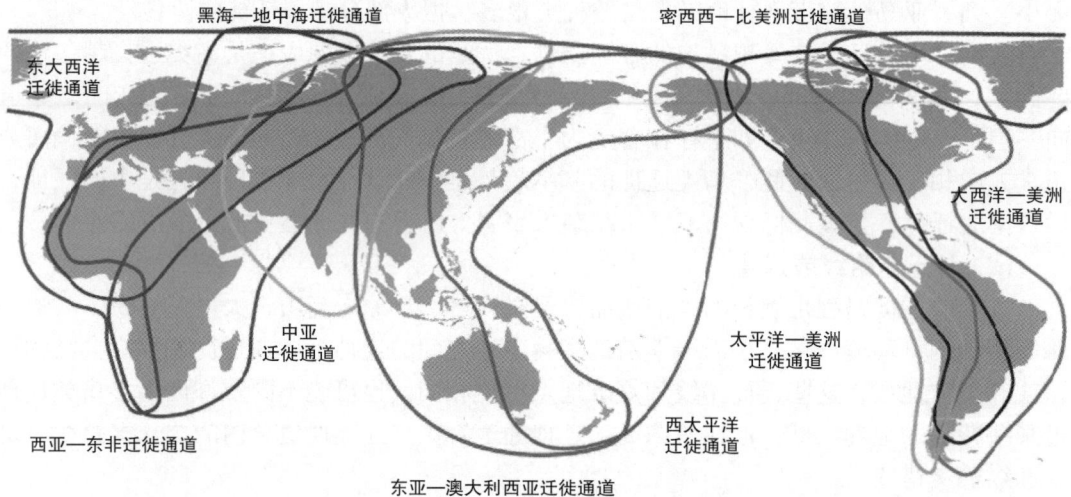

图7-34　全球9条候鸟迁徙通道示意图

二、我国鸟类迁徙通道

我国地域辽阔，自然环境条件复杂，迁徙鸟类数量众多。但是，对我国候鸟迁徙通道的研究，长期局限于一般观察基础上。经过40多年的环志研究，对途经我国的候鸟迁徙通道开始有新的认识。

1985年以前，我国鸟类学界一般认为我国有3条迁徙通道：

（一）西部通道

包括在内蒙古西部干旱草原，甘肃、青海、宁夏等地的干旱或荒漠、半荒漠草原地带和高原草甸草原等生境中繁殖的夏候鸟，如斑头雁（*Anser indicus*）、渔鸥（*Larus ichthyaetus*）等。它们迁飞时可沿阿尼玛卿、巴颜喀拉、邛崃等山脉向南沿横断山脉至四川盆地西部、云贵高原直至中南半岛等国家越冬，西藏地区候鸟除东部可沿唐古拉山和喜马拉雅山向东南方向迁徙外，大部分大中型候鸟亦可能飞越喜马拉雅山脉至印度、尼泊尔等国家越冬。

（二）中部通道

包括在内蒙古东部、中部草原，华北西部地区和陕西地区繁殖的候鸟，冬季可沿太行山、吕梁山越过秦岭和大巴山区进入四川盆地和经大巴山东部到华中或更远的地区越冬。

（三）东部通道

包括在东北地区、华北东部繁殖的候鸟，如鸳鸯、中华秋沙鸭、鸻鹬类等。它们可能沿海岸向南迁飞至华中或华南，甚至迁飞到东南亚各国；或由海岸直接到日本、马来西亚、菲律宾和澳大利亚等国越冬。

1995年以后，结合当时全球范围的水鸟迁徙研究成果，特别是我国青海湖斑头雁、渔鸥的环志回收结果，提出亚太地区迁徙水鸟3条迁徙通道，分别是中亚—印度迁徙通道，东亚—澳大利西亚迁徙通道和西太平洋迁徙通道。各通道之间并不完全独立，互相之间有交叉和重合。

全球9条主要迁徙通道，仍是更多地反映水鸟的迁徙。途经我国的4条通道分别是：东亚—澳大利西亚迁徙通道，中亚迁徙通道、西亚—东非迁徙通道、西太平洋迁徙通道。

总之，由于我国复杂的自然地理条件，辽阔的疆域以及种类众多的候鸟，必然存在着多种多样的候鸟迁飞类型。要确切掌握这些候鸟的迁徙规律，还需要通过环志和更先进的手段（如卫星跟踪）来获得大量资料予以证实。

三、我国大陆水鸟环志概况

依照湿地国际的定义，水鸟是生态上依赖湿地生活的鸟类。

全世界15种鹤，中国记录到9种。黑颈鹤是仅在中国繁殖的高原鹤类，丹顶鹤、白枕鹤等在中国广大湿地繁殖和越冬，大多数鹤类具有跨国迁徙特性。

全世界鸭科鸟类约150种，我国有46种，绝大多数跨国迁徙。东亚—澳大利西亚迁徙路线列出的47种和亚种，我国有43种和亚种。

海滨鸟包括雉鸻类、蟹鸻类、蛎鹬类、反嘴鹬类、燕鸻类、鸻类和鹬类等鸻形目鸟类，我国约有64种。

我国还有丰富的鹭科鸟类（约20种）、鹳科鸟类（5种）、鹮科鸟类（6种）和鸥科鸟类（约34种），以及潜鸟、䴙䴘和鸬鹚。其中许多是珍稀濒危鸟类或特有鸟类，如朱鹮、黄嘴白鹭、海南虎斑鳽、东方白鹳、黑脸琵鹭、遗鸥、黑嘴鸥、中华凤头燕鸥等，在亚太地区乃至全世界具有特殊保护意义。

难以捕捉是限制水鸟环志数量的主要因素。我国大陆鸟类环志工作开始于1983年。首次环志是青海湖国家级自然保护区繁殖的斑头雁和渔鸥。我国大陆目前只有少数地点开展水鸟环志，如辽宁辽河口和丹东鸭绿江口、江苏盐城、山东黄河三角洲、上海崇明东滩、内蒙古图牧吉和黑龙江兴凯湖等自然保护区和河北沧州海兴湿地等地区。其中许多水鸟的环志，特别是对鸥类和鸻鹬类的彩色环志和彩色旗标研究，都是结合中日、中澳政府间候鸟保护合作进行的。

黑嘴鸥环志开始于1991年6月，环志黑嘴鸥雏鸟144只（金属环）。从1996年6月起为了执行中日政府间候鸟保护定期工作会议的精神，全国鸟类环志中心与日本北九州市政府和日本山阶鸟类研究所合作，在辽宁辽河口国家级自然保护区对繁殖黑嘴鸥种群数量、栖息地保护现状开展了联合调查。同时，对黑嘴鸥的成鸟和雏鸟开展了环志和彩色标记，以期进一步掌握其迁徙规律。2000年以后，合作区域逐渐扩大到江苏盐城和山东黄河三角洲国家级自然保护区。辽宁辽河口、江苏盐城和山东黄河三角洲分别采用红底白字、绿底白字和蓝底白字的彩色旗标组合（附图130、附图131）。

1998年6月全国鸟类环志中心与WWF（香港）合作，在内蒙古自治区伊克昭盟东胜泊江海子环志遗鸥雏鸟579只（附图132、附图133），其中有500只佩戴了黄色彩环（无编码）。之后连续3年进行环志，1998—2001年共环志遗鸥雏鸟4877只。此外，2004年全国鸟类环志中心还在陕西省榆林市的红碱淖环志遗鸥雏鸟816只。

红嘴鸥环志最早开始于1986年，在云南省翠湖公园环志16只，1987年环志24只，之后中断多年。近些年来昆明鸟类协会在滇池恢复了红嘴鸥的环志活动，并且在2018年和2019年，全国鸟类环志中心为93只红嘴鸥佩戴了卫星跟踪器，以研究其迁徙路线。

国内最早的鸻鹬类环志开始于1985年。为了加强中国与澳大利亚之间的水鸟及栖息地的保护，1988年澳大利亚派员到中国上海崇明举办培训班，培养中方人员识别鸻鹬类鸟类的能力，培训班期间环志鸻鹬类鸟14种150只。培训班结束后，上海崇明环志站成立并陆续开展一些鸻鹬类环志。1996年中澳第二次鸻鹬类调查研讨会继续在上海崇明东滩举行，用当地手动拉网法捕捉鸻鹬类20种303只，其中3只带有不同颜色的旗标。2002年4月中澳迁徙涉禽捕捉及彩色旗标研讨会在辽宁丹东顺利进行，首次用粘网捕到鸻鹬类5种92只。培训班期间，还观察到来自澳大利亚、新西兰、日本等地的个体。当年，带有"丹东彩色旗标组合"（附图134）的个体陆续在澳大利亚，新西兰，阿拉斯加等地被观察到。2002年秋季和2004年春秋两季上海崇明东滩环志站环志水鸟3930只，其中有2454只佩戴了上白下黑组合的彩色旗标（附图135）。

中国大陆最早的普通鸬鹚（附图136）环志开始于1985年。初期的环志数量很少，1985—1989年环志155只。其中青海省青海湖保护区内117只，黑龙江省扎龙保护区内38只。1999年6月中国科学院西北高原生物所在青海省青海湖保护区内环志1946只。

除上述水鸟以外，还环志了其他水鸟，数量较多的有鹭科、秧鸡科和鸭科鸟类。有些水鸟通过专项环志获得，如安徽省皇甫山自然保护区1984—1995年环志鹭科鸟类8种1500余只。有些水鸟是通过夜间捕捉与环志的，如云南省巍山隆庆关、南涧凤凰山和江西遂川等地开展夜间鸟类环志时也捕获环志了一定数量的鹭科鸟类。鸭科鸟类环志开始于1983年，首次在青海湖环志了304只斑头雁，目前内蒙古图牧吉和黑龙江兴凯湖保护区开展雁鸭类的环志工作。

四、我国大陆水鸟迁飞动态

应该说明，仅仅根据我们的环志研究结果，还不能准确、全面地反映我国大陆水鸟的迁徙状况，亟须更全面深入地研究。为此，我们整理了大陆鸟类学家的研究成果，将主要水鸟类群的迁飞动态进行了分析。

（一）雁鸭类

雁鸭类是广布于全球的游禽，我国分布的雁鸭类全部为迁徙物种，国外繁殖地主要在欧亚大陆的北部，地中海和西亚。国内繁殖地主要集中在东北，少数物种在北部的内蒙古和西北部的新疆、青海、西藏、甘肃繁殖。另外极少数的广布种，如斑嘴鸭、绿头鸭的繁殖地从东北一直延伸到长江以南地区。

雁鸭类的越冬地相当广泛，主要集中在长江以南。一些广布种，如绿头鸭、绿翅鸭、赤颈鸭等越冬地的北限超过黄河，到东北越冬。大天鹅的越冬地往南一般不超过黄河。少数种类，如白眉鸭，冬季可迁至北纬35°以南直达海南岛。斑头雁（附图137）主要繁殖于青海和西藏北部，向西南迁徙到达西藏南部雅鲁藏布江流域、孟加拉国和印度越冬。赤嘴潜鸭在俄罗斯、哈萨克斯坦和我国新疆繁殖，主要越冬于印度、孟加拉国、缅甸和长江中游的部分地区。

我国境内重要的雁鸭越冬地包括黄河下游、长江下游水网地区、江苏盐城、香港米埔（雁鸭网络点）、云南拉市海、西藏南部等。最常见的雁鸭类有小天鹅、白额雁、鸿雁、豆雁、灰雁、赤麻鸭、翘鼻麻鸭、罗纹鸭、绿翅鸭、绿头鸭、斑嘴鸭、针尾鸭、白眉鸭等。其中数量超过全球总数1%的有小天鹅、白额雁、鸿雁、赤麻鸭、翘鼻麻鸭等。

云南拉市海是我国西南部的重要雁鸭越冬地，主要包括斑头雁、赤麻鸭、普通秋沙鸭、绿翅鸭、凤头潜鸭等。其中数量超过全球总数1%的有斑头雁、赤麻鸭、绿翅鸭和凤头潜鸭。在安庆沿江湿地越冬的雁鸭类常见种为鸿雁、豆雁、灰雁、小天鹅、绿翅鸭、斑嘴鸭、绿头鸭等。西藏南部雅鲁藏布江流域是黑颈鹤、赤麻鸭和斑头雁重要的越冬地。

雁鸭类飞行能力较强，迁徙时一般选择环境干扰较少、沿海或内陆湖泊湿地较多的路线，高空，白日飞行。春季北迁开始于3月，4月到达繁殖地。秋季南迁开始于9月，随气温降低陆续南移。11月中旬大部分已到达越冬地点。例如，在湖北洪湖保护区仅在其中一个观察点，就发现灰雁、豆雁、绿头鸭、斑嘴鸭、针尾鸭、绿翅鸭、赤颈鸭、琵嘴鸭、凤头潜鸭等。同期在上海崇明东滩的监测点则发现豆雁、斑嘴鸭、绿翅鸭等雁鸭类，多的时候达上万只。

（二）鹤类

全世界共有15种鹤类，我国有记录的鹤类共有9种，其中，沙丘鹤属于偶见种；赤颈鹤可能已在我国灭绝。

黑颈鹤主要分布在我国的西部地区，繁殖地在我国青藏高原的西藏北部、青海、新疆、甘肃和四川，越冬于西藏的雅鲁藏布江流域、云南北部、贵州西北部，有少量个体飞越喜马拉雅山，到不丹越冬。黑颈鹤主要在国内迁徙，在四川西北部的若尔盖湿地繁殖的黑颈鹤，到云南的东北部和贵州西北部越冬；在新疆东南部、青海西部和藏北繁殖的黑颈鹤则由高海拔迁徙到较低海拔的西藏南部的雅鲁藏布江流域越冬，其中一小部分飞越喜马拉雅山脉至不丹越冬。

黑颈鹤以外的其他鹤类，其繁殖地主要在俄罗斯的东南部和西伯利亚。除白鹤以外，其他5种鹤可在我国东北地区繁殖。除少量个体在朝鲜半岛越冬外，大部分在我国江苏盐城的沿海地区、长江流域的鄱阳湖和洞庭湖、升金湖、沿江湿地、上海的崇明东滩和黄河三角洲越冬。

繁殖于我国三江平原和黑龙江中下游地区的丹顶鹤，沿乌苏里江南下，越过兴凯湖、图们江口和朝鲜半岛北部东海岸（金野地区）等地，越冬于汉江流域（朝鲜与韩国分界线非军事区），另一条迁徙路线是繁殖于嫩江流域湿地（扎龙、向海等地）和内蒙古东部的丹顶鹤，迁徙经辽宁盘锦湿地、河北北戴河、天津、山东黄河三角洲，到达江苏沿海地区越冬。

我国东北松嫩平原湿地，辽东湾湿地，渤海湾湿地是白鹤迁徙期重要的中途停歇地。长江中下游的一些湿地，如江苏洪泽湖、安徽升金湖、湖南洞庭湖等湿地既是少量白鹤的越冬地，也是白鹤迁徙时重要的中途停歇地。

卫星跟踪表明，繁殖于俄罗斯达乌斯基的白头鹤和白枕鹤，经吉林，辽宁锦州，河北唐山，山东东营，安徽寿县、六安，到达鄱阳湖越冬，或经内蒙古的查干诺尔（乌兰盖戈壁）、内蒙古赤峰市附近、天津、山东的黄河口、山东荣成、安徽瓦埠湖附近、最终到达江苏太湖越冬。

鹤类在迁徙策略上有共同特点。一般来说，9月下旬开始离开繁殖地，10月大部分种群处于迁徙阶段，11月初陆续到达越冬地，至翌年2月底开始春季迁徙，3月底基本离开越冬地，4月至5月处于春季迁徙阶段，繁殖的个体一般在4月初即可到达繁殖地，以便完成占区和营巢。鹤类秋季迁徙于12月上旬将结束。

（三）鹳类

世界有鹳类19种，我国主要分布有两种，分别是东方白鹳和黑鹳。东方白鹳主要分布在我国的东部地区，繁殖地主要集中在黑龙江的松嫩平原、三江平原和山东的黄河三角洲保护区，安徽的安庆沿江湿地保护区、江西鄱阳湖也有零星繁殖的报道；迁徙时经过辽河三角洲、山东黄河三角洲，越冬地主要分布在长江中下游地区的江西鄱阳湖、湖南洞庭湖、安徽升金湖和安庆沿江湿地、湖北的沉湖和龙感湖。

我国境内分布的黑鹳可分为两个不同的种群，西部种群在我国西部的新疆地区繁殖，越冬地可能在印度，具体迁徙路线不明；东部种群在我国的山西、河北、北京和辽宁等地繁殖，迁徙时经过河北、天津和山东的沿海地区，在江西鄱阳湖和湖南洞庭湖等地越冬。近年来，在北京房山区十渡据马河也有十余只越冬群体。

鹳类与鹤类的繁殖地、越冬地和迁徙停歇地不仅仅在区域上大致重叠，鹳类的迁徙时间大致与鹤类相同，每年12月已到达越冬地，秋季迁徙活动结束。

（四）鹮类

世界有鹮类26种，我国分布有4种，分别是黑头白鹮、白肩黑鹮、朱鹮和彩鹮。其中白肩黑鹮和朱鹮为留鸟。

黑头白鹮繁殖于我国的东北地区和俄罗斯的远东地区，迁徙经辽河三角洲、黄河三角洲和江苏沿海，在浙江、福建、广东、香港、海南和台湾等沿海地越冬。

彩鹮繁殖于俄罗斯的远东地区，迁徙经过辽河三角洲和黄河三角洲等地，偶见于我国江苏以南的沿海地区。

已有报道11月初黑头白鹮迁徙到达浙江杭州湾。

（五）琵鹭类

世界有琵鹭6种，我国分布有2种，为白琵鹭和黑脸琵鹭。白琵鹭主要分布在长江中下游的鄱阳湖和洞庭湖，和安徽沿江各大湿地。黑脸琵鹭在我国的主要越冬地是在台湾西部沿海地区，其次是香港的米埔和后海湾，近些年我国大陆黑脸琵鹭的越冬种群也呈大幅增加的趋势。

东北地区松嫩平原和三江平原是白琵鹭的繁殖区域，迁徙经过辽河三角洲，河北、天津沿海，沿黄河三角洲，到长江中下游地区的各湖泊湿地，如江西鄱阳湖、湖南洞庭湖和安徽升金湖等地越冬，在浙江、福建、广东和香港沿海地区也有一定数量的个体越冬，西部的云南、青海等地也有白琵鹭的越冬记录。西部地区的繁殖区域可能在新疆天山，具体情况不详。黑脸琵鹭的繁殖地分布在我国辽宁东部沿海和朝鲜半岛军事停火线西部沿海的岛屿上，迁徙时经过山东黄河三角洲、江苏盐城、上海崇明东滩、浙江沿海、福建沿海、广东沿海和广西沿海，我国的越冬区域主要在台湾西部沿海、香港米埔、澳门沿海、浙江沿海、福建沿海、广东沿海、海南西部沿海。

（六）鹭类

我国有14种鹭和9种鸻，均为候鸟，许多种鹭类在西伯利亚繁殖。我国主要的繁殖地除新疆和西藏外，在东北、华北、华中、华南和西南等许多地方都可繁殖。鹭类的繁殖地、停歇地和越冬地在全国分布也较为广泛，在东南沿海如浙江、福建、广东、广西和海南沿海和内陆湖泊如湖南洞庭湖、江西鄱阳湖，均可看到大量的鹭类群体繁殖、停歇和越冬的壮观景象。

根据全国鸟类环志中心对鹭类的环志和回收记录，鹭类均呈南北向迁徙。不论是西伯利亚繁殖的群体或在我国东北繁殖的群体，均南迁到我国的华北和华南地区、东南亚或更南的地区越冬，并可能存在北方群体迁往华北，华北群体迁往华南的现象，这种现象称为"替代型迁徙"。也就是说，在全国各地不论是繁殖期、迁徙期或是越冬期，都可在不同的湿地类型如沿海滩涂、水库、内陆湖泊等见到鹭类，但这不表明鹭类是留鸟，这就是鹭类替代型的迁徙。

鹭类每年8月下旬开始南迁。北迁的顺序与鹭的年龄有关，成鹭离开越冬地早而幼鹭稍迟，这一现象可能与成鹭尽早北迁，进行繁殖的生理需求有关。

就秋季鹭类在全国的分布或迁徙状况而言，恰好呈现出"替代型迁徙"的现象。也就是说在秋季，我国各地都有迁徙的鹭科鸟类群体。在我国东北（如黑龙江扎龙保护区）繁殖的群体将向我国的华北和华南地区迁徙，而华北或华南的繁殖群体则迁往东南亚如泰国等地越冬。

（七）鸻鹬类

我国鸻鹬类约有31属76种。估计种群数量300万～500万只。鸻鹬类大多生活在沿海滩涂和内陆湖泊沼泽的水边，只有丘鹬经常在森林栖息。

我国的鸻鹬类大都有迁徙的习性，只有彩鹬、鹮嘴鹬、铜翅水雉、距翅麦鸡、肉垂麦鸡等少数几种为罕见留鸟或短距离迁徙鸟。金眶鸻、环颈鸻的部分种群为留鸟。

在我国境内繁殖的鸻鹬类有30余种，大多喜爱栖居在河流、水塘沿岸、沼泽和沿海滩涂等，如黑尾塍鹬、白腰杓鹬、林鹬、金眶鸻、环颈鸻、蛎鹬、蒙古沙鸻、铁嘴沙鸻等。鸻鹬类的主要繁殖地在古北界北部，欧洲北部和西伯利亚，越冬地主要在非洲、印度、东南亚、南亚和澳大利亚和新西兰，鸻鹬类的迁徙纵贯我国境内的3条候鸟迁徙通道。

研究表明，主要是来自澳大利亚、新西兰、印度尼西亚、菲律宾、日本等地越冬的鸻鹬类去西伯利亚繁殖，至少14种（斑尾塍鹬、大杓鹬、大滨鹬、翻石鹬、红腹滨鹬、红颈滨鹬、灰尾漂鹬、尖尾滨鹬、金斑鸻、蒙古沙鸻、翘嘴鹬、三趾鹬、铁嘴沙鸻、弯嘴滨鹬）于迁徙途中经过我国东南沿海，约占澳大利亚和新西兰鸻鹬类总数量的80%。

我国境内繁殖的鸻鹬类，繁殖地主要在黑龙江北部，新疆西部和西北地区，越冬在华南沿海、长江以南，远至澳大利亚、新西兰、印度和非洲。

根据全国鸟类环志中心的环志与回收记录，每年春季3—4月鸻鹬类向北迁徙，我国整个东南沿海的23个地区都曾回收到来自澳大利亚和新西兰的个体。一只在澳大利亚布鲁姆环志的大滨鹬，1周后即在上海崇明被回收。到达崇明东滩的鸻和鹬，经过几天的取食，补充营养后继续向北迁徙。除上海崇明东滩以外，环渤海湾和鸭绿江口也是重要的中途停歇地点。

鸻鹬类秋季南迁开始于8月。南迁的路线并不完全与北迁路线相同，许多个体经阿拉斯加，跨越重洋返回澳大利亚或新西兰。

在我国鸻鹬类迁徙动态的主要监测点是辽宁丹东、河北秦皇岛、山东黄河三角洲保护区、上海崇明东滩鸟类保护区和长江中下游的湖区等地，全部位于东亚—澳大利西亚候鸟迁徙通道上。

（八）鸥类

我国鸥类有4属19种，其中全球关注的种类有黑嘴鸥和遗鸥，常见种有黑尾鸥、海鸥、西伯利亚银鸥、黄腿银鸥、灰背鸥、渔鸥和红嘴鸥；罕见种有北极鸥、银鸥、小黑背银鸥、细嘴鸥、小鸥和三趾鸥；迷鸟有楔尾鸥、叉尾鸥和灰翅鸥。

鸥科鸟类均具有南北迁徙习性，除渔鸥、棕头鸥和红嘴鸥部分种群在中亚—印度迁徙通道迁徙外，其余均在东亚—澳大利西亚迁徙通道内活动。

黑嘴鸥繁殖于江苏、山东、辽宁沿海和韩国的松岛等地，迁徙途经华北和华中区，越冬于江苏以南的东部沿海，中国香港、台湾，韩国和日本北九州等地。遗鸥集群繁殖于内蒙古西部和陕西北部，冬季迁徙到渤海湾一带越冬。

黑尾鸥繁殖于日本和俄罗斯的东南部，国内繁殖地见于辽宁和山东沿海和福建沿海；越冬于我国华北和华南沿海和台湾，以及日本北部。其他常见种繁殖于我国青藏区、蒙新区和东北地区北部，包括俄罗斯和西伯利亚北部、欧洲甚至包括阿拉斯加和北美洲东部；越冬向南迁移，在我国西南地区和华南沿海，直至印度、东南亚、菲律宾等地越冬。红嘴鸥主要繁殖于俄罗斯；南迁至印度、东南亚和菲律宾越冬。在我国主要繁殖于东北地区，越冬于东部地区及北纬32°以南所有湖泊、河流和沿海地带（青海省除外）。棕头鸥繁殖于亚洲中部，我国西藏中部和青海，冬季至印度、我国西部、孟加拉湾和东南亚越冬。北极鸥和三趾鸥繁殖于北极周围，越冬南迁。

繁殖于我国东部沿海的有黑尾鸥和黑嘴鸥，越冬于我国华北和华南沿海，一般每年3月中旬抵达繁殖地，4月中旬至7月上旬为繁殖期，9月下旬至10月上旬陆续迁飞至越冬地。繁殖于我国北方（包括东北、青藏和蒙新区）的有海鸥、黄腿银鸥、渔鸥、棕头鸥、红嘴鸥和遗鸥，迁徙部分经过华北、华中、西南和华南地区，越冬见于华北、华中、西南和华南地区，部分越冬于南亚和东南亚等国。仅在我国东部沿海越冬的有北极鸥、银鸥、西伯利亚银鸥、小黑背银鸥、灰背鸥和细嘴鸥，其繁殖地主要集中在西伯利亚东北部和日本的北部地区，一般于9月下旬至10月上旬陆续由西伯利亚东北部和日本的北部等繁殖地，途经我国北方大部分地区，进入东部沿海部分地区越冬。

（九）燕鸥类

我国有燕鸥类7属19种。全球极度濒危的燕鸥有中华凤头燕鸥，目前全部繁殖种群均在中国；常见种有鸥嘴噪鸥、红嘴巨鸥、大凤头燕鸥、普通燕鸥、白额燕鸥、须浮鸥和白翅浮鸥；不常见（罕见）种有小凤头燕鸥、河燕鸥、粉红燕鸥、黑枕燕鸥、黑腹燕鸥、白腰燕鸥、褐翅燕鸥、乌燕鸥、黑浮鸥、白顶玄燕鸥和白燕鸥。

根据历史资料和现有的环志回收信息，除河燕鸥和黑腹燕鸥为云南省西部留鸟外，其他燕鸥科鸟类具有南北或东西迁徙的习性，具有东西迁徙习性的有乌燕鸥和红嘴巨鸥。中华凤头燕鸥繁殖于中国东部沿海岛屿，冬季向南迁徙至东南亚和南沙群岛等。

鸥嘴噪鸥、大凤头燕鸥、普通燕鸥、白额燕鸥和须浮鸥等繁殖范围几乎遍布全世界，包括美洲、欧洲、非洲、亚洲和澳大利亚，冬季越冬南迁至南美洲、亚洲、非洲、印度洋、印度尼西亚和澳大利亚；在我国大多繁殖在北方，迁徙至东部沿海越冬。红嘴巨鸥繁殖于中亚、西伯利亚中部和中国的东部，越冬于中国东部、台湾和东南亚。白翅浮鸥繁殖于南欧和波斯湾，横跨亚洲至俄罗斯中部和中国，冬季南迁至非洲南部，并经印度尼西亚至澳大利亚，偶至新西兰。

不常见种河燕鸥和黑腹燕鸥，仅分布于云南西部，为留鸟。小凤头燕鸥、河燕鸥、粉红燕鸥、褐翅燕鸥和乌燕鸥，广布于大西洋、印度洋及太平洋至澳大利亚，越冬很少见于我国东部沿海岛屿。黑枕燕鸥、白顶玄燕鸥和白燕鸥繁殖于太平洋西部沿海的热带岛屿和澳大利亚北部岛屿，夏季少见于我国华南近海岸岛屿，越冬很少见于我国南沙群岛以南的近海岛屿。白腰燕鸥繁殖于西伯利亚、阿留申群岛和阿拉斯加；越冬于南方海域，仅在我国香港有过记录。黑浮鸥繁殖于北美洲、欧洲至里海和俄罗斯中部的淡水水体，冬季南迁至中美洲、南非和西非，漂鸟远至智利、日本和澳大利亚；在我国极为罕见，在新疆西部繁殖，内蒙古东部可能也有繁殖种群分布，华北和华中区有迷鸟记录。

繁殖于我国华南沿海的有大凤头燕鸥、小凤头燕鸥、粉红燕鸥、黑枕燕鸥、褐翅燕鸥、乌燕鸥、白顶玄燕鸥和白燕鸥，越冬南迁，其中大多数为罕见种，繁殖期为3—5月，9月开始南迁。繁殖于我国北方（或更北的地区）的有鸥嘴噪鸥、须浮鸥和黑浮鸥，大多在中国东部沿海越冬，每年3月下旬迁到繁殖地，4月下旬至7月上旬为繁殖期，9月中下旬陆续迁飞至东部沿海越冬；广布种普通燕鸥、白额燕鸥和白翅浮鸥，繁殖期为4月下旬至7月中下旬，9月中下旬陆续迁飞至越冬地；红嘴巨鸥繁殖于中国的东部沿海，越冬期也见于东部沿海大部分地区；仅在云南西部繁殖越冬的有河燕鸥和黑腹燕鸥。

我国的燕鸥类，除河燕鸥和黑腹燕鸥在云南西部或西南部为留鸟外，其他均具有长距离迁徙习性。鉴于大多数燕鸥属于海洋性鸟类，在内陆湿地或水域不易发现，仅白额燕鸥、普通燕鸥、须浮鸥和白翅浮鸥等越冬地需要重点监测。

（十）鸬鹚

我国鸬鹚共有1属5种，分别为普通鸬鹚、绿背鸬鹚、海鸬鹚、红脸鸬鹚和黑颈鸬鹚。其中，普通鸬鹚为最常见种，全球种群约150万只，在亚太迁徙路线上的40万~80万只。

除黑颈鸬鹚外，其余4种鸬鹚均为迁徙鸟。普通鸬鹚在我国主要繁殖于长江以北地区，其中我国西部如青海和西藏的鸟岛有大群的聚集繁殖场所，如青海湖鸟岛每年4月上旬至6月中旬在此繁殖的普通鸬鹚（蔡景龙等，2001）。根据我们环志研究的结果，青海湖繁殖的普通鸬鹚向西南的印度阿萨姆邦方向迁徙越冬，而在东北繁殖的普通鸬鹚迁徙经过我国中部，到达南方各省、海南岛及台湾越冬，其中洞庭湖、鄱阳湖均为重要的越冬地。绿背鸬鹚全部种群分布于东亚，主要繁殖于朝鲜半岛、日本、库页岛，迁徙途经中国东南部沿海，为罕见或不定期冬候鸟。红脸鸬鹚繁殖于西伯利亚东部、日本、库页岛和阿留申群岛，在我国非常罕见，仅在渤海和台湾海域有零星记录。海鸬鹚繁殖于阿拉斯加至西伯利亚和日本，越冬于美国加州、日本南部和中国，在我国辽宁和山东沿海岛屿也有繁殖种群。海鸬鹚主要迁徙经过我国东北，越冬于渤海、辽东湾至东部沿海。

（十一）翠鸟与雨燕

我国有翠鸟7属11种，大部分为当地留鸟，少数种类具有迁徙习性，如普通翠鸟（*Alcedo atthis*）和蓝翡翠（*Halcyon pileata*）。

普通翠鸟指名亚种繁殖于新疆天山，在西藏西部较低海拔处越冬；*bengalensis*亚种在东北地区繁殖，在华北、华东、华中、华南、西南、海南和台湾越冬，同时分布于这一地区的部分普通翠鸟为留鸟。繁殖于黑龙江北部、内蒙古东部和北部地区的普通翠鸟每年8月下旬至9月中旬开始南迁，9月中旬至10月上旬到达辽宁大连、河北北戴河、山东长岛。翌年4月上旬至下旬从南方迁至山东长岛、河北北戴河、辽宁大连、吉林珲春等地，4月下旬至5月上旬返回黑龙江北部、内蒙古东部和北部地区；在西部地区，9月中旬至10月中旬到达云南西部的巍山和南涧。

蓝翡翠（*Halcyon pileata*）分布于东北、华东、华中和华南地区，从辽宁至甘肃的大部分地区和东南部包括海南岛。北方亚种南迁至印度尼西亚越冬，繁殖于黑龙江北部。蓝翡翠每年8月中旬开始南迁，8月下旬至9月下旬到达河北北戴河、山东长岛和青岛、上海崇明、江西遂川等地。翌年5月上旬至下旬返回山东青岛和南四湖、河北北戴河和黑龙江等地；9月中旬至10月中旬到达云南西部的巍山、南涧、新平等地。

我国境内有雨燕4属9种，其中5种具有迁徙习性。金丝燕（Aerodramus）属3种，仅有短嘴金丝燕（*Aerodramus brevirostris*）为候鸟；针尾雨燕（Hirundapus）属2种，其中白喉针尾雨燕（*Hirundapus caudacutus*）为候鸟；雨燕（Apus）属3种，雨燕（*Apus apus*）、普通楼燕（*Apus apus*）、小白腰雨燕（*Apus nipalensis*）均为候鸟或季节性候鸟。目前，雨燕科所有鸟种的种群数量不详。

我国的雨燕科鸟类主要有2条迁徙通道：一条位于东亚—澳大利西亚候鸟迁徙通道上，主要包括3条路线：在东北地区、俄罗斯和蒙古国东部繁殖的个体，经过中国东部沿海地区到达印度尼西亚、新几内亚、澳大利亚和新西兰；内蒙古中部和蒙古国繁殖的个体，可沿经太行山、吕梁山越过秦岭和大巴山区进入四川盆地和经大巴山东部向华中、华南地区到达印度尼西亚、新几内亚、澳大利亚和新西兰越冬；西藏地区繁殖的个体，可沿喜马拉雅山向东南方向迁徙至泰国越冬。另一条迁徙通道是在我国西部地区、俄罗斯和蒙古国西部繁殖的个体向西南迁飞经阿拉伯半岛到非洲南部越冬。

五、我国大陆陆地鸟的迁飞动态

（一）鸠鸽类

我国的鸠鸽科鸟类约7属31种，绝大多数为当地留鸟。到目前为止，我国大陆环志的鸠鸽鸟类数量最多的是山斑鸠（*Streptopelia orientalis*），主要在山东长岛环志站和青岛站，辽宁大连环志站，云南巍山环志站，云南南涧环志站。其他一些环志站，如河北北戴河、黑龙江帽儿山、嫩江高峰、兴隆青峰、三江平原，内蒙古乌尔旗汉、吉林珲春、江西遂川等都曾捕捉和环志，只是数量很少。

回收记录山斑鸠7只。环志时间都在秋季9月，环志地点分别是山东青岛和长岛2个环志站。回收时间在夏季7月，大多在冬季。初步推测山斑鸠有迁徙习性，山东应该是山斑鸠的迁徙途经地。春季北迁可以到黑龙江，秋季南迁可以经山东到江苏，广东和广西。从回收的日期看，山斑鸠的迁徙时间相对比较稳定。每年9月途经山东，10月到达江苏，11月以后在江苏以南的江西，广东和广西等地越冬。

（二）鸨类

鸨类是典型的草原荒漠鸟类，全世界有9属22种，分布在非洲、欧洲、亚洲和澳洲。我国有3种：大鸨（*Otis tarda dybowskii*和*Otis tarda tarda*）、小鸨（*Tetrax tetrax orentalis*）、波斑鸨（*Chlamydotis undulata macqueenii*）。我国的鸨科鸟类都有迁徙的习性，其中大鸨东方亚种的繁殖地在东北的中、西部和内蒙古的中部地区，包括黑龙江、吉林、内蒙古东北部、中东部和西部；越冬地在黄河中下游、长江中下游和东北松嫩平原地区，包括陕西和山西的交界处、河南、河北、山东黄河两岸的局部地区，湖南、湖北、安徽和江苏四省局部地区，内蒙古东部、吉林西部和黑龙江西部。

大鸨指名亚种在我国为夏候鸟，繁殖地在新疆西北部地区，越冬地主要在印度和巴基斯坦。

小鸨的繁殖地在新疆准噶尔盆地东侧、甘肃西部、内蒙古西部和宁夏西部地区和蒙古国境内的部分地区，越冬地在阿富汗、巴基斯坦和印度等南亚国家。

波斑鸨的繁殖地在新疆准噶尔盆地周边区域、甘肃西部和内蒙古西部，越冬地在阿拉伯半岛和巴基斯坦等南亚国家。

我国的鸨类主要有两条迁徙通道，一条是大鸨东方亚种自北向南迁徙。其中包括两条路线，一是在东北地区和俄罗斯、蒙古国东部繁殖的个体，经河北的北戴河到长江中下游地区；二是内蒙古中部和蒙古国繁殖的个体，经宁夏、甘肃、陕西北部到达山西南部、陕西渭河流域和黄河流域、长江中下游地区越冬。另一条迁徙通道是向西南迁徙，与中亚—印度迁徙路线重合。其中也包括两条路线，一是沿张掖、酒泉、巴里坤、木垒、玛纳斯、乌苏、精河从阿拉山口进入哈萨克斯坦；二是从木垒、奇台沿准噶尔盆地向富蕴、福海、布克赛、塔城进入哈萨克斯坦；最终都经由乌兹别克斯坦、土库曼斯坦，至阿富汗、巴基斯坦和印度越冬；或从土库曼斯坦转向伊朗南部和阿拉伯半岛越冬。在西部通道上迁徙的鸨类有大鸨指名亚种、小鸨和波斑鸨。

鸨科鸟类迁徙时很少翻越高山，通常沿山脉走向飞行。向西迁徙的鸨类每年9月中旬至11月上旬离开我国，10月末至11月底到达越冬地；次年3月初至4月初陆续抵达我国，留居时间为150～190d。

向南迁徙的鸨类10月中旬开始向南迁徙，在11月上旬到达越冬地，迁徙时间为15～45d；次年3月上旬开始离开越冬地，4月初抵达繁殖地。

每年12月，向西迁徙的鸨类已经基本全部离开了我国境内，向南迁徙的鸨类也已经到达了越冬地。向南迁徙的鸨类，其主要的繁殖地和越冬地都在我国境内，因此目前需要加强越冬地的监测。

（三）猛禽类

猛禽涵盖了鸟类传统分类系统中隼形目和鸮形目的所有种，我国隼形目和鸮形目分别有50种和31种。隼形目如金雕（*Aquila chrysaetos*）、普通鵟（*Buteo buteo*）、苍鹰（*Accipiter gentilis*）等34种在我国为候鸟，鸮形目如红角鸮（*Otus scops*）、领角鸮（*O. bakkamoena*）、长耳鸮（*Asio otus*）等10种在我国为候鸟。

据文献记载，猛禽的繁殖地主要在俄罗斯和我国的东北大、小兴安岭和长白山、新疆和西藏等西北地区，辽宁、山东和浙江沿海是猛禽主要的停歇地，长江以南主要是猛禽的越冬地，或更远至东南亚、马来西亚半岛和巽他群岛，韩国和日本也有猛禽越冬。部分猛禽如雀鹰（*Accipiter nisus*）（附图138）在我国华北也有越冬的记录。

还有一些猛禽繁殖地和越冬地比较特殊，如赤腹鹰（*Accipiter soloensis*）在华南均有繁殖，迁徙经过台湾和海南岛；金雕繁殖于内蒙古东北部，越冬在东北长白山区。燕隼（*Falco subbuteo*）繁殖于中国北方和西藏，越冬于西藏南部，有时在广东和台湾越冬。猎隼（*F. cherrug*）繁殖于新疆阿尔泰山和喀什地区、西藏、青海、四川北部、甘肃、内蒙古，越冬在中部和西藏南部。拟游隼（*F. pelegrinoides*）繁殖于天山和青海；越冬于新疆西部喀什地区。雪鸮在东北和西北越冬；短耳鸮（*Asio flammeus*）繁殖于中国东北，越冬时见于华北、华中和华南地区。

猛禽在9月开始南迁，隼形目猛禽大多白天迁徙，而鸮形目猛禽往往在夜间迁徙。迁徙过程中常常形成比较松散的群体，并借助于上升的热气流进行飞行。大多数体形较大的猛禽如金雕单独迁飞，体形较小的猛禽如灰脸鵟鹰和雀鹰成对迁飞和结群迁飞。猛禽开始迁飞的时间与其食物丰富度密切相关，以昆虫、食虫鸟类为猎物的猛禽开始迁徙的时间较早，以鼠类、野兔、有蹄类动物等为食者，开始迁徙的时间较晚（郑光美，2012）。有些翅较狭长的猛禽迁徙顺序存在着年龄差异，如苍鹰、雀鹰、松雀鹰等的亚成体比成体迁徙时间稍早一些（Zimmerman，1998）。

在我国东部海岸，秋季有11000只以上的猛禽经过河北北戴河，其中包括约6000只鹊鹞（*Circus melanoleucos*）；在经过日本、我国东部海岸到台湾的迁徙路径上，约有70000只赤腹鹰和10500只灰脸鵟鹰（*Butastur indicus*）在秋季可以观察到（Lee & Christie，2001）。可见每年迁徙通过我国东部渤海沿岸地区猛禽的数量和密度很大。每年7月是猛禽的繁殖季节，活动区较为稳定，为了喂养幼鸟，成鸟经常外出寻找猎物；每年的1月，猛禽已经迁徙至越冬地。

我国大陆猛禽的迁徙研究相对开始较早。环志初期的1984年，环渤海湾的山东长岛、青岛，大连老铁山等地就建立了以猛禽捕捉和环志为主的环志站。30多年来，捕捉和环志一直没有间断，积累了丰富的资料和经验。下面主要分析回收数量相对较多的5种猛禽的迁徙动态。

1. 雀鹰（*Accipiter nisus*）

山东长岛是雀鹰回收较多的环志站，其次在辽宁大连老铁山。半数以上的回收地点都在环志地点周围，时间分别在春季和秋季，说明山东半岛和辽东半岛是雀鹰春、秋两季迁徙的必经之路。逐月分析雀鹰的回收，发现3—4月的回收地点有江西、安徽和山东。5月到了辽宁，然后飞越国境到了俄罗斯，说明繁殖地应在黑龙江以北。秋季回收包括9—10月环志地点的回收。此外，12月的回收地点有广西、浙江、江苏，1月回收地点有安徽。

说明雀鹰主要在我国南方越冬。

2. 松雀鹰（*Accipiter virgatus*）

松雀鹰的环志与回收与雀鹰相似。成功回收的松雀鹰中，山东长岛是主要环志地点，其次是山东青岛和辽宁大连老铁山。回收分析表明，4—5月松雀鹰主要在山东和辽宁回收，8月在俄罗斯阿穆尔地区也回收到上一年秋季在山东长岛环志的个体，说明繁殖地点应在俄罗斯。10月以后陆续在湖南、江西和江苏有松雀鹰（附图139）回收，说明其越冬地仍在我国南方。

3. 苍鹰（*Accipiter gentilis*）

被回收的苍鹰，其主要环志地点仍是山东长岛。回收分析表明，苍鹰的繁殖地至少在黑龙江以北的俄罗斯。与雀鹰和松雀鹰迁飞趋势相似，但春季回收地点新增河南，冬季回收地点新增湖北。

4. 红角鸮（*Otus sunia*）

可供环志回收分析的红角鸮只有13只，都于1985—2000年间秋季在山东长岛（10只）、青岛（1只）和辽宁大连老铁山（2只）环志。3—5月的回收地点有山东、辽宁和日本北海道。10—11月的回收地点有江苏和广西。说明红角鸮的繁殖地点仍在北方，越冬地点可达广西。

5. 长耳鸮（*Asio otus*）

与其他猛禽一样，回收鸟的环志地点仍以山东长岛环志为主，青岛和辽宁大连老铁山各环志1只，且环志时间都在10—11月。长耳鸮春季（4—6月）回收地点在我国的山东长岛、吉林和俄罗斯托木斯以西，说明繁殖地至少在托木斯和吉林省以北。冬季回收地点也有山东长岛，说明山东仍是南、北迁徙的通道。与其他猛禽不同是冬季回收地点包括山东日照，安徽、江西和韩国的骊州，说明越冬地在山东以南（包括山东）。

目前仅仅依据环志回收记录尚不能完全反映我国猛禽的迁徙通道，只是反映以环渤海湾为中心的猛禽迁飞趋势。可以看出，猛禽均呈南北向迁徙。国际上对猛禽迁徙的研究大多集中在东亚—澳大利西亚候鸟迁徙通道上，即在西伯利亚至东南亚如马来西亚半岛等地区间的迁徙，途经中国的东部及其沿海，经东南亚的北部和马来西亚半岛，然后通过马六甲海峡到苏门答腊岛，最后进入巽他群岛。由此可见，我国东部渤海沿岸地区是全球最重要的猛禽迁徙通道之一。通过这些研究成果，我们可以勾画出猛禽在我国较为详细的部分迁徙路线图，即从繁殖地俄罗斯或我国东北地区，经过东部内陆或沿海一带，迁徙至韩国和日本，或继续向南到华南或更远的地区。

（四）雀形目

雀形目为中、小型鸣禽，适应辐射到各种生态环境内，种类及数量众多，占鸟类种类和数量的绝大多数。据国内资料，我国的阔嘴鸟科、雀鹎科、叶鹎科、和平鸟科、盔鹎科、燕鹎科、河乌科、鹪鹩科、扇尾鹟科、画眉科、扇尾莺科、长尾山雀科、鸭科、旋木雀科、花蜜鸟科、雀科、织雀科、梅花雀科等，一年四季皆可在当地见到，被认为是留鸟。

另外9科，大多数种类为当地留鸟，只有一部分种类具迁徙习性。如八色鸫科在西藏东南部，云南南部，广西西南部等地为留鸟，只有代表种类仙八色鸫（*Pitta nympha*）在黄河中下游以南地区为夏候鸟。又如鸭科，我国7属22种之中只有3种的部分种群有迁徙性；椋鸟科的八哥、鹩哥等10种不迁徙。鸦科30种，只有4～5种的个别种群有迁徙习性。岩鹨科9种，4种不迁徙；鸫科39种为各地留鸟，约占我国93种的42%。鸦雀科鸟类我国有3属20种，除文须雀外多为留鸟。莺科99种，其中29种不迁徙；我国20种山雀科鸟类，只1种部分迁徙；我国啄花鸟科1属6种，只1种有迁徙种群。

大部分种类具有迁徙习性的有百灵科、燕科、鹡鸰科、山椒鸟科、太平鸟科、伯劳科、黄鹂科、卷尾科、鸫科、鹟科、王鹟科、绣眼鸟科、旋壁雀科、燕雀科和鹀科。鸫科迁徙种类约占种类数量的2/3，燕雀科半数以上的种类可长距离迁徙，鹀科6属31种之中只有4种为留鸟。

雀形目也是我国历年环志数量最多的鸟类。由于回收资料很少，且约半数回收种类每种仅1只鸟。所以，我们重点分析回收数量超过6只的10种鸟（表7-1），根据这些鸟的环志与回收资料，初步分析雀形目鸟类的迁徙趋势。

表7-1　回收数量超过6只的雀形目鸟类

编号	科名	物种编号	物种	回收数量
1	鸫科（20属93种）	1	红胁蓝尾鸲	6
2	长尾山雀科（1属5种）	2	银喉长尾山雀	13
3	山雀科（3属20种）	3	煤山雀	13
4	燕雀科（16属57种）	4	燕雀	8
		5	北朱雀	12
		6	白腰朱顶雀	28
		7	黄雀	21
5	鹀科（6属31种）	8	田鹀	15
		9	黄喉鹀	15
		10	灰头鹀	10

1. 红胁蓝尾鸲（*Tarsiger cyanurus*）

我国大陆1996年以前环志的红胁蓝尾鸲只有1000余只，1997年以后每年的环志数量逐渐增加，2004年底累计达6万余只。成功回收的6只鸟中，2只由山东青岛环志站于10月和11月环志，1～2年后的5月和6月在河北北戴河和辽宁锦州被回收。黑龙江帽儿山环志站于9月和10月环志的3只红胁蓝尾鸲（附图140），分别于10至翌年1月期间在辽宁、贵州和广西被回收。俄罗斯的1只红胁蓝尾鸲于2003年10月13日被环志，1周后在我国吉林珲春环志站被捕获，两地距离为200多千米，估计正在秋季南迁途中。

分析认为，红胁蓝尾鸲在辽宁以北繁殖，越冬地至少在我国南方或更南地区。春季5月经山东到河北，6月到辽宁。秋季南迁经辽宁、山东到贵州和广西。

2. 银喉长尾山雀（*Aegithalos caudatus*）

银喉长尾山雀（附图141）是环志数量较多的长尾山雀，目前已经累计环志2万余只，成功回收12只。除北京小龙门原地回收以外，黑龙江帽儿山环志的5只和黑龙江青峰环志站环志的4只分别在本省被回收。另外2只俄罗斯同日环志的银喉长尾山雀，20d后在我国吉林被同时回收。北京小龙门环志和回收都发生在6月，可能在当地繁殖。其他11只鸟的环志和回收大都在9—11月，有1只在12月。此外，都是在秋冬季节，回收地点的方向并不一致。分析认为，这些鸟的运动应属于冬季游荡，虽然跨过国界，但距离只有数百千米。

3. 煤山雀（*Parus ater*）

煤山雀（附图142）是环志数量最多的山雀，至今已累计环志3万余只。成功回收的13只鸟中，黑龙江省环志5只，分别是兴隆林业局青峰环志站（1只），嫩江林场高峰环志站（3只），洪河保护区（1只）。内蒙古乌尔旗汉1只，辽宁大连4只，山东长岛和青岛分别为2只和1只。于春季环志的只有大连1只，其余都是9—10月环志。

回收地点有内蒙古乌尔旗汉和黑龙江嫩江高峰环志站。两个环志站在秋末冬初互有回收，说明煤山雀在两地游荡。其余回收地点在山东、辽宁、吉林和黑龙江。分析认为。黑龙江环志的煤山雀秋季经过吉林、辽宁到山东。山东和辽宁的煤山雀于春季北迁，3月在山东，4月到辽宁，5月达黑龙江。很可能有些个体到更北的地方繁殖。

以往资料显示，山雀是留鸟。但是环志研究表明，煤山雀有迁徙习性。秋季，有些个体可能在内蒙古和黑龙江两地游荡，然后向南迁徙，10月中、下旬到达山东。至于是否继续向南越冬，应该继续深入研究。

4. 燕雀（*Fringilla montifringilla*）

雀形目鸟类环志数量最多的是燕雀，至今环志数量已达9万余只。1988—2002年间回收燕雀8只，其环志地点分别是山东青岛环志站和山东长岛环志站各2只，黑龙江嫩江林场高峰环志站3只，日本北海道环志1只。春季3—4月只环志2只，其余6只为秋季的9—10月环志。根据回收日期初步推断，燕雀的繁殖地应该在我国黑龙江以北、日本的北海道或更北的地区。春季3—4月和秋末冬初的10—12月，燕雀在山东境内停留。黑龙江嫩江高峰环志站9月下旬环志的燕雀于10月到达江苏和山东，到达山东后有些个体继续南迁，于1月到达湖南。日本10月环志的个体，12月份在山东被青岛环志站捕捉，很可能继续向南迁徙。

5. 北朱雀（*Carpodacus roseus*）

2001年以后，北朱雀（附图143）的环志数量有所增加，到2004年底共环志3万余只。1997至2004年间共回收北朱雀12只，都在黑龙江环志。其中帽儿山环志站环志9只，嫩江高峰环志站2只，兴隆青峰环志站1只。春季环志3只，其余9只于10月环志。10月份环志的个体，直到次年4月在黑龙江都有回收。其他2只分别于11月和12月在吉林被回收，还有1只于11月在山东被青岛环志站回收。帽儿山春季（3月）环志的北朱雀，当月被嫩江高峰环志站和兴隆青峰环志站回收，说明它们尚未离开越冬地。结合辽宁、河北和山东有关环志站的分析表明，北朱雀是生活在黑龙江与吉林的冬候鸟，少数个体可以向南经辽宁、河北、到山东越冬。4月以后迁徙到黑龙江以北的地区繁殖。

6. 白腰朱顶雀（*Carduelis flammea*）

早在1985年，我国黑龙江便回收到芬兰环志的白腰朱顶雀。1998—2004年间，黑龙江有多个地点陆续开展鸟类环志，每年环志的雀形目鸟类由数万只增加到数十万只。成功回收的28只白腰朱顶雀中，北欧3国（芬兰、瑞典、挪威）环志的各1只，其余25只分别由黑龙江兴隆林业局青峰环志站（13只）、嫩江高峰环志站（8只）和帽儿山环志站（3只）环志。辽宁大连秋季环志的1只白腰朱顶雀，11d以后在铁岭回收，认为该鸟11月份仍在辽宁停留。

部分回收鸟（5只）于3月份在青峰环志站、高峰环志站和帽儿山环志站被环志，其他回收鸟的环志日期在秋季的10—11月。帽儿山3月份环志的1只白腰朱顶雀，5d以后被青峰环志站回收，其余4只都是11—12月份回收。我国吉林和黑龙江、俄罗斯和瑞典各回收1只。秋季环志的回收鸟，直到次年4月在内蒙古、黑龙江和吉林都有回收，其中1只于2月在挪威被回收。北欧环志的3只白腰朱顶雀，环志日期分别在3月、9月和12月。2只在黑龙江被回收，回收日期是10月和11月。1只在吉林被回收，回收日期在11月中旬。

以上的环志回收结果表明，白腰朱顶雀在我国的内蒙古、黑龙江和吉林一带越冬，向南可到达辽宁，来年4月以前飞往繁殖地。每年9月下旬秋季迁徙到我国，我国的黑龙江、吉林和北欧的挪威、芬兰和瑞典等地都是越冬区。北欧与我国黑龙江之间似乎存在一条越冬带，繁殖后的白腰朱顶雀可以经北欧到黑龙江和吉林越冬，也可以经黑龙江和吉林到北欧越冬。

7. 黄雀（*Carduelis spinus*）

黄雀也是我国大陆环志数量相对较多的雀形目鸟类。回收地点从黑龙江、内蒙古、吉林、辽宁、河北、山东到江苏和上海，更有1只在陕西西安被回收。回收鸟的环志地点共7处，分别是青岛环志站（6只）、长岛环志站（5只）、北戴河和大连环志站（各1只）、黑龙江高峰环志站（4只）、帽儿山（2只）、青峰环志站（1只）。

春季，山东境内环志和回收过黄雀，其他的环志和回收地点已经到了吉林和黑龙江。回收鸟的秋季环志时间都在10月，秋季回收时间在10月至次年2月。同是2003年10月，黑龙江嫩江高峰环志的黄雀（A29-2688），半月后到达山东青岛。另一只黄雀在辽宁大连环志，48d后在陕西被回收。同样，2002年10月在山东青岛环志的黄雀，10d以后在江苏被回收，秋季南迁的趋势十分明显。由于回收时间尚未进入相对稳定的季节，应该继续调查是否往更南的地方迁徙。

值得注意的是哈萨克斯坦秋季环志的1只黄雀，3年后的9月下旬在黑龙江高峰环志站回收。如果存在东西方向的迁徙路线，今后还应继续发现回收的个体。

8. 田鹀（*Carduelis spinus*）

田鹀（附图144）是我国大陆近年来环志数量较多的雀形目鸟类之一。自1998年以来，年环志达到2万只，累计环志近7万只。成功回收的15只田鹀中，有北欧（芬兰和瑞典）环志的2只，其余13只分别由黑龙江高峰（5只）、黑龙江青峰、帽儿山和山东长岛（各2只），以及黑龙江大庆和吉林珲春（各1只）等环志站环志。回收鸟的环志时间有春季（4只），也有秋季（11只）。回收时间多在春季的3—4月（9只），秋季回收（6只）时间在10月至次年1月。春季回收的地点都在黑龙江，说明田鹀在黑龙江或黑龙江以北的地方繁殖。秋季回收地点除黑龙江以外，还有吉林和天津，山东长岛曾回收过来自黑龙江的田鹀，说明在我国越冬的田鹀往南可以到达山东。

春季4月，黑龙江回收到芬兰秋季环志的田鹀，吉林于初冬回收到瑞典秋季环志的田鹀，说明北欧的田鹀秋季横跨欧亚大陆，向东偏南方向迁徙6000km到我国东北越冬。此外，吉林珲春秋季环志的田鹀，第二年春季在韩国回收，说明韩国也是田鹀越冬地。

9. 黄喉鹀（*Emberiza elegans*）

我国大陆黄喉鹀（附图145）的环志数量与田鹀相似，都将近7万只。成功回收的15只黄喉鹀中，大陆环志并回收的10只，大陆环志日本回收1只。国外环志（俄罗斯），大陆回收4只。俄罗斯的环志地点（海参崴）距离我国边境很近，秋季环志8～38d后分别在我国吉林及河北北戴河回收，说明秋季迁徙向我国南部移动。日本北海道春季回收到辽宁大连秋季环志的黄喉鹀，说明春季迁徙达到北海道或更北的地区繁殖。

我国大陆其他地点的环志与回收信息是：北京小龙门6月环志的一只黄喉鹀，第二年6月原地回收（归家），说明黄喉鹀可在北京繁殖。山东青岛秋季环志的个体，春季在山东长岛和黑龙江都有回收，说明山东是黄喉鹀南北迁徙经过的地区。值得注意的是，云南巍山环志站秋季环志的黄喉鹀，翌年春季在黑龙江被回收。

10. 灰头鹀（*Emberiza spodocephala*）

灰头鹀（附图146）是我国大陆环志数量最多的雀形目鸟类之一，环志数量与燕雀相同，都是9万余只。成功回收的10只灰头鹀中，都是我国大陆环志的个体。其中山东青岛环志站春季（4—5月）环志2只，山东长岛环志站秋季（10月）环志4只，黑龙江帽儿山环志站春、秋季各环志1只，黑龙江兴隆青峰环志站秋季（9月）环志1只。

黑龙江春季环志的2只灰头鹀，当年5月在黑龙江其他地点回收1只，一年后的4月在原地回收1只。山东春季环志的2只，1年后的春季在黑龙江回收1只，另1只5年后的4月在俄罗斯的符拉迪沃斯托克（海参崴）被回收。分析认为，春季北迁季节，灰头鹀从山东向黑龙江迁徙，并在黑龙江停留，繁殖地可能在黑龙江或黑龙江以北。秋季南迁季节，许多灰头鹀可能经过山东向南迁徙，最远到达广东。

（张国钢 楚国忠）

附：中国鸟类系统检索表（引自郑作新，1964）

[目别检索表]

1. 脚适于游泳；蹼较发达⋯⋯⋯⋯⋯⋯⋯⋯⋯⋯⋯⋯⋯⋯⋯⋯⋯⋯⋯⋯⋯⋯⋯2
   脚适于步行；蹼不发达或蹼缺⋯⋯⋯⋯⋯⋯⋯⋯⋯⋯⋯⋯⋯⋯⋯⋯⋯⋯⋯⋯⋯8
2. 鼻成管状⋯⋯⋯⋯⋯⋯⋯⋯⋯⋯⋯⋯⋯⋯⋯⋯⋯鹱形目（鹱、信天翁、海燕）
   鼻不成管状⋯⋯⋯⋯⋯⋯⋯⋯⋯⋯⋯⋯⋯⋯⋯⋯⋯⋯⋯⋯⋯⋯⋯⋯⋯⋯⋯⋯⋯3
3. 趾间具全蹼⋯⋯⋯⋯⋯⋯⋯⋯⋯⋯鹈形目（军舰鸟、鲣鸟、鹈鹕、鸬鹚、鲣鸟）
   趾间不具全蹼⋯⋯⋯⋯⋯⋯⋯⋯⋯⋯⋯⋯⋯⋯⋯⋯⋯⋯⋯⋯⋯⋯⋯⋯⋯⋯⋯⋯4
4. 嘴通常扁平，先端具嘴甲；雄性具交接器⋯⋯⋯⋯⋯雁形目（雁、鸭、天鹅）
   嘴不扁平，雄性不具交接器⋯⋯⋯⋯⋯⋯⋯⋯⋯⋯⋯⋯⋯⋯⋯⋯⋯⋯⋯⋯⋯5
5. 翅尖长；尾羽正常发达⋯⋯⋯⋯⋯⋯⋯⋯⋯⋯⋯⋯⋯⋯⋯鸥形目（鸥、燕鸥）
   翅短，或尖或圆；尾羽甚短⋯⋯⋯⋯⋯⋯⋯⋯⋯⋯⋯⋯⋯⋯⋯⋯⋯⋯⋯⋯⋯6
6. 翅尖，无后趾⋯⋯⋯⋯⋯⋯⋯⋯⋯⋯⋯⋯⋯⋯⋯⋯⋯⋯⋯⋯海雀目（海雀）
   翅圆，后趾存在⋯⋯⋯⋯⋯⋯⋯⋯⋯⋯⋯⋯⋯⋯⋯⋯⋯⋯⋯⋯⋯⋯⋯⋯⋯⋯7
7. 向前三趾间具蹼⋯⋯⋯⋯⋯⋯⋯⋯⋯⋯⋯⋯⋯⋯⋯⋯⋯⋯⋯潜鸟目（潜鸟）
   前趾各具瓣蹼⋯⋯⋯⋯⋯⋯⋯⋯⋯⋯⋯⋯⋯⋯⋯⋯⋯⋯⋯䴙䴘目（䴙䴘）
8. 颈和脚均较短；胫全被羽；无蹼⋯⋯⋯⋯⋯⋯⋯⋯⋯⋯⋯⋯⋯⋯⋯⋯⋯⋯⋯11
   颈和脚均较长；胫的下部裸出；蹼不发达⋯⋯⋯⋯⋯⋯⋯⋯⋯⋯⋯⋯⋯⋯⋯9
9. 后趾发达，与前趾同在一个平面上；眼先裸出⋯⋯⋯鹳形目（鹭、鹳、鹮）
   后趾不发达或完全退化，存在时位置亦较他趾稍高；眼先常被羽⋯⋯⋯⋯⋯10
10. 翅大都短圆，第一枚初级飞羽较第2枚短；眼先被羽或裸出；趾间无蹼，有时具瓣蹼
   ⋯⋯⋯⋯⋯⋯⋯⋯⋯⋯⋯⋯⋯⋯⋯⋯⋯⋯鹤形目（三趾鹑、鹤、秧鸡、鸨）
   翅形尖，或长或短，第一枚初级飞羽较第2枚长或等长（Vanellus例外）；眼先被羽；趾间蹼不发达或蹼缺
   ⋯⋯⋯⋯⋯⋯⋯⋯⋯⋯⋯鸻形目（雉鸻、鸻、鹬、反嘴鹬、瓣蹼鹬、燕鸻）
11. 嘴爪均特别锐弯曲；嘴基具蜡膜⋯⋯⋯⋯⋯⋯⋯⋯⋯⋯⋯⋯⋯⋯⋯⋯⋯⋯12
   嘴爪形或平直或仅稍曲；嘴基不具蜡膜（鸽形目例外）⋯⋯⋯⋯⋯⋯⋯⋯14
12. 足呈对趾型；舌厚而为肉质；尾脂腺被羽⋯⋯⋯⋯⋯⋯⋯⋯⋯鹦形目（鹦鹉）
   足不呈对趾型；舌正常；尾脂腺被羽或裸出⋯⋯⋯⋯⋯⋯⋯⋯⋯⋯⋯⋯⋯13
13. 蜡膜裸出；两眼侧置；外趾不能反转（Pandion例外）；尾脂腺被羽⋯⋯隼形目（鹰、鹗、隼）
   蜡膜被硬须掩盖；两眼向前；外趾能反转；尾脂腺裸出⋯⋯鸮形目（草鸮、鸱鸮）
14. 三趾向前，一趾向后（后趾有时蹼缺）；各趾彼此分离（除极少数外）⋯⋯⋯20
   趾不具上列特征⋯⋯⋯⋯⋯⋯⋯⋯⋯⋯⋯⋯⋯⋯⋯⋯⋯⋯⋯⋯⋯⋯⋯⋯⋯15
15. 足大都呈前趾型；嘴短阔而扁平，无嘴须⋯⋯⋯⋯⋯⋯⋯⋯⋯雨燕目（雨燕）
   足不呈前趾型；嘴强而不扁平（夜鹰目例外），常具嘴须⋯⋯⋯⋯⋯⋯⋯16
16. 足呈异趾型⋯⋯⋯⋯⋯⋯⋯⋯⋯⋯⋯⋯⋯⋯⋯⋯⋯⋯⋯⋯咬鹃目（咬鹃）
   足不呈异趾型⋯⋯⋯⋯⋯⋯⋯⋯⋯⋯⋯⋯⋯⋯⋯⋯⋯⋯⋯⋯⋯⋯⋯⋯⋯17
17. 足呈异趾型⋯⋯⋯⋯⋯⋯⋯⋯⋯⋯⋯⋯⋯⋯⋯⋯⋯⋯⋯⋯⋯⋯⋯⋯⋯⋯18
   足不呈异趾型⋯⋯⋯⋯⋯⋯⋯⋯⋯⋯⋯⋯⋯⋯⋯⋯⋯⋯⋯⋯⋯⋯⋯⋯⋯19
18. 嘴强直呈凿状，尾羽通常坚挺尖出⋯⋯⋯⋯⋯䴕形目（拟啄木鸟、啄木鸟）
   嘴端稍曲，不呈凿状，尾羽正常⋯⋯⋯⋯⋯⋯⋯鹃形目（杜鹃、噪鹃、地鹃）
19. 嘴长或强直，或细而稍曲，有时更具盔突；鼻不呈管状；中爪不具栉缘
   ⋯⋯⋯⋯⋯⋯⋯⋯⋯佛法僧目（翠鸟、蜂虎、三宝鸟、戴胜、犀鸟）
   嘴短阔；鼻通常呈管状；中爪具栉缘⋯⋯⋯⋯⋯⋯⋯⋯⋯⋯夜鹰目（夜鹰）
20. 嘴基柔软，被以蜡膜；嘴端膨大而具角质（沙鸡除外）⋯⋯鸽形目（沙鸡、鸠鸽）
   嘴全被角质；嘴基无蜡膜⋯⋯⋯⋯⋯⋯⋯⋯⋯⋯⋯⋯⋯⋯⋯⋯⋯⋯⋯⋯21
21. 后爪不较他趾的爪为长，雄常具距⋯⋯⋯⋯⋯⋯⋯⋯⋯⋯鸡形目（松鸡、雉）
   后爪较他趾的爪为长，无距⋯⋯⋯⋯⋯⋯⋯⋯⋯⋯⋯⋯⋯⋯⋯⋯⋯雀形目

［雀形目检索表］

1. 嘴形粗厚而宽阔；向前3趾的基部相并着；跗跖大部由单列大形的卷形鳞所包被着 …………………………
　　…………………………………………………………………………………… 阔嘴鸟科 Eurylaimidae
　　嘴形不呈上列特征；趾不并合；跗跖不由单列卷状鳞所包被 …………………………………………… 2
2. 跗跖后缘钝，具盾状鳞 …………………………………………………………………… 百灵科 Alaudidae
　　跗跖后缘侧扁成梭状，光滑无鳞 ……………………………………………………………………………… 3
3. 上下嘴前段的嘴缘具细形锯齿 …………………………………………………………………………………… 4
　　嘴缘无锯齿 ……………………………………………………………………………………………………… 5
4. 翅端圆形；初级飞羽10枚 …………………………………………………………… 太阳鸟科 Nectariniidae
　　翅端方形；初级飞羽仅9枚（除1种外）………………………………………………… 啄花鸟科 Dicaeidae
5. 翅端圆形；初级飞羽10枚，其第1枚较最长者短甚 …………………………………………………………… 6
　　翅端尖形或方形；初级飞羽大都9枚，若为10枚时，其第1枚特别短小，通称为退化飞羽，其长度一般不超过
　　初级复羽（少数例外）………………………………………………………………………………………… 23
6. 足攀型；后趾（连爪）与中趾（连爪）等长，或则更长；嘴不具缺刻 ……………………………………… 7
　　足非攀型；后趾（连爪）较中趾（连爪）为短；嘴常具缺刻 ………………………………………………… 8
7. 嘴形直或下曲；无嘴须；鼻孔裸出；尾羽坚挺 …………………………………………… 旋木雀科 Certhiidae
　　嘴形直；有嘴须；鼻孔有稀疏羽须掩复着；尾羽短而软 …………………………………………… 鳾科 Sittidae
8. 跗跖被以靴状鳞（除少数例外）…………………………………………………………………………………… 9
　　跗跖前缘具盾状鳞（有时不很明显）…………………………………………………………………………… 13
9. 体羽柔长而疏松；颈项具纤羽如发；跗跖短弱 …………………………………………… 鹎科 Pycnonotidae
　　体羽稠密而结实；颈项不具发状纤羽；跗跖粗长 …………………………………………………………… 10
10. 嘴形较粗，最外侧初级飞羽达其内侧者4/5的长度 ……………………………………… 八色鸫科 Pittidae
　　嘴形似鸫或较细，最外侧初级飞羽较短，不及其内侧者4/5的长度 ……………………………………… 11
11. 无嘴须，尾短 ……………………………………………………………………………… 河乌科 Cinclidae
　　有嘴须，尾较长 ………………………………………………………………………………………………… 12
12. 嘴粗健而侧扁，缺刻明显；翅长而平 ………………………… 鹟科：鸫亚科 Muscicapidae：Turdidae
　　嘴形细尖，缺刻不著；翅短而凹 …………………… 鹟科：莺亚科 Muscicapidae：Sylviidae（部分）
13. 鼻孔全被羽或须所掩盖着 ……………………………………………………………………………………… 14
　　鼻孔裸露，或仅有少数须遮蔽着（除少数例外）…………………………………………………………… 17
14. 第1枚初级飞羽超过第2枚长度的一半 ………………………………………………………………………… 15
　　第1枚初级飞羽不及第2枚长度的一半 ………………………………………………………………………… 16
15. 体形较大；翅长超过120mm；嘴形粗长；体羽结实而有光泽 ……………………………………… 鸦科
　　体形较小；翅长不及100mm；嘴形短厚；呈似鹦鹉嘴状；体羽较松 ………………………………………
　　………………………………………………… 鹟科：鸦雀属等Muscicapidae：Paradoxornis
16. 巢呈杯状，营于树洞或岩隙间 …………………………………………………………… 山雀科 Paridae
　　巢呈囊状，悬于树枝梢端 ………………………………………………………………… 攀雀科 Remizidae
17. 鼻孔完全裸露 …………………………………………………………………………………………………… 18
　　鼻孔多少有羽或须遮蔽着（莺亚科中有例外）……………………………………………………………… 19
18. 体形较大，翅长超过100mm，尾长超过60mm，嘴须存在 …………………………… 黄鹂科 Oriolidae
　　体形较小，翅长不及60mm，尾长不及50mm，无嘴须 ……………………………… 鹪鹩科 Troglodytidae
19. 腰羽的羽轴坚硬 …………………………………………………………… 山椒鸟科 Campephagidae
　　腰羽的羽轴正常 ………………………………………………………………………………………………… 20
20. 嘴强壮而侧扁；上嘴具钩与缺刻，并常有齿突 ……………………………………… 伯劳科 Laniidae
　　嘴形较细；常具缺刻，钩与缺刻均存在时，嘴多少呈平扁状 ……………………………………………… 21
21. 体羽纯黑或暗灰；尾羽10枚，呈深叉状 ……………………………………………… 卷尾科 Dicruridae
　　体羽非纯黑或暗灰；尾羽12枚，不呈深叉状 ………………………………………………………………… 22
22. 体羽主要为蓝色，或为绿或黄绿色；颈项常有纤羽如发；跗跖较嘴（从嘴角量起）为短 和平鸟科 Irenidae
　　羽色各异，颈无发状纤羽；跗跖较嘴（从嘴角量起）为长 ……………………………………………………
　　…………………………………………… 鹟科 Muscicapidae（主要为画眉亚科 Timaliinae）
23. 第1枚飞羽（最外侧的退化飞羽若存在时亦不计入）最长，其内侧数羽突形短缩，成尖形翼端………… 24

　　第1枚飞羽（最外侧的退化飞羽除外）与其内侧数羽几相等长，因成方形翼端 ························ 27

24. 嘴短阔而平扁；初级飞羽仅9枚，脚细弱 ··· 燕科 Hirundinidae
　　嘴短强而不平扁；初级飞羽10枚，其最外侧退化；脚正常 ·· 25

25. 翅长达于尾羽之后 ·· 燕䴗科 Artamidae
　　翅长不达于尾羽之后 ··· 26

26. 翅与尾无辉斑 ··· 椋鸟科 Sturnidae（部分）
　　翅与尾均具辉斑 ·· 太平鸟科 Bombycillidae

27. 初级飞羽9枚；最长的次级飞羽接近翼端；后爪常特长 ················· 鹡鸰科 Motacillidae
　　初级飞羽10枚（雀科及部分文鸟科例外）；其最外侧者甚形退化；最长的次级飞羽仅达翅长之半或稍超后过；
　　爪正常 ··· 28

28. 嘴粗短，呈圆锥状 ··· 32
　　嘴不呈圆锥状 ·· 29

29. 嘴形平扁 ························· 鹟科：鹟亚科 Muscicapidae：Muscicapinae（部分）
　　嘴不呈平扁状 ·· 30

30. 体形纤小，翅长不及60mm；退化飞羽形小而具锐端，呈镰刀状；上体几纯绿色；眼周具白环 ··········
　　·· 绣眼鸟科 Zosteropidae
　　体形适中，翅长超过60mm；退化飞羽稍大而具圆端；上体无绿色；眼周无白环 ················ 31

31. 鼻孔被以盖膜，完全裸露；嘴须存在 ································· 岩鹨科 Prunellidae
　　鼻孔盖膜被羽掩覆着；无嘴须（鹩哥属除外） ················ 椋鸟科 Sturnidae（部分）

32. 初级飞羽10枚（麻雀等属除外）；巢非呈曲瓶状，即营置于窟窿或树洞间 ········· 文鸟科 Ploceidae
　　初级飞羽9枚；巢无覆盖，置于地面上 ····························· 雀科 Fringillidae

第八章

兽类学基础知识

　　兽类又称哺乳动物，由爬行类演化而来，可分为原兽类、后兽类和真兽类。原兽类是兽类中最原始的一类，它们卵生，无胎盘，体表被毛，以乳汁哺幼，如鸭嘴兽和针鼹。后兽类虽然进化程度高于原兽类，但仍属于古老低等的类群，它们胎生，无胎盘，幼兽在母兽的育儿袋中才能发育成熟，如有袋类动物。真兽类是现生兽类中最高等的哺乳动物，是脊椎动物乃至整个动物界中进化地位最高的类群，它们的主要特征表现在：①体内有一条由许多脊椎骨连接而成的脊柱；②体表被毛；③胎生、哺乳；④恒温，在环境温度发生变化时也能保持体温的相对恒定，从而减少了对外界环境的依赖，扩大了分布范围；⑤脑颅扩大，大脑相当发达，在智力和对环境适应上超过其他动物；⑥心脏左、右两室完全分开；⑦牙齿分为门齿、犬齿和颊齿。

　　我国疆域辽阔，地跨寒、温、热各气候带，具有高山、高原、峡谷、盆地、平原、海滩和海域等多种地形地貌，还有森林、草原、荒漠、农田和耕地等多种多样的生态环境。我国兽类的物种多样性十分丰富，共计12目59科254属686种。

　　鉴于这只是野生动物疫源疫病监测技术培训教材的部分内容，在接下来的介绍中，我们只选择了与野生动物疫源疫病关系较紧密的陆生兽类的目和物种进行介绍。

第一节　劳亚食虫目

　　劳亚食虫目是真兽类中最早出现、最原始的一目。体形较小，最小体重仅2g，是最小的兽类。头小，吻尖细呈管状，较灵活，眼和耳小，四肢短，多具五趾，有爪，跖行性。第一对门齿常呈铲状，犬齿缩小或退化，臼齿多尖，外缘呈W形，为瘤切型，适于食虫。脑小，大脑表面缺沟回。雌兽具双角子宫或对分子宫，盘状胎盘，乳头3～6对。雄兽无阴囊，睾丸留于会阴部，具阴茎骨。大多为夜行性。生活方式多样，有地面生活、穴居或半水栖者。除澳洲和南美洲外，广泛分布于全球。全世界有6科60属365种，我国有3科26属92种。

1. 中国鼩猬（*Neotetracus sinensis*）

　　（1）鉴别特征。外貌颇似毛猬而体形明显较大，皮质差。成体体重约40g，体长100～130mm。头骨吻部微短，颧弓较细弱，缺少1对前臼齿。成年体背色调为暗橄榄绿并多杂黑褐色长毛；腹毛茶黄或乌黄色。足外侧白色，其背中部较深暗。尾细长，一般超过头体长之半；尾上黑下白；前、后足均具5趾，且前足印略显短宽，而后足印明显较细长（附图147）。

　　（2）地理分布。本种系横断山及其邻近地区的特有类群。国内主要见于四川、云南西部、西南部和东南部；国外仅见于缅甸、越南、老挝及泰国等地的北部。

　　（3）生态习性。属典型的亚热带、温带兽种。栖于海拔800～2500m的阴湿常绿阔叶林中。穴居于大树根下、茂密竹丛和蕨类及腐叶或苔藓覆盖地，营夜间独行。主食昆虫，兼食果类。

2. 东北刺猬（*Erinaceus amurensis*）

（1）鉴别特征。体形矮小肥壮，成体体重约500g，体长250mm左右，是刺猬类群中体形较大且耳较短的种类。头宽、吻小。眼、耳均较小。体背、体侧具相对短小密布并呈土棕色的棘刺（短于30mm），自尖端至基部分为黑、淡棕、黑棕和白色4段，其白色段约占刺长的2/3；头前部、体腹无刺而被细密乳黄或灰白刚毛、四肢短小、尾短而外观难见。头部、体侧、四肢及尾的色彩变化较大，通常可呈现污白、棕白或棕色。趾印相对较长，一般前足印显著大于其后足印。因足爪细长而弯利，爪印常包含在其足印中，但甚小（附图148）。

（2）地理分布。国内广布于北方大部分地域、长江流域及广东等地。国外包括亚洲中部、北部各国及欧洲大部分地区。

（3）生态习性。广栖森林、原野等多种环境，常筑巢于树根、倒木；黄昏和夜间独行或成双活动，性温顺，遇敌善蜷曲成刺球护身。主食虫类，兼食少量其他小动物和植物。

3. 毛猬（*Hylomys suillus*）

（1）鉴别特征。体形似鼠类，被毛正常，但其尾极短，仅约为后足之长，皮质较差。眼、耳相对发达。成体体重一般在30g左右，体长110～140mm。头骨狭小，犬齿较小。背面通常为橄榄褐色。腹面除颏、喉部毛尖略染黄色外，其余被毛均为灰白色。前足四趾，后足五趾，趾腹面呈栉棱状。足印略显短宽，爪印明显（附图149）。

（2）地理分布。系典型热带种类。国内见于云南西部、南部及东南部一带的边境地区，国外分布于缅甸、泰国、马来半岛、苏门答腊岛和爪哇岛等地。

（3）生态习性。本种为森林益兽。栖于海拔600～1100m阴湿热带雨林或次生灌丛。白天隐匿于湿度较大的树脚洞穴、林下茂密灌丛土洞或河岸乱石缝中，常于黄昏单独活动，行动敏捷。主食昆虫，兼食少量野果等。

4. 长吻鼩鼹（*Uropsilus gracilis*）

（1）鉴别特征。貌似鼩鼱，吻特延长，具由软骨构成的管状长吻。保留着古老的鼹类特点，但无典型的地下生活特征，如外耳较发达，前足正常不翻转成宽阔的铲状，以及尾较长（明显短于头体长）等。体形中等，体重7～8g，体长64～75mm，尾长50～70mm，体背毛暗褐色，体腹毛色青黑。眼退化。脑颅宽平。颧弓完全。前足5趾，后足4趾，具尖而弯的长爪，但不甚强壮。足印形态是前部宽、后部显著窄细（附图150）。

（2）地理分布。主要分布于中国西南地区。国内分布于四川，云南西部、西南和西北部的怒江与独龙江分水岭。国外见于缅甸北部。

（3）生态习性。栖于海拔1800～3300m的炎热、温暖和阴湿的常绿阔叶林、针阔混交林及亚高山杜鹃箭竹林带。独行性。主食昆虫、苔藓等。

5. 臭鼩（*Suncus murinus*）

（1）鉴别特征。体大而肥，吻尖长，两侧具长稀触须。耳大而圆，耳壳呈淡茶褐色。腰侧各具一臭腺。成体体重在40g左右，体长为100～145mm，尾长约达体长之半或稍稍超过（65～85mm）。尾基部相对甚粗，而尾尖段明显变细。尾表面除具短细毛外，尚散布有稀疏长毛，其端毛略呈丛状。体背和体侧被毛细短而褐灰；胸腹毛染烟灰色；足背淡茶褐色。头骨粗壮，但无颧弓。具人字嵴和矢状嵴。前后足均具5趾，各趾略较短粗。全足印相对短宽，且前足印显著较后足印短小。足爪短而尖，足印中较难呈现或不全（附图151）。

（2）地理分布。属典型的热带、亚热带兽种。国内见于华东、华南、台湾、海南和云南等地；国外广泛分布于非洲和东南亚及其邻近诸岛，南至印度尼西亚及菲律宾。

（3）生态习性。主要栖息于湿度相对较大的田野、平坝、丘陵、灌木丛、沼泽区，有时会进入家户房舍。晨昏活动，多独居，但幼仔有逐个依次咬住母体和自己前面个体的尾、臀行进的习性，主食昆虫，兼食植物种子和野果等。

6. 蹼足鼩（*Nectogale elegans*）

（1）鉴别特征。体形粗壮，貌似喜马拉雅水鼩。体被毛细密柔软，呈天鹅绒并具油亮光泽且有防水性能。眼小，无耳壳。足趾间具蹼，故名蹼足，边缘有短齐白色梳状毛。体背褐灰且杂有许多带白尖的发状长毛，臀部的这种发状毛更长；体腹灰白。尾具棱嵴为梳状白毛。脑颅特别宽圆。矢状嵴呈一直线形脊线并延伸至鼻端。前、后足均具5趾，各趾略较短尖，趾尖间隔较宽、全足印相对宽长，且后足印的宽长大小均为前足印的2倍左右。前足爪尖细，后足爪略短钝（附图152）。

（2）地理分布。国内主产于云南、四川、西藏、陕西和甘肃；国外见于缅甸、锡金和不丹等地。

（3）生态习性。属典型的寒温带食虫小兽。主栖海拔1500～3000m高山峡谷地带的湍急山溪及河流中，营两栖生活，善游泳。主食水生昆虫、小鱼和蝌蚪及水沟边的草本植物茎与果实等。

7. 喜马拉雅水鼩（*Chimarrogale himalayica*）

（1）鉴别特征。体呈流线型，成体体重约20g，体长95～130mm，尾长80～90mm（显著超过体长之半），吻尖长，覆毛短密，具较多而长度适中的口须，体被毛绒密具光泽而外缘有白色刚毛构成的毛栉，体形结构适于水栖生活。体背褐灰而杂有少量长白毛，尤以臀部居多，体腹茶褐色。尾背多呈褐色，腹多为白色长毛的毛栉。脑颅宽扁，前、后足均具5趾，各趾略较短粗。全足印相对细长，且后足印的长度约为其前足印的2倍。足爪尖细，足印中常不呈现（附图153）。

（2）地理分布。国内产于云南、四川、西藏、贵州和华南.国外见于缅甸、越南、印度、老挝和克什米尔等地。

（3）生态习性。主栖山溪及河流沿岸，营水陆两栖生活，行动较为敏捷，且善游泳。主食水生昆虫、小鱼和蝌蚪。

8. 黑齿鼩鼱（*Blarinella quadraticauda*）

（1）鉴别特征。本种系小型麝鼩，体貌肥壮，体重5～8g，体长75～90mm，尾长约为体长之半（31～35mm），多被稀疏短毛。外耳壳退化成地下生活型。头骨相对较细弱，具5个单尖齿，第四、五单尖齿甚小。背腹毛色差异不甚显著，体背棕灰，体腹暗灰带棕黄色调。耳壳退化呈地下生活型。尾多呈两色，上暗、下淡。四足淡棕色。前、后足印均较短小，前足及爪相对较发达，其足印也有相应的呈现。趾较粗长，趾印较明显，其印的大小几乎占整个足印的1/2（附图154）。

（2）地理分布。本种属寒温带动物。国内见于四川、云南、西藏东南部、陕西和甘肃等地。国外主产于缅甸北部。

（3）生态习性。系横断山区特产的古老原始小型兽类。主要栖于海拔1000～2500m的亚高山峡谷灌丛地带；主食昆虫和其他动物性食物。

第二节　翼手目

翼手目是一群古老而特化的种类，是由古食虫类演化而成的一支能飞翔的兽类。前肢特化为翼，故有翼手类之称。第一指很短，不包围在翼膜内，具有钩爪。第二至第五指很长，尤以第三指特别长，至少相当于体长。各指之间有翼膜，前自肩部，沿体侧与后肢相连。后肢短，而发生扭转，使膝关节向后，足掌朝前，具5趾和钩状的爪，适应于悬挂身体。跟部还有软骨质或骨质的距，后肢间有股间膜。大多数种类具长尾，完全或部分地被包于股间膜。眼小，耳大，有耳屏或无。鼻端具鼻叶。毛柔软。骨骼的愈合程度高，坚固而轻。咽颅较短。前颌骨小，且骨化不完全。眶后显著收缩，眼眶与颞窝相连，听泡特别发达。门齿退化，犬齿长而大，具基峰，为典型的肉食型。前臼齿在前的两枚为圆锥形单尖齿，最后的一枚显著增大。臼齿具两齿根，三角形或四方形。瘤切型齿尖，具W形外峰。肩带发达，胸骨具龙骨突起，锁骨发达。雄性具阴茎骨。夜行性。

根据形态特征和食性可分为大蝙蝠亚目和小蝙蝠亚目。前者体形较大，多以花果为食，其种数约占18%；后者体形较小，主要以昆虫为食，约占82%。体形差别较大，最大的狐蝠，体重约有1kg，两翼展开的长度近1500mm；而最小的蝙蝠体重仅5g左右，两翼展开后的长度也不超出150mm。分布广，除两极和某些大洋岛屿外，遍布东西两半球，而以热带、亚热带种类和数量居多。从种数来看，仅次于啮齿类，全世界有2亚目18科202属1116种。我国种数也较多，占全世界种数的10%，有8科36属140种。

1. 棕果蝠（*Rousettus leschenaultii*）

（1）鉴别特征。体形较大，前臂长79.5～85.3mm。整个躯体显得粗壮，被毛浓密适中，翼膜短宽。第一指短，爪明显。头大而明显延长，似猎犬状。耳略长，眼大。嘴须短而细弱。二鼻孔之间下陷，鼻子微呈管状。后足趾爪弯而侧扁。体色褐色，腹色略淡，翼膜茶褐色（附图155）。

（2）地理分布。国内分布于福建、广东、海南、广西、云南和贵州。国外分布于孟加拉国、不丹、柬埔寨、印度、印度尼西亚、老挝、马来西亚、缅甸、尼泊尔、巴基斯坦、斯里兰卡、泰国、越南。

（3）生态习性。树栖，主要栖息于气候闷热、潮湿的热带季雨林，食果。

2. 犬蝠（*Cynopterus sphinx*）

（1）鉴别特征。个体较小，前臂长68～72mm，颅全长31～34mm。翼膜宽，连至后足第一趾骨。第一趾短，趾爪明显。股间膜狭窄。距细弱。尾极短而不明显。躯体被毛柔软而疏松。翼膜裸露。耳略大，耳壳薄，下部微呈管状。体色铅褐色，耳缘具白边。指爪深褐色，爪尖透明状（附图156）。

（2）地理分布。国内分布于云南、广西、海南、广东、香港和福建等地。国外见于印度、缅甸以及苏门答腊和爪哇等地。

（3）生态习性。本种为典型的东洋界种。分布海拔较低。栖息于热带雨林中，树栖。食果类，与果蝠相似。

3. 马铁菊头蝠（*Rhinolophus ferrumequinum*）

（1）鉴别特征。体形较大，前臂长约60mm。鞍状叶两侧缘内凹如提琴状，第三、四、五掌骨长度依次增大，第三指的第二指节之长为第一指的1.5倍。头具复杂鼻叶，马蹄叶很宽，其叶小而不显，鞍状叶很小，两侧内凹呈提琴状，连接叶低而圆，顶叶的顶端尖而狭长。下唇留存一中央颏沟。背毛亮灰或浅褐棕色。翼膜宽，伸展到踝。第三、四、五掌骨长度依次递增，差距大。颅骨狭长，中央的一对鼻隆高，近圆形。颚桥较长，接近上齿列长的1/3（附图57）。

（2）地理分布。分布于东北、华北、华中、华南和西南各省。

（3）生态习性。集群生活，栖息于山洞、朽木洞或矿山坑道，食金龟子、螟虫和蚊类等昆虫。

4. 中菊头蝠（*Rhinolophus affinis*）

（1）鉴别特征。体中型，从侧面观鼻叶的连接突外端钝圆，从前面观鞍状构造两侧中部边缘微凹呈琵琶状，股间膜后端近方形，雄性成体肩部具1对无毛的裸区。前臂长51～56mm。体毛较长而松，毛端茶褐色，基部较淡呈沙黄色，幼体灰褐色（附图158）。

（2）地理分布。国内见于陕西、四川、云南、江苏、安徽、浙江、江西、湖南、福建、广东、广西和海南等地，国外分布于印度北部至中国南部到尼泊尔、不丹、缅甸、印尼和加里曼丹等地。

（3）生态习性。栖居于热带及温带的岩石洞内，喜群居，群体较小。食虫。

5. 单角菊头蝠（*Rhinolophus monoceros*）

（1）鉴别特征。体形小，前臂长约39mm，连接突外端呈尖角状。通体被毛。耳较大。鼻叶椭圆形，上尖下宽。尾几乎无游离端，趾爪小而侧扁。体毛茶褐色（附图159）。

（2）地理分布。国内分布于西藏、福建、海南和四川一带。国外分布于日本、中南半岛和印度北部。

（3）生态习性。本种常见于低海拔的热带雨林中，洞栖，夜行，食虫。

6. 大蹄蝠（*Hipposideros armiger*）

（1）鉴别特征。体特大，前臂长80mm以上。前鼻叶无中央缺刻，两侧各具四片小附叶；头骨鼻额区向前向后逐渐升高，呈斜坡状，与矢状崤前端呈一直线。体毛长而密，体色变化很大，好似两个色型。头部具复杂的鼻叶，有额腺囊，位于后鼻叶基后部中央。额腺囊口有成束毛状黑毛伸出，鼻叶和皮叶均为黑褐色，耳大而长，呈三角形，后缘内凹，无耳屏。体背毛深棕褐色。胸部以下较暗，腹部毛为浅棕褐色。翼膜黑褐色。头骨矢状崤发达，无额凹，鼻额区呈斜坡形（附图160）。

（2）地理分布。国内分布于华南、西南各省。

（3）生态习性。多栖于400～1500m的溶洞或岩洞，亦见于废弃的隧道或坑道。冬季集大群，夏初繁殖。

7. 中华鼠耳蝠（*Myotis chinensis*）

（1）鉴别特征。体大型，前臂长达65mm，为鼠耳蝠中个体最大的种类；耳长而尖，前折达鼻端，耳屏细尖，达耳长之半。头吻尖长，口须发达，头顶无鼻叶而有窄尖的耳及耳屏，面部毛深褐色，背毛基部深褐色，毛尖棕褐色，胸、腹部毛基黑灰色，毛尖棕灰色，上臂腹面具稀疏的毛；第三掌指基部及腕关节的腹面具一凸出的膜套，距细长，爪粗壮而弯曲；头骨吻鼻部微微上翘，颅骨顶部近圆形，矢状嵴发达后与人字嵴相遇（附图161）。

（2）地理分布。国内分布于华中、华南和西南地区。

（3）生态习性。栖于1000m左右的崖洞内。以昆虫为食，体外常见寄生有多种蜱和螨类。

8. 长耳蝠（*Plecotus austriacus*）

（1）鉴别特征。体形较小，前臂长约40mm。耳壳发达，超过头长，外耳孔前方具长三角形的耳屏，第五指超过前臂长，尾长约超过体长，浅黄褐色或灰褐色（附图162）。

（2）地理分布。本种系古北界种类，国内分布于西藏、新疆、青海和四川等地；国外见于亚洲、欧洲和非洲北部等地。

（3）生态习性。生活于海拔较高的次生乔木及灌丛的上空。

9. 宽耳犬吻蝠（*Tadarida insignis*）

（1）鉴别特征。体形较大，前臂长61～65mm，颅全长247～257mm，吻突出，两耳宽大，似犬吻，上唇具纵行褶皱；尾伸出于股间膜，基长度略大于尾长之半。吻部突出，两耳宽大，耳壳背缘与额部相连的两耳壳之间虽相距很近，但未相连；眼的背腹两侧各具一小叶片；体不甚长，背毛为深褐色，腹毛色较浅，毛基毛尖色一致；翼膜狭长，浅褐色；第一趾垫明显，第五指的掌、指骨都长，仅与第三、四指掌骨的长度相等；趾缘具硬毛，距较长；尾伸出股间膜后缘，其长大于尾长之半；头骨吻部较长，人字嵴明显（附图163）。

（2）地理分布。国内分布于福建、广西、安徽、河北和云南。

（3）生态习性。喜栖于崖洞或悬崖的缝隙中，食昆虫。

第三节　鳞甲目

体被鳞甲，头尖细似锥状。舌细长能伸长舔食，四肢粗短，爪强壮犀利，尤以前足中爪特别强大，以便掘土打洞。尾长而扁阔，上下被鳞，末端尖。头骨圆锥形，鼻骨和上枕骨大。无颧骨。下颌齿骨退化，无隅突和冠状突。从胎儿到成体均无齿。其鳞为角质。主食白蚁和各种蚁类。听、视觉差，而嗅觉甚灵敏。栖息于南非及东南亚热带、亚热带森林、灌丛、开阔地带或大草原。陆栖或树栖。全世界共有2属7种，我国仅1属2种。

穿山甲（*Manis pentadactyla*）

（1）鉴别特征。体修长而矮，略呈圆筒状。头骨结构简单，无齿。舌细长。体重多3～8kg，体长500mm左右，尾长250～400mm，自额至背部、体侧、四肢外侧及尾（除腹尖中央）均被覆瓦状鳞片（鳞甲），大多显灰色褐色，少数为光亮黄褐色，即通称的"铁甲"（前者）和"铜甲"（后者）。体腹自下颌过胸腹至肛区和四肢内中侧无鳞而被毛。四肢短健，尾特宽扁，由尾基至尖端逐渐变窄。前、后足印均具五趾；前足具挖掘强爪，尤以中间3个爪特长，略侧扁而横向内曲，行走时前爪背着地；后足爪明显较小而短弱（附图164）。

（2）地理分布。穿山甲是亚洲的广布性种类。国内见于华中、西南、华南和华东各地区。国外主要分布于越南、老挝、泰国、缅甸、孟加拉国、不丹、尼泊尔和印度等地。

（3）生态习性。主要栖于热带、亚热带及温带海拔2500m以下的丘陵山地和半山坡稀树灌丛区的蚂蚁较丰富地带。善掘洞，能渡江河及爬树。穴居，夜行，独栖。食蚂蚁等虫类，能蜷缩成团以鳞甲防敌。

第四节　灵长目

本目包括猿猴类和人类，它们是由食虫类适应树栖生活演化最成功的一个类群。体形有大有小。颜面大都裸露，眼大，向前。四肢发达，前臂转动自如。大多四肢具5指（趾），大指能与其他指对握。掌跖面裸露。指端多具扁甲。尾长短不一，低等者长，最长可达体长的3倍多，高等者很短，甚或不明显。乳房1对，多为胸位，少数低等者有两对。锁骨很发达。桡骨与尺骨，胫骨与腓骨不愈合，低等者头骨的咽颅伸长，高等者缩短。低等者眼窝与颞窝分开，具矢状嵴，高等者由眶环将其分开，矢状嵴退化，具颞嵴。脑颅圆大，枕髁由后转向下方，下颌齿骨愈合为一块下颌骨。齿为丘形齿，少数门牙3对，大多为2对，中央门牙大于外侧门牙。犬牙除人类外均高于其他牙齿，雄性更大，呈獠牙状。前白齿由四枚演化到高等仅2枚，典型的具内外两个齿尖。臼齿有圆钝齿尖，上为四丘型，下在很多情况下有5尖。所食的食物比较软，属低冠齿。颜面肌、咬肌、臂肌发达。耳肌和皮肤肌退化。大脑和智力发达。眼大，眼间距小，前视，视觉发达。鼻很短缩，嗅区退化，嗅觉亦退化，为钝嗅类。低等者为双角子宫，高等为单子宫。性成熟后，雌性生殖腺有周期现象。杂食，盲肠不发达。栖息于热带、亚热带和温带的山林中，多为树栖，少数生活于地面。分布于亚、非、中美和南美。全世界共有2亚目15科69属376种，我国有4科9属29种。

1. 蜂猴（*Nycticebus bengalensis*）

（1）鉴别特征。体形较小，但属同类中较大者。面圆眼大，耳较短小，躯体呈圆柱状。成体体重可达1.5kg左右，体长280~350mm，尾短于30mm，一般不外露。全身被浓密而柔软的短毛。自头顶至腰背部有一条亮棕褐色嵴纹，其前后两段显著窄于中段。背毛红褐，腹毛灰白。四肢粗短，行动异常缓慢，故又名懒猴。除后足第二趾具强爪外，其余各趾（指）均为扁平指甲，且前第二指甚弱而短。蜂猴为树栖，一般很难发现足印。当留下时，前后足均具五趾印，且前足印显著小于后足印，均无爪印，第二趾印特短小；后足印第二趾印带爪印。粪便呈两种类型：一种似微型算盘株套接，另一种近小圆粒堆集（附图165）。

（2）地理分布。云南西部、南部和中部，广西西南部。国外见于印度阿萨姆、孟加拉国、缅甸、泰国、老挝、越南。

（3）生态习性。蜂猴系我国唯一的一类夜行性灵长类动物。栖息于海拔1800m以下的热带雨林、亚热带常绿阔叶林区。懒惰、独栖。白天酣睡，夜晚活动。主食虫、果、鸟卵等。

2. 倭蜂猴（*Nycticebus pygmaeus*）

（1）鉴别特征。外形和毛色与蜂猴相似，但体小。头、颈和肩的色调与体背一致，主要为棕橙色或棕黄色而非灰白色；鼻后至额有1条白色条纹，眼周有宽形浅棕或深褐色眼环，额顶至肩背中央常有淡棕褐色嵴纹，少数缺失。耳壳、手、足皮肤黑色，腹毛灰白色（附图166）。

（2）地理分布。云南南部（河口、金平、绿春、屏边、蒙自、马关、麻栗坡、文山），广西西南部（龙州）。国外分布于柬埔寨、老挝、越南。

（3）生态习性。对热带的依赖性更强。栖海拔数十至数百米的典型热带性沟谷雨林。懒惰、夜行、独栖，主食虫、果等。

3. 短尾猴（ *Macaca arctoides* ）

（1）鉴别特征。壮年时颜面呈红色或黑红色，故又名红面猴。幼猴发育到性成熟时面部变红，老年猴则红色褪变成紫色或青黑色。该种的尾非常短并向一侧弯折，通常光秃或仅被稀疏短毛，全长约50mm，外观很难发现。通体毛色大部呈棕褐或黑褐色，但随年龄的不同变异较大，年龄越大毛色越显深暗。眉弓、额嵴、矢状嵴和枕嵴相较更发达。体形粗壮，体重13～20kg。头顶毛长，且由正中向两侧分开。四肢几乎等长。阴茎细长，缺膨大的龟头，一般呈棒状。足印与猕猴的相似而较宽长。成形粪便呈相对粗短的节筒状，其尾端具明显弯锥（附图167）。

（2）地理分布。为典型的热带、亚热带猴种。国内分布于贵州、云南、湖南、福建、江西、广东、广西。国外主要分布于印度、缅甸、泰国、柬埔寨、老挝、越南、马来西亚等地。

（3）生态习性。短尾猴主要栖息在海拔1500～3000m的原始阔叶林、中山湿性苔藓林和陡峭山溪地带的浓密针阔混交林中，喜地面活动，常留结队通道。群栖，昼行。主要以多种野果、嫩叶、竹笋等植物性食物为食，并喜在溪沟中翻石寻食蟹类和昆虫等动物。

4. 熊猴（ *Macaca assamensis* ）

（1）鉴别特征。尾长约为体长的1/3或更短，尾毛丰厚而蓬松。体毛大部呈棕褐色。颌骨较宽长，腭长略为颅全长的39%左右。矢状嵴相对猕猴发达且与枕骨连接。体形粗壮，重6～18.5kg，体长多在650mm左右。具显著的性二型。头顶具由中心向四周辐射的漩。面部较长，吻部突出。四肢和四足粗壮强健。阴茎龟头顶端尖，基部膨大，背面观似箭形。足印与猕猴的相似但略较大（附图168）。

（2）地理分布。熊猴属较典型的热带、亚热带种类。国内指名亚种分布于西藏东南部、云南、贵州和广西；喜马拉雅亚种分布于西藏南部。国外分布于印度、尼泊尔、不丹、缅甸、泰国、老挝、越南。

（3）生态习性。主要栖息于气候炎热的河谷丛林、亚热带原始常绿阔叶林带；在其北缘分布区也能生活在海拔3000m左右的针阔混交林中。群栖（群体较小，一般每群10～30只不等），昼行，喜好在山溪边或凹地的高大乔木树上活动，但不如猕猴灵活，相对在地面活动较少，耐旱性较强。主食野果等植物性食物。

5. 台湾猴（ *Macaca cyclopis* ）

（1）鉴别特征。个体大小与猕猴近似。头圆，颜面较平，额裸出。尾粗而蓬松，较猕猴尾长。手、足浓黑色。颜面肉色或淡紫灰色，额中部至鼻端具褐色细毛，呈一纵暗色；面颊有浓须，似围巾状。体毛浓密，似羊毛状，亮灰褐色；四肢色特浓，近似黑色。腹面浓灰色，股间有一显著狐色斑（附图169）。

（2）地理分布。中国特有物种，仅分布于我国台湾省。

（3）生态习性。栖息于海拔3500m以下的沿海岸岩石、高山森林。群居，杂食性，主食植物嫩叶、花芽、野果等，也食昆虫、鸟卵和蛙类等。

6. 北豚尾猴（ *Macaca leonina* ）

（1）鉴别特征。体形中等大小，成体体重10 ~ 14kg，体长600mm左右。头顶平坦，具辐射排列并主向左右分开的黑褐色短顶毛。面周的颊颥毛斜向后方，耳周毛则多伸向前方，两者相连形似围带。通体淡黄褐色。背中线色彩相较深浓，略呈一条背部峪纹。尾较细长，且常呈"S"形上翘，端毛蓬松，形似帚状或猪尾。足印与猕猴的相似而较窄长。成形粪便多呈5 ~ 8cm长的粗形节筒状且折痕较少（附图170）。

（2）地理分布。国内分布于云南西南部元江以西、怒江以东的局部地带。国外主要分布于印度、孟加拉国、泰国、缅甸、老挝等地。

（3）生态习性。为典型热带猴种。主要栖于海拔1000m以下的热带雨林和亚热带季雨林带。喜群居（群体多较熊猴的大，但较猕猴小），善攀爬，营昼行。在地面活动时间相较猕猴和熊猴的多，遇敌时也多从地面逃跑，由树间窜逃实属少见。主要以多种野果、嫩叶等植物性食物为食，偶尔也会盗食农户庄稼。

7. 白颊猕猴（ *Macaca leucogenys* ）

（1）鉴别特征。体形雄壮，雌雄性二型明显，雄性明显大于雌性。背部体色呈黄褐色至巧克力褐色，被毛从上到下颜色一致；所有个体腹部和脖子上毛发浓密；幼年个体体色较黑，脸上皮肤较白，毛色为黑色，随着年龄的增长，面部皮肤逐渐变黑、脸颊部和下颌部长出浓密的白毛；在成年个体中，白毛从脸颊部一直延伸到耳朵并覆盖耳朵，形成圆脸和白颊；成年个体在口鼻部也长有白毛；背腹部毛色有明显差异（附图171）。

（2）地理分布。我国特有种，目前仅知分布于西藏的墨脱和波密，察隅可能也有分布。

（3）生态习性。不详。

8. 猕猴（ *Macaca mulatta* ）

（1）鉴别特征。尾在中国猕猴属中相对修长，约为体长1/2。额、头和体大部橙黄色。头骨相对小而弱。颌、鼻骨较短。眼眶较大，眉弓增厚和外突不甚显著。臀胝发达。体形瘦小，体重8kg左右，体长多在600mm以下。吻颌较短，头顶无漩。四肢较纤细。前、后足颇似人手，均具5指（趾），但后足印显著大于前足印。爪印有时呈现有时无。成形的粪便为圆条折堆状，末端常带针状细尾（附图172）。

（2）地理分布。国内西藏亚种分布于西藏东南部和云南西北部，川西亚种分布于青海、四川西部和云南西北部；海南亚种分布于广东和海南以及香港附近的小岛，福建亚种分布于陕西、贵州、四川东部、云南东北部、湖北、湖南、安徽、福建、江西、浙江、广东和广西，华北亚种分布于山西和河南，印支亚种分布于云南西南部。国外分布于阿富汗、巴基斯坦、印度、尼泊尔、不丹、孟加拉国、缅甸、泰国、老挝、越南。

（3）生态习性。猕猴是热带、亚热带和温带的广栖性猴种。海拔3000m以下的各种常绿阔叶林、稀树灌丛、河谷丛林、山溪多岩矮树地带均为它们喜好的栖息场所。群居、昼行，玩耍、鸣叫、嬉戏、追逐、斗殴和跳跃是其日常生活方式。主食野果，但常成群盗食林缘农作物。

9. 藏南猕猴（ *Macaca munzala* ）

（1）鉴别特征。体重15kg，总体长824mm，头体长560mm，尾长264mm。是一种体形比较大的棕色猕猴，脸颊黝黑，额顶有一小撮独特的黄色漩毛，包含一个黑色的中央螺纹。最鲜明的特点是脖子上有浅色的皮毛，额头和面部有黑斑，眼睛上方有深色条纹。脖子周围的毛发颜色浅。比较同属的其他猴子具有相对短的尾巴（附图173）。

（2）地理分布。国内分布于西藏错那县、达旺区大部分地区和西卡蒙区西部。国外分布于不丹、印度。

（3）生态习性。主要栖息在石山峭壁、溪旁沟谷和江河岸边的密林中或疏林岩山上，群居。以树叶、嫩枝、野菜等为食，也吃小鸟、鸟蛋、各种昆虫，捕食其他小动物。

10. 藏酋猴（*Macaca thibetana*）

（1）鉴别特征。尾显露不弯折但极短，一般100mm以下，明显短于其后足，呈圆锥状。体毛总体为深棕褐色。相对短尾猴更大而坚实。鼻颌部宽大，鼻骨相对较平，略呈三角形。眉弓粗厚。矢状嵴和枕嵴均较发达。外形与短尾猴极相近似，但体形更大、更粗壮，体重10～25kg，体长520～700mm。颜面部呈肉色，常具黑斑。脸周具蓬松长毛。耳较小而多隐于其周围长毛中。四肢壮实且近乎等长。雄性阴茎较短尾猴的短，龟头较膨大，阴茎骨较细而略呈"S"形。前、后足印均与猕猴的相似而较宽长。成形粪便呈一端粗一端细的节状，前端略小圆，其后明显膨大，接着逐渐缩小，至尾端呈略弯的圆锥状（附图174）。

（2）地理分布。我国特有物种，涵盖我国13个省份，包括浙江、安徽、福建、江西、湖北、湖南、广东、广西、四川、贵州、云南、甘肃和西藏等省区。

（3）生态习性。主栖海拔2500m以下的深山沟谷常绿阔叶林、针阔混交林及稀树多岩地带。群栖、昼行性，食果类。

11. 喜山长尾叶猴（*Semnopithecus schistaceus*）

（1）鉴别特征。成年雄性体长超过760mm，雌性较小，约为雄性的84%。毛被长而厚密。颊须及眉毛发达，颊须盖过耳部。头顶奶油色，与体背形成鲜明对比。脸面及耳黑色。颊须非常长，奶油色或灰白色。头额、下颌及喉部灰白色，体背、体侧和四肢外侧灰黄褐色，胸部乳黄白色，腹毛较背毛浅淡。手黑色或灰黄褐色，尾上下与体背基本同色。幼猴色暗，体背、四肢外侧和尾黑褐色，腹部及四肢内侧灰白色。雄性阴茎龟头扩大，近呈半圆形，有一环形切刻（附图175）。

（2）地理分布。国内分布于西藏的波曲河谷和吉隆藏河谷。国外分布于巴基斯坦、印度、尼泊尔、不丹。

（3）生态习性。栖息于海拔1500～2800m的温暖湿润的热带雨林、亚热带常绿阔叶林和温带针阔混交林中。常出没在河谷两旁的石崖上，在树上异常活跃，也在地面上行走。群居，每群由3～60只组成，为一夫多妻配偶制的社群结构。黄昏觅食，以树叶和野果为食，吃野果的比例占食物总量的1/2左右，有时也盗食粮食。

12. 黑叶猴（*Trachypithecus francoisi*）

（1）鉴别特征。尾甚长，约为头体长的1.5倍。头较小，正面观呈直立菱形。无颊囊。除面颊、耳上缘内侧及尾尖白或淡白色外，其余体毛均为一致的油亮黑色。脑颅扁圆，颅顶相对较平。颞嵴存在。人字嵴雄性存在而雌性不显。体修长，头顶具直立冠毛。四肢细长。臀胝小。通体被粗糙长毛。指名亚种和白头亚种的前、后足印大体相似，但前者的第一指（趾）相较粗长和掌（跖）垫的后外侧更内凹；粪便多为深黑褐粗丸状接条

（附图176）。

（2）地理分布。国内主见于广西左江以西和贵州的绥阳、正安、道真、务川、桐梓、沿河、兴文、安龙、册亨、贞丰和六盘水等地。国外见于越南、老挝等地。

（3）生态习性。嗜好有常绿阔叶林的石灰岩山地。群居，昼行。善在光裸岩石上休息和玩耍。过夜均在峭壁凹处或深的岩洞。食物包括30多种植物的叶、嫩枝、花、果及树皮等。

13. 菲氏叶猴（*Presbytis phayrei*）

（1）鉴别特征。身体和四肢显著较猕猴和仰鼻猴类瘦长，甚至比黑叶猴瘦小。尾明显长于头体长，但被毛多较体毛短而不蓬。头顶具似立体三角形、并不特别延长的冠毛。颜面染灰黑色调，眼及唇周环绕白色斑纹。除四肢末段微具黑色成分外，通体呈一致的银灰色并带丝状光泽。头骨较小、吻部短窄，鼻骨短小，眼眶圆大，眶间狭凹。脑颅圆滑，骨质较薄，无矢状嵴。前后足印均较窄长，尤其指（趾）较细长，掌（跖）后部正常无显著凹痕；粪便多呈60mm长的黑褐色棱形块拼条筒，且两端不十分缩小（附图177）。

（2）地理分布。为典型的热带、亚热带分布种。国内仅见于云南哀牢山系及其以西和以南的各较大丛林或河谷疏林地带；国外主要分布于印度、缅甸和泰国等地。

（3）生态习性。本种主要栖息于海拔1500m以下的热带雨林、季雨林和亚热带中山常绿阔叶林缘区。性喜群栖，昼行，很少在地面活动。主食热带树种和藤本的叶、果等植物性食物。

14. 戴帽叶猴（*Trachypithecus pileatus*）

（1）鉴别特征。体形明显较菲氏叶猴大。颜面部灰黑色，眼及唇周缺白色成分，头顶毛与同属它种相比显著较长，并向四周辐射伸出，形似帽子戴在头上。颊须较短。耳被毛淡白色，耳后的颈侧毛较长，并向两侧平伸。除四足和尾的后半部呈黑色外，周身为一致的青灰色。头骨形态与菲氏叶猴的相似，但相对较大。前、后足印均与菲氏叶猴的极相近似，但显著较大而长。因很少下地活动，一般较难发现它们的足印。此外，因摄取的食物湿度高和栖息地雨量多，其粪便一般很难成形（附图178）。

（2）地理分布。系典型的热带、亚热带北缘分布种、国内仅见于云南西北贡山独龙江地区和南延至腾冲中缅边境一带；国外产于缅甸、印度和不丹等地。

（3）生态习性。主要栖于海拔2500m以下的热带雨林和浓密季雨林中，喜在山溪两旁的树冠中跳跃。昼行、群居。主食各种嫩叶、芽苞和野果等。由于栖息地雨量多，湿度大，故很少见其下地饮水。

15. 白头叶猴（*Trachypithecus leucocephalus*）

（1）鉴别特征。别名花叶猴。外形酷似黑叶猴的白头叶猴是我国特有种。其头部连同冠毛及颈部和上肩均为白色，像戴一顶白色风帽，手、足背面亦杂有白色，尾的一段为白色（附图179）。

（2）地理分布。中国特有种，仅分布在广西崇左（江州、扶绥、宁明和龙州）。

（3）生态习性。生活于热带、亚热带丛林中，善于攀缘，不仅能在树上悠荡，也会攀登悬崖。常聚集成家族小群生活，有一定的活动范围和路线，并有相对固定的栖息地。一般栖息于峭壁的岩洞和石缝内。以嫩叶、芽、花、果为食。

16. 肖氏乌叶猴（*Trachypithecus shortridgei*）

（1）鉴别特征。体长1090~1600mm，肩高500~700mm，尾长700~1200mm，后足长

190~200mm，颅全长190mm，体重17~40kg。体银灰色，手和足深灰色，尾颜色更深直到尾尖。腿略微淡灰色，下腹更灰。面部皮肤亮黑色，眼睛是令人惊讶的黄橙色（附图180）。

（2）地理分布。国内分布于云南西北部高黎贡山独龙江地区。国外分布于缅甸东北部。

（3）生态习性。栖息于浓密的、低海拔600~1200m之间的常绿阔叶季雨林。为昼行性群居动物，每群10~30只不等，树栖，以各种鲜嫩树叶、枝芽、花朵、水果为食。分布于中国和缅甸。

17. 滇金丝猴（*Rhinopithecus bieti*）

（1）鉴别特征。鼻孔上仰，体形粗壮。头顶具一较尖长的黑灰色冠毛。尾长约等于头体长。颜面青灰色，微具紫色斑点。通体被毛长而厚，雄性的臀、尾和体背被毛均较雌性的长，最长可达300mm左右。两性的背部、四肢外侧及尾多呈黑灰色；喉、颈侧、前肩、胸腹及四肢内侧均为灰白色。雌性臀部纯白，雄性的黄白；长臀毛多呈排刷状。前后足印基本与猕猴的相似。干性粪便多为不规则的无针尾颗粒，也有似算盘珠状粪粒；湿性粪呈多形颗粒堆集（附图181）。

（2）地理分布。本种系中国特产。它们仅分布于西南地区澜沧江以东的云龙天池向北含兰坪、剑川、丽江三县交界区的老君山，再经维西县境至德钦县的白马雪山、甲午雪山及与西藏毗连的芒康等地。

（3）生态习性。属典型的高寒猴种。主要栖于海拔3000~4500m的高山阴暗针叶林带。营昼行性群居生活并以树栖为主，善攀爬跳跃。主食鲜嫩针叶、芽苞、松萝、苔藓、竹笋等。

18. 黔金丝猴（*Rhinopithecus brelichi*）

（1）鉴别特征。别名灰仰鼻猴。体形似金丝猴，鼻孔上仰，吻鼻部略向下凹，不像金丝猴那样肿胀。脸部灰白或浅蓝。头顶前部毛基金黄色，至后部逐渐变为灰白，毛尖黑色。耳缘白色，背部灰褐色。两肩之间有一白色块斑，毛长达160mm。上肢的肩部外侧至手背，由浅灰褐色逐渐变为黑色，下肢毛色变化与上肢相同（附图182）。

（2）地理分布。我国特有种，仅分布于贵州梵净山。黔金丝猴分布范围十分狭窄，总数仅几百只，现已建立梵净山自然保护区，对其栖息环境进行保护。

（3）生态习性。栖息于海拔1700m以上的山地阔叶林中，主要在树上活动，结群活动，有季节性分群与合群现象。以多种植物的叶、芽、花、果及树皮为食。

19. 川金丝猴（*Rhinopithecus roxellana*）

（1）鉴别特征。鼻孔上仰，颜面天蓝，成体嘴角上方具一大型瘤状突起。体形较滇金丝猴瘦长，无颊囊。头顶具黑褐色冠毛（长约40mm）。尾长显著长于头体长。通体被毛长而厚。雄性体背的黑褐绒毛长达50mm，金丝状长毛在300mm以上（稀疏分布至肘关节和尾部）。颊、额及顶侧棕红。耳毛乳黄。有长约30mm的稀疏黑眉毛。颏、喉红黄。胸腹、臀部和大腿上部黄白色。四肢外侧灰褐。尾部底毛黑褐，尾尖白色；雌性较雄性毛短色淡。颊部、颈侧、颏、喉呈黄棕色。体背底绒和尾毛多褐灰。足印与滇金丝猴的前、后足态基本相似。饲养下其粪便多为黑褐色不规则块片套接的粗形无针尾圆条；野外的多为算盘珠状粪粒（附图183）。

（2）地理分布。本种系中国特有种。仅分布于四川西北部岷山和邛崃山系的部分地区，以及陕西、甘肃南部和湖北西部的神农架地区。

（3）生态习性。为典型的温带猴种。主栖海拔1500~3500m的中山常绿阔叶林、针阔混交林和亚高山针叶林带。昼行，群居，社群达100~500只。树栖为主，很少下地。善攀爬跳跃。主食植物，但食物种类较杂。

20. 怒江金丝猴（*Rhinopithecus strykeri*）

（1）鉴别特征。怒江金丝猴全身覆盖着茂密的黑毛，头顶有一撮细长而向前卷曲的黑色顶毛，耳部和颊部有小面积的白毛。体重20~30kg，体长555mm，尾长780mm，头尾总长约1200mm，尾长约为体长的1.4倍。具突出白色的耳羽，大部分的脸颊赤裸，皮肤淡粉色，上唇有白色的"小胡子"，下巴也有鲜明的白色胡须。四肢大多是黑色，上臂和大腿的内侧面是黑褐色，会阴部为白色且容易分辨（附图184）。

（2）地理分布。国内仅分布于云南西部高黎贡山（泸水县的片马、鲁掌、大兴地和秤杆地区）。国外分布于缅甸东部。

（3）生态习性。栖息于海拔1700~3100m原始中山湿性常绿阔叶林和温凉性针叶林，结群活动，有季节性分群与合群现象。以多种植物的叶、芽、花、果及树皮为食。

21. 西白眉长臂猿（*Hoolock hoolock*）

（1）鉴别特征。前肢显著比后肢长。具白色眉纹，但存在左右断开或相连的亚种区分特征。头顶无直立冠毛而毛向后伸。雌雄异色。体貌相较修长，成年体长445~578mm。肩背毛长250~1000mm。雄性大部体毛暗褐，其前胸和上腹黑棕，阴囊毛尖随亚种不同有白色黑色之分；雌性面部较宽阔，体毛大部灰白，其胸腹和头侧毛色较深暗，多呈暗棕色调。头骨脑颅较窄，犬齿相对短小。前、后足印与其他猿类相似，略显较小。同样因不下地而野外无足印。粪便也有两种类型，为15~30mm长的大丸粒，另一种呈长60mm长的粗圆条（附图185）。

（2）地理分布。国内分布于西藏东南部。国外主要见于印度、孟加拉国、缅甸。

（3）生态习性。本种也是海拔分布相对较高的猿类。主栖海拔2500m以下的中山湿性苔藓林和大中型次生常绿阔叶林，也见于1000m以下的热带雨林或季雨林区。群居（社群较小），昼行，树栖，善晨鸣，主食果、叶等。

22. 高黎贡白眉长臂猿（*Hoolock tianxing*）

（1）鉴别特征。雌雄异形，成年雄性褐黑色或暗褐色，有两条明显分开的白色眼眉，头顶的毛较长而披向后方，故头顶扁平，无直立向上的簇状冠毛，与冠长臂猿属相区别。胡须和阴毛浅黄色。成年雌性四肢颜色比身体其他部位颜色偏淡，体毛为灰褐色，胸部和颈部的颜色较深。眼眉更为浅淡，浅褐色或浅黄灰色，颊部和腹部暗褐色。颜面宽阔而被以灰白短稀毛，面周更趋浅淡，白色。雌性眉毛白色，接近淡黑色，脸部边缘处变窄，眼下有一条纹，并穿过鼻梁，使面部看上去像一个头骨形。有喉囊，可增大领地鸣声的强度。皮毛浓密、绒毛状（附图186）。

（2）地理分布。国内分布于云南隆阳、腾冲和盈江（怒江以西）。国外主要见于缅甸东北部的伊洛瓦底江—恩梅开江（Irrawady River–Nmai Hka River）以东地区。

（3）生态习性。栖息于中山湿性常绿阔叶林、季风常绿阔叶林、山地雨林。其栖息地海拔跨度很大，从海拔500m左右至海拔2000m都有分布。完全树栖，几乎常年生活在树上，在大的树枝上蜷缩睡觉。不筑巢，觅食、睡觉、休息都在树上进行，很少下地活动，偶尔也到地上行走，以多种野果、鲜枝嫩叶、花芽等为主要食物，亦食昆虫和小型鸟类。

23. 白掌长臂猿（*Hylobates lar*）

（1）鉴别特征。雄性体重5.0～7.6kg，头体长435～585mm；雌性体重4.4～6.8kg，头体长420～580mm。全身体毛密而长，较为蓬松，均呈褐黄色，不同亚种之间色泽有所变化。颜面部为棕黑色，但是手、脚的毛色很淡，远望时近似白色，所以也叫白手长臂猿，此外自眉的边缘经面颊到下颌有一圈白毛形成的圆环，把脸部勾勒得十分醒目。腿短，手掌比脚掌长，手指关节长；身体纤细，肩宽而臀部窄；有较长的犬齿。臀部有胼胝，无尾和颊囊。喉部有音囊，善鸣叫（附图187）。

（2）地理分布。国内分布于云南沧源、西盟和孟连。国外主要见于缅甸、泰国、马来西亚、印度尼西亚。

（3）生态习性。主要栖息于南亚热带季风常绿阔叶林，海拔一般在1000～2000m。常以各种热带浆果、核果和多种嫩树叶、芽、花等为食。听觉和嗅觉灵敏，性胆怯，怕冷。四季均可繁殖，年产1胎，怀孕期为7～8个月，每胎产1仔。

24. 西黑冠长臂猿（*Nomascus concolor*）

（1）鉴别特征。前肢明显较后肢长，外观无尾。体形大小居现生长臂猿的中上位置，成体体重达7～10kg。雄性通体黑色，具直立顶冠毛。雌性大部体毛浅金黄色，但胸腹部、顶冠斑和手足部呈黑色。头骨吻颌短宽，额骨较高凸，鼻骨狭高，上犬齿较粗钝且齿沟较长而深凹；阴茎骨较粗短，其前端较细且直而不弯。前足印略大于后足，手指显著长于足趾，而手足的第一指（趾）均3个长节，前足第五指显较后足第五趾粗大；手掌明显短于足跖。因不下地，故野外无足印（附图188）。

（2）地理分布。国内指名亚种分布于云南南部黄连山（绿春）、大围山（屏边、河口）、西隆山（金平）、阿姆山（红河、元阳），中部哀牢山（新平、双柏、楚雄、南华、景东、镇沅）；景东亚种分布于云南中部无量山区（南涧、景东、镇沅、景谷、宁洱）；滇西亚种分布于云南西部（沧源、耿马、双江、永德、镇康、隆阳、云龙）。国外主要见于越南、老挝。

（3）生态习性。西黑冠长臂猿是海拔分布最高的猿种。主要栖息于海拔2800m以下的热带季雨林、亚热带原始常绿阔叶林带和中山湿性苔藓林中。群居（社群相对较大），昼行，树栖，善晨鸣，主食热带、亚热带树种和藤本的果、叶等。

25. 东黑冠长臂猿（*Nomascus nasutus*）

（1）鉴别特征。中型猿类，体矫健，体重7～10kg，体长450～640mm，前肢明显长于后肢，无尾。毛被短而厚密。雄猿通体黑色，头顶有短而直立的冠状簇毛，形似黑冠。雌性体背灰黄，棕黄或橙黄色，头顶有棱形或多角形黑褐色冠斑。胸腹部浅灰黄色，常染有黑褐色。雌雄均无尾，也无颊囊（附图189）。

（2）地理分布。国内仅见于广西西南部（靖西市）。国外主要分布在越南东北部。

（3）生态习性。主要栖息于热带雨林和南亚热带山地湿性季风常绿阔叶林，其栖息地海拔100～2500m，是已知长臂猿中分布海拔最高的一个种，生活在"一夫一妻"制的家庭群中，由1头雄兽、1头雌兽和1～3头幼兽组成。领地由它们的叫声来标志。可以在树上使用灵活的长臂跳跃攀爬。主要吃果子，偶尔也吃一些树叶和小动物。

26. 海南长臂猿（*Nomascus hainanus*）

（1）鉴别特征。体重7～10kg，体长400～500mm。两性之间的毛色相差很大。雄性完全是黑色的，顶多在嘴角边有几根白毛。头上有一簇毛。雌性的毛色从黄灰色到淡棕色，在头的顶部和腹部有一黑斑，此外手指和四肢可能部分是黑棕色的（附图190）。

（2）地理分布。中国特有种，仅分布于海南岛。

（3）生态习性。栖息在海南岛霸王岭国家级自然保护区的热带雨林中，以多种热带野果、嫩叶、花苞为主要食物，偶尔也会吃昆虫、鸟蛋等动物性食物。海南长臂猿极少下地饮水，主要靠饮叶片的露水，也会用手从树洞里掏水来喝。

27. 北白颊长臂猴（*Nomascus leucogenys*）

（1）鉴别特征。北白颊长臂猴无论其雌、雄的总体外貌形态都与西黑冠长臂猿相似。但体形相对较小，成年体重6～8kg，且雄性通体呈灰黑色而非纯黑，其面颊呈白色或黄色；成年雌性体毛大部黄灰，其头冠和胸腹杂染的黑毛相对较少而浅淡，头骨吻颌短宽，但额骨较低，鼻骨宽平，上犬齿较尖细锐利且齿沟模糊不清或完全缺失。阴茎骨较细长，呈条状，其前略弯曲并常分为两叶。北白颊长臂猴与西黑冠长臂猿的前、后足印形态相似，略显较小，也因不下地而野外无足印。粪便一般有两种形态，一种为10～15mm长的小丸粒，另一种呈60mm长的小圆条（附图191）。

（2）地理分布。本种为典型的热带猿类。国内仅见于云南南部西双版纳的勐腊、思茅地区的江城和云南东南部的绿春边境区。国外主要分布在越南和老挝北部等地。

（3）生态习性。北白颊长臂猴相对黑冠长臂猿其海拔分布低，生活在海拔1000m以下的热带原始阔叶林带，群居（社群相对较小），昼行，树栖，善晨鸣。主食热带树种和藤本的果、叶等。

第五节 食肉目

肉食性兽类，形态差异大，小者仅35～50g，大可达800kg。虽体形大小不同，但体格都匀称，强健有力，行动敏捷，适于掠食性的生活方式。指（趾）端具尖锐而弯曲的爪以撕捕食物。门齿3/3，细小而尖，犬齿特别强大，上颌最后一枚前臼齿和下颌第一臼齿特别发达，特化为裂齿。臼齿的齿尖锋利为切割型。大脑发达。胃简单，肠短，盲肠小或无。雌兽为双角子宫或对分子宫，环状胎盘。雄性具阴茎骨。多具肛门腺或尾腺，用以标志。脑及感官发达，毛厚密而且具色泽，为重要的毛皮兽。广泛分布于各大陆及岛屿。全世界有15科126属286种，我国有10科42属63种。

1. 狼（*Canis lupus*）

（1）鉴别特征。体形似犬，但吻较尖长，鼻垫光裸，耳直毛短，近乎三角形。体形较大，成年体重近30kg，体长大于1000m，头骨长于200mm，上裂齿长约26mm。鼻骨后中央凹陷。顶区较平，矢状嵴均较发达。枕部小而窄。头部及体背包括四肢外侧毛色多为棕黄、沙黄或黄褐，常杂有黑褐色调。体腹及四肢内侧呈浅棕或棕灰白色。尾下垂从不上翘，具蓬松长毛。尾背色与体背相似，尾腹多呈棕黄色，端毛染黑色。四肢长而强健。前足5趾，第一趾甚小（足印不显）；后足4趾，无踵垫。前后趾垫印明显而近等大。爪印与趾印相距较近。间趾垫前缘处左右外趾垫的中前位。具多种运动方式和步态。均多态，均多走直线。粪便呈索状长条（附图192）。

（2）地理分布。国内广泛分布；国外遍布欧、亚大陆和北美洲。

（3）生态习性。狼的生态适应性极强而广泛，可栖于海拔5400m以下的多样生境和气候带。营集群或独居生活，多晨昏活动。肉食动物，有时也吃植物或偶尔伤人。

2. 豺（*Cuon alpinus*）

（1）鉴别特征。外貌颇似家犬。大小多居狼和狐之间，成年体重18kg左右，体长900～1300mm，颅全长180～195mm，头部较宽，吻颌较短。耳较宽大，尖端圆钝。头骨吻鼻部短宽，耳部突出。尾长不及体长之半。四肢短粗。通体被毛较短而薄。全身毛色红棕、灰棕或锈赤褐，杂黑色毛尖，背中线黑褐色较深。体腹浅灰棕或灰白。尾针毛尖端黑褐，尾尖部几乎呈黑色。豺的毛色具有地区差异。4个趾印几乎等大，前窄后宽；两中趾印尖部略外斜，后部间距小；间趾垫印较小，其前缘窄凸，后中部显著外凸。粪便索状不明显，少针尾（附图193）。

（2）地理分布。豺广布于亚洲大陆。国内除台湾、海南以外的绝大部分地区均有分布。国外包括北起阿尔泰、西伯利亚，向南遍及除日本、加里曼丹岛和斯里兰卡等地外的整个亚洲大陆国家。

（3）生态习性。豺是适应能力最强的种类，从热带到寒带，自低海拔至高山各种环境都可见其踪迹，但更喜山地、丘陵有林区。喜群居，善围猎，能袭击中型兽类，甚至有时会伤害家水牛。夜间常嗥叫，主食肉类。

3. 赤狐（*Vulpes vulpes*）

（1）鉴别特征。外貌颇似家狗而矮小，通体被毛长而密柔，故中国民间多称其为毛狗。成年体重6kg左右；体长600～910mm；头骨长130～165mm。面部宽阔，吻颌窄尖。头骨低扁，吻鼻部狭长。体背大部毛色呈红褐、黄褐、红棕或棕白，多杂有白色毛尖。四肢较短，足毛黑棕褐。尾长达体长之半或略微超过，被毛长而蓬松。前、后足均仅呈四个椭圆趾印，由于足背和足掌均被密毛，在行走时一般间趾垫和趾垫印，尤其后间趾垫常缺。粪便多稀或呈现细索状（附图194）。

（2）地理分布。人类熟知的兽种。国内广布各地区。国外遍及亚洲、欧洲和北美洲的大部地区。

（3）生态习性。为典型的中小型林灌、荒野食肉兽种。主要栖于海拔4000m以下的多种环境，包括荒野、林缘、灌丛草坡、农田地角、果树茶园、山区居民房屋附近，以及沟谷乱石地带等。穴居，晨昏单独或成对活动。主食鼠类、蛙类、昆虫和小鸟等动物性食物。

4. 马来熊（*Helarctos malayanus*）

（1）鉴别特征。该种为熊类中体形最小者，成年体重大多仅在40～70kg，个别可超过100kg。吻部黄白色，头部短宽。耳甚短，约50mm。与黑熊相比缺一对前齿。胸、肩纹白色或深橙黄色，多呈纵向扭曲形或半月形。体毛显著短绒，大部呈油亮光泽。其前肢和前掌内曲。前、后足印均具5趾印。完好的前足印第一趾甚小，第五趾印最大，第三、四趾印大小相近而略小于第二趾印，爪趾远距尖锐。前足间垫宽大，前缘横切线多从第一趾印的后缘之下穿过。掌垫小而圆，与黑熊的相反，偏于足印的内侧。粪便多呈条堆状，末端少针尾（附图195）。

（2）地理分布。中国是马来熊现今分布的北限区域。国内已知仅见于云南东南部、南部和西部高黎贡山地区的中、南段。国外广泛分布于缅甸、泰国以南地区。

（3）生态习性。属典型的热带熊类，主要栖于海拔2000m以下的热带、南亚热带丛林区。多独居，营昼行，善攀爬，性凶猛，无冬眠习性。食性杂，包括动植物食料和山地农作物。

5. 棕熊（*Ursus arctos*）

（1）鉴别特征。中国熊类中体形最大者，外貌粗壮强健。成年体重达400kg以上，体长约2m，高约1m。头部宽圆，吻颌较长，眼较小。耳大而圆，具黑褐色长毛。肩部明显隆起。尾甚短，常隐于臀毛中。体毛色彩变异较大，包括棕红、棕褐和棕黑。胸部至前肩有一宽白纹。四肢粗强。被毛黑色。间垫裸露厚实。跖垫与趾垫间有短毛相隔。四足均呈五趾印，前足爪明显长于后足爪印。前足第一到第五趾印依次增大，第五趾印特别大，腕垫（掌垫）小而圆，游离并隐于长毛中，足印中一般不呈现。间垫特宽大，前缘最凸点在第五趾（最大趾印）后，两者间微具隔痕，如在此划一横切线则穿过第二趾印的中后部或第三趾印的后部（附图196）。

（2）地理分布。广布于北半球森林区，我国为分布南限。国内见于东北和西北地区。国外广布于欧洲、亚洲、北美洲和近岛，以及北非阿特拉斯山脉。

（3）生态习性。属喜冷性动物，多栖息在海拔4500～5000m的高寒草甸区，也见于亚寒带针叶林区和山间谷地。洞居，独行，白昼活动。主食植物的幼嫩部分，也吃昆虫和小型脊椎动物。有半冬眠习性。

6. 黑熊（*Ursus thibetanus*）

（1）鉴别特征。体大肥壮。四肢粗短。胸中部至前肩具"V"形白色或污黄白宽纹。鼻端裸露，耳大眼小；颈部短粗，具蓬松长毛。通体几为一致的油亮黑色。头阔，吻鼻短，脑鼎长，顶骨宽，颧弓弱。体重200kg左右，体长约1.8m，肩不十分隆起。臀部滚圆，尾甚短。前足短宽，有强健弯爪；后足似人脚，爪较弱，掌裸出。前、后足印呈差异明显的两种形态：前足间垫宽大，前缘横切线穿过第一趾印的中前部，掌垫小而圆，偏于足印的外侧；后足印颇似人脚印。粪便多呈散堆状，最后团堆常具针尾（附图197）。

（2）地理分布。广布于亚洲大陆及邻近岛屿。

（3）生态习性。为典型的林栖兽类。多见于海拔2000m以下山地，也可高达海拔4000m的针叶林带。单独或成对活动，无固定巢穴。食性杂，以植物为主，兼食蟹、鱼、蛙、松鼠、鸟卵和白蚁等动物性食物。

7. 大熊猫（*Ailuropoda melanoleuca*）

（1）鉴别特征。体貌似熊而肥壮，颜面部毛较少。鼻端裸露，头圆，尾短。体毛颜色黑白相间分明（白多黑少），雄性的头、颈部除眼圈和耳为黑色外均呈乳白色，雌性眼圈、耳、肩及四肢下部的黑色略带褐色色调，且其胸、腹毛色较雄性的浅淡，通常为浅棕褐而染灰色。四肢近乎等长。头骨吻部较短，颧弓宽大而粗壮，矢状嵴发达高隆。裂齿不显著，齿冠较低而宽，爪多呈琥珀色。前、后足均具五趾。前足、趾印呈卵圆形，第一趾垫印最小，第二至四趾垫印几近等大，第五趾垫印略小但显著大于第一趾垫印。间趾垫印短宽且与为长圆形的掌垫印合并，掌印的后外垫印较前内垫大，为较大椭圆形；后足趾和跖垫印均较小（附图198）。

（2）地理分布。大熊猫系中国特产的食性特化食肉动物，被誉为"国宝"。其现今分布仅限于四川和陕西及甘肃的少数地区。

（3）生态习性。主要栖于温带和寒温带海拔1300～3600m的针阔混交林及亚高山针叶林区。独居，昼行，能泅渡，会爬树。性温顺，偏食竹类。

8. 小熊猫（*Ailurus fulgens*）

（1）鉴别特征。以其外貌似熊而小巧和头尾似猫却毛赤得名。体形略大于家猫，头部短宽，躯体肥壮。眼内、外侧各具一显著白斑。吻部突出，耳大前向，其前面具白毛。体重4.5～6kg，体长560～730mm。体腹包括喉、胸和四肢黑褐色，尾粗毛蓬，长度超过体长之半，具淡棕黄色与浅褐橙色相间的尾环，尾尖段淡黑褐色。四肢短粗。前后足均具5趾，趾尖端着生乳白或苍白色伸缩性爪，故足印中的爪印时显时隐。足底多被厚密黑毛，造成足印在较硬地表不现，即便在软泥地上也难分辨其细节，多为模糊印迹。植食性，粪便多呈散堆状似青稞形的颗粒（附图199）。

（2）地理分布。主要分布于云南西部和北部（高黎贡山、梅里雪山、甲午雪山、白马雪山、碧罗雪山和玉龙雪山等地），藏东南，四川西部和南部，青海、甘肃南部和贵州西北部。国外主要分布在尼泊尔。

（3）生态习性。系亚高山种类，主要栖息于海拔2500～3500m的针阔混交林、箭竹林或杜鹃林中，昼行，成对或单独活动，性温顺，以竹叶为主食，兼食竹笋。

9. 黄喉貂（*Martes flavigula*）

（1）鉴别特征。体形较家猫修长而略狭小，体重1.5～3kg。吻较尖长。耳相对较大。躯体细长，体长450～560mm。头骨相较长圆粗大。颅全长100mm左右。颧弓强健粗长。四肢短小，体毛油亮。喉、胸部具与体色显著有别的橙黄色块斑。体背的褐色成分由前向后逐渐加深。体腹浅黄色或黄白色。臀部、四肢下部和尾均为浓黑褐色。尾呈圆柱形，其长超过体长之半。属跖行性。前后足均具5趾。前足趾印间距较大，掌印为具5～6个凹点的正反"C"形；后足的第二至第五趾印相距较近。中间两个趾印几乎紧靠，跖印常有4～5个凹蹼。其粪便多呈一端钝、一端为圆锥状的约100mm的浅棕色长条（附图200）。

（2）地理分布。黄喉貂的存在与否可能指示森林的好坏程度。国内除新疆、内蒙古和青海等少数地区外广泛分布。国外见于印度、克什米尔、缅甸、尼泊尔、印度尼西亚、马来西亚、泰国、朝鲜和西伯利亚东部等地。

（3）生态习性。主要栖于海拔3000m以下阔叶或针阔混交林和沟谷地带，一般成对多于晨昏活动，以鼠类等小型动物和蜂蜜为主食。

10. 小爪水獭（*Aonyx cinerea*）

（1）鉴别特征。体形外貌颇似水獭，但显著较小，且略呈圆柱状，体毛长而较粗，底绒薄短，裸露鼻垫上缘略具两凹痕。四肢短趾细长，趾间具蹼，爪短小而很少突出于趾尖。体重3～5kg，体长500mm左右，尾长一般不及350mm。吻较短窄，头部短小，眼圆略突，耳小而圆，颈部较粗长。鼻孔和耳道有关闭防水的小圆瓣。头骨略宽扁。眶间略宽，眶上突小，额部较短，脑颅略凸。体背自头至尾尖和四肢外侧呈一致的淡棕褐色，具油亮光泽；体腹和尾较背部色浅，多呈灰白色。下颌及喉部白色。尾基粗，末端细。足印形态与水獭的相似，但较小，且缺爪印。足链中也伴有尾的拖印。粪便形态，成分及色彩基本与水獭类同（附图201）。

（2）地理分布。小爪水獭的分布范围显较水獭的窄小。国内仅见于南部地区的台湾、福建、广西、海南、云南和西藏东南等水域。国外主要分布于泰国、缅甸和印度东部等地。

（3）生态习性。栖江河、溪流、沿海淡水和咸水交界区域及近岛，居干性洞穴，善游泳。主食鱼类、蟹、蛙、蛇、水禽、小兽及昆虫等动物，兼食少量水草。

11. 水獭（*Lutra lutra*）

（1）鉴别特征。全身修长略扁圆形，体毛长而致密，底绒厚软。裸露鼻垫上缘呈"W"形。体重达8kg，体长700mm左右，尾长约400mm，头部宽扁。眼圆外突，耳小而圆，颈短粗。鼻孔和耳道有关闭防水的小圆瓣肉突。头骨狭长。吻部粗短，眶间狭窄，额部较长，脑颅宽扁。全身自头至尾尖和四肢外侧呈一致的深咖啡色，具油亮光泽；体腹含四肢内侧和尾基色调较背色浅淡，呈苍灰或浓污灰白色。下颌向尖端逐渐变细。趾间具蹼，趾爪长锐。在较松软的泥沙地表，爪和蹼印都能呈现。足链中常伴有尾的拖印。粪便多为散渣状，新鲜的为油亮黑色，具蟹壳的则带红棕色（附图202）。

（2）地理分布。水獭系广布性种类。国内广泛分布。国外泛布于欧、亚及北非大部地域。

（3）生态习性。栖江河、湖泊、溪流、池塘、鱼塘、低洼水地、沼泽地带、沿海淡水和咸水交界区域及某些近海岛屿等地带，居河，栖干性洞穴，善游泳。主食鱼类、蟹、蛙、蛇、水禽、小兽及昆虫等动物，兼食少量水草。

12. 大斑灵猫（*Viverra megaspila*）

（1）鉴别特征。外貌及体形大小与同属的大灵猫极相近似。成体体重6～10kg，体长700～1000mm，尾长约40mm。体毛灰棕或沙灰褐色，颈侧具两条向前弯折和宽形黑色领纹并与其对应的白色相间，体背和体侧后部散布大形不规则黑棕色斑点，是区别大灵猫的主要特征。自肩部沿背脊至尾基有1条粗形黑色纵纹，俗称"青棕"。尾基到尾中后部（约2/3段）存在4～5个黑白相间的环纹，尾末段约1/3呈黑色或黑棕色。头骨大小和形态也与大灵猫的相似，但牙齿较大，腭骨显长。跖行。前后足均具5趾，但第一趾甚小而远位；其余4趾印近乎等大并呈椭圆形，第二、五趾印和第三、四趾印分别呈前后排列，前位的中间两趾印均不带爪印。前后间垫印呈后中部深凹的略似长三角形（有别猫类的重要特征），前突显著前位，后足间垫略宽大，其前端稍钝。总体上看，前足印较后足印显得短宽（附图203）。

（2）地理分布。国内见于广西东南，云南东南、南部和西南边境地带。国外广布于缅甸、泰国、马来西亚和印度等地。

（3）生态习性。主要栖息于热带、亚热带森林及河谷溪沟地带的林缘灌丛。昼伏夜出。主食鼠类、昆虫、蛙类、小鸟和鸟卵等动物性食物，亦食热带野果等。

13. 椰子猫（*Paradoxurus hermaphroditus*）

（1）鉴别特征。体形略大于家猫且更较修长。头部吻侧、眼周、额和耳基前通常有小型白斑，与花面狸的白色条纹明显有别；并以鼻中线无白纹、胸部无白斑和背中线多具五条棕黑色纵行条纹区分于小齿椰子猫，其脊纹两侧常布有小斑点。体背基色皮黄或淡棕，多富有黑色针毛。腹毛色浅黑，无黑色针毛。四肢较短。尾长约与体长相等，其后半段多呈黑色。属跖行性，且与花面狸的极相近似，前后足也均具5个近等大呈弧形排列的趾印，但第一趾位点低，第五趾位点高。前后足第三、四趾印中后部都相连；掌、跖同样具与花面狸相似的6个凹印，也有密小蜂窝点，但前位中间的两个凹印显著较小，其后常存在1~3个独立的小圆印（后足印上更明显）（附图204）。

（2）地理分布。本种系亚洲南部的典型树栖食肉兽。国内主要见于长江中上游和珠江流域以南的云南、广西、广东和海南（四川南部是否有分布尚待查证）。国外广布于缅甸、不丹、尼泊尔、孟加拉国、印度、中南半岛、印度尼西亚和马来半岛等地。

（3）生态习性。主要栖息于热带雨林和季雨林带，尤喜生活在棕榈区。多成对夜行。善攀爬。以鼠、蟹、蛙和野果等为食。

14. 熊狸（*Arctictis binturong*）

（1）鉴别特征。熊狸系灵猫科中最大的类群之一，体重约12kg，体长毛长，且呈丛状。通体被毛长而蓬松。毛基黑褐，表面棕灰。其次末段多染灰色色调。四肢短健，足跟裸露。具香腺，一般腺体内腔深而大，其内壁中央有棱嵴。属趾行性。前后足均具5个近等大略呈斜行排列的趾印，后足第二、三趾印分离但较紧靠，爪印较长而尖；掌、跖为6个凹印，常有密小蜂窝点，后两个呈左右排列的垫印为内小外大。前掌前位的内侧两个凹印明显较小，而趾前相对小的两个凹印则处中间。人工饲养的成形粪便多呈淡黄色，由多个棱状块拼成的两折节堆放，并有相对固定的"厕所"及护粪特性（附图205）。

（2）地理分布。属典型热带种。国内仅见于云南南部（西双版纳）和西南部（盈江）。国外分布于缅甸、越南、老挝、印度、尼泊尔、菲律宾和印度尼西亚等地。

（3）生态习性。主要栖息于热带雨林、季雨林中的高大树上，常成对于晨昏活动。独特之点是可与灰叶猴、长臂猿等动物共栖。食性较杂，但尤喜攀摘榕树果、叶为食。

15. 斑林狸（*Prionodon pardicolor*）

（1）鉴别特征。属小型灵猫科动物。躯体瘦小，颈长吻尖，四肢短小，尾约等于体长而相对较粗，缺香囊。成体体重1kg左右，体长一般不超过400mm，尾长约350mm。体毛多较短密而绒软，被毛基色呈灰棕或淡黄褐。自头顶至前肩常具两条纵行黑色粗纹，体背排列有大而略近方形的黑褐斑块，体侧及四肢多散布相较渐小而不规则的浅黑棕斑点，尾具黑色宽形环纹6~10个不等。属跖行性。前后足均具5个呈斜弧形排列的趾印，其第三、四和第二、五趾印分别位于横切线的远侧。前足第三趾最前，后足第四趾略前位。第一趾较小，处间垫的下外侧，前足间垫呈三角位的3个分离垫印，具2个左右前后分列的大型椭圆掌垫印（后垫印偏足印外侧）；后足三角位间垫印较大（前垫印常具一纵脊），两跖垫相对紧靠，其内侧垫印甚小，外侧垫斜长形并多被绒毛覆盖，故在足印中很少呈现印痕（附图206）。

（2）地理分布。国内分布于西藏南部，四川西南部、云南、贵州、湖南和江西以南地区。国外见于缅甸、克什米尔、不丹、尼泊尔等地。

（3）生态习性。主要栖热带、亚热带河谷溪沟地带的石洞、岩缝、树洞或土穴。昼伏夜行。冬季善"日光浴"。主食浆果、榕果，偶食小鸟和鸟卵。

16. 花面狸（*Paguma larvata*）

（1）鉴别特征。貌似青鼬而肥壮。体重4~8kg，体长550mm，尾长超过体长的2/3。吻鼻短宽，鼻面具3条显著的白色纵行宽阔条纹，中条自鼻后延至头顶（少数达颈、肩），将头部均分两半。体背、体侧大部呈灰棕、棕黄、淡棕褐或污灰白色，头、颈、肩棕褐色较浓。躯干无斑。喉部黑棕。胸腹污黄灰或淡灰色。四足深黑棕。尾末段深棕褐，少数暗黄褐色。四肢粗短。尾粗圆，无环纹或色斑。头骨宽坚，鼻颌短宽。颧弓强健外扩。前后足均具5个近等大呈弧形排列的趾印，后足第三、四趾印后半部相连；掌、趾为6个凹印，常有密小蜂窝点，前足后2个凹印呈不标准的较大方形，后足的后2个凹印则呈倒长三角形，内侧的更长。属跖行性。成形粪便为暗绿色且堆放，夹杂有红棕果渣或枝节（附图207）。

（2）地理分布。国内分布于华北、华东、中南、华南和西南各地区。国外见于尼泊尔、中南半岛、苏门答腊岛、不丹、印度尼西亚和加里曼丹岛等。

（3）生态习性。主要栖息于热带、亚热带河谷溪沟地带的石洞、岩缝、树洞或土穴。昼伏夜出。冬季有进行"日光浴"习性。喜食浆果、榨果，偶食小鸟和鸟卵。

17. 丛林猫（*Felis chaus*）

（1）鉴别特征。体形略小于金猫，而显著比豹猫大。耳尖微具棕黑色簇毛。躯体毛色基本一致，无任何明显斑纹。头骨吻较短，眶前总长小于眼眶直径，眶后突较细长。体重10kg左右，体长一般不及800mm，尾长约为头体长的1/3。体背、体侧灰棕，背脊多染锈色；胸腹常为沙黄。四肢较瘦长，略显黑斑。尾末黑斑。尾末段一般具3～4个显著黑环，端毛黑色。足印略比豹猫的大。四足者呈现前后排列并不带爪的4个长椭圆形趾印。前足的两后位趾印相对较大，而后足的前位两趾印更大；前后足的间趾垫几近等大（后足的稍小），左右不对称，其前凸呈斜坡形，后中部弧形凹陷，其两侧向前各具一狭窄棱脊（附图208）。

（2）地理分布。广布于亚洲中南部。国内主要分布于云南和西藏东南较低海拔丛林区；国外见于中南半岛、印度半岛，以及伊朗、里海到高加索地区。

（3）生态习性。栖于海拔2000m以下的热带、亚热带沿河、湖边苇丛及灌木林和海岸丛林，但极少见于热带雨林中，可在郊野村寨附近发现其踪迹。穴居，独行，昼夜活动。主以野生雉、鸡和鹧鸪为食，偶尔觅腐肉及野果等。

18. 猞猁（*Lynx lynx*）

（1）鉴别特征。体形略较金猫为大，体重约20kg。耳基宽，直立，耳端具黑色簇毛，两颊具长而下垂的鬓毛。具有与小型猫类的共有特征——完全骨化的舌骨，以此区分于大型猫类。头骨圆形，吻部短宽，鼻骨后端略超出上颌骨后缘，额骨高平；眶后突显著较长，颧弓宽而强健。总体腹毛长于背毛。通体毛色粉棕或灰棕，遍布不甚显著的淡褐色斑点。四肢显著较粗长，且后肢长于前肢。尾极短，一般不及后足长。足印间趾垫宽长，有利于雪地行走的平衡。粪便呈不规则的索条状，显著特点是多为两头细而弯曲，有的具动物体毛构成的针尾（附图209）。

（2）地理分布。猞猁属北方型种类。国内见于云南西北至青藏高原以东和以北地区。国外广布于欧亚大陆的北部地区。

（3）生态习性。主要栖于海拔3000m以上森林地带或林缘雪地。长耳及笔状簇毛能准确地寻觅声源。性喜独居，多营夜行，也在晨昏活动。机警敏捷，善于攀爬。不畏风雪。主食小兽和鸟类。

19. 云猫（*Pardofelis marmorata*）

（1）鉴别特征。云猫属小型猫科动物，外貌颇似云豹而显著较小。体重10kg以下，体长600mm左右，尾长约等于体长或稍短。头部宽圆。体背和体侧具不规则的较大型斑块，其边缘呈黑褐色，四肢外侧及躯体其余部分的黑色斑点明显较小而密布，以此区别于云豹。云猫吻较短，颊部显著外扩。耳短而较尖，略呈三角形。头骨相对短高。眼大而圆。眶间区甚宽。鼻骨短高。通体毛色灰褐色或黄褐色。体腹和四肢前、内侧毛色略淡。四肢粗短。尾粗长而圆。布满较大形黑色斑点，尖端黑色。四足均具近乎等大而不带爪印的4个趾印，略等大于后足印。前足两外侧趾印外置，最大且偏前位是前外侧趾，前间趾垫印短小，缘中部深凹，腕垫印小而圆，距远偏外侧；后足四趾印几乎呈等距的前后排列，间趾垫印相对窄长，后缘中部略凹；前后间趾垫印的前端略呈现"V"形（附图210）。

（2）地理分布。国内仅见云南无量山以南和西南部。国外分布于缅甸和泰国。

（3）生态习性。栖息于海拔2500m以下的热带、亚热带林带。树栖性较强。独居，夜行。主要以中小型动物为食。

20. 金猫（*Pardofelis temminckii*）

（1）鉴别特征。属体形较大的野猫类，外貌似豹而较小，体重10～15kg，体长700～1000mm。头部有明显白斑，两眼间具分离的两条稍带曲形、前细后宽的纵向白纹，额部可见镶有黑边的灰色纵纹。耳圆、好动、黑褐色。下颌白色。喉、胸腹均散布横纹或不规则斑点。四肢上部多具横纹。尾较短，呈三色：背面灰棕，腹面灰白，端毛黑色。头骨较大而骨质较薄，颅顶宽平，脑颅较大而圆。金猫体毛的色型变异最大，主要有红棕（俗呈红椿豹）、麻黑（俗称芝麻豹）和体侧密布花斑的称为狸豹，且黑色型个体也不少见。足印的间趾垫印短宽，4个趾印间距较大，外趾印内缘几乎垂直于间趾垫印外缘，中间两趾印显著较小。粪便自始端向后渐细，粗段略弯折（附图211）。

（2）地理分布。国内主要分布于陕西南部以南地区。国外见于缅甸、尼泊尔、印度、马来西亚和苏门答腊。

（3）生态习性。栖息于海拔3000m以下热、温、寒带林区。营独居地面生活，能攀缘爬树。

21. 豹猫（*Prionailurus bengalensis*）

（1）鉴别特征。属最小的野生猫科动物，貌似家猫。体重3.5kg左右，体长800mm以下，尾长一般不超过350mm。头骨较高而近乎圆形，略较家猫的狭长。吻部短宽。鼻骨微下弯。眶间区较窄。豹猫和家猫的纵体斑和耳背斑色显著有别，豹猫通体散布的大小斑点似豹而不似家猫，以及豹猫耳背斑呈淡黄色；家猫的后肢散布横纹，豹猫后肢密布斑点。四肢相对较短粗。尾较粗圆，前后几近等大，尾斑或半环与体斑色同。足印略比金猫的小而较家猫的大。四足具排列较紧密且不带爪的4个椭圆形趾印。前后足的两个外趾印均大于两内趾印。间趾垫印为后足明显小于前足，其前凹凸显著较窄平；粪便主具黑褐色和淡棕灰色，一般存在索条或两端略尖的颗粒两种形态（附图212）。

（2）地理分布。广布于亚洲大陆东部、南部和南亚各群岛。国内除新疆等干旱沙漠外均有分布。

（3）生态习性。豹猫是山地林缘、丘陵灌丛和郊野常见种。独栖或雌雄同居。晨昏和夜间活动。营巢近水区，善游泳，好攀爬，会埋粪。主食鼠类、小鸟、蛙、蛇、鱼、兔及多种昆虫，兼食野果、蝙蝠或家禽，可攻击小型麂类。

22. 云豹（*Neofelis nebulosa*）

（1）鉴别特征。云豹为中型猫科动物，外貌似豹而较小，体重20kg左右，体长

1300mm以下，尾长不及1000mm。体侧具14～16朵不规则大型云斑，紧靠肩后的6朵特大，此为区别于云猫的重要特征之一。吻较长，耳短圆。头骨相对低而狭长。吻长于鼻全长1/3。鼻骨宽且左右平行。通体灰黄或淡黄褐色。头部棕黄褐色。体侧斑块内黄外黑，间杂模糊黑斑。从喉经胸腹至鼠蹊和四肢内侧黄白色，除喉部有两条暗黑领纹外，其余均散布稀疏黑棕色斑。四肢粗短。尾粗长，尖段有近15个不完整黑环。前足印明显大于后足印，四足均具近乎等大而不带爪印的4个趾印。前足间趾垫印短宽，仅略窄于两外侧趾印前端尖凸，略与两外突齐平。粪便弯曲并具针尾的细索条状（附图213）。

（2）地理分布。国内见于长江南部（含台湾和海南）。国外广布尼泊尔、缅甸以南地区。

（3）生态习性。栖息于海拔3000m以下的热带、亚热带常绿阔叶林或针阔混交林带。树栖性较强，常营巢于树的上部。独居，夜行。主以鹿类等草食动物为食。

23. 豹（*Panthera pardus*）

（1）鉴别特征。外貌似虎但较小，重约50kg左右，体长1500mm，尾长不超过1000mm，通体散布大小悬殊的斑点或铜钱状斑环。头大而略圆，耳短而阔。颈部粗短，颈背中央有毛漩。体毛基色橙黄色或暗黄色，斑点或斑环呈黑色。头骨形态与虎的相似，但较短狭，颅基长小于230mm，颧宽多在150mm以下。吻鼻短宽，鼻骨中缝长不及其最大宽的1.5倍。四肢短健，前肢较后肢肥大；尾粗长，被毛蓬松，除尖段均散布斑点或色环。后足印略大于前足印，四足趾印间距显具近乎等大而不带爪印的4个趾印，后趾印间距显大于前趾印。间趾垫印后中部凹陷深窄，前足间趾垫印较宽，后足间趾垫印较小，窄于两外侧趾内缘横宽。粪便呈切堆状，后切甚细长，始端近圆形，向后渐小，末端具针尾（附图214）。

（2）地理分布。豹是广布性种类。国内除新疆、辽宁、山东、宁夏和台湾外皆有分布。国外广布于亚洲和东非的大部地区。

（3）生态习性。适应性极强，栖息于多样环境，如丘陵山地森林、稀树灌丛、平原、湿地、荒漠、热带雨林和亚热带常绿林等地带。独居、夜行。以多种动物为食。

24. 虎（*Panthera tigris*）

（1）鉴别特征。较豹大而长。重约250kg，长1500～2000mm，尾长1000mm上下。头圆、颈粗、耳短。上吻具污白粗长胡须。额有形似"王"形纹。头骨颅基长大于250mm。鼻骨狭长，中缝长大于最大宽的1.5倍。体被长条宽横纹。眼上具一白斑。头部，颈背，躯体侧，体背，体侧，尾上和四肢外侧基色浅黄、黄棕色或深黄色，横纹黑色或黑棕色；颏、喉、颈下、胸腹、躯体下及四肢内侧基色白或乳白，亦有黑横纹；胸横纹宽疏，腹横纹窄密。四肢肥壮。尾粗长，具10余个黑环，基部3个斜形，末段4个宽且平行，尖端黑色。前足印略较后足印宽大，四足均具4个趾印，都呈长椭圆形，且第二趾印显著前突。爪具伸缩性，故足印中不呈现。间趾垫前端较宽钝，常处于两外侧趾后缘横线之下，其后部中凸呈宽弧状，两外侧突相对较窄小。粪便多呈断节的套接索条，末端虽较小而针尾少见（附图215）。

（2）地理分布。国内仅见于东北东部、新疆、西藏南部、云南（西、西南和南部）和华南少数地带。国外分布在西伯利亚、印度、缅甸、泰国及马来西亚。

（3）生态习性。主要栖息于山地森林和热带、亚热带丛林。独居，夜行。以鹿类、牛、羊等大中型动物为食。

25. 黄腹鼬（*Mustela kathiah*）

（1）鉴别特征。体形外貌似黄鼬，吻短，颈长。大小与香鼬相似，成体体重146～300g。体长210～330mm，尾长超过体长之半，约107mm。头骨毛色差异显著，体侧具明显的分界线。体背自头部至尾和四肢为一致的深咖啡色。体腹自喉部至尾基下面和四肢肘部呈一致的鲜亮金黄色或橙黄色。四肢短小。尾毛较长而不蓬松。四足印均较小，前足印长多不及30mm，后足印长约40mm。前、后足印都呈现5趾，且各趾印相距均较开，多呈椭圆形。前掌近乎中空的椭圆环印，常由6～7个大小不等的凹点围成；后跖印多显长形，其前端具大小相近的4个明显凹点（附图216）。

（2）地理分布。国内主要分布于长江流域及其以南地区（含台湾和海南）。国外见于尼泊尔、印度和缅甸等地。

（3）生态习性。黄腹鼬为林缘灌丛种类。主要栖息于海拔2500m以下的山地溪沟边缘、灌丛、草丛、丘陵山地森林、农田地角及山寨附近等多种生境。穴居，黄昏活动，单独或成对觅食和玩耍。性凶猛，能游泳。主食鼠类，昆虫和小鸟。

26. 鼬獾（*Melogale moschata*）

（1）鉴别特征。外貌似獾而显著较小，体形粗短，四肢短小，体重1.5kg左右，体长多在350～400mm，尾长约为体长之半。额部具一显著白斑。自头顶向后至背脊有一连续不断的窄形白色纵纹。鼻、吻部较发达，鼻垫与上唇间被毛。耳短圆，常直立。眼明显较小，颈部短粗。体毛呈灰褐色或沙灰色，但变异较大。趾间具不发达的蹼，头骨小而狭长，无矢状嵴。足均具5趾，趾印大小相近。爪长、侧扁、略弯。前足二、三爪长15mm左右，约为后足爪长的2倍，适于挖掘。掌印具前后分离的6个凹点（前4、后2）；跖常为5个凹印，前3近等大呈三角排列，后2似"V"形，但内长外短（附图217）。

（2）地理分布。国内主要分布于长江流域及其以南地区（包括台湾和海南）。国外见于越南、老挝、泰国、缅甸、印度和尼泊尔等地。

（3）生态习性。多栖息于海拔2500m以下的丘陵、山地、森林、河谷、土丘、乱石或乱木堆等多种生境。穴居，夜行，单独或成对活动。食性杂，以多种昆虫、鱼、虾、蟹、蛙、蚯蚓、食虫类和小型啮齿动物为主食，也常觅食幼嫩植物的根茎和果实。

27. 猪獾（*Arctonyx collaris*）

（1）鉴别特征。外貌与狗獾极相近似，但相对更显肥壮而体大。体重6～15kg，体长650mm左右，尾长120～160mm，头颅全长115～155mm，耳缘、喉部、颈下、尾均呈白色或污黄白色。鼻垫与上唇之间裸露，这是与狗獾相区别的显著外形特征。其余体毛黑棕而多杂白色。头部自吻鼻至后枕和双颊各具一条白纹。四肢短粗，毛色棕黑。头骨狭高，眶间区低斜，无矢状嵴，最后一对上臼齿呈三角形。比狗獾多一对上前臼齿。趾行。前后足均具斜弧形排列的五趾，除第一趾印明显较小外，其余4个趾印近乎等大。第一趾印前端位于第二至第五趾印后缘横切后下方，第三、四趾印前端近齐平，处5趾印最前方，第一至第三趾印彼此相距较开，而第三至第五趾印则较近。猪獾的5趾均具长而强壮的锐爪，故其爪印明显，且相距趾印甚远，最长的两个爪印通常紧靠。间垫印大而显著，其后中间具一斜三角形的深凹。掌垫印大而圆，位于足印的中外侧（附图218）。

（2）地理分布。国内广布于青藏高原以东至辽宁以西南地区（主要是黄河流域以南）。国外见于缅甸、泰国、不丹，尼泊尔等地。

（3）生态习性。栖息于热带、亚热带河谷溪沟边。土穴，也见于高达3000m左右的森林、灌丛和荒坡地域。昼伏夜行，单独活动。主食根、茎和果实等植物，也食小型动物。

28. 食蟹獴（*Herpestes urva*）

（1）鉴别特征。体形较小，躯体肥扁。体重2.5kg左右，体长400～600mm，尾长一般不及350mm。吻鼻尖长，耳短小，颈部短粗。头骨狭长，强健结实，脑颅、枕部较高。通体被毛粗长。自口角至颈侧到肩部各具一条污白纵纹。体背、体侧的基色沙灰，针毛呈现黑棕相间。躯体绒毛棕褐色。体腹色调略较体背和体侧浅淡。尾基较粗，至尾尖逐渐缩小，其末段常呈淡黄棕色。四肢短小，棕褐杂黄棕毛尖。足印窄长形。前后足均具5个趾印及其强爪印（爪印距趾端相对较近），第一趾较粗，与第二趾相距较远，爪相对细短，第二至第五趾较粗长，其爪则显长宽；掌、跖印的前部均有3个呈三角形的大型凹印，前足印的外后部还有1个近方形的显著凹印，前足印的外后部还有一个近方形的显著凹印，后足印后部较长而不甚显著（附图219）。

（2）地理分布。系热带、亚热带动物。国内主要分布于南方地区，包括台湾和海南；国外见于越南、泰国、缅甸、印度和尼泊尔等地区。

（3）生态习性。主要栖息于湿热沟谷林缘，尤喜山地灌丛和河坝与农田杂草地。家族式生活，黄昏活动，独行。食物为昆虫、蚯蚓、蛙、蟹、鼠、鸟及蛇等，善挖洞捕食。

第六节　啮齿目

上下颌只有一对门齿，齿根是开放型，能终生继续生长，无犬齿。门齿和臼齿间有间隙，称虚位。臼齿咀嚼面宽，齿尖变化大，呈二纵列、三纵列或交错的三角形，为分类的重要依据。繁殖力强，性成熟早，一年能产多窝，每窝产仔也多。种群数量多，分布广，在自然界的作用很大，除少数能利用其毛皮或做药用外，大多数给农、林、牧、卫生等方面带来危害。食物大多以植物为食。种类和数量在哺乳类中最繁多，几乎为一半。根据其咀嚼肌特化程度可分为3个亚目33科481属2277种，我国有12科85属235种。

1. 巨松鼠（*Ratufa bicolor*）

（1）鉴别特征。为我国热带林栖松鼠中体形最大者，成年体重3kg左右，体长350～430mm。体圆修长，头部短小。耳被长毛簇。尾长于头体，被毛蓬松。四肢粗短。体毛呈两色：自吻鼻向后包括额顶、眼周、耳壳、颈背、体背、体侧、全尾和四肢外侧为一致的油亮黑色或黑棕褐色；除下颏、面颊和颈侧为淡黄白色外，自喉部至体腹和四肢内侧均为橙黄色。四足均具5趾，爪强壮。前足第一个趾小而后位，有前后排列的3个较小间垫和两个较大掌垫；后足五足趾大小相近，弧形排列，具6个近等大间垫，2个跖垫分列两侧，内跖垫长而紧接间垫，外跖垫短而后置并与间垫断开。然而，在自然环境中很少发现其足印，如存在时，前足印仅显4个趾印。粪便与鼯鼠的类同，为散堆状的小型不规则颗粒，但巨松鼠的粪粒相较略大而光滑，色彩更深（附图220）。

（2）地理分布。巨松鼠属典型的热带种。国内主要分布于海南，云南的景谷、思茅、江城、西双版纳及西南边境地区。国外广布于缅甸、泰国、印度、爪哇、巴厘、苏门答腊、马来半岛及其邻近小岛等地。

（3）生态习性。主要栖于热带密林中。树栖，多营巢于较高大的树上，一般不下至地面。攀跳能力强，善在树枝上速跑。白天活动觅食，以植物性食物为主。

2. 红白鼯鼠（*Petaurista alborufus*）

（1）鉴别特征。本种属大型鼯鼠。成年体重2kg左右，体长350~580mm，尾长近500mm。除吻鼻和眼眶环为暗棕红色外，体毛主要呈现鲜明的两种色调：体背面、额顶、颈背、颈侧、翼膜上面、尾及四肢外侧红色（尾端色调更深暗）。颜面部、体腹面、面膜下面和四肢内侧白色。不同地域的个体大小和毛色深浅略有变异。前、后足均具5趾，爪强壮。前足印只呈现第二至第五趾印，有4个不规则排列的间垫印和2个平行近等大的掌垫印；后足印包括5个趾印、5个弧形排列的间垫印（外垫具横沟）和2个斜列的距垫印。粪便与巨松鼠的类同，但粪粒相对较小而粗糙，色彩较浅（附图221）。

（2）地理分布。国内见于云南、四川至湖北以南地区，包括台湾和海南。国外广布于泰国、缅甸和印度等地。

（3）生态习性。为热带、亚热带到温带的林栖滑翔动物。它们主要生活于常绿阔叶林、针阔混交林和阔叶落叶林带。栖居较大的树上。白天隐宿于树洞中，夜间除发情外多单独活动觅食。以植物性食物为主，包括多种果子、嫩叶和幼芽，兼食少量鸟、鸟卵和昆虫等。通常年产2胎，胎产2仔。在人工饲养条件下，其寿命约达14年。

3. 霜背大鼯鼠（*Petaurista philippensis*）

（1）鉴别特别：体形大。成年体重可达3kg，体长450mm左右，尾显著比头体长，大多在650mm上下，被毛蓬松。毛被丰厚而长，体背面包括翼膜主要为深栗褐色。耳毛和四肢的外下部黑褐或黑棕色。额、头顶、颈背和体背毛尖淡白或灰白色，形似霜盖。体腹面、翼膜下面和四肢内侧鲜棕褐并染有灰白色调。尾大部呈浅黑色，常杂有赤栗毛基，尾尖黑色较浓。四足（足印）和粪粒形态均与红白鼯鼠的相似，但后足的跟部显得较窄长（附图222）。

（2）地理分布。国内广泛分布于南部林区，包括海南和台湾。国外主要见于缅甸、泰国、印度和斯里兰卡等地。

（3）生态习性。霜背大鼯鼠系典型的热带、亚热带森林种类，主要生活于常绿阔叶林和针阔混交林。除发情繁殖外，一般营独居生活。白天隐藏于叶茂高大树冠的自筑巢中，傍晚开始活动觅食。与其它飞松鼠一样，具有3种主要运动方式：一是直接通过相连的树枝"攀爬"或短距的"跳跃"至另一树上；二是从高坡树上到矮坡树上的远距离"滑翔"；三是自其所在树向下"滑翔"到地面，再"爬行"至另一树脚后，顺树干背光面"攀爬"到树冠，"滑翔"到另一树脚，再顺树干的背光面向上"攀爬"。主食嫩叶和栗果等果子。

4. 银星竹鼠（*Rhizomys pruinosus*）

（1）鉴别特征。属中型竹鼠。体形较短，几呈圆柱状。成年体重1.5~2kg，体长300~400mm，头骨颅全长560~750mm。吻鼻裸露，肉红色。上下各1对门齿强壮锋利，赤栗色。眼甚小。耳短圆，常隐于毛被中。体毛粗长丰厚呈银灰或褐灰色。背部和体侧密布具灰白毛尖的针毛，貌似蒙上白霜。尾较长，但不及体长之半，几乎裸露无毛。四肢肥短，前足趾短粗，后足趾细长。爪短宽而坚硬，颇似人类指甲，尖端锋锐，适于掘洞。前、后足均具5趾。前足拇指较短小，后足拇指则短粗。当其足印存在时，前后足印都呈现5个趾垫印。前足印具3个较小的间垫印和两个显著大的掌垫印（该5印略呈圆形排列），后足印包括4个间垫印和2个相对较大的跖垫印（这6印呈椭圆形排列），还有向后渐细而不甚明显的长形跟印（附图223）。

（2）地理分布。国内见于云南、贵州、四川、广西、广东、海南、福建和西藏东南。国外主要分布在印度、缅甸、泰国，向南抵达马来半岛。

（3）生态习性。除雨过天晴或夜晚外，主营地下生活，栖居竹林区或芒草地的自挖洞穴中。主食竹，有截断竹子或芒秆并撕成细条作巢垫的习性，竹、芒断节的长度与该竹鼠的头体长几近相等。换句话说，只要知道竹、芒断有多长就可判断该竹鼠有多大。春末至夏了繁殖，孕期150d左右，胎产1～4仔。

5. 长尾仓鼠（*Cricetulus longicaudatus*）

（1）鉴别特征。体形中等。尾较细短，尾部覆毛短紧。耳壳具明显的灰白边缘。有颊囊。毛色较暗，上面暗灰褐色，下面灰白色。尾双色，上面灰褐色，下面白色（附图224）。

（2）地理分布。为古北界种类，国内分布于西藏、华北和西北地区；国外见于西伯利亚中部和蒙古国。

（3）生态习性。穴居于灌丛、草甸草原和农田，也进入居民点。

6. 大仓鼠（*Tscherskia triton*）

（1）鉴别特征。体中型。有颊囊，尾较长，约为体长之半。为仓鼠属中体形最大的一种，耳壳短圆，后足粗壮。背毛灰色，毛尖略带沙黄色；腹毛灰白色；尾上下均暗灰色（附图225）。

（2）地理分布。本种为古北界种类，主要分布在古北界东南部。

（3）生态习性。喜栖于土质疏松、干燥、含沙质土壤较多的地带。穴居。杂食，主食植物种子。

7. 巢鼠（*Micromys minutus*）

（1）鉴别特征。形似小家鼠，与小家鼠最主要区别是上颌门齿后方无缺刻。耳壳短圆，具三角形耳瓣。四肢细长，尾细长能缠绕，尾端上面鳞片裸露。乳头四对。毛色变异较大，上面深棕褐色、赤褐色；下为土黄色或灰白色（附图226）。

（2）地理分布。广泛分布于欧亚大陆。

（3）生态习性。穴居。昼夜均活动。喜食谷类、豆类作物和植物的种子。

8. 小家鼠（*Mus musculus*）

（1）鉴别特征。属小型鼠类，略大于巢鼠，体长65～89mm。耳壳短而厚，前拉不能遮住眼部。尾长短于或超过体长，尾上鳞片环明显，门齿内侧有一直角形缺刻，后足较短。背毛棕灰色或棕褐色，腹毛多为土黄色（附图227）。

（2）地理分布。世界性广布种。

（3）生态习性。家野两栖，以室内为主。穴居。夜间活动为主。杂食，偏喜小粒种子。作物成熟季节有向室外迁移的习性。

9. 中华姬鼠（*Apodemus draco*）

（1）鉴别特征。小型鼠类，体细长。尾长略大于体长，尾鳞清晰。耳稍大，前足

4指，后足五趾，乳头6～8枚。背毛棕黄色，由较硬的粗毛和软毛两种毛组成；腹部毛色灰白，背腹毛色界线明显。幼体毛色显暗。尾两色，上面黑褐色，下面浅白色（附图228）。

（2）地理分布。主要分布于南方各省，华北诸省亦有分布；国外缅甸及印度东北部也有分布。

（3）生态习性。栖于海拔1570～3800m的山地亚热带、暖温带和寒温带的森林中，为典型的林栖种类。穴居。多夜间活动。植食为主。

10. 黑家鼠（*Rattus rattus*）

（1）鉴别特征。体形中等。尾明显超过体长，鳞状环明显，有极细的短毛。耳壳大而薄。前足拇指退化，掌垫5个，后足5趾；足爪弯曲锐利。背毛暗褐或棕褐色，腹部纯白，有的胸部中区具灰斑。尾单色，呈黑褐色。幼体色暗（附图229）。

（2）地理分布。几乎遍及欧亚各地。

（3）生态习性。适应力强，栖息于山地热带常绿季雨林、半常绿雨林以及亚热带常绿阔叶林带。食谷物和其他植物种子，也食一些昆虫。

11. 黄胸鼠（*Rattus flavipectus*）

（1）鉴别特征。体形较黑家鼠略小。尾长一般超过体长。耳壳大而薄。被毛粗糙，胸部毛色显棕黄色，绒毛间混有基部白色、尖端黄褐色的真毛。乳头6对（附图230）。

（2）地理分布。本种为东洋界种，主要分布于我国长江以南各省区；国外见于印度、缅甸、老挝和越南等国。

（3）生态习性。穴居。善攀爬。多夜间活动。杂食，偏喜素食。

12. 马来豪猪（*Hystrix brachyura*）

（1）鉴别特征。本种为中型豪猪。成年体重8～15kg，体长450～780mm，尾长70～140mm。头骨最大长140mm。鼻骨长超过80mm。眼小，耳短宽。四肢短粗。大部体毛（含尾）特化为棘下残留稀疏软毛。除颈背中部具白尖棘冠（棘的下半段带暗褐）和嘴角后有一条纤细白纹（有变异）外，头、颈侧、肩、腹和四肢的棘刺短而黑褐。肩侧由具沟的扁刺覆盖。体背棘刺粗长，400mm左右，暗褐与污白相间。尾棘形态和色调与背刺相同，但较短小。尾端具特化为开口囊状或高杯状的尾铃，抖动时会发出沙沙响声。前、后足均具5个卵圆形趾垫印，内侧第一个甚小。前爪印距远；后爪印距近。前足具3个大小不等、且不规则的间垫，紧靠的2个大掌垫印圆形；后足间垫印4个，内2个小而不圆，外两个圆而大。2个纵列间开的距垫印为内短外长。粪便多呈粗短的散粒或颗粒，粘成节筒状（附图231）。

（2）地理分布。国内见于长江流域及其以南（除台湾）地区。国外广布于马来西亚、苏门答腊、加里曼丹、新加坡、泰国、缅甸、尼泊尔和印度等地。

（3）生态习性。栖息于热带、亚热带山地林缘。家族穴居。夜间活动，食植物和盗食农作物。遇敌竖棘刺防御或倒退撞击，撞上会脱刺，但不会隔距"射箭"。秋冬交配，春夏产仔，孕期近4个月。年产1胎，每胎1～4仔。寿命12～15年。

13. 帚尾豪猪（*Atherurus macrourus*）

（1）鉴别特征。体形较小而修长，略呈圆柱形。尾细长而圆，其基段和中段几乎裸露无毛，尖段具较蓬松的中空污白长毛，故名帚尾。成年体重3.5kg左右，体长

457～525mm，尾长228～445mm，耳长35mm上下，后足长约80mm，头骨最大长100mm左右，鼻骨长25～30mm。体被沙褐色扁棘（民间俗称"扁毛"的由来），其间杂有圆形长刺毛。背部棘刺的基部环绕着带灰白色的卷羊毛状软毛。头顶、头侧、颈背、前后肢为棕褐色。除带褐色的颏部外，喉部中央、腹中区、前后腿内侧棘刺白色。足印的总体形态与云南豪猪的类似，但相对较窄长。四足爪印弱而小，相距趾垫印很近。前足3个间垫和后足4个间垫彼此均呈分离状，2个分开的掌垫印相较细长，而纵向排列的2个跖垫印则明显较粗（附图232）。

（2）地理分布。国内主要见于云南、广西、广东、海南、四川、重庆和贵州等地。国外广布于缅甸、泰国、苏门答腊，马来半岛及其邻近小岛。

（3）生态习性。帚尾豪猪属典型的热带、亚热带种类，多栖于海拔2000m以下的密林或林缘灌丛，穴居。食性和其他习性均与普通豪猪及云南豪猪相似。

第七节　兔形目

上颌前后排列有两对门齿，前一对较大，后一对较小。咀嚼时上下咬合。无犬齿。有虚位。前臼齿3枚，臼齿2～3枚。咀嚼时左右移动。上唇中纵裂。尾短无。慢步为跖行性。阴囊位于阴茎前方，无阴茎骨。从化石看，它们与啮齿目是平行发展的，彼此间只是远亲，而非近戚。草食性。多分布于北半球，全世界有2科12属92种，我国有2科2属36种。

云南兔（*Lepus comus*）

（1）鉴别特征。属中型野兔。吻部粗短，额部宽阔，耳明显长，眶后突低平。成年体重1.8～2.5kg，体长330～500mm，耳长140mm以下，尾长70～110mm，后足长125mm左右。头骨最大长一般不超过100mm。毛被绒长厚密。体背毛色赭灰或浅棕褐，脊背多具零散黑纹，前额常有灰白方形小斑块，耳背暗褐，耳尖显黑，侧缘灰白，臀部淡灰色。喉部、体侧和四肢外侧赭黄。体腹和四肢内侧白色。尾背浅黑，尾腹灰白。兔类的前后足底均类似狐狸被有长厚毛，故一般都不呈现足垫印。即便是在松软土地上或雪地中也只能见到大致的足印轮廓。云南兔的粪粒没有独特之点，与其它野兔的极相近似，呈较豌豆略大的，几乎是圆形的颗粒散放或小堆（附图233）。

（2）地理分布。云南兔主要分布于云贵高原和横断山区南部山地，包括云南、贵州西部和四川西南一带。少量见于中缅及中越沿边境线区。

（3）生态习性。主要栖息于海拔1500～3200m的山地灌丛、稀树草坡、林缘开阔地和山区公路附近。穴居。多单独或成对自黄昏至夜间活动觅食，主食禾本科植物及灌木嫩叶，也常盗食农作物。夏秋繁殖，年产2～3胎，每胎1～4仔。

第八节　长鼻目

野象是现生陆栖动物中体形最大者。皮肤甚厚，毛稀少。四肢粗壮呈圆柱状。前肢有五指，后肢4趾，鼻和上唇连在一起，延长成长圆筒形，肌肉发达，能自由动作。上颌有一对特长的象牙。胃简单，盲肠大，肝脏无胆囊。乳头1对，胸位，双角子宫，环状胎盘，雄象无阴囊，睾丸终生留于腹腔内。世界上仅1科1属2种，我国产1种。

亚洲象（*Elephas maximus*）

（1）鉴别特征。亚洲象比非洲象小，成体体重可达3000～5000kg，体长近5000mm，肩高一般不及3000mm。鼻与上唇合二为一的长粗象鼻具卷缩、握持和喷吸功能，其前端开口处上方有一个感触灵敏的指（揩）状突（非洲象具2个），俗称"智慧瘤"。耳大似扇（但较直径达1 400mm非洲象的耳小）且常前后摆动。雄性均具1对粗长而略呈弧形上翘的上门齿，亦即通称的"象牙"，显较非洲象牙长、大，一般长约1 500mm（最长者几近2000mm）。单只重量超过20kg。成象皮厚、多皱，被毛粗稀。四肢粗大呈圆柱状。相对尾甚短小。四足印均呈直径约300mm的不标准圆盘状，趾印分离不明。在较松软地表的足印深陷，形成大的圆坑。粪便为略小于排球的粗纤维球堆（附图234）。

（2）地理分布。本种限于亚洲热带。国内只发现于云南南部（西双版纳、江城和景谷）和西南部（沧源、盈江）；国外见于印度、缅甸、老挝、泰国等地。

（3）生态习性。主要栖息于海拔700m以下的热带、亚热带丛林。群栖、昼行。以阔叶树的叶、皮，竹叶和多种藤本等植物为食。

第九节　奇蹄目

本目包括大型的有蹄草食动物，第三趾特别发达，其余各趾不发达，或完全退化，趾端具蹄。头除犀牛有纤维角外，貘和马均不具角。上下门齿存在，适于切草，犬齿存在或退化，臼齿的齿冠高，有复杂的棱嵴，适于研磨草料。胃为单室，盲肠发达，很大，起着牛的瘤胃作用。全世界有3科6属16种，我国仅有1科1属3种。

蒙古野驴（*Equus hemionus*）

（1）鉴别特征。貌似家驴，体形和足蹄较大，但小于野马，体重260～400kg，体长多大于2000mm，肩高1300～1500mm。头部较短，吻部圆钝。耳壳长于马而短于驴。尾细长，从其下半段被长毛。颈背至肩具长鬃毛，体背中线至尾根有一条棕褐色细纹。体背，体侧与四肢外侧毛色呈赤、深棕或暗红褐色；唇部、体腹及四肢内侧多为白色或淡灰白色。臀部的白色区域与其相邻的体色无明显分界。肩胛两侧各具1道显著的横行褐色条带。区别于藏野驴的主要特征是肩后无白斑，上门齿略较窄长及其齿前的凹陷更为明显，雄性犬齿与颌骨垂直且呈圆锥形。四足均为弧形单蹄印，前足印更宽大。粪便多呈60mm长并具中折沟的猪肾形（附图235）。

（2）地理分布。国内见于内蒙古西部与北部、青海、甘肃、宁夏和新疆等地。国外主要分布在中亚和西亚各地。

（3）生态习性。为典型的高寒种类，主要栖息于海拔4000～5000m的荒漠草原或山地荒漠地带。群居、昼行，以各种牧草为食。较难驯养。

第十节　偶蹄目

大中型。包括大多数有蹄动物。第三、四趾特别发达，趾端有蹄，第二、五趾很小，第一趾退化。低等的有上门齿，很多种类，上门齿消失，代之以角质垫；下门齿成为切牙，犬齿也形成切牙，但野猪犬牙成为獠牙。臼齿低等的低冠丘型齿，很多进化为高冠的月型齿。不反刍的偶蹄类为单胃，反刍的胃多达四室，它们大量采食，稍经咀嚼后，到安全地方再反刍细嚼消化。这种消化对策，比奇蹄类更为有利。分2～3亚目，包括10科89属240种。我国有2～3亚目，共有6科25属48种。

1. 林麝（*Moschus berezovskii*）

（1）鉴别特征。体较小，颈纹明显。背中高弓，肩、臀斜低。头短小，耳长大。颈长尾短。前肢短，后肢长。体重10kg左右，体长600～800mm，颅全长150mm以下。自吻端至眶前短于颅全长的1/2。体被易脱落的粗硬脆性波状长毛。头骨短小，吻部较窄，鼻骨长直。泪骨短方，宽大于长。成兽体毛橄榄褐色，染污黄色调。颊部和眼间区棕黑色，具小白斑，耳背基灰褐色，耳内白毛长。体背深黑褐色，体侧色较淡。臀毛似黑色，体腹自颏至鼠蹊灰白色，但染黄白成分。喉中线到前胸具1条棕褐色斑纹，其两侧各有1条黄白色或淡黄色链形颈纹。颈部及腹侧常略显灰黄色斑驳。四肢前面灰棕色，后缘几呈黑褐色或黑色。四足蹄印窄细，双蹄印前部甚尖而叉开。粪便为比小鼷鹿短小的散粒堆放（附图236）。

（2）地理分布。主产温带和亚热带。国内广布青海和甘肃南部地区；国外仅见于越南和老挝北部。

（3）生态习性。典型林栖麝种。主要栖息于海拔3200m以下林、灌等多岩区。性喜独居。善攀爬跳跃。白天隐伏，晨昏活动。喜食苔藓、松萝、嫩草、嫩枝叶和幼芽等植物。

2. 马麝（*Moschus chrysogaster*）

（1）鉴别特征。体形较大，体重9～15kg。背毛棕褐色或淡黄褐色；前额、头顶及面颊褐色，略沾青灰色；颈纹黄白色，纹的轮廓部明显；头骨狭长，吻长大于颅骨全长之半，及泪、轭骨间缝长超过12mm（附图237）。

（2）地理分布。主要分布于西部高原山地，青海省几乎全省，甘肃祁连山的天视、甘南、甘北和陇南山地，宁夏的贺兰山，西藏的日喀则地区、山南地区、那曲地区、昌都地区和拉萨郊区，四川西北的高山深谷以及高原草甸和草原灌丛地带，云南北部高山地区。国外见于尼泊尔、克什米尔等地。

（3）生态习性。本种在西藏的栖息高度一般在3300～4500m，最高至5050m。多在林线上缘活动。青海东部1900～3680m为其栖息生境；川西栖息于3000～4000m的高山草甸。性孤独，除配偶期外均为单独活动。主要在晨昏活动。主食柳属、杜鹃属和银莲花属植物。

3. 黑麝（*Moschus fuscus*）

（1）鉴别特征。体形大小和总体外貌与林麝颇相近似，但其喉部和颈侧无任何条纹和异色斑块和斑点。成年个体的体重约11kg。体长730～800mm，耳长80～98mm，尾长20～40mm，后足长230～285mm，颅长132～147mm。自吻端直至眶前区的面长（该种命名人原称吻长）为64～70mm，一般短于颅全长的1/2。体被易脱落的粗硬脆性波状长毛几呈一致的黑褐色（包括头部、耳和四肢）。半成体毛色略淡，多为暗褐色；胎儿及其初生幼仔体具浅黄色圆点斑点。头骨短小，吻部较窄，鼻骨长直（长44～46mm），且其最宽处在前部。泪骨形态与林麝相反，呈长方形，即多数为长大于宽（长17～22mm，宽

16.5～18.5mm），仅极少数是长宽相近。四足蹄印和粪便形态与林麝类同（附图238）。

（2）地理分布。本种主产我国。国内分布在云南西北部的高黎贡山、碧罗雪山和西藏东南部。国外仅见于缅甸东北部。

（3）生态习性。栖息于海拔3200～4600m的高寒山区的阴暗针叶林、杜鹃灌丛和裸岩砾石。独栖，白天隐伏，晨昏活动。喜食苔藓、松萝、嫩草、嫩枝和幼芽等植物。

4. 黑麂（*Muntiacus crinifrons*）

（1）鉴别特征。外貌与同属其他种相似，系现生麂属中最大的种类。体重约35kg，体长1130～1320mm，尾长180～280mm，肩高622～780mm，颅全长203～225mm。额顶具鲜棕或金黄色长簇毛。雄性额侧有短小的骨质角，角柄长48～55mm，角干长约65mm，相较大多角柄短于角干，眉枝短小，多数尖而较光滑。鼻骨宽窄居中，但属最长者（56～71mm），并与前颌骨分离。泪骨前缘有突起与额鼻骨相连。额腺不甚显著，颈背无脊纹。除棕黄的额部簇毛、腹部、鼠蹊和尾腹白色，以及足蹄口有白毛环外，通体几呈一致的黑褐色或棕黑色，其尾背的黑色成分更浓。蹄印居麂类中最大而长（长约45mm，宽约30mm），粪粒形态及排放方式均与赤麂的类同（附图239）。

（2）地理分布。黑麂为中国特有物种，分布区域在同属中最为狭小，现今仅见于长江下游的安徽、浙江和江西一带。

（3）生态习性。主要栖息于海拔1000m左右的山地林区。独居，夜行。主要以常绿阔叶树的鲜嫩叶、枝和草本植物为食。繁殖力相对较弱。

5. 豚鹿（*Axis porcinus*）

（1）鉴别特征。体形中等大小，外貌较粗壮，四肢较短小，故个体显得较矮。成体体重约50kg，体长大多为1050～1150mm，肩高约600mm，尾长约200mm。总体毛被色彩淡褐，背部常杂有浅棕毛尖，腹部及鼠蹊部灰色。夏毛背脊两侧均具小型纵行灰白斑点，体侧亦常有不规则的灰白斑。冬季毛色赤褐或黄褐，其毛尖多灰白而略显花斑色调。雄鹿具比水鹿短小多的三叉角，分枝甚为短小，第一叉（眉叉）距角柄基部仅30～35mm，而顶叉的着生位置则特高。豚鹿足印的大小与大型麋类相近，其前蹄印较后蹄印稍稍较窄短。单蹄印较窄长，前尖后钝。正常新鲜足双蹄印之间并不显著分开。粪粒也与鹿类的相似，但似乎更显圆形（附图240）。

（2）地理分布。豚鹿系典型的热带、亚热带兽种。国内仅见于云南西南边境的耿马和瑞丽一带。国外分布于印度、缅甸和泰国等地。曾引种至斯里兰卡和澳大利亚。

（3）生态习性。具有较独特的生活方式，主要栖息于海拔1000m以下的河沿芦苇沼泽区，一般不见于山地森林。性喜独居，夜间活动。以鲜嫩苇叶和多种水草为食，善刨食植物的根茎。

6. 水鹿（*Cervus equinus*）

（1）鉴别特征。体长而高大，体重150～315kg，体长2300mm左右，肩高可达1300mm上下，尾长约近250mm。颈侧多有长而蓬松粗毛。头骨大而长，吻短窄，脑颅短宽，额鼻骨发达，占头骨背面的3/4，鼻骨后缘呈锐角；上颌骨、鼻骨、额骨与泪骨间的隙孔呈梯形。泪窝显著。毛色大部呈栗色，体背颜色较深，体侧略淡。耳背栗棕，毛黑棕，臀后染锈棕色。四肢上部栗棕色，下部灰白色或浅黄棕色。在干湿适度地表上的蹄印紧靠，前部窄而略尖，后部相对较宽，两蹄印间高凸1条狭窄的泥土棱嶴。粪粒主要有大、小圆形，长椭圆形两类（附图241）。

（2）地理分布。国内见于西南和华南各地，包括台湾和海南。国外广布亚洲南部各国及诸岛。

（3）生态习性。系森林种类。主要栖息于海拔3000m以下针阔混交林，亚热带常绿林和热带雨林。多结小群，夜行。喜漫游和嗜水，好舔食盐、碱塘。以多种嫩枝叶和青草为食。

7. 梅花鹿（*Cervus nippon*）

（1）鉴别特征。中型鹿类。重约100kg，体长约达1500mm。肩高约1000mm，头骨颅全长260～290mm。颈部有毛。体毛具两色型：夏季毛色栗赤，多杂排列成行的鲜明白斑，形似梅花而得名，背中线黑褐；冬毛色彩烟褐或栗棕，白斑常不显著，背中线深棕。雄性自第二年起开始出角，大约到5岁时角即定形，共分4叉，第二叉着生位置特高。梅花鹿鼻骨长，其后端与眼眶前缘几处同一线上。具有细小的上犬齿。正常偶蹄为左右平行分列，单蹄印中段略大于前、后端。粪便一般存在两种类型：一种是软性的棱块叠堆，另一种为干性的圆形颗粒（附图242）。

（2）地理分布。梅花鹿属北方型种类。国内残存于东北、华北、内蒙古、甘肃、四川和长江中下游南部（包括台湾）。国外主要见于日本、朝鲜及西伯利亚东南部（太平洋沿岸）。

（3）生态习性。本种系较典型的温带、寒温带类群，主要栖息于丘陵山地的林间草区，野生种群已为罕见，且日趋减少。性温顺，多营小群活动，主为昼行，以多种鲜嫩青草和树叶为食。

8. 马鹿（*Cervus canadensis*）

（1）鉴别特征。属大型鹿类，体重230～250kg，体长达2000～2300mm，肩高约1500mm，头骨颅全长400～450mm。颈部毛不显著。体毛也具两色型：夏季毛色赤褐色，冬毛色彩褐灰色。背部具黑棕色脊纹，腹部颜色略淡。常有呈浅赭黄色的大而显著的臀斑（西藏亚种和川西亚种呈白色，甘肃亚种为淡黄白色），其上、下缘棕黑色。雌鹿较小。雄性具分6～8叉的大型鹿角，眉叉直接从角基分出，第二叉接眉叉，第3叉着生位置较高。鼻骨较长，其内侧高凸。同样具有细小的上犬齿。蹄印大小与水鹿的相似，但偶蹄间距较宽，前端较圆钝；粪便形似大花生米（附图243）。

（2）地理分布。马鹿属北方型种类。国内主要见于东北、内蒙古、山西、甘肃、新疆、青海、四川西部和北部及西藏等地。国外泛布于欧洲、北美洲和非洲北部地区。

（3）生态习性。马鹿系典型的寒温带兽种。主要栖息于丘陵山地森林和平原区密林。多营群居生活，并具迁徙习性，夏季上至山林，冬季下入平原密林。主食林下青草、鲜嫩树叶。

9. 坡鹿（*Panolia siamensis*）

（1）鉴别特征。体形与梅花鹿相似，但颈、躯体和四肢更为细长而显得格外矫健。雄鹿体重约100kg，雌鹿约60kg。毛被黄棕、红棕或褐棕色，背中线黑褐色。背脊两侧各有一列整齐的白色斑点。雄鹿的斑点尤为明显。成年鹿春季斑点不明显或全部消失。雄鹿具有角，眉枝从主干基部向前上方成弧形伸展，主干则向后上方成弧形伸展，且无大的分枝（附图244）。

（2）地理分布。仅限于海南岛。

（3）生态习性。主要栖息于海拔30～70m的落叶季雨林、砂生灌木丛及林缘草地等地势较平坦处。昼夜活动。群居，群的大小和类型随季节而有变化。善跳跃。广食性动物，主食幼嫩植物，偏爱肖槿花和木棉花。

10. 白唇鹿（*Przewalskium albirostris*）

（1）鉴别特征。属大型鹿类，体形大小及形态与水鹿和马鹿相似，成年雄性的体重一般达200kg以上，肩高1200～1300mm。成年雌性的体重一般在150kg左右，肩高1100～1200mm。通体呈黄褐色。没有黑色背线和白斑，鼻唇周围及下颌为白色，臀斑淡棕色。头骨泪窝大而深。成年雄鹿角的直线长达1000mm，有4～6个分枝，无冰枝（马鹿的第二枝），角干略向后外弯曲，各枝几乎排列于同一平面上呈车轴状。角呈淡黄色，分叉处呈扁平状。蹄较宽大，跑起来像驯鹿那样，发出"咔嚓咔嚓"的关节声（附图245）。

（2）地理分布。本种分布于甘肃省中部和南部、青海省东部、四川省西部、西藏自治区东北部以及云南省北部。

（3）生态习性。主要栖息于青藏高原东部海拔3000～5000m的高山荒漠、高山草甸草原和高山灌丛生境。集群生活，社群平均为35头，最多达200头左右。主食草本性植物，特别是高山蒿草中占优势的莎草科、禾本科及豆科植物。冬季除食枯草外，还采食一些柳类等灌木的芽。

11. 毛冠鹿（*Elaphodus cephalophus*）

（1）鉴别特征。属大型鹿类，成体体重35kg左右，体长800～1300mm，尾长90～133mm。前额具块状马蹄形粗硬冠毛。雄性残留一对隐于毛中的不分叉短角。吻鼻裸露，眼相对较小。眶下腺发达，不具额腺。耳壳较宽阔且被毛丰厚。臀较肩高，无臀斑。头骨略狭长。吻部短高，鼻骨宽阔。前颌骨与鼻骨分离，但鼻骨前端仅略超过前颌骨的后端。额骨、鼻骨、上颌骨与泪骨间的空隙较大。泪窝与眼眶几乎等大。全身被毛粗糙。毛色大部灰褐色或暗褐色。眉纹不显。耳基前的冠毛边缘有棕灰色狭纹围绕。冠毛黑褐色与体色呈鲜明对比。耳基内缘和耳尖多有白斑。颈侧、喉部至前胸的灰褐毛尖之后多有一较短的苍白色环，呈现许多细小斑点。腹部、鼠蹊、尾下及四肢近端内侧均为白色，尾背黑色。五足蹄印与其他鹿种类同而较大。粪粒则相对短小而圆（附图246）。

（2）地理分布。国内广布青海、甘肃以南大多地区。国外仅见于越南、老挝和缅甸3国北部。

（3）生态习性。栖息于海拔5000m以下的热带、亚热带、温带山地的多种环境。独栖，晨昏或夜间活动。食物为多种种子植物及少量蕨类和菌类植物。

12. 驼鹿（*Alces alces*）

（1）鉴别特征。体形高大，成体雄性体重200～300kg。鼻部隆厚，肩峰高出，体形似驼。仅雄鹿有角，成年者角多呈掌状分枝。无论雌雄，喉下皆生有一颌囊，雄性颌囊通常较发达。头长大，眼较小；上唇膨大而延长，比下唇长50～60mm。无上犬齿。幼兽身上无斑点（附图247）。

（2）地理分布。本种属环北极型动物，广泛分布于欧亚和北美大陆的北部。在我国除新疆北部的阿尔泰山区可能有分布外，主要分布在大、小兴安岭和完达山区。

（3）生态习性。典型的亚寒带针叶林动物，主要栖息于原始针叶林和针阔混交林中的平坦低洼地带及林中沼泽地。群居。喜食植物的嫩枝条，如柳、榛、桦和杨等；夏季采食多汁的草本植物。

13. 野牛（*Bos gaurus*）

（1）鉴别特征。外貌与家黄牛极相近似，但体形显著较大，成体体重1500～2000kg，体长约3000mm，肩高达2000mm左右。头、耳明显较大，两性均具粗圆内曲的较长锐角。额部常有灰白区域。肩部显著隆起，背脊明显高凸，故站立时显得肩高臀低。体毛短稀，呈油亮棕褐色，唇、鼻灰白。自前额至尾基形成一暗褐脊纹。喉部具黑色长毛。颈下有垂肉。尾细长而被毛稀短。四肢健壮，其上内侧金棕色，肘、膝以下则呈白色。故有"白袜子"之称。足印及粪便均与家养水牛近似，但偶蹄印相对窄长，其前部较尖，且一般不十分叉开（附图248）。

（2）地理分布。野牛为典型的热带种类。国内仅见于云南南部和西南部（包括怒江以西的腾冲至瑞丽的西部边境地带）。国外主要见于印度、缅甸和东亚诸国。

（3）生态习性。多栖息于海拔2000m以下的热带、南亚热带原始常绿阔叶林区，低热河沿岸，远离人类住地。性喜群栖，昼行。主食"马鹿草（民间俗称）"等草本植物及鲜嫩树、竹叶。

14. 野牦牛（*Bos mutus*）

（1）鉴别特征。为大型笨重的牛类，体长可达3000mm左右，肩高1300～2000mm，但雌性通常较小，头形狭长，颜面较直而平，唇鼻处及耳壳均较小。肩部中央有明显的隆凸肉峰，体背多平直，使其站立时显得肩高臀低。颈下垂肉缺或短小。体背毛长，尤其肩、臀、肋和胸腹等处被毛甚为密长，可卧冰雪，但头脸、体背和四肢下端毛被短而致密。尾毛蓬松。毛色为黑、深褐或染黑白花斑。四肢短健，下肢更粗壮。头骨狭长，泪骨狭窄，前端沿额骨外侧延伸。鼻骨宽阔，后端插入额骨。足蹄大而宽圆，宽约140mm，长多不及170mm。粪便呈大型棱块堆集（附图249）。

（2）地理分布。野牦牛系青藏高原的特有类群。国内主要分布于西藏、青海、甘肃和新疆昆仑山一带。国外仅见于尼泊尔、不丹等地。

（3）生态习性。属典型高寒动物，栖息于海拔3000～6000m人迹罕至地区，含高山、盆地、草原和荒漠等多种环境。性喜群居和游荡生活。多以禾本科与莎草科植物为主食，也吃高原蒿类等。家牦牛系野牦牛家养亚种，善在空气稀薄的高寒区驮运，故誉为"高原之舟"。

15. 蒙原羚（*Procapra gutturosa*）

（1）鉴别特征。体形纤瘦，比藏原羚和普氏原羚大，也略显粗壮，体长1000～1500mm，肩高约760mm，体重一般为20～35kg，最大可达60～90kg。头部圆钝，耳朵长而尖，并且生有很密的毛。具有眶下腺。雄兽角较短而直，呈竖琴状，表面有明显而紧密的环形横棱，尖端平滑，呈弧形外展，最后两个角尖彼此相对。雌兽无角，仅有一个隆起。颈部粗壮，尾巴很短，仅有90～110mm。夏毛较短，为红棕色，腹面和四肢的内侧为白色，尾毛棕色。冬毛密厚而脆，略带浅红棕色，并且有白色的长毛伸出，腰部毛色呈灰白色，稍带粉红色调。臀部有白色的斑，冬季尤为明显。鼠鼷腺发达。四肢细长，前腿稍短，蹄子角质，窄而尖（附图250）。

（2）地理分布。在我国分布于吉林西北部、内蒙古、河北北部、山西北部、陕西北部、宁夏贺兰山、甘肃北部和新疆北部等地。在国外见于蒙古国和俄罗斯西伯利亚南部。

（3）生态习性。主要栖息于半沙漠地区的草原地带，但从不进入沙漠之中。性喜群栖，善于跳跃和奔跑，食草及灌木。

16. 普氏原羚（*Procapra przewalskii*）

（1）鉴别特征。又叫滩原羚、滩黄羊等，体形比蒙原羚稍小，体长约1100mm，肩高约500mm，体重约15kg。尾巴较短，不足110mm。夏毛短而光亮，呈沙黄色，并略带赭石色，喉部、腹部和四肢内侧均为白色，臀斑为白色。冬季毛色较浅，略呈棕黄或乳白色。角长约300mm，角的下半段粗壮，近角尖处显著内弯而稍向上，末端形成相对钩曲，这点与朝内后方弯曲的蒙原羚角不同（附图251）。

（2）地理分布。普氏原羚是我国特产动物，分布于青海、内蒙古西部、新疆东南部、甘肃北部和宁夏等地。栖息在比较平坦的半荒漠草原地带，一般海拔高度在3400m以下，从不到达更高的山峦，也不到纯戈壁地带活动，所以被称为"滩黄羊"。它有季节性水平迁移现象，集群活动，冬季成群向南迁移，到植被较丰富、雪薄和有水源的地方，夏季复又北返。

（3）生态习性。性喜群居，主要以禾本科、莎草科及其他沙生植物的嫩枝、茎、叶为食，冬季则啃食干草茎和枯叶，忍耐干旱的能力较强。普氏原羚的发情交配期是12月至翌年1月，雄兽之间的争雌斗争不算激烈。产仔期间群体暂时解散，雄兽结成小的群体或者单独活动，雌兽则单独到山坳的高草丛或灌木丛等较为僻静的地方分娩，每胎产1仔，偶尔为2仔。

17. 鹅喉羚（*Gazella subgutturosa*）

（1）鉴别特征。体形似蒙原羚较小，体长1000mm左右，肩高500～650mm，尾长120～140mm。体重25～30kg。雄羚在发情期喉部特别肥大，状似鹅喉，故得此名。鹅喉羚仅雄性有角，角长约300mm，角先向上方生长，再弯向后方且逐渐外分，角有显著的棱脊，角尖朝内，雌性无角，但头部有两个3mm左右的隆起。耳较长；颈部较细长；四肢纤细。体毛以棕黄色为主，头部两侧各有1条褐色条纹，吻鼻部由上唇到眼色浅呈白色，腹部、臀部白色，尾背面黑褐色。腹部、四肢内侧、臀部毛色发白（附图252）。

（2）地理分布。在我国分布于新疆、青海、内蒙古西部和甘肃等地。在国外分布于亚洲中部、蒙古国、伊朗、伊拉克、叙利亚、阿富汗和巴基斯坦等地。

（3）生态习性。鹅喉羚属于典型的荒漠、半荒漠动物，栖息于海拔1000～3000m的荒漠地带。常4～10只集成小群活动。善奔跑。耐旱性强，以冰草、野葱、针茅等草类为食。

18. 藏羚（*Pantholops hodgsonii*）

（1）鉴别特征。体形较大，雄体体长在1350～1450mm，肩高780～970mm，雌体体长1030～1300mm，肩高700～920mm，头形宽长，吻部宽阔，鼻腔明显鼓胀，鼻孔几乎垂直向下，整个鼻端被毛。无眶下腺。上唇特别宽厚。雄体有1对特殊的长角，直竖于头顶之上，仅角尖微向内向前弯曲，远处侧视，似为一角，又曾被人称为"独角兽"。角有环棱，角前面环棱突出而后面环棱和缓，角尖光滑无棱。雌羊无角，乳头1对。尾短小，尾端尖。四肢匀称，强健，蹄略侧扁而尖。除头部、四肢下部及尾内侧以外，通体绒毛厚密，毛形直，有波状弯曲，绒纤细柔软，绒纤维直径一般在10~12μm，最细6μm。藏羚的被毛色调夏季深，呈黄色，冬季淡，呈沙色，个别雄羊几乎通体呈白色（附图253）。

（2）地理分布。青藏高原特有种，国家一级保护动物，生活于海拔4100~5500m的高寒荒漠草原，高寒草原和高寒草甸等环境中。主要分布在青海、西藏和新疆南部，在印度和尼泊尔有少量分布。

（3）生态习性。营群居生活，每群由数只到数百只不等，产仔期和迁徙途中可以看到数千只组成的特大群体。一般无固定的栖息地，大部分都有远距离迁徙的习性。主要食物有禾本科、莎草科和绿绒蒿属的植物。御敌的主要本能是奔跑，正常迁徙与繁殖直接相关，绝大多数都有长途迁徙集中产仔，产仔后又迁回原栖息地的习性。雌藏羚3岁性成熟，每胎1仔。

19. 赤斑羚（*Naemorhedus baileyi*）

（1）鉴别特征。貌似家山羊略大，成体体重25~40kg，体长1200mm以下，尾长140mm左右。头短吻裸，无羊胡和明显泪腺口。具似羚角但短小。被短毛。有一条深色背脊纹。喉具块斑。尾毛蓬松、帚状。四肢长，蹄狭窄，具蹄高。体毛粉栗褐。喉斑灰白，外缘赭黄。胸及上腹浅灰棕，下腹和鼠鼷灰白。尾基锈褐，向后渐呈黑或锈棕色。四肢外侧毛色似体背，腋下至蹄浅棕黄色。头骨短狭。鼻骨前尖，后入额骨。泪骨长而略凹。眶下嵴直达泪骨下缘。下颌骨冠状突甚高。足印与家山羊的近似，略似"肾形"，但偶蹄印相距较开，且内、外印多呈前后错位排列。粪便具干性，多呈不规则颗粒叠堆，少数颗粒具针尾（附图254）。

（2）地理分布。国内广布于东北、华北、华南、西南以及青海和西藏东南。国外见于西伯利亚、朝鲜、缅甸东部、越南、老挝和泰国等地。

（3）生态习性。多栖息于海拔3000m以下河岸、山地多岩区。成对居，偶结群。常隐伏岩台或悬崖上，炎热时进岩洞或在垂岩下。听、嗅、视觉灵敏。善在岩区迅跳。晨昏活动，以嫩草、树叶和松萝为食。冬季交配，春末产仔，胎产1~2仔。

20. 北山羊（*Capra sibirica*）

（1）鉴别特征。体形似家山羊而显著较大。体长1200~1700mm，尾长100~200mm，肩高800mm左右（最高可超过1000mm）；雄性体重达80~100kg，但雌性显著较轻，仅为雄性的1/2或略多。两性均具角，雄性的更大而长，向后下弯曲，其前外侧显横棱，角的最大弧长可达1000mm。雄性颏下有一把呈钩形黄白色长须毛，但雌性的相对较短。北山羊体毛色彩有明显的冬夏之分。冬季毛长色浅，呈黄色或白色；夏毛短而色深，体背多棕黄，体侧略浅，从枕后沿背脊至尾基具黑色纵纹。北山羊的偶蹄足印与其他羊类的蹄印形态差别颇大，蹄印前部呈"剪刀"状开口，前后足的单蹄前端均为三角尖形，而偶蹄中段蹄印几乎不左右分开。新鲜粪便为多样形颗粒粘堆，单个粪粒较鹿类的大，而明显比鹅喉羚的小（附图255）。

（2）地理分布。国内主产于西北部的新疆、青海、内蒙古、甘肃和宁夏等地。国外广布于欧洲、西亚和北非。

（3）生态习性。为典型的高寒兽种。多栖息于海拔3000~6000m的高山草甸带和裸岩区，集群活动（5~10头不等），一般不进入有林地，以草本植物为食。

21. 岩羊（*Pseudois nayaur*）

（1）鉴别特征。本种属大型野生羊类。体长约1400mm，尾长一般不超过200mm，肩高700～900mm，体重可大于70kg；雌性相对较小，体重多在50kg以下。岩羊头部狭长，耳短小而尖。两性均具角，雄性的明显粗大而长，先向两侧分开，后向外后延伸，其内侧至上、前方可见一窄长凸嵴，最长者很少达到200mm。夏毛短薄，冬毛厚密。颊部、体腹和四肢内侧白色，体背青灰棕或黄褐，体侧具一显著的黑褐分界线。四肢前侧多有黑纹。岩羊足印呈不规则的长条形，双蹄的前部窄小，后部宽大，中部明显收缩，左右单蹄内后段紧靠，然后向前逐渐分开，每个单蹄的中后部正面还呈现较宽长的凹痕（附图256）。

（2）地理分布。国内主要分布于西南和西北地区的西藏、四川、云南、青海、新疆东南、甘肃、陕西和内蒙古等地。国外见于克什米尔、尼泊尔和缅甸北部边区。

（3）生态习性。岩羊系高寒兽种，主要栖息于海拔3500～5500m的高山裸岩区、山谷间草地或雪地下线一带。性喜群居（几只到百余只不等），晨昏活动，行动敏捷，善跳跃，好定卧；以高山矮草或灌木叶、枝为食；冬末夏初繁殖，孕期5个月左右，一般胎产1仔，哺乳期约6个月，1.5岁可达性成熟，寿命在20年左右。

22. 盘羊（*Ovis ammon*）

（1）鉴别特征。体形大而四肢短，羊躯体粗壮，体长1500～1800mm，肩高500～700mm，体重110kg左右。雄性角特别大，呈螺旋状扭曲一圈多，角外侧有明显而狭窄的环棱，角基粗，周长约460mm，角最长可达1450mm。雌性角短而细，弯曲度也不大，角长不超过500mm。头大颈粗，尾短小。四肢粗短，蹄的前面特别陡直，适于攀爬于岩石间。通体呈灰棕色或暗褐色，耳内白色，喉部浅黄色，臀部具白斑。头骨显短，高齿冠（附图257）。

（2）地理分布。在我国分布于新疆、青海、甘肃、西藏、四川和内蒙古。在国外分布于亚洲中部和蒙古国、印度北部等地。

（3）生态习性。主栖息于海拔3000～6000m的高山裸岩地带，经常出没于半开阔的峡谷和山麓间，很少在雪线以下活动。通常集成小群，有时集合成较大的群体，主要在晨昏活动，冬季也常常在白天觅食。食物包括草、树叶和嫩枝。盘羊善于爬山，比较耐寒。

23. 中华鬣羚（*Capricornis milneedwardsii*）

（1）鉴别特征。成体重80～120kg，体长1500mm左右，尾短于120mm。头长尾短。额后具一对平行后伸的锐角。颈背毛粗长。体毛稀疏粗硬；背中有长毛脊纹。体背毛多黑褐，毛基白色。唇周和颏部灰白色；额及耳背微棕色；颊部黑褐色。毛灰棕褐色。背脊纹黑色。臀后浅棕色或褐锈色。喉部具锈棕色或灰白斑。颈下至胸腹略淡于体背，腹下及鼠鼷淡锈黄色或白棕色。尾背暗黑色，尾腹锈棕色。四肢较粗壮，其下部呈铁锈色或锈褐色。头骨狭长。鼻骨较短。前颌骨后端远超鼻骨前端。泪骨大而深凹。眶下嵴显著厚，其前端与眶下缘几处水平线而不同于斑羚。下颌骨冠状突甚高。足蹄短钝结实。粪粒显较鹿类的大，每次排数十粒，散堆状。岩脚常集大堆（附图258）。

（2）地理分布。系东洋界的广布种。国内泛布于陕西、甘肃、四川、西藏和湖北以南大多地区。国外分布从尼泊尔、印度、缅甸、东南亚各国直达苏门答腊等地。

（3）生态习性。主要栖息于海拔4000m以下的针叶、针阔混交和常绿阔叶林多岩区。喜独居，善隐蔽，有固定居所。晨昏活动，好隐伏巨岩下或大树脚。以嫩草、嫩叶、松萝和菌类为食。常冬末交配，夏季产仔，胎产1仔，约3岁性成熟。

24. 野猪（*Sus scrofa*）

（1）鉴别特征。体貌似家猪，但吻鼻尖长，面部狭长斜直，耳小而直立，肩凸尾短，体被粗稀硬毛。成体体重200kg左右，最重者近300kg；体长1500～2000mm。体背毛粗长，背中部最长者可超过150mm。四肢短健。头骨侧面观呈长三角形，吻鼻低矮，颅枕高凸。鼻骨狭长，约为颅全长的1/2。颧弓粗大外扩。犬齿粗大锋锐呈"獠牙"，且向上方曲翘。成年野猪通常具灰黑和棕黄白两种色型；幼仔自枕后至臀部有1条黑色纵纹，两侧各具3条黄棕色与黑褐色相间的纵纹，最外侧1条在腰部多间断为斑点状，有的个体在斑点纹下还有1条黑褐纵纹。足印颇似家猪足印，但较大而钝。干性粪便多呈不规则的丸、渣堆集（附图259）。

（2）地理分布。野猪为广布性种类，国内见于大部地区。国外分布于北非和亚洲、欧洲及其近岛。

（3）生态习性。属山地森林种类，广栖常绿阔叶林、针阔混交林等多种林型的灌木丛和山溪草丛。性凶猛，善奔跑和泅水；喜拱土、翻石和滚泥水塘。营结群游荡性生活。多晨昏和夜间觅食，杂食，以植物为主，兼吃昆虫、蟹等动物性食物。

25. 双峰驼（*Camelus bactrianus ferus*）

（1）鉴别特征。骆驼属反刍有蹄哺乳类。双峰驼由其体背前后有较单峰驼矮小的两个肉峰（内部储蓄脂肪）而得名。两峰间形成"U"形的宽凹。头小、躯体大。颈长并被浓密毛且颈下的较短，尾细长具尖端簇毛，吻较狭长，上唇中裂。眼为重睑。鼻孔可以开闭。体形大小在骆驼科内居中。头体长约3000mm，肩高1800～2100mm，尾长500mm，颅全长约500mm。体毛色彩多呈沙棕褐。头骨长。鼻骨短，上颌仅留呈齿状的外门齿，枕部上翘。四肢较短粗。四足仅第三、四趾发达，第一、二、五趾缺失。趾背具指甲状蹄甲，使趾端印扩大，蹄印前后明显分开，两蹄间具长椭圆形凸沙（土）；蹄外和蹄底有适于在沙漠中行走的弹性衬垫和胼胝。粪便为直径在30mm左右的小型"窝头"状丸粒，常呈两粒套接（附图260）。

（2）地理分布。双峰驼原产中亚各地。现野生种群仅见于我国的新疆中、东部，内蒙古西部，甘肃，青海和国外的蒙古国大戈壁。

（3）生态习性。性温驯，因第一胃室能贮存大量的水，故善耐饥渴。能负重至远。以粗草及灌木为食。

26. 小鼷鹿（*Tragulus kanchil*）

（1）鉴别特征。小鼷鹿系现在最小的有蹄哺乳类动物。成体大小如兔而略高，体重2kg左右，体长多在500mm以下，尾长约100mm，后足长一般不及135mm。头短，颈粗，耳细长。雌雄均无角，上门齿缺失，上颌犬齿长而细尖。体背、体侧毛色赭褐，通常不具斑纹。背脊部颜色略深。颈背微显条纹。喉、颈下、胸、腹、尾下及四肢内侧均为白色或灰白色，前胸有一中央呈白色的三角形赭褐色环斑。体腹中线略具淡沙褐色细条纹。四肢外侧锈棕色。尾短小。四肢纤细，前肢短，后肢长。四足均具两蹄印，由三、四趾组成，蹄印尖细。悬蹄位高，常不呈现在足印中。粪便略比绿豆大而色深，每次排粪数十到上百个颗粒的小堆。无固定排粪场点（附图261）。

（2）地理分布。小鼷鹿为典型的热带兽种。国内仅见于云南南部的勐腊和江城等地。国外主要分布在泰国、缅甸向南至爪哇和婆罗洲等地。

（3）生态习性。主要栖息于海拔1000m以下的热带森林及灌丛地带。多喜在河岸、山溪附近林下植被茂密区活动。性孤僻、善躲藏，独居，夜行。以青草、嫩叶和野果为食。

27. 小麂（*Muntiacus reevesi*）

（1）鉴别特征。外貌似赤麂，但较小。重约13kg左右，体长不及900mm，尾长160mm以下，头短小、耳短宽。雌雄均有额腺。具角柄短小的二叉骨质角，第一叉短小；主叉粗长，尖端内后弯，角表面具浅纵沟。臀高肩低。四肢细长。头骨较小，吻颌狭短，颅全长不及180mm。颧宽小于85mm。鼻孔较大，鼻骨与前颌骨分离，前端中长外短。毛色变异较大，多为油亮暗棕褐或黑褐。颈部、体背与体侧毛尖后多染沙黄色环，使呈现密而细小黄褐色麻斑。额两侧各有1条深棕褐色纵纹，雄性的向后经角基至顶中合成黑色斑块。颏、喉灰白色。颈下淡黄白色。腹、鼠蹊、四肢近内侧及尾下纯白。尾背红棕色。蹄口具黄白色环。足蹄印在已知鹿种中是最尖小者（长35mm以下，宽20mm左右）。粪粒显著较小鼷鹿和麝种的大而圆，而较其他鹿种的小而一端多缺"酒窝"（附图262）。

（2）地理分布。中国特有种。分布于秦岭以南、云南哀牢山以东地区（含台湾，但海南除外）。

（3）生态习性。主要栖息在海拔3000m以下中低山区林灌。独居，敏捷、善奔跳和躲藏。晨昏和夜间活动。食物是多种嫩枝叶、树皮、芽尖、青草和野果等。繁殖力较强。

28. 赤麂（*Muntiacus muntjak*）

（1）鉴别特征。貌似小麂而体大，属中型麂类。体重20~33kg，体长1000~1200mm，肩高500~600mm。头较大、耳宽长。雌雄额腺粗长。雄性具鹿类之冠的二叉骨质角，角柄和尖端显著内后弯的角主枝均长大，角表面具浅纵沟，眉枝相对粗长；臀高肩低。四肢中长。头骨较大，吻颌狭长，颅全长200mm以上，颧宽大于90mm。鼻孔正常，鼻骨与前颌骨接触，前端内外几等长。毛色赤栗，显著与其它鹿类的有别。角柄前方被毛有一黑褐色纵行条纹。颏、喉灰白。颈下淡灰棕色。腹、四肢近内侧及尾下纯白。尾背与体背色同。蹄口具白环。左右蹄印紧靠且较大（长40mm左右，宽约25mm），蹄印大于小麂蹄印。粪粒形似中大花生米，呈散粒堆放于树脚，行进线或藤灌下空地（附图263）。

（2）地理分布。国内见于金沙江与长江流域及其以西、南大部区域（包括海南，但不含台湾）。国外广布于印度、缅甸、泰国至爪哇等地。

（3）生态习性。主要栖息在海拔3000m以下热带、亚热带山地阔叶密林。独居或雌雄同居，营昼夜活动。以嫩叶、枝和青草等植物为食。繁殖力很强。

29. 扭角羚（*Budorcas taxicolor*）

（1）鉴别特征。本种为中型牛科动物。其外貌既似牛而又似羊，矮粗壮实，颈长尾短，吻鼻宽高，体毛绒长，肩臀高差不显著。成体体长2000mm左右，尾长不及200mm，肩高多在1500mm以下，体重250~600kg。雌雄均具短小锐角，但角间距较窄；角形独特：角基部向上，接着向外侧延伸，再自角中部向后呈镰刀状斜弯。体毛色彩包括青棕色、棕褐色、沙棕色、棕黄色或灰白色；体背中线具一明显的暗棕褐脊纹。前足蹄印显著较后足印大而圆。粪便多具干性，粪堆多较家黄牛的大，呈多盘状横形套叠，由前向后渐小（附图264）。

（2）地理分布。国内分布于云南西部高黎贡高山地区、西藏东南、四川西北、陕西秦岭和甘肃南部。国外主要见于不丹和缅甸东北边区。

（3）生态习性。扭角羚是较典型的高寒林缘种类，主要栖息于海拔3500m左右的林缘草坡、针叶林、针阔混交林或陡岩山区，冬季可下迁至2000m左右的常绿阔叶林带。好群居，性凶猛，多于晨昏活动。主以嫩枝叶、青草等植物为食。秋冬季交配，春末夏初产仔，胎产1仔，约3岁达性成熟。正常情况下其寿命可在15年以上。

（李明　张泽均　吴华　齐墩武　李文博）

附：中国常见兽类检索

（1）无后肢，前肢呈桨状，尾扁平似鳍 ··（2）
　　有后肢，前肢不呈桨状，尾不呈鳍形 ··（8）
（2）体披毛，鼻孔近吻端，肉唇厚而下垂，雌兽乳头生在胸部，口腔内生有不同形状牙齿 ············
　　···海牛目，国内仅儒艮1种，分布在南中国海。
　　体无毛，鼻孔多仰开，肉唇不厚垂，雌兽乳头生在近胯部，口腔内生有同形齿或无牙齿 ······鲸目（3）

［鲸目］
（3）体形大，体长多在10m以上，腹面具褶沟，口腔内生有须，无牙齿 ························（4）
　　体形较小，一般体长不到10m，腹面平滑无褶沟，口腔内生有牙齿，无须 ····················（5）
（4）无背鳍，腹面只有2~4条褶沟 ····························灰鲸，见于太平洋沿岸海域。
　　有背鳍，腹面褶沟多达百条 ····························鳁鲸科种类，生活在我国各海域。
（5）上颌无任何牙齿，额部极膨大，前伸远超出下颌，鼻孔位于头的前部 ························
　　··抹香鲸科种类，生活在我国各海域。
　　上颌有牙齿，少数种类只有1~2颗退化齿，额部不膨大，上下颌前端等齐，鼻孔位于头的顶部 ···（6）
（6）吻细长呈锥状，端部略上翘 ····················白暨豚，生活在长江中、下游及洞庭湖中。
　　吻较短钝，端部不上翘 ··（7）
（7）体形较小，体长在1.3m以下 ············江豚，见于江苏、浙江沿海以及长江和钱塘江下游与河口。
　　体形较大，体长大于1.5m ····························海豚科种类，生活在我国各海域。
（8）四肢呈鳍状，后肢向后，适于游水 ····················鳍足目海豹科种类，见于我国近海区。
　　四肢不呈鳍状，适于陆上活动 ··（9）
（9）上唇与鼻特长，能卷曲，鼻端有能捡拾食物的指状物 ····································
　　··长鼻目，我国仅1种亚洲象，生活在云南南部西双版纳密林中。
　　上唇与鼻不特别长，不能卷曲，端部无指状物 ··（10）
（10）四肢有蹄 ··（11）
　　　四肢有爪或扁甲，无蹄 ··（43）
（11）蹄单数 ··奇蹄目（12）
　　　蹄双数 ··偶蹄目（14）

［奇蹄目］
（12）耳短，不到170mm，颈部鬃毛长超过耳基前缘，尾全披长毛 ··
　　　······················野马，原分布在新疆北部、甘肃西北部，现已多年不见踪迹。
　　　耳长，超过170mm，颈部鬃毛短，不到耳基前缘，尾基部无长毛 ··························（13）
（13）毛色沙棕，背腹毛色界线在腹侧上部·····················野驴，分布在内蒙古、甘肃、新疆。
　　　毛色红棕，背腹毛色界线在腹侧下部·····················藏野驴，分布在青海、西藏。

［偶蹄目］
（14）后足具2趾，掌呈盘状，背部有高耸的肉峰 ·················双峰驼，分布在新疆、甘肃、青海等地。
　　　后足具4趾，掌不呈盘状，背部平坦无肉峰 ··（15）

（15）鼻伸长呈圆锥状，端部有鼻盘···野猪，分布较广。

鼻不呈圆锥状，端部无鼻盘··（16）

（16）臀高明显大于肩高··（17）

臀高不大于肩高···（18）

（17）个体较大，体长多在60mm以上，雄兽脐下部有麝香囊·············麝属种类，生活在各地林区。

个体较小，体长多在50mm以下，雄兽脐下部无麝香囊·········鼷鹿，仅见于云南西双版纳密林中。

（18）两鼻孔间距离不小于鼻唇间距离；如有角，则角干多分叉，无角鞘，每年脱换············（19）

两鼻孔间距离明显小于鼻唇间距离，如有角，则角鞘，终生不脱落，角干多不分叉·······（31）

（19）体形较大，成体体长多超过1.5m···（20）

体形较小，体长一般不大于1.4m··（27）

（20）吻端全被毛或部分被毛··（21）

吻端裸露无毛··（22）

（21）唇鼻部甚膨大，吻端有一个三角形的无毛区，仅雄兽有角，其主干多侧扁呈掌状··········

··驼鹿，分布在大、小兴安岭林区。

唇鼻部不膨大，吻端全被毛，雌雄兽皆生角，其主干高，不呈掌状····························

··驯鹿，仅见于大兴安岭额尔古纳旗一带。

（22）雄鹿角形特殊，无眉叉，角干分前后两枝，前枝再分为两叉，而后枝长直，不再分叉······

··麋鹿，我国特产，原分布在华北。现仅生活在少数鹿苑和动物园中。

雄鹿角不同于麋鹿··（23）

（23）体形大，成体体长大于1.7m···（24）

体形中等，成体体长小于1.7m···（26）

（24）尾较长而密生黑棕色蓬松的长毛，雄兽角较细小，仅分3叉·······································

··水鹿，分布于我国南方各省区的山地森林中。

尾较短，无暗色长毛，雄兽角较粗壮，分4～5叉或更多·······································（25）

（25）吻部两侧及下唇白色，背上无暗色脊纹········白唇鹿，我国特产，仅见于青藏高原东部和邻近地。

吻部两侧和下唇不为白色，背部有明显的黑棕色脊纹···马鹿，分布在我国北方和西南地区的森林中。

（26）夏季背及体侧有较多白色毛斑，有白色臀斑，雄兽角直，眉叉与角干成锐角·······················

··梅花鹿，现仅在安徽、江西和四川还能见到野生种群。

夏季背脊部两侧各有一列白斑，无臀斑，雄兽角弯，眉叉与角干呈弧形···························

··坡鹿，仅分布在海南省的山地林区。

（27）雄兽角较长大，分叉；无上犬齿··（28）

雄兽角较小，不分叉或无角；有獠牙状上犬齿···（29）

（28）角无眉叉，角干表面粗糙，有很多小突起，尾短，不露出毛被外······狍，分布在北方各省区森林中。

角有眉叉，角干表面光滑无小突，尾较长，明显可见··········豚鹿，仅见于云南西南边境一带。

（29）雄兽角较长，明显露于毛被外，獠牙（上犬齿）较短小，不明显突出口外·······················

··麂属种类，分布在南方各省。

雄兽或无角，或角甚小，隐于毛被中，獠牙（上犬齿）特发达，明显突出口外··············（30）

（30）额部有一簇黑色长毛，雄兽有角··················毛冠鹿，分布于我国南方各省。

额部无长毛簇，雌雄兽均无角··········獐，分布于长江流域各省。

（31）体形大，成体体长2m以上，角表面光滑，尾长大于30cm·································（32）

体形较小，成体体长小于1.8m，角基部具狭窄横环，尾长小于20cm··················（33）

（32）四肢自膝以下白色，体无下垂长毛·······················野牛，分布在云南。

四肢上、下一色，体有下垂长毛·························牦牛，分布在青藏高原。

（33）额鼻部甚膨大··················高鼻羚，分布于新疆北部地区，近几十年已不见。

额鼻部不甚膨大···（34）

（34）角甚短，不大于耳长···（35）

角较长，明显大于耳长···（36）

（35）体形较大，成体体长大于1.2m，颈部多有鬣毛···

··鬣羚属种类，分布在我国南方各地林区及台湾省。

体形较小，成体体长1.1m左右，颈部无鬣毛···

··斑羚属种类，分布于我国东部山地林区和喜马拉雅山地。

（36）角形特殊，由头部向上长出后，随即外翻，再向后弯转，角尖则向内弯，吻鼻部裸露················

···羚牛，分布在青藏高原东缘和秦岭山地。

角形与上述不同，吻鼻部被毛··（37）

（37）仅雄兽有角，角较细，最大直径与耳宽相近································（38）

雌雄都有角，角较粗，最大直径超过耳宽的2倍···························（40）

（38）角特长，大于500mm···藏羚，产于青藏高原。

角短，小于400mm··（39）

（39）尾长大于120mm，端部毛黑色，臀部白斑较小，向上不超过尾基部···············

···鹅喉羚，分布于新疆、甘肃西北部和内蒙古西部的荒漠和半荒漠中。

尾长小于110mm，端部无黑毛，臀斑较大，上升到尾基部以上················

···········羚属种类，我国有蒙原羚、藏原羚和普氏原羚3种，分布在内蒙古、甘肃、青海、西藏等地。

（40）雄羊角较短，明显小于头长，身体披蓬松长毛·······喜马拉雅培尔羊，仅见于西藏的喜马拉雅山地。

雄羊角较长，明显大于头长，身体不披蓬松长毛··························（41）

（41）雄羊角呈螺旋状弯曲···········盘羊，分布在青藏高原、新疆、甘肃、内蒙古等地山区。

雄羊角较直，不呈螺旋状弯曲···（42）

（42）角长为头长的2倍左右，呈弯刀状向后上方生长，雄兽颏部有长须·················

··北山羊，分布在新疆和内蒙古西部。

角较短，不超过头长的1.5倍，呈倒人字形向外上方生长，雄兽颏部无须··········

············岩羊属种类，分布在我国青藏高原、新疆、甘肃、内蒙古和四川等地。

（43）前肢形状异常，生有薄而几乎无毛的飞膜，适于飞行·················翼手目（44）

前肢正常，无飞膜，不能飞行，少数种类，四肢间有生毛的皮膜，只能滑翔·······（50）

［翼手目］

（44）耳壳构造与一般兽类相似，前肢第二指相当游离具爪····················

···狐蝠科种类，分布在我国西部南亚热带森林中。

耳壳构造复杂，有耳屏或对耳屏，前肢第二指不呈游离状，不具爪·············（45）

（45）吻鼻部有鼻叶构造··（46）

吻鼻部无鼻叶构造··（48）

（46）耳屏两叉形，无对耳屏，鼻叶构造简单··································

··假吸血蝠科，已知我国仅1种，即印度假吸血蝠，分布在南亚热带林区。

无耳屏，有1对发达的对耳屏，鼻叶构造复杂····························（47）

（47）足趾各具2节趾骨，鼻叶包括1马蹄形构造及1横列的长形顶叶···············

···蹄蝠科种类，分布在我国南部的亚热带林区。

足指各具3节指骨，鼻叶包括1马蹄形构造及1纵列的鞍形叶和连接叶，以及一个近于三角形的顶叶···

···菊头蝠科种类，分布于我国东部季风区。

（48）尾末段不从腹间膜穿出····························蝙蝠科种类，几乎遍布全国。

尾末段从腹间膜穿出··（49）

（49）第2指无指骨，尾自腹间膜背面穿出···································

···鞘尾蝠科，已知我国仅黑髯墓蝠1种，分布在云南、广西、广东、海南等地。

第2指有指骨，尾自腹间膜后缘穿出··················犬吻蝠科种类，主要分布在南亚热带。

（50）头背部和体侧都披覆呈瓦状排列的角质鳞片·······鳞甲目，仅穿山甲1种，分布在我国南方各省。

头背部和体侧无鳞片··（51）

（51）门齿粗大呈凿状，无犬齿··（52）

门齿不呈凿状，有犬齿···（113）

（52）上颌门齿两对，在一对大门齿后还有一对小门齿·····················兔形目（53）

上颌门齿只一对，在大门齿后无小门齿·····························啮齿目（54）

［兔形目］

（53）体形较大，成体体长超过300mm，耳长形，后肢远比前肢长，尾露出毛被外···········

···兔属种类，分布在全国各地，其中体形最大的一种雪兔，体长460mm左右，

冬毛全身变白，仅耳尖终生黑色，分布在黑龙江、内蒙古东部和新疆北部。

体形较小，成体体长远小于250mm，耳近圆形，前后肢长度接近相等，尾不露出毛被外……………………
……………………………………………… 鼠兔属种类，分布在北方、西南山地和青藏高原。

［啮齿目］

（54）身体披角质长刺…………………………………………………………………………………（55）
　　　身体披毛……………………………………………………………………………………………（56）
（55）体形较小，成体体长不达450mm，尾较长，显露于棘刺外，末端具帚状刺毛簇…………………
…………………………………………………………… 帚尾豪猪，分布在云南、四川、海南等地。
　　　体形较大，成体体长超过500mm，尾较短，隐于棘刺中，其端部特化为膨大的铃状………………
……………………………………………………………… 豪猪属种类，分布在南方各省。
（56）具扁平形，覆以大型鳞片的大尾………………… 河狸，在我国仅见于新疆东北部的布尔根河中。
　　　尾的形状与上述不同……………………………………………………………………………（57）
（57）后肢长，为前肢的2.5倍以上 ………………………………………………………………………（58）
　　　后肢与前肢长度大致相等…………………………………………………………………………（59）
（58）后肢大约为前肢的4倍 ……………………………… 跳鼠科种类，分布在北方干旱地区。
　　　后肢大约为前肢的2.5倍 …………………………… 林跳鼠，分布在青藏高原东缘的山地林区。
（59）从耳的基部，经眼到鼻有黑色条纹………………… 睡鼠科种类，分布在新疆北部和四川岷山山地。
　　　耳、眼、鼻部无上述黑纹…………………………………………………………………………（60）
（60）四肢间生有能滑翔的皮膜………………… 鼯鼠科种类，分布在东部季风区森林中和新疆阿尔泰山地中。
　　　四肢间无皮膜，不能滑翔…………………………………………………………………………（61）
（61）上唇不中分为左右两瓣……………………………… 蹶鼠属种类，分布在北方和横断山地。
　　　上唇中分为左右两瓣………………………………………………………………………………（62）
（62）上颌每侧有4～5颗颊齿……………………………………………………………………………（63）
　　　上颌每侧只有3颗颊齿……………………………………………………………………………（78）
（63）耳壳较发达，明显露出毛被，尾较长，为体长的2/3左右或更长 …………………………………（64）
　　　耳壳退化，不明显，尾较短，多小于体长之半…………………………………………………（72）
（64）体形大，体长超过270mm，背毛黑色，腹部黄色……………… 巨松鼠，分布在云南、广西、海南。
　　　体形较小，体长小于250mm，毛色与上述不同…………………………………………………（65）
（65）背部有明暗相间的花纹……………………………………………………………………………（66）
　　　背部无明暗相间的花纹……………………………………………………………………………（68）
（66）体长大于150mm…………………………………………… 条纹松鼠，分布在云南南部。
　　　体长小于150mm………………………………………………………………………………（67）
（67）背部有5条显著的暗色纵纹 ………………………… 花鼠，分布在我国北方和四川等地。
　　　背部有3条显著的暗色纵纹 ………………… 花松鼠属种类，分布在南方各省及河南、山西、河北等地。
（68）耳端有簇状长毛，腹毛白色………………………… 松鼠，现分布在东北、内蒙古和新疆北部林区。
　　　耳端无簇状长毛，腹毛不白………………………………………………………………………（69）
（69）尾基部和腹部常有锈红色毛斑……………………… 长吻松鼠属种类，分布在秦岭、长江以南地区。
　　　尾基部和腹部无锈红色毛斑………………………………………………………………………（70）
（70）体侧有一淡黄色纵纹………………………………… 侧纹岩松鼠，分布在云南西部。
　　　体侧无淡黄色纵纹…………………………………………………………………………………（71）
（71）背毛灰黄或灰棕黄色，腹面为单一的浅灰黄色，尾毛蓬松而稀疏，尾端白毛较长…………………
………………………………………………… 岩松鼠，我国特产，分布在东北和内蒙古南部以南，河北以
西，长江以北，陕西、甘肃、四川以东的低山丘陵地区。
　　　背毛橄榄黄色，腹面有多种其他毛色，如也为浅灰黄色，则尾毛仅端部长，尾端有黑色毛…………
……………………………………………………… 丽松鼠属，分布在秦岭、长江以南的山地森林中。
（72）体形大，成体体长在400mm以上…………………………………………………………………（73）
　　　体形较小，成体体长小于300mm…………………………………………………………………（75）
（73）尾长超过体长的1/3，体背毛色棕黄或土黄 ……………… 长尾旱獭，分布在新疆西南部高山区。
　　　尾长仅为体长的1/4，体背毛色干草黄或黄褐色，具深色毛尖 …………………………………（74）
（74）眼周与鼻端毛黑色，耳毛橘黄色…………………… 喜马拉雅旱獭，分布在青藏高原及周围山地。
　　　眼周与鼻端毛不黑，耳毛上黄色…………………… 旱獭，分布在内蒙古和新疆北部。

（75）后脚掌被密毛……………………………… 达乌尔黄鼠，分布在我国青海、甘肃以东，秦岭、黄河以北地区。
　　　后脚掌裸露无毛…………………………………………………………………………………………（76）
（76）成体尾长在100mm以上，尾毛具白色毛尖………………… 长尾黄鼠，分布在新疆和黑龙江北部。
　　　成体尾长小于80mm，尾毛具土黄色毛尖 ……………………………………………………………（77）
（77）尾长为体长的1/5～1/4 …………… 赤颊黄鼠，分布在新疆北部，甘肃西北部和内蒙古西部。
　　　尾长为体长的1/4～1/3 ……………………………… 其他黄鼠属种类，部分分布在新疆。
（78）尾毛稀疏而长，近端部毛长可达10mm ……………… 猪尾鼠，分布在秦岭、长江以南地区。
　　　尾毛短密，或完全无毛…………………………………………………………………………………（79）
（79）第一上白齿咀嚼面，有三横列立板状的齿峰………………………………………………………（80）
　　　第一上白齿咀嚼面的特征与上述不同…………………………………………………………………（81）
（80）体形较大，后足长大于37mm ……………………………… 板齿鼠，分布在我国南亚热带各省。
　　　体形较小，后足长小于36mm ……………………………………… 印度地鼠，分布在新疆西部。
（81）前两颗上白齿的咀嚼面有3纵列齿丘 ………………………………………………………………（82）
　　　前两颗上白齿的咀嚼面特征与上述不同………………………………………………………………（93）
（82）上门齿从侧面观，可见其内侧有一直角形的缺刻 ………………… 小家鼠属，遍布在各省区。
　　　上门齿没有上述直角形缺刻……………………………………………………………………………（83）
（83）体形较大，后足长超过45mm ……………………………………………………………………………（84）
　　　体形较小，后足长小于45mm ……………………………………………………………………………（85）
（84）体背毛暗棕褐色，无白色毛尖，尾背、腹面毛明显两色，尾端部一段的毛白色…………………
　　　………………………………………………………………… 白腹巨鼠，分布在南方各省。
　　　体背毛深灰褐色，部分毛具白尖，尾背、腹面毛色基本相同，尾端无一段白毛区，或仅尖有白毛……
　　　………………………………………………………………… 青毛鼠，分布在南方各省。
（85）体形小，成体体长多小于70mm，耳壳短，前折仅到耳眼距之半，尾能卷曲，尾梢上面裸露 …………
　　　………………………………………………………………… 巢鼠，分布在我国东部。
　　　体形略大，成体体长大于70mm，耳壳较长，前折可达眼，尾不能卷曲，尾梢上面不裸露 ……（86）
（86）背部有一条明显或隐约可见的黑色脊纹… 黑线姬鼠，分布在我国东部季风区和新疆西北部边境地区。
　　　背部无黑色脊纹………………………………………………………………………………………………（87）
（87）腹毛黄色或纯白色，基部白色……………………………………………………………………………（88）
　　　腹毛污白色或其他毛色，基部暗灰色……………………………………………………………………（90）
（88）体背毛色较暗淡，全年体背无刺毛，或仅夏季有少量刺毛，尾端有白色毛区……………………
　　　………………………………………………… 北社鼠，分布在我国长江流域至东北南部间的季风区。
　　　体背毛色鲜艳，呈锈棕色，全年体背均杂有较多刺毛，尾端无白色毛区……………………（89）
（89）腹毛纯白或略染黄色调……………………………………… 针毛鼠，分布在南亚热带各省。
　　　腹毛麦秆黄色或硫黄色…………………………………………… 社鼠，分布在南亚热带各省。
（90）尾较短，小于体长，基部明显粗，成体头骨的左右颞峰几近平行………… 褐家鼠，几乎遍布各地。
　　　尾较长，大于或等于体长，比较匀称，成体头骨的颞峰不平行………………………………（91）
（91）胸部或全腹面毛具明显的黄褐色毛尖，前足背具明显的褐色斑……………………………………
　　　………………………………………………… 黄胸鼠，分布在南方各省河南、陕西、甘肃等地。
　　　整个腹面毛具污白或硫磺色毛尖，前足毛背白色，无暗色斑…………………………………（92）
（92）后足较长，成体后足长达36mm …………………… 大足鼠，分布在长江以南各省及四川盆地。
　　　后足较短，最大不超过33mm ……………………………… 黄毛鼠，分布在长江以南各省。
（93）上白齿咀嚼面有2纵列齿丘（老年体常磨平），口腔内有颊囊 ……………………………（94）
　　　上白齿咀嚼面特征与上述不同，口腔内无颊囊…………………………………………………（100）
（94）成体体长超过250mm，腹毛墨黑色，体侧前部每侧有3块白色斑 ……………………………………
　　　……………………………………………………… 原仓鼠，分布在新疆西北部边境地区。
　　　成体体长不到250mm，腹毛不黑，体侧前部无浅色花斑………………………………………（95）
（95）尾长不超过后足长，后足较宽，整个足掌被白色密毛，掌垫看不见…………………………………
　　　………………………………………………… 毛足鼠属，分布在我国北部及西部干旱地区。
　　　尾长超过后足长，仅足跟部被毛，前部裸露，掌垫清晰可见………………………………（96）
（96）背有黑色脊纹………………………… 黑线仓鼠，分布在甘肃以东，长江、黄山以北地区。
　　　背无黑色脊纹…………………………………………………………………………………………（97）

（97）尾较短，接近或略超过后足长，尾基部很粗，整个尾呈楔形······························
·························· 短尾仓鼠，分布在新疆、甘肃、内蒙古、河北北部等地。
　　　　尾较长，为后足长的2倍左右，尾基部仅比尾端略粗，尾形正常 ······················（98）

（98）体形较大，体长不小于140mm，尾端部白色······· 大仓鼠，分布在甘肃以东，长江、黄山以北各地。
　　　　体形较小，体长小于130mm，尾端部不为白色 ··（99）

（99）腹部毛全白············· 灰仓鼠，分布在新疆、甘肃、青海、宁夏、内蒙古西部。
　　　　腹部毛基灰色 ···························· 其他仓鼠种类，分布在我国北方和青藏高原。

（100）前足爪甚长，爪长明显超过趾长 ················· 鼢鼠属种类，分布在长江以北地区。
　　　　前足爪短，爪长不超过趾长 ··（101）

（101）门齿表面有1～2条纵沟，尾长超过体长的3/5，末端具长毛簇 ···············（102）
　　　　门齿表面无纵沟，尾长小于体长的3/5，末端不具长毛簇 ·····················（104）

（102）每颗上门齿表面有两条纵沟，外侧的一条较明显 … 大沙鼠，分布在新疆、甘肃、宁夏、内蒙古等地。
　　　　每颗上门齿表面仅有一条纵沟 ··（103）

（103）耳较小，耳长小于10mm，占后足长（连爪）的1/3左右 ·······················
·· 短耳沙鼠，分布在新疆、甘肃和内蒙古西部。
　　　　耳较大，耳长大于10mm，占后足长（连爪）的1/2左右 ········ 沙鼠属种类，分布在北方干旱地区。

（104）臼齿咀嚼面具左右交错排列的三角形齿环，多营地面生活，耳眼发育正常，如地下活动则体形较小，
　　　　成体体长远小于150mm ···（105）
　　　　臼齿咀嚼面具块状孤立齿环，营地下生活，耳眼较退化，体形较大，成体体长远大于200mm …（111）

（105）体形较大，成体后足长超过65mm，后足趾间具半蹼，尾侧扁，被圆形小鳞片·············
··· 麝鼠，分布在新疆和黑龙江。
　　　　体形较小，成体后足长不及35mm，后足趾间无半蹼，尾轴圆形，被密而短的毛 ··········（106）

（106）体形较大，成体体长一般不小于150mm，后足长不小于30mm················ 水鼠，分布在新疆北部。
　　　　体形较小，成体体长小于150mm，后足长小于30mm ···························（107）

（107）营地下生活，眼很小，耳壳退化而不显露于毛被外，上门齿唇面白色，明显地向前倾斜而露出唇外
················ 鼹形田鼠，分布在新疆、甘肃、陕西、宁夏和内蒙古的西部和中部。
　　　　营地面生活，眼正常，耳壳明显可见，上门齿唇面黄色，不向前倾斜，不露出唇外 ··········（108）

（108）尾很短，小于后足长，后脚掌全部覆盖以密毛··································
··················· 兔尾鼠属种类，分布在新疆、甘肃和内蒙古的西部和中部。
　　　　尾较长，超过后足长，后脚掌仅跟部被毛，掌心裸露 ···························（109）

（109）背部毛红棕色 ···（110）
　　　　背部具其他毛色 ······························ 其他田鼠亚科种类，分布在全国各地。

（110）耳壳内缘覆橘黄色或黄褐色毛，尾毛蓬松，尾背面有少数红棕色或黄褐色毛·············
··· 红背鼠，分布在东北，内蒙古和新疆林区。
　　　　耳壳内缘覆灰褐色毛，尾毛较短，尾背毛色暗棕黄或黑褐色 ·······················
··· 棕背鼠，分布在东北、华北和新疆林区。

（111）体形大，成体体长大于380mm，颊部至眼周毛红棕色 ······· 大竹鼠，分布在云南西双版纳竹林中。
　　　　体形较小，成体体长小于380mm，颊部至眼周全无红棕色毛 ·····················（112）

（112）体背毛色灰棕，背毛全无白色毛尖，尾被毛稀疏 ········· 中华竹鼠，分布在南方各省的竹林中。
　　　　体背毛色灰褐，部分毛具白色毛尖，尾几乎裸露无毛 ········· 银星竹鼠，分布在南方各省竹林中。

（113）拇指与其余4指对生，能握 ···································灵长目（114）
　　　　拇指不能与其余4指对握 ···（132）

［灵长目］

（114）前肢比后肢长 ···（115）
　　　　前肢不比后肢长 ···（118）

（115）雄兽黑色，无白眉，雌兽金黄色，两性头顶上都有向上生长的黑色簇毛 ···············（116）
　　　　雄兽暗褐色，眉白色，雌兽黄褐色，两性头顶上的毛向后长，无上述黑色簇毛 ·············（117）

（116）体形略小，成体体长一般不超过500mm，雄兽颊部无白色斑 … 黑长臂猿，分布在云南南部和海南。
　　　　体形略大，成体体长超过500mm，雄兽颊部有白色斑 ····· 白颊长臂猿，分布在云南西双版纳地区。

（117）仅眉部白色 ···································· 白眉长臂猿，分布在云南省中缅边境地区。

　　　　眉部、脸周及手、足背面毛全白色 ……………………… 白掌长臂猿，分布在云南省中缅边境地区。

（118）体形小，成体体长小于350mm，头圆眼大，体短粗，尾短，隐于毛被中，行动缓慢 ………（119）
　　　　体形较大，成体体长大于400mm，头略长，眼略小，体较细瘦，行动机敏，尾长，明显露出毛被外
　　　　……………………………………………………………………………………………（120）

（119）体形较大，成体体长大于300mm，背部自头顶至尾基部有棕褐色纹，腹毛棕灰色 ………………
　　　　……………………………………………………………… 蜂猴，分布在云南和广西南部。
　　　　体形较小，成体体长小于250mm，背部脊纹不明显，腹毛灰白色 ……… 倭蜂猴，分布在云南勐纳县。

（120）尾长仅为体长的2/3左右或更短，口腔内有颊囊 ………………………………………………（121）
　　　　尾长大于体长，口腔内无颊囊 …………………………………………………………………（126）

（121）尾长大于150mm ………………………………………………………………………………（122）
　　　　尾长小于100mm ………………………………………………………………………………（125）

（122）尾较短，约为体长的1/3，颜面部较长，头顶毛形成"漩"状或"帽"状 ……………………（123）
　　　　尾较长，大于体长的1/3或更长，颜面部较短，头顶毛生长正常 ……………………………（124）

（123）肩部毛比背部的长，头顶毛形成"漩"状，尾被毛密 …………………………………………………
　　　　…………………………………………… 熊猴，分布在广西、云南、贵州和西藏部分地区。
　　　　肩部的毛不比背部的长，头顶毛短，辐射排列呈"帽"状，尾毛稀，仅端毛较长 ………………
　　　　…………………………………………………………… 豚尾猴，分布在云南西南部。

（124）体形较小，体长不大于450mm，尾长约为体长的2/3，尾粗而蓬松 ……… 台湾猴，分布在台湾。
　　　　体形略大，成体体长不小于450mm，尾长约为体长之半，尾细而覆毛较短 …………………………
　　　　………………………………………… 猕猴，分布在我国南方各省和河南、山西、河北等地山区。

（125）毛色较暗，背毛黑褐色，背腹面毛色分明，脸周与下颌生有络腮胡状长而厚的密毛 ………………
　　　　…………………………………………………… 四川短尾猴，分布在南方各省山区。
　　　　毛色略浅，背毛棕褐色，背腹面毛色差别较小，腹周与下颌无络腮胡状长毛 …………………………
　　　　…………………………………………… 短尾猴，分布在广东、广西、云南、贵州等地林区。

（126）鼻端上仰，鼻孔朝上 ……………………………………………………………………………（127）
　　　　鼻端向前，鼻孔朝下 ……………………………………………………………………………（128）

（127）头顶中央有黑色锥形毛簇，背部毛黑褐色，无金黄色长毛，两肩间无任何浅色毛斑 ………………
　　　　…………………………………………… 滇金丝猴，分布在云南省西北部、西藏西南部。
　　　　头顶中央无锥形毛簇，背部或灰褐色，有金黄色长毛，或灰色，在两肩间有一卵圆形白色斑 ………
　　　　……………… 金丝猴，分布在四川、陕西、甘肃（川金丝猴）以及贵州省（黔金丝猴）。

（128）臀部和肛周毛色与体背不同，呈白色 …………………………… 白臀叶猴，分布在海南。
　　　　臀部和肛周毛色与体背相同，不呈白色 ………………………………………………………（129）

（129）体毛灰色或灰黑色，头部无白色毛 …………………………………………………………（130）
　　　　体毛黑色，头部有白色毛 ………………………………………………………………………（131）

（130）毛色较暗，体背银灰色或略带黄色 …………………… 菲氏叶猴，分布在云南南部。
　　　　毛色略浅，体背灰黄褐色 ………………………………… 长尾叶猴，分布在西藏南部。

（131）头部毛除两颊部白色外，全为黑色 …………………… 黑叶猴，分布在广西和贵州。
　　　　头、颈及上肩部毛都为白色 ……………………………… 白头叶猴，分布在广西南部。

（132）门齿小，犬齿强大而尖锐 …………………………………………………… 食肉目（133）
　　　　门齿大，犬齿较小 ………………………………………………………………………………（185）

[食肉目]
（133）趾行性，足面短宽，颊齿中无齿锋高而尖锐的裂齿 ……………………………………………（134）
　　　　非趾行性，如趾行则足面狭长，颊齿中有明显的裂齿 …………………………………………（138）

（134）体形较小，体长在650mm以下，尾长达体长的70%左右，毛色红褐，尾有色环 ………………
　　　　…………………………………………… 小熊猫，分布在四川、云南和西藏等地森林中。
　　　　体形较大而肥笨，体长在1m以上，尾短不到体长的15%，体毛不为红褐色，尾无色环 ………（135）

（135）体色黑白相间，头圆形，有黑眼圈，胸部无白色斑纹 …………………………………………………
　　　　…………………………………………… 大熊猫，分布在四川、甘肃和陕西的竹林中。
　　　　体毛色单调，黑色或褐色，头长形，无黑眼圈，胸部有时有"V"形白色斑纹 …………………（136）

（136）体形较小，成体体长小于1.5m，耳短，仅50mm左右 ……… 马来熊，分布在四川、云南。

体形较大，成体体长大于1.5m，耳长，大于100mm ································（137）
（137）毛色棕褐 ····································· 棕熊，分布在北方林区和四川。
全身黑色 ····································· 黑熊，分布在我国东部季风区。
（138）四肢较长，体形匀称，趾行性 ·······································（139）
四肢较短，体形细长，半趾行性或半跖行性 ·····························（157）
（139）爪锐利而能伸缩，口腔内30颗牙齿 ···································（140）
爪钝而不能伸缩，口腔内42颗牙齿 ·····································（152）
（140）体形大，成体体长1.2m以上，尾长超过体长之半 ·······················（141）
体形较小，成体体长在1.2m以下，多数种类尾长小于体长之半 ················（143）
（141）体形甚大，成体体长1.6m以上，体背具黑色横纹 ······ 虎，曾分布在我国各山地林区。
体形略小，成体体长小于1.6m，体背具环形和点状黑斑，而无横纹 ···········（142）
（142）体背毛橙黄或黄色，黑斑的边缘清晰，尾较细短，尾长小于85cm，略超过体长之半 ·········
····································· 豹，分布在我国东部各省的山地林区。
体背毛浅灰色，斑纹的边缘不清楚，尾粗长，尾长1m左右，超过体长的2/3·········
··········· 雪豹，分布在青藏高原及其周围山地，四川、新疆、内蒙古西部。
（143）体背具大块云状斑纹，上犬齿特长，达上裂齿的1.5倍 ·········· 云豹，分布在南亚热带林区。
体背无云状斑纹，上犬齿与上裂齿长度相等或仅略长 ·······················（144）
（144）眼角前内侧各有一条长约20mm的白纹，在额部与棕色纹连接，直通至后头部，棕色纹两侧各有细
黑纹伴衬 ····································· 金猫，分布在我国南方各省林区。
脸面部无上述特殊花纹 ···（145）
（145）体形较大，成体体长在850mm以上，尾短钝，小于体长的1/5，仅端部1/3段毛黑色 ··········
··········· 猞猁，分布在我国东北、内蒙古、西北和西南等地。
体形较小，成体体长小于800mm，尾细长，大于体长的1/3，尾背面有多条棕黑色横纹 ········（146）
（146）额宽，两耳距离较远，尾粗圆，体背具数条黑色细横纹 ·····························
····································· 兔狲，分布在我国华北、西北和西南地区的高原牧区。
两耳距离如家猫，尾细，体背面无明显细横纹 ·······························（147）
（147）尾较长，接近体长 ··························· 云猫，分布在云南省景东县。
尾长约为体长之半或更短 ···（148）
（148）体背多斑点或花纹 ···（149）
体背斑纹较少或不清晰 ···（151）
（149）尾明显短于体长之半，趾间具半蹼 ··················· 渔猫，我国仅见于台湾。
尾长约为体长之半，趾间无半蹼 ···（150）
（150）体背基色棕黄，腹白色，耳背有白斑 ··············· 豹猫，遍布在我国东部季风区。
体背基色淡沙黄或沙灰色，腹面淡黄灰，耳背无白斑 ·······················
····································· 草原斑猫，分布在新疆、甘肃、宁夏等省区。
（151）颊部有两斜行暗褐色纹，眼周无黄白色纹，耳端无簇毛，体背具暗褐色长毛 ···············
····································· 漠猫，主要分布在四川、青海、甘肃、陕西、宁夏等地。
颊部无斜行暗色纹，眼周有黄白色纹，耳端有稀疏的短簇毛，体背无长毛 ········
····································· 丛林猫，分布在云南和西藏。
（152）全身毛赤棕色 ··························· 豺，分布在大陆大部分省区的山地。
全身毛不为赤棕色 ···（153）
（153）体形较大，体长显然超过950mm，后肢较长 ··············· 狼，分布于各地。
体形较小，体长小于950mm，后肢较短 ·····································（154）
（154）颊部有向两侧横生的长毛，颊毛黑色 ··················· 貉，分布在东部季风区。
颊部无向两侧横生的长毛，颊毛不为黑色 ···································（155）
（155）体侧铅灰色与棕黄色体背明显区别 ················· 藏狐，分布在青藏高原及其边缘地区。
体侧与体背毛色相似 ···（156）
（156）体形较大，成体体长大于600mm，耳背黑色，尾端毛白色 ·········· 狐，分布在各地。
体形较小，成体体长小于600mm，耳背不黑，尾端毛灰黑色 ···············
····································· 沙狐，分布在新疆、甘肃、青海、宁夏和内蒙古。
（157）背上有4道宽阔的黑色横斑纹·················· 长颌带狸，分布在云南南部。

（181）腹毛白色，冬季全身变白 ………………………………………………………（182）

腹毛不为白色，冬季不变白 …………………………………………………（183）

（182）尾较长，接近后足长的2倍，尾尖永为黑色 …………… 白鼬，分布在东北和新疆。

尾较短，仅略大于后足长，尾尖不黑 ……… 伶鼬，分布在东北、内蒙古、河北、新疆、四川等地。

（183）腹毛淡黄或橘黄色，腹背毛色界线分明 ………………… 黄腹鼬，分布在南方各省区。

腹毛与背毛色相近，皆为棕黄色或淡黄色 ……………………………………（184）

（184）体形较大，雄性成体体长超过280mm，雌性体长多超过220mm，尾粗大，毛长 …………
……………………………………………………………… 黄鼬，遍布在全国各地。

体形较小，雄性成体体长不超过280mm，雌性体长多小于220mm，尾较细，毛较短 …………
……………………………………………………………… 香鼬，分布在我国北方各省区。

（185）在树上生活，外形似松鼠，具毛长而蓬松的大尾 ……………………………………
……………………………… 树鼩目，我国仅树鼩1种，分布在南亚热带森林中。

在地上生活，外形不似松鼠，无毛长而蓬松的大尾 ……………劳亚食虫目（186）

［劳亚食虫目］

（186）上白齿齿冠呈四方形，具4个大小相近的齿尖和中央一个小齿尖………………………（187）

上白齿齿冠只有3—4个大小悬殊的齿尖，中央无齿尖 …………………………（188）

（187）体被硬刺 …………… 刺猬亚科种类，分布在我国东北、华北、西北、四川、浙江、福建等省区。

体被软毛 …………… 鼩猬亚科种类，分布在云南、贵州、四川、海南等地。

（188）下颌前门齿不向前平伸，颧弓细弱，有听泡 …………………………………………（189）

下颌前门齿向前平伸，无颧弓亦无听泡 ……………………………………（191）

（189）不适于地下生活，体形细瘦，吻鼻长，尾长，外耳郭发达，前足掌正常 …………………
……………………………… 鼩鼱亚科种类，分布在云南、四川、陕西等地。

适于地下生活，体形短粗，吻鼻短，尾短，无外耳郭，前足掌宽大 ………………（190）

（190）前门齿小于大齿，尾长约等于后足长，前足掌特别宽大 ……… 鼹亚科种类，分布在我国东部季风区

前门齿显然大于后门齿和犬齿，尾长接近或超过后足长的1倍，前足掌中度宽大………………
……………………………… 美洲鼹亚科种类，分布在甘肃、青海、陕西、四川、云南等地。

（191）齿尖栗红或黄褐色，尾均匀覆以短毛 ……………………………………………………
……………………………… 鼩鼱亚科种类，分布在东北、华北、西北、西南各省区和台湾省。

齿尖全白色，尾除覆以短毛外，还有稀疏的长毛 … 麝鼩亚科种类，分布在我国东部季风区各省区。

第三篇
疫病篇

第九章　疫病概述
第十章　疫病各论

第九章

疫病概述

第一节　疫源疫病的基本概念

一、疫源的基本概念

疫源又可称为疫病传染源，是指机体内有病原体寄居、生长、繁殖，并能排出体外的野生动物。具体说疫源就是受感染的动物，包括发病动物和带菌（毒）动物。有易感性的动物机体可为病原体提供适宜的生存环境和条件，作为疫源将病原体传播给其他动物或人类。病原体也可以存在于外界环境中，但外界环境因素不适于病原体的长期生存和繁殖，也不能持续排出病原体，因此不能视为疫源。

野生动物受感染后，可以表现为患病和携带病原两种状态，因此疫源一般可分为两种类型。

1. 患病动物

指处于不同发病期的动物。患病动物，特别是处于前驱期和症状明显期的患病动物是重要的疫源，此时排出的病原体数量大、次数多、传染性强；而临床症状不典型或病程较长的慢性传染病，虽然排出的病原体数量少，但由于不易被发现，病原体的排出具有长期性和隐蔽性，也是危险的传染源。

患病动物排出病原体的整个时期称为传染期。不同疫病传染期长短不同，各种疫病的隔离期就是根据传染期的长短来制订的。为了控制疫源，发病动物原则上应被隔离至传染期终了为止。

2. 病原携带者

指外表无症状但携带并排出病原体的动物。病原携带者是一个统称，如已明确所带病原体的性质，也可以相应地称为带菌者、带毒者、带虫者。病原携带者排出病原体的数量一般不及发病动物，但因缺乏症状不易被发现，有时可成为十分重要的疫源。消灭和防止引入病原携带者是疫病防制中艰巨的任务之一。

病原携带者一般分为潜伏期病原携带者、恢复期病原携带者和健康病原携带者。

二、疫病的基本概念和一般特征

疫病是指在野生动物之间传播、流行，对野生动物种群构成威胁或可能传染给人类和饲养动物的具有传染性的疾病。疫病的表现虽然是多种多样的，但也有一些共有特性，可与其他非疫病相区别。这些共同的特性是：

1. 疫病是由相应的病原体所引起的

每一种疫病都由其特定的病原体引起，如禽霍乱是由多杀性巴氏杆菌侵入禽鸟体内所致，鸡新城疫是由鸡新城疫病毒侵入禽鸟体所致。如果没有多杀性巴氏杆菌，就不会发生禽霍乱；没有鸡新城疫病毒，也不会发生禽鸟的新城疫。

2. 疫病具有传染性和流行性

从发生疫病的动物体内排出的病原体，侵入另一有易感性的健康动物体内，能引起同样症状的疾病，称疫病的传染性。当条件适宜时，在一定时间内，某一地区易感动物中可以有许多动物被感染，致使疫病蔓延散播，形成流行，称疫病的流行性。

3. 被感染动物机体可发生特异性反应

在感染的发展过程中由于受到病原体的抗原刺激，动物机体发生免疫生物学的改变，多数被感染动物可产生特异性抗体和变态反应等，这种改变可以用血清学试验等特异性反应检查出来。

4. 患病耐过动物能获得特异性免疫

动物耐过疫病后，在大多数情况下，均能产生特异性免疫，使机体在一定时间内或终生不再感染该种疫病。

5. 具有特征性临诊表现

大多数疫病都具有该种疫病特征性的（典型的）综合症状以及一定的潜伏期和病程。

根据不同的方法，可将疫病分成不同的类型，例如按病原特性可分为真菌病、细菌病、病毒病、衣原体病、立克次体病和寄生虫病等，按病程长短可分为最急性、急性、亚急性和慢性疫病等。

第二节　疫病流行的基本环节和过程

一、疫病流行的基本环节

动物疫病的一个基本特征是能在动物之间直接接触传染或间接地通过媒介物（生物或非生物的传播媒介）互相传染，构成流行。疫病在动物之间或动物与人之间蔓延流行，必须具备3个相互连接的条件，即传染源、传播途径及易感动物。这3个条件通常被称为疫病流行的3个基本环节，当这3个条件同时存在并相互联系时就会造成疫病的发生。

1. 传染源

传染源是指机体内有病原体寄居、生长、繁殖，并能将病原体排出体外的动物。具体地说，传染源就是受感染的动物，包括疫病发病动物和带菌(毒)动物。有易感性的动物机体可为病原体提供适宜的生存环境和条件，作为传染源将病原体传播给其他动物或人类。病原体也可以存在于外界环境中，但外界环境因素不适于病原体的长期生存和繁殖，也不能持续排出病原体，因此不能视为传染源。

动物受感染后，可以表现为患病和携带病原两种状态，因此传染源一般可分为两种类型。一是患病动物，患病动物指处于不同发病期的动物。患病动物，特别是处于前驱期和症状明显期的患病动物是重要的传染源，此时所排出的病原体数量大、次数多、传染性强；临床症状不典型或病程较长的慢性传染病，虽然排出的病原体数量少，但由于不易被发现，病原体的排出具有长期性和隐蔽性，也是危险的传染源。二是病原携带者，病原携带者是指外表无症状但携带并排出病原体的动物。病原携带者排出病原体的数量一般不及发病动物，但因缺乏症状不易被发现，有时可成为十分重要的传染源。

2. 传播途径

病原体由传染源排出后，经一定的方式再侵入其他易感动物所经的途径称为传播途径。传播途径可分两大类：一是水平传播，即疫病在群体之间或个体之间以水平形式横向平行传播；二是垂直传播，即从母体到其后代之间的传播。

水平传播又可分为直接接触传播和间接接触传播。前者是指传染源直接与易感动物接触而引起的传播，不需任何外界环境参与，例如狂犬病只有在动物被发病动物直接咬伤时才有可能发生。间接接触传播是病原体在外界环境因素参与下，通过传播媒介使易感动物发生传染的方式，其中将病原体从传染源传播给易感动物的各种外界环境因素叫作传播媒介。传播媒介可以是生物如昆虫、鸟类、人类等；也可以是非生物如空气、土壤、饲料、工具、粪便和饮水等。单独由直接接触传播的疫病很少，且不会形成广泛流行。大多数疫病以间接接触传播为主，同时也可直接接触传播，这些疫病叫作接触性疫病。

3. 易感动物

对某种病原体缺乏免疫抵抗力、容易感染的动物称为易感动物。易感性是指动物对某种病原体感受性的大小和程度。病原体只有侵入有易感性的动物，才能引起疫病的发生和流行。动物易感性的高低虽与病原体的种类和毒力强弱有关，但主要还是由动物机体的遗传特征、特异免疫状态等因素决定的。外界环境条件如气候、饲料、饲养管理卫生条件等因素都可能直接影响到动物群体的易感性和病原体的传播。

二、疫病的流行过程

动物疫病的流行过程，就是从动物个体感染发病发展到动物群体发病的过程，也就是疫病在动物群体中发生和发展的过程。

1. 疫病流行过程的表现形式

在动物疫病的流行过程中，根据一定时间内发病率的高低和传染范围大小（流行强度）可将动物群体中疾病的表现分为下列4种表现形式。

（1）散发性。在较长一段时间内只有个别病例零星地散在发生，各病例在发病时间与发病地点上没有明显的关系，疾病发生无规律性。

（2）地方流行性。在一定的地区和动物群体中带有局限性的传播，并且呈较小规模流行，病例稍多于散发性。

（3）流行性。在一定时间内一定动物群体出现比较多的病例，它没有一个病例的绝对数界限，而仅仅是指疾病发生频率较高的一个相对名词。因此任何一种病当其称为流行时，各地各动物群体所见的病例数是不一致的。一般认为，某种疫病在一个动物群体单位或一定地区范围内，在短期内（该病的最长潜伏期内）突然出现很多病例，可称为暴发。暴发可作为流行性的同义词。

（4）大流行。一种规模非常大的流行，流行范围可扩大至全国，甚至可涉及几个国家或整个大陆。

2. 疫病流行过程的季节性和周期性

由于不同的季节对病原体和动物机体有不同的影响，因此许多疫病表现出明显的季节性。例如口蹄疫病毒对炎热和阳光敏感，因此夏季很少发生。而夏季的多雨及洪水易将土壤中的炭疽芽孢冲刷出来，因此易发生炭疽。有些疫病流行过后经一定时间会再次流行，这种现象叫周期性。其原因是动物群体的免疫力发生着周期性的变化，例如当疫病流行期间，易感动物发病死亡或淘汰，耐过动物则获得了免疫力，因此在一定时间内该病不会发生。经过较长时间后，这些耐过动物的免疫力下降，并有新一代出生，因此易感动物增多，该病再度暴发，即为周期性。流感、口蹄疫、牛流行热等都具有这种特点。

第三节　人畜共患病的基本概念和一般特征

人畜共患病是疫病中的一大类，其涉及的动物范围广，除人和畜禽外，还包括野生兽类、野生鸟类、水生动物和节肢动物等。

一、人畜共患病的分类

1. 按病原体的种类分类

为常用的分类方法。可将人畜共患病分为病毒病、细菌病、衣原体病、立克次体病、螺旋体病、真菌病、寄生虫病等。

2. 按病原体储存宿主的性质分类

（1）以动物为主的（动物源性）人畜共患病（Anthropozoonoses）：病原体的储存宿主主要是动物，通常在动物之间传播，偶尔感染人类。人感染后往往成为病原体传播的生物学终端，失去继续传播的机会，如鼠疫、森林脑炎、钩端螺旋体病、棘球蚴病、布氏杆菌病、旋毛虫病、马脑炎等。

（2）以人为主的（人源性）人畜共患病（Zooanthroponoses）：病原体的储存宿主是人，通常在人间传播，偶尔感染动物。动物感染后往往成为病原体传播的生物学终端，失去继续传播的机会，如人型结核等。

（3）人畜并重的（互源性）人畜共患病（Amphixenoses）：人和动物都是其病原体的储存宿主。在自然条件下，病原体可以在人间、动物间及人与动物间相互传播，人和动物互为传染源，如结核病、炭疽、日本血吸虫病、钩端螺旋体病等。

（4）真性人畜共患病（Euzoonoses）：这类疾病必须以动物和人分别作为病原体的中间宿主或终末宿主，缺一不可，又称真性周生性人畜共患病，如猪带绦虫病及猪囊尾蚴病、牛带绦虫病及牛囊尾蚴病等。

（1）和（3）两组人畜共患病由于病原体可以独立地存在于自然界，不依赖人的参与，通过媒介感染宿主而造成流行，因此均为自然疫源性疾病。

二、人畜共患病的基本特点

（1）病原体种类繁多：包括病毒、细菌、衣原体、立克次体、真菌和寄生虫等；

（2）易感动物广泛：包括人、家畜、家禽、人工饲养和自然生存的野生动物等；

（3）传播途径复杂多样：病原体在人和动物之间的传播方式可以是直接接触性的，也可以是间接接触性的；

（4）不易控制或消灭：有的人畜共患病具有广泛而持久的疫源地和自然疫源地；

（5）同一种疾病，在人与其自然宿主中的表现，可能完全不同：许多疾病，对人类是高度致命的危险疾病，而对其自然宿主，却可能仅仅是一种共生状态。这是因为这些疾病在人与自然宿主动物中存在进化历史差异；

（6）危害严重：人畜共患病的发生和流行不仅严重危害人类的健康，给畜牧业造成严重损失，而且对野生动物的保护工作造成严重的影响。

总的来说，人畜共患病种类多、分布广、危害大。就目前已知的200多种动物传染病和150多种动物寄生虫病中，人畜共患病有250种以上，其中对人类有严重危害的有89种，已知在全球许多国家存在并流行的有34种。我国已证实的人畜共患病有90多种。随着新病原体的不断出现和医学、兽医学的发展，新的人畜共患病还会不断出现或被发现。据不完全统计，近30年来，在全球范围内新出现的人畜共患病就有30多种，其中50%以上是新的病毒病，如埃博拉病毒热、尼帕病毒病、猴痘、SARS、禽流感等。有资料表明：过去人类流行的传染病病原68%来自动物，而现在这一比例上升到73%。由于人类与自然的不协调发展，新传染病出现的频率明显加快，人的传染病来自动物的比例明显增高。近年来，人畜共患病的病谱发生了明显的变化，由以细菌性疾病为主逐步转变为以病毒性疾病为主，病毒性疾病已经占了人畜共患病种类70%以上。这些疾病威胁人类和动物的健康，危害国家的经济和社会的安定。

三、野生动物与人畜共患病的发生

1. 人类活动造成的自然环境的改变

随着世界人口的不断增长和人类社会的发展，人类无限制地开发利用森林、草原、湖泊、湿地、浅海滩涂等，使自然生态环境平衡受到破坏，同时也破坏了野生动物的栖息地，影响了野生动物的正常生存，导致野生动物疫病发生并促使其传播，一些原本存在于局部地区的自然疫源性疾病扩散到人类或饲养动物，或使疫病在野生动物、饲养动物和人类之间相互传播。

2. 圈养宠物增多

家庭圈养宠物的现象越来越为普遍，除犬、猫、鸟等传统的宠物数量剧增外，将猪、鸡等家养畜禽和多种野生动物作为宠物的情况也十分常见。人与宠物的密切接触是造成人畜共患病发生和传播的重要原因。

3. 非法捕猎、贩卖和食用野生动物

人畜共患病对人类的直接威胁常常来自人类本身一些错误的行为和不健康的饮食习惯。不少疫病的发生和传播是由于人类在捕猎、滥食野生动物的过程中产生的。许多野生动物被人们作为食物，经常被非法地捕猎、贩卖和食用。这些野生动物缺少必要的卫生检疫，常常有携带病原体和传播疫病的可能。

4. 野生动物及产品的运输和交易

为了满足人类的各种需求，需要进口或出口大量的野生动物及其产品，这是疫病传播的一个重要途径，应该切实加强疫病的检疫工作，特别是对一些重要疫病的宿主动物进出口的检疫。

5. 野生动物的迁徙

许多野生动物具有迁徙的习性，特别是鸟类。动物携带病原体做长距离的迁徙，造成了疫病的传播扩散，给疫病的预防控制造成了极大的困难。大群哺乳动物的季节性迁徙，可以将病原携带到几百千米以外的地区。这些动物在新的地区的出现，也可以造成新的疾

病传播和流行。

6. 野生动物的迁移、引入或放生

通过迁移和引入，使某一野生动物种群在同种动物已灭绝的自然生境中重新得到建立和恢复，或者使一个濒危的种群的生存繁殖能力得到恢复或加强，或者使少数已经濒危的个体能够在一个新的、较大的种群中得以生存，这些都是常见的野生动物保护措施。而迁移和引入的野生动物，常是来源于其他国家或地区的圈养或野生的动物，并常患有或携带一些重要的疾病或病原体，因此造成疫病在引入地原有的野生动物、饲养动物以及人类种群中发生和流行。

出于对野生动物的关心和爱护以及宗教信仰等原因，把一些经过人工饲养或救护的野生动物放归自然环境中。通常在这种"放生"活动之前未对动物的健康状况进行认真的检查，有潜在传播疫病的危险。

7. 病原体变异

在各种外界因素的作用下，病原基因发生变异，导致病原体宿主特异性改变或毒力增强，一些原本不感染人类或其他物种的病原体突破种间屏障，而获得对人类或新的宿主的致病性以及在种群中传播的能力。

第四节　疫源地和自然疫源地

一、疫源地

1. 疫源地

有传染源以及被传染源排出的病原体所污染的地方，称为疫源地，即某种传染病正在流行的地区，其范围除患病动物所在地以外，还包括患病动物发病前后一定时间内曾经到过的地点。疫源地的含义要比传染源的含义广泛得多，它除传染源之外，还包括被污染的物体、房舍、牧地、活动场所，以及这个范围内有被传染可能的可疑动物群和储存宿主等。而传染源则仅仅是指带有病原体和能排出病原体的动物。在防疫方面，对于传染源采取隔离、治疗和处理；而对于疫源地则除以上措施外，还应包括污染环境的消毒，杜绝各种传播媒介，防止易感动物感染等一系列综合措施，目的在于停止疫源地内传染病的蔓延和杜绝向外散播，防止新疫源地的出现，保护广大的受威胁区和安全区。

2. 疫源地范围大小的确定

疫源地范围的大小要根据传染源的分布和污染范围的具体情况而定。它与病原体的性质、传播媒介、传播途径和传播所需要的其他条件有关。

（1）经水源、空气、媒介昆虫传播的疫病，其疫源地的范围就较大；而以直接接触为传播途径的疫病，其疫源地的范围就较小。

（2）对于同一种疫病，若传染源的活动只局限于小范围内，疫源地的范围就较小；若传染源在较大范围内活动，且与人或动物接触多，则疫源地的范围就较大。

（3）如果传染源污染了静止水体如水井或水塘，疫源地的范围就较小；若传染源污染了流动水体如河水或供水水源，则疫源地的范围就较大。

在人畜共患病发生初期，应尽快查清和确定疫源地的范围，防止疫源地范围的扩大。

根据疫源地范围大小，可分别将其称为疫点或疫区。通常将范围小的疫源地或单个传染源所构成的疫源地称为疫点。若干个疫源地连成片且范围较大时称为疫区。疫区和疫源地的概念一般没有严格的区分。疫区范围的大小是根据传染源的分布和污染范围的具体情况确定的。疫区的存在有一定的时间性，当最后一个传染源死亡、转移或痊愈后，经过该病的最长潜伏期不再有新病例出现，对污染的外界环境进行彻底全面的终末消毒后，才能认为该疫区已不存在；亦有认为疫区和疫源地的概念是不同的，疫源地并不随动物群中传染病的消灭而消失。如发生炭疽的地区扑灭疫情以后，虽然在动物群中已不再存在此病，但这个地区由于在土壤中还有炭疽芽孢存在，仍然是炭疽的疫源地。

二、自然疫源地

1. 自然疫源性疾病与自然疫源地

有些疾病的病原体、传播媒介（昆虫）和宿主动物（野生动物）在自己的世代交替中无限期地存在于自然界中，组成独特的生态系统，这种生态系统自然维持平衡状态，不依赖于人和家畜的参与。但是，对该病原体易感的人和家畜闯入此系统时就会感染发病，这种疾病称为自然疫源性疾病。而由此病原体、传播媒介和宿主动物组成的生态系统所处的地域，称为自然疫源地（Natural focus）。这些地方主要包括原始森林、沙漠、草原、深山、沼泽、荒岛等。

自然疫源地不会因人或家畜的偶然闯入而消失。相反，闯入该区域的人和家畜可将病原体带出，使这种疾病在人或家畜中形成新的疫源地。属自然疫源性的人和动物的传染病有：流行性出血热、森林脑炎、狂犬病、犬瘟热、日本脑炎、白蛉热、黄热病、非洲猪瘟、绵羊蓝舌病、口蹄疫、鹦鹉热、恙虫病、Q热、鼠型斑疹伤寒、蜱传斑疹伤寒、鼠疫、土拉伦斯杆菌病、布氏杆菌病、李氏杆菌病、沙门氏菌病、炭疽、类丹毒、蜱传回归热、钩端螺旋体病、弓形体病等。

2. 自然疫源性疾病的特点

具有自然疫源性的疾病，称为自然疫源性疾病。其特点为：

（1）有明显的区域性：这是由于病原体只在特定的生物群落中循环，而特定的生物群落只在特定的地域才存在，因而导致这种疾病具有明显的地方性。

（2）有明显的季节性：自然疫源性疾病的病原体主要以野生脊椎动物（兽和鸟）为天然宿主，以节肢动物为传播媒介。而宿主的活动性和抵抗力，媒介者的活动性和数量多与季节的变化有关，季节也影响人和家畜的活动范围。因此这类疾病在人群或家畜中流行时呈现明显的季节性。

（3）受人类活动的影响：人类的活动，如垦荒、修路、水利建设、采矿、旅游、探险等，常会破坏或扰乱原来的生物群落，使病原体赖以生存、循环的宿主、媒介发生变化，而导致自然疫源性增强、减弱或消失，也会引发从前在本地并不存在的新的自然疫源性疾病。

（4）自然疫源性疾病多数为虫媒传染病，但也有一些为非虫媒传染病和寄生虫病。

（5）自然疫源性疾病一般不在人与人之间传播，但并不是绝对的。

第五节　流行病学调查和分析方法

一、流行病学概念

流行病学（Epidemiology）来自希腊文，原意是指研究人群中疾病流行的学科。动物流行病学（Epizootiology）则是指研究动物群体中疾病流行问题，它研究的是动物群体中疾病的频率分布及其决定因素。

二、流行病学的调查和分析方法

动物流行病学有4种主要的调查和分析方法，即描述流行病学、分析流行病学、实验流行病学和理论流行病学。

1. 描述流行病学（Descriptive epidemiology）

描述流行病学通常是流行病学研究的第一部分，主要内容是观察和记录疾病及其可能的病因因素。观察难免有部分主观性，但与其他学科中的观察一样，由此可以产生假设，随后再进行更严格的检验。描述流行病学的目的不仅是确定问题，而且要充分搞清其特征：程度和空间分布，时间关系，涉及的宿主种类，受威胁的群体及其特征，疾病或新病例出现的频率，现象或事件可能的致病因子、环境或宿主因素；感染传播和维持的方式等。

2. 分析流行病学（Analytical epidemiology）

分析流行病学方法是用适当的诊断试验和病因检验对观察结果进行分析。虽然在描述流行病学中也应用简单的描述性分析方法，如率的表述以及中心倾向和离散的度量等，但分析流行病学方法超出了这种纯描述性的过程，而是从总体的样本作出总体中疾病情况的统计学推导。

在很多种情况下，动物流行病学研究直接从描述性阶段过渡到实验性阶段，而不对自然存在的疾病作定量分析。如Snow氏关于霍乱的自然实验和Kilborne氏确定蜱与得克萨斯热关系的流行病学研究，结果十分明确，毋庸置疑。早期的流行病学研究大多是定性的，无须进行统计分析以加强或支持结论的有效性。随着动物流行病学研究范围的扩大和动物群体疾病情况的变化，分析流行病学方法越来越显得重要。

3. 实验流行病学（Experimental epidemiology）

实验流行病学是通过观察和分析从动物组群得到的资料，研究者可以选择这些组群并改变与之有关的因素。实验流行病学研究的一个重要方面是组群的控制和实验因素的控制。因此，实验流行病学研究的不是自然存在的疾病，而是人为控制下的疾病，这与观察研究不同。但在少数情况下，群体中自然存在的疾病情况与理想设计的试验很接近，研究者可以用作"自然实验"（Nature experiment）。

4. 理论流行病学（Theoretical epidemiology）

理论流行病学方法是以数学模型模拟疾病发生的自然形式，借以表达疾病在群体中流行的过程中各因素内在的和数量的关系，预测发病率或患病率。

在具体的流行病学研究中，上述4种调查和分析方法都有不同程度的应用。例如调查和研究都由描述性部分和分析性部分组成。建模除描述性和分析性部分外，还包括理论流行病学方法。

5. 流行病学的分支学科

随着基础学科的发展和流行病学研究内容的扩展，流行病学形成了很多分支学科，如血清流行病学、临床流行病学、遗传流行病学、分子流行病学、环境流行病学、比较流行病学等。

第六节　疫病控制的基本原则

疫病的流行是由疫源、传播途径和易感动物等3个因素相互联系而造成的复杂过程。因此，采取适当的防疫措施来消除或切断这3个因素之间的相互联系，就可以使疫病不能继续传播。制定综合性防疫措施时，应充分考虑疫病宏观控制方案的基础，制定动物疫病防制的长期规划和短期计划，并根据不同疫病的流行病学特点，分清主要因素和次要因素，确定防制工作的重点环节。

一、疫病防制措施制定的原则

1. 坚持"预防为主"的原则

由于疫病发生后可在动物群中迅速蔓延，有时甚至来不及采取相应的措施已经造成了大面积扩散，因此必须重视疫病"预防为主"的防制原则。同时还应加强工作人员的业务素质和职业道德教育，使其树立良好的职业道德风尚，使我国的野生动物疫病防疫体系沿着健康的轨道发展，尽快与国际社会接轨。

2. 加强和完善防疫法律法规建设

控制动物疫病的工作关系到国家信誉和人民健康，国家林业相关行政部门要以动物疫病学的基本理论为指导，以《中华人民共和国动物防疫法》等法律法规为依据，根据动物生产的规律，制定和完善动物保健和疫病防制相关的法规条例以规范动物疫病的防制。

3. 加强动物疫病的流行病学调查和监测

由于不同疫病在时间、地区及动物群中的分布特征、危害程度和影响流行的因素有一定的差异，因此要制订适合本地区的疫病防制计划或措施，必须在对该地区展开流行病学调查和研究的基础上进行。

4. 突出不同疫病防制工作的主导环节

由于疫病的发生和流行都离不开疫源、传播途径和易感动物群的同时存在及其相互联系，因此任何疫病的控制或消灭都需要针对这3个基本环节及其影响因素，采取综合性防制技术和方法。但在实施和执行综合性措施时，必须考虑不同疫病的特点及不同时期、不同地点和动物群的具体情况，突出主要因素和主导措施，即使为同一种疾病，在不同情况下也可能有不同的主导措施，在具体条件下究竟应采取哪些主导措施要视具体情况而定。

二、预防疫病发生的综合措施

在采取防疫措施时，必须采取包括"养、防、检、治"4个基本环节的综合性措施。综合性防疫措施可分为平时的预防措施和发生疫病时的扑灭措施。

1. 平时的预防措施

（1）对于人工饲养的野生动物，应加强饲养管理，搞好卫生消毒工作，增强动物机体的抗病能力。贯彻自繁自养的原则，减少疫病传播。拟订和执行定期预防接种和补种计划。定期杀虫、灭鼠，进行粪便无害化处理。

（2）认真贯彻执行国境检疫、交通检疫、市场检疫等各项工作，以及时发现并消灭疫源。

（3）各地（省、市）相关机构应调查研究当地疫情分布，组织相邻地区对动物疫病的联防协作，有计划地进行消灭和控制，并防止外来疫病的侵入。

2. 发生疫病时的扑灭措施

（1）及时发现、诊断和上报疫情并通知相关单位做好预防工作。

（2）迅速隔离发病动物，污染的地方进行紧急消毒。若发生危害性大的疫病如口蹄疫、炭疽等应采取封锁等综合性措施。

（3）以疫苗实行紧急接种，对发病动物进行及时和合理的治疗。

（4）对病死动物合理处理。

从流行病学的意义上来看，所谓的疫病预防就是采取各种措施将疫病排除于一个未受感染的动物（群）之外。这通常包括采取隔离、检疫等措施不让疫源进入目前尚未发生该病的地区；采取集体免疫、集体药物预防以及改善饲养管理和加强环境保护等措施，保障一定的动物群体不受已存在于该地区的疫病传染。所谓疫病的防制就是采取各种措施，减少或消除疫病的病源，以降低已出现于动物群体中疫病的发病数和死亡数，并把疾病限制在局部范围内。所谓疫病的消灭则意味着一定种类病原体的消灭。要从全球范围消灭一种疫病是很不容易的，至今很少取得成功。但在一定的地区范围内消灭某些疫病，只要认真采取一系列综合性防治措施，如查明疫源、隔离检疫、群体免疫、群体治疗、环境消毒、控制传播媒介、控制带菌者等，经过长期不懈的努力是完全能够实现的。

三、检疫、隔离、封锁

1. 检疫

用各种诊断方法对动物进行疫病检查，称为检疫。根据场所的不同，检疫可分为口岸检疫、运输检疫、市场检疫、产地检疫、生产检疫等。口岸检疫即进出口和过境检疫，运输检疫即在动物被运输前、运输途中及到达目的地时的检疫，市场检疫是指对在市场上销售的动物及其产品进行检疫，产地检疫是指对动物生产所在地的动物在调出、外运前的检疫，生产检疫则是指饲养者在生产过程中对所饲养的动物进行的定期或不定期检疫。无论哪种检疫其目的都是检出疫源，并对其控制或清除。检疫的方法包括临床观察、病理学检验、微生物学检验、血清学检验、分子生物学检验等。

2. 隔离

隔离是将患病动物或可疑感染动物与健康动物隔绝、分离，控制或清除疫源，防止病原体扩散和疫病蔓延。当患病动物数量少时，可将其移走单独饲养即隔离；当健康动物少时，则隔离健康动物。隔离后应及时采取消毒、治疗、免疫接种等相应措施，以控制或扑灭疫情。

3. 封锁

当发生烈性疫病（如炭疽、口蹄疫等）时，需对疫区进行封锁。封锁是最严厉的防疫措施，带有行政强制性，需由相应级别的政府批准实施。封锁后对被封锁区有严格的要求和具体的封锁措施，例如禁止被封锁区内的人员、动物及其产品向外流动，严格隔离、消毒，紧急免疫接种、治疗或扑杀患病动物，划定疫区范围，被封锁区出入路口设置哨卡及消毒设施等。解除封锁的时间是在最后一个病例死亡或治愈后，经过该病的最长潜伏期再无新病例发生时，经过终末彻底消毒，并报原批准部门同意。

四、消毒

这里所说的消毒是指外界环境的消毒，目的是杀灭环境中的病原体，切断传播途径，预防或阻止疫病的发生和蔓延，是一项极其重要的防疫措施，必须高度重视。

1. 消毒的种类

根据消毒目的可分为3种情况：一是预防性消毒，即在平时未发生疫病的情况下所进行的定期消毒。二是临时性消毒，即在发生疫病时对疫区进行的紧急消毒。三是终末消毒，即在疫病流行过后或疫源被彻底清除后进行的全面大消毒。

2. 消毒的对象

平时消毒的对象主要是用具、人员、车辆、场站出入口、动物体表等。临时消毒除了上述对象外，还重点包括患病动物的排泄物、分泌物及被其污染的其他对象。临时消毒的特点是每天消毒1～2次，而且要连续数天。终末消毒的对象则包括上述两类消毒的全部对象。

3. 常用消毒方法及消毒剂

喷洒消毒：适用于圈舍、地面、墙壁、动物体表、笼具、工具等，使用化学消毒剂如过氧乙酸、卫康THN、菌毒敌、抗毒威、百毒杀等。其中过氧乙酸为40%水溶液不稳定，且在70℃以上时易爆炸，应密闭避光低温保存，使用时配成0.5%水溶液。

熏蒸消毒：适用于室内空间及物品的消毒，消毒剂为甲醛及高锰酸钾。消毒时房间应密闭，$1m^3$空间用甲醛25mL，高锰酸钾（或生石灰）25g，水12.5mL。先将水与甲醛混合后倒入搪瓷或玻璃容器，高锰酸钾加入容器内，用木棒搅拌数秒，见有浅蓝色气体产生后人员立即离开，密闭熏蒸24h便可打开门窗通风。

其他消毒方法：粪便、垃圾可采用生物热积发酵产热的方法；场所出入口可用2%氢氧化钠、生饮水可用漂白粉消毒；紫外线则可用于室内空气、墙壁、物品及人员体表的消毒，但长时间照射或直射对人体特别是眼睛有损。

（柴洪亮 王亚君 曾祥伟 李祥 侯志军 田丽红）

第十章

疫病各论

第一节　病毒性传染病

一、禽痘（Avian Pox）

是由禽痘病毒引起的禽类的一种接触传染性疾病，通常分为皮肤型和黏膜型，前者特征多为皮肤（尤以头部皮肤）的痘疹，继而结痂、脱落，后者可引起口腔和咽喉黏膜的纤维素性坏死性炎症，常形成假膜，故又名禽白喉，有的病禽两者可同时发生。

（一）病原

痘病毒科下8个属：正痘病毒属、禽痘病毒属、羊痘病毒属、兔痘病毒属、猪痘病毒属、副痘病毒属、软疣痘病毒属、牙塔痘病毒属。禽痘的病原属于禽痘病毒属，包括鸡痘病毒、鸽痘病毒、火鸡痘病毒、金丝雀痘病毒、鹌鹑痘病毒、麻雀痘病毒等。

禽痘病毒呈砖形或椭圆形，为单一分子的双股DNA，有囊膜，在易感细胞的细胞浆内复制，形成嗜酸性包涵体。

鸡痘病毒在鸡胚绒毛尿囊膜上生长良好，并可产生大而突起的白色痘疱，而后中心坏死，色泽变深。本病毒易在组织培养的鸡胚细胞中增殖并产生典型的细胞病变和胞浆内包涵体。病毒可在鸡胚、鸭胚成纤维细胞和鸡胚皮肤细胞培养生长，并产生细胞病变。鸡痘病毒具有血凝性，常以马的红细胞用作血凝或血凝抑制试验。

病毒对干燥有抵抗力，但对消毒药的抵抗力不强，常用的浓度在10min中内可使之灭活，从基质释放出来的鸡痘病毒以1%氢氧化钾可灭活，但对1%苯酚和1：1000的福尔马林可耐受9d，50℃ 30min和60℃ 8min可杀死病毒。氯仿—丁醇可使病毒灭活。

禽痘病毒中的成员彼此间在抗原性上有一定区分，但还存在不同程度的交叉关系。

（二）流行病学

本病呈世界性分布。家禽中以鸡的易感性最高，不分年龄、性别和品种都可感染，其次是火鸡，其他如鸭、鹅等家禽虽也能发生，但无严重症状。鸟类如金丝雀、麻雀、燕雀、鸽、掠鸟等也常发痘疹，但病毒类型不同，一般不交叉感染，常呈良性经过，但继发感染时可造成大批死亡。鸡以雏鸡敏感性最高，最易引起雏鸡大批死亡。禽痘的传染主要因为与病禽接触引起，脱落和碎散的痘痂是病毒散布的主要形式。黏膜型病鸡的呼吸道渗出液中因含有大量病毒，可污染饮水、饲料和用具等发生间接感染。禽痘病毒不能侵入未破损的皮肤和黏膜，故一般须经有损伤的皮肤和黏膜而感染。蚊、蝇、蜱、虱等体表寄生虫可传播本病。蚊子的带毒时间可达10～30d。

本病一年四季均可发生，以春秋两季和蚊子活跃的季节最易流行。拥挤、通风不良、阴暗、潮湿、体表寄生虫、维生素缺乏和饲养管理恶劣，可使病情加重。如有葡萄球菌病、传染性鼻炎、慢性呼吸道病等并发感染，可造成大批死亡。

（三）临床症状

依侵犯部位不同，分为皮肤型、黏膜型、混合型。

皮肤型：潜伏期4～8d。以头部皮肤，有时见于腿、脚、泄殖腔和翅内侧形成一种特殊的痘疹为特征。常见于冠、肉髯、喙角、眼皮和耳球上，起初出现细薄的灰色麸皮状覆盖物，迅速长出结节，初呈灰色，后呈黄灰色，逐渐增大如豌豆，表面凹凸不平，干而硬，内含有黄脂状糊块。有时结节很多并互相融合，产生大块的厚痂，以致眼缝完全闭合。一般无明显的全身症状，但病重的小鸡会呈现精神萎靡、食欲消失、体重减轻等。产蛋鸡产蛋减少或停止。

黏膜型：多发于小鸡，病死率较高，小鸡可达50%，病初呈鼻炎症状。病禽委顿厌食，流浆性黏液性鼻液，后转为脓性。眼睑肿胀，结膜充满脓性或纤维蛋白渗出物，甚至引起角膜炎而失明。鼻炎出现后2～3d，口腔、咽喉等处黏膜发生痘疹，初呈圆形黄色斑点，逐渐扩散为大片的沉着物（假膜），随后变厚而成棕色痂块，凹凸不平，且有裂缝。痂块不易剥落，强行撕脱，则留下易出血的表面，上述假膜有时伸入喉部，引起呼吸和吞咽困难，甚至窒息而死。

混合型：即皮肤黏膜均被侵害。发生严重的全身症状，继而发生肠炎，病禽有时迅速死亡，有时急性症状消失，转为慢性腹泻而死亡。

火鸡痘与鸡痘的症状基本相似，因增重受阻造成的损失比因病死亡还大。产蛋火鸡呈现产蛋减少和受精率降低的症状，病程一般2～3周，严重者为6～8周。

鸽痘的痘疹，一般发生在腿、脚、眼睑或靠近喙角基部，个别的可发生口疮（黏膜型）。

（四）病理变化

除可见的外部病变外，肝、脾和肾常肿大，肠黏膜有出血点，心肌实质变性。组织学检查，见病变部位的上皮细胞呈典型的空泡化或发生水肿样变性，胞浆内有大型的嗜酸性包涵体。

火鸡痘与鸡痘的病变基本相似。

（五）诊断

1. 初步诊断

根据皮肤型和混合型的症状特点，可作初步诊断。单纯的黏膜型易与传染性鼻炎混淆。必要时进行病原学检查、鸡胚接种、动物接种及血清学检查。

2. 样本采集

（1）病料。用灭菌的剪刀或镊子切取痘病变部，深达上皮组织，以新形成的痘疹最好（此组织可做超薄切片检查，也可研磨取上清用作负染电镜检查）。分离病毒时，将痘病变组织置于灭菌乳钵内，加石英砂充分研磨，并加入PBS等制成10%乳剂。

（2）血清。取间隔2～3周发病期和恢复期双份血清。

3. 实验室检验

（1）病原学检查。取病料做成1∶5～1∶10的悬浮液，擦入划破的冠，肉髯或皮肤上以及拔去羽毛的毛囊内，如有痘毒存在，被接种鸡在5～7d内出现典型的皮肤痘疹症状。

（2）血清学试验。可采用琼脂扩散沉淀试验、间接血凝试验、血清中和试验、免疫荧光抗体技术及酶联免疫吸附试验等方法进行诊断。

二、口蹄疫（Foot and mouth Disease）

口蹄疫是由口蹄疫病毒引起的急性热性高度接触性传染病，主要侵害偶蹄兽，偶见于人和其他动物。临诊上以口腔黏膜、蹄部及乳房皮肤发生水疱和溃烂为特征。本病有强烈的传染性，流行于许多国家，带来严重的经济损失，被世界动物卫生组织列为A类动物传染病名单之首。

（一）病原

口蹄疫病毒（FMDV）属于微RNA病毒科口蹄疫病毒属（也称口疮病毒属），易变异，有多种血清型。

已知有7个主型：O型、A型、C型发生在欧洲、亚洲、南美洲、非洲、中近东，SAT1发生在非洲、中近东，SAT2型发生在非洲，SAT3发生在南非，亚洲1型（Asia-1）主要发生在亚洲、中近东。这7个主型至少有65个亚型。各型间抗原性不同，不能互相免疫，这给本病的检疫、防疫带来很大困难，但各型的症状都相同。

口蹄疫病毒结构简单，呈球形或六角形，直径20～25nm，60个结构单位构成二十面体，由中央的核糖核酸核芯和周围的蛋白壳体所组成，无囊膜。核糖核酸决定病毒的感染性和遗传性，外围的蛋白质决定其抗原性、免疫性和血清学反应能力，并保护核糖核酸不受外界核糖核酸酶的破坏。

病毒的外壳蛋白质包括4种结构多肽：VPI、VP2、VP3、VP4。VPI、VP2、VP3组成衣壳蛋白亚单位，VP4位于亚单位的外围，它们在疫苗研制上具有重要意义。此外，还有病毒相关抗原（Virus infection associated antigen，VIA），见于感染细胞中，是病毒的RNA聚合酶。这种病毒相关抗原在琼脂扩散试验中，对各型口蹄疫病毒的抗体均呈现反应（无型别特异性），对流行病学调查以及灭活疫苗的安全试验有一定参考意义。

口蹄疫病毒对外界环境的抵抗力较强，不怕干燥。在自然情况下，含毒组织和污染的饲料、饲草、皮毛及土壤等可保持传染性达数周甚至数月之久。病毒在-70℃～-30℃或冻干保存时长可达数年；在50%甘油生理盐水中5℃保存能存活1年以上，但高温和直射阳光（紫外线）能杀灭病毒。病毒对酸和碱十分敏感，因此，2%～4%氢氧化钠、3%～5%福尔马林溶液、0.2%～0.5%过氧乙酸、1%强力消毒灵（主要成分为二氯异氰脲酸钠）或5%次氯酸钠、5%氨水等均为口蹄疫病毒良好的消毒剂。

（二）流行病学

口蹄疫病毒侵害多种动物，但主要为偶蹄兽。家畜以牛易感（黄牛、奶牛、牦牛、犏牛最易感，水牛次之），其次是猪，再次为绵羊、山羊和骆驼。仔猪和犊牛不但易感而且死亡率也高。

自然感染本病的野生动物，在国外文献记载有：野牛、瘤牛、野生犁牛、美洲野牛、犀牛、非洲羚羊、非洲大羚羊、印度大羚羊、杂色羚羊、黑色羚羊、欧洲小羚羊、大角山羊、南美小鹿、印度小鹿、欧洲小鹿、美洲鹿、梅花鹿、百尾鹿、长颈鹿、驼鹿、驯鹿、狍、马鹿、羌鹿、獐、瞪羚、野猪、南非野猪、亚洲野猪、欧洲豪猪、东非豪猪、栗色骆马、羊驼、驼马、灰松鼠、印度松鼠、金色仓鼠、田鼠、东非鼹鼠、南非田鼠、棕色鼠、河鼠、粟鼠、大袋鼠、小袋鼠、欧洲兔、蹄兔、非洲象、印度象、灰熊、亚洲黑熊、袋熊等。

发病动物和带毒动物是最主要的传染源，其水疱液、水疱皮、奶、尿、唾液及粪便含毒量多，毒力强，具有传染性。隐性带毒者主要为牛、羊及野生偶蹄动物，猪不能长期带毒。病毒以直接接触方式传递，也通过各种媒介物而间接接触传递，主要通过消化道、呼吸道以及损伤的黏膜和皮肤感染。空气也是口蹄疫的重要传播媒介，病毒能随风传播到10～60km以外的地方，发生远距离、跳跃式传播。本病的发生没有严格的季节性，常呈流行性或大流行。

牧区的病羊在流行病学上的作用值得重视。由于患病期症状轻微，易被忽略，因此病羊成为了长期传染源。病猪的排毒量远远超过牛、羊，因此认为猪对本病的传播起着相当重要的作用。从流行病学的观点来看，绵羊是本病的"贮存器"，猪是"扩大器"，牛是"指示器"。

据大量资料的统计和观察，口蹄疫的暴发流行有周期性的特点，每隔一二年或三五年就流行1次。

（三）临床症状

由于各种动物的易感性不同，也由于病毒的数量和毒力以及感染门户不同，本病潜伏期的长短和病状也不完全一致。

本病的主要症状是患病动物的口、鼻、乳头及蹄部等处出现水疱，水疱破溃后，形成糜烂，发病过程中可出现体温升高，食欲减退，流涎增多，跛行或不能站立等，一般为良性转归，糜烂逐渐愈合，全身症状逐渐好转。但如有细菌性继发感染，可使糜烂加深，形成溃疡，全身症状加剧，有时可并发纤维素性坏死性口膜炎、咽炎、胃肠炎、乳房炎，严重者可死亡。

1. 牛

潜伏期为2～4d，最长可达1周左右。病牛以口腔黏膜水疱为特征。病初体温达40～41℃，精神萎顿，食欲减退，闭口流涎。1～2d后，唇内面、齿龈、舌面和颊部黏膜发生蚕豆至核桃大的水疱，口温高，此时口角流涎增多，呈白色泡沫状，常常挂满嘴边，采食反刍完全停止。水疱约经一昼夜破裂形成浅表的红色糜烂，水疱破裂后，体温降至正常，糜烂逐渐愈合，全身症状逐渐好转。在口腔发生水疱的同时或稍后，趾间及蹄冠的柔软皮肤上表现红肿、疼痛、迅速发生水疱，并很快破溃，出现糜烂，或干燥结成硬痂，然后逐渐愈合。若糜烂部位发生继发性感染、化脓、坏死，发病动物则站立不稳，跛行，甚至蹄匣脱落。乳头皮肤有时也可出现水疱，很快破裂形成烂斑，如涉及乳腺引起乳房炎，则泌乳量显著减少，甚至泌乳停止。哺乳犊牛患病时，水疱症状不明显，主要表现为出血性肠炎和心肌麻痹，死亡率很高。病愈牛可获得1年左右的免疫力。

2. 羊

潜伏期1周左右，病状与牛大致相同，但感染率较牛低。山羊的病状多见于口腔，呈弥漫性口膜炎，水疱发生于硬腭和舌面，羔羊有时有出血性胃肠炎，常因心肌炎而死亡。

3. 猪

潜伏期1～2d，病猪以蹄部水疱为主要特征，病初体温升高至40～41℃，精神不振，食欲减少或废绝。口黏膜（包括舌、唇、齿龈、咽、腭）形成小水疱或糜烂。蹄冠、蹄叉、蹄踵等部出现局部发红、微热、敏感等症状，不久逐渐形成小水疱，并逐渐融合变大，呈白色环状，破裂后形成出血性溃疡面，不久干燥后形成痂皮，如有继发感染，严重者影响蹄叶、引起蹄壳脱落，患肢不能着地，跛行，常卧地不起。病猪鼻镜、乳房也常见到烂斑，其他部位皮肤如阴唇及睾丸上的病变少见。有时出现流产、乳房炎及慢性蹄变形。仔猪常因严重的胃肠炎及心肌炎死亡。病死率可达60%～80%。

4. 野生动物

因动物种类不同，口蹄疫的临床表现不尽相同。鹿患本病时，可见体温升高；持续数天，口腔内出现水疱；很快破溃，形成糜烂，大量流涎。四肢患病时出现跛行，严重者蹄壳脱落。白尾鹿、黇鹿、狍、东南亚小鹿患病时症状较显著，而马鹿、欧洲小鹿、红鹿、梅花鹿患病时症状较轻或不明显。

羚羊发病时，口腔、蹄部均出现水疱，并形成糜烂。弯角羚发病时症状较重，在舌面、吻突、四肢、蹄部都可出现水疱。高角羚发病时，常在齿龈部出现水泡，但不流涎，重度跛行。

野猪感染本病，病变主要限于蹄部。

象患病时，口、舌、蹄部出现水疱和糜烂。

（四）病理变化

动物口蹄疫除口腔和蹄部的水疱和烂斑外，在咽喉、气管、支气管和前胃黏膜有时可见到圆形烂斑和溃疡，真胃和肠黏膜可见出血性炎症。另外，具有重要诊断意义的是心脏病变，心包膜有弥散性及点状出血，心肌松软，心肌切面有灰白色或淡黄色斑点或条纹，好似老虎皮上的斑纹，故称"虎斑心"。

（五）诊断

1. 初步诊断

根据本病的急性经过，呈流行性传播，主要侵害偶蹄兽，一般为良性转归。以其特征性的临诊症状可作出初步诊断。为与类似疾病鉴别及毒型鉴定，须进行实验室检查。

2. 样本采集

（1）病料

水疱皮和水疱液：是最好的诊断病料。牛应采取舌表面的水疱皮，蹄叉和蹄冠部的水疱皮常有比较严重的细菌污染。猪则采取鼻镜或蹄叉、蹄冠的水疱皮。水疱皮应早期采取，最好选择未破溃的水疱。残留于糜烂面的水疱皮，需以抗生素处理或作成乳剂后除菌过滤。取有明显症状的数头动物病变部位未破水疱皮2g，加pH7.6的甘油磷酸盐缓冲液（1∶1）10mL保存；或无菌抽取水疱液2mL；

组织病料：急性死亡的仔猪、犊牛和羔羊，可采取心脏病变部分作为病毒分离材料。

（2）血清。采病后20d左右患兽血10mL，分离血清。

3. 实验室检验

（1）病毒分离。适于口蹄疫病毒增殖的细胞有犊牛甲状腺原代或继代细胞，犊牛、仔猪肾上皮原代细胞、BHK、IB-RS-2细胞系等。将病料（如为水疱皮需剪碎研磨，加双抗，冻融离心，取上清）接种到长成单层的适宜细胞上，吸附、培养，24h后观察有无细胞病变（CPE，细胞回缩，聚集成丛或成串，脱落），若无CPE，应于培养48h后取出盲传，有时7～8代才出现细胞病变。分离的病毒可用补体结合试验，或ELISA进行进一步鉴定。

（2）动物试验。0.2mL病料接种2～4日龄乳鼠颈背皮下或1mL接种3～5日龄乳兔，

48～96h后出现麻痹症状、最后窒息死亡；或0.05mL接种400g以上豚鼠后肢跖部皮内交叉穿刺或0.2mL跖部皮下接种，跖部于3d左右出现水疱。

（3）血清学试验

琼脂扩散试验：本试验用于检测血清中口蹄疫病毒感染相关（VIA）抗体，以证实被检动物中是否感染过口蹄疫病毒。适用于活畜检疫、疫情监测和流行病学调查。但由于多次疫苗免疫后，畜体内也会有一定量的VIA抗体，所以会干扰试验结果。

中和试验：可用已知病毒鉴定未知血清，也可用已知血清鉴定未知病毒。中和试验分为体内体外两种，前者也称血清保护试验，后者是在试管中使被检血清与已知病毒作用后接种于实验动物、细胞培养物或鸡胚。

反向间接血凝试验：本试验用于口蹄疫和猪水泡病的鉴别诊断及口蹄疫型别鉴定。

此外，对流免疫电泳试验、补体结合试验、酶联免疫吸附试验以及免疫荧光抗体技术诊断均有很好的效果。RT-PCR可用于动物产品检疫，其优点为快速、灵敏，但尚待标准化。

口蹄疫与牛瘟、牛恶性卡他热、传染性水疱性口炎等疫病可能混淆，应当认真鉴别。

三、狂犬病（Rabies）

本病是由狂犬病病毒引起的急性自然疫源性传染病，主要侵害中枢神经系统，动物表现极度的神经兴奋而致狂暴不安和意识障碍，最后发生麻痹而死亡。所有温血动物均可感染。人主要通过咬伤受染，临床表现为脑脊髓炎等症状，亦称恐水症。

（一）病原

狂犬病病毒（Rabies virus，RABV）属于弹状病毒科狂犬病病毒属，病毒呈子弹状或杆状，一端扁平，另一端钝圆，长180～250nm，宽75nm。核酸型为单股RNA。病毒由外面3个同心层构成的被膜和被其包围着的核蛋白壳所组成。被膜的最外层是由糖蛋白构成的纤突。

病毒在动物体内主要存在于中枢神经组织、唾液腺和唾液内，其他脏器、血液和乳汁中也存有少量病毒。从自然病例分离的狂犬病病毒称为街毒。把街毒接种于家兔脑内，连续传代后，其毒力增强并稳定，称为固定毒。街毒与固定毒的区别在于，接种固定毒的动物脑神经细胞内见不到内基氏小体。世界各地分离的狂犬病病毒株对实验动物的致病力虽然不同，但在血清学上至今仍不能区分。

病毒可在小鼠、大鼠、家兔和鸡胚等脑组织，地鼠肾、猪肾及人的二倍体细胞上培养。病毒通过实验动物继代后，对人和动物的毒力减弱，可用于制备弱毒疫苗。我国人用狂犬病疫苗就是用地鼠肾细胞生产的。

病毒能抵抗尸体的自溶和腐败作用，在自溶的脑组织中能存活7～10d；能在日光、超声波、紫外线、X线、70%酒精、0.01%碘液、1%～2%肥皂水、乙醚或丙醇等内灭活；对酸、碱、石炭酸、福尔马林、升汞等消毒药敏感；不耐湿热，56℃加热15min、60℃数分钟和100℃ 2min均可灭活。病毒在50%甘油缓冲液中或4℃条件下可保存数月至1年。在冷冻或冻干条件下可长期保存。

（二）流行病学

本病呈世界性分布。自然界中，人及所有温血动物，包括鸟类也能感染，易感性无年龄的差异，各种动物之间易感性有差异，易感性顺序大致如下：狐狸、大白鼠、棉鼠＞猫、地鼠、豚鼠、兔、牛＞犬、貉、狼＞羊、山羊、马鹿、猴、人＞獾＞有袋类，浣熊和蝙蝠也是常见的易感动物。肉食动物由于其食肉习性的原因，感染、传播本病的机会明显多于草食动物。

一般认为，在自然界中，野生动物（狼、狐、貉、臭鼬和蝙蝠等）是狂犬病病毒主要的传染源和自然储存宿主，而病犬则为人和家畜主要的传染源。野生啮齿动物如野鼠、松鼠、鼬鼠等对本病易感，在一定条件下可成为本病的危险疫源而长期存在，当其被肉食兽吞食后则可能传播本病。蝙蝠是本病毒的重要宿主之一，在美国和加拿大有部分蝙蝠感染狂犬病，病毒能在其褐色脂肪内等部位长期潜伏，越冬并增殖，但不侵害神经系统，多数在不显症状的情况下排毒，传染其他动物，而且蝙蝠具有迁徙的习性。所以，有人认为野生动物、犬和蝙蝠是本病的主要宿主。人和其他家畜则是偶发宿主。

本病的传播方式为链锁式，即一个接一个地传染。主要由患病动物咬伤后感染，或健康动物皮肤黏膜有损伤时接触患病动物唾液而感染，病犬的唾液在出现症状前的1～2周内便含有病毒。此外，还存在着非咬伤性的传播途径，人和动物都有经由呼吸道、消化道和胎盘感染的病例，值得注意。

（三）临床症状

各种动物的主要临床表现基本相似。病兽表现狂暴不安和意识紊乱。病初主要表现精神沉郁，举动反常，如不听呼唤，喜藏暗处，喜吃异物。咽物时颈部伸展，病犬常以舌舔咬伤处。不久转为兴奋或狂暴不安，攻击人畜，无目的地奔走。声音嘶哑，流涎增多，吞咽困难、最后出现麻痹，行走困难，因全身衰竭和呼吸麻痹而死亡。

笼养的毛皮动物（狐、貉、水貂等），发病时改变平时对人的胆怯状态，猛扑人和动物；狂暴地撕咬物体及自身。鹿发病很快即表现兴奋，横冲直撞，经2～3d后出现麻痹死亡。猫发病呈狂暴型，攻击人和动物。成年禽对本病有较强抵抗力，偶见发病病例，羽毛逆立，乱走乱飞，也用喙和爪攻击人和动物。

（四）病理变化

本病无特异性变化，只有反常的胃内容物，如毛发、石块、木片等异物，可以视为可疑。

病理组织学变化见有非化脓性脑炎变化，在大脑海马角及大脑皮质、小脑和延脑的神经细胞胞浆内出现一种界限明显、呈圆形至卵圆形嗜酸性包涵体（内基氏小体）。

（五）诊断

1. 初步诊断

本病的临床诊断比较困难，有时因潜伏期长，查不清咬伤史，症状又易与其他脑炎相混而误诊。当动物或人被可疑病犬咬伤后，应及早对可疑病犬作出确诊，以便对被咬伤的人畜进行必要的处理。

2. 样本采集

（1）寄送。由于狂犬病对人类的极高危险性，取标本时必须注意个人安全防护。脑是最好的病毒材料，唾液腺中也常含有大量病毒，故在割取病犬的头时，不能损伤脑，并应带有颌下腺。将头迅速冷却并将其装于密封容器内，最好外面再套一更大的密封容器，内外之间装填冰块，冷藏寄送实验室。（注意：病毒不耐热。）

（2）现场采集。也可现场采集脑组织和唾液腺，置于干冰中或冰冻运送。

脑组织：包括两侧大小脑以及海马回和脊髓，各切取1cm³小块。如在4℃保存，则必须在24h内运送到实验室。也可将组织块投入50%甘油盐水中保存，但在甘油盐水中保存的病料，很难在玻片上做成压印片，必须先用生理盐水彻底洗去甘油。为了检查内基氏小体，也可在现场制备脑组织压片，随同冷藏病料一起送检。

唾液：唾液中常含有大量病毒，狐、牛、鹿等自然病例的唾液的病毒阳性分离率，甚至可能超过脑组织。因此，唾液是重要的病毒分离材料，可用吸管吸取腮腺附近的唾液，置于1~2mL内含灭活豚鼠血清和抗生素的缓冲盐水中，或用棉拭蘸取唾液后插入上述缓冲液中，低温保存备用。

血清：在需进行流行病学调查或需揭发隐性感染或疫苗接种后的免疫状态时，可以采取动物单份或双份血清（相距3~4周采取）。

3. 实验室检验

实验室确诊包括包涵体检查、荧光抗体检查、动物接种及血清学检查等。

（1）病原检查

①包涵体检查。切取海马回等脑组织放在吸水纸上，切面向上并用载玻片轻压切面制成压印片，随即滴加塞莱（seller）氏染色液（此液由2%亚甲蓝醇15mL，4%碱性复红2~4mL，纯甲醇25mL配成），染1~5s后水洗，室温干燥镜检。若在神经细胞浆内见有直径3~12nm，呈梭形、圆形或椭圆形，嗜酸性着染（鲜红色）及嗜碱性（蓝色）小颗粒即为包涵体；神经细胞染成蓝色，间质染成粉红色，红细胞染成橘红色。

②荧光抗体检查。世界卫生组织已向各国推荐此法，并经许多国家广泛应用，证明是一种快速、特异性很强的方法。高免血清是用固定毒多次接种家兔、豚鼠或绵羊而制备的提纯高免血清丙种球蛋白，用异硫氰荧光素标记，制成荧光抗体。

病料检查通常按阻断对比法进行：分别制备大脑、小脑及海马回压印片各2片，干燥后于-20℃用丙酮固定4h。然后取3~5个工作价浓度的荧光抗体，分装于2支小试管，分别等量加入正常鼠脑20%悬液和感染鼠脑20%悬液，37℃感作60min（振荡数次），进而离心沉淀，吸取上清液分别滴加在压印片上，37℃放置30min，再以PBS液泡洗10min以后用蒸馏水冲洗，干燥后用缓冲甘油封载，镜检。若在胞浆内见有亮黄绿色的颗粒或斑块，而以感染鼠脑悬液吸收的荧光抗体染色的压印片无特异性荧光染色，即可确诊。

③动物接种。取脑或唾液腺等病料加缓冲盐水研磨成10%乳剂，无菌处理后离心，取上清液脑内接种5~7d龄乳鼠，每只0.03mL，每份标本接种4~6只乳鼠。乳鼠在接种后继续由母鼠同窝哺养，3~4d后如发现哺乳减退，痉挛，麻痹死亡，即可取脑检查包涵体。如经7d仍不发病，可随机选取其中2只，剖取鼠脑作成悬液，如上传代。如第二代仍不发病，可再传代。连续盲传三代总计观察4周而仍不发病者，作阴性结果报告。也可应用3周龄以内的幼鼠，如上做脑内接种。

（2）血清学检验。可用于病毒鉴定、狂犬病疫苗效果检查以及病人诊断等。常用的方法有中和试验、补体结合试验、间接荧光抗体试验、交叉保护试验、血凝抑制试验以及间接免疫酶试验（HRP-SPA）等。一般实验室常用的血清学诊断法为中和试验。近年来已将单克隆抗体技术用于狂犬病的诊断，特别适用于区别狂犬病病毒与该病毒属的其他相关病毒。

四、朊病毒感染（Virino Infection）

朊病毒感染是由朊病毒引起的人、家畜和野生动物的一类亚急性、渐进性、致死性中枢神经系统变性疾病。包括水貂传染性脑病、鹿慢性消耗病、猫海绵体脑病、牛海绵样脑病、羊的痒病以及人的克—雅氏病、库鲁病等。其主要特点是潜伏期长，一般为数月、数年甚至十几年以上；病程缓慢但呈进行性发展，均以死亡告终；临床上出现进行性共济失调、震颤、痴呆和行为障碍等神经症状；机体感染后不发热、无炎症、不发生特异性免疫应答反应；组织病理学变化主要以神经元空泡化、脑灰质海绵样变为特征。

（一）病原

朊病毒感染的病原均是朊病毒，分类上属于亚病毒因子中的一种，又称为朊蛋白、朊粒或蛋白感染子。朊病毒是一种特殊的传染因子，它不同于一般的病毒，它没有核酸，而是一种特殊的蛋白质。研究表明人与许多动物机体内都有这类朊蛋白（用PrP表示）。它有两类：一类是正常细胞具有的，对蛋白酶敏感，易被其消化降解，存在于细胞表面，无感染性，用PrPc代表；当结构异常时，就成为另一类有致病性PrP，对蛋白酶有一定的抵抗力，用PrPsc代表。两者的差别主要就是空间立体结构不同，从而导致生物学特性不同。

致病性朊蛋白的抵抗力很强，对热、辐射、酸碱和常规消毒剂有很强的抗性。患病动物的脑组织匀浆经134~138℃高温1h，对实验动物仍有感染力，所以用含有PrPsc的组织制成的饲料（肉骨粉）或用于人类食品或化妆品的添加剂，干热180℃ 1h仍有部分感染性。患病动物组织在10%~20%福尔马林中几个月仍有感染性，还能耐受2mol/L的氢氧化钠2h。

（二）流行病学

据调查研究认为朊病毒病主要通过消化道感染，经过漫长的潜伏期而发病的。主要是使用患病反刍动物（牛或羊）的尸体经加工后作为饲料（富含蛋白质的肉骨粉添加剂）饲喂牛所致，还有在美国已发现因接触过痒疫病鹿而患病的牛。美国科学家近期还发现疯牛病的传播与生活在干草中的螨虫有关。认为这是英国禁食反刍动物性饲料多年而始终未消灭疯牛病的原因。

（三）临床症状

1. 痒疫

潜伏期很长，为1~5年。经过潜伏期后，神经症状逐渐发展并渐加剧。患病早期敏感、易惊，有癫痫症状，头、颈和肋腹部发生震颤；体温和食欲无明显变化，但却日渐消瘦；典型的症状是出现瘙痒，病羊靠着栅栏等器具不断摩擦身体，或用肢体搔抓痒处，并自咬体侧和臀部皮肤；运动失调，后肢更为明显，出现高抬腿姿态跑步的特征，病羊经常跌倒，最后完全不能站立和行走。病程数周至数月不等，致死率几乎为100%。

2. 牛海绵状脑病

本病又称疯牛病，潜伏期2.5~8年，病程一般为14~180d，多数病例表现出中枢神经系统的症状，病牛易惊，对声音和触摸反应敏感，常由于恐惧、狂躁而表现出攻击性；行动异常，运动失调，起站后后肢叉开，步样蹒跚，后期不能站立，转归死亡。

3. 水貂传染性脑病

潜伏期5~200d，病貂表现交替兴奋和迟钝等神经症状。兴奋时在笼内奔跑做圆周运动，尾向上弯于背上，自行撕咬，腕关节活动不灵活，后肢运动不自主，有时惊叫，乱排粪便或紧咬笼网，部分肌群痉挛性收缩。兴奋过后转为迟钝，病貂转入昏迷沉睡而死亡或由昏迷又转入兴奋，可在兴奋时咬笼死亡。

4. 鹿慢性消耗病

1978年美国科罗拉多的黑尾鹿群中发现一种慢性消耗性疾病，其临床症状与羊的痒疫极为相似。

5. 库路病

又称震颤病，是人的一种以小脑变性为特征的中枢神经系统性疾病。潜伏期长4～20d，特征是共济失调、震颤、说话含混不清、有发声和吞咽困难，随后瘫痪死亡，病程3～9个月。

6. 克–雅氏病

又称传染性早老痴呆，潜伏期长达数年至30年。患者临床表现肌阵挛、共济失调，嗜眠，出现进行性痴呆；还出现视觉模糊，言语不清，最后因大脑组织溶解而死。

以往该病的发病年龄平均为65岁，很少发生于青年人，但最近青少年发病居多，有人推测可能出现了一种新型的克–雅氏病。

（四）病理变化

1. 痒疫

病羊剖检变化不明显，病理组织学上的突出变化是中枢神经系统的海绵样变性，大量神经元发生变性、空泡化，特别是纹状体、间膜、脑干和小脑皮层最为明显、神经元胞浆内含有许多空泡，形成"泡沫细胞"。没有发现病毒性脑炎的病变。

2. 牛海绵状脑病

组织学检查主要的病理变化是脑组织海绵样外观，脑干灰质发生双侧对称性海绵状变性，在神经纤维网和神经细胞中有数量不等的空泡，无任何炎症。

3. 水貂传染性脑病

主要病理变化在脑部。脑部水肿、充血，大脑神经细胞和神经胶质细胞出现空泡。脑脊髓神经细胞变性、皱缩或出现空泡、小脑浦肯野细胞固缩。

4. 鹿慢性消耗病

其神经系统的病理变化与羊的痒疫极为相似。

5. 库路病

典型病理变化是严重的神经元变性和丧失，胶质增生和灰质海绵样病变。以小脑、桥脑和纹状体最为明显。

6. 克–雅氏病

病理变化类似于库路病，组织病理学检查显示神经元缺损、神经胶质重度增生，脑实质呈海绵状病变和淀粉样斑块形成。

（五）诊断

因朊病毒感染不能诱发机体产生免疫反应，故不能用血清学方法进行诊断。但根据典型的症状和组织病理学变化，诊断并不困难。潜伏期的动物都是重要的传染源。目前用于诊断的主要依据是临床表现，如持久的疾病经过，临床发病动物几乎100%死亡及该病的特征性症状如痒疫的瘙痒等、病理组织学变化（脑的海绵状变性和神经元空泡化等）以及生物学试验。

1. 动物接种

将患病动物丘脑、中脑、脑干的组织乳剂接种到小鼠脑内，可在13～20个月内发病，继代接种可缩到4～7个月。

2. 蛋白免疫印迹技术

1988年Satoshi等用相当于痒疫朊病毒蛋白N端一个区域的人工合成多肽，制备抗血清，采用蛋白免疫印迹技术，成功地检出了痒疫感染小鼠脑、脾、淋巴结中的痒疫相关纤维蛋白（SAFP），但被检样品的制备比较复杂。

1991年由Ikegami建立的用兔抗绵羊PrP（即蛋白酶抗性蛋白，Proteinaseresistant-protein）多克隆抗体通过蛋白免疫印迹技术检测绵羊脑、脾、淋巴结，检出了PrP。应用蛋白印迹试验，有可能成为检出临床期感染动物的一种方法，但被检标本必须用蛋白酶K处理，以免出现因健康动物细胞膜成分中正常存在的PrP类似物，导致假阳性反应。

3. 单克隆抗体技术

应用各种特异的单克隆抗体可以区分小鼠、仓鼠和人的PrPsc。最近又制备了一种只能和各种动物PrPsc共有位点而不和PrPsc反应的特异单克隆抗体，应用此单克隆抗体时，标本无须蛋白酶K处理即可检测。

五、禽流感（Avian Influenza）

禽流行性感冒，简称禽流感，是由A型流感病毒引起的禽鸟类急性高度接触性传染病，以前也称为鸡瘟、真性鸡瘟或欧洲鸡瘟，以区别于新城疫。因流感病毒株不同，表现出不同的临床类型，如隐性感染，轻度呼吸道感染，或高度致死性败血症经过。

（一）病原

流行性感冒病毒（Influenza virus），简称流感病毒，属于正黏病毒科。根据流感病毒基质蛋白（M1）和核蛋白（NP）抗原性的不同，流感病毒可分为A型流感病毒、B型流感病毒、C型流感病毒和D型流感病毒。水禽被认为是A型流感病毒的自然宿主，故常用禽流感病毒来指代A型流感病毒。B型流感病毒主要感染人和海豹。C型禽流感病毒的宿主范围包括人和猪。D型流感病毒在2016年由国际病毒分类委员会执委会批准命名，宿主范围较广，包括猪、牛、羊、骆驼等，其中牛被认为是其主要宿主。

流感病毒粒子呈多型性，如球形、椭圆形及长丝状管等，直径为20～120nm。内部为单链负义分节段的RNA，被螺旋对称的核衣壳包裹。A型和B型流感病毒包含8个分节段的RNA片段，而C型和D型仅包含7个。核衣壳外为病毒囊膜，囊膜上有两种密集而交错排列的纤突，分别称为血凝素（HA）和神经氨酸酶（NA）。前者能与宿主细胞上的特异性受体结合，便于病毒侵入细胞；后者主要与病毒成熟后从细胞内通过细胞膜出芽释放有关。血凝素与病毒凝集多种动物红细胞的特性有关，并能诱导机体产生相应的抗体，因此可以通过血凝（HA）试验和血凝抑制（HI）试验来测定病毒及相应抗体。

HA和NA是禽流感病毒的表面抗原，均为糖蛋白，具有良好的免疫原性，同时又有很强的变异性，它们是病毒血清亚型及毒株分类的重要依据。目前已知HA抗原有18个亚型，即H1～H18，NA抗原有11个亚型，即N1～N11。由于不同的毒株所携带的HA和NA抗原不同，因此两者组合成了众多的血清亚型，如H1N1、H1N2、H5N2、H7N1等。由

HA诱导的相应抗体除能抑制病毒的血凝活性外，还具有中和病毒活性的作用；由NA诱导的抗体具有干扰病毒释放、抑制病毒复制的作用，因此两者均是病毒的保护性抗原，但不同血清亚型之间的交叉保护性较低。此外，禽流感病毒包膜含有少量具有离子通道活性的完整四聚体膜蛋白称为基质蛋白2（M2）。基质蛋白1（M1）位于包膜的内表面。核蛋白（NP）与禽流感病毒的8个RNA片段相结合，并与RNA依赖性RNA聚合酶复合物（PB2+PB1+PA）一起形成核糖核蛋白复合物，构成蛋白的复制机器。另外还有非结构蛋白（NS1、NS2），其中NS1可以抑制宿主对A型流感病毒的抗病毒效应；NS2为核转运蛋白。

禽流感病毒的变异主要发生在HA抗原和NA抗原上。禽流感病毒通过不断在其表面糖蛋白（HA和NA）上，尤其是抗原表位上积累氨基酸替换而改变自身抗原性质的过程叫作"抗原漂变"，这时只产生新的毒株，而不形成新的亚型。禽流感病毒通过持续的抗原漂变不断改变自身的抗原性，从而逃避宿主免疫系统。根据对人流感病毒的分析，H3N2持续产生具有新抗原型的病毒，每3年新抗原型病毒会取代旧病毒，即发生抗原群的跳变而在人群中主要流行。为了应对人流感病毒持续的抗原进化，世界卫生组织（WHO）开展了对A型流感病毒的持续监测，定期更新并推荐候选"疫苗株"。由于流感病毒的基因组具有多个片段，在病毒复制时容易发生不同片段的重组和交换，从而出现新的亚型。尤其是在同一细胞中感染了两个不同血清型或亚型病毒时，可能会产生继承自不同母代RNA片段的新型病毒，当重组和交换发生在HA和NA基因片段时，流感病毒的抗原性发生较大改变，这称之为"抗原转换"，这时产生新的亚型。正是由于流感病毒在其自然宿主（野生水禽）中的频繁重组和交换，因而产生了各种HA和NA组合的流感病毒，例如：H5N1，H7N9和H9N2等。由于不同亚型之间只有部分交叉保护作用，这就给疫苗研制和本病的防制带来极大的困难。

禽流感病毒的不同亚型对其宿主的特异性及致病性也不同，例如引起猪流感的主要是H1N1、H3N2亚型，引起禽流感的主要是H9N2、H5N1、H5N2、H7N1等亚型，引起人流感的主要是H1N1、H2N2、H3N2亚型，引起马流感的主要是H3N8亚型。即使是同一血清亚型的病毒，其毒力有时也有很大差异，例如同是H5和H7亚型，有些毒株对鸡和火鸡是低致病性的，而另一些毒株却是高致病性的（致死率可达100%）。因此人们根据禽流感病毒的毒力强弱，将其分为高致病性毒株和低致病性毒株两大类。到目前为止，发现高致病力的禽流感毒株均为H5和H7亚型。但是，并非所有H5和H7亚型都是高致病性毒株，甚至在禽流感暴发期间，流行初期和后期分离的毒株在致病力上也有很大的区别。流感病毒的宿主特异性主要由HA对宿主细胞受体的特异性识别所决定，而毒力则是由HA上蛋白酶水解位点处的特殊氨基酸序列所决定。

禽流感病毒为一种泛嗜性病毒，可存在于感染动物的各器官组织中，但以呼吸道、消化道以及家禽的生殖道含毒量最高。病毒从这些组织的上皮细胞中释放出来并随其分泌物排出体外。本病毒能在发育鸡胚及多种细胞培养中生长，如小鼠、仓鼠、雪貂、鸡胚、马、猴、犬等动物的原代或继代肾细胞等，但以9～11日龄鸡胚的增殖作用为最好。

禽流感病毒对外界环境的抵抗力不强，对温热、紫外线、酸、碱、有机溶剂等均敏感，但耐低温、寒冷和干燥。当有分泌物、排泄物（如粪便）等有机物保护时，病毒于4℃可存活30d以上，在羽毛中可存活18d，在骨髓中可存活10个月。病毒在冰冻池塘中可以越冬。一般消毒剂和消毒方法，如0.1%新洁尔灭溶液、1%氢氧化钠溶液、2%甲醛溶液、0.5%过氧乙酸溶液等浸泡以及阳光照射、60℃加热10min、堆积发酵等均可将其杀灭。

（二）流行病学

禽流感病毒感染宿主范围较为广泛，主要包括家禽、野鸟、猪、马、狐狸、水貂、老虎、海豹等哺乳动物。其中野生水禽被认为是禽流感病毒的自然宿主，除了最新在蝙蝠中发现的H17N10和H18N11，其余几乎所有的HA（H1～H16）和NA（N1～N9）亚型的禽流感病毒均可从野生水禽中分离。在自然状态下，禽流感病毒可感染的野鸟包括雁形目、鸻形目、鹳形目、鹤形目、鹈形目、雀形目、鸡形目、潜鸟目、鹤鸵目、鹱鹱目、鸳形目、隼形目、鸮形目等，其中雁形目和鸻形目感染率最高。

家禽对本病毒易感，如鸡、火鸡、家鸭、鹌鹑、石鸡、珍珠鸡、鸽子、家鹅等，其中以鸡和火鸡最易感染。禽流感病毒感染人的途径一般通过人与家禽的接触，而野鸟源的禽流感病毒则是先传播至家禽群中，然后再感染人。近年来，已发生多种亚型的禽流感病毒跨越种间障碍感染人事件的发生，亚型包括：H3N8、H5N1、H5N6、H5N8、H6N1、H7N2、H7N3、H7N4、H7N7、H7N9、H9N2、H10N3、H10N7、H10N8等。

患病和病愈的家禽和野禽是禽流感的主要传染源，其次是康复或隐性带毒动物。带毒鸟类和水禽常是鸡和火鸡流感的重要传染源，由于这些禽类感染后可长期（约为30d）带毒并通过粪便排毒，而其自身不表现任何症状，因此在流行病学上具有十分重要的意义。

本病一般只能水平传播，传播途径主要是呼吸道，动物通过咳嗽、打喷嚏等随呼吸道分泌物排出病毒，经飞沫感染其他易感动物。由于感染禽在粪便中会排出大量病毒，因此禽流感的传播途径还包括消化道。除通过上述方式进行间接传播外，流感病毒也进行直接接触传播。目前尚无足够的证据表明本病可以经卵垂直传播。病毒污染的空气、饲料、饮水及其他物品是重要的传播媒介，鼠类、昆虫及犬、猫等可以引起机械性传播。

本病一年四季都可发生，但以晚秋和冬春寒冷季节多见。阴暗、潮湿、过于拥挤、营养不良、卫生状况差、消毒不严格、寄生虫侵袭等都可促使本病的发生或加重病情。当存在其他传染病流行时，可加重禽流感造成的损失。本病常突然发生、传播迅速，呈地方性流行或大流行形式。当鸡和火鸡受到高致病力毒株侵袭时，死亡率极高。

（三）临床症状

禽流感的临床症状极为复杂，根据禽的种类（鸡、火鸡、鸭、鹅及野鸟等）以及感染病毒的亚型类别的不同，表现为甚急性、急性、亚急性及隐性感染等。家禽中以鸡、火鸡最为易感，鸭、鹅和其他水禽的易感性较低，鸽的自然发病不常见。某些野禽也能感染。急性病例表现呼吸系统、消化系统或神经系统的异常，体温迅速升高达41.5℃以上，拒食，病鸡很快陷于昏睡状态。冠与肉髯常有淡色的皮肤坏死区，鼻有黏液性分泌物，头、颈常出现水肿，腿部皮下水肿、出血、变色。病程往往很短，常于症状出现后数小时内死亡。死前不久，体温常降到常温以下。病死率有时接近100%。有的病例可仅表现轻微的呼吸道症状，或体重减轻、产蛋下降等症状。

（四）病理变化

头面部、肉垂和鸡冠水肿，皮下胶样浸润和出血，心包积水、心外膜有点状或条纹状出血点，心肌软化，腺胃黏膜出血，脾脏、肝脏肿大出血，肾肿大，法氏囊水肿呈黄色。

火鸡和鸡最显著的病变是卵巢卵泡畸变、发育停滞，出血变形和坏死，严重的出现萎缩。有不同程度的气囊炎。

（五）诊断

1. 初步诊断

根据病的流行特点、临诊表现和病理变化可做出初步诊断。

2. 样本采集

（1）病毒分离材料。拭子和脏器。用不同大小的棉拭子擦取气管或泄殖腔，尽量插到深部以取得大量的病料，然后将拭子放入灭菌的保存液（25%～50%甘油盐水、肉汤或每毫升含1000IU青霉素和10mg链霉素的PBS或HANKs液）中。若在48h内进行试验时，可将材料保存于4℃条件下，否则应放在低温条件下保存。病料的采取时间很重要，一般应在感染初期或发病急性期采取，如转为后期则因机体已形成足够的抗体而不易分离到病毒。

（2）血清。取间隔2～3周发病期和恢复期双份血清。

3. 实验室检验

（1）病原分离和鉴定。病料处理后接种9～11d龄鸡胚尿囊腔或羊膜腔，培养5d后，取尿囊液做血凝试验，如阳性则证明有病毒繁殖，再以此材料做补体结合试验（决定型）和血凝抑制试验（决定亚型）。初代尿囊液血凝阴性时，可再盲传二代，如仍无血凝性，即可判为阴性。

（2）血清学检查。血清学检查是诊断流感重要而特异的方法。常用的有琼脂扩散试验、血凝抑制试验和神经氨酸酶试验等。如恢复期的血清效价高于急性期4倍以上，才可确诊。

六、流行性乙型脑炎（Epidemic Encephalitis B）

本病又称日本乙型脑炎，是由流行性乙型脑炎病毒引起的一种人畜共患传染病。人和马感染后表现脑炎症状，猪感染后可出现流产、死胎和睾丸炎等症状，其他动物大多呈隐性感染。传播媒介为蚊虫，流行有明显的季节性。

本病最早于日本发现，1924年在人群中发生了一次大流行。1935年本病在人群和马群中同时流行；同年日本学者从人及马的脑组织中分离到病毒。我国1940年曾发生过马脑炎的流行。在疫区也曾发现多例猪的脑炎。

本病主要流行于东南亚及东亚一些国家，由于疫区范围较大，人畜共患，危害严重，被世界卫生组织列为需要重点控制的传染病之一。

（一）病原

流行性乙型脑炎病毒属于黄病毒科黄病毒属。病毒呈球形，二十面体对称，核心为单股RNA，包以脂蛋白囊膜，外层为含糖蛋白的纤突。纤突具血凝活性，能凝集鹅、鸽、绵羊和雏鸡的红细胞，但不同毒株的血凝滴度有明显差异。

病毒对外界环境的抵抗力不强，在-20℃可保存1年，但毒价降低，在4℃的50%甘油生理盐水中可存活6个月。病毒在pH7以下或pH10以上，活性迅速下降。常用消毒药都有良好的灭活作用。

本病毒能在多种细胞（包括蚊细胞）上培养繁殖。用10TCID$_{50}$病毒接种于仓鼠肾细胞，于37℃培养24h后产生细胞病变，72h病变显著，圆缩脱落，也可引起猪肾、羊胚肾细胞产生明显病变。在琼脂覆盖的仓鼠肾、鸡胚等原代细胞和绿猴传代细胞上都能形成蚀斑。同一株病毒蚀斑的大小不一致，株间蚀斑大小及蚀斑数也不一致。大中蚀斑边缘清楚，皮下注射致病力较强，小斑边缘模糊，致病力也较弱。

（二）流行病学

流行性乙型脑炎是人畜共患的自然疫源性传染病。这类疾病原本发生在无人迹的荒野地区，在野生温血动物间流行。由于垦荒、伐木、水利建设等自然资源的开发，大批人、畜进入，遭到感染而成为人畜共患传染病。

马、驴、骡、猪、牛、羊、骆驼、狗、猫、鸡、鸭，以及黑猩猩、猩猩、大猩猩、猴、长臂猴、鹿、水貂、蝙蝠、鹭鸶、麻雀等许多种野生哺乳动物和鸟类均有易感性，并都可能出现病毒血症，但易感性和临床表现有很大差异。马、猴、鹿、水貂、牛等最易感，并呈现典型的脑炎临床症状，猪感染后表现流产、死胎及睾丸炎等症状，其他哺乳动物和鸟类大都不呈现临床症状。即使是易感性较高的人、马和猪等也仅部分呈临床症状，绝大多数不是显性感染。但是具有易感性的人和动物感染后，无论是呈现临床症状的显性感染者还是不出现临床症状的隐性感染者，都发生短暂的病毒血症（一般在10d内，并可持续数日）。然而，必须是病毒血症持续时间较长且具有较高病毒量的被感染动物，才具有传染源作用；同时存在有与易感动物和人有较密切接触的传播媒介时，可形成新的传染。猪感染后出现病毒血症的时间较长，血中的病毒含量较高，故猪是本病最重要的传染源，其次是带毒的狗、猫、猴、鸡、鸭及带毒的野鸟，国外记载还有带毒度过冬眠的蝙蝠，因为这些被感染的动物血液中病毒含量高、持续时间长。媒介蚊叮咬吸血后可造成严重的病毒传播。

库蚊、伊蚊和按蚊是本病的传播媒介。近年来国内外研究一致证明三带喙库蚊是本病最主要的传播媒介。感染本病毒的蚊终生具有传染性，病毒能随越冬蚊越冬，还能经卵传代，因此带毒越冬蚊第二年可再传染动物和人。媒介蚊不仅是本病的传播媒介，也是病毒的储存宿主。

在热带地区，本病全年均可发生。在亚热带和温带地区本病有明显的季节性，主要在夏季至初秋的7—9月流行，这与蚊的生态学有密切关系。

（三）症状

1. 鹿

以临床出现脑神经症状和后肢麻痹为特征。病初体温升高，精神不振，食欲减退或废绝，反刍、嗳气停止；进而出现神经症状，表现转圈运动，共济失调，四肢强直，口唇麻痹，口角流涎，磨牙，咬肌痉挛；后期四肢关节伸屈困难，后躯麻痹卧地，很快死亡。

2. 水貂

以中枢神经机能紊乱为特征。病貂兴奋不安，在笼内旋转、跳跃、惊叫，或呈癫样反复发作，口吐白沫，痉挛抽搐。有的抽搐过后，后肢软弱无力，行走摇晃，或不能站立，仅靠前肢支撑。病貂食欲减少或拒食；结膜淡黄；病程长短不一，有的数分钟内死亡，有的可持续数日。

3. 灵长类

主要症状为发热、头痛、呕吐、嗜眠、颈强直或痉挛，部分病例出现惊厥、麻痹、意识模糊、昏迷和呼吸衰竭而死。

4. 猪

人工感染潜伏期一般为3～4d。常突然发病，体温升高达40～41℃，呈稽留热，精神沉郁、嗜睡，食欲减退。有时病猪出现后肢麻痹，视力障碍，摆头，乱冲乱撞等。妊娠母猪常突然发生流产、早产或产木乃伊胎、死胎或弱仔等，弱仔产下后衰弱不能站立，不会吮乳，有的几天后出现痉挛、抽搐、死亡。流产后母猪症状减轻，体温、食欲恢复正常，对继续繁殖无影响。少数母猪流产后从阴道流出红褐色乃至灰褐色黏液，胎衣不下，发生子宫炎，影响下一次发情和怀孕。公猪除有上述一般症状外，突出表现是在发热后发生睾丸炎，一侧或两侧睾丸明显肿胀，手压有痛感，较正常睾丸大0.5～1倍，这点具有证病意义，数日后，炎症消退，睾丸逐渐萎缩变硬，性欲减退，精子活力下降，畸形增多，丧失配种能力。

5. 马

潜伏期为1～2周。病初体温短期升高，可视黏膜潮红或轻度黄染，精神不振，食欲减退，肠音稀少，粪球干小。部分病马经1～2d体温恢复正常，食欲增加并逐渐康复。有些病马由于病毒侵害脑和脊髓，出现明显的神经症状，表现沉郁、兴奋或麻痹，视力和听力减退或消失，针刺反应减弱，常有阵发性抽搐。有的病马以沉郁为主，有的以兴奋为主，一般多为沉郁和兴奋症状交替出现。还有的病马主要表现后躯的不全麻痹症状。多数预后不良，治愈马常遗留弱视，舌唇麻痹，精神迟钝等后遗症。

6. 牛、羊

多呈隐性感染，自然发病者极为少见。牛感染发病后主要见有发热和神经症状。发热时，食欲废绝，呻吟、磨牙、痉挛、转圈以及四肢强直和昏睡。急性者经1～2d、慢性者10d左右可能死亡。山羊病初发热，从头、颈、躯干和四肢渐次出现麻痹症状，视力、听力减弱或消失，唇麻痹、流涎、咬肌痉挛、牙关紧闭、角弓反张，四肢关节伸屈困难，步样蹒跚或后躯麻痹，卧地不起，约经5d死亡。

（四）病变

主要表现在中枢神经系统：可见脑脊液含量增加，脑膜血管扩张充血，偶见出血点和出血斑。少数病例可见脑组织中有米粒大小的液化性坏死灶。

脑组织学检查，均有非化脓性脑炎变化。

（五）诊断

1. 初步诊断

根据本病有严格的季节性，呈散在性发生，多发生于幼龄动物，有明显的脑炎症状，可作出临床诊断。

2. 样本采集

（1）病毒分离样品

血样：在发热初期，可采血液或血清分离病毒。动物死后，应尽快采取脑组织分离病毒。各项操作以及病料的运送，应遵守"冷""快"两个原则。

供病毒分离组织样：脑组织是首选的病毒分离材料。脑组织以pH7.8肉汤培养基、0.5%乳白蛋白水解物，或含10%灭活正常兔血清生理盐水制成10%～20%乳剂，处理后备用。

供病原检测组织样：脑组织。

（2）抗体检测样本。采双份血清，第一次在发病早期（愈早愈好），第二次在恢复期，即发病后3周左右。

3. 实验室检验

（1）病原鉴定

病毒分离：取患病动物血液或脑组织接种于2～4日龄乳鼠。乳鼠发病表现离群、不哺乳、消瘦、抽搐等症状后，取鼠脑进一步传代或鉴定。注意：发病乳鼠常被母鼠吃掉，故应及时将母鼠取走。也可将病料接种于鸡胚原代细胞、仓鼠肾细胞或由白纹伊蚊细胞C6/36克隆细胞系以进行病毒分离。

病毒检测：可用荧光抗体法或免疫组织化学染色检测血涂片、病料（血样或脑组织）接种培养的单层细胞培养物，或被接种小白鼠海马角的石蜡切片或冰冻切片或压印片。

（2）血清检测

补体结合试验：采取双份血清，一份为发病初期，另一份为发病后21～28d，同时做常规补体结合试验。如恢复期的补反滴度比发病初期的高4倍以上，结合临床症状。即可判定为阳性。

血凝抑制试验：用已知的乙脑病毒抗原，检测病兽或可疑病兽血清中的血凝抑制抗体。

中和试验：采双份血清，如发病后血清的中和指数显著增高，可判为感染了乙脑病毒。其他方法还有IgM抗体检测，反向间接血凝试验等。

七、黄热病（Yellow Fever）

黄热病是黄热病毒引起的急性传染病，经伊蚊传播，主要流行于非洲、中美洲和南美洲。临床特征有发热、剧烈头痛、黄疸、出血和蛋白尿等。

（一）病原

病原为黄热病毒（Yellow fever virus），属黄病毒科的黄病毒属（过去的虫媒病毒B组），与同属的登革热病毒等有交叉免疫反应。病毒颗粒呈球形，直径37～50nm，外有脂蛋白包膜包裹，包膜表面有刺突。病毒基因组为单股正链RNA，分子量约为3.8×10^6，长约11kb，只含有一个长的开放读码框架，约96%的核苷酸在此框架内。黄病毒基因组分为两个区段：5'端1/4编码该病毒3个结构蛋白，即C蛋白（衣壳蛋白）、M蛋白（膜蛋白）和E蛋白（包膜蛋白）；3'端3/4编码7个非结构蛋白。基因组的5'端和3'端均有一段非编码区。

黄热病病毒有嗜内脏如肝、肾、心等（人和灵长类）和嗜神经（小鼠）的特性。经鸡胚多次传代后可获得作为疫苗的毒力减弱株。易被热、常用消毒剂、乙醚、去氧胆酸钠等迅速灭活，在50%甘油溶液中可存活数月，在冻干情况下可保持活力多年。小鼠和恒河猴是常用的易感实验动物。

（二）流行病学

黄热病主要流行于南美洲、中美洲和非洲等热带地区，3—4月的病例较多。包括我国在内的亚洲地区，虽在地理、气候、蚊、猴等条件与上述地区相似，但至今尚无本病流行或确诊病例的报道。第二次世界大战以来，中、南美洲各国由于广泛进行疫苗接种和采取防蚊、灭蚊措施，本病在城市中已基本绝迹；但近年来因人群移居森林地区、蚊虫对杀虫剂产生耐药性、预防措施有所松懈等因素，本病发病率在近5～6年内有回升的趋势。在1987—1991年间，黄热病在尼日利亚流行，几十万人受到感染。黄热病在农村，特别是非洲各地农村的流行始终未见终止。黄热病可分为城市型和丛林型两种。

对本病易感的非人灵长类动物有狨猴（绢毛猴）、恒河猴、吼猴、松鼠猴、怜猴、夜猴、蜘蛛猴、卷尾猴（白面猴）、赤猴、绿猴、眼镜猴、食叶猴（疣猴）、婴猴等。

城市型的主要传染源为病人及隐性感染者，特别是发病4日以内的患者。丛林型的主要传染源为猴及其他灵长类，在受污染动物血中可分离到病毒。

传播该病病毒的媒介昆虫有白星伊蚊、斯盖趋血蚊等多种趋血蚊、非洲伊蚊、黄头伊蚊、辛氏伊蚊、埃及伊蚊等。丛林型黄热病主要通过斯盖趋血蚊叮咬在非人灵长类之间发生传播和流行；热带非洲乡村与城市交界地带，人和猴都可能成为城市黄热病病毒的中间宿主。有报道在非洲曾发生过该病大流行，造成成千上万人死亡。城市型黄热病通过埃及伊蚊叮咬在人群之间传播和流行。

（三）临床症状

人感染黄热病毒后，5%～20%出现临床疾病，其余为隐性感染。潜伏期为3～7d，轻症可仅表现为发热、头痛、轻度蛋白尿等，但不伴有黄疸和出血，持续数日后即恢复。重症一般可分为感染期、中毒期和恢复期3期。

感染期：起病急骤，伴有寒颤，继以迅速上升的体温、剧烈头痛、全身疼痛、显著乏力、恶心、呕吐、便秘等。呕吐物初为胃内容物，继呈胆汁样。本期持续约3d，期末有轻度黄疸、蛋白尿等。

中毒期：一般开始于病程第4d，部分病例可有短暂（数小时至1d）的症状缓解期，体温稍降复升而呈鞍型。本期仍有高热及心率减慢，黄疸加深，黄热病因此得名。患者神志淡漠、面色灰白、呕吐频繁。蛋白尿更为显著，伴少尿。本期的突出症状为各处出血现象如牙龈出血、鼻衄、皮肤瘀点和瘀斑，胃肠道、尿路和子宫出血等。呕吐物为黑色变性血液。心脏常扩大，心音变弱，血压偏低。严重患者可出现谵妄、昏迷、顽固呃逆、尿闭等，并伴有大量黑色呕吐物。本期持续3～4d，死亡大多发生于本期内。

恢复期：体温于病程7～8d下降至正常，症状和蛋白尿逐渐消失，但乏力可持续1～2周甚至数月。在本期内仍需密切注意心脏情况。一般无后遗症。

猴类发生黄热病的症状与人患该病时的症状相似。猴感染后的潜伏期为4～8d。幼龄非洲猴感染时，病势轻微而短暂，并可产生免疫力，抗体滴度也易于检测。成年病猴临床症状较严重，主要表现为发热、沉郁、厌食、头痛、呕吐、肌肉痛、心动徐缓。疾病后期出现出血、黄疸和肾功能衰竭、胃肠道出血、蛋白尿、鼻衄等症状。母猴还可出现子宫及其他组织的广泛出血。

（四）病理变化

尸检可见胃肠坏死、出血。典型的组织学病变表现为肝的中心区大面积坏死，坏死的肝细胞中形成嗜酸性胞质内包涵体（康斯尔曼体）。肝脂肪变性，肾变性。

（五）诊断

1. 初步诊断

重症病例的诊断一般无困难，流行病学资料及一些特殊临床症状如颜面显著充血、明显相对缓脉、大量黑色呕吐物、大量蛋白尿、黄疸等均有重要参考价值。轻症和隐性感染不易确诊。

2. 样本采集

（1）病毒分离样本。患病早期猴血液或病死猴的肝组织。

（2）血清。取患病早期和临床症状严重时的双份血清。

3. 实验室检验

（1）病毒分离鉴定。取患病早期猴血液或病死猴的肝组织制成匀浆，接种于乳鼠或蚊细胞系进行黄病毒培养和分离。还可用免疫荧光法检查血液中的病变白细胞。

（2）血清学检查。用中和试验检测患病早期和临床症状严重时血清中的中和抗体。若第2份血清中仍无特异性抗体的出现，则可将黄热病的可能性除外。

八、森林脑炎（Forest Encephalitis）

森林脑炎又称苏联春夏脑炎、蜱传性脑炎或称远东脑炎，是由森林脑炎病毒（直译为蜱传脑炎病毒）经硬蜱媒介所致的自然疫源性急性中枢神经系统传染病。本病主要侵犯中枢神经系统，临床上以发热、神经症状为特征，有时出现瘫痪后遗症。

（一）病原

森林脑炎病毒属黄病毒科黄病毒属，病毒颗粒呈圆形，直径25～50nm，是单股的RNA结构并由脂质和蛋白外壳所包被的核蛋白分子组合而成。

病毒颗粒在pH7～9或略低环境中均能维持稳定的感染性。病毒在室温16～18℃条件下可存活10d，但在−150℃的低温条件下，能存活1年之久。置病毒于50%甘油中，在0℃条件下，至少可存活1年，经冷冻干燥处理的病毒，则可保持活力多年。

森林脑炎病毒可在多种细胞中增殖，其形态结构、培养特性及抵抗力似乙脑病毒，但嗜神经性较强，接种至成年小白鼠腹腔、地鼠或豚鼠脑内，易发生脑炎致死。接种至猴脑内，可致四肢麻痹。该病毒可凝集鹅和雏鸡的红细胞。

（二）流行病学

森林中的多种野生啮齿类动物如松鼠、田鼠、刺猬和野兔等是森林脑炎病毒的储存宿主，也是本病的主要传染源。这些野生动物受染后为轻症感染或隐性感染，但病毒血症期限有长有短，如刺猬约23d。

蜱是森脑病毒传播媒介，又是长期宿主，其中森林硬蜱的带病毒率最高，成为主要的媒介。当蜱叮咬感染的野生动物，吸血后病毒侵入蜱体内增殖，在其生活周期的各阶段，包括幼虫、稚虫、成虫及卵都能携带该病毒，幼虫和成虫分别可以保存病毒1年和2年，并可经卵传代。

牛、马、狗、羊等家畜在自然疫源地受蜱叮咬而传染，并可把蜱带到居民点，成为人的传染源。动物中山羊和猴被感染的症状最为明显。感染羊可长期从乳中排出病毒，人类和其他动物可因饮用这种带毒乳而被感染。

疾病流行具有严格的季节性，主要与媒介蜱活动有关，一般5月开始，6月达高峰，而后下降。

（三）临床症状

人类患者常在7～10d的潜伏期后出现症状，表现为高热、头痛、恶心、呕吐，伴有不同程度的意识障碍与肌麻痹。病程10d左右，严重者最后昏迷而死。

猴也易感，病程7～10d，症状与人类患者相似，常死亡。山羊在感染后出现弛张热，食欲减退，少数病羊出现脑炎症状。其他动物在感染后无明显症状。

（四）病理变化

中枢神经系统呈现弥漫性脑膜脑炎，灰质比白质明显，神经原变性和坏死，血管周围和软脑膜浸润及局部神经胶质增生。

（五）诊断

1. 初步诊断

根据本病明显的季节性和地区性、患病人畜进入林区或饮用疫区牛羊生乳的历史以及高热、脑膜刺激等症状，临床上可做出初步诊断。

2. 样本采集

（1）病原鉴定。

病毒分离：取发热期人畜血液或脑脊髓液，但病毒分离阳性率较低。

脑组织：对动物通常是剖检取脑，对人类死者则通过眼眶或延脑穿刺术采取脑组织，脑组织以10%脱脂乳盐水制成乳剂备用。

病原检测：可取发病动物血液或脑组织。

（2）血清。取急性期和恢复期双份血清。

3. 实验室检验

（1）病原检测。

病毒分离：脑组织以10%脱脂乳盐水制成乳剂，经离心沉淀和抗生素处理后注射于乳鼠脑内或接种于BHK-21、VERO等细胞培养物，方法可参考乙脑病毒。

森林脑炎病毒与乙型脑炎病毒同为黄病毒科黄病毒属的成员。在形态和理化特性上与乙脑病毒相似，但两者的抗原性不同，生物学特性上也有差异。例如中国地鼠在接种森林脑炎病毒时发病死亡，但接种乙脑病毒不发病；反之，黄鼠在接种乙脑病毒后发生致死性脑炎，而接种森林脑炎病毒后不发病。

病原检测：用标准免疫血清与新分离病毒进行补体结合试验与中和试验。补体结合试验呈属或群特异性，黄病毒属的各个成员之间常常呈现交叉反应，故须进行中和试验进行鉴别。

（2）血清检测。应用森林脑炎免疫血清进行血清学试验，检测人畜血液或死亡后脑组织内的病毒抗原，具有直接快速的诊断价值，具体方法与乙脑相同。由于疫区内人畜常因隐性感染和疫苗接种而呈现阳性抗体反应，以检测抗体为目的的血清学试验须对急性期和恢复期双份血清进行补体结合、中和或HI以及ELISA试验等，将恢复期血清的抗体滴度高于急性期4倍者判为阳性，但这也只是一种回顾性诊断。

九、登革热（Dengue Fever）

登革热是一种由登革病毒（Dengue virus，DENV）感染引起，流行于热带、亚热带地区的急性传染病，主要由埃及伊蚊或白纹伊蚊叮咬传播。临床特点为突发高热，全身肌肉关节疼痛，乏力，麻疹样和充血性皮疹，淋巴结肿大，白细胞和血小板减少。重者可表现为登革出血热（Dengue hemorrhagic fever，DHF）和登革休克综合征（Dengue shock syndrome，DSS），出现消化道、呼吸道、泌尿生殖道及中枢神经系统等部位大出血，因出血、血浆外渗，并直接感染心脏，高热、缺氧可引起休克，病死率高。本病主要流行区分布在热带和亚热带100多个国家和地区，每年向世界卫生组织报告的发病人数有数千万人，我国广东、海南和广西等地也曾多次暴发流行。

（一）病原

登革病毒为黄病毒科黄病毒属的成员。病毒粒子呈球形，直径40～50nm。衣壳呈二十面体对称，内含单分子正股的单链RNA，分子量约为4×10^6。衣壳外有由脂蛋白组成的囊膜，囊膜表面有纤突。该病毒具有凝集鹅红细胞的能力，其RNA具感染性。登革病毒有4种血清型，感染后人体可获得对同型病毒的较持久免疫力，持续1～4年，但对异型病毒仅有短暂免疫力。因此，感染某型病毒或接种某型病毒疫苗后可再感染其他型病毒，其中2型传播最为广泛。各型病毒间抗原性有交叉，与乙脑病毒和西尼罗病毒也有部分抗原相同。这给检测带来了困难。

登革病毒耐低温，在人血清中保存于-20℃可存活5年，-70℃存活8年以上。不耐热，60℃ 30min或100℃ 2min即可灭活，对酸、洗涤剂、乙醚、紫外线、0.65%福尔马林敏感。

（二）流行病学

1. 传染源

登革热的主要传染源为患者和隐性感染者，尚未发现健康带病毒者。患者在发病前6～18h至病程第6d，具有明显的病毒血症，可使叮咬伊蚊受染。流行期间，轻型患者数量为典型患者的10倍，隐性感染者为人群的1/3，可能是重要传染源。本病没有直接由人传染给人的先例报告。根据印尼的有关资料报道，在东南亚热带森林中猴子也可以感染本病，发生感染的途径和人类相同。

2. 传播途径

人和猴子是登革病毒的自然寄主，主要传播媒介是伊蚊，已知12种伊蚊可传播本病，但最主要的是埃及伊蚊和白纹伊蚊。广东、广西多为白纹伊蚊传播，而雷州半岛、广西沿海、海南省和东南亚地区以埃及伊蚊为主。伊蚊只要与有传染性的液体接触一次，即可获得感染，病毒在蚊体内复制8～14d后即具有传染性，传染期长者可达174d。具有传染性的伊蚊叮咬人体时，即将病毒传播给人。因在捕获伊蚊的卵巢中检出登革病毒颗粒，推测伊蚊可能是病毒的储存宿主。

3. 易感动物

人对本病普遍易感。由非疫区进入疫区的人，很容易患此病。一次感染后，免疫力可维持1～4年，但同型免疫时间长，异型免疫持续时间短。首次感染的患者症状重，患病率和死亡率均高；二次流行或再次感染时，症状较轻，发病率和死亡率低。动物中的非人灵长类，特别是猴，极为敏感，其病毒血症的强度足以感染媒介蚊，但一般呈阴性感染。猪、羊、鸡等动物中也有较高的血清阳性率，但似乎并不呈现传染源的作用。

4. 流行特征

主要流行区分布在热带和亚热带100多个国家和地区，具有明显的沿海分布特点。我国则主要在海南、广东、广西流行本病。登革热流行与伊蚊滋生有关，一般雨后2～3周伊蚊密度显著上升，从而导致发病高峰的出现，故雨季发病率较高，一般我国流行区3—10月为多发季节。本病多首发于城镇，再逐渐向农村蔓延。本病具有突发性和传播迅速、发病率高的特点。

（三）临床症状

按世界卫生组织标准分为典型登革热、登革出血热和登革休克综合征3型。

1. 典型登革热

所有患者均发热，起病急，寒颤，随之体温迅速升高，24h内可上升至40℃。一般持续5～7d，然后骤降至正常，热型多不规则，部分病例于第3～5d体温降至正常，1d后再升高，称为双峰热或鞍型热。病程3～6d出现皮疹，也有猩红热样皮疹，红色斑疹，重者变为出血性皮疹，分布于全身、四肢、躯干和头面部，多有痒感，25%～50%病例有不同程度出血。

2. 登革出血热

发热、肌痛、腰痛，出血倾向严重，常有两个以上器官大量出血，出血量大于100mL。血浓缩，红细胞压积增加20%以上，血小板计数<100×10⁹/L。有的病例出血量虽小，但出血部位位于脑、心脏、肾上腺等重要脏器而危及生命。

3. 登革休克综合征

具有典型登革热的症状，在病程中或退热后，病情突然加重，有明显出血倾向伴周围循环衰竭。表现为皮肤湿冷，脉快而弱，脉压差进行性缩小，烦躁、昏睡、昏迷等，如不及时抢救可导致死亡。

（四）诊断

1. 初步诊断

凡在流行地区发现传播极为迅速的双峰热型患者，且有肌肉和关节疼痛以及皮疹等症状者，即应怀疑为登革热。

根据流行病学资料，在登革热流行区、夏秋雨季，发生大量高热病例时，应想到本病。

临床特征：起病急、高热、全身疼痛、明显乏力、皮疹、出血。淋巴结肿大，束臂试验阳性。

2. 实验室检验

（1）末梢血检查。血小板数减少（低于100×10⁹/L）。白细胞总数减少而淋巴细胞和单核细胞分类计数相对增多。

（2）血红细胞容积增加20%以上。

（3）单份血清特异性IgG抗体阳性。

（4）血清特异性IgM抗体阳性。

（5）恢复期血清特异性IgG抗体比急性期有4倍及以上增长。

（6）从急性期患者血清、血浆、血细胞层或尸解脏器分离到登革病毒或检测到登革病毒抗原。

十、西尼罗病毒感染（West Nile Virus Infection）

西尼罗病毒于1937年在非洲的乌干达首次被发现，从West Nile地区的一位发热的成年妇女血液中分离到，因此得名West nile virus。西尼罗病毒属于黄病毒科黄病毒属。黄病毒科成员还有登革热病病毒、日本脑炎病毒以及黄热病病毒等70余种，多属于虫媒病毒。

西尼罗病毒广泛分布于非洲、中东、欧亚大陆和澳洲，主要引起西尼罗河热（West nile fever），可引起马、鸟类和人类发病，并能引起致死性脑炎，导致马匹、野鸟、家禽和人的死亡，引起严重的公共卫生问题。由于本病缺乏有效的治疗、预防和控制措施，这给疾病控制提出了严峻的挑战。

（一）病原

西尼罗病毒为不分节段的单股正链RNA病毒，属于黄病毒科黄病毒属的B群虫媒病毒。在电镜下完整的病毒粒子呈球形，二十面体对称，直径40～60nm，单层囊膜结构，在囊膜上有一薄层突起，呈棒状结构。西尼罗病毒的RNA编码3个结构蛋白（核壳蛋白、E蛋白、prM）和7个非结构蛋白（NS1、NS2a、NSb、NS3、NS4a、NS4b、NS5），病毒粒子的衣壳被细胞膜的囊膜所包被，内为直径约25nm的核衣壳；糖蛋白E为最重要的免疫学结构蛋白，为病毒红血球凝集素并介导病毒-宿主的结合，E蛋白参与病毒与宿主细胞亲和、吸附以及细胞融合过程，是病毒亲嗜性以及毒力的主要决定蛋白；prM是成熟病毒颗粒中M蛋白的前体形式，在病毒释放前，胞浆内的病毒颗粒中含有prM。prM有助于E蛋白在内质网膜中的定位以及空间构象的形成，并且防止E蛋白在细胞浆中被蛋白酶切割。西尼罗病毒是日本脑炎病毒（Japanese encephalitis virus，JEV）群的成员之一，与该群内的其他病毒有相近的免疫原性，尤其是圣路易斯脑炎病毒，因此在实验室诊断时易发生血清交叉反应。

（二）流行病学

西尼罗病毒主要发生在夏末或秋初，而在美国南部的气候条件下，全年都可以发生。使西尼罗病毒感染发病率增高的环境因素包括一些可以使蚊虫密度增加的原因，如雨水多、气温高、洪水及灌溉等。

1. 传染源

传染源主要为处于病毒毒血症期的带毒动物和该病毒的自然贮藏宿主。尤其病鸟是主要的传染源和储存宿主。病毒在鸟体内高浓度循环，产生病毒血症，使大批蚊子感染，因此，鸟在传播中起着重要作用。成年鸡、马、驴虽然也是该病毒的宿主，但它们产生低水平的病毒血症使他们不易成为重要的扩散宿主。

2. 传播途径

蚊子（主要是库蚊）叮咬是该病传播最主要的途径。西尼罗病毒感染鸟类，并以它们为贮藏宿主。因库蚊喜吸鸟血，从病鸟吸血以后，西尼罗病毒在蚊体内大量繁殖并进入唾液腺，当这样的带毒蚊再叮咬动物或人的时候，就把病毒传播给了动物和人。人和马等动物不同于鸟类（储存宿主），是偶然宿主，他们并非病毒循环所必需的一个组成部分，但也可引起人和饲养动物感染发病。

据美国科学家报道，西尼罗病毒在实验室条件下，可进行鸟—鸟间传播。把感染了病毒的鸟与健康鸟饲养于严格控制的鸟舍中，让它们共同进食和饮水，结果发现感染病毒的鸟在5～8d内死亡，同时部分原来健康的鸟也相继感染发病，这说明病毒可以在鸟与鸟之间传播，但目前还不能确定病毒是如何传播的。

3. 易感动物

该病毒可感染蚊、猴、马、狗、猫、鹅、鸡、鸽、鼠、家兔，其中乌鸦最易感，可感染病毒的两栖类动物有青蛙和蛤蟆，爬行类动物有鳞爬虫目，未接触过西尼罗病毒的人普遍易感，但感染西尼罗病毒以后不会都发病。对西尼罗河热的易感人群在不同地区有所不同。在西尼罗病毒呈地方性流行的地区，60%的青壮年中均有该病毒的特异性抗体存在，说明人群中西尼罗河热的隐性感染很常见，但在其他地区人群对该病毒的感染可能普遍易感。近几年才报告以中枢神经系统损伤为主要表现的西尼罗河热的流行。

（三）临床症状

不同动物感染该病毒的临床症状表现不一，西尼罗病毒感染后会出现3种结果：隐性感染、西尼罗河热和神经系统性疾病。西尼罗病毒引起的马病在埃及称近东马脑炎，表现为发热，弥漫性脑脊髓炎，严重的共济失调，不能站立，死亡率高。而在其他哺乳动物中，绵羊表现为发热，怀孕母羊流产；猪、狗表现为共济失调；兔子、成年大鼠、豚鼠等可发生致死性脑炎；猴类表现为发热，共济失调，虚脱，有时出现脑炎，四肢震颤或瘫痪，严重的死亡，存活者可长期带毒；鸟类感染后不表现临床症状，有时引起脑炎，死亡或长期带毒。人类感染西尼罗病毒后并不互相传播，通常为隐性感染。对于健康的人来说不会引起严重的症状或只是轻度的表现为发热、头痛、全身痛疼、淋巴腺肿大、偶尔有皮疹。对于免疫力差的人则表现为明显头痛、高热、颈硬、昏迷、方向障碍、震颤、惊厥、瘫痪，甚至死亡。一般病程为3～5d，重症患者可延至数周到数月不等，感染后可终身免疫。

（四）病理变化

病理变化主要表现为脑脊髓液增多，软脑膜和实质出血、充血和水肿，并已在灰质和白质中形成胶质性小结节；神经细胞变性坏死，形成软化灶，周围有致密的淋巴细胞浸润和胶质增生形成血管套。

（五）诊断

1. 病毒分离

一般使用已知的对西尼罗病毒敏感的哺乳动物细胞系如Vero细胞或蚊子细胞系来分离病毒。当把病原样品接种到蚊子细胞上时，细胞上很可能不会产生肉眼可见的细胞病变，此时可选用免疫荧光的方法来做出鉴别。

2. 血清学方法

最具有诊断意义的实验室检查是在患者的血清或脑脊液中检出西尼罗病毒特异性IgM抗体，由于IgM不能透过血–脑屏障，因此脑脊液中IgM抗体阳性强烈提示中枢神经系统感染。具体方法可采取动物的血清或全血做酶联免疫吸附试验、血凝抑制试验、间接免疫荧光试验、蚀斑减少中和试验、血清中和试验来检测西尼罗病毒的抗体。

3. 分子生物学方法

RT-PCR可用于检测脑脊髓液、脑组织中的西尼罗病毒抗原核酸，并且可与13种其他病毒进行鉴别检测。

十一、东方和西方马脑炎（Eastern and Western Equine Encephalomyelitis）

东方和西方马脑炎属于马传染性脑脊髓炎。马传染性脑脊髓炎亦称马流行性脑脊髓炎，是由不同病原引起马的一类以中枢神经系统障碍为主要特征的传染性疾病的总称。这类疾病在临床上极其相似，难以区别，而实质上是由不同病毒导致的各自独立的疾病。其中包括发生于南北美洲的美洲马脑脊髓炎（American equine encephalomyelitis）、发生于苏联的俄罗斯马脑脊髓炎（Russian equine encephalomyelitis）和发生于德国的波那病（Borna disease）。我国也曾多次发生过这类疾病，其中的一部分已证明为马乙型脑炎，另一部分发生于全国各地的所谓"疑似马流脑"的病原，虽然经过大量的研究，却始终未能分离到病毒，其病因仍不清楚。

东方马脑脊髓炎和西方马脑脊髓炎属于美洲马脑脊髓炎，本病是由病毒引起的急性传染病。主要临床特点是发热及中枢神经系统的症状。

（一）病原

东方马脑炎病毒（Eastern equine encephalomyelitis virus，EEEV）和西方马脑炎病毒（Western equine encephalomyelitis virus，WEEV），属于披膜病毒科甲病毒属，这两种病毒所致疾病临床症状相似，但在免疫学上有差别，且在毒力上也不相同。西方马脑炎的临床表现比东方马脑炎轻。

病毒粒子为圆形，直径40~70nm。核酸为单股RNA。核衣壳为二十面体对称，具有囊膜，囊膜外面有纤突，含2~3种糖蛋白。该病毒能在鸡胚中良好增殖，各种途径接种均能使鸡胚在15~24h内死亡。病毒还能在多种动物的组织培养细胞内增殖，如猴肾细胞、仓鼠肾细胞、鸭胚和鸡胚成纤维细胞、Hela细胞、BHK21和Vero细胞等，并迅速引起细胞病变。

病毒对热敏感，在60℃条件下10~30min可灭活。对酸和乙醚等脂溶剂敏感。

对东方马脑炎病毒和西方马脑炎病毒的实验动物以新生豚鼠的易感性最高，脑内及皮下接种最可靠，潜伏期分别为1~4d和4~10d。东方马脑炎病毒和西方马脑炎病毒各有一个血清型。

（二）流行病学

鸟类为本病主要的传染源和贮存宿主。在自然条件下本病毒在多种小野鸟和库蚊中自然循环和传播。人和马是偶然受害者。鸟类感染本病后，大多无症状，体内病毒血症约维持4d左右。野鸟中幼鸟体内病毒比大鸟滴度高，数量多，故幼鸟是本病主要传染源。

一些温血脊椎动物对本病毒易感。马感染后表现为病毒血症，病死率甚至高达80%~90%，但血中病毒抗原效价低。流行病学调查显示，马和人不作为此病毒的传染源。

蚊虫叮咬是本病主要传播途径。目前能分离到病毒的蚊种已达1000余种，其中黑尾脉毛蚊（Aedes sollicitas）是最主要的传播媒介。黑尾脉毛蚊专吸鸟血，很少吸人血，是鸟类之间主要传播媒介。而骚扰伊蚊兼吸人血，故为人和家畜的主要传播媒介。偶可由人吸入含病毒的气溶胶经呼吸道传播。啮齿类、两栖类和爬行类也可能参与本病的传播循环过程。

本病可感染马和骡，一些野生哺乳动物和鸟类也可感染，如：野马、中国环颈雉、蒙古雉、麻雀、鸽、火鸡、鸭等。据报道，至少50种以上的鸟类可以自然感染本病病毒，有些鸟（如环颈雉、棕尾虹雉等）能发生致死性感染，而大部分鸟类和家禽为无症状感染，感染后能产生1~2d的高滴度病毒血症，然后出现高效价抗体。人对本病普遍易感，且大多呈不显性感染，2%~10%呈显性感染。本病毒对人的感染大多侵犯10岁以下儿童和50岁以上老年人。据统计10岁以下儿童约占70%，男女无明显差别，10~50岁之间显性感染少。人感染后可产生持久免疫力。

本病主要分布在美国东部、东北部与南方几个州，加拿大的安大略省、加勒比群岛、阿根廷、圭亚那等国。其他地区菲律宾、泰国、捷克、波兰等国都从动物中分离到本病毒，但尚无病例发生。我国也从自然界分离到东方马脑炎病毒，在人群血清学调查也发现东方马脑炎病毒抗体阳性，由此推测，我国除已知乙脑和森林脑炎外，可能有其他虫媒病毒引起的脑炎还未被人认识。

本病有严格季节性，多在7—10月，以8月为高峰。在人间流行前几周，常先在家畜、家禽之间流行。

（三）临床症状

1. 马

东方马脑炎和西方马脑炎的潜伏期约1周，病马发热，随后出现中枢神经系统症状，开始时兴奋不安，呈圆圈状运动，冲撞障碍物，拒绝饮食，随后嗜睡，并呈麻痹状态，步样蹒跚，最后倒毙。病程1~2d。东方马脑炎死亡率高达80%~90%，西方马脑炎的死亡率为20%~30%。

2. 雉

对东方马脑炎易感，常发生致死性感染。病雉发热，随后发生进行性运动失调、震颤、肢足麻痹，乃至全身瘫痪而死。

3. 人

东方马脑炎和西方马脑炎的临床症状相似，但东方马脑炎的死亡率高达50%，而西方马脑炎的死亡率仅5%~10%。发病突然。发生40~41℃的高热，严重头痛，颈项强直，呕吐，昏睡，昏迷和惊厥。

4. 其他动物

在自然条件下大多呈隐性感染，无明显症状。

（四）病理变化

病死马剖检无特征性的肉眼变化，组织学观察为典型的病毒性脑炎变化。

（五）诊断

1. 初步诊断

根据临床症状和流行病学资料可作初步诊断。

2. 样本采集

（1）病毒分离样。①组织：对东方马脑炎和西方马脑炎，最好采取脑组织，切取大脑、延脑、脑桥和小脑各1块。这些病料可同时用作组织学检查。②取发热早期血液。

（2）血清。取急性期和恢复期双份血清。

3. 实验室检验

（1）病毒分离。病料处理后接种乳鼠、新生雏鸡或易感细胞，进行病毒分离。

①可将病料接种至2~5日龄乳鼠。为提高病毒分离率，可先给乳鼠腹腔注射50%甘油0.5~1mL，稍后再脑内接种病料悬液。小鼠接种后2~8d呈现脑炎症状而死。

②刚出壳的雏鸡（又称湿雏）对脑内接种的马脑炎病毒极为敏感，接种后呈现典型的脑炎症状。

③将病料接种于鸡胚绒毛尿囊膜上，鸡胚经15~24h死亡，胚体和绒毛尿膜内含大量病毒，并常可在绒毛尿膜上见有痘斑样病变。

（2）血清学诊断。常用的方法有血凝抑制试验、补体结合试验、病毒中和试验。血凝抑制抗体和中和抗体出现较早，一般可在发病7d内/后检出，并可持续几个月之久。补体结合抗体须在发病10d以后才能检出。注意：我国尽管在自然界分离出本病病毒，也发现人群血清抗体阳性，但尚未见本病例报告，故诊断时需慎重，必须取急性期和恢复期双份血清进行中和抗体或血凝抑制试验发现抗体有4倍升高后才可确诊。

十二、埃博拉出血热（Ebola Hemorrhagic Fever）

埃博拉出血热是由埃博拉病毒感染所引起的一种人和灵长类动物的烈性传染病，主要症状表现为发热和出血，该病发病急、病程短、死亡率高。猴可自然感染或人工感染发病，并具有与人相似的临床病理变化。

（一）病原

埃博拉病毒（Ebola virus，EBOV）属丝状病毒科，它与同科的马尔堡病毒（Marberg virus，MBV）同属高致病性的甲类病毒。埃博拉病毒为无节段的单股负链RNA病毒，其分子量为4.2×10^6，粒子直径70～90nm，长度为300～1500nm，病毒颗粒具有多形性，如长丝形、U形、6字形或环形外面包有囊膜，表面有纤突。目前，埃博拉病毒分为4个亚型：即埃博拉-扎伊尔（Ebola-Zaire）、埃博拉-苏丹（Ebola-Sudan）、埃博拉-莱斯顿（Ebola-Reston）和埃博拉-科特迪瓦（EbolaCotexd），其中扎伊尔亚型毒力最强，能引起高致死率的出血热；苏丹亚型毒力低些，引起的疾病致死率也低；科特迪瓦亚型引起的病例病人均可恢复，其毒力可能较低；而莱斯顿亚型仅发现在猕猴中引起发病及死亡。

埃博拉病毒在常温下较稳定，对高温有中度抵抗力，56℃加热不能完全灭活，需在60℃加热1h才可完全灭活；在-70℃病毒十分稳定，可以长期保存；4℃可存活数天，冷冻干燥保存的病毒仍具传染性，但其对紫外线、C射线和钴-60射线敏感，紫外线照射2min可使之完全灭活。对多种化学试剂敏感，可完全灭活失去病毒感染性。苯酚和胰酶不能使其完全灭活，只能降低其感染性。

（二）流行病学

动物宿主：埃博拉病毒的自然宿主尚未确定，这给埃博拉流行的控制带来了更大的难度。埃博拉病毒可能有多个宿主物种，如昆虫、蝙蝠、大鼠等。

传播途径：埃博拉病毒传播途径多种多样，可通过直接或间接接触的方式传播，垂直方式也可能传播。病人在潜伏期排毒是主要的传染源。埃博拉病毒主要通过与病毒携带者的血液、体液及污染物接触传播。

几个世纪前，埃博拉病毒就流行于中非热带雨林地区和东南非洲热带大草原，其疫源地主要是非洲大陆，但在北美洲和亚洲的泰国及欧洲也发现了该病。1976年最先在非洲扎伊尔的一个村落发现埃博拉出血热。埃博拉出血热的暴发造成数百人死亡，为仅次于狂犬病，病死率约90%。该病季节分布不明显，全年均有发病。

（三）临床症状

实验感染猴的潜伏期为4～6d。病毒在肝、脾、淋巴结等器官大量复制，急性发病其主要表现为病毒血症。感染后3d开始发热，4～5d皮肤出现斑丘疹，最早出现在前颞和面颊，随后扩展到四肢和胸部，厌食、昏睡、腹泻、衰竭而死亡。

（四）病理变化

病猴的特征主要是皮肤丘疹，胃肠道、呼吸道和实质性器官的淤血；肺充血、出血；肠系膜淋巴结、腹股沟淋巴结和颈淋巴结明显肿大，出血。多数病例可见腹膜炎，肿大呈暗紫色，表面有纤维素附着。肝脾等器官的病变细胞中可见一个或多个嗜酸性胞浆包涵体。

（五）诊断

根据临床表现，病理变化和流行病学特点，可做出初步诊断。埃博拉病毒为"生物安全等级4级"病原，病毒的分离和研究工作必须在P4级实验室进行。

1. 病毒分离鉴定

取病猴的血液、肝、血清和精液等标本：接种于Vero细胞，37℃培养6～7h后，采用免疫荧光技术检查病毒抗原；豚鼠（20～25kg）腹腔接种，表现发热，4～7d死亡；乳鼠脑内接种。

2. 病毒的培养与增殖

埃博拉病毒可以感染多种哺乳动物培养细胞，并使一些原代细胞和传代细胞，如Vero细胞、恒河猴肾细胞、地鼠肾细胞（BHK）、人胚肺成纤维细胞等产生明显的细胞病变（Cytopathic effect，CPE），其中以Vero290、MA2104和Vero2E6细胞最敏感，但仅在Vero细胞中形成空斑。在感染的细胞内能形成包涵体，内含纤维蛋白原或颗粒状物并呈管状结构。包涵体主要由核衣壳组成，成熟的病毒从细胞浆中含有核衣壳的管型结构通过宿主细胞膜以芽生的形式释放。病毒在鸟类、两栖类、爬行类和节肢动物细胞中不能复制。

3. 血清学检查

间接免疫荧光实验方法应用广泛。用埃博拉病毒接种Vero细胞，病毒呈"++"时制备病毒抗原涂片，经γ射线灭活后，丙酮固定，–20℃保存备用。送检血清稀释度1∶6阳性者判为阳性。

4. RT–PCR检测

利用RT-PCR技术从中非共和国的2种啮齿类动物的器官中检测到了与埃博拉—扎伊尔亚型的GP和L相同的序列，提示埃博拉病毒与非洲动物种群可能有着共同的进化历史。

十三、亨德拉病（Hendra Disease）

亨德拉病是由亨德拉病毒（Hendra virus，HeV）引起的一种新型人畜共患病毒性疾病，1994—1995年期间在澳大利亚昆士兰州布里斯班郊区的亨德拉首次被发现：20多天内20匹感染此病毒的马中有13匹马死于急性呼吸道病，在这次暴发过程中，有一个牧场主被感染并发病，发病时间是1994年的8—9月，临床表现为中度脑膜脑炎，用抗生素治疗有所改善，但检查脑脊液有病毒感染迹象。患者感到持续性疲劳，继之昏迷并发展为癫痫，于1995年9月中旬死亡。他的兽医妻子没有发病，且进行亨德拉病毒检测，结果为血清学阴性。

1995年10月，布里斯班的麦凯第二次发生本病，造成2匹马和1位牧场主死亡，死亡的牧场主经检测为亨德拉病毒阳性；1999年1月，在亨德拉发病地区附近Cairns地区又发生一起亨德拉病，一匹成龄母马持续发病24h后死亡。

（一）病原

最初，亨德拉病的暴发被怀疑为非洲马瘟，但经过后来的一系列诊断被否定。该病毒初期被称为马麻疹病毒（Equine morbillivirus），但后来的基因分析表明该病毒的最恰当分类应归为副黏病毒科内一个新属的原型成员，并提议将该病毒划为一个新属，即巨黏病毒属内的一个新种，称为亨德拉病毒。同时巨黏病毒属内还包括最近从马来西亚患脑炎猪中分离到的一种新病毒，即尼帕病毒（Nipah virus）。

Hendra病毒的体外培养非常容易，它能适应于许多哺乳动物的原代细胞和传代细胞系，其中以Vero细胞培养最广。它也能在禽类、两栖类、爬虫类和鱼类的细胞培养中适应生长。在细胞培养中，它能形成有明显CPE特征的合胞体。盖玻片细胞培养染色后镜检，可以发现在感染细胞的核和胞浆中存在包涵体。Hendra病毒也能适应于鸡胚，导致鸡胚死亡。Hendra病毒不仅不具有神经氨酸酶活性，而且也不能凝集红细胞。

该病毒对理化因素抵抗力不强，离开动物体后，不久即死亡。一般消毒药和高温容易使其灭活。

对Hendra病毒的超显微结构研究表明，病毒粒子大小不均（38～600nm），表面有两个长度不一的双绒毛纤突（15nm和18nm）。Wang等（1998）对提纯的Hendra病毒经聚丙烯酰胺凝胶电泳分析发现有8种蛋白，分别是L蛋白（200KDa）、P蛋白（98KDa）、G蛋白（74KDa）、F0蛋白（61KDa）、N蛋白（58KDa）、F1蛋白（49.5KDa）、M蛋白（42KDa）、F2蛋白（19kDa）。

许多学者将Hendra病毒基因序列同其他副黏病毒进行了比较，结果发现在已知的所有副黏病毒中Hendra病毒基因组最大；遗传学研究表明，Hendra病毒既不完全类似于麻疹病毒属的成员，也不介于呼吸道病毒和麻疹病毒属中间。对G蛋白的研究则表明Hendra病毒与其他副黏病毒的同源性较低，但发现蛋白结构非常类似于呼吸道病毒的G蛋白。同时Hendra病毒同其他已知的副黏病毒之间只有较少的血清交叉反应。

（二）流行病学

迄今为止，马是唯一能被自然感染的家畜，猫和豚鼠可人工感染，目前还没有发现节肢动物作为生物媒介的任何迹象。

对发病地区的野生动物进行血清学调查，用ELISA和血清中和试验首次从黑狐蝠（Pteropus alecto）的血清中发现阳性结果，但黑狐蝠本身没有表现临床症状。虽然在亨德拉和麦凯地区Hendra病毒感染马的方式还不清楚，但与这两个地区的狐蝠繁殖季节有关，在感染的蝙蝠尿液、流产胎儿或分泌物中检测到病毒。

在亨德拉地区发生过2次人的感染，当时他们直接护理过患病马。患病驯马师在试图饲喂垂死的母马时，因在擦洗时用手接触到鼻分泌物而患病。用中和试验对发生亨德拉病的马场中相关人员进行血清学调查，结果57人全为阴性。麦凯地区一牧场主被感染也是与感染马直接接触而导致的。目前，尚无人与人之间传播的报道。

（三）临床症状

马：Hendra病毒自然感染的潜伏期为7～14d。发病过程很急，从出现症状到死亡通常为1～3d。用细胞培养适应毒经皮下注射或鼻腔实验感染健康马，接种后第5d就出现临床症状。感染马呼吸加快、困难、体温升高、心跳加速、肌肉阵挛、摆头、厌食、嗜睡、无目的地走动。头部显著肿胀，尤其是眼窝和面颊。有些感染马因病毒损伤血管，自鼻腔和口腔流出血性分泌物。病毒损伤肺和脑部，可出现犬瘟热和麻疹样症状。剖检发现肺极度充血，水肿。肺前叶淋巴管高度扩张。

猫：用细胞培养中增殖的Hendra病毒通过口腔、鼻腔或皮下注射实验感染家猫，经过5～8d的潜伏期后出现临床症状，病猫抑郁伴有发热，呼吸频率加快，步伐加速，从出现症状后24h内死亡。同笼饲养的对照猫亦被感染死亡。

豚鼠：实验接种后，7～12d出现呼吸困难，发病后24h内死亡。剖检发现尸体发绀，胃肠道充血水肿。

人：表现严重的流感样症状。发病初期有显著的呼吸道症状，伴有发热和肌痛。有的出现神经症状，常表现中度脑膜脑炎。

（四）病理变化

马：病理学变化主要是伴有毛细血管内皮严重损害导致大范围水肿、纤维蛋白渗出和出血为特征的急性、间质性肺炎。在肺泡内有单核细胞、巨噬细胞和少量中性粒细胞存在。肺毛细管和小动脉内有典型的合胞体细胞。病毒集中在血管壁和感染支气管上皮细胞内。

猫：病理变化表现为肺严重水肿，并有不同程度的充血、出血和坏死，支气管淋巴结水肿和胸腔积水，有时纵隔和心包有显著胶样水肿。组织学检查，发现肺、胃肠道和淋巴结和血管水肿。感染组织的细胞出现合胞体。

豚鼠：组织学检查发现，许多器官如肺、肾、淋巴结、脾、胃肠道、骨骼肌和血管有病变，内皮细胞有合胞体形成但肺水肿不严重。

人：病理变化主要是间质性肺炎和脑炎。用Hendra病毒实验感染狐蝠后剖检病理变化不明显，组织学变化主要是血管内皮炎。

（五）诊断

根据亨德拉病的特征性临床症状及病理变化可初步确诊，但由于该病与其他一些疾病如中毒、急性细菌感染、炭疽、巴氏杆菌病、军团菌病、非洲马瘟、马病毒性动脉炎、流行性感冒等出现一些类似的临床特征，易造成误诊，所以确诊必须通过病原学检查和血清学方法来进行。

1. 病原学检查

用于Hendra病毒分离的细胞较多，如Vero细胞、MDCK、LLC-MK2、BHK、RK13和MRC5。病毒在上述细胞培养物中增殖后引起细胞病变效应，形成典型的合胞体，在Vero细胞上盲传2代后如果不出现合胞体病变，可判定为阴性。在电子显微镜下可观察到典型的病毒粒子结构特征，特别是具有双绒毛样纤突。

目前，用于本病抗原检测方法的主要有间接免疫过氧化酶、免疫荧光试验、RT-PCR等，它们既可检测福尔马林固定组织中的病毒抗原，又可用于新鲜组织或细胞培养物中的Hendra病毒。

2. 血清学方法

目前常用于亨德拉病诊断的血清学方法有间接免疫荧光、免疫印迹、ELISA和血清中和试验。在这些诊断方法中，ELISA和血清中和试验比较可靠。

十四、尼帕病毒病（Nipah Virus Disease）

尼帕病毒病是由尼帕病毒（Nipah virus，NiV）引起的一种人畜共患传染病。尼帕病毒是新发现于蝙蝠的一种副黏病毒，但尼帕病毒对蝙蝠不致病，对猪有一定的致病性，而对人的致病力很强。人感染尼帕病毒后病死率达40%～70%。因此，尼帕病毒被列为最危险的生物安全4（P4）级病原。近年来，在孟加拉国、印度、柬埔寨和泰国等国家均发现了尼帕病毒的存在，并且引起了严重的疫情，进一步增加了人们对尼帕病毒的关注。

（一）病原

尼帕病毒（Nipah virus，NiV）属副黏病毒科亨尼帕病毒属。与1994年在澳大利亚发现的亨德拉病毒（Hendra virus，HeV）在很多方面非常相似。尼帕病毒呈多形性或圆形，由囊膜和核衣壳组成，大小为200～300nm，在细胞膜上完成发育过程，核衣壳结构呈螺旋形，核衣壳直径13.0～18.0nm，螺距5.5～7.0nm，外由具有纤突的囊膜所包被。尼帕病毒在体外不稳定，对热和消毒剂较敏感，加热56℃ 30min即可使其破坏，用一般性消毒剂和肥皂等清洁剂很容易将其灭活；在Vero、BHK、PS等细胞系中均可增殖。

（二）流行病学

近年来，该病在马来西亚、孟加拉国、新加坡、印度等国家多次暴发流行，导致人的大批发病和死亡。传染源尚不十分清楚，但受感染猪被怀疑是重要的传染源，而且有人传人的可能。

1. 自然宿主

血清学检测显示，饲养动物如狗、猫、马和山羊均可感染尼帕病毒，但猪是其他饲养动物的传染源。在野生动物中，仅从5种蝙蝠体内发现尼帕病毒的中和抗体，并从一种果蝠（*P. hypomelanus*）的尿样和被其咬过的水果中分离到尼帕病毒，因此，果蝠是尼帕病毒的自然宿主。

2. 易感动物

尼帕病毒对蝙蝠不致病，对猪有一定的致病性，而对人的致病力很强。尼帕病毒脑炎对与病猪接触的职业者威胁最大，占全部脑炎患者的70%，屠宰业者占1.8%。

3. 传播途径

尼帕病毒的传播方式主要为呼吸道和消化道传播。

传染猪的途径可能是直接接触感染猪的分泌物和排泄物及血液、粪、尿、胎盘等污染后经口摄取以及咳嗽形成的飞沫被吸入引起传播，在封闭式猪栏尤为严重。猪感染病毒后，病毒在猪体内大量繁殖，而且病毒血症持续时间较长。血管内皮细胞，尤其是肺血管内皮细胞含有大量病毒抗原，上呼吸道内腔的细胞碎片中也含有病毒抗原，表明尼帕病毒可排出体外而感染与其接触的猪或其他易感动物。妊娠动物体内的病毒容易增殖，有促进向体外排泄大量病毒的可能性，在这种情况下人和其他动物也容易发生感染；有些果蝙蝠处于妊娠期，所以也会增殖更多的病毒，能提高外界污染的程度和增加猪及其他动物感染的机会。此外，有研究认为，最初猪的感染可能是接触过果蝙蝠、鼠、野猪等野生动物；也有人认为是椋鸟、八哥、九官等椋鸟科动物的传播给猪感染病毒。也可能通过狗、猫的机械传播或使用同一个针头、人工授精或共用精液等方式感染病毒。

人群普遍易感，主要是通过伤口与病猪的分泌物、排泄物和体液，包括唾液、鼻脑分泌液、血液、尿液和粪便以及呼出气体等直接接触而感染。人与人之间虽有传播尼帕病毒的可能性，不过也有持相反观点的证据，如虽可在感染初期从患者的唾液和尿液中检出该病毒，但至今没有发现患者家属被感染，也未见人传染给人的报告。

（三）临床症状

尼帕病毒在临床上主要表现为呼吸系统障碍、神经系统症状和突然死亡3个方面。

猪：猪以呼吸和中枢神经症状为主，与慢性古典猪瘟相似，猪感染尼帕病毒的潜伏期为7~14d。但猪的年龄不同，表现的临床症状也有所不同。4周龄至6月龄的断奶仔猪和架子猪通常表现为急性发热（≥39.9℃）、呼吸困难、咳嗽（这种咳嗽很有特点，远距离就能听到），严重病例出现咳血，少数病例张口呼吸，有时也表现震颤、痉挛、抽搐、后腿软弱（驱赶时步态不协调）等症状。种猪（包括公猪和母猪）主要表现为突然死亡或急性发热（≥39.9℃）、呼吸困难、流涎、流浆液性、脓性或血性鼻液。有的妊娠母猪出现早期流产，有的病例伴有兴奋、破伤风样痉挛、惊厥、眼球震颤、咽部肌肉麻痹等症状。哺乳仔猪感染尼帕病毒后的死亡率高达40%，其临床表现为张口呼吸、腿软、腿部肌肉震颤、抽搐等症状。

其他动物：除了犬会表现明显的临床症状（与犬瘟热相似）外，均为隐性感染，不表现明显的临床症状。

人：人主要以神经系统症状为主，人的潜伏期90%为4d至2周，10%介于2周至2个月。开始高热3~4d，然后出现肌肉痛、严重头痛、精神恍惚、定向障碍、心动过速、视力轻度模糊、呕吐等症状。病初实验室检查发现血液白细胞总数及血小板和血钠下降，天冬转氨酶上升，脑脊液蛋白质及白细胞总数上升，胸片轻度间质阴影，核磁共振密度上升。接着病人开始昏睡，有的几小时至几天内很快死亡，不死的病程绵长。少数患者表现非典型肺炎症状。

（四）病理变化

尸检发现，病人累及最严重的器官是脑，其他器官如肺、心脏和肾等也可受累。累及的器官表现为充血，组织学检查可见血管炎，小动脉、静脉与毛细血管内皮损伤，血管壁坏死、出血和形成血栓等。脑、肺和肾的血管内皮有大的融合细胞形成。出现血管炎的血管周围有微小坏死和缺血灶。免疫组化法检测脑血管内皮细胞、周围神经原细胞和支气管上皮细胞，可检出尼帕病毒抗原。感染的猪肺部可出现不同程度的实变、出血；气管和支气管充满泡沫样、有时血水样液体；脑部充血、水肿；肾也有类似病变。猪的组织病理学变化与人类似，用免疫组化法检测，在感染的血管内皮细胞和肺支气管上皮细胞，也可检出高浓度的尼帕病毒抗原。在马来西亚的一次尼帕病毒感染暴发中，虽然只有少数患者具有呼吸系统症状，但胸部X线检查，仍有6%~10%患者异常。而新加坡的一项调查报告称，在11例病人中，8例胸透检查异常。主要为轻度间质性阴影（Mild interstitial shadowing）。急性期脑部CT检查基本正常。脑部核磁共振检查（MRI）可见广泛的散在高信号强度的2~7mm局灶性损伤，遍布全脑，但主要位于皮质下和白质深层，较少位于灰质。有些无症状尼帕病毒感染者的脑部MRI也有类似的异常改变。脑损伤源于广泛的小血管炎和血栓形成引起的微小梗死，这是其他型脑炎所没有的。

（五）诊断

尼帕病毒可在Vero、BHK等细胞中增殖，但需在生物安全4级（P4）实验室进行病毒培养。病毒分离是最重要、最基本的诊断方法，对于新病例，分离病毒是最可靠的诊断手段。病毒分离株的进一步鉴定，还需做电镜或免疫电镜、特异性抗血清中和试验及RT-PCR试验。

电镜观察：可直接采取疑似病例的脑脊髓液作为标本，负染后用电镜观察，但该方法不能区分是尼帕病毒还是亨德拉病毒或其他副黏病毒。

血清中和试验：中和试验是尼帕病毒血清学检测的主要方法。但是尼帕病毒中和试验需要P4级的生物安全实验室。因此，很多地区无法开展此项检测。

ELISA试验：美国CDC使用捕获ELISA来检测特异性抗尼帕病毒的IgM抗体，澳大利亚动物卫生实验室研制的间接ELISA，即分别用尼帕病毒感染Vero细胞的灭活提取物和正常的Vero细胞提取物，作为间接ELISA的抗原来检测血清抗体的效价，该方法的特异性和灵敏度都达到98%以上。我国国家外来动物疫病诊断中心用大肠杆菌表达尼帕病毒的N蛋白作为抗原，建立了检测尼帕病毒抗体的ELISA。该技术的特异性达96%，对8份试验动物的阳性血清检测结果全为阳性。该技术所用的抗原是人工合成的尼帕病毒全基因序列，不需P4级的生物安全实验室来培养活病毒，安全可靠，成本低，适合我国国情。

RT-PCR：鉴定亨德拉病毒和尼帕病毒的PCR方法有两种：一种是澳大利亚AAHL的RT-PCR，采用巢式引物扩增病毒基质蛋白的M基因，可用于检测固定组织、新鲜组织、脑脊液中的病毒序列；另一种是美国CDC的PCR，用于扩增尼帕病毒的N基因，该方法不灵敏，可能会漏检一些弱阳性样品。法国与马来西亚合作，于2005年报道了针对尼帕病毒的N基因的荧光RT-PCR检测技术，该技术中的阳性标准品是用尼帕病毒的RNA制备的，也需要在P4级的实验室培养病毒。我国国家外来动物疫病诊断中心新近也建立了针对尼帕病毒N基因的荧光RT-PCR检测技术，所用的阳性标准品是体外转录的双链RNA，性质稳定，无须培养活病毒，且其扩增产物和阳性样品的扩增产物大小不一样，有助于防止核酸污染造成的假阳性。

十五、汉坦病毒感染（肾综合征出血热，Hemorrhagic Fever with Renal Syndrome）

汉坦病毒感染又称肾综合征出血热，是由汉坦病毒引起的急性传染病。主要病理变化为全身小血管内皮细胞的损伤。临床上以发热、休克、出血和急性肾功能衰竭为主要表现。广泛流行于亚欧等国，我国是本病的高发区。本病各国命名不一，1982年世界卫生组织（WHO）建议统称为肾综合征出血热。

（一）病原

肾综合征出血热病毒又名汉坦病毒（Hantaan virus，HTNV），属布尼亚病毒科汉坦病毒属。病毒颗粒呈球形或卵圆形，有双层包膜，内浆比较疏松，平均直径约120nm、病毒基因组为负性单链RNA，分大（L）、中（M）和小（S）3个片段。

病毒抗原性根据不同地区和不同宿主来源而有差异。目前认为有6种血清型：I型（野鼠型）、II型（家鼠型）、III型（流行性肾病型）、IV型（宾州田鼠型）、V型（巴尔干姬鼠型）、VI型（小鼠型、Leakey病毒型）。我国流行的是以黑线姬鼠、大林姬鼠为宿主的野鼠型和以家鼠为宿主的家鼠型。

该病毒不耐酸，pH5.0以下即可灭活，对紫外线、一般消毒剂（来苏、70%乙醇和2.5%碘酒等）和脂溶剂都很敏感。不耐热，56℃条件下加热30min或100℃条件下加热1min即可灭活。

（二）流行病学

1. 汉坦病毒的宿主动物和传染源

本病毒呈多宿主性，在我国已发现53种动物携带本病毒，啮齿类如黑线姬鼠、林区的大林姬鼠和褐家鼠等为主要的宿主动物和传染源。其他动物如猫、狗、家兔、猪、羊和牛也可成为传染源。因患病的人病毒血症持续时间短暂，人与人之间传播的可能性极小。

2. 传播途径

本病可经多种途径传播。

（1）呼吸道传播。动物实验证明，鼠类含有病毒的排泄物污染尘埃后形成的气溶胶，可经呼吸道黏膜侵入体内，认为是主要的传播途径。

（2）消化道传播。进食被携带病毒的鼠的排泄物污染的食物或水，经口腔黏膜或胃肠道黏膜而感染。

（3）接触传播。被鼠类咬伤、人破损的皮肤或黏膜接触鼠的排泄物和分泌物，都可被感染。

（4）虫媒传播。通过革螨或恙螨叮咬人或鼠类传播。

（5）母婴传播。孕妇感染本病毒后，可经胎盘感染胎儿。

3. 人群易感性

人群普遍易感，病后能获得较持久的免疫力，二次发病者罕见。人群中隐性感染率低，野鼠型为1%~3.8%，家鼠型为5%~16.1%，故人群获得免疫力主要靠显性感染。

4. 流行特征

本病主要流行于欧亚大陆，我国除新疆、青海、西藏和台湾外，各个省、自治区、直辖市均有疫情报告。高度散发是本病的主要流行形式，全年均有发生，但有明显的季节性。野鼠型10—12月为流行高峰，3—7月为小流行高峰，家鼠型3—5月为高峰。患病率男性高于女性，青壮年发病率高，可达80%以上。野外工作人员、农民发病率高。根据传染源种类不同，疫区类型可分为野鼠型、家鼠型和混合型。

（三）临床症状

1. 潜伏期

本病潜伏期为5~46d，一般为7~14d。患者症状包括以下几方面。

（1）早期症状和体征：起病急，发冷，发热（38℃以上）。

（2）全身酸痛，乏力，呈衰竭状。

（3）头痛，眼眶痛，腰痛（三痛）。

（4）面、颈、上胸部充血潮红（三红），呈酒醉貌。

（5）眼睑水肿、结膜充血，水肿，有点状或片状出血。

（6）上腭黏膜呈网状充血，点状出血。

（7）腋下皮肤有线状或簇状排列的出血点。

（8）束臂试验阳性。

2. 患者常规检查及诊断

（1）血常规。早期白细胞数低或正常，3~4d后明显增多，杆状核细胞增多，出现较多的异型淋巴细胞；血小板明显减少。

（2）尿常规。病程第2d出现尿蛋白，4~6d达高峰，伴显微血尿、管型尿。

（3）粪常规。多无异常。如有消化道出血可出现血便或大便潜血阳性。

（4）血清特异性IgM抗体阳性。

（5）恢复期血清特异性IgG抗体比急性期增高4倍以上。

（6）从病人血清中分离到汉坦病毒和/或检出汉坦病毒RNA。

（四）病理变化

（1）血管。本病的基本病变是全身小血管的损伤。血管内皮细胞肿胀、变性和坏死，管壁不规则地收缩和扩张，管腔内形成微血栓。血管周围有出血、血浆外渗、水肿和炎症细胞浸润。

（2）肾脏。肾体积增大，肾脂肪囊水肿、出血。切面见皮质、髓质分界明显，皮质苍白，髓质呈暗红色。肾极度充血、水肿及出血，可见缺血性灶性坏死。

（3）心脏。主要表现为右心房内膜下出血。

（4）脑垂体及其他脏器的病变。脑垂体肿大，以前叶为主，有明显充血、水肿、出血和坏死。后叶变化不大。后腹膜和纵隔有胶冻样水肿。肝、胰和脑实质细胞有不同程度的灶性及片状变性、坏死。

（五）诊断

1.患者诊断

（1）流行病学史。在出血热疫区及流行季节，或发病前两个月内有疫区旅居史，或发病前两个月内有与鼠类或其排泄物（尿、粪）/分泌物（唾液）直接或间接接触史。

（2）血清学。采集急性期血清，用Mac ELISA或胶体金标记试纸条法检测出血热IgM抗体。

（3）病原学。采集急性期患者的全血进行PCR、病毒分离、核苷酸序列测定和交叉中和实验，分析流行株型别。

（4）根据临床特征。

2.实验室诊断

（1）样本采集。

人标本：全血及血清。

鼠标本：肺样：取分类鉴定的鼠，无菌解剖，取鼠肺，放入编号的冷冻塑料管内，用于病毒分离，或用免疫荧光法检测抗原；血清样。

上述标本带到实验室后，应及时放到超低温或低温冰箱内保存，或尽快分装检测。

（2）宿主动物监测。

鼠肺抗原和血清抗体检测：应用免疫荧光法检测鼠肺出血热病毒抗原，或用双抗原夹心ELISA检测鼠出血热抗体。

宿主动物的病原学监测：核酸检测：对免疫荧光阳性鼠肺标本，采用RT-PCR方法进行核酸检测；病毒分离：对采集的阳性鼠肺标本进行病毒分离；序列测定：对分离到的病毒和阳性PCR产物进行M和S片段序列测定，并将测序结果上报至相关部门。

十六、动物冠状病毒感染

冠状病毒是单链RNA病毒，属于套式病毒目、冠状病毒科、冠状病毒属。该病毒广泛存在于自然界中，冠状病毒只感染脊椎动物，如人类、猪、狗、猫、老鼠、狼、牛、鸡、禽鸟类。根据系统发育树，冠状病毒可分为α、β、γ、δ四个属，α属冠状病毒包括人冠状病毒（229E）、人冠状病毒（NL63）、长翼蝠冠状病毒（HKU1）、长翼蝠冠状病毒（HKU8）、菊头蝠冠状病毒（HKU2）和猪流行性腹泻病毒（PEDV）等8个种、猪传染性胃肠炎病毒（TGEV）、犬冠状病毒（CCoV）和猫冠状病毒（FCoV）；β属冠状病毒包括人冠状病毒（HKU1）、鼠冠状病毒、家蝠冠状病毒（HKU5）、果蝠冠状病毒（HKU9）、严重急性呼吸道综合征冠状病毒（SARS-COV）、严重急性呼吸道综合征冠状病毒2型（SARS-CoV-2）、中东呼吸综合征冠状病毒（MERS-CoV）、牛冠状病毒（BCoV）、人冠状病毒OC43、马冠状病毒（ECoV）、猪血凝性脑脊髓炎病毒（PHEV）、犬呼吸道型冠状病毒（CrCoV）、鼠肝炎病毒（MHV）、大鼠冠状病毒、鸟嘴海雀病毒；γ类冠状病毒主要包括禽冠状病毒如鸡传染性支气管炎病毒（IBV）、白鲸冠状病毒SW1（BWCoV-SW1）；δ属冠状病毒包括夜莺冠状病毒（BuCoV HKU11）、鹅口疮冠状病毒（ThCoV HKU12）、文鸟冠状病毒（ThCoV HKU12）、亚洲豹猫冠状病毒（ALCCoV）、中国白鼬獾冠状病毒（CFBCoV）、猪δ冠状病毒（PDCoV）、绣眼鸟冠状病毒（WECoV）、麻雀冠状病毒（SPCoV）、鹊鸲冠状病毒（MRCoV）、夜鹭冠状病毒（NHCoV）、野鸭冠状病毒（WiCoV）、黑水鸡冠状病毒（CMCoV）。

（一）犬和猫的冠状病毒病（Canine and Feline Coronavirus Disease）

犬冠状病毒病是由犬冠状病毒（Canine coronavirus，CCoV）引起的一种急性肠道传染病，临床表现为频繁呕吐、腹泻、厌食等症状。该病对幼犬危害尤其严重，病死率较高。犬冠状病毒可分为犬肠炎冠状病毒和犬呼吸道冠状病毒。其感染机体后引起的临床症状通常较轻，但易与犬细小病毒、犬瘟热病毒、犬副流感病毒等可引起肠炎或呼吸道疾病的病原体发生混合感染。

猫冠状病毒病（Feline coronavirus disease）是由猫冠状病毒（Feline coronavirus，FCoV）引起的一种肠道传染病，普通感染几乎无任何临床症状或只有轻度的肠道感染，但有少部分感染猫会由原来的无症状转变为腹膜炎症状，引起严重的猫传染性腹膜炎（Feline infectious peritonitis，FIP）。猫冠状病毒可分为肠道冠状病毒和猫传染性腹膜炎病毒。猫肠道冠状病毒可引起低日龄幼猫感染肠炎，死亡率较低。猫传染性腹膜炎病毒主要引起猫传染性腹膜炎，病死率较高。

1. 病原

（1）病原学特性。犬猫冠状病毒在系统分类上均属于冠状病毒科冠状病毒属。犬肠炎冠状病毒和猫冠状病毒均属于α属冠状病毒，犬呼吸道冠状病毒属于β属冠状病毒。犬猫冠状病毒是一类具有囊膜结构的单股正链RNA病毒，病毒基因组为28～32kb。病毒颗粒呈圆形或椭圆形，长径80～120nm，宽径为75～80nm，有囊膜，囊膜表面有冠状病毒特有的放射形突起，均匀分布于整个病毒的表面。病毒核衣壳呈细丝状，螺旋对称。犬猫冠状病毒编码4种结构蛋白：刺突蛋白（Spike glycoprotein，S蛋白）、包膜蛋白（Envelope protein，E蛋白）、膜蛋白（Membrane protein，M蛋白）和核衣壳蛋白（Nucleocapsid protein，N蛋白）。

犬猫冠状病毒可被大多数去污剂和消毒剂灭活，对氯仿、乙醚等脂溶剂敏感。犬冠状病毒对热敏感，对胰蛋白酶和酸有抵抗力，在粪便中20℃时大约40h后会失去感染性，4℃冷藏时可存活60h。猫冠状病毒极不稳定，对外界环境抵抗力差，室温下1d即可失去活性，对酚、低温和酸性环境抵抗力较强。

（2）基因型。犬冠状病毒可分为 α 属的犬肠炎冠状病毒（Canine enteric coronavirus，CECoV）和 β 属的犬呼吸道冠状病毒（Canine respiratory coronavirus，CRCoV）。目前已知的犬冠状病毒可分为犬冠状病毒–Ⅰ和犬冠状病毒–Ⅱ两个基因型。根据S蛋白N末端前300个氨基酸区域（NTD），可将犬冠状病毒–Ⅱ进一步分为两个亚型：犬冠状病毒–Ⅱa和犬冠状病毒–Ⅱb。犬冠状病毒常在复制的过程中出现错误进而导致基因发生变异，有研究者发现了一种新的NTD并建议将其分为一个新亚型：犬冠状病毒–Ⅱc，它是具有犬冠状病毒–Ⅰ样NTD的犬冠状病毒–Ⅱ型病毒。

猫冠状病毒根据致病性可分为猫肠道冠状病毒（Feline enteric coronavirus，FECV）和猫传染性腹膜炎病毒（Feline infectious peritonitis virus，FIPV）。根据病毒中和抗体反应和S基因序列的不同可分为猫冠状病毒–Ⅰ和猫冠状病毒–Ⅱ两种血清型，猫冠状病毒–Ⅰ型和猫冠状病毒–Ⅱ型的S1蛋白氨基酸序列同源性仅为30%。一些研究认为猫冠状病毒–Ⅱ是由猫冠状病毒–Ⅰ和犬冠状病毒重组产生。猫冠状病毒–I型在体外难以分离培养，而猫冠状病毒–Ⅱ型则较容易。

2. 流行病学

（1）犬冠状病毒病。犬冠状病毒病在犬群中普遍存在，尤其在犬舍和动物收容所中更加流行。犬冠状病毒可感染很多种类的动物，包括牛、猪、犬、马、禽、鼠等，犬科动物最易感，如犬、貂、狐狸、狼等。不同年龄、品种、性别的犬都可感染，但幼龄犬最易被感染且发病率和致死率均高于成年犬。犬冠状病毒的主要传染源为病犬和带毒犬，其通过粪便、唾液可对饲料、饮水、犬舍周围环境等造成污染，进而感染健康犬科动物。犬冠状病毒感染率几乎100%，病死率50%左右。犬冠状病毒感染一年四季均可发生并具有明显的季节性，在温度较低的春季、秋末以及冬季犬只较易感染，发病率较高；而在炎热的夏季发病率较低。此外，犬的生活环境、饲养密度、断奶、分窝、调运等因素也能诱发感染或发病。

（2）猫冠状病毒病。猫冠状病毒病在猫群中感染率较高且广泛流行，家猫、猎豹、狮子、豹猫等猫科动物均易感。猫冠状病毒病主要感染0.5～5岁的猫，1岁以下的幼猫及老龄猫更易感染，公猫和纯种猫较其他猫易感，某些特定品系、血统的猫感染率更高。病猫和带毒猫为主要传染源，猫肠道冠状病毒主要通过粪—口途径传播，感染动物持续带毒并间断性向外界环境排毒，又长期处于该环境中重复感染，从而增加了患病猫传染性腹膜炎的风险。尽管猫冠状病毒在猫群中传染性很高且广泛流行，但只有5%～12%的猫冠状病毒抗体阳性会转变为猫传染性腹膜炎。猫传染性腹膜炎发病率一般较低，但一旦感染，病死率几乎为100%。妊娠、断乳、移入新环境等应激条件以及感染猫的自身疾病和猫免疫缺陷病等都是促使猫传染性腹膜炎发病的重要因素。

3. 临床症状

（1）犬冠状病毒病。本病的临床表现差别很大，与种类、年龄、性别有关。犬肠道型冠状病毒主要引起犬的轻度或中度肠炎，主要表现为持续的呕吐、腹泻、精神沉郁、食欲减退、嗜睡和喜卧等。腹泻通常可持续数日，粪便呈水样或粥样，颜色呈暗红色、暗褐色或黄绿色、有恶臭，有时混有少量血液或黏液，最终犬只出现酸中毒现象或脱水症状。病程为7～10d，传播迅速，数日内可蔓延全群，症状具有间歇性，可反复发作。临床上幼龄犬的发病现象比成年犬严重甚至会死亡，成年犬感染后症状较轻，通常可自愈或在服用药物一周内便可恢复，很少出现死亡现象。犬呼吸道冠状病毒引起的症状较为轻微，主要为轻度上呼吸道症状，包括流鼻涕、打喷嚏和干咳，常见于疾病早期。

（2）猫冠状病毒病。猫肠道冠状病毒感染通常会引起猫的体温上升、食欲不振、轻微的肠胃腹泻，严重时可能会导致猫脱水。猫传染性腹膜炎病毒会引发猫传染性腹膜炎，根据其临床症状可分为渗出型（湿性）与非渗出型（干性）两种类型。猫传染性腹膜炎发病初期症状不明显，表现为食欲不振、精神萎靡、体重减轻、脱水、腹泻、体温升高和持续发热等症状。

渗出型：主要表现为胸腹腔产生大量积液，腹部膨大，母猫常被误认为妊娠。触诊有水样波动感、无痛感；当胸腹腔中有积液时由于腹压增大而表现为呼吸困难；有些患病猫还表现贫血或黄疸，病程可延续2周至3个月而最终死亡。

非渗出型：几乎不发生腹水，腹部没有肿大现象，但常伴有眼部、中枢神经、肾和肝脏损伤。眼部损伤如角膜水肿、虹膜睫状体炎和角膜沉淀物等。中枢神经系统损伤如共济失调、轻度瘫痪、眼球震颤、痉挛等。肝脏受损时可出现黄疸，肾脏受损时可能出现肾功能衰竭及肾脏肿大。

4. 病理变化

（1）犬冠状病毒病。犬肠道型冠状病毒感染病理剖检表现为胃肠炎。轻度感染时病理变化轻微，在重症病例中可发现肠管膨胀，肠壁变薄，肠黏膜充血、出血、脱落，肠道充满水样、白色或黄绿色液体。通常肠系膜淋巴结及胆囊出现肿大，胃黏膜出血、脱落，胃内有黏液。显微镜下可观察到小肠绒毛变短萎缩、融合，上皮细胞变平，胞浆出现空泡，黏膜固有层水肿，有炎性细胞浸润。犬呼吸道冠状病毒感染的病犬可在呼吸道组织和呼吸道相关淋巴结组织中检出病毒，其中气管和咽扁桃体是犬呼吸道冠状病毒的易感区，也是存在最多的部位。

（2）猫冠状病毒病。猫肠道冠状病毒感染的病猫病理变化轻微，仅出现肠蠕动加快、胃肠腹泻和肛门肿胀等。渗出型猫传染性腹膜炎病例常观察到腹腔有大量积液，为无色透明或黄绿色液体，黏稠度高，室温下易凝。生化检测结果常显示血小板减少、淋巴细胞及中性粒细胞减少但白细胞数量异常增多，有明显炎症反应。剖检时可以看到腹腔内存在大量无色或淡黄色积液，腹膜浑浊，腹腔内的脏器上有蛋白质渗出物，肝脏还可能出现坏死灶。非渗出型猫传染性腹膜炎病理变化主要表现为肝脏、肾脏、肠系膜淋巴结等出现化脓性肉芽肿病变，有些还伴有角膜混浊水肿，眼房出血，缩瞳等病理表现。

5. 诊断

犬和猫的冠状病毒感染均可通过流行病学、临床症状、病理变化做出初步诊断。但准确地鉴定犬和猫的冠状病毒需要做进一步的实验室检查。

（1）电镜观察。采集病兽的新鲜粪便，离心取上清，负染后电镜观察可发现冠状病毒独特的外形特征。该实验方法速度较快但费用昂贵且实验误差较大，临床应用并不广泛。

（2）病毒分离鉴定。患病犬：取病犬的新鲜粪便接种到犬肾原代细胞、胸腺细胞上进行分离培养，可观察到细胞病变。病毒分离培养后，再结合中和试验、间接免疫荧光（IFA）、RT-PCR、序列测定分析等方法进一步鉴定病毒。

患病猫：取病猫腹腔渗出液或血液接种于猫胎肺细胞上进行病毒分离培养，病毒分离培养后，用已知阳性血清做中和实验鉴定病毒。

（3）血清学诊断。利用抗原抗体特异性结合的原理进行血清学诊断，主要包括中和实验、荧光抗体技术、间接ELISA等方法。

（4）分子生物学诊断。常用的方法是PCR检测，包括RT-PCR、实时荧光定量PCR、纳米PCR新型检测技术等。PCR检测是目前检测犬和猫冠状病毒最普遍的方法，且具有特异性强、灵敏度高等优点。

（二）中东呼吸综合征（Middle East Respiratory Syndrome）

中东呼吸综合征由中东呼吸综合征冠状病毒（Middle East respiratory syndrome coronavirus，MERS-CoV）感染引起，于2012年9月在沙特阿拉伯首次被发现，该病以呼吸道感染为主要临床表现，是一种病死率高，发病症状不易辨别、症状程度轻重不等的以蝙蝠为储存宿主，以单峰骆驼为传染性中间宿主的人畜共患病。

1. 病原

中东呼吸综合征冠状病毒属于β冠状病毒属的2c亚群。病毒形态结构呈圆形或椭圆形，直径60~140nm，核心为长度约30kb的线性非节段单股正链RNA病毒，病毒衣壳外着刺突样结构。

中东呼吸综合征冠状病毒在环境中有较强的适应能力，在4℃骆驼奶中72h后仍然具有感染能力，巴氏消毒后感染能力消失。在22℃环境中有较强的稳定性，可以存活48h以上，63℃加热30min后没有发现有活性的病毒。

2. 流行病学

目前中东呼吸综合征报告的病例主要发生在沙特阿拉伯为主的中东地区，截至2022年5月12日，全球向WHO报告的中东呼吸综合征冠状病毒感染实验室确诊病例总数为2591例，包括894例相关死亡。其主要传染源为受感染的骆驼和中东呼吸综合征患者，无症状感染者也可能成为传染源，单峰骆驼通过咳嗽或打喷嚏将病毒播散至周围空气中，通过近距离呼吸道飞沫和密切接触发生传播，还可通过单峰骆驼的乳液而排出。相关人员频繁接触被感染的单峰骆驼以及病人也会造成感染。

3. 症状

潜伏期为2~14d，通常为5~6d。患病后人的临床表现从无症状或者轻微呼吸道症状，到严重急性呼吸道疾病及死亡不等，但多数确诊病例都患有严重的急性呼吸道疾病，主要表现为发热、咳嗽、呼吸急促，并伴有肺炎的发生，严重者还可能发生肾衰竭。部分患病的骆驼会出现体温升高及轻微的呼吸道症状。

4. 病变

本病主要表现为弥漫性肺部病变，感染后在肺、气管、肾、肝、骨骼肌等器官均可见小血管或组织间隙淋巴细胞浸润，部分区域可见坏死性炎性灶，免疫器官发生变化，多个淋巴结中见淋巴滤泡减少、多形免疫母细胞和反应性淋巴细胞混合的小泡间增殖，脾中含有大量免疫母细胞及反应性淋巴细胞，骨髓未见异常。对患病骆驼进行分子检测可见其血清中抗体滴度的升高以及病毒的外排。

5. 诊断

常规确认中东呼吸综合征冠状病毒感染一般采用核酸扩增方法检测，必要时通过核酸测序进行确认。不推荐将病毒分离培养作为常规的诊断方法。

（1）RT-PCR检测。目前已开发出3种用于中东呼吸综合征冠状病毒的RT-PCR检测试剂，其中包括针对上游非编码区（upE）、开放阅读框ORF1b和ORF1a基因的检测。针对upE检测具有较高的灵敏度被推荐用于筛查，而针对ORF1b的检测灵敏度则低于针对ORF1a的检测。此外，针对中东呼吸综合征冠状病毒N蛋白基因的两种检测方法也可作为upE和ORF1a的替代性检测。RT-PCR检测时，应在P2实验室生物安全柜中加样，而进行病毒分离和中和试验时，则必须在P3实验室进行。

（2）血清学检测。应用血清进行抗体检测时，确认感染需要双份血清标本。血清样本应间隔3~4周采集，第1次采集应在症状开始的第1周进行。如果只能收集单一血清标本，则至少应在症状出现后14d进行。标本采集后应尽快送到实验室，但可以在4℃下存储和运输；当有可能超过72h送达实验室时，应将标本在-20℃下储存且用干冰运输，避免反复冻融标本。

血清学检测适用于按《国际卫生条例》检测，但因条件限制无法开展核酸扩增检测的人员；确认中东呼吸综合征冠状病毒感染的病例、持续性暴发流行中的部分被调查人员感染情况。一般血清学方法使用酶联免疫吸附试验和间接免疫荧光试验，抗体呈4倍以上增高可以作为确诊依据。

（三）严重急性呼吸道综合征（Severe Acute Respiratory Syndromes）

严重急性呼吸道综合征是一种由冠状病毒引起的以肺部感染病变为主要特征的急性呼吸道传染病，2003年在全球引起大规模的流行。病毒可以通过呼吸道、粪便等途径传播，有传染性极强、传播速度快、病死率高的特点。

1. 病原

严重急性呼吸道综合征冠状病毒（Severe acute respiratory syndrome coronavirus，SARS-CoV）属于套式病毒目冠状病毒科β冠状病毒属成员，病毒颗粒呈圆形或椭圆形，直径60~140nm，病毒有包膜，包膜上存在棘突，表面凹凸不平，形状似皇冠。不同的冠状病毒的棘突有明显的差异。病毒基因组为线性单股正链的RNA病毒，全长27~32kb，是目前已知RNA病毒中基因组最大的病毒。

严重急性呼吸道综合征冠状病毒对紫外线和热敏感，56℃加热90min、75℃加热30min即可灭活，乙醚、75%的乙醇、含氯消毒剂、过氧乙酸也可以有效的灭活严重急性呼吸道综合征冠状病毒。

2. 流行病学

严重急性呼吸道综合征为人畜共患病，严重急性呼吸道综合征患者是本病的主要传染源。严重急性呼吸道综合征冠状病毒的宿主源头动物可能为蝙蝠，一些野生动物貉、果子狸、猫头鹰、穿山甲等等动物也携带病毒。初期通过携带病毒的中间宿主传播给人，然后在人群中通过呼吸道、消化道等途径传播形成大规模爆发，传播模式为"宿主动物—人—人"。

该病主要通过呼吸道传播，包括近距离接触、经空气飞沫、气溶胶等直接或者间接接触传播，也可通过粪便传播。

从全球分布看，病例主要分布于亚洲、欧洲、美洲等地区。严重急性呼吸道综合征基本符合呼吸道传染病的冬春季节流行规律。病例主要集中在1—5月，5月中旬以后病例显著减少。

3. 临床症状

临床上以发热（38℃以上）为首发和主要症状，一般呈持续性高热，可伴有畏寒、头痛、乏力、肌肉及关节酸痛，后期肺部病变进行性加重，表现为胸闷、气促、呼吸困难，尤其在活动后明显。随后出现干咳、胸闷、呼吸困难等呼吸道症状。严重者导致急性低氧性呼吸衰竭，并可迅速发展成为急性呼吸窘迫综合征。

4. 病理变化

（1）呼吸系统。肺重量明显增加，肺表面可出现融合性塌陷区和纤维素性粘连的区域，质略硬；切面均可见广泛实变，呈暗红或微红色；有的肺内囊状扩张，呈蜂窝肺改变，有的肺尖部各游离缘含气明显，呈代偿性肺气肿。气管黏膜呈暗红色，表面充血及有点状出血，有黄白色物覆盖，腔内可见粉色黏稠液体或血性泡沫状液体；胸腔内有少量黄红色液体，也可为红色或血性液体。少数患者有胸膜纤维素性粘连，甚至出现壁层心包与左肺脏及纵隔的粘连。

（2）循环系统。脾脏体积缩小，被膜光滑，切面暗红色，刀刮见组织粥样物；淋巴结肺门、气管、支气管旁及分歧部都可找到淋巴结，一般体积小，质地偏软。骨髓组织造血面积减少，粒细胞系统及巨核细胞系统相对抑制，中幼红细胞呈小灶状增生。

（3）心血管系统。血管有炎症性改变，血管内皮细胞肿胀变性，管壁纤维素沉积，炎症细胞浸润。

（4）消化系统。消化道出血，胃及肠腔内有暗红色或咖啡色浓稠液体；肝脏有程度不同的增大，表面光滑饱满。切面暗红色，呈轻度淤血。也有的病人肝脏表面光滑，呈黄白色轻度脂肪变性。

（5）泌尿生殖系统。肾脏肉眼检查，病变不明显。表面光滑，暗红色，切面皮质薄厚大致正常，皮髓分界清楚。少数病人可见区域性髓质淤血，肾盂及输尿管黏膜无明显异常。

（6）神经系统检查。尸检时会看到轻度的脑水肿征象，脑膜血管轻度扩张充盈，个别病人脑回变宽，脑沟变窄。

5. 诊断

严重急性呼吸道综合征的诊断及诊断依据包括流行病学史、症状与体征、分子生物学实验（PCR）、血清学检测等。

（1）流行病学史。与严重急性呼吸道综合征患者有密切接触史，或属于受传染的群体发病者之一。

（2）症状与体征。严重急性呼吸道综合征起病急，首发症状为发热，多数患者体温高于38℃，伴畏寒、头痛、关节酸痛、肌肉酸痛、乏力、腹泻，以及少痰、血痰等胃肠和呼吸道卡他症状，胸闷严重者可出现呼吸急促或明显的呼吸窘迫，肺部体征不明显，部分患者可闻及少许湿啰音或存在肺实变等体征。

（3）外周血象。外周血白细胞计数一般不升高或降低，常有淋巴细胞计数减少。

（4）影像学检测。早期一般表现为肺内小片状影，一般为磨玻璃密度影。3～7d后进行性加重，病变以磨玻璃密度影多见，甚至合并实变影，病变部位以两肺下叶明显多见。

（5）PCR检测。PCR可以检测出在各种样本（血液、粪便、呼吸道分泌物）中的严重急性呼吸道综合征冠状病毒的遗传物质。

（6）血清学检测。检测血清中的特异性IgM抗体呈阳性，或在急性期和恢复期，特异性IgE抗体呈4倍以上升高，均可作为确诊依据，但特异性IgE抗体呈阴性时，也不能作为排除本病的依据。

（四）新型冠状病毒肺炎（Corona Virus Disease 2019）

新型冠状病毒肺炎，简称新冠肺炎，由严重急性呼吸道综合征冠状病毒2型引起。该病首次发现于2019年12月8日，于2020年1月7日，从1例患者的咽拭子样本中成功分离，并随后被世界卫生组织命名为SARS-CoV-2，目前已在全球范围内呈大流行。

目前，在多种动物体内检测到SARS-CoV-2，如蝙蝠、小鼠、大鼠、鸡、狗、猫、马和骆驼。SARS-CoV-2的基因组与2013年从蝙蝠中分离出的β冠状病毒具有96%的相似性。SARS-CoV-2具有高致病性，可以感染支气管上皮细胞、肺细胞和上呼吸道细胞，发展为严重的呼吸道病变和肺部损伤。

1. 病原

新型冠状病毒是一种新型RNA冠状病毒，与严重急性呼吸道综合征病毒（SARS-CoV）和中东呼吸综合征冠状病毒（MERS-CoV）同属于β冠状病毒属家族的成员。病毒直径为80～160nm，有囊膜，呈圆形或椭圆形，常为多形性。基因组全长约3.0kbp，其基因特征与SARS-CoV和MERS-CoV有明显区别。

SARS-CoV-2对紫外线和热敏感，温度敏感，56℃条件下加热30min即可灭活。乙醚、75%乙醇、含氯消毒剂、过氧乙酸和氯仿等脂溶剂均可有效灭活病毒，而氯己定无效。

体外分离培养时，96h左右即可在人呼吸道上皮细胞内发现新型冠状病毒粒子，而在Vero E6和Huh-7细胞系中分离培养约需6d。

2. 流行病学

SARS-CoV-2是一种人畜共患病。目前，对于SARS-CoV-2的动物来源的了解仍然不完整，蝙蝠可能是SARS-CoV-2的储体，穿山甲是另一个可能与SARS-CoV-2有关的野生动物宿主。SARS-CoV-2是否通过中间宿主传播给人类，以及哪些动物可能作为其中间宿主，还有待进一步研究。水貂是SARS-CoV-2的易感动物，大多数受感染的水貂症状轻微，但一些水貂出现了严重的呼吸困难并死于间质性肺炎。病毒在猫和雪貂的上呼吸道中有效复制，而狗、猪、鸡和鸭对SARS-CoV-2不敏感。

人群对SARS-CoV-2普遍易感，各年龄组人群均有发病，患有慢性病、基础性疾病、免疫力低下的人群更容易感染，与患者、隐性感染者密切接触人群常成为高危易感人群。在人传人的过程中，有多个传染源，包括病人、隐性感染者、甚至恢复期患者。

SARS-CoV-2病毒传染能力极强，病毒主要通过咳嗽、打喷嚏等散播至周围空气而感染人类。病毒还可通过间接接触方式进行传播，患者通过污染周围环境而感染他人。新型冠状病毒肺炎患者粪便中可检测到对应的病毒，提示粪—口传播的可能性。此外，气溶胶也可传播病毒。

3. 临床症状

大多数人在1～14d的潜伏期（最常见的是5d左右）后出现疾病症状，呼吸困难和肺炎在发病后8d的时间内出现。SARS-CoV-2感染的临床表现随年龄而异。一般来说，老年男性（>60岁）更容易出现严重的呼吸道疾病，需要住院治疗甚至死亡，而大多数年轻人和儿童只有轻微的疾病（非肺炎或轻度肺炎）或没有症状。在潜伏期4~14d后，大多数人会出现从轻度到非常严重甚至暴发性疾病的症状。

（1）咳嗽、发热、疲劳、厌食和肌痛（肌肉疼痛）。

（2）嗅觉丧失、味觉丧失、喉咙痛，头痛和流涕（流鼻涕）。

（3）恶心和腹泻以及伴随的腹痛等胃肠道症状可能先于呼吸道症状出现，但是较少见。

（4）无症状个体的SARS-CoV-2检测呈阳性。

（5）大多数人会出现轻度至中度疾病，患者可能在发病后第5d左右出现呼吸困难。

（6）典型情况：患有更严重疾病的患者在疾病第二周会恶化。

急性呼吸窘迫综合征（ARDS）是COVID-19患者最严重的并发症之一。它与住院时间延长和高死亡率有关，特别是当患者出现多器官系统衰竭时。一部分患者可能出现急性炎症状态，伴有发热，炎症标志物和细胞因子表达增加，与细胞因子释放综合征相似。与非ICU患者相比，重症监护病房（ICU）患者经常出现心血管并发症（如心律失常、缺氧性心肌病和急性心损伤）。

4. 病理变化

肺部损伤表现为间质性肺炎和明显的肺水肿，伴有蛋白质的黏液样渗出和少量炎症细胞浸润，肺部透明膜形成。严重的免疫损伤是COVID-19患者的特征之一，患者T细胞数量下降，但可见T细胞的活化增加；具有高促炎作用的Th17增加以及含有高浓度毒性颗粒的CD8+T细胞增加是患者免疫损伤的原因。肝脏活检显示中度微血管脂肪变性以及肝小叶汇管区轻微的活动性炎症。心脏活检显示，心肌细胞间质存在少量单个核细胞炎性浸润，未见明显心肌实质的损害。

5. 诊断

（1）样本采集。咽拭子、后口咽唾液、鼻咽拭子、痰和支气管液、肠道和血液均可检测到病毒。

（2）血清学检测。检测SARS-CoV-2N或S蛋白抗体可以作为分子诊断的补充。

（3）PCR检测技术。实时荧光定量RT-PCR是当前确诊新冠肺炎主要的检测手段。核酸检测是直接对采集标本中的病毒核酸进行检测，特异性强，敏感度相对较高。

十七、禽传染性支气管炎（Infectious Bronchitis）

禽传染性支气管炎是由病毒引起的鸡的一种急性、高度接触传染性的呼吸道疾病。其特征是病鸡咳嗽、喷嚏和气管发生啰音。在雏鸡中还可出现流涕，产蛋鸡产蛋减少和质量变劣。肾病变型肾肿大，有尿酸盐沉积。

（一）病原

鸡传染性支气管炎病毒（Infectious bronchitis virus，IBV）属于冠状病毒科冠状病毒属中的一个代表种。多数呈圆形，直径80~120nm。基因组为单股正链RNA，长为27kb。病毒粒子带有囊膜和纤突。感染鸡胚尿囊液不凝集鸡红细胞，但经1%胰酶或磷脂酶C处理后，则具有血凝性。多数病毒株在56℃15min灭活，-20℃能保存7年之久。病毒对一般消毒剂敏感，如在0.01%高锰酸钾3min内死亡。病毒在室温中能抵抗1%HCl、1%石炭酸和1%NaOH1h。

（二）流行病学

本病仅发生于鸡，但小雉可感染发病，其他家禽均不感染。各种年龄的鸡都可发病，但雏鸡最为严重。有母源抗体的雏鸡有一定抵抗力（约4周）。过热、严寒、拥挤、通风不良、维生素、矿物质和其他营养缺乏以及疫苗接种等均可促进本病的发生。本病的主要传播方式是病鸡从呼吸道排出病毒，经空气飞沫传染给易感鸡。此外，通过饲料、饮水等，也可经消化道传染。

本病无季节性，传播迅速，几乎在同一时间内有接触史的易感鸡都发病。

（三）临床症状

潜伏期36h或更长一些。病鸡看不到前期症状，突然出现呼吸症状，并迅速波及全群，这是本病的特征。4周龄以下鸡常表现伸颈、张口呼吸、喷嚏、咳嗽、啰音。病鸡全身衰弱，精神不振，食欲减少，羽毛松乱，昏睡、翅下垂，常挤在一起，借以保暖。个别鸡鼻窦肿胀，流黏性鼻汁，眼泪多，逐渐消瘦。康复鸡发育不良。5~6周龄以上鸡，突出症状是啰音、气喘和微咳，同时伴有减食、沉郁或下痢症状。成年鸡出现轻微的呼吸道症状，产蛋鸡产蛋量下降，并产软壳蛋、畸形蛋或粗壳蛋，蛋品质量差，3~4周后逐渐恢复，但达不到发病前的水平。雏鸡的死亡率可达25%，6周龄以上的鸡死亡率很低。康复后的鸡具有一年以上的免疫力。肾型毒株感染鸡，呼吸道症状轻微或不出现，或呼吸症状消失后，病鸡沉郁、持续排白色或水样下痢、迅速消瘦、饮水量增加，死亡率较高。近年来又出现腺胃型禽传染性支气管炎，主要表现为病鸡消瘦，死亡率较高，存活鸡发育不良。

（四）病理变化

主要病变是气管、支气管、鼻腔和窦内有浆液性、卡他性和干酪样渗出物。气管黏膜充血、水肿，被覆水样或略黏稠的半透明黏液。气囊混浊或含有黄色干酪样渗出物。产蛋母鸡的腹腔内可以发现液状的卵黄物质、卵泡充血、出血、变形。18日龄以内的幼雏，有的见输卵管发育异常，致使成熟期不能正常产蛋。感染肾型传支后，肾肿大出血，多数呈斑驳状的"花肾"，肾小管和输尿管因尿酸盐沉积而扩张。在严重病例，白色尿酸盐沉积可见于其他组织器官表面。腺胃型传支表现腺胃极度肿大，变硬，腺胃黏膜及乳头出血，挤压时有脓性分泌物流出。

（五）诊断

1. 初步诊断

根据临诊病史、症状和病变可做出初步诊断。但确诊必须依靠病毒分离和鉴定。

2. 样本采集

（1）拭子。感染初期的气管拭子或感染1周以上病鸡的泄殖腔拭子。

（2）组织材料。可用病鸡的气管、肺，制成5~10倍乳剂。

（3）血清。采取发病初期和2~3周后的双份血清。

3. 实验室检验

（1）病毒分离鉴定。样品处理后尿囊腔接种于10~11日龄的鸡胚。初代接种的鸡胚，孵化至19d，可使少数鸡胚发育受阻，而多数鸡胚能存活，这是本病毒的特征。若在鸡胚中连续传代几代，则可使鸡胚呈现规律性死亡，并出现特征性的病变：鸡胚发育受阻、胚体萎缩成小丸形，羊膜增厚，紧贴胚体，卵黄囊缩小，尿囊液增多等。用鸡传染性支气管炎病毒特异的多克隆或单克隆抗体对感染鸡胚的绒尿膜（CAM）切片，或尿囊液的细胞沉积物涂片做免疫荧光或免疫酶试验可以快速鉴定分离的病毒是鸡传染性支气管炎病毒。剖检时取感染的气管黏膜或其他组织做切片，可用免疫荧光或免疫酶试验直接检测鸡传染性支气管炎病毒抗原。近年来已建立起直接检查感染鸡组织中鸡传染性支气管炎病毒核酸的RT-PCR方法。

（2）血清学诊断。由于鸡传染性支气管炎病毒抗体多型性，不同血清学方法对群特异和型特异抗原反应不同。酶联免疫吸附试验、免疫荧光及免疫扩散一般用于群特异血清抗体检测，而中和试验、血凝抑制试验一般可用于初期反应抗体的型特异抗体检测。病毒中和试验常用于鸡传染性支气管炎病毒毒株的血清分型。如果康复期的血清效价高于病初血样4倍以上，即可确诊为本病。

十八、伪狂犬病（Pseudorabies）

伪狂犬病是由伪狂犬病毒引起的家畜和多种野生动物共患，病死率高，以发热、奇痒、呼吸和神经系统疾病为特征的急性传染病，又称Aujeszky病。该病最早发现于美国，后来由匈牙利科学家首先分离出病毒。

（一）病原

伪狂犬病病毒（Pseudorabies virus，PRV），属疱疹病毒科，甲疱疹病毒亚科，猪疱疹病毒属。病毒完整粒子呈圆形，直径为150～180nm，核衣壳直径为105～110nm，由核心、核衣壳和囊膜组成，囊膜表面存在放射排列的纤突。基因组为线状双股DNA。PRV只有1个血清型，但毒株间存在差异。

病PRV对外界抵抗力较强，耐干燥、耐冷、耐酸、怕碱，在pH4～9之间保持稳定，含PRV的脑组织置于50%甘油缓冲液中在冰箱内可存活2～3年；干草上的病毒在夏天能存活30d，在冬天能存活46d；但对乙醚、氯仿等脂溶剂，福尔马林和紫外线照射敏感，以1%～3%苛性钠溶液的消毒效果最好。对热的抵抗力较强，55～60℃经30～50min才能灭活，80℃经3min灭活。

（二）流行病学

本病呈世界性分布，自然条件下对家畜如猪、牛、羊、犬、马、猫、狗等易感，对多种野生动物如银狐、蓝狐、水貂、紫貂、貉、鼬、狼、鹿、野牛、野马、羚羊、狍、猕猴、北极熊、獾及鼠等均易感。多种禽鸟类及蛙人工感染后均能引起发病。除对猪外，其他动物感染后也有高致死性。

发病、带毒动物及鼠类是本病最主要的传染源。本病可经消化道和呼吸道传染，还可经胎盘、乳汁、交配及擦伤的皮肤感染。食肉及杂食兽主要因采食病猪、带毒猪、鼠的肉及下杂料后经消化道感染发病。相关人员在进行病理剖检时，应注意防止经损伤皮肤发生感染。

猪伪狂犬病发生在冬、春两季，表现出一定的季节性；而毛皮动物患病无明显的季节性，常因饲料中混有病死动物的肉和脏器发生暴发流行。

（三）临床症状

不同种动物患此病的症状不尽相同，牛、羊、犬、猫、银黑狐、蓝狐、貉、臭鼬、黑足鼬、猕猴、浣熊、负鼠等表现出明显的奇痒症状，用前爪抓挠或啃咬，摩擦发痒部位皮肤，体温升高，出现厌食或拒食，大量流涎，有的病例出现呕吐，兴奋性增强，对外界刺激反应增强，常发生咬笼壁、狂奔等行为，但其意识清楚，无攻击性，兴奋疲劳后转入沉郁，卧地呻吟，辗转反侧。被啃咬、摩擦部位发生毛发脱落，皮肤水肿、充血、出血等症状。患兽病后期出现不全或完全麻痹，病程1～8h，在昏迷状态下死亡。

另外猪和水貂则不出现瘙痒症，多表现鼻炎和肺炎的呼吸系统症状，如呼吸困难、浅表，呈腹式呼吸。病兽常取坐姿、前肢叉开，颈伸展，咳嗽声音嘶哑，并出现呻吟。病后期由鼻孔及口腔流出血样泡沫，病程多在2～24h。不同阶段猪感染后症状不同，新生仔猪感染后表现为呼吸系统症状、死亡等，但成年猪的病死率低，也不发生奇痒，妊娠母猪患病后可导致死胎和流产，育肥猪则表现为发热、生长迟缓。

人接触发病动物后，特别是解剖病死动物尸体的人员也可能发生感染，目前已有实验室人员感染本病的报道。感染者呈严重的荨麻疹症状，血清中出现特异性抗体。

（四）病理变化

本病难见有特征性的病理变化。一般病例全身脏器均发生充血，黏膜和浆膜有出血点，小肠有卡他性或出血性炎症变化；肺水肿，肺小叶间质性炎症；脑膜轻度充血，脑细胞变性、坏死。

组织学病变：在大脑神经细胞和星形细胞内有为数不多的核内包涵体。在舌、肌肉、肾上腺和扁桃体坏死区也可观察到。

（五）诊断

1. 初步诊断

根据临床症状，流行病学资料分析等进行初步诊断。必须进行实验室检查后方可确诊。

2. 样本采集

（1）组织材料

病毒分离：采集发热期发病动物的中脑、脑桥、延脑以及扁桃体，是最理想的病毒分离材料。对于亚临床感染的猪，多采取鼻咽洗液，即用注射器吸取30mL生理盐水加压注入病猪鼻孔，收集洗液，也可用棉拭子蘸取口咽部黏液。

组织学检查：脑脊髓。

（2）血清。自然条件下，除猪外，感染本病的动物均难以幸存，对猪可采血清样品检测抗体。

3. 实验室检验

（1）病原检测

动物试验（家兔）：将制备好的1∶10组织悬液皮下接种家兔2mL，2～3d后，接种部位出现奇痒，撕咬皮毛，狂暴，体温升高，呼吸迫促，转圈运动，肌肉痉挛，角弓反张，四肢麻痹，一般在48～72h后衰竭死亡，但有时需4～5d才死亡。个别情况下，可能由于病料中含毒量过低，潜伏期可能延长至7d。

免疫荧光抗体试验：取自然病例的病料如脑或扁桃体的压片或冰冻切片，用直接免疫荧光检查，常可于神经节细胞的胞浆及核内产生荧光，几小时即可获得可靠结果。

病毒分离：用病料直接接种猪肾细胞或鸡胚细胞，病毒繁殖后，可出现典型的细胞病变（蚀斑）。另外也可用被检猪肾来制备细胞，用新出芽生长的细胞做指示细胞，或者将被检猪肾细胞组织剪碎，与指示细胞混在一起培养，可观察到病变。但是通过以上方法得到的假定阳性培养液，要通过病毒中和试验来鉴定。

（2）血清学试验：主用于猪。另外，血清中和试验、琼脂扩散试验、补体结合试验、乳胶凝集试验及酶联免疫吸附试验等也可用于本病的诊断。其中血清中和试验最灵敏，假阳性少。

（3）病理组织学检查：取可疑病例脑脊髓组织切片，做苏木素伊红染色，在伴有非化脓性淋巴细胞性脑炎和脑脊髓神经节炎的情况下，神经细胞、胶质细胞和毛细血管内皮细胞内可检出A型核内包涵体。

十九、非洲猪瘟（African Swine Fever）

非洲猪瘟是由非洲猪瘟病毒引起的家猪和各种野猪（如非洲野猪、欧洲野猪等）的一种急性、出血性、烈性传染病。是WOAH规定的法定报告的疫病，也是我国的一类动物疫病。其特征为皮肤紫红色斑块、各组织脏器的严重出血；在病程上可呈现最急性、急性、亚急性、慢性和隐形感染。

非洲猪瘟1921年在肯尼亚首次报道，一直存在于撒哈拉以南的非洲国家，1957年先后流传至西欧和拉美国家，多数被及时扑灭，但意大利撒丁岛呈地方性流行。2007年以来，传入高加索地区和俄罗斯。2017年以来，俄罗斯远东地区发生数起非洲猪瘟疫情。2018年我国沈阳市沈北新区沈北街道（新城子）五五社区发现国内首例病毒，随后在我国多个省份发生流行，造成了巨大的经济损失。2018年11月26日农业农村部办公厅、国家林业和草原局办公室联合印发《关于强化家猪野猪非洲猪瘟联防联控工作的通知》。2019年2月，农业农村部印发了《非洲猪瘟疫情应急实施方案（2019版）》。

非洲猪瘟目前没有有效的治疗方法，也没有疫苗能够用于预防，目前最有效的方法就是执行严格的生物安全制度，防止病毒从外部流入猪场。

（一）病原

非洲猪瘟病毒（African swine fever virus，ASFV）是非洲猪瘟科非洲猪瘟病毒属的重要成员，病毒有些特性类似虹彩病毒科和痘病毒科。病毒粒子呈二十面体对称，直径为175～215nm，有囊膜。

基因组为双股线状DNA，大小170～190kb，可编码150～200种蛋白质。2019年10月，我国科学家采用单颗粒三维重构的方法首次解析了非洲猪瘟病毒全颗粒的三维结构，阐明了非洲猪瘟病毒独有的5层（外膜、衣壳、双层内膜、核心壳层和基因组）结构特征，病毒颗粒包含3万余个蛋白亚基，组装成直径约为260nm的球形颗粒，是解析近原子分辨率结构的最大病毒颗粒，首次"看清"非洲猪瘟病毒。

非洲猪瘟病毒主要在感染猪的单核细胞和巨噬细胞中复制，也可在内皮细胞、肝细胞中复制。该病毒可在钝缘蜱中增殖，并使其成为主要的传播媒介。此外，病毒也能够在PK-15、Vero等传代细胞上培养。该病毒在外界环境中的抵抗力较强，-70℃冻存可以长期保持感染性，60℃经30min能够被灭活。病毒在血液、血清、组织液和粪便等含有蛋白质的基质中表现稳定，在猪血液中，4℃保存时可存活18个月；冷冻肉中可存活15年。对乙醚及氯仿脂溶剂敏感，2%氢氧化钠于24h内可被灭活。

（二）流行病学

患病或带毒的家猪和野猪是非洲猪瘟的主要传染源。非洲猪瘟病毒是目前发现的唯一的DNA虫媒病毒，非洲钝缘蜱和游走钝缘蜱是其保毒宿主和传播媒介。非洲猪瘟病毒在非洲的传播主要是通过非洲野猪的隐形带毒及软蜱的叮咬。而在非洲大陆以外，欧洲野猪则对非洲猪瘟病毒易感，因此在欧洲感染猪的接触是非洲猪瘟的主要传播途径。一旦非洲猪瘟病毒在家猪群中存在，带毒猪就成为重要的传染源。非洲猪瘟病毒不仅能在家猪间通过直接接触传播，还可以通过血液、排泄物以及污染的车辆、工具等传播。通常非洲猪瘟跨国境传入的途径主要有4类：一是生猪及其产品国际贸易和走私，二是国际旅客携带的猪肉及其产品，三是国际运输工具上的餐厨剩余物，四是野猪迁徙。2018年之前，我国没有非洲猪瘟。分子流行病学研究表明：传入中国的非洲猪瘟病毒属基因Ⅱ型，与格鲁吉亚、波兰、俄罗斯公布的毒株全基因组序列同源性为99.95%左右；但病毒通过何种途径传入我国还没有定论。非洲猪瘟病毒只感染野猪和家猪，一般不感染其他动物和人。家猪普遍易感，且发病；而野猪，不同地区不同种类易感性和发病情况不尽相同。非洲地区野猪，易感，但通常不发病；欧洲地区野猪和美洲地区野猪，易感，且发病；其他地区的野猪易感性、致病性尚不清楚。我国境内目前共有华北野猪、华南野猪、东北野猪、蒙古野猪、新疆野猪、矮野猪（云南）和台湾野猪等7种野猪，推测对非洲猪瘟病毒普遍易感，但需要进一步研究来证实。

（三）临床症状

自然感染潜伏期5～9d，往往更短，临床实验感染则为2～5d。临床表现为最急性、急性、亚急性、慢性和隐性5种类型。非洲猪瘟病毒在非洲大陆多引发急性型非洲猪瘟，感染猪病死率高；在欧洲则多引发地方性流行的亚急性型或慢性型非洲猪瘟，感染猪病死率低一些。急性型病猪通常见不到先兆就突然死亡，病猪仅表现出高热就发生死亡，无明显的临床症状，病死率高达100%。急性型病猪体温升高至42℃、精神沉郁、厌食、耳、四肢和腹部等的体表皮肤出血发绀，后期可出现出血性肠炎、腹泻、便血。呼吸困难，病程延长会出现神经症状。妊娠母猪流产。急性型病猪一般在感染后的7～10d内死亡，病死率高。亚急性病猪表现为坏死性皮炎、高热、呼吸困难，通常在感染后18～20d发生死亡或痊愈，病死率较急性型低。慢性型病猪表现出波状热、呼吸困难、坏死性皮炎、关节肿胀、疼痛等症状；母猪发生流产，病死率较低，能在康复后终生带毒。隐性型非洲猪瘟多发生于非洲野猪，病程缓慢且无临床症状，是该病在非洲大陆流行的主要原因之一。

（四）病理变化

感染毒株的毒力不同，病变差异很大。非洲猪瘟的主要病变表现在淋巴结、脾脏、肾脏和心脏等器官。急性病猪特性病变是脾脏显著肿大、严重充血、呈黑紫色、柔软质脆；淋巴结水肿、出血，切面呈大理石样花纹，肝、胃、肾部分的淋巴结尤为严重；肾出血、水肿、肾皮质和肾盂有出血点；心肌、心内膜及外膜可见出血点或出血斑，心包积液；常见胸腔、腹腔有黄色或混有血液的液体。亚急性病猪可见脾脏肿大、淋巴结肿大、出血和肾淤血。慢性型病猪表现出皮肤坏死、纤维素性心包炎、干酪样肺炎、淋巴结病变和关节水肿。

组织学上特征是组织变性，特别是急性与亚急性病猪的淋巴结、血管表现出血、微血栓及内皮细胞损伤等。淋巴结触片可见单核细胞的核破裂；脾触片可见巨噬细胞的坏死。

（五）诊断

根据流行病学、临床症状和病理变化可做出初步诊断，确诊则需要进行实验室诊断，主要包括病原学诊断和血清学诊断。

1. 病原学诊断

疑似非洲猪瘟发生时，要对家猪和野猪采集抗凝血、脾、扁桃体、淋巴结和肾，此外还要收集本区域的软蜱。病毒的分离培养可以将采集的脾、扁桃体、淋巴结等组织制备的悬液接种猪外周血单核细胞，盲传1～2代，出现细胞病变后收获病毒。可应用血细胞吸附试验、直接免疫荧光法、普通PCR和荧光定量PCR、双抗体夹心ELISA等方法对非洲猪瘟病毒进行检测，具体方法可参考《非洲猪瘟诊断技术》的国家标准和WOAH的《陆生动物疫苗与诊断手册》。

2. 血清学诊断

间接ELISA、阻断ELISA、间接免疫荧光测抗体、免疫印迹、对流免疫电泳等方法均可以用于检测感染家猪或野猪的非洲猪瘟病毒的特异性抗体。其中ELISA方法是最为简便和有效的方法，也是国际贸易中认可的检测方法。近年来，研发的胶体金快速检测试剂盒应用于非洲猪瘟的现场快速检测，取得了较好的效果。

二十、牛瘟（Rinderpest）

牛瘟又名烂肠瘟、胆胀瘟，是由牛瘟病毒（Rinder pest virus）所引起的一种急性高度接触性传染病，其临床特征为体温升高、病程短，黏膜（特别是消化道黏膜）发炎、出血、糜烂和坏死。本病被我国定为进境动物一类传染病。

（一）病原

本病病原是属于副黏病毒科，麻疹病毒属的牛瘟病毒。病毒颗粒通常呈圆形，直径120～300nm，有囊膜，其上有放射状的纤突。本病毒和麻疹病毒以及犬瘟热病毒有共同抗原，如将前两种病毒注射于犬，能使其抗犬瘟热。本病毒对环境影响很敏感。

（二）流行病学

奶牛、黄牛、水牛、牦牛、犏牛、蒙古牛、瘤牛、绵羊、山羊、骆驼、黄羊、羚羊、野牛及鹿等均可感染，主要危害牦牛、犏牛、奶牛、水牛及黄牛，偶发生于猪。本病通过直接接触传播和间接接触传播。发病动物和无症状的带毒动物是本病的主要传染源，接触发病动物的分泌物、排泄物等可经消化道感染，经呼吸道、眼结膜，或子宫内均可感染发病。本病也可通过吸血昆虫以及与病牛接触的人员等机械传播。

本病的流行无明显的季节性。在老疫区呈地方流行性，在新疫区通常呈暴发式流行，发病率和病死率都相当高。历史上本病曾是我国牛病中毁灭性最大的一种疫病，但新中国成立后通过大力防治，至1956年已在全国范围内消灭了长期流行于我国的牛瘟。

（三）临床症状

潜伏期3～9d，多为4～6d。病牛体温升高达41～42.2℃，呈稽留热。病牛精神萎顿、厌食、便秘、呼吸和脉搏增快，有时意识障碍。流泪、眼睑肿胀、鼻黏膜充血、有黏性鼻汁、口腔黏膜充血、流涎。上下唇、齿龈、软硬腭、舌、咽喉等部形成伪膜或烂斑。由于肠道黏膜出现炎性变化，继软便之后而下痢，混有血液、黏液、黏膜片、伪膜等，且带有恶臭。尿少，黄红色或暗红色。孕牛常伴有流产。病牛迅速消瘦，两眼深陷，卧地不起，衰竭而死。病程一般为7～10d，病重的4～7d，甚至2～3d死亡。绵羊和山羊发病后的症状表现轻微。

（四）病理变化

尸体消瘦、恶臭，消化道黏膜（特别是口腔、真胃及大肠）形成纤维性坏死性假膜，脱落后出现出血性烂斑并融合形成溃疡（颊部黏膜的锥状乳尖部出现，更有诊断价值），真胃黏膜充血、肿胀，并满布鲜红色至暗红色条纹或斑点。小肠，特别是十二指肠黏膜充血、潮红、肿胀、点状出血和烂斑，盲肠、直肠黏膜严重出血、形成伪膜和糜烂。呼吸道黏膜潮红肿胀、出血，鼻腔、喉头和气管黏膜覆有假膜，其下有烂斑，或覆以黏脓性渗出物。阴道黏膜可能有同于口黏膜的变化。

（五）诊断

1. 初步诊断

本病可根据临床症状、剖检变化和流行病学材料进行诊断，但确诊还须进行病毒分离或血清学试验。

2. 样本采集

（1）病毒分离样本。抗凝血10～20mL，分离白细胞；脾脏、淋巴结制成5%悬液。

本病毒主要存在于发病动物的内脏、血液、分泌物和排泄物中，在发热期可从所有的分泌物、排泄物中分离到该病毒。但也有病毒仅存于白细胞，血浆中几乎无游离病毒的报道，因此最好采活体（最好是病牛发热最初4d内，腹泻前）或尸体标本（如淋巴结等）。

（2）血清。采急性期和症状出现后的第2～4周双份血清。

3. 实验室检验

（1）病毒分离。将粗制白细胞悬液或组织悬液接种于牛肾原代或传代细胞，为尽快做出诊断，可同时向部分接种管的营养液中加入免疫血清做病毒抑制实验。细胞病变最早在接种后3d出现，某些毒株可能在接种后10～12d仍无明显变化。特征性CPE是形成星状细胞或合胞体，出现核内和胞浆内包涵体。未加血清的出现上述病变，加含免疫血清的不出现细胞病变，即可确诊。

（2）血清学诊断。常用方法有补体结合反应、琼脂扩散试验、中和试验、间接血凝、荧光抗体法以及酶联免疫吸附试验等，其中中和试验的准确性较高。在双份血清中，当第二份血清中的抗体比第一份中的抗体含量增加4倍以上时，即为阳性结果。

本病与口蹄疫、牛病毒性腹泻-黏膜病、牛蓝舌病、牛巴氏杆菌病、恶性卡他热等作鉴别诊断。

二十一、小反刍兽疫（Peste des Petits Ruminants）

小反刍兽疫是由小反刍兽疫病毒（Peste des petits ruminants virus，PPRV）引起小反刍兽的一种急性高度接触性传染病。是WOAH规定的法定报告的疫病，也是我国的一类动物疫病。该病临床表现上与牛瘟相似，其特征是高稽留热、眼鼻有浆性分泌物、坏死性口腔炎、肺炎和腹泻。

1942年本病首次在科特迪瓦发生，其后，非洲的塞内加尔、加纳、多哥、贝宁、尼日利亚等，阿拉伯半岛及大多数的中东国家如沙特阿拉伯、约旦、以色列、黎巴嫩、印度、土耳其等都有本病报道。近几十年来，该病已经扩散到亚、非地区的40多个国家，频繁暴发，造成巨大的经济损失。2007年7月在我国西藏自治区的阿里地区首次暴发了山羊的疑似小反刍兽疫疫情，后由经国家外来动物疫病诊断中心确诊，当时的国家林业局组织了野生动物疾病方面的专家前往西藏对野生藏羚羊进行样品的采集和检测工作。

目前全球还没有治疗小反刍兽疫的特效药物，主要通过疫苗免疫防控疫情。2015年FAO-WOAH发布了《PPR全球控制和根除战略》，计划将于2030年在世界范围内根除PPR。

（一）病原

小反刍兽疫病毒（Peste des petits ruminants virus，PPRV）属于副黏病毒科麻疹病毒属。目前只有一个血清型，但存在不同的基因群。目前可将不同地域流行毒株分为4个基因群，其中Ⅰ、Ⅱ、Ⅲ基因群来自非洲，Ⅳ基因群来自亚洲，Ⅳ基因群中还存在不同的亚基因群。

病毒粒子呈多形性，多为圆形或椭圆形，直径130~390nm，有囊膜，囊膜上有长8~15nm的纤突，纤突只含有血凝素而无神经氨酸酶，但同时具有神经氨酸酶和血凝素的活性。病毒的基因组是不分节段的单股负链RNA，基因组全长15948bp，编码核衣壳蛋白（N）、磷蛋白（P）、大蛋白（L）、囊膜基质蛋白（M）、纤突糖蛋白（F）、血凝素蛋白（H）等6种结构蛋白和2种非结构蛋白（C和V）。

病毒可在绵羊胎肾细胞及睾丸细胞、非洲绿猴肾细胞（Vero）上增殖，并产生细胞病变效应（CPE），形成合胞体。该病毒的抵抗力不强。对热敏感，70℃以上迅速灭活；对强酸强碱敏感，pH小于5.6或pH大于9.6时，迅速失活。

该病毒与牛瘟病毒、犬瘟热病毒有密切的亲缘关系，并有部分交叉免疫保护现象，但可以通过血清中和试验来进行鉴别。免疫电镜观察结果显示：共同抗原在核衣壳，而囊膜抗原则不同。

（二）流行病学

患病动物是主要的传染源，而隐性感染动物也是不可忽视的传染源，特别是处于亚临床状态的羊尤为危险，可通过其分泌物和排泄物传播本病。

该病毒可通过感染动物眼鼻分泌物、唾液、粪尿等排泄物，甚至是乳汁的直接接触传播，也可以通过污染的饲料饮水和飞沫等间接接触传播。病毒还发现于精液及胚胎中，因此，人工授精和胚胎移植过程中也可能引起感染。

山羊和绵羊是该病毒的自然宿主，山羊比绵羊更易感。也可见羚羊、美国白尾鹿、中国岩羊等野生小反刍兽感染。牛、猪也可以感染，但通常为亚临床经过。

本病一年四季均可发生，但以多雨季节和干燥寒冷季节多发，在易感动物群中发病率可达100%，死亡率高达50%~100%。暴发流行有一定的周期性。

（三）临床症状

急性病例，潜伏期2~6d，动物突然发热，体温高达41℃，精神沉郁，厌食，被毛竖起，特别是短毛的品种；随后眼、鼻、口出现浆液性分泌物，当发生细菌继发感染时，分泌物呈脓性黏液。口腔黏膜、齿龈充血出血，出现坏死性病灶。后期常出现水样血便，病畜严重脱水消瘦，常伴有咳嗽、呼吸困难的表现。雌性动物常发生阴道炎，伴有黏液脓性分泌物，妊娠动物可发生流产。急性型之后常呈亚急性和慢性型，特征是在疾病晚期口腔、鼻孔周围及下颌部分发生结节和脓包。

（四）病理变化

尸体剖检病变与牛瘟相似，表现为结膜炎、坏死性口炎、喉和气管出血等，严重病例可蔓延到硬腭及咽喉部。皱胃常出现有规则、有轮廓的糜烂病灶，其创面出血呈红色，瘤胃、网胃、瓣胃则很少见病变。肠道可见糜烂或出血变化，特别在结肠与直肠结合处出现特征性的线状出血或斑马样条纹。淋巴结肿大，脾有坏死性病变。

组织学病理变化主要表现在感染细胞中出现嗜酸性胞浆包涵体及多核巨细胞。可见口腔黏膜上皮细胞空泡化到凝固，在肺等器官内出现多核巨细胞，可见核内及胞质内包涵体。口鼻黏膜上皮周围出现白细胞浸润。

（五）诊断

根据流行病学、临床症状和病理变化可做出初步诊断，确诊则需要进行实验室诊断，主要包括病毒分离鉴定、病原分子生物学诊断和血清学诊断。

1. 病毒分离鉴定

用棉拭子采集活体动物的眼结膜分泌物、鼻腔分泌物、面颊部及直肠黏膜或病死动物的肠系膜淋巴结、支气管淋巴结、脾脏、大肠和肺脏等病料接种细胞，当出现细胞病变或形成合胞体时，再使用电镜技术、PCR技术等方法进行鉴定。

2. 病原分子生物学诊断

目前常用的是PCR和cDNA探针等检测方法，特异性强，敏感性高。

3. 血清学诊断

常用的血清学方法有病毒中和试验、ELISA、琼脂免疫扩散试验、荧光抗体技术、对流免疫电泳等。在国际贸易中，指定诊断方法为病毒中和试验，替代诊断方法为ELISA。

本病还要与牛瘟、口蹄疫、蓝舌病等相鉴别。仅限绵羊和山羊发病，而牛不发病的应该首先怀疑小反刍兽疫。

二十二、恶性卡他热（Malignant Catarrhal Fever）

恶性卡他热是由恶性卡他热病毒引起的家养和野生反刍动物的一种急性、高度致死性传染病。临床上以持续高热、呼吸道和消化道黏膜的黏脓性坏死性炎症为特征。从流行病学上，恶性卡他热具有两种主要的形式：一种是与非洲角马有关的恶性卡他热，称为角马相关恶性卡他热；另一种是与羊有关的恶性卡他热，称为羊相关恶性卡他热，两种不同的恶性卡他热其临床症状难以区别。

（一）病原

本病的病原属疱疹病毒科γ疱疹病毒亚科，其中角马相关恶性卡他热病毒称为狷羚疱疹病毒Ⅰ型（Alcelaphine herpesvirus-1，AHV-1）；而与羊相关的恶性卡他热病原体称为绵羊疱疹病毒Ⅱ型（Ovine herpesvirus-2，OHV-2）。

狷羚疱疹病毒Ⅰ型具有二十面体立体对称结构，直径140～220nm，由松散不规则的外囊膜和中央100nm的核衣壳组成，核芯为单一的线状双股DNA。狷羚疱疹病毒Ⅰ型可在牛肾、脾、鼻中隔、甲状腺、睾丸、肺、肾上腺细胞上生长，使细胞形成合胞体和核内包涵体，可在感染4～7d后出现细胞病变。

羊相关恶性卡他热病毒，即绵羊疱疹病毒Ⅱ型至今尚没有成功地分离到，多年来，许多试图从羊和具有羊相关恶性卡他热临床症状的动物体内分离该病毒的尝试均告失败。但研究结果表明，在抗原性和核酸碱基序列上，绵羊疱疹病毒Ⅱ型与狷羚疱疹病毒Ⅰ型具有十分密切的关系。

病毒对外界环境的抵抗力不强，不耐冷冻干燥。含病毒的血液在室温存放24h可完全失活，冰点以下温度可使病毒失去感染性。一般对病毒的保存，在感染细胞混悬液中加入20%～40%血清和10%甘油，–70℃保存，至少保证病毒在15个月内能稳定存活；将枸橼酸抗凝的含病毒血液保存在5℃环境中或将病毒接种鸡胚卵黄囊（–10℃保存），至少在8个月内稳定存活。本病毒对乙醚和氯仿敏感。

发病动物康复后，体内可产生中和、补体结合及沉淀抗体。黄牛病愈后能产生坚强免疫力，可持续2～3年。据报道，毒株之间的免疫原性不同，不能互相交叉，此结果尚待证实。

（二）流行病学

角马和羊普遍被认为分别是角马相关恶性卡他热和羊相关恶性卡他热的病毒宿主。角马和羊对恶性卡他热病毒具有极高的感染率，并长期带毒，但均不表现出临床症状。两者均是重要的传染源，通过密切接触，可使其他动物发生感染。

家牛和鹿对本病十分易感，发病症状明显，多以死亡告终。其他易感的动物还有：叉角羚、泽羚、欧洲野牛、弯角羚、梅花鹿、马鹿、美洲驼鹿、驯鹿、长颈鹿等。

本病的自然传播方式尚不清楚，有人认为羊相关恶性卡他热的传播与羊的产仔期有关，在此期间易于发生本病的传播。角马，妊娠母兽可将病毒传给胎儿。本病在牛群、鹿群和其他易感动物中，尚未发现或极少有报道发生个体间的接触感染。昆虫传播此病的作用，有待进一步证实。

角马相关恶性卡他热主要发生于非洲，而绵羊相关恶性卡他热呈世界性分布。本病一年四季均可发生，更多见于冬季和早春，多呈散发，有时呈地方流行性。多数地区发病率较低，而病死率可高达60%～90%。

（三）临床症状

恶性卡他热的临床表现差异很大，这与疾病所涉及到的器官和疾病的进程速度有关。传统上，习惯于将急性恶性卡他热化分为头和眼型、消化道型、脑炎型、皮肤型等不同形式。但在疾病过程中，几种类型的疾病表现可出现在同一动物个体上。

该病的潜伏期变化极大，范围在18～100d。

在急性疾病过程，可见体温持续升高，流涎，畏光，结膜炎，角膜肿胀，脓性鼻道分泌物，广泛性的淋巴结肿大。眼部病变是本病的一个重要特征，角膜浑浊，开始是在边缘形成细线样物，然后不断向中心聚集。眼部的病变会发展为虹膜睫状体炎、全眼球炎、角膜溃疡、葡萄肿，特别是那些病后存活时间较长的个体。

一些动物（特别是患羊相关恶性卡他热的动物）表现出消化系统症状，包括口腔、食管和肠道溃疡、下痢和严重脱水。轻度的关节炎、滑膜炎，偶见有跛行。

皮肤变化包括吻部、乳房、腿和趾间充血，或者坏死出血。偶然可出现普遍性的血管溃疡性皮炎。吻部表面可能会出现结痂，如去掉结痂会暴露出出血的皮肤。

神经系统症状并不常见，但也有震颤，共济失调，转圈，双耳抽搐，有攻击性。

有些动物，特别是鹿科动物，几乎无任何征兆就突然死亡。

（四）病理变化

头眼型以类白喉性坏死性变化为主，喉头、气管和支气管黏膜充血，有小出血点，也常覆有假膜。肺充血及水肿，也见有支气管肺炎。消化道型以消化道黏膜变化为主。胃黏膜和肠黏膜出血性炎症，有部分形成溃疡。在较长的病程中，泌尿生殖器官黏膜也呈炎症变化。脾正常或中等肿胀，肝、肾混肿，胆囊可能充血、出血，心包和心外膜有小出血点，脑膜充血、有浆液性浸润。

（五）诊断

1. 初步诊断

根据流行特点、症状及病变可做出初步诊断，但确诊需要进行实验室检验。

2. 样本采集

（1）病原检测用

全血：在发病动物症状明显时采取全血，用0.5% EDTA或0.1%肝素抗凝。

组织标本：从发病死亡不超过1~2h的尸体上，或活体上采取淋巴结，供细胞培养分离病毒或病原鉴定用。

注意：因离体病毒仅在短时间内保持感染力，组织或血液标本应立即保存于冰块中或4℃冰箱内，并迅速送检。

（2）血清。采取发病初期和2~3周后的双份血清。

3. 实验室检验

（1）病原学鉴定

病毒分离培养：从制备的组织悬液，或从发病动物的抗凝血中分离白细胞，接种牛甲状腺、牛睾丸或牛胚肾原代细胞，培养3~10d后，可出现细胞病变，然后对其培养物通过电子显微镜观察病毒形态，用中和试验或免疫荧光抗体技术进行鉴定。

动物试验：

兔：可作兔脑内接种，产生神经症状，并于28d内死亡。

牛：可用易感牛作为人工感染的试验动物，用非经口途径将病牛全血（必须大剂量）或细胞培养的完整细胞人工接种至牛，能发生典型的恶性卡他热，潜伏期10~60d，经5~10d死亡，也可能康复。

（2）抗体检测

中和试验：当病毒在细胞培养中连续传代，并自细胞中释放出来后，其游离病毒可与康复牛的血清做常规的中和试验。一般用固定病毒–稀释血清法。病毒的用量约为100TCID$_{50}$，血清和病毒混合后4℃过夜，然后接种犊牛状腺细胞培养。不应出现致细胞病变和合胞体。

琼脂扩散试验：血清中沉淀抗体在康复后期出现，且滴度不高。

另外还可用间接免疫过氧化物酶试验。

二十三、蓝舌病（Blue Tongue）

蓝舌病是由蓝舌病病毒引起的反刍动物的一种急性热性传染病，以发热、卡他性口炎、鼻炎和胃肠道黏膜的溃疡性炎症为特征。本病被我国定为进境动物一类传染病。

本病在1876年首次发现于南非绵羊。1906年Theiler定名为蓝舌病，1934年被发现除了绵羊，牛也可患本病。目前，蓝舌病在非洲、美洲、欧洲、亚洲以及大洋洲的一些国家均有发生。我国有些省市和地区也有发生，严重影响畜牧业的发展，造成了很大经济损失。

（一）病原

蓝舌病病毒（Blue tongue virus，BTV）为呼肠孤病毒科环状病毒属的代表种，为一种双股RNA病毒。本病毒具有23个血清型。

病毒颗粒呈圆形，二十面体对称，直径50～60nm，无囊膜。由32个或42个外壳子粒组成，双层外壳，内含1个芯髓，有清晰的壳粒结构。内层衣壳表面呈环状结构。

病毒可以在绵羊、牛的原代肾细胞，牛淋巴结、羔羊睾丸和人的羊膜等原代细胞上生长，鸡胚卵黄囊或乳小鼠脑内接种也能繁殖。用BHK-21、乳田鼠肾细胞株、Vero绿猴肾细胞株均能繁殖并产生病变。

病毒的抵抗力较强，对脂溶剂和脱氧胆酸钠比较稳定。未提纯的病毒较耐热，50℃加热1h不能灭活。在50%甘油中室温可以保存多年。对乙醚、氯仿有抵抗力。对酸敏感，pH6.5～8.6时较稳定；但在pH6.3以下，pH8.0以上时，则很快灭活。病毒极易被低温的胰蛋白酶所灭活。在3%的福尔马林溶液中浸泡48～72h后才能灭活。在干燥的感染血清或血液中可长期存活，甚至长达25年。

病毒的血清型复杂。截至目前有24个血清型，不同血清型的病毒不能交互免疫，且引起动物反应也不同。同一血清型的不同毒株之间也存在着差异。本病毒经常发生变异，主要原因是不同RNA片段的重新组合，形成不同的毒株。病毒有基因序列漂移和重配现象存在，今后新的血清型还会不断增加。

（二）流行病学

1. 易感动物

绵羊不分品种、年龄和性别对本病均易感，其中1岁左右的绵羊最易感，哺乳的羔羊有一定抵抗力。山羊和牛对本病易感性低于绵羊，牛多为隐性感染，马、犬、猪、猫不易感。野生反刍动物中，易感染本病的动物有驼鹿、白尾鹿、叉角羚羊、瞪羚、薮羚、大角羚羊、麋鹿、黑尾鹿、麂、转角牛羚等，其中，鹿的易感性最高。

2. 传染源

患病动物和病毒携带者是本病的传染源。病毒存在于感染动物血液和各器官中，康复动物带毒时间可长达4～5个月。在疫区的隐性感染羊也带毒。牛和野生反刍动物是主要病毒携带者（宿主）和传染源。

3. 传播途径

本病主要通过吸血昆虫传播，库蠓是本病的主要传染媒介，其他昆虫如羊虱、羊蜱蝇、蚊、虻、螯蝇、蜱和其他叮咬昆虫，也可作为蓝舌病的病毒携带者与传染媒介。当库蠓吸吮发病动物的带毒血液后，病毒在虫体内增殖并始终感染易感动物。库蠓喜好叮咬牛，在绵羊和牛混群放牧时绵羊往往不会被感染，或呈不显症状。如果没有牛时，则库蠓叮咬绵羊，把病毒传给绵羊。有的学者认为，对蓝舌病来说，牛是宿主，库蠓是传染媒介，绵羊则是症状表现严重的动物。本病也可垂直传染，经胎盘感染胎儿，导致母畜的流产、死胎或胎儿先天性异常。有人认为发病公牛的精液是构成传染蓝舌病的潜在危险，但也有人认为，血清阳性公牛的精液不存在长期潜伏的病毒，因此精液传播并不重要。

4. 流行特征

本病的发生呈季节性。它的发生和分布与库蠓的分布、习性和生活史有密切关系。一般发生于5月下旬到10月中旬，在湿热的夏季和早秋，池塘、河流较多的低洼处尤为多发。蓝舌病的流行在美国似乎有一定的周期性，每隔3～4年发生1次。蓝舌病在新疫区绵羊群中的发病率为50%～70%，病死率为20%～50%。

（三）临床症状

绵羊在临诊中常见急性型。体温升高后不久，表现厌食，萎顿，离群，流涕，流涎，口鼻黏膜潮红，唇、颊、齿龈及舌水肿，糜烂，唾液带血，吞咽出现困难，舌肿胀呈紫色，鼻中流出黏液脓性带血的分泌物，形成干痂，阻塞鼻孔，致使呼吸困难。蹄冠充血，引起跛行甚至膝行。紧靠蹄冠之上的皮肤由于蹄冠炎而出现一条暗红色至紫色带，是具有重要诊断意义的症状。

急性病程常为6～14d，未死亡的经10～15d开始复愈。发病率30%～40%，病死率2%～30%，偶可高达90%，死因为并发肺炎或胃肠炎。

亚急性病例表现显著消瘦，虚弱，头颈强直，病死率在10%以下。

有时出现顿挫型病例，轻微发热；颊黏膜微红，很快恢复。

牛：大多为隐性，有些也可发生如同羊那样严重的临床综合征。

白尾鹿：患本病除具有上述典型特征外，可见眼眶和口腔黏膜充血呈玫瑰色和蓝色外观、坏死性舌炎等症状，还伴有腹泻，排带血稀便，尿液呈红茶色。

叉角羚羊：感染本病，表现厌食，共济失调，呼吸困难和中枢神经系统抑制。

麋鹿：感染后，表现轻度发热、结膜炎、腹泻等轻度症状。

非洲水牛：感染后，出现口腔黏膜水肿、溃疡、舌肿胀、发绀，有些病例发生瘫痪。

（四）病理变化

本病的特征性病理变化是口腔糜烂和有深红色区，舌、齿龈、硬腭、颊黏膜、唇水肿。除口腔病变外，发病动物皮肤、黏膜出血、水肿，上皮脱落，引起溃疡和坏死。皮下组织广泛充血及胶冻样浸润，肌肉出血，肌纤维变性，有时肌间有浆液和胶冻样浸润。

心肌、心内外膜、呼吸道、消化道和泌尿道黏膜均有小出血点，心包积水尤为严重。严重病例口唇、齿龈、舌、瘤胃、真胃等均有溃烂和腐脱，大多数患畜感染后2～13d内白细胞减少到4000～8000个/mL。

（五）诊断

1. 初步诊断

据流行病学、症状和病理变化可做出初步诊断，确诊必须依靠实验室检查。

2. 样品采集

（1）病毒分离样。在发病早期（特别是体温升高前）采集病兽血液，病死兽可采脾、肝等含血多的器官，或自新鲜尸体采取淋巴结、脾脏。用血液、淋巴结、脾脏制成悬液接种实验动物或进行细胞培养。

（2）血清样。可取发热期和病后1个月的双份血清。

3. 病毒分离

（1）细胞培养。将红细胞裂解液或接毒培养后的鸡胚悬液接种细胞单层（适宜的细胞为Vero-M和BHK-21细胞系，也可用MVPK细胞系），37℃培养10d，每天观察CPE（细胞增大变圆，颗粒增多，逐渐自坡面脱落）。如无细胞病变，再盲传1～2代，一般都能检出。

（2）鸡胚接种。取10～12日龄鸡胚，静脉内接种病料0.1mL，33～34℃培养7d（低于鸡胚生长的最适温度），48h前死亡者弃去，收集3～7d内死亡并有水肿和出血病变的鸡胚。如鸡胚不死则可认为没有病毒存在。本病毒在鸡胚连续传代会迅速减弱毒力，但其抗原性不变。

（3）动物试验

①人工脑内接种哺乳小鼠或仓鼠，3～7d后发生致死性脑炎。脑内接种成年小鼠不表现症状，但病毒可在成年小鼠体内短期增殖。

②将发热期病羊（或牛）血液或脾/淋巴结悬液通过静脉/皮内接种易感绵羊和经蓝舌病疫苗免疫的绵羊各3～5头。观察3～10d后，接种标本的易感绵羊出现与自然病例相同的症状，而免疫羊不出现任何症状。

4. 血清学试验

本病检疫常用的血清学试验有琼脂免疫扩散试验和补体结合试验。用于本病诊断的其他血清学试验还有中和试验、凝胶溶血试验和间接荧光抗体染色试验。其中琼脂免疫扩散试验用于检查血清中的蓝舌病沉淀抗体，操作简单、反应灵敏、经济，是最好的诊断方法之一。如双份血清的抗体滴度提高4倍或4倍以上时作为阳性判定标准。

二十四、新城疫（Newcastle Disease）

新城疫也称亚洲鸡瘟或伪鸡瘟，是由病毒引起的鸡和火鸡急性高度接触性传染病，常呈败血症经过。主要特征是呼吸困难、下痢、神经紊乱、黏膜和浆膜出血。

（一）病原

新城疫病毒（NDV），又称禽副黏1型病毒（Avian paramyxovirus 1），属于副黏病毒科副黏病毒属，完整病毒粒子近圆形，直径为120～300nm，含单股RNA，有双层囊膜，囊膜上有纤突，其表面的纤突能凝集多种动物的红细胞，如鸡、火鸡、鸭、鹅及某些哺乳动物（人、豚鼠）的红细胞，并能被抗新城疫病毒抗体抑制。新城疫病毒只有一种血清型，从世界各地分离出的病毒均属同一抗原性和免疫原性。新城疫病毒的毒力变化很大，从自然界分离的毒株按其毒力可分为强毒、中毒和弱毒等品系毒株。由于病毒毒力的不同，表现出不同的流行病学、临床和病理特征。根据新城疫病毒毒株的致病性差异，一般将其分为3个类型，即速发型毒株（包括嗜内脏型、嗜神经型、嗜肺型）、中发型毒株和缓发型毒株。

病毒对外界物理因素的抵抗力较其他病毒稍强，在未经消毒的密闭鸡舍内，经秋、冬、春3季连续8个月，病毒仍有传染作用。鸡粪中的病毒经日光直射72h才能杀死。病毒对乙醚、氯仿敏感。病毒在60℃环境下30min失去活力，真空冻干病毒在30℃可保存30d。直射阳光下，病毒经30min死亡。病毒在冷冻的尸体中可存活6个月以上。常用的消毒药如2%氢氧化钠、5%漂白粉、70%酒精20min即可将新城疫病毒杀死。对pH稳定，在pH3.0～10.0条件下不被破坏。

（二）流行病学

鸡和火鸡最易感，其他多种禽鸟无论是野生的还是人工饲养的都可感染，如环颈雉、鹌鹑、燕八哥、麻雀、鸽子、孔雀、燕雀、乌鸦、鹰、猫头鹰、鹦鹉、鸵鸟、犀鸟、鹩鸽、巨嘴鸟、小枭、兀鹰、白尾鹫、鹭鹚等。水禽（如鸭、鹅、天鹅及塘鹅等）虽能感染病毒，但很少引起重病。野生水禽被认为是重要的储存宿主，可隐性携带病毒。新城疫对哺乳动物（除个别小型毛皮兽，如水貂外）感染危害极小。人可感染，表现为结膜炎或类似流感症状。

本病的主要传染源是病鸡以及在流行间歇期的带毒鸡。感染鸡在出现症状前24h，其口鼻分泌物和粪便中已开始排出病毒，污染饲料、水源、垫草、用具和地面等环境。潜伏期病鸡所生的蛋，大部分也含有病毒。痊愈鸡在症状消失5～7d后停止排毒，少数病例在恢复后2周，甚至2～3个月后还能从蛋中分离到病毒。流行停止后的带毒鸡，常有精神不振、咳嗽和轻度神经症状。这些鸡也都是传染源。病鸡和带毒鸡也从呼吸道向空气中排毒。野生水禽常为病毒远距离传播的传染媒介。

本病的传染主要是通过病鸡与健康鸡的直接接触。在自然感染的情况下，主要是经呼吸道和消化道感染。创伤及交配也可引起传染。病死鸡的血、肉、内脏、羽毛、消化道内容物和洗涤水等，如不加以妥善处理，也是主要的传染源。带有病毒的飞沫和灰尘，对本病也有一定的传播作用。非易感的野禽、外寄生虫、人、畜均可机械地传播本病毒。

本病一年四季均可发生，但以春秋两季较多。易感鸡群一旦被速发性嗜内脏型鸡新城疫病毒所传染，可迅速传播呈毁灭性流行，发病率和病死率可达90%以上。但近年来，由于免疫程序不当，或有其他疾病存在导致抑制新城疫抗体的产生，常引起免疫鸡群发生新城疫而呈现非典型的症状和病变，其发病率和病死率略低。

（三）临床症状

自然感染的潜伏期一般为3～5d，根据临诊表现和病程的长短分为最急性、急性、亚急性和非典型。

最急性型：突然发病，常无特征症状而迅速死亡。多见于流行初期和雏鸡。

急性型：由嗜内脏速发型新城疫病毒所致。病初体温升高达43～44℃，表现为食欲减退或废绝、有渴感、精神高度沉郁、嗜睡、鸡冠及髯渐变暗红色或暗紫色、母鸡产蛋停止或产软壳蛋。随着病程的发展，出现比较典型的症状：病鸡咳嗽、呼吸困难、有黏液性鼻漏、常肿头、张口呼吸并发出"咯咯"的喘鸣声或尖锐的叫声、嗉囊内充满液体内容物、倒提时常有大量酸臭液体从口内流出、粪便稀薄，呈黄绿色或黄白色，有时混有少量血液、后期排出蛋清样的排泄物。有的病鸡还出现神经症状，如翅、腿麻痹等，最后体温下降，不久在昏迷中死亡。病程2～5d。1月龄内的小鸡病程较短，症状不明显，病死率高。

亚急性或慢性型：由嗜神经速发型新城疫病毒所致。初期症状与急性相似，不久后渐见减轻，但同时出现神经症状，患鸡翅、腿麻痹，跛行或站立不稳、头颈向后或向一侧扭转、常伏地旋转，动作失调，反复发作，半瘫痪，一般经10～20d死亡。此型多发生于流行后期的成年鸡，病死率较低。

非典型新城疫：主要发生于免疫鸡群，是由于雏鸡的母源抗体高，接种新城疫疫苗后，不能获得坚强免疫力或因免疫后时间较长，保护力下降到临界水平。当鸡群内本身存在新城疫病毒强毒循环传播，或有强毒侵入时，仍可发生新城疫，症状不很典型，仅表现呼吸道和神经症状，其发病率和病死率较低，有时在产蛋鸡群仅表现产蛋下降。

鸽感染新城疫病毒时，也称为鸽副黏Ⅰ型病毒（Pigeon paramyxovirus serotype Ⅰ），其临诊症状是腹泻和神经症状，还可诱发呼吸道症状。幼龄鹌鹑感染新城疫病毒时，表现神经症状，死亡率较高，成年鹌鹑多为隐性感染。火鸡和珠鸡感染新城疫病毒后，一般与鸡相同，但成年火鸡症状不明显或无症状。

（四）病理变化

急性型的主要病变是全身黏膜和浆膜出血，淋巴系统肿胀、出血和坏死，尤其以消化道和呼吸道最为明显。嗉囊内充满酸臭味的稀薄液体和气体。腺胃黏膜水肿，其乳头或乳头间有鲜明的出血点，或有溃疡和坏死，这是比较有特征的病变。肌胃角质层下也常有出血点。小肠、盲肠和直肠黏膜有出血点，肠黏膜上有纤维素性坏死性病变，有的形成假膜，假膜脱落后即成溃疡。盲肠扁桃体常见肿大、出血和坏死。产蛋母鸡的卵泡和输卵管充血，卵泡膜破裂后引起卵黄性腹膜炎。

亚急性型主要病变是喉头、气管黏膜有较明显的浆液性、黏液性或充出血性炎症，出血严重时，整个气管黏膜红染，甚至黏液带有血液。此外，鼻腔黏液较多，黏膜可能红染，肺有时可见淤血或水肿。心冠脂肪有细小如针尖大的出血点。

非典型新城疫，其病变不很典型，仅见黏膜卡他性炎症、喉头和气管黏膜充血，腺胃乳头出血少见。直肠黏膜和盲肠扁桃体多见出血。

（五）诊断

1. 初步诊断

根据本病的流行病学、症状和病变进行综合分析，可做出初步诊断。

2. 样本采集

（1）组织标本。从感染后3～5d的病禽的组织器官、体液和分泌物内，均易分离获得病毒。其中以肺、脾、脑内的病毒含量最高，骨髓内带毒时间最长。在需向诊断实验室寄送标本时，最好割取鸡头，用油纸包扎并于冷藏条件下寄去，这在典型新城疫以及呈现神经症状的病鸡中，常可取得病毒分离的良好效果。

（2）拭子。咽拭、肛拭。

（3）血清。有条件时采集病禽暴发疑似新城疫急性期（10d）及康复后期的双份血清。

注意：接种过疫苗的禽发生感染时，采取标本的时间应推迟至感染后的6～14d。

3. 实验室检验

（1）病毒分离

病料处理后接种9～11日龄SPF鸡胚或鸡胚成纤维细胞进行培养。用红细胞凝集试验和红细胞凝集抑制试验对所分离的病毒进行鉴定。

但应注意：从鸡分离出新城疫病毒还不能证明该鸡群流行新城疫，必需针对分离的毒株作毒力测定后，才能做出确诊。还可以应用免疫组化和ELISA或分子生物学技术来诊断本病；病毒分离只有在患病初期或最急性病程中才能获得成功。

（2）血清学试验

血凝抑制试验：按常规先测定病毒的血凝价，再做血凝抑制试验，检测血清的凝集抑制抗体的高低。血凝抑制试验灵敏度高，迄今所知，除火鸡副流感外，鸡的其他病毒病不含产生与新城疫病毒发生交叉反应的抗体。

空斑减少中和试验：将连续稀释的血清与定量的已知病毒（50～100个空斑形成单位）混合，孵育，接种于鸡胚成纤维细胞单层上，加覆盖层进行培养。设对照组。一般于72h加上第二层带有中性红的覆盖层。24～48h在适当的光线下观察，根据一定稀释度的血清所减少的空斑数，即可获得血清的中和抗体滴度。此方法是检测中和抗体最敏感的方法。

二十五、马立克氏病（Marek's Disease）

马立克氏病是最常见的一种鸡淋巴组织增生性传染病，以外周神经、性腺、虹膜、内脏器官、肌肉和皮肤的单核性细胞浸润和形成肿瘤为特征。

（一）病原

马立克氏病病毒（MDV）属于疱疹病毒。病毒核衣壳呈六角形，85～100nm，带囊膜的病毒粒子直径150～160nm。羽囊上皮细胞中的带囊膜病毒粒子273～400nm，随角化细胞脱落，成为传染性很强的无细胞病毒，这种游离病毒对外界环境有很强的抵抗力，被污染的垫料和羽屑在室温下其传染性可保持4～8个月，4℃至少为10年，但使用常用的化学消毒剂即可使病毒失活。

（二）流行病学

本病主要发生于鸡，尤其是对集约化程度高的鸡群威胁更大。非鸡属禽鸟对本病很少或没有易感性。火鸡、野鸡、鹌鹑、鹧鸪虽然也是马立克氏病病毒的自然宿主，而病例相当少见。但有鸵鸟、高地鹅、鸭和猫头鹰患病的报告。鸭在接种马立克氏病病毒后可以感染并产生沉淀抗体，但不发病。各种哺乳动物（包括仓鼠、大鼠和猴等）都能抵抗马立克氏病病毒的感染。

鸡是最重要的自然宿主，本病主要发生在2～5月龄的幼鸡，不同品种或品系的鸡均能感染，但对发生马立克氏病（肿瘤）的抵抗力差异很大。病鸡和带毒鸡是主要的传染源，病毒通过直接或间接接触经呼吸道感染，不发生垂直传播。鸡群所感染的马立克氏病病毒的毒力对发病率和死亡率影响很大，应激等环境因素也可影响马立克氏病的发病率。

（三）临床症状

本病是一种肿瘤性疾病，潜伏期较长。有神经型、内脏型、眼型及皮肤型。有时可混合发生。

神经型（古典型）：主要侵害外周神经。坐骨神经受害时，引起一肢或两肢发生不全麻痹，步态不稳。并呈现一腿前伸而另一腿后伸的特征性"劈叉"姿势。支配颈肌肉的神经受害时，头下垂或头颈歪斜。迷走神经受害时，失声，嗉囊扩张，呼吸困难。腹神经受害时，腹泻。病禽终因活动受碍而采食及饮水困难，日渐脱水、消瘦、衰竭死亡。

内脏型（急性型）：常发于幼禽，多急性暴发。表现为大批禽精神萎顿，几天后出现共济失调、不吃不喝，随后单肢或两肢麻痹，终因脱水、消瘦及衰竭死亡。部分病禽无特征性症状而突然死亡。

眼型：单眼或双眼视力减退或失明，虹膜常出现同心环状或斑点状退色，呈弥漫性灰白色浑浊，瞳孔边缘不齐，严重时瞳孔只剩下一个针头大的小孔。

皮肤型：在大腿、颈及躯干背面见有粗大羽毛的毛囊增大并形成小结节或肿瘤。

（四）病理变化

主要见于神经系统，以腹腔神经丛、前肠系膜神经丛、臂神经丛、坐骨神经丛和内脏大神经最常见。受害神经横纹消失，变为灰白色或黄白色，有时呈水肿样外观，局部或弥漫性增粗可达正常的2～3倍以上。病变常为单侧性，将两侧神经对比有助于诊断。

内脏型的常在多种内脏器官出现大小不等的肿瘤块，灰白色，质地坚硬而致密，与原有组织相间有大理石样花纹。最常被侵害的是卵巢，其次为肾、脾、肝、心、肺、胰、肠系膜、腺胃和肠道。法氏囊常萎缩。皮肤毛囊见有浅白色结节或肿瘤状物。

组织学检查，表现为淋巴样细胞浸润，主要是T细胞。

（五）诊断

1. 初步诊断

根据马立克氏病特异的流行病学、临诊症状和病理变化可作出初步诊断。

2. 样本采集

（1）病禽腋下羽毛数根。

（2）取发生肿瘤的器官组织，供组织学检查用。

（3）取新鲜的肿瘤细胞、肾、脾或外周血液中的白细胞（要保持细胞的活力），用于病毒分离。注意：由于马立克氏病病毒是高度细胞结合性的，所以必须用全细胞作为接种物，而且在接种前要保持这些细胞的活性，因此应尽快进行接种。

（4）血清。采取发病初期和2～3周后的双份血清。

3. 实验室检验

（1）病毒的分离与鉴定。人工接种病毒后1～2d或接触感染后5d，就可以从鸡体采取病料，以分离病毒。被检材料可接种鸭胚成纤维细胞或鸡胚肾细胞，但直接用病鸡的肾细胞进行培养，似乎更容易分离到马立克氏病病毒。待细胞出现蚀斑后采用荧光抗体试验鉴定。

（2）血清学试验。用来诊断马立克氏病的血清学方法有多种，如琼脂扩散试验、间接荧光抗体试验、间接血凝试验等。其中以琼指扩散试验较为简单易行，已广泛用来检测抗马立克氏病病毒抗体和马立克氏病病毒的存在。

二十六、传染性法氏囊病（Infectioous Bursal Discase）

本病是由传染性法氏囊病病毒引起的幼鸡的一种急性、高度接触性传染病。发病率高、病程短。主要症状为腹泻、颤抖、极度虚弱。法氏囊、肾脏的病变和腿肌胸肌出血，腺胃和肌胃交界处条状出血是特征性病变。幼鸡感染后，可导致免疫抑制，并可诱发多种疫病或使多种疫苗免疫失败。

（一）病原

病原为传染性法氏囊病病毒（IBDV），属于双股双节RNA病毒科，双股双节RNA病毒属，无囊膜，病毒粒子直径为55～65nm。

本病毒可在鸡胚和细胞培养基中生长繁殖，导致鸡胚死亡和产生细胞病变（蚀斑）。用绒毛尿囊膜方法感染发育鸡胚最敏感。死亡鸡胚可出现腹部水肿，皮肤充血，点状出血，关节出血，肝脏有坏死灶和出血斑等病变。

该病毒在外界环境中极为稳定，能够在鸡舍内长期存在。病毒特别耐热，56℃ 3h病毒效价不受影响，60℃ 90min病毒不被灭活，70℃ 30min可灭活病毒。一般的消毒药对该病毒的灭活能力较弱。因此，被病毒污染的鸡舍难以彻底消除病毒。

（二）流行病学

自然情况下，鸡、火鸡、藏马鸡等易感，鸭、鹅、鸽、鹌鹑等不感染。

对鸡来说，主要发生于2～15周龄的鸡，3～6周龄的鸡最易感。近年有138日龄的鸡也发生本病的报道。成年鸡一般呈隐性经过。病鸡是主要传染源，其粪便中含有大量的病毒，污染饲料、饮水、垫料、用具、人员等，通过直接接触传播和间接传播。

本病往往突然发生，传播迅速，通常在感染的第3d开始死亡，5～7d达到高峰，以后很快停息，表现为高峰死亡和迅速康复的曲线。近年来，不少国家和地区报道发现传染性法氏囊病病毒超强毒毒株的存在，死亡率可高达70%。本病常与大肠杆菌病、新城疫、鸡支原体病混合感染，死亡率也可提高。

（三）临床症状

本病潜伏期为2～3d。最初发现有些鸡啄自己的泄殖腔。病鸡羽毛蓬松，采食减少，畏寒，常打堆在一起，精神萎顿，随即病鸡出现腹泻，排出白色黏稠和水样稀粪，泄殖腔周围的羽毛被粪便污染。严重者鸡头垂地，闭眼、昏睡。在后期体温低于正常，严重脱水，极度虚弱，最后死亡。近几年来，发现由传染性法氏囊病病毒的亚型毒株或变异株感染的鸡，表现为亚临诊症状，炎症反应弱，法氏囊萎缩，死亡率较低，但由于产生免疫抑制严重，所以危害性更大。

（四）病理变化

尸体脱水，腿部和胸部肌肉出血。法氏囊的病变具有特征性，主要是水肿，囊壁增厚，质硬，外形变圆，呈淡黄色，或有明显出血，黏膜褶皱上有出血点和出血斑，水肿液呈淡红色，浆膜表现黄白色胶冻样浸润，有的严重出血，呈紫葡萄状。但感染5d后法氏囊逐渐萎缩，切开后黏膜褶皱多浑浊不清。严重者法氏囊内有干酪样渗出物。肾脏有不同程度的肿胀，常有尿酸盐沉着。腺胃和肌胃交界处见有条状出血点。

（五）诊断

1. 初步诊断

根据本病的流行病学和病变的特征可做出初步诊断。

2. 样本采集

（1）病料。传染性法氏囊病在早期引起全身性感染，除脑外，多数器官中都含有病毒，其中法氏囊和脾中的含毒量最高，其次为肾脏。因脾污染杂菌的机会较少，所以常采用脾分离病毒。由于病毒血症的时间短暂，故应在发病早期取法氏囊、脾或肾作为分离病毒的材料。还可取濒死或死亡病雏的法氏囊和脾脏，供病理组织学检查用。

（2）血清。采取发病初期和2～3周后的双份血清。

3. 实验室检验

由被传染性法氏囊病病毒变异株感染的鸡，只有通过法氏囊的病理组织学观察和病毒分离才能做出诊断。病毒分离鉴定、血清学试验和易感鸡接种是确诊本病的主要方法。

（1）病毒分离鉴定。取发病典型的法氏囊和脾，处理后经绒毛尿囊膜接种9～12日龄SPF鸡胚，进行病毒分离。已经适应鸡胚的传染性法氏囊病病毒能够逐渐适应细胞培养，但需在细胞中盲传2代，常用的细胞有鸡胚法氏囊细胞（CEB）、鸡胚成纤维细胞（CEF）以及一些非鸡源细胞系，如非洲绿猴肾细胞（Vero）。培养的病毒可用电镜技术、免疫组化、免疫荧光等方法检测和鉴定。

也可用进行易感鸡感染试验，即取具有典型病变的法氏囊，磨碎后制成悬液，经滴鼻和口服感染21～25日龄易感鸡，在感染后48～72h出现症状，死后剖检见法氏囊有特征性的病变。

（2）血清学检测。常用琼脂扩散试验进行流行病学调查和检测疫苗免疫后的传染性法氏囊病病毒抗体，另外还可用微量血清中和试验、酶联免疫吸附试验等方法。

二十七、鸭瘟（Duck Plague）

鸭瘟是鸭、鹅和其他雁形目禽类的一种急性接触性传染病，其特征为体温升高，两腿麻痹、下痢、流泪和部分病鸭头颈肿大；食道黏膜有小出血点，并有灰黄色假膜覆盖或溃疡，泄殖腔黏膜充血、出血、水肿和假膜覆盖；肝有不规则大小不等的出血点和坏死灶。本病传播迅速，发病率和病死率都很高。

（一）病原

鸭瘟病毒（DPV）属疱疹病毒科疱疹病毒甲亚科的鸭疱疹病毒。病毒粒子呈球形，直径为160～180nm，含双股DNA，立体对称，有囊膜。病毒对乙醚和氯仿敏感。鸭瘟病毒能在9～12日龄鸭胚中增殖和继代。初次分离时，被接种的鸭胚在5～9d死亡，随着继代次数增加，则提前至4～6d死亡，致死的胚体出现广泛的出血和水肿，绒毛尿囊膜上有灰白色坏死斑点，有的胚体肝有坏死灶。

此病毒也能适应于鹅胚，但病毒不能直接适应于鸡胚，必须先经过鸭胚或鹅胚几代后，才能适应于鸡胚，鸡胚的病变与鸭胚相同。鸭瘟病毒通过鸡胚传代后，对鸡胚的毒力增强，同时失去了对鸭的致病力，从而容易培育出免疫用弱毒疫苗株。鸭瘟病毒也能在鸭胚成纤维细胞培养物内增殖和传代，并产生明显的细胞病变。

病毒存在于病禽各个器官、血液、分泌物及排泄物中，其中以肝、脾、食道、泄殖腔、脑内的含量最高。

病毒对低温的抵抗力较强，含毒的鸭肝保存在-20℃～-10℃低温冰箱中，经347d病毒仍可引起健鸭发病。含毒组织的悬液加热至60℃，经15min，才可破坏病毒感染性，但在80℃经5～10min即可将病毒杀死、0.1%升汞10min，0.5%漂白粉和5%石灰乳30min，对鸭瘟病毒有致弱和杀灭作用。本病毒对乙醚和氯仿敏感。病毒在pH7.0～9.0时，经6h不减低毒力，在pH3.0和pH11.0时，病毒迅速灭活。各地分离的鸭瘟病毒株具有相同的抗原成分，不凝集各种动物的红细胞。

（二）流行病学

鸭最易感，鹅、野鸭、雁类、天鹅、鸳鸯等水禽均能感染，但鸡、火鸡、鸽以及哺乳类动物等均不感染鸭瘟。有关鹅自然感染鸭瘟的报告虽有不少，但发生的病例只是少数，一般认为需要在有某些使鹅抵抗力下降的因素存在的情况下（如天气大旱、变化无常，或收购站收购活鹅时，密集饲养在仓库内）才感染发病。有人研究了雁形目各个禽种对鸭瘟人工感染的易感性。发现除家养品种外，绿头鸭、白眉鸭、赤膀鸭、赤颈鸭、姻鸭、凤头潜鸭、白额雁、豆雁等都能发生致死性感染。欧洲绿翅鸭和针尾鸭不发生致死性感染，但对实验感染可产生抗鸭瘟抗体。绿头鸭对致死性感染有较强的抵抗力，但他们认为这种鸭可能是自然的储毒宿主。在美国也曾有在绿头鸭等野生水禽中暴发鸭瘟的报道。成年鸭发病率及死亡率较高，常造成毁灭性损失，1月龄以下雏鸭发病较少。

鸭瘟的传染源主要是病鸭和潜伏期的感染鸭，以及病愈不久的带毒鸭（至少带毒3个月）。某些野生水禽感染病毒后，可成为远距离传播本病的自然疫源和媒介。在自然情况下主要经消化道、生殖道、眼结膜及呼吸道感染，其他动物、人或昆虫可能是本病潜在的传播媒介。

鸭瘟一年四季都可发生，但一般以春夏之际和秋季流行最为严重。一般发病的时间为数天到1个月左右，发病率和死亡率在90%以上。

（三）临床症状

自然感染潜伏期一般为2～5d，人工感染潜伏期为1～3d。病初体温升高（43℃以上），呈稽留热。这时病鸭表现精神委顿，头颈缩起，食欲减少或停食，渴欲增加，羽毛松乱无光泽，两翅下垂，两脚麻痹无力，走动困难或伏卧不起。流泪和眼睑水肿是鸭瘟的一个特征症状，病初流出浆性分泌物，以后变黏性或脓性，将眼睑粘连而不能张开。严重者眼睑水肿或外翻，眼结膜充血或小点出血，甚至形成小溃疡。部分病鸭的头颈部肿胀，俗称为"大头瘟"，有的鼻腔流出稀薄或黏稠的分泌物，呼吸困难，叫声嘶哑，频频咳嗽。同时病鸭排绿色或灰白色稀粪，泄殖腔黏膜充血、出血、水肿并形成黄绿色的假膜，不易剥离。急性病程一般为2～5d，亚急性为6～10d，生长发育不良。病鸭的红细胞和白细胞均减少。鸭群中一旦出现疫情后，流行期一般持续3周左右，如不采取措施，可造成严重经济损失。

自然条件下鹅感染鸭瘟，其临诊特征为体温升高，两眼流泪，鼻孔有浆性和黏性分泌物。病鹅的肛门水肿，严重者两脚发软，卧地不愿走动，食道和泄殖腔黏膜有一层灰黄色假膜覆盖，黏膜充血或斑点状出血和坏死。

（四）病理变化

全身出血、水肿，皮肤、黏膜及浆膜出血，皮下组织弥漫性水肿，实质器官变性，消化管出血、炎症及坏死，咽、食管和泄殖腔有特征性灰黄色假膜，剥离后留有溃疡斑痕，腺胃与食管膨大部交界处有一条灰黄色坏死带或出血带，肝表面有大小不等的灰白色坏死灶，坏死灶中间有小出血点，法氏囊呈深红色，表面有针尖状的坏死灶，囊腔充满白色的凝固性渗出物，胆囊肿大并充满黏稠胆汁，黏膜充血并有小溃疡，脾有坏死灶。产蛋母鸭卵巢滤泡增大并有出血点或出血斑，有的卵泡破裂而引起腹膜炎。组织学检查，肝细胞明显肿胀、变性，肝中央静脉红细胞崩解，血管周围有凝固性坏死灶，肝细胞有核内包涵体。

（五）诊断

1. 初步诊断

根据流行病学特点、特征症状和病变可做出初步诊断。

本病传播迅速，发病率和病死率高，自然流行除鸭、鹅有易感外，其他家禽不发病。

特征性症状为体温升高，流泪，两腿麻痹和部分病鸭头颈肿胀。

有诊断意义的病变为食道和泄殖腔黏膜溃疡和有假膜覆盖的特征性病变和肝脏坏死灶及出血点。

2. 样本采集

（1）对于可疑鸭瘟的病鸭或尸体，应无菌操作打开胸腹腔，采取小块肝、脾，置于密封的无菌冷藏容器中，供病毒分离。

（2）取心、肝、脾、肾、食道、肠、前胃和食管连接部、法氏囊和眼，供病理组织学检查。

（3）无菌采血，分离血清，冷藏备用。

3. 实验室检验

（1）病毒分离鉴定。以肝、脾、肾或者血液为病料制成悬液，经处理接种9～14日龄无母源抗体鸭胚或鸭胚成纤维细胞（原代细胞比继代细胞更敏感）。鸭胚在接种4～10d死亡，胚胎有典型的病变。细胞接种2～4d后，取培养物作包涵体染色检查，可发现大量核内包涵体。也可通过中和试验或免疫荧光抗体技术检测细胞培养物或组织中的病毒抗原，或用PCR技术检测病料或细胞培养物中的鸭瘟病毒。

（2）血清学试验。检测血清中鸭瘟抗体的方法主要有中和试验、琼脂扩散试验、酶联免疫吸附试验、反向间接血凝试验及免疫荧光技术等。

二十八、犬瘟热（Canine Distemper）

犬瘟热是由犬瘟热病毒（CDV）引起的犬科、鼬科和熊科动物的一种高度接触传染性的传染病，以早期表现双相热、急性鼻卡他以及随后的支气管炎、卡他性肺炎、严重的胃肠炎和神经症状为特征，少数病犬的鼻和足垫可发生角化过度。

（一）病原

犬瘟热病毒属于副黏病毒科麻疹病毒属的成员，呈圆形或不整形。直径为100～350nm，含有直径为15～17nm的螺旋状核衣壳，外面被覆一个似双轮的膜，膜上生长1.3nm的纤突。核酸型为RNA。

病毒对干燥和寒冷有较强的抵抗力，在-70℃条件下冻干毒可保存毒力1年以上。在室温下仅可存活7～8d，55℃存活30min，100℃ 1min即失去毒力。病毒对紫外线敏感，日光照射14h可将病毒杀死。对乙醚、氯仿等有机溶剂敏感。最适pH为7.0～8.0，在pH 4.5～9.0条件下均可存活。30%氢氧化钠溶液、3%福尔马林、5%石炭酸溶液中均可灭活。

病毒可在犬、雪貂、犊牛肾细胞及鸡胚成纤维细胞上培养，也能在犬、雪貂的脾、肺、淋巴结、睾丸组织和腹膜巨噬细胞中生长。培养在犬肾细胞单层上可生长增殖，产生多核体（合体细胞）和核内、胞浆内包涵体及星状细胞。将病毒接种至鸡胚1～2d后，在绒毛尿膜上可见到水肿，外胚层细胞增生和部分坏死。试验证明，该病毒与牛瘟、麻疹病毒有相关性。

（二）流行病学

1. 易感动物

犬瘟热病毒的自然宿主为犬科动物（犬、狼、丛林狼、豺、狐等）和鼬科动物（貂类、鼬类、獾、水獭等），浣熊科中曾在浣熊、密熊、白鼻熊和小熊猫中发现犬瘟热病毒。自然条件下，雪貂、水貂、赤狐、银黑狐、北极狐，紫貂、黑貂、松貂（林貂）、狼、豺、山狗、艾虎、貉、黄鼬、白鼬、臭鼬、浣熊、蜜熊、白鼻熊、大熊猫、小熊猫等食肉目动物均具有易感性，其中雪貂的易感性最高，自然发病的致死率常达100%，故雪貂常被用做本病的实验动物，北极狐和紫貂的易感性次之。虎也有发生和流行犬瘟热的报道，应引起重视；人不敏感。

2. 传染源

病犬是最重要的传染源。病毒大量地存在于受染和患病动物的鼻、眼分泌物及唾液中，也见于血液、脑脊液、淋巴结、肝、脾、脊髓、心包液及胸、腹水中，并且经过尿液长期排毒，污染周围环境。

3. 传播途径

本病以呼吸道及消化道为主要传播途径。病犬和健犬直接接触，通过气溶胶微滴和污染的饲料、饮水感染，也可经眼结膜和胎盘传染。野生食肉目动物通过摄食患本病而死亡的动物的肉及内脏等而感染本病也是一种主要的感染方式。还可通过配种直接传播。动物串笼、逃跑、相互间的撕咬也可传播本病。通过被污染的饮水、饲料、垫草、用具、工作服、手套、体温计、注射器及注射针、野鼠、野鸟及吸血昆虫等都可传播本病。

4. 流行特征

根据品种、年龄、有无并发和继发感染、护理和治疗条件的不同，病死率差异很大，波动于30%～80%之间。本病全年均有发生，但冬春两季为高发季节（10月至翌年的2月），似有一定的周期性，每2～3年流行1次，但现在有些地方这种周期性不明显，常年发生。

（三）临床症状

潜伏期3～7d，有的可长达3个月。各种易感动物的临床表现基本相同。

急性型典型病例在水貂、貉、狐、狼、豺等动物都有发生。病兽体温升高（貉、狐达40～41℃，水貂达41～42℃），精神高度沉郁，鼻镜干燥，少食或拒食，尿少而黄，大便干燥。体温升高持续2～3d又降至近正常，病情似有好转，经2～3d后体温再次升高，病情加重。而后表现下列典型病症。

1. 结膜炎

初期眼结膜潮红，羞明流泪，由浆液性变为黏液性、脓性结膜炎，有多量黄白色或灰白色黏液脓性分泌物积于眼角，眼睑红肿，眼球下陷，有时上下眼睑被分泌物黏着，眼半睁半闭，重者完全闭合。

2. 鼻炎

鼻镜干燥，鼻头微肿，皮肤纹理增宽，鼻黏膜红肿，鼻孔流浆液性鼻液、继之鼻部皮肤龟裂，鼻黏膜肿胀加重，鼻汁变为黏液性至脓性，量多时堵塞鼻孔，由于炎症刺激及阻碍呼吸，病兽用爪抓鼻或磨擦鼻部，有的张口喘气以缓解呼吸困难。

3. 气管炎、支气管炎和肺炎

呼吸困难、咳嗽，初期为音调高、时间短的疼性干咳，后为音调低、时间长的无疼性湿咳。此部分炎症一般是继结膜炎和鼻炎之后发生。

4. 消化机能紊乱

初期体温升高时便秘，继之出现腹泻，便中混有未消化的饲料残渣、气泡、脱落的黏膜，继之混有血液，或呈煤焦油状血便。患病狼、豺等后期排红豆腐乳色水样粪便。呕吐轻重度不同，貉、狼和豺呕吐较严重。肛门肿胀外翻，脱肛。

5. 皮肤病变

水貂患犬瘟热时皮肤病变最严重，在面部被毛稀疏的鼻、唇、眼周和脚掌部皮肤形成水疱状疹，继之化脓、破溃、结痂，形成痂皮。同时脚掌广泛肿胀，趾垫发炎变硬，称之为"硬肉趾病"，比正常肿大3～4倍，病程发展可使整个颈部和背部皮肤增厚、失去弹性，出现粗硬的皱褶，被毛内有大量糠麸样鳞片（皮屑），散发腥臭气味。狐和貉的皮肤病变发生较少，有的病例在趾垫或趾间、及尾尖上出现小的溃烂或趾垫轻度肿胀。

6. 神经症状

兴奋狂暴、撕咬笼舍，头颈及四肢肌肉痉挛收缩，部分肌群有节律地抽动，抽搐持续的时间随着病情的发展由短至长，而间隔时间则由长变短。有的病兽反应迟钝，肌肉震颤，后肢无力至麻痹，转圈运动，癫痫症状。病兽吐白沫或流涎、尖叫、抽搐或衰竭昏迷死亡。

少数最急性型病例可见于水貂的流行初期，病貂突然发病，只表现神经症状，数小时内死亡。急性型病例多出现在流行初期，且以幼兽为多，病程3~10d。慢性病例则以老兽为多，病程15~30d。顿挫型病例仅见有微热，轻度的神经沉郁，食欲下降，数日后病兽痊愈。

豺、灰狼和黑狼患犬瘟热时皮肤病变表现不太严重，消化道病变较重，神经症状一般为迟钝、共济失调、麻痹、癫痫状，最终衰竭死亡。结膜炎和呼吸器官病症居中等。

（四）病理变化

本病是一种泛嗜性感染，病变分布广泛。有些病例皮肤出现水疱性脓疱性皮疹，有些病例鼻和脚底表皮角质层增生而呈角化病。上呼吸道、眼结膜呈卡他性或化脓性炎，肺呈现卡他性或化脓性支气管肺炎，支气管或肺泡中充满渗出液。消化道中可见胃黏膜潮红、卡他性或出血性肠炎，大肠常有过量黏液，直肠黏膜皱襞出血。脾肿大。胸腺常明显缩小，且多呈胶冻状。肾上腺皮质变性。轻度间质性附睾炎和睾丸炎。中枢和外周神经很少有肉眼变化。

组织学病变：在各器官的上皮细胞、网状内皮系统、大小神经胶质细胞、中枢神经系统的神经节细胞的胞浆和胞核中都可能存在包涵体。

（五）诊断

1. 初步诊断

根据典型症状和病理变化可做出初步诊断，但本病常因存在混合感染（如与犬传染性肝炎等）和细菌性继发感染而使临诊表现复杂化，所以只有将临诊调查资料与实验室检查结果结合考虑才能确诊。

2. 样本采集

（1）病毒材料的采取

①体温开始上升期的淋巴组织（血液中淋巴细胞或淋巴结）。能否成功地从病兽中分离获得病毒或检出病毒抗原，取决于发病动物的疾病类型以及标本采取的时机。在体温开始上升的病毒血症早期，淋巴组织的感染最为严重，因此最好从淋巴细胞和淋巴结中分离病毒。

由病毒血症期采血，收集白细胞层，快速冻融3次后作为分离病料，容易分离获得病毒。于亚急性或慢性病例，因血清中已经含有中和抗体，分离病毒比较困难。

②于急性发病或急性死亡动物，病毒几乎充斥于全身各器官，故易由脾、胸腺、肝、肺和膀胱等脏器分离获得病毒。如有脑炎症状，则应选择脑组织做病料。

（2）包涵体检查材料的采取。特征性包涵体是诊断犬瘟热的重要辅助手段，包涵体存在于膀胱、胆管、胆囊、肾盂以及肺和支气管等上皮细胞内。检查时取清洁载玻片，滴加生理盐水1滴，用小刀在剖检尸体的膀胱、气管、支气管、胆管等黏膜或鼻黏膜、阴道黏膜上刮取上皮细胞，小心混于载玻片上的生理盐水中，轻轻混匀，制成涂片，置空气中自然干燥。

（3）病犬血清。采集犬症状出现后的第7d到第10d血清。

3. 实验室检验

（1）包涵体检查。生前可刮取鼻、舌、结膜、瞬膜和腔等，死后则刮膀胱、肾盂、胆囊和胆管等黏膜，做成涂片，干燥，甲醇固定，苏木紫和伊红染色后镜检，发现包涵体可作为诊断依据。

（2）病毒分离。病料处理后，腹腔接种1～2周龄或断乳15d的易感幼犬5mL，症状明显，常于发病后2周死亡；或脑内接种易感雪貂0.5～1.0mL，8～12d后鼻流水样分泌物，不久变为脓性，眼睑水肿、粘连，颏发红，嘴边出现水疱和脓疱，脚肿，两趾发红，病貂蜷缩，拒食，于发病5～6d后死亡；也可接种于犬肾原代细胞、鸡胚成纤维细胞或仔犬肺泡巨噬细胞，进行病毒分离。剖检时也可直接培养病犬的肺泡巨噬细胞以分离病毒，这是一种容易成功并快速分离病毒的方法，病毒于细胞上培养后，可用免疫荧光抗体技术或琼脂扩散试验进行鉴定。

（3）血清学检查。中和试验、补体结合试验、荧光抗体法、琼脂扩散试验、酶联免疫吸附试验等都可用于诊断本病。中和抗体于感染后6～9d出现，至30～40d达高峰。应用补体结合试验，可在感染后3～4周和2～4个月内检出补体结合抗体。

二十九、犬传染性肝炎（Infectious Canine Hepatitis）

犬传染性肝炎是由犬 I 型腺病毒（Canine adenovirus virus type I，CAV-1）引起的犬的一种急性、高度接触性败血性传染性疾病，特征为循环障碍、肝小叶中心坏死以及肝实质和内皮细胞出现核内包涵体。

（一）病原

犬传染性肝炎病毒属腺病毒科、哺乳动物腺病毒属成员，含双股DNA，直径为70～80nm，无囊膜，呈二十面体立体对称，包囊外纤突较短。

病毒可以在鸡胚和组织（幼犬的肾上皮细胞和其他组织，雪貂、仔猪、猴、豚鼠和仓鼠的肾上皮细胞，仔猪的肺组织）中培养。感染细胞内经常具有核内包涵体，最初是嗜酸性的，随后为嗜碱性的。病毒能凝集鸡、大鼠和人O型红细胞。

本病毒的抵抗力相当强大，在污染物上能存活10～14d，在冰箱中保存9个月仍有传染性，冻干可长期保存。37℃可存活2～9d，60℃ 3～5min灭活。对乙醚和氯仿有耐受性，在室温下能抵抗95%酒精达24h，污染的注射器和针头仅用酒精棉球消毒仍可传播本病。苯酚、碘酊及烧碱是常用的有效消毒剂。

（二）流行病学

犬传染性肝炎广泛分布于全世界。犬和狐（银狐、赤狐）对本病易感性高，山狗、浣熊、黑熊也有易感性，人也可感染，但不引起临床症状。犬不分品种、年龄和性别，可以全年发生，但以刚离乳到1岁以内的幼犬的感染率和病死率最高。

病犬及带毒犬是本病的传染源。病初，病犬血液中就含有病毒，见于所有的分泌物和排泄物中，并能排出体外污染周围环境。特别是病后恢复的带毒犬，可在6～9个月内从尿中排出病毒，成为疾病的主要传染源。

本病主要通过直接与间接接触，经消化道感染，也可经胎盘感染胎儿。此外体外寄生虫也有传播本病的可能性。

（三）临床症状

潜伏期6～9d。病犬食欲缺乏，渴欲增加。常见呕吐、腹泻和眼、鼻流浆性黏性分泌物，常有腹痛（剑状软骨部位）和呻吟。某些病例头颈和下腹部水肿。本病虽称"肝炎"，但很少出现黄疸，病犬体温升高到40～41℃，持续1d，然后降至接近常温，持续1d，接着又第二次体温升高，呈所谓马鞍形体温曲线。病犬黏膜苍白，牙龈有出血斑。扁桃体常急性发炎肿大，心搏增强，呼吸加速，很多病例出现蛋白尿。病犬血液不易凝结，在急性症状消失后7～10d，约有20%康复犬的一眼偶或两眼呈暂时性角膜混浊（眼色素层炎），称之"肝炎性蓝眼"病。病程一般2～14d，大多在2周内康复或死亡。幼犬患病常很快死亡，成年犬多能耐过，产生较强的免疫力。

狐狸最初症状是发热，流涕，轻度腹泻，眼球震颤，继而出现中枢神经系统症状，如精神萎靡、高度兴奋和肌肉痉挛，截瘫或偏瘫。病情延续2～3周达到高峰，依幼狐在兽群所占比例而不同，死亡率可高达50%。

（四）病理变化

剖检病变相当有特征。常见皮下水肿，腹腔积液，暴露空气常可凝固，肠系膜可有纤维蛋白渗出物，肝略肿大，包膜紧张，肝小叶清楚（表面呈颗粒状），胆囊黑红色，胆囊壁常水肿、增厚、出血，有纤维蛋白沉着，脾肿大，胸腺点状出血，体表淋巴结、颈淋巴结和肠系膜淋巴结出血。

组织学检查肝实质呈不同程度的变性、坏死，窦状隙内有严重的局限性瘀血和血液淤滞，肝细胞及窦状隙内皮细胞内有核内包涵体，呈圆形或椭圆形。此外脾、淋巴结、肾、脑血管等处的内皮细胞也见有核内包涵体。

（五）诊断

1. 初步诊断

一般根据流行病学、临诊症状和剖检病变（包括包涵体检查）可以做出初步诊断。确诊主要靠病毒分离、鉴定和血清学试验。

2. 样本采集

（1）病毒分离样本。生前可采取发热期的血液和尿液，或采取病犬扁桃体棉拭子标本。死后可采取各脏器及腹腔液，其中以肝、脾组织最为适宜。狐狸病例可无菌采取大脑病变组织或肝组织。

（2）血清。采取发病初期和其后14d的双份血清。

3. 实验室检验

（1）病毒分离。病料处理后接种犬肾原代和继代细胞、易感幼犬或仔狐眼前房，腺病毒的特征性细胞病变在接种后30h至6～7d出现，并可检出包涵体。

（2）动物试验。病料处理后接种易感幼犬或仔狐眼前房，眼前房接种可见角膜浑浊，产生包涵体。

（3）病毒抗原检测。荧光抗体检查扁桃体涂片可提供早期诊断。

（4）血清学试验。取双份血清进行凝集抑制试验，当抗体升高4倍以上时即可作为现症感染的证明。此外补体结合试验、琼扩试验、中和试验和皮内变态反应等亦可用于诊断。

三十、犬和猫疱疹病毒感染（Canine and Feline Herpesvirus Infection）

犬疱疹病毒感染可引起新生幼犬急性致死性传染病。超过2周龄的犬呈亚临床感染，表现为气管炎、支气管炎；对母犬可造成不孕、流产和死胎及公犬的阴茎炎和包皮炎。1965年，Carmichael等在美国，同年Stewart等在英国最早从新生的病犬中分离到病毒。此后在加拿大及欧洲的一些国家，多次从不同临床症状的犬分离到病毒。经血清学调查表明，本病毒在繁殖犬群中广泛存在，美国、德国、瑞士、英国、日本、澳大利亚和南非等均有报道。我国尚未见报道。

猫传染性鼻气管炎（Feline viral rhinotracheitis，FVR）是由猫疱疹病毒Ⅰ型（Feline herpesvirus type 1，FHV-1）引起猫科动物的一种以上呼吸道症状为特征的急性高度接触性传染病。猫疱疹病毒Ⅰ型具有高度的种属特异性，只感染猫科动物，如宠物猫、山猫、美洲狮、华南虎、东北虎、印度豹等，可引起猫及猫科动物传染性鼻气管炎，主要侵害幼龄猫科动物，对人及其他异种动物、鸡胚都不致病。目前，该病已在全世界广泛流行。

（一）病原

犬疱疹病毒（Canine herpesvirus，CHV）和猫疱疹病毒Ⅰ型（Feline herpesvirus type 1，FHV-1）属于疱疹病毒科甲疱疹病毒亚科水痘病毒属成员，具有疱疹病毒所共有的形态特征。核酸型为线状双股DNA。病毒粒子呈圆形或椭圆形，核衣壳呈二十面体对称，位于细胞浆内的病毒粒子直径为128～168nm，细胞外游离病毒的直径约164nm，由核心、衣壳、囊膜组成，核心直径介于30～70nm，核心呈均匀一致的圆形电子致密区，有时可见花纹样结构，其中，外层衣壳由162个壳粒构成，囊膜包含病毒膜和放射状纤突。

病毒对热的抵抗力较弱，56℃ 4min灭活，37℃ 22h灭活，4℃可存活1年，-70℃为最适保存温度。冻干毒种保存数年毒价无明显变化。病毒对乙醚等脂溶剂、胰蛋白酶、酸性和碱性磷酸酶等敏感。pH4.5时，经30min失去感染力，但在pH6.5～7.0比较稳定。

犬疱疹病毒和猫疱疹病毒只有1个血清型，所有毒株都具有共同的抗原特性。犬疱疹病毒与猫疱疹病毒和其他疱疹病毒如牛鼻气管炎病毒、马鼻肺炎病毒和鸡喉气管炎病毒都不呈现交叉中和反应，与人单纯疱疹病毒能呈现轻度中和反应。与犬肝炎病毒和犬瘟热病毒也不呈现交叉反应。不同型的毒株只有一种抗原型，但其毒力存在差异。

犬疱疹病毒容易在犬肾、肺和子宫组织培养细胞内，于35～37℃条件下迅速增殖。感染后12～16h即可出现细胞病变，初期呈局灶性细胞圆缩、变暗，逐渐向周围扩展，随后由灶状中心部开始细胞脱落。通常于接毒后2～4d收毒。部分感染细胞内有着染不太清楚的核内嗜酸性包涵体。不易看到典型包涵体，这可能与细胞病变产生太快有关。可形成界限明显、边缘不整的小型蚀斑。在人肺细胞和犊牛、猴、猪、兔以及幼地鼠肾细胞仅能微量增殖，不能在鸡胚中增殖。猫疱疹病毒能在猫的肾脏、肺脏和睾丸细胞中良好增殖，在家兔肾细胞中也能很好地增殖。接种病毒后24～48h内，细胞发生变化，其特征是单层细胞呈灶状圆缩、变暗，直至完全脱落。1～3d后，该病毒的效价为$10^5 \sim 10^6$ TCID$_{50}$/mL。病毒在细胞核中增殖，被感染的细胞用包涵体染色，可见大量的嗜酸核内含物（嗜酸性包涵体）。猫疱疹病毒Ⅰ型对猫红细胞具有一定的吸附和凝集作用，可用血凝试验和血凝抑制法进行检测。

（二）流行病学

1. 易感动物

犬疱疹病毒只能感染犬，可引起2周龄以内的幼犬产生急性致死性呼吸道疾病，病死率可达80%。稍大几周的犬发病轻微或不明显。成年犬呈不显性感染，偶尔表现轻度鼻炎、气管炎或阴道炎。

猫疱疹病毒Ⅰ型具有高度的种属特异性，只感染猫科动物（如猫、美洲狮、东北虎、印度豹等），主要侵害幼龄猫科动物，发病率为100%，病死率可达到20%～50%。成年猫科动物感染后一般不会致死，对人及其他异种动物、鸡胚都无致病性。目前，该病呈全世界广泛流行。

2. 传染源

患病动物和隐性带毒动物是主要传染源。病毒多在上呼吸道部位增殖，如鼻、咽喉、气管、支气管以及舌、结膜等部位的上皮细胞，并经鼻、眼、咽分泌物排出。幼龄动物常因发病死亡，成年动物多在几周后康复，并转为间歇性排毒状态，成为重要传染源。

3. 传播途径

该病主要通过直接接触和间接接触两种途径进行传播。病毒可经鼻、口和结膜等途径自然传播，患病动物与健康动物接触可造成直接感染；健康动物通过接触患病动物分泌的唾液、鼻眼分泌物污染的空气、居住环境、饮水以及器皿等造成间接接触性感染，短距离（1～2m）的飞沫也可传播该病毒；妊娠后期的动物感染病毒后，可通过胎盘、生殖道将病毒垂直传染给胎儿，并导致胎儿死亡，或出生后带毒。

母源抗体水平也是影响新生幼兽感染的重要因素。抗体阴性母兽所生幼兽感染病毒后可产生严重的致死性疾病，而由抗体阳性母兽哺乳的幼兽感染后症状不明显。

（三）临床症状

1. 犬疱疹病毒

潜伏期3～8d，2周龄以内的犬常呈急性型，开始出现粪便变软，随后1～2d出现病毒血症。病犬体温升高，精神沉郁，停止吮乳，呼吸困难，出现阵发性腹痛症状，有时呕吐和连续吠叫，粪便呈黄绿色，常于1d内死亡。

个别耐过仔犬常遗留中枢神经症状，如共济失调，向一侧做圆周运动或失明等。2～5周龄仔犬常呈轻度鼻炎和咽炎症状，主要表现为打喷嚏，干咳，鼻分泌物增多，经2周左右自愈。

母犬流产、死胎、弱仔或屡配不孕，而其本身无明显症状。

公犬可见阴茎炎和包皮炎。

2. 猫疱疹病毒

自然感染潜伏期为2～6d或更长，但该时间限制取决于患病动物的年龄、自身抵抗力、体内抗体水平等诸多因素。患病动物早期表现精神沉郁、打喷嚏、食欲不振、发热、流涎等症状，可引起结膜炎、角膜炎、球结膜水肿等疾病，眼角、鼻腔有分泌物流出，并慢慢变成黏脓性物质，在鼻腔和眼睑外侧形成结痂，严重时呼吸困难、咳嗽。角膜炎为猫疱疹病毒Ⅰ型的示病症状，其典型病变是树枝状溃疡，继发细菌感染时可使溃疡加深，甚至角膜穿孔，在溃疡修复过程中形成的结缔组织使角膜和结膜粘连，如果感染进一步扩散可导致全眼球炎，造成永久性失明。猫疱疹病毒Ⅰ型偶尔可引起口腔溃疡、面部皮炎或神经症状。幼龄动物感染时还易引起鼻甲损害，表现为鼻甲及表膜充血、溃疡，甚至扭曲变形。

（四）病理变化

1. 犬疱疹病毒

死亡仔犬的实质脏器表面散在多量芝麻大小的灰白色坏死灶和小出血点，尤其以肾和肺的变化更为显著。肾皮质弥漫性充血，在出血灶的中央，有特征性灰色坏死点，肺出血和水肿。胸腹腔内常有带血的浆液性液体积留，脾常肿大，肠黏膜呈点状出血，全身淋巴结水肿和出血。呼吸道如鼻、气管和支气管有卡他性炎症。

组织学检查可在肝、肾、脾、小肠和脑组织内见有轻度细胞浸润，血管周围有散在的坏死灶，上皮组织损伤、变性。于病变组织，特别是坏死灶周围组织的细胞里，可以看到嗜酸性核内包涵体。少数病犬有非化脓性脑膜脑炎变化。

2. 猫疱疹病毒

病变主要在呼吸道，病理变化可见扁桃体和颈部淋巴结肿大，具有数量不等的出血点。鼻腔和鼻甲骨黏膜呈弥漫性充血、溃疡甚至扭曲变形，喉头和气管也呈现类似变化，数日后在鼻腔和鼻甲骨黏膜出现坏死灶甚至溶骨性病变。骨性病变包括骨坏死和骨溶解吸收，同时骨性病变已被证实是猫疱疹病毒Ⅰ型感染的一个特征性病变。在感染2～5d后可出现呼吸上皮多灶性坏死或嗜中性粒细胞浸润和纤维素渗出，进行显微镜检查可以看到核内包涵体，其中以鼻中隔、鼻甲骨和扁桃体黏膜细胞中的包涵体较多。对于全身性感染的幼龄动物，血管周围局部坏死区域的细胞可见嗜酸性核内包涵体。该病通常不会引起下呼吸道症状，对于个别有下呼吸道症状的患病动物，可见间质性肺炎、细支气管炎等相应病变，但多为继发病变。

（五）诊断

1. 初步诊断

据流行病学、症状和病理变化可做出初步诊断，确诊必须依靠实验室检查。

2. 样本采集

采口鼻眼分泌物、血液样本或取症状明显病兽的实质性脏器，如肺、肾、肝、脾、和肾上腺。按常规方法制备组织悬液或拭子液，供病毒分离用。也可制成切片、涂片，供病毒抗原检测用。

3. 实验室检验

（1）病毒分离培养

病料处理：将采集的眼鼻分泌物加入无血清DMEM培养液制成1∶5悬液，4000r/min离心45min，取上清，经微孔滤膜过滤除菌，作为分离病毒的接种物。

病毒分离：病料无菌处理后接种于犬或猫肾单层细胞后，在培养的单层细胞上连续盲传3代，如不出现病变则弃去。若出现细胞病变则分离结果为阳性，-70℃保存。分离获得病毒后，用中和试验进行鉴定，也可用免疫荧光抗体试验、补体结合试验、蚀斑减数试验、电镜观察进行病毒鉴定。

（2）血清学诊断。临床中常用的诊断方法是免疫荧光试验，采集患病动物的结膜、角膜刮取物或活体组织切片，经过处理后和荧光素标记的抗体相结合，通过荧光显微镜下观察是否有荧光反应，若出现则诊断为阳性；若无则诊断为阴性。

中和试验由于急性感染、慢性感染、潜伏感染等不同感染时期的血清抗体滴度相差较大，且与患病猫的临床症状无关，因此，临床诊断中一般不采用中和试验。

酶联免疫吸附试验可以检测病毒的血清抗体，但不能区分疫苗毒和野毒所产生的抗体。

（3）分子生物学诊断。常见的PCR检测技术主要包括普通PCR、巢氏PCR、实时荧光定量PCR技术等。PCR诊断方法比病毒分离、免疫荧光更灵敏，能够检测疾病各个时段的病毒排毒情况，在猫疱疹病毒 I 型急性感染和隐性感染期具有较高的特异性和敏感性。

三十一、犬和猫的细小病毒病（Canine and Feline Parvovirus）

犬细小病毒病又称为犬传染性出血性肠炎，是由犬细小病毒（Canine parvovirus，CPV）引起的一种急性、接触性、致死性传染病。临床上以剧烈呕吐、出血性肠炎、血液白细胞显著减少，或非化脓性心肌炎为主要特征。犬细小病毒最早是在1977年由美国学者Eugster和Nairnl发现，犬细小病毒自发现来现已呈世界性分布。该病传播速度快，宿主范围广泛，各年龄阶段的动物都会感染，死亡率为20%～50%。

猫泛白细胞减少症又称为猫瘟、猫瘟热或猫传染性肠炎，是由猫细小病毒（Feline parvovirus，FPV）引起的一种高度接触性传染病。以突发双相型高热、呕吐、腹泻、脱水，以及循环血液中的白细胞显著减少为特征，是猫最重要的传染病。本病发现较晚，1928年Verge和Critoforom首次报道了猫细小病毒，1957年分离到病毒，此后在世界各地广泛分布和传播。猫细小病毒是一种典型的肉食兽细小病毒，其感染范围大，包括猫科、熊科（如浣熊、大熊猫等）、鼬科（臭鼬、水貂）、小熊猫科等。猫细小病毒对外界因素具有很强的抵抗力，1岁以下的幼猫最常发生，感染率可达70%，病死率为50%～60%。

（一）病原

犬和猫细小病毒属于细小病毒科细小病毒属成员，病毒粒子无囊膜，呈球形、椭圆形或六角形，直径18～25nm，核衣壳呈二十面体对称，有32个壳粒，核心直径为14～17nm，基因组为单股DNA。

病毒在室温下pH3.0～9.0环境中3h，60℃水浴1h，其感染性都不受影响。对乙醚、氯仿、胰蛋白酶、0.5%石炭酸溶液及pH3.0的酸性环境具有一定抵抗力。紫外线照射和用甲醛溶液、β-丙内酯、羟胺和氧化剂处理能使病毒很好灭活。犬细小病毒病（Canine parvovirus，CPV）在4～10℃存活180d，37℃存活14d，56℃存活24h，80℃存活15min。在室温下保存90d感染性仅轻度下降，在粪便中可存活数月至数年。猫细小病毒在50℃1h即可灭活。低温或甘油缓冲液内能长期保持感染性。0.2%甲醛溶液处理24h即可失活。次氯酸对其有杀灭作用。

利用细胞培养病毒的范围较窄，其原因主要是大多数病毒只能在同源动物或相关动物的组织细胞上生长繁殖，只有少数病毒能在异源细胞上生长。犬细小病毒与多数细小病毒不同，可在多种细胞培养物中生长，如原代猫胎肾、肺，原代犬胎肠细胞、MDCK细胞、CRFK细胞以及FK81细胞等。猫细小病毒不能在鸡胚组织中增殖，而能在多种猫源细胞如猫肾、肺、睾丸、骨髓、淋巴结、脾、心、膈肌、肾上腺及肠组织细胞培养物中增殖。病毒感染细胞后可使细胞固缩、脱落，最后完全崩解。用HE或Giemsa染色可在感染细胞内见到核内包涵体。

犬细小病毒有较强凝集性，在4℃条件下可凝集猪和恒河猴的红细胞，对其他动物如犬、猫、羊等的红细胞不发生凝集作用。猫细小病毒凝集性弱，虽然能在4℃和pH6.0~6.4条件下凝集猪和猴的红细胞，然而移至室温后很快解离消失。经福尔马林灭活，血凝性也随之消失。犬细小病毒对猴和猫红细胞，无论是凝集特性还是凝集条件均与猫细小病毒不同，由此可区别犬细小病毒与猫细小病毒。

猫细小病毒（FPV）与貂肠炎病毒（MEV）、犬细小病毒（CPV）有亲缘关系，实验证明后两者为猫泛白细胞减少症病毒的变种。猫泛白细胞减少症病毒可使貂感染发病，貂肠炎病毒也能使猫轻度感染。犬细小病毒与猫细小病毒有很强的交叉中和及交叉血凝抑制反应。此外仅猪细小病毒可与犬细小病毒发生单向荧光抗体和血凝抑制交叉现象。犬细小病毒在抗原上与猫细小病毒关系密切，DNA序列高达99%以上，因此，学者普遍认为犬细小病毒是由猫细小病毒基因突变而来。一些报道表明，猫细小病毒通过野生肉食动物如水貂和狐狸之间的传播，适应新的犬类宿主，导致了犬细小病毒2型（CPV-2）及其突变体的出现。从犬细小病毒2型发现以来，出现了CPV-2a、CPV-2b和CPV-2c，以及New CPV-2a、New CPV-2b这几种亚型，这些亚型均能够感染猫科动物。

（二）流行病学

犬细小病毒和猫泛白细胞减少症病毒是野生肉食动物的重要病原体，目前猫细小病毒、犬细小病毒及其亚型在全球范围内广泛分布，具有高致病性及高死亡率，给世界范围内的犬、猫及其他野生肉食性动物种群造成严重危害。这两种病毒宿主范围广泛，可感染家猫、野猫、豹、狮、水貂、雪貂、浣熊、小熊猫等多种食肉目动物。与病兽接触过的猪、马、牛、羊、禽和人均不感染发病，豚鼠、仓鼠、小鼠等实验动物也不感染。不同年龄、性别的动物均可感染，以幼兽最为易感。

犬细小病毒可自然地在犬、狼、狐、貉、浣熊等动物中传播流行，且家猫及野生猫科动物也易感。动物感染犬细小病毒后发病急，死亡率高，常呈暴发性流行，病死率10%~50%。该病多发生于幼犬，以刚断乳至90日龄的幼犬较多发，病情也较严重，尤其是新生幼犬，有时呈现非化脓性心肌炎而突然死亡。纯种犬比杂种犬和土种犬易感性高。本病的发生无明显的季节性。一般夏、秋季多发。天气寒冷和并发感染可加重病情和提高病死率。

猫泛白细胞减少症病毒常见于猫和其他猫科动物以及非猫科的浣熊、貂、赤狐及环尾雉等。猫科动物如家猫、野猫、山猫、豹猫、小灵猫、虎、豹、狮等均易感，尤以幼兽最易感；鼬科动物中的水貂、雪貂也易感；浣熊科动物中的蜜熊、长吻浣熊等也有感染的报道；小熊猫也可感染；犬科动物中的赤狐易感，但家犬、狼、金豺等犬属动物不易感。各种年龄的猫都可感染发病，但主要发生于1岁以下的小猫，尤其2~5月龄的幼猫最为易感。1岁以内幼猫的感染率为83%，死亡率50%~60%，有时达90%~100%。本病多见于冬末和春季（12月至翌年5月）。长途运输、饲养管理条件急剧改变以及来源不同的猫只混群饲养等应激因素可促进本病的暴发流行，导致90%以上的病死率。

病兽和无症状带毒兽是主要的传染源，病兽感染犬细小病毒后7~14d可向外排毒，粪便中的病毒滴度$TCID_{50}$常达10^9/g；感染猫细小病毒后18h即出现病毒血症，其分泌物和排泄物中含大量病毒，污染环境。在发病的急性期（症状明显期和转归期），呕吐物和唾液中也含有病毒。野生动物的自然传染主要因直接或间接接触所致。易感动物接触病兽或经污染的环境和食物等造成污染；病兽在病毒血症期间（急性期）蚤、虱、螨等吸血昆虫可成为病毒的传播媒介。

（三）临床症状

1. 犬细小病毒病

本病在临诊上分两个型，即肠炎型和心肌炎型，也有报道在一个犬身上兼有两型症状的（混合型）。28～42日龄幼犬多呈急性心肌炎症状，42～56日龄小犬常呈混合型，成年犬多以肠炎型为主。

肠炎型：潜伏期7～14d，主要表现为急性出血性腹泻、呕吐、精神萎靡等症状，多见于青年犬。往往先突然发生呕吐，后出现腹泻，呈喷射状排出。粪便先呈黄色或灰黄色，覆以多量黏液和伪膜，接着排带有血液呈番茄汁样稀粪，具有难闻的恶臭味。病犬精神沉郁，食欲废绝，体温升到40℃以上，病犬因发生腹泻迅速脱水，后常因急性衰竭而死。病程一般为4～5d，病程较长时可持续1周以上。有些病犬只表现间歇性腹泻或仅排软便。成年犬发病一般不发热。血液检查，白细胞明显减少具有特征性，尤其是在发病的5～6d最为明显。

心肌炎型：多见于8周龄以下的幼犬，常突然发病死亡，或出现严重呼吸困难后死亡。病程稍长时，感染犬精神、食欲正常，偶见呕吐，或有轻度腹泻和体温升高，持续20～30min，脉快而弱，可视黏膜苍白，伴有严重呼吸困难，新区听诊有明显杂音，心律不齐，常因急性心力衰竭死亡。病死率60%～100%，只有极少数轻症病例可以治愈。

2. 猫泛白细胞减少症

潜伏期2～6d。本病在易感猫群中感染率可高达100%，但并非所有感染猫都出现临诊症状。最急性型病猫突然死亡，来不及出现症状，往往误认为中毒。急性型病猫仅有一些前驱症状，很快于24h内死亡。亚急性型病猫感染初期表现为萎顿，食欲不振，体温升高到40℃以上，24h后下降到常温，2～3d后体温再度上升到40℃以上，呈明显的双相热。第二次发热时症状加剧，高度沉郁、衰弱、伏卧、头搁于前肢。发生呕吐和腹泻，粪便水样，内含血液，迅速脱水。全身血液循环的白细胞数量显著减少，病程3～6d。病死率一般60%～70%，高的可达90%以上。妊娠母猫感染后可发生胚胎吸收、死胎、流产、早产或产小脑发育不全的畸形胎儿。

野生猫科动物如金猫、云豹、东北虎、华南虎、狮、小灵猫等的潜伏期和临床症状与家猫基本一致。幼小动物病程多为2～3d，少数达5～7d，多以死亡告终。但发病狮多预后良好，据报道，除狮外，麝猫和大灵猫耐受力也比较强。

水貂感染本病后，症状与猫相似。有的病例仅见拒食，于12～24h死亡；有的发生肠炎，体温升高，拒食，呕吐，腹泻，脱水，粪便稀软，内含黏液、脱落肠黏膜碎片和血丝。病死率10%～80%。

（四）病理变化

1. 犬细小病毒病

肠炎型：剖检见病死犬脱水，可视黏膜苍白、腹腔积液。病变主要见于空肠、回肠即小肠中后段，浆膜暗红色，浆膜下充血出血，黏膜坏死、脱落、绒毛萎缩，肠腔扩张，内容物水样，混有血液和黏液，肠系膜淋巴结充血、出血、肿胀。肠管和膀胱上皮内有核内包涵体。

心肌炎型：剖检病变主要限于肺和心脏。肺水肿，局灶性充血、出血，致使肺表面色彩斑驳。心脏扩张，心房和心室内有瘀血块，心肌和心内膜有非化脓性坏死灶，肌纤维变性、坏死，受损的心肌细胞中常有核内包涵体。

2. 猫泛白细胞减少症

猫的眼观病变主要在肠道，典型者可见假膜性炎症。小肠黏膜肿胀、炎症、充血、出血，严重的呈伪膜性炎症变化，肠壁增厚呈乳胶管状。空肠和回肠病变尤为严重，肠内有灰红色或黄绿色纤维素性坏死性假膜或纤维素条索；内容物灰黄色、水样、恶臭。肠系膜淋巴结肿胀、充血、出血，呈红白灰相间的大理石样花纹。肝肿大、红褐色。胆囊充满黏稠胆汁。脾出血。肺充血、出血、水肿。

野生动物如金猫、虎、云豹、狮等患此病的病变主要为小肠出血性炎症，肠内常充满粉红色水样物；胃黏膜脱落，有出血斑，胃内有黄色液状内容物；肝肿大，表面有针尖大出血点。

水貂病变主要在小肠，呈急性卡他性出血性肠炎，肠系膜淋巴结肿胀。

组织学检查主要见肠黏膜、肠腺上皮细胞与肠淋巴滤泡上皮细胞变性，有的见有核内包涵体。包涵体周围有一透明的明亮环。

（五）诊断

1. 初步诊断

根据流行病学、临诊症状和病理变化的特点以及血液学检查发现白细胞减少，可以做出初步诊断。确诊则需做病毒分离鉴定和血清学试验。

2. 样本采集

常取的病料包括动物粪液或濒死期扑杀兽的肠内容物，病死动物的脾脏、小肠、胸腺、肾脏、肺脏或睾丸等，病变的肠黏膜和淋巴结组织，病兽血清样本或全血样本。

3. 实验室检验

（1）组织学检查。取小肠后段和心肌病料做组织切片，检查肠上皮和心肌细胞是否存在核内包涵体，此法可确诊。

（2）电镜检查。采病兽粪便，直接或加等量PBS后混匀，以3000r/min离心10min（跟样品采集那一段对不上）。上清液加等量氯仿振动10min，再如前处理1次。吸取上清液滴于铜网上，用2%磷钨酸（pH6.2）负染后电镜检查。

（3）病毒分离与鉴定。犬细小病毒常用原代或次代犬胎肾或猫胎肾细胞培养物或它们的细胞系进行培养。猫细小病毒将病料接种肾、肺原代细胞或F81细胞系细胞，观察接种细胞的CPE和核内包涵体，以及用其细胞培养物与猪红细胞凝集试验结果做出诊断。最简便的病毒鉴定方法是接种3～5d后用荧光抗体检测细胞中的病毒，或测定培养液的血凝性。

（4）血清学检查。以1%猪红细胞为指示，对感染动物的肠内容物、粪便及血清样本进行HA试验，以检测病毒抗原及其毒价，再用标准病毒阳性血清做HI试验，可做出诊断。血凝抑制试验主要用作流行病学调查，国外也有应用荧光抗体试验、ELISA以及免疫扩散试验等法诊断本病。

（5）免疫酶诊断技术。国内已研制成功犬细小病毒的酶标诊断试剂盒，可在30min内检出病犬粪便中的犬细小病毒。

4. PCR诊断技术

聚合酶链式反应（Polymerase chain reaction，PCR）是一种用于扩增特定DNA片段的方法。常见的PCR技术包括普通PCR、巢氏PCR、实时荧光定量PCR技术等。PCR技术常应用在临床检测当中，具有快速、准确、灵敏度高和成本低廉等优点。

三十二、猫科动物艾滋病（Feline Acquired Immunodeficiency Syndrome）

猫科动物艾滋病又称猫科动物获得性免疫缺陷综合征，是由猫科动物免疫缺陷病病毒（Feline immunodeficiency virus，FIV）引起的猫科动物传染病，以免疫功能缺陷、继发性和机会性感染、神经系统紊乱和CD4+T淋巴细胞减少为特征。1987年，Pedersen等在美国加利福尼亚州从免疫力低下的家猫体内首次分离得到猫科动物免疫缺陷病病毒，现已在全世界范围内传播，以中、老年猫科动物多发。

（一）病原

猫免疫缺陷病毒属于逆转录病毒科慢病毒属的成员，为有囊膜的单股RNA病毒，病毒基因组长约9.5kbp。未成熟的病毒在细胞膜上呈半月形，成熟病毒则呈圆形或椭圆形，粒子大小为105～125nm。病毒粒子的最内层是由基因组—核蛋白复合体组成，包括RNA、病毒活动所必需的酶和核衣壳蛋白（Nucleocapsid protein，NC）；中间层由衣壳蛋白（Capsid protein，CA）和基质蛋白（Matrix protein，MA）先后围绕形成；最外层则是囊膜糖蛋白镶嵌在包裹基质外层的脂质双分子层中。

同其他慢病毒一样，猫科动物免疫缺陷病病毒的3个主要开放阅读框（ORF），分别是gag、pol和env。基于env基因的V3～V5高变区可将猫源FIV分为7种亚型：A、B、C、D、E、F和U-NZenv；此外，多项研究表明gag基因也能证实亚型A～E；而大型猫科动物（如狮子、美洲狮等）则以相对保守的pol基因进行分型。目前全球最常见的猫源FIV的亚型有A、B、C；除此之外，还发现了许多如亚型A和B、亚型A和C、亚型B和F等不同亚型之间的重组类型。

猫科动物免疫缺陷病病毒主要用猫的原代外周血单核细胞（PMBC）、胸腺细胞和脾细胞进行细胞培养。另外猫科动物免疫缺陷病病毒还感染脑部的星形胶质细胞和巨噬细胞，也可在猫肾细胞系（CRFK）、T淋巴细胞样细胞系（MYA-1）、FL-4和FL-6等多种细胞系上生长。CPE出现与否因细胞而异。单核细胞上巨噬细胞不产生CPE。在体外，猫科动物免疫缺陷病病毒感染猫星形胶质细胞和脑巨噬细胞的原代培养物。

（二）流行病学

1. 易感动物

猫科动物免疫缺陷病病毒在猫群中广泛流行，去势公猫比雌猫更加易感。野猫、山猫、虎、狮、豹等猫科动物也可感染，在猫当中存在较高的感染率。

2. 传染源

猫科动物免疫缺陷病病毒主要存在于血液、淋巴器官、骨髓和唾液中。发病动物与隐性感染猫是主要的传染源。从感染猫科动物免疫缺陷病病毒到出现临床症状之前，潜伏期可达5～10年。

3. 传播途径

猫科动物免疫缺陷病病毒主要通过打架撕咬或性交进行水平传播。其中雄性猫科动物好斗，比雌性猫科动物的感染概率更高。种群的感染率由以下几个主要因素决定：动物的生活习性，如猫，猫的主要生活环境在室外常在外界环境游逛则感染率将会比在室内环境饲养的猫高很多倍；雄性猫科动物的感染率通常要高于雌性猫科动物（与雄性猫科动物好斗有关）；群居的猫科动物感染率与种群密度有关，密度越高感染概率就越大；另外感染率随动物的年龄增大而增加。

（三）临床症状

猫科动物免疫缺陷病病毒感染出现的临床症状主要表现为免疫功能低下和CD4$^+$T淋巴细胞逐渐减少。猫科动物免疫缺陷病病毒感染损害了免疫系统，导致其他病原微生物的继发性感染而出现各种复杂的单独或综合临床症状。

有的出现慢性口腔炎、舌头溃烂、牙周炎、口臭、流涎等口腔症状；有的出现全身性症状：发热、高热稽留、淋巴结肿大、白细胞减少、体重减轻、厌食、嗜睡和贫血等多种症状，多数患病猫会还出现可视黏膜苍白；有的可在体表观察到有皮炎、螨虫感染等体表症状；有的出现腹泻、呕吐等消化系统疾病或动作僵硬、攻击性强等动物行为学上的症状；另外可能会在多处身体组织内出现肿瘤，神经症状出现概率较低。猫科动物免疫缺陷病病毒阳性的死亡动物病例中，猫科动物免疫缺陷病病毒并不是直接致死，而是由于它长期损害免疫系统，造成机体对其他疾病的易感性增强，继而发生感染致死。

（四）病理变化

因猫科动物免疫缺陷病病毒死亡的猫科动物由于免疫低下，剖检可观察到单种或多种病理变化，如结肠可见亚急性多发性溃疡病灶，盲肠和结肠出现肉芽肿，空肠出现浅表炎症；淋巴结滤泡增多，发育异常呈不对称状，并渗入周围皮质区，副皮质区有明显萎缩；脑部有神经胶质瘤和神经胶质结节；此外其他器官也可能会出现病变，继续观察可以看到脾红髓、肝窦、肺泡、肾及脑组织出现大量未成熟单核细胞浸润。

（五）诊断

猫科动物免疫缺陷病病毒感染后，机体免疫功能低下，造成其他细菌病毒的继发感染，导致临床症状复杂，仅凭临床症状无法准确诊断是否是FIV感染。

1. 猫科动物免疫缺陷病病毒抗体检测试剂盒检测

两种市售的猫科动物免疫缺陷病病毒抗体检测试剂盒（美国硕腾公司的Witness^{TM}和韩国安捷公司的Anigen Rapid^{TM}）能够准确地区分接种猫科动物免疫缺陷病病毒疫苗和感染猫科动物免疫缺陷病病毒的猫。

2. 分子生物学诊断

猫科动物免疫缺陷病病毒的分子生物学主要包括普通PCR、巢氏PCR、实时荧光定量PCR技术等。此技术常应用在临床检测当中，具有快速、准确、灵敏度高和成本低廉等优点。

三十三、猴痘（Mpox）

猴痘（又称猴天花）是由猴痘病毒（Monkeypox virus）引起的一种发生于中非和西非热带雨林的较罕见的急性传染病，也是一种人畜共患病。该病传染性强，病死率为1%～10%，其中尤以儿童感染者的死亡率最高。

（一）病原

猴痘病毒属痘病毒科正痘病毒属。该病毒为双链DNA病毒，大小200～300nm，外形呈砖形，大小约为150nm×150nm×300nm，中心是双链DNA蛋白组成的哑铃状核心，外周为脂质双层膜。对阳光、紫外线、热、乙醇、高锰酸钾等敏感。甲醛、乙醇、十二烷基磺酸钠、苯酚、氯仿均可灭活该病毒。病毒在56℃经20min可被灭活，在48℃以下可存活6个月，在低温干燥的条件下很稳定。毒力较强，但感染性和致病性弱于天花病毒，在人体一般只会传播两代。

（二）流行病学

猴痘原分布在非洲国家热带雨林地区。扎伊尔、利比里亚、喀麦隆、科特迪瓦、塞拉利昂、刚果等国曾报告有疫情发生。全年均可发病，以7—8月为高峰。在这些疫区存在着猴痘病毒宿主。自1970年出现人猴痘病例报告以来，发生了多次流行，特别是1996年2月至1997年10月在刚果发生了有史以来最大的一次疫情暴发，确诊病例511人。

2003年猴痘在美国暴发是由于进口动物中存在被猴痘病毒感染的个体，并且传染给共同饲养的草原土拨鼠宠物而导致人的感染引起。对人类具有感染力和致病性的猴痘病毒已经从非洲扩散开，并蔓延到北美洲，这种情况已引起世界各国有关部门的高度重视和密切关注。

1. 传染源

宿主动物、感染动物、猴痘病人是本病的传染源。

猴痘病毒在动物中普遍存在，栖息于非洲中西部热带雨林的猴子和松鼠是猴痘病毒主要的自然宿主，感染的啮齿动物和其他哺乳动物是贮存宿主。

2. 传播途径

猴痘病毒可以通过直接密切接触感染动物或被感染动物咬伤而由动物传染给人，也可以在人与人之间传播，传播媒介主要是血液和体液。人与人之间在长时间近距离接触时，可能会通过较大的呼吸飞沫传播这种病毒，而接触受病毒污染的物品（如卧具或衣服等）也有可能感染这一病毒。

3. 易感人群

凡未患过猴痘或未经有效接种牛痘疫苗者均易感染猴痘，病愈后病人可获终身免疫。猴痘感染者的增加可能与停止接种天花疫苗有关，注射了天花疫苗的人，对于猴痘有一定的预防能力，但不能肯定可以完全抵抗猴痘的入侵。

（三）临床症状

人猴痘的临床表现类似天花，但一般症状较轻。与天花不同的是，大部分猴痘病人有明显的淋巴结病变。

该病潜伏期约为12d（7～17d）。

临床表现可大致分为3个时期：

1. 前驱期

人在感染病毒约12d以后出现高热（≥37.4℃）、头疼、背痛、喉痛、咳嗽、呼吸急促，淋巴结肿大，而且感到疲乏。

2. 出疹期

在发热开始的1～3d（或更长）后，出现皮疹（斑疹、丘疹、疱疹或脓疱；全身或局部；离散或集簇），通常发生在眼睑、颜面、躯干和生殖器，这些皮疹会发展成为充满液体的凸起小肿块，疱疹破溃后会留有久治不愈的溃疡。一般开始于脸部并蔓延，但也能在身体的其他部位开始出皮疹，在结痂和痂脱落之前，肿块要经过好几个发展阶段。

3. 恢复期

皮疹消退，病情好转。

病情经常持续2～4周。严重病例可发生虚脱、衰竭而死亡，病死率为1%～10%。病程中可并发细菌感染，严重者可发展成败血症。重型病人可发生肺部感染、呼吸窘迫综合征。

（四）人猴痘病例临时诊断标准（美国CDC）

1. 临床表现

皮疹（斑疹、丘疹，疱疹或脓疱；全身或局部；离散或集簇）其他体征和症状、体温≥37.4℃、头疼、背痛、淋巴结症状、喉痛、咳嗽、呼吸急促。

2. 流行病学

（1）接触过有病症的哺乳动物类宠物（如：结膜炎，呼吸系统症候，和/或皮疹）；

（2）接触过进口的有或没有临床病症的哺乳动物类宠物，但该哺乳动物类宠物曾接触过人或哺乳动物类宠物猴痘病例；

（3）接触过疑似、可能或确诊的人类病例。注：接触包括拥有宠物，曾抚摸、照顾过宠物，去过宠物店、兽医诊所或宠物批发商处。

进口哺乳动物类宠物：包括土拨鼠（草原犬鼠）、冈比亚硕鼠、松鼠。接触过其他进口或非进口的哺乳动物类宠物按照病例具体情况定。判定依据应包括接触过有猴痘或有猴痘临床病症的哺乳动物。

哺乳动物类宠物之间的接触：包括被养在有患猴痘动物的设施内，或该设施内有曾被养在有患猴痘动物设施内的动物。

3. 实验室检查

（1）血常规。白细胞总数减少或正常，粒细胞减少，淋巴细胞增多。感染后粒细胞可增多。

（2）血清学检查。一是取双份血清进行血凝抑制试验检查抗原或抗体做初筛试验；二是用ELISA或RIA方法查抗原或抗体，但敏感性和特异性较差。

（3）核酸检测。临床标本经PCR检测，证实有猴痘病毒DNA。

（4）病毒培养。用鸡胚绒毛膜尿囊膜分离病毒后鉴定出猴痘病毒。

（5）电镜检查。在无其他正痘病毒感染情况下，电镜下病毒形态学观察到正痘病毒。

（6）免疫组织化学技术。检测到正痘病毒，并排除其他种病毒。

4. 病例分类

（1）疑似病例。流行病学资料有一项符合；有皮疹或有两项或两项以上其他体征和症状。

（2）可能病例。流行病学资料有一项符合；有皮疹和两项或两项以上其他体征和症状。

（3）确诊病例。一项流行病学资料符合；有皮疹和两项或两项以上其他体征和症状；一项实室检查结果为阳性。

三十四、猴B病毒感染（Simoian B virus Infection）

本病是由猴疱疹病毒（或称B病毒）引起的一种猴的急性传染病，临床上以在患猴的舌面、口腔出现疱疹、溃疡及坏死结痂为主要症状，偶尔在中枢神经系统或内脏器官等处也出现病变，故又称猴疱疹性口炎。猴感染B病毒多数情况下呈良性经过，但人类感染B病毒后则会出现脑脊髓炎，并伴有较高死亡率。

（一）病原

B病毒（B virus，BV）分类上属疱疹病毒科，甲型疱疹病毒亚科，单纯疱疹病毒属。病毒粒子呈球形，直径平均为125nm，主要由髓芯、衣壳和囊膜组成，核酸型为双股线状DNA。

本病毒对乙醚、脱氧胆酸盐、氯仿等脂溶剂敏感。胰蛋白酶类可使病毒囊膜变性。对热敏感，50℃ 30min可将其灭杀，X射线和紫外线对其有杀灭作用。–70℃可长期保存。

（二）流行病学

它的自然宿主是猕猴。在35种非人灵长类疱疹病毒中，只有B病毒对人有致病性。

现已知本病经自然传播而发展成疾病的仅有人和猴。在猴群中发生流行性疱疹性口炎，对人引起致死性脑炎。

自然感染本病的猴类有恒河猴、红面猴、食蟹猴、台湾猴、日本猴、帽猴等；非洲绿猴和爪哇猴在实验条件下可感染发病。病毒也可感染其他灵长类动物，这种情况被认为是外源宿主，感染的结局往往是很快发病死亡。B病毒呈世界范围性分布，但主要存在于亚洲尤其是印度的恒河猴群中，在印度野生猴群中感染率可高达70%，国内猴类的B病毒的感染很普遍。因此，饲养或使用恒河猴的国家都非常重视B病毒的检疫。

不同猴群中疱疹病毒感染率的高低与猴群的生活方式（如野生或家养，单养或群养）、年龄大小等有密切关系。野生、群养较家养、单养感染率高，随年龄增大感染率上升。感染率与性别无关。

实验动物中，家兔对B病毒最易感，任何途径接种均可感染发病，家兔表现出呼吸困难、流涎、眼鼻分泌物增多，结膜炎和角膜混浊等症状，多在7～12d内死亡。小于21d的幼鼠也有易感性。

长期潜伏带毒猴和病猴是传染源。在猴类中，本病主要通过性交、咬伤、抓伤等直接接触感染。又可经传染源的分泌物、排泄物污染饲料、饮水和用具间接感染。人类主要通过被猴咬伤、抓伤感染，也可通过间接接触传染源污染的用具感染。

（三）临床症状

潜伏期不定，短者1～2d，长者几周甚至数年。病初在舌表面和口腔黏膜与皮肤交界的口唇部出现小疱疹，很快破裂形成溃疡；表面覆盖纤维素性、坏死性痂疹；常在7～14d自愈，不留瘢痕。除口黏膜外，皮肤也易出现水疱和溃疡。病猴鼻内有少量黏液或脓性分泌物，常并发结膜炎和腹泻。多数猴只表现出轻微口部病变，外观无明显不适，饮食正常，容易被人们忽略。

（四）病理变化

主要病变在舌或口腔黏膜，初期出现水疱，然后形成溃疡，进一步发展溃疡面变薄，苍白的黏膜被中间坏死区覆盖，周围绕以明显轮廓的红斑。镜检病变部位上皮细胞最初增大和变性，中期见有嗜酸性包涵体，最后细胞破坏并发展为坏死。

（五）诊断

1. 病毒的分离与鉴定

用棉拭子取急性发病期猴口腔疱疹或溃疡部位的渗出液，无菌处理后接种兔肾细胞、原代猴肾细胞、Vero细胞或鸡胚绒毛尿囊腔，置于37℃培养3～4d，以分离病毒。电镜下观察细胞培养物中病毒的形态，或用免疫荧光技术检查细胞培养物中病毒的抗原。此外还可以将其渗出物脑内接种于兔、幼鼠和猴，以分离病毒。

2. 血清学检测

可以采用人单纯疱疹病毒I型（HSV–1）作为抗原，检查B病毒抗体。最近血清学方法有新的改进，在单克隆抗体的基础上建立了一些相应的血清学方法，用于病毒或病毒相关抗原的监测。

3. 病毒核酸检测

原位杂交（ISH）、聚合酶链反应（PCR）等。

三十五、猴腺病毒（Simian Adenovirus Infection）

本病是由猴腺病毒感染猴类，并且由其中的某些血清型引起幼猴以结膜炎和呼吸道炎症为主的一类疾病。

（一）病原

腺病毒（Adenovirus）在分类上属于腺病毒科，哺乳动物腺病毒属。是一种没有包膜的直径为70～90nm的颗粒，由252个壳粒呈二十面体排列构成。每个壳粒的直径为7～9nm。衣壳里是线状双链DNA分子。

腺病毒分为感染鸟类和哺乳动物的两个属。人类腺病毒根据物理、化学、生物学性质分为A～G7组，每一组包括若干血清型，共42型。在灵长类动物中分离到29个血清型。人类腺病毒不能在鸡胚中增殖，上皮样人细胞系HeLa细胞和人胚原代细胞培养最敏感，能引起细胞肿胀、变圆、聚集成葡萄串状的典型细胞病变。腺病毒对酸碱度及温度的耐受范围较宽，36℃ 7d病毒感染力无明显下降。对脂溶剂和酶类均有抵抗作用，但56℃ 30min可将其灭活。

（二）流行病学

灵长类动物和人易感猴腺病毒。目前已知主要的易感灵长类动物有猕猴、长尾猴、非洲绿猴、松鼠猴、黑猩猩、狒狒、赤猴、恒河猴、食蟹猴、豚尾猴、红面短尾猴等。各种年龄、性别的猴均具感染性，但其中围产期母猴及新生仔猴最为易感。

感染途径主要为直接接触感染和呼吸道感染。

本病的发生和扩散多与不良因素的影响有关。在自然条件下，感染猴多无明显临床症状，呈现隐性感染。由于各种应激因素，如运输、拥挤、捕获等环境条件的剧烈变化，常诱发临床症状，并向外排毒，感染周围健康猴，造成病毒扩散。

（三）临床症状

在自然状态下，腺病毒感染多无临床症状。但有的血清型可引起猴上呼吸道疾患、肺炎、结膜炎等病症。患病猴表现为呼吸道症状，流涕、结膜炎、嗜睡、下痢、厌食等症状。实验条件下用SV17经鼻内接种非洲绿猴，会出现咽部黏膜红肿等轻度上呼吸道症状。用SV17、SV23、SV27、SV34和SV37经脑内接种恒河猴，均可使脑膜和脉络产生病理变化。

（四）病理变化

大体解剖可见肺充血、出血、实变，呈浅黄色或暗灰色；在肝脏表面可见多个1mm的坏死灶，有的可见黄疸，在十二指肠黏膜可见多个直径约5mm的溃疡灶，老龄猴可见胸水和腹水。组织学可见支气管和肺泡上皮出现病变、坏死，坏死细胞核内可见包涵体。

（五）诊断

1. 病毒分离

用棉拭子取鼻咽部、眼分泌物，粪便或死后尸检的肺组织和咽部腺体组织等标本，加抗生素后，接种原代恒河猴肾细胞、原代非洲绿猴肾细胞或LLc-Mk2、BSC-1、Vero等猴继代细胞进行培养，分离病毒。猴腺病毒在细胞培养物中可独立增殖，不需要SV40的辅助，可与人腺病毒相区别。猴腺病毒在细胞培养物中的细胞病变呈葡萄状，具有特征性，可以做初步诊断。

2. 血清学检查

有补体结合试验、红细胞凝集抑制试验、中和试验、免疫荧光和酶标记免疫试验。

鉴于猴腺病毒的血清型多，型间存在交叉反应，常规免疫血清难以区分或定型，因此应用单克隆抗体可进行型别的鉴定。

（柴洪亮 王亚君 曾祥伟 李祥）

第二节　细菌性传染病

一、巴氏杆菌病（Pasteurellosis）

巴氏杆菌病是野生动物、家畜、家禽共患的一种传染病。急性病例以败血症和出血性炎症为特征，故又称出血性败血症；慢性型常表现为皮下结缔组织、关节及各脏器的化脓性病灶。

（一）病原

该病的病原为多杀性巴氏杆菌（*Pasteurella multocida*），属巴氏杆菌属。本菌呈卵圆形或短杆状，不形成芽孢，无鞭毛、不运动。可形成荚膜，革兰氏染色阴性。组织、体液涂片，用姬姆萨、瑞氏和美蓝染色后，菌体两端着色深，呈明显的两极染色。用培养物制作的涂片，两极着色不明显。新分离的菌株具有荚膜，体外培养后很快消失。

本菌可在普通琼脂培养基上生长，但不旺盛。在添加少量血液、血清的培养基上生长良好，培养24h，形成淡灰白色、露滴样小菌落，表面光滑，边缘整齐，新分离的菌落具有较强的荧光性。本菌在普通肉汤中呈均匀混浊。为需氧与兼性厌氧菌。

根据多杀性巴氏杆菌的荚膜抗原，用交叉被动血凝试验可将本菌分为A、B、D和E4种荚膜血清型。近些年来，世界各国多用琼脂扩散试验将其分为16个血清型。

（二）流行病学

多种野生动物、家畜、家禽、实验动物均可感染本病，人也有感染的报道。可感染本病的野生哺乳动物有：黑尾鹿、驯鹿、驼鹿、白尾鹿、大角绵羊、瞪羚、弯角羚、鹿角羚、普氏原羚、黑羚、黄羊、野牛、袋鼠、美洲狮、豹、浣熊、野猪、孟加拉虎、象、赤狐、水貂、麝鼠、啮齿类、河马、野兔等。易感的鸟类有：斑嘴鸭、旱鸭、绿翅鸭、绿头鸭、鸳鸯、斑头雁、鸿雁、白额雁、斗雁、狮头鹅、白骨顶、董鸡、银鸡、红嘴鸡、岩鸡、蓝马鸡、褐马鸡、珍珠鸡、鹦鹉、娇凤、孔雀、企鹅、乌鸦、鸥、麻雀、雉、啄木鸟、凫、驼鸟、猫头鹰等。

本病分布于世界各地，主要的传染源是患病或带菌的动物，昆虫也能传播本病。可通过呼吸道和消化道感染，或通过损伤的皮肤、黏膜感染。本病的发生一般无明显的季节性，各种外界条件的剧烈变化、长期营养不良或患有其他疾病等都可促进本病的发生。

（三）临床症状

临床上可以分为最急性、急性和慢性3种类型。最急性型和急性型多表现为败血症及胸膜肺炎，常呈地方性流行。慢性型的病变多集中于呼吸道，常为散发性发生。本病的潜伏期一般为1~5d，长的可达10d。

家禽发生本病呈急性或慢性经过，野生禽类常为出血性败血症。本病在野生鸭类多为急性爆发，初期多无症状急性死亡，当死亡出现几周后，可见有患病的个体逐渐增加。病鸭表现为嗜睡、沉郁，易于接近和捕捉，而在被捕捉后，常在数分钟内死亡。有些则出现痉挛，在水中打转或在陆地上呈圆圈运动，头向后背，插入翅下，空中飞行平衡失控，常有黏液从口中流出，肛门、眼、喙等处周围羽毛粘有污物，排泄物呈黄褐色或黄色糊状，有时带血，鼻孔可见气泡、血样鼻分泌物。

鹿发生本病，可表现为急性败血型和肺炎型。前者可见体温升高，食欲废绝，呼吸困难，反刍停止，独立一隅或卧伏不起。严重时口鼻流出血样泡沫液体，腹泻，粪便带血。一般在1~2d内死亡。肺炎型病例主要表现为精神沉郁，体温升高，呼吸急促，咳嗽，步态蹒跚。严重者呼吸极度困难，头向前伸，鼻翼开张，口吐白沫，粪便稀薄，间或带血。病程5~6d，转归多死亡。

羚羊患本病呈现为特征性胸膜肺炎。表现为沉郁憔悴，行动迟缓，鼻中流出黏液，有时带血，咳嗽和呼吸困难。

水貂患本病，潜伏期1~2d，多为急性型。突然拒食，体温升高，鼻镜干燥，呼吸困难，食欲减退或废绝，有时可见后肢麻痹，1~2d死亡，死亡前出现昏迷或痉挛。流行后期，可见亚急性或慢性病例，食欲减退，精神沉郁，步态不稳，喜卧不动，有时可见排带血稀便，体表淋巴结肿大，化脓。

海狸鼠多表现为急性型。表现为结膜充血，鼻孔有浆液性或脓性鼻液流出，食欲废绝，肩前淋巴结肿大，爪部水肿。死前出现痉挛、昏迷。

麝鼠患本病急性病例表现同水貂相似，慢性病例表现呼吸困难，进行性消瘦、下痢，结膜炎和关节炎等症状，有的可在皮下出现水肿。

巴氏杆菌病是常在鼠类中流行的重要传染病，主要可表现为出血性败血症和支气管肺炎。

袋鼠对巴氏杆菌极为敏感，常常无明显症状而突然死亡，口鼻流出少量暗红色血水，血液凝固不全。

兔患本病临床上可表现出多种类型。最急性型未见任何症状便突然死亡，急性型的主要特征是出血性败血症，亚急性型十分少见，主要表现肺炎和胸膜炎症状。兔患本病亦可表现出慢性经过，病程可拖延数月至1～2年。慢性过程中可见鼻炎、结膜炎、角膜炎、中耳炎或皮下脓肿发生。有时还可引起生殖器官感染，如发生子宫炎、子宫蓄脓、公兔睾丸炎、附睾炎等。

野牛主要表现为急性败血症的症状，虎主要表现为肺炎，海豚以出血性肠炎为主要特征，海豹、海狮多出现出血性肠炎和坏死性腹膜炎症状。

（四）病理变化

（1）禽类。最急性死亡一般无明显的眼观病变。急性病例表现典型的出血性败血症变化。腹膜、皮下组织、腹腔脂肪出血，心内外膜斑点状出血，心包液增多。肝肿大质脆，表面有针尖大灰白色坏死点，肺充血、出血、肝样变，肌胃出血，脾淤血肿大。呼吸道黏液增多，黏膜充血出血。肠黏膜充血出血，尤以十二指肠和小肠前段为重，泄殖腔黏膜、卵巢及输卵管充血出血。慢性病例因个体受累部位不同，剖检时可见不同的情况，如肺炎、肠炎、气囊炎、鼻窦炎、关节炎等。

（2）哺乳动物。因动物种类不同，其表现有一定差别。

最急性型（败血型）：主要以败血症病变，出血性素质为主要特征。全身各部黏膜、浆膜、实质器官和皮下组织有大量出血点，其中以胸腔器官尤为明显。全身淋巴结肿大、出血，切面潮红多汁。脾脏除个别小动物外，一般眼观无变化。但组织学检查时，见有急性脾炎变化。常见皮下疏松结缔组织水肿、胶冻样浸润、出血。胸腔内常有多量淡黄色积液。

急性型：除具有最急性型败血症病变外，主要是不同程度的纤维素性肺炎（胸型），出血性肠炎（肠炎型）。胸型表现为肺有暗红色硬固区，切面肝样硬变，可沉于水。其余部分水肿、充血。肺与胸膜常粘连，有多量胸水，并有纤维素性渗出物。支气管内充满泡沫样、淡红色液体。肠炎型表现为胃、小肠黏膜有卡他性或出血性炎症，在肠管内常混有血液和大量黏液。急性型的其他病变为肝、肾变性，体积增大，颜色变淡。

慢性型：尸体消瘦，贫血。内脏器官常发生不同程度的坏死区，肺脏显著，肺的肝变区扩大并有坏死灶。胸腔常有积液及纤维素沉着。鼻炎型病例剖检时可见鼻腔内有多量鼻漏，鼻黏膜充血，轻度至中度水肿和肥厚。鼻窦与副鼻窦黏膜红肿并蓄积多量分泌物。

（五）诊断

1. 涂片镜检

取被检动物心血、肝或脾制成涂片，用美蓝、姬姆萨、瑞氏染色液染色，如发现有二极浓染的小杆菌，结合流行病学、临床诊断、剖检变化可做出较可靠的诊断。

2. 细菌分离培养

在镜检同时，取新鲜心血、肝病料，接种于血液琼脂平板和麦康凯琼脂子板，做分离培养。第二天观察生长情况：血琼脂上生长，形成淡灰色、圆形、湿润、露珠样小菌落，菌落周围无溶血区。取一典型菌落涂片、染色、镜检，为两极染色的革兰阴性小杆菌。麦康凯琼脂上该菌不生长。

3. 生化试验

本菌分解葡萄糖、果糖、半乳糖、蔗糖、甘露醇，产酸不产气，不分解乳糖、鼠李糖、山梨醇、肌醇。多数产生靛基质、硫化氢、过氧化氢酶、氧化酶、不液化明胶，在石蕊牛乳中无变化。在三糖铁上生长，可使培养基底部变黄，血琼脂上生长良好，45℃折光下菌落产生橘红色或蓝绿色荧光。

4. 动物试验

将上述病料制成乳剂，接种小白鼠或家兔。试验动物常于24~72h内死亡，从血、肝、心脏中可分离到该菌。

5. 血清学试验

常用的有快速全血凝集、血清平板凝集或琼脂扩散试验等。

二、炭疽（Anthrax）

炭疽是由炭疽杆菌引起的一种急性、热性、败血性的人和动物共患传染病。临床上以尸僵不全，血凝不良，天然孔出血（黑红色煤焦油样血液），脾脏急性肿大，皮下和浆膜下组织浆液性、出血性胶样浸润为特征。本病为二类传染病。

（一）病原

炭疽杆菌（*Bacillus anthracis*）为需氧性芽孢杆菌属中的一种长而粗的大杆菌，革兰氏染色阳性。在病料中，本菌菌体粗大、直，以2~8个菌排成短链，连接端平齐或稍凹陷，呈刀切或竹节状，游离端钝圆，菌链包有一层明显的荚膜。在人工培养基上形成数个至数十个菌体相连的长链，并可形成圆形或卵圆形芽孢。芽孢位于菌体中央，直径不超过菌体宽度。本菌无鞭毛，不运动。

本菌在普通琼脂平板上形成灰白色、不透明、干而粗糙、边缘不齐的菌落或菌苔，呈缩毛状或卷发样，有鉴别特征。在血琼脂平板上一般不溶血。在明胶穿刺培养时，沿穿刺线生长似倒立松树状，具有鉴别意义。肉汤中生长初期（6h左右）可见液面下垂有灰白色絮状菌丝，后可沉于管底，上清液透明，摇动时有丝状物升起。

菌体对外界抵抗力弱，但芽孢抵抗力极强，其感染力可持续长达数十年。

（二）流行病学

本病多发生于哺乳动物，象、斑马、鹿、野牛、羚羊、水貂、海狸鼠、猴、猩猩、野猪、狮、豹、河马、獾等多种野生动物都有发生本病的报道，家畜中牛、绵羊、山羊高度易感，实验动物中小鼠、豚鼠、家兔均极易感。有报道，北极狐、银黑狐对本病不易感，狗、猪和猫也有较强的抵抗力。

鸟类极少有发生本病的报道，伦敦动物园曾因饲喂含有炭疽杆菌的肉，使几只鹰发病死亡。一些鸟（如乌鸦）可携带本菌，可能对本病的传播有一定作用。患病动物是主要传染源，被排泄物和尸体污染的地区可成为长久的疫源地。对野生动物来说，消化道是主要的感染途径，其次是通过皮肤损伤和呼吸道感染。

（三）临床症状

本病的潜伏期一般几小时到几天。最急性型几乎没有看到任何症状即已死亡，多出现于本病流行初期。如鹿常在运动、休息或采食过程中突然倒地，全身抽搐，挣扎，痛苦呻吟，呼吸急速，从口、鼻流出黄白色泡沫样液体，最短可在数分钟内死亡。患病紫貂可表现为超急性型经过，无任何临床症状，在吃食或奔跑中突然倒地死亡，有时可见天然孔出血。患本病可表现突然衰竭死亡。

急性型较为常见，一般在发病后2~3d死亡。患病动物表现为体温剧升，精神不振，食欲下降或废绝，呼吸困难，可视黏膜出血，先便秘后腹泻，便中带血，尿暗红。死前体温下降，呼吸极度困难，痉挛。野牛发病多处于抑制状态，反刍停止，行走困难，后肢强直，从鼻孔、肛门流出血样液体，身体水肿。象表现为反应迟缓，不愿活动，流涎，流泪，身体出现炎性水肿。羚羊等草食兽发病多为以体表肿胀为特征的皮肤型或局灶性炭疽。食肉兽常见厌食，口、唇、舌发炎、肿胀，咽喉水肿，呼吸困难，体表局部肿胀发炎。

（四）病理变化

对怀疑为死于炭疽的动物，原则上禁止解剖，以防止病原扩散。如确需解剖，需有上级有关部门批准，并有人员严密做好防范工作。

剖检特征基本为败血症变化。天然孔流血，尸僵不明显，血液凝固不全，呈黑红色煤焦油样，皮下及浆膜下有出血样胶样浸润，脾脏高度肿大，脾髓呈黑红色，如泥状。食肉兽炭疽的共同病变之一是咽喉及周围组织明显肿胀。鹿可见全身淋巴结肿大呈赤黑色，内脏实质器官出血。

死于本病的鹰剖检可见脾、肝、肾肿大，表面有出血斑和坏死灶，及黏液性出血性肠炎和纤维素性脓性心包炎。

（五）诊断

已怀疑死于炭疽的动物，不可剖检，可剪耳尖一块，剪后用热烙铁严格消毒处理，或用棉拭子蘸取天然孔流出的血液少许。对已剖检的急性败血症死亡动物可取静脉血及脾，局部型炭疽取颌下淋巴结和扁桃体，腐败尸体取长骨或其他组织（包括皮、毛）。

1. 菌体形态和培养特性

本菌的形态特点和培养特性（如前述）具有较重要的诊断意义，经检查，如特征典型，结合临床表现，可做出初步确诊。

2. 串珠试验

炭疽杆菌对青霉素高度敏感，接触青霉素时发生形态变异，可使链状长形菌体变为串珠状圆形菌体，故称串珠试验。而其他类菌无此反应。

（1）液体培养法。将幼龄（6h左右）可疑培养物接种2mL，含有0.5单位/mL青霉素的肉汤中；另设一对照，只加培养物，不加青霉素。37℃作用1～2h，分别加入福尔马林，使终浓度为2%，固定10min后，涂片检查，观察串珠形成情况。

（2）固体培养法。将含0.5单位/mL的青霉素琼脂培养基7～8mL倒入无菌平皿中，待凝固后无菌操作割取盖玻片大小的一块，置于无菌载片上，取一铂耳幼龄（6h左右）被检菌的肉汤培养物置于琼脂中央。将载片放在平皿中，平皿中再放入一小块湿棉球，盖上皿盖。37℃培养2～4h，加盖片，直接镜检观察串珠形成情况。

3. 动物试验

小鼠、豚鼠、家兔及金黄地鼠对炭疽杆菌易感，强毒株皮下接种后，多在1～2d死亡。死亡后动物可做组织涂片，观察有典型形态的大杆菌，可以确诊。

4. 血清学试验

（1）Ascoli氏反应。此法多用于皮革、羊毛及已腐败而不能作分离培养的病料或疑似炭疽病死亡的动物新鲜组织中炭疽杆菌耐热菌体抗原的检测。操作过程如下：

沉淀原制备：实质脏器和血液病料，用研钵研碎，加入5～10倍体积0.5%石炭酸生理盐水再研磨，置沸水中煮沸30min，用滤纸过滤，取其透明清亮滤过液作为沉淀原。皮肤样品，可取若干小块置于37℃烘干后再以121℃灭菌15~20min，冷却后剪成细微碎片，按重量加5~10倍0.5%石炭酸生理盐水，室温下浸泡8~24h，滤纸滤过，透明上清即为沉淀原。

正式试验：将上述滤液用毛细吸管重叠在小试管中的炭疽沉淀血清上，两层间不要有气泡，不破坏抗原和血清间的界面，置室温，接触面出现一清晰白色环者为阳性，反应在数分钟内可出现。

（2）其他血清学检验方法常用的还有琼脂扩散试验和荧光抗体染色两种方法。

三、结核病（Tuberculosis）

结核病是由分枝杆菌引起的野生动物、家畜、家禽和人的慢性传染病。其病理特征是在多种组织器官形成结核性肉芽肿（结核结节），继而结节中心干酪样坏死或钙化。本病为二类传染病。

（一）病原

分枝杆菌属的多种细菌可以引起野生动物的结核病和结核样病变，而最主要的有3种：结核分枝杆菌（*M. tuberculosis*）、牛分枝杆菌（*M. bovis*）和禽分枝杆菌（*M. avium*）。此属菌的特点是需氧，无鞭毛，无芽孢，无荚膜，在细胞壁中含有丰富的复杂脂类。适宜的生长温度为37~39.5℃，适宜pH为6.5~6.8。分枝杆菌具有较强的抵抗力，耐干燥和湿冷，对热抵抗力差，60℃ 30min即死亡，70~80℃经5~10min可杀死。在水中可存活5个月，在土壤中可存活7个月。分枝杆菌对消毒药的抵抗力较强，常用消毒药经4h方可杀死，而在70%酒精或10%漂白粉中很快死亡。

（二）流行病学

患病动物和人的粪、尿、乳汁、痰液等都可带菌，通过污染的饲料、饮水、食物、空气和环境而散播传染。主要是通过呼吸道和消化道感染，也可通过损伤的皮肤、黏膜和胎盘而感染，但极为少见。

本病的感染范围很广，大多数野生哺乳动物和鸟类都可感染本病。野生动物在野外自然条件下发病并不普遍，但动物园或圈养条件下的野生动物，由于感染机会增多，则常常发生此病。

对本病易感的哺乳动物有：灵长类动物、象、长颈鹿、狮、虎、豹、豹猫、猞猁、山猫、鹿、白尾鹿、花鹿、牝鹿、红鹿、沼泽羚羊、非洲水牛、非洲条纹羚羊、麝、弯角羚、普通小羚、驼羊、麋、大角羚、骆驼、獾、田鼠、水獭、雪貂、水貂、貉、狐、犬、狼、熊、海狮、海豚、獏、犀牛、野猪、河马、麝香鹿、麝香牛、袋鼠、土松鼠等。

几乎所有的鸟类对禽分枝杆菌均易感，人、许多家畜和多种野生哺乳动物对禽分枝杆菌也易感，但犬对禽分枝杆菌不易感。有报道虎皮鹦鹉也不易感。鹦鹉等大型鹦鹉科鸟类对人结核分枝杆菌和牛分枝杆菌易感，观赏鸟类对牛分枝杆菌特别易感。在笼养或圈养条件下，火鸡、雏鸡、鹑、鹤和某些猛禽较水禽易于患此病，但此病一旦建立起来，则可成为水禽的常见重要疾病。野生鸟类中与人、家畜、家禽有密切接触，或有食腐习性的种类或个体易患本病。

本病的发生无明显季节性和地区性，多为散发。不良外界环境，饲养管理不当，动物自身营养不良或患有其他疾病等，均可促进本病的发生、加重和传播。

（三）临床症状

由于动物种类不同，临床症状表现不一。

1. 灵长类动物

所有灵长类动物，特别是猿易患结核，但在野生的灵长类动物中很少发生结核病。3种主要的结核分枝杆菌都可感染灵长类动物。患病动物一般看不到明显症状，严重感染时表现为行为改变、厌食、疲倦、乏力、嗜睡，很少见到咳嗽和咳痰。疾病进行性发展时，被毛粗刚、呼吸困难、迅速消瘦。发生全身性结核时，肝脏、脾脏肿大，触诊可感觉到，局部淋巴结可能肿大，甚至溃破排出脓汁。特殊病例波及脊骨，引起神经症状。个别情况还可出现原因不明的后肢麻痹现象。猴感染禽分枝杆菌时可能波及消化道与其有关的淋巴结，表现有持续性或间断性下痢，治疗不易见效。

2. 偶蹄动物

无论圈养还是野生的偶蹄动物均易患结核病。对3种结核分枝杆菌均易感，但以感染人型和牛型分枝杆菌为普遍。常见表现为：消瘦体弱、厌食、低热，因以肺结核为主，表现为长期、低沉的湿咳，并有其他呼吸系统症状。

3. 象

象患结核多在肺部，一般无明显症状。多表现为消瘦，较长时间的鼻排出物增多。个别的象表现为体温突然升高、疲倦、血痢、行动时摇晃、干咳、食欲不振。

4. 猫科动物

一般以肺结核为主。主要症状为咳嗽、食欲不振、体重减轻、微热。

5. 单蹄类动物和有袋类动物

几乎所有的种类都可感染牛型分枝杆菌。表现为消瘦、恶病质，在内脏器官和骨组织形成结核结节。有时也可被禽分枝杆菌和其他分枝杆菌，如瘰疬分枝杆菌（*M. scrofulaceum*）和溃疡分枝杆菌（*M. ulcerans*）感染，表现为皮肤和骨的脓肿、化脓性关节炎，并常波及内脏器官。

6. 犬科动物及毛皮动物

一般表现温和，呈慢性经过。患病动物主要出现肺脏和肠道的病变和相应临床表现。肠系膜淋巴结受侵害时，腹腔可出现积水。个别动物受感染后在颈部可见瘘管或溃疡，个别还有后肢麻痹的情况出现。

7. 鸟

鸟类患结核病一般潜伏期较长，病程缓慢，早期不见明显症状。病鸟呆立、精神萎顿、衰弱。虽不影响食欲，但病鸟进行性消瘦、营养不良、体重减轻、胸部肌肉明显萎缩、胸骨凸出如刀，随病情发展，羽毛变粗乱，贫血，表现为冠和肉髯苍白。有些病鸟在眼周围、面部、喙基部、腿等处出现脓肿和结节性增生。关节和骨骼发生结核时，可见两足跛行。肠道发生结核性溃疡，常出现下痢。

（四）病理变化

主要病理特征是在各组织器官发生增生性结核结节（结核性肉芽肿）或渗出性炎症，或二者混合存在。后期在渗出性和增生性炎的基础上，可出现变质性炎，表现为干酪样坏死。时间较久的结节由灰白色转为黄色，切开时具有三层结构，外层为普通肉芽组织，中层为特异性肉芽组织，中心为干酪样坏死或钙化。在哺乳类动物，原发性结核通常局限于淋巴系统和肺脏。结核杆菌可通过血液和淋巴液循环，由原发病灶散布于机体各部，形成许多新的病灶。常出现病灶的部位有肺、胸膜、腹膜、肝、脾、肾、骨、关节、子宫和乳房。

鸟类主要表现在肝、脾、肠及肺等器官出现灰白色或黄白色的针尖至几厘米大小的肿瘤状结节。将结节切开，可见结节外面包裹一层纤维组织性包膜，里面充满黄白色干酪样物质，通常不发生钙化。结节多少不一，均匀分布或葡萄串样聚集。结节还可见于腹壁、腹膜、骨骼、卵巢等多处。常可见肝、脾肿大，易碎。

（五）诊断

1. 病料采集及处理

可采集结核病灶、呼吸道分泌物、脓汁、乳汁、精液、尿和粪便等样品，用于镜检或病菌分离培养。为去除病料样品中的杂质异物和浓缩结核杆菌，检验前可对样品做消化集菌处理（方法略）。

2. 镜检

取上述经集菌处理的病料涂片做抗酸性染色。镜检呈红色直或弯曲的细长杆菌为结核杆菌，其他细菌为蓝色。涂片还可用金胺染色，经荧光显微镜观察，见有黄色或银白色明亮的细长杆菌，即为抗酸菌。新鲜结核灶中菌体形态一致，不易呈分枝状态，常散在或成双、成丛。陈旧培养物或干酪化病灶中的菌体易见分枝现象。人型结核分枝杆菌是直或微弯的细长杆菌，多为棒状，间有分枝状，单在或平行排列；牛型结核分枝杆菌比人型菌短粗，且着色不均；禽型结核菌短而小，为多型性。

3. 分离培养

劳文斯坦–钱森二氏培养基是初次分离时常用培养基。经培养禽型结核杆菌生长较快，2～3周可生长好，菌落光滑、湿润、丰盛、灰黄色；人型结核菌较慢，需2～4周生长好，菌落干而粗糙、砂粒状或疣状；牛型结核菌更慢，需培养3～6周，菌落较人型小。

结核杆菌培养方法很多，常用方法还有5%甘油肉汤培养，5%甘油琼脂培养，5%甘油马铃薯培养。

4. 生化特性试验

以下4种生化特性试验常用来进行致病性和非致病性抗酸性分枝杆菌的区分和致病性结核杆菌的分型可参照表10-1。

表10-1　致病性结核分枝杆菌的生化鉴别特性

	中性红试验	触酶活性（68℃）	烟酸反应	硝酸盐反应
人型分枝杆菌	+	−	+	+
牛型分枝杆菌	+	−	−	−
禽型分枝杆菌	+	+	−	−

5. 动物接种试验

将经集菌处理的病料悬液用皮下注射的方式给豚鼠接种，每只1.5mL，每份病料最好接种2～3只。如果病料中含有结核杆菌，豚鼠在接种后2周对结核杆菌产生变态反应阳性。接种后3~4周，将1∶20的3种结核菌素各0.1mL分别皮内注射豚鼠。若豚鼠感染牛分枝杆菌或结核分枝杆菌，注射这两种结核菌素的部位出现明显红肿反应，经72h不消退，而注射禽结核菌素的部位产生轻微反应，持续24~48h就消失。若豚鼠感染禽分枝杆菌，则对禽结核菌素反应强烈，而对其他两种结核菌素反应轻微或不反应。通过致病力检测可以对人结核分枝杆菌和牛分枝杆菌加以区别。

6. 结核菌素试验

结核菌素试验可以直接用于患结核病或可疑患病的野生动物，具有重要的诊断价值。试验可采用皮内注射或点眼的方法。根据野生动物种类的不同，选用结核菌素类型、接种部位、注射剂量及观察反应的时间。

四、布氏杆菌病（Brucellosis）

布氏杆菌病是由布氏杆菌引起的人畜共患的一种慢性传染病。本病的特征是生殖器官和胎膜发炎，引起流产不育和多种组织的局部病灶。

（一）病原

布氏杆菌（*Brucella*）为革兰氏阴性小杆菌，呈球状或短杆状，常散在，无鞭毛，不形成芽胞和荚膜。用科兹洛夫斯基染色法染色时，布氏杆菌染成红色，其他细菌染成蓝色（或绿色）。

布氏杆菌分为6个种19个生物型，即马尔他布氏杆菌（*Brucella melitensis*）、流产布氏杆菌（*Brucella abortus*）、猪布氏杆菌（*Brucella suis*）、绵羊布氏杆菌（*Brucella ovis*）、犬布氏杆菌（*Brucella canis*）和沙林鼠布氏杆菌（*Brucella neotomae*）。习惯上把马尔他布氏杆菌称为羊布氏杆菌，把流产布氏杆菌称为牛布氏杆菌。

布氏杆菌是需氧菌或微需氧菌，最适温度是37℃，最适pH为6.6~7.0。在血清肝汤琼脂上形成湿润、无色、圆形隆起、边缘整齐的小菌落，在土豆培养基上生长良好，长出黄色菌苔。

本菌对热抵抗力较弱，对常用消毒药敏感。但对寒冷抵抗力较强。在土壤和粪便中可存活数周至数月，水中可存活5~150d。

（二）流行病学

本病能侵害多种野生动物，家畜和人。易感的野生动物有野牛、麋、驼鹿、驯鹿、白尾鹿、黑尾鹿、臆羚、岩羊、羚羊、黄羊、野猪、野犬、狐、獾、狼、鬣狗、豺、灰熊、豪猪、山猫、骆驼、野兔及啮齿动物。在野生动物布氏杆菌病中，菌型与易感动物之间无明显的专一性。幼小动物对本病有一定抵抗力，随年龄增长这种抵抗力逐渐减弱，性成熟的动物最易感。

家畜中羊、牛和猪易感性最高，它们对同型布氏杆菌最敏感。人感染羊布氏杆菌病情较重，猪型次之，牛型最轻。试验动物中以豚鼠和小白鼠最易感。禽类一般不患布氏杆菌病，但可实验感染。

布氏杆菌病的传染源是病兽和带菌野生动物。最危险的是受感染的妊娠母兽，它们在流产或分娩时将大量布氏杆菌随胎儿、胎水和胎衣排出。流产后的阴道分泌物及乳汁中都含有布氏杆菌。布氏杆菌感染的睾丸和精囊中也有该菌存在，有时随粪尿也可排菌。

布氏杆菌病的主要传播途径是消化道，即由于摄取病原菌污染的饲料和饮水而感染，其次是通过皮肤、黏膜和交配感染，吸血昆虫（如蜱）可通过叮咬而传播本病。

本病的流行特点是动物一旦被感染，首先表现为患病妊娠母兽流产，多数产仔动物只流产一次。流产高潮过后，流产可逐渐完全停止，虽表面看似恢复了健康，但多数为长期带菌者。除流产外，还有子宫炎、关节炎、睾丸炎等。在本病常在地区临床上多表现为慢性、不显性经过，而一旦侵入清净地区一般呈急性经过。本病无明显季节性，但以产仔季节较为多见。

人的传染源主要是患病动物。一般不由人传染于人。在我国，人布鲁氏菌病最多的地区是羊布鲁氏菌病严重流行的地区，从人体分离的布鲁氏菌大多数是羊布鲁氏菌。牧区人的感染率高于农区。患者有明显的职业特征，凡与病畜、污染的畜产品接触频繁的人员，如毛皮加工人员、饲养员、兽医、实验室工作人员等，其感染发病率明显高于从事其他职业的人。

（三）临床症状

动物种类不同，感染布鲁氏菌病后临床表现不尽相同。

（1）犬。由羊种、牛种、猪种布鲁氏菌引起的犬布鲁氏菌病，大多数为隐性感染，少数表现发热，有的可发生流产、睾丸炎和附睾炎。由犬布鲁氏菌引起的布病，多于妊娠40～50d发生流产，流产后阴道长期排出分泌物，淋巴结肿大，脾炎和长期的菌血症。公犬可能正常，也可能有附睾炎、前列腺炎、睾丸萎缩以及腰椎椎间盘炎和复发性眼葡萄膜炎，淋巴结病变和菌血症，也可能导致两性不育。

（2）骆驼。一般不出现临床症状，有时可见到散发性流产。

（3）鹿。鹿的布鲁氏菌病有两种类型，一种为猪布鲁氏菌第4生物型所引起（最适寄生型），只发生于苏联北部和加拿大北部的驯鹿；另一种为羊种、牛种布鲁氏菌所引起（转移型）。此外猪种布鲁氏菌第1生物型也可引起梅花鹿和马鹿布病。

鹿患布病多呈慢性经过，感染初期多无明显症状，中后期可见食欲减退、消瘦、皮下淋巴结肿大。在妊娠初期感染本病的母鹿，多在怀孕6～8个月时流产，流产前后从阴道流出脓性恶臭的褐色或乳白色分泌物，流产后常有乳房炎、胎衣不下、子宫炎、久配不孕。公鹿发生睾丸炎和附睾炎。部分成年鹿染病时出现关节炎、黏液囊炎等症状。

（4）狐。银黑狐、北极狐主要表现为母狐流产、死胎和产后不育。病期食欲下降，有的出现化脓性结膜炎（7～10d自愈）。

（5）水貂。在静止期无明显的临床症状，仅表现空怀率增高、流产、新生仔貂易死亡。

（6）野牛。发生流产，子宫炎，有大量阴道分泌物，其后妊娠降低或不易妊娠是常见现象。野公牛阴囊肿大和睾丸炎，有时性欲过强是主要症状。

（7）野兔。常表现表面健康，部分妊娠母兔常发生流产、阴门与阴道肿胀，表面有小脓泡。公兔睾丸肿大，阴茎粗大、暗红。个别病重的野兔表现为体质衰弱。

（8）野猪。除流产等一般性症状外，还常见颈部和鼠蹊部淋巴结肿大。

（9）鸡、鸭、禽类中布鲁氏菌感染者，症状通常表现腹泻和虚脱，有时只见产卵量下降，或有麻痹症状。

（四）病理变化

除流产母兽发生子宫内膜炎外，一般不见特征性变化。子宫内膜炎时，可见子宫深层黏膜上出现多发性黄白色高粱米粒大小向黏膜面隆起的结节性病变。胎衣发生化脓-坏死性炎症，可见水肿、增厚、出血，其表面复有黄灰色纤维蛋白絮片和脓液。流产胎儿可见到细胞浸润性肺炎，心包、皮下、脐带水肿。胸腔、腹腔有浆液性出血性渗出液。公兽可能有化脓性睾丸炎和附睾炎，睾丸和附睾出现炎性坏死和脓肿。在慢性经过时，由于结缔组织增生，睾丸和附睾严重肿大。母兽乳房有时出现硬结，切面为黄色颗粒状肉芽肿结节。

淋巴结、脾和肝有时出现程度不同的肿胀，可见到肉芽肿结节，中心部分聚集有圆形细胞菌，周围有淋巴细胞包围。

毛皮动物（狐、水貂）脾脏和淋巴结常明显肿大。肝、肾常充血、出血。组织学检查各器官组织发生淋巴样细胞及多核巨细胞增生聚集。脾、淋巴结的网状内皮细胞增生。

野兔的脾、肝、肺、子宫壁及皮下组织可见散在的慢性肉芽肿结节，中心部坏死，外有组织细胞和纤维素包围。卵巢脓肿。

麋可见到淋巴结肿大，肝、肾、脾有局灶性坏死。

（五）诊断

1.细菌学检查

取流产胎儿、胎衣、阴道分泌物、羊水、乳汁、血液或病变的肝、脾、淋巴结等组织，制成涂片，用沙黄-美蓝鉴别染色法染色，镜检，发现红色球杆状小杆菌时，可以确诊。同时进行分离培养，取新鲜病料接种选择培养基（加入1/70万～1/20万的结晶紫），培养8～15d后可见生长，然后可挑选菌落做进一步鉴定。如含病原菌较少的材料可以先接种豚鼠，再从豚鼠体内分离细菌。

2.动物接种

取新鲜病料悬液，腹腔接种0.3～0.8mL无特异性抗体的豚鼠，接种后14～21d采心血作凝集试验，接种后20～30d剖杀，取肝、脾和淋巴结做分离培养等鉴定。

3.血清学试验

可以应用的方法很多，但进出口诊断常用的血清学诊断方法是平板凝集试验、试管凝集试验和补体结合反应。

五、鼠疫（Plagus）

鼠疫是由鼠疫耶尔森氏菌（*Yersinia pestis*，以下简称鼠疫菌）引起的鼠类传染病。这种病是由蚤类传播，主要感染鼠类，人亦感染。

1894年香港流行鼠疫时，日本学者北里和法国学者耶尔森（Yersin）几乎同时分别从患者尸体和死鼠中分离出病原菌。Ogata（1897）推测蚤可能是鼠疫传播链中的一员。1905—1906年英国鼠疫研究委员会在印度做的工作报告指出了鼠和蚤类在鼠疫流行中所起的作用。已发现有230多种啮齿动物可自然感染鼠疫。目前，世界上鼠疫不仅在动物中流行，还在人类中有传播。鼠疫自然疫源地尚未全部清除。

鼠疫是人类的一种烈性传染病，死亡率很高。历史上发生过3次鼠疫大流行，给人类造成重大灾难。

（一）病原

鼠疫耶尔森氏菌，属于耶尔森氏菌属，也称其为鼠疫杆菌。

（二）流行病学

鼠疫主要在鼠类中流行，易感的野生动物有黄鼠、林鼠、土拨鼠、旱獭、田鼠、白足小鼠、花栗鼠等。另外，猴、骆驼、猫、狗、兔、猪、羊等也具有不同程度感受性。

鼠疫主要是通过蚤类在鼠中传播。病原菌、蚤、鼠三者构成一个小的生态环境，使得鼠疫在鼠类中流行和持续存在。有人把这个小环境存在的地方称作自然疫源地。在这个复杂的环境中三者互相影响，互相作用，保持动态平衡。三者中的微小变化，如病原菌毒力的改变，鼠的密度和易感性的变化，蚤的蔓延程度等都能动摇这种平衡使疫病流行。

在整个冬季，冬眠鼠的隐性感染对鼠疫持续存在起重要作用。如鼠在冬眠前或冬眠过程中受到感染，疾病过程可暂不发生，直到冬眠后数月才出现临床症状和发生死亡。鼠的性别、年龄、营养性状等因素对鼠疫的流行也有影响。同一种鼠的敏感性也有差别。以前接触过鼠疫的鼠常有较强的抵抗力。

蚤在鼠疫传播上起重要作用。蚤在患鼠身上吸血时食入鼠疫耶尔森氏菌，病菌进入蚤的前胃憩室进行繁殖，由于细菌大量繁殖阻塞消化道，吸入的血不能通过前胃憩室，造成蚤饥饿。饥饿的蚤急欲寻食，在食入动物血液时，由于蚤的食管弹性收缩把细菌阻塞物涌入新的鼠体内。

研究证明，仅少数野鼠蚤是鼠疫传播的生物媒介。多数蚤需经两个月或更长时间才能传播病原菌。某些蚤不发生细菌阻塞现象，发生这种现象的蚤也不全能传播病原菌。感染病原菌的蚤能存活很长时间，有的超过一年。特别是在深冷的鼠洞内，有利蚤的存活。蚤不仅是鼠疫传播的生物媒介，也是鼠疫持续存在的基本生物因素之一。

除了蚤之外，其他节肢动物感受性很低。有的昆虫对鼠疫耶尔森氏菌有感受性，或对实验感染很敏感，但一般认为它们没有生物媒介作用。

（三）临床症状

实验感染土拨鼠潜伏期为5～7d，豚鼠为4～6d，小白鼠为3～7d。临床症状一般为患病动物倦怠、侧卧、或缩成一团，或在地面上徘徊，移动缓慢。动物消瘦，被毛无光泽，对外界反应迟钝，被毛内有较多跳蚤。

实验证明，啮齿类动物感染鼠疫后表现出不同的临床症状，分为腺鼠疫、肺鼠疫和鼠疫败血症。经口感染时常发生腺鼠疫，下腭和颈淋巴结异常肿大。淋巴结与周围皮下组织粘连，无活动性，形成淋巴结周围组织炎，皮肤红肿，腺鼠疫可继发为肺鼠疫。肺鼠疫除具有鼠疫的一般临床症状外，呼吸道症状明显，呼吸加快，但在土拨鼠没有见到咳嗽现象。鼠疫败血症常由毒力强的鼠疫菌引起。鼠疫菌侵入动物体后大量繁殖，迅速进入血液，发病急，病程短，血液中易分离到鼠疫菌。

（四）病理变化

剖检变化可分为3种类型：

1. 急性鼠疫

病程呈急性败血症经过，血管严重充血，皮下组织水肿，内脏器官出血，脾肿大，部分淋巴结肿大。内脏器官常无明显组织学变化。

2. 亚急性鼠疫

动物在6d或更长时间内死亡，淋巴结干酪样变，在脾、肝和肺上有针尖大小的结节样坏死灶。

3. 慢性鼠疫

动物在2~3个月内死亡（如土拨鼠），体内某些淋巴结（如下颌、颈淋巴结）肿大，并含有黄色脓性灶。

野生啮齿动物中多呈急性出血性败血症病变。而在土拨鼠中，有时常呈亚急性或慢性病变。

（五）诊断

依据病理变化、病原检查和血清学反应对鼠疫进行诊断。

病原检查包括涂片镜检、细菌分离、生化试验、噬菌体裂解试验和动物试验。用疑似鼠疫的检验材料涂片，做革兰氏染色或用美蓝染色并进行镜检。检验材料可接种血液平板或亚硫酸钠琼脂平板进行分离。污染严重的检验材料可接种于龙胆紫血液平板或龙胆紫亚硫酸钠琼脂平板。于25~30℃下培养24~48h，选取可疑菌落涂片镜检，经纯培养后做生化试验、动物试验、噬菌体裂解试验。

检验材料或培养菌皮下注射给小白鼠或豚鼠，动物于1~5d死亡，剖检可发现注射部位有局灶性坏死，附近淋巴结水肿或出血性炎症，肝与脾肿大、表面有灰黄色粟粒状坏死点，镜检见到大量鼠疫菌。

诊断鼠疫的血清学反应很多，目前较常用的是反向间接血球凝集反应，间接凝集抑制更敏感，近些年来有些人用放射免疫试验和酶联免疫吸附试验等方法诊断鼠疫。

在田间收集到的腐烂或干涸的动物尸体，可用热沉淀反应和荧光抗体技术进一步检验。最好用骨髓作为检验材料。

六、肉毒梭菌中毒症（Botulism）

肉毒梭菌中毒症是由于食入肉毒梭菌毒素而引起的一种中毒性疾病。特征是运动神经麻痹。

（一）病原

肉毒梭菌（*Clostridium botulinum*）为两端钝圆的大杆菌，多单在，革兰氏阳性（有时可呈阴性），有鞭毛，有荚膜，能形成偏端的椭圆形芽孢。芽孢的抵抗力很强，干热180℃ 5~15min，湿热100℃ 5h才能被杀死。在土壤中可存活多年。该菌在适宜的条件下生长繁殖能产生外毒素，毒素的毒力极强。该毒素能耐一定的高温，一般需80℃ 30min才能破坏，胃酸及消化酶不能使其破坏。

根据毒素的抗原性不同，可将本菌分为A、B、C（含C_α、C_β型）、D、E、F、G等7型，各型毒素是由同型细菌产生的。A型毒素毒性最强，人最为敏感，也能使猴、禽类、水貂、雪貂、麝鼠、马以及鱼类中毒；B型主要引起人、牛、马属动物的中毒；C_α型主要侵害禽类，C_β型侵害禽类、哺乳动物、人；D型主要侵害反刍动物。E型则可使人、猴、禽类中毒。

（二）流行病学

肉毒梭菌广泛分布于自然界，存在于土壤、湖、塘等水体及其底部泥床中、动物尸体、饲料等。自然发病主要是由于食入含有毒素的腐败动植物尸体残骸，毒素污染的饲料、饮水，经胃肠吸收，引起中毒。

在野生动物中，多种禽类都可发生本病，水禽、涉禽和鸥类对C型毒素最为敏感；鸬鹈对C型毒素不敏感，但对E型毒素敏感；鸥类对C型和E型毒素都敏感。毛皮动物中以水貂最为敏感，野生哺乳动物一般较为少见，有报道，圈养的非洲狮由于饲喂家鸡而发生C型肉毒毒素中毒。各种家养畜禽都有易感性，其中鸭、鸡、牛（包括牦牛）、马较多见，实验动物中家兔、豚鼠及小白鼠都很易感。

（三）临床症状

食入含毒素食物后几小时或数天发病，临床症状出现的时间和严重程度与食入毒素的类型、数量以及动物的易感性有密切关系。

禽类病初，毒素侵害外周神经系统，而引起运动肌肉麻痹，出现双腿无力，双翼下垂，飞行困难或完全丧失飞行能力，仅能用双翅划水移动。随病情发展，除腿与翼呈现麻痹外，还可能会出现内眼睑、瞬膜麻痹和颈部肌肉麻痹，呼吸困难，嗜睡和昏迷，严重者很快死亡。病情轻者，经过轻度的运动失调后也可能逐渐恢复。

水貂临床症状表现为肌肉进行性麻痹。首先是后肢，继而向前躯发展，出现麻痹、瘫痪。当咽部肌肉麻痹时，出现采食和吞咽困难、流涎，颈部肌肉麻痹出现头下垂。后期卧地不起，大小便失禁，呼吸困难，多数动物于短期内死亡。

其他动物在摄入大量毒素时可呈最急性经过，常在数小时内死亡。一般情况可在2~4d内出现症状，最明显的表现为运动神经麻痹，起初出现于头部，迅速向后躯和四肢发展。可见咀嚼和吞咽异常，后来不能咀嚼和吞咽，流涎，下颌麻痹，舌垂于口外，上眼睑下垂。出现四肢麻痹时，可见共济失调，卧地不起。肠道蠕动迟缓，呼吸困难，脉搏加速，最后导致死亡。

（四）病理变化

尸体剖检一般无特殊变化，咽部黏膜、胃肠黏膜、心内外膜可能有出血斑点，肺有时充血、水肿。

（五）诊断

临床上出现典型的麻痹症状，动物发病急，发病动物为食入同一可疑饲料者，而剖检又无明显的病理变化，即可怀疑为肉毒中毒。确诊需采集可疑饲料或胃内容物做毒性试验。

1. 样品处理

液体样品可直接离心取上清待检；固体、半固体样品加入适量生理盐水研磨，浸泡1h，然后离心，取上清待检。在检查E型毒素时，可用胰酶处理（37℃ 1h）以激活毒素。

2. 毒素试验

取上述上清液和经胰酶处理液，2只小白鼠各腹腔注射，0.5mL，观察4d。小白鼠中毒后一般多在24h内发病，表现为竖毛，四肢麻痹，全身瘫痪，呼吸困难及麻痹，失声（用镊子夹尾巴不能叫）等症状。

上述样品如使小白鼠发病或死亡，还需进行毒素检查试验。即将样品再分为3份，一份加多型肉毒梭菌抗血清处理30min；一份加热煮沸10min；一份不做处理，分别注射给3组小白鼠。如前两组存活，后一组出现特征性症状，则可判定为待检样品中确有毒素存在。被检材料直接涂片、染色、镜检一般无意义，故肉毒梭菌的诊断，主要依赖于毒素中和试验。此菌是严格厌氧菌，特别是C型菌。细菌分离时，在厌氧肉汤中加入新鲜肝块生长良好，产生强烈的臭味。有肝汤琼脂平板上的菌落不规则圆形、半透明，表面颗粒状，边缘不整齐、界限不明显、呈绒毛网状向外扩散，常扩展成菌苔，特别是琼脂表面潮润时呈膜状生长，可将整琼脂面覆盖。在血琼脂上呈 β 溶血。镜检菌体形态特征如前所述。

七、大肠杆菌病（Colibacillosis）

大肠杆菌病是由致病性大肠杆菌的某些血清型所引起的一类人畜共患传染病。主要侵害幼龄动物，临床以腹泻、败血症为主要症状，还可引起各器官局部感染或中毒。

（一）病原

大肠杆菌（*Escherichia coli*）是中等大小的杆菌，有鞭毛，无芽孢，是革兰阴性菌。易在普通琼脂上生长，形成凸起、光滑、湿润的乳白色菌落。在麦康凯和远藤氏琼脂上形成红色菌落，在SS琼脂上多数不生长，少数形成深红色菌落。对碳水化合物发酵能力强。甲基红试验呈阳性，吲哚产生和乳糖发酵是阳性（个别菌株表现阴性），维-培试验是阴性，尿素酶和柠檬酸盐利用呈阴性（极个别菌株表现阳性），硝酸盐还原试验表现阳性，氧化酶表现阴性，氧化-发酵试验表现为F型。大肠杆菌对外界不利因素抵抗力不强，常用消毒药易将其杀死。

根据其有无致病性将大肠杆菌分为病原菌、共生菌（非致病性）和条件性致病菌三大类。它们在形态、染色性状、培养特性及生化反应等方面都有差别，只是抗原构造不同。大肠杆菌抗原现已知有几千个，由160多种菌体抗原（O）、64种鞭毛抗原（H）、103种微荚膜抗原（K）相互组合而成。不同血清型的大肠杆菌常对不同的动物有致病性，但也有些血清型对多种动物有致病性；对家畜和人无致病性的某些血清型对野生动物和毛皮动物有致病性。目前对人和家畜有致病性大肠杆菌的血清型基本清楚，对野生动物有致病性大肠杆菌的血清型大多数还不清楚。已知水貂、银黑狐及北极狐大肠杆病病原体血清型有：O_{26}、O_{20}、O_{55}、O_3、O_{111}、O_{119}、$_{0124}$、O_{125}、O_{127}和O_{128}。海狸鼠大肠杆菌病原体血清型有：O_{86}、O_{26}、O_{55}和O_{111}。

引起鸟类发病的大肠杆菌有多种血清型，不同血清型对鸟类的致病性不同。不同地域、不同鸟类之间有其相对流行的血清型。据资料统计，最常见的大肠杆菌血清型是O_1：K_1，O_2：K_1和O_{78}：K_{80}等。

（二）流行病学

各种动物都可感染大肠杆菌而发病，特别是仔兽更十分易感。海狸鼠、北极狐和银黑狐的半月龄以内仔兽最易感，且死亡率较高，可达38%～60%。水貂和紫貂的仔兽在哺乳期有一定的抵抗力，但在断乳后最易感。狮、虎、豹等食肉猫科动物幼崽，犀牛、大象、大熊猫、鹿等仔兽，鸡、火鸡、珍珠鸡、鸭、野鸭、鹅、天鹅、雁、雉、鸽、鹌鹑、金丝雀、鹤等禽鸟类的幼雏均易感。成年紫貂较易感，其他成年动物除非直接食入毒力较强或数量较大的病原性大肠杆菌而感染发病，一般情况易感性不强。

患病、带菌动物是本病的主要传染源。被致病性大肠杆菌污染的饲料、饮水及用具等是动物感染本病的媒介。大肠杆菌的感染途径主要是消化道。此外，当某些饲养管理等不良条件使动物机体抵抗力下降时，可能促使条件致病性大肠杆菌异常繁殖，毒力增强而导致动物发病。

（三）临床诊断

1. 临床症状

哺乳动物多呈急性或亚急性经过。有的病例呈急性败血症和慢性经过。急性和亚急性病例在各种哺乳动物主要的临床表现是急性肠炎。

貂、狐、貉等毛皮动物在病初呈食欲减退，继而完全废绝，精神萎靡，体温升至40℃以上，鼻镜干燥，呼吸急促，排混有未消化凝乳块的粥状粪便，之后转为下痢，粪便中混有血液、黏液和泡沫，继而变为水样腹泻，或呈煤焦油样血便。有的伴发呕吐或关节水肿。濒死期体温下降，一般2～3d死亡。神经系统受损时（脑炎型）表现兴奋或沉郁，额部被毛蓬松，头盖骨异常突出，增大，有的痉挛、抽搐，或四肢呈游泳状乱蹬。后期精神迟钝，角膜反射性降低，四肢不全麻痹，最后昏迷死亡。母兽妊娠期发病时精神沉郁或不安，食欲减退，发生流产和产死胎，或发生乳房炎。

猫科动物（如东北虎、华南虎、金钱豹和雪豹）患本病，开始排出红褐色稀粪，混有小碎肉块。后期粪便稀薄如水样血便、恶臭。同样伴有高热、呕吐、精神沉郁等全身症状。有的仔兽主要表现脐部化脓感染，并有脓性分泌物从鼻腔排出。

荒漠猫患本病，主要表现呕吐、气喘，但多不出现腹泻症状。

大熊猫患本病表现体温升高达40℃以上，精神沉郁，食欲减退，鼻镜干燥。发生呕吐，内容物酸臭或呈黄绿色液体。水样腹泻频繁，一日数次，粪腥臭，深黑色，混有黏液。有的尿频，为红色如洗肉水样。腹痛，身体常蜷缩呈球形，卧而不动，腹部有间歇性抽动。粪尿常规检查，潜血阳性。

鹿患本病表现为精神沉郁，离群呆立或卧地，腹痛，病初食欲减退，饮水增多，排水样稀便和脓血便，里急后重；后期食欲废绝，出现脱水症状，体温升高达40℃以上，呼吸心跳加快，或喘息。有的仔鹿发病还出现神经症状，表现惊恐，眼球突出，无目的地狂跑，有的头颈歪斜，原地转圈运动；有的站立前肢交叉，行走共济失调。角膜混浊，可视黏膜发绀，最后衰竭死亡。

象患本病主要见于吃初乳的新生仔象或幼龄象。临床表现病初体温有时升高，精神沉郁，食欲下降或绝食，数小时后发生腹泻，排出粥样或夹带有血液肠黏膜的水样稀便，腹痛，严重者很快发生脱水甚至死亡。

犀牛患本病多见于人工饲养的幼龄犀牛。主要表现为腹泻，次数频繁，粪便稀薄带有黏液和血液，腥臭，体温升高，食欲下降，饮欲增加，精神萎靡，不愿活动，逐渐消瘦，心跳呼吸加快，后期出现脱水及中毒症状。

海狸鼠患本病主要表现下痢、精神萎靡、被毛松乱、食欲减退乃至废绝、逐渐消瘦。此外还表现为关节肿胀，行走困难，后期出现呼吸困难等特殊症状。

禽鸟患大肠杆菌病以败血症、肉芽肿、输卵管炎、卵黄性腹膜炎等病型为特征。

大肠杆菌败血症：多发生于幼龄雏鸟。最急性病例常无任何症状而突然死亡。一般病鸟精神沉郁，羽松翅垂，冠暗红，眼结膜发炎。食欲不振或废绝。下痢，排黄白色或黄绿色稀粪。呼吸困难，可听到呼吸啰音。

大肠杆菌性输卵管炎；多发生于产卵期。病鸟常呈慢性经过。主要症状为产卵困难或丧失产卵能力。

卵黄性腹膜炎主要发生于产卵期母鸟。主要表现为精神沉郁、食欲减少或废绝。腹泻，排泄物中含有黏性蛋白或蛋黄碎块及凝块，肛周围污染有蛋白或蛋黄状物。

大肠杆菌性肉芽肿型病鸟生前除表现为精神沉郁、食欲减少、消瘦外，一般无特殊症状。

丹顶鹤大肠杆菌病多呈急性经过，精神高度沉郁，步态不稳，食欲废绝。羽蓬松两翅稍下垂，屈颈不扬头，单腿直立，呆立在僻静处。渴欲增加，大量饮水，粪便呈黄色、褐色、红色。发病后多在次日死亡。

（四）病理变化

急性、亚急性病例，胃肠黏膜呈不同程度的充血、水肿、出血，卡他性至出血性肠炎的变化。肠内容物稀薄。肠系膜淋巴结肿胀，有时出血。慢性病例，胃肠黏膜有时脱落，出现小溃疡，肠系膜淋巴结肿胀明显，并有出血。

急性、亚急性病例还可见心冠脂肪、肾、膀胱黏膜有散在的出血点，肺充血、水肿，脾轻度肿大。慢性病例的心、肝、肾常有变性。

1. 哺乳动物

主要表现为不同程度的肠炎及内脏器官的出血、变性。

（1）水貂。脾常肿大，可达正常的2～3倍。肠内容物呈黄绿色或灰白色、灰黄色。

毛皮兽（狐、水貂）幼兽神经受侵害时，头盖骨变形，脑水肿，脑及脑膜有灰白色病灶。

（2）鹿。各胃及盲肠常有溃疡，如黄豆至蚕豆大。

（3）猫科动物。胃肠内容物呈红褐色，水样。

（4）海狸鼠。发生关节水肿，胸腔有血样渗出物。

2. 鸟类

鸟类由于大肠杆菌感染引起的临床症状复杂，因而病理解剖变化也同样复杂。丹顶鹤曾发生败血型。孔雀、蓝马鸡、锦鸡曾发生肉芽肿型。

（1）败血症型（肠炎型）。除见一般败血症病变外，主要见消化道呈出血性炎症变化。肠黏膜出血，脱落，肠壁增厚；肠内容物呈黑褐色、黑红色；肌胃、腺胃交界处出血，腺胃附灰白色黏稠伪膜；肝、脾散在灰白色、黄白色粟粒大到高粱米粒大坏死灶。

（2）输卵管炎型。常见输卵管膨大，内有由坏死组织及异嗜性白细胞和细菌构成的条索状物。

（3）肉芽肿型。常见肺、肝、肠和肠系膜上出现大小不等（小如粟粒、黄豆粒，大如鸡蛋）、质地较软，淡黄色的肿瘤样物。切面为粉红色或灰白色，呈豆腐渣样。

（4）卵黄性腹膜炎型。剖检的特征性病变是卵黄性腹膜炎。卵巢表面卵泡变形变色，内容物变性；输卵管内有畸形变质的卵子；腹腔内可见破裂卵子散落的卵黄状物及纤维素性渗出物。有些有腹水形成，腹水混浊。

（五）诊断

常用的方法是病原菌的分离鉴定和致病性实验。

（1）为保证确诊结果的正确性，应选择（最好是未经抗菌素治疗的）典型病例在其濒死期进行扑杀，或刚死亡的动物尸体，取小肠段内容物、肝、脾及心血等做病料，经涂片、镜检疑似后，接种于选择培养基上，如伊红美蓝培养基（菌落呈紫黑色有金属光泽）、麦康凯培养基（菌落呈红色）和中国蓝培养基（菌落呈蓝色）。挑取可疑菌落做纯培养和生化试验进行鉴定。

（2）用因子血清做凝集试验，确定血清型。

（3）用动物试验检查分离菌的形态、培养性状及致病力。试验动物最好是与患病动物相同种类的动物，因有些对家畜、家禽没有致病性的大肠杆菌可能是某些种类野生动物的特殊致病菌。

（4）可使用家畜的ETEC菌株毒力因子的鉴定试验，以证实其有黏着素和肠毒素两类毒力因子。

八、沙门氏菌病（Salmonellosis）

沙门氏菌病又称副伤寒，是由沙门氏菌引起的各种野生动物、家畜、家禽和人的多种疾病的总称。其对幼龄动物及禽类的健康危害较大，常引起急性败血症、胃肠炎及其他局部炎症。成年动物及禽类往往呈散发或局灶性感染。对人则主要引起食物中毒，症状表现为急性胃肠炎。

除禽白痢和禽伤寒外，由各种沙门氏菌引起的原发性疾病统称为副伤寒。

（一）病原

沙门氏菌（Salmonella）为两端钝圆、中等大小的直杆菌，革兰氏染色阴性，不产生芽孢，亦无荚膜。除鸡血痢和鸡伤寒沙门氏菌外，都有周鞭毛，具运动性。在葡萄糖、麦芽糖、甘露醇和山梨醇中，除伤寒沙门氏菌和鸡白痢沙门氏菌不产气外，均能产气。不分解乳糖，不凝固牛乳，不产生靛基质，不液化明胶。在普通培养基上生长良好，需氧及兼性厌氧，培养适温37℃。

沙门氏菌对干燥、腐败、日光等环境因素的耐受能力中等，在外界条件下可以生存数周或数月。对化学消毒剂的抵抗力不强，一般常用的消毒剂和消毒方法均可达到消毒目的。

实验感染：小白鼠最易感，其可使小白鼠发生败血症而死亡。豚鼠和家兔也可被其感染，主要在接种部位发生局部性病变，如水肿、脓肿、溃疡等，也会发生死亡。

本菌有2000多个不同的血清型，可分为49个O抗原群，对人和动物致病的血清型主要分属于A～F群，是可引起野生和饲养动物及人的多种多样的临诊表现的沙门氏菌病。

（二）流行病学

人、家畜、家禽以及多种野生动物（包括哺乳类动物、鸟类、两栖和爬行类动物）对沙门氏菌属许多血清型的沙门氏菌都具有易感性。人与这些动物不分年龄大小均可被感染，而以幼龄动物更为易感。

患病动物和带菌动物是本病的主要传染源。病菌由粪便、尿、乳汁及流产的胎儿、胎衣和羊水排出，污染饲料和饮水，经消化道可使健康动物感染。交配过程中，因使用患病动物及患病公兽的精液，可使健康动物感染。除通过消化道、呼吸道、眼结膜和交配传播外，鸟类沙门氏菌主要是通过带菌卵传播。健康动物的带菌现象非常普遍。当受外界不良因素影响时，动物抵抗力下降，病菌可变为活动化而发生内源性传染。病菌连续通过易感动物，毒力变强，并扩大传染。

本病一年四季均可发生。各种外界因素的改变、动物自身患有其他疾病都可使机体的抵抗力下降，而促进本病的发生和发展，并常可导致本病的爆发而在短时间内出现高的发病率和死亡率。

（三）临床症状

1. 哺乳动物的沙门氏菌病

根据动物的种类、年龄、机体的抵抗力、病原的毒力和数量等不同可出现多种类型的临床症状，大体上可以分为急性、亚急性和慢性3类：

（1）急性型。多见于仔兽，有的病例未出现任何明显的临床症状于24h内突然死亡。病程稍缓的病例其潜伏期一般在3~5d。病兽食欲减退并很快废绝，体温升高达41~42℃，可持续至整个病程。病兽四肢无力，不愿运动，喜躺卧，偶尔走动时弓背、脚步移动缓慢、两眼流泪。较明显的临床症状为严重的下痢，有时呕吐，呕吐物含较多的黏液。病程稍长者可出现眼窝塌陷，眼流泪。病初兴奋，很快转为沉郁，最后体温下降，可达正常体温以下，痉挛抽搐，全身衰竭，在昏迷状态下死亡。病程一般不超过2~3d。急性病例多以死亡告终，偶有幸存者可转为慢性。

（2）亚急性型。潜伏期一般1~2周，病兽体温升高达40~41℃，呼吸浅表频数，精神沉郁，食欲减少至废绝。有的病例出现化脓性结膜炎、眼结膜潮红，流眼泪并有脓性分泌物。最主要的症状为胃肠机能高度紊乱、下痢，排出含有大量卡他性黏液的液状或水样稀便，个别病例的稀便中含有血液。有的病例出现呕吐。下痢和呕吐严重者迅速脱水，眼睛下陷无神，被毛粗糙，蓬乱无光泽，并污染有粪便，尤以后肢和肛门周围为重。病兽四肢软弱无力，以后肢为重，喜躺卧，运动障碍，患病后期出现后肢不全麻痹，最后可瘫痪。在严重衰竭下死亡。病程一般为1~2周。

北极狐和银黑狐患沙门氏菌病时常出现黄疸，在感染猪霍乱沙门氏菌时尤为严重。其他动物则没有或仅有轻微黄疸出现。水貂和毛丝鼠患沙门氏菌病时常发生败血症，导致死亡。

（3）慢性型。慢性病例可由急性或亚急性病例转变而来，也有的一开始就呈慢性经过。症状不太明显，不剧烈，患病动物主要表现为消化机能紊乱，食欲不同程度的减弱，下痢，粪便常混有卡他性黏液，可见恶臭的茶色或绿褐色稀便。有的病例出现化脓性结膜炎。患病动物精神沉郁、呆滞，进行性消瘦，贫血，失水，眼窝下凹，运动减少、减慢，多蜷缩于圈角或小室内，被毛粗糙、蓬乱无光泽，并被粪便所污染，甚至黏结成块，肛门周围尤其严重。病兽最后在极度衰竭的情况下死亡。病程多为4周左右，有的可达数月之久。临床康复后可成为带菌者。

在交配与妊娠期感染本病的母兽，出现大批的空怀，空怀率可达18%左右，受孕后的母兽多在产前5~15d流产，流产母兽出现轻微不适的症状或根本观察不出异常表现而流产，流产率可达15%左右，即使不流产，仔兽生后发育不良，多数在生后10d内死亡。哺乳期发病的仔兽表现萎靡，衰竭，吸吮乳头无力。同窝仔兽散乱趴卧到笼舍的各处，有时呈游泳式运动，发出轻微的呻吟和鸣叫，有的发生抽搐与昏迷，多数病仔兽持续2~7d后死亡。耐过者发育迟缓，恢复后长期带菌。

2. 鸟类的沙门氏菌病

鸟类的沙门氏菌病通常分为禽白痢、禽伤寒和副伤寒3类，前两者分别由禽白痢沙门氏菌、禽伤寒沙门氏菌引起，而副伤寒是由多种有鞭毛、能运动的泛嗜性沙门氏菌引起的。鸟类的沙门氏菌病在症状上都极为相似，难以进行区别，其主要表现为：

（1）雏禽。胚期感染的雏禽，常在孵化过程中死亡，或孵出弱雏，出壳不久即突然死亡而无明显的症状。未死亡者或出壳后感染者，出壳后3~4d出现症状，7~10d病雏增多，死亡率增加，2~3周时达到高峰。

各类病雏禽的临床症状极其相似，表现为精神不振，垂翅缩颈，绒毛松乱，拥挤集堆，闭目昏睡，不愿走动，食欲减少或废食。特征性症状为下痢，排白色糊状稀粪，肛门周围绒毛粘连，粪便干后封着肛门，排泄困难，痛苦惨叫。最后因心力衰竭、呼吸困难而死亡。病程1～7d，死亡率超过50%以上。日龄稍长的雏禽，患病后死亡率降低，耐过的病雏发育不良，长期带菌。

患病雏禽除表现有严重的下痢症状外，有时感染可累及肺部、脑脊髓、关节及眼部，出现呼吸困难，旋转运动，四肢关节肿胀，跛行，后期瘫痪，以及失明等症状。

（2）成禽。成禽感染后多无明显临床症状，或仅见少数精神沉郁，反复腹泻，垂腹、贫血、食欲降低、渴欲增加。有些可发生生殖器官局部感染，出现卵巢囊炎，继而导致腹膜炎发生，严重时导致死亡。慢性带菌者可因应激和并发感染而导致突然发病，甚至死亡。

（四）病理变化

1. 哺乳动物沙门氏菌病

哺乳动物的急性及亚急性型：胃及小肠黏膜肿胀，变厚，有时充血，有时有少量针尖或更大些的溃疡。肠内容物为稀薄的黏液，常混有血块或纤维素性絮状物。大肠变化不明显，黏膜稍肿胀、充血。肠淋巴结显著肿大、出血。脾明显肿大，有时为正常的数倍，呈暗红色或暗褐色，切面多汁。散在出血点、斑，及灶性坏死。肝肿大，淡黄或红褐色，切面外翻，小叶不清。胆囊增大，充满浓稠胆汁。肾皮质有少量出血。

慢性型：尸体消瘦，黏膜苍白，肌肉色淡，脾轻度增生性肿大。肠壁薄，苍白透明。肠内容物为稀薄黏液，大多呈深红色或茶色。

2. 鸟类沙门氏菌病

最急性死亡的病雏常无明显病理变化。病程稍长的病例可见尸体消瘦，肝脾充血并有条纹状或针尖状出血或坏死灶。胆囊肿大。肾及肺充血，心包炎和心包粘连。直肠肿大出血，盲肠有干酪样物堵塞或混有血液。鸽患本病常见关节炎，以翅部关节多发，呈软性肿胀。鸽感染鼠伤寒沙门氏菌后，在口腔内的舌基部和上腭盖有黄绿色纤维性沉积物，麻雀感染后出现明显的胸肌萎缩和消化道脓肿。

成年禽感染本病一般无明显的病理变化，少数急性病例可见肝、脾、肾充血与肿胀，出血性或坏死性肠炎，心包炎及腹膜炎。雌禽的卵巢和输卵管出现坏死性或增生性病变。慢性病例可见消瘦，肝、脾及肾肿大，肠道坏死性溃疡，卵变形等。

（五）诊断

1. 细菌学检查

通常以腹泻为主的胃肠炎患病动物生前可采直肠粪便或新鲜排粪，尤其带血和黏液的粪样；死后取病变肠段内容物或肠黏膜及相关肠系膜淋巴结；败血症患病动物应采血液及病变脏器组织。未污染的样品可直接接种在肠道杆菌鉴别或选择培养基上分离单个菌落，污染病料应先增菌（常用的增菌培养基有；四硫磺酸钠煌绿培养基、亚硒酸盐胱氨酸培养基），再在选择或鉴别培养基上进行平板分离。从选择或鉴别培养基上挑选可疑的菌落作纯培养，同时接种到三糖铁斜面上培养。

选择培养基是能抑制大肠杆菌等革兰氏阳性菌的培养基，如SS琼脂、去氧胆酸盐琼脂、亚硫酸铋琼脂、HE琼脂等。鉴别培养基能抑制革兰氏阳性菌生长，但肠杆菌科的细菌通常都能生长，大肠杆菌及其他发酵乳糖的细菌生长出有色菌落，而沙门氏菌及其他不发酵乳糖的细菌，生长出无色菌落，常用的这类培养基有麦康凯、远藤氏琼脂、伊红美蓝琼脂等。

沙门氏菌在三糖铁斜面上生长，可使斜面上部为红色，而斜面底部为黄色，如该菌能产生H_2S，还可使斜面出现黑色。

经三糖铁斜面培养后，进一步确认可能为沙门氏菌后，可将被检菌株继续做生化试验，然后进行抗原测定。抗原测定也可与生化试验同时进行。抗原测定时，采用沙门氏菌多价O血清与被检菌进行玻板凝集试验（应注意排除Vi抗原的影响）。

2. 血清学检查

除平板凝集试验外，还有琼脂扩散试验、荧光抗体试验等。有关具体操作详见检疫操作规程。

九、链球菌病（Streptococcosis）

链球菌病是主要由β型溶血性链球菌引起的一种人畜共患传染病。各种动物由于感染的链球菌种类不同，在临床上也呈现多种不同的症状，但以局限性感染和败血症多见，并形成严重危害。

（一）病原

链球菌（*Streptococcus*）为长短不一、链状排列的球形或卵圆形革兰氏阳性细菌。不形成芽孢，一般无鞭毛，不能运动，对人畜有致病性。链球菌对培养条件的要求均较严格，初次分离或纯培养物继代时应使用含血液或血清的培养基。在pH6.8～7.4，37℃条件下，链球菌有氧和无氧环境中均能生长。各种链球菌菌落基本相似，多呈细小或露滴状、透明、发亮，呈灰白色，表面光滑，圆而微凸，边缘整齐。

本菌在鲜血琼脂上生长，按其对红细胞的作用，可分为溶血性链球菌（β群）、草绿色链球菌（α群）和不溶血性链球菌（γ群）3群。对动物有致病性的链球菌大部分属于溶血性链球菌（β群）。

根据生理生化特性将本菌分成六大类29种，根据血清学将本菌分为19个血清群（A至U）。各种动物的链球菌病是由不同种类的链球菌引起。对动物有重要致病性的链球菌主要有兽疫链球菌（*Str. zooepidemicus*）、化脓链球菌（*Str. pyogenes*）、肺炎链球菌（*Str. pneumoniae*）、马腺疫链球菌（*Str. equi*）、无乳（*Str. agalactiae*）、停乳和乳房链球菌（*Str. dysgalactiae and Str. uberis*）等。

（二）流行病学

本病的易感宿主很广泛，猪、羊、牛、马、水貂、紫貂、银黑狐、北极狐、猴类、鹿类、海狸鼠、兔、狗、小鼠及鸡、火鸡、鸽、鸭、鹅等禽鸟类均有不同程度的易感性。

本病的传染源主要是病兽（禽）及带菌的人畜（禽），传播途径随动物而异。家畜（猪、羊、马等）主要经呼吸道和皮肤伤处感染；貂、狐、海狸鼠等主要经消化道摄入被病原体污染的食物和饮水感染；鹿科动物主要经伤口感染；猴一般经创伤和脐带（新生猴）感染；禽鸟类主要经污染的饲料及饮水、种蛋传播感染。

（三）临床诊断

1. 临床症状

由于患病动物种类、感染病原菌种类不同，加之感染部位不同，故临床症状表现多样。

毛皮动物（如貂、狐等）主要由兽疫链球菌引起。主要表现有：①急性败血症型：突然死亡，或引起肺炎、胸膜炎、心内膜炎、腹膜炎、子宫内膜炎、乳房炎，或出现兴奋、沉郁、共济失调、痉挛等脑神经症状后，以急性败血症死亡。②脓肿型：多见于水貂，常于头颈部发生链球菌性脓肿。③关节型：多见于银黑狐，常发生一肢或多肢关节肿胀、溃烂、化脓。

鹿科动物（如林麝、赤鹿、黇鹿等）主要由化脓链球菌、兽疫链球菌和兰氏群链球菌等引起。主要表现有：①脓肿型：体表淋巴结（如颌下、肩部、臀部等）肿胀凸起，破溃流脓，相应部位器官功能障碍（如呼吸困难、跛行等）。②败血症型：患鹿可视黏膜黄染，体温升高，食欲减少，反刍嗳气减少等，最后呈败血症症状而死亡。③脑膜脑炎型：呈现脑炎症状，很快死亡。

猴主要由溶血性链球菌引起，以发生败血症，局部（关节、皮下）脓肿为特征。患猴病初体温升高，精神沉郁，后转为持续性高热（39.2～40.5℃），精神萎顿、目光呆滞、被毛松乱、不愿活动，低头闭目流泪，有的四肢关节肿大，疼痛拒摸、跛行。有的关节积脓、破溃，或发生腹泻、神经症状而死亡。

牛、牦牛主要由无乳链球菌、停乳链球菌、兽疫链球菌、化脓链球菌等引起。主要表现：①乳房炎：体温升高、乳房肿痛，产奶停止等。②败血型。③肿胀型。

猪是由兽疫链球菌、类马链球菌和猪链球菌等多种链球菌引起的。主要表现有：①急性败血症型。②脑膜脑炎型。③关节炎型。④淋巴结脓肿型。

羊是由兽疫链球菌引起的。主要表现为急性败血症型，特征为颌下淋巴结和咽喉肿胀、大叶性肺炎等。

马属动物是由马腺疫链球菌引起的。主要表现为颌下淋巴结呈急性化脓性炎症。

禽鸟类主要由兽疫链球菌、类链球菌、粪便链球菌及坚忍链球菌引起的。主要表现有：①急性型、精神沉郁、昏睡或抽搐，呼吸困难，食欲减少，持续下痢、发绀，头部出血。②慢性型；精神不振，冠、髯苍白，食欲下降，下痢、最后消瘦死亡。

2. 病理变化

各种动物的败血型均呈现明显的皮下、浆膜及各器官的充血、出血，脏器变性及坏死等败血症病理变化。脓肿型可见病变部位形成化脓、溃疡等。各局部感染型可见发炎及化脓。

（四）实验室诊断

1. 微生物学检查

根据病型的不同，可考虑采取病兽的淋巴结、脑、脑脊髓液、肝、脾、肾、血液、关节囊液，胸腹腔液等，先涂片镜检，再将病料接种于血液琼脂平板上分离培养，根据溶血型，再进行生化反应和培养特性鉴定。

2. 实验动物接种试验

将病料制成5～10倍乳剂或分离培养物，给家兔皮下或腹腔注射1.0～2.0mL，小鼠皮下接种0.2～0.5mL，经12～24h死亡。

十、丹毒（Erysipelas）

本病是由红斑丹毒丝菌引起，临床上以出现败血症、关节炎、皮肤红斑为特征的一种传染病。多种野生动物、禽类及家畜和人都可感染。

（一）病原

红斑丹毒丝菌（*Erysipelothrix insidiosa*）又称猪丹毒杆菌（*E. rhusiopathiae*）。急性感染动物的组织触片或血涂片常见平直或弯曲的小杆菌，大小（0.8～2.0）μm×（0.2～0.5）μm，单在、成对或成丛存在，不运动，不形成芽孢，无荚膜，革兰氏染色阳性。在固体培养基上可呈短的小杆菌，在慢性病例组织触片及陈旧的肉汤培养基内，也可呈不分枝的长丝状。

本菌为微需氧菌，普通培养基上可以生长，在含有血液或血清的培养基上生长良好。在固体培养基上生长24h的菌落，可见光滑型（S）、粗糙型（R）和中间型（I）3种不同形式。在急性病例分离到的菌多为S型，毒力极强，在血液琼脂上呈甲型溶血；R型多出现于慢性病例和长时间人工培养物中，毒力极弱；I型毒力介于S和R型之间。

根据琼脂扩散试验可将本菌分为24个血清型，有致病力的血清型主要是A、B和N型。本菌对干燥、腐败、日光等自然环境的抵抗力较强。

（二）流行病学

多种野生动物、家畜、家禽都可以自然感染红斑丹毒丝菌。据报道可自然感染的野生哺乳动物有：野兔、麝鼠、黄鼬、水貂、黑貂、水獭、棕熊、狐、狼、野猪、驯鹿、黄鹿、羚羊、叉角羚、吠鹿、野牛、海豹、海狮、海狗、灰海豚、太平洋斑纹海豚、猪、长尾猴等。易感的鸟类有：火鸡、鸽、鹌、雉、鸡、鸭、鹅、麻雀、鹦鹉、金丝雀、秧鸡、燕雀、鸫、黑鸟、孔雀、海鸥、白鹳、金鹰、长尾小鹦鹉、画眉鸟等。

患病动物和带菌动物通过排泄物、分泌物排出病原，健康动物通过与污染物接触可以感染，感染的途径为消化道感染、经损伤的皮肤感染、经吸血昆虫叮咬而感染。

本病一年四季都有发生，野生动物主要呈散发。

（三）临床诊断

1.临床症状

各种动物感染本病，多呈急性败血性经过，可见体温升高、呼吸困难、心跳加快、食欲减退或废绝、身体虚弱、不愿活动。有时出现神经症状，表现沉郁或兴奋，一些病例可出现皮肤红斑。

野猪丹毒症状与家猪相似，主要表现为败血症，皮肤出现菱形斑块，关节肿大，跛行。海豚和灵长类动物可出现急性败血症，致死率高，海豚可见皮肤型，躯干皮肤出现斑块。野牛、鹿、羚羊感染本病，多为关节炎症状。

野生鸟类感染本病一般多为散发，多表现为败血症，精神抑郁，食欲消失，冠及头部肿大，虚弱，下痢或突然死亡。有的皮肤上出现大小不等、形状不一的紫红色斑。群养火鸡易发生本病，且雄火鸡较雌火鸡更易死亡，雄火鸡头瘤常见水肿，呈淡紫色，具有特征性。

2.病理变化

特点是败血性变化，皮肤上可见丹毒性红斑。淋巴结肿胀、出血，脾、肝充血肿胀，肺充血，肾包膜、胸膜和腹膜瘀血。胃和肠可呈急性卡他性或出血性炎症变化。受累关节为非化脓性增生性炎症变化。病禽可见全身性充血，各部皮肤及胸部肌肉和肌膜有明显的出血点和出血斑，皮肤上还可见到黑褐色的皮痂。

（四）实验室诊断

1. 形态学镜检

取脾、淋巴结、心血、肾等新鲜病料制成涂片，镜检见前述形态的纤细小杆菌，可做初步诊断。

2. 培养特征检查

新鲜病料用血平板分离，37℃培养1~2d，可产生灰白色、透明、露滴样、针尖大小、边缘整齐的S型菌落，并有甲性溶血。明胶穿刺培养2~3d后，沿穿刺线横向生长，呈"试管刷状"，明胶不液化。

3. 动物试验

小鼠与鸽最敏感。上述病料制成乳剂，鸽子肌肉接种0.5~1.0mL，小白鼠皮下注射0.2mL，接种动物可在1~4d内死亡。取其内脏材料涂片镜检，如见多量的红斑丹毒丝菌，即可确诊。

4. 血清学试验

常采用荧光抗体试验、玻板凝集试验、试管凝集试验等。

十一、鼻疽（Malleus）

鼻疽是由鼻疽杆菌引起的多种动物，特别是单蹄兽的一种传染病，人亦可感染发病。本病的特征是在上呼吸道、肺、皮肤、淋巴结及其他多种实质性脏器中形成特征性的鼻疽结节、溃疡和疤痕。

（一）病原

鼻疽杆菌（*Pseudomonas mallei*）是假单胞菌属中的一种，为中等大小的多形性杆菌，在病变组织中的菌体较长，两端钝圆，直或较弯曲，在短时间培养物中的菌体短小而整齐，在长时间培养物中的菌体呈多形性。本菌无芽孢，亦无鞭毛和荚膜。革兰氏染色阴性，普通染色着色不均，呈颗粒状。本菌为需氧菌，在弱酸性（pH6.6~6.8）含血液的培养基内生长良好。在马铃薯培养基上长出具有特征性的菌落，48h后形成黏稠的淡黄色蜂蜜样菌落，以后染色逐渐变深，到5~7d时形成褐色菌落，周围呈微棕色或微绿色。吲哚反应、甲基红试验及V.P.试验均为阴性。

本菌抵抗力弱，3%来苏尔和1%NaOH均可将其杀死。

（二）流行病学

多种动物对鼻疽杆菌敏感。在家畜中最易感的动物是单蹄兽，如驴、骡、马等，绵羊、山羊及骆驼也有发生本病的报道。多种野生动物可感染发病，如北极狐、银黑狐、水貂、狮、虎和豹等可因喂饲了病畜肉或下杂料而感染发病，猞猁、狼、豺、野犬、野猪、野猫、野兔、獾、北极熊、雪貂、猴、马来亚熊、鬣狗及多种啮齿动物等都可感染发病。实验动物以猫和仓鼠的易感性最强，豚鼠次之。雄性豚鼠腹腔接种，经3~4d后发生化脓性睾丸炎，此即Strauss氏反应阳性，对本病的诊断有一定的意义。大白鼠和小白鼠的易感性较弱。

患病动物是本病的传染源。开放性鼻疽病兽更危险。可通过消化道、呼吸道、损伤的皮肤、黏膜传染，也可通过交配和胎盘感染。食肉动物如虎、狮、豹、狼、水貂、豺等多因食入污染或患病动物的肉或内脏而感染发病，且多呈急性经过，死亡率很高。

狮、虎、豹等经消化道感染潜伏期为6～11d，驴、马等自然感染潜伏为4周或更长。

（三）临床诊断

猫科动物患本病多呈急性经过，表现体温升高，精神沉郁，食欲减退或废绝，呼吸迫促，脉搏加快，可视黏膜潮红或轻度黄染。颌下淋巴结肿胀。鼻孔及鼻中隔充血、溃烂，流出带血的脓性分泌物。在胸、腹、四肢及头部皮肤出现结节和溃疡，形成火山口状的特征性溃疡灶。有的排煤油样的稀便。关节肿大，跛行。公兽发生睾丸炎。

银黑狐、北极狐、赤狐、水貂等动物患病亦呈急性经过。病兽拒食，流泪，一前肢或一后肢跛行。体表皮肤出现结节或溃疡。鼻腔黏膜溃烂出血，鼻孔流脓样分泌物。体温升高，呼吸困难。有的吐血，排煤焦油样粪便。有的公兽发生睾丸炎。后期后肢瘫痪或窒息死亡。

野驴、野马鼻疽多呈慢性经过，基本症状与马属家畜症状相似。

（四）病理变化

野生单蹄兽和骆驼患本病时，可见与家畜马属动物相同的肺鼻疽、鼻腔鼻疽及皮肤鼻疽各型。但以肺鼻疽多见。

猫科动物（狮、虎、豹、猞猁等）常表现为败血症及鼻疽性肺炎。

犬科动物（如狐）、野生鼬科动物（如水貂）急性型表现为败血症、鼻疽性肺炎。公水貂有的发生睾丸肿大甚至溃疡。

上述各型鼻疽的特征性病理变化是在各病变部位形成鼻疽结节、溃疡乃至疤痕。鼻疽结节呈米粒大、豆大、黄白色、周围绕以暗红色的红晕（为渗出性）；中心呈豆腐渣样坏死，周边由普通肉芽组织形成包膜呈灰白色（为增生性）。结节破溃后形成的溃疡边缘不整齐而稍隆起，呈火山口样。溃疡愈合后形成具特征性的放射状或冰花状疤痕。

（五）诊断

1. 病料采集

结节病灶、鼻液、脓肿穿刺物、溃疡分泌物。

2. 病原检查鉴定

（1）形态学检查。镜检可见前述的形态特征，并且经碱性美蓝染色，本菌（尤以老龄菌明显）可见有着色不匀、浓淡相间的串珠状颗粒或两极浓染，该特征有一定的诊断价值。

（2）培养特性检查。新鲜病料可用甘油琼脂平板（含5%血液、4%甘油）进行分离培养，37℃培养24h可见细小、光滑、圆整、湿润、黏稠的菌落，菌落初为半透明，后转为灰黄色至淡褐色，不透明，无溶血性；陈旧病料可接种于2%血液孔雀绿复红培养基，培养后在淡紫色的培养基上形成中心呈蓝绿色的菌落；将纯培养物再接种在马铃薯培养基，可见前述的特征性菌落。

（3）动物接种。将分离培养物，在雄豚鼠腹腔或腹股沟皮下接种0.5～1.0mL，接种后4～5d可见阴囊红肿、睾丸肿胀继而化脓破溃，一般在2～3周死亡。剖检可见皮下脓肿、肝和脾形成白色粟粒状结节。

3. 血清学试验

血清学或免疫学诊断方法目前在野生动物的应用还缺乏深入研究，可试用家畜的方法。家畜的血清学诊断常用补体结合反应，近年来，免疫荧光技术也常采用。变态反应性诊断可应用鼻疽菌素点眼试验和鼻疽菌素皮下接种试验。

十二、类鼻疽（Meliodosis）

类鼻疽又称伪鼻疽，是由类鼻疽假单胞菌引起的人畜共患性传染病。本病多为慢性经过，其特征性病变为干酪样结节，或发展为脓肿。

（一）病原

类鼻疽假单胞菌（*Pseudomonas pseudomallei*）又名惠特莫尔氏假单胞菌，为革兰氏阴性短杆菌，有运动性，在形态上与鼻疽杆菌相似，与鼻疽杆菌有共同抗原。在加有多黏菌素和先锋霉素的4%甘油琼脂上于37℃培养48～72h，形成有同心圆的菌落，表面有皱纹，具有霉味和泥土味。

本菌可分解葡萄糖、乳糖、蔗糖、甘露醇、麦芽糖、果糖、阿拉伯糖及卫茅醇等，液化明胶，硝酸盐还原反应阳性，不产生靛基质和硫化氢。

类鼻疽假单胞菌对环境有较强的抵抗力，在腐败尸体中可存活8d，尿液中17d，粪便中27d，在水和土壤中存活时间可达1年以上。加热56℃ 10min可将其杀死。各种消毒剂常用浓度迅速杀灭本菌，但对苯酚和甲酚皂溶液不敏感。

（二）流行病学

许多种类动物都可自然感染本病。哺乳动物中已知有猪、山羊、绵羊、马属动物、牛、骆驼、狗、兔、猫、羚羊、袋鼠、猴、猩猩、豚鼠、啮齿类动物（野鼠和家鼠）、海豚等。禽鸟类（如鹦鹉）也可感染。

本菌含有两种主要抗原，一为特异性耐热多糖抗原，另一为与鼻疽杆菌相同的不耐热蛋白质共同抗原。根据特异性耐热多糖抗原的有无，又可分为两个血清型：Ⅰ型菌具有耐热和不耐热两种抗原，主要分布于亚洲地区；Ⅱ型菌只有耐热抗原，主要分布于澳大利亚和非洲地区。本病的分布有明显的地方性，疫源地主要在南、北纬23°地区，尤其集中在东南亚。我国广东、广西、海南也有发生。

热带和亚热带地区的土壤和水是本病的传染源，因本菌可在其中繁殖而经皮肤、呼吸道、消化道和泌尿生殖道感染。隐性感染的带菌动物和人也是散布本病的传染源。

（三）临床症状

患猴鼻流脓汁，前臂等处皮肤化脓破溃。体表淋巴结肿大发炎，腋下触摸有硬块。脓肿破溃流乳白色脓汁。全身表现发热、不食、倦怠。如发生腰脊髓炎则出现运动障碍、瘫痪等症状。

啮齿动物主要表现虚弱、发热、眼和鼻有分泌物。

马、牛、羊、猪等动物，常缺乏特征性症状，马、猪多呈急性肺炎，体温升高，食欲废绝，流黏性脓性鼻汁、呼吸困难。病牛易在延髓和胸、腰脊髓形成化脓灶和坏死灶，出现瘫痪症状。

狗主要表现发热、厌食、消瘦、发生睾丸炎、附睾炎和阴道水肿，肢体浮肿、跛行。

（四）病理变化

在病兽大多数的器官中，特别是肺、脾和肝以及皮下组织和有关的淋巴结有多个脓肿和坏死性干酪样结节，是本病的重要特征。

（五）诊断

1. 病料采集

可采集鼻液、脓汁、尿或血液等。

2. 病原检查鉴定

（1）形态学检查。菌体0.6μm×1.5μm，由于培养条件不同，具有多形性，常单在、成双或成堆排列。菌体染色往往不均匀，新分离株常呈两极浓染。

（2）培养特性检查。可参见鼻疽菌。类鼻疽菌可在麦康凯琼脂平板上生长（鼻疽菌不生长），菌落初为淡红色，4d后变为鲜明的深红色。

3. 血清学检查

常用间接血凝试验，血清稀释1∶40以上阳性时有诊断意义，应用补体结合反应，血清需稀释1∶10以上有诊断意义。

十三、土拉伦斯杆菌病（Tularemia）

本病又称野兔热，自然条件下主要流行于野兔和家兔中，但许多种食肉动物亦是本菌的易感动物或携带者。土拉伦斯杆菌病以高热、全身淋巴结及内脏器官发生肉芽肿及干酪样坏死为主要特征。本病被中华人民共和国列为进境动物Ⅱ类传染病。

（一）病原

土拉弗朗西斯氏菌（*Francisella tularensis*）是一种多形性革兰氏阴性需氧杆菌，大小为（0.2～1.0）μm×（1.0～3.0）μm，在病料内近似球状，有荚膜；培养菌为球状、杆状、丝状或哑铃状。无鞭毛及芽孢，美兰染色呈两极浓染。在含血液培养基上生长的菌落下面变绿色。

本菌抵抗力相当强，在污染的土壤中可存活75d，在肉品内可存活133d，在毛皮上可存活40d；在冰冻组织内可保持13周；在甘油内于-14℃下可存活2年；60℃以上高温能在短时间杀死该菌。1%～3%来苏尔、3%～5%石炭酸溶液经3～5min致死，0.1%升汞溶液经1～3min致死。

（二）流行病学

易感及带菌的动物种类非常广泛。啮齿动物（长尾鼠、地鼠等）、毛皮兽（野兔、黄鼠、水䶄、麝鼠、水貂、北极狐、银黑狐、赤狐、灰狐、丛林狼、白鼬、斑臭鼬、加拿大臭鼬及浣熊等）、禽类（鹬、鹰、麻雀、鸽、鸡、鸭、鹅等）、家畜（绵羊、山羊、牛、水牛、猪、马、骆驼、兔、猫、犬等），人类也可感染。患病及带菌动物，特别是啮齿动物是本病的自然传染源，可经吸血昆虫、外寄生虫（如虱、蚤、虻、螨、蚊和蝇等）及患病和带菌动物（尤以鼠类为主）的排泄物污染的饲料、饮水而传播，野生食肉目动物（包括饲养场和动物园中的）多因摄入患病啮齿动物或畜禽肉及下杂料而引起暴发流行，一般在春秋季节多发。

（三）临床症状

动物患土拉伦斯杆菌病的临床症状常不明显，淋巴结肿大为本病的特征。临床可见头颈部及体表淋巴结肿大。一般还可见体温升高、衰弱。患本病的野生动物被人类发现时，往往已处于濒死期或动物已经死亡。

幼兔患本病多呈急性经过，一般病例常不表现明显症状而突然死亡。有的仅表现体温升高、食欲废绝、步态不稳、昏迷而死亡。

成年兔大多为慢性经过，一般常发生鼻炎、流鼻涕、打喷嚏，颌下、颈下、腋下和腹膜沟等体表淋巴结肿大、化脓、体温升高，白细胞增多。12～14d后恢复。

水貂在流行早期多为急性型，潜伏期2～3d。患貂突然拒食，体温升高达42℃，精神沉郁，厌食，疲倦，迟钝。呼吸困难，甚至张口、垂舌、气喘。后肢麻痹，常转归死亡，病程1～2d。流行后期水貂多呈慢性经过，沉郁，厌食，鼻镜干燥，倦息，步态不稳，极度消瘦，眼角有大量脓性分泌物，有的病貂排带血稀便，体表淋巴结肿大，可化脓、破溃，并向外排脓汁。如治疗及时且适当，多数能康复。

狐亦表现沉郁，拒食，体表淋巴结肿大、化脓，有的出现呼吸困难和结膜炎。多数转归死亡。

（四）病理变化

特征性病变为化脓性淋巴结炎及内脏实质器官出现坏死，肉芽肿。

急性病例缺乏病理特征性变化，亚急性和慢性病例表现典型。体表（颌下、咽后、肩前、肩下、颈部等）淋巴结显著肿大，一般可达正常的10～15倍，其被膜亦增厚数倍，无光泽，并分布有淡灰色小坏死灶；切面淋巴结正常结构消失，充满黄色小腔洞，慢性病例淋巴结切面有结缔组织增生，呈半透明条索状，硬固。淋巴结常化脓、呈黄白色干酪样，无臭味，并能形成瘘管，与皮肤表面相通，形成干酪样坏死灶。内脏（尤其是肺、肠系膜）淋巴结也明显肿大、干酪样坏死。胸膜及腹膜常显著增厚，潮红、粗糙，覆盖以米糠样薄膜。胸、腹腔有浑浊白色、混有纤维素絮片的积液。皮下组织充血、淤血，伴有胶样浸润。心外膜有点状出血，心肌松弛。肺充血，水肿。肝肿大，切面呈豆蔻状纹理。脾增大2～3倍。肝、脾、肺等脏器常有大量灰白色干酪样坏死灶。

（五）诊断

本病只能依靠实验室检查来确诊。

（1）病料采集。取患病动物的血液、肝、脾、淋巴结等。

（2）分离培养。将病料悬液接种于血液葡萄糖胱氨酸琼脂平板上进行分离培养和纯培养。

（3）动物试验。将病料悬液皮下接种小白鼠或豚鼠，一般在5～10d死亡。从血液及病变组织分离培养及纯培养本菌，进行形态学等鉴定。

（4）血清学反应。环状沉淀反应、凝集反应、间接血凝试验及荧光抗体技术等。

（5）变态反应。已用于人土拉伦斯病的诊断，特异性很强，检出率达75%～95%。

对进境动物一般只做血清凝集试验，阳性者退回或销毁。但应注意本病与布氏菌有共同抗原成分，并能产生交叉凝集反应。环状沉淀反应也很简单适用。

十四、绿脓假单胞杆菌病（Pseudomonas Pyocyanosis）

绿脓假单胞杆菌病（Pseudomonas pyocyanosis）是由于感染了绿脓假单胞菌（*P. pyocyaneus*）俗称绿脓杆菌（*Bacillu pyocyaneus*）引起的多种传染病。被感染动物的种类不同，所致疾病也有很大差别。水貂、貉、狐、毛丝鼠和灰鼠患本病是以腹泻、败血症和神经症状为特征，传染性很强，可呈暴发；人工饲养的熊因人工造瘘活体取胆术的应用而常见瘘道感染本菌呈蓝绿色，胆汁变质、恶臭，精神萎顿，废食，最终以败血症死亡为特征；灵长类动物感染绿脓杆菌病多散发，可经伤口及泌尿道感染，如治疗不及时或治疗不当可继发败血症而死亡；本菌可引起禽鸟类的幼雏以下痢、排黄绿色粪便、肝水肿并有黄色化脓灶为特征的一种急性传染病；在家畜可引发牛乳房炎、不孕症和散发性流产、泌尿系统感染，严重时致败血症；可造成雌马流产；对狗和猫引起化脓性外耳炎；本菌还常作为一种继发性或条件性的病原菌出现于人、畜、兽的创伤或烧伤感染及化脓性炎症灶中。

（一）病原

铜绿假单胞菌（*Pseudomonas aeruginolsa*），又称绿脓假单胞菌（*P. pyocyaneus*），我国俗称为绿脓杆菌（*Bacterium pyocyaneum*）。

铜绿假单胞菌能产生内毒素及外毒素，还能产生溶纤维蛋白酶、脂酶、胶原酶、透明质酸酶及溶血素等，分泌至细胞外，这些都与本菌的毒力有关。

各国学者以加热O抗原和甲醛H抗原对血清进行凝集或交叉凝集吸收试验，将本菌分成若干血清型，日本的本间逊等将此菌分为18型，并归属13群。

（二）流行病学

铜绿假单胞菌广泛存在于自然界，能感染本菌且患病的动物种类很多，如毛皮兽的水貂、貉、狐、毛丝鼠等；经济动物仔鹿、熊；其他常见患病动物有猴、小熊猫、灰鼠；禽鸟类有雉、火鸡、驼鸟、珍珠鸡、鹌鹑、鸽、鸡等；家畜的猪、马、牛、猫、狗都可感染发病；人亦可感染发病。实验动物中小白鼠、大白鼠、家兔及豚鼠都很敏感，感染后约40h死亡。

本病在水貂等毛皮动物往往呈地方性流行甚至暴发，死亡率几乎达100%。常在一个饲养场范围内可见数千头貂死亡。灵长类感染绿脓杆菌病多为散发；熊患本病也多为散发。

绿脓假单胞菌是人和动物体内常在条件致病菌，并广泛存在于水、土壤、垃圾等处，一般当机体健康时，本菌几乎不能致病，但当某些原因如创伤、烧伤、寒冷，有其他慢性病或饲养管理条件骤然下降等可使机体抵抗力下降，引起本病的发生。水貂、北极狐、毛丝鼠及小熊猫能在自然状态下严重感染本病，可以认为它们对绿脓杆菌有很强的易感性。水貂中最易感的是6月龄左右的幼貂，幼雄貂的发病率高于幼雌貂。在貂场中本病的发生与阿留申病或chediak-Higashi综合征（水貂的一种遗传病）造成的免疫功能不全有关。

水貂等毛皮动物患本病多发生在秋季，因此时母源抗体已基本消失，气候变化无常而剧烈，动物处于换毛期并常遭受秋雨的袭击，故容易发病。死亡率的报道相差很大，有些暴发相当猛烈，短期内造成大批动物死亡。而有些则呈散发且死亡率很低，故此病有时不易引起人们的注意。仔鹿营养不良，机体抵抗力下降时易发生本病，数周内死亡。小熊猫亦在天气寒冷，饲养管理条件恶劣，抵抗力下降时易发病，且传播快、病程短，致死率较高。熊人造瘘道感染，虽为散发，但可常见，恶化成败血症即可死亡。珍珠鸡幼雏感染本病，发病快，致死率高；环颈雉、火鸡、鹌鹑、鸽等经口鼻感染可发病，但一般不死亡。

铜绿假单胞菌是机体正常微生态菌群的一部分，又是条件致病菌，从粪便排出后污染环境土壤、笼舍及用具和自身体表被毛。其感染途径主要是呼吸道和消化道。吃生食的家畜的肺和乳房等污染铜绿假单胞菌（如奶牛的铜绿假单胞菌性乳房炎等）对食肉性毛皮兽等动物具有很大的危险性。

（三）临床症状

水貂、貉、狐等潜伏期多为2d左右，长者为4～5d，为急性或超急性经过。发病后精神极度沉郁，行动迟缓或呈昏睡状，食欲废绝，流泪、流鼻液，体温升高，鼻镜干燥，继而呼吸困难，一般呈腹式呼吸，肺部可听到啰音，有的咯血和鼻衄血，有的可出现惊厥，常于出现临床症状后1～2d死亡，人工感染36～72h死亡。

毛丝鼠仔鼠感染铜绿假单胞菌多呈急性、败血症性经过；成年鼠主要表现结膜炎、耳炎、肺炎、肠炎、子宫炎，后可发展成败血症。毛丝鼠的眼睛对铜绿假单胞菌极为敏感，眼部感染后初期流泪，有淡蓝绿色黏液性、脓性分泌物聚集于眼角，眼睑水肿，结膜肿胀，急性期呈深红或紫红色。眼球微突，不能完全被眼睑覆盖。病程稍长者角膜变混浊，呈淡紫色，或发生溃疡。严重病例角膜变厚或破裂而失明。部分病鼠痊愈后眼球缩小、变平，中央部位可见有白色小点状病变。

仔鹿铜绿假单胞菌感染后可见体温升高，食欲下降，精神不振，腹泻，消瘦，数周内可死亡。

小熊猫感染铜绿假单胞菌后表现发热、结膜炎、腹泻、呼吸困难、败血症及神经症状为主要特征。患本病熊猫体温升高达39.5～40.5℃，呈稽留热。病初精神沉郁、食欲锐减，两眼羞明流泪，从眼角流出脓性分泌物。继之出现腹泻，排出的稀便中混有未消化完全的食物和黏液。视力明显减退，行走对眼前的障碍物不知躲避。病后期出现神经症状，表现为转圈运动，盲目撞击其他物体，前肢屈曲，跛行。腹痛、拱腰，排出混有血液的稀便。最后食欲废绝、脱水、卧地不起，蜷缩成团，不时发出尖细呻吟声，最后因呼吸困难、乏氧及败血症衰竭而死，病程在4d左右。

灵长类铜绿假单胞菌感染患病后体温升高、食欲降低或废绝、精神沉郁、不愿活动、消瘦、脱毛、咳嗽、小便不畅或血尿。如治疗不当或不及时则发展成败血症，多以死亡告终。病程可达2～3周。

环颈雉、珍珠鸡等禽鸟类感染铜绿假单胞菌发病后，临床上以下痢排黄绿色稀便为特征。患病禽鸟体温升高，精神沉郁，食欲不振或拒食，羽毛蓬乱，倦怠，闭眼立于一隅，或慢步行走，且走路不稳，动作不协调，呼吸困难，呈腹式呼吸，最明显的症状是腹部胀满，下痢，排黄绿色稀便，便中混有血液；肛门周围被稀便污染，还可见有的病例肛门水肿、外翻、出血；眼结膜、角膜发炎，眼睑水肿；口腔中有多量白色黏液。

（四）病理变化

水貂等毛皮动物最明显的特征性病理变化为出血性肺炎。

1. 眼观变化

肺的大部分（一个或几个肺叶）变为暗红色，表现为水肿、大面积出血，其范围多为血管周围性及支气管周围性出血。病变部位组织致密，质地较硬。切开后流出暗红色血样泡沫状的液体。气管和支气管黏膜呈桃红色，覆盖有暗红色的泡沫状液体。支气管淋巴结肿大、呈红色或灰红色。胸腺遍布大小不等的出血点。心肌迟缓，冠状沟周围有出血点，胸腔可充满浆液性渗出液。脾脏肿大，可达正常的2～3倍，呈紫红色或有散在出血点。肝微肿大呈灰褐色。甲状腺和肾皮质部有出血点或出血斑。胃及十二指肠内有血样液体，详细检查可发现这些血液是死前从肺经咽流入的。

2. 组织学变化

可见有明显的大叶性、急性出血性、化脓性和坏死性肺炎。在小动脉、静脉周围有大量绿杆菌聚集。尽管能从全身各脏器见到铜绿假单胞杆菌，但其他组织的病变都较肺部病变轻微。

小熊猫患本病的尸体剖检的主要病理变化可见肺呈黑红色，表面布满大小不等的出血灶，气管和支气管内有灰白色泡沫状液体。心外膜出血，心肌脆弱变性，心室扩张。脾肿大呈紫红色，表面布有出血点。肝肿大呈黄褐色。肾肿大变性。胃黏膜有卡他性炎症，肠道出血，粪便可呈巧克力色。脑膜严重充血。

仔鹿的主要病理变化是十二指肠充血、出血明显，肝、脾、肾上布有小脓肿病灶。

带有人工造瘘（活体取胆汁）患熊的胆囊肿大，与周围组织粘连，严重者腹膜弥漫性出血或严重瘀血，肝、脾、肾及淋巴结肿大出血；肺及小肠淤血、出血；心脏肿大，心包积液。

禽鸟类患该病剖检可见皮下有胶胨样渗出液，肌肉水肿，有出血点或出血斑；病变肺呈大理石状；气管内充满粉红色泡沫状液体，胸膜有纤维素性渗出物；肝肿大，质地脆弱，表面颜色不一，有灰黄色化脓灶；脾肿大有出血点或出血斑；肾肿大出血；胃肠黏膜呈卡他性炎症变化，十二指肠、盲肠黏膜有溃疡灶，肠内容物为灰绿色；泄殖腔黏膜脱落，并有出血。

（五）诊断

1. 细菌学检查

（1）取病料。病料可取自肺、血液、淋巴结、脾、胸腔渗出物、脓汁和病变脏器。

（2）观察。直接涂片；染色镜检，并做革兰氏染色。

（3）培养。本菌能在麦康凯等培养基上生长，24h后生成微小、无光泽、半透明菌落。48h后菌落中心呈棕绿色；如接种在MAC琼脂培养基上（其中含有萘啶酸等），能抑制其他细菌的生长繁殖而有利于本菌的生长。经染色镜检确定为革兰氏阴性菌后，再结合其他生长性状及水溶性色素等，可作为诊断的主要依据。

（4）动物试验。将本菌接种实验动物，常在24~30h死亡，剖检及染色镜检。

（5）确定血清型。需确定该菌的血清型时，可使用标准免疫血清进行玻片凝集反应。

2. 血清学诊断

一般不用，只有在进行某些研究工作（如测定疫苗接种后血清抗体效价，研究疫苗的免疫效果）时才应用。

十五、鼠咬热（Rat Bite Fever）

鼠咬热是由鼠类或其他动物咬伤所致的一种自然疫源性疾病，按感染病源的不同可将本病分为小螺菌型和念珠状链杆菌型，见表10-2。本病的临床表现主要为急性或慢性反复性发热，常有斑点或瘀点出现，可累及手掌或足掌，通常有淋巴结肿大，约半数的病人有非化脓性关节炎。

（一）病原

病原体有两种：一种为小螺菌（*Spirillum minus*）或称鼠咬热螺旋体，其所致疾病为螺菌热（Spirillnm fever，在日本称为sodoku）。另一种为念珠状链杆菌（*Streptobacillus moniliformis*），其所致疾病为链杆菌热。美国麻省哈佛山曾由牛奶引起此病流行，原因是乳牛被鼠咬所致，故又称哈佛山热。解放前我国朱世镖（1940）曾从江西玉山报告鼠咬热

表10-2 两型鼠咬热的鉴别要点

项目	小螺菌型	念珠状链杆菌型
病原菌	小螺菌	念珠状链杆菌
感染方式	鼠类或其他食肉动物咬伤	鼠类或其他食肉动物咬伤，误食被污染的食物
潜伏期	较长	较短
局部伤口	发热期，伤口及局部淋巴结有明显炎症反应	伤口愈合较早，不复发
皮疹	较少见，可愈合成片	较多见，散在，可见于手掌、足心
关节炎	较少见	较多见
发作	常反复发作	很少发作
血清学检查	瓦瑟曼氏反应和康氏反应多阳性	瓦瑟曼氏反应和康氏反应，阴性，可有特异性凝集素
治疗	砷剂及青霉素有效	砷剂无效

1例，年龄是22个月。

螺菌热病原体小螺菌属螺菌科。小螺菌为短粗二端尖的细菌，菌体宽0.2～0.5μm，长3～5μm，有2～3个粗而规则的螺旋和1～7根鞭毛，运动活泼，革兰氏染色阴性，在人工培养基上不生长，通过动物接种可被检出。

链杆菌热：又称黑弗里尔热或流行性关节红斑症。病原念珠状链杆菌属弧菌科，革兰氏染色阴性，常呈链状排列，菌体中的念珠状隆起为菌体宽度的2～5倍。在含20%新鲜兔血清的培养基中才能生长，兼性厌氧，加热至55℃ 30min即可杀灭。

（二）流行病学

鼠咬热早在我国隋唐时期就有记载，1913年Maxwell首先报道本病，1926年Cadbury首先在病人的伤口渗出液涂片查见小螺菌，1951年，薛庆煜等首先从病人血标本中培养出念珠状链杆菌。本病常年散发，除鼠咬伤发病外，偶可因食入污染的牛奶或饮食而致念珠状链杆菌型鼠咬热流行。我国历年来所报告的病历显示，我国的鼠咬热以螺菌型较多见。

1. 小螺菌型

本型分布于世界各地，以亚洲为多。中国有散在病例报道，多在长江以南。鼠类感染率达25%，狗、猫、猪、黄鼠狼、松鼠、雪貂等也可受染。鼠类是传染源，咬过病鼠的猫、猪及其他食肉动物也具有感染性。人被这些动物咬伤后得病，人群对本型普遍易感，以居住地卫生情况差的婴幼儿及实验室工作人员感染机会为多。

2. 念珠状链杆菌型

传染源是野生或实验室饲养的鼠类等啮齿动物。人被病鼠咬伤或食入被病原菌污染的食物而发病。1928年美国马萨诸塞州黑弗里尔有一次暴发，就是因食用了被病原菌污染的奶制品而发生的。

（三）临床症状

1. 小螺菌型

人被病鼠咬伤后，小螺菌经伤口进入淋巴系统并引起局部淋巴结炎，进入血循环中可致菌血症、毒血症。潜伏期14～18d。起病急骤，表现寒颤，高热达40℃以上，持续3～6d，随后体温迅速降至正常，经3～7d间歇，体温又升高。如此反复，呈回归热型。高热期间有头痛、乏力、肌肉酸痛。局部伤口肿痛、坏死，形成硬结状表面有黑痂的溃疡。局部淋巴结肿大、触痛。半数病人的四肢、躯干出现大小不一的暗紫色皮疹，数量不多，可融合成片。重者发生谵妄、昏迷、菌血症和毒血症。体温正常期间，症状缓解，皮疹消退。未经治疗者可如此反复6~8次。根据鼠咬史、回归型发热，伴有原发病灶及局部淋巴结肿大，可做出临床诊断。

2. 念珠状链杆菌型

人体被病鼠咬伤后，伤口很快愈合，无硬结样溃疡；经消化道感染者，则无伤口。本型潜伏期1~7d（一般2~4d），起病突然，出现寒颤、高热（间歇热或不规则热）、呕吐、头痛、剧烈背痛，手掌及足心可见散在皮疹。多有关节红肿、疼痛，可有渗液，主要累及大关节。根据鼠咬史及临床表现即可考虑本病。

（四）病理变化

1. 小螺菌型

患者白细胞增多，可伴有核左移。反复发热消耗后可出现贫血、低蛋白血症，嗜酸性粒细胞偶有增多。康氏及华氏血清反应大多呈弱阳性。起病10日左右血中出现凝集素，1—3月达高峰。特异性凝集素常在5个月至2年后转阴，但可保持低效价达7年之久。

2. 念珠状链杆菌型

患者白细胞数中度增高，中性粒细胞增多，且示核左移。在发热期取血或抽取关节腔渗液培养可分离出念珠状链杆菌。发病后2~3周，血清中可测出特异的凝集素。梅毒血清试验极少出现假阳性。

（五）诊断

1. 小螺菌型

于发热时取血做动物接种分离病原菌，或取伤口分泌物做显微镜检查，有助于确诊。此外半数患者血清瓦瑟曼氏反应和康氏反应阳性，也有诊断价值。

2. 念珠状链杆菌型

发热期做血、关节渗液培养，若分离到病原菌即可确诊。血清瓦瑟曼氏反应和康氏反应阴性。若病后2~3周血清中测到特异凝集素，也有助于确诊。

十六、李氏杆菌病（Listeriosis）

李氏杆菌病是由单核细胞增多性李氏杆菌（*Listeria monocytogenes*）引起的多种野生动物、家畜、家禽及人的一种散发性传染病。以脑膜炎、败血症、流产、坏死性肝炎和心肌炎及血液中单核细胞增多为特征。自1926年Murray等首次分离到本病原体以后，现已呈世界性分布。它作为动物致病菌和腐生植物致病菌而广泛存在于环境中，并且已知它与多种动物的严重疾病有关，可引起动物不同类型的李氏杆菌病。最初，人们认为李氏杆菌仅引起动物发病，80年代以来随人类因食用有被李氏杆菌污染的动物性食物而发生李氏杆菌病，才彻底认识到它还是人的一种食物源性病原菌，同时被人们广泛关注。

（一）病原

单核细胞增多性李氏杆菌属于李氏杆菌属，最初李氏杆菌属只有单核细胞增多性李氏杆菌一个种，之后相继确认的绵羊李氏杆菌（*L. ivanovii*）、无害李氏杆菌（*L. innocua*）、威斯梅尔氏李氏杆菌（*L. Welshimeri*）和西里杰氏李氏杆菌（*L. seeligeri*）也划为本属。单核细胞增多性李氏杆菌是革兰氏阳性的小杆菌。在抹片中多单在，或两个菌排成"V"形。无芽孢，无鞭毛，能运动。李氏杆菌长$1 \sim 2\mu m$、宽$0.5\mu m$，在某些培养基上呈丝状。该菌可在$3 \sim 45℃$温度条件生长，其最适温度为$30 \sim 37℃$。在pH高达9.6的需氧或微需氧条件下可迅速繁殖，在厌氧和pH低于5.6的条件下无法生长。菌落形态小、光滑、微扁平并呈乳白色。

用凝集素吸收实验，已将本病抗原分出15种O抗原（I~XV）和4种H抗原（A至D）。现在已有7个血清型、16个血清变种。对人致病者以1a、1b、4b多见，牛羊以1型和4b最多，猪、禽和啮齿动物以1型较多见。

（二）流行病学

目前已证实其可感染40多种动物。在牛、绵羊、山羊和猪中李氏杆菌引起脑膜脑炎、流产和急性败血病的概率高。鸟类中的金丝雀最为易感，松鸡、鹰和鹦鹉等多种鸟类都易感，而隼形目和鸮形目的鸟类对其有一定的抵抗力。家禽以鸡和火鸡最为易感，鸭次之，家禽感染出现败血症和心肌坏死。实验动物如兔子、小鼠等啮齿类也是主要的易感动物。近年来国内有关动物李氏杆菌病例的报道很多，波及全国十多个省市。哺乳动物中多种毛皮动物均易感，一些灵长类动物、反刍动物和其他多种哺乳动物都有感染本病的报道，例如猿、狒狒、鹿、狍、驼鹿、马鹿、野山羊、浣熊、獾、狐狸、郊狼、水貂、臭鼬及多种啮齿类动物。家畜中羊、山羊、牛、猪、鸡、兔等，平均死亡率达32%以上，对畜牧业造成了较大的危害。

动物李氏杆菌病在美国、英国、保加利亚、新西兰等国家几乎每年都有发生，主要集中在绵羊和牛，疾病的发生多与青贮饲料有密切关系，故又将本病称为"青贮病"。作为一种重要的食物源性传染病，李氏杆菌病也能导致孕妇、新生儿及免疫力低下的成人发病。尤其是近年来，不断从食品中分离到本菌，因食品污染本菌而引起食品中毒的病例也频繁发生，所以本菌在公共卫生学上的重要性不可低估。

本病的发生无明显的季节性，多为散发，发病率低，但死亡率高。李氏杆菌作为动物致病菌和腐生植物致病菌而广泛存在于环境中，在健康人的体内大约有15%的带菌率。患病动物和带菌动物是本病的传染源。自然感染可能是通过消化道、呼吸道、眼结膜以及皮肤破伤途径实现，也可能是通过蜱、蚤、蝇等传播。饲料和水是主要传染媒介；冬季缺乏青饲料，维生素缺乏，天气骤变，有内寄生虫或沙门氏菌感染，均是本病发生的诱因。此外，饲喂污染本菌的青贮饲料而引发李氏杆菌病的实例也多次被报道。

（三）临床症状

患病兽多以中枢神经系统紊乱和败血症症状为主，表现为兴奋与抑郁交替出现，头颈弯向一侧。共济失调或后肢麻痹拖行，孕兽发生流产。体温升高、废食，呼吸困难。有些患病动物可见有下痢，粪便中常有黏液和血液。

患病禽以败血症为主，伴有精神沉郁，食欲废绝，腹泻，呼吸困难，可在短时间内死亡。病程较长者呈现中枢神经系统症状，表现为痉挛，斜颈，呆立或兴奋，体态消瘦。

（四）病理变化

急性病例常见一般的败血性变化，脾、肝上有坏死灶或肿大，心脏为纤维性心包炎变化，胃、肠常有出血，肠淋巴结肿大。表现有神经症状者，可见脑和脑膜充血及炎症或水肿变化，脑脊液增多，脑实质软化，血管周围有单核细胞浸润。

毛皮动物、啮齿动物和鸟类常见脑膜脑炎、肝坏死和心肌炎变化。

（五）实验室诊断

1. 镜检

新鲜病料制成涂片，染色，若镜检有如前述形态的小杆菌，可做出初步诊断。

2. 分离培养

本菌在普通培养基上能够生长，在含有血液、葡萄糖的培养基上生长更好。新鲜病料接种血液琼脂平板，形成细小、透明、露滴样菌落，并有β样溶血。在含有0.1%的亚碲酸钾培养基上，菌落呈黑色，边缘发绿。

3. 生化实验

本菌与猪丹毒杆菌有些方面相似（如菌落形态、革兰染色阳性、生长需求等），应注意在生化实验结果上的区别。

4. 动物试验

将新鲜病料制成悬液，经脑内、腹腔或静脉接种给家兔、小鼠、幼豚鼠和幼鸽，可发生败血症死亡。也可用病料悬液和纯培养物点眼，1～2d动物可出现顽固性角膜炎，之后出现败血症死亡，妊娠14d的动物常发生流产。

5. 血清学试验

由于本菌与多种细菌有抗原交叉，因此，血清学诊断对一般实验室诊断是没有实用意义的。

十七、产气荚膜梭菌病（Clostridium Perfringens）

产气荚膜梭菌病，曾称魏氏梭菌中毒症或产气荚膜杆菌病，是由产气荚膜梭菌引起的多种动物和人共患的一种以剧烈腹泻为特征的急性、致死性肠毒血症疾病。该病通常没有明显前驱症状，突然发病死亡，以全身实质器官及消化道出血、小肠坏死性病变为特征。近年来我国发生多次散养野生动物、饲养动物猝死情况，呈现出发病急、病程短、死亡率高的特征，最后诊断证实，大多数都是产气荚膜梭菌病。人也可以感染，可引起气性坏疽、食物中毒、胃肠紊乱、肝肾损害等疾病。

（一）病原

产气荚膜梭菌（Clostridium perfringens）曾称魏氏梭菌，是梭菌科梭菌属的成员。为革兰阳性大杆菌，大小多为（0.6～2.4）μm×（1.3～19.0）μm。两端钝圆，单个或成双排列，偶见链状。无鞭毛，不能运动。在机体内或含有血液的培养基中可产生明显的荚膜，在一般培养时不易形成芽孢，如形成芽孢通常位于菌体中央或次极端。

产气荚膜梭菌可以产生强烈的外毒素，目前已知有α、β、γ、δ、ε、η、θ、ι、κ、λ、μ、ν等12种，同时还能产生具有毒性作用的多种酶，如卵磷脂酶、纤维蛋白酶、透明质酸酶、胶原酶和DNA酶等，外毒素、侵袭性酶和荚膜构成了强大的侵袭力。根据产生毒素种类和致病性的不同，本菌有A、B、C、D、E、F、G 7个型，每个型可产生一种或数种主要毒素及一种或数种次要毒素，其中F、G型是近年新发现的。

产气荚膜梭菌一般都是厌氧菌，生长温度范围较宽泛。对外界的抵抗力也不强，60℃作用15min即可被灭活。但形成芽孢后对外界抵抗力很强，95℃作用2.5h方能被杀死，消毒剂也必须使用高浓度且高效的消毒剂进行消毒，如3%～5%氢氧化钠、3%福尔马林等。

（二）流行病学

产气荚膜梭菌广泛存在于土壤、人和动物的肠道以及动物和人类的粪便中，其中A型产气荚膜梭菌主要分布于土壤与动物和人的肠道，其他型产气荚膜梭菌主要存在于动物和人的肠道及粪便中，其中B型和E型荚膜梭菌的分布尤其具有一定的区域性。患病动物和带菌动物是主要传染源。

本病一般经消化道感染，也可经外伤感染。牛羊猪等各种家畜，鸡鸭等家禽，鹿、大熊猫、虎、狐貉、野鸟等野生动物均易感，实验动物中的小鼠、豚鼠和幼猫最为易感。本病流行强度一般呈散发，个别的呈地方性流行，一年四季均可发生，但春节、秋末冬初，食物和气候的骤变可使动物的抵抗力下降，发病数量明显增多。具有发病率低、病程短、死亡快、致死率高的特征。

（三）临床症状

不同型的产气荚膜梭菌感染不同动物，临床症状有一定差别。

1. 牛、羊、猪等家畜

（1）牛。A、C、D、E 4型产气荚膜梭菌均可感染牛。最急性型病例无任何前驱症状，在使役中或使役后突然死亡。也有的前一晚上正常，次日发现死在厩舍中。死后腹部迅速胀大，口腔流出带有红色泡沫的液体，舌脱出口外。急性型病牛体温升高或正常，呼吸急促，精神沉郁或狂躁不安，全身肌肉震颤抽搐，行走不稳，口流白沫，最后倒地而死。亚急性型呈阵发性不安，发作时两耳竖直，两眼圆睁，表现出高度的精神紧张，后转为安静，如此周期性反复发作，最终死亡。急性和亚急性病牛有的发生腹泻，肛门排出含有多量黏液、色呈酱红色并带有血腥异臭的粪便，有的排粪呈喷射状水样。病畜频频努责，表现里急后重。

（2）羊。A、B、C、D 4型产气荚膜梭菌均可感染羊，引起羔羊发病的主要是B型（羔羊痢疾）和D型（羊软肾病）。一般都是急性发作，病羊精神沉郁，离群呆立，食欲减退或不食，反刍停止，呼吸急促，起卧频繁，鸣叫不安，磨牙流涎，排带黏液粪便，有的为黏液性黑色混血稀粪，痉挛倒地，四肢剧烈划动，最终死亡。死后不久，腹部迅速膨大，口鼻常有白色或带血泡沫流出。

（3）猪。A、C 2型产气荚膜梭菌均可感染猪。多为急性死亡，死前无任何前驱症状，有些猪只当天表现食欲不振，次日即已死亡。多数猪体温升高，个别慢性发病猪表现精神沉郁，呼吸困难，食欲不振或废绝，眼结膜潮红。有的仔猪拉黄色或黄褐色稀粪。随病情发展，病猪出现全身肌肉震颤，运动障碍，共济失调，严重者后肢麻痹，倒地不起，呻吟磨牙，口吐白沫，四肢做泳状划动，很快死亡，死后腹部胀气。

2. 鸡、野鸭和鸵鸟等禽类

（1）鸡。A、C 2型产气荚膜梭菌均可感染鸡。鸡群发病突然，呈急性经过，病程1～3d以上者可见精神萎顿，羽毛蓬乱，嗜睡，寒颤，食欲减退或废绝，排黄色黏性、带血的粪便。大多数病鸡鸡冠、眼睑青紫，少数苍白。部分病鸡有歪颈、步态僵直等神经症状。

（2）野鸭。主要是C型产气荚膜梭菌感染鸭。表现为突然发病，伏卧或倒地，呼吸急促，翅下垂，两肢痉挛，头颈弯曲，1～2h后死亡；病程稍长者则可见排出混有血液的稀便。病死率可达100%。

（3）鸵鸟。主要是C型产气荚膜梭菌感染鸵鸟。病鸟食欲减退，精神萎顿，羽毛蓬乱，体温升高，离群，喜卧，大便干燥，后期挣扎或昏迷而死。

3. 大熊猫、虎等野生动物

（1）大熊猫。主要是A型产气荚膜梭菌能引起大熊猫的突然死亡。有的死亡前在精神、食欲、排遗等方面未见任何异常；有的则表现为厌食，腹部严重胀气，粪便黏稠带血，有气泡。主要病变为：腹部胀气明显，腹腔内有少量气体和暗红色液体；胃黏膜充血出血，内容物暗红色呈粥样；整个肠道浆膜、黏膜均严重出血，外观为暗红色火腿肠状，肠内容物暗红色呈粥样；胆囊充盈。

（2）虎。A、C 2型产气荚膜梭菌均可感染虎。表现为食欲下降，呼吸急促，体温升高，卧地不动，对外界刺激不敏感，腹泻，排血便或焦油样稀便等症状。

4. 鹿、狐、貂、兔和麝鼠等经济动物

（1）鹿。A、C、D 3型产气荚膜梭菌均可感染鹿。发病突然，死亡快，病初兴奋不安，奔跑、鸣叫、回头顾腹，腹痛、腹泻，拉酱红色、黄色水样便。3～6h后，步态不稳，肌肉震颤，甚至倒地、四肢呈游泳状划动，眼球乱转，磨牙，头后仰、呈角弓反张状，呼吸困难、口鼻流出白色泡沫状物，而后死亡。死鹿多膘情好、体格强壮者。病死率可达40%以上。

（2）狐、貂、兔和麝鼠。进食一段时间后突然发病，病程短、死亡快。死前突然倒地，四肢划动如游泳状，抽搐、转圈，口吐白沫或红色泡沫，很快死亡，死后腹部鼓胀明显。病程稍长，可见腹泻，粪便呈深绿色，有的可见血便，并有特殊恶臭味。

（四）病理变化

1. 牛、羊、猪等家畜

（1）牛。以全身实质器官出血和小肠出血为主要特征。心脏质软，心耳表面及心外膜有出血斑点。肺气肿、有出血斑。肝脏呈紫黑色，表面有出血斑。胆囊肿大。小肠黏膜有较多的出血斑，肠内容物为暗红色的黏稠液体，淋巴结肿大出血，切面黑褐色。

（2）羊。整个肠道黏膜充血，特别是小肠充血、出血、黏膜脱落；肠系膜淋巴结肿胀，充血；胃黏膜脱落，有出血性炎症；胆囊肿大，胆汁充盈，肾变软（D型），呈棕色。

（3）猪。以全身实质器官及消化道出血、小肠阶段性坏死为特征。心冠脂肪出血，心内、外膜及心肌出血。肝肿大，质脆，胆囊肿大，胆汁充盈，肝、脾、肾均有散在出血点。胃黏膜脱落，有出血斑点；小肠严重出血，呈红褐色，并发生阶段性坏死，肠系膜淋巴结瘀血肿大呈紫红色。

2. 鸡、野鸭和鸵鸟等禽类

（1）鸡。口腔、喉头黏液增多；肺充血；肝肿大，并有出血点；胆囊充盈；肾脏多有充血和出血；大多数鸡的肠腔扩张3～5倍并充满气体，十二指肠出血性肠炎，肠黏膜充血、出血或坏死。

（2）野鸭。剖检可见皮下有出血点；气管内渗出物增多，黏膜充血，肺淤血、出血；心包膜，心肌，冠状脂肪点状出血；肾出血；食道黏膜出血，肠系膜和小肠浆膜弥漫性点状出血，腺胃、小肠内充满混有血液和脱落黏膜的内容物，黏膜片状出血。

（3）鸵鸟。主要病变体现为心外膜有出血点；肝肿大、质脆；肺肿大，有出血点；脾脏有出血点；肾脏充血；淋巴结肿大；小肠出血严重，肠臌气。

3. 大熊猫、虎等野生动物

（1）大熊猫。主要病变为腹部胀气明显，腹腔内有少量气体和暗红色液体；胃黏膜充血出血，内容物暗红色呈粥样；整个肠道浆膜、黏膜均严重出血，外观为暗红色火腿肠状，肠内容物暗红色呈粥样；胆囊充盈。

（2）虎。剖检胃内充满血液有溃疡灶。肠壁增厚，有大量血性黏液，结肠黏膜脱落，呈纤维素性坏死性肠炎。肾呈暗棕色，被膜易剥离，皮质、髓质界线不清。肝脏充血、肿大。

4. 鹿、狐、貂、兔和麝鼠等经济动物

（1）鹿。主要的剖检变化为心脏心肌纤维肿胀，有充血、坏死灶；肝脏坏死，有色素颗粒沉着；脾脏肿大，局部有出血及坏死；肾脏充血，坏死较严重；肠道十二指肠肌层薄，局部有凝固性坏死，大量散在的炎性细胞，绒毛层脱落，有出血、充血。

（2）狐、貂、兔和麝鼠。剖检一般可见颌下淋巴结、肠系膜淋巴结肿大；肠系膜内有明显气泡，肠黏膜充血、出血，外观小肠呈黑红色；肝肿大，质脆软，被膜有出血点。

（五）诊断

根据流行病学、临床症状和病理变化可做出初步诊断，确诊则需要进行实验室诊断，主要包括病原学诊断、分子生物学诊断和血清学诊断。

1. 病原学诊断

首先取病死动物肠系膜、心血及肝等病变组织病料涂片，革兰染色后镜检，可见革兰氏阳性大杆菌，菌端钝圆，有荚膜。然后再将病料研磨适当稀释后，接种肉肝汤培养基和紫奶培养基，置37℃厌氧条件培养6～8h，肉肝汤培养基变得浑浊并产生大量气体，紫奶培养基中牛乳凝块成多孔海绵状，即呈暴烈发酵现象，是本菌的突出特征。在TSC培养基中厌氧培养24h左右可产生黑色菌落。进一步诊断，可取上面的肉肝汤培养物接种豚鼠、幼兔，如果均在24h内死亡，剖检病变与自然死亡基本相同，可诊断为阳性。

2. 分子生物学诊断

随着产气荚膜梭菌分子生物学研究的不断深入，该菌主要的毒素基因相继被克隆测序，目前应用比较多的就是PCR方法。PCR方法常选择的靶基因就是 α 、 β 、 β_2 、 ε 、 ι 和肠毒素等各种毒素，通过检出毒素基因的种类就可以检出待检菌的型别。多重PCR方法可以对不同型的产气荚膜梭菌进行鉴别诊断。

此外，随着人们对细菌核糖体（rRNA）研究的深入，16SrRNA也被用于产气荚膜梭菌检测和鉴定。针对16SrRNA检测的PCR、多重PCR和荧光定量PCR等方法都可应用于产气荚膜梭菌的诊断。

3. 血清学诊断

中和试验、反向间接凝集试验等血清学方法检测肠毒素或产生毒素的菌型来进行诊断。目前已有商品化的ELISA试剂盒用于主要毒素的检测，方法敏感、快速和准确。

（柴洪亮 王亚君 曾祥伟 李祥）

第三节　其他传染病

一、莱姆病（Lyme Disease）

莱姆病是近年才认识的一种新的蜱媒人畜共患病。病原为伯氏疏螺旋体。临诊表现以叮咬性皮损、发热、关节炎、脑炎、心肌炎为特征。

本病于1974年最先发生于美国康涅狄格州莱姆镇（Lyme）的一群主要呈现类似风湿性关节炎症状的儿童，因而命名为莱姆病。目前，世界五大洲的30个国家都发现人和动物有本病存在，美国已有48个州发生本病，欧洲的疫区也在扩大。由于对人类健康构成威胁，对畜牧业的发展也有影响，此病已受到国际的普遍重视。1986年，我国在黑龙江省证实有首例本土此病病例。迄今为止，此病已在我国东北、西北、华北、华东及中原地区的19个省（市、自治区）发生。

（一）病原

伯氏疏螺旋体（*Borrelia burgdorferi*）是1982年最先从达敏硬蜱（*Ixodes damini*）中分得的一种新的疏螺旋体，1984年被正式命名。本菌革兰氏染色阴性，用姬姆萨法染色良好。其呈弯曲的螺旋状，平均长30μm，直径为0.2～0.4μm，有7个螺旋弯曲，末端经常尖锐，有多根鞭毛。暗视野下可见菌体作扭曲和翻转运动。本菌微需氧，最适培养温度为33℃。常用的培养基为含牛、兔血清的复合培养基，即Barbour-Stoenner-Kelly培养基（简称BSK培养基）。若在此培养基内加入1.3%琼脂糖，可形成菌落。菌体生长缓慢，在12～24h内伸长，然后分裂繁殖。经10～15代培养后可使丧失致病性。一般从硬蜱体内分离培养菌株较易，从动物体内分离培养则较难。本菌对青霉素、四环素、红霉素敏感，而在8～16μg/mL浓度的新霉素、庆大霉素、丁胺卡那霉素中能生长，因此可将此类抗生素加入BSK培养基中作为选择培养基，以减少污染，提高分离检出率。

（二）流行病学

人和多种动物（牛、马、狗、猫、羊、鹿、白尾鹿、浣熊、山狗、兔、狼、狐和多种小啮齿动物）对本病均有易感性。病原体主要以蜱类作为传播媒介。如在美国东北部和中西部主要为达敏硬蜱，西部为太平洋硬蜱，新泽西州为美洲花蜱；在欧洲，瑞士及德国北部为蓖子硬蜱；苏联和日本等国为全沟硬蜱、卵形硬蜱和肩胛硬蜱；在我国，主要为嗜群血蜱、长角血蜱和全沟硬蜱。本病的流行与硬蜱的生长活动密切相关，因而具有明显的地区性，在硬蜱能大量生长繁衍的山区、林区、牧区此病多发。本病同时还具有明显的季节性，多发生在温暖季节，一般多见于夏季的6—9月，冬春一般无病例发生。硬蜱的感染途径主要是通过叮咬宿主动物，但有些硬蜱还可以经卵垂直传播。有人证实直接接触也能发生感染。

自然感染莱姆病螺旋体的动物主要分两大类：一类为小型兽类和啮齿类动物，它们是幼蜱和若蜱的主要供血寄主和病原体贮存宿主；另一类为大型鹿科动物以及牲畜，它们是成蜱的供血寄主。北美洲已查明29种哺乳动物是伯氏疏螺旋体的保存宿主和传染源，其中白足鼠携带伯氏疏螺旋体者高达88%，在欧洲主要是林姬鼠、黄喉姬鼠、沙州鼠等。自1986年以来我国从棕背平鼠、白腹鼠、社鼠、褐家鼠、针毛鼠、华南兔鼠、白腹巨鼠、黑线姬鼠、普通田鼠、天山林鼠、天山蹶鼠、大林姬鼠分离到伯氏疏螺旋体，狗、马、牛、羊、猫感染伯氏疏螺旋体后可出现临床症状，狗的临床症状持续时间长。蜱可经卵传播伯氏疏螺旋体，所以蜱既是传播媒介，又是保存宿主，具有特殊的流行病学意义。

（三）临床症状

伯氏疏螺旋体在蜱叮咬动物时，随蜱唾液进入皮肤，也可能随蜱粪便污染创口而进入体内，经3～32d潜伏期，病菌在皮肤中扩散，形成皮肤损害。当病菌侵入血液后，引起发热，肢关节肿胀，疼痛，神经系统、心血管系统、肾脏受损并出现相应的临诊症状。

（1）牛。发热，沉郁，身体无力，跛行，关节肿胀疼痛。病初轻度腹泻，继之出现水样腹泻。奶牛产奶量减少，早期怀孕母牛感染后可发生流产。有些病牛出现心肌炎、肾炎和肺炎等症状。可从感染牛的血液、尿、关节液、肺和肝脏中检出病菌。

（2）马。嗜眠，低热（38.6～39.1℃），触摸蜱叮咬部位高度敏感，被蜱叮咬的四肢常易发生脱毛和皮肤脱落。前肢或后肢疼痛和轻度肿胀，跛行，或四肢僵硬不愿走动。有些病马出现脑炎症状，大量出汗，头颈倾斜，尾巴弛缓、麻痹，吞咽饲料困难，不能久立一处，常无目标地运动。妊娠马易于发生死胎和流产。

（3）狗。发热，厌食，嗜眠，关节肿胀发炎，跛行，局部淋巴结肿大，心肌炎，有的病例可见肾功能紊乱、氮血症、蛋白尿、圆柱尿、脓尿和血尿等。有的病例还可出现神经症状和眼病。

（4）猫。主要表现厌食、疲劳、跛行或关节异常等症状。

（5）人。人感染莱姆病后，大多数病例首先在被蜱叮咬的皮肤部位出现慢性游走性红斑，多数患者发热恶寒，头痛，骨骼和肌肉游走性疼痛，关节疼痛，易疲劳、嗜眠，随后出现不同程度的脑炎、脑膜炎、多发性神经炎、心脏活动异常和关节炎等症状。

（四）病理变化

动物常在被蜱叮咬的四肢部位出现脱毛和皮肤剥落现象。牛在心和肾表面可见苍白色斑点，腕关节的关节囊显著变厚，含有较多的淡红色浸液，同时有绒毛增生性滑膜炎，有的病例胸腹腔内有大量的液体和纤维素，全身淋巴结肿胀。马的眼观病变与牛基本相同。犬的病理变化主要是心肌炎、肾小球肾炎及间质性肾炎等。

人的病变主要是皮肤上出现典型的慢性游走性红斑病变，被蜱叮咬的红斑中心可见明显的充血和皮肤变硬，有时还可见水疱或坏死孔。组织学变化有皮下淋巴浸润，关节滑膜绒毛性增生，在绒毛内见有淋巴细胞浸润和纤维素沉积，心肌有局灶性淋巴细胞浸润，心肌细胞坏死，有的见脑膜炎、脑炎变化。

（五）诊断

根据病的流行特点和临诊表现，可以做出初步诊断，确诊需进行实验室检查。由于本病病原体的分离培养或直接镜检比较困难，因而利用血清学方法检测血样中的抗体是实验室检查的主要方法，目前应用最普遍的是免疫荧光抗体试验和酶联免疫吸附试验，以后者较为敏感。但这两种方法对早期感染的检出率都不高，抗体检测阴性并不能排除病的存在，此时应结合流行病学调查、试验性治疗、病原体的检查以及追踪观察血清抗体消长情况等进行综合判断。对于出现关节炎和神经症状的动物，用免疫荧光抗体试验能从关节滑液及脑脊液中检测出高滴度的抗体。免疫荧光组化染色法及免疫过氧化酶组化染色法，可直接从病理切片中检查出病原体。此外，有人认为免疫印迹法是早期诊断本病最敏感的方法，当免疫荧光抗体法和酶联免疫吸附试验的检查结果不一致时，可用此法做最后验证。最近，有人应用聚合酶链反应检测本菌，认为敏感、特异性强。

二、钩端螺旋体病（Leptospirosis）

钩端螺旋体病是由钩端螺旋体引起的一种重要而复杂的人、兽、畜及禽鸟共患的自然疫源性传染病。本病的临床表现复杂多样，动物种类不同、所感染钩端螺旋体的血清型不同，其临床表现也不尽相同，常见的症状有贫血、黄疸、发热、出血性素质、血红蛋白尿、败血症、流产、皮肤和黏膜坏死及周期性眼炎。现已证明，不仅有多种温血动物，还有多种爬行动物、节肢动物、两栖动物、软体动物和蠕虫都可自然感染钩端螺旋体。

（一）病原

钩端螺旋体（Leptospira）又称细螺旋体，分为两个群，即由寄生性病原性菌株组成的"似问号形类"和由腐生性非病原性菌株组成的"双弯类"。

在似问号形类中目前已发现有20个血清群，包括170多个血清型，从野生哺乳动物分离出的致病性钩端螺旋体有：黄疸出血性（L. icterohaemorrhagiae）、黄疸贫血（L. icteroanemia）、波摩那（L. pomona）、拜伦（L. ballum）、亚特兰大（L. atlantae）、犬（L. canicola）、澳大利亚（L. australis）、秋季热（L. autumnalis）、七日热（L. hebdomadis）、奥尔良（L. orleans）、小乔治亚（L. minigeorgia）、塔拉索夫（L. tarassovi）、流感伤寒（L. grippotyphosa）、路易斯安那（L. louisana）、巴克利（L. bakeri）和扎诺尼（L. zanoni）等血清型。

钩端螺旋体很纤细，（0.1～0.2）μm×（6～20）μm以上，螺旋整齐致密，在暗视野显微镜下观察，常似细小的链珠状，一端或两端弯曲成钩，菌体常呈C、S、O、X及8字形，还可用镀银法或姬姆萨法染色镜检，普通单染色和革兰氏染色不易着色。

钩端螺旋体为需氧菌，较易培养，只需加少量动物血清，如添加了5%～20%新鲜灭活兔血清的林格氏液、井水或雨水的液体培养基，一般均能生长良好。适宜pH7.2～7.6，适温为28～30℃，初代7～15d，传代3～7d。本菌可在8～14日龄鸡胚绒毛尿囊膜上生长，4～7d可使鸡胚死亡。本菌还能在牛胎儿肾细胞上生长。

本菌抵抗力较强，耐寒冷，特别是在含水较多和微偏碱的环境中可存活6个月，这在本病的传播上有重要意义。但本菌对干燥、热、酸、强碱、氯、肥皂水及普通消毒药均较敏感，很易被杀死，对土霉素、链霉素等也敏感。

（二）流行病学

钩端螺旋体几乎遍及世界各地，其中温暖潮湿的热带和亚热带地区的江河两岸、湖泊、沼泽、池塘、淤泥和水田等地更为严重。

本菌的动物宿主非常广泛，几乎所有的温血动物都可感染，其中啮齿目的鼠类是最重要的宿主。鼠类多呈隐性感染，尤以黄胸鼠、罗赛鼠、沟鼠、鼷鼠及黑线姬鼠等带菌率较高，分布很广，数目多，是本病自然疫源的主体。各种兽类、鸟类、畜、禽及人都可感染或带菌，如兽类的野猪、鹿、猴、银黑狐、北极狐、灰狐、狼、獾、浣熊、臭鼬、麝鼠，野鸟的水禽、水鸟及麻雀、环颈雉，蝙蝠，家畜的猪、马、牛、绵羊、山羊、狗、水牛及家禽都具不同的易感性，可呈显性或隐性感染。患病及带菌动物主要由尿排菌，尿中菌体含量很大（病猪尿含菌量可达1亿个/mL），病鼠、病兽带菌尿污染的低湿地可变为危险的疫源地，兽、畜及人经过时即可能被感染，如遇雨季和洪水泛滥时，污染可扩大。带菌的吸血昆虫如蚊、虻、蜱、蝇等亦可传播本病。人、兽、畜、鼠类的钩端螺旋体病可以相互传染，构成复杂的传染链。

本菌可以通过受损伤的皮肤、黏膜、生殖道、消化道感染，各年龄的动物都可感染发病，但幼小动物和机体抵抗力弱的动物的发病率和死亡率都较高。耐过本病的动物可获得对同型菌的免疫力，并对部分异型菌有一定的交叉免疫力。

本病的发生有明显的季节性，气候温暖、雨水多且吸血昆虫较多的6—9月，为本病多发期。本病的特点为间隔一定的时间成群地暴发。

（三）临床症状

1. 鹿钩端螺旋体病

急性病例体温升高达41℃以上，鼻镜干燥，精神沉郁，离群，拒食，反刍停止，瘤胃鼓气。随后出现血红蛋白尿，尿频，尿呈葡萄酒样色泽。后期少尿、无尿，食欲废绝，日趋消瘦，呼吸迫促，皮肤黏膜黄染。急性病例7～10d死亡，病死率可达90%以上。

2. 狐钩端螺旋体病

潜伏期2～12d，病兽突然拒食，呕吐，下痢，心律加速达150～180次/min，呼吸可达70～80次/min。体温升高达40.5～41.5℃，稽留数小时后，体温下降到正常或正常以下。可视黏膜黄染，尿频并呈深黄色，病兽逐渐衰竭，有的病情恶化而死亡。

3. 貉钩端螺旋体病

拒食，呕吐，腹泻，精神沉郁，出现明显的黄疸。口腔黏膜及齿龈有溃疡及坏死，肛门括约肌松弛。出现黄疸后体温下降至37.5℃以下，尿频呈黄红色，病情严重者后期伴发背、颈、四肢肌肉痉挛性收缩，流涎，口唇周围有泡沫，病程为2～3d，大部分因窒息而死亡。

4. 水貂钩端螺旋体病

体温升高，精神沉郁，食欲废绝，渴欲增强，呼吸急促，心律加快，出现血尿或煤焦油样粪便，鼻镜干燥，出现贫血，后肢逐渐瘫痪，转归多为死亡。

5. 海狮波摩那钩端螺旋体病

感染后临床表现高热，精神沉郁，倦乏，不愿下水游泳，尿血，尿呈浊稠红茶色，怀孕母海狮可发生流产或早产。血液白细胞数增加，血清肌酸酐含量升高。

（四）病理变化

急性病例可见皮肤、皮下组织、全身黏膜及浆膜发生不同程度的黄疸。心包腔、胸腔、腹腔内常有少量淡茶色澄清或稍混浊的积液。肝、肾、黏膜和浆膜常见点状或斑状出血。肝呈棕黄色，体积轻度肿大，质脆弱，切面常隐约可见黄绿色胆汁淤积的小点。肾肿大，慢性病例可见肾有散在的灰白色病灶，粟粒大至豆粒大，略呈圆形。膀胱多充满茶色略带混浊的尿液。

（五）诊断

1. 直接镜检

取病兽新鲜抗凝血液、病兽中段尿液和病兽的肾、肝组织（制成5～10倍的生理盐水）悬液，直接用液滴制成压片标本，置暗视野显微镜下观察。所见到的钩端螺旋体形如链珠状，长6～30μm，直径0.1～0.2μm，两端有钩，做回旋、扭曲或波浪式运动。

2. 分离培养法

（1）培养基。常用柯索夫氏（Korthof）培养基。

（2）培养材料。无菌抗凝血可直接接种培养基；尿液样本可用尿原液直接接种；未污染的组织病料可用无菌镊子夹取一小块，于培养基管壁上轻压磨成糊状，然后洗入培养基液体中，待见轻微混浊时即可将余下组织于另一培养基中以相同方式接种。污染病料应接在含有抗菌素的培养基内（预先在培养基内加入5-氟尿嘧啶100～400μg/mL，SD250～500μg/mL，新霉素5～25μg/mL）。将接种的培养基置于28～30℃温箱培养。在培养5～7d后，可肉眼观察到培养基呈乳白色混浊，对光轻摇试管时，便见1/3的培养基中有烟状生长物向下移动。在挑取培养物作暗视野活菌检查时，可见有大量的典型钩体存在。培养物可用抗血清标记葡萄球菌A蛋白凝集试验、反向炭凝试验、膨胀试验等进行菌群分型鉴定。

3. 血清学检查方法

近年来常用炭凝集试验、乳胶凝集试验、酶联免疫吸附试验及微囊凝集试验等方法。

三、鸟疫（Ornithosis）

本病在鹦鹉以外的鸟类患病称鸟疫，在鹦鹉称鹦鹉热，在家禽称禽衣原体病。是由鹦鹉热衣原体引起的野鸟、玩赏鸟和家禽的一种接触性自然疫源性传染病。患该病的禽鸟类以结膜炎、肠炎及呼吸道受损为特征。

（一）病原

本病的病原为鹦鹉热衣原体（*Chlamydia psittaci*）或称鸟疫衣原体（*Ch. Ornithosis*）。从不同宿主分离到的病原体的致病力不尽相同。

（二）流行病学

衣原体的宿主包括几乎所有野生的或饲养的禽鸟类，现已发现有26个科、190多种野鸟感染本病，如鹦鹉、海燕、海鸥、苍鹭、白鹭、鸼、麻雀、雉、金丝鸟、鹩哥、鹬等较常见，家禽中鸽、鸭、鹌鹑及火鸡较鸡、鹅易感且多呈显性经过。幼禽鸟的易感性较成年禽鸟大且表现严重，转归大多死亡。继发感染或混合感染（最常见于沙门氏杆菌）或不良环境因素的刺激都能促进本病的发生、发展，引起大批死亡。许多种类的野鸟地理分布广，能远距离迁徙，它们对本病的世界分布，自然疫源地的形成、巩固、扩散以及维持病原体在自然界的循环等方面起主要作用。与禽鸟类接触密切的有关人员要特别注意自身防护。

患病和带菌的禽鸟类是本病最主要的传染源。病禽鸟通过粪便排出大量病原体，衣原体的感染性在干燥的粪便中可保持几个月，病原体随粪干沫、尘埃到处飞扬，禽鸟类吸入后即可被感染，这是衣原体的主要感染途径；本病还可通过消化道和吸血昆虫如螨、虱等感染。本病不能通过蛋垂直传播。本病的发生和流行无明显的季节性。

（三）临床症状

鹦鹉类患本病在成年鹦鹉多表现为隐性感染或仅有轻微症状，而幼龄鹦鹉则可表现明显的临床症状，呈急性经过，常导致死亡。病鸟表现绝食、沉郁、羽毛粗乱蓬松。排稀便，致使身上，特别是体后部沾污有黄绿色粪便，黏液性、脓性鼻液，眼被分泌物糊住，脱水、消瘦，幼龄鹦鹉病程为3d至1个月，死亡率可达75%～90%。成年鹦鹉一般可康复，康复后可长期带菌，并从排泄物中排出病原体而成为传染源。康复后的带菌鹦鹉常无任何临床表现，或仅有短期的排稀便症状。

雉在野生和饲养的雉群中很少呈显性感染，绝大多数为隐性感染。据报道有人在接触雉后感染衣原体病，说明雉确能感染衣原体。

苍鹭单纯感染衣原体后都呈隐性经过。

火鸡感染衣原体的潜伏期为5～50d，火鸡较敏感，群中有70%左右的火鸡呈现临床症状，体温升高，食欲废绝，排出黄绿色胶状粪便。母火鸡的产蛋率迅速下降或停止产蛋。发病后致死率为10%～30%。

鸽感染后的潜伏期一般为5～9d，成年鸽多数为隐性感染很少发病，少数发病鸽子表现虚弱、厌食、腹泻，发生结膜炎和鼻炎，流出大量分泌物，呼吸困难，病鸽发出吱嘎或咯咯声，眼睑肿胀。有人认为任何鸟类出现结膜炎都该怀疑是否感染了本病。继发感染或环境条件骤然变化时可促使病情恶化及死亡。幼鸽感染后多为急性病例，症状与成鸽相似但更严重，大多转归死亡，致死率可达80%左右。

其他禽鸟类患鸟疫的临床症状可参考上述内容。

（四）病理变化

各种禽鸟类患鸟疫后的剖检病理变化基本相似，其典型的特征是胸腔和腹腔器官的浆膜和气囊膜的纤维素性炎症的病理变化，表面多有纤维素性渗出物被覆，其中以纤维素性心包炎、肝周炎和气囊炎最常见而明显。胸腔和腹腔常有纤维素性渗出液，严重病例渗出液较多。肺充血有炎症变化，肝、脾、心、肾等实质性器官肿大，色泽改变，常有坏死灶，其中脾肿大最明显，有时可为正常的3～10倍。所有病例几乎都有严重的肠炎病变。有的病例常见结膜炎和鼻炎。

（五）诊断

1. 包涵体检查

取严重感染典型病例的血液或病变组织（包括气囊膜和心包膜）制成涂片，经Macchiavello氏法或Castenada氏法或Gimenez氏法或Giemsa氏法染色镜检，检查衣原体的包涵体。但检出率不太高。

2. 病原的分离鉴定

（1）病料样品的采集。采取典型病例的病变部位如肺、支气管、淋巴结、肠道黏膜、气囊、肝、脾或异常分泌物等，经系列处理，加链霉素或卡那霉素500～1000单位/mL去除杂菌。

（2）分离培养。将处理好的病料上清0.5mL接种于7日龄鸡胚卵黄囊内，接种后鸡胚于3～10d内死亡，有些菌株则需盲目传5代以上才能做出结论。

（3）细胞培养。可将病料接种到Hela细胞上培养，大多数菌株能在上面生长繁殖，并形成不同形态的核旁包涵体，在细胞中有衣原体。

（4）鉴定。对鸡胚培养物可做血清学检查，对培养细胞即可用直接免疫荧光试验检查衣原体。

3. 血清学检查

（1）对进出口的禽鸟类检疫此病常用的血清学方法是间接血凝试验，向湖北农科院畜牧所可购得诊断试剂，或向兰州兽研所求购，并按说明书操作和判定。

（2）补体结合试验是常用的检疫方法，抗原可用感染的鸡胚卵黄囊膜制备。我国定为1∶16以上为阳性。

另外还可用的血清学检查方法有中和试验、免疫荧光试验等。

4. 动物试验

取病料腹腔接种3～4周龄小鼠，接种后小鼠发生结膜炎，腹腔有纤维素性渗出物，脾肿大，腹部膨胀。上述为衣原体感染小鼠的典型症状。也可做脑内或鼻腔内接种。

四、哺乳动物衣原体病（Mammalian Chlamydiosis）

由鹦鹉热衣原体感染可引起多种野生动物及人患病。由于感染动物的种类不同，其临床表现也不尽相同，但多表现流产、肠炎、肺炎等多种病型。人感染鹦鹉热衣原体可呈急性经过或呈Reiter氏综合征。人呈急性病时多表现发热、间质性肺炎，该衣原体还能侵犯心肌、心包、脑实质、脑膜及肝脏。患者多为职业病人群或与病鸟禽、兽有密切接触的人，儿童也可感染发病，主要经飞沫—呼吸道感染。成年男性感染鹦鹉热衣原体可发展成Reiter综合征即关节炎、尿道炎和结膜炎综合征，病情在数月至数年内由极期而渐趋减弱。

（一）病原

鹦鹉热衣原体（*Chlamydia psittaci*），详见前述。

（二）流行病学

多种野生哺乳动物对鹦鹉热衣原体敏感，如麝鼠、野兔、跳羚、考拉、苏门羚、野猪、灵长类动物、负鼠、鬣羚及海豹等。家畜也可感染本病。

1. 传染源

衣原体病是自然疫源性疾病，患病及带菌的动物和禽鸟类是最根本的传染源，哺乳动物和禽鸟类之间、哺乳动物和哺乳动物之间及禽鸟类和禽鸟类之间可相互传染，互为传染源。

2. 传播途径

衣原体主要随鼻、眼等的分泌物和排泄物排出体外，污染环境，易感动物主要经呼吸道感染，消化道亦可感染。多种节肢动物如虱、螨蟑和蚤可起传播媒介的作用。

（三）临床症状

不同种动物感染本病的临床症状不尽相同，分述如下：

（1）麝鼠。病初出现体温升高（1℃以上），精神沉郁，对刺激反应降低，食欲降低或废绝，逐渐消瘦，有时运动失调。有的病例有鼻炎—流鼻液，胃肠炎—腹泻。病情严重的急性病例可导致死亡。

（2）考拉。可引起角膜炎导致失明，难以采食而饿死；还可引起子宫炎、阴道炎、尿道炎、肺炎及气管炎等。

（3）美洲兔。体温升高，沉郁，消瘦，有的病例出现下痢、黄疸；极期可出现角弓反张，惊厥及低血糖，致死率较高。

（4）负鼠。能引起脑炎和肺炎。脑炎以中枢神经系统异常为主；肺炎以呼吸系统功能障碍为主要特征。

（5）跳羚。引起脑膜炎、脑脊髓炎、肺炎及心肌脉管炎等。

（6）灵长类。导致流产和生殖道感染。

家畜衣原体感染可以发生地方性流产，多在妊娠后期流产，胎盘发炎、坏死，胎儿肝病变，产生死胎或低生活能力的幼仔，常不能站立而迅速死亡。

（四）病理变化

一般多见到肝充血、肿大、变色，有坏死灶；脾肿大，肠炎变化，肺炎的变化，有时见有纤维素性心包炎及关节的炎症变化。

（五）诊断

1. 病料的采集

急性病例可取血液或脾脏，病程稍长的可取病变部位，如脑脊髓炎的取大脑或脊髓，肺炎的取肺和支气管淋巴结，肠炎的取肠黏膜，关节炎的取关节液，流产的取胎盘、子宫分泌物或流产胎儿的器官等。

2. 病原体的分离培养、鉴定

动物接种试验及血清学试验均可参考鸟疫的有关部分。

五、恙虫病（Tsutsugamushi Disease）

恙虫病，又称丛林斑疹伤寒（Scrubtyphus），是由恙虫病东方体（*Orientia tsutsugamushi*）引起的急性自然疫源性疾病。以发热、皮疹、虫咬溃疡（焦痂）和浅表淋巴结肿大为主要特征，严重者出现肝脾肿大、腹水，救治不及时可导致死亡。恙虫病主要流行于亚洲和太平洋地区，我国有23个省报道发现恙虫病。

（一）病原

恙虫病的病原体是恙虫病东方体，其大小一般为（0.3～0.5）μm×（0.8～2.0）μm，革兰（Gram）染色呈阴性，姬姆萨（Giemsa）氏染色呈紫红色，位于细胞质中，其他立克次氏体革兰染色呈红色，姬姆萨氏染色呈暗红色，背景为绿色。

（二）流行病学

恙虫病以鼠类为主要传染源。鼠类感染后多表现为无症状，而立克次氏体会在其内脏中长期存留，使其成为本病的贮存宿主。恙螨幼虫的宿主比较广泛，自然界中各种脊椎动物体表均可寄生，感染或携带恙螨而成为传染源。

恙螨是本病的传播媒介，经恙螨幼虫叮咬将恙虫病立克次氏体传染人，并且恙虫病立克次氏体可以在恙螨中经卵传代。该病一年四季均有流行，根据季节特点大体可分为：夏季型、秋季型、冬季型、春季型4型，其中又以7—9月发病较多，但不同地区存在较大差异。

恙虫病发病人数及频率不断增多，流行范围也不断扩大，即东起新几内亚，西至阿富汗，南起新西兰和澳大利亚北部沿海地区，北至日本、俄罗斯远东滨海地区。存在海岛型、山林型和丘陵型3种生境类型疫源地。

（三）临床症状

患者临床症状非常相似，主要以发热、全身酸痛、乏力、腹胀、纳差、恶心为前驱症状，伴有剧烈头疼，3～4d后先头面部继而躯干、四肢出现斑丘疹。皮疹隆出皮肤，大小不等，3～6mm，常连接成片、颜色红于正常皮肤，压之不褪色，无瘙痒，皮疹消退后留有色素沉着，无皮屑脱落。部分患者出现呕吐，耳后及枕部淋巴结肿大等症状。

（四）病理变化

焦痂与皮疹、溃疡面及其周围组织可见炎细胞，如中性粒细胞，淋巴细胞和巨噬细胞浸润，纤维组织增生，皮疹多为充血性斑丘疹。肺肿胀，呈间质性肺炎改变。支气管肺炎和胸腔积液，微循环供血不足，血液黏稠度增加，可引起心肌纤维不同程度的变性、坏死，部分可断裂。受累的淋巴结出现细胞浸润间质性炎症，肝细胞肿大，坏死，肝窦间质水肿，肝索离散，中性粒细胞、淋巴细胞浸润，库普弗细胞增生。肾可见肾小管变性、蛋白尿。毒素作用可抑制造血细胞使周围细胞减少，细胞变形成锯齿状，毛细血管壁损害，血浆渗出，导致循环障碍而死亡。

（五）诊断

1.临床诊断恙虫病的依据

（1）持续高热，有"焦痂"或虫咬溃疡。

（2）有皮疹，淋巴结肿大，肝脾肿大。

（3）发病前约10d有野外活动史。

（4）四环素类药物治疗奏效。

2.最后确诊的条件

（1）病原体分离黏须在四环素类药物使用前抽取血液标本，冷藏并迅速进行立克次体分离；

（2）血清学诊断黏既往一直用外斐氏试验，近年来，由于特异性血清学反应的推广应用，1986年冬西太平洋地区立克次体会议上作出决定，凡能开展微量免疫荧光试验或免疫过氧化物酶试验的地区，外斐氏试验不应再用于恙虫病的诊断；

（3）聚合酶链反应（PCR）和巢式聚合酶链反应（Nested PCR）黏PCR技术可以检出20ng DNA水平，Nested PCR的敏感度比PCR高100倍，可以检出200pg DNA，是目前最为快速、特异、敏感的方法。

六、Q热（Query Fever）

Q热是由伯氏立克次氏体引起的一种人和动物自然疫源性传染病。本病目前广泛存在于世界许多国家，我国于20世纪50年代发现有Q热病例，60年代分离出Q热立克次氏体。

（一）病原

Q热的病原体是伯氏立克次氏体（*Rickettsia burneti*），其大小一般为（0.2～0.4）μm×（0.4～1.0）μm，常用姬姆萨（Giemsa）氏染色法染色，在光学显微镜下可见。立克次氏体具有典型的细胞壁结构，无鞭毛，革兰氏阴性，营专性细胞内寄生，需在活细胞内才能生长繁殖。当寄主细胞代谢衰退时，立克次氏体繁殖最旺盛。当它一经进入寄主细胞，就在细胞质内不断地繁殖，直至寄主细胞充满寄生物，这时，寄主细胞破裂并将立克次氏体释放到周围体液中。该病原体体积较小，可通过滤菌器。对一般物理及化学消毒剂的抵抗力较大，巴氏消毒法通常不能杀死伯氏立克次氏体。

伯氏立克次氏体在人工培养基上不能生长，实验室中通常在敏感动物、鸡胚卵黄囊及动物细胞培养物中培养。

（二）流行病学

在自然界中，蜱、螨、野生动物及禽类等均为Q热立克次氏体的宿主。感染的野生动物包括松鼠、狼、豪猪、臭鼬、叉角羚、獾、黄鼬、袋狸、蝙蝠、鹿、浣熊、野猪、野兔、獾、灰狐、骆驼、旱獭及野生啮齿动物；鸟类则有麻雀、鹊雀、朗嗡和白鹳鸽等；值得注意的是，蜱在自然疫源地中保存和传播Q热立克次氏体方面起着很重要的作用。

病原体经感染动物的奶汁、粪便、尿液等排出体外，特别是胎盘组织及羊水等材料，含有大量病原体，污染外界环境，动物可通过食入、饮入、吸入被含有病原体分泌物和排泄物污染的食物、饮水或尘埃及飞沫等传播方式所感染。此外，本病还可通过被感染的蜱的叮咬而感染动物，使其发病。

人可因接触含病原体的材料，吸入带病原体的尘埃，或食入含病原体的奶汁或奶制品而感染。

（三）临床症状

动物感染后多呈亚临床经过，但绵羊和山羊有时出现食欲不振、体重下降、产奶量减少和流产、死胎等现象，牛可出现不育和散在性流产。多数反刍动物感染后，该病原定居在乳腺、胎盘和子宫，随分娩和泌乳时大量排出。少数病例出现结膜炎、支气管肺炎、关节肿胀、乳房炎等症状。人感染后通常出现驰张热、畏寒、虚弱、出汗、剧烈性或持续性的头痛和肌肉痛；有些患者表现为肺炎和肝炎症状，全身倦怠无力、失眠、恶心或腹泻等。

（四）病理变化

临床病理变化多见于肺脏，因此临床上Q热间质性肺炎发生率很高，主要病变为肺泡隔及细支气管周围明显充血水肿，肺泡壁明显增厚，炎性细胞浸润，肺泡腔内可见含纤维蛋白、单核细胞和红细胞的渗出液。当病程迁延，炎性渗出物吸收不全而机化时，肺炎病灶有可能发生肉质变。而由消化道等其他途径感染时，其临床病理变化则多为肉芽肿性肝炎，肝实质坏死区周围有单核细胞、淋巴细胞、浆细胞等炎性细胞浸润，多发生在肝小叶汇管区。有的呈环形，中央为脂质空白区；有的可散在或融合为较大病灶。较大肉芽肿中心可发生坏死，周边有成纤维细胞增生。Q热感染后病程超过半年，有持续反复发热并发生多器官特别是心血管系统的严重合并症时，为慢性Q热，其主要表现为Q热性心内膜炎，病变多侵犯主动脉瓣或二尖瓣，心脏、血管周围可发生炎症，常见淋巴样细胞灶性浸润。在瓣膜的接触缘和乳头肌处可见疣状赘生物，在赘生物的巨噬细胞吞噬溶酶体内或胞外发现立克次氏体聚集。Q热性心内膜炎有时伴有免疫复合物肾小球肾炎，肾脏活检显示肾小球细胞增生或硬化，系膜基质增加；内皮下有电子致密沉积，上皮细胞足突融合。

（五）诊断

1. 分离培养鉴定

（1）样品采集。采取胎盘、子宫分泌物、乳汁以及其他含病原体较多的病料。

（2）显微镜检查。取病料制片，用姬姆萨氏法染色，若能在细胞内发现众多球杆状红染颗粒，则可做出初步诊断。

（3）病原体分离鉴定。病料多不加抗生素处理，做豚鼠腹腔接种，也可接种仓鼠或小白鼠等。感染豚鼠一般经5~28d后，多有体温升高，有些可致死亡。于接种21~30d后采血检查特异性抗体。

2. 血清学试验

补体结合试验是最常用方法，特异性很高。此外还有凝集试验。

七、埃立克体病（Ehrlichiosis）

埃立克体病是一类被新认识的自然疫源性疾病，其病原体是一类革兰氏染色呈阴性、专性细胞内寄生菌，属于立克次氏体科、埃立克体族、埃立克体属，由蜱叮咬传播，临床主要表现为发热、淋巴结肿大、血小板和白细胞减少，重者可致死亡。

（一）病原

埃立克体病，其病原体是一类革兰氏染色呈阴性、专性细胞内寄生菌，属于立克次氏体科、埃立克体族、埃立克体属。根据16S rRNA基因序列分析结果，可将其归于3个种系发生群。第1群是犬埃立克体、尤因埃立克体和查菲埃立克体，鼠埃立克体也归于这一群；第2群是马埃立克体、噬细胞埃立克体和人粒细胞埃立克体，扁平埃立克体也与这一群相关；第3群是腺热埃立克体和立氏埃立克体。

埃立克体不能在无生命的培养基上生长，也不能在鸡胚中培养。埃立克体的体外培养增殖可用原代或传代细胞系。侵害单核细胞的埃立克体比较适应于细胞培养。

（二）流行病学

该病多散发，也有小规模流行。日本、北美、东南亚、欧洲、中东、中美洲和非洲等地区均有病例报道。2002年我国对普通人群进行流行病学调查，在黑龙江省和内蒙古自治区发现埃立克体病的存在。

白尾鹿、犬、鼠是已经证实的自然界储存宿主，山狮、獐、马、羊等动物血清也可检测到埃立克体抗体及抗原。人群普遍易感，特别是野外工作者（包括森林管理员以及护林员）及兽医为高危人群，也有打高尔夫球者、旅行者感染的报道。

（三）临床症状

人腺热埃立克体病：低热、轻度头痛、肌痛、睡眠不佳、食欲不振、汗多、肝脾淋巴结肿大，且偶有皮疹。通常发热2周后进入恢复期，无死亡和慢性病例。人单核细胞埃立克体病：潜伏期平均9d，出现高热、寒颤、头痛、不适、肌痛、恶心、呕吐、食欲不振、腹泻、咳嗽、关节痛、皮疹、瘀斑、颈项强直、神志不清、嗜睡、头面部神经麻痹、视力模糊、反射亢进、共济失调等症状。严重并发症有中毒性休克综合征、脑膜脑炎、急性呼吸窘迫综合征，重症患者出现呼吸衰竭、肾衰竭以及神经系统功能紊乱。人粒细胞埃立克体病：潜伏期平均8d，出现发热、寒颤、不适、肌痛、头痛、恶心、呕吐、咳嗽、神志不清、皮疹等症状。严重并发症有中毒性休克综合征、急性呼吸窘迫综合征、条件致病菌的机会感染（包括：念珠菌食道炎、隐球菌肺炎、侵入性肺曲霉病、疱疹性食道炎）。

（四）病理变化

人埃立克体病的病理变化包括：脾淋巴组织萎缩、肝内巨噬细胞积聚、细胞凋亡、淋巴结皮质增生、骨髓增生。脾脏常受累，肺、肝、心、肾组织内可见感染细胞，但只有肺和肝组织有病理损伤。人单核细胞埃立克体病的病理损伤与人粒细胞埃立克体病相似，肝组织内可见散在淋巴细胞聚集、浸润，Kupffer细胞增生，各种程度的肝细胞炎症和坏死，胆管上皮细胞损伤及胆汁淤积。病因学研究发现损伤源于宿主免疫介导或免疫抑制。

（五）诊断

1. 实验室检查

白细胞、血小板减少，天冬氨酸转氨酶升高，伴有淋巴细胞、中性粒细胞减少、血红蛋白下降，有中枢神经系统感染症状者的脑脊液中淋巴细胞增多，蛋白浓度升高。罗曼诺夫斯基、姬姆萨或瑞氏染色可见白细胞胞质中有埃立克体桑椹体。

2. 特异性检查

常用的方法：使用电镜观察白细胞内微生物；使用查菲埃立克体和粒细胞埃立克体组的抗体进行免疫组化法检测抗原；使用查菲埃立克体或犬埃立克体抗原间接免疫荧光法检测血清和脑脊液中的抗体；使用蛋白印迹法检测血清和脑脊液中抗埃立克体主要抗原组份的抗体；使用PCR扩增埃立克体检测核酸，或从血液和脑脊液中分离培养埃立克体。

（柴洪亮 王亚君 曾祥伟 李祥）

第四节　寄生虫病

一、蛔虫病（Ascariasis）

蛔虫病是野生动物一个主要寄生虫疾病，野生哺乳动物和鸟类感染蛔虫的现象非常普遍。其病原体是蛔目的各科蛔虫。蛔目属于尾感器亚纲。该虫寄生在宿主的肠道内，常造成宿主发育停滞，繁殖能力下降，甚至死亡。幼虫在移行过程中会对宿主的肺脏造成一定的损伤。

（一）病原

感染野生陆生动物的主要蛔虫为蛔科、弓首科、禽蛔科的各种蛔虫。蛔虫一般呈长圆柱形，个体较粗大，雌雄异体。新鲜蛔虫呈现粉红色，死后的成虫为灰白色或白色。虫体头端有3个明显的唇，一背唇，二亚腹唇，大多体表具有细横纹，身体两侧具有明显的侧线。雄虫尾部向腹部弯曲，具有交合刺，雌虫尾部尖直，阴门位于虫体中前部，通常雌虫个体大于雄虫。蛔虫虫卵根据受精情况，可分为受精卵和未受精卵，蛔虫卵壳相对其他寄生虫较厚，卵壳最外面为不光滑的蛋白质膜，卵内具有卵细胞，虫卵主要为黄色或棕黄色食道简单，呈长圆柱形，但无后食道。

蛔虫病流行甚广，特别是幼年动物蛔虫病非常普遍，其主要原因是蛔虫生活史简单，繁殖力强，产卵数多，且卵对各种外界因素的抵抗力强。多种野生哺乳动物和鸟类均可以感染蛔虫，一般来说不同的蛔虫有不同的固有宿主。蛔虫可寄生于人类、猫科动物、犬科动物、马属动物、海洋哺乳动物、鸟类、两爬动物等。

蛔虫病是猫科动物的一个常见寄生虫病，其感染强度和感染率均很高，1周岁以下仔虎的感染率达100%。猫科动物蛔虫病的病原体，有弓首科弓首属的猫弓首蛔虫（*Toxocara cati*）和蛔科弓蛔属的狮弓蛔虫（*Toxascaris leonina*）。猫弓首虫 *T. cati* 颈翼前窄后宽，使虫体前端如箭镞状。雄虫长3～6cm，尾部有指状突起；雌虫长4～10cm，虫卵65μm×70μm，虫卵表面有点状凹陷。狮弓蛔虫 *T. leonina* 头端向背侧弯曲，颈翼中间宽，两端窄，使头端呈矛尖形。无小胃。雄虫长3～7cm；雌虫长1～3cm，阴门开口于虫体前1/3与中1/3交接处。虫卵偏卵圆形，卵壳光滑，（49～61）μm×（74～86）μm。

鸽、野鸽及近似于家禽的鸟、鹦鹉、鹤可感染鸡蛔虫（*Ascaridia galli*）、鸽蛔虫（*A. columbae*）及两性蛔虫（*A. hermaphrodita*），可以引起死亡。熊感染蛔虫非常常见，其病原体为熊蛔虫（*Toxascaris transfuga*），严重时可引起熊的死亡。斑马蛔虫病的病原体为马副蛔虫（*Parascaris equorum*），感染强度大可以引起斑马驹死亡。小熊猫可感染横走弓蛔虫（*Toxascaris transfuga*）。大熊猫蛔虫病的病原体为西氏蛔虫（*Baylisascaris schroederi*）。

（二）生活史

西氏贝蛔虫等哺乳动物蛔虫（除狮弓蛔虫以外）是直接发育的土源性线虫，其生活史可分为自由生活和寄生生活两个阶段。自由生活阶段包括虫卵胚胎期、一期幼虫和二期幼虫，也称为感染期；寄生生活阶段包含组织移行三期和四期幼虫以及肠道五期幼虫和成虫。当感染性二期幼虫虫卵被大熊猫误食后，虫卵在肠道孵出幼虫，幼虫穿过肠壁，经血液和组织移行，经历过蜕皮后；由二期变成三期、四期及五期幼虫并最终回到肠道，发育形成雌、雄异体的成虫，成虫交配并产卵，虫卵随粪便被排出体外。在28℃条件下，西氏贝蛔虫虫卵经过4~5d形成一期幼虫，9d形成二期幼虫，将含有二期幼虫的虫卵感染大熊猫后，经77~93d蛔虫发育成熟并开始排卵。

西氏贝蛔虫虫卵对低温的抵抗力较强，对高温的抵抗力则较弱，二期幼虫60℃处理10s或75℃处理1s可被杀死，80℃处理即刻致死。新鲜排出的虫卵-10℃处理30d后，仍有42.58%的虫卵可以发育到二期幼虫；二期幼虫-12℃处理30d后，虫卵死亡率仅为17%。由于西氏贝蛔虫虫卵在冬季多不发育，处于休眠状态，因此圈养环境中的虫卵密度会随着大熊猫不断排便而不断增加，待第二年气候转暖后，继续发育成感染期虫卵，侵袭其他大熊猫，从而导致大熊猫蛔虫病的感染率增加。

禽类蛔虫及狮弓蛔虫没有在肝脏和肺脏移行的过程。

（三）流行病学

大熊猫西氏贝蛔虫广泛分布于四川和陕西等保护地区。1947—1986年，叶志勇对野外救护的大熊猫进行西氏贝蛔虫感染情况统计，发现感染率为100%（50/50），并在感染强度高的大熊猫体内检出虫体2304条。1985—1988年内，赖从龙等对四川省27个县、市和8个自然保护区及甘肃省的2个自然保护区的野外大熊猫粪便进行虫卵检查，结果发现西氏贝蛔虫的感染率为56.15%（1505/2680）。李德生（2014）等对155份来自雅安碧峰峡熊猫基地、55份来自成都大熊猫基地的大熊猫粪便进行西氏贝蛔虫虫卵检查，发现大熊猫西氏贝蛔虫整体感染率为25.71%，其中，碧峰峡基地的感染率为32.6%、成都基地的感染率为7.27%，雄性大熊猫的感染率（28.41%）略高于雌性大熊猫（23.77%），但是两者不存在显著差异（$P > 0.05$）；不同年龄组间的大熊猫西氏贝蛔虫感染率差异也不存在显著差异（$P > 0.05$）。张长生（2012）对佛坪自然保护区内193份大熊猫粪便进行西氏贝蛔虫感染率及感染强度进行统计结果表明蛔虫感染率为52.3%（101/193），全年平均感染强度为89.27n/g，最高感染强度可达到1147n/g；流行病学监测结果显示西氏贝蛔虫存在季节差异，即大熊猫西氏贝蛔虫在春夏两季的感染率显著高于秋冬两季感染率（$P < 0.05$）；不同林种间的蛔虫感染强度存在显著差异（$P < 0.05$），巴山木竹区大熊猫蛔虫平均感染强度（125n/g）显著高于秦岭箭竹区（50.8n/g）。同时，温度与蛔虫感染强度呈正相关，当环境温度高于15℃时，西氏贝蛔虫的感染强度与感染率均显著增高；露点与感染强度呈正相关（$r=0.328$；$P < 0.01$）；海拔与感染强度呈负相关，即海拔越高蛔虫感染强度越低。

梅全林等（1992年）报道中国横道河子猫科动物饲养中心的东北虎狮弓蛔虫感染率为63.64%，其中单体感染强度最高者的每克粪便中的虫卵数达到了11900个。梁冬莹等

（2007年）报道，对东北虎林园圈养和半散养的东北虎蛔虫的感染率为80%以上，幼虎可达100%。刘建丽（2007年）报道，夏冬两季东北虎蛔虫的感染率分别是60.37%和47.5%，而幼年动物的感染率到达了100%。除对圈养东北虎危害严重外，蛔虫流行对野外种群也存在着巨大的威胁，Gonzalez等（2007年）发现俄罗斯远东地区东北虎主要感染猫弓首蛔虫，感染率为100%。

（四）临床症状

蛔虫幼虫在宿主体内移动，经过肝脏时可引起轻度炎症，大量蛔虫幼虫到达肺部微血管及肺泡，可以引起肺泡出血、水肿及炎性细胞的浸润，若感染严重则会引发肺实变。成虫多在宿主小肠内寄生，以小肠乳糜液为食，可引起消化功能的紊乱，致使机体营养不良。蛔虫有钻孔的特性，虫体多时常扭结成团，通常情况下蛔虫处于安静状态，但在成虫食物缺乏、宿主发热的情况下即处于活跃状态，从而进入胆管、胆囊、肝管、胰管及胃等，引起阻塞及炎症，甚至导致死亡。幼年、青年宿主感染后临床症状明显，表现为停食、呕吐、腹痛、呼吸急促，行走时作排粪动作，烦躁不安，粪稀，黏液增多，有时呈块状，并裹有少量蛔虫排出体外。严重者，身体消瘦，头似犬头，体呈皮包骨头状，贫血，口腔黏膜苍白毛干燥脱落，稀疏似生癞，精神痴呆，反应迟钝，有时出现癫痫症状。

（五）病理变化

与大多数肠道寄生蠕虫一样，蛔虫在终宿主的致病作用主要是因为机械阻塞、刺激和掠夺营养，但总的来说，相对于在中间宿主所引起的幼虫移行症而言，致病作用及其所致后果要轻弱很多。蛔虫的主要危害是在广大的中间宿主所发生的幼虫移行症，其所致病理损伤及临床后果均甚严重。蛔虫在中间宿主体内具有广泛的移行倾向，虽然其并非具有固有的中枢神经系统趋向性，但相对于其他幼虫移行症性线虫如弓蛔虫（*Toxocara*）而言，确实更易发生中枢神经系统移行症。对病故儿童和某些中间宿主动物实验感染的组织学检查结果表明，贝利氏蛔虫相对来说更趋向于移行至头部、颈部和胸腔，而弓蛔虫则更易移行至肝。贝利氏蛔虫这一移行特点似乎与浣熊的捕食特点有关，浣熊捕食中间宿主后常在采食头颈部后而舍弃肉尸的其他部分。这种中枢神经系统移行趋化性，一方面产生对中枢神经系统的机械损伤；另一方面也因虫体的分泌、排泄产物引起嗜酸性粒细胞性炎症反应，从而对中枢神经系统导致严重损伤，并危及生命。

对中间宿主来说，主要的病理变化是幼虫移行所造成的，尤其是中枢神经系统，常可见大脑的损伤，肉眼即可见大脑显著肿大并软化、软脑膜充血、增厚，在第三脑室可见白质坏死，从中可分离出大量虫体（曾有从一个病童的大脑分离出3200条幼虫的报道）。组织学变化则主要是由巨噬细胞、嗜酸性粒细胞、淋巴细胞及浆细胞浸润所致的炎症反应。其他各组织器官也会因幼虫移行产生广泛的、类似的病理变化，如在心脏、肺、肝、肾、肠壁、脾、肌组织等都出现因幼虫移行而产生的"轨迹性"出血、坏死和炎症，更可在这些组织出现米黄色的米粒大小的幼虫性肉芽肿。显微镜下，这种肉芽肿主要由中央的虫体和包围周边的嗜酸性粒细胞所组成。

（六）诊断

蛔虫感染的诊断主要依赖于在肠道发现虫体（经药物驱虫）或在粪便中发现虫卵及分子生物学方法分析18S rRNA基因或其他标志来进行。

对于中间宿主的感染，目前常用的诊断方法主要包括流行病学、临床症状、血清学和影像学方法。对于有浣熊或浣熊生活环境接触史、具有明显神经系统临床表现的，应该考虑发生贝利氏蛔虫感染的可能。免疫学诊断主要有间接荧光抗体法、ELISA和免疫印迹法。间接荧光抗体法常以第3期幼虫为抗原，检查受试者血清，据报道有较好的特异性和检出率；ELISA和免疫印迹法以培养的幼虫分泌-排泄物为抗原，检测受试者血清，特异性和敏感性均能满足临床要求。据分析，幼虫排泄-分泌抗原主要是相对分子质量在10000~200000的糖蛋白，其中33000~45000的抗原具有较好的特异性，能为贝利氏蛔虫感染者（人和犬）血清所特异性识别，而不与抗弓蛔虫血清发生交叉反应。然而遗憾的是，迄今为止，尚无重组抗原或纯化单一特异抗原用于诊断的报道。影像学方法是诊断中枢神经系统幼虫移行症的重要方法，但不能用于早期诊断。其他辅助诊断方法还有血液检查、生化诊断、脑电图等，但均须结合脑组织活检才能做出确切诊断。

二、旋毛虫病（Trichinelliasis）

旋毛虫病是由旋毛虫（*Trichinella spiralis*）引起的一种严重的食源性人畜共患寄生虫病，呈世界性分布。其宿主范围十分广泛，包括人、犬、猫、熊、狮、河狸、海豹、海象、野猪、鲸、野兔、鼠类、狐狸及狼等；绵羊、马、牛、江猪及鸟类均可以实验感染。旋毛虫病感染主要是由宿主摄食生或半生含有旋毛虫幼虫囊包的肉及肉制品导致。成虫寄生于宿主的肠管内，幼虫寄生于宿主的横纹肌。此虫引起的疾病严重影响身体健康，人旋毛虫病可致死。

（一）病原

旋毛虫是线虫纲，毛形科，毛形属的一种线虫。旋毛虫成虫前细后粗，眼观呈白色针尖状。前部为食道部，后部包含着肠管和生殖器官。尾端有泄殖孔，其外侧为一对呈耳状悬垂的交配叶，内侧有2对小乳突，缺交合刺。雌雄异体，雄虫长1.4~1.6mm，雌虫长3~4mm，生殖器官均为单管型。雌虫阴门位于虫体前部（食道部）的腹面中央。胎生。成虫寄生于小肠，称之为肠旋毛虫；幼虫寄生于横纹肌内，称肌旋毛虫。

（二）生活史

旋毛虫的生活史较为特殊，成虫与幼虫寄生于同一个宿主；当人或动物摄入了含有旋毛虫幼虫包囊的肉后，包囊在消化液的作用下被消化，幼虫逸出钻入十二指肠和空肠的黏膜内，经两昼夜发育为成虫。交配后雄虫死亡，雌虫钻入肠腺或黏膜下淋巴间隙中发育随之产下幼虫。幼虫经血液循环带至全身各处肌肉，其最适宜的寄生部位是横纹肌。进入肌纤维的幼虫逐渐长大、卷曲，幼虫寄生部位肌细胞逐渐膨大呈纺锤状，形成包囊。因此，患旋毛虫病时，同一动物即是旋毛虫的终宿主（肠旋毛虫）又是中间宿主（肌旋毛虫）。发育充分的幼虫，通常有2.5个盘转，此时幼虫已具感染性，若被另一宿主食下即重新开始下一个生活史。

（三）流行病学

旋毛虫呈世界性分布，在哺乳动物之间广泛传播，其原因主要有3个：一是宿主动物种类繁多，据统计，包括人、猪、犬、鼠、猫、熊、狮、河狸、海豹、海象、野猪、鲸、野兔、鼠类、狐狸及狼等50种动物。许多昆虫如蝇蛆和步行虫，可吞食动物尸体内包囊，并能使包囊的感染力保持6~8d，从而成为易感动物的感染源。二是旋毛虫包囊中幼虫的抵抗力很强，能耐低温，在-12℃条件下仍可存活57d，在腐肉中可存活2~3个月，盐渍和烟熏均不能杀死肌肉深部的幼虫，这就给其流行创造了有利条件。三是因猪、鼠都是杂食动物，一般认为感染旋毛虫的猪多好吞食死鼠，而鼠常因相互蚕食而被感染。一旦有旋毛虫引入鼠群，则能长期在鼠群内平行感染。犬的活动范围大，吃到动物尸体的机会多，感染的情况严重，而犬与人的关系密切，因此，猪、鼠、犬及人之间相互传播是本病流行的关键所在。

（四）临床症状

临床症状和寄生虫在体内数量多少不同而存在一定差异。数量较小时通常不会表现出明显的临床症状，常呈隐性发病经过。随幼虫进一步繁殖生长，会表现出明显的临床症状。全身症状表现为发热、肌肉疼痛、食欲缺乏、后肢麻痹、排尿频、肌肉僵硬、发痒症状。

（1）虫体侵入期。引起消化道炎症和溃疡，导致恶心、呕吐、腹泻等。

（2）幼虫移行和肌肉受累期。肌肉损害和代谢产物的毒性作用，导致过敏症状和全身肌肉疼痛，严重者可累及心脏导致心衰而死亡。

（3）包囊形成期。导致慢性肌肉病变，导致慢性肌痛。

（五）病理变化

旋毛虫致病作用可分为幼虫对肌肉和成虫对肠道的影响两个方面。幼虫主要引起肌肉的病变，肌细胞的横纹消失、萎缩，肌纤维膜增厚、增殖，引起急性肌炎。发病后期分别采取肌肉组织进行活组织检查和死后肌肉组织检查，能发现肌肉组织苍白，失去血色，切面有针尖大小的白色结节，放置在低倍显微镜下观察，发现大量的虫体包囊中存在呈现弯曲折刀型的幼虫，包囊外部存在一层较厚的结缔组织。当成虫侵入小肠组织上皮时，会引起肠黏膜严重发炎，表现为肠黏膜显著增厚水肿，炎性细胞浸润渗出物显著增加，肠腔中充满大量黏液，黏膜存在出血斑块，偶尔可以看到溃疡病灶。

（六）诊断

野生动物旋毛虫病的诊断较为困难，大多在宰后肉检时发现。旋毛虫所产幼虫几乎不随粪便排出，故不适合粪便检查法。诊断该病时多采取膈肌、舌肌、喉肌、肋间肌和胸肌。进行生前诊断时，可剪一小块舌肌进行压片检查；或用皮内反应试验与沉淀反应等方法进行诊断。死后诊断主要靠肌肉压片检查。方法是取肌肉样本剪成麦粒样大，用玻片压薄后放在低倍显微镜下检验，未钙化的包囊呈露滴状，半透明，细针尖大小，较肌肉的色泽淡。或用旋毛虫投影器检查。如果发现有旋毛虫包囊及虫体，即诊为阳性。

三、血吸虫病（Schistosomiasis）

血吸虫病是由于血吸虫寄生于野生动物、家畜或人所引起的一种人畜共患性寄生虫病，是世界上对人体危害最严重的寄生虫病之一。据世界卫生组织1993年统计，全世界有74个国家和地区中流行此病，其中约2亿人口感染，受威胁人口达6亿，每年死于血吸虫病的患者达百万人之多。日本血吸虫（*Schistosoma japonicum*）、曼氏血吸虫（*S. mansoni*）和埃及血吸虫（*S. haematobium*）是引起人类血吸虫病的主要病原体。我国流行的血吸虫病是日本血吸虫病，分布在长江流域及其以南的12个省、自治区、直辖市。

（一）病原

日本血吸虫是扁形动物门吸虫纲复殖目裂体科裂体亚科裂体属成员。终宿主为哺乳动物和人，中间宿主为淡水螺类。日本血吸虫生活史包括成虫、虫卵、毛蚴、母胞蚴、子胞蚴、尾蚴和童虫7个阶段。日本血吸虫为雌雄异体。雄虫乳白色，长10～20mm，宽0.5～0.55mm。有口、腹吸盘各1个，口吸盘在体前端，腹吸盘较大，具有粗而短的柄，在口吸盘后方不远处。体壁自腹吸盘后方至尾部，两侧向腹面卷起形成抱雌沟，有睾丸7枚，成椭圆形。雌虫常居雄虫的抱雌沟内，呈合抱状态，交配产卵。雌虫较雄虫长，长15～26mm，宽0.3mm，呈暗褐色。虫卵椭圆形或接近圆形，大小为（70～100）μm×（50～65）μm，淡黄色，卵壳较薄，无卵盖，卵内含有1个活的毛蚴。

（二）生活史

日本血吸虫的生活史比较复杂，经历终宿主体内有性世代及中间宿主钉螺体内的无性世代的交替发育，发育分成成虫、虫卵、毛蚴、母胞蚴、子胞蚴、尾蚴和童虫7个阶段。日本血吸虫成虫寄生于人及多种哺乳动物的门脉—肠系膜静脉系统。雌虫产卵于静脉末梢内，虫卵主要分布于肝及结肠肠壁组织。虫卵发育成熟后，肠黏膜内含毛蚴虫卵脱落入肠腔，随粪便排出体外，含虫卵的粪便污染水体，在适宜条件下，卵内毛蚴孵出。若在水中遇到中间宿主钉螺，则钻入钉螺的软体组织内，继续发育。如未遇到钉螺，则死亡。毛蚴侵入中间宿主内进行无性繁殖形成胞蚴，并逐渐发育为雷蚴、尾蚴，尾蚴成熟后自钉螺体中钻出。尾蚴具有感染能力，可通过皮肤感染宿主。

当尾蚴遇到人或动物皮肤时，用吸盘吸附在皮肤上，依靠其体内腺细胞分泌物的酶解作用、头器伸缩的探查作用以及虫体全身肌肉运动的机械作用，在数分钟内即可协同完成钻穿宿主皮肤。尾蚴一旦侵入皮肤即丢弃尾部。一般认为，尾蚴后钻腺糖蛋白分泌物遇水膨胀变成黏稠的胶状物，能黏着皮肤，以利前钻腺分泌物的导向和避免酶流失；前钻腺分泌物中的蛋白酶在钙离子激活下，能使角蛋白软化，并降解皮肤的表皮细胞间质、基底膜和真皮的基质等，有利于尾蚴钻入皮肤。

尾蚴脱去尾部，侵入宿主皮肤后，成为童虫。童虫在皮下组织停留短暂时间后，侵入小末梢血管或淋巴管内，随血流经右心到肺，再由左心入大循环，到达肠系膜上下静脉，穿过毛细血管进入门静脉，待发育到一定程度，雌雄虫合抱，再移行到肠系膜下静脉寄居、交配和产卵。自尾蚴侵入宿主至成虫成熟并开始产卵约需24d，产出的虫卵在组织内发育成熟需11d左右。成虫在人体内存活时间因虫种而异，日本血吸虫成虫平均寿命约4.5年，最长可活40年之久。

（三）流行病学

1. 传染源

保虫宿主和患者为主要传染源。在水网地区主要传染源为患者；在湖沼地区，除患者外，耕牛与猪亦为重要传染源；在山丘地区，野生动物如鼠类也可作为传染源。从进化的观点来看，野生动物的感染发生在人及家畜之前，自从人类驯养野生动物为家畜，血吸虫病才随之成为人畜共患病。

2. 传播途径

血吸虫的无性繁殖阶段在中间宿主钉螺体内完成。含有毛蚴虫卵的粪便入水、钉螺的存在和接触疫水是本病传播的3个重要环节。血吸虫的分布与钉螺的分布严格一致，凡有血吸虫病流行的地方，必有钉螺滋生。没有钉螺的地方，虽然可以有患者（传入型患者），但不能在本地传播。在流行区内钉螺的分布是非随机的，具有聚集性。因此，钉螺生态学研究对于血吸虫病流行病学有重大的意义。

3. 宿主范围

日本血吸虫是一种多宿主寄生虫，除人体感染外，尚有黄牛、水牛、猪、马、驴、骡、山羊、绵羊、犬、猫、家兔、鹿、刺猬、豹、褐家鼠、黑家鼠、大足鼠、社鼠、黄胸鼠、黄毛鼠、针毛鼠、棕色田鼠、小家鼠、黑绒姬鼠、赤腹松鼠、豪猪、短耳兔、食蟹獴、赤狐、獾、笔猫、小灵猫、野猪、鹿、獐、恒河猴等40多种动物，几乎包括疫区范围内所有的哺乳动物。尽管日本血吸虫有如此之多的传染源，而家畜却是主要传染源，尤其是牛。牛接触疫水甚多，生长年限较长，排粪量又是人的数十倍。除牛为主要传染源外，野生动物尤其是鼠类也是重要传染源。其分布面广，数量又大，如褐家鼠血吸虫感染率可高达39.29%。

4. 易感者

易感者是指对血吸虫有感染性的人或动物。所谓易感性是指宿主对血吸虫缺乏免疫力而处于易感状态。人对血吸虫普遍易感，患者以农民、渔民为多，且男性多于女性。5岁以下儿童感染率低，感染率随年龄增长而增高，但以15～30岁青壮年感染率最高。夏秋季感染者最多。感染后可有部分免疫力，重复感染经常发生。儿童及非流行区人群一旦遭大量尾蚴感染，易发生急性血吸虫病。

5. 流行特征

（1）地方性。日本血吸虫病的地理分布与钉螺分布相吻合，因为钉螺的活动范围及扩散能力有很大的局限性，因此钉螺的地理分布有严格的地方性。血吸虫病流行取决于钉螺的分布特征，如长江两岸，自四川而下，流行区尚未连成一线。在一些省份，有的流行区范围较大，有的仅呈小的块状或细长的带状分布，都是和钉螺的地理分布相符合，因此钉螺作为日本血吸虫的唯一中间宿主，在血吸虫病流行病学与防治措施中均占有非常重要的地位。

（2）人畜共患。迄今有人畜共患的流行区及只有动物感染的疫源地，而不存在仅有人群病例而无动物感染的地区，因而认为血吸虫原系动物寄生虫，随其进化而成为人畜共患寄生虫。目前，我国江湖洲滩地区耕牛在血吸虫病传播中起着越来越显著的作用。

（3）影响流行的因素。影响血吸虫病流行的因素包括自然因素和社会因素。自然因素主要是指与中间宿主钉螺滋生有关的地理环境、气温、雨量、水质、土壤及植被等；社会因素涉及社会制度、农田水利建设、人口流动、生活水平、文化素质、人群生产方式和生活习惯等。在控制血吸虫病流行过程中，社会因素起主导作用。

（4）分布。血吸虫广泛分布于亚洲、非洲及拉丁美洲的76个国家和地区。据世界卫生组织（WHO）于1995年估计，全球有75个国家和地区有血吸虫病的流行，受威胁人口约6.25亿，感染血吸虫病者1.93亿。

我国是日本血吸虫病4个流行国（中国、菲律宾、印尼、日本）中最严重的国家，也是全球血吸虫病危害最严重的4个国家（埃及，苏丹、中国、巴西）之一。我国的长江流域及长江以南的湖北、湖南、江西、安徽、江苏、云南、四川、浙江、广东、广西、上海及福建12个省、市及自治区均有流行，受威胁的人群达1亿。中国台湾的日本血吸虫虫株与大陆株不同，只能在动物体内发育为成虫。根据地理环境、钉螺分布和流行病学特点，我国血吸虫病流行区可分为水网型、湖沼型和山丘型3种类型。

（四）临床症状

1. 侵袭期

自尾蚴侵入体内至其成熟产卵的一段时期，平均1个月左右。症状主要由幼虫机械性损害及其代谢产物所引起。在接触疫水后数小时至2～3d，尾蚴侵入处有皮炎出现，局部有红色小丘疹，奇痒，数日内即自行消退。当尾蚴行经肺部时，亦可造成局部小血管出血和炎症，患者可有咳嗽、胸痛，偶见痰中带血丝等。另外未抵达门脉的幼虫被杀死后成为异体蛋白，引起异体蛋白反应，而出现低热、荨麻疹及嗜酸性粒细胞增多等表现。

2. 急性期

本期一般见于初次大量感染1个月以后，相当于虫体成熟并大量产卵时期。大量虫卵沉积于肠壁和肝，同时由于虫卵毒素和组织破坏时产生的代谢产物，引起机体的过敏与中毒反应，临床上常有如下特点：

（1）发热。为本期主要的症状，体温升高的程度、期限和热型视感染轻重而异。

（2）胃肠道症状。虫卵在肠道，特别是降结肠，乙状结肠和直肠中大量沉积，造成急性炎症，患者出现腹痛和腹泻。由于肠道嗜酸性脓肿，可引起表层黏膜坏死形成溃疡，故常呈痢疾样大便，便中带血和黏液。

重度感染者由于虫卵在结肠浆膜层和肠系膜内大量沉积，可引起腹膜刺激症状，腹部饱胀，有柔韧感和压痛，可误诊为结核性腹膜炎，少数患畜可因虫卵结节所产生的炎症渗出及虫卵引起肝内广泛病变，致肝内血流不畅，淋巴液增多漏入腹腔而形成腹水。

（3）肝脾肿大。由于大量虫卵结节形成，引起周围组织充血、水肿，造成大多数急性期患畜肝急剧肿大，质软，且有压叩痛。

（五）病理变化

日本血吸虫主要寄生于肠系膜下静脉与直肠痔上静脉内。虫卵产下后，约50%沉积于结肠黏膜下层组织中，10%沉积于小肠组织中，23%沿门静脉血流进入肝，16%落入肠腔、随粪便排出体外。故病变以结肠与肝最为显著。

1. 结肠病变

主要在直肠、乙状结肠与降结肠，右侧结肠与阑尾也常被累及。急性期肠黏膜红肿充血，有散在的点状出血和浅表溃疡。镜下可见黏膜和黏膜下层虫卵肉芽肿。黏膜坏死脱落后形成溃疡，虫卵由此落入肠腔。临床上出现腹痛、腹泻、便血等症状。粪便中可检出虫卵。至慢性期，轻度感染者，其肠壁结缔组织轻度增生，临床上通常无症状；感染较重者，其病变较广泛，结肠壁明显增厚，肠黏膜增生呈颗粒状，甚至引起息肉与结肠狭窄，肠系膜增厚、缩短、网膜缠结成团等病变。由于重复感染，雌虫不断产卵，虫卵分批沉积于肠壁，病变新老不一。在慢性溃疡、纤维增厚、息肉形成基础上，有发生癌变的可能。

2. 肝病变

虫卵顺血流抵达肝内门静脉分支，沉积于该处形成急性虫卵结节。肝血窦扩张充血，狄氏腔扩大并充满浆液和少量嗜酸粒细胞，部分肝细胞变性。汇管区可见以嗜酸粒细胞为主的细胞浸润。肝细胞变性。汇管区可见以嗜酸粒细胞为主的细胞浸润。早期肝肿大，表面可见粟粒状黄色颗粒（虫卵结节）；晚期肝内门脉分支管腔阻塞及血管周围与门脉区纤维组织增生，引起纤维-阻塞性病变，导致特征性的血吸虫病性干线型肝纤维化。由于门静脉阻塞发生在肝窦前而引起肝窦前性门静脉高压症。

3. 脾病变

感染早期，脾窦充血，脾小体增大，网状内皮细胞增生，以至脾肿大，急性血吸虫病尤为显著。晚期脾主要因阻性充血而肿大，脾肿显著、质坚，并可引起脾功能亢进。

4. 异位损害

主要是由于重度感染时大量虫卵泛滥，逸出门脉系统以外，沉积于其他组织、脏器而引起，以肺和脑较多见。

本病所引起的病理组织变化，主要是由于虫卵沉积于组织中，产生虫卵结节。剖解时，肝脏的病变较为明显，其表面或切面肉眼可见灰白色或灰黄色的小点，即虫卵结节。感染初期肝脏可能肿大，日久后肝萎缩、硬化。肠系膜淋巴结肿大，门静脉血管肥大，在其内及肠系膜静脉内可找到虫体。

（六）诊断

根据临床表现和流行病学资料分析可做出初步诊断，确诊需病原学检查和血清学试验诊断。病原学检查最常用的是虫卵毛蚴孵化法，即将含毛蚴的虫卵，在适宜的条件下，短时间内孵出，并在水中呈特殊的游动状态；其次是沉淀法。这2种方法以孵化法检出率稍高。近年来，新出现的免疫学诊断法包括环卵沉淀试验、间接血凝试验和酶联免疫吸附试验等，检出率均在95%以上，假阳性率在5%以下。

四、华支睾吸虫病（Clonorchiasis）

（一）病原

华支睾吸虫（*Clonorchis sinensis*）属于后睾科支睾属，又称肝吸虫、华肝蛭，常寄生于人、犬、猫、猪等和其他一些野生动物的肝脏胆管和胆囊内，可导致肝脏肿大及其他肝病变，是一种重要的人畜共患病。虫体背腹扁平，呈叶状，前端稍尖，后端较钝，体表无棘，大小为（10~25）mm×（3~5）mm；口吸盘略大于腹吸盘，腹吸盘位于体前端1/5处；消化器官包括口、咽、食道及两肠支；睾丸分枝，前后排列在虫体1/3处，从睾丸各发出1条输卵管，两管向前汇合形成输精管；卵巢分叶位于前睾之前；受精囊发达，呈椭圆形，位于睾丸和卵巢之间。

（二）生活史

成虫寄生于犬、猫及人等的肝脏胆管内，产生的虫卵随粪便排出，被第一宿主淡水螺吞食后，在螺体内1h形成毛蚴孵出。毛蚴进入螺的淋巴系统和肝脏，发育为胞蚴、雷蚴和尾蚴。在25℃的适合水度下，从虫卵被螺吞食到尾蚴自螺体溢出，需30~40d。尾蚴游于水中，遇到合适的第二宿主——某些淡水鱼和虾时，钻入其中发育为囊蚴。猫、犬、人吞食含有囊蚴的生的或者半生鱼或虾而感染，囊蚴在十二指肠脱囊，沿胆汁流动逆方向移行，经总胆管到达胆管发育为成虫，有的也通过血管或穿过肠壁经腹腔到达肝脏与胆管发育为成虫。犬猫潜伏期为25~30d，在适宜条件下，完成全部生活史需要3个月左右。成虫可以在猫、犬体内分别存活12年3个月和3年6个月以上；在人体内可存活20年以上。

（三）流行病学

华支睾吸虫病的流行与感染源的多少，河流、池塘、粪便污染的水源的分布情况，第一、二中间宿主的分布和养殖以及当地居民的饮食习惯及犬、猫、猪的实饲养管理方式等因素有密切关系。本病主要流行于东亚诸国，如朝鲜、越南、老挝及我国，分布范围极广，宿主动物有犬、猫、人等及野生哺乳动物，食用淡水鱼类的动物如鼬、獾、貂等均可感染，具有自然疫源性，是重要的人畜共患病。第一中间宿主为淡水螺类，在我国已报道的有3科6属9种，这些淡水螺生活在静水中或者缓流的农田、池塘、湖泊、小溪和河流中，广泛分布于我国南北各地；第二中间宿主的淡水鱼、虾，种类多，范围广，养殖的鲫鱼、鲤鱼、草鱼等，及一些野生鱼类，如麦穗鱼、棒花鱼等都是其第二中间宿主。食鱼的动物，如貂、野猫等吃生鱼虾，这都可造成动物的感染。我国水域江阔，养鱼事业发达，多种食用鱼和些小杂鱼同赤豆螺、纹招螺和长角涵螺生活在同一水域，这些地区如有感染华支睾吸虫的人和动物，含虫卵的粪便污染了水域，人和动物吃生或半生的鱼虾，即会造成本病的流行。

（四）症状

多数动物为隐性感染，临床症状不明显。严重感染时，主要表现为消化不良、食欲减退、下痢、贫血、水肿、消瘦，甚至腹水，肝区叩诊有痛感。病程多为慢性经过，往往因并发其他疾病而死亡。

（五）病理变化

华支睾吸虫的致病作用主要是虫体对胆管的机械性损伤和阻塞作用，虫体分泌物和排泄物的刺激作用。在这些理化因素的作用下，引起胆管及胆管周围的炎症，导致肝实质萎缩、肝硬化，致使肝功能受损，因而影响宿主的消化机能，并可引起全身症状。由于虫体阻塞、胆管上皮的增生及纤维化，使管腔变窄，胆汁流出不畅，因而引起阻塞性黄疸，并容易发生细菌的合并感染而引起化脓性胆管炎，甚至肝脓肿。虫卵可成为结石的核心，所引起的胆管上皮细胞增生可发生癌变，因此本虫的寄生也同胆结石和肝癌有关。虫体寄生于胆囊时，引起胆囊肿大和胆囊炎；侵入胰管时，可引起急性胰腺炎。动物多为隐性感染，症状不明显。严重感染时，主要表现为消化不良，食欲减退，腹泻、贫血、水肿和消瘦，甚至出现腹水，肝区叩诊有痛感。病程多为慢性经过，往往因并发其他疾病衰竭而死亡。

（六）诊断

生前可根据流行病学资料和临床症状作出初步判断，再用沉淀法检查粪便中的虫卵而进行诊断。死后则根据剖检，在肝胆管、胆囊内检获大量虫体而确诊。

（七）防治

（1）流行区的猪、猫和犬要定期进行检查和驱虫。

（2）禁止以生的或半生的鱼、虾饲喂动物。

（3）管好人、猪和犬等的粪便，防止粪便污染水塘；禁止在鱼塘边盖猪舍或厕所。

（4）消灭第一中间宿主淡水螺类。

五、片形吸虫病（Fascioliasis）

片形吸虫病是由片形吸虫（*Fasciola*）感染而形成的，是一种人畜共患病，常见于家养牲畜及野生动物感染。人和动物感染片形吸虫病，主要是由于摄入了携带有片形吸虫囊蚴的生水或水生植物。人体被片形吸虫感染后，会出现腹痛、黄疸等症状，甚至引发肝硬化，危及生命。本病流行于世界各地，危害家养、野生动物以及人体健康，是草食动物主要寄生虫病之一。

（一）病原

片形吸虫（*Fasciola*）是扁形动物门吸虫纲复殖目片形科片形属的大型吸虫，在世界范围内广泛分布。主要有3个种，分别是肝片形吸虫（*Fasciola hepatica*）、大片形吸虫（*Fasciola gigantica*）和杰氏片形吸虫（*Fasciola jacksoni*）。肝片形吸虫背腹扁平，呈柳叶状，鲜活虫体呈棕红色，体前有一锥状突起，肩部明显，腹面具有两个吸盘，口吸盘围绕锥状突，腹吸盘距口吸盘较近，其直径大于口吸盘。雌雄同体，生殖孔位于口、腹吸盘之间，在虫体内有1对睾丸，高度分支，在腹吸盘前方具有充满卵的子宫，腹吸盘后方具有鹿角状的卵巢。虫卵长卵圆形，金黄色或淡黄褐色，卵壳薄而透明，一端有盖，内含1个胚细胞及若干卵黄细胞。大片形吸虫，虫体体形较大，呈竹叶状，肩部不明显，后端钝圆，虫体长度远超虫体宽度，两侧缘较为平行，生殖器官较为靠前。虫卵较大，长卵圆形，深黄色。杰氏片形吸虫形态结构类似于肝片形吸虫，但体形较小且肥厚，虫体卵圆形，前半部虫体较宽，无肩，体呈棕灰色，腹面突出，体表布满锥状小刺。虫卵颜色、形状、大小均与肝片形吸虫类似。

（二）生活史

片形吸虫完成生活史的过程需要中间宿主和终末宿主。中间宿主是椎实螺科的淡水螺，终末宿主是草食动物，如牛、羊、鹿等反刍动物，也有人被寄生。其成虫寄生于终末宿主的胆囊以及肝胆管内。

片形吸虫生活史共分为8个生活阶段，成虫、虫卵、毛蚴、胞蚴、雷蚴、尾蚴、囊蚴、童虫。成虫在终末宿主肝胆管内产卵，随胆汁进入肠道，与粪便一起被宿主排出体外，经10～25d发育成毛蚴，并迅速钻入中间宿主椎实螺，在螺体内经胞蚴和雷蚴两代发育成尾蚴，尾蚴从椎实螺螺体逸出后，会附着在水生植物上形成囊蚴。终末宿主摄入携带有囊蚴的水生植物后，囊蚴的囊壁会在小肠中破裂，童虫从中钻出，到达肝胆管内发育为成虫，产的卵经十二指肠胆管口进入肠道，排出体外。童虫到达肝脏有如下3种途径：①穿过小肠壁到达腹腔，经由肝包膜进入肝脏，再寄生于肝胆管内，发育为成虫；②童虫穿过肠系膜，进入肠系膜静脉，经由门静脉到达肝脏，穿过血管壁，到达肝脏实质部分移行，大约经过6周，进入肝胆管；③童虫经由胆总管进入肝胆管寄生。

童虫在终末宿主体内游移过程中，一部分可以在各种部位如肺、脑、眼眶、皮下等位置停留，产生异位寄生，从而造成损害。自感染囊蚴至成虫产卵需10～12周。在绵羊体内寄生的最长记录为11年，在人体可达12～13年。但大多数虫体会在感染9～12个月后，随粪便一起被排出体外。

（三）流行病学

片形吸虫病是我国分布最广、最为严重的寄生虫病之一，主要流行于热带和亚热带地区，对公共卫生和畜牧经济发展都有较为严重的影响。

片形吸虫病的宿主涵盖较为广泛，分为中间宿主和终末宿主。中间宿主为椎实螺，终末宿主为牛、羊、骆驼、鹿等反刍动物，野生动物如黑尾鹿、驯鹿、长颈鹿、白尾鹿、驼鹿、梅花鹿、马鹿、狍、野牦牛、扭角羚、岩羊、金丝猴、小熊猫、亚洲象、非洲象、欧洲野兔等均有感染。人也可作为终末宿主被寄生。不同动物对片形吸虫病易感性也有所差异，如狍要比马鹿对该病的易感性强，更易发生死亡，而白尾鹿则要比黑尾鹿对该病不易感。野生动物片形吸虫病的重要感染源之一便是饲养动物。野外生存的野生动物对该病感染率较低，但圈养环境下的野生动物，由于所食草料可能是被片形吸虫囊蚴所附着的，并未经过杀灭处理，故感染率较高。

外界环境条件密切影响着片形吸虫病的流行、传播，其影响因素主要有温度、水、椎实螺；多发生在潮湿、低洼以及具有沼泽的放牧地区等；片形吸虫病多呈现地方性流行。片形吸虫虫卵及囊蚴抵抗力较强，对温度、湿度、化学药物、光照、恶劣环境等都有一定的抗性。虫卵可在潮湿无光照的粪堆中存活长达8个月及以上，且耐低温，在低温2～4℃环境下放置17个月，其孵化率仍超过50%。囊蚴可在夏秋季的水体中存活5个月之久，但其对低温的抵抗力较弱，冰冻20min会致囊蚴死亡。因此，片形吸虫病多在雨季发生流行，如北方的夏、秋两季，南方气候条件温和，故不止夏、秋两季，春、冬两季亦有可能发生该病的流行。本病的流行在干旱年份会受到抑制。

片形吸虫病具有获得性免疫的特点，例如，牛犊在感染该病时，可以发生获得性免疫，因此在该病的流行地区内，成年牛的该病表现症状并不明显。

（四）症状

该病寄生虫数较少时，症状不明显，当牛的寄生量大于250条、羊的寄生量大于50条时，会产生明显症状。

以染病的鹿为例，其症状主要为体重下降、精神萎靡、体温升高、听诊器听诊肝区出现浊音、消瘦、贫血、低蛋白血症、食欲缺乏、腹胀、便秘、黏膜黄染或苍白、鼻镜干燥、往往啃吃背毛或石块等异物、身体多部位出现水肿，如，眼睑、颌下以及胸腹下部。严重时，发生恶质病，危及生命。怀孕牲畜感染，则多见流产。

此外，还报道有异位寄生片形吸虫病，可见皮下肿块或脓肿。

（五）病理变化

片形吸虫病的病理变化主要呈现在肝脏，病变程度与感染虫体的数量以及病程的长短有关，主要表现为急性型和慢性型两种。

急性型发生于童虫移行期，多在夏末和秋季发生。在感染大量片形吸虫并急性死亡的病例中，可见急性肝炎的发生以及由于大出血所造成的贫血现象。其肝脏部位肿大，肝包膜处有纤维沉积，出现点状渗血，可见2～5mm长的、呈现暗红色的"虫道"，在"虫道"内部经检查可以发现凝固血液以及仍在移行过程中的童虫。发生腹膜炎病变，腹腔内有混合着血液的积液。

慢性型发病于成虫胆管寄生区，多在冬春季节发生。在慢性病例中，由于虫体机械性刺激以及代谢物的毒素作用，其病理变化主要表现为慢性增生性肝炎、慢性胆管炎、贫血。肝脏组织部分部位被破坏，并呈现出淡白色的瘢痕性条索状"虫道"，肝脏病变区域实质变硬萎缩，呈现土黄色。胆管由于成虫在其内部的活动而高度扩张，胆管壁显著增厚，由于钙质沉着而变得粗糙，不复光滑，在其内可发现数量不等的片形吸虫。

在发生异位寄生时，出现皮下肿块或脓肿，表现为由嗜酸粒细胞和单核细胞渗出导致的继发性组织损伤。

（六）诊断

对片形吸虫病的诊断，要结合临床症状、流行病学资料、粪检以及死后解剖检查等进行综合判断。

（1）粪检。仅能在慢性病例的粪便中检出虫卵，急性病例中则检不出。由于急性型是童虫在宿主体内移行，对宿主肠壁、腹腔、肝脏等造成了一定损伤所引起的，此时童虫尚未成熟，不能产出虫卵，所以急性型病例的粪便中检测不出虫卵。采用循序沉淀法，也称水洗沉淀法。

（2）免疫学诊断。使用皮内变态反应、间接血凝（IHA）、酶联免疫（ELISA）、胶体金技术等方法进行诊断检查。

（3）血象变化。抽取血液，进行化验，检验其肝功能各项指标的变化。

（4）病理剖检。对死后宿主进行解剖，急性病例可在腹腔和肝实质等部位发现童虫存在；慢性病例可在肝胆管处发现若干成虫。

（七）防治

根据片形吸虫病的流行病学特点，应对其采取综合防治措施。

（1）定期驱虫。根据该病流行区具体情况来确定蛆虫的时间以及次数，例如，北方地区每年应在春冬两季各进行1次驱虫。南方因气候原因，每年须进行3次驱虫。在急性病例发生区可以随时进行驱虫活动。对家畜粪便也应该进行堆积发酵处理，从而利用产热灭杀虫卵。

（2）消灭中间宿主。片形吸虫的中间宿主是椎实螺，对椎实螺的灭杀可以有效预防片形吸虫病的传播。可以通过改变椎实螺的滋生条件，结合农田水利建设、草场改良等措施达到目的。也可以使用化学药物对椎实螺进行灭杀，如施用：1：50000的硫酸铜溶液，2.5mg/L的血防67以及20%的氯水。也可利用生物防治，如饲养家鸭，通过家鸭采食椎实螺的方式，来消灭中间宿主。

（3）加强卫生管理。在地势较高，较为干燥处进行放牧，引用自来水、流动净水、流动河水、熟水等，保持水源的干净清洁，防治片形吸虫通过不干净的水感染牲畜或人。从流行区采集来的牧草要经过一定处理再饲喂给牲畜。

（4）对于片形吸虫病，不仅要进行驱虫，还要对症治疗。采用的药物有：丙硫苯咪唑、硫双二氯酚（别丁）、双乙酰氨苯氧醚、硝氯酚粉剂、三氯苯唑、氯氰碘柳胺钠（富基华、佳灵三特）、碘硝酚腈、三氯苯唑（肝蛭净）等。

六、包虫病（Hydatidosis/Hydatid Disease）

包虫病也称棘球蚴病（Echinococcosis），是由棘球属绦虫的幼虫寄生于动物（包括人）的组织器官而引起的人畜共患性寄生虫病。除分布于全球广大的牧区外，还分布于森林区，在犬、猫科动物与其他动物（包括人和野生草食动物）之间循环传播。目前已公认的棘球绦虫有4种，即细粒棘球绦虫（*E. granulosus*）、多房棘球绦虫（*E. multilocularis*）、伏氏棘球绦虫（*E. vogeli*）、少节棘球绦虫（*E. oligathrus*），后两种棘球绦虫主要分布在中南美洲地区。在我国分布的主要有细粒棘球绦虫和多房棘球绦虫，其中以细粒棘球绦虫多见。目前，世界动物卫生组织（WOAH）将包虫病归为二类动物疫病。我国将包虫病归类为国家法定报告丙类传染病之一，并且制定出了相关的政策和制度，在我国的西部地区已开始防治试点工作。

（一）病原

细粒棘球绦虫很小，长仅有2～7mm。由头节和3～4个节片组成。头节上有4个吸盘，有顶突。小钩36～40个分两行排列。成节内含一套雌雄同体的生殖器官，睾丸数35～55

个，生殖孔位于节片侧缘的后半部。最后1个节片为孕卵节片，长度约占虫体全长的一半，其中仅有子宫。子宫由主干分出许多袋形侧枝构成。子宫侧枝为12~15对，其中充满虫卵，虫卵大小为（32~36）μm×（25~30）μm，被覆着一层辐射状线纹的胚膜，内为六钩蚴。

多房棘球蚴为圆形或卵圆形的小囊泡，大小由豌豆到核桃大，被膜薄，半透明，由角质层和生发层组成，呈灰白色，囊内有原头蚴，含胶状物，实际上泡球蚴是由无数个小的囊泡聚集而成的。

多房棘球绦虫很小，与细粒棘球绦虫颇相似，长仅1.2~4.5mm，由2~6个节片组成。头节上有吸盘，顶突上有小钩14~34个。倒数第2节为成节，含睾丸14~35个。生殖孔开口于侧缘的前半部。孕节内子宫呈袋状，无侧枝。虫卵大小为（30~38）μm×（29~34）μm。

（二）生活史

细粒棘球绦虫成虫寄生于狗的小肠内，狼、狐狸、豺等犬科野生动物亦可为其终末宿主，在棘球蚴病的自然疫源地形成中发挥主要作用。当虫卵随狼等的粪便排出体外，污染牧场、畜舍蔬菜、土壤和饮水，被羊或人等其他中间宿主吞食后经胃而入十二指肠。经肠内消化液的作用，六钩蚴脱壳而出钻入肠壁，随血循环进门静脉系统，幼虫大部被阻于肝发育成包虫囊（棘球蚴）；部分可逸出而至肺部或经肺而散布于全身各器官发育为包虫囊。此外，幼虫也可在其他组织器官内定居和发育，如骨组织、脑部、脾等。棘球蚴的发育缓慢，经过1个月后囊泡的大小才达到1mm，3个月达5mm，5个月达10mm，生长可持续数年，在人体中生长可达10~30年。犬吞食含有包囊的羊或其他中间宿主的内脏而感染，原头蚴进入小肠肠壁隐窝内发育为成虫（经7~8周）而完成其生活史。成虫的寿命为6个月以上。一只犬的小肠内有时可以寄生数百条，甚至数千条绦虫。虫卵在外界环境中能生存很久，0℃下可存活4个月，50℃经1h死亡。日光对虫卵有致死作用，但虫卵对化学药物和常用消毒剂有一定的抵抗力。

多房棘球绦虫的生活史基本与细粒棘球绦虫相似，但以狐为典型的终末宿主，其次是犬、狼、獾和猫等。中间宿主为野生啮齿类动物及牦牛、绵羊和人等，其中，田鼠为最典型的中间宿主。当终末宿主吞食体内带有泡球蚴的鼠类或动物脏器后，约经45d，原头蚴发育为成虫并排出孕节和虫卵。鼠类因觅食终末宿粪便而受感染。地甲虫可起转运虫卵的作用，鼠类亦可因捕食地甲虫而受感染，人因误食虫卵而感染。

（三）流行病学

（1）多房棘球绦虫中间宿主主要是啮齿目动物。涉及至少有8个科鼠类，即鼹鼠科（鼹鼠）、松鼠科（松鼠、地松鼠、达乌尔黄鼠、土拨鼠）、仓鼠科（仓鼠、中华鼢鼠、沙鼠、林鼠）、田鼠科（普通田鼠、根田鼠、布氏田鼠、北极田鼠、兔尾鼠、棕色旅鼠）、鼠科（黑线姬鼠、小林姬鼠）、跳鼠科（小跳鼠）和鼠兔科（鼠兔）。苏联和日本分别有绵羊和猪感染多房棘球蚴的报道。我国境内共发现9种啮齿动物和3种家畜是其中间宿主，前者包括达乌尔黄鼠、中华鼢鼠、布氏田鼠、小家鼠、赤颊黄鼠、黑唇鼠兔、灰尾队和长爪沙鼠，后者是绵羊、牦牛和猪。

（2）多房棘球绦虫终宿主主要是狐。包括北极狐（阿拉斯加、西伯利亚）、赤狐（日本北海道、欧洲）、鞑靼狐（俄罗斯阿尔泰）等；其次是犬、狼（俄罗斯）、家猫（北海道、美国北达科他）等。我国境内发现的终末宿主有赤狐（宁夏）、藏狐（青藏高原）、沙狐（内蒙古）、家犬和野犬（甘肃、四川西部）、狼（新疆）等。多房棘球绦虫分布地区比细粒棘球绦虫局限，主要流行在北半球高纬度地区，从加拿大北部、美国阿拉斯加州，直至日本北海道、俄罗斯西伯利亚，遍及北美、欧、亚三洲的寒冷地区和冻土地带。多房棘球绦虫寄生的终宿主体内也可同时有细粒棘球绦虫寄生。

（3）细粒棘球绦虫中间宿主种类因地理区域的不同而异。如水牛、斑马是南非常见的主要中间宿主，疣猪、南非野猪是东非国家常见的中间宿主。在我国，畜间包虫病见于绵羊、山羊、猪、黄牛、牦牛、犏牛、水牛、骆驼、马、驴和11种有蹄家畜，也有在野生岩羊、藏原羚和高原鼠兔、野生松田鼠、灰尾兔等野生动物体内寄生的报道。在我国，野生动物中有四川的黄羊（*Prodorcas gulturosa*）和林麝（*Moschus berezovskii*）。细粒棘球绦虫终末宿主主要为犬及犬科兽类。虽然犬对来自疣猪的包囊不易感，但是非洲野狗和狐狼可感染这些包囊。猫科动物感染率低，南非分布的一种荒漠猫可寄生细粒棘球绦虫，但是，狮适应虫株广泛分布于乌干达、坦桑尼亚、南非和中非共和国。

（四）临床症状

细粒棘球蚴对其中间宿主的危害视其寄生的数量、大小、在宿主体内的位置而异。机械性压迫可使周围组织发生萎缩和功能障碍。代谢产物被吸收后可引起组织炎症和全身过敏反应。患病动物可表现为消瘦、被毛逆立、脱毛，黄疸、腹水、咳嗽等症状。各种动物均可因囊泡破裂而产生严重过敏反应，突然死亡，对人危害尤其明显。细粒成虫对其肉食动物宿主无明显的致病性，犬可寄生5000～6000条虫体而不表现明显的临床症状。

（五）病理变化

多房棘球蚴虫的危害远比细粒棘球蚴严重，它的生长特点是弥漫性浸润，形成无数个小囊池，压迫周围组织，引起器官萎缩和功能障碍，如同恶性肿瘤一样，还可转移到全身各器官中。多房棘球蚴剖检可见葡萄状囊泡。

（六）诊断

粪便检查虫卵时易与宿主其他绦虫卵相混淆，因此虫卵检查无诊断价值。诊断时应结合症状观察和免疫学方法检测结果作初步诊断。国内已研制出10多种免疫诊断方法，多数用透析棘球蚴囊液做抗原，也可用亲和层析和聚丙烯酰胺凝胶电泳方法来凝集和分离抗原，活的或死的原头蚴都能作为有效抗原。其中动物和人均可采用皮内变态反应诊断，敏感性高，但特异性差，一般准确率在70%左右。补体结合试验一般阳性率为50%～80%，有多种假阳性反应。间接血凝试验快速简便，检出率为83.3%。酶联免疫吸附试验（ELISA）具有较高的特异性和敏感性。此外，还有酶联金黄色葡萄球菌A蛋白酶免疫吸附试（PPA-ELISA）、斑点酶联免疫吸附试验（DOT-ELISA）以及亲和素生物素酶联免疫吸附试验（ABC-ELISA）等。由于这些检测方法均有不同水平的假阳性和阴性，因此，建议2～3种方法中均出现阳性反应是本病的诊断指标。中间宿主死亡后，通过尸体剖检可确诊棘球蚴病。

七、细颈囊尾蚴病（Neck Cysticercosis）

细颈囊尾蚴病是由泡状带绦虫（*Taenia hydatigena*）的幼虫阶段，即细颈囊尾蚴（*Cysticercus tenuicollis*）寄生在驼鹿、驯鹿、牛、羊等野生草食动物的肝脏浆膜及腹腔的网膜、肠系膜上引起的一种寄生虫病。成虫寄生在犬、狼等肉食动物的小肠内，也寄生在啮齿类和野兔的体内。本虫在世界上广泛分布，凡是有犬、狼的地方。一般都会有动物感染细颈囊尾蚴。

（一）病原

泡状带绦虫（成虫）主要寄生在狗、狼和狐的小肠内，是一种大型绦虫，其成虫呈白色而微黄，虫体由250～300个节片组成，虫体长1.5～2m。头节稍宽于颈节，顶突上具有30～44个角质小钩。虫体前部节片宽而短，后部节片逐渐延长，妊娠节片长度超过宽度，妊娠节片子宫内充满了圆形的虫卵，虫卵内含带有6个小钩的六钩蚴。

细颈囊尾蚴（幼虫）寄生在猪、反刍兽和野生动物的肝、浆膜、网膜和肠系膜上，呈囊泡状，囊壁乳白色内含透明液体，俗称"水铃铛"。囊体由黄豆大到鸡蛋大，大小不等，肉眼可以清楚地看见在液体内固着于囊壁上的头节。

（二）生活史

成虫的孕卵节随犬的粪便排出体外，节片破裂，虫卵散出，污染牧草、饲料及饮水，当被猪吞食后，在消化道内逸出六钩蚴，钻入肠壁血管，随血循到肝、网膜、肠系膜等处，约3个月发育成细颈囊尾蚴。终末宿主吃入含细颈囊尾蚴的脏器被感染，在其小肠内经52～78d发育成成虫。细颈囊尾蚴虫病在我国分布广泛。

（三）流行病学

细颈囊尾蚴分布很广，在各地均有发生。感染泡状带绦虫的狗和其他肉食动物排出的妊娠节片，污染了饲料、饲草、水源，被中间宿主猪、羊、兔等家畜采食后就得到感染。对幼畜（仔猪、羔羊、犊牛）的致病力较强，有时可呈区域性和地方性流行。

（四）临床症状

细颈囊尾蚴主要对仔猪、羔羊和犊牛的致病力较强，有时可引起死亡。症状以感染数量的多寡而异，一般少量感染时不表现显著的病状，多量寄生时可引起病畜虚弱，消瘦和黄疸。如引起急性肝炎、腹膜炎时，则体温升高，呼吸呈胸式而短促，心悸亢进，按压腹部表现疼痛。有的病例由于腹腔内出血，呈现腹围下半部增大下垂。有时幼虫侵入胸腔，亦可引起肺炎、胸膜炎。

（五）病理变化

在急性病程时，可见肝脏体积增大，肝表面粗糙无光，覆有纤维性薄膜，在肝脏表面散布有出血点。在肝实质中可以观察到有虫体移行的虫道，初期虫道内充满血液，后期则呈黄灰色。同时可见有急性腹膜炎，腹腔内腹水较多并混有渗出的血液，液体内含有幼小的囊尾蚴虫体。

（六）诊断

终末宿主内泡状带绦虫的诊断依据是以粪便中发现孕节、剖检后发现成虫为依据。而幼虫的诊断主要是通过尸体剖检。

八、带绦虫病（Taeniasis）

绦虫是感染鸟类常见的寄生虫之一，大多数可寄生在野鸟的肠道内，少数也可在盲肠或肌胃内寄生，如胃绦虫属。感染鸟类的绦虫有1700多种，约占全部已记载绦虫种（约4000种）的42.5%，这一数字随着绦虫新种的发现还在不断增加。

由于绦虫生活史的特殊性，作为自由生活且常季节性迁徙的野鸟，接触并吞食绦虫中间宿主，如水量、多种甲虫的机会远高于家禽和其他野生哺乳动物，因此野鸟通常感染有大量的绦虫。据北美和欧亚大陆的16项流行病学调查数据显示，在232种3089只野鸟样品中，绦虫的平均感染率为18%～69%，超过其他蠕虫（吸虫、线虫和棘头虫）的感染率。表面上看似健康的鸟类可能寄生着数十条、数百条绦虫，有时甚至寄生高达数千条之多的绦虫。但现有资料对有关鸟类绦虫的分类、形态、生活史、感染与致病关系方面的研究较少。受绦虫感染的鸟类通常无明显的临床症状，感染严重时才会发病，甚至死亡。

（一）病原体

寄生于鸟类的常见绦虫约70种，分属假叶目、圆叶目。感染鸟类的假叶目绦虫只有一个科即双叶槽科。感染鸟类的圆叶目绦虫主要包括膜壳科、双壳科和戴文科3个科。

鸟类绦虫病主要是由各种绦虫的成虫寄生而引起，偶尔也发生由绦虫中绦期幼虫所引起的鸟类绦虫蚴病。鸟类的大多数绦虫寄生于宿主小肠，部分绦虫可寄生于盲肠。鸟类绦虫感染偶尔也可入侵异常寄生部位，如尿道、肌胃肌肉组织内等。寄生于鸟类的绦虫一般较哺乳动物者体形要小，但差异很大，小的仅有1～2mm，大的长达1m，但大多数鸟类绦虫长度在10cm以下。与其他绦虫相似，寄生于野鸟的绦虫活虫体呈白色、透明带状，虫体由头节、颈部和链体组成。头节上附着器官，如吸盘、沟槽。

（二）流行病学

每一种绦虫具有一定种属范围的鸟类作为宿主。只有当外界环境（接触）和生理条件（兼容性）满足时，鸟类感染绦虫才成为可能。因此，亲缘关系相近的鸟类，或者有相同的采食习性和栖息地的鸟类，多会感染相同种属或相近种属的绦虫。多数绦虫倾向于感染同一目的鸟类，但是对某一种绦虫而言，可能会感染一个目内多个种、多个属或者多个科，也可能会感染多个不同目的鸟类。例如，片形皱褶绦虫（*Fimbriaria fasciolaris*）可感染雁形目7科30属的60多种鸟类。

鸟类绦虫感染的地理分布取决于鸟类和中间宿主的重叠区以及寄生虫生活史循环的完成和传播链的存在。从全球范围看，北半球区域鸟类的绦虫分布记录较多，而南半球的研究资料不多。如具有水生生活史的绦虫（如以各种剑水蚤为中间宿主的绦虫），其传播和流行区域主要局限在海滨或者淡水环境周围，当鸟类在某一栖息地感染某种绦虫后，可再将绦虫传播到越冬区。

迁徙鸟类的绦虫感染状况通常较非迁徙鸟类要复杂很多，它们在一个栖息地感染了绦虫，在迁徙过程中可将这些绦虫散播到另一个栖息地，但这些绦虫因生活史环节的缺失，不能在新的地区保持下来。同时在新的栖息地，迁徙鸟类又可能感染在新的栖息地生境中存在的绦虫种类。例如，四膜绦虫主要是在海滨环境进行传播的绦虫种类，感染各种海鸟和生活在海滨湿地的各种鸟类，然而，那些从淡水湿地迁徙来海滨越冬的鸟类同样也可感染这些区域性分布的绦虫，并可将这些新感染的虫种随迁徙带到新的生态体系中。如果在新的生态体系中存在适宜的中间宿主，将导致这些绦虫种群长期存在下去，成为新的感染源。

（三）生活史

感染鸟类绦虫的生活史均为间接型，需要1～2个中间宿主才能完成其生活史，对鸟类的绦虫蚴，则需要有其他的终宿主。只有具备完成生活史循环所必需的每一宿主及其生存条件，才可能完成绦虫的生活史和传播过程，这是造成鸟类和其他动物绦虫感染地理分布差异的主要原因。寄生于各种鸟类的绦虫，其发育史基本相似，但它们所寄生的中间宿主的范围可能会有差异。

（四）症状

野鸟感染绦虫时通常无临床症状。感染严重时出现临床症状，但症状也无特异性，与家禽绦虫感染时症状相似，表现为食欲下降、消瘦、行动迟缓、体弱等采食、行为等的改变。有时会出现腹泻、血便、贫血，最后可能衰竭死亡。在野鸟中，绦虫常与线虫、吸虫或原虫混合感染，因此，对有临床表现的鸟只，应根据寄生虫学检查结果判断主要病原体。

（五）病理变化

患绦虫病的鸟类食欲下降，羽毛松乱、无光泽、脱毛期延长，消瘦、精神不振。经常下痢，粪便稀薄，混有血液和黏液，腹痛。雏鸟和幼鸟发育迟缓或受阻，成鸟产卵率下降，繁殖能力降低。

（六）诊断

野生鸟类绦虫病的诊断方法同家禽绦虫病的诊断方法类似。从鸟类粪便中查见虫卵、孕节或绦虫体节，结合临床表现即可做出诊断。这种诊断方法常无法鉴定确切虫种，但借助虫卵形态和节片结构观察，可鉴别双叶槽科绦虫。野鸟绦虫的科、属、种鉴定需获得绦虫的头节和成熟节片。

九、弓形虫病（Toxoplasmosis）

弓形虫病是刚地弓形虫（*Toxoplasma gondii*）寄生于各种温血动物和人类所引起的一种人畜共患病，是公共卫生意义极其重要的食源性和水源性寄生虫病。人群和动物感染甚为普遍，多为无症状感染，但感染严重时可引发胎儿畸形、流产、生殖障碍等严重后果，更有报道称弓形虫血清学阳性的AIDS患者如不进行有效的抗病毒治疗，死亡率可达30%。弓形虫可导致免疫损伤人群的脑炎、免疫正常人群的脉络膜视网膜炎，孕妇则可致先天性感染和胎儿损伤。

（一）病原

刚地弓形虫（*Toxoplasma gondii*）是顶复门孢子纲真球虫目肉孢子虫科成员。弓形虫是一种间接生活史型的胞内寄生虫，弓形虫生活史过程包括5个阶段，即速殖子或称滋养体，在假包囊内或外；缓殖子，在组织包囊内；子孢子，在卵囊内；裂殖体，包括裂殖子；配子体，包括大（雌）配子体和小（雄）配子体，分别发育为大配子和小配子。速殖子是繁殖在中间宿主有核细胞内迅速分裂增殖的虫体，见于弓形虫感染的急性期或因宿主免疫功能损伤、组织包囊破裂的急性暴发期。当数个或数十个速殖子占据宿主细胞时，宿主细胞膜变成速殖子。缓殖子见于慢性期，虫体位于有虫体分泌物所形成的包囊壁内缓慢增殖，其与速殖子的形态差别在于核多位于虫体末端。被囊壁所包裹的许多缓殖子叫作包囊。裂殖体是弓形虫的子孢子或缓殖子等进入终宿主的小肠上皮细胞内通过内二芽殖、内多芽殖、裂殖生殖或劈裂等方式进行增殖而形成的具有多个虫体（裂殖子）的集合体，形态特点是核为泡状，核质疏松，在切片上，核呈突出的球状，胞质着色较深，有一个或多个空泡。裂殖体破裂后，裂殖子侵入新的宿主细胞，可继续增殖为下一代裂殖体或发育为配子体。配子体是弓形虫的有性阶段虫体。小配子体呈卵圆形或椭圆形，直径约10μm，在发育过程中，胞质出现连续的裂带，核质表现为树杈状或碎块状。成熟的小配子体则含有12～32个小配子，残留体1～2个。小配子形似新月形，两端尖，具鞭毛（但光镜下不易见）。大配子体圆形，成熟后成为大（雌）配子。发育过程仅仅是体积的增大，基本无明显的形态变化。

（二）生活史

弓形虫完成生活史全过程需要两个宿主，终宿主是猫及猫科动物，寄生其肠道上皮细胞内进行无性和有性生殖，中间宿主则几乎包括所有温血动物，寄生其有核细胞内，同时猫科动物也可以作为中间宿主。弓形虫寄生生活的重要特点是对中间宿主和寄生组织（细胞）几乎无选择性，现已确认多种温血动物可作为其中间宿主，包括陆生哺乳动物、海洋哺乳动物及鸟类等。

宿主都具有感染性。当猫或猫科动物吞食了卵囊、包囊（缓殖子）或假包囊（速殖子）后，子孢子或缓殖子及速殖子在肠道内孵出，侵入小肠上皮细胞开始裂殖生殖过程形成裂殖体；裂殖体成熟后破裂释出裂殖子再侵入新的肠上皮细胞内继续重复进行裂殖生殖过程，经数代裂殖生殖后，部分裂殖子在肠上皮细胞内发育为大、小配子体。小配子结合形成合子，并发育为囊合子，排入肠道内容物后继续发育成卵囊，最终在体外环境中孢子化，形成具有感染力的孢子化卵囊。部分速殖子侵入宿主细胞后，尤其是在脑、眼及骨骼肌等组织内，虫体分泌物质形成囊壁，并在囊内缓慢增殖（缓殖子），直至胀破宿主细胞而成为独立的组织包囊。弓形虫毒力与机体免疫力间处于一种动态平衡状态，形成急性期与慢性期的相互转变。包囊的形成意味着进入弓形虫的慢性感染期，可持续数月、数年甚至终身。但当机体抵抗力较差、免疫缺陷或使用免疫抑制剂以及虫体毒株毒力较强时，则在细胞内形成假包囊，进入急性期而形成所谓"慢性感染的急性暴发"。

在外界成熟的孢子化卵囊污染食物和水源而被中间宿主（包括人和多种动物）食入或饮入后释出的子孢子，和通过口、鼻、咽、呼吸道黏膜、眼结膜和皮肤侵入中间宿主体内的滋养体，将通过淋巴血液循环侵入有核细胞，在胞浆中以内出芽的方式进行繁殖。

（三）流行病学

造成弓形虫感染极为广泛的原因很多，但主要与弓形虫的生物学特性密切相关。

（1）弓形虫几乎无宿主特异性或选择性，可感染几乎所有温血动物。

（2）弓形虫的孢子对外环境有很强的抵抗力。速殖子对高温和化学药品抵抗力弱，但对低温有较强的耐受性。

（3）弓形虫生活史中的多个阶段如速殖子、包囊及卵囊阶段对终宿主和中间宿主都有感染力。

（4）弓形虫在终宿主间、中间宿主间和终宿主与中间宿主间均可形成传播链，尤其是中间宿主间的相互传播，是导致群体感染普遍的重要原因。

（5）传播途径多样，除经口（食源和水源）感染的主要途径外，弓形虫也可经伤口感染或由昆虫吸血节肢动物机械传播。

（6）家猫养殖量大，感染率非常高，这可能与其捕食鼠类的生物习性有关。鼠的自然感染率也很高，是环境中甚为重要的中间宿主。由于猫的半家居生活习性，极易与鼠类一起形成弓形虫传播的"鼠—猫—家畜—人"或"鼠—猫—人"传播链，并将家居环境和野生环境的弓形虫传播相紧密联系。猫科动物分布广泛，终宿主卵囊排出量大，且在野生动物群体中，弓形虫自然传播主要由于动物的相互捕食而形成"被捕食者—捕食者"的传播链。猫科动物往往占据较高的捕食地位，感染风险更高。

除家猫外，猫科动物中的豹猫、美洲虎、长尾猫、美洲山猫、短尾猫、孟加拉虎、美洲狮和猎豹等也可以作为终宿主而排出卵囊。这些野生猫科动物可能也是家居环境人和家畜水源性感染的重要原因。在狩猎动物中，已证明有大量的血清学阳性，是人类感染的重要原因之一。

除野生的哺乳动物和鸟类感染弓形虫外，动物园动物对弓形虫也非常易感。由于动物园中常喂养有多种猫科动物，且这些猫科动物可直接排放卵囊，使动物园动物更易受到感染。澳洲袋鼠、新大陆猴和树栖猴等是最常发生临床型弓形虫病的动物。

（四）临床症状

野生动物临床型弓形虫病的报道大多来自于实验感染或动物园动物感染，其症状随动物种属不同而各异，但一般呈无症状感染。北极熊弓形虫病的主要损伤出现于肝、骨骼肌、心肌和脑，常可在肝、胰腺、胸腺、心肌和骨骼肌见有针尖样的由速殖子引起的灰白色坏死灶，从视网膜和脑组织可发现组织包囊；其他熊类弓形虫感染的病理变化虽然各不一样，但坏死性胰腺炎几乎总是可见，也几乎都能从脑组织分离到包囊。弓形虫病是袋鼠的一种严重疾病，动物园饲养的袋鼠感染弓形虫后常发生无可见症状的突然死亡，或有神经症状、腹泻、呼吸困难和视觉障碍。野生袋鼠自然感染也导致较多死亡，可能是所有野生动物中感染弓形虫报道最多的动物。在犬科动物和灵长类动物，弓形虫常分别与犬瘟热病毒和免疫缺陷病毒混合感染。

（五）病理变化

急性病例出现全身性病变，淋巴结、肝、肺和心脏等器官肿大，并有许多出血点和坏死灶。肠道重度充血，肠黏膜上常可见到扁豆大小的坏死灶。肠腔和腹腔内有大量渗出液，病理组织学变化为网状内皮细胞和血管结缔组织细胞坏死，有时有细胞浸润。弓形虫的滋养体位于细胞内或细胞外。急性病变主要见于幼兽。慢性病例可见内脏器官的水肿，并有散在的坏死灶。

（六）诊断

弓形虫的临床症状、剖检变化和很多疾病相似，为了确诊需采用病原检查和血清学诊断。

1. 病原检查

（1）脏器涂片检查。可将肺、肝、淋巴结等做涂片标本检查，其中肺脏的涂片背景清晰，检出率较高。涂片标本自然干燥后，甲醇固定，姬氏或瑞氏染色检查。

（2）动物接种。取病猪的肺、肝、淋巴结等组织研碎后加10倍生理盐水制成乳剂，且每毫升生理盐水中预先加青霉素和链霉素。室温放置乳剂1h后振荡摇匀，待颗粒沉底后，取上清液接种于小白鼠的腹腔，每只接种0.5～1.0mL。接种后观察20d，若小白鼠出现被毛粗乱、呼吸迫促的症状乃至死亡时，取腹腔液或脏器做涂片染色镜检。初代接种的小鼠可能不发病，可用被接种小鼠的肝、淋巴结等组织按上述方法制成乳剂，盲传3代，可能从病鼠腹腔液中发现弓形虫的速殖子。

2. 血清学诊断

（1）染色试验（DT）。原理是活的弓形虫速殖子与正常血清混合，37℃作用1h或室温作用数小时后，大部分滋养体由原来的新月形变为原形或椭圆形，细胞质对碱性美蓝具有较强的亲和力而易被深染。但当弓形虫与含特异性抗体和补体（辅助因子）的血清混合时，虫体受到抗体和补体的协同作用而变性，对碱性美蓝不着色，计算着色与不着色虫体比例即可判断结果。

（2）间接血凝试验（IHA）。这是一种比较灵敏的诊断方法，主要用于大规模流行病学调查，国内已在广泛应用。其他如间接免疫荧光抗体试验（IFAT）、酶联免疫吸附试验（ELISA）、补体结合反应、皮内反应及抗弓形虫单克隆抗体等都曾被用作本病的诊断。

十、利士曼原虫病（Leishmaniasis）

利士曼原虫病是由利士曼属（*Leishmania*）原虫经昆虫白蛉传播的寄生于人或哺乳动物体内引起的一种人畜共患原虫病。利士曼原虫感染症状复杂多样，按疾病损伤组织的不同可分为寄生于内脏巨噬细胞引起内脏病变的内脏型（Visceral leishmaniasis）通称黑热病（Kala-Azar）、寄生于皮肤组织巨噬细胞引起皮肤病变的皮肤型（Cutaneous leishmaniasis）通称东方疖（Oriental）以及原虫通过皮肤病灶传播到鼻咽部组织引起鼻咽部黏膜病变的黏膜型（Mucocutaneous leishmaniasis）。在我国，主要报告的是由杜利士曼原虫（*L.donovani*）引发的内脏型利士曼原虫病，这也是我国《传染病防治法》中规定的丙类传染病。野生动物是利士曼原虫的重要传染源。

（一）病原体

利士曼原虫属于动基体目锥虫亚目锥虫科利士曼属。目前国际上有20多种利士曼原虫可以引发利士曼原虫病，但其形态构造没有明显差异。该虫虫体由单一细胞组成。研究发现，利士曼原虫因宿主不同有两个不同的生活阶段，在不同阶段中其形态特征也完全不同。其在人、哺乳动物或体外37℃培养的巨噬细胞中发育为无鞭毛体，在作为传播媒介的白蛉消化道中或体外22～28℃培养的组织培养物中发育为前鞭毛体。

（1）无鞭毛体。常见于人和其他哺乳动物的单核-巨噬细胞内，又称利杜体（Leishman Donovan）。染色涂片可见因细胞破裂而被观察到的利杜体。虫体大小为（2.9～5.7）μm×（1.8～4.0）μm，呈圆形或椭圆形，吉姆萨染色镜检可见原虫胞质呈蓝色并伴有空泡，胞核呈红色圆形团块。动基体呈紫红色细杆状，位于核旁，基体呈红色颗粒位于虫体前端，鞭毛从此发出，偶可见单个鞭毛空泡。

（2）前鞭毛体。因其发育程度不同而呈现不同的外形。未成熟虫体呈卵圆形、短粗形、梭形等。成熟的前鞭毛体为梭形或柳叶形，大小为（14.3～20.0）μm～（1.5～1.8）μm。前部较宽，后部较窄，前端有一根长度与体长相当的游离鞭毛。在新鲜标本中，可见鞭毛不断摆动，虫体运动活泼。衰老的虫体呈球形或梨形，胞内有许多空泡，动基体模糊，毛虽长但活动力极差。

（二）生活史

杜氏利士曼原虫寄生于患病动物的巨噬细胞内，虽然其生活史必须经过哺乳动物和昆虫才能完成，但其在两种宿主体内的发育过程要比锥虫科其他原虫简单得多，均营二分裂增殖。其生活史主要由以下两个部分构成。

（1）在人或其他哺乳动物体内的发育。被感染的雌性白蛉在叮咬吸血人体或哺乳动物时，寄生在白蛉口腔和喙部的前鞭毛体随分泌液进入人或动物的皮下组织。一部分前鞭毛体被多核粒细胞所吞噬消灭，另一部分被巨噬细胞吞噬并在巨噬细胞内失去鞭毛，转变为圆形或亚圆形的无鞭毛体，开始人和哺乳动物体内的寄生生活。无鞭毛体在网状内皮系统的巨噬细胞吞噬溶酶体（phagolysosome）内进行增殖，而巨噬细胞除纳虫空泡增多外，在电镜下无其他变化，仍可照常进行分裂。由于无鞭毛体以二分裂法不断进行增殖，巨噬细胞内无鞭毛体有时可达上百个，巨噬细胞也因不断增多的无鞭毛体而破裂，并释出无鞭毛体，被其他巨噬细胞所吞噬后继续增殖。

（2）在白蛉体内的发育。当雌性白蛉叮咬患者或被感染动物吸血时，含无鞭毛体的巨噬细胞进入白蛉胃内。巨噬细胞被消化后，无鞭毛体逸出。1d后这些无鞭毛体发育为卵圆形的具游离鞭毛的早期前鞭毛体，2d后逐渐由卵圆形变为梭形或长度超过宽度3倍的梭形（10~15）μm×（1.5~3.0）μm前鞭毛体，鞭毛也明显增长。3~4d后逐渐发育成熟的前鞭毛体运动活泼，并逐渐向白蛉的前胃、食管和咽部移动。1周后，具有感染的前鞭毛体大量聚集于白蛉的口腔及喙，当白蛉叮咬健康人或动物时，前鞭毛体随白蛉分泌液进入机体而开始新一轮生活史。研究证明，前鞭毛体可以在22~26℃环境中，在多种培养基上培养繁殖。

（三）流行病学

中华白蛉是其主要的传播媒介。利士曼原虫病的流行主要通过脊椎动物和白蛉媒介的接触而传播；也可通过刺螫蝇机械传播皮肤利士曼原虫病。此外，也可通过接触实验动物、被实验动物咬伤及食肉动物相互啃咬而获得感染，这是次要的传播方式。利士曼原虫病除在人与人之间传播外，也可在动物与人、动物与动物之间传播。

我国传播人和动物利士曼原虫病的白蛉为中华白蛉（*Phlebotomus chinensis*）、吴氏白蛉（*Ph.wui*）、中华白蛉长管亚种（*Ph.chinensis longiductus*）和亚历山大白蛉（*Ph. alexandri*）。中华白蛉在我国分布很广，是主要的传播媒介；中华白蛉长管亚种主要分布于新疆；吴氏白蛉主要分布我国西北地区的广大荒漠地区。亚历山大白蛉也是我国西北地区的主要白蛉种类之一，它分布于甘肃河西走廊和新疆的山麓地区。

1. 宿主

（1）内脏型利士曼原虫病由杜氏利士曼原虫（*Leishmania donoani*）、卡氏利士曼原虫（*L.chagasi*）、婴儿利士曼原虫（*L.infantiam*），和犬利士曼原虫（*L.aethiopica*）引起。主要寄生于人和犬、狼、狐狸、豪猪、猫、家鼠等动物的内脏、皮肤的巨噬细胞内。这也是我国的主要的利士曼原虫病。根据各流行区的地理特征和传染源的不同，内脏利士曼原虫病区分为3种类型，即平原型（或人源型）、山丘型（或人畜共患型）和荒漠型（或野生动物源型）。流行病学调查研究显示，犬是人内脏型利士曼原虫病的重要保虫宿主和传染源。

（2）皮肤型利士曼原虫病是由热带利士曼原虫（*L.tropica*）、埃塞俄比亚利士曼原虫（*L.braziliensis*）、硕大利士曼原虫（*L.Tnajor*）、墨西哥利士曼原虫（*L.braziliens1s*）秘鲁利士曼原虫（*L.peritian*）引起的。虫体寄生于犬和狗獾、蹄兔、沙鼠等野生动物皮肤的巨噬细胞内。

（3）黏膜型利士曼原虫病主要与巴西利士曼原虫（*L.braziliensis*）感染有关，主要寄生森林啮齿动物的巨噬细胞内。

上述虫种遍布于亚洲、非洲、欧洲、美洲等地。在我国，利士曼原虫病的流行也很广泛，主要以内脏型为主。①平原型主要分布在黄淮地区的苏北、皖北、鲁南、豫东、冀南、鄂北、陕西关中和新疆南部的喀什等平原地区。患者以青少年为主，犬很少感染。这类地区利士曼原虫病已被控制，近年未再发现新病例，但偶可发现皮肤型报告。②山丘型分布于甘肃、青海、宁夏、川北、陕北、冀东北、辽宁和北京市郊的山丘地区。人感染主要来自病犬。患者散在，绝大多数患者为儿童，婴儿的感染率较高。这类地区为我国利士曼原虫病的主要流行区。③荒漠型多分布在新疆和内蒙古的某些荒漠地区，在某些动物中流行。患者主要见于婴幼儿，2岁以下患者占90%以上。

2. 感染源

感染源为患者、病犬和患病的野生动物（我国主要分布在新疆、内蒙古和甘肃的荒漠地区，大沙鼠为主要的野生动物传染源）。本病以地鼠、小家鼠、亚洲花鼠和地松鼠最易感；石松鼠、沙鼠、跳鼠、猴、犬、狼、小鼠、黑家鼠和白家鼠次之；兔、豚鼠、猫、山羊、牛、猪、冷血动物等有抵抗抗力，不易感染。从动物分类上来讲对杜氏利士曼原虫具有易感性的动物都是啮齿动物，主要是鼠科的地鼠亚科和鼠亚科，松鼠科的松鼠亚科以及鼢鼠科的鼢鼠属。

野生动物感染情况：埃及獴，伊朗、伊拉克和哈萨克斯坦的胡狼，南美洲犬科动物，及法国、葡萄牙、意大利和西班牙的赤狐均自然感染利士曼原虫。

在欧洲，赤狐经血清流行病学调查，利士曼原虫的阳性率分别为：在葡萄牙为18.0% ~ 60.0%、意大利为18.0%、西班牙东北部为2.7%。在西班牙中部地区，狐狸经PCR检查阳性率为74.0%；意大利南部狐狸阳性率为40.0%，意大利中部狐狸阳性率为16.0%。

利士曼原虫可自然感染多种哺乳动物，南美洲家犬为重要的保虫宿主。巴西北部检查狐狸26只，阳性率为42.3%，巴西东北部马科动物血液阳性率77.3%（22/29），山羊血液阳性率50%（3/6）。在西班牙狼阳性率为20.5%（8/39）、狐狸阳性率14.2%（23/162）、埃及獴阳性率为28.6%（2/7），麝猫阳性率为25.0%（1/4）、猞猁阳性率为25.0%（1/4）。有学者报道5例巴西动物园圈养犬科动物的内脏利斯曼原虫病：1只薮犬和1只北极狐为血清学阳性并出现内脏利士曼原虫病临床症状，而3只犬科动物、1只食蟹狐和1只鬃狼及1只北极狐为血清学阳性但无临床症状。近年来，研究者在巴西蝙蝠中也发现了少量阳性样本。2005年有研究者首次在伊朗狐狸体内检测到利士曼原虫。

（四）病理变化

动物利士曼原虫病：对患病动物的研究表明，动物患利士曼原虫病时，多同时呈现多病型症状。我国发现的犬利士曼原虫，均系全身感染，除皮肤外，内脏也被原虫侵袭。病犬被毛无光泽、粗糙，并逐渐脱落。在脱毛的皮肤上常因皮脂外溢出现一层白色糠秕样的鳞屑，有时由于皮肤增厚而形成结节。此种皮肤损害见于头部，尤其是耳、鼻、脸面及眼睛周围最为显著，有时在背部、四肢和尾部上也可出现。此外，皮肤上还发生溃疡，由血液和渗出物结成痂盖。疾病后期，病犬食欲缺乏，精神萎靡，日见消瘦、鼻孔因黏膜肿胀而阻塞或因溃疡而引起鼻出血。眼部当发生眼睑炎、结膜炎和角膜炎，也常见睫毛脱落。病情继续发展下去，犬的吠叫声音变得嘶哑而困难，最后因营养衰竭而死亡。

病理变化与人的黑热病相似，主要是巨细胞的大量增生。病犬的脾脏大小多属正常或中度肿大，有时可呈现脾周炎；有时在脾脏内找不到虫体或虫体很少，仅见到脾脏内的浆细胞增生。病犬骨髓内的虫体较多。在肝脏内，利士曼原虫多寄生于枯否氏细胞内，但常不如脾脏严重。病犬内脏器官中的虫体数量与皮肤感染变化的程度不一定成比例，有时皮肤内的虫体很多，而内脏的感染可能很轻，一般是脾和骨髓中的虫体多。胃肠道黏膜内，除有大量淋巴细胞和浆细胞外，还有较多含虫的网状内皮细胞。此外，在病犬的口腔、鼻、咽喉和声带的黏膜以及心、肺、肾、膀胱等器官内均可查到原虫。

人的内脏利士曼原虫病：杜氏利士曼原虫在巨噬细胞内大量繁殖，致使巨噬细胞破坏和增生，同时浆细胞也大量增生。其中破坏最为严重的是脾、肝、骨髓和淋巴结。潜伏期通常为3~5个月或更长。其临床症状为发热、贫血、消瘦、脾肿大、淋巴结肿大、鼻出血和齿出血等。

（五）诊断

利士曼原虫病的早期，一般均不显症状，而且病犬眼观健康状况良好。皮肤损害和精神萎靡仅见于本病的晚期。因此，本病的确诊均以检查到利士曼原虫为准。

（1）病原学检查。常用的方法有皮肤活体检查、培养法和动物接种。

（2）皮肤活体检查：检查部位可选择皮肤上的结节，用注射针头刺吸皮肤，挑取少许组织，或用手术刀取下一片薄皮肤，涂片用罗氏染液染色镜检，发现虫体即可确诊。本法阳性率低。

（3）培养法。用此法可提高检出率，病料接种于NNN培养基上。前鞭毛体的培养温度为20~22℃，培养3d即可发现原虫，一般7~8d观察结果，3~4周后仍无虫体出现即可视为阴性，此法需要严格的无菌操作。

（4）动物接种。常用的易感动物为地鼠、鼢鼠、黄鼠和亚洲花鼠等。接种部位一般在腹腔，接种后1~2个月即可获得结果。

（5）免疫学检查。包括检测循环抗体和检测循环抗原。

（6）检测循环抗体。可以采用ELISA、间接免疫荧光试验、间接血凝试验、对流免疫电泳试验、直接凝集试验和补体结合试验等。

（7）检测循环抗原。可以采用单克隆抗体-酶联免疫吸附试验（McAb-ELISA）斑点直接法和McAb-ELISA斑点间接法。

（8）PCR检测。可取病变组织（淋巴结、脾脏、肝脏、骨髓等）进行PCR检测。

野生动物利士曼原虫病的诊断与检疫可采用以上方法。

（六）治疗

针对内脏型利士曼原虫病，我国一般选用葡萄糖酸锑钠（Pentostan）治疗。我国自产商品名为斯锑黑克（Stibii hexonas），是治疗人内脏型利士曼原虫病的特效药。它具有毒性低、作用快、疗效好、疗程短、副作用小和使用方便等优点。我国推荐治疗方案为6d疗程法，总剂量按成人120~150mg/kg BW、儿童200~240mg/kg BW，均分6份，每天1次静注或肌注。对动物利士曼原虫病可试用葡萄糖酸锑钠。

对于皮肤型及黏膜型利士曼原虫病，局部伤口可采用巴龙霉素软膏涂擦或0.5~2.0mL锑剂局部注射等方法；针对全身性感染的治疗，多使用锑剂治疗。

（七）预防

利士曼原虫病是我国重要的自然疫原性人畜共患病，野生动物是其重要保虫宿主。对引自（或救自）在野生动物源型利士曼原虫病流行区的野生动物应进行严格的检疫和处理，杀灭和控制传播媒介。

白蛉滋生繁殖的场所广泛而分散，但传播利士曼原虫的白蛉成虫活动期较短，仅3～4个月且仅有1个世代繁殖；而且成蛉对各种杀虫剂十分敏感，放在成蛉活动季节，使用此药杀灭具有十分显著的效果。消灭和控制白蛉的方法有化学药物灭蛉、灯光诱杀白蛉和防蛉驱蛉。

化学药物灭蛉：常用杀虫剂为混灭威、马拉硫磷、澳氢菊醋等，对周围环境进行喷洒。

灯光诱杀白蛉：野生栖蛉种类具有明显的趋光，如在室内近光源处1m范围内悬挂黏性纸，可捕杀飞入的白蛉。

防蛉驱蛉：住宿点可利用纱窗、蚊帐、蚊香、驱蚊剂和驱赶白蛉对人和动物的侵扰。进入疫区林地的人群可涂搽驱避剂于皮肤或衣物，对于犬只可佩戴溴氰菊酯颈圈驱杀白蛉。

十一、隐孢子虫病（Cryptosporidiosis）

隐孢子虫病是一种全球性的人畜共患病，具有广泛的宿主范围，可发生于鸟类、哺乳类、鱼类、爬行类、两栖类以及人在内的240多种动物。此病可通过水源、食物、空气以及亲密接触等途径传播。隐孢子虫主要引起幼龄动物的消化道和呼吸道疾病，导致生产性能下降或死亡。Tyzzer于1929年首次在火鸡中发现隐孢子虫，于1976年发现隐孢子虫对人致病。

（一）病原

隐孢子虫（Cryptosporidium）是由顶复门孢子虫纲球虫亚纲真球虫目隐孢子虫属的多个虫种引起的一种人畜共患病，目前发现的隐孢子虫有40多种，其中在人体内检出最多的为人隐孢子虫（C. hominis）和微小隐孢子虫（C. parvum）。隐孢子虫成熟卵囊呈圆形或椭圆形，大小因种而异。

（二）生活史

隐孢子虫完成整个生活史仅需要一个宿主。生活史分为裂体增殖、配子生殖和孢子生殖。人和许多动物都是隐孢子虫的易感宿主。其成熟卵囊被宿主吞食后，在宿主体内发生无性繁殖和有性繁殖，形成宿主自身体内重复感染。孢子化的卵囊随宿主粪便排出体外，即具有感染性，整个生活史需要5～11d。

（三）流行病学

隐孢子虫病的传染源是感染了隐孢子虫的人和动物。不同种的隐孢子虫可寄生于不同动物。现已知有240多种动物可自然感染隐孢子虫，人感染最多的虫种有人隐孢子虫（C. hominis）和微小隐孢子虫（C. parvum），其中微小隐孢子虫（C. parvum）可感染多种家畜和野生动物，如牛、犬科和猫科动物、马属动物、乌龟、鸟类等。但研究者认为主要感染人的是牛源微小隐孢子虫，可以说牛是人感染微小隐孢子虫的保虫宿主。

隐孢子虫有多种多样的传播途径，除了接触传播、飞沫传播等常见传播途径外，隐孢子虫最主要的传播途径是经水和食物传播。美国密尔沃基曾在1993年爆发大规模的水传隐孢子虫病，带有隐孢子虫传染性卵囊的水进入水库，预计有超过40万人受到影响。医院的艾滋病、癌症等免疫力低下的患者，尤其是白血病和婴幼儿患者，易受到隐孢子虫感染，并且容易传播给他人。

人及多种动物对隐孢子虫均易感，已报道能感染隐孢子虫的动物有牛、马、羊、猪、犬、豚鼠、火鸡、大天鹅、乌龟等。禽类能感染7种有效隐孢子虫种和十几种基因型，大部分禽类都能被隐孢子虫感染，目前能感染微小隐孢子虫的野生禽类有加拿大鹅、大天鹅和疣鼻天鹅等。

隐孢子虫卵囊微小，在水中可以存活数月，并且随尘埃飞扬，卵囊对外界环境抵抗力强，能抵抗多种常规消毒剂。隐孢子虫感染一年四季均可发生，以温暖潮湿季节多见，由动物传播给人的病例多见于养殖业与畜牧业从业者、与动物密切接触的饲护员和兽医。

隐孢子虫病呈世界性分布，迄今至少已有74个国家报道过。各地感染率高低不一，一般发达国家或地区感染率低于发展中国家或地区。我国也在广东、河南、云南、新疆、江西、山东、江苏、安徽、深圳、上海、青海等地开展隐孢子虫感染调查，在野生动物中，野生禽类（加拿大鹅、大天鹅）、爬行类动物（蛇、龟）、野生哺乳动物（虎等）均有感染隐孢子虫的报道。

（四）临床症状

隐孢子虫对幼龄动物的危害较大，感染后会损害呼吸道及肠道等部位。临床症状严重程度常取决于宿主的免疫功能状况。免疫功能正常的宿主症状较轻或无症状感染，免疫功能异常如艾滋病患者会产生腹泻，严重者便中带血，随之消瘦、发育迟缓、体温偶有升高。禽类主要感染种类为*C. baileyi*，引起呼吸道症状。呼吸道隐孢子虫病产生的症状与感染部位有关，如眼、鼻有分泌物，鼻窦肿胀，咳嗽，喷嚏，呼吸困难和啰音，当深部的肺和气囊感染时可能出现死亡。大多数野生动物感染后无明显症状或无症状，但会排出大量具有感染力的卵囊，容易使隐孢子虫感染与宿主近距离接触的人和动物。

（五）病理变化

禽类感染隐孢子虫后小肠膨胀并有液体。盲肠膨胀内有泡沫、液体等内容物。组织病理学表现为绒毛变短、坏死，肠上皮细胞从绒毛顶端脱落，黏膜上皮的纹状缘出现许多微生物。盲肠扁桃体黏膜、法氏囊黏膜和泄殖孔也会出现微生物。法氏囊黏膜上皮细胞增生，伴有异嗜性粒细胞浸润。呼吸道隐孢子虫病导致结膜、鼻窦、鼻甲、气管、支气管、气囊等黏膜表面有灰色或白色的黏液样分泌物。火鸡会出现眶下窦明显扩张。感染的肺可能会出现灰色和实变。

（六）诊断

1. 病原学诊断

粪便（水样或糊状效果好）直接涂片染色，检出卵囊即可确诊。有时呕吐物和痰也可作为受检标本。染色有金胺–酚染色法、改良抗酸染色法和金胺酚–改良抗酸染色法。分子生物学检测则采用PCR和DNA探针技术检测隐孢子虫特异DNA片段，具有特异性强、敏感性高的特点。

2. 免疫学诊断

粪便标本的免疫诊断，适用于对轻度感染者的诊断和流行病学调查。血清标本的免疫诊断特异性、敏感性较高，可用于隐孢子虫病的辅助诊断和流行病学调查。

十二、巴贝斯虫病（Babesiosis）

巴贝斯虫病又称焦虫病、梨形虫病、蜱热或德克萨斯热，是由巴贝斯属（*Babesia*）的原虫寄生于人和动物红细胞内而引起的一种蜱传性的血液原虫病的总称。巴贝虫的宿主动物为哺乳动物，主要传播途径是经蜱虫叮咬传播，也可以输血传播和经胎盘传播。

（一）病原

巴贝斯虫是原生动物界顶复门无类锥体纲梨形虫目巴贝斯科巴贝斯属成员。根据虫体大小可分为大型虫体和小型虫体两类。大型虫长2.5～5.0μm，超过红细胞半径，小型虫体长1.0～2.5μm，小于红细胞半径。典型虫体为梨形，寄生于宿主红细胞内。环形、圆形、卵圆形、杆形、点状、阿米巴形等虫体亦常见，偶有伪足，细胞质较致密，有空泡。巴贝斯虫一般具有严格的宿主特异性，但也有例外，如分歧巴贝斯虫就属于多宿主的寄生虫，其可寄生于牛，又可寄生于人、鼠和羊。野生动物巴贝斯虫在自然状态下对野生动物的致病性的研究比较少，现有的数据表明，除少数1～2种外，大多数虫体对家畜不构成威胁。有报道称英国的篦子硬蜱传播的苏格兰红鹿巴贝斯虫能够传给绵羊，但对于绵羊的致病性不强。此外，寄生于其他野生动物的巴贝斯虫还有：野生啮齿类动物、野猫、浣熊、野狗、豺、红鹿和驯鹿。

（二）生活史

巴贝斯虫的发育包括在哺乳动物体内和在媒介蜱体内两个发育阶段。巴贝斯虫的子孢子通过蜱叮咬随唾液进入哺乳动物体内，侵入红细胞后，虫体通过出芽生殖和裂殖增殖，产生单梨子形、双梨子形、卵圆形、球形、不规则形等形态的虫体。红细胞破裂后，释放出来的裂殖子再侵入新的红细胞。重复分裂增殖。巴贝斯虫在蜱体内发育阶段：巴贝斯虫在蜱体内主要经历配子生殖和孢子生殖两个阶段。当巴贝斯虫感染的动物血液被蜱吸入肠管后，大部分虫体死亡，部分虫体发育成纺锤形的、具有一根短剑样顶突和几根鞭毛样凸起的虫体，称此为辐肋体或射线体，这种辐肋体被认为是配子。巴贝斯虫的两种辐肋体形态相似，但电子致密度不同，它们相互配对并融合，形成合子，随后，球形的合子转变为长形的、能运动的动合子。巴贝斯虫的动合子侵入肠上皮、血淋巴细胞、马氏管、肌纤维等各个器官组织内，反复进行无性分裂的孢子生殖，形成更多的动合子；动合子侵入卵母细胞后保持休眠状态，必须待子代蜱成熟和采食时，才开始出现与成蜱体内相似的孢子生殖过程；在子蜱叮咬吸血24h内，动合子进入蜱的唾液腺细胞转为多形态的孢子体，反复进行孢子生殖，形成了大量的、对哺乳动物宿主具有感染性的、形态不同于动合子的子孢子。

（三）流行病学

该病多见于牛、羊、马、驴、骡、犬等家畜和鹿、盘羊、野生鼠、浣熊、鼬等野生动物，偶尔也见人由于被蜱叮咬或输血导致感染的病例，所致疾病以高热、溶血性贫血、黄疸、血红蛋白尿及急性死亡为典型特征。牛属动物血液中发现的巴贝斯虫种类较多，有双芽巴贝斯虫、牛巴贝斯虫、大巴贝斯虫等。感染羊的巴贝斯虫主要有绵羊巴贝斯虫和莫氏巴贝斯虫。犬的巴贝斯虫有犬巴贝斯虫、韦氏巴贝斯虫和吉氏巴贝斯虫。野生动物巴贝斯虫在自然状态下对野生动物的致病性的研究比较少，现有的数据表明，大多数虫体对家畜不构成威胁，据报道英国由篦子硬蜱传播的苏格兰红鹿的红鹿巴贝斯虫（*Babesia odocoileus*）能够传给绵羊，但对绵羊的致病性不强。在美国发现的寄生于白尾鹿的鹿巴贝斯虫（*Babesia cervi*）对健康鹿的致病性不强，但能引起鹿的高虫血症或死亡。此外，寄生于其他野生动物的巴贝斯虫还有：野生啮齿类动物、野猫、浣熊、野狗、豺、红鹿和驯鹿。

（四）临床症状

自由生活的野生动物尽管感染巴贝斯虫较为普遍，但出现临床症状的概率远比家畜要小，这可能与野生动物体内一定程度的免疫力有关。与家畜相似，野生动物罹患巴贝斯虫病的主要临床表现是溶血性贫血，且有时几乎是唯一可见的临床症状。随动物宿主及其所感染巴贝斯虫种的不同，动物可能表现有严重的血红蛋白血症和血红蛋白尿症、发热、并伴有红细胞的大量、迅速破坏。

（五）病理变化

随动物宿主及其所感染巴贝斯虫种的不同，动物可能表现有严重的血红蛋白血症和血红蛋白尿症、发热、并伴有红细胞的大量、迅速破坏。动物可持续发热，体温40℃以上，伴有黄疸，可视黏膜黄染。剖检可见血液稀薄、皮下及肌肉组织黄染、心内膜和心外膜下出血。由于受感染的红细胞变形，可能阻塞脊髓的毛细血管而引起共济失调等神经症状。少量感染时，动物仅表现发热、厌食、可视黏膜轻度黄染等非特异性表现。

（六）诊断

在临床上可根据临床症状、病理剖检、流行病学分析（当地是否发生过本病、发病季节、有无巴贝斯虫病传播媒介及病牛体表有无巴贝斯虫的媒介蜱寄生等）和病原学检查进行综合判断，一般如果检测到病原就可以确诊。现有的诊断方法主要包括病原学检测、血清学诊断和分子生物学诊断方法。

十三、蜱传疾病（Tick-borne diseases）

蜱类是全世界分布的节肢动物，尤其是温带和热带地区，蜱类分布广、种类多。由蜱虫寄生引起的疾病称为蜱传疾病（Tick-borne diseases），对动物危害性最大的为硬蜱科，其次为软蜱科。硬蜱科与野生动物关系密切的有7个属，即硬蜱属、璃眼蜱属、血蜱属、扇头蜱属、革蜱属、牛蜱属和花蜱属。硬蜱可寄生于哺乳动物、鸟类、爬行动物及两栖动物等，并可偶然寄生于人。雌雄蜱均吸血，它们一般定居在皮薄、毛少而不受搔动的部位。在适当的部位，以螯肢刺破皮肤，并固着在皮肤上。

（一）病原

蜱属于蜱螨目、蜱亚目、蜱总科。蜱总科分为3个科，即硬蜱科、软蜱科和纳蜱科。

外部形态呈红褐色或灰褐色，饥饿时呈前窄后宽，背腹扁平的长卵圆形，芝麻到大米粒大小（2～13mm），吸食饱血后呈椭圆形或圆形，可增大几倍至几十倍。外部器官分为假头和躯体。假头位于肢体前端，由假头基和口器组成，口器由1对须肢、1对螯肢和1个口下板组成。躯体背面有一块盾板，雄虫的盾板几乎覆盖整个背面，雌虫、若虫和幼虫的盾板呈圆形、卵圆形、心脏形、三角形或其他形状，仅覆盖背面的前方。盾板前缘两侧具有肩突。腹面有气门板1对，位于第4对足基节的后外侧，是分类的重要依据。其成虫和若虫有足4对，幼虫3对。足由6节组成，由体侧向外依次为基节、转节、股节、胫节、后跗节和跗节。外距的有无和大小是重要的分类依据。蜱的发育经过卵、幼虫、若虫和成虫4个阶段。前3期是要在人、畜等身上吸血。这几期的转变均需蜕化。幼虫和若虫常寄生在小野兽和禽类的体表，成虫寄生于大动物身上。

（二）生活史

大多数硬蜱在动物体上交配，雄蜱爬到雌蜱体上腹面相对，雄蜱将口器深入雌蜱的生殖孔内出入数次或经数小时后抽回，雄蜱向前移动，使生殖孔与雌蜱的相对，射出精球于雌蜱生殖孔上，后以口器将精球推入雌蜱生殖孔内。精子游出后顺阴道入内使卵受精。

交配后雌蜱离开宿主，在土块下静伏，经4~9d开始产卵。硬蜱一生产卵1次，饱血后在4~40d内全部产出，可产数百至数千个，因种而异。卵小，呈卵圆形，黄褐色；经2~3周或1个月以上，出幼虫。经2~7d吸饱血后落地，经蜕化变为若虫，再侵袭动物，经3~9d饱血后落地，蛰伏数十天蜕皮为成虫。根据发育过程中吸血、蜕皮、所需宿主数及其所处的部位分为一宿主蜱、二宿主蜱、三宿主蜱3种类型：

1. 一宿主蜱

幼虫、若虫、成虫在同一宿主体上完成2次蜕皮及3个吸血活跃期，只成虫饱血后才落地离开宿主，如微小牛蜱等。

2. 二宿主蜱

发育在2个宿主体完成，即幼虫寻得宿主，吸血、蜕皮变为若虫；若虫饱血后落地，蜕皮变为成虫，成虫再爬到同种或不同种的另一宿主体吸血、交配后落地产卵，如残缘璃眼蜱等。

3. 三宿主蜱

2次蜕皮均在地面上完成，而幼虫、若虫、成蜱3个吸血活跃期发育阶段需依次更换3个宿主。幼虫多侵袭啮齿类动物，若虫多侵袭野生哺乳类或小型兽类，成虫侵袭家畜，如全沟硬蜱、草原草蜱、长角血蜱、血红扇头蜱等。

蜱类在各发育阶段不仅对温度、湿度等气候变化有不同程度的适应能力，而且有强的耐饥能力。蜱类还存在滞育现象，是对不良环境的一种适应。表现为饿蜱不活动，抑制其寻找宿主，饱食过程延迟，饱食雌蜱产卵延迟，饱食幼蜱和若蜱变态延迟及卵期胚胎发育的延迟。

（三）流行病学

硬蜱多生活在森林、灌木丛、开阔的牧场、草原、山地的泥土中等。而不同蜱种的分布又与气候、土壤、植被和宿主有关，如全沟蜱多见于高纬度针阔混交林带，而草原革蜱则生活在半荒漠草原，微小牛蜱分布于农耕地区。在同一地带的不同蜱种，其适应的环境有所不同，如黑龙江林区的蜱类，全沟蜱多于针阔混交林带，而嗜群血蜱则多见于林区的草甸。蜱的活动范围不大，一般为数十米。宿主的活动，特别是候鸟的季节迁移，对蜱类的散播起着重要作用。

蜱的幼虫、若虫、雌雄成虫都吸血。宿主包括陆生哺乳类、鸟类、爬行类和两栖类，有些种类侵袭人体。多数蜱种的宿主很广泛，例如，全沟硬蜱的宿主包括哺乳类200种，鸟类120种和少数爬行类，并可侵袭人体。这在流行病学上有重要意义。硬蜱多在白天侵袭宿主，吸血时间较长，一般需要数天。蜱的吸血量很大，各发育期饱血后可胀大几倍至几十倍，雌硬蜱甚至可达100多倍。

蜱类的活动有明显的季节性。在温暖地区，多数种类的蜱在春、夏、秋季活动，如全沟硬蜱成虫活动期在4—8月，高峰在5—6月初，幼虫和若虫的活动季节较长，从早春4月持续至9—10月，一般有2个高峰，主峰常在6—7月，次峰在8—9月。在炎热地区有些种类在秋、冬、春季活动，如残缘璃眼蜱。蜱多数在栖息场所越冬，硬蜱可在动物的洞穴、土块、枯枝落叶层中或宿主体上越冬。越冬虫期因种类而异。有的各虫期均可越冬，如硬蜱属中的多数种类；有的以成虫越冬，如革蜱属中的所有种类；有的以若虫和成虫越冬，如血蜱属；有的以若虫越冬，如残缘璃眼蜱；有的以幼虫越冬，如微小牛蜱。

（四）临床症状

吸食宿主的大量血液，大量寄生时可引起贫血、消瘦、发育不良，皮毛质量降低及产乳量下降等。

（五）病理变化

由于蜱虫的叮刺可使宿主皮肤产生水肿、出血、胶原纤维溶解和中性粒细胞浸润的急性反应，在恢复期巨噬细胞、成纤维细胞逐渐代替中性粒细胞。对蜱有免疫性的宿主，其真皮处具有明显的嗜碱性细胞的浸润。蜱的唾液腺能分泌毒素，可使家畜产生厌食、体重减轻和代谢障碍，但症状一般较轻。某些种的雌蜱唾液腺可分泌一种神经毒素，它抑制肌神经接头处乙酰胆碱的释放活动，造成运动性纤维的传导障碍，引起急性上行性的肌萎缩性麻痹，称为"蜱瘫痪"。

（六）诊断

在动物体表发现蜱虫及叮咬痕迹即可确诊。

（七）蜱传疾病

蜱不仅自身具有一定的致病作用，还携带并传播许多病原体，如细菌、病毒、立克次体、螺旋体和寄生虫等，引起森林脑炎、发热伴血小板减少综合征、克里米亚-刚果出血热、莱姆病、Q热等蜱传疾病。

1. 森林脑炎

又称蜱传脑炎（TBE），是由携带森林脑炎病毒（TBEV）的蜱虫叮咬引起的一种中枢神经病变急性传染病。森林脑炎病毒属于披膜病毒科黄病毒属，主要分为3个亚型：欧洲型（TBEV-Eu）、西伯利亚型（TBEV-Sib）、远东型（TBEV-FE），我国森林脑炎病毒以远东型为主，西伯利亚型仅在新疆地区有报道，病例主要集中在内蒙古自治区东北部、黑龙江省和吉林省等森林高覆盖率地区。森林脑炎病毒主要通过蜱叮咬人感染，人接触感染动物的血液也可以感染，北方地区主要传播蜱种为全沟硬蜱等，南方地区则是卵形硬蜱，每年发病高峰为5—7月，林业工人等职业人群为高发人群，通常进入林区作业人员需要接种疫苗预防蜱虫叮咬感染森林脑炎。临床表现可从无症状感染或轻度发热性症状发展到致命性脑炎，蜱传脑炎通常表现为流感症状，如发热、头痛、恶心、共济失调、震颤、麻痹、疲劳等，在某些情况下出现呕吐，甚至死亡。

2. 发热伴血小板减少综合征

发热伴血小板减少综合征（SFTS）是由新布尼亚病毒（SFTSV）引起的一种新发蜱传自然疫源性疾病。属于布尼亚病毒科白蛉病毒属。新布尼亚病毒主要通过蜱虫叮咬传播，媒介蜱种为长角血蜱、微小扇头蜱等，此外急性期患者及尸体的血液和血性分泌物等也具有传染性，可通过直接接触感染，发热伴血小板减少综合征主要分布于我国河南、湖北、安徽、山东、江苏、辽宁等省份山地丘陵地区，该病发病时间分布与蜱虫的活跃季节高度吻合，多发于4—10月，高峰期为5—7月；人群普遍易感，发病人群以田间劳动和野外活动较多的中老年为主。主要临床表现为急性发热、血小板和白细胞减少，同时伴有消化道症状和神经症状等，严重者会因多脏器功能衰竭而死亡。

3. 克里米亚-刚果出血热

克里米亚-刚果出血热（CCHF），在我国亦称作新疆出血热（XHF），是一种由克里米亚-刚果出血热病毒（CCHFV）引起的烈性传染病。病原体克里米亚-刚果出血热病毒属于布尼亚病毒科内罗病毒属。该病最早于1944年发现于克里米亚半岛，1965年在我国新疆南部巴楚地区首次发现该病，目前该病主要分布在新疆地区，青海、云南等省份也有病例报道；蜱既是克里米亚-刚果出血热病毒的传播媒介也是其储存宿主，我国的克里米亚-刚果出血热病毒传播媒介多为硬蜱，其中最主要的是璃眼蜱属，如亚洲璃眼蜱（*Hyalomma asiaticum*）、小亚璃眼蜱（*Hyalomma anatolicum*）等；人主要通过蜱的叮咬或密切接触感染动物感染CCHF，此外患者的排泄物、分泌物也可作为传染源；该病具有明显的季节性和地方性，发病高峰为每年4—5月，在自然疫源地区域的野外活动者为该病高暴露人群。该病以发热、出血为典型特征，致死因素包括脑出血、重度贫血、重度脱水和休克，患者可死于多器官衰竭。

4. 莱姆病

莱姆病（Lyme disease）是一种由不同基因型的伯氏疏螺旋体（*Borrelia burgdorferi*）引起的蜱传自然疫源性疾病。病原体伯氏疏螺旋体隶属螺旋体纲螺旋体目螺旋体科。我国于1985年首次在黑龙江省海林县林区发现该病，目前在全国25个省、自治区、直辖市已发现有该病报告，莱姆病发病高峰出现在每年6—8月，主要媒介为硬蜱属、血蜱属和革蜱属共计40余种，其中我国北方地区主要传播蜱种为全沟硬蜱、硬蜱等，南方地区为二棘血蜱（*Haemaphysalis bispinosa*）等。主要临床症状以神经系统损害为主，常见脑膜炎、脑炎和感觉神经炎等。

5. Q热

Q热是由伯氏柯克斯体（*Coxiella burnetii*）引起的全球分布最广泛的人畜共患病。伯氏柯克斯体为革兰氏阴性，归柯克斯体属，专性寄生于活细胞内，多呈短杆状或球杆状。1950年我国报道了首例Q热病例，至今大部分地区都曾有病例发生，Q热多发生在丘陵、山地和农牧地区，因为这些地区更接近森林边缘，是Q热重要传播媒介蜱虫的主要分布区域，包括青海、四川、新疆、内蒙古等；Q热宿主种类多样，包含啮齿动物、鸟类、蜱、反刍动物和人等，其中牛、羊、马、犬等为主要传染源，蜱虫被认为是Q热最重要的传播媒介；与动物密切接触的饲养人员、屠宰人员、基层兽医等有很高的感染风险。人类急性Q热通常通过吸入感染动物产生的气溶胶而传染，并可能发展为慢性疾病，并发心内膜炎、慢性肝炎或骨髓炎，其症状与流感类似，没有明显的特异性临床表现，故经常被误诊。

十四、疥螨病（Scabies）

疥螨属于真螨目疥螨科，是一种在人类和其他哺乳动物皮肤表皮中生存和繁殖的终生寄生虫，严重时可以导致宿主死亡，对野生动物生存造成了一定的影响。疥螨病是一种世界性传染性寄生虫病，可以感染超过100种的家养（猪、牛、羊等）和野生动物（中华鬣羚、斑羚等），造成严重的全球性公共卫生问题和经济问题。

（一）病原

本病的病原为疥螨虫，其虫体较小，成虫体形呈圆形、浅黄白色，长0.2～0.5mm，肉眼几乎无法看见，体表有大量小刺，成虫前端口器短而钝，呈蹄铁形，虫体背部略隆起，腹部较平，腹部前部和后部各有2对粗且短的足，而且后2对足末端不突出于体后缘外，第三和第四对足上的后支条，在雄虫是互相连接的。而雌虫的第一和第二对足及雄虫的第一和第二及第四对足的末端具有不分节的附着吸盘，无吸盘足的末端长有长刚毛，而幼虫有3对足，2对在前，1对在后，虫卵则为偏椭圆形，呈无色透明状。

（二）生活史

疥螨为不完全变态发育的节肢动物，其发育可以分为4个阶段，分别是卵、幼虫、若虫和成虫。疥螨在皮肤内不断挖隧道，雌雄疥螨在进行交配后，雄虫在交配后死亡，雌虫的寿命为4～5周，雌虫继续在表皮挖隧道，并在隧道中产卵，雌虫产卵每次可以产出50个左右。虫卵在皮肤内经过1周的时间可以孵化变为幼虫，在隧道中每隔一段距离均有小孔与外界相通，以通空气和为幼虫出入，而后幼虫在经过2次蜕皮后会转变为成虫，整个虫卵发育到成虫的阶段大概需要12d，变动范围为8～25d，发育的速度和外界环境有关。

（三）流行病学

本病一年四季均可发生，但主要发生在寒冷的冬春季，主要是因为冬季及早春季节光照较短，气温低，皮肤也较湿润，有利于疥螨虫的繁殖生长。在天气温暖的季节皮肤受到光照时间较长，变得干燥，不利于疥螨虫的寄生，疥螨在土壤、墙壁和用具上的生存时间不超过3周。疥螨病是由健康动物与患病动物直接或间接接触而受感染的。有的宿主在感染疥螨后1年至几年内，均不出现任何症状，为带螨现象，是感染源所在；发病宿主也是一种感染源；除此之外。非易感的宿主可能存在有螨的短期停留。通常情况下，幼畜更容易患疥螨病，发病率和死亡率均较高。野生动物中的疥螨病呈世界性分布，在欧洲、亚洲、非洲、美洲和澳洲等地的野生动物中均有相关病例的报道。目前已知的报道中疥螨病对野生动物的致死率为60%～90%不等，可以引起赤狐、伊比利亚野山羊、臆羚、袋熊等野生动物种群数量急剧下降。目前世界范围内野生动物疥螨流行的区域主要在欧洲阿尔卑斯山区、中东以色列和巴勒斯坦、南亚巴基斯坦以及澳大利亚，集中在臆羚、岩羊和袋熊等动物中。在中国，吴桥兴等在秦岭斑羚结痂皮肤部位检测出疥螨，其深入地对过去10多年秦岭地区斑羚死亡事件进行调查和梳理，认为过去10多年中斑羚大量死亡的原因也是由于疥螨感染导致，并且在整个秦岭地区不断蔓延扩散；目前根据各保护区的巡护监测结果，野生斑羚种群数量已经急剧下降。更为重要的是疥螨病的感染不只是在斑羚种群中，往年的观察记录中羚牛、鬣羚等动物也出现类似情况。

（四）临床症状

病初，病变部位发红，接着出现小丘疹，病变部位出现淡黄色的皮屑；然后病变部位皮肤开始出现增厚的现象，尤其是面部、颈部和胸部的皮肤出现褶皱；随后病变部位的被毛开始出现脱落表面出现黄色痂皮，当痂皮掉落时皮肤呈鲜红色且湿润，伴有出血。由于螨虫分泌致敏感物质，所以引起病变部位产生剧烈的痒感，随着温度的升高或运动过后痒感会增强；这样会使患病动物啃咬、搔抓和摩擦病变部位，从而使宿主烦躁不安，疥螨夜间大肆活动，常常造成失眠而影响健康。渐渐地开始消瘦，严重时可导致动物的死亡。

（五）病理变化

疥螨寄生的部位在宿主内皮，啃咬、蠕动、咀嚼和戳破皮肤，使患病部位出现奇痒、皮屑、渗出、脱毛和皮肤增厚等现象，患病动物会出现抓挠、摩擦、啃咬患病皮肤的现象因而造成损伤皮肤的结果。疥螨致病作用是由于螨虫挖掘隧道引起皮肤的损伤所致，而其分泌物、代谢物及死虫体又引起的过敏反应，使宿主发生奇痒。在引起皮肤损伤的初期，仅限于隧道入口发生针头大小，微红小疱疹，但经受感染动物搔破，可引起血痂与继发感染，产生脓泡和毛囊炎或疖病，严重时可出现局部淋巴结炎，甚至出现蛋白尿或急性肾炎的症状。

（六）诊断

根据临床症状可作初步的诊断。镜检皮肤结节或脓包内容物发现虫体确诊。主要诊断方法有：

1. 刮片法

用手术刀片在动物患病部位皮肤与正常皮肤交界处刮取皮屑直至出血，放置于干净的载玻片上，滴加50%甘油混匀，盖上盖玻片。放置于低倍镜下镜检，可发现活的螨虫。

2. 虫体浓集法

将刮取的皮屑加入10mL试管，加入10%氢氧化钠溶液，在酒精灯上加热数分钟后，使皮屑溶解，虫体释放。等其沉淀，虫体沉于试管底部，弃去上层液体，吸取沉渣，镜检。或向沉淀中加入60%硫代硫酸钠溶液，虫体上浮，再取表面溶液镜检。显微镜下疥螨呈圆形，微黄白色，背面隆起，腹面扁平。

雌疥螨大小为（0.33～0.45）mm×（0.25～0.35）mm，雄疥螨大小为（0.2～0.23）mm×（0.14～0.19）mm左右。腹面有4对粗而短的足，雄疥螨第一、二、四对足和雌疥螨第一、二对足的尖端有带柄的吸盘，虫体不分节。

十五、痒螨病（Psoroptic Acariasis）

痒螨属于真螨目痒螨科，是一种永久性体外寄生虫，可寄生于多种哺乳动物体上，其中以寄生于绵羊、牛、马、兔体上的痒螨最常见，次为水牛和山羊等各类家畜。此外尚可寄生于麋鹿、猴、猩猩、熊猫、贫齿类和有袋类野生动物体上。痒螨病（Psoroptic acariasis）是痒螨寄生于动物体表或表皮导致皮肤剧烈瘙痒、渗出性皮炎、脱毛，进而患部外延至周围，并造成病畜精神萎靡、消瘦，甚至全身衰竭死亡的体外寄生虫病。

（一）病原

痒螨病是传染性较强的皮肤疾病，是慢性疾病的一种。痒螨多寄生在动物毛发浓密部分的皮肤中。痒螨是大型虫，身体为0.5～0.8mm，通过肉眼能对其进行清晰地分辨。痒螨身体呈现圆锥形，肢体较为发达，在其尾端有吸盘。痒螨身体较为坚硬，对环境的抵抗能力较强，寄宿在动物身体上，能以其口器对动物的皮肤刺穿，并以渗出液以及淋巴液为食，并在动物皮肤中生长繁殖。一般情况下，痒螨虫的繁殖能力较强，每次产卵数量为100个，卵具有较强的粘性，能粘附在动物的皮肤表面

（二）生活史

痒螨为不完全变态发育，寿命约为42d。经过卵、幼虫、若虫、成虫4个时期，需要10～12d。寄生于动物皮肤的雌螨采食1～2d产卵，经过约3d卵孵化为幼螨。幼螨采食24～36h后，进入静止期，蜕皮发育为第一若螨，再采食24h后，进入新的静止期，蜕皮发育为第二若螨。第二雌若螨后部的一对瘤状突起和雄螨躯体后部的肛吸盘相接，雄螨吸住第二雌若螨的过程需要48h。第二雌若螨蜕皮后发育为雌螨，交配产卵开始新一轮生活史。

（三）流行病学

痒螨病多发于寒冷的冬季和初春季节，因为这些季节日光照射不足，加上厩舍潮湿、

动物体卫生状况不良及皮肤表面湿度较高的条件，最适合痒螨的发育繁殖。夏季，动物皮肤表面受阳光照射多，皮温增高，经常保持干燥状态，这些条件都不利于螨的生存和繁殖，大部分虫体死亡，但有少数螨潜伏在耳壳、蹄踵、腹股沟部以及被毛深处，这种带虫家畜没有明显症状，但到了秋季，随着季节改变，痒螨又重新活跃起来，不但容易引起疾病的复发，而且成为最危险的传染源。同时被螨及其卵污染的植被，用具及饲养人员或兽医人员的衣服和手也是重要的传播途径。

（四）临床症状

痒螨病是各类野生动物和饲养动物皮肤表面的主要寄生虫病。痒螨病的剧痒贯穿于整个病程，引起动物脱毛、结痂及消瘦等临床症状，感染严重者甚至死亡。其中，动物的痒螨病多发生于密毛的部位，患病动物由于发痒终日啃咬、摩擦和烦躁不安，影响正常的休息，导致消化吸收机能下降，引起体重减轻、全身性严重脱毛、形成经久不愈的慢性皮炎，感染严重的动物会导致缺水、肺炎或细菌败血症，最终死亡。

（五）病理变化

由于对宿主的皮肤组织和神经末梢的机械性刺激，引起病畜剧烈瘙痒，由于病畜啃咬、摩擦发痒皮肤，造成皮肤创伤和炎症反应皮肤表面形成结节、水疱、脓疱和大量皮屑，皮肤脱毛。皮肤首先出现红色针头大至粟粒大结节，以后结节形成水疱和脓疱。患部渗出液增多，皮肤表面湿润，羊毛呈束下垂并易脱落。皮肤肥厚变硬，被覆浅黄色脂肪样痂皮，或出现皮肤龟裂。镜检可见皮肤表皮各层固有结构破坏，皮肤乳头层充血、水肿，淋巴细胞和中性粒细胞呈灶状积聚，表皮角化过程加剧，既有表皮棘细胞层和角化层过度增生表现，又有细胞坏死崩解形成大量细胞碎屑，并有浆液渗出和炎性细胞浸润，皮脂腺和毛囊结构也遭破坏。有时在皮肤表层切片中可发现虫体的存在。

（六）诊断

根据动物发病的时间以及症状，能对动物的症状进行较为准确的诊断。该疾病多发生于秋末冬初，会产生较为剧烈的瘙痒并产生感染症状。如果想进一步对该疾病进行诊断，则应刮取动物的皮肤表面组织，寻找病原。实验室诊断方式是使用经过火焰消毒后的小刀，在上面涂抹50%的甘油水溶液或者煤油，刮取患病皮肤以及健康皮肤的交界处皮屑，直至患病动物的皮肤产生轻微出血为止。将刮取的皮屑放在10%的氢氧化钾中溶液中进行煮沸，当大部分的皮屑完全溶解后，取其沉淀物，沉渣镜检虫体。如没有该检验条件，则能将刮取物放在平皿中，将平皿放在热水或阳光中进行加热，之后将平皿放在黑色的背景下，使用放大镜仔细观察平皿中的情况，如果发现有痒螨虫在皮屑中爬行，则能确定其发生该疾病。

（侯志军 田丽红 张晓田 梁宏蕊）

JISHUPIAN

第四篇
技术篇

第十一章

安全防护技术

安全是开展野生动物疫源疫病监测及相关疫病研究工作的重要前提，特别是在突发事件（疫情）处置过程中，按要求进行个人防护是保证人身安全和避免疫情扩散的必要措施。同时，开展野生动物疫病检测的相关实验室也应该按照国家有关规定做好安全防护措施，避免由于操作不当导致疫情的发生和扩散。

第一节　人员安全

一、接触染病动物人员防护要求（包括饲养、采样以及捕杀人员）

1. 采样前准备

（1）采样前应熟悉采样环境和气候条件，对可能存在的意外情况设计预案。

（2）采样前应对环境中具有危险性的野生动物有所了解，应配备防止动物侵犯的防护工具，并采取相应保护措施。

（3）如染病野生动物尚未死亡，应根据野生动物种类预先确定合适的保定措施。

2. 防护

采样人员应穿戴合适的防护衣物。

3. 工作人员健康监测

（1）相关人员应接受血清学监测。

（2）所有接触怀疑高致病性病原微生物感染动物的人员及其密切接触人群均应接受卫生部门监测。

（3）免疫功能低下、60岁以上以及有慢性心脏病和肺脏疾病的人员要避免从事与野生动物疫病监测相关的工作。

二、赴疫区调查采访采样人员防护要求

（1）要戴口罩，口罩不得交叉使用，用过的口罩不得随意丢弃。

（2）必须穿防护服。

（3）进入污染区必须穿胶靴，用后要清洗消毒。

（4）脱掉个人防护装备后要洗手或擦手。

（5）若有可能，在出入有染病动物污染的场所后，应当洗浴。

（6）废弃物要装入塑料袋内，置于指定地点。

三、防护用品的要求及穿脱顺序

（一）防护用品

（1）防护服。一次性使用的防护服应符合《医用一次性防护服技术要求》（GB19082）。

（2）防护口罩。应符合《医用防护口罩技术要求》（GB19083）。

（3）防护眼镜。视野宽阔，透亮度好，有较好的防溅性能，弹力带佩戴。

（4）手套。医用一次性乳胶手套或橡胶手套。

（5）鞋套。为防水、防污染鞋套。

（6）长筒胶鞋。

（7）医用工作服。

（8）医用工作帽。

（二）防护用品的穿脱顺序

1. 穿戴防护用品顺序

（1）戴口罩，一只手托着口罩，扣于面部适当的部位，另一只手将口罩佩戴在合适的部位，压紧鼻夹，紧贴于鼻梁处。在此过程中，双手不接触面部任何部位。

（2）戴帽子，戴帽子时注意双手不接触面部。

（3）穿防护服。

（4）戴上防护眼镜，注意双手不接触面部。

（5）穿上鞋套或胶鞋。

（6）戴上手套，将手套套在防护服袖口外面。

2. 脱掉防护用品顺序

（1）摘下防护眼镜，放入消毒液中消毒。

（2）脱掉防护服，将反面朝外，放入医疗废物袋中。

（3）摘掉手套，一次性手套应将反面朝外，放入医疗废物袋中，橡胶手套放入消毒液中消毒。

（4）将手指反掏进帽子，将帽子轻轻摘下，反面朝外，放入医疗废物袋中。

（5）脱下鞋套或胶鞋，将鞋套反面朝外，放入医疗废物袋中，将胶鞋放入消毒液中消毒。

（6）摘口罩，一手按住口罩，另一只手将口罩带摘下，放入医疗废物袋中，注意双手不接触面部。

四、对手清洗和消毒的要求和方法

1. 对洗手的要求

（1）接触染病动物前后。

（2）接触血液、体液、排泄物、分泌物和被污染的物品后。

（3）穿戴防护用品前、脱掉防护用品后。

2. 对手消毒的要求

（1）接触每例染病动物后。

（2）接触血液、体液、排泄物、分泌物和被污染的物品后。

（3）脱掉防护用品后。

3. 标准洗手方法

标准洗手方法见图11-1。

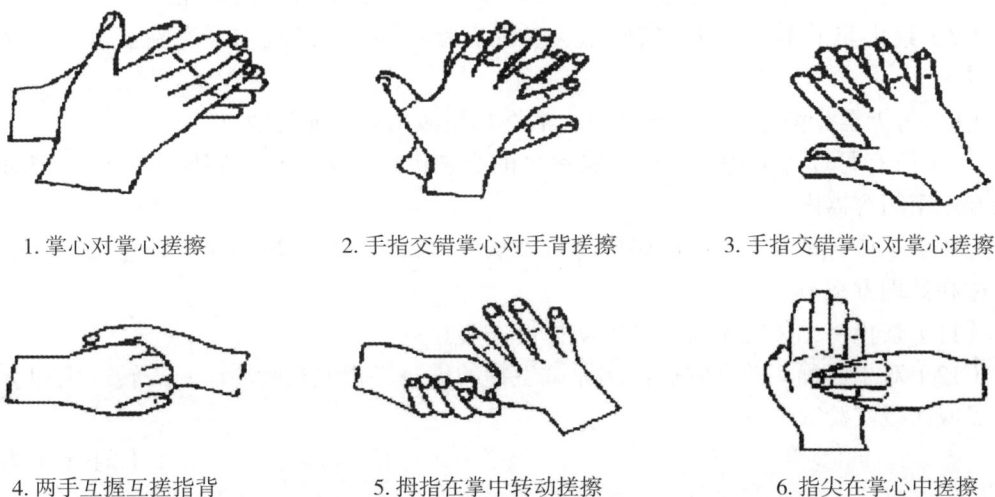

1. 掌心对掌心搓擦   2. 手指交错掌心对手背搓擦   3. 手指交错掌心对掌心搓擦

4. 两手互握互搓指背   5. 拇指在掌中转动搓擦   6. 指尖在掌心中搓擦

图11-1　标准洗手方法

4. 手消毒的方法

手消毒可用0.3%～0.5%碘伏消毒液或快速手消毒剂（异丙醇类、洗必泰-醇、新洁尔灭-醇、75%酒精等消毒剂）揉搓作用1～3min。

第二节　实验室安全

有条件开展相关工作的实验室应满足中华人民共和国国家标准《实验室生物安全通用要求》（GB19489）的各项条件。

（1）实验室设计和建造应满足《微生物和生物医学实验室生物安全通用准则》（WS233）规定的生物安全防护二级实验室的基本要求，包括：

①应设置实施各种消毒方法的设施，如高压灭菌锅、化学消毒装置等对废弃物进行处理。

②应设置洗眼装置。

③实验室门宜带锁、可自动关闭。

④实验室出口应有发光指示标志。

⑤实验室宜有不少于每小时3～4次的通风换气次数。

（2）参与野生动物病原分离的实验室，其入口处须贴上生物危险标志，内部显著位置须贴上有关的生物危险信息、负责人姓名和电话号码。

（3）工作人员在实验时应穿工作服或防护服，戴防护眼镜，手上有皮肤破损时应戴手套。

（4）离开实验室时，工作服或防护服必须脱下并留在实验室内。不得穿着外出，更不能携带回家。用过的工作服或防护服应先在实验室中消毒，然后统一洗涤或丢弃。

（5）处理可能含有病原微生物的样品时，应在二级生物安全柜中或其他物理抑制设备中进行，并使用个体防护设备。

（6）当手可能接触感染材料、污染的表面或设备时应戴手套。不得戴着手套离开实验室。工作完全结束后方可除去手套。一次性手套不得清洗和再次使用。

（7）禁止非工作人员进入实验室。参观实验室等特殊情况须经实验室负责人批准后方可进入。

（8）每天至少消毒一次工作台面，活性物质溅出后要随时消毒。

（9）所有可疑污染物在运出实验室之前必须进行灭菌，运出实验室的灭菌物品必须放在专用密闭容器内。

（10）工作人员暴露于已明确的感染性病原时，及时向实验室负责人汇报，并记录事故经过和处理方案。

（11）禁止将无关的宠物或野生动物带入实验室。

（12）对于已确认的高致病性病原微生物的进一步相关实验活动，需转入生物安全防护三级或四级实验室中进行。

（刘衍　于明远）

第十二章

鸟类环志技术

第一节　环志鸟的捕捉、保存和运送

一、粘网

粘网（又称雾网或张网）是目前世界各国最为普遍接受和使用的环志捕鸟工具（图12-1）。我国目前使用的多为选用腈纶纱、手工双结编制的网片。合成纤维网的优点是线径细小，网的可见度低，并且不怕潮湿。可针对各种鸟类的生态学特性，改进和制作捕捉各种鸟类的网具。具体可参见粘网编号及适用鸟种（表12-1）。

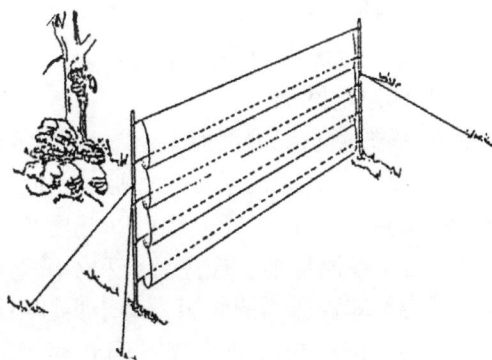

图12-1　使用中的粘网

表12-1　粘网编号及适用鸟种

编号	适用鸟种	网目尺寸（cm）	网片尺寸（长、宽目数）	兜数	颜色
1	啄花鸟科各属种、太阳鸟科各属种、攀雀科、旋木雀科、绣眼鸟科各属种、莺亚科、鹎科各属种	1.2×1.2	1500×250	5	黑色、草绿色
2	鹟科、鸫鹟科、岩鹨科、山雀科、文鸟科、雀科、翠鸟科、鹡鸰科、河乌科	1.8×1.8	（600～700）×150	5	黑色、草绿色
3	百灵科、鸫科、戴胜科、画眉科、鹨形目	2.5×2.5	（700～800）×100	3～4	黑色、草绿色
4	鸠鸽科、沙鸡科、鹑属	3.5×3.5	（700～800）×120	3	黑色
5	鸡形目（鹑属除外）、雁形目（天鹅除外）	（6.5～8）×（6.5～8）	（600～700）×90	2～3	黑色、天蓝、草绿色
6	其他大型鸟类	（12～16）×（12～16）	—		

（一）粘网的使用

除了选择适当的网目和网的颜色之外，在野外架网时还应该注意以下几点：

（1）地形、地势的选择。架网前，要观察好鸟类经常活动或来回飞翔的地点和途径，如水边、农作物和树林，灌丛的中间地带等。

（2）架网时间的选择。考虑到捕鸟效率，除了选择有利的地形外，还应考虑架网的时间，一般在清晨和傍晚鸟类活动高峰期内上网率较高。

（3）网面的朝向。在有风的天气里，应考虑网面的朝向问题。一般来说应迎风架网，使网面正对着风的来向。否则粘网会被风吹向一端，使鸟在触网时，失去了网的柔软性，使网不能成兜，降低了捕获率。如果风力超过四级，绝对不能使用粘网。

（4）架设粘网的数量。环志员要确保自己不致因架网过量，而没有时间处理所捕到的鸟。在一个新的地点架网捕鸟时，应先少量架网试验，待熟悉情况后再决定架网数量的增减。一次架设的鸟网之间如果相距较远，应考虑到来回巡视的时间。距离较远，架网数量要减少。因此，架网数量应考虑捕获数量、巡视时间、环志所需时间等诸多因素，切不可让鸟被捕获后长时间羁留在网内。

（二）特殊情况下的网捕

1. 栖息地网捕

在鸟类栖息地内网捕，通常是鸟类离开或回到栖息地的清晨和傍晚时进行；在这样的时间捕捉鸟类，光线通常很昏暗。因此，架网之前应对栖息地进行观察，了解地形以及鸟类活动的时间。同时还应注意以下几点：

（1）在网捕前，应先观察和了解鸟出入的方向、数量等因素。

（2）配置适当的光源，由于头灯不用手持，是许多人首选的光源。

（3）网杆拉线要牢固，网弦要绷紧，不然的话一大群鸟的突然撞入可能会把网推翻，其后果不堪设想。

（4）要注意天气的变化，若大群鸟撞到网上，甚至又突发暴雨，对网中的鸟是十分危险的。

（5）根据推测的最大网捕量，准备足够的鸟袋或安置鸟的容器。

2. 鸻鹬类的网捕

利用粘网捕捉鸻鹬类一般在早晨或夜晚的时间在其栖息的生境内进行，所以也是栖息地网捕的一种，因此上一节所列的注意事项都应遵守。在网捕鸻鹬类时还应注意下列事项：

（1）由于粘网可能设置在泥滩或水面上，网最下层必须跟水面或泥面保持一段距离。这段距离应把可能出现的浪击和涨潮也计算在内。考虑到捕获量高时特别是大型的鸻鹬类进网时，网的中央会下坠一米或更多，所以空网的最低层网弦要高出水面或泥面1m以上。必要时，在每面网的中央下方加一个M字样铁架用以支撑网的低层，以减少可能的下坠。

（2）由于鸻鹬类个体较大，飞行速度较快，所以支撑鸟网的网杆和网弦要有足够的强度。

3. 在芦苇丛进行网捕

很多鸟在芦苇丛栖息，如家燕、鹡鸰类、鸦类、苇莺类等，要捕捉这些鸟类，可能要在苇丛中开辟道路和网场。此时应遵循的原则是：

（1）因为有些种类在芦苇丛中繁殖，所以网场应在4月之前开辟，并且保持整个夏季的通畅。

（2）如果苇丛有水域，且有水禽类栖息，此时网场最好转变方向，以免影响水禽类的活动。

（3）若通道地质松软，应放置一层树叶或苇杆，或盖一木板，以免人员深陷。

（4）网场两侧的"苇墙"应作倾斜状修剪，以免苇丛缠住网。

（5）不能在苇丛内驱赶鸟入网，以免对苇丛生境造成不可挽回的破坏。但如果网场边还有水沟或堤岸，可以沿岸或水沟驱鸟入网。

（6）开辟网场和通道时，应注意是否有珍贵保护的植物。

4. 拂网

一般粘网的使用都是静态的，等待鸟"自投罗网"。而拂网正好相反，由环志员灵活把持粘网，挥动鸟网以拦截飞过的鸟。这种方法主要用于捕捉燕子、雨燕以及其他飞翔能力很强的鸟类。捕捉时最好由三人合作完成，由两人持杆舞动，一人解取上网的鸟。也可以由一人操作，但其中一根网杆必须牢固而直立地固定在地面上，另一根网杆由环志员把持，拉紧鸟网，并挥舞拦截飞鸟。需注意下列两点：

（1）网一定要扎牢，网弦环要在网杆上绕成双环，以防滑脱。

（2）当捕到飞鸟时，网弦要绷紧，不然会使鸟纠缠得更深。

5. 繁殖季节网捕

处于繁殖期的鸟类较为脆弱，所以捕捉繁殖期的鸟类进行环志必须特别注意下列问题：

（1）必须经常定时巡视网场。

（2）对腹部较胀可能已怀卵的雌鸟，要小心而迅速地处理。

（3）若捕到离巢不久的幼鸟（鉴别特征是翅膀和尾短、喙短、喙裂缘黄嫩等），应优先处理，并送回捕获地点释放。

（4）一般来说，不应故意在鸟巢附近架设粘网或试图拦截回巢孵卵或育雏的成鸟；但对一些营群巢的鸟类，如崖沙燕，可以在巢附近进行网捕而对繁殖无影响。

（5）如果一天内屡次在同一网中捕捉到同一只成鸟，且表现得焦躁不安，那么鸟网可能离巢太近，此时应把网移开。

6. 恶劣气候下的网捕

（1）雨。在大雨中绝不应使用粘网捕鸟。一方面由于悬于网线上的水点使网显露且变重，另一方面捕到的鸟全身湿透，使鸟很容易着凉而患病乃至死亡。

在微雨或烟雨中，若继续网捕，必须一直观察或频频巡视鸟网，有鸟上网必须马上解下，并要保持双手的干燥。

在潮湿天气捕鸟，唯一要考虑的是在鸟解下后，羽毛能否仍然保持干燥和良好的状态。

（2）强风。若风力超过四级，原则上不宜架网捕鸟。但若能找到避风的地点，可以考虑进行捕鸟。

假如必须在强风中工作，要把网的底层叠起，使鸟网不被旁边的灌丛挂住。

（3）高温。如果气温很高，而且陷在网中的鸟又受到阳光直射，在这种情况下必须频繁巡视网场，巡网间隔时间可以在一刻钟左右。

（4）寒冷。在寒冷的季节用粘网捕鸟，会破坏鸟的羽毛保温层，而且冬季白昼时间短，网捕可能会减少鸟取食的机会，所以同样必须经常巡视网场，迅速处理上网的鸟。

7. 鸟鸣录音招引网捕

以播放鸟鸣声辅助网捕在欧洲已广泛使用，效果很好。在使用时请注意以下问题：

（1）初次尝试以鸟鸣声招引鸟类时，你可能什么都抓不到，也可能上网的鸟多得让你无法处理。

（2）如果有大群的鸟上网，应先关掉录音机，避免在处理完这一批之前又招引到另一批。

（3）在栖息地内以录音招引鸟类，不宜架设太多的鸟网。

（4）一般来说，在繁殖期不应使用鸣声招引。

（三）解网技术

解网技术是指从粘网上安全、迅速地取出上网的鸟的过程和技巧。以往的经验显示，并非所有的人都能成为解网的能手。一方面除了具备良好的视力和稳定而触觉敏锐的手指外，还需具备耐性和平静的性情。容易激动和慌张的人，不适于操作粘网。

对于上网的每一只鸟都会是一个特殊的难题，仅仅接受理论的学习不能取代实践。必须观察很有经验的解网能手的示范并在其指导下重复练习，才能掌握安全解网的要诀。

以下是解网时通常遇到的问题以及相应的对策：

（1）解网的顺序其实就是把鸟上网的过程反转过来。比如，鸟缠在两重网中时，应先解开外面的一层；当鸟在网兜内转了几圈的话，应小心把它转回；最后把鸟取出的网面，就是鸟飞进的网面。

（2）若网中的鸟可以用正常的解网抓握法抓住的话（图12-2），可以避免鸟缠得更深。这个方法一般来说不用费神去解缠在脚上的网线，当鸟的头部和身体解出后，可很容易拉开缠在脚上的网线。

（3）如果要解开紧握在鸟足趾内的网线，可以让鸟的脚伸直，紧握的足趾就会自然松开。操作时只需把鸟转过身子，轻吹其腹部就会促使它松开。

（4）如果鸟足趾被网线紧紧缠住，此时可以用中指和拇指轻轻而牢固的捏住跗跖近趾的部位，再以另一只手的食指和拇指轻轻且反复地搓动网线（图12-3），这样在大部分情况下都可解脱缠绕在鸟脚上的网线。当网线与鸟环缠绕在一起时，可用一根安全别针作为辅助工具挑开网线（环志员利用一根7～10cm长的竹针也可帮助解网）。

（5）有些鸟类的爪较弯，如隼形目、鸮形目以及椋鸟等，需要很大的耐心和毅力才能把网线解开。如果实在不行的话，就须把网线剪断。

（6）当鸟双翅都被缠住时，可以先抓住初级飞羽的基部，另一只手把缠在翅上的网线解脱，同时也把缠在基部的网线解开，接着以环志抓握法抓住鸟体，最后将另一侧翅膀也解出。在解脱腕关节部位时要分外小心，尽可能把网线由羽毛基部拉向端部；如果网线紧绷关节部位，解脱有可能对翅膀造成伤害时，最直接的解决方法是剪断网线。

（7）如果鸟仰躺在网内，且其足趾又紧抓缠住身体的网线，在这种情况下，以先解脱鸟腿脚部的网线为好（图12-4）。用手指握住鸟的跗跖，用捻动的方法把趾上的网线脱开。每当解脱一条腿，且腿与腹部间再没有网线时，可轻轻地从身体后部抓住鸟腿，避免鸟再次抓住网线。当腿部网线全部解脱后，下一步便是用拇指和食指抓住鸟的胫跗关节（不可抓跗跖，因为很多鸟的跗跖很脆弱），小心把鸟拉离网线。若解开的是较小型的

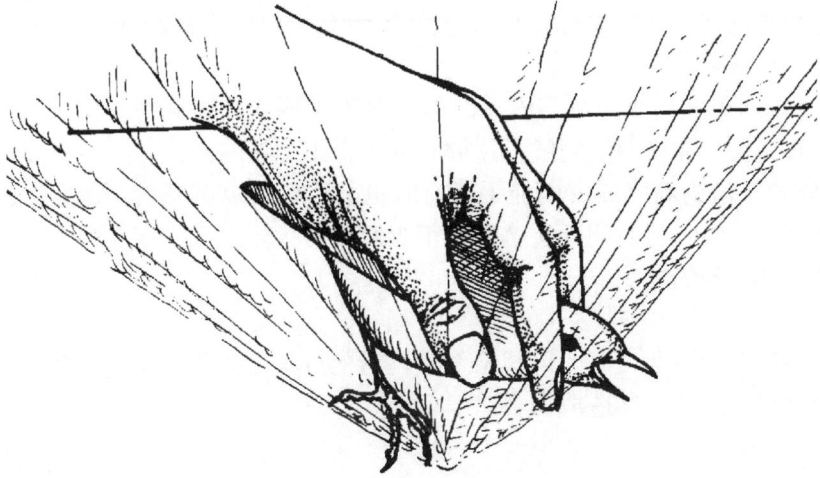

图12-2　常规解网抓握方法一

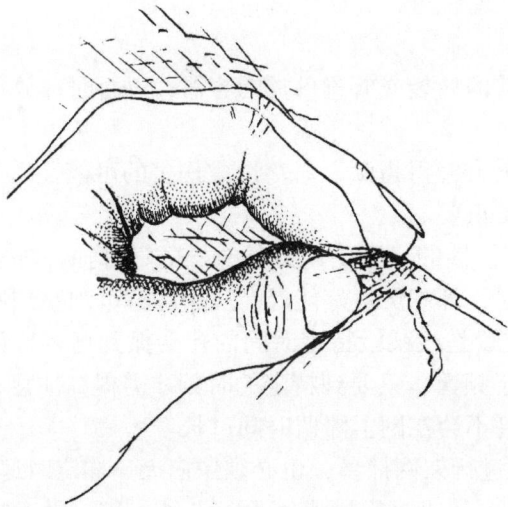

图12-3　解脱缠在鸟足趾上的网线

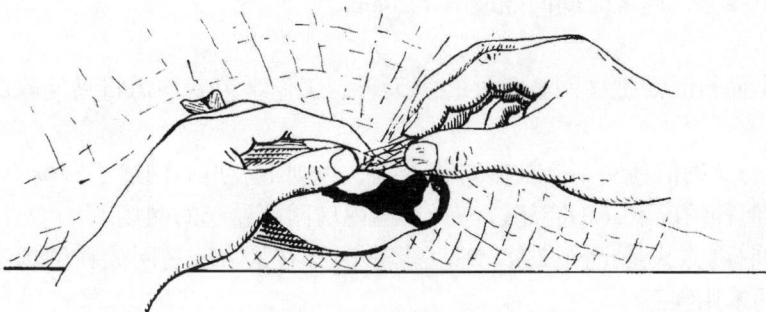

图12-4　常规解网抓握方法二

鸟，安全的做法是以拇指和中指抓住胫跗关节，将食指夹在两腿中间。拉离网兜的鸟有时在头或翅膀还缠有网线，此时最好让鸟自行挣脱为好。在鸟挣脱网线时，另一只手要迅速以环志抓握法把鸟握住。

（8）有时候网中的鸟明显缠得不深，但又看不出腿或翅膀缠住了网线，在这种情况下可用双手轻轻地拉鸦体周围的网线，这样有助于看出缠住的部位。

（9）即使技术最为高明的解网能手，有时也会遇到难以解开的情况，在这种情况下应毫不犹豫地剪断网线。长时间无法解脱，很难避免对鸟体造成伤害。

（四）解网时配备的器材

1. 小剪刀

为了避免解网时间过久，有时网线会绕到鸟舌的分叉之后等情况，需要剪断一两根网线，主要目的是尽量避免对鸟造成伤害。

2. 拉网竿

当上网的鸟位于较高的位置时，可用尖端带钩的拉网竿拉下顶层的网弦，这样可减轻解鸟时网线的张力。

3. 手电筒或头灯

如果捕鸟工作在早晨或傍晚进行，必须携带照明用具。

4. 鸟袋或鸟箱

捕鸟环志者必须有足够的鸟袋或放置鸟类的容器，以暂时存放从网上解下来的鸟。

（五）巡视网场

鸟困在网中时间越久就会缠得越深，对鸟造成伤害的可能性也越大。所以定时巡视网场，及时解下上网的鸟非常重要。

（1）若架设鸟网是随机性的，就是说，什么样的鸟都抓，环志者必须频繁地巡视网场。当鸟网的捕获率极高时，环志员最好能处在一个随时可观察到网场的位置。

（2）若架设鸟网的位置是在某段特定时间内才会抓到鸟，比如在鸟飞离或飞回栖息地的位置，巡视就不用过于频繁，只要到特定的时刻才需提高注意；不过也应每隔一段时间进行巡视，确保上网的鸟不会在网上滞留时间过长。

（3）如果需要在夜晚进行架网捕鸟，也必须像白天一样定时巡视网场。

（4）由于在网中的鸟对敌害毫无逃避能力，在鹰、猫、鼬、蛇等肉食动物经常出没的地方架网捕鸟，需要提高警惕，注意观察和定时巡视网场。

（5）在正常情况下，环志员应遵守半小时巡视1次网场的原则。在繁殖季节或天气恶劣时，巡视就应更频繁，巡视时间间隔应减至20min。

（六）收网

除因捕鸟太多而暂时需把鸟网叠起外，每天环志工作结束后均需将鸟网收起，收网必须遵守下列守则：

（1）除非环志员确信鸟网不会被偷窃或干扰，否则不应把鸟网遗于网场不顾。

（2）无论在何种情况下，不能超过一天不巡视鸟网已卷起的网场。

（3）正确的收网方式是把网弦紧靠在一起，网身卷紧。若鸟网放在网场中一段较长的时间，应每隔两米用绳系住。

二、其他捕捉方法

除了粘网外，还有许多其他类型的网捕、下圈套或设陷阱的捕鸟方法。民间有些捕鸟方法虽然也能捕捉到鸟，但会对鸟造成伤害，这类方法是不能用于环志捕鸟的；当然有些方法是可以进行改造的。根据捕捉机制的不同，可分为直接捕捉和自动捕捉两大类。

（一）直接捕捉

直接捕捉是指鸟进入捕获范围时，由环志员直接操纵捕捉机关来完成捕捉的过程。这样的捕捉方法包括了从小孩用来捕捉麻雀的绳拉筛子到大型的弹性拍网等，以下仅是一些常见的方法。

1. 扣网

环志员可根据捕捉地点的情况和所捕捉的鸟的种类，制造不同大小、不同式样的扣网，图12-5是两种不同的设计方式。

这类捕捉方法的机理是由人拉动支撑网笼的机关（撑起网笼的木杆），使进入网笼的鸟被关在网笼内而被捕捉。需要注意的问题是：

（1）必须确认所有的鸟都进入捕捉范围内后才能拉动引绳。

（2）若环志员暂时离开，应把陷阱稳妥地保持鸟能逃逸的状态，因为强风或大型鸟类便足以推倒网笼，使围在笼中的鸟面对恶劣天气及捕食动物的威胁。

（3）该方法适于捕捉在地上觅食的鸟类。在网笼内投食饵招引，捕捉效果更佳。

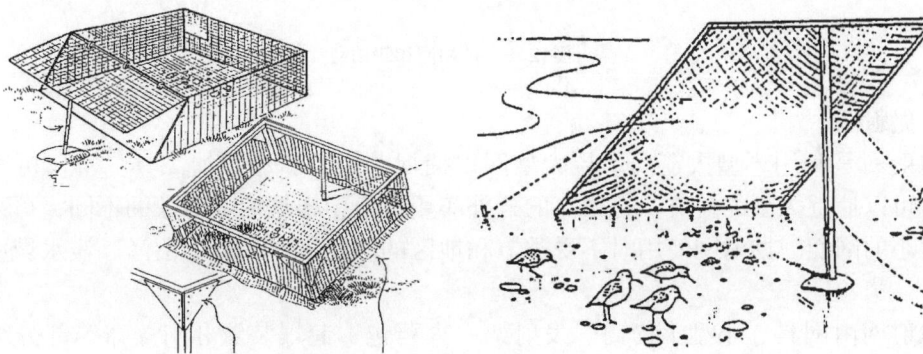

图12-5 几种扣网的设计方式

2. 拍网或翻网

实践中使用的有单拍网和双拍网两种，见图12-6。

每面拍网通常是2m×5m的规格，常采用防水的尼龙线织成，网目大小随捕捉对象而定，捕捉大型鸟，如雁鸭类，以大网目的网为好。木杆选用直径2cm的木棍，拉动时不能有弹性。拉绳可用铝芯的电话线，轻而无弹性，拉动传力效果好，民间用的竹绳也有同样的效果。

拍网能捕捉集群取食或栖息的鸟类，如：雁鸭类、鸻鹬类、鸥类等。所需器材简单，易于携带运输、设置方便，在野外不到5min即可完成一面拍网的设置工作。

在有风的时候，把网设在背风的位置效果更好（指单拍网），这不单加快了翻网的速度，也由于鸟类常逆风起飞，正好迎上覆盖的网。

双拍网比两个单拍网捕捉效果要好，因为双拍网能将远离一侧拍网的鸟也及时网住。但在实际操作时，要注意调好拉绳的位置和方向，以使两个拍网能同时迅速地拍合（图12-6）。

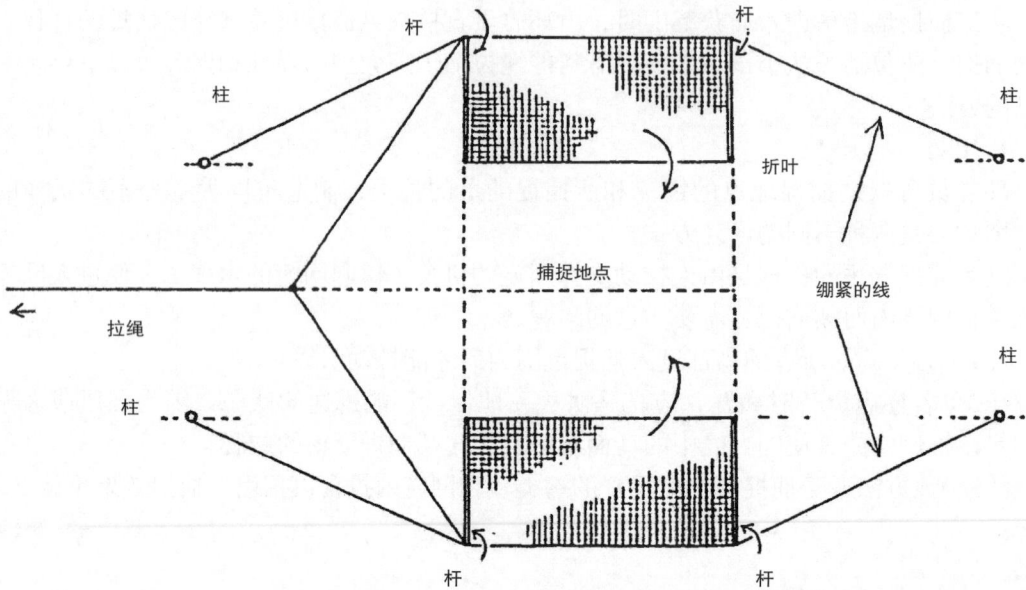

图12-6　单拍网和双拍网

3. 抛射网

抛射网是利用小型火箭筒牵拉大型网以捕捉动物的新型猎捕工具。不仅可以捕捉鸟类，也可以捕捉大型的兽类，有很高的野外实用价值。根据捕捉对象的不同，可采用不同网目大小的网面。抛射网使用时不受季节和地区的限制，在灌丛、沼泽、浅水域中均可使用。

抛射网由网具、小型火箭筒、发射架、火药包、起爆装置和引爆器等部分组成（图12-7）。

抛射网在捕捉雁鸭类、鸻鹬类、鹤类等鸟类时效果显著，在国外已得到广泛的应用。如澳大利亚每年利用抛射网捕捉环志成千上万只的鸻鹬类。日本山阶鸟类研究所也用以捕捉鸻鹬类和鹤类。国内哈尔滨猎具厂已生产出同类产品，希望今后能广泛用于我国的鸟类环志事业。

4. 环套

此方法用于捕捉夜间栖息在树上的猛禽。用12号或14号铁（钢）丝做成一个"葫芦"状环，大环的直径为20cm，小环的直径3cm，环口处2cm，将环固定在3m的长杆上（图12-8）。

在夜间使用时，用手电等照明工具发现在树上栖息的猛禽后，把大环套在颈部，不能碰到羽毛使它受到惊动，猛地下拉，使颈部套入小环，因环口比较窄，猛禽不易飞脱。

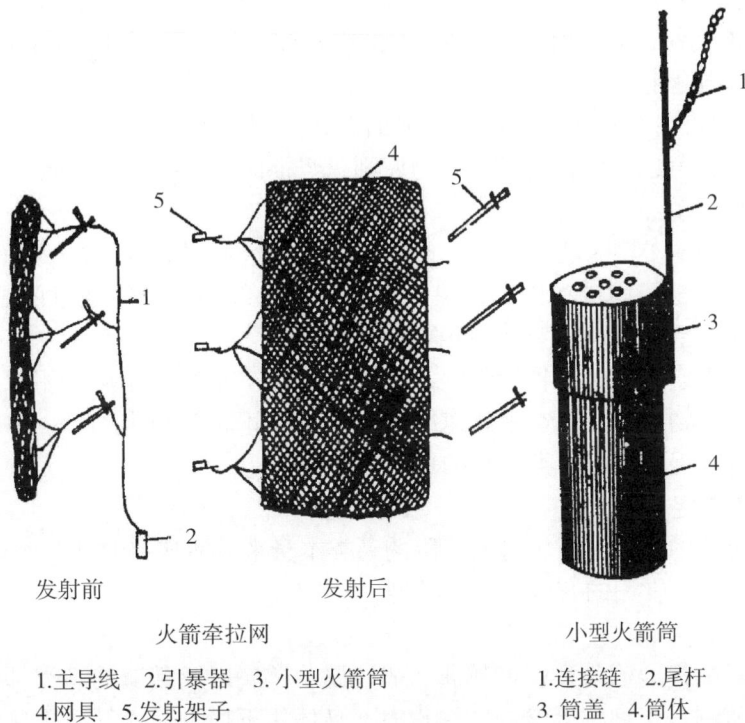

| 发射前 | 发射后 | 小型火箭筒 |

火箭牵拉网

1.主导线　2.引暴器　3.小型火箭筒　　1.连接链　2.尾杆
4.网具　5.发射架子　　　　　　　　　3.筒盖　4.筒体

图12-7　抛射网

5. 围网

网的结构：由4片网5根杆支起围成方形，留一"门"，状似"城堡"，故又称城网（图12-9）。网杆190cm，用直径1.5cm铁杆或木杆制成，下端为尖形，用以插入地下。每片网高170cm，宽160cm，网目15cm，两杆之间支一片网，顺着网杆有一条网弦，网两

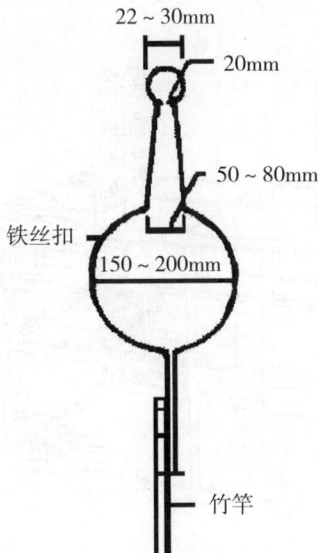

图12-8　环套

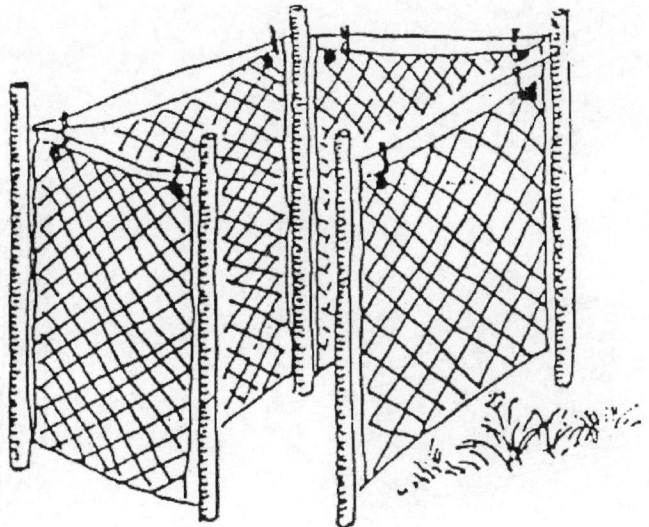

图12-9　围网

侧的网目用4～5个铁环串在网弦上，网的四角各系有一铅坠，网杆上端系有一个竹夹，网拉起后，用竹夹夹住，4片网依次连接。网的中间放一只山斑鸠或家鸽作为诱饵，用绳缚住，但鸟的翅膀能够扑动，绳连接在耙子竖棍的顶端。耙子为"T"形，竖棍120cm，横棍50cm，横棍的两端系有铁钎并固定在地面上，竖棍的中间系有一绳，绳端有铁钎固定在地面上，绳的长度以不使耙子翻过来为原则，竖棍的中上部系有纤绳，拉动纤绳竖棍立起，使诱饵离地扑动。

布置和使用：选择树木稀少，视野开阔的地方设网。把网杆插入地面，拉好网，门的宽度为150cm，耙子固定在网的中央，系上诱饵和纤绳，纤绳通过门拉出网外，长约30m，掌握在捕鸟者手中，捕鸟者要躲在隐蔽处。

见有猛禽在上空盘旋时，拉动纤绳，使耙子立起，迫使诱饵扇动翅膀，以引起猛禽的注意。猛禽见有食物，会从高空中急速冲下来抓吃诱饵而撞到网上。

这种网适合捕捉那些以鸟类为食的隼形目鸟类。

（二）自动捕捉

这类捕捉方法的机理是指由进入陷阱的鸟类本身来激活捕捉的开关或鸟一旦进入就不易找到逃逸的出口。常用的有以下几种类型：

1. 踏笼

这种陷阱对捕捉地栖鸟类，如鹑属、鹧鸪属、鸫属以及鹀属的鸟类都很有效（图12-10）。陷阱的机制是当鸟跳上笼内的横木时，鸟体压下横木而松开了顶住笼闸的L形金属棒，笼闸随之落下而捕捉了进入笼内的鸟。捕捉时需在笼内放置饵料招引鸟类。

这种陷阱可单个设计，也可多个并排连在一起。

2. 拍笼

这种陷阱可单室设计或多室设计（图12-11）。大小设计随捕捉的鸟种而定。一般来说一室长宽高各为30cm便足够了。陷阱设计机制是当鸟飞下取饵，踩上笼内横枝时，以

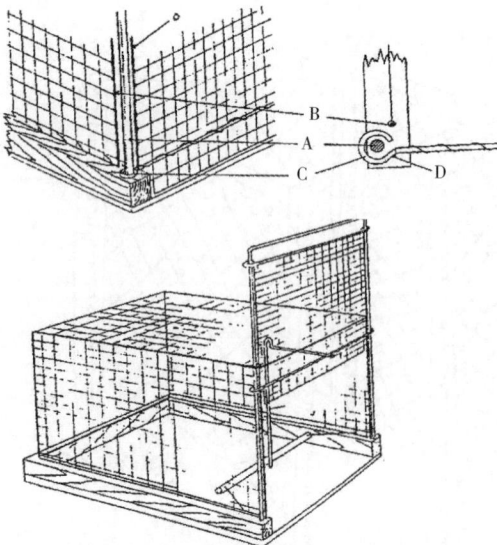

图12-10　踏笼

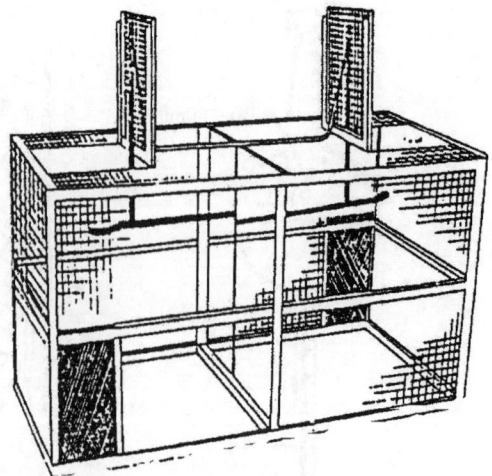

图12-11　拍笼

鸟自身的重量即可启动机关。可用一条向内拉的橡皮筋（图12-12）或一根向下压的弹性金属条作动力。

若以种子做诱饵，这种陷阱可捕捉雀科和山雀科的鸟类；如果以橘子等水果做饵，可捕捉到绣眼一类的鸟。这种陷阱可放在地上或悬挂在树上。

3. 漏斗型陷阱

这种陷阱有许多种不同的形式，根据不同的捕捉对象，可设计成大小不一的各种类型。图12-13 ~ 图12-18显示了常见的几种漏斗型陷阱。

图12-13是诱捕地栖鸟类的陷阱，笼内应投饵。图12-14、图12-15主要用以捕捉鸽形目鸟类，为提高捕捉效率，陷阱外应设约有20cm高的导墙，可把沿潮汐边走边吃的鸟引入陷阱内；在海滨设这类陷阱时必须注意潮水的上涨，以免陷阱内的鸟淹死。

图12-16是一种较大型的陷阱，可用以捕捉鸦类、鸽类和鸥类等。

陷阱应至少4m×4m大小，鸟从陷阱上方飞进，进口为1.2m×1.2m，底部为0.6m×0.6m，离地0.3m，漏斗架和陷阱角柱应突出陷阱顶部0.4 ~ 0.5m，供接近的鸟攀附，陷阱内离地1.2m设一横杆，供先进入的鸟停栖，以便后接近的鸟看到陷阱内有同类。

图12-17、图12-18的设计主要用以捕捉鸭类。图12-17的设计样式可悬浮在水面上，以绳索在岸边固定住，笼外和笼内撒以种子或麦粒做诱饵。图12-18是大型的捕捉陷阱，长宽可达3m或4m，高1m左右，设单个或3个漏斗孔；若水位恒定，鸭笼不需搬动地方，笼的闸柱和漏斗支撑棒可插入泥中。若须经常搬动，应设计较为结实的底架，并在笼底设网布，以防野鸭从笼底钻出。漏斗外口0.6 ~ 0.9m宽高，内口0.08 ~ 0.1m宽高。若放在水中，漏斗顶部应离水面0.15 ~ 0.2m，饵料是种子或谷粒，笼内干地和水面都应撒放饵料，在笼外也撒一些以招引鸭子。

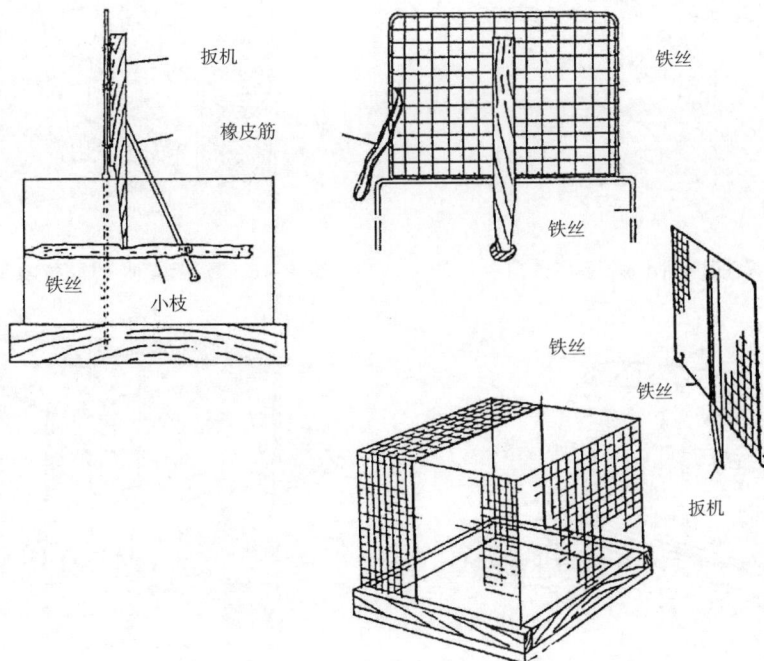

图12-12 拍笼的设计

第二个漏斗抬高10cm

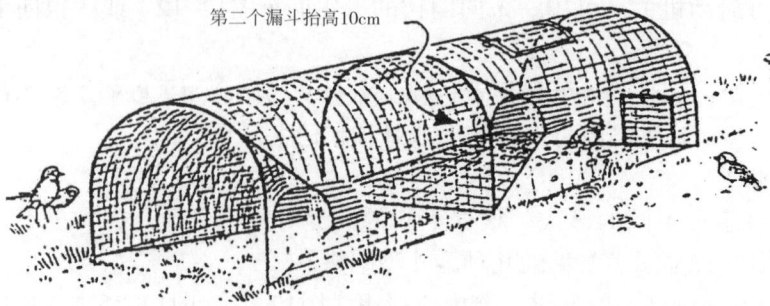

图12-13　漏斗型陷阱（捕捉地栖鸟类）

垂直滑门

45cm

120cm

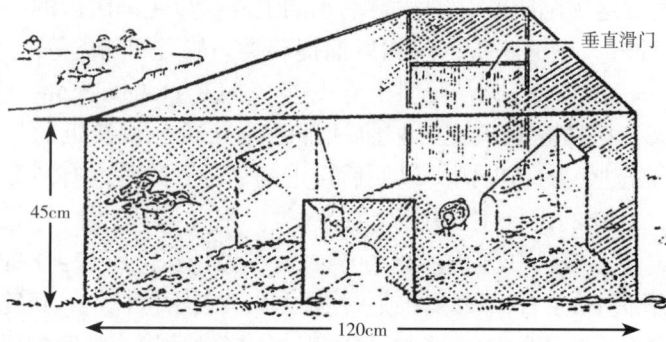

图12-14　漏斗型陷阱（捕捉鸻鹬类1）

图12-15　漏斗型陷阱（捕捉鸻鹬类2）

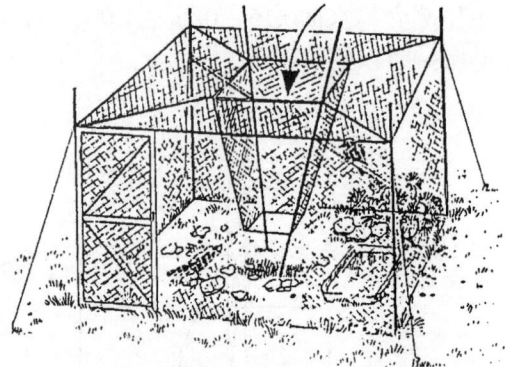

图12-16　漏斗型陷阱（捕捉鸦类、鸽类和鸥类）

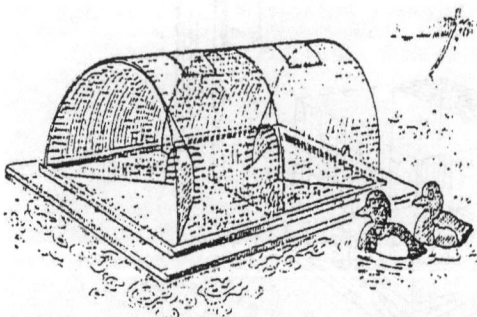

图12-17　漏斗型陷阱（捕捉鸭类1）

图12-18　漏斗型陷阱（捕捉鸭类2）

4. 德式捕笼

这种捕捉方法在欧洲使用较为广泛。由于这种陷阱巨大且建筑投资较高，一般只在位置较好的环志站，如半岛和小岛上才设置。这种陷阱实质上是个大的漏斗型陷阱，进口设计有3m高5m宽，逐渐缩小收至一个小笼，捕到的鸟从最末端的装鸟箱内取出。该陷阱的结构如图12-19所示。当鸟飞进后，环志员渐渐走近漏斗口，把鸟赶到笼中，再关上门以防逃脱，随后逐渐把鸟赶进装鸟箱内。当陷阱以铁丝网覆盖时，要确保铁丝末端不向着网内，以防止鸟触撞而受到伤害。

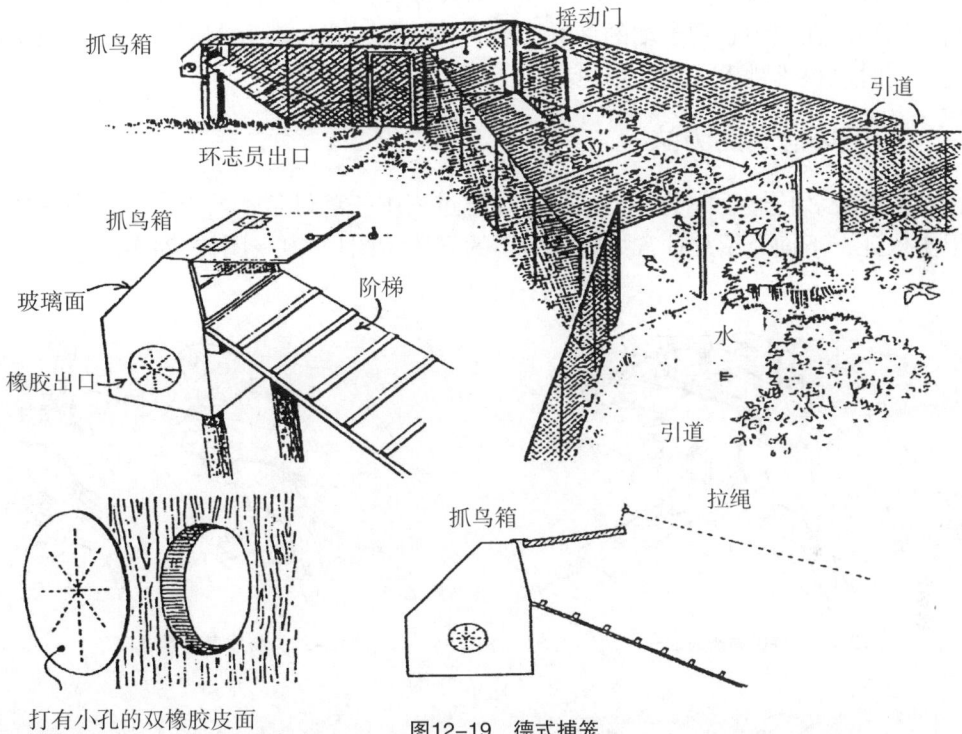

图12-19　德式捕笼

5. 吊网（又称丢荡网、挂网）

由于猛禽在林中活动时，多喜欢落在平直的树枝上休息。吊网的原理就是利用这一特点，当猛禽把网棍当作树枝停落其上或晃动再起飞时，触动网使网片落下，将其捕获，或在林中串飞时直接触网。

网的结构：网目8cm，网高50cm，四边的网弦略粗于网片用线，下边的网弦串在下层的网目中，固定在直径3.5cm的棍上，两边的网弦串在两侧的网目中，上边两角的网目连有一个直径1cm的铁环，一同串在两边的网弦中，网拉起后，在铁环下方的网弦上插入一根软硬适中的羽毛，阻止网的下落（图12-20）。

图12-20　吊网

把网放置在猛禽经常活动的树林中，挂在树叉上或两树之间，使网棍尽量放平。在一片树林中可放置几十块，甚至数百块。

利用吊网可以捕捉除雕类等大型猛禽之外的各种猛禽，尤其适合捕捉鸮类、小型鹰类和隼类。

捕到鸟后，要及时取下，把网重新拉起，避免鸟在网中时间过长而死亡。

6. 沟捕

沟捕是古老而有趣的捕捉猛禽的方法。选猛禽路过而且视野较为开阔的地方，挖一条长5～6m、深0.6～0.7m、宽0.25m的沟。把几只剪去初级飞羽的鹌鹑或山斑鸠放进沟内作为诱饵。当猛禽在空中看到走动的鸟时，会直扑下来，进沟时并翅而入，但欲飞出沟时展不开翅，同时也很难跳出来，故被捕获。

三、持握环志鸟的方法

正确的持握和传递手中的鸟类是鸟类环志过程中一项最基本的要求，是确保环志鸟安全的根本保证，下面介绍几种常见的持握鸟的方法（图12-21～图12-24）。

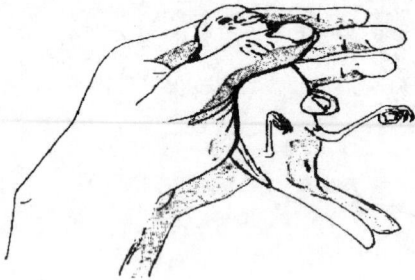

图12-21　持握鸟类方法一

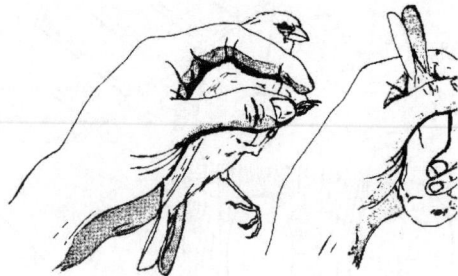

图12-22　持握鸟类方法二

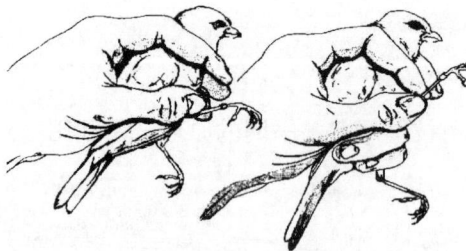

图12-23　持握鸟类方法三

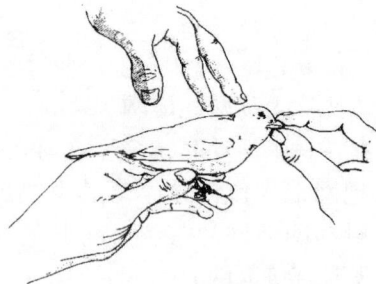

图12-24　鸟类传递方法

四、盛放捕获鸟的器具

环志员在野外进行捕鸟环志时，通常不会在陷阱或粘网边上取一只环志一只，而常常是把所有捕捉到的鸟一起取走。所以在野外进行捕鸟环志时，必须随身携带足够的盛鸟器具。同时考虑到把大量的鸟放在一起会对鸟体某些部位，如眼、喙、腿、羽毛等造成伤害，所以一般来说，捕获的每只鸟都应单独保存。如果要对捕获的鸟进行年龄鉴定的话，保持羽毛的完整性尤为重要。常用的盛鸟容器有以下3种：

1. 鸟袋

鸟袋轻柔、便宜、不占空间，环志员可按鸟袋逐个处理每只鸟，给环志操作带来很大的便利。鸟袋大小随捕捉对象不同可随意设计，一般常用有30cm×40cm（装小鸟用）和40cm×60cm（装大型鸟）两种规格。

操作时应注意以下事项：

（1）鸟袋应不时翻转，以清理里面的粪便和羽毛等杂物。

（2）应定时清洗，这一点在温暖潮湿地区尤为重要，不然霉菌会很快滋长起来，对鸟和环志员的健康都有影响。

（3）如果鸟袋缝合处有毛边，必须翻在外面，否则鸟腿可能会被线缠绕。

（4）有些敏捷的鸟（如山雀科的种类）会爬到袋顶部，所以在将鸟放入鸟袋中后，应用袋系绳在袋颈部位挽个活结，在取袋中鸟的时候应注意鸟在袋里的位置。

（5）大小不同的鸟袋应分开存放。

（6）袋中的鸟由持袋人照顾，应尽避免摇晃和碰撞。

（7）在环志站应设有悬挂鸟袋的钩或杆，如果是野外作业可以选一结实的树枝来悬挂鸟袋。

（8）如果把鸟保留过夜，要将袋子系紧，并存放在阴凉的室内地面上，尤其是大型鸟特别要注意这一点，切不能彻夜悬挂。

（9）无论在环志站内或野外，都应注意四周有无食肉鸟兽。

（10）如果是几个环志员一起工作，必须对每只鸟从放进袋内到放飞保持严格检查，不能因疏忽而对鸟造成伤害或保留时间过长。

（11）工作完后应清查鸟袋，避免遗漏以确保每只鸟的安全放飞。

2. 鸟箱

鸟箱携带方便，适用于在短时间内捕获量很大、鸟种单一的栖息地环志捕捉。箱的上口中央贴一块切割成星状的硬橡胶板，作为放入和取出鸟的开口；箱壁可镶一个玻璃或有机玻璃观察孔。

操作注意事项：

（1）将鸟放进箱内时，要清点鸟的数量。

（2）如果在箱内保留时间较长，应注意箱内温度，如果较热，应给予通风。

（3）避免箱内鸟过度拥挤。

（4）在箱底可放置一张报纸，并及时更换。

有时可以用养鸟笼子代替鸟箱，但必须用深色布将鸟笼罩住，使笼内光线暗淡，以减少鸟的惊恐冲撞。

3. 粗麻布鸟笼

把大块的粗麻布用竹竿或铁架支撑并固定地面上，可同时存放大量捕获的鸟。这样的鸟笼可一次存放1000～3000只捕获的鸟，特别适于鸻鹬类环志时采用。

五、运送鸟类

1. 运送环志鸟通常出于以下3个目的：

（1）由于某种原因，不得不保留过夜，除了燕科鸟类外，都应把鸟带回到栖息地附近释放。

（2）在原地释放可能会对鸟有伤害，如农田、庄稼、鱼塘附近有人会驱赶鸟。

（3）为了研究它的定位和归巢能力。

2.注意事项：

（1）确保鸟的安全。

（2）保留时间越短越好。

（3）必须在环志登记表上记录捕捉地和释放地。

第二节　环志

一、选择合适的鸟环

鸟环在种类上有脚环、翅环、颈环和鼻环之分。制作原料有金属的也有特种塑料的。我国到目前为止所制造和使用的只有金属脚环一种类型，所用材料有铜镍合金和二号防锈铝。根据我国鸟类跗跖实测数据的分析归纳，环志中心设计出15种不同规格的鸟环（附表1）。

野外工作时，应尽量查阅该表，以选择合适的鸟环。有时同一种鸟的跗跖粗细也有差别，所以环志员要经常量度跗跖的直径来决定使用哪一型号的鸟环。

环志幼鸟，尤其是未离巢的幼鸟，其跗跖直径比成鸟可能要小些，但一般来说仍以套成鸟脚环为好。

二、环志专用钳

我国鸟类环志使用的环志钳，基本上是参照英国鸟类保护联盟（B.T.O.）使用的环志钳改进制造而成。环志钳分为大小两把（图12-25），大号钳为双钳口，适用G到Q型鸟环；小号钳有5个钳口，适用于由A到F型鸟环。

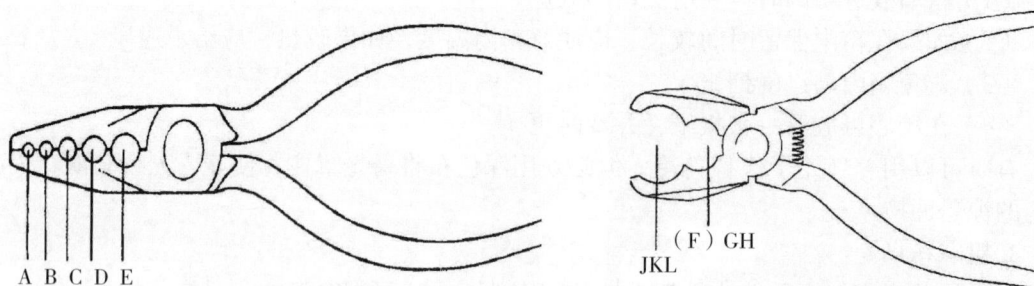

图12-25　大小两种型号的环志钳

三、基本程序

环志员必须遵循以下步骤，并形成习惯：

（1）检查鸟的双腿，确定有无鸟环。

（2）选择大小合适的鸟环，如有疑问可查阅"中国鸟环规格型号及其适合鸟种"。若首次环志某一种鸟，应先以游标卡尺测量鸟的跗跖直径，再找大小合适的鸟环。

（3）用适当的环志钳和钳口闭合鸟环。要避免环口重叠。

（我国规定金属鸟环一律戴在鸟的右腿）

（4）检查鸟环闭合是否妥当。应检查环是否太紧或太松，是否因扭曲形成尖角，或者因钳紧鸟环时使环表面的号码和数字变模糊。如果有问题应及时调整。

（5）完成以上过程后应把环号（应检查是否跟前一个环号号码衔接上）、鸟的种名、年龄、性别、环志日期、地点、以及鸟体的度量等及时记录在环志登记表上。

（6）记下遗失或破损的环号。

四、闭合鸟环的方法

不同设计的鸟环有不同的闭合方法。我国目前设计的鸟环皆为标准的C形环，所以下文只介绍C形环的闭合方法。

闭合C形环通常分成两个步骤：

第一步：把环放进环志钳内适当的钳孔，并与环志钳的开口方向一致（图12-26），把环套在鸟的跗跖位置，轻压环志钳使环口闭合。

第二步：先确定环是否放在适合的钳口内，再将钳转90°，使环口与钳开口方向成垂直位置（图12-27）。然后小心把环压合，再加劲把口彻底压紧。这样做的目的是把刚才没跟环志钳接触的部分也压紧，使环完全闭合。需要注意的问题是，压合环口时用力要均匀，不然会导致环口的重叠。

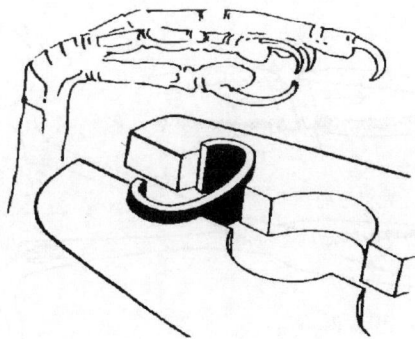

图12-26 环口方向与钳口方向一致　　　图12-27 环口方向与钳口成90°

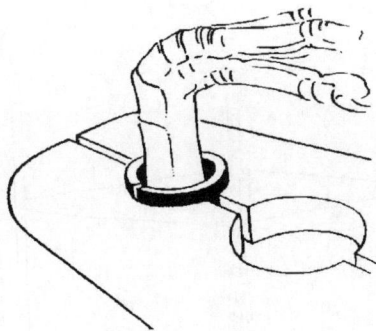

五、卸除鸟环

在环志过程中，可能因为一些过错，如环严重重叠而压迫鸟腿、环面号码在闭合过程中变得模糊等时，不得不从鸟腿上取下鸟环。但鸟环的设计是以经久耐磨、坚固持久为目的，所使用材料皆为合金。所以，要从一只活鸟身上卸除已闭合的鸟环并非一件易事。

在开始卸环之前，要根据环型号的大小、环与腿间存留的空间以及环志员身边所携带的工具等来决定。卸除方法有以下几种：

（1）若环与腿之间还有足够的空间，可用卸环钳来卸除（图12-28）。把卸环钳的尖端插在环与腿之间用力压钳柄就能把环打开。

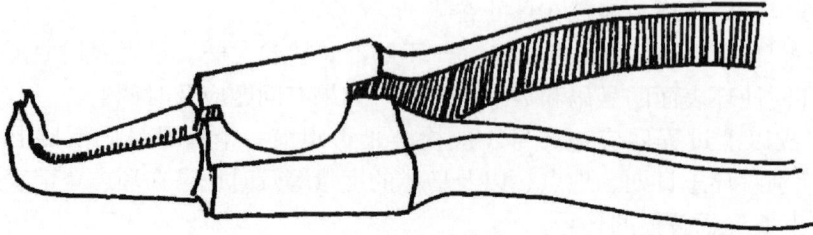

图12-28　卸环钳

（2）假如环重叠很厉害，可采用在腿与环间穿细钢丝的方法。钢丝可用较为结实的，如钢琴用的钢丝，吉他用钢丝等，两根钢丝分别穿在环的两侧，打上结，成两个钢丝圈，然后把其中一个挂在固定的钉上或其他结实的凸起物上，在另一圈中穿一根小木棒，用力要稳定而均匀，最后就能把环拉开（图12-29）。这种方法不适于卸开大型鸟环。

（3）利用两把手术止血钳从外面把环打开（图12-30）。若把环的接口定为12时位置，两把钳分别夹在3时和9时的位置。以钳的尖端夹住环，把住钳，稳定而轻柔地向两边拉就可以把环拉开。

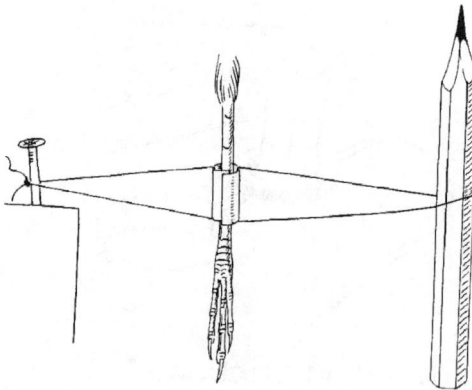

图12-29　牵拉式卸环

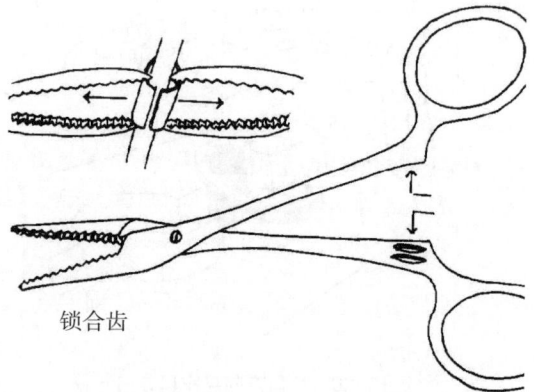

锁合齿

图12-30　利用手术止血钳卸除鸟环

六、更换破损的鸟环

若捕到一只环志的鸟，无论是国内的还是国外的，环的破损程度如属以下任何一项，应更换旧环，再套新环：

（1）旧环已磨损出锋利的边缘

（2）旧环接口处已张口

（3）旧环上的号码和地址被磨蚀，已经无法识别或即将分辨不清

更换鸟环后，新旧环的编号都必须登录在环志登记表上。

七、环志幼鸟

幼鸟的环志很有价值，因为环志鸟的年龄和出生地都可以随之确定。但环志幼鸟时如果处理不当，就有可能给幼鸟带来毁灭性的后果。

环志幼鸟时必须遵循以下原则：

（1）如果你认为环志有可能导致引起捕食动物的注意时，就不应对幼鸟进行环志。

（2）选择合适的日龄环志幼鸟。

①对大多数雀形目鸟类来说，最为理想的环志幼鸟的时间是5日龄的幼鸟，特征是眼已睁开、翅膀羽毛仍为针状或尖端展开的羽毛不超过3mm。

②有时在5日龄之前环志幼鸟也是安全的，但最好把环涂黑，以免亲鸟在清理鸟巢时，把环误认为粪团，连同小鸟一起被扔出巢外。

③超过5日龄的幼鸟，不适于进行环志。不然容易导致"炸窝"（幼鸟四散奔逃）或者无法放回巢内，这种过早离鸦巢的行为将使幼鸟受到寒冷和捕食者更大的伤害。

④对领域性海鸟幼鸟的环志，以幼鸟即将离巢的时候为好，过早进入海鸟的繁殖领地，对幼鸟干扰很大。

⑤幼鸟生长较为缓慢的种类，如鸬鹚类、鹲鹱类、雁鸭类、海雀类等，只有等到幼鸟完成生长后，才能进行环志。

（3）操作原则。

①准备工作。事先准备好所有的工具，尽量减少在巢附近滞留的时间。

②估计和推测。从成鸟飞回的位置估计巢大概的位置，以及从成鸟的行为估计繁殖周期可能所处的阶段，这样可以减少接近鸟巢的次数，也把将鸟巢暴露给天敌的机会降至最低。

③接近和离开。选取一条对巢周围植被干扰最少的路径；离开时要尽可能消除所有干扰的痕迹。如果草上露水很大，应选择较晚的时间接近鸟巢。

④环志地点。最好就在巢边进行环志，以免亲鸟归巢时发现幼鸟不在巢内。若两人一起工作，一人取鸟一人环志会更快捷方便。

⑤取出幼鸟。有时幼鸟的爪会紧紧抓住巢材，在这种情况下，应小心松鸦爪，以免对幼鸟造成伤害。一般来说，应把巢中幼鸟一起取出放入鸟袋内，然后逐个环志放回；但对幼鸟数量较多的巢，可先取出一半数量的幼鸟，环志后再取另一半，这种情况下环志地点可以离开巢区，同时可以让亲鸟饲喂巢中另一半幼鸟。

⑥握住幼鸟进行环志。一般来说，以惯用的环志抓握法就可以了，但对小型而且跗跖较短的幼鸟，或者挣扎得很厉害的幼鸟，可用倒握法，即握住鸟时头向着腕部，更便于进行环志。大型幼鸟可放在操作者腿上，必要时用布包着鸟的头部。

⑦检查鸟环。当套好环后，检查环是否完全闭合，或看环是否可能滑过跗跖与足趾间的关节，同时察看后趾是否会被鸟环套住。

⑧放回幼鸟。要确定所有的幼鸟都放回来巢内，即便是巢箱也要注意这一问题。有时

哪怕离巢只有一英寸的距离，就有可能被亲鸟所忽略。若幼鸟在巢内不稳定，可用手或黑布蒙住一会儿。

⑨善后工作。如果可能，应在幼鸟都出飞离巢后再次查看鸟巢，注意是否有已死的幼鸟，要求及时记录。

八、鸟在环志操作过程中的反应及处理对策

不同种类的鸟在环志操作过程中会有不同的反应，即使同一种鸟，不同的个体其反应也有差别。对很多种类的鸟来说，在整个处理过程都显得很被动，既不挣扎也不鸣叫。但对一些种类，如苇莺属和鸫属，会表现出焦虑和暴躁，咬人和吵叫。

一般人认为鸟被抓住时，受惊是最常见的反应。但从许多鸟表现出来的"被捕惯性"来看，鸟受惊是短暂和轻微的。有些鸟几乎每天一次甚至多次进入同一陷阱。野外观察到的现象是，鸟在陷阱边迟疑一会儿，叫人很难不相信它在考虑抉择方式，最后通常都是觅食心理战胜逃避心理而自投罗网。

绝大多数鸟类在环志操作过程中反应很小，从捕捉到完成环志作业和释放都表现出了与环志员的"和谐与默契"。但捕获的鸟过于温顺时不一定是好事，如有时释放已被环志的鸟时，会出现迟迟不飞的现象，造成这种情况的原因可能很多。如一些捕捉方法只能捕捉到一些体质虚弱的鸟，或者鸟在被抓握过程中导致不良反应，如喘气、张嘴、闭目、抖松羽毛等现象，此时最好将鸟放在灌丛、树枝或地上，让其稳定后自行飞走。

对操作过程中反抗激烈和表现痛苦的鸟，尽快地完成环志操作以减轻鸟受到的惊扰和刺激。

在清晨气温升高之前或鸟身潮湿时，鸟会抖松羽毛，闭上眼睛。操作方法是：只须把鸟放进一个清洁干燥的鸟袋中，挂在不受风凉、较为温暖的地方。大部分鸟会在20min左右恢复常态，然后释放。若经过上述处理后，受凉的鸟还是不愿飞走，可把它安放在阳光下有荫蔽的树枝上。

如果一只鸟喘息持续很长时间仍不停止，原因可能是操作不当导致肺部出血或骨头折断（最大的可能是锁骨）插进肺部所引起的。在这种情况下，应停止操作，如果有康复设备的话，可将它暂时照料，待情况好转后，予以放飞。

九、释放鸟类

释放环志鸟注意事项：

（1）绝不可以把小鸟抛到空中，因为这样小鸟可能无法及时应变而坠落在地，受到伤害。应把鸟放在手掌上或干燥的地面，让其自行飞走。对涉禽来说，放在地面上让它自行飞走是正确的。释放雨燕时，应持着它的跗跖，举高迎风放飞。

（2）在岛屿和海峡上，若风力很大，不要在大风处放鸟，不然有可能将鸟吹到大海上，对筋疲力竭的候鸟来说，这点尤其要注意。如果是海鸟，那么正好相反，应将它们在海里释放，而不能在内陆放飞，即使释放位置离海只有几十米也可能发生问题。

（3）使用粘网环志时，放鸟点应避开网场，以免释放后的鸟又马上被抓回。

（4）若同时捕获成鸟和幼鸟，或者配偶对（如雀科鸟类）或者家族群（如银喉长尾山雀），应同时环志，一起释放。捕获成鸟和幼鸟时，还应该把它们带回捕捉地点释放，

因为附近可能还有其他幼鸟。

（5）在黄昏时刻释放鸟类时，对夜间活动的鸟类来说，最好保留过夜；对白天活动的鸟，即使天已很黑了，也可以在野外释放，但必须给鸟一个适应黑暗的时间，如放在灌丛或篱笆上；如果确信没有捕食性动物为害，也可以放在地上。

十、处理患病及受伤的鸟

在野外进行环志工作时，每个环志员都有可能遇上受到伤害或生病的鸟。以下的建议可能对及时处理伤病鸟有益。

1. 轻微损伤

若只是疲劳、受碰撞而发呆或有些轻微的损伤，可以马上释放。如果环志员身边有合适的照料设施，也可以将鸟保留一段时间。出于这种目的的笼舍应放置在室外有遮蔽物的角落，大小不需超过$1m^3$，只要一面有网即可，其他墙面可以用方便的材料；笼舍底部最好抬高一些，并糊上水泥以防老鼠进入；笼舍内放置存水的浅碗、栖木、食盘等物。

2. 油污

对严重受油污侵害的鸟来说，使这些鸟恢复到正常和健康的状态是一件艰巨的工作，而且往往需要花费数周的时间。如果只是轻微的油污，环志员用适宜的方法进行处理后是有可能救活它们的。若受污染极严重，应交给兽医处理，或者以人道方式终止其生命。

3. 严重伤害

对于严重受到伤害，复原无望的鸟，只有一个可行的办法——马上处死这只鸟。动作要迅速，尽量减少鸟的痛苦。方式为抓住鸟腿，用力甩动，使其头枕部撞向石块或硬物。若不想抓住鸟腿，可把鸟放入小布袋内用力摔。

小型鸟类可用压止心脏跳动法杀死。以拇指用力压胸侧，鸟会马上失去知觉，但绝不应用水淹法来处理。

第三节　环志表格的填写和呈报

一、总则

环志记录反映环志和回收过程的工作状况，也是今后检索查询的重要依据，准确清晰填写并及时呈报各种环志记录是环志工作的重要环节之一。

初期的环志工作要求填写的表格数量和内容较多。通过填写表格，可收集多种鸟类学及鸟类生态学方面的内容，也可以提高环志人员鸟类学基本知识和技能。随着环志工作的普及和深入，尤其是计算机系统的广泛应用，部分整理和分类工作可被计算机替代。此外，不同环志人员的研究目的可能不相同，复杂的表格不可能广泛地应用。同时，也没有必要要求环志人员填报与自己研究项目无关的内容。因此，各国的环志记录表格逐渐趋于简单、精练并分类管理。有些记录需及时呈报给管理部门，有些记录只需个人保存，必要时其他人可借阅参考。

目前阶段，全国鸟类环志中心的环志表格有2类：规定表格和荐用表格。对于规定表格，要求环志人员完整、准确、清楚地填写表格内的各项内容，不符合要求的将退回重新填写。荐用表格可按环志人员的需要填写。

二、规定表格的填写和呈报

规定表格有4种，依次是：鸟类环志证申请表、环志登记表、环志记录总表和环志回收通知及感谢信。最后一种表格由全国鸟类环志中心填写寄发。

（一）鸟类环志证申请表（附表2）

申请鸟类环志证的人员都应填写此申请表。可向全国鸟类环志中心索要申请表或从《鸟类环志技术规程》上复印。

全国鸟类环志中心收到申请表后3个月内给予明确答复，并安排受理申请人员的培训时间和地点。经培训人员推荐，参加由全国鸟类环志中心组织的考试，合格后颁发环志证。

（二）环志登记表（附表3）

1. 填写表头

填写环志人的姓名、环志证号码。

2. 填写表体

环型和环号栏：第一栏填写环型，同一环型的环号按连续序号填写，任何一个环号都必须填写，不得漏掉（包括使用情况和丢失废弃情况）。当环被替换或再环志时（即在原有环的基础上又加一个环），应在备注栏内同时记下被替换的环号或原有环号，注明"此环用来替换或再环志原×××环号"。替换下的环应附在表上并寄回全国鸟类环志中心，用来研究鸟环的耐用性。

同一窝的鸟应使用括号连接，并注明窝雏数和被环志的雏鸟数。

重捕栏：周围网场同期环志的鸟和其他时间及地点环志鸟以"R"字母记入此栏。需替换鸟环或再环志的鸟，按新的环型号和环号填写。不需要替换或再加鸟环的鸟，按先后次序填写在序列号后面。环志中心根据此栏提供的信息，决定是否通知原始环志人员（相邻网场可不通知）。

种名和种类编码：按《中国鸟类分类与分布名录》（郑光美，2005）的名称填写种名，不得使用土名。种类编码为环志中心计算机数据输入时使用，该栏环志人员无须填写。

年龄和确定年龄的方法：准确判定年龄是比较困难的，雏鸟及一年以下的鸟比较容易识别。一年以上的鸟需要根据不同方法确定年龄。以第六章内的年龄代码填写鸟的年龄，并注明判断方法。

性别和确定性别的方法：可参考第五章的方法。填写时注明判断方法。

日期栏：以双字码按年、月、日的顺序填写，如1996年1月30日应记作96.01.30

网捕地点栏：此栏以代码1、2、3等填写，以满足同一环志团体同时在几个地点网捕。具有2个或2个以上网捕地点时，应专门填写网捕地点栏（附表4）。

时间栏：记录上环后放飞的时间。

方法栏：记录网捕方法，如粘网、翻网、抛射网等。

状况栏：记录鸟的身体状况，如健康、瘦弱、受伤、死亡等。

测量栏：鼓励鸟类环志人员全面填写。由于称重时通常使用鸟袋，重量记录栏列出3项，鸟袋和鸟的总重量，鸟袋及鸟各自的重量。

其他测量值可视具体情况取舍，表内列出以下几项：体长、头喙长、喙长、最大翅长、尾长、跗跖长等。

备注栏：填写其他记录内容，如彩色标记，同窝雏鸟，鸟环的替换，再环志等。

（三）环志回收通知及感谢信（附表5和附表6）

全国鸟类环志中心根据各环志站点的网捕记录、观察记录以及广大公众报告的回收信息，及时填写环志回收通知给有关国家、单位或个人。对于环志回收的直接或间接报告人，鸟类环志中心都将寄送环志回收感谢信。环志回收感谢信统一编号。

环志回收通知使用中英文两种文字。除环号和鸟种名称外，内容还包括：

（1）回收报告人员（直接和间接报告）的姓名、单位、通信地址；

（2）回收过程，包括日期（年、月、日），地点（回收地点名称及离最近较大城镇的方位和距离），方式（网捕、枪击、毒杀、收购、拣拾等）；

（3）鸟的状况（健康、瘦弱、死亡）及处理（再环志、放飞、食用、遗弃等）。

今后，向环志中心提供的回收信息，应按上述内容全面填写。

感谢信的内容分两部分：感谢并宣传鸟类环志意义部分和报告回收鸟的环志情况部分，包括环志人员的姓名、单位、通信地址、鸟的存活时间和可能移动的最短距离。

三、全国鸟类环志中心建议使用（荐用）的表格

1. 鸟类环志日志（附表7）

按日记录环志工作情况可积累许多有用的信息和资料，如天气、植被、网捕强度、季节因素对网捕成功率的影响以及如何才能更有效的工作等。也可为研究人员进一步分析鸟与环境的关系提供重要的参考资料。

2. 羽衣和鸟体外部描述表（附表8）

描述鸟体羽毛和外部器官是一项专业性很强的工作，其目的是收集不同年龄和不同性别鸟的羽衣和外部器官的描述性资料，为年龄和性别鉴定提供标准和依据。此项工作在我国研究的还不多。

表头各项应认真填写，便于进一步验证和参考以及发现羽衣的地理变异。捕捉方法和鸟的状况直接与描述有关，死鸟的颜色和状态可能与活鸟明显不同。如描述死鸟，应在表格备注栏内注明估计的死亡时间。

表中各栏按描述顺序排列，从头到尾，从背到腹，再到足，由翅上到翅下。

颜色描述应尽量简单明确（如黄、灰褐），使其他人也能理解和识别。最好使用标准的彩色对照图。应在自然光下识别颜色，避免多种光源下描述。

有些鸟的羽毛形式很复杂，有时甚至需要描述每一根羽毛的特征，当表中空间不足时，在项目下注明记号，转到背面相关项目下填写。

3. 鸟类换羽记录表（附表9）

换羽是鸟类重要生物学特征之一，了解换羽的时间、换羽方式等项内容可提供丰富的鸟类学知识，为了便于有志于此项研究的人员使用，推荐使用澳大利亚鸟类环志中心的表格。

该表分正背两面，正面类型供初学者或偶然记录换羽的环志人员使用，背面类型供有经验的研究人员使用。为了便于计算机储存数据，各羽带或羽区及不同换羽阶段的代码如附表10所示。羽毛发育过程见图12-31。

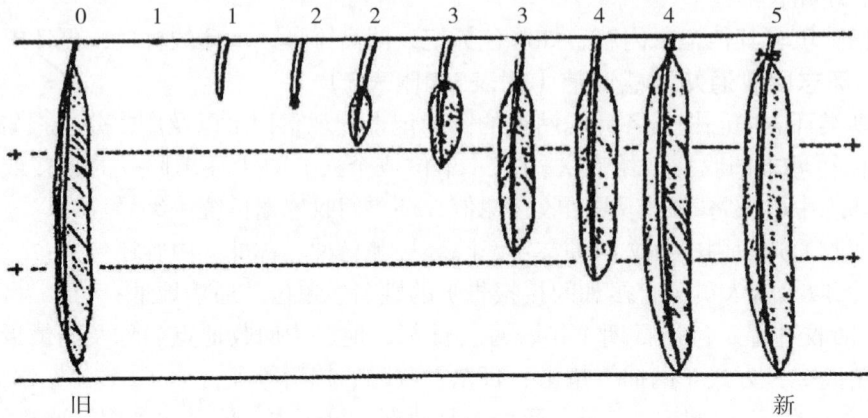

羽毛发育过程：

0 = 旧羽

1 = 羽毛脱落或出现新羽管

2 = 新羽1/3以下生长

3 = 新羽1/3 ~ 2/3生长

4 = 新羽2/3以上完全生长，但仍残留蜡质羽鞘痕迹

5 = 新羽完全生长

图12-31　羽毛发育过程

第四节　鸟体测量

鸟体测量的数值，尤其是翅长、喙长、跗跖长、尾长等是进行鸟类分类的基本数量依据，所以，鸟体测量一般来说会有以下的价值：

①区分相近的种；②区分同种内的不同亚种；③判别雌雄鸟；④研究幼鸟的生长规律；⑤研究飞羽和尾羽的换羽和磨损；⑥研究体重的变化情况，这一项对候鸟研究有重要意义。

一、翅长

国内教科书上对翅长的定义是"自翼角（腕关节）到最长飞羽尖端的直线距离"。这一定义所描述的只是翅长的自然长度。但由于翅在叠合状态下，呈现的是一个三维立体结构，所以，国际上对翅长的量度有3种方法。

1. 自然测量法，又称最短翅长测量

让翅膀处于闭合状态并与身体的轴线平行，量取从翼角到最长的初级飞羽所指示的刻度位置，便是自然翅长。这一方法对量度雀形目小鸟的翅长较为适用。不同环志员的测量值大概能达到一致。但对中等大小的鸟，如鸻鹬类，用这种方法测量的翅长值准确性差。实验证明用这种方法量取黑腹滨鹬的翅长，干和湿两种状态的翅长会有5.0mm的误差，潮湿会减低翅膀的弧度，使翅变得长一些。此外，鸟放在鸟袋内或鸟从网上解下来时，翅膀的弧度都可能发生变化。

2. 中等长度测量

翅膀所处状态同1，以轻柔的力将初级飞羽压向量尺，然后读取最长初级飞羽所指示的刻度值便是中等翅长。

使用这种方法量度翅长，虽然更有可能取得可靠的结果但环志员对翅膀所施力度的不同会出现差异。同时这一方法同1一样，不能准确判定飞羽弧度已发生变化的翅长。

3. 最大长度测量法

测量时翅膀所处状态同1，除了如2中压平初级飞羽，还应沿尺的方向将最长的初级飞羽捋直，整个过程一手的拇指应紧按住翅膀（图12-32）。

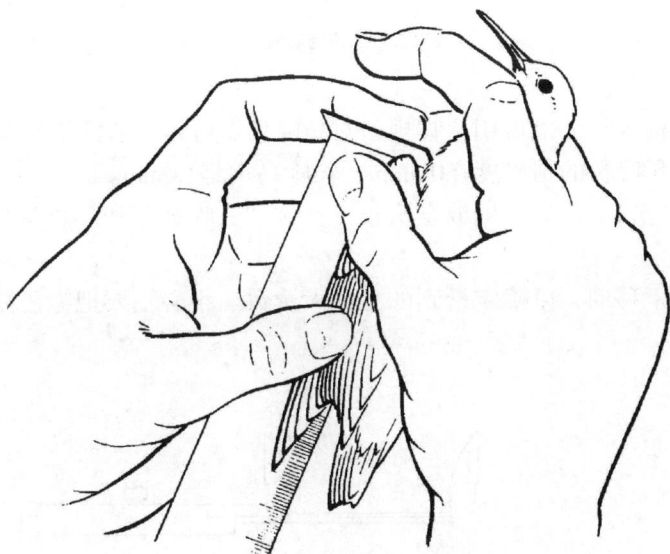

图12-32 最大翅长测量法

应注意的问题是不可用手指拉直飞羽，不然的话有可能把初级飞羽拉脱翅膀。这种方法基本上消除了因网捕处理或羽毛潮湿而导致的翅膀弧度的改变，同1、2相比，最大限度上消除了个人测量误差。

从3种翅长测量方法可以看出：3所测得的数值更为可靠，更具可比性，建议我国的鸟类环志工作者使用此方法测量翅长。这种方法也是目前世界各国所普遍接受的。在鸻鹬类环志时，必须采用这一方法。

对中小型鸟类，一个300mm的量尺对量取翅长已足够。建议的测量值精确度是1.0mm。量大型鸟类翅长时，可用一条软量尺在翅上表面量取翅长，也可用米尺以方法3量取翅长。

二、喙长和全头长

传统喙长的量法，小鸟是从喙尖量至喙与颅骨的接合处（图12-33a），猛禽类（鸮形目和隼形目的鸟）从喙尖量至蜡膜前缘（图12-33b），鸻鹬类和其他长喙鸟类从喙尖量至着生羽毛处（图12-33c）。

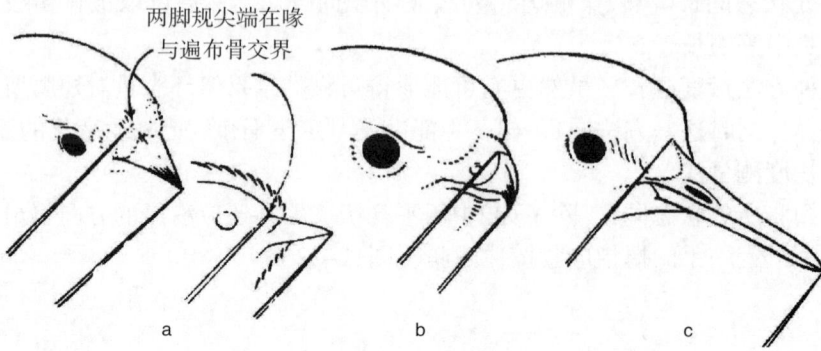

图12-33　喙长测量法

量度喙长可用游标卡尺，也可用两脚规，对长喙鸟类可用一般的量尺来量取。

一般情况下，测量喙长的精确度在0.5mm，长喙鸟类是1.0mm。

有时出于某种研究目的，需要测取全头长（又称"头喙长"和"总头长"）。测量方法如图12-34。

把鸟头小心地上下移动，以确定量到的是最大读数。小心不要把喙压得太紧，因喙带有弹性。

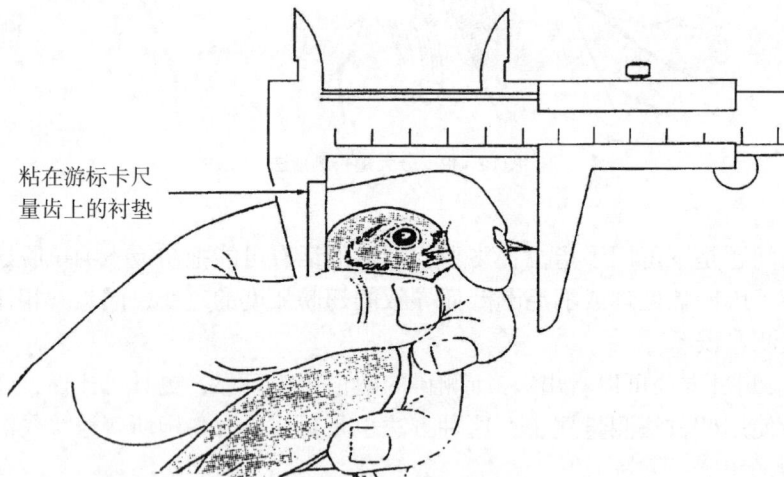

图12-34　头喙长测量法

三、跗跖

跗跖的长度是指从胫骨与跗跖关节中点凹陷处到跗跖与中趾关节前面最下方整片鳞片的下缘（中、大型鸟则为中趾基部）的距离（图12-35）。

中小型鸟类，跗跖长度可精确至0.5mm，若鸟的跗跖长已超过60mm。用1.0mm的精确度即可。

测量工具可用游标卡尺，也可用两角规。

四、尾长

理论上的尾羽长是指从尾羽基部至最长尾羽尖端的直线距离。在实际量取时，不同的方法有不同的结果。

最简便的方法是把量尺插在尾羽和尾下覆羽之间，滑到尾羽的羽根停住为止。也可用两脚规量取（图12-36）。

注意只能让两脚规的侧面接触鸟的身体。上面两种方法量取的数值接近理论值。还有一种方法是从尾的上面量取尾长，即把量尺放在尾羽和尾上覆羽之间取量，这种方法比尾下量法要长两三个毫米。本规程推荐的是尾下量法。

尾羽测量的精确度一般是1.0mm。

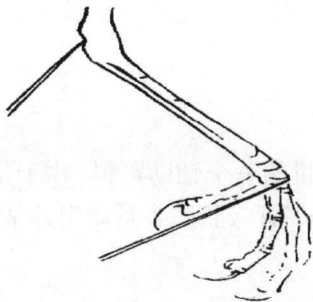

图12-35 跗跖测量法

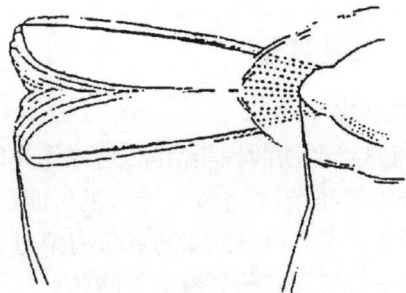

图12-36 尾长测量法

五、体长

自喙尖到尾端的长度称为鸟的体长。测量时，将量尺平放在桌面或地面上，左手轻握住头颈部，右手轻抓两腿，将鸟平放在量尺上，喙尖指示量尺刻度零点，然后读取尾端的刻度便是体长的数值（图12-37）。需要注意的是尽量使鸟处于自然伸展状态，挤压或拉长会使读数产生较大的误差。

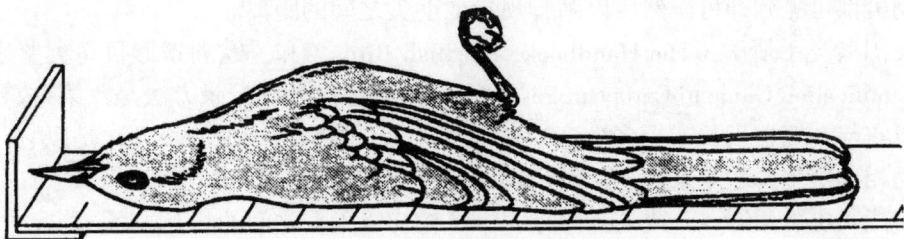

图12-37 体长测量法

六、体重

虽然弹簧秤没有天平精确，但在进行鸟类环志称取鸟体重时，弹簧秤是最佳的选择，携带方便，称量迅速。剪裁3个适合不同大小鸟类的由聚乙烯塑料制成的圆锥形鸟袋，几乎可以完成雀形目所有大小形态鸟类的称量。用这种圆锥形鸟袋盛放称重鸟的优点是鸟的翅膀被夹到体侧，不会挣扎，还有就是鸟袋的重量只需偶尔检查。

如果用布袋作为称量鸟袋，那么每次称过鸟的重量后必须马上再称空布袋的重量，因为鸟粪和湿度会使布袋的重量增加；同样，在温暖的房子里，空袋的重量会因水蒸发而变轻。

重捕的鸟每次都必须看作一只新的鸟进行量度和称量。重量在一天中会有明显的变化，一般黎明最轻，黄昏最重。因此记录每天重捕的时间也很重要。

称重的精确度以弹簧秤的精确度而定。一般情况是，50g秤精确到0.1g、100g秤0.5g、300g秤为1.0g。

七、其他度量

1. 脂肪级

记录鸟类脂肪的积累情况，可以作为代替重量或作为重量的一个辅助资料。由于是主观评估，分级越复杂，产生个人差异的可能性越大。一般只根据气管穴脂肪含量做出评估。

1级——没有可见的脂肪或仅有痕迹；

2级——气管穴部分覆盖着脂肪；

3级——整个部分都铺满了脂肪；

4级——不仅整个气管穴上铺满脂肪，脂肪已覆盖到愈合锁骨以上的位置。

鸟类脂肪的积存，也是研究鸟类迁徙或越冬极好的量化数值。

2. 翅式

测定和描述一只鸟的翅式对鉴别种类很有帮助，翅式基本上是初级飞羽相对长度的术语。在测定翅式时，初级飞羽的编号是从翅膀外向内数。这一点不同于换羽研究对初级飞羽的记录，因为换羽研究是从内向外数的。

在测定翅式前，应先将初级飞羽数一遍，以确定是否因换羽或意外丢失羽毛。随后，由翅下观察所有初级飞羽基部是否有蜡鞘，以判断是否刚换过或还没有完全长成。

当确定翅膀是完整无缺时，让翅膀处于自然叠起状态，只需稍倾斜一点，让所有初级飞羽的羽尖都可见到即可。然后以两脚规量取羽尖之间的距离。

《英国鸟类手册》（The Handbook of British Birds）和《欧洲雀形目鸟类鉴别指南》（The Identification Guide to European Passerine）所描述的翅式记录方法是：第1枚初级飞羽的长度以它与初级覆羽长或短多少毫米来表示，每一枚初级飞羽的长度，是以它与最长的初级飞羽相比短多少毫米来表示。图12-38是苍头燕雀的翅式。

有时翅式也可用">"或"<"来表示每枚初级飞羽之间的相互关系。

3. 嘴厚或嘴高

有几种不同的测量部位，目前多采用测鼻孔前端点或后端点位置的嘴高。测量时，嘴要完全闭合；同时，要查明鼻孔的位置和形态，有胡须时，要特别注意。游标卡尺是最合适的测量工具。

除以上3项外，还有翼展、嘴裂、趾长、爪长等长度的测量。这些量度视研究者的具体需要加以测量。由于概念和方法均很简单这里不再赘述。

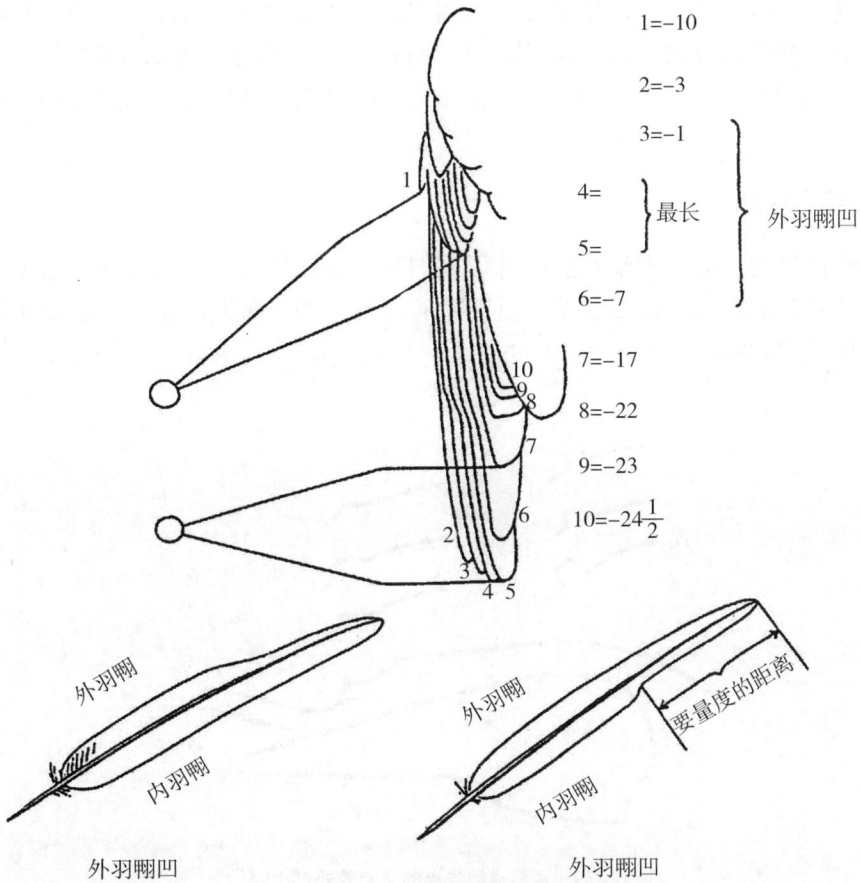

图12-38 苍头燕雀的翅式

第五节　性别鉴定

判断环志鸟的性别是环志技术中的一个难点，同时，正确掌握环志鸟性别鉴定方法对环志工作有很高的价值。

鉴定鸟类的性别最为直接的方法是查看体内的生殖器官。但是环志工作又绝对禁止对环志鸟哪怕是丝毫的伤害，因为任何微小的伤害都有可能给鸟带来无法预测的后果。因此，对环志鸟的性别鉴定只允许通过鸟体外部特征来判断。

以下特征常可用作判断鸟类的性别。

一、羽色

雌雄个体具有不同的羽色。雁形目鸭科大部分种类、鸡形目大部分种类，以及雀形目某些种类为雌雄异色。

二、孵卵斑

此特征仅适用于繁殖期捕获的鸟类。除个别鸟类如营冢鸟、巢寄生的杜鹃等以外，处于繁殖期的亲鸟腹部羽毛脱掉露出皮肤，这就是孵卵斑。

大多数鸟类为雌鸟孵卵，所以可以初步判定有孵卵斑的个体为雌性。但有时雌雄鸟均参与孵卵，都可能有孵卵斑，或仅雄性孵卵，如彩鹬、瓣蹼鹬、三趾鹑等。因此，以孵卵斑的存在与否来判断性别并不十分可靠，在作出判断之前，还应充分了解这种鸟的繁殖习性。

三、泄殖腔外形

很多雀形目鸟类可以根据泄殖腔的外形来判断性别，雄鸟的泄殖腔外形呈球状凸起，而雌鸟的泄殖腔凸起向尾部逐渐收窄，且泄殖腔口常常处于敞开状态。家麻雀雌雄鸟泄殖腔外形比较见图12-39。

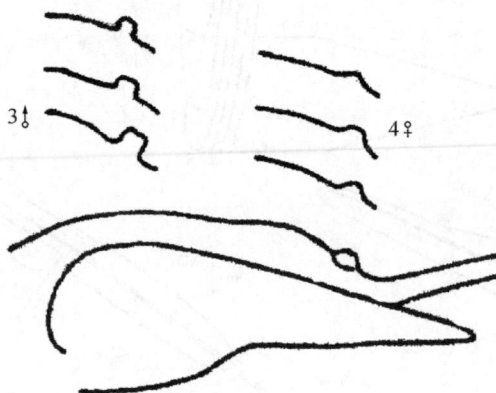

图12-39 家麻雀雌雄鸟的泄殖腔外形比较

这一鉴别特征对于识别处于发情期的个体极为有效。而且，很多种类也可以在其他季节以此来判别性别；对有的种类，甚至可以判别当年的幼鸟。

四、泄殖腔外翻

这一技术主要是对雁形目天鹅属和雁属鸟类性别的鉴定。

雄鸟交配器，简称"阴茎"在泄殖腔壁上，幼鸟在前端，成鸟在左侧。雌鸟的输卵管开口在泄殖腔的左侧，幼鸟的开口通常有一层薄膜覆盖。

检查泄殖腔时，将鸟腹面朝天，尾部向前，持鸟方法见图12-40（a）。然后以食指找到泄殖腔，将拇指和食指放在泄殖腔两侧，用力拉开泄殖腔。如果是雄鸟就会翻出"阴茎"，见图12-40（b），一般未成熟鸟的阴茎小而无鞘，成鸟则大而明显包在鞘内。

雌鸟没有"阴茎"，见图12-40（c）。成鸟输卵管的出口在泄殖腔壁左侧。

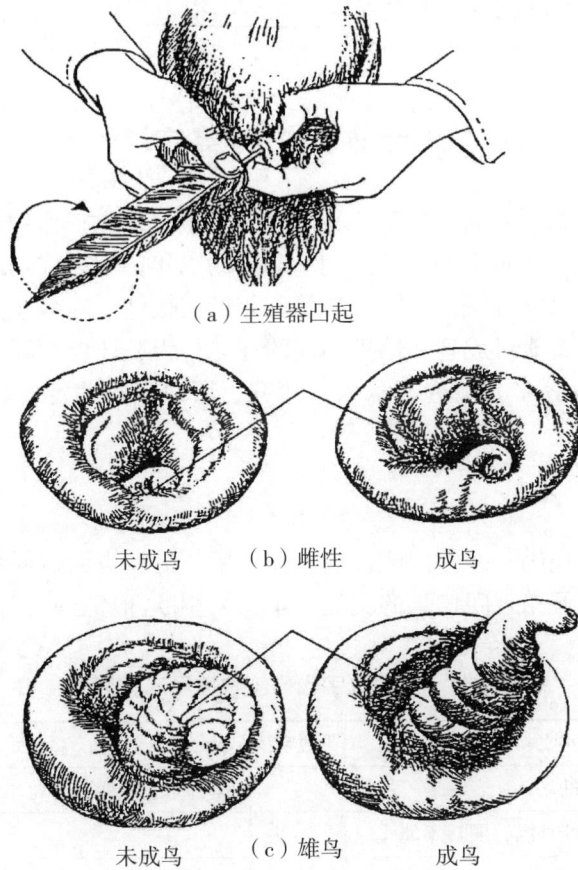

（a）生殖器凸起

未成鸟　　（b）雌性　　成鸟

未成鸟　　（c）雄鸟　　成鸟

图12-40　泄殖腔的翻出方法

五、个体大小

有的鸟类两性个体有着明显的差异，因此，可以根据个体的大小来判断性别。

在雀形目，若两性大小有别，雄鸟一般都比雌鸟大；而对隼形目和鸮形目鸟类来说，雌鸟一般要大于雄鸟。

一般来说，翅长是最常用的鉴别大小的标准，但其他的测量值如尾长、全身长、体重等也是极为宝贵的参考数值。

当以测量值判断性别时，要注意以下几点：

（1）自己的测量方法同相比较的文献上的方法是否相同。

（2）参考文献上的测量值可能取自标本，所以其数值会因标本的干燥而缩小，当与活体测量值比较时，应注意这一差异。

（3）有时会遇到一些超越正常界线的鸟类个体，对于这种情况，一定要在量过一定数量的鸟后，才能借最高与最低值来表示正常的个体变异范围。

（4）测量值最好只针对某一特定群体的鸟类，因为同一种不同的地理分布型就有可能产生明显的变差。

（5）测量时要考虑到羽毛的磨损程度，如果磨损得很厉害，可能会使量度不准确，从而导致错误的判断。

第六节 年龄鉴定

年龄鉴定是鸟类环志研究的一项重要技术，同时也是环志工作中重要问题之一。对环志鸟年龄的识别，一般只是对不满一年的幼鸟和比幼鸟年龄大的成鸟之间的辨别；对一些性成熟较晚的种类，如果能分辨出第二年或第三年的亚成体，对环志来说也是必要的。准确鉴定环志鸟的年龄，就能对成鸟和幼鸟不同的迁徙行为、迁徙时间、迁徙路线、成幼比例、鸟类寿命、生命表等多方面进行深入的研究，所以年龄鉴定对环志研究的意义极为重要。

一、年龄代码

在环志时使用年龄代码，一方面能提高工作效率，另一方面也使不同的环志者在描述年龄时能达到统一，以便相互间信息的交流。本文采用欧洲环志联盟使用的年龄数字代码（表12-11）。

表12-11 年龄数字代码（欧洲环志联盟）

数字	定义	数字	定义
1	幼鸟	2	全部生长发育，孵化年份不明（不排除当年）
1J	羽毛已长成，只能扑腾，明显不能飞		
3J	确定当年孵化，部分或全部亚成体羽毛		
3	确定在当年孵化	4	年前孵化，不清楚确切年份
5	确定在去年孵化	6	去年以前孵化，不清楚确切年份
7	确定在两年前孵化	8	3年或多年以前孵化，不清楚确切年份

在使用本年龄代码时，必须注意以下3个特点：

（1）本年龄代码的划分以历法年为基础，即年龄始点1月1日零时。

（2）奇数表示确切的年龄判断，偶数表示年龄的不确定性。2值其实表示"不知道"，而4、6、8至少可以表明某一年龄范围。

（3）虽然代码是从小到大排列，但婚后换羽期间（7—9月）可能需要降回一个较低的代码。也就是说，一只在繁殖季节代码是4的鸟，在换羽后，跟它"初冬"的幼鸟已无法区分，所以在该历法年余下的时间内，代码为4的亲鸟与代码为3J的幼鸟都会成为2。

二、年龄鉴定依据

一般来说，不可能找到鉴定所有鸟种年龄的适用准则，但以下成鸟与幼鸟之间所表现出的不同特征，可以作为年龄鉴定的标准。

（一）羽毛特征

（1）有些种类幼鸟羽色不同于成鸟，如天鹅幼鸟羽被灰色、鹤类的幼鸟常有黄色的幼鸟羽被，可以从外观上做出明确的判断。

（2）由于幼鸟廓羽（特别是在脖子、背部和尾下覆羽）的羽小钩很小，所以幼鸟羽毛都比成鸟的要显得柔弱和松散。

（3）幼鸟的覆羽和飞羽通常比成鸟的要略为尖和狭，平均长度也短些。

（4）一般而言，幼鸟翅下覆羽生长较晚，即使离巢很久，翅膀下往往还是赤裸着皮肤。

（5）羽毛的形状：某些种类的幼鸟在首冬（孵出后第一个冬天）保留了部分或全部的尾羽，幼鸟的尾羽一般较狭而末端较尖，而成鸟尾羽较宽、光泽好、末端较圆。但某些成鸟会因极度磨损，而显现出与幼鸟尾羽特征相似。所以，此标准在使用时仅作为其他判别法的佐证。

（二）换羽

1. 雀形目

雀形目幼鸟在幼鸟羽被期间没有经过一遍完全换羽的鸟种，幼鸟可能用以下任何一种形式更换大覆羽：

（1）根本不换。

（2）内侧换一点，数目不定。

（3）全换。

前两类的鸟可以在秋天判断年龄，有时在春天也可以，因为多种幼鸟的覆羽跟成鸟在颜色和花纹上都有分别，有时在形状和长度上也略有区别；比较容易判断的是第二类，因为它们内侧飞羽的覆羽跟外侧未换的形成明显的对比。

在使用上述原则时必须注意下列3点：

（1）有些幼鸟与成鸟一样换掉所有的覆羽。有的时候，一些正常情况下只换部分覆羽的幼鸟也会全部更换。

（2）有些种类的成鸟虽然在同一周期内换掉所有的覆羽，但在秋天时还是会呈现内外侧略成对比的现象。

（3）在春天使用这种方法是受到很大限制的，首先是因为羽毛的磨损，其次是因为很多成鸟与次年鸟（去年孵化的鸟）都在晚冬或早春时更换部分内侧大覆羽，所以覆羽会形成一点对比。

因此借大覆羽来判断年龄，特别是在春天时，需要对鸟的换羽规律有透彻的了解。

2. 鸻类

对鸻类幼鸟，所有的初级飞羽都同时生长，内侧的初级飞羽由于受外侧的盖护，磨损程度较低，所以，初级飞羽从内向外磨损程度逐渐增加。而对于成鸟来说，初级飞羽换羽的顺序从内到外，所以磨损的情况恰好与幼鸟相反，外侧初级飞羽磨损程度较低。需要注意区别的是，具有圆翅膀的鸟其外侧初级飞羽因受保护而磨损较轻。而有的种类的初级飞羽（通常是内侧）羽端浅白，这比深色的羽端磨损得快，这种情况也会导致磨损模式的不清晰。

在野外借助这种磨损模式来分辨幼鸟，几乎永远不会轻松容易。但长期记录某种鸟的换羽情况，便可能从中找出某些规律。

3. 其他非雀形目的鸟类

非雀形目鸟的换羽模式多样，有的同时脱落所有的飞羽（如鹛鹬目、雁形目鸟类，有的为周期性逐步换羽，飞羽完全更换需要几年的时间（如信天翁科、鸬鹚属、猛禽类的某些种）。其换羽规律在年龄鉴定方面的应用有待于进一步的研究。

（三）羽毛磨损

鸟类的羽毛总是暴露在摩擦和撕力之中的。羽毛的尖端和边缘会因磨损而变得破烂凹凸，羽毛表面失去光泽，颜色发生转变，如纯灰变得灰褐，红棕色变为灰棕色，黄褐色变为白色等。一般来看，换羽前磨损最为厉害的羽毛是：

（1）尾羽，特别是中央一对尾羽。

（2）三级飞羽。

（3）外侧长初级飞羽。

（4）大部分的翼覆羽，特别是内侧的大覆羽。

（5）最长的尾上覆羽。

（6）冠和背上的羽毛。

以上六类最易磨损的羽毛中，尾羽的磨损程度可以作为某些种类年龄判别的指标，至少在秋季环志时，可以应用这一指标。因为此时期内幼鸟的尾羽一般要比成鸟磨损的厉害得多（图12-41）。

但同一种鸟的尾羽磨损情况会因孵出的早晚、地区环境的差别等因素而有差异。有时也会因为捕捉时在笼内或鸟袋中使尾羽弄乱、弄脏或弄湿。在如上情况下，借助尾羽来判断年龄变得困难，甚至不可能。

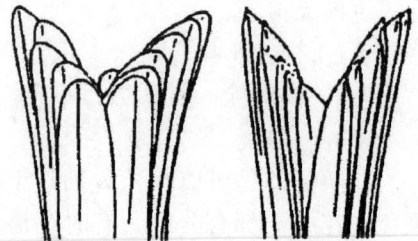

成熟鸟　　　　幼体

图12-41　尾羽的不同磨损程度

（四）生长线

在飞羽和尾羽上，经常都可观察到清晰或模糊的生长线。这些生长线反映了不同部位结构的差异，是在羽毛生长的时候留下的痕迹。生长线的宽度与间距受很多因素的影响，但在总体上反映了羽毛的生长速度和新陈代谢的情况。

理论上可以认为，每根尾羽的带纹特征相同的鸟是幼鸟，因为幼鸟的尾羽是同时生长的（图12-42a）；而成鸟尾羽换羽时间有早有晚，尾羽上的生长线不规则（图12-42b）。

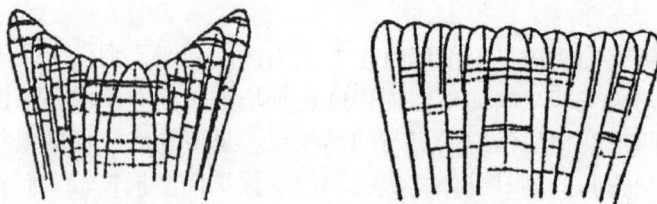

（a）规则生长线　　　　　　　（b）不规则生长线

图12-42　尾羽的生长线

但是，尾羽更换模式极不稳定，也可能因以下情况而导致错误的结论，如：

（1）因意外失掉了尾羽，所以新尾羽同时生长。

（2）可能属于经常一次更换尾羽的种类。

（3）不同时生长的尾羽可能凑巧成带。

　　所以，并非对所有的鸟种都可以利用生长线对鸟的年龄做出判断。野外工作时必须注意标准的局限性。

（五）头颅骨化

　　雀形目幼鸟在离巢时，颅骨只是覆盖在大脑上方的单层骨片（至少在宏观的角度来看，此时的头盖骨是单层的）。随着幼鸟的生长成熟，头盖骨会变为双层，中间夹有空间，有无数的小骨柱支撑。从外表上看，幼鸟的头盖骨无论死活都呈均匀的浅红色；至于成鸟，因为骨层间有空气，颅骨呈白色，且因骨层间的小骨柱，颅骨带细白斑点。两种常见的颅骨骨化形式见图12-43。

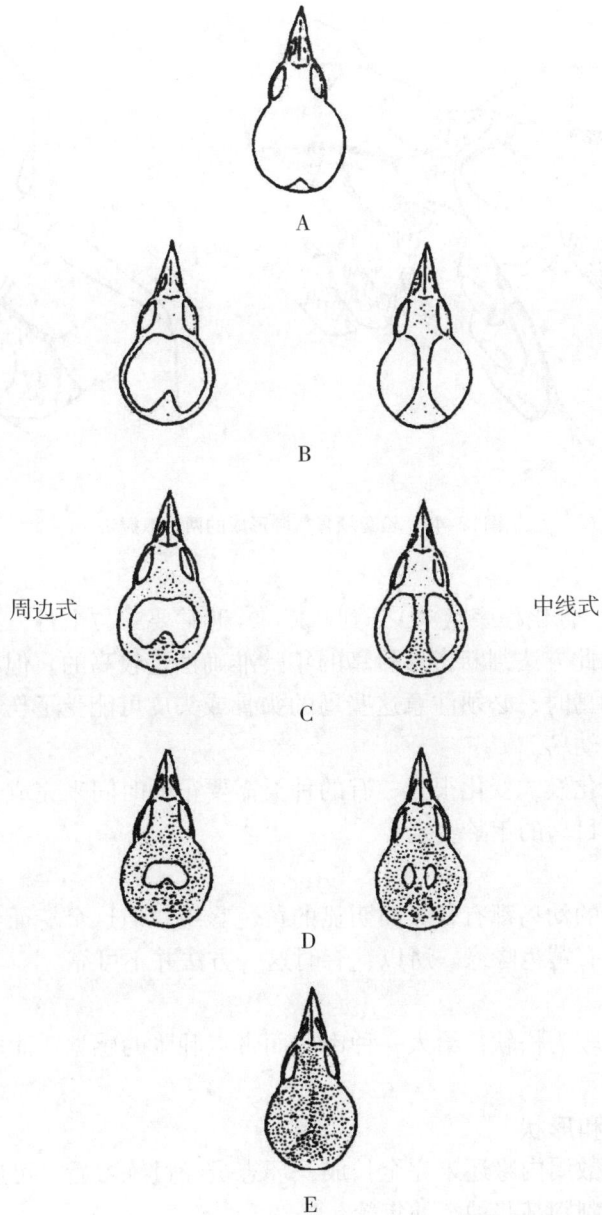

图12-43　两种常见的颅骨骨化形式

检查头颅骨化程度的程序如下：把鸟抓在左手中，鸟头夹在拇指和食指间。从头上部吹气（也可用小管吹）把羽毛分开，又或以右手指尖蘸点水，把鸟冠一侧的羽毛分开至颅后或眼后耳上的位置（在寒冬时不应使用此法），湿的羽毛较易分开。由于冠羽是沿着头排列的，羽毛应如图12-44般分开。当两列羽毛间的皮肤裸露时，可稍作沾湿，以增加皮肤的透明度。以右手的拇指和食指轻轻拉紧头皮，即可以从这个"窥孔"检查鸟的头盖骨颜色。检查时可配用小手电作为光源。由于皮肤的弹性，可对"窥孔"做点滑动来找到单层骨和双层骨的分界线。在夏天和初秋时应从颅骨的后方和中线附近开始检查，在深秋时首先应从耳孔上方开始。

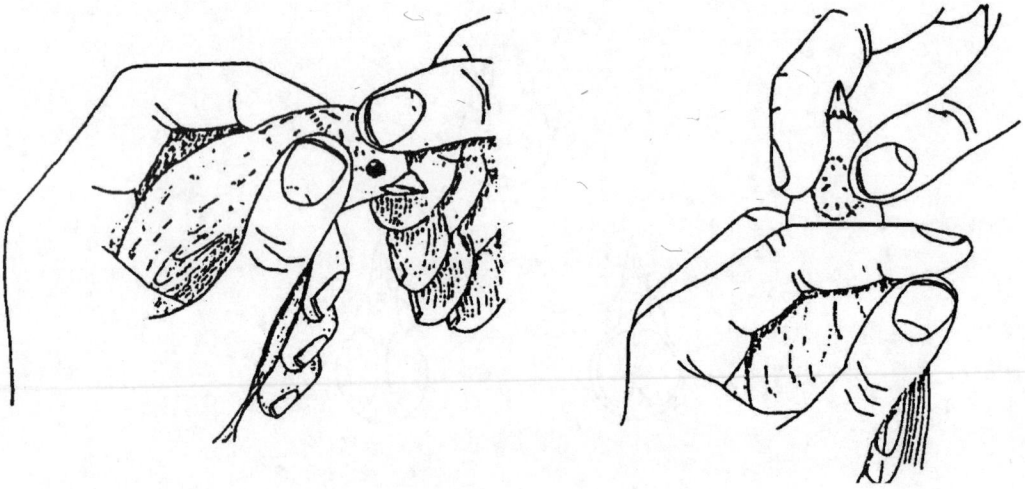

图12-44　检查颅骨气腔形成的两种抓握法

如图12-43所示，骨化程序从"A"到"E"，通常要3～7个月，有的甚至更长。所以在夏天和初秋时，以此方法判断雀形目鸟的年龄准确性是较高的。但在检查撞到窗户上的鸟或撞死在灯塔边的鸟时，必须注意这些鸟的头骨或头皮可能受了伤，在皮与骨之间的充血会使成鸟看起来像幼鸟。

非雀形目鸟的骨化模式变化很大，有的种类需要很长时间来完成骨化过程，所以头颅骨化不适用于非雀形目鸟的年龄鉴定。

（六）喙缘

大部分离巢数天的幼鸟都有较大而明显的黄色喙缘。但这个特征会很快消失。也应注意有的种类的成鸟也有黄色喙缘。所以，有时这一方法并不可靠。

（七）腿部外形

幼鸟的腿一般都较为松软，给人一种肉质而带点肿胀的感觉。而成鸟腿的质地一般较硬，也瘦一点。

（八）喙的颜色和形状

大部分鸟在离巢数周内喙还未完全长成，环志员经过练习后，可应用幼鸟与成鸟间喙的不同颜色和形状去判别某些种类的年龄。

（九）虹彩

夏天和初秋天时幼鸟与成鸟眼内虹彩的颜色有非常明显的区别，有时可以作为核查年龄的标准之一。一般来说，幼鸟的虹彩较淡，全灰色或灰褐色，而成鸟的虹彩颜色较深和艳丽，为褐色或红褐色。以这一特征识别的种类有：田鹨、短翅树莺、栗耳短脚鹎、芦鹀等。幼鸟虹彩的颜色随着成熟而成为成鸟的颜色，到了深秋和初冬时就基本上无法区别了。

在检查虹彩颜色时，以一聚光小手电作为光源较为方便和实用。但必须保证电源很足，因为在弱光下，任何色彩都呈现红色，使检查结果产生误差。

（钱法文）

第十三章

野生哺乳动物捕捉技术

第一节　野生哺乳动物的捕捉

一、捕获目的及原则

捕获目的确定应以国际上以及各个国家相关动物保护的法律法规为依据，采集前应明确采集目的、采集量和采集方式，应用合适的采集方案，并上报国家或地方相关部门，选择适宜的地点进行适时和适量的采集，对不同类型的哺乳动物需采用不同的方法，且采集后采取不同的保存或标本制作方法。采集时坚持合理利用、科学管理、科研与生态保护并重的原则。

二、捕获对象及捕捉地点的确定

捕获对象选择根据科学研究的需要进行确定，但必须遵循科学利用的原则。捕获地点的确定应得到有关主管部门的采集许可证及地方主管部门的同意，在掌握一定兽类生境知识的基础上，并对捕获地点的地形和地貌有所了解，选择捕获地点的捕获对象分布应在一定高的密度分布，方可进行科学研究。

三、主要捕捉方法选择

捕获方法多种多样，一般包括诱捕法、捕获器及化学制动等三大类方法。可以根据不同研究需要或不同捕获对象采用不同的方法，有的研究需要进行活体捕获，也有的研究需要对研究对象进行处死。即使同一研究对象在不同的研究目的和时间其捕获方法亦不相同。有时研究方法实施也受到研究对象的限制，对于珍贵濒危动物和广布种作为研究对象，其研究方法的实施应采取不同的捕获对策。

（一）引诱法

引诱法由于引诱介质的不同分为：诱饵、气味和声音等3类。

1.诱饵

可以根据捕获对象食性和生态习性不同，分别采用植物性食物、食盐、水和活体动物等作为诱饵，可以达到捕获的目的。

（1）植物性食物。对植食性动物来说，如偶蹄目和奇蹄目等植食性动物，可以根据其食性，通常采用一些家禽和家畜的饲料作为诱饵进行捕获。

（2）食盐。在某些特定环境中，食盐等矿物质盐类十分缺乏，为动物提供含盐诱饵是最好的引诱物，特别在特定时间，如鹿科动物的添盐季节，捕捉效果十分显著。

（3）水。

水是动物生活中不可缺少的重要物质，在水源缺乏的地区，水源对此区生活着的动物可以产生强大的吸引力，因此可以用水或含水较多的食物来诱捕，亦有明显的效果。

（4）活的动物。对于一些食肉动物来说，活的动物如鼠类和麻雀对食肉动物有较强的吸引力，活的动物会发出声响和散发气味等，容易引起食肉动物的注意。特别是大型食肉动物，可用兔、羊、鸡和小猪等活家畜来引诱。

2. 气味

由于哺乳动物对一些气味有一定的喜好性，因此捕获时可以利用各种气味引诱动物，特别是腐食性动物，它们对腐烂的肉、腥臭的鱼、有臭味的蛋等产生一定倾向性。

另一种利用气味方法是利用动物的一定习性来设计的，如动物的尿液、粪便及腺体，特别是发情期，母兽的尿液对公兽有着特殊的引诱作用。有领域保卫习性的动物，对同类的气味十分敏感，如小灵猫的灵猫香、河狸的肛腺和香囊分泌物都可以引诱其同类的光顾。

3. 声音

利用声音引诱动物也是常用的方法。通常利用捕获的幼仔叫声或录音来诱捕其母兽。把幼仔的叫声，发情动物的求偶声（如发情公鹿的吼叫声、雄鸟的求偶鸣声）的录音在生活的生境中播放，用以引诱动物。已有人成功地利用黑尾鹿公鹿的叫声诱捕母鹿，用鼠类的挣扎叫声引诱其捕食者前来捕食。

（二）诱捕器诱捕法

诱捕器的设置可以分为杀伤性诱捕器和活体诱捕器。杀伤性诱捕器一般适用于采集动物不要求活体的情况，如采集一些广布性的非珍贵濒危动物；活体诱捕器捕到的采集对象可以不受伤害或受害很小，可以将其带回实验室做进一步的研究或进行标志后进行放归研究。这种方法可以广泛应用于珍贵濒危动物的研究，将猎具放于合适的地点，使捕获的动物免受太大的损伤、炎热或寒冷等伤害。如果在冬季，最好在猎具外填充棉花等保暖材料。有时需要定时检查猎具，避免捕获的动物因饥饿、焦虑或受伤而损伤。活体诱捕器主要包括一些笼具和网具及自制诱捕器等。

1. 笼具

现在市场有专门生产笼具的厂家可以提供多种捕获用的笼具，用来捕获从小型的啮齿兽类到大型的狼等食肉兽类，甚至可以用来捕获体形更大的鹿科等有蹄类。钢丝诱捕笼是最常用的活体诱捕器，可以设置一定的自动机关进行捕获。

2. 网具

（1）围网驱赶法。围网驱赶法大多用于大、中型食草动物的捕捉。在非洲已用于捕捉斑马、矮水牛、羚羊、鹿等动物，在国内也用于獐、麂和鹿的捕捉，经证实，用围网捕捉动物的幼仔特别有用。围网大多用尼龙绳结成，绳子的粗细，网眼的大小应根据动物的体形设计。绳细网轻，但牢度不够也易伤害动物的皮肤。网眼大小应以动物的头能穿过为宜，颜色以草绿和灰褐色为佳，便于伪装。

（2）天网。利用天网可以捕捉一些鹿科动物，天网的面积为 $80 \sim 100 m^2$，用尼龙绳网结而成。天网安装在鹿类经常出没的地方，先把 $100 m^2$ 左右的草割去，草萌生后撒上盐土，吸引动物前来啃食和舔食。具体安装方法为，先在割去草的四周打上木桩，用四根立柱与地桩关节，立柱顶部安装天网，用一根长约 200m 的尼龙绳把网拉起。7d 后至草开始萌芽，因为鹿类喜食新萌发的幼芽，此时早晚派人守候，当鹿类进入天网后，把尼龙绳松掉，天网掉下罩住动物达到捕获的效果。这种方法由于相对于捕获对象损伤或伤害较小，适于捕获大型兽类，特别是珍贵濒危动物的捕获，但对动物的栖息环境破坏较大且耗资也较大。

（3）火炮牵引网。火炮牵引网是用火药爆炸所产生的推力把网弹射出去盖住动物。它的特点是隐蔽性好，发射突然，受环境条件的限制比较小。从捕捉小型鸟类到大型哺乳动物都可以使用。网具用各种材料的线绳结成，大多为长方形。根据捕捉对象确定网绳的粗细，网眼的大小和颜色。一般每片长10~20m，宽20m左右，网的一端连在炮身和弹头上。装置时，将火炮一字排开，将发射装置以45°埋入地下，网具需仔细叠好，妥善伪装。动物进入一定的射程后，按动电钮，弹头牵引网具向前方抛出，将动物罩住。

3. 自制诱捕器

（1）圈套。用尼龙绳、钢丝以及各种棉、麻、棕等制成绳索，然后将绳索的一端拧成或结成一个小环，另一端穿入小环形成一个可以活动的套子。套住动物后，由于动物前冲或挣扎，套子收紧，小环滑入倒钩内，套子即不再松脱。安装套子可以挂在树桩、灌木和自制的木桩上。由于圈套的方法很容易引起捕获动物的死亡，目前已很少使用。

（2）围栏与跑道。在草原或荒漠上，包括兔形目和有蹄类在内的一些较大的兽类在被人轰赶时，会沿着一定的路线跑，因此根据这一习性，可以组成几个人的轰赶队伍，将捕获对象沿着一定的路线驱赶，路的尽头设置大围栏，大围栏内又逐渐收口，末端是一个很小且带有保定装置的围栏，动物一旦进入便可触动保定装置而将动物捕获。捕捉大型的食草动物可以使用围栏法，在保护区或野生动物饲养场，如果附近有野生鹿类，可以利用发情公母鹿引诱野鹿，在冬季食物缺乏时，也可以用草料来引诱。围栏设在野鹿经常活动的地方，面积要100m²以上，在靠近外面门口处用铁丝围起一个面积约10m²的小围栏，把发情的母鹿赶入场中，野鹿便可被引诱进入围栏而将其捕获。

（3）陷阱法。用小瓷缸或小瓦罐子埋于地下，上口和地面平起或稍低，一旦小型动物如啮齿类陷入陷阱，将无法沿壁爬上，这样就可以获得活体动物作为研究对象，这种方法可以广泛适于啮齿类和食虫类动物，如田鼠、仓鼠等。此外，对一些大型的陆栖哺乳动物，可以就地截取等长度的树干做成一定大小的陷阱，上方设置较重的陷阱盖并用活动的木桩顶起，在木桩上拴上绳索，在陷阱不远处设置一个隐蔽的空间供抓捕人进行躲藏，在陷阱内放入引诱物，待野生动物进入时，抓捕人猛拉绳索将动物困住。

（三）化学制动捕捉法

化学制动是近年发展起来的有效的捕兽方法。借助枪械、箭弩和吹管把麻醉剂或镇静剂注入动物体内，使动物失去活动能力而被捕获。所用设备主要由麻醉枪，注射箭头和麻醉药剂等三部分构成。

（1）麻醉注射枪一般可分为两类：一类是用高压CO_2作为发射动力的气瓶型枪，另一类用火药发射。为了安全起见，目前麻醉枪大多使用高压CO_2作为发射动力。

（2）注射针头与一般普通的针头，有时为了回收和保证药物全部注入动物体内，针头上有倒钩，进入体内不易掉出，待动物麻醉后再取出。注射针头尾羽用于保持其飞行时稳定，尾羽用阻燃纤维做成，也有的用高温塑料制作。针管一般用铝管制成，中间有一活塞把针管分成两部分，前面储存麻醉药剂，后面有一发火装置。针头射入动物皮肤后，注射弹受阻，发火装置中一贯性重锤撞击底火爆发，推动活塞向前，把药物注入动物体内。

（3）麻醉药剂种类很多，主要有麻醉剂、镇静剂和骨骼松弛剂等，如埃托芬、司可林、卡他命和罗苯等。

在野外，动物被注射针击中后会迅速逃跑，随后药效发作而倒下。在这段时间内，要观察动物逃跑的方向，随后立即追赶，见动物倒下后要做事后的护理工作。

（四）翼手类的采集

由于翼手类是兽类中唯一具有飞翔习性的类群，其捕获方式和一般兽类会有所不同，因此前述多种方法可能就不适于翼手类动物的捕获。采集翼手类常用猎枪或特制的网，甚至可以用手戴上手套后直接捕获。翼手类多在黄昏活动，并且飞行轨迹捉摸不定，使用猎枪捕获一般难度较大。迷网是专门用来捕获飞行兽类的工具，可以由多片张网构成，挂于广漠地带，或沿着溪流张挂，或横挂在林地的一小片开阔的空地。当然，如果知道翼手类的出没地点或巢穴，则可以直接将网张于出没地或巢穴口，然后采集者利用驱赶的方法，让它们自投罗网。

四、不同捕捉方法的实施

各种捕获方法的实施或安放可以归结为3种：痕迹法、样线法和栅格法。其中痕迹法最为常用。

1. 痕迹法

根据动物新近留下的痕迹决定捕获器的安放地点的方法称为痕迹法。这种方法有捕获效率高的优点，但花费时间长和要求对捕获对象的熟悉程度较高。如果这次动物捕获成功，为了便于下一次还以同样的方式布放，应当对这次动物痕迹和诱捕器布放方法进行详细记录。当然，这种方法不适于痕迹不明显的兽类，特别是小型兽类，由于其痕迹不明显会造成一定的偏差。

2. 样线法

样线法是指在选定的直线上间隔一定距离布放捕获器。该方法需要在起始点和终点做必要的标记，通常利用色彩鲜艳的布条或绳索。采集者从起始点开始放置捕获器，接下来朝着结束点按一定间隔布放，直至终点。间隔距离的选择可以根据研究对象的不同而不同。样线法的放置可以使得采集者在短时间内布放大量的捕获器，此方法比较适于小型兽类的捕获，同时可以克服痕迹法捕获时的偏差。但不足之处就是效率较低。

3. 栅格法

亦称网格法，也可以说是样线法的扩展。栅格法通常用于研究哺乳动物的生活史、空间分布和迁徙活动等，该方法要求在采集标本的样地上规范地画出方格形，在行列线交叉点上布放捕获器。行间距和列间距都要有一固定值，这个值由采集对象而定。这种方法对动物痕迹和栖息地状况要求不严格。

五、捕捉过程应注意事项

捕获过程可能对采集对象产生一定的负面影响，首先是种群数量的下降，其次是对捕获个体产生一定的伤害或损伤，有的物种由于受到采集的干扰不得不放弃原来的栖息地或有弃婴等行为，从而对此采集对象产生一定影响。例如，许多翼手类有集群休息的习性，因此很容易捕到大量个体，但是如果采集时不加节制，会给被采集种群带来毁灭性的打击。另外，繁殖期的翼手类会在洞中形成一个育婴群，此时它们对外界刺激如光照、噪声和气味等都非常敏感，受到干扰时，有可能会放弃其居住地，而这种放弃对种群来说多是不利的。因此捕获时应注意做到适时和适地，减少对栖息地的损伤，减少噪声，对研究过程中的污染物及时处理等措施。

第二节　捕捉后的处理

对野生动物捕获后应及时处理，首先对捕获个体进行种类的鉴定，特别是啮齿类和翼手类由于其形态上相近，应仔细利用模式标本或原色图鉴等进行种类鉴定。若是所需研究对象应当及时进行处理，若不是所需研究对象也要及时妥善地处理，如非采集对象为活体应当就地放归，对死亡个体则要按一定方法或原则进行处理。

（一）活体与死亡个体的处理

捕获到的活体个体的处理根据研究的需要和捕获对象的特性，可以分为处死、取样或标志后放归。捕获对象处死的方法很多，小型兽类可以用氯仿或戊巴比妥钠等麻醉试剂致死后处理，大型兽类的处死需要有一定经验的人员处理。处死后根据研究需要进行标本的制作。死亡个体需要及时得到处理以防止因腐烂而变质造成损失。在取样后对采集对象产生废物要及时处理。样品及时送实验室或采用一定方式进行保存处理。

（二）取样后处理

捕获对象在取样后，可以进行必要的标本的制作。兽类标本的制作包括侵制标本和剥制标本的制作，其中以剥制标本的制作为主。

1. 浸制标本的制作与保存

兽类标本浸制标本一般包括器官、仔兽、流产死亡幼体及小型兽类整体等的浸制。兽类浸制标本的制作包括浸制液体的配制、动物或器官的整形和固定保存3个步骤。

2. 剥制标本制作与保存

兽类剥制标本先在后腹部沿腹中线剪开长约身体1/5的开口，用镊子轻轻剥离皮肤，在剥离的同时需撒入适量的滑石粉等用来吸掉血液和组织液，使得剥离后的皮肤和身体部位保持干燥易于操作，毛皮不易被污染。接着后肢在膝骨处向开口处外翻并在膝骨处剪断，然后另外一后肢同样外翻剪断，同时剥离皮肤并外翻。这样一直翻至前肢和头部，如同脱衣一样，用尖镊子拉出耳内皮肤，用剪刀贴近颅骨剪开耳基部皮肤。继续翻转到眼部，沿眼基剪下，注意保持眼睑的完整性。翻到唇部时沿唇内侧剪开皮肤。这时皮肤和躯体就完全的分离了。应当尽快用解剖刀和镊子尽可能除去皮肤、四肢和尾部内表附着的肌肉及脂肪组织。然后在清理干净的皮张内表面涂上一层硼砂或砒霜等防腐药品。然后对皮张进行填充剂（棉花也可以）填充，填充完进行必要的整形。最后把填写的标签系在标本上。当然，制作兽类标本其头骨的处理与保存也很重要，因头骨是兽类种类鉴定很重要的依据之一。

（李文博　沈颖　李明）

第十四章
样本采集、保存及运输

第一节 样本采集原则

一、样本采集一般性原则

1. 采集最适样本

理想的病毒性疾病临床样本，应是无菌采集的含病毒量高的血液、器官组织或分泌物和排泄物，因此要根据疾病的病性采集合适的样本。如无法估计是何种疾病时，应根据临床症状和病理变化采集样本，或应全面采集样本。采样时应注意病毒感染所致疾病的类型（如呼吸道感染疾病、胃肠道感染疾病、皮肤和黏膜性疾病、败血性疾病等）、病毒的侵入部位、病毒感染的靶器官等。

2. 适时采集

采集病料样本的时间一般在疾病流行早期、典型病例的急性期，此时病毒的检出率高。后期由于体内免疫力的产生，病毒成熟释放减少，检测病毒比较困难，同时可能出现交叉感染，增加判断的困难性。在采集供抗体测定用血清样本时，可适时地采集急性期和恢复期的两份血清样本。一般两份血清的间隔时间为14～21d。

动物死后要立即采样。夏天最迟不超过4～6h，冬天不超过24h，供做切片样本必须采集后立即投入固定液。否则时间过长，会使细菌和组织细胞死亡、溶解，影响检验结果。

3. 无菌操作

采集样本所用的器械及容器要进行严格的消毒，样本采集过程都应该无菌操作，尽量避免杂菌污染。

4. 剖前检查

若有突然死亡或病因不明的尸体，须先采集末梢血制成涂片进行镜检，疑似炭疽时，不得进行解剖。如需要剖检并采集样本时，应经上级有关部门同意，选择合适的场地，做好严格的防范工作，剖后要进行严格的消毒处理。

二、采集陆生野生动物样本的原则

对于国家级或省级重点保护野生动物，紧急情况下实行死亡动物采样与报批同步；正常情况下，应在获得国家相关部门的行政许可后，根据国家有关要求确定具体采样方式和强度。对于非重点保护野生动物，采样强度可根据野生动物种群大小，结合疫源疫病调查的需要进行确定。

第二节 样本采集方法

陆生野生动物的捕捉，根据监测取样的需要，针对不同的野生动物特点，采用不同的方法进行。为了从业人员和野生动物的安全，野生动物的捕捉必须由专业人员进行。监测人员到达野生动物异常死亡现场后，要进行调查、估测死亡率，包括野生动物种类、种群数量、死亡数量、地理坐标以及死亡事件的地理范围。原则上，只有受专业培训的人员可进行剖检取样。除了采集野生动物样品外，还可以采集其他环境样品，如水、土壤、植被或其他被认为对死亡产生作用的因素。

陆生野生动物疫源疫病监测样本的采样方式包括：活体野生动物的非损伤采样方式，如拭子、粪便和血样的采集。活体野生动物和尸检野生动物的损伤采样方式，如脾、肺、肝、肾和脑等组织的采集。国家重点保护野生动物、珍稀濒危野生动物活体原则上不采用损伤性采样方式。野生动物被采样后，根据情况及时将其放归自然生境或进行救护，所用物品和死亡野生动物需进行消毒和无害化处理，并填写野外样本采集记录表（见附录5，附件2）。

一、损伤采样

1. 新鲜的小型尸体采样

在戴手套的手上反套一只塑料袋，然后用袋子将死禽包起，将袋子封严（如需保证袋子更结实和干净可用双层塑料袋），并在袋子上写上样品编号（与野外采样记录表上所填的编号一致）、种类、日期、时间和地点。如死亡的不止一种野生动物，应每种收集几份样品供诊断之用。

2. 剖检采样

在偏远地区，可以现场实施剖检，直接采取相关组织样品。所采组织样本尽可能取自具有典型性病变的部位（如肝、脾、肾、直肠等器官），并将样品保存在冰柜或冷藏柜中。样品的盛皿外写上样品编号（与野外采样记录表上所填的编号一致）、种类、日期、时间和地点。

（1）心、肝、脾、肾、肺、淋巴结等实质器官的采集：先采集小的实质器官，如脾、肾、淋巴结，小的实质器官可以完整地采取，置于样本袋中。大的实质器官，如心、肝、肺等，在有病变的部位各采取$2\sim3cm^3$的小方块，置于样本袋或平皿中，要采集病变和健康组织交界处。用于病毒分离样品的采集必须采用无菌技术采集，可用一套已消毒的器械切取所需器官组织块，并用火焰消毒剪、镊等取样，注意防止组织间相互污染。

（2）脑、脊髓样品的采集：取脑、脊髓$2\sim3cm^3$浸入30%甘油盐水中或将整个头（猪、牛、马除外）割下，用消毒纱布包裹，置于不漏水的容器中。

（3）肠、肠内容物及粪便样品的采集：采集肠样品时，选择病变最严重的部分，将其中的内容物弃去，用灭菌的生理盐水轻轻冲洗后，置于样本袋或平皿中。肠内容物或粪便样品采集后置于样本袋或平皿中。

二、无损伤采样

1. 拭子样品

采样用拭子应选用人造纤维或涤纶质地的头。

样品采集步骤如下:

（1）做好必要的个人防护，穿戴防护服，佩戴口罩。

（2）选择适合动物体形的拭子大小，将包装从尾端打开，不要接触拭子头部。

（3）取出拭子，将整个头部深入待采集部位，轻柔旋转2~4圈，直至拭子完全浸润。

①采集泄殖腔拭子（简称肛拭子）时，深入泄殖腔轻柔旋转2~4圈，蘸取粪便或排泄物，甩掉过大的粪便（>0.5cm）。

②采集气管拭子时，深入口腔后部，在两块软骨结构间的随呼吸开闭的位置，轻柔旋转2~4圈，蘸取咽喉分泌液。

③采样动物为鸟类时，因体形过小气管开口直径狭窄，难以准确采集气管拭子，可采集口咽拭子代替，在口腔舌后部上下腭间旋转蘸取分泌物。

（4）打开拭子采集管，将拭子头部置于运输保存液中距底部约3/4的位置。

（5）剪断或折断拭子，使整个头部和一部分杆留在拭子采集管中，盖严盖子。

（6）剪子用75％乙醇擦拭消毒。

2. 粪便

应采取采样野生动物种类明晰且新鲜的粪便。

3. 血液样品

血液可通过静脉采集，根据动物体形大小与所需血液的量选择22g、23g、25g或27g静脉注射针，或12mL、10mL、6mL、3mL或1mL的注射器。对野生动物，通常每100g体重采取0.3~0.6ml的血液不会对其健康产生影响。采血后，在采血部位覆盖纱布并指压30~60s至不流血。

根据用途不同，采血后立即将血液转移至血清分离管或血浆分离管中。血浆样品应立即冷藏保存等待离心，血清样品应放置于环境温度中等待凝血后冷藏保存直至离心。离心后，血浆或血清样品应用无菌吸头转移至冻存管，或小心倒入冻存管，冷冻保存。

第三节 样本处理

一、样本处理

1. 血清样本

无菌采取的动物血样，将盛血容器放于37℃温箱1h后，置于4℃冰箱内3~4h，待血块凝固，经3000r/min离心15min后，吸取血清。

2. 拭子样本

进行某些特定病原检测时，需置于盛有含抗生素的pH7.0~7.4的样本保存溶液的冰盒容器中。保存溶液中的抗生素种类和浓度视情况而定。

3. 组织样本

所采组织样本应置于冰盒容器中。

4.粪便样本

用于病毒检测的粪便样品应置于内含有抗生素的样本保存溶液的容器中。运送粪便样品可用带螺帽容器或灭菌塑料袋；不要使用带皮塞的试管。

5. 动物样本

对于小型的野生动物，可直接将病死或发病野生动物装入双层塑料袋内，置于冰盒容器中。

6. 非病毒性疫病样本

处理时，必须无菌操作，不能使用抗生素。

二、样本保存

样本应保存在液氮中。

样本应密封于防渗漏的容器中保存，如塑料袋或瓶。能够在24h内送达实验室的样本可在2～8℃条件下保存运输；超过24h的，应冷冻后运输。长期保存应冷冻（最好-70℃或以下），并避免反复冻融。不能用保存人畜食物用的冰箱来存放样本。

进行流感病毒学分析时，如果样品能在4h内运抵实验室做检测或存档，则可放在冰块上储存，或将样品直接在野外放入液氮（-196℃），随后保存在-70℃或更低温度中（液氮温度为-196℃），以便在实验室检验之前能保存好病毒及其RNA。样品保存不当可能会导致无法诊断。

三、样品包装

保存样本的容器应注意密封，容器外贴封条，封条由贴封人（单位）签字（盖章），并注明贴封日期。

包装材料应防水、防破损、防外渗。必须在内包装的主容器和辅助包装之间填充充足的吸附材料，确保能够吸附主容器中所有的液体。多个主容器装入一个辅助包装时，必须将它们分别包裹。外包装强度应充分满足对于其容器、重量及预期使用方式的要求。

如样本中可能含有高致病性病原微生物，包装材料上应当印有国务院卫生主管部门或者兽医主管部门规定的生物危险标识、警告用语和提示用语。

待检样本的运输应根据国家有关规定实施。

（刘衍 梁宏蕊）

第十五章
陆生野生动物疫源疫病监测防控信息管理系统操作指南

第一节　系统概述

　　陆生野生动物疫源疫病监测防控信息管理系统（以下简称"管理系统"）由国家林业和草原局生物灾害防控中心（以下简称"防控中心"）组织研发，主要面向陆生野生动物疫源疫病监测防控行业使用的软件。"管理系统"是基于公网平台、利用虚拟专网（VPN），实现陆生野生动物疫源疫病监测防控工作信息化表达的载体平台，具有信息采集、信息管理、查询分析、主动预警、专项监测、应急响应、趋势预警、综合管理等八大功能，可实现对监测防控信息的安全、有效传递和规范化管理，进一步提高了监测防控工作的时效性和积累性，切实发挥信息化管理的优势，从而有效提升监测防控水平。

　　管理系统研发之初主要依托电脑来确保全部功能的实现，然而针对信息采集部分，如野外作业、信息报送时效性等的特殊需求，导致依托电脑无法很好地满足工作实际需求。为进一步提升陆生野生动物疫源疫病监测工作的效能，开辟野外现场与室内办公的信息化通路，考虑承载终端、应用场所以及要实现的功能等实际需求，在管理系统的架构下，依托野外移动采集设备，利用近年来发展迅速的野外数据采集设备、Android软件架构和移动互联网络，结合全球定位系统（GPS）和通信运营商定位服务混合定位技术，充分利用野外数据采集设备所具有的拍照、摄像、传感等特性，建设一个统一标准、统一接口的"陆生野生动物疫源疫病监测信息采集系统APP"（以下简称"采集系统"）。采集系统包括监测记录、信息查询、疫源库、疫病库、应急通信、通知公告、专家库、使用说明、数据更新等功能。作为管理系统野外延伸部分，管理系统后台开放"采集系统"的数据接口，用户可以利用移动采集设备将日常巡查采集到的数据直接上传至管理系统数据库，实现一体化管理。

　　管理系统以监测单位为基础设置用户。按照"一站一户"的原则设置纵横4级3类用户体系，横向分为监测站用户、管理机构用户和科技支撑单位用户，纵向分为国家级、省级、市级和县级4级。为确保监测信息数据网络传输的安全性，所有用户均需凭VPN证书登陆使用管理系统，管理系统电脑客户端用证书由防控中心按照"一户一证"的原则统一创建和管理，并配发给各省级管理机构，由省级管理机构配发至辖区内各用户。而"采集系统"证书由监测站用户和省级以下管理机构用户根据实际需求向所属省级监测管理机构申领。

第二节　管理系统运行环境

一、硬件要求

管理系统软件安装在服务器端，用户通过客户端计算机进行访问，以下是硬件设备要求：

客户端最低配置要求：CPU主频2GHz、内存2GB、硬盘100GB，互联网网络带宽1Mbps；

应用服务器最低配置要求：CPU2×2.26Ghz、内存4GB、硬盘4×500GB、RAID卡；

数据库服务器最低配置要求：CPU2×2.26Ghz、内存4GB、硬盘4×500GB、RAID卡。

二、支持软件

管理系统软件分别在服务器端和客户端需要载体的系统软件和基础软件的支持，以下是支持软件的要求：

客户端：Windows XP及更新的微软操作系统、Internet Explorer 8.0及以上版本（或者360浏览器6.0及以上版本）、Office2003及以上版本；

数据库服务器：Centos Linux 操作系统5.0及以上版本、Oracle10g及以上版本；

应用服务器：Centos Linux 操作系统5.0及以上版本、Sun Java SDK1.6、Tomcat 6.0。

第三节　管理系统操作

一、系统登录

用户登录管理系统需持有省级管理机构分配的证书。

（一）电脑端证书安装

打开计算机的IE浏览器软件，选择【工具】菜单下的【Internet选择】，如图15-1所示。

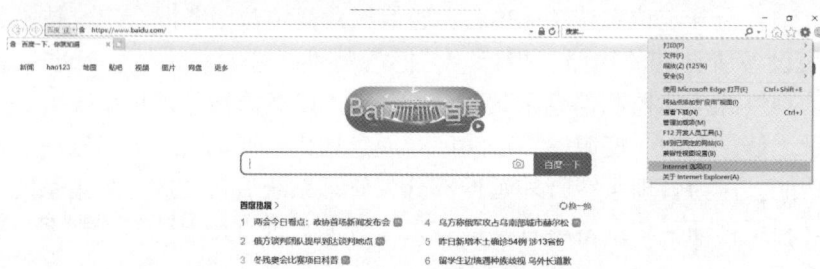

图15-1　选择"Internet选项"

打开【Internet选择】页面后，选择【内容】选项卡，点击【证书（C）】，如图15-2所示。

图15-2　点击"内容"选项卡中的"证书"

点击后，打开【证书】页面，点击【导入】，如图15-3所示。

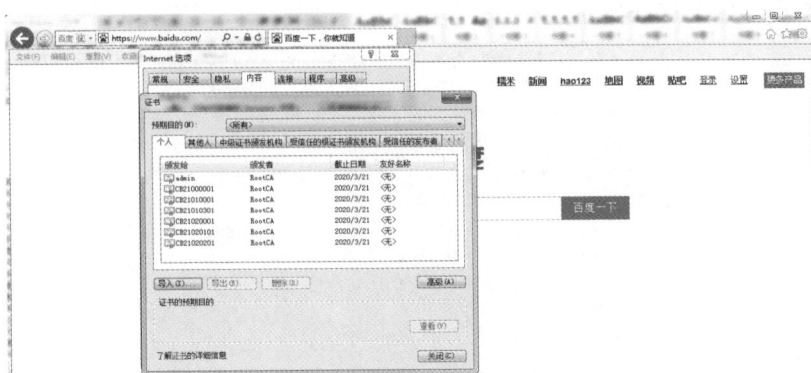

图15-3 点击"导入"选项

点击后，进入【证书导入向导】页面，点击【下一步（N）】，进入证书选择页面，如图15-4所示。

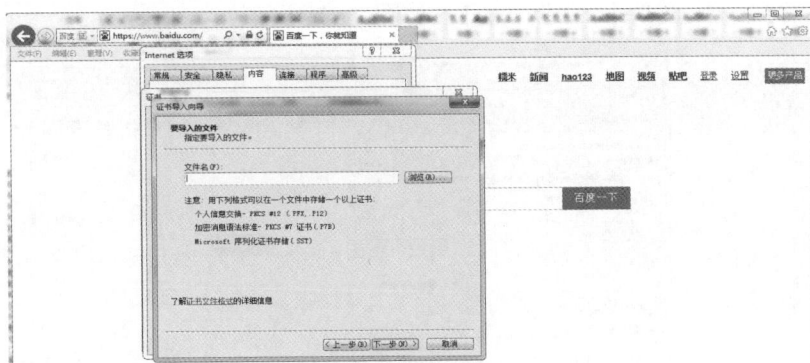

图15-4 点击"下一步"

在【证书导入向导】页面，点击【浏览（R）】，找到证书的存放位置，文件类型选择【个人信息交换（*.pfx*.p12）】，选中证书文件后，点击【打开（O）】，如图15-5所示。

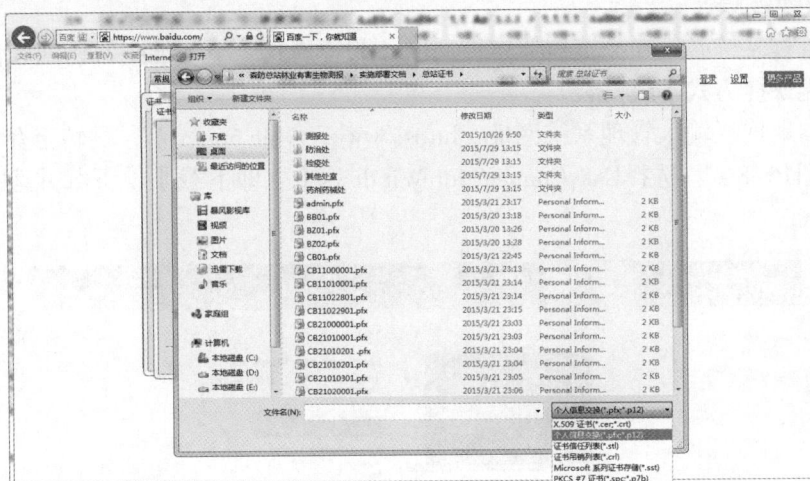

图15-5 选择管理系统电脑端用证书

点击【打开（O）】后，在【证书导入向导】页面，点击【下一页（N）】，进入证书密码输入界面，如图15-6所示。

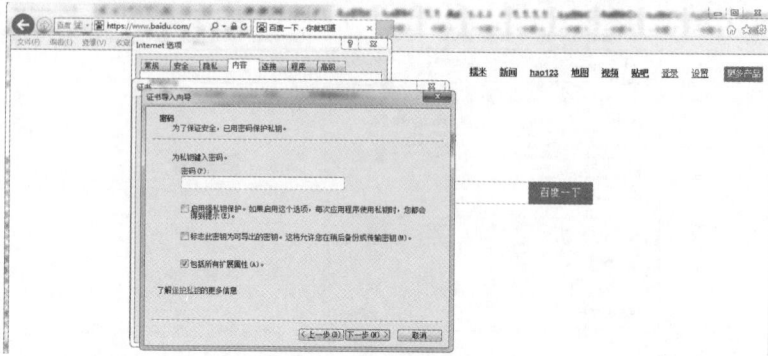

图15-6 输入证书密码

输入证书的安装密码，点击【下一页（N）】，进入证书存储位置选择界面，选择【根据证书类型，自动选择证书存储】，点击【下一页（N）】，完成证书导入。点击【完成】，显示【导入成功】的提示信息，如图15-7所示。

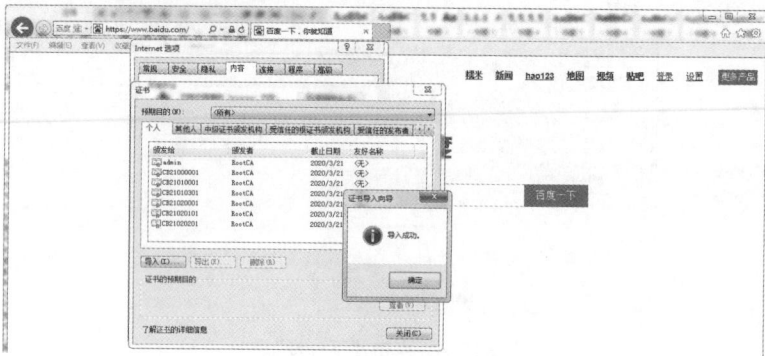

图15-7 证书导入完成

直接双击证书，也可进入证书导入向导功能，后续操作同上。

（二）首次登录

注意：管理系统必须在浏览器兼容性视图（兼容模式）下才能正常访问和使用！！！

1. 客户端快捷方式下载安装

在浏览器地址栏输入管理系统网址（https://www.yyybjc.org.cn），跳转至登录快捷方式下载页面（图15-8）。选择EasyConnect for Windows【立即下载】，下载并运行安装该客户端快捷方式。

图15-8 登录快捷方式下载

安装成功后，电脑桌面会出现系统登录快捷方式图标📇。

2. 登录管理系统

重新打开浏览器，输入管理系统网址（https://www.yyybjc.org.cn），跳转至VPN登录页面（图15-9），选择【证书登录】。

图15-9　VPN登录页面

选择所在单位（用户）的证书（图15-10），点击【确定】。若跳转过程中如出现安全提示，需选择允许或继续浏览此网页。

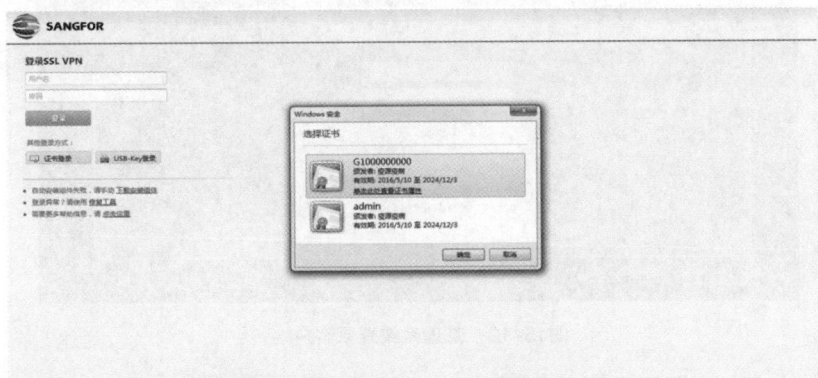

图15-10　选择用户登录管理系统用证书

跳转时可能会出现VPN初始化安装界面（图15-11），待组件自动安装完成，即可跳转到资源组列表（图15-12）（部分浏览器此步为自动跳转！）。

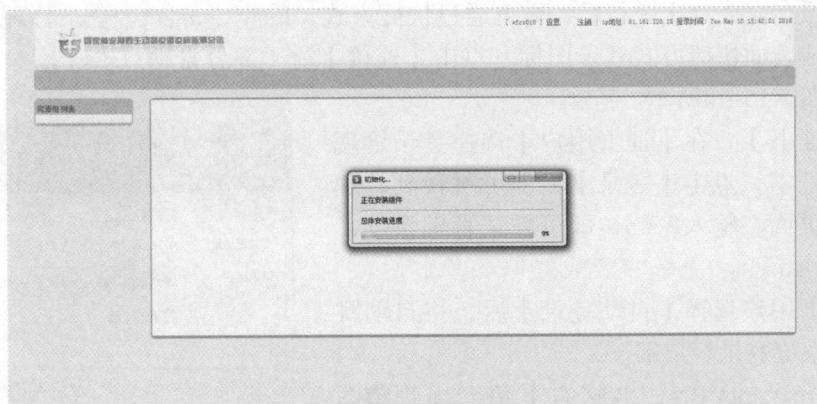

图15-11　VPN初始化安装界面

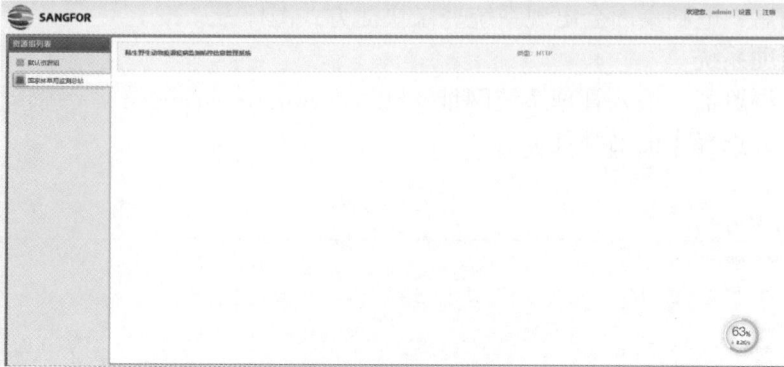

图15-12　资源组列表界面

选择【陆生野生动物疫源疫病监测防控信息管理系统】，即可跳转到管理系统登录客户端页面，如图15-13所示。

图15-13　管理系统登录客户端

输入用户的密码，即可登录管理系统。

注意：成功登录后，管理系统会自动提醒修改登录密码，密码需包含大小写字母、数字和特殊符号。

3. 快捷方式登录

要求必须在完成首次登录后，方可通过快捷方式（Easy Connect）登录管理系统。

双击电脑桌面快捷方式登录图标，点击【连接】后（部分自动点击连接），进入VPN登录页面，如图15-14所示。

选择【证书】，在【证书用户】选择登录管理系统的用户证书，点击【登录】，即可跳转到管理系统客户端页面，输入密码，即可登录管理系统，如图15-15所示。

唯一证书用户选择【自动登录】后，将自动跳转进入管理系统登录客户端。

已正常登录的VPN，电脑右下角会出现 图标。

图15-14　VPN登录页面

图15-15　管理系统登录

VPN登录时长为120min，超时后需重新登录。

注意：依据使用的VPN证书，管理系统客户端用户名自动绑定，不需（能）输入。如需更换用户名登录，需要安装、使用其所对应的VPN证书。

二、管理系统的使用

管理系统内具备信息管理、查询分析、主动预警、专项监测、应急响应、趋势预警、综合管理、系统管理等8大功能，但根据用户类型的不同，其可使用的功能也略有不同。本节对管理系统所有功能的使用方法作以介绍。

（一）信息管理

信息管理包括快报管理、日报管理、周报管理、专题报告管理、图像识别管理。

1. 快报管理

（1）快报添加。点击菜单"信息管理>>快报管理>>快报添加"进入新增快报信息页面，如图15-16所示。

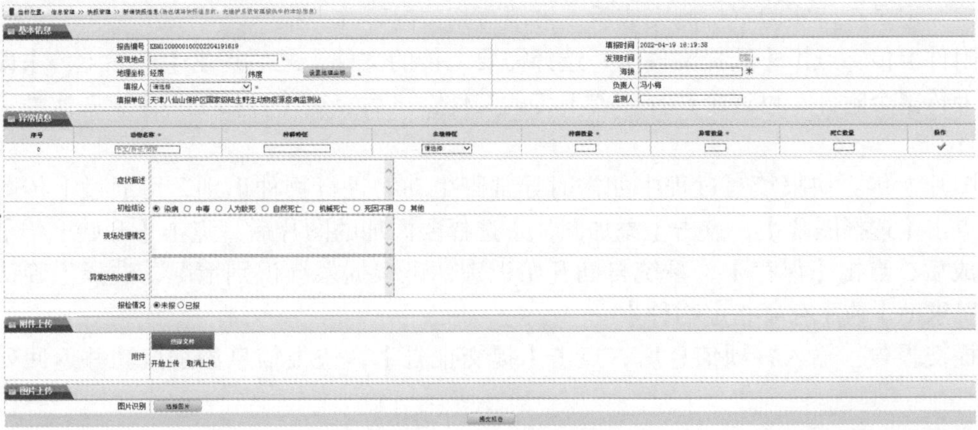

图15-16　新增快报信息页面

基本信息：填报时间自动关联登录管理系统时间（下同）。负责人、填报人均自动关联系统管理功能中的【本站人员信息】中的内容，在下拉菜单中勾选即可。监测人可自行填写。

异常信息：输入动物名称后在相关联的下拉菜单中选择上报物种，在一行信息输入完毕后，必须点击最右侧的【 ✔ 】，保存该条记录，并在弹出新的一行中输入下一条记录。其余内容可根据现场实际情况手动输入。

注意：

Ⅰ.所有红色"*"项为必填项（下同）。

Ⅱ.物种名称不能手动录入，可通过拼音、拼音首字母和汉字的模糊查询后选择录入；物种名称必须和系统>>综合管理>>野生动物知识库中的命名保持一致。

Ⅲ.暂时不能识别该物种时，选择"不明物种"，但在明确物种名称后应及时修改，时效不能超过1个月；不能识别的物种，物种名称可选择"不能识别的哺乳动物尸体、不能识别的鸟类动物尸体、不能识别的两栖动物尸体、不能识别的爬行动物尸体和不明物种"，同时要求上传动物照片为快报附件。

报检情况：根据实际采样送检情况，选择【已报】或【未报】。选择【已报】，需将采样送检单位、采样情况等填写报检记录，如图15-17所示。

5-17 报检记录填写页面

如果报检记录不止一条，那么在输入完一条检测记录后，点击【 ✔ 】，保存已录入的信息，并填写下一条信息。

检测记录：待实验室检测完成后，再填写相关内容并上报。

附件上传：点击【选择文件】，选择需要上传的文件，之后点击【开始上传】即可，若需上传多个附件，可逐个选择需要上传的文件，之后点击【开始上传】，一次性上传多个附件。

图片上传：快报填写过程中如需对异常野生动物进行物种识别，可通过上传图片实现。点击【选择图片】，点击【添加图片】选择要添加的图片后，点击【开始上传】，上传完成后，点击【保存】，系统自动开始识别，可根据系统识别情况，选择【确认】、【存疑求助】或【存疑指定物种】。

提交报告：输入各项信息后，点击【提交报告】，快报信息添加成功并返回列表页面。

注意：

Ⅰ.由于快报信息要求在2h内上报，故一般快报填报时实验室检测未能完成，故检测记录可暂不填写，待检测完成后再通过【检测结果反馈】上报，具体操作详见快报列表。

Ⅱ. 如在实际工作中遇到同一地点，同一连续时间段发现（发生）的事件，在首次快报完成后，后续报告不应继续添加新快报，应【接续】，具体操作详见快报列表。

Ⅲ. 填报人、负责人下拉框里的数据请提前在 系统管理>>本站信息维护>>本站人员管理模块添加。

（2）快报列表。点击菜单“信息管理>>快报管理>>快报列表”进入快报列表页面（图15–18），该页面可自动显示7d内最新历史快报，如需查看详情时，可点击记录的“填报单位”字段，即可查看该条快报的详细内容。

快报的增（接续、检测结果报告反馈）、删（删除）、改（订正）、审阅、导出等功能均在快报列表内实现。

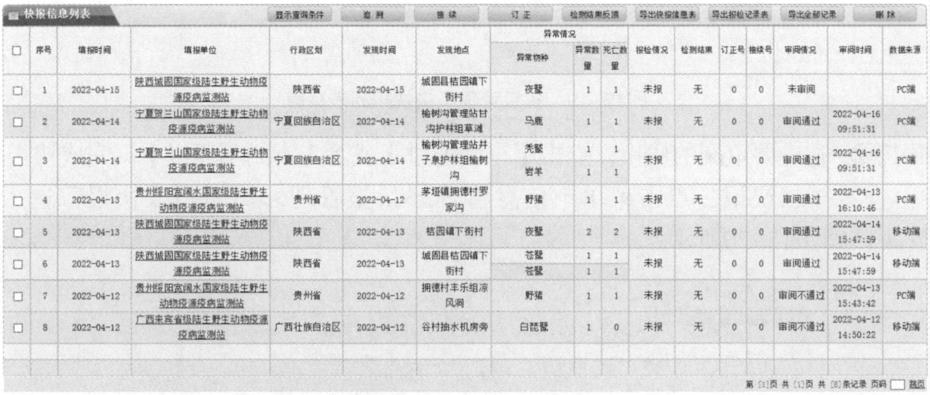

快报信息列表　显示查询条件　追溯　接续　订正　检测结果反馈　导出快报信息表　导出报检记录表　导出全部记录　删除

□	序号	填报时间	填报单位	行政区划	发现时间	发现地点	异常情况			报检情况	检测结果	订正号	接续号	审阅情况	审阅时间	数据来源
							异常物种	异常数量	死亡数量							
□	1	2022-04-15	陕西城固国家级陆生野生动物疫源疫病监测站	陕西省	2022-04-15	城固县桔园镇下街村	夜鹭	1	1	未报	无	0	0	未审阅		PC端
□	2	2022-04-14	宁夏贺兰山国家级陆生野生动物疫源疫病监测站	宁夏回族自治区	2022-04-14	榆树沟管理站甘沟护林组草滩	马鹿	1	1	未报	无	0	0	审阅通过	2022-04-16 09:51:31	PC端
□	3	2022-04-14	宁夏贺兰山国家级陆生野生动物疫源疫病监测站	宁夏回族自治区	2022-04-14	榆树沟管理站井子泉护林组榆树沟	秃鹫	1	1	未报	无	0	0	审阅通过	2022-04-16 09:51:31	PC端
							岩羊	1	1							
□	4	2022-04-13	贵州绥阳宽阔水国家级陆生野生动物疫源疫病监测站	贵州省	2022-04-12	茅垭镇拥德村罗家沟	野猪	1	1	未报	无	0	0	审阅通过	2022-04-13 16:10:46	PC端
□	5	2022-04-13	陕西城固国家级陆生野生动物疫源疫病监测站	陕西省	2022-04-13	桔园镇下街村	夜鹭	2	2	未报	无	0	0	审阅通过	2022-04-14 15:47:59	移动端
□	6	2022-04-13	陕西城固国家级陆生野生动物疫源疫病监测站	陕西省	2022-04-13	城固县桔园镇下街村	苍鹭	1	1	未报	无	0	0	审阅通过	2022-04-14 15:47:59	移动端
							苍鹭	1	1							
□	7	2022-04-12	贵州绥阳宽阔水国家级陆生野生动物疫源疫病监测站	贵州省	2022-04-12	拥德村丰乐组凉风洞	野猪	1	1	未报	无	0	0	审阅不通过	2022-04-13 15:43:42	PC端
□	8	2022-04-12	广西来宾省级陆生野生动物疫源疫病监测站	广西壮族自治区	2022-04-12	谷村抽水机房旁	白琵鹭	1	0	未报	无	0	0	审阅不通过	2022-04-12 14:50:22	移动端

第 [1]页 共 [1]页 共 [8]条记录 页码 跳页

图15–18　快报列表页面

查询：如需查询符合某些条件的历史快报，可点击列表上方的【显示查询条件】，输入相应查询条件，点击【查询】，即可获得相应的查询结果。点击【重置】，之前输入的查询条件全部清空，可输入新的查询条件。

订正：如需对已经上报但未审阅的某条快报进行修改，可勾选该条记录后，点击【订正】，系统会弹出本条快报可修改的详细信息页面，修改完成后，按【保存】，保存修改后的信息。

接续：如需对某条快报进行接续报告，在选择该条记录后，点击【接续】，系统会弹出本条快报接续页面，可对该条快报的后续事件进行补充。（注：接续报告的“报告编号”不变，地点不变）。

检测结果反馈：如需对某条快报进行检测结果反馈，则在选择该条记录后，点击【检测结果反馈】，系统会弹出本条快报详细信息页面，补充检测记录相关信息后，按【保存】，保存修改信息。

追溯：如需了解某条多次订正、接续的快报的上报日志，可选择该条记录后，点击【追溯】，系统会弹出“追溯快报详细信息”页面，以列表的形式显示结果。

导出：如需导出某条快报信息详细信息，可选择该条记录后，点击【导出快报信息表】，可以以EXCEL文件格式导出该条快报的全部信息。如需导出某条快报检测记录表，可选择该条记录后，点击【导出检测记录表】，可以以EXCEL文件格式导出该条快报的检测记录。如需导出所有快报，可点击【导出全部记录】，则可以EXCEL文件格式导出本单位及权限下的全部快报详细信息。

删除：快报一般情况下不能删除，确需删除的，可向国家林业和草原局生物灾害防控中心提交书面删除申请，方可删除。

省级管理机构需及时对辖区内上报的快报进行审阅，其快报列表页面如图15-19所示。

图15-19 省级管理机构快报列表页面

快报审阅：选中要审阅的快报，点击【审阅通过】或者【审阅不通过】，完成快报审阅。

（3）查看授权快报。点击菜单"信息管理>>快报管理>>查看授权快报"进入查看授权快报页面，如图15-20所示。

图15-20 查看授权快报页面

查看：在列表页面，点击任意一条记录的"监测单位"字段，即可查看该条快报的详细内容。

查询：点击【显示查询条件】，输入相应查询条件，点击【查询】，即可获得相应的查询结果。点击【重置】，之前输入的查询条件全部清空，可输入新的查询条件。

（4）快报并案。点击菜单"信息管理>>快报管理>>快报并案"进入快报并案列表页面，如图15-21所示。

图15-21 快报并案列表页面

查看：在列表页面，点击任意一条记录的"填报单位"，即可查看该条快报的详细内容。

查询：点击【显示查询条件】，输入相应查询条件，点击【查询】，即可获得相应的查询结果。点击【重置】，之前输入的查询条件全部清空，可输入新的查询条件。

并案：在并案列表页面，选择两条以上（含两条）的记录，点击【并案】，完成并案操作。

取消并案：在并案管理页面，选择任意一条并案后的记录，点击【取消并案】，可取消之前的并案操作。

并案追溯：在并案管理列表页面，点击【并案追溯】，则跳转到显示并案的历史数据列表。

拆分：在并案管理列表页面，选择一条记录，点击【拆分】，可对所选记录进行拆分。

2. 日报管理

（1）日报添加。点击菜单"信息管理>>日报管理>>日报添加"进入日报添加页面，如图15-22所示。

图15-22　日报添加页面

基本信息：填表人、负责人均自动关联系统管理功能中的【本站人员信息】中的内容，在下拉菜单中勾选即可。

监测信息：巡查路线（观测点）自动关联系统管理功能中【巡查路线（观测点管理）】的内容，在下拉菜单中勾选即可。在输入物种名称时，每行只允许输入一种物种名称。在一行信息输入完毕后，必须点击最右侧的保存【✓】，保存该条记录，并弹出新的一行输入下一条记录。除页面填报外，还可批量导入日报，点击【日报格式下载】，按照格式要求将监测信息填写完成，之后点击【选择文件】，选择对应文件，之后点击【开始上传】即可。

巡查轨迹：点击【巡查轨迹格式下载】，下载格式文本，按格式填写巡查轨迹数据，之后点击【选择文件】，选择对应文件，之后点击【上传】即可。

输入各项信息后，点击【提交报告】，日报信息添加成功并返回列表页面。

注意：

Ⅰ.日报物种名称输入要求同快报。

Ⅱ.使用【日报格式】上传日报时，请注意生僻字的使用，生僻字请直接复制粘贴样表"生僻动物名称库"中的字，不可直接录入。

Ⅲ. 巡查路线（观测点）下拉框里的数据请提前在 系统管理>>本站信息维护>>巡查路线（观测点）管理 模块添加。

（2）日报列表。点击菜单"信息管理>>日报管理>>日报列表"进入日报列表页面，如图15-23所示。

该页面可自动显示7d内日报，如需查看详情时，可点击记录的"填报单位"字段，即可查看该条快报的详细内容。日报的增（补报）、删（删除）、改（订正）导出等功能均在日报列表内实现。

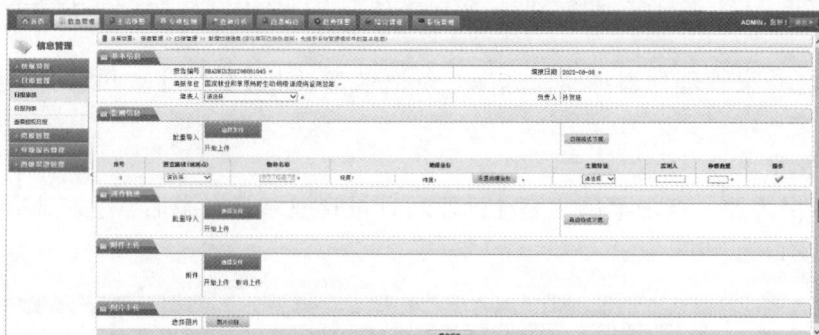

图15-23　日报列表页面

查询：如需查询符合某些条件的历史日报，可点击列表上方的【显示查询条件】，输入相应查询条件，点击【查询】，即可获得相应的查询结果。点击【重置】，之前输入的查询条件全部清空，可输入新的查询条件。

订正：如需对已经上报的某条日报进行修改，可选择该条记录后，点击【订正】，系统会弹出本条日报详细信息页面，可对其进行修改，按【保存】，保存修改后的信息。

补报：如需对某天（7d内）日报信息进行补报，点击【补报】，系统会自动弹出日报补报页面，可对该日期日报进行补报，需填写"补报日期"和"补报原因说明"两个必填项。（注：补报信息需省级管理机构审阅通过后方能进入数据库，反之则视为无效数据）。

追溯：如需了解某条日报上报日志，可选择该条记录后，点击【追溯】，系统会弹出"追溯日报详细信息"页面，以列表的形式显示结果。

导出：如需导出某条日报详细信息，可选择该条记录后，点击【导出日报信息表】，可以以EXCEL文件格式导出该条日报的全部信息（含当天的快报信息）。如需导出所有日报，可点击【导出全部记录】，则可以EXCEL文件格式导出本单位及权限下的全部日报详细信息。

删除：日报一般情况下不能删除，确需删除的，可向国家林业和草原局生物灾害防控中心提交书面删除申请，方可删除。

日报补报审阅：省级管理机构用户需在补报后3d内对辖区内用户补报的日报进行审阅。

（3）查看授权日报。点击菜单"信息管理>>日报管理>>查看授权日报"进入查看授权日报页面，如图15-24所示。

图15-24 查看授权日报页面

查看：在查看授权日报页面，点击任意一条记录的"行政区划"字段，即可查看该日报的全部内容。

查询：在查看授权日报页面，点击【显示查询条件】，输入相应查询条件，点击【查询】，即可获得相应的查询结果。点击【重置】，之前输入的查询条件全部清空，可输入新的查询条件。

3. 周报管理

周报使用方法同日报（周报无补报功能）。

4. 专题报告管理

（1）专题报告添加。点击菜单"信息管理>>专题报告管理>>专题报告添加"进入专题报告添加页面，如图15-25所示。

图15-25 专题报告添加页面

按照页面要求，填写相关内容，添加附件后，点击【提交报告】，添加成功后返回列表页面。

（2）专题报告列表。点击菜单"信息管理>>专题报告管理>>专题报告列表"进入专题报告列表页面，如图15-26所示。

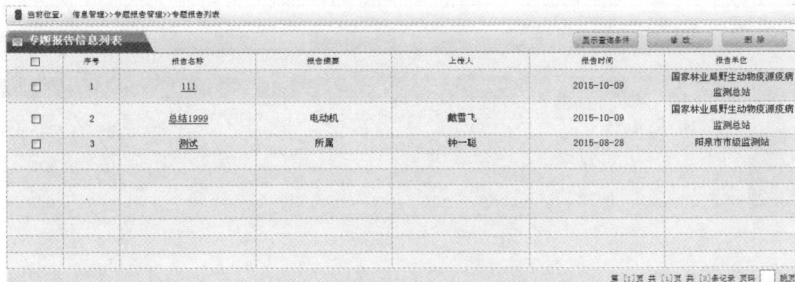

图15-26 专题报告列表页面

查看：在专题报告列表页面，点击任意一条记录的"报告名称"字段，即可查看该专题报告的内容，点击【返回】，返回列表页面。

查询：在专题报告列表页面，点击【显示查询条件】，输入相应查询条件，点击【查询】，即可获得相应的查询结果。点击【重置】，之前输入的查询条件全部清空，可输入新的查询条件。

修改：在专题报告列表页面，选择某条记录后，点击【修改】，系统会弹出该专题报告全部信息的页面，可对其进行修改，按【保存】，保存修改信息。

删除：在专题报告列表页面，选中待删除的记录，点击【删除】，即可删除该条记录。允许同时删除多条记录。

5. 图像识别管理

（1）识别图片。点击菜单"信息管理>>图像识别管理>>识别图片"进入识别图片列表，如图15-27所示。

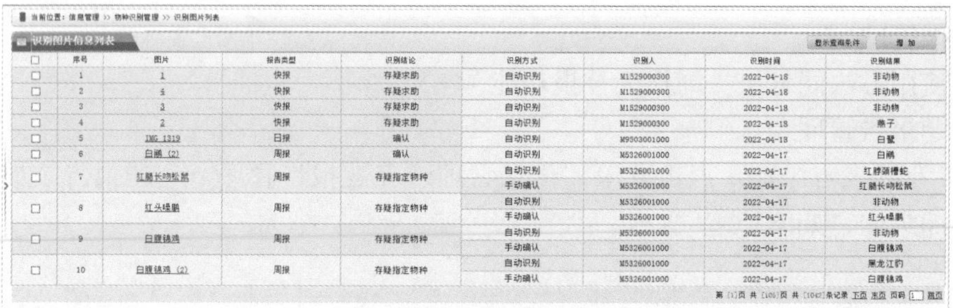

图15-27 识别图片列表页面

查看：在识别图片列表页面，点击任意一条记录的"图片"字段，即可查看该条图片识别的基本信息，点击【关闭】，返回列表页面。

查询：在识别图片列表页面，点击【显示查询条件】，输入相应查询条件，点击【查询】，即可获得相应的查询结果。点击【重置】，之前输入的查询条件全部清空，可输入新的查询条件。

增加：在识别图片列表页面，点击【增加】，进入新增识别图片页面。点击【选择图片】，点击【添加图片】选择要添加的图片后，点击【开始上传】，上传完成后，点击【保存】，系统自动开始识别，可根据系统识别情况，选择【确认】、【存疑求助】或【存疑指定物种】，点击【保存】返回识别图片列表。

（2）物种识别专家。点击菜单"信息管理>>图像识别管理>>物种识别专家"，进入物种识别专家列表，如图15-28所示。

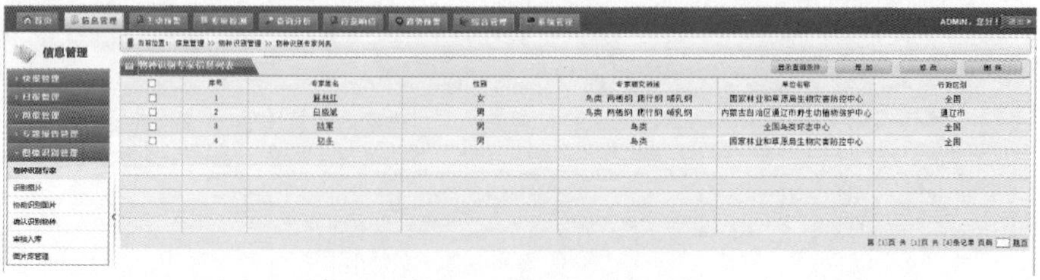

图15-28 物种识别专家列表页面

查看：在该列表中点击任意一条记录的"专家姓名"字段，即可查看该专家的基本信息。

查询：在物种识别专家列表页面，点击【显示查询条件】，输入相应查询条件，点击【查询】，即可获得相应的查询结果。点击【重置】，之前输入的查询条件全部清空，可输入新的查询条件。

增加：点击【增加】，进入新增专家页面，按要求录入相关数据，点击【保存】即可。

修改：在物种识别专家列表页面，选中要修改的专家，点击【修改】，在弹出的修改页面上进行修改，完成后点击【保存】即可。

删除：在物种识别专家列表页面，选中要删除的专家，点击【删除】。

（3）协助识别图片。点击菜单"信息管理>>图像识别管理>>协助识别图片"，进入协助识别图片列表，如图15-29所示。物种识别专家，可在此列表中对存疑的物种识别图片进行协助识别。

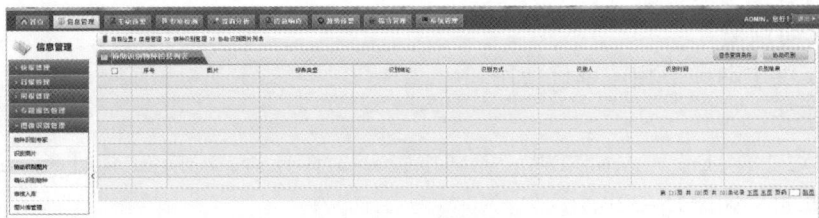

图15-29　协助识别图片列表页面

（4）确认识别物种。点击菜单"信息管理>>图像识别管理>>确认识别物种"，进入物种确认识别列表，如图15-30所示。

图15-30　物种确认识别列表页面

查看：在该列表中点击任意一条记录的"图片"字段，即可查看该图片的详细信息。

查询：在该列表页面，点击【显示查询条件】，输入相应查询条件，点击【查询】，即可获得相应的查询结果。点击【重置】，之前输入的查询条件全部清空，可输入新的查询条件。

确认物种：某一待识别物种明确后，选定该条记录，点击【确认物种】，点击【保存】。

（5）审核入库。点击菜单"信息管理>>图像识别管理>>审核入库"，进入审核入库信息列表，如图15-31所示。

图15-31　审核入库列表页面

查看：在该列表中点击任意一条记录的"图片"字段，即可查看该图片的基本信息。

查询：在该列表页面，点击【显示查询条件】，输入相应查询条件，点击【查询】，即可获得相应的查询结果。点击【重置】，之前输入的查询条件全部清空，可输入新的查询条件。

审核入库：在该列表页面，选定要入库记录，点击【审核入库】，按要求录入相关信息，点击【保存】即可。

（二）主动预警

此功能仅供主动预警相关单位使用。

1. 工作任务

（1）制定工作任务。点击菜单"主动预警>>工作任务>>制定工作任务"进入制定工作任务列表页面，如图15-32所示。

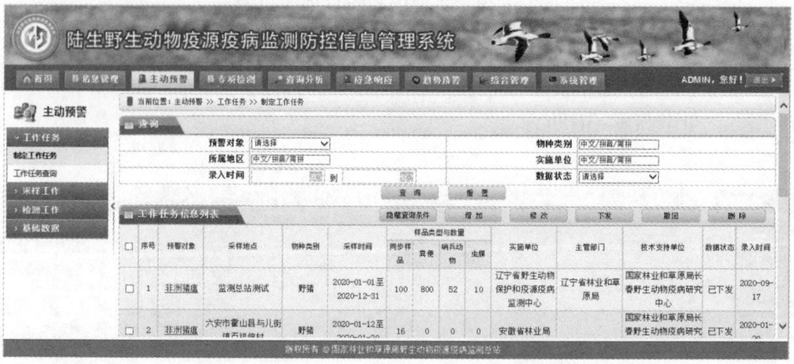

图15-32　制定主动预警工作任务列表页面

增加：在制定工作任务列表页面，点击【增加】，系统会弹出新增工作任务页面，如图15-33所示。

按照工作要求，在该页面上完成相关内容的填写后，点击【保存】新增任务保存并自动返回列表页面；若点击【返回】，则新增任务不保存直接返回任务信息列表页。

修改：在制定工作任务列表页面，选择某条记录后，点击【修改】，系统会弹出该条工作任务的详细信息页面，可在该页面上进行修改后，点击【保存】，即可完成对该条信息的修改。

下发：在制定工作任务列表页面，选择某条未下发的记录后，点击【下发】，系统将自动将该条任务下发至对应的主动预警采样单位，该条数据状态调整为已下发。

图15-33 新增主动预警工作任务页面

撤回：在制定工作任务列表页面，选定某条已下发的记录后，点击【撤回】，即可将下发的任务撤回，其数据状态调整为未下发。

删除：在制定工作任务列表页面，选中待删除的记录，点击【删除】，即可删除该条记录。允许同时删除多条记录。

查看：在制定工作任务列表页面，点击任意一条记录的"预警对象"字段，即可查看该制定工作任务的内容，点击【返回】，返回任务信息列表页面。

查询：在制定工作任务列表页面，点击【显示查询条件】，输入相应查询条件，点击【查询】，即可获得相应的查询结果。点击【重置】，之前输入的查询条件全部清空，可输入新的查询条件。

（2）工作任务查询。点击菜单"主动预警>>工作任务>>工作任务查询"进入工作任务查询列表页面，如图15-34所示。

图15-34 主动预警工作任务查询页面

查看：在工作任务查询列表页面，点击任意一条记录的"预警对象"字段，即可查看该工作任务查询的内容，点击【返回】，返回列表页面。

查询：在工作任务查询列表页面，点击【显示查询条件】，输入相应查询条件，点击【查询】，即可获得相应的查询结果。点击【重置】，之前输入的查询条件全部清空，可输入新的查询条件。

2. 采样工作

（1）报采样信息（鸟类）。点击菜单"主动预警>>采样工作>>填报采样信息（鸟类）"进入填报采样信息（鸟类）列表页面，如图15-35所示。

图15-35　填报采样信息（鸟类）页面

查看：在填报采样信息（鸟类）列表页面，点击任意一条记录的"预警对象"字段，即可查看该填报采样信息（鸟类）的内容，点击【返回】，返回列表页面。

查询：在填报采样信息（鸟类）列表页面，点击【显示查询条件】，输入相应查询条件，点击【查询】，即可获得相应的查询结果。点击【重置】，之前输入的查询条件全部清空，可输入新的查询条件。

填报采样信息：在填报采样信息（鸟类）列表页面（图15-36），点击【填报采样信息】，系统会跳转到填报采样信息页面。在"本次采样信息"下完成本次采样信息填写后，点击【增加】（红色方框），同时"采样信息列表中出现刚刚填写的采样信息"，确认信息无误后点击下方【保存】（绿色方框）即可保存并返回列表页面，点击【返回】，则不保存直接返回列表页。

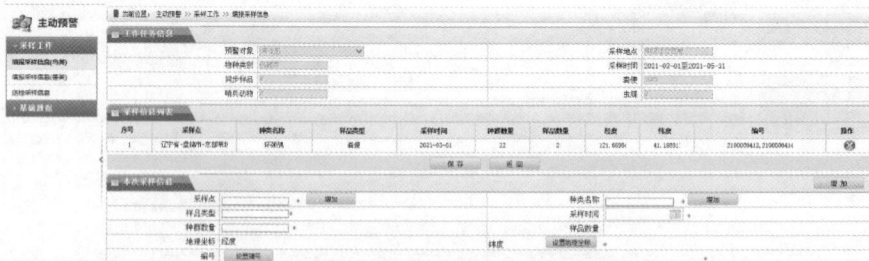

图15-36　填报采样信息（鸟类）列表页面

注意：

Ⅰ. 在填报采样信息页面上，如需新增采样点或种类，具体操作如下：在填报采样信息页面，点击采样点或种类的后的【增加】，系统会弹出采样点或种类的增加页面（图15-37），按照页面要求，填写相关内容，点击【保存】保存并返回填报采样信息页面，点击【关闭】，则不保存直接返回填报采样信息页面。

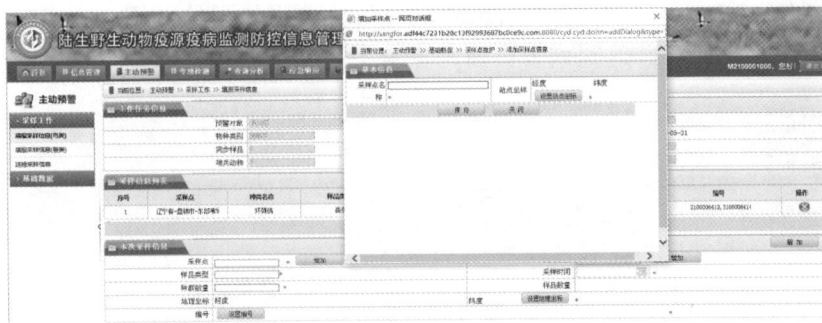

图15-37　新增采样点页面

Ⅱ.在填报采样信息页面上，需对每一份样品进行编号，作为样品的唯一标识。设置编号具体操作如下：在填报采样信息页面，点击【设置编号】，系统会弹出编号的增加页面，如图15-38所示。

用户在该页面上填写初始编号（如首次填报采样信息，那么初始编号为01，如已经填报过6412份样品，则初始编号为6413），编号数量为此次上报的样品数量，填写完成后，点击【设置编号】，下方的生成编号列表框中自动生成该批样品的编号，点击【确定】后，返回填报采样信息页面。

Ⅲ.样品已送至检测单位的，需在完成填报采样信息的基础上按要求填写送检采样信息。

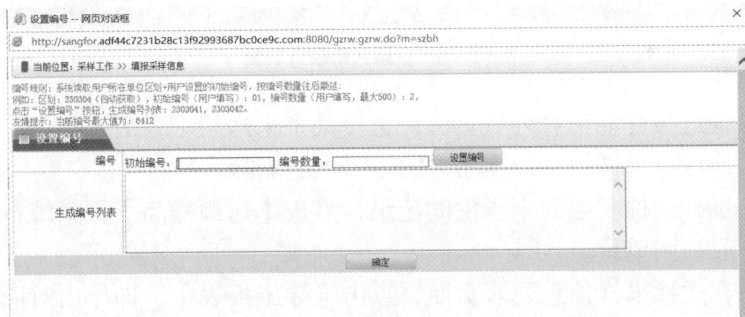

图15-38　设置采样编号页面

（2）填报采样信息（兽类）。点击菜单"主动预警>>采样工作>>填报采样信息（兽类）"进入填报采样信息（兽类）列表页面。具体操作同填报采样信息（鸟类）。

（3）送检采样信息。点击菜单"主动预警>>采样工作>>送检采样信息"进入送检样品信息列表页面，如图15-39所示。

查看：在送检样品信息列表页面，点击任意一条记录的"接收单位"字段，即可查看该送检样品信息的内容，点击【返回】，返回列表页面。

查询：在送检样品信息列表页面，点击【显示查询条件】，输入相应查询条件，点击【查询】，即可获得相应的查询结果。点击【重置】，之前输入的查询条件全部清空，可输入新的查询条件。

新增送检：在送检样品信息列表页面，点击【新增送检】，系统会弹出新增送检信息的页面，如图15-40所示。完成基本信息的填写后，选定要送检的记录，点击对应的绿色箭头，点击【保存】保存并返回列表页面，点击【返回】，则不保存直接返回列表页。

图15-39　送检样品信息列表页面

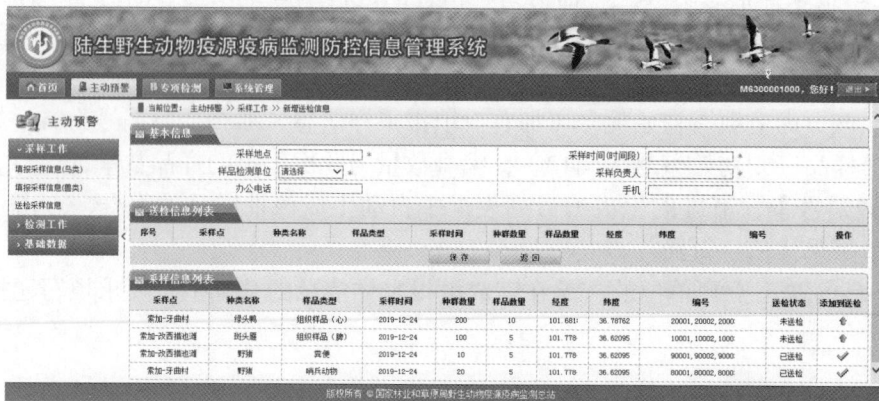

图15-40　新增送检信息页面

删除送检：在送检样品信息列表页面，选择某条未送检记录后，点击【删除送检】，系统会自动删除该送检采样信息，样品送检后，不能删除。

送检样品：选择送检状态为未送检的记录，点击【送检样品】，系统自动将样品信息流转至对应的样品检测单位。

导出报表：在送检采样信息列表页面，点击【导出报表】，即导出对应的送检采样信息记录。

3. 检测工作

（1）接收报送样品。点击菜单"主动预警>>检测工作>>接收报送样品"进入接收报送样品列表页面，如图15-41所示。

查看：在接收报送样品列表页面，点击任意一条记录的"送检单位"字段，即可查看该接收报送样品的内容，点击【返回】，返回列表页面。

查询：在接收报送样品列表页面，点击【显示查询条件】，输入相应查询条件，点击【查询】，即可获得相应的查询结果。点击【重置】，之前输入的查询条件全部清空，可输入新的查询条件。

接收送检样品：在接收报送样品列表页面，点击【接收送检样品】，系统会弹出该接收报送样品的增加页面。按照页面要求，填写相关内容，点击【保存】保存并返回列表页面，点击【返回】，则不保存直接返回列表页。

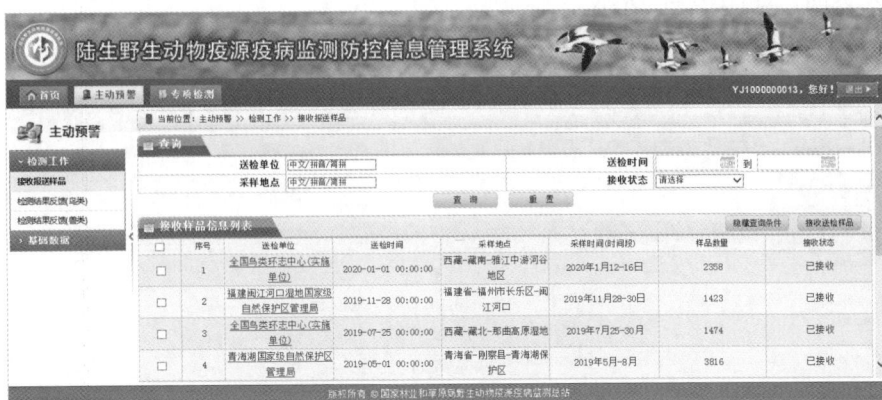

图15-41　接收报送样品列表页面

（2）检测结果反馈（鸟类）。点击菜单"主动预警>>检测工作>>检测结果反馈（鸟类）"进入检测结果反馈（鸟类）列表页面，如图15-42所示。

图15-42　检测结果反馈（鸟类）页面

查看：在检测结果反馈（鸟类）列表页面，点击任意一条记录的"送检单位"字段，即可查看该检测结果反馈（鸟类）的内容，点击【返回】，返回列表页面。

查询：在检测结果反馈（鸟类）列表页面，点击【显示查询条件】，输入相应查询条件，点击【查询】，即可获得相应的查询结果。点击【重置】，之前输入的查询条件全部清空，可输入新的查询条件。

填写检测结果：在检测结果反馈（鸟类）列表页面，勾选未反馈的样品记录，点击【填写检测结果】，系统会跳转到检测结果反馈页面，按照页面要求，填写对应批次的样品检测结果后，点击【保存】保存并返回列表页面，点击【返回】，则不保存直接返回列表页。

（3）检测结果反馈（兽类）。点击菜单"主动预警>>检测工作>>检测结果反馈（兽类）"进入检测结果反馈（兽类）列表页面。具体操作同检测结果反馈（鸟类）。

4. 基础数据

（1）单位信息维护。点击菜单"主动预警>>基础数据>>单位信息维护"进入单位信息维护列表页面，如图15-43所示。

图15-43 单位信息维护列表页面

查看：在单位信息维护列表页面，点击任意一条记录的"单位名称"字段，即可查看该单位信息维护的内容，点击【返回】，返回列表页面。

查询：在单位信息维护列表页面，点击【显示查询条件】，输入相应查询条件，点击【查询】，即可获得相应的查询结果。点击【重置】，之前输入的查询条件全部清空，可输入新的查询条件。

增加：在单位信息维护列表页面（图15-44），点击【增加】，系统会弹出该单位信息维护的增加页面。按照页面要求，填写相关内容，点击【保存】保存并返回列表页面，点击【返回】，则不保存直接返回列表页。

图15-44 增加单位信息页面

修改：在单位信息维护列表页面，选择某条记录后，点击【修改】，系统会弹出该单位信息维护全部信息的页面，可对其进行修改，按【保存】，保存修改信息。

删除：在单位信息维护列表页面，选中待删除的记录，点击【删除】，即可删除该条记录。允许同时删除多条记录。

（2）物种类别维护。点击菜单"主动预警>>基础数据>>物种类别维护"进入物种类别维护列表页面，如图15-45所示。

图15-45　物种类别维护列表页面

查看：在物种类别维护列表页面，点击任意一条记录的"物种名称"字段，即可查看该物种类别维护的内容，点击【返回】，返回列表页面。

查询：在物种类别维护列表页面，点击【显示查询条件】，输入相应查询条件，点击【查询】，即可获得相应的查询结果。点击【重置】，之前输入的查询条件全部清空，可输入新的查询条件。

增加：在物种类别维护列表页面（图15-46），点击【增加】，系统会弹出该物种类别维护的增加页面。按照页面要求，填写相关内容，点击【保存】保存并返回列表页面，点击【返回】，则不保存直接返回列表页。

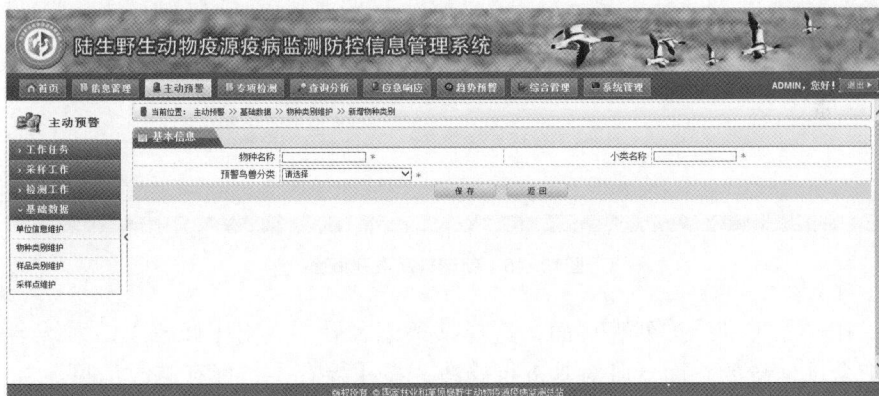

图15-46　新增物种类别页面

修改：在物种类别维护列表页面，选择某条记录后，点击【修改】，系统会弹出该物种类别维护全部信息的页面，可对其进行修改，按【保存】，保存修改信息。

删除：在物种类别维护列表页面，选中待删除的记录，点击【删除】，即可删除该条记录。允许同时删除多条记录。

（3）样品类别维护。点击菜单"主动预警>>基础数据>>样品类别维护"进入样品类别维护列表页面，如图15-47所示。

查询：在样品类别维护页面，点击【显示查询条件】，输入相应查询条件，点击【查询】，即可获得相应的查询结果。点击【重置】，之前输入的查询条件全部清空，可输入新的查询条件。

图15-47 样品类别维护列表页面

增加：在样品类别维护页面（图15-48），点击【增加】，系统会弹出该样品类别维护的增加页面。按照页面要求，填写相关内容，点击【保存】保存并返回列表页面，点击【返回】，则不保存直接返回列表页。

图15-48 新增样品类别页面

修改：在样品类别维护列表页面，选择某条记录后，点击【修改】，系统会弹出该样品类别维护全部信息的页面，可对其进行修改，按【保存】，保存修改信息。

删除：在样品类别维护列表页面，选中待删除的记录，点击【删除】，即可删除该条记录。允许同时删除多条记录。

（4）采样点维护。点击菜单"主动预警>>基础数据>>采样点维护"进入采样点维护列表页面，如图15-49所示。

查看：在采样点维护列表页面，点击任意一条记录的"预警对象"字段，即可查看该采样点维护的内容，点击【返回】，返回列表页面。

查询：在采样点维护列表页面，点击【显示查询条件】，输入相应查询条件，点击【查询】，即可获得相应的查询结果。点击【重置】，之前输入的查询条件全部清空，可输入新的查询条件。

图15-49　采样点列表维护页面

增加：在采样点维护列表页面（图15-50），点击【增加】，系统会弹出该采样点维护的增加页面。按照页面要求，填写相关内容，点击【保存】保存并返回列表页面，点击【返回】，则不保存直接返回列表页。

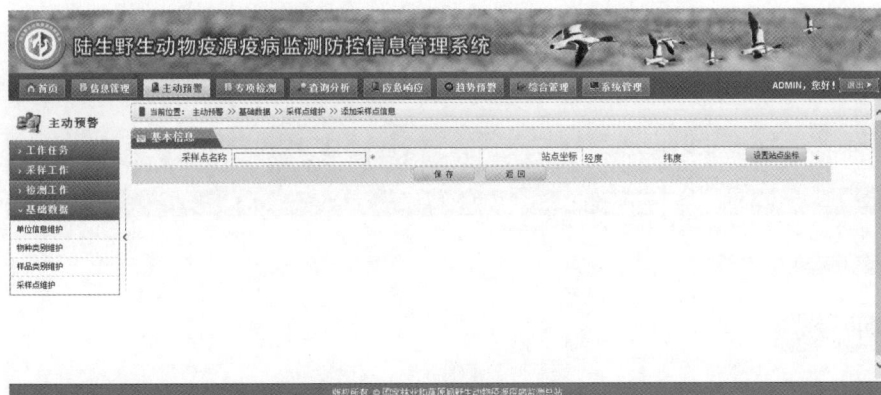

图15-50　新增采样点页面

修改：在采样点维护列表页面，选择某条记录后，点击【修改】，系统会弹出该采样点维护全部信息的页面，可对其进行修改，按【保存】，保存修改信息。

删除：在采样点维护列表页面，选中待删除的记录，点击【删除】，即可删除该条记录。允许同时删除多条记录。

（三）专项监测

针对某种特定疫源或疫病开展的专项监测。

1. 工作任务

（1）制定工作任务。点击菜单"专项监测>>工作任务>>制定工作任务"进入制定工作任务列表页面，如图15-51所示。

查看：在制定工作任务列表页面，点击任意一条记录的"预警对象"字段，即可查看该制定工作任务的内容，点击【返回】，返回列表页面。

查询：在制定工作任务列表页面，点击【显示查询条件】，输入相应查询条件，点击【查询】，即可获得相应的查询结果。点击【重置】，之前输入的查询条件全部清空，可输入新的查询条件。

增加：在制定工作任务列表页面（图15-52），点击【增加】，系统会弹出该制定工作任务的增加页面。按照页面要求，填写相关内容，点击【保存】保存并返回列表页面，点击【返回】，则不保存直接返回列表页。

修改：在制定工作任务列表页面，选择某条记录后，点击【修改】，系统会弹出该制定工作任务全部信息的页面，可对其进行修改，按【保存】，保存修改信息。

图15-51　制定专项监测工作任务列表页面

图15-52　新增专项监测工作任务页面

下发：在制定工作任务列表页面，选择某条新增加的工作任务记录后，点击【下发】，即可将该任务下发到任务承担单位。

撤回：在制定工作任务列表页面，选定下发后的某一条记录，点击【撤回】，即可任务承担单位处撤回该条工作任务。

删除：在制定工作任务列表页面，选中待删除的记录，点击【删除】，即可删除该条记录。允许同时删除多条记录。

（2）工作任务查询。点击菜单"专项检测>>工作任务>>工作任务查询"进入工作任务查询列表页面，如图15-53所示。

查看：在工作任务查询列表页面，点击任意一条记录的"预警对象"字段，即可查看该工作任务查询的内容，点击【返回】，返回列表页面。

图15-53　专项监测工作任务查询列表页面

查询：在工作任务查询列表页面，点击【显示查询条件】，输入相应查询条件，点击【查询】，即可获得相应的查询结果。点击【重置】，之前输入的查询条件全部清空，可输入新的查询条件。

2. 采样工作

（1）填报采样信息（非洲猪瘟）。点击菜单"专项监测>>采样工作>>填报采样信息（非洲猪瘟）"进入填报采样信息（非洲猪瘟）列表页面，如图15-54所示。

图15-54　填报专项监测采样信息列表页面

查看：在填报采样信息（非洲猪瘟）列表页面，点击任意一条记录的"预警对象"字段，即可查看该填报采样信息（非洲猪瘟）的内容，点击【返回】，返回列表页面。

查询：在填报采样信息（非洲猪瘟）列表页面，点击【显示查询条件】，输入相应查询条件，点击【查询】，即可获得相应的查询结果。点击【重置】，之前输入的查询条件全部清空，可输入新的查询条件。

填报采样信息：在填报采样信息（非洲猪瘟）列表页面（图15-55），点击【填报采样信息】，系统会跳转到填报采样信息页面。按照页面要求，填写相关内容，点击【保存】保存并返回列表页面，点击【返回】，则不保存直接返回列表页。（操作同"主动预警>>采样工作>>填报采样信息（鸟类）"）

（2）送检采样信息。点击菜单"专项检测>>采样工作>>送检采样信息"进入送检采样信息列表页面，如图15-56所示。

图15-55　新增专项监测采样信息页面

图15-56　送检专项监测采样信息列表页面

查看：在送检采样信息列表页面，点击任意一条记录的"预警对象"字段，即可查看该送检采样信息的内容，点击【返回】，返回列表页面。

查询：在送检采样信息列表页面，点击【显示查询条件】，输入相应查询条件，点击【查询】，即可获得相应的查询结果。点击【重置】，之前输入的查询条件全部清空，可输入新的查询条件。

新增送检：在送检采样信息列表页面（图15-57），点击【新增送检】，系统会弹出该送检采样信息的增加页面。按照页面要求，填写相关内容，点击【保存】保存并返回列表页面，点击【返回】，则不保存直接返回列表页。（操作同"主动预警>>采样工作>>送检采样信息"）

修改送检：在送检采样信息列表页面，选择某条记录后，点击【修改送检】，系统会弹出该送检采样信息全部信息的页面，可对其进行修改，按【保存】，保存修改信息。

导出报表：在送检采样信息列表页面，点击【导出报表】，即导出对应的送检采样信息记录。

3. 检测工作

（1）接收报送样品。点击菜单"专项检测>>检测工作>>接收报送样品"进入接收报送样品列表页面，如图15-58所示。

图15-57 新增送检专项监测采样信息页面

图15-58 接收报送专项监测采样信息列表页面

查看：在接收报送样品列表页面，点击任意一条记录的"预警对象"字段，即可查看该接收报送样品的内容，点击【返回】，返回列表页面。

查询：在接收报送样品列表页面，点击【显示查询条件】，输入相应查询条件，点击【查询】，即可获得相应的查询结果。点击【重置】，之前输入的查询条件全部清空，可输入新的查询条件。

接收送检样品：在接收报送样品列表页面，点击【接收送检样品】，系统会弹出该接收报送样品的增加页面。按照页面要求，填写相关内容，点击【保存】保存并返回列表页面，点击【返回】，则不保存直接返回列表页。

（2）检测结果反馈（非洲猪瘟）

点击菜单"主动预警>>检测工作>>检测结果反馈（非洲猪瘟）"进入检测结果反馈（非洲猪瘟）列表页面，如图15-59所示。

查看：在检测结果反馈（非洲猪瘟）列表页面，点击任意一条记录的"预警对象"字段，即可查看该检测结果反馈（非洲猪瘟）的内容，点击【返回】，返回列表页面。

查询：在检测结果反馈（非洲猪瘟）列表页面，点击【显示查询条件】，输入相应查询条件，点击【查询】，即可获得相应的查询结果。点击【重置】，之前输入的查询条件全部清空，可输入新的查询条件。

填写检测结果：在检测结果反馈（非洲猪瘟）列表页面，点击【填写检测结果】，系统会跳转到检测结果反馈页面。按照页面要求，填写相关内容，点击【保存】保存并返回列表页面，点击【返回】，则不保存直接返回列表页。

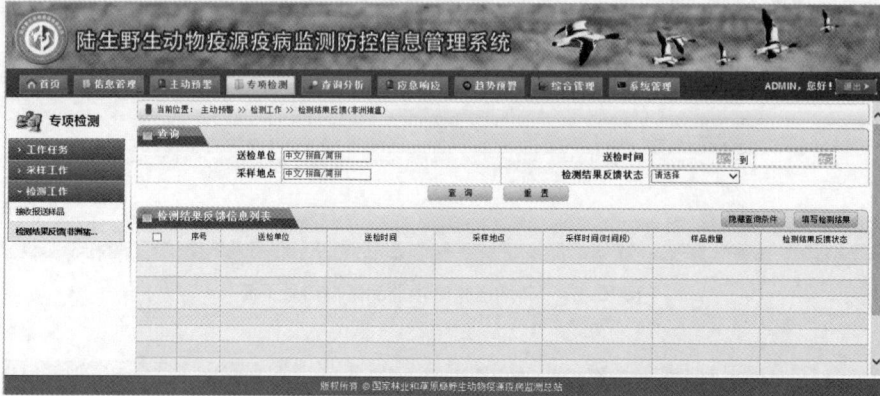

图15-59　专项监测采样信息检测结果反馈列表页面

（四）查询分析

可实现对管理系统内各类数据的查询、统计、分析等。

1. 监测信息查询

（1）快报查询。点击菜单"查询分析>>监测信息查询>>快报查询"进入快报查询页面，如图15-60所示。

图15-60　快报查询页面

查看：点击记录的"填报单位"字段，即可查看该条快报的详细内容。

查询：点击【显示查询条件】，输入相应查询条件，点击【查询】，即显示相关用户在某一时间段内快报上报的具体内容。点击【重置】，之前输入的查询条件全部清空，可输入新的查询条件。

追溯：选择某条记录后，点击【追溯】，系统会弹出"追溯快报详细信息"页面，以列表的形式显示结果。

导出快报信息表：选择某条记录后，点击【导出快报信息表】，可以以EXCEL文件格式导出该条快报的全部信息。

导出检测记录表：选择某条记录后，点击【导出检测记录表】，可以以EXCEL文件格式导出该条快报的检测记录。

导出全部记录：点击【导出全部记录】，则可以EXCEL文件格式导出本单位及权限下的全部快报详细信息。

（2）日报查询。点击菜单“查询分析>>监测信息查询>>日报查询”进入日报查询页面，如图15-61所示。

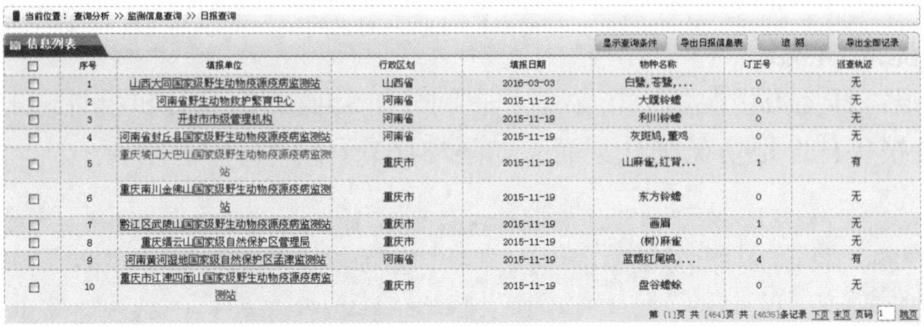
当前位置：查询分析 >> 监测信息查询 >> 日报查询

信息列表　显示查询条件　导出日报信息表　追溯　导出全部记录

□	序号	填报单位	行政区划	填报日期	物种名称	订正号	巡查轨迹
□	1	山西大同国家级野生动物疫源疫病监测站	山西省	2016-03-03	白鹭,苍鹭,...	0	无
□	2	河南省野生动物救护繁育中心	河南省	2015-11-22	大蹼铃蟾	0	无
□	3	开封市市级管理机构	河南省	2015-11-19	利川铃蟾	0	无
□	4	河南省封丘县国家级野生动物疫源疫病监测站	河南省	2015-11-19	灰斑鸠,董鸡	0	无
□	5	重庆城口大巴山国家级野生动物疫源疫病监测站	重庆市	2015-11-19	山麻雀,红背...	1	有
□	6	重庆南川金佛山国家级野生动物疫源疫病监测站	重庆市	2015-11-19	东方铃蟾	0	无
□	7	黔江区武陵山国家级野生动物疫源疫病监测站	重庆市	2015-11-19	画眉	1	无
□	8	重庆缙云山国家级自然保护区管理局	重庆市	2015-11-19	(树)麻雀	0	无
□	9	河南黄河湿地国家级自然保护区孟津监测站	河南省	2015-11-19	蓝额红尾鸲,...	4	有
□	10	重庆市江津四面山国家级野生动物疫源疫病监测站	重庆市	2015-11-19	盘谷蟾蜍	0	无

第［1］页 共［464］页 共［4635］条记录 下页 末页 页码 1 跳页

图15-61　日报查询页面

查看：点击记录的“填报单位”字段，即可查看该条日报的详细内容。

查询：点击【显示查询条件】，输入相应查询条件，点击【查询】，即可显示相关用户在某一时间段内日报上报的具体内容。点击【重置】，之前输入的查询条件全部清空，可输入新的查询条件。

追溯：选择某条记录后，点击【追溯】，系统会弹出“追溯日报详细信息”页面，以列表的形式显示结果。

导出日报表：在日报列表页面，选择某条记录后，点击【导出日报表】，可以以EXCEL文件格式导出该条日报的全部信息。

导出全部记录：在日报列表页面，点击【导出全部记录】，所有记录以EXCEL文件格式导出。

（3）周报查询。点击菜单“查询分析>>监测信息查询>>周报查询”进入快报查询页面，如图15-62所示。

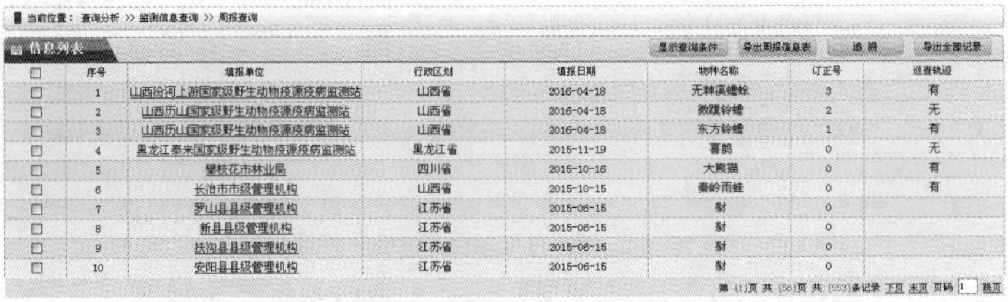
当前位置：查询分析 >> 监测信息查询 >> 周报查询

信息列表　显示查询条件　导出周报信息表　追溯　导出全部记录

□	序号	填报单位	行政区划	填报日期	物种名称	订正号	巡查轨迹
□	1	山西汾河上游国家级野生动物疫源疫病监测站	山西省	2016-04-18	无棘溪蟾蜍	3	有
□	2	山西历山国家级野生动物疫源疫病监测站	山西省	2016-04-18	微蹼铃蟾	2	无
□	3	山西历山国家级野生动物疫源疫病监测站	山西省	2016-04-18	东方铃蟾	1	有
□	4	黑龙江泰来国家级野生动物疫源疫病监测站	黑龙江省	2015-11-19	喜鹊	0	无
□	5	攀枝花市林业局	四川省	2015-10-16	大熊猫	0	有
□	6	长治市市级管理机构	山西省	2015-10-15	秦岭雨蛙	0	有
□	7	罗山县县级管理机构	江苏省	2015-06-15	豺	0	
□	8	新县县级管理机构	江苏省	2015-06-15	豺	0	
□	9	扶沟县县级管理机构	江苏省	2015-06-15	豺	0	
□	10	安阳县县级管理机构	江苏省	2015-06-15	豺	0	

第［1］页 共［56］页 共［553］条记录 下页 末页 页码 1 跳页

图15-62　周报查询页面

查看：在周报列表页面，点击任意一条记录的“填报单位”字段，即可查看该周报的全部内容，之后点击【返回】，返回列表页面。

查询：在周报列表页面，点击【显示查询条件】，输入相应查询条件，点击【查询】，即可显示相关用户在某一时间段内周报上报的具体内容。点击【重置】，之前输入的查询条件全部清空，可输入新的查询条件。

追溯：在周报列表页面，选择某条记录后，点击【追溯】，系统会自动弹出“追溯周报信息”页面，以列表的形式显示结果。

导出周报表：在周报列表页面，选择某条记录后，点击【导出周报表】，可以以

EXCEL文件格式导出该周报的全部信息。

导出全部记录：在周报列表页面，点击【导出全部记录】，所有记录以EXCEL文件格式导出。

2. 监测信息分析统计

（1）日报每日上报情况。点击菜单"查询分析>>监测信息分析统计>>日报每日上报情况"进入日报每日上报情况统计页面，如图15-63所示。

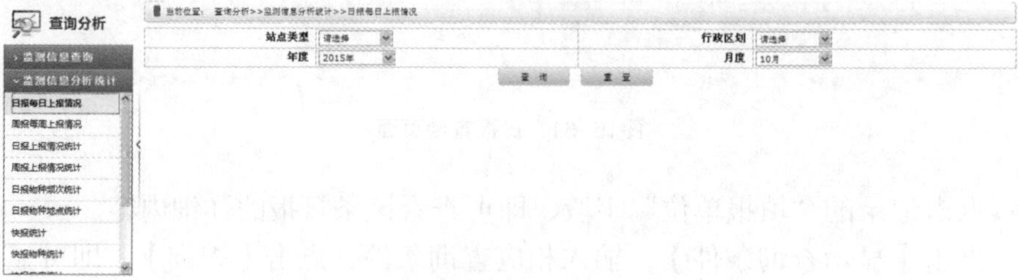

图15-63　查询用户日报每日上报情况页面

在日报每日上报情况统计页面，输入相应查询条件，点击【查询】，即可显示相关用户在某个月份的日报上报情况（图15-64）。查询结果以棋盘表的格式展现，滑动上下或左右滚动条，查看全部内容。点击表格右上角的功能键，可以对表格进行导出EXCEL操作。

图15-64　用户日报每日上报情况页面

点击【重置】，可输入的查询条件，重新进行查询操作。

（2）周报每周上报情况。点击菜单"查询分析>>监测信息分析统计>>周报每周上报情况"进入周报每周上报情况统计页面，如图15-65所示。

在周报每周上报情况统计页面，输入相应查询条件，点击【查询】，即可显示相关用户的年度周报上报情况（图15-66）。查询结果以棋盘表的格式展现，滑动上下或左右滚动条，查看全部内容。点击表格右上角的功能键，可以对表格进行导出EXCEL操作。

点击【重置】，可输入的查询条件，重新进行查询操作。

（3）日报上报情况统计。点击菜单"查询分析>>监测信息分析统计>>日报上报情况统计"进入日报上报情况统计页面，如图15-67所示。

图15-65 查询用户周报每周上报情况页面

图15-66 用户周报每周上报情况页面

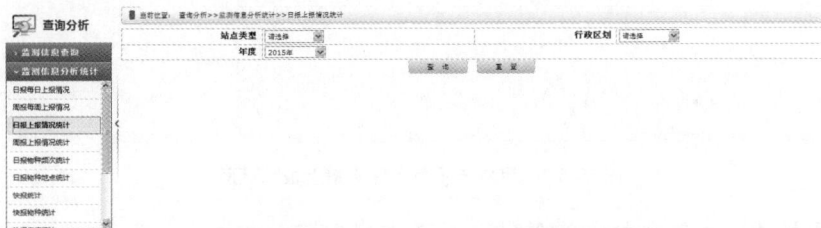

图15-67 查询用户年（月）度日报上报率页面

在日报上报情况统计页面，输入相应查询条件，点击【查询】，即可显示相关用户年度（月度）日报上报率（图15-68）。查询结果以列表形式展现，滑动上下滚动条，查看全部内容。点击表格右上角的功能键，可以对表格进行导出EXCEL操作。

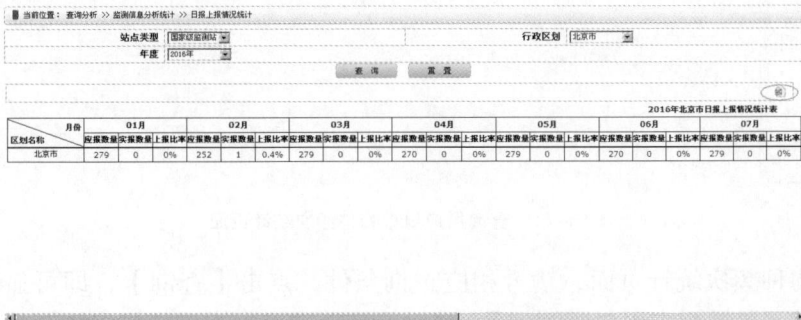

图15-68 用户年（月）度日报上报率页面

点击【重置】，可输入的查询条件，重新进行查询操作。

（4）周报上报情况统计。点击菜单"查询分析>>监测信息分析统计>>周报上报情况统计"进入周报上报情况统计页面，如图15-69所示。

图15-69　查询用户年（月）度周报上报率页面

在周报上报情况统计页面，输入相应查询条件，点击【查询】，即可显示相关用户年度（月度）周报上报率（图15-70）。查询结果以列表形式展现，滑动上下滚动条，查看全部内容。点击表格右上角的功能键，可以对表格进行导出EXCEL操作。

图15-70　用户年（月）度周报上报率页面

点击【重置】，可输入的查询条件，重新进行查询操作。

（5）日报物种频次统计。点击菜单"查询分析>>监测信息分析统计>>日报物种频次统计"进入日报物种频次统计页面，如图15-71所示。

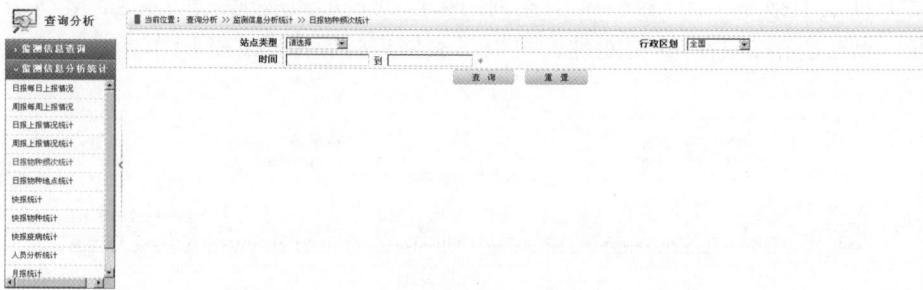

图15-71　查询用户日报物种频次统计页面

在日报物种频次统计页面，输入相应查询条件，点击【查询】，即可显示疫源野生动物在某一时间段被相应用户监测到的情况（图15-72）。查询结果以列表形式展现，滑动上下滚动条，查看全部内容。点击表格右上角的功能键，可以对表格进行导出EXCEL操作。

图15-72　某段时间内用户日报上报的物种情况

点击【重置】，可输入的查询条件，重新进行查询操作。

（6）日报物种地点统计。点击菜单"查询分析>>监测信息分析统计>>日报物种地点统计"进入日报物种地点统计页面，如图15-73所示。

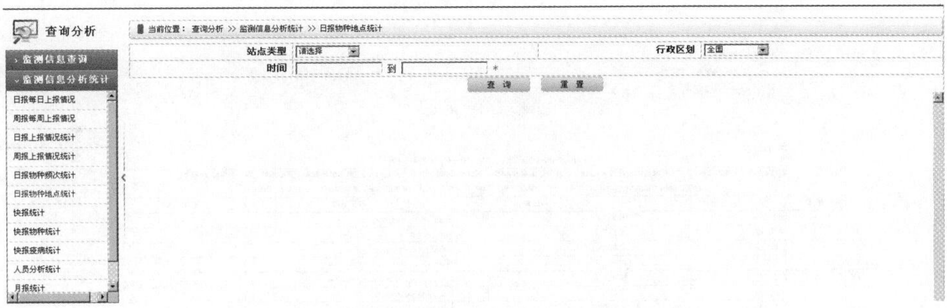

图15-73　查询用户日报物种地点统计页面

在日报物种地点统计页面，输入相应查询条件，点击【查询】，即可显示相应用户在该时间段内监测到的疫源野生动物情况（图15-74）。查询结果以列表形式展现，滑动上下滚动条，查看全部内容。点击表格右上角的功能键，可以对表格进行导出EXCEL操作。

点击【重置】，可输入的查询条件，重新进行查询操作。

图15-74　监测辖区内物种情况页面

（7）快报统计。点击菜单"查询分析>>监测信息分析统计>>快报统计"进入快报统计页面，如图15-75所示。

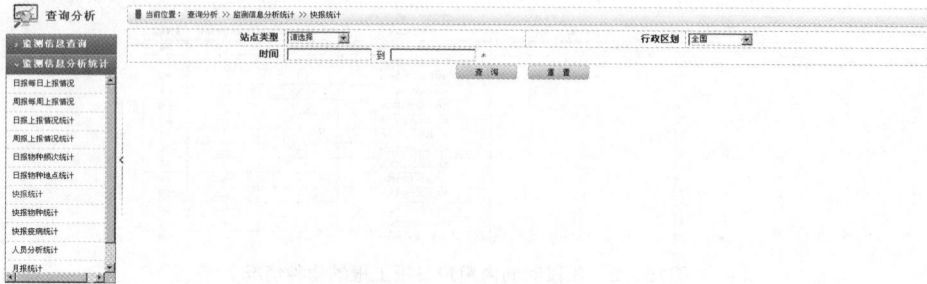

图15-75　快报统计页面

在快报统计页面，输入相应查询条件，点击【查询】，即可获得相关用户在某一时间段内上报的快报汇总信息（图15-76）。查询结果以列表形式展现，滑动上下滚动条，查看全部内容。点击表格右上角的功能键，可以对表格进行导出EXCEL操作。

图15-76　某一时段内快报汇总信息页面

点击【重置】，可输入的查询条件，重新进行查询操作。

（8）快报物种统计。点击菜单"查询分析>>监测信息分析统计>>快报物种统计"进入快报物种统计页面，如图15-77所示。

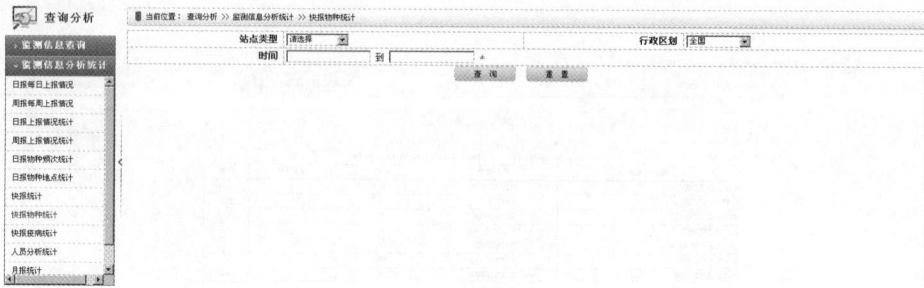

图15-77　快报物种统计页面

在快报物种统计页面，输入相应查询条件，点击【查询】，即可显示某一时间段内快报上报的物种情况（图15-78）。查询结果以列表形式展现，滑动上下滚动条，查看全部内容。点击表格右上角的功能键，可以对表格进行导出EXCEL操作。

点击【重置】，可输入的查询条件，重新进行查询操作。

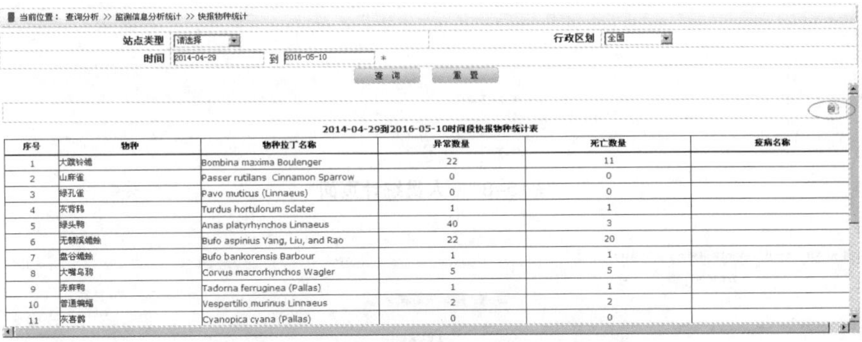

序号	物种	物种拉丁名称	异常数量	死亡数量	疫病名称
1	大蹼铃蟾	Bombina maxima Boulenger	22	11	
2	山麻雀	Passer rutilans Cinnamon Sparrow	0	0	
3	绿孔雀	Pavo muticus (Linnaeus)	0	0	
4	灰背鸫	Turdus hortulorum Sclater	1	1	
5	绿头鸭	Anas platyrhynchos Linnaeus	40	3	
6	无棘溪蟾蜍	Bufo aspinius Yang, Liu, and Rao	22	20	
7	盘谷蟾蜍	Bufo bankorensis Barbour	1	1	
8	大嘴乌鸦	Corvus macrorhynchos Wagler	5	5	
9	赤麻鸭	Tadorna ferruginea (Pallas)	1	1	
10	普通蝙蝠	Vespertilio murinus Linnaeus	2	2	
11	灰喜鹊	Cyanopica cyana (Pallas)	0	0	

图15–78　某段时间内快报物种汇总信息页面

（9）快报疫病统计。点击菜单“查询分析>>监测信息分析统计>>快报疫病统计”进入快报疫病统计页面，如图15–79所示。

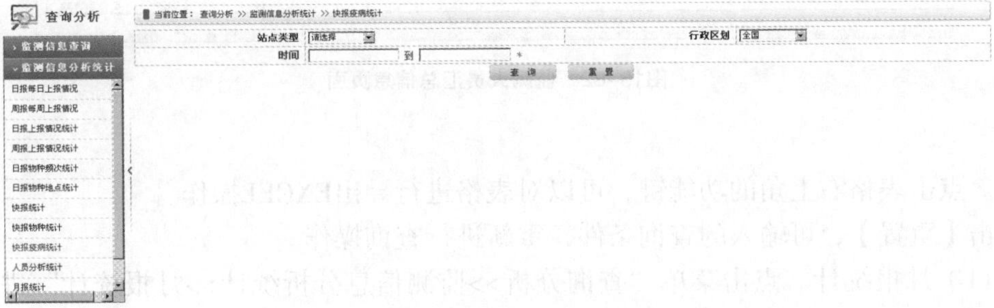

图15–79　快报疫病统计页面

在快报疫病统计页面，输入相应查询条件，点击【查询】，即可显示某一时间段内快报上报的疫病情况（图15–80）。查询结果以列表形式展现，滑动上下滚动条，查看全部内容。点击表格右上角的功能键，可以对表格进行导出EXCEL操作。

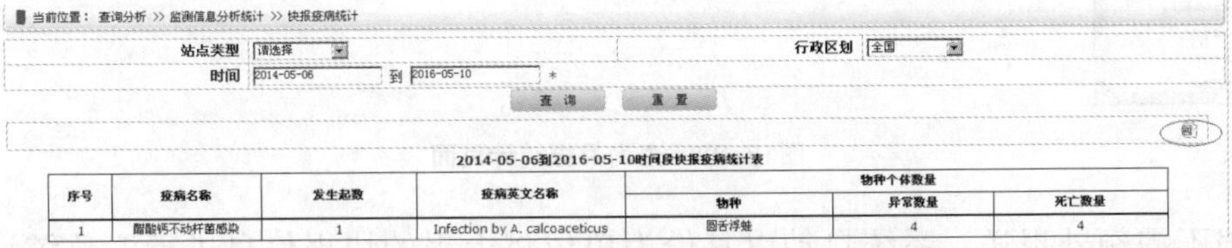

序号	疫病名称	发生起数	疫病英文名称	物种个体数量		
				物种	异常数量	死亡数量
1	醋酸钙不动杆菌感染	1	Infection by A. calcoaceticus	圆舌浮蛙	4	4

图15–80　某段时间内快报疫病汇总信息页面

点击【重置】，可输入的查询条件，重新进行查询操作。

（10）人员分析统计。点击菜单“查询分析>>监测信息分析统计>>人员分析统计”进入人员分析统计页面，如图15–81所示。

在人员分析统计页面，输入相应查询条件，点击【查询】，即可显示相关用户的在系统内登记的人员情况（图15–82）。查询结果以列表形式展现，滑动上下滚动条，查看全

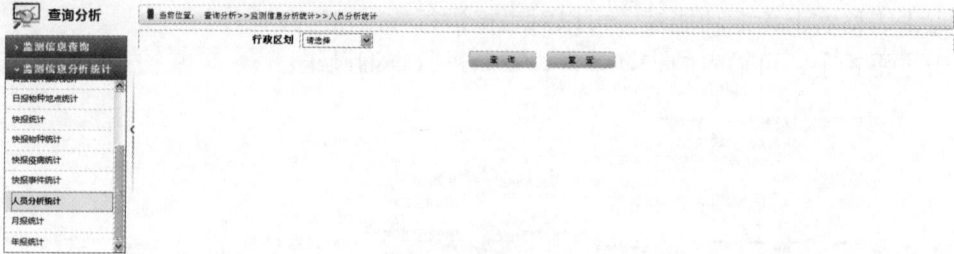

图15-81　人员统计页面

人员分析统计表

		数量		学历结构				职称结构				年龄结构				专兼职		是否在
		总数(个)	人员总数	其他	高中生	大学生	研究生及以上	初级	中级	副高	正高	30岁及以下	31-40岁	41-50岁	51-60岁	专职	兼职	是
监测站	监测总站	2	8	1	2	3		3	4	1		4	4			8	0	7
	国家级监测站	346	78	8	5	25	40	11	27	35	5	45	14	11	8	74	4	76
	省级监测站	389	7	2	0	3	2	1	3	2	1	7	0	0	0	7	0	7
	市级监测站	20	10	0	3	3	4	2	4	4	0	4	4	1	1	9	1	10
	县级监测站	0	0	0	0	0	0	0	0	0	0	0	0	0	0	0	0	0
管理机构	省级管理机构	42	7	0	1	2	4	1	2	3	1	6	0	1	0	6	1	7
	市级管理机构	346	8	1	1	2	4	0	2	4	2	5	2	1	0	8	0	8
	县级管理机构	2913	17	4	4	2	7	6	2	8	1	15	2	0	0	17	0	17
	科技支撑机构	2	0	0	0	0	0	0	0	0	0	0	0	0	0	0	0	0
	合计	4060	135	16	16	40	63	24	44	57	10	86	26	14	9	129	6	132

图15-82　监测人员汇总信息页面

部内容。点击表格右上角的功能键，可以对表格进行导出EXCEL操作。

点击【重置】，可输入的查询条件，重新进行查询操作。

（11）月报统计。点击菜单"查询分析>>监测信息分析统计>>月报统计"进入月报统计页面，如图15-83所示。

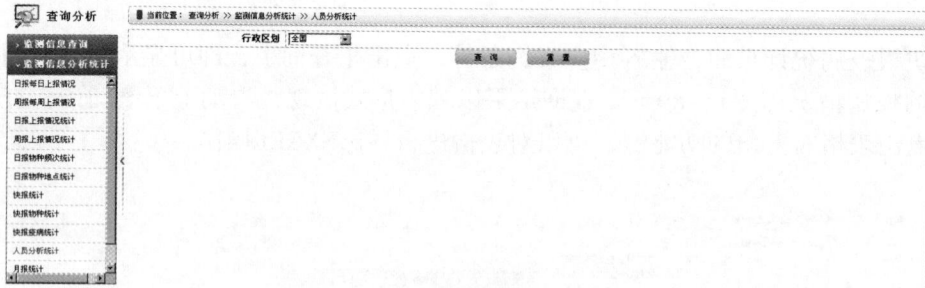

图15-83　查询月报统计页面

月报不需额外报送，系统自动以月份为单位将上报的快报信息进行汇总统计形成月报。

在月报统计页面，输入相应查询条件，点击【查询】，即可获得相应的查询结果（图15-84）。查询结果以列表形式展现，滑动上下滚动条，查看全部内容。点击表格右上角的功能键，可以对表格进行导出EXCEL操作。

点击【重置】，可输入的查询条件，重新进行查询操作。

图15-84　辖区内某月月报情况页面

（12）年报统计。点击菜单"查询分析>>监测信息分析统计>>年报统计"进入年报统计页面，如图15-85所示。

图15-85　年报情况页面

年报不需额外报送，系统自动以年度为单位将上报的快报信息进行汇总统计形成年报。

在年报统计页面，输入相应查询条件，点击【查询】，即可获得相应的查询结果（图15-86）。查询结果以列表形式展现，滑动上下滚动条，查看全部内容。点击表格右上角的功能键，可以对表格进行导出EXCEL操作。

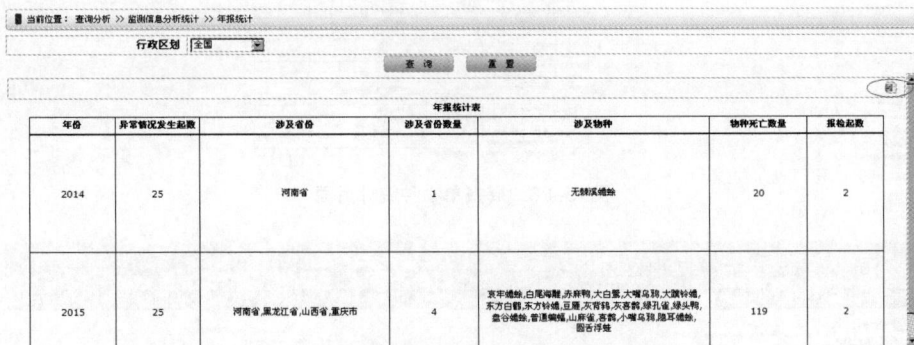

图15-86　辖区内某年年报情况页面

点击【重置】，可输入的查询条件，重新进行查询操作。

（13）日报单物种统计。点击菜单"查询分析>>监测信息分析统计>>日报单物种统计"，进入日报单物种统计页面，如图15-87所示。

在日报单物种统计页面，输入相应查询条件，点击【查询】，即可显示相关用户单物种日报告（即日报告中仅有一种物种）的汇总情况。查询结果以列表形式展现，滑动上下

图15-87　日报单物种统计页面

滚动条，查看全部内容。点击表格右上角的功能键，可以对表格进行导出EXCEL操作。

（14）周报单物种统计。点击菜单"查询分析>>监测信息分析统计>>周报单物种统计"，进入周报单物种统计页面，如图15-88所示。

在周报单物种统计页面，输入相应查询条件，点击【查询】，即可显示相关用户单物种周报告（即周报告中仅有一种物种）的汇总情况。查询结果以列表形式展现，滑动上下滚动条，查看全部内容。点击表格右上角的功能键，可以对表格进行导出EXCEL操作。

（15）日报样线统计。点击菜单"查询分析>>监测信息分析统计>>日报样线统计"，进入日报样线统计页面，如图15-89所示。

图15-88　周报单物种统计页面

图15-89　日报样线统计页面

在日报样线统计页面，输入相应查询条件，点击【查询】，即可获得相应的查询结果。查询结果以列表形式展现，滑动上下滚动条，查看全部内容。点击表格右上角的功能键，可以对表格进行导出EXCEL操作。

（16）周报样线统计。点击菜单"查询分析>>监测信息分析统计>>周报样线统计"，进入周报样线统计页面，如图15-90所示。

图15-90　周报样线统计页面

在周报样线统计页面，输入相应查询条件，点击【查询】，即可获得相应的查询结果。查询结果以列表形式展现，滑动上下滚动条，查看全部内容。点击表格右上角的功能键，可以对表格进行导出EXCEL操作。

3. 主动预警信息查询

（1）任务完成情况。点击菜单"查询分析>>主动预警信息查询>>任务完成情况"进入任务完成情况查询页面，如图15-91所示。

图15-91　查询主动预警任务完成情况页面

查看：点击记录的"预警对象"字段，即可查看该条任务完成情况的详细内容。

查询：点击【显示查询条件】，输入相应查询条件，点击【查询】，即可获得相应的查询结果。点击【重置】，之前输入的查询条件全部清空，可输入新的查询条件。

（2）检测阳性情况。点击菜单"查询分析>>主动预警信息查询>>检测阳性情况"进入检测阳性情况查询页面，如图15-92所示。

图15-92　查询主动预警样品阳性情况页面

查看：点击记录的"预警对象"字段，进入采样信息列表，点击"查看反馈信息"，即可查看该条记录的检测情况的详细内容。

查询：点击【显示查询条件】，输入相应查询条件，点击【查询】，即可获得相应的查询结果。点击【重置】，之前输入的查询条件全部清空，可输入新的查询条件。

（3）任务进度提醒。点击菜单"查询分析>>主动预警信息查询>>任务进度提醒"进入任务进度提醒查询页面，如图15-93所示。

图15-93　主动预警任务进度提醒页面

查看：工作任务信息列表中，可通过"完成进度"、"检测结果反馈数量"、"距截止时间天数"直观查看工作任务完成情况。

查询：点击【显示查询条件】，输入相应查询条件，点击【查询】，即可获得相应的查询结果。点击【重置】，之前输入的查询条件全部清空，可输入新的查询条件。

（4）任务超期预警。点击菜单"查询分析>>主动预警信息查询>>任务超期预警"进入任务超期预警查询页面，如图15-94所示。

查看：进入工作任务信息列表，可直接查看某条工作任务的超期时间。

查询：点击【显示查询条件】，输入相应查询条件，点击【查询】，即可获得相应的查询结果。点击【重置】，之前输入的查询条件全部清空，可输入新的查询条件。

图15-94　主动预警任务超期预警页面

4. 主动预警查询分析

（1）按预警对象。点击菜单"查询分析>>主动预警查询分析>>按预警对象"进入按预警对象统计页面，如图15-95所示。

图15-95　按预警对象统计页面

查询：在按预警对象统计页面，输入相应查询条件，点击【查询】，即可显示以预警对象为主的年度主动预警任务汇总统计情况。查询结果以列表形式展现，滑动上下滚动条，查看全部内容。点击表格右上角的功能键，可以对表格进行导出EXCEL操作。点击【重置】，可输入的查询条件，重新进行查询操作。

（2）按实施单位。点击菜单"查询分析>>主动预警查询分析>>按实施单位"进入按实施单位统计页面，如图15-96所示。

查询：在按实施单位统计页面，输入相应查询条件，点击【查询】，即可显示以主动预警实施单位为主的年度主动预警任务汇总统计情况。查询结果以列表形式展现，滑动上下滚动条，查看全部内容。点击表格右上角的功能键，可以对表格进行导出EXCEL操作。点击【重置】，可输入的查询条件，重新进行查询操作。

（3）按大区。点击菜单"查询分析>>主动预警查询分析>>按大区"进入按大区统计页面，如图15-97所示。

图15-96　按预警实施单位统计页面

图15-97　按大区统计页面

查询：在按大区统计页面，输入相应查询条件，点击【查询】，即可显示以东、中、西部迁徙路线年度主动预警任务汇总统计情况。查询结果以列表形式展现，滑动上下滚动条，查看全部内容。点击表格右上角的功能键，可以对表格进行导出EXCEL操作。点击【重置】，可输入的查询条件，重新进行查询操作。

（4）按物种。点击菜单"查询分析>>主动预警查询分析>>按物种"进入按物种统计页面，如图15-98所示。

图15-98　按物种统计页面

查询：在按物种统计页面，输入相应查询条件，点击【查询】，即可显示以物种为主的年度主动预警任务汇总统计情况。查询结果以列表形式展现，滑动上下滚动条，查看全部内容。点击表格右上角的功能键，可以对表格进行导出EXCEL操作。点击【重置】，可输入的查询条件，重新进行查询操作。

（5）按年度。点击菜单"查询分析>>主动预警查询分析>>按年度"进入按年度统计页面，如图15-99所示。

查询：在按年度统计页面，输入相应查询条件，点击【查询】，即可显示年度区间鸟类和兽类主动预警任务汇总统计情况。查询结果以列表形式展现，滑动上下滚动条，查看全部内容。点击表格右上角的功能键，可以对表格进行导出EXCEL操作。点击【重置】，可输入的查询条件，重新进行查询操作。

图15-99　按年度统计页面

（6）按月度。点击菜单"查询分析>>主动预警查询分析>>按月度"进入按月度统计页面，如图15-100所示。

图15-100　按月度统计页面

查询：在按月度统计页面，输入相应查询条件，点击【查询】，即可显示某一年度月度区间主动预警任务完成情况汇总统计情况。查询结果以列表形式展现，滑动上下滚动条，查看全部内容。点击表格右上角的功能键，可以对表格进行导出EXCEL操作。点击

【重置】，可输入的查询条件，重新进行查询操作。

5.图片识别分析

（1）动物图片统计。点击菜单"图片识别分析>>动物图片统计"进入动物图片统计页面，如图15-101所示。

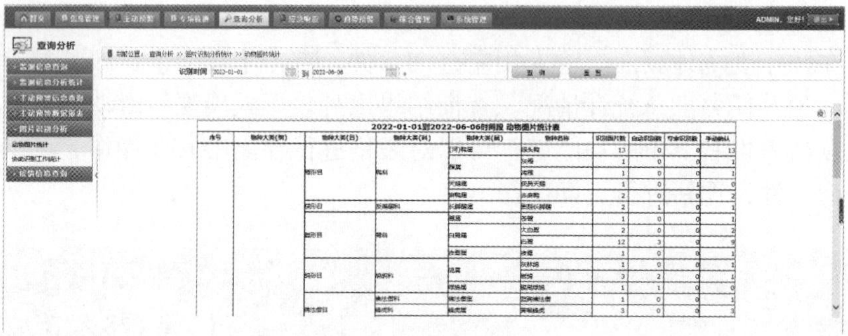

图15-101　动物图片统计页面

查询：在动物图片统计页面，输入相应查询条件，点击【查询】，即可显示某一时间段内，用户进行的图片识别汇总统计情况。查询结果以列表形式展现，滑动上下滚动条，查看全部内容。点击表格右上角的功能键，可以对表格进行导出EXCEL操作。点击【重置】，可输入的查询条件，重新进行查询操作。

（2）协助识别工作统计。在协助识别工作统计页面，输入相应查询条件，点击【查询】，即可显示某一年度内，专家协助识别图片的工作情况，如图15-102所示。

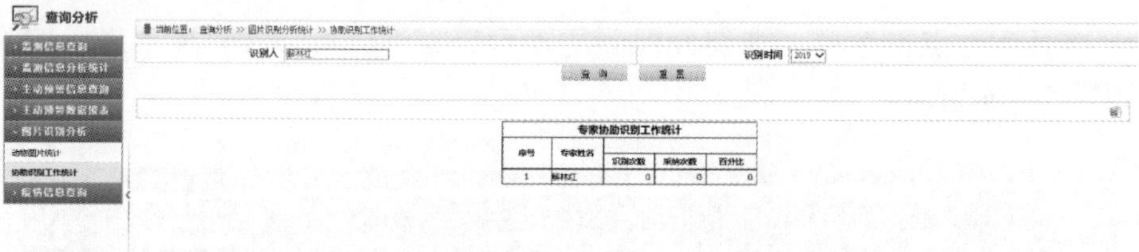

图15-102　专家识别图片情况

查询结果以列表形式展现，滑动上下滚动条，查看全部内容。点击表格右上角的功能键，可以对表格进行导出EXCEL操作。点击【重置】，可输入的查询条件，重新进行查询操作。

6.疫情信息查询

点击菜单"疫情信息查询>>农业农村部发布"进入农业农村部发布页面，如图15-103所示。

查看：进入样品类别信息列表，点击任意一条记录的"标题"字段，即可查看该条记录的详细内容。

查询：点击【显示查询条件】，输入相应查询条件，点击【查询】，即可获得相应的查询结果。点击【重置】，之前输入的查询条件全部清空，可输入新的查询条件。

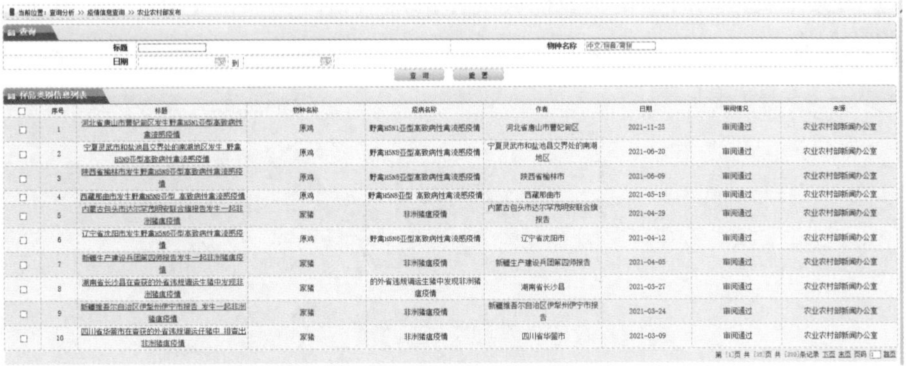

	序号	标题	物种名称	疫病名称	作者	日期	审阅情况	来源
□	1	河北省唐山市曹妃甸区发生野禽H5N1亚型高致病性禽流感疫情	原鸡	野禽H5N1亚型高致病性禽流感疫情	河北省唐山市曹妃甸区	2021-11-25	审阅通过	农业农村部新闻办公室
□	2	宁夏灵武市和盐池县交界处的南湖地区发生 野禽H5N8亚型高致病性禽流感疫情	原鸡	野禽H5N8亚型高致病性禽流感疫情	宁夏灵武市和盐池县交界处的南湖地区	2021-06-20	审阅通过	农业农村部新闻办公室
□	3	陕西省榆林市发生野禽H5N8亚型高致病性禽流感疫情	原鸡	野禽H5N8亚型高致病性禽流感疫情	陕西省榆林市	2021-06-09	审阅通过	农业农村部新闻办公室
□	4	西藏那曲市发生野禽H5N8亚型 高致病性禽流感疫情	原鸡	野禽H5N8亚型 高致病性禽流感疫情	西藏那曲市	2021-05-19	审阅通过	农业农村部新闻办公室
□	5	内蒙古包头市达尔罕茂明安联合旗报告发生一起非洲猪瘟疫情	家猪	非洲猪瘟疫情	内蒙古包头市达尔罕茂明安联合旗报告	2021-04-29	审阅通过	农业农村部新闻办公室
□	6	辽宁省沈阳市发生野禽H5N6亚型高致病性禽流感疫情	原鸡	野禽H5N6亚型高致病性禽流感疫情	辽宁省沈阳市	2021-04-12	审阅通过	农业农村部新闻办公室
□	7	新疆生产建设兵团第四师报告发生一起非洲猪瘟疫情	家猪	非洲猪瘟疫情	新疆生产建设兵团第四师报告	2021-04-05	审阅通过	农业农村部新闻办公室
□	8	湖南省长沙县在查获的外省违规调运生猪中发现非洲猪瘟疫情	家猪	的外省违规调运生猪中发现非洲猪瘟疫情	湖南省长沙县	2021-03-27	审阅通过	农业农村部新闻办公室
□	9	新疆维吾尔自治区伊犁州伊宁市报告 发生一起非洲猪瘟疫情	家猪	非洲猪瘟疫情	新疆维吾尔自治区伊犁州伊宁市报告	2021-03-24	审阅通过	农业农村部新闻办公室
□	10	四川省华蓥市在查获的外省违规调运仔猪中 排查出非洲猪瘟疫情	家猪	非洲猪瘟疫情	四川省华蓥市	2021-03-09	审阅通过	农业农村部新闻办公室

图15-103 农业农村部疫情信息发布列表页面

（五）应急响应（仅省级以上管理机构）

可实现监测信息的时空化、图形化表达，根据工作的需要，生成疫源疫病相关信息一张图。

1. 应急响应

（1）实时监控。点击菜单“应急响应>>实时监控”进入实时监控页面，如图15-104所示。

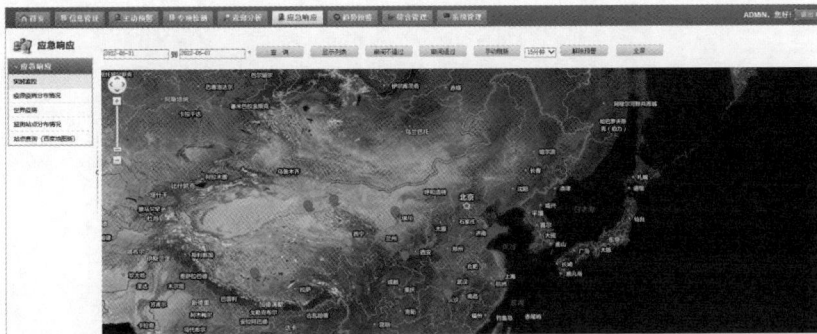

图15-104 实时监控页面

在实时监控页面，可查看7d内快报发生情况。

查看：点击显示列表，可显示7d的快报列表，点击【查看】，可显示该条快报的详细情况，或者也可通过点击地图上红色图标，可显示快报的详细信息。

查询：输入要查询的时间区间，点击【查询】，即可在地图上显示，点击地图上的红色图标查看快报详细信息。

如需全屏显示，点击【全屏】，可全屏定时刷新显示。

省级管理机构用户也可通过点击【审阅通过】或【审阅不通过】对辖区用户上报的快报进行审阅。

（2）疫源疫病分布情况。点击菜单“应急响应>>疫源疫病分布情况”进入疫源疫病分布情况页面，如图15-105所示。

在页面上输入相应的条件项，点击【分析】，即可显示某种疫病发生情况、疫源分布情况、以及监测站分布的时空一张图，更加直观、清晰地了解和掌握可能导致陆生野生动物疫病发生的关键要素的时空情况及防控力量的部署情况。点击【导出】，可将显示的图片以PDF格式保存。

图15-105 疫源疫病分布情况页面

（3）世界疫情。点击菜单"应急响应>>世界疫情"进入世界疫情页面，如图15-106所示。

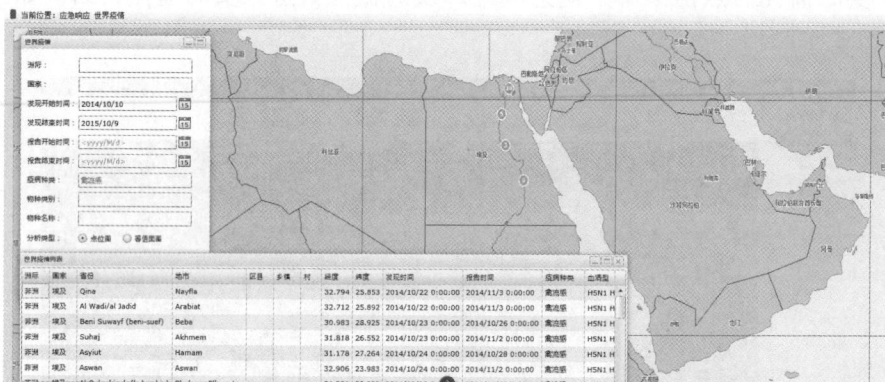

图15-106 世界疫情页面

在页面上输入相应的条件项，点击【分析】，可实现某种疫病发生情况、疫源分布情况全球时空一张图。疫病发生数量以聚合圆点的形式实现，聚合圆点越大，标注的数量越大，代表发生的起数越多；点击聚合圆点后，聚合点会自动分成几个小圆点，每个小圆点代表一起疫病，点击每一个圆点，页面会自动显示该起疫病的详细情况。

（4）监测站点分布情况。点击菜单"应急响应>>监测站点分布情况"进入监测站点分布情况页面，如图15-107所示。

在页面上输入相应的条件项，点击【分析】，可直观显示全国各类监测站点分布情况，点击图标可查看该监测站的物资、人员、设备等详细情况。点击【导出】，可将显示的图片以PDF格式保存。

（5）站点查询（百度地图版）。点击菜单"应急响应>>站点查询（百度地图版）"进入站点查询（百度地图版）页面（图15-108），相比卫星地图，地图上增加了行政区划，操作同"监测站点分布情况"。

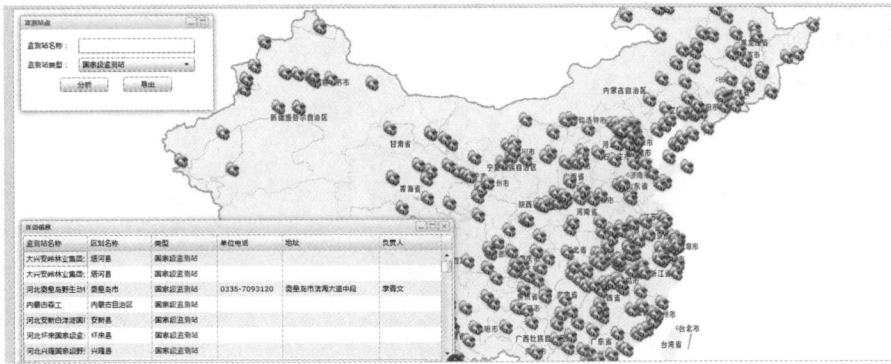

图15-107　监测站分布情况页面

图15-108　监测站分布情况页面（百度地图版）

（六）趋势预警

仅省级及以上管理机构有此功能。

1. 趋势预警

（1）疫源区划统计。点击菜单"趋势预警>>疫源区划统计"进入疫源区划统计页面，如图15-109所示。

在页面上输入相应的条件项，点击【分析】，可实现以行政区划为单位的某种疫源物种分布图，图片颜色越深，代表该区域该疫源物种数量越多。点击【导出】，可将显示的图片以PDF格式保存。

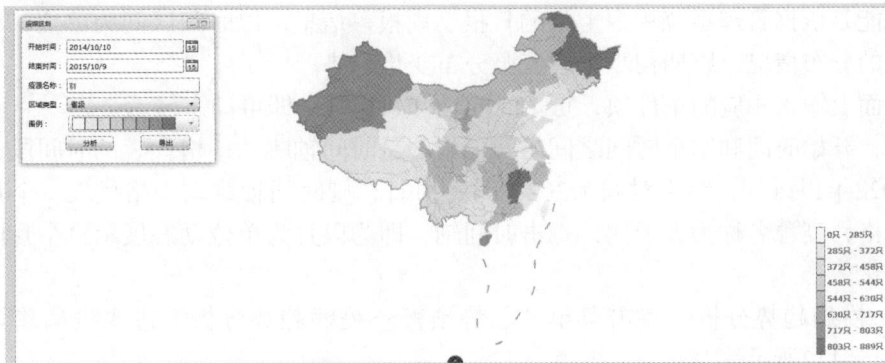

图15-109　疫源区划统计页面

（2）疫病区划统计。点击菜单"趋势预警>>疫病区划统计"进入疫病区划统计页面，如图15-110所示。

图15-110　疫病区划统计页面

在页面上输入相应的条件项，点击【分析】，可实现以行政区划为单位的某种疫病分布图，图片颜色越深，代表该区域该疫病发生起数越多。点击【导出】，可将显示的图片以PDF格式保存。

（3）疫源趋势统计。点击菜单"趋势预警>>疫源趋势分析"进入疫源趋势分析页面，如图15-111所示。

图15-111　疫源趋势分析页面

此功能是依据管理系统用户上报的日报、周报等信息，以时间区间为单位，动态展示疫源物种的分布情况，以期初步掌握疫源分布变化趋势。

在页面上输入相应的条件项，点击时间轴开始按钮，即可动态展示。

注意：开始时间和结束时间之间的间隔指的是时间轴跳动一格代表的时间段，如开始时间为2022年1月1日，结束时间为2022年1月31日，则时间轴跳动一格代表一个月，时间轴共有11格，疫源名称为大天鹅，点击时间轴，即为以月为单位动态展示11个月内大天鹅的分布变化。

（4）疫病趋势分析。点击菜单"趋势预警>>疫病趋势分析"进入疫病趋势分析页面，如图15-112所示.

此功能是依据管理系统用户上报的快报信息，以时间区间为单位，动态展示疫病的发生情况，以期初步掌握疫病发生的变化趋势。

在页面上输入相应的条件项，点击时间轴开始按钮，即可动态展示。

注意：开始时间和结束时间输入，同"疫源趋势统计"。

图15-112　疫病趋势分析页面

（七）综合管理

主要包括通知公告、学习论坛、法律法规、文件管理、专家库、野生动物知识库、自定义报表等功能，部分功能仅供省级及以上管理机构管理使用，如发布通知公告等。

1. 通知公告管理

（1）通知公告管理。点击菜单"通知公告管理"进入通知公告管理页面，如图15-113所示。

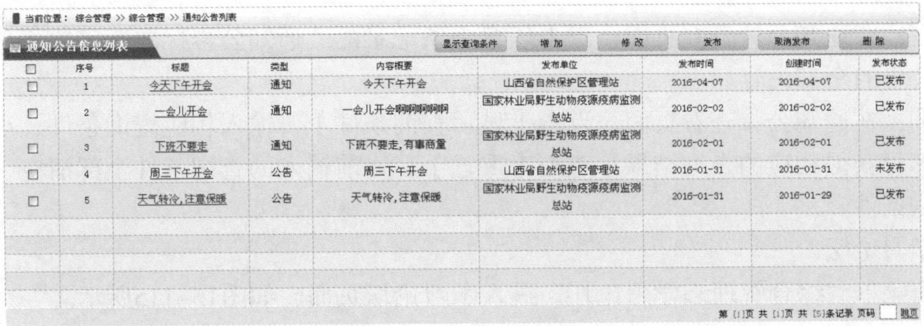

图15-113　通知公告管理页面

查看：在通知公告管理页面，点击任意一条记录的"通知公告标题"字段，即可查看该通知公告的全部内容。

查询：在通知公告管理页面，点击【显示查询条件】，输入相应查询条件，点击【查询】，即可获得相应的查询结果。点击【重置】，之前输入的查询条件全部清空，可输入新的查询条件。

增加：在通知公告管理页面，点击【增加】，进入新增通知公告页面，输入各项信息后，点击【保存】，保存并返回列表页面，点击【返回】，则不保存增加的内容直接返回列表页。

发布：在通知公告管理页面，选择某条记录后，点击【发布】，系统会弹出对话框予以确认。发布成功后，该记录的发布状态从"未发布"变成"已发布"。允许一次发布多条记录。

取消发布：在通知公告管理页面，选择某条记录后，点击【取消发布】，系统会弹出对话框予以确认。取消发布成功后，该记录的发布状态从"已发布"变成"未发布"。允许一次取消发布多条记录。已发布的信息必须取消发布后，才能修改和删除。

修改：在通知公告管理页面，选择某条记录后，点击【修改】，进入该条记录详细页面，修改完毕后，点击【保存】，保存并返回列表页面，点击【返回】，则不保存修改的内容直接返回列表页。

删除：在通知公告管理页面，选择某条记录后，点击【删除】，系统会弹出对话框予以确认，确认无误后进行删除。

（2）通知公告查看。点击菜单"综合管理>>通知公告查看"进入通知公告查看页面，如图15-114所示。

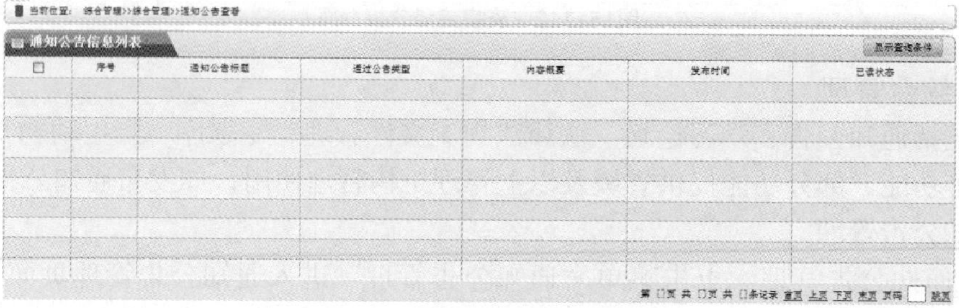

图15-114　通知公告查看页面

查看：在通知公告查看页面，点击任意一条记录的"通知公告标题"字段，即可查看该通知公告的全部内容。

查询：在通知公告查看页面，点击【显示查询条件】，输入相应查询条件，点击【查询】，即可获得相应的查询结果。点击【重置】，之前输入的查询条件全部清空，可输入新的查询条件。

2. 学习论坛

点击菜单"综合管理>>学习论坛"进入学习论坛页面，如图15-115所示。

图15-115　学习论坛页面

查看：在学习论坛页面，点击任意一条记录的"标题"字段，即可查看该记录的全部内容。同时，还可以填写自己的回复内容，点击【回复】，保存并返回列表页面，点击【关闭】，则不保存回复的内容直接返回列表页。

查询：在学习论坛页面，点击【显示查询条件】，输入相应查询条件，点击【查询】，即可获得相应的查询结果。点击【重置】，之前输入的查询条件全部清空，可输入新的查询条件。

发帖：在学习论坛页面，点击【发帖】，进入新增页面，在输入各项信息后，点击【保存】，保存并返回列表页面，点击【返回】，则不保存修改的内容直接返回列表页。

删除：在学习论坛页面，选择某条记录后，点击【删除】，系统会弹出对话框予以确认，确认无误后进行删除。

3. 法律法规

点击菜单“综合管理>>法律法规”进入法律法规页面，如图15–116所示。

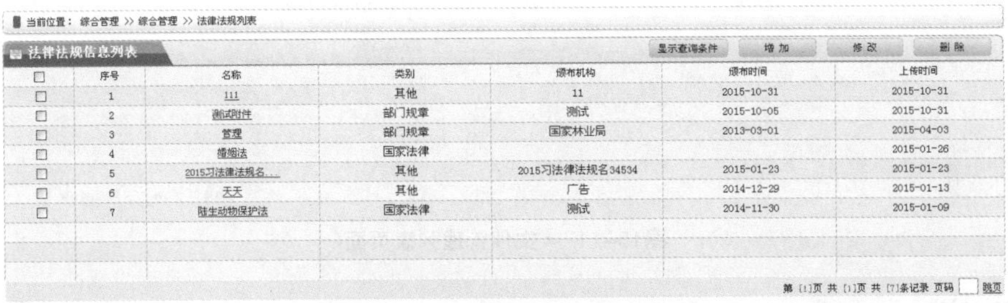
当前位置： 综合管理 >> 综合管理 >> 法律法规列表

法律法规信息列表　显示查询条件　增加　修改　删除

□	序号	名称	类别	颁布机构	颁布时间	上传时间
□	1	111	其他	11	2015-10-31	2015-10-31
□	2	测试附件	部门规章	测试	2015-10-05	2015-10-31
□	3	管理	部门规章	国家林业局	2013-03-01	2015-04-03
□	4	婚姻法	国家法律			2015-01-26
□	5	2015习法律法规名...	其他	2015习法律法规名34534	2015-01-23	2015-01-23
□	6	天天	其他	广告	2014-12-29	2015-01-13
□	7	陆生动物保护法	国家法律	测试	2014-11-30	2015-01-09

第 [1]页 共 [1]页 共 [7]条记录 页码　跳页

图15–116　法律法规列表页面

查看：在法律法规信息列表页面，点击任意一条记录的“名称”字段，即可查看该记录的全部内容。

查询：在法律法规信息列表页面，点击【显示查询条件】，输入相应查询条件，点击【查询】，即可获得相应的查询结果。点击【重置】，之前输入的查询条件全部清空，可输入新的查询条件。

增加：在法律法规信息列表页面，点击【增加】，系统进入新增页面，在输入各项信息后，点击【保存】，保存并返回列表页面，点击【返回】，则不保存直接返回列表页。

修改：在法律法规信息列表页面，选择某条记录后，点击【修改】，系统进入详细内容页面，修改完毕后，点击【保存】，保存并返回列表页面，点击【返回】，则不保存直接返回列表页。

删除：在法律法规信息列表页面，选择某条记录后，点击【删除】，系统会弹出对话框予以确认，确认无误后进行删除。

注意：仅省级及以上管理机构用户可以对法律法规进行增、删、改的操作。

4. 文件管理

提示：本模块仅供用户管理本单位的相关电子版材料！！！

点击菜单“综合管理>>文件管理”进入文件管理页面，如图15–117所示。

查看：在文件管理信息列表页面，点击任意一条记录的“文件名称”字段，即可查看该记录的全部内容。

查询：在文件管理信息列表页面，点击【显示查询条件】，输入相应查询条件，点击【查询】，即可获得相应的查询结果。点击【重置】，之前输入的查询条件全部清空，可输入新的查询条件。

增加：在文件管理信息列表页面，点击【增加】，系统进入新增页面，在输入各项信息后，点击【保存】，保存并返回列表页面，点击【返回】，则不保存直接返回列表页。

修改：在文件管理信息列表页面，选择某条记录后，点击【修改】，系统进入详细内容页面，修改完毕后，点击【保存】，保存并返回列表页面，点击【返回】，则不保存直接返回列表页。

删除：在文件管理信息列表页面，选择某条记录后，点击【删除】，系统会弹出对话框予以确认，确认无误后进行删除。

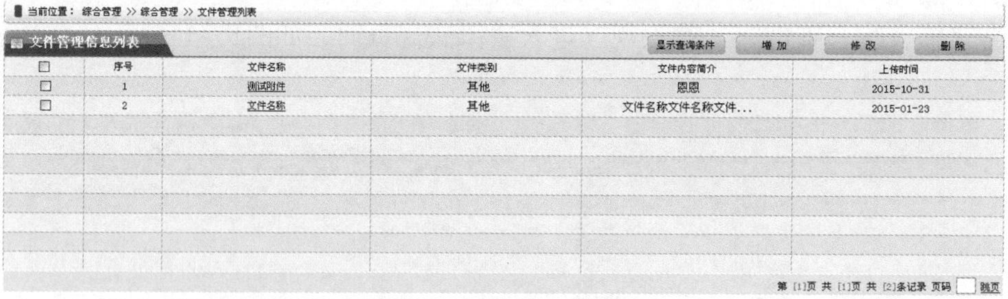
当前位置：综合管理 >> 综合管理 >> 文件管理列表

文件管理信息列表　显示查询条件　增 加　修 改　删 除

□	序号	文件名称	文件类别	文件内容简介	上传时间
□	1	测试附件	其他	恩恩	2015-10-31
□	2	文件名称	其他	文件名称文件名称文件...	2015-01-23

第 [1]页 共 [1]页 共 [2]条记录 页码 跳页

图15-117　文件管理列表页面

5. 专家库

点击菜单“综合管理>>专家库”进入专家库列表页面，如图15-118所示。

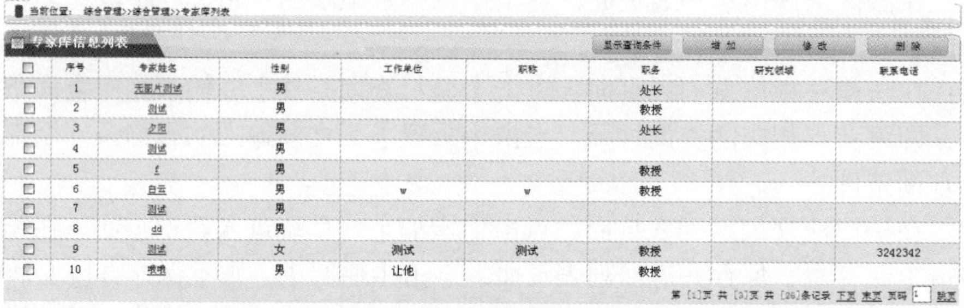
当前位置：综合管理>>综合管理>>专家库列表

专家库信息列表　显示查询条件　增 加　修 改　删 除

□	序号	专家姓名	性别	工作单位	职称	职务	研究领域	联系电话
□	1	无图片测试	男			处长		
□	2	测试	男			教授		
□	3	夕阳	男			处长		
□	4	测试	男					
□	5	f	男			教授		
□	6	白云	男	w	w	教授		
□	7	测试	男					
□	8	dd	男					
□	9	测试	女	测试	测试	教授		3242342
□	10	哦哦	男	让他		教授		

第 [1]页 共 [3]页 共 [26]条记录 下页 末页 页码 1 跳页

图15-118　专家库列表页面

查看：在专家库信息列表页面，点击任意一条记录的“专家姓名”字段，即可查看该记录的全部内容。

查询：在专家库信息列表页面，点击【显示查询条件】，输入相应查询条件，点击【查询】，即可获得相应的查询结果。点击【重置】，之前输入的查询条件全部清空，可输入新的查询条件。

增加：在专家库信息列表页面，点击【增加】，系统进入新增页面，在输入各项信息后，点击【保存】，保存并返回列表页面，点击【返回】，则不保存直接返回列表页。

修改：在专家库信息列表页面，选择某条记录后，点击【修改】，系统进入详细信息页面，修改完毕后，点击【保存】，保存并返回列表页面，点击【返回】，则不保存直接返回列表页。

删除：在专家库信息列表页面，选择某条记录后，点击【删除】，系统会弹出对话框予以确认，确认无误后进行删除。

6. 野生动物知识库

点击菜单“综合管理>>野生动物知识库”进入野生动物知识库页面，如图15–119所示。

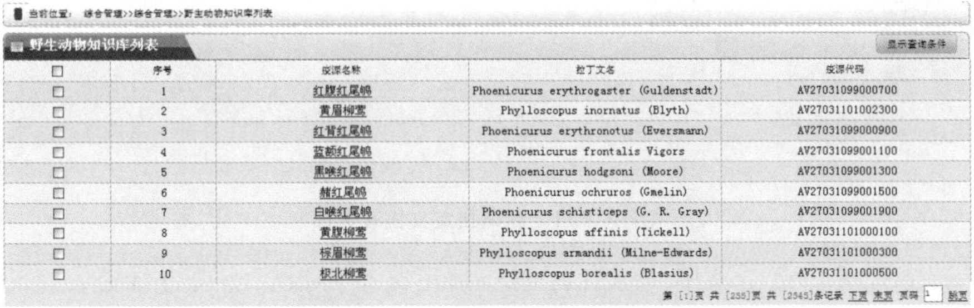

	序号	疫源名称	拉丁文名	疫源代码
☐	1	红腹红尾鸲	Phoenicurus erythrogaster (Guldenstadt)	AV27031099000700
☐	2	黄眉柳莺	Phylloscopus inornatus (Blyth)	AV27031101002300
☐	3	红背红尾鸲	Phoenicurus erythronotus (Eversmann)	AV27031099000900
☐	4	蓝额红尾鸲	Phoenicurus frontalis Vigors	AV27031099001100
☐	5	黑喉红尾鸲	Phoenicurus hodgsoni (Moore)	AV27031099001300
☐	6	赭红尾鸲	Phoenicurus ochruros (Gmelin)	AV27031099001500
☐	7	白喉红尾鸲	Phoenicurus schisticeps (G. R. Gray)	AV27031099001900
☐	8	黄腹柳莺	Phylloscopus affinis (Tickell)	AV27031101000100
☐	9	棕眉柳莺	Phylloscopus armandii (Milne-Edwards)	AV27031101000300
☐	10	极北柳莺	Phylloscopus borealis (Blasius)	AV27031101000500

图15–119　野生动物知识库列表页面

查看：在野生动物知识库列表页面，点击任意一条记录的“疫源名称”字段，即可查看该疫源动物的详细内容。

查询：在野生动物知识库列表页面，点击【显示查询条件】，输入相应查询条件，点击【查询】，即可获得相应的查询结果。点击【重置】，之前输入的查询条件全部清空，可输入新的查询条件。

注意：在实际报送信息过程中，遇到物种名称不存在的，可先自行到野生动物知识库内比对，标准化。

7. 自定义报告报表

（1）发布任务。点击菜单“综合管理>>自定义报告报表>>发布任务”，进入发布任务信息列表，如图15–120所示。该功能旨在利用管理系统解决日常工作中的需报送的各类报表、报告，报表表头可自行制作。

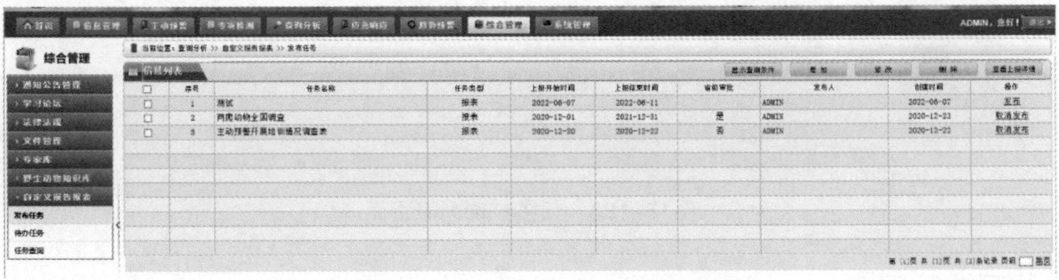

图15–120　发布任务列表页面

增加：点击【增加】，在弹出的页面上（图15–121），将要上报的任务、类型、时间、上报人等信息进行完善。按照页面提醒完善任务字段的选项，若表头有多项，则录入一个预设值，点击绿色对勾，直至完成表头，点击【保存】后自动返回列表，若任务无误，点击该条任务后【发布】，即可下发至任务承担单位。

修改：可对任务进行修改。勾选任一条记录，点击【修改】，即在弹出的记录详细信息页面对该条记录进行修改。

删除：可针对某条任务进行删除。

查看上报详情：勾选某条任务，点击【查看上报详情】，即可查看该条任务的详细情况。

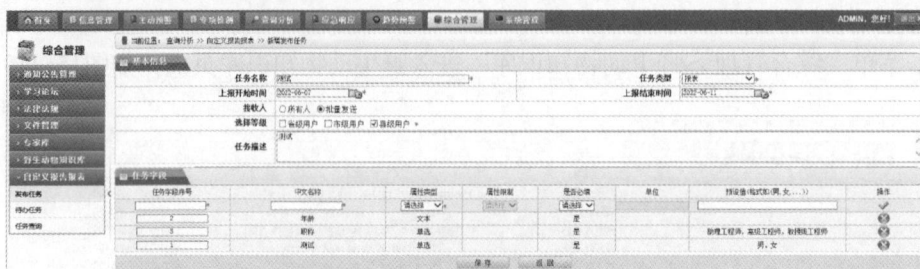

图15-121　新增自定义报表页面

（2）待办任务。点击菜单"综合管理>>自定义报告报表>>待办任务"，进入代办任务信息列表，如图15-122所示。可在此列表中查看下发的待办任务。

图15-122　代办任务信息列表页面

（3）任务查询。点击菜单"综合管理>>自定义报告报表>>任务查询"，进入任务查询信息列表，如图15-123所示。可在此列表中查看相关任务及其上报详情。

图15-123　任务查询列表页面

（八）系统管理

1. 本站信息维护

注意：本站信息关联系统多个功能的使用，请认真填写，及时更新！！！

（1）站点信息管理。点击菜单"系统管理>>本站信息维护>>站点信息管理"进入站点信息管理页面，如图15-124所示。在此页面，可直接填写或修改相应信息，最后点击【保存】，保存变动信息。

（2）本站人员管理。点击菜单"系统管理>>本站信息维护>>本站人员管理"进入本站人员管理列表页面，如图15-125所示。

查看：在站点人员表信息列表页面，点击任意一条记录的"姓名"字段，即可查看该记录的全部内容。

查询：在站点人员表信息列表页面，点击【显示查询条件】，输入相应查询条件，点击【查询】，即可获得相应的查询结果。点击【重置】，之前输入的查询条件全部清空，可输入新的查询条件。

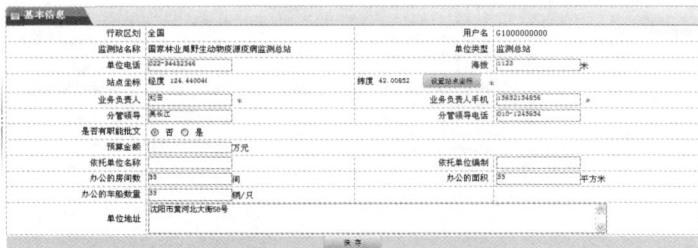

图15-124 站点信息管理页面

图15-125 本站人员管理管理列表页面

增加：在站点人员表信息列表页面，点击【增加】，系统进入新增页面（图15-126），在输入各项信息后，点击【保存】，保存并返回列表页面，点击【返回】，则不保存直接返回列表页。

图15-126 新增本站人员信息页面

在添加本站人员时，同时添加移动设备用户名（两位的数字，比如01，02）和登录密码（数字、字母均可，长度不限）。添加成功后，即可通过用户名和密码登录移动设备报送监测信息。

修改：在站点人员表信息列表页面，选择某条记录后，点击【修改】，系统进入修改页面，修改完毕后，点击【保存】，保存并返回列表页面，点击【返回】，则不保存直接返回列表页。

删除：在站点人员表信息列表页面，选择某条记录后，点击【删除】，系统会弹出对话框予以确认，确认无误后进行删除。

（3）本站设备管理。点击菜单“系统管理>>本站信息维护>>本站设备管理”进入本站设备管理列表页面，如图15–127所示。

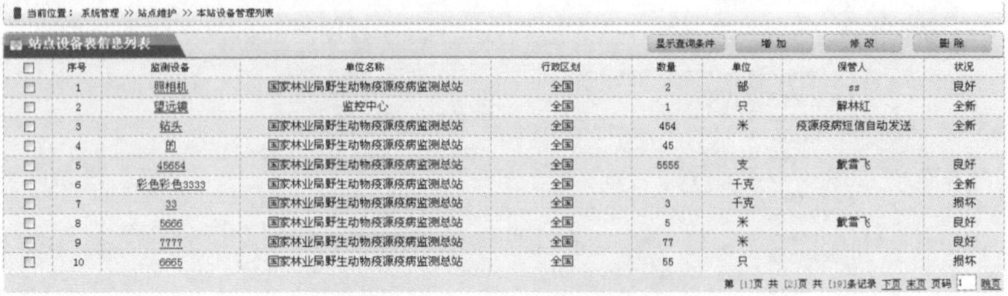

当前位置：系统管理 >> 站点维护 >> 本站设备管理列表

站点设备表信息列表　显示查询条件　增 加　修 改　删 除

	序号	监测设备	单位名称	行政区划	数量	单位	保管人	状况
□	1	照相机	国家林业局野生动物疫源疫病监测总站	全国	2	部	ss	良好
□	2	望远镜	监控中心	全国	1	只	解林红	全新
□	3	钻头	国家林业局野生动物疫源疫病监测总站	全国	454	米	疫源疫病短信自动发送	全新
□	4	的	国家林业局野生动物疫源疫病监测总站	全国	45			
□	5	45654	国家林业局野生动物疫源疫病监测总站	全国	5555	支	戴雪飞	良好
□	6	彩色彩色3333	国家林业局野生动物疫源疫病监测总站	全国		千克		全新
□	7	33	国家林业局野生动物疫源疫病监测总站	全国	3	千克		损坏
□	8	5666	国家林业局野生动物疫源疫病监测总站	全国	5	米	戴雪飞	良好
□	9	7777	国家林业局野生动物疫源疫病监测总站	全国	77	米		良好
□	10	6665	国家林业局野生动物疫源疫病监测总站	全国	55	只		损坏

第 [1]页 共 [2]页 共 [19]条记录 下页 末页 页码 1 跳页

图15–127　本站设备管理列表页面

查看：在站点设备表信息列表页面，点击任意一条记录的“监测设备”字段，即可查看该记录的全部内容。

查询：在站点设备表信息列表页面，点击【显示查询条件】，输入相应查询条件，点击【查询】，即可获得相应的查询结果。点击【重置】，之前输入的查询条件全部清空，可输入新的查询条件。

增加：在站点设备表信息列表页面，点击【增加】，系统进入新增页面，在输入各项信息后，点击【保存】，保存并返回列表页面，点击【返回】，则不保存直接返回列表页。

修改：在站点设备表信息列表页面，选择某条记录后，点击【修改】，系统进入修改页面，修改完毕后，点击【保存】，保存并返回列表页面，点击【返回】，则不保存直接返回列表页。

删除：在站点设备表信息列表页面，选择某条记录后，点击【删除】，系统会弹出对话框予以确认，确认无误后进行删除。

（4）密码管理。点击菜单“系统管理>>本站信息管理>>密码管理”进入密码管理页面，如图15–128所示。在此页面中，可对用户密码进行修改。

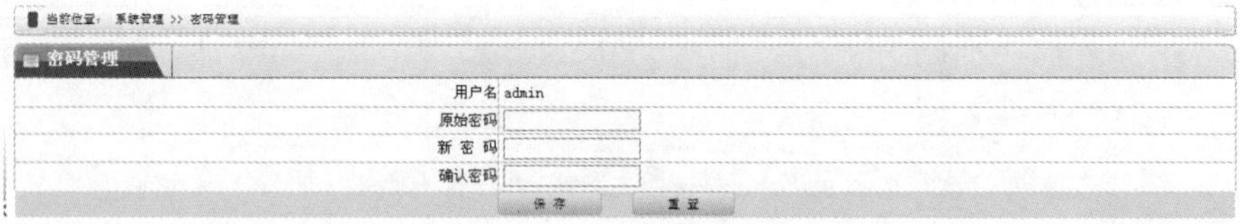

图15–128　密码管理页面

（5）应急通讯。点击菜单“系统管理>>本站信息维护>>应急通讯”进入应急通讯页面，如图15–129所示。

查看：在应急通讯信息列表页面，点击任意一条记录的“所在单位”字段，即可查看该记录的全部内容。

查询：在应急通讯信息列表页面，点击【显示查询条件】，输入相应查询条件，点击【查询】，即可获得相应的查询结果。点击【重置】，之前输入的查询条件全部清空，可输入新的查询条件。

增加：在应急通讯信息列表页面，点击【增加】，系统进入新增页面，在输入各项信息后，点击【保存】，保存并返回列表页面，点击【返回】，则不保存直接返回列表页。

修改：在应急通讯信息列表页面，选择某条记录后，点击【修改】，系统进入修改页面，修改完毕后，点击【保存】，保存并返回列表页面，点击【返回】，则不保存直接返回列表页。

删除：在应急通讯信息列表页面，选择某条记录后，点击【删除】，系统会弹出对话框予以确认，确认无误后进行删除。

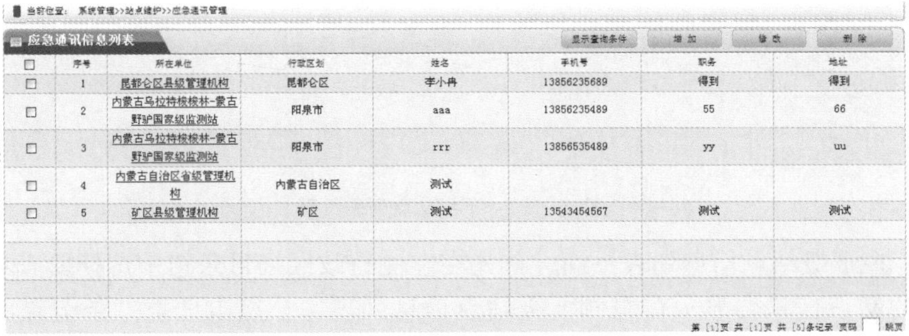

图15-129　应急通讯列表页面

（6）巡查路线（观测点）管理。点击菜单"系统管理>>本站信息维护>>巡查路线（观测点）管理"进入巡查路线（观测点）管理页面，如图15-130所示。

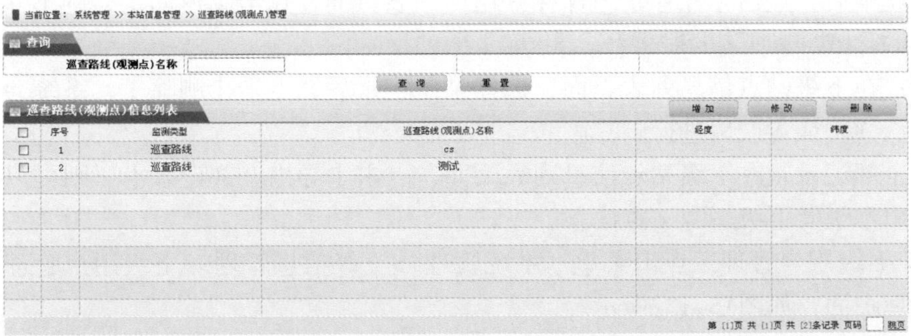

图15-130　巡查路线（观测点）列表页面

查询：在巡查路线（观测点）信息列表页面，输入查询条件，点击【查询】，即可获得相应的查询结果。点击【重置】，之前输入的查询条件全部清空，可输入新的查询条件。

增加：在巡查路线（观测点）信息列表页面，点击【增加】，系统进入新增页面，在输入各项信息后，点击【保存】，保存并返回列表页面，点击【返回】，则不保存直接返回列表页。

修改：在巡查路线（观测点）信息列表页面，选择某条记录后，点击【修改】，系统进入修改页面，修改完毕后，点击【保存】，保存并返回列表页面，点击【返回】，则不保存直接返回列表页。

删除：在巡查路线（观测点）信息列表页面，选择某条记录后，点击【删除】，系统会弹出对话框予以确认，确认无误后进行删除。

2. 下级信息管理

（1）下级站点。点击菜单"系统管理>>下级信息管理>>下级站点"进入下级站点页面，如图15-131所示。

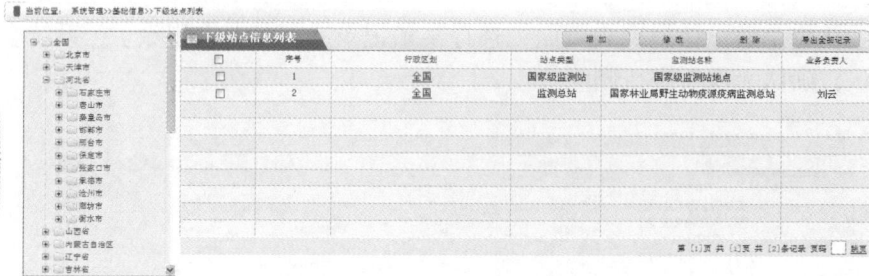

图15-131 下级站点列表页面

查看：在下级站点信息列表页面，首先在左侧行政区划目录树中选择要查看的区划，该区划下的站点信息会显示在右侧下级站点信息列表中。点击任意一条记录的"行政区划"字段，即可查看该记录的详细信息。

增加：在下级站点信息列表页面，点击【增加】，系统进入新增页面，在输入各项信息后，点击【保存】，保存并返回列表页面，点击【返回】，则不保存直接返回列表页。

修改：在下级站点信息列表页面，选择某条记录后，点击【修改】，系统进入修改页面，修改完毕后，点击【保存】，保存并返回列表页面，点击【返回】，则不保存直接返回列表页。

删除：在下级站点信息列表页面，选择某条记录后，点击【删除】，系统会弹出对话框予以确认，确认无误后进行删除。

导出全部记录：在下级站点信息列表页面，点击【导出全部记录】，则可以EXCEL文件格式导出本级及下级所有站点信息。

（2）下级用户管理。点击菜单"系统管理>>下级信息管理>>下级用户管理"进入下级用户管理页面，如图15-132所示。

图15-132 下级用户列表页面

查看：在用户管理信息列表页面，点击任意一条记录的"单位名称"字段，即可查看该记录的全部内容。

查询：在用户管理信息列表页面，点击【显示查询条件】，输入相应查询条件，点击

【查询】，即可获得相应的查询结果。点击【重置】，之前输入的查询条件全部清空，可输入新的查询条件。

增加：在用户管理信息列表页面，点击【增加】，系统进入新增页面，在输入各项信息后，点击【保存】，保存并返回列表页面，点击【返回】，则不保存直接返回列表页。

修改：在用户管理信息列表页面，选择某条记录后，点击【修改】，系统进入修改页面，修改完毕后，点击【保存】，保存并返回列表页面，点击【返回】，则不保存直接返回列表页。

删除：在用户管理信息列表页面，选择某条记录后，点击【删除】，系统会弹出对话框予以确认，确认无误后进行删除。

密码重置：在用户管理信息列表页面，选择某条记录后，点击【密码重置】，系统会自动将用户密码重置为原始密码。

导出全部记录：在用户管理信息列表页面，点击【导出全部记录】，则可以EXCEL文件格式导出本级及下级所有用户信息。

（3）授权用户管理。点击菜单"系统管理>>下级信息管理>>授权用户管理"进入授权用户管理页面，如图15-133所示。

图15-133 授权用户管理页面

查看：在用户管理信息列表页面，点击任意一条记录的"单位名称"字段，即可查看该记录的全部内容。

查询：在用户管理信息列表页面，点击【显示查询条件】，输入相应查询条件，点击【查询】，即可获得相应的查询结果。点击【重置】，之前输入的查询条件全部清空，可输入新的查询条件。

授权：在用户管理信息列表页面，选择某条记录后，点击【授权】，会跳转到授权页面，如图15-134所示。

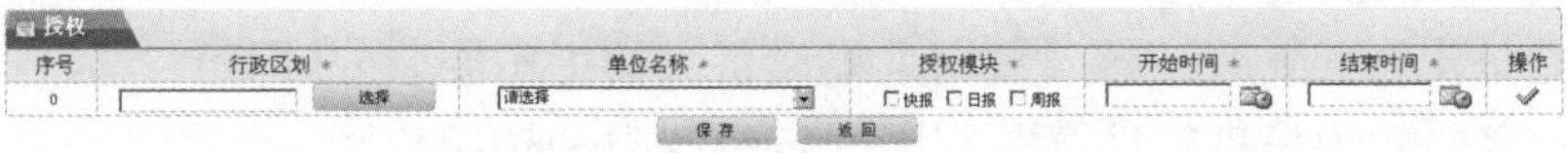

图15-134 新增授权用户页面

授予某个用户查看某区划下某单位的权限。

3. 相关下载

此模块用于下载系统操作手册、移动采集设备软件、VPN连接软件。

第四节　采集系统操作

一、运行环境

（一）硬件

软件系统安装在服务器端，用户通过野外手持式数据采集设备（或者支持该软件的手机）进行访问，系统硬件设备最低配置要求如下：

数据采集设备：CPU主频2GHz、带GPS模块和摄像头、内存1GB、卡存储空间1GB、设备分辨率（1280×720至1920×1080）、互联网网络带宽1Mbps（Wi-Fi或者3G、4G网络均可）；

应用服务器：CPU2×2.26Ghz、内存4GB、硬盘4×500GB、RAID卡；

数据库服务器：CPU2×2.26Ghz、内存4GB、硬盘4×500GB、RAID卡。

（二）支持软件

数据采集设备：Android 8.0及以上版本的操作系统（不支持IOS系统）；

数据库服务器：Cntos Linux操作系统5.0及以上版本、Oracle10g及以上版本；

应用服务器：Centos Linux 操作系统5.0及以上版本、Sun Java SDK1.6、Tomcat 6.0。

二、使用前准备事项

（一）采集系统安装包下载

陆生野生动物疫源疫病监测数据采集软件可登录陆生野生动物疫源疫病监测防控管理系统后，在系统管理栏目的【相关下载】内下载，也可以通过野生动物疫源疫病监测QQ群文件里下载（群号：105060573）。

（二）初始化数据

移动采集设备在使用前需要进行数据初始化，初始化内容包括：手机端证书、地图离线包、疫源库等。具体操作步骤如下：

（1）将移动采集设备通过数据线连接电脑；

（2）将USB计算机连接模式调整为"U盘模式"；

（3）将手机端证书、BaiduMapSDK和ITSV文件夹拷贝至SD卡根目录下。

注意：手机端证书是比电脑端证书长度要长的，末尾三位一般都是类似M01格式。相关内容均可在野生动物疫源疫病监测QQ群文件里下载。

（三）采集系统安装

采集系统安装包下载后，导入数据采集设备，按提示安装apk即可。

注意：一定要赋予采集软件读写权限、定位权限和拍照权限。

三、采集系统操作

数据采集软件成功下载并安装后，在移动采集设备的操作界面上可见 图标，点击此图标即进入"陆生野生动物疫源疫病监测数据采集系统"VPN登录页面，选择证书登录（图15-135-1）。点击【选择登录凭证】，找到对应的证书（图15-135-2），证书密码11111111。点击【完成】，如图15-145-3界面，就说明证书导入成功了。然后点击【登录按钮】，即进入"陆生野生动物疫源疫病监测数据采集系统"用户登录页面（14-135-4）。

图15-135-1　选择证　　　图15-135-2　导入证书　　　图15-135-3　证书导入完成　　　图15-135-4　采集系统登录

注意：移动端证书和电脑端证书不能互换使用。

用户名会根据证书自动关联，所以只需要输入密码（此处密码若遗忘，可登录管理系统，在本站人员管理内，点击使用该证书的人员姓名，可在弹出的详情内，自行查看密码）。点击【登录】，即可进入系统首页面（图15-136）。点击【退出】可退出应用。

图15-136　采集系统首页页面

（一）监测记录

"监测记录"功能主要通过北斗卫星和通信网络混合定位记录巡查路线；通过图片库快速定位监测物种和报告类型的选择，以表单的形式记录其现场监测情况，并最终实现"第一时间、第一现场"的监测信息上报的功能。

具体操作：在系统首页面点击 图标，进入开始巡查页面，如图15-137-1所示。点击【开始巡查】，进入当前地点地图页面（图15-137-2），此时系统开始记录点位信息，设备使用人员可按照既定线路开始巡查工作。

当在巡查过程中发现野生动物（正常或异常），需记录监测信息时，点击界面右上角的 ⊕，即可进入填报页面，如图15-137-3所示。另外，点击 □ 可以直接对物种进行拍照。

在填报监测信息时，首先需要确定疫源动物的物种名称。可按照动物分类，对照图片或者手工输入动物名称检索进行选择，多次上报的物种将会自动出现在"常用"栏中。在列表中找到所发现的物种后，点击该物种图片并将物种图片勾选。

其次，选择要报告的类型。如监测到的野生动物未见异常，则点击【日报】，进入日报填报页面（图15-137-4）；反之，则点击【快报】，进入快报填报页面（图15-137-5）。

注意：

（1）日报、快报允许同时填报多个物种。

（2）当天多次上报的日报，系统将自动识别为一份日报。

（3）快报每次填报多个物种，系统将识别为一份快报，如当日上报多次，系统会产生多份快报。

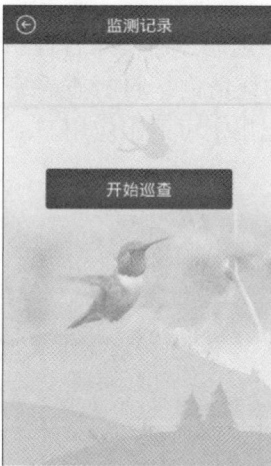

图15-137-1　开始巡查　　　　　图15-137-2　加载地图　　　　　图15-137-3　日报添加

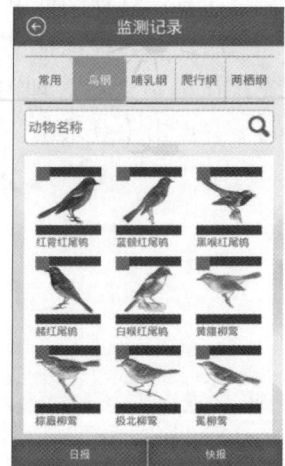

日报填报：当选择以日报形式上报监测到的物种信息时，只需填写监测到的物种的"种群数量"（数值必须为大于0的整数），如需要拍照则点击 □相机 进行拍照，另外，点击 □相机 也可以从手机相册中选择之前拍好的照片。点击 ⊙ 位置，通过地图方式显示此物种发现的位置。当数据填写完毕后，点击【保存】，可根据实际工作情况选择后续操作（图15-137-6）。

如选择【继续巡查】，则返回地图界面，继续巡查工作；如选择【结束巡查】，则表示工作任务已完成，此时可以将本次监测的野生动物信息提交到系统数据库中，系统将自动跳转至上报记录页面（图15-137-7），点击【上报】，即可上报此条监测信息，对于监测过程中错误录入的数据，则可通过该条记录右侧点击 m 删除；如选择【查看本次记录】，则可查看本条记录的信息详细情况；如选择【上报本次记录】，则将本条监测信息上报至系统数据库。

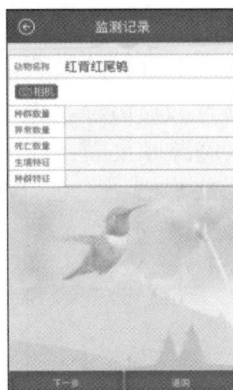

| 图15-137-4　日报填写 | 图15-137-5　快报填写 | 图15-137-6　后续操作 | 图15-137-7 |

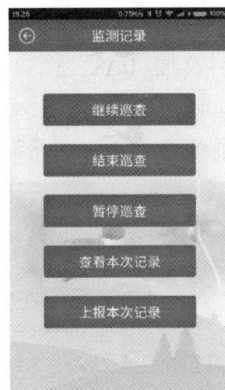

注意：数据上报必须在有网络环境，且已建立VPN通道的条件下方可实现。

快报填报：当选择以快报形式上报监测到的物种信息时，需填写对应物种的种群数量、异常数量、死亡数量、生境特征、种群特征（异常数量为必填项，若种群数量和死亡数量填写，则种群数量>=异常数量>=死亡数量），如需要拍照则点击 相机，进行拍照，另外，点击 相机，也可以从手机相册中选择之前拍好的照片。然后点击 下一步，填写发现地点、种群特征、症状描述、初步结论、现场处理情况、异常处理情况信息后，如需要通过地图显示当前发现则点击 位置，显示通过地图方式显示此物种发现的位置。当数据填写完毕后，点击【保存】，可根据实际工作情况选择后续操作（同日报）

（二）信息查询

通过信息查询功能，用户可以在移动终端查询历史上报数据。在系统首页点击 ，即可进入信息查询页面，如图15-138-1所示。

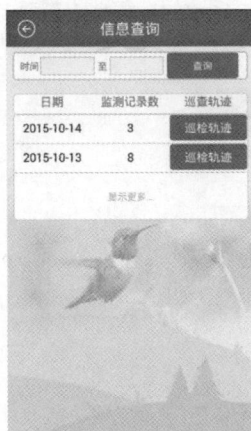

| 图15-138-1　信息查询列表 | 图15-138-2　监测详细信息 | 图15-138-3　巡查轨迹 |

在信息查看页面中，点击列表内任意一条记录的"日期"字段，进入该日期内的监测记录详细页面，如图15-138-2所示。如需要查看巡查轨迹，则点击信息查询页面中【巡查轨迹】，进入监测巡查轨迹页面，如图15-138-3所示。如果监测站点通过多台移动终端设备进行巡查所报送上来的数据，巡查轨迹即为多条线路。

（三）疫源库

疫源库可以按照鸟纲、哺乳纲、爬行纲、两栖纲进行分类查询和模糊查询。既可以按照纲、目、科、属、种，以导航方式逐级搜索查看动物信息，也支持按照模糊方式进行查询具体的动物信息。在系统首页面点击 ，进入疫源库页面，如图15-139-1所示。

图15-139-1　疫源库	图15-139-2　物种信息列表	图15-139-3　疫源详细信息

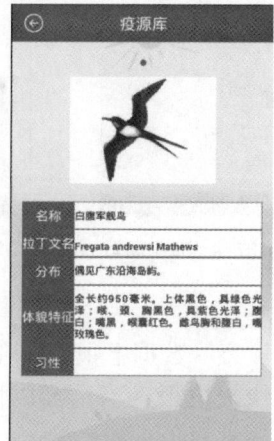

查看疫源：在图15-139-1页面，点击4大物种分类图片进入物种信息列表页面（图15-139-2），在依次点击目、科、属、种列表后，进入疫源动物的详细页面（图15-139-3），即可查看详细信息。

查询疫源：在图15-139-1页面，点击 ，进入疫源查询页面，选择查询条件后点击【查询】，在列表中显示符合条件的疫源信息，点击进入后，即可查看疫源动物详细信息。

（四）疫病库

疫病库实现对现有陆生野生动物疫病的信息查询功能。在系统首页面点击 进入疫病库页面，如图15-140-1所示。

图15-140-1　疫病库	图15-140-2　疫病详情

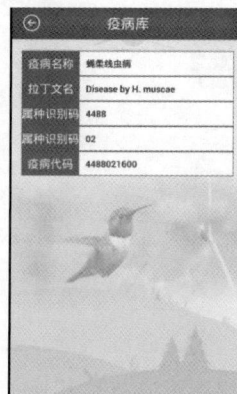

查看疫病：在图15-140-1页面，点击疫病列表中的某条疫病名称后，进入疫病详细信息页面（图15-140-2），即可查看疫病详细信息。

查询疫病：在图15-140-1页面，点击 进入疫病查询页面，输入查询条件后，点击查询，将在列表中显示符合条件的疫病信息，点击进入后，即可查看疫病详细信息。

（五）应急通讯

应急通讯实现查看监测站点所需的通讯人员信息管理，可以通过此功能在有网络信号的情况下进行拨打电话的功能。在系统首页面点击 📱 进入应急通讯页面，如图15-141-1所示。

图15-141-1　应急通讯查看页面　　　　　图15-141-2　应急

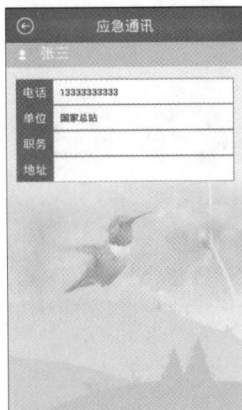

查看应急通讯：在图15-141-1页面，点击应急通讯列表中的应急通讯人员名称，进入应急通讯详细页面（图15-141-2），即可查看应急通讯人员详细信息。

拨打电话：在图15-141-1页面，点击应急通讯列表中的电话号码，将会弹出是否拨打电话的提示，如点击"是"则拨打该通讯人员电话。

添加通讯录：在图15-141-1页面，点击 ⊕ ，进入通讯录添加页面，添加相关通讯录信息后，点击【保存】即可将此通讯录信息保存到移动终端。

（六）通知公告

通知公告实现在有网络条件的情况下获取上级管理部门下发到此监测站点的通知公告信息。在系统首页面点击 📱 进入应急通讯页面，如图15-142-1所示。

图15-142-1　通知公告列表　　　　　图15-142-2　通知公告详情

查看应急通讯：在图15-142-1页面，点击通知公告列表中的某一条公告，进入通知公告详细页面（图15-142-2），即可查看通知公告详细信息。

查询通知公告：在图15-142-1页面，点击 🔍 进入通知公告查询页面，输入查询条件并点击【查询】，将在列表中显示符合条件的通知公告信息，点击列表中某条通知公告数据，即可查看通知公告详细信息。

（七）专家库

专家库实现查看获取的专家库信息。在系统首页面点击　进入专家库页面，如图15-143-1所示。

图15-143-1　专家库列表　　　　图15-143-2　专家详情

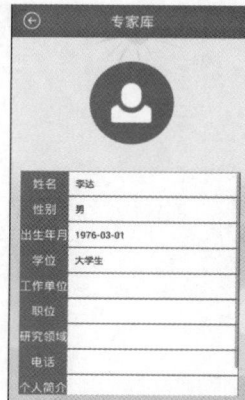

查看专家库：在图15-143-1页面，点击专家库列表中的专家头像，进入专家详细页面（图15-143-2），即可查看专家详细信息。

查询专家库：在图15-143-1页面，在输入专家名称或研究领域并点击　，将在列表中显示符合条件的专家信息，点击列表中专家头像，即可查看专家详细信息。

（八）图像识别

图像识别实现根据图片自动识别匹配物种信息。在系统首页面点击　进入图像识别页面，如图15-144-1所示。

图15-144-1　图像识别查询　　　　图15-144-2　图像识别列表

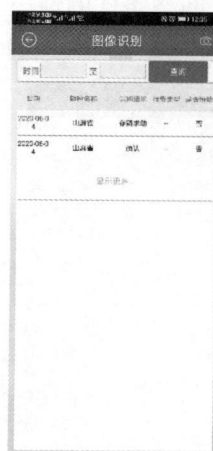

查询图像识别：在图15-144-1页面，在输入查询时间段并点击查询按钮，将在列表中显示符合条件的图像识别信息，如图15-144-2所示。

识别图片：点击右上角的　按钮，会出现图15-144-3所示。选择【拍照】，对要识别的物种进行拍照操作，会出现图15-144-4所示。

图15-144-3 选择识别动物　　　图15-144-4 自动识别　　　图15-144-5 物种识别明确

如果认可返回的识别结果，则点击该物种名称后面的⊘图标。如果列表中没有认可的物种名称，且不能确定该物种名称的情况下，点击【存疑】按钮。如果列表中没有认可的物种名称，但是能确定该物种名称的情况下，点击【手动输入】，选择对应的物种，界面如图15-144-5所示。

（九）使用说明

使用说明实现对本应用系统的使用说明介绍，便于用户快速了解系统应用功能。在系统首页面点击圈进入使用说明页面，即可查看使用说明。

（十）更多

1.版本更新

版本更新实现自动检测系统当前版本是否为最新版本，如发布最新版本可以通过此功能在线安装最新版本的功能。在系统首页面点击，在屏幕底部弹出的菜单中点击即可检测当前系统是否为最新版本，如检测到新版本则弹出对话框询问是否升级并将最新版本应用下载到移动终端设备中进行自动安装。

2.数据更新

数据更新为终端设备提供设备数据初始化及后续数据更新的功能，在用户初次使用的时候，需要进入此功能进行数据更新，系统将根据用户所在的监测站点更新对应的数据信息。在系统首页面点击，在屏幕底部弹出的菜单中点击进入数据更新页面如图15-145-1所示。

在有网络连接的环境中，勾选需要更新的数据后，点击【更新】，即可实现数据更新功能。用户根据自己所在的地区进行离线地图数据包的下载更新操作。点击数据更新页面（图15-145-1），点击【离线地图】进入离线地图下载页面（图15-145-2）。

3.关于

关于功能实现对应用的基础介绍，包括应用介绍、主办单位、技术支持等信息介绍信息。在系统首页面点击，在屏幕底部弹出的菜单中点击进入关于页面，如图15-146所示。

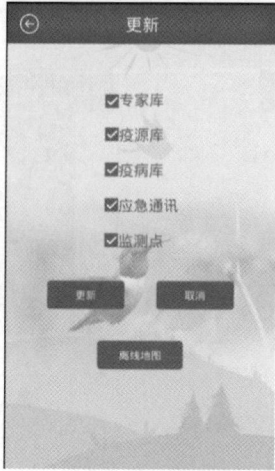

图15-145-1　数据更新列表

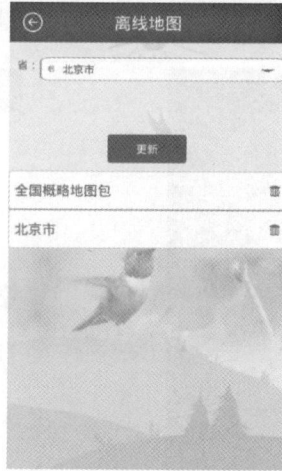

图15-145-2　地图更新

4.退出

在系统首页面点击，在屏幕底部弹出的菜单中点击，弹出退出页面（图15-147），当点击【切换用户】则进入应用用户登录页面，当点击【退出】，则退出应用。

图15-146　APP简介

图15-147　切换用户及退出

第五节　常见问题及解决办法

一、硬件环境兼容性问题及解决办法

登录疫源疫病监测系统暂时仅支持使用Windows电脑操作系统登录（国产化正在推进，其他操作系统暂不支持）。

推荐使用IE（Internet Explorer）浏览器登录。证书导入以及疫源疫病监测系统的某些功能在非IE浏览器下无法使用，如：日报批量导入。

二、管理系统安装使用中存在的问题和解决办法

（一）客户端不显示用户名

客户端不显示用户名（如图15-148）一般情况是浏览器兼容问题，可做如下处理：一是使用IE浏览器登录管理系统，二是可设置IE为电脑默认浏览器。

图15-148　用户名不显示界面

设置IE为电脑默认浏览器操作方法如下：

（1）如果安装了360安全卫士，则打开360安全卫士，点击【功能大全】，点击【主页防护】，【锁定默认浏览器】最右侧处，点击【点击解锁】，改为IE浏览器后，再锁定。一定要锁定，不然修改无效。有的电脑【主页防护】功能点击后无效，请卸载360安全卫士，再安装新版360安全卫士，继续用以上方式修改默认浏览器。如图15-149所示。

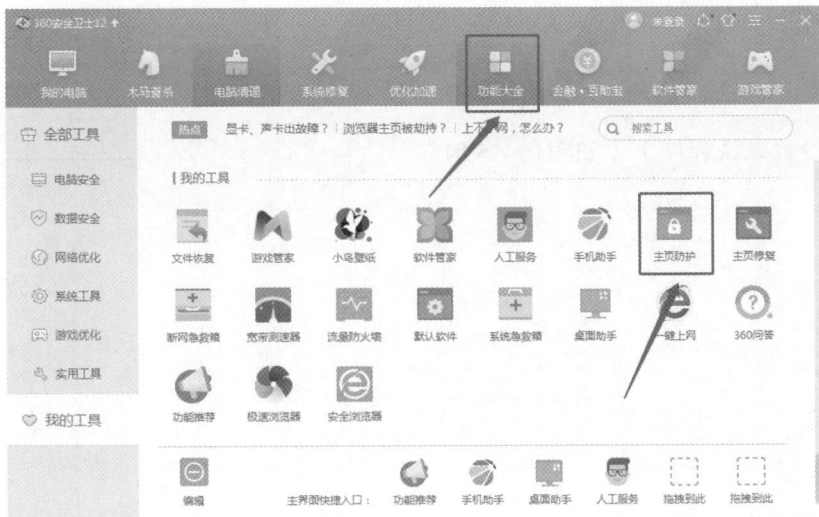

图15-149　默认浏览器修改界面

（2）如果没有安装360安全卫士，以win10操作系统为例（Windows其他版本有细微差异）。找到控制面板，查看方式改为类别，点击【程序】（如图15-150），

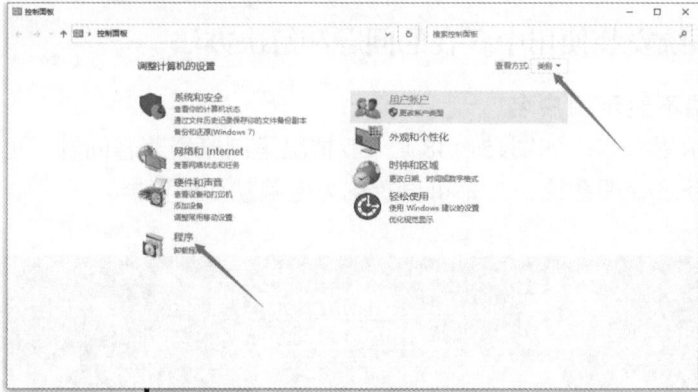

图15-150　更改控制面板查看方式

点击【默认程序】（如图15-151），

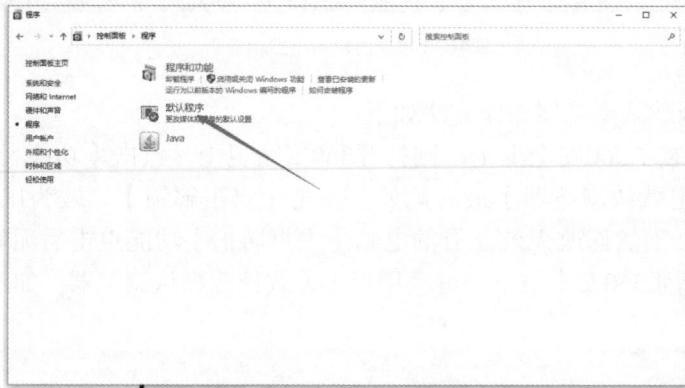

图15-151　选择默认程序

点击【设置默认程序】（如图15-152），

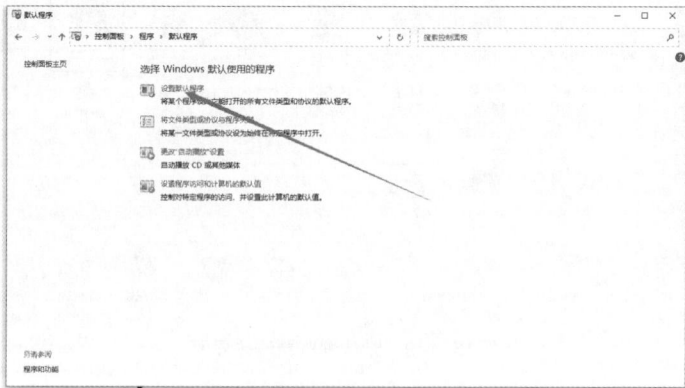

图15-152　设置默认程序

Web浏览器下的浏览器改为IE（如图15-153）。

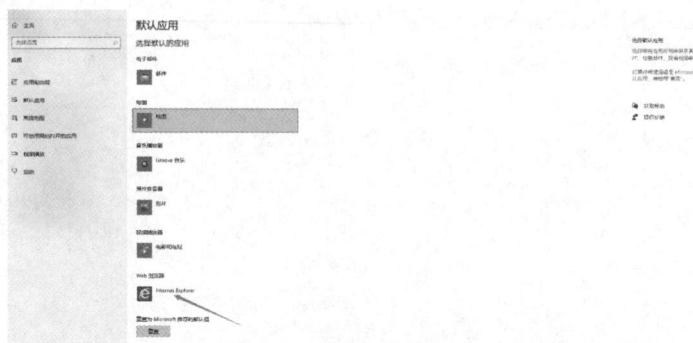

图15-153　修改默认浏览器为IE浏览器

如果以上方法修改默认浏览器之后，还是不能跳到IE浏览器，导致用户名依然无法显示。一般这种情况都是由于微软强制IE浏览器直接跳转到微软新的Edge浏览器。

解决办法如下：

（1）win10操作系统用户，打开Edge浏览器，点击【设置】，进入浏览器管理功能，选择【默认浏览器】，红框内改为【从不】后，退出管理系统，再登录，可跳转到IE浏览器。如图15-154所示。

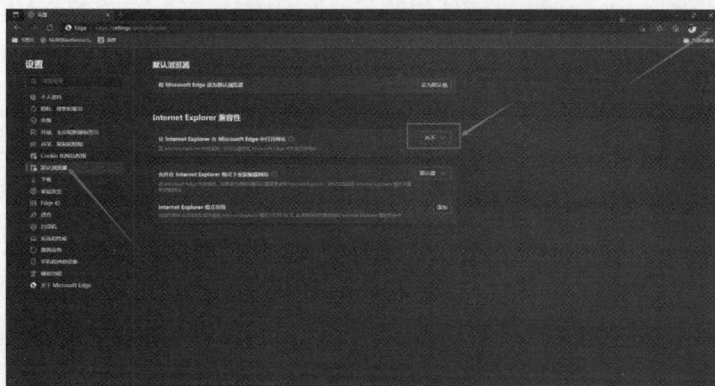

图15-154　设置Edge浏览器

（2）Win11操作系统的用户，以上修改后依然无法跳转到IE。这是由于Win11已经将IE浏览器整合到了Edge浏览器中，IE已经无法打开。可打开Edge浏览器，点击【设置】，进入浏览器管理功能，选择【默认浏览器】，如图15-155所示。

1、2、3步骤之后重启edge浏览器，回到上图位置，进行第4步，添加以下4个地址：

（1）https://www.yyybjc.org.cn/。

（2）https://www.yyybjc.org.cn/por/login_psw.csp。

（3）https://www.yyybjc.org.cn/por/service.csp。

（4）最后，添加一个地址，因用户不用地址可能也不同，即跳转到不显示用户名的登录页时的地址。复制该地址添加上去。

然后退出管理系统，打开Edge浏览器输入地址https：//www.yyybjc.org.cn，证书登录后就会跳到登录页，且用户名自动填入。

注意：一定要退出管理系统，且再登录管理系统时不能点击EasyConnect登录，只能在

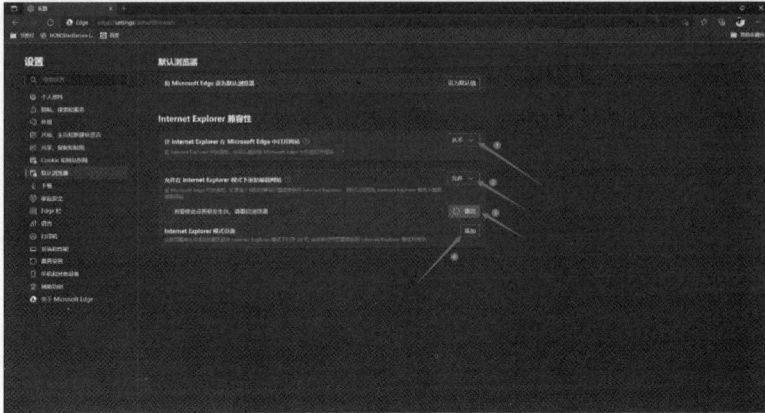

图15–155　调整Edge浏览器设置

Edge浏览器用地址方式访问。

（二）附件无法上传

　　未安装或者插件失效会导致附件上传。使用Flash管理中心工具安装，即可解决该问题。安装包在QQ群文件内。下载安装该工具，安装成功后打开该工具，按图15–156所示步骤依次点击、勾选、安装插件，插件安装成功后刷新疫源疫病监测系统的上传附件功能页面，可成功上传文件。

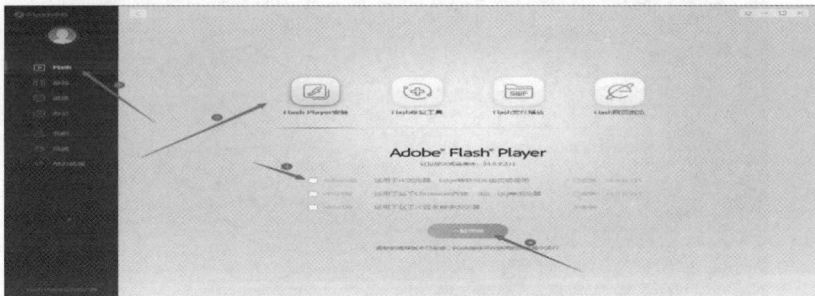

图15–156　　Flash插件重新安装

（三）弹出框提示"发生脚本错误"（图15–157）

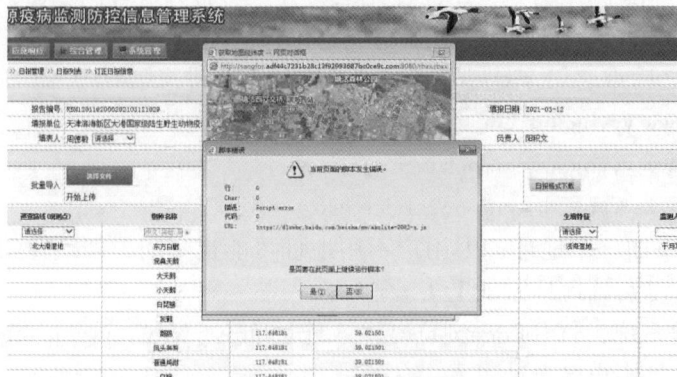

图15–157　脚本错误

打开IE浏览器，选择设置"Intenet选项"高级里，勾选"禁用脚本调试"选项，如图15-158所示。

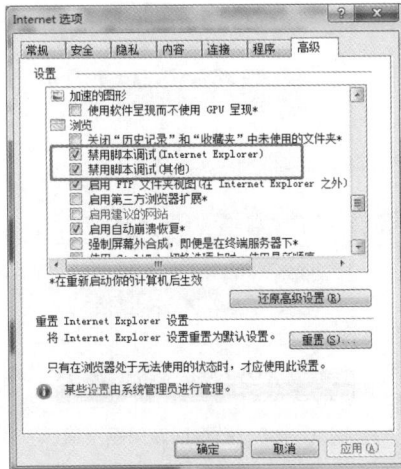

图15-158　脚本设置

三、采集系统安装使用中存在的问题和解决办法

（一）采集系统登录密码

若要在手机上安装移动端软件，需要准备好移动端证书，并登录PC端系统进行一些设置后，方能使用移动端，方法如下：

首先，登录PC端，系统管理—本站信息维护—本站人员管理，如图15-159所示。

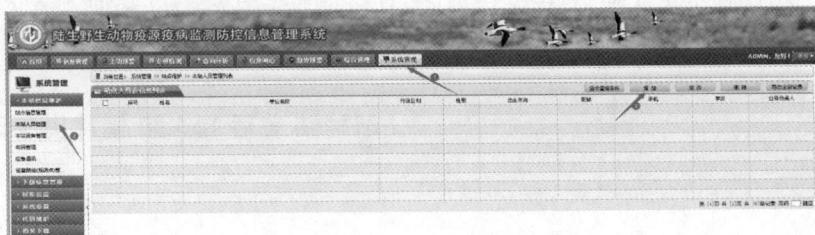

图15-159　本站人员列表页面

点击【增加】，维护好个人移动端信息。用户名就是移动端证书名，密码需自行设置，该密码是登录移动端的密码。

若无法登录PC端，请找各自监测站或管理机构系统业务负责人。

注意：移动端用户名与证书名一定要保持一致，如果不一致，无法登录移动端。

（二）数据回滚

填报时若遇到类似问题（图15-160），一般是上报的多条数据中，某条数据存在问题，同时往数据库里存时发生存储失败，导致无法全部上报。可在检查后再行填报，或者单条上报。

图15-160　数据回滚问题页面

四、安卓11导入证书系统自动退出问题

当我们使用安卓11版本的手机时，通常微信、QQ等工具将接收的文件都放在了文件系统的Android目录下。而小米、vivo等厂商的手机，将文件系统下的Android目录设置了某些权限，所以当封装了VPN的移动采集软件导入证书，会去Android目录下寻找证书，此时软件就会报错，并退出，导致移动采集无法使用。可将证书移动至别的文件夹，即可解决该问题。

五、其他问题

用户在使用过程中由于运行环境、操作习惯等因素，还会遇到其他无法正常使用系统的情况。用户可加入野生动物疫源疫病监测QQ群，群内有专人在线帮助解决遇到的各类问题。

（解林红　姜璠　崔东阳　雷从从　韩阳　张浩园）

FU

LU

第五篇

附 录

附录 1

中华人民共和国野生动物保护法

第一章 总 则

第一条 为了保护野生动物，拯救珍贵、濒危野生动物，维护生物多样性和生态平衡，推进生态文明建设，促进人与自然和谐共生，制定本法。

第二条 在中华人民共和国领域及管辖的其他海域，从事野生动物保护及相关活动，适用本法。

本法规定保护的野生动物，是指珍贵、濒危的陆生、水生野生动物和有重要生态、科学、社会价值的陆生野生动物。

本法规定的野生动物及其制品，是指野生动物的整体（含卵、蛋）、部分及衍生物。

珍贵、濒危的水生野生动物以外的其他水生野生动物的保护，适用《中华人民共和国渔业法》等有关法律的规定。

第三条 野生动物资源属于国家所有。

国家保障依法从事野生动物科学研究、人工繁育等保护及相关活动的组织和个人的合法权益。

第四条 国家加强重要生态系统保护和修复，对野生动物实行保护优先、规范利用、严格监管的原则，鼓励和支持开展野生动物科学研究与应用，秉持生态文明理念，推动绿色发展。

第五条 国家保护野生动物及其栖息地。县级以上人民政府应当制定野生动物及其栖息地相关保护规划和措施，并将野生动物保护经费纳入预算。

国家鼓励公民、法人和其他组织依法通过捐赠、资助、志愿服务等方式参与野生动物保护活动，支持野生动物保护公益事业。

本法规定的野生动物栖息地，是指野生动物野外种群生息繁衍的重要区域。

第六条 任何组织和个人有保护野生动物及其栖息地的义务。禁止违法猎捕、运输、交易野生动物，禁止破坏野生动物栖息地。

社会公众应当增强保护野生动物和维护公共卫生安全的意识，防止野生动物源性传染病传播，抵制违法食用野生动物，养成文明健康的生活方式。

任何组织和个人有权举报违反本法的行为，接到举报的县级以上人民政府野生动物保护主管部门和其他有关部门应当及时依法处理。

第七条 国务院林业草原、渔业主管部门分别主管全国陆生、水生野生动物保护工作。

县级以上地方人民政府对本行政区域内野生动物保护工作负责，其林业草原、渔业主管部门分别主管本行政区域内陆生、水生野生动物保护工作。

县级以上人民政府有关部门按照职责分工，负责野生动物保护相关工作。

第八条 各级人民政府应当加强野生动物保护的宣传教育和科学知识普及工作，鼓励和支持基层群众性自治组织、社会组织、企业事业单位、志愿者开展野生动物保护法律法规、生态保护等知识的宣传活动；组织开展对相关从业人员法律法规和专业知识培训；依法公开野生动物保护和管理信息。

教育行政部门、学校应当对学生进行野生动物保护知识教育。

新闻媒体应当开展野生动物保护法律法规和保护知识的宣传，并依法对违法行为进行舆论监督。

第九条　在野生动物保护和科学研究方面成绩显著的组织和个人，由县级以上人民政府按照国家有关规定给予表彰和奖励。

第二章　野生动物及其栖息地保护

第十条　国家对野生动物实行分类分级保护。

国家对珍贵、濒危的野生动物实行重点保护。国家重点保护的野生动物分为一级保护野生动物和二级保护野生动物。国家重点保护野生动物名录，由国务院野生动物保护主管部门组织科学论证评估后，报国务院批准公布。

有重要生态、科学、社会价值的陆生野生动物名录，由国务院野生动物保护主管部门征求国务院农业农村、自然资源、科学技术、生态环境、卫生健康等部门意见，组织科学论证评估后制定并公布。

地方重点保护野生动物，是指国家重点保护野生动物以外，由省、自治区、直辖市重点保护的野生动物。地方重点保护野生动物名录，由省、自治区、直辖市人民政府组织科学论证评估，征求国务院野生动物保护主管部门意见后制定、公布。

对本条规定的名录，应当每五年组织科学论证评估，根据论证评估情况进行调整，也可以根据野生动物保护的实际需要及时进行调整。

第十一条　县级以上人民政府野生动物保护主管部门应当加强信息技术应用，定期组织或者委托有关科学研究机构对野生动物及其栖息地状况进行调查、监测和评估，建立健全野生动物及其栖息地档案。

对野生动物及其栖息地状况的调查、监测和评估应当包括下列内容：

（一）野生动物野外分布区域、种群数量及结构；

（二）野生动物栖息地的面积、生态状况；

（三）野生动物及其栖息地的主要威胁因素；

（四）野生动物人工繁育情况等其他需要调查、监测和评估的内容。

第十二条　国务院野生动物保护主管部门应当会同国务院有关部门，根据野生动物及其栖息地状况的调查、监测和评估结果，确定并发布野生动物重要栖息地名录。

省级以上人民政府依法将野生动物重要栖息地划入国家公园、自然保护区等自然保护地，保护、恢复和改善野生动物生存环境。对不具备划定自然保护地条件的，县级以上人民政府可以采取划定禁猎（渔）区、规定禁猎（渔）期等措施予以保护。

禁止或者限制在自然保护地内引入外来物种、营造单一纯林、过量施洒农药等人为干扰、威胁野生动物生息繁衍的行为。

自然保护地依照有关法律法规的规定划定和管理，野生动物保护主管部门依法加强对野生动物及其栖息地的保护。

第十三条　县级以上人民政府及其有关部门在编制有关开发利用规划时，应当充分考虑野生动物及其栖息地保护的需要，分析、预测和评估规划实施可能对野生动物及其栖息地保护产生的整体影响，避免或者减少规划实施可能造成的不利后果。

禁止在自然保护地建设法律法规规定不得建设的项目。机场、铁路、公路、航道、水利水电、风电、光伏发电、围堰、围填海等建设项目的选址选线，应当避让自然保护地以及其他野生动物重要栖息地、迁徙洄游通道；确实无法避让的，应当采取修建野生动物通道、过鱼设施等措施，消除或者减少对野生动物的不利影响。

建设项目可能对自然保护地以及其他野生动物重要栖息地、迁徙洄游通道产生影响的，环境影响评价文件的审批部门在审批环境影响评价文件时，涉及国家重点保护野生动物的，应当征求国务院野生动物保护主管部门意见；涉及地方重点保护野生动物的，应当征求省、自治区、直辖市人民政府野生动物保护主管部门意见。

第十四条　各级野生动物保护主管部门应当监测环境对野生动物的影响，发现环境影响对野生动物造成危害时，应当会同有关部门及时进行调查处理。

第十五条　国家重点保护野生动物和有重要生态、科学、社会价值的陆生野生动物或者地方重点保护野生动物受到自然灾害、重大环境污染事故等突发事件威胁时，当地人民政府应当及时采取应急救助措施。

国家加强野生动物收容救护能力建设。县级以上人民政府野生动物保护主管部门应当按照国家有关规定组织开展野生动物收容救护工作，加强对社会组织开展野生动物收容救护工作的规范和指导。

收容救护机构应当根据野生动物收容救护的实际需要，建立收容救护场所，配备相应的专业技术人员、救护工具、设备和药品等。

禁止以野生动物收容救护为名买卖野生动物及其制品。

第十六条　野生动物疫源疫病监测、检疫和与人畜共患传染病有关的动物传染病的防治管理，适用《中华人民共和国动物防疫法》等有关法律法规的规定。

第十七条　国家加强对野生动物遗传资源的保护，对濒危野生动物实施抢救性保护。

国务院野生动物保护主管部门应当会同国务院有关部门制定有关野生动物遗传资源保护和利用规划，建立国家野生动物遗传资源基因库，对原产我国的珍贵、濒危野生动物遗传资源实行重点保护。

第十八条　有关地方人民政府应当根据实际情况和需要建设隔离防护设施、设置安全警示标志等，预防野生动物可能造成的危害。

县级以上人民政府野生动物保护主管部门根据野生动物及其栖息地调查、监测和评估情况，对种群数量明显超过环境容量的物种，可以采取迁地保护、猎捕等种群调控措施，保障人身财产安全、生态安全和农业生产。对种群调控猎捕的野生动物按照国家有关规定进行处理和综合利用。种群调控的具体办法由国务院野生动物保护主管部门会同国务院有关部门制定。

第十九条　因保护本法规定保护的野生动物，造成人员伤亡、农作物或者其他财产损失的，由当地人民政府给予补偿。具体办法由省、自治区、直辖市人民政府制定。有关地方人民政府可以推动保险机构开展野生动物致害赔偿保险业务。

有关地方人民政府采取预防、控制国家重点保护野生动物和其他致害严重的陆生野生动物造成危害的措施以及实行补偿所需经费，由中央财政予以补助。具体办法由国务院财政部门会同国务院野生动物保护主管部门制定。

在野生动物危及人身安全的紧急情况下，采取措施造成野生动物损害的，依法不承担法律责任。

第三章　野生动物管理

第二十条　在自然保护地和禁猎（渔）区、禁猎（渔）期内，禁止猎捕以及其他妨碍野生动物生息繁衍的活动，但法律法规另有规定的除外。

野生动物迁徙洄游期间，在前款规定区域外的迁徙洄游通道内，禁止猎捕并严格限制其他妨碍野生动物生息繁衍的活动。县级以上人民政府或者其野生动物保护主管部门应当规定并公布迁徙洄游通道的范围以及妨碍野生动物生息繁衍活动的内容。

第二十一条　禁止猎捕、杀害国家重点保护野生动物。

因科学研究、种群调控、疫源疫病监测或者其他特殊情况，需要猎捕国家一级保护野生动物的，应当向国务院野生动物保护主管部门申请特许猎捕证；需要猎捕国家二级保护野生动物的，应当向省、自治区、直辖市人民政府野生动物保护主管部门申请特许猎捕证。

第二十二条　猎捕有重要生态、科学、社会价值的陆生野生动物和地方重点保护野生动物的，应当依法取得县级以上地方人民政府野生动物保护主管部门核发的狩猎证，并服从猎捕量限额管理。

第二十三条　猎捕者应当严格按照特许猎捕证、狩猎证规定的种类、数量或者限额、地点、工具、方法和期限进行猎捕。猎捕作业完成后，应当将猎捕情况向核发特许猎捕证、狩猎证的野生动物保护主管部门备案。具体办法由国务院野生动物保护主管部门制定。猎捕国家重点保护野生动物应当由专业机构和人员承担；猎捕有重要生态、科学、社会价值的陆生野生动物，有条件的地方可以由专业机构有组织开展。

持枪猎捕的，应当依法取得公安机关核发的持枪证。

第二十四条　禁止使用毒药、爆炸物、电击或者电子诱捕装置以及猎套、猎夹、捕鸟网、地枪、排铳等工具进行猎捕，禁止使用夜间照明行猎、歼灭性围猎、捣毁巢穴、火攻、烟熏、网捕等方法进行猎捕，但因物种保护、科学研究确需网捕、电子诱捕以及植保作业等除外。

前款规定以外的禁止使用的猎捕工具和方法，由县级以上地方人民政府规定并公布。

第二十五条　人工繁育野生动物实行分类分级管理，严格保护和科学利用野生动物资源。国家支持有关科学研究机构因物种保护目的人工繁育国家重点保护野生动物。

人工繁育国家重点保护野生动物实行许可制度。人工繁育国家重点保护野生动物的，应当经省、自治区、直辖市人民政府野生动物保护主管部门批准，取得人工繁育许可证，但国务院对批准机关另有规定的除外。

人工繁育有重要生态、科学、社会价值的陆生野生动物的，应当向县级人民政府野生动物保护主管部门备案。

人工繁育野生动物应当使用人工繁育子代种源，建立物种系谱、繁育档案和个体数据。因物种保护目的确需采用野外种源的，应当遵守本法有关猎捕野生动物的规定。

本法所称人工繁育子代，是指人工控制条件下繁殖出生的子代个体且其亲本也在人工控制条件下出生。

人工繁育野生动物的具体管理办法由国务院野生动物保护主管部门制定。

第二十六条　人工繁育野生动物应当有利于物种保护及其科学研究，不得违法猎捕野生动物，破坏野外种群资源，并根据野生动物习性确保其具有必要的活动空间和生息繁衍、卫生健康条件，具备与其繁育目的、种类、发展规模相适应的场所、设施、技术，符合有关技术标准和防疫要求，不得虐待野生动物。

省级以上人民政府野生动物保护主管部门可以根据保护国家重点保护野生动物的需要，组织开展国家重点保护野生动物放归野外环境工作。

前款规定以外的人工繁育的野生动物放归野外环境的，适用本法有关放生野生动物管理的规定。

第二十七条　人工繁育野生动物应当采取安全措施，防止野生动物伤人和逃逸。人工繁育的野生动物造成他人损害、危害公共安全或者破坏生态的，饲养人、管理人等应当依法承担法律责任。

第二十八条　禁止出售、购买、利用国家重点保护野生动物及其制品。

因科学研究、人工繁育、公众展示展演、文物保护或者其他特殊情况，需要出售、购买、利用国家重点保护野生动物及其制品的，应当经省、自治区、直辖市人民政府野生动物保护主管部门批准，并按照规定取得和使用专用标识，保证可追溯，但国务院对批准机关另有规定的除外。

出售、利用有重要生态、科学、社会价值的陆生野生动物和地方重点保护野生动物及其制品的，应当提供狩猎、人工繁育、进出口等合法来源证明。

实行国家重点保护野生动物和有重要生态、科学、社会价值的陆生野生动物及其制品专用标识的范围和管理办法，由国务院野生动物保护主管部门规定。

出售本条第二款、第三款规定的野生动物的，还应当依法附有检疫证明。

利用野生动物进行公众展示展演应当采取安全管理措施，并保障野生动物健康状态，具体管理办法由国务院野生动物保护主管部门会同国务院有关部门制定。

第二十九条　对人工繁育技术成熟稳定的国家重点保护野生动物或者有重要生态、科学、社会价值的陆生野生动物，经科学论证评估，纳入国务院野生动物保护主管部门制定的人工繁育国家重点保护野生动物名录或者有重要生态、科学、社会价值的陆生野生动物名录，并适时调整。对列入名录的野生动物及其制品，可以凭人工繁育许可证或者备案，按照省、自治区、直辖市人民政府野生动物保护主管部门或者其授权的部门核验的年度生产数量直接取得专用标识，凭专用标识出售和利用，保证可追溯。

对本法第十条规定的国家重点保护野生动物名录和有重要生态、科学、社会价值的陆生野生动物名录进行调整时，根据有关野外种群保护情况，可以对前款规定的有关人工繁育技术成熟稳定野生动物的人工种群，不再列入国家重点保护野生动物名录和有重要生态、科学、社会价值的陆生野生动物名录，实行与野外种群不同的管理措施，但应当依照本法第二十五条第二款、第三款和本条第一款的规定取得人工繁育许可证或者备案和专用标识。

对符合《中华人民共和国畜牧法》第十二条第二款规定的陆生野生动物人工繁育种群，经科学论证评估，可以列入畜禽遗传资源目录。

第三十条　利用野生动物及其制品的，应当以人工繁育种群为主，有利于野外种群养护，符合生态文明建设的要求，尊重社会公德，遵守法律法规和国家有关规定。

野生动物及其制品作为药品等经营和利用的，还应当遵守《中华人民共和国药品管理法》等有关法律法规的规定。

第三十一条　禁止食用国家重点保护野生动物和国家保护的有重要生态、科学、社会价值的陆生野生动物以及其他陆生野生动物。

禁止以食用为目的猎捕、交易、运输在野外环境自然生长繁殖的前款规定的野生动物。

禁止生产、经营使用本条第一款规定的野生动物及其制品制作的食品。

禁止为食用非法购买本条第一款规定的野生动物及其制品。

第三十二条　禁止为出售、购买、利用野生动物或者禁止使用的猎捕工具发布广告。禁止为违法出售、购买、利用野生动物制品发布广告。

第三十三条　禁止网络平台、商品交易市场、餐饮场所等，为违法出售、购买、食用及利用野生动物及其制品或者禁止使用的猎捕工具提供展示、交易、消费服务。

第三十四条　运输、携带、寄递国家重点保护野生动物及其制品，或者依照本法第二十九条第二款规定调出国家重点保护野生动物名录的野生动物及其制品出县境的，应当持有或者附有本法第二十一条、第二十五条、第二十八条或者第二十九条规定的许可证、批准文件的副本或者专用标识。

运输、携带、寄递有重要生态、科学、社会价值的陆生野生动物和地方重点保护野生动物，或者依照本法第二十九条第二款规定调出有重要生态、科学、社会价值的陆生野生动物名录的野生动物出县境的，应当持有狩猎、人工繁育、进出口等合法来源证明或者专用标识。

运输、携带、寄递前两款规定的野生动物出县境的，还应当依照《中华人民共和国动物防疫法》的规定附有检疫证明。

铁路、道路、水运、民航、邮政、快递等企业对托运、携带、交寄野生动物及其制品的，应当查验其相关证件、文件副本或者专用标识，对不符合规定的，不得承运、寄递。

第三十五条　县级以上人民政府野生动物保护主管部门应当对科学研究、人工繁育、公众展示展演等利用野生动物及其制品的活动进行规范和监督管理。

市场监督管理、海关、铁路、道路、水运、民航、邮政等部门应当按照职责分工对野生动物及其制品交易、利用、运输、携带、寄递等活动进行监督检查。

国家建立由国务院林业草原、渔业主管部门牵头，各相关部门配合的野生动物联合执法工作协调机制。地方人民政府建立相应联合执法工作协调机制。

县级以上人民政府野生动物保护主管部门和其他负有野生动物保护职责的部门发现违法事实涉嫌犯罪的,应当将犯罪线索移送具有侦查、调查职权的机关。

公安机关、人民检察院、人民法院在办理野生动物保护犯罪案件过程中认为没有犯罪事实，或者犯罪事实显著轻微，不需要追究刑事责任，但应当予以行政处罚的，应当及时将案件移送县级以上人民政府野生动物保护主管部门和其他负有野生动物保护职责的部门，有关部门应当依法处理。

第三十六条　县级以上人民政府野生动物保护主管部门和其他负有野生动物保护职责的部门，在履行本法规定的职责时，可以采取下列措施：

（一）进入与违反野生动物保护管理行为有关的场所进行现场检查、调查；

（二）对野生动物进行检验、检测、抽样取证；

（三）查封、复制有关文件、资料，对可能被转移、销毁、隐匿或者篡改的文件、资料予以封存；

（四）查封、扣押无合法来源证明的野生动物及其制品，查封、扣押涉嫌非法猎捕野生动物或者非法收购、出售、加工、运输猎捕野生动物及其制品的工具、设备或者财物。

第三十七条　中华人民共和国缔结或者参加的国际公约禁止或者限制贸易的野生动物或者其制品名录，由国家濒危物种进出口管理机构制定、调整并公布。

进出口列入前款名录的野生动物或者其制品，或者出口国家重点保护野生动物或者其制品的，应当经国务院野生动物保护主管部门或者国务院批准，并取得国家濒危物种进出口管理机构核发的允许进出口证明书。海关凭允许进出口证明书办理进出境检疫，并依法办理其他海关手续。

涉及科学技术保密的野生动物物种的出口，按照国务院有关规定办理。

列入本条第一款名录的野生动物，经国务院野生动物保护主管部门核准，按照本法有关规定进行管理。

第三十八条　禁止向境外机构或者人员提供我国特有的野生动物遗传资源。开展国际科学研究合作的，应当依法取得批准，有我国科研机构、高等学校、企业及其研究人员实质性参与研究，按照规定提出国家共享惠益的方案，并遵守我国法律、行政法规的规定。

第三十九条　国家组织开展野生动物保护及相关执法活动的国际合作与交流，加强与毗邻国家的协作，保护野生动物迁徙通道；建立防范、打击野生动物及其制品的走私和非法贸易的部门协调机制，开展防范、打击走私和非法贸易行动。

第四十条　从境外引进野生动物物种的，应当经国务院野生动物保护主管部门批准。从境外引进列入本法第三十七条第一款名录的野生动物，还应当依法取得允许进出口证明书。海关凭进口批准文件或者允许进出口证明书办理进境检疫，并依法办理其他海关手续。

从境外引进野生动物物种的，应当采取安全可靠的防范措施，防止其进入野外环境，避免对生态系统造成危害；不得违法放生、丢弃，确需将其放生至野外环境的，应当遵守有关法律法规的规定。

发现来自境外的野生动物对生态系统造成危害的，县级以上人民政府野生动物保护等有关部门应当采取相应的安全控制措施。

第四十一条　国务院野生动物保护主管部门应当会同国务院有关部门加强对放生野生动物活动的规范、引导。任何组织和个人将野生动物放生至野外环境，应当选择适合放生地野外生存的当地物种，不得干扰当地居民的正常生活、生产，避免对生态系统造成危害。具体办法由国务院野生动物保护主管部门制定。随意放生野生动物，造成他人人身、财产损害或者危害生态系统的，依法承担法律责任。

第四十二条　禁止伪造、变造、买卖、转让、租借特许猎捕证、狩猎证、人工繁育许可证及专用标识，出售、购买、利用国家重点保护野生动物及其制品的批准文件，或者允许进出口证明书、进出口等批准文件。

前款规定的有关许可证书、专用标识、批准文件的发放有关情况，应当依法公开。

第四十三条　外国人在我国对国家重点保护野生动物进行野外考察或者在野外拍摄电影、录像，应当经省、自治区、直辖市人民政府野生动物保护主管部门或者其授权的单位批准，并遵守有关法律法规的规定。

第四十四条　省、自治区、直辖市人民代表大会或者其常务委员会可以根据地方实际情况制定对地方重点保护野生动物等的管理办法。

第四章　法律责任

第四十五条　野生动物保护主管部门或者其他有关部门不依法作出行政许可决定，发现违法行为或者接到对违法行为的举报不依法处理，或者有其他滥用职权、玩忽职守、徇私舞弊等不依法履行职责的行为的，对直接负责的主管人员和其他直接责任人员依法给予处分；构成犯罪的，依法追究刑事责任。

第四十六条　违反本法第十二条第三款、第十三条第二款规定的，依照有关法律法规的规定处罚。

第四十七条　违反本法第十五条第四款规定，以收容救护为名买卖野生动物及其制品的，由县级以上人民政府野生动物保护主管部门没收野生动物及其制品、违法所得，并处野生动物及其制品价值二倍以上二十倍以下罚款，将有关违法信息记入社会信用记录，并向社会公布；构成犯罪的，依法追究刑事责任。

第四十八条　违反本法第二十条、第二十一条、第二十三条第一款、第二十四条第一款规定，有下列行为之一的，由县级以上人民政府野生动物保护主管部门、海警机构和有关自然保护地管理机构按照职责分工没收猎获物、猎捕工具和违法所得，吊销特许猎捕证，并处猎获物价值二倍以上二十倍以下罚款；没有猎获物或者猎获物价值不足五千元的，并处一万元以上十万元以下罚款；构成犯罪的，依法追究刑事责任：

（一）在自然保护地、禁猎（渔）区、禁猎（渔）期猎捕国家重点保护野生动物；

（二）未取得特许猎捕证、未按照特许猎捕证规定猎捕、杀害国家重点保护野生动物；

（三）使用禁用的工具、方法猎捕国家重点保护野生动物。

违反本法第二十三条第一款规定，未将猎捕情况向野生动物保护主管部门备案的，由核发特许猎捕证、狩猎证的野生动物保护主管部门责令限期改正；逾期不改正的，处一万元以上十万元以下罚款；情节严重的，吊销特许猎捕证、狩猎证。

第四十九条　违反本法第二十条、第二十二条、第二十三条第一款、第二十四条第一款规定，有下列行为之一的，由县级以上地方人民政府野生动物保护主管部门和有关自然保护地管理机构按照职责分工没收猎获物、猎捕工具和违法所得，吊销狩猎证，并处猎获物价值一倍以上十倍以下罚款；没有猎获物或者猎获物价值不足二千元的，并处二千元以上二万元以下罚款；构成犯罪的，依法追究刑事责任：

（一）在自然保护地、禁猎（渔）区、禁猎（渔）期猎捕有重要生态、科学、社会价值的陆生野生动物或者地方重点保护野生动物；

（二）未取得狩猎证、未按照狩猎证规定猎捕有重要生态、科学、社会价值的陆生野生动物或者地方重点保护野生动物；

（三）使用禁用的工具、方法猎捕有重要生态、科学、社会价值的陆生野生动物或者地方重点保护野生动物。

违反本法第二十条、第二十四条第一款规定，在自然保护地、禁猎区、禁猎期或者使用禁用的工具、方法猎捕其他陆生野生动物，破坏生态的，由县级以上地方人民政府野生动物保护主管部门和有关自然保护地管理机构按照职责分工没收猎获物、猎捕工具和违法所得，并处猎获物价值一倍以上三倍以下罚款；没有猎获物或者猎获物价值不足一千元的，并处一千元以上三千元以下罚款；构成犯罪的，依法追究刑事责任。

违反本法第二十三条第二款规定，未取得持枪证持枪猎捕野生动物，构成违反治安管理行为的，还应当由公安机关依法给予治安管理处罚；构成犯罪的，依法追究刑事责任。

第五十条　违反本法第三十一条第二款规定，以食用为目的猎捕、交易、运输在野外环境自然生长繁殖的国家重点保护野生动物或者有重要生态、科学、社会价值的陆生野生动物的，依照本法第四十八条、第四十九条、第五十二条的规定从重处罚。

违反本法第三十一条第二款规定，以食用为目的猎捕在野外环境自然生长繁殖的其他陆生野生动物的，由县级以上地方人民政府野生动物保护主管部门和有关自然保护地管理机构按照职责分工没收猎获物、猎捕工具和违法所得；情节严重的，并处猎获物价值一倍以上五倍以下罚款，没有猎获物或者猎获物价值不足二千元的，并处二千元以上一万元以下罚款；构成犯罪的，依法追究刑事责任。

违反本法第三十一条第二款规定，以食用为目的交易、运输在野外环境自然生长繁殖的其他陆生野生动物的，由县级以上地方人民政府野生动物保护主管部门和市场监督管理部门按照职责分工没收野生动物；情节严重的，并处野生动物价值一倍以上五倍以下罚款；构成犯罪的，依法追究刑事责任。

第五十一条　违反本法第二十五条第二款规定，未取得人工繁育许可证，繁育国家重点保护野生动物或者依照本法第二十九条第二款规定调出国家重点保护野生动物名录的野生动物的，由县级以上人民政府野生动物保护主管部门没收野生动物及其制品，并处野生动物及其制品价值一倍以上十倍以下罚款。

违反本法第二十五条第三款规定，人工繁育有重要生态、科学、社会价值的陆生野生动物或者依照本法第二十九条第二款规定调出有重要生态、科学、社会价值的陆生野生动物名录的野生动物未备案的，由县级人民政府野生动物保护主管部门责令限期改正；逾期不改正的，处五百元以上二千元以下罚款。

第五十二条　违反本法第二十八条第一款和第二款、第二十九条第一款、第三十四条第一款规定，未经批准、未取得或者未按照规定使用专用标识，或者未持有、未附有人工繁育许可证、批准文件的副本或者专用标识出售、购买、利用、运输、携带、寄递国家重点保护野生动物及其制品或者依照本法第二十九条第二款规定调出国家重点保护野生动物名录的野生动物及其制品的，由县级以上人民政府野生动物保护主管部门和市场监督管理部门按照职责分工没收野生动物及其制品和违法所得，责令关闭违法经营场所，并处野生动物及其制品价值二倍以上二十倍以下罚款；情节严重的，吊销人工繁育许可证、撤销批准文件、收回专用标识；构成犯罪的，依法追究刑事责任。

违反本法第二十八条第三款、第二十九条第一款、第三十四条第二款规定，未持有合法来源证明或者专用标识出售、利用、运输、携带、寄递有重要生态、科学、社会价值的陆生野生动物、地方重点保护野生动物或者依照本法第二十九条第二款规定调出有重要生态、科学、社会价值的陆生野生动物名录的野生动物及其制品的，由县级以上地方人民政府野生动物保护主管部门和市场监督管理部门按照职责分工没收野生动物，并处野生动物价值一倍以上十倍以下罚款；构成犯罪的，依法追究刑事责任。

违反本法第三十四条第四款规定，铁路、道路、水运、民航、邮政、快递等企业未按照规定查验或者承运、寄递野生动物及其制品的，由交通运输、铁路监督管理、民用航空、邮政管理等相关主管部门按照职责分工没收违法所得，并处违法所得一倍以上五倍以下罚款；情节严重的，吊销经营许可证。

第五十三条　违反本法第三十一条第一款、第四款规定，食用或者为食用非法购买本法规定保护的野生动物及其制品的，由县级以上人民政府野生动物保护主管部门和市场监督管理部门按照职责分工责令停止违法行为，没收野生动物及其制品，并处野生动物及其制品价值二倍以上二十倍以下罚款；食用或者为食用非法购买其他陆生野生动物及其制品的，责令停止违法行为，给予批评教育，没收野生动物及其制品，情节严重的，并处野生动物及其制品价值一倍以上五倍以下罚款；构成犯罪的，依法追究刑事责任。

违反本法第三十一条第三款规定，生产、经营使用本法规定保护的野生动物及其制品制作的食品的，由县级以上人民政府野生动物保护主管部门和市场监督管理部门按照职责分工责令停止违法行为，没收野生动物及其制品和违法所得，责令关闭违法经营场所，并处违法所得十五倍以上三十倍以下罚款；生产、经营使用其他陆生野生动物及其制品制作的食品的，给予批评教育，没收野生动物及其制品和违法所得，情节严重的，并处违法所得一倍以上十倍以下罚款；构成犯罪的，依法追究刑事责任。

第五十四条　违反本法第三十二条规定，为出售、购买、利用野生动物及其制品或者禁止使用的猎捕工具发布广告的，依照《中华人民共和国广告法》的规定处罚。

第五十五条　违反本法第三十三条规定，为违法出售、购买、食用及利用野生动物及其制品或者禁止使用的猎捕工具提供展示、交易、消费服务的，由县级以上人民政府市场监督管理部门责令停止违法行为，限期改正，没收违法所得，并处违法所得二倍以上十倍以下罚款；没有违法所得或者违法所得不足五千元的，处一万元以上十万元以下罚款；构成犯罪的，依法追究刑事责任。

第五十六条　违反本法第三十七条规定，进出口野生动物及其制品的，由海关、公安机关、海警机构依照法律、行政法规和国家有关规定处罚；构成犯罪的，依法追究刑事责任。

第五十七条　违反本法第三十八条规定，向境外机构或者人员提供我国特有的野生动物遗传资源的，由县级以上人民政府野生动物保护主管部门没收野生动物及其制品和违法所得，并处野生动物及其制品价值或者违法所得一倍以上五倍以下罚款；构成犯罪的，依法追究刑事责任。

第五十八条　违反本法第四十条第一款规定，从境外引进野生动物物种的，由县级以上人民政府野生动物保护主管部门没收所引进的野生动物，并处五万元以上五十万元以下罚款；未依法实施进境检疫的，依照《中华人民共和国进出境动植物检疫法》的规定处罚；构成犯罪的，依法追究刑事责任。

第五十九条　违反本法第四十条第二款规定，将从境外引进的野生动物放生、丢弃的，由县级以上人民政府野生动物保护主管部门责令限期捕回，处一万元以上十万元以下罚款；逾期不捕回的，由有关野生动物保护主管部门代为捕回或者采取降低影响的措施，所需费用由被责令限期捕回者承担；构成犯罪的，依法追究刑事责任。

第六十条　违反本法第四十二条第一款规定，伪造、变造、买卖、转让、租借有关证件、专用标识或者有关批准文件的，由县级以上人民政府野生动物保护主管部门没收违法证件、专用标识、有关批准文件和违法所得，并处五万元以上五十万元以下罚款；构成违反治安管理行为的，由公安机关依法给予治安管理处罚；构成犯罪的，依法追究刑事责任。

第六十一条　县级以上人民政府野生动物保护主管部门和其他负有野生动物保护职责的部门、机构应当按照有关规定处理罚没的野生动物及其制品，具体办法由国务院野生动物保护主管部门会同国务院有关部门制定。

第六十二条　县级以上人民政府野生动物保护主管部门应当加强对野生动物及其制品鉴定、价值评估工作的规范、指导。本法规定的猎获物价值、野生动物及其制品价值的评估标准和方法，由国务院野生动物保护主管部门制定。

第六十三条　对违反本法规定破坏野生动物资源、生态环境，损害社会公共利益的行为，可以依照《中华人民共和国环境保护法》、《中华人民共和国民事诉讼法》、《中华人民共和国行政诉讼法》等法律的规定向人民法院提起诉讼。

第五章　附　则
第六十四条　本法自2023年5月1日起施行。

附录 2

中华人民共和国生物安全法

第一章　总　则

第一条　为了维护国家安全，防范和应对生物安全风险，保障人民生命健康，保护生物资源和生态环境，促进生物技术健康发展，推动构建人类命运共同体，实现人与自然和谐共生，制定本法。

第二条　本法所称生物安全，是指国家有效防范和应对危险生物因子及相关因素威胁，生物技术能够稳定健康发展，人民生命健康和生态系统相对处于没有危险和不受威胁的状态，生物领域具备维护国家安全和持续发展的能力。

从事下列活动，适用本法：

（一）防控重大新发突发传染病、动植物疫情；

（二）生物技术研究、开发与应用；

（三）病原微生物实验室生物安全管理；

（四）人类遗传资源与生物资源安全管理；

（五）防范外来物种入侵与保护生物多样性；

（六）应对微生物耐药；

（七）防范生物恐怖袭击与防御生物武器威胁；

（八）其他与生物安全相关的活动。

第三条　生物安全是国家安全的重要组成部分。维护生物安全应当贯彻总体国家安全观，统筹发展和安全，坚持以人为本、风险预防、分类管理、协同配合的原则。

第四条　坚持中国共产党对国家生物安全工作的领导，建立健全国家生物安全领导体制，加强国家生物安全风险防控和治理体系建设，提高国家生物安全治理能力。

第五条　国家鼓励生物科技创新，加强生物安全基础设施和生物科技人才队伍建设，支持生物产业发展，以创新驱动提升生物科技水平，增强生物安全保障能力。

第六条　国家加强生物安全领域的国际合作，履行中华人民共和国缔结或者参加的国际条约规定的义务，支持参与生物科技交流合作与生物安全事件国际救援，积极参与生物安全国际规则的研究与制定，推动完善全球生物安全治理。

第七条　各级人民政府及其有关部门应当加强生物安全法律法规和生物安全知识宣传普及工作，引导基层群众性自治组织、社会组织开展生物安全法律法规和生物安全知识宣传，促进全社会生物安全意识的提升。

相关科研院校、医疗机构以及其他企业事业单位应当将生物安全法律法规和生物安全知识纳入教育培训内容，加强学生、从业人员生物安全意识和伦理意识的培养。

新闻媒体应当开展生物安全法律法规和生物安全知识公益宣传，对生物安全违法行为进行舆论监督，增强公众维护生物安全的社会责任意识。

第八条　任何单位和个人不得危害生物安全。

任何单位和个人有权举报危害生物安全的行为；接到举报的部门应当及时依法处理。

第九条　对在生物安全工作中做出突出贡献的单位和个人，县级以上人民政府及其有关部门按照国家规定予以表彰和奖励。

第二章　生物安全风险防控体制

第十条　中央国家安全领导机构负责国家生物安全工作的决策和议事协调，研究制定、指导实施国家生物安全战略和有关重大方针政策，统筹协调国家生物安全的重大事项和重要工作，建立国家生物安全工作协调机制。

省、自治区、直辖市建立生物安全工作协调机制，组织协调、督促推进本行政区域内生物安全相关工作。

第十一条　国家生物安全工作协调机制由国务院卫生健康、农业农村、科学技术、外交等主管部门和有关军事机关组成，分析研判国家生物安全形势，组织协调、督促推进国家生物安全相关工作。国家生物安全工作协调机制设立办公室，负责协调机制的日常工作。

国家生物安全工作协调机制成员单位和国务院其他有关部门根据职责分工，负责生物安全相关工作。

第十二条　国家生物安全工作协调机制设立专家委员会，为国家生物安全战略研究、政策制定及实施提供决策咨询。

国务院有关部门组织建立相关领域、行业的生物安全技术咨询专家委员会，为生物安全工作提供咨询、评估、论证等技术支撑。

第十三条　地方各级人民政府对本行政区域内生物安全工作负责。

县级以上地方人民政府有关部门根据职责分工，负责生物安全相关工作。

基层群众性自治组织应当协助地方人民政府以及有关部门做好生物安全风险防控、应急处置和宣传教育等工作。

有关单位和个人应当配合做好生物安全风险防控和应急处置等工作。

第十四条　国家建立生物安全风险监测预警制度。国家生物安全工作协调机制组织建立国家生物安全风险监测预警体系，提高生物安全风险识别和分析能力。

第十五条　国家建立生物安全风险调查评估制度。国家生物安全工作协调机制应当根据风险监测的数据、资料等信息，定期组织开展生物安全风险调查评估。

有下列情形之一的，有关部门应当及时开展生物安全风险调查评估，依法采取必要的风险防控措施：

（一）通过风险监测或者接到举报发现可能存在生物安全风险；

（二）为确定监督管理的重点领域、重点项目，制定、调整生物安全相关名录或者清单；

（三）发生重大新发突发传染病、动植物疫情等危害生物安全的事件；

（四）需要调查评估的其他情形。

第十六条　国家建立生物安全信息共享制度。国家生物安全工作协调机制组织建立统一的国家生物安全信息平台，有关部门应当将生物安全数据、资料等信息汇交国家生物安全信息平台，实现信息共享。

第十七条　国家建立生物安全信息发布制度。国家生物安全总体情况、重大生物安全风险警示信息、重大生物安全事件及其调查处理信息等重大生物安全信息，由国家生物安全工作协调机制成员单位根据职责分工发布；其他生物安全信息由国务院有关部门和县级以上地方人民政府及其有关部门根据职责权限发布。

任何单位和个人不得编造、散布虚假的生物安全信息。

第十八条　国家建立生物安全名录和清单制度。国务院及其有关部门根据生物安全工作需要，对涉及生物安全的材料、设备、技术、活动、重要生物资源数据、传染病、动植物疫病、外来入侵物种等制定、公布名录或者清单，并动态调整。

第十九条　国家建立生物安全标准制度。国务院标准化主管部门和国务院其他有关部门根据职责分工，制定和完善生物安全领域相关标准。

国家生物安全工作协调机制组织有关部门加强不同领域生物安全标准的协调和衔接，建立和完善生物安全标准体系。

第二十条　国家建立生物安全审查制度。对影响或者可能影响国家安全的生物领域重大事项和活动，由国务院有关部门进行生物安全审查，有效防范和化解生物安全风险。

第二十一条　国家建立统一领导、协同联动、有序高效的生物安全应急制度。

国务院有关部门应当组织制定相关领域、行业生物安全事件应急预案，根据应急预案和统一部署开展应急演练、应急处置、应急救援和事后恢复等工作。

县级以上地方人民政府及其有关部门应当制定并组织、指导和督促相关企业事业单位制定生物安全事件应急预案，加强应急准备、人员培训和应急演练，开展生物安全事件应急处置、应急救援和事后恢复等工作。

中国人民解放军、中国人民武装警察部队按照中央军事委员会的命令，依法参加生物安全事件应急处置和应急救援工作。

第二十二条　国家建立生物安全事件调查溯源制度。发生重大新发突发传染病、动植物疫情和不明原因的生物安全事件，国家生物安全工作协调机制应当组织开展调查溯源，确定事件性质，全面评估事件影响，提出意见建议。

第二十三条　国家建立首次进境或者暂停后恢复进境的动植物、动植物产品、高风险生物因子国家准入制度。

进出境的人员、运输工具、集装箱、货物、物品、包装物和国际航行船舶压舱水排放等应当符合我国生物安全管理要求。

海关对发现的进出境和过境生物安全风险，应当依法处置。经评估为生物安全高风险的人员、运输工具、货物、物品等，应当从指定的国境口岸进境，并采取严格的风险防控措施。

第二十四条　国家建立境外重大生物安全事件应对制度。境外发生重大生物安全事件的，海关依法采取生物安全紧急防控措施，加强证件核验，提高查验比例，暂停相关人员、运输工具、货物、物品等进境。必要时经国务院同意，可以采取暂时关闭有关口岸、封锁有关国境等措施。

第二十五条　县级以上人民政府有关部门应当依法开展生物安全监督检查工作，被检查单位和个人应当配合，如实说明情况，提供资料，不得拒绝、阻挠。

涉及专业技术要求较高、执法业务难度较大的监督检查工作，应当有生物安全专业技术人员参加。

第二十六条　县级以上人民政府有关部门实施生物安全监督检查，可以依法采取下列措施：

（一）进入被检查单位、地点或者涉嫌实施生物安全违法行为的场所进行现场监测、勘查、检查或者核查；

（二）向有关单位和个人了解情况；

（三）查阅、复制有关文件、资料、档案、记录、凭证等；

（四）查封涉嫌实施生物安全违法行为的场所、设施；

（五）扣押涉嫌实施生物安全违法行为的工具、设备以及相关物品；

（六）法律法规规定的其他措施。

有关单位和个人的生物安全违法信息应当依法纳入全国信用信息共享平台。

第三章　防控重大新发突发传染病、动植物疫情

第二十七条　国务院卫生健康、农业农村、林业草原、海关、生态环境主管部门应当建立新发突发传染病、动植物疫情、进出境检疫、生物技术环境安全监测网络，组织监测站点布局、建设，完善监测信息报告系统，开展主动监测和病原检测，并纳入国家生物安全风险监测预警体系。

第二十八条　疾病预防控制机构、动物疫病预防控制机构、植物病虫害预防控制机构（以下统称专业机构）应当对传染病、动植物疫病和列入监测范围的不明原因疾病开展主动监测，收集、分析、报告监测信息，预测新发突发传染病、动植物疫病的发生、流行趋势。

国务院有关部门、县级以上地方人民政府及其有关部门应当根据预测和职责权限及时发布预警，并采取相应的防控措施。

第二十九条　任何单位和个人发现传染病、动植物疫病的，应当及时向医疗机构、有关专业机构或者部门报告。

医疗机构、专业机构及其工作人员发现传染病、动植物疫病或者不明原因的聚集性疾病的，应当及时报告，并采取保护性措施。

依法应当报告的，任何单位和个人不得瞒报、谎报、缓报、漏报，不得授意他人瞒报、谎报、缓报，不得阻碍他人报告。

第三十条　国家建立重大新发突发传染病、动植物疫情联防联控机制。

发生重大新发突发传染病、动植物疫情，应当依照有关法律法规和应急预案的规定及时采取控制措施；国务院卫生健康、农业农村、林业草原主管部门应当立即组织疫情会商研判，将会商研判结论向中央国家安全领导机构和国务院报告，并通报国家生物安全工作协调机制其他成员单位和国务院其他有关部门。

发生重大新发突发传染病、动植物疫情，地方各级人民政府统一履行本行政区域内疫情防控职责，加强组织领导，开展群防群控、医疗救治，动员和鼓励社会力量依法有序参与疫情防控工作。

第三十一条　国家加强国境、口岸传染病和动植物疫情联合防控能力建设，建立传染病、动植物疫情防控国际合作网络，尽早发现、控制重大新发突发传染病、动植物疫情。

第三十二条　国家保护野生动物，加强动物防疫，防止动物源性传染病传播。

第三十三条　国家加强对抗生素药物等抗微生物药物使用和残留的管理，支持应对微

生物耐药的基础研究和科技攻关。

县级以上人民政府卫生健康主管部门应当加强对医疗机构合理用药的指导和监督，采取措施防止抗微生物药物的不合理使用。县级以上人民政府农业农村、林业草原主管部门应当加强对农业生产中合理用药的指导和监督，采取措施防止抗微生物药物的不合理使用，降低在农业生产环境中的残留。

国务院卫生健康、农业农村、林业草原、生态环境等主管部门和药品监督管理部门应当根据职责分工，评估抗微生物药物残留对人体健康、环境的危害，建立抗微生物药物污染物指标评价体系。

第四章　生物技术研究、开发与应用安全

第三十四条　国家加强对生物技术研究、开发与应用活动的安全管理，禁止从事危及公众健康、损害生物资源、破坏生态系统和生物多样性等危害生物安全的生物技术研究、开发与应用活动。

从事生物技术研究、开发与应用活动，应当符合伦理原则。

第三十五条　从事生物技术研究、开发与应用活动的单位应当对本单位生物技术研究、开发与应用的安全负责，采取生物安全风险防控措施，制定生物安全培训、跟踪检查、定期报告等工作制度，强化过程管理。

第三十六条　国家对生物技术研究、开发活动实行分类管理。根据对公众健康、工业农业、生态环境等造成危害的风险程度，将生物技术研究、开发活动分为高风险、中风险、低风险三类。

生物技术研究、开发活动风险分类标准及名录由国务院科学技术、卫生健康、农业农村等主管部门根据职责分工，会同国务院其他有关部门制定、调整并公布。

第三十七条　从事生物技术研究、开发活动，应当遵守国家生物技术研究开发安全管理规范。

从事生物技术研究、开发活动，应当进行风险类别判断，密切关注风险变化，及时采取应对措施。

第三十八条　从事高风险、中风险生物技术研究、开发活动，应当由在我国境内依法成立的法人组织进行，并依法取得批准或者进行备案。

从事高风险、中风险生物技术研究、开发活动，应当进行风险评估，制定风险防控计划和生物安全事件应急预案，降低研究、开发活动实施的风险。

第三十九条　国家对涉及生物安全的重要设备和特殊生物因子实行追溯管理。购买或者引进列入管控清单的重要设备和特殊生物因子，应当进行登记，确保可追溯，并报国务院有关部门备案。

个人不得购买或者持有列入管控清单的重要设备和特殊生物因子。

第四十条　从事生物医学新技术临床研究，应当通过伦理审查，并在具备相应条件的医疗机构内进行；进行人体临床研究操作的，应当由符合相应条件的卫生专业技术人员执行。

第四十一条　国务院有关部门依法对生物技术应用活动进行跟踪评估，发现存在生物安全风险的，应当及时采取有效补救和管控措施。

第五章 病原微生物实验室生物安全

第四十二条 国家加强对病原微生物实验室生物安全的管理，制定统一的实验室生物安全标准。病原微生物实验室应当符合生物安全国家标准和要求。

从事病原微生物实验活动，应当严格遵守有关国家标准和实验室技术规范、操作规程，采取安全防范措施。

第四十三条 国家根据病原微生物的传染性、感染后对人和动物的个体或者群体的危害程度，对病原微生物实行分类管理。

从事高致病性或者疑似高致病性病原微生物样本采集、保藏、运输活动，应当具备相应条件，符合生物安全管理规范。具体办法由国务院卫生健康、农业农村主管部门制定。

第四十四条 设立病原微生物实验室，应当依法取得批准或者进行备案。

个人不得设立病原微生物实验室或者从事病原微生物实验活动。

第四十五条 国家根据对病原微生物的生物安全防护水平，对病原微生物实验室实行分等级管理。

从事病原微生物实验活动应当在相应等级的实验室进行。低等级病原微生物实验室不得从事国家病原微生物目录规定应当在高等级病原微生物实验室进行的病原微生物实验活动。

第四十六条 高等级病原微生物实验室从事高致病性或者疑似高致病性病原微生物实验活动，应当经省级以上人民政府卫生健康或者农业农村主管部门批准，并将实验活动情况向批准部门报告。

对我国尚未发现或者已经宣布消灭的病原微生物，未经批准不得从事相关实验活动。

第四十七条 病原微生物实验室应当采取措施，加强对实验动物的管理，防止实验动物逃逸，对使用后的实验动物按照国家规定进行无害化处理，实现实验动物可追溯。禁止将使用后的实验动物流入市场。

病原微生物实验室应当加强对实验活动废弃物的管理，依法对废水、废气以及其他废弃物进行处置，采取措施防止污染。

第四十八条 病原微生物实验室的设立单位负责实验室的生物安全管理，制定科学、严格的管理制度，定期对有关生物安全规定的落实情况进行检查，对实验室设施、设备、材料等进行检查、维护和更新，确保其符合国家标准。

病原微生物实验室设立单位的法定代表人和实验室负责人对实验室的生物安全负责。

第四十九条 病原微生物实验室的设立单位应当建立和完善安全保卫制度，采取安全保卫措施，保障实验室及其病原微生物的安全。

国家加强对高等级病原微生物实验室的安全保卫。高等级病原微生物实验室应当接受公安机关等部门有关实验室安全保卫工作的监督指导，严防高致病性病原微生物泄漏、丢失和被盗、被抢。

国家建立高等级病原微生物实验室人员进入审核制度。进入高等级病原微生物实验室的人员应当经实验室负责人批准。对可能影响实验室生物安全的，不予批准；对批准进入的，应当采取安全保障措施。

第五十条 病原微生物实验室的设立单位应当制定生物安全事件应急预案，定期组织开展人员培训和应急演练。发生高致病性病原微生物泄漏、丢失和被盗、被抢或者其他生物安全风险的，应当按照应急预案的规定及时采取控制措施，并按照国家规定报告。

第五十一条　病原微生物实验室所在地省级人民政府及其卫生健康主管部门应当加强实验室所在地感染性疾病医疗资源配置，提高感染性疾病医疗救治能力。

第五十二条　企业对涉及病原微生物操作的生产车间的生物安全管理，依照有关病原微生物实验室的规定和其他生物安全管理规范进行。

涉及生物毒素、植物有害生物及其他生物因子操作的生物安全实验室的建设和管理，参照有关病原微生物实验室的规定执行。

第六章　人类遗传资源与生物资源安全

第五十三条　国家加强对我国人类遗传资源和生物资源采集、保藏、利用、对外提供等活动的管理和监督，保障人类遗传资源和生物资源安全。

国家对我国人类遗传资源和生物资源享有主权。

第五十四条　国家开展人类遗传资源和生物资源调查。

国务院科学技术主管部门组织开展我国人类遗传资源调查，制定重要遗传家系和特定地区人类遗传资源申报登记办法。

国务院科学技术、自然资源、生态环境、卫生健康、农业农村、林业草原、中医药主管部门根据职责分工，组织开展生物资源调查，制定重要生物资源申报登记办法。

第五十五条　采集、保藏、利用、对外提供我国人类遗传资源，应当符合伦理原则，不得危害公众健康、国家安全和社会公共利益。

第五十六条　从事下列活动，应当经国务院科学技术主管部门批准：

（一）采集我国重要遗传家系、特定地区人类遗传资源或者采集国务院科学技术主管部门规定的种类、数量的人类遗传资源；

（二）保藏我国人类遗传资源；

（三）利用我国人类遗传资源开展国际科学研究合作；

（四）将我国人类遗传资源材料运送、邮寄、携带出境。

前款规定不包括以临床诊疗、采供血服务、查处违法犯罪、兴奋剂检测和殡葬等为目的采集、保藏人类遗传资源及开展的相关活动。

为了取得相关药品和医疗器械在我国上市许可，在临床试验机构利用我国人类遗传资源开展国际合作临床试验、不涉及人类遗传资源出境的，不需要批准；但是，在开展临床试验前应当将拟使用的人类遗传资源种类、数量及用途向国务院科学技术主管部门备案。

境外组织、个人及其设立或者实际控制的机构不得在我国境内采集、保藏我国人类遗传资源，不得向境外提供我国人类遗传资源。

第五十七条　将我国人类遗传资源信息向境外组织、个人及其设立或者实际控制的机构提供或者开放使用的，应当向国务院科学技术主管部门事先报告并提交信息备份。

第五十八条　采集、保藏、利用、运输出境我国珍贵、濒危、特有物种及其可用于再生或者繁殖传代的个体、器官、组织、细胞、基因等遗传资源，应当遵守有关法律法规。

境外组织、个人及其设立或者实际控制的机构获取和利用我国生物资源，应当依法取得批准。

第五十九条　利用我国生物资源开展国际科学研究合作，应当依法取得批准。

利用我国人类遗传资源和生物资源开展国际科学研究合作，应当保证中方单位及其研究人员全过程、实质性地参与研究，依法分享相关权益。

第六十条　国家加强对外来物种入侵的防范和应对，保护生物多样性。国务院农业农村主管部门会同国务院其他有关部门制定外来入侵物种名录和管理办法。

国务院有关部门根据职责分工，加强对外来入侵物种的调查、监测、预警、控制、评估、清除以及生态修复等工作。

任何单位和个人未经批准，不得擅自引进、释放或者丢弃外来物种。

第七章　防范生物恐怖与生物武器威胁

第六十一条　国家采取一切必要措施防范生物恐怖与生物武器威胁。

禁止开发、制造或者以其他方式获取、储存、持有和使用生物武器。

禁止以任何方式唆使、资助、协助他人开发、制造或者以其他方式获取生物武器。

第六十二条　国务院有关部门制定、修改、公布可被用于生物恐怖活动、制造生物武器的生物体、生物毒素、设备或者技术清单，加强监管，防止其被用于制造生物武器或者恐怖目的。

第六十三条　国务院有关部门和有关军事机关根据职责分工，加强对可被用于生物恐怖活动、制造生物武器的生物体、生物毒素、设备或者技术进出境、进出口、获取、制造、转移和投放等活动的监测、调查，采取必要的防范和处置措施。

第六十四条　国务院有关部门、省级人民政府及其有关部门负责组织遭受生物恐怖袭击、生物武器攻击后的人员救治与安置、环境消毒、生态修复、安全监测和社会秩序恢复等工作。

国务院有关部门、省级人民政府及其有关部门应当有效引导社会舆论科学、准确报道生物恐怖袭击和生物武器攻击事件，及时发布疏散、转移和紧急避难等信息，对应急处置与恢复过程中遭受污染的区域和人员进行长期环境监测和健康监测。

第六十五条　国家组织开展对我国境内战争遗留生物武器及其危害结果、潜在影响的调查。

国家组织建设存放和处理战争遗留生物武器设施，保障对战争遗留生物武器的安全处置。

第八章　生物安全能力建设

第六十六条　国家制定生物安全事业发展规划，加强生物安全能力建设，提高应对生物安全事件的能力和水平。

县级以上人民政府应当支持生物安全事业发展，按照事权划分，将支持下列生物安全事业发展的相关支出列入政府预算：

（一）监测网络的构建和运行；

（二）应急处置和防控物资的储备；

（三）关键基础设施的建设和运行；

（四）关键技术和产品的研究、开发；

（五）人类遗传资源和生物资源的调查、保藏；

（六）法律法规规定的其他重要生物安全事业。

第六十七条　国家采取措施支持生物安全科技研究，加强生物安全风险防御与管控技术研究，整合优势力量和资源，建立多学科、多部门协同创新的联合攻关机制，推动生物安全核心关键技术和重大防御产品的成果产出与转化应用，提高生物安全的科技保障能力。

第六十八条 国家统筹布局全国生物安全基础设施建设。国务院有关部门根据职责分工，加快建设生物信息、人类遗传资源保藏、菌（毒）种保藏、动植物遗传资源保藏、高等级病原微生物实验室等方面的生物安全国家战略资源平台，建立共享利用机制，为生物安全科技创新提供战略保障和支撑。

第六十九条 国务院有关部门根据职责分工，加强生物基础科学研究人才和生物领域专业技术人才培养，推动生物基础科学学科建设和科学研究。

国家生物安全基础设施重要岗位的从业人员应当具备符合要求的资格，相关信息应当向国务院有关部门备案，并接受岗位培训。

第七十条 国家加强重大新发突发传染病、动植物疫情等生物安全风险防控的物资储备。

国家加强生物安全应急药品、装备等物资的研究、开发和技术储备。国务院有关部门根据职责分工，落实生物安全应急药品、装备等物资研究、开发和技术储备的相关措施。

国务院有关部门和县级以上地方人民政府及其有关部门应当保障生物安全事件应急处置所需的医疗救护设备、救治药品、医疗器械等物资的生产、供应和调配；交通运输主管部门应当及时组织协调运输经营单位优先运送。

第七十一条 国家对从事高致病性病原微生物实验活动、生物安全事件现场处置等高风险生物安全工作的人员，提供有效的防护措施和医疗保障。

第九章 法律责任

第七十二条 违反本法规定，履行生物安全管理职责的工作人员在生物安全工作中滥用职权、玩忽职守、徇私舞弊或者有其他违法行为的，依法给予处分。

第七十三条 违反本法规定，医疗机构、专业机构或者其工作人员瞒报、谎报、缓报、漏报，授意他人瞒报、谎报、缓报，或者阻碍他人报告传染病、动植物疫病或者不明原因的聚集性疾病的，由县级以上人民政府有关部门责令改正，给予警告；对法定代表人、主要负责人、直接负责的主管人员和其他直接责任人员，依法给予处分，并可以依法暂停一定期限的执业活动直至吊销相关执业证书。

违反本法规定，编造、散布虚假的生物安全信息，构成违反治安管理行为的，由公安机关依法给予治安管理处罚。

第七十四条 违反本法规定，从事国家禁止的生物技术研究、开发与应用活动的，由县级以上人民政府卫生健康、科学技术、农业农村主管部门根据职责分工，责令停止违法行为，没收违法所得、技术资料和用于违法行为的工具、设备、原材料等物品，处一百万元以上一千万元以下的罚款，违法所得在一百万元以上的，处违法所得十倍以上二十倍以下的罚款，并可以依法禁止一定期限内从事相应的生物技术研究、开发与应用活动，吊销相关许可证件；对法定代表人、主要负责人、直接负责的主管人员和其他直接责任人员，依法给予处分，处十万元以上二十万元以下的罚款，十年直至终身禁止从事相应的生物技术研究、开发与应用活动，依法吊销相关执业证书。

第七十五条 违反本法规定，从事生物技术研究、开发活动未遵守国家生物技术研究开发安全管理规范的，由县级以上人民政府有关部门根据职责分工，责令改正，给予警告，可以并处二万元以上二十万元以下的罚款；拒不改正或者造成严重后果的，责令停止研究、开发活动，并处二十万元以上二百万元以下的罚款。

第七十六条　违反本法规定，从事病原微生物实验活动未在相应等级的实验室进行，或者高等级病原微生物实验室未经批准从事高致病性、疑似高致病性病原微生物实验活动的，由县级以上地方人民政府卫生健康、农业农村主管部门根据职责分工，责令停止违法行为，监督其将用于实验活动的病原微生物销毁或者送交保藏机构，给予警告；造成传染病传播、流行或者其他严重后果的，对法定代表人、主要负责人、直接负责的主管人员和其他直接责任人员依法给予撤职、开除处分。

第七十七条　违反本法规定，将使用后的实验动物流入市场的，由县级以上人民政府科学技术主管部门责令改正，没收违法所得，并处二十万元以上一百万元以下的罚款，违法所得在二十万元以上的，并处违法所得五倍以上十倍以下的罚款；情节严重的，由发证部门吊销相关许可证件。

第七十八条　违反本法规定，有下列行为之一的，由县级以上人民政府有关部门根据职责分工，责令改正，没收违法所得，给予警告，可以并处十万元以上一百万元以下的罚款：

（一）购买或者引进列入管控清单的重要设备、特殊生物因子未进行登记，或者未报国务院有关部门备案；

（二）个人购买或者持有列入管控清单的重要设备或者特殊生物因子；

（三）个人设立病原微生物实验室或者从事病原微生物实验活动；

（四）未经实验室负责人批准进入高等级病原微生物实验室。

第七十九条　违反本法规定，未经批准，采集、保藏我国人类遗传资源或者利用我国人类遗传资源开展国际科学研究合作的，由国务院科学技术主管部门责令停止违法行为，没收违法所得和违法采集、保藏的人类遗传资源，并处五十万元以上五百万元以下的罚款，违法所得在一百万元以上的，并处违法所得五倍以上十倍以下的罚款；情节严重的，对法定代表人、主要负责人、直接负责的主管人员和其他直接责任人员，依法给予处分，五年内禁止从事相应活动。

第八十条　违反本法规定，境外组织、个人及其设立或者实际控制的机构在我国境内采集、保藏我国人类遗传资源，或者向境外提供我国人类遗传资源的，由国务院科学技术主管部门责令停止违法行为，没收违法所得和违法采集、保藏的人类遗传资源，并处一百万元以上一千万元以下的罚款；违法所得在一百万元以上的，并处违法所得十倍以上二十倍以下的罚款。

第八十一条　违反本法规定，未经批准，擅自引进外来物种的，由县级以上人民政府有关部门根据职责分工，没收引进的外来物种，并处五万元以上二十五万元以下的罚款。

违反本法规定，未经批准，擅自释放或者丢弃外来物种的，由县级以上人民政府有关部门根据职责分工，责令限期捕回、找回释放或者丢弃的外来物种，处一万元以上五万元以下的罚款。

第八十二条　违反本法规定，构成犯罪的，依法追究刑事责任；造成人身、财产或者其他损害的，依法承担民事责任。

第八十三条　违反本法规定的生物安全违法行为，本法未规定法律责任，其他有关法律、行政法规有规定的，依照其规定。

第八十四条　境外组织或者个人通过运输、邮寄、携带危险生物因子入境或者以其他方式危害我国生物安全的，依法追究法律责任，并可以采取其他必要措施。

第十章　附　则

第八十五条　本法下列术语的含义：

（一）生物因子，是指动物、植物、微生物、生物毒素及其他生物活性物质。

（二）重大新发突发传染病，是指我国境内首次出现或者已经宣布消灭再次发生，或者突然发生，造成或者可能造成公众健康和生命安全严重损害，引起社会恐慌，影响社会稳定的传染病。

（三）重大新发突发动物疫情，是指我国境内首次发生或者已经宣布消灭的动物疫病再次发生，或者发病率、死亡率较高的潜伏动物疫病突然发生并迅速传播，给养殖业生产安全造成严重威胁、危害，以及可能对公众健康和生命安全造成危害的情形。

（四）重大新发突发植物疫情，是指我国境内首次发生或者已经宣布消灭的严重危害植物的真菌、细菌、病毒、昆虫、线虫、杂草、害鼠、软体动物等再次引发病虫害，或者本地有害生物突然大范围发生并迅速传播，对农作物、林木等植物造成严重危害的情形。

（五）生物技术研究、开发与应用，是指通过科学和工程原理认识、改造、合成、利用生物而从事的科学研究、技术开发与应用等活动。

（六）病原微生物，是指可以侵犯人、动物引起感染甚至传染病的微生物，包括病毒、细菌、真菌、立克次体、寄生虫等。

（七）植物有害生物，是指能够对农作物、林木等植物造成危害的真菌、细菌、病毒、昆虫、线虫、杂草、害鼠、软体动物等生物。

（八）人类遗传资源，包括人类遗传资源材料和人类遗传资源信息。人类遗传资源材料是指含有人体基因组、基因等遗传物质的器官、组织、细胞等遗传材料。人类遗传资源信息是指利用人类遗传资源材料产生的数据等信息资料。

（九）微生物耐药，是指微生物对抗微生物药物产生抗性，导致抗微生物药物不能有效控制微生物的感染。

（十）生物武器，是指类型和数量不属于预防、保护或者其他和平用途所正当需要的、任何来源或者任何方法产生的微生物剂、其他生物剂以及生物毒素；也包括为将上述生物剂、生物毒素使用于敌对目的或者武装冲突而设计的武器、设备或者运载工具。

（十一）生物恐怖，是指故意使用致病性微生物、生物毒素等实施袭击，损害人类或者动植物健康，引起社会恐慌，企图达到特定政治目的的行为。

第八十六条　生物安全信息属于国家秘密的，应当依照《中华人民共和国保守国家秘密法》和国家其他有关保密规定实施保密管理。

第八十七条　中国人民解放军、中国人民武装警察部队的生物安全活动，由中央军事委员会依照本法规定的原则另行规定。

第八十八条　本法自2021年4月15日起施行。

附录3

中华人民共和国动物防疫法

第一章 总 则

第一条 为了加强对动物防疫活动的管理，预防、控制、净化、消灭动物疫病，促进养殖业发展，防控人畜共患传染病，保障公共卫生安全和人体健康，制定本法。

第二条 本法适用于在中华人民共和国领域内的动物防疫及其监督管理活动。

进出境动物、动物产品的检疫，适用《中华人民共和国进出境动植物检疫法》。

第三条 本法所称动物，是指家畜家禽和人工饲养、捕获的其他动物。

本法所称动物产品，是指动物的肉、生皮、原毛、绒、脏器、脂、血液、精液、卵、胚胎、骨、蹄、头、角、筋以及可能传播动物疫病的奶、蛋等。

本法所称动物疫病，是指动物传染病，包括寄生虫病。

本法所称动物防疫，是指动物疫病的预防、控制、诊疗、净化、消灭和动物、动物产品的检疫，以及病死动物、病害动物产品的无害化处理。

第四条 根据动物疫病对养殖业生产和人体健康的危害程度，本法规定的动物疫病分为下列三类：

（一）一类疫病，是指口蹄疫、非洲猪瘟、高致病性禽流感等对人、动物构成特别严重危害，可能造成重大经济损失和社会影响，需要采取紧急、严厉的强制预防、控制等措施的；

（二）二类疫病，是指狂犬病、布鲁氏菌病、草鱼出血病等对人、动物构成严重危害，可能造成较大经济损失和社会影响，需要采取严格预防、控制等措施的；

（三）三类疫病，是指大肠杆菌病、禽结核病、鳖腮腺炎病等常见多发，对人、动物构成危害，可能造成一定程度的经济损失和社会影响，需要及时预防、控制的。

前款一、二、三类动物疫病具体病种名录由国务院农业农村主管部门制定并公布。国务院农业农村主管部门应当根据动物疫病发生、流行情况和危害程度，及时增加、减少或者调整一、二、三类动物疫病具体病种并予以公布。

人畜共患传染病名录由国务院农业农村主管部门会同国务院卫生健康、野生动物保护等主管部门制定并公布。

第五条 动物防疫实行预防为主，预防与控制、净化、消灭相结合的方针。

第六条 国家鼓励社会力量参与动物防疫工作。各级人民政府采取措施，支持单位和个人参与动物防疫的宣传教育、疫情报告、志愿服务和捐赠等活动。

第七条 从事动物饲养、屠宰、经营、隔离、运输以及动物产品生产、经营、加工、贮藏等活动的单位和个人，依照本法和国务院农业农村主管部门的规定，做好免疫、消毒、检测、隔离、净化、消灭、无害化处理等动物防疫工作，承担动物防疫相关责任。

第八条 县级以上人民政府对动物防疫工作实行统一领导，采取有效措施稳定基层机构队伍，加强动物防疫队伍建设，建立健全动物防疫体系，制定并组织实施动物疫病防治规划。

乡级人民政府、街道办事处组织群众做好本辖区的动物疫病预防与控制工作，村民委员会、居民委员会予以协助。

第九条　国务院农业农村主管部门主管全国的动物防疫工作。

县级以上地方人民政府农业农村主管部门主管本行政区域的动物防疫工作。

县级以上人民政府其他有关部门在各自职责范围内做好动物防疫工作。

军队动物卫生监督职能部门负责军队现役动物和饲养自用动物的防疫工作。

第十条　县级以上人民政府卫生健康主管部门和本级人民政府农业农村、野生动物保护等主管部门应当建立人畜共患传染病防治的协作机制。

国务院农业农村主管部门和海关总署等部门应当建立防止境外动物疫病输入的协作机制。

第十一条　县级以上地方人民政府的动物卫生监督机构依照本法规定，负责动物、动物产品的检疫工作。

第十二条　县级以上人民政府按照国务院的规定，根据统筹规划、合理布局、综合设置的原则建立动物疫病预防控制机构。

动物疫病预防控制机构承担动物疫病的监测、检测、诊断、流行病学调查、疫情报告以及其他预防、控制等技术工作；承担动物疫病净化、消灭的技术工作。

第十三条　国家鼓励和支持开展动物疫病的科学研究以及国际合作与交流，推广先进适用的科学研究成果，提高动物疫病防治的科学技术水平。

各级人民政府和有关部门、新闻媒体，应当加强对动物防疫法律法规和动物防疫知识的宣传。

第十四条　对在动物防疫工作、相关科学研究、动物疫情扑灭中做出贡献的单位和个人，各级人民政府和有关部门按照国家有关规定给予表彰、奖励。

有关单位应当依法为动物防疫人员缴纳工伤保险费。对因参与动物防疫工作致病、致残、死亡的人员，按照国家有关规定给予补助或者抚恤。

第二章　动物疫病的预防

第十五条　国家建立动物疫病风险评估制度。

国务院农业农村主管部门根据国内外动物疫情以及保护养殖业生产和人体健康的需要，及时会同国务院卫生健康等有关部门对动物疫病进行风险评估，并制定、公布动物疫病预防、控制、净化、消灭措施和技术规范。

省、自治区、直辖市人民政府农业农村主管部门会同本级人民政府卫生健康等有关部门开展本行政区域的动物疫病风险评估，并落实动物疫病预防、控制、净化、消灭措施。

第十六条　国家对严重危害养殖业生产和人体健康的动物疫病实施强制免疫。

国务院农业农村主管部门确定强制免疫的动物疫病病种和区域。

省、自治区、直辖市人民政府农业农村主管部门制定本行政区域的强制免疫计划；根据本行政区域动物疫病流行情况增加实施强制免疫的动物疫病病种和区域，报本级人民政府批准后执行，并报国务院农业农村主管部门备案。

第十七条　饲养动物的单位和个人应当履行动物疫病强制免疫义务，按照强制免疫计划和技术规范，对动物实施免疫接种，并按照国家有关规定建立免疫档案、加施畜禽标识，保证可追溯。

实施强制免疫接种的动物未达到免疫质量要求，实施补充免疫接种后仍不符合免疫质量要求的，有关单位和个人应当按照国家有关规定处理。

用于预防接种的疫苗应当符合国家质量标准。

第十八条 县级以上地方人民政府农业农村主管部门负责组织实施动物疫病强制免疫计划，并对饲养动物的单位和个人履行强制免疫义务的情况进行监督检查。

乡级人民政府、街道办事处组织本辖区饲养动物的单位和个人做好强制免疫，协助做好监督检查；村民委员会、居民委员会协助做好相关工作。

县级以上地方人民政府农业农村主管部门应当定期对本行政区域的强制免疫计划实施情况和效果进行评估，并向社会公布评估结果。

第十九条 国家实行动物疫病监测和疫情预警制度。

县级以上人民政府建立健全动物疫病监测网络，加强动物疫病监测。

国务院农业农村主管部门会同国务院有关部门制定国家动物疫病监测计划。省、自治区、直辖市人民政府农业农村主管部门根据国家动物疫病监测计划，制定本行政区域的动物疫病监测计划。

动物疫病预防控制机构按照国务院农业农村主管部门的规定和动物疫病监测计划，对动物疫病的发生、流行等情况进行监测；从事动物饲养、屠宰、经营、隔离、运输以及动物产品生产、经营、加工、贮藏、无害化处理等活动的单位和个人不得拒绝或者阻碍。

国务院农业农村主管部门和省、自治区、直辖市人民政府农业农村主管部门根据对动物疫病发生、流行趋势的预测，及时发出动物疫情预警。地方各级人民政府接到动物疫情预警后，应当及时采取预防、控制措施。

第二十条 陆路边境省、自治区人民政府根据动物疫病防控需要，合理设置动物疫病监测站点，健全监测工作机制，防范境外动物疫病传入。

科技、海关等部门按照本法和有关法律法规的规定做好动物疫病监测预警工作，并定期与农业农村主管部门互通情况，紧急情况及时通报。

县级以上人民政府应当完善野生动物疫源疫病监测体系和工作机制，根据需要合理布局监测站点；野生动物保护、农业农村主管部门按照职责分工做好野生动物疫源疫病监测等工作，并定期互通情况，紧急情况及时通报。

第二十一条 国家支持地方建立无规定动物疫病区，鼓励动物饲养场建设无规定动物疫病生物安全隔离区。对符合国务院农业农村主管部门规定标准的无规定动物疫病区和无规定动物疫病生物安全隔离区，国务院农业农村主管部门验收合格予以公布，并对其维持情况进行监督检查。

省、自治区、直辖市人民政府制定并组织实施本行政区域的无规定动物疫病区建设方案。国务院农业农村主管部门指导跨省、自治区、直辖市无规定动物疫病区建设。

国务院农业农村主管部门根据行政区划、养殖屠宰产业布局、风险评估情况等对动物疫病实施分区防控，可以采取禁止或者限制特定动物、动物产品跨区域调运等措施。

第二十二条 国务院农业农村主管部门制定并组织实施动物疫病净化、消灭规划。

县级以上地方人民政府根据动物疫病净化、消灭规划，制定并组织实施本行政区域的动物疫病净化、消灭计划。

动物疫病预防控制机构按照动物疫病净化、消灭规划、计划，开展动物疫病净化技术指导、培训，对动物疫病净化效果进行监测、评估。

国家推进动物疫病净化，鼓励和支持饲养动物的单位和个人开展动物疫病净化。饲养动物的单位和个人达到国务院农业农村主管部门规定的净化标准的，由省级以上人民政府农业农村主管部门予以公布。

第二十三条　种用、乳用动物应当符合国务院农业农村主管部门规定的健康标准。

饲养种用、乳用动物的单位和个人，应当按照国务院农业农村主管部门的要求，定期开展动物疫病检测；检测不合格的，应当按照国家有关规定处理。

第二十四条　动物饲养场和隔离场所、动物屠宰加工场所以及动物和动物产品无害化处理场所，应当符合下列动物防疫条件：

（一）场所的位置与居民生活区、生活饮用水水源地、学校、医院等公共场所的距离符合国务院农业农村主管部门的规定；

（二）生产经营区域封闭隔离，工程设计和有关流程符合动物防疫要求；

（三）有与其规模相适应的污水、污物处理设施，病死动物、病害动物产品无害化处理设施设备或者冷藏冷冻设施设备，以及清洗消毒设施设备；

（四）有与其规模相适应的执业兽医或者动物防疫技术人员；

（五）有完善的隔离消毒、购销台账、日常巡查等动物防疫制度；

（六）具备国务院农业农村主管部门规定的其他动物防疫条件。

动物和动物产品无害化处理场所除应当符合前款规定的条件外，还应当具有病原检测设备、检测能力和符合动物防疫要求的专用运输车辆。

第二十五条　国家实行动物防疫条件审查制度。

开办动物饲养场和隔离场所、动物屠宰加工场所以及动物和动物产品无害化处理场所，应当向县级以上地方人民政府农业农村主管部门提出申请，并附具相关材料。受理申请的农业农村主管部门应当依照本法和《中华人民共和国行政许可法》的规定进行审查。经审查合格的，发给动物防疫条件合格证；不合格的，应当通知申请人并说明理由。

动物防疫条件合格证应当载明申请人的名称（姓名）、场（厂）址、动物（动物产品）种类等事项。

第二十六条　经营动物、动物产品的集贸市场应当具备国务院农业农村主管部门规定的动物防疫条件，并接受农业农村主管部门的监督检查。具体办法由国务院农业农村主管部门制定。

县级以上地方人民政府应当根据本地情况，决定在城市特定区域禁止家畜家禽活体交易。

第二十七条　动物、动物产品的运载工具、垫料、包装物、容器等应当符合国务院农业农村主管部门规定的动物防疫要求。

染疫动物及其排泄物、染疫动物产品，运载工具中的动物排泄物以及垫料、包装物、容器等被污染的物品，应当按照国家有关规定处理，不得随意处置。

第二十八条　采集、保存、运输动物病料或者病原微生物以及从事病原微生物研究、教学、检测、诊断等活动，应当遵守国家有关病原微生物实验室管理的规定。

第二十九条　禁止屠宰、经营、运输下列动物和生产、经营、加工、贮藏、运输下列动物产品：

 （一）封锁疫区内与所发生动物疫病有关的；

 （二）疫区内易感染的；

 （三）依法应当检疫而未经检疫或者检疫不合格的；

 （四）染疫或者疑似染疫的；

 （五）病死或者死因不明的；

 （六）其他不符合国务院农业农村主管部门有关动物防疫规定的。

 因实施集中无害化处理需要暂存、运输动物和动物产品并按照规定采取防疫措施的，不适用前款规定。

 第三十条 单位和个人饲养犬只，应当按照规定定期免疫接种狂犬病疫苗，凭动物诊疗机构出具的免疫证明向所在地养犬登记机关申请登记。

 携带犬只出户的，应当按照规定佩戴犬牌并采取系犬绳等措施，防止犬只伤人、疫病传播。

 街道办事处、乡级人民政府组织协调居民委员会、村民委员会，做好本辖区流浪犬、猫的控制和处置，防止疫病传播。

 县级人民政府和乡级人民政府、街道办事处应当结合本地实际，做好农村地区饲养犬只的防疫管理工作。

 饲养犬只防疫管理的具体办法，由省、自治区、直辖市制定。

第三章 动物疫情的报告、通报和公布

 第三十一条 从事动物疫病监测、检测、检验检疫、研究、诊疗以及动物饲养、屠宰、经营、隔离、运输等活动的单位和个人，发现动物染疫或者疑似染疫的，应当立即向所在地农业农村主管部门或者动物疫病预防控制机构报告，并迅速采取隔离等控制措施，防止动物疫情扩散。其他单位和个人发现动物染疫或者疑似染疫的，应当及时报告。

 接到动物疫情报告的单位，应当及时采取临时隔离控制等必要措施，防止延误防控时机，并及时按照国家规定的程序上报。

 第三十二条 动物疫情由县级以上人民政府农业农村主管部门认定；其中重大动物疫情由省、自治区、直辖市人民政府农业农村主管部门认定，必要时报国务院农业农村主管部门认定。

 本法所称重大动物疫情，是指一、二、三类动物疫病突然发生，迅速传播，给养殖业生产安全造成严重威胁、危害，以及可能对公众身体健康与生命安全造成危害的情形。

 在重大动物疫情报告期间，必要时，所在地县级以上地方人民政府可以作出封锁决定并采取扑杀、销毁等措施。

 第三十三条 国家实行动物疫情通报制度。

 国务院农业农村主管部门应当及时向国务院卫生健康等有关部门和军队有关部门以及省、自治区、直辖市人民政府农业农村主管部门通报重大动物疫情的发生和处置情况。

 海关发现进出境动物和动物产品染疫或者疑似染疫的，应当及时处置并向农业农村主管部门通报。

 县级以上地方人民政府野生动物保护主管部门发现野生动物染疫或者疑似染疫的，应当及时处置并向本级人民政府农业农村主管部门通报。

国务院农业农村主管部门应当依照我国缔结或者参加的条约、协定，及时向有关国际组织或者贸易方通报重大动物疫情的发生和处置情况。

第三十四条　发生人畜共患传染病疫情时，县级以上人民政府农业农村主管部门与本级人民政府卫生健康、野生动物保护等主管部门应当及时相互通报。

发生人畜共患传染病时，卫生健康主管部门应当对疫区易感染的人群进行监测，并应当依照《中华人民共和国传染病防治法》的规定及时公布疫情，采取相应的预防、控制措施。

第三十五条　患有人畜共患传染病的人员不得直接从事动物疫病监测、检测、检验检疫、诊疗以及易感染动物的饲养、屠宰、经营、隔离、运输等活动。

第三十六条　国务院农业农村主管部门向社会及时公布全国动物疫情，也可以根据需要授权省、自治区、直辖市人民政府农业农村主管部门公布本行政区域的动物疫情。其他单位和个人不得发布动物疫情。

第三十七条　任何单位和个人不得瞒报、谎报、迟报、漏报动物疫情，不得授意他人瞒报、谎报、迟报动物疫情，不得阻碍他人报告动物疫情。

第四章　动物疫病的控制

第三十八条　发生一类动物疫病时，应当采取下列控制措施：

（一）所在地县级以上地方人民政府农业农村主管部门应当立即派人到现场，划定疫点、疫区、受威胁区，调查疫源，及时报请本级人民政府对疫区实行封锁。疫区范围涉及两个以上行政区域的，由有关行政区域共同的上一级人民政府对疫区实行封锁，或者由各有关行政区域的上一级人民政府共同对疫区实行封锁。必要时，上级人民政府可以责成下级人民政府对疫区实行封锁；

（二）县级以上地方人民政府应当立即组织有关部门和单位采取封锁、隔离、扑杀、销毁、消毒、无害化处理、紧急免疫接种等强制性措施；

（三）在封锁期间，禁止染疫、疑似染疫和易感染的动物、动物产品流出疫区，禁止非疫区的易感染动物进入疫区，并根据需要对出入疫区的人员、运输工具及有关物品采取消毒和其他限制性措施。

第三十九条　发生二类动物疫病时，应当采取下列控制措施：

（一）所在地县级以上地方人民政府农业农村主管部门应当划定疫点、疫区、受威胁区；

（二）县级以上地方人民政府根据需要组织有关部门和单位采取隔离、扑杀、销毁、消毒、无害化处理、紧急免疫接种、限制易感染的动物和动物产品及有关物品出入等措施。

第四十条　疫点、疫区、受威胁区的撤销和疫区封锁的解除，按照国务院农业农村主管部门规定的标准和程序评估后，由原决定机关决定并宣布。

第四十一条　发生三类动物疫病时，所在地县级、乡级人民政府应当按照国务院农业农村主管部门的规定组织防治。

第四十二条　二、三类动物疫病呈暴发性流行时，按照一类动物疫病处理。

第四十三条　疫区内有关单位和个人，应当遵守县级以上人民政府及其农业农村主管部门依法作出的有关控制动物疫病的规定。

任何单位和个人不得藏匿、转移、盗掘已被依法隔离、封存、处理的动物和动物产品。

第四十四条 发生动物疫情时，航空、铁路、道路、水路运输企业应当优先组织运送防疫人员和物资。

第四十五条 国务院农业农村主管部门根据动物疫病的性质、特点和可能造成的社会危害，制定国家重大动物疫情应急预案报国务院批准，并按照不同动物疫病病种、流行特点和危害程度，分别制定实施方案。

县级以上地方人民政府根据上级重大动物疫情应急预案和本地区的实际情况，制定本行政区域的重大动物疫情应急预案，报上一级人民政府农业农村主管部门备案，并抄送上一级人民政府应急管理部门。县级以上地方人民政府农业农村主管部门按照不同动物疫病病种、流行特点和危害程度，分别制定实施方案。

重大动物疫情应急预案和实施方案根据疫情状况及时调整。

第四十六条 发生重大动物疫情时，国务院农业农村主管部门负责划定动物疫病风险区，禁止或者限制特定动物、动物产品由高风险区向低风险区调运。

第四十七条 发生重大动物疫情时，依照法律和国务院的规定以及应急预案采取应急处置措施。

第五章 动物和动物产品的检疫

第四十八条 动物卫生监督机构依照本法和国务院农业农村主管部门的规定对动物、动物产品实施检疫。

动物卫生监督机构的官方兽医具体实施动物、动物产品检疫。

第四十九条 屠宰、出售或者运输动物以及出售或者运输动物产品前，货主应当按照国务院农业农村主管部门的规定向所在地动物卫生监督机构申报检疫。

动物卫生监督机构接到检疫申报后，应当及时指派官方兽医对动物、动物产品实施检疫；检疫合格的，出具检疫证明、加施检疫标志。实施检疫的官方兽医应当在检疫证明、检疫标志上签字或者盖章，并对检疫结论负责。

动物饲养场、屠宰企业的执业兽医或者动物防疫技术人员，应当协助官方兽医实施检疫。

第五十条 因科研、药用、展示等特殊情形需要非食用性利用的野生动物，应当按照国家有关规定报动物卫生监督机构检疫，检疫合格的，方可利用。

人工捕获的野生动物，应当按照国家有关规定报捕获地动物卫生监督机构检疫，检疫合格的，方可饲养、经营和运输。

国务院农业农村主管部门会同国务院野生动物保护主管部门制定野生动物检疫办法。

第五十一条 屠宰、经营、运输的动物，以及用于科研、展示、演出和比赛等非食用性利用的动物，应当附有检疫证明；经营和运输的动物产品，应当附有检疫证明、检疫标志。

第五十二条 经航空、铁路、道路、水路运输动物和动物产品的，托运人托运时应当提供检疫证明；没有检疫证明的，承运人不得承运。

进出口动物和动物产品，承运人凭进口报关单证或者海关签发的检疫单证运递。

从事动物运输的单位、个人以及车辆，应当向所在地县级人民政府农业农村主管部门备案，妥善保存行程路线和托运人提供的动物名称、检疫证明编号、数量等信息。具体办法由国务院农业农村主管部门制定。

运载工具在装载前和卸载后应当及时清洗、消毒。

第五十三条　省、自治区、直辖市人民政府确定并公布道路运输的动物进入本行政区域的指定通道，设置引导标志。跨省、自治区、直辖市通过道路运输动物的，应当经省、自治区、直辖市人民政府设立的指定通道入省境或者过省境。

第五十四条　输入到无规定动物疫病区的动物、动物产品，货主应当按照国务院农业农村主管部门的规定向无规定动物疫病区所在地动物卫生监督机构申报检疫，经检疫合格的，方可进入。

第五十五条　跨省、自治区、直辖市引进的种用、乳用动物到达输入地后，货主应当按照国务院农业农村主管部门的规定对引进的种用、乳用动物进行隔离观察。

第五十六条　经检疫不合格的动物、动物产品，货主应当在农业农村主管部门的监督下按照国家有关规定处理，处理费用由货主承担。

第六章　病死动物和病害动物产品的无害化处理

第五十七条　从事动物饲养、屠宰、经营、隔离以及动物产品生产、经营、加工、贮藏等活动的单位和个人，应当按照国家有关规定做好病死动物、病害动物产品的无害化处理，或者委托动物和动物产品无害化处理场所处理。

从事动物、动物产品运输的单位和个人，应当配合做好病死动物和病害动物产品的无害化处理，不得在途中擅自弃置和处理有关动物和动物产品。

任何单位和个人不得买卖、加工、随意弃置病死动物和病害动物产品。

动物和动物产品无害化处理管理办法由国务院农业农村、野生动物保护主管部门按照职责制定。

第五十八条　在江河、湖泊、水库等水域发现的死亡畜禽，由所在地县级人民政府组织收集、处理并溯源。

在城市公共场所和乡村发现的死亡畜禽，由所在地街道办事处、乡级人民政府组织收集、处理并溯源。

在野外环境发现的死亡野生动物，由所在地野生动物保护主管部门收集、处理。

第五十九条　省、自治区、直辖市人民政府制定动物和动物产品集中无害化处理场所建设规划，建立政府主导、市场运作的无害化处理机制。

第六十条　各级财政对病死动物无害化处理提供补助。具体补助标准和办法由县级以上人民政府财政部门会同本级人民政府农业农村、野生动物保护等有关部门制定。

第七章　动物诊疗

第六十一条　从事动物诊疗活动的机构，应当具备下列条件：

（一）有与动物诊疗活动相适应并符合动物防疫条件的场所；

（二）有与动物诊疗活动相适应的执业兽医；

（三）有与动物诊疗活动相适应的兽医器械和设备；

（四）有完善的管理制度。

动物诊疗机构包括动物医院、动物诊所以及其他提供动物诊疗服务的机构。

第六十二条　从事动物诊疗活动的机构，应当向县级以上地方人民政府农业农村主管部门申请动物诊疗许可证。受理申请的农业农村主管部门应当依照本法和《中华人民共和国行政许可法》的规定进行审查。经审查合格的，发给动物诊疗许可证；不合格的，应当通知申请人并说明理由。

第六十三条 动物诊疗许可证应当载明诊疗机构名称、诊疗活动范围、从业地点和法定代表人（负责人）等事项。

动物诊疗许可证载明事项变更的，应当申请变更或者换发动物诊疗许可证。

第六十四条 动物诊疗机构应当按照国务院农业农村主管部门的规定，做好诊疗活动中的卫生安全防护、消毒、隔离和诊疗废弃物处置等工作。

第六十五条 从事动物诊疗活动，应当遵守有关动物诊疗的操作技术规范，使用符合规定的兽药和兽医器械。

兽药和兽医器械的管理办法由国务院规定。

第八章 兽医管理

第六十六条 国家实行官方兽医任命制度。

官方兽医应当具备国务院农业农村主管部门规定的条件，由省、自治区、直辖市人民政府农业农村主管部门按照程序确认，由所在地县级以上人民政府农业农村主管部门任命。具体办法由国务院农业农村主管部门制定。

海关的官方兽医应当具备规定的条件，由海关总署任命。具体办法由海关总署会同国务院农业农村主管部门制定。

第六十七条 官方兽医依法履行动物、动物产品检疫职责，任何单位和个人不得拒绝或者阻碍。

第六十八条 县级以上人民政府农业农村主管部门制定官方兽医培训计划，提供培训条件，定期对官方兽医进行培训和考核。

第六十九条 国家实行执业兽医资格考试制度。具有兽医相关专业大学专科以上学历的人员或者符合条件的乡村兽医，通过执业兽医资格考试的，由省、自治区、直辖市人民政府农业农村主管部门颁发执业兽医资格证书；从事动物诊疗等经营活动的，还应当向所在地县级人民政府农业农村主管部门备案。

执业兽医资格考试办法由国务院农业农村主管部门商国务院人力资源主管部门制定。

第七十条 执业兽医开具兽医处方应当亲自诊断，并对诊断结论负责。

国家鼓励执业兽医接受继续教育。执业兽医所在机构应当支持执业兽医参加继续教育。

第七十一条 乡村兽医可以在乡村从事动物诊疗活动。具体管理办法由国务院农业农村主管部门制定。

第七十二条 执业兽医、乡村兽医应当按照所在地人民政府和农业农村主管部门的要求，参加动物疫病预防、控制和动物疫情扑灭等活动。

第七十三条 兽医行业协会提供兽医信息、技术、培训等服务，维护成员合法权益，按照章程建立健全行业规范和奖惩机制，加强行业自律，推动行业诚信建设，宣传动物防疫和兽医知识。

第九章 监督管理

第七十四条 县级以上地方人民政府农业农村主管部门依照本法规定，对动物饲养、屠宰、经营、隔离、运输以及动物产品生产、经营、加工、贮藏、运输等活动中的动物防疫实施监督管理。

第七十五条 为控制动物疫病，县级人民政府农业农村主管部门应当派人在所在地依法设立的现有检查站执行监督检查任务；必要时，经省、自治区、直辖市人民政府批准，可以设立临时性的动物防疫检查站，执行监督检查任务。

第七十六条 县级以上地方人民政府农业农村主管部门执行监督检查任务，可以采取下列措施，有关单位和个人不得拒绝或者阻碍：

（一）对动物、动物产品按照规定采样、留验、抽检；

（二）对染疫或者疑似染疫的动物、动物产品及相关物品进行隔离、查封、扣押和处理；

（三）对依法应当检疫而未经检疫的动物和动物产品，具备补检条件的实施补检，不具备补检条件的予以收缴销毁；

（四）查验检疫证明、检疫标志和畜禽标识；

（五）进入有关场所调查取证，查阅、复制与动物防疫有关的资料。

县级以上地方人民政府农业农村主管部门根据动物疫病预防、控制需要，经所在地县级以上地方人民政府批准，可以在车站、港口、机场等相关场所派驻官方兽医或者工作人员。

第七十七条 执法人员执行动物防疫监督检查任务，应当出示行政执法证件，佩戴统一标志。

县级以上人民政府农业农村主管部门及其工作人员不得从事与动物防疫有关的经营性活动，进行监督检查不得收取任何费用。

第七十八条 禁止转让、伪造或者变造检疫证明、检疫标志或者畜禽标识。

禁止持有、使用伪造或者变造的检疫证明、检疫标志或者畜禽标识。

检疫证明、检疫标志的管理办法由国务院农业农村主管部门制定。

第十章 保障措施

第七十九条 县级以上人民政府应当将动物防疫工作纳入本级国民经济和社会发展规划及年度计划。

第八十条 国家鼓励和支持动物防疫领域新技术、新设备、新产品等科学技术研究开发。

第八十一条 县级人民政府应当为动物卫生监督机构配备与动物、动物产品检疫工作相适应的官方兽医，保障检疫工作条件。

县级人民政府农业农村主管部门可以根据动物防疫工作需要，向乡、镇或者特定区域派驻兽医机构或者工作人员。

第八十二条 国家鼓励和支持执业兽医、乡村兽医和动物诊疗机构开展动物防疫和疫病诊疗活动；鼓励养殖企业、兽药及饲料生产企业组建动物防疫服务团队，提供防疫服务。地方人民政府组织村级防疫员参加动物疫病防治工作的，应当保障村级防疫员合理劳务报酬。

第八十三条 县级以上人民政府按照本级政府职责，将动物疫病的监测、预防、控制、净化、消灭，动物、动物产品的检疫和病死动物的无害化处理，以及监督管理所需经费纳入本级预算。

第八十四条　县级以上人民政府应当储备动物疫情应急处置所需的防疫物资。

第八十五条　对在动物疫病预防、控制、净化、消灭过程中强制扑杀的动物、销毁的动物产品和相关物品，县级以上人民政府给予补偿。具体补偿标准和办法由国务院财政部门会同有关部门制定。

第八十六条　对从事动物疫病预防、检疫、监督检查、现场处理疫情以及在工作中接触动物疫病病原体的人员，有关单位按照国家规定，采取有效的卫生防护、医疗保健措施，给予畜牧兽医医疗卫生津贴等相关待遇。

第十一章　法律责任

第八十七条　地方各级人民政府及其工作人员未依照本法规定履行职责的，对直接负责的主管人员和其他直接责任人员依法给予处分。

第八十八条　县级以上人民政府农业农村主管部门及其工作人员违反本法规定，有下列行为之一的，由本级人民政府责令改正，通报批评；对直接负责的主管人员和其他直接责任人员依法给予处分：

（一）未及时采取预防、控制、扑灭等措施的；

（二）对不符合条件的颁发动物防疫条件合格证、动物诊疗许可证，或者对符合条件的拒不颁发动物防疫条件合格证、动物诊疗许可证的；

（三）从事与动物防疫有关的经营性活动，或者违法收取费用的；

（四）其他未依照本法规定履行职责的行为。

第八十九条　动物卫生监督机构及其工作人员违反本法规定，有下列行为之一的，由本级人民政府或者农业农村主管部门责令改正，通报批评；对直接负责的主管人员和其他直接责任人员依法给予处分：

（一）对未经检疫或者检疫不合格的动物、动物产品出具检疫证明、加施检疫标志，或者对检疫合格的动物、动物产品拒不出具检疫证明、加施检疫标志的；

（二）对附有检疫证明、检疫标志的动物、动物产品重复检疫的；

（三）从事与动物防疫有关的经营性活动，或者违法收取费用的；

（四）其他未依照本法规定履行职责的行为。

第九十条　动物疫病预防控制机构及其工作人员违反本法规定，有下列行为之一的，由本级人民政府或者农业农村主管部门责令改正，通报批评；对直接负责的主管人员和其他直接责任人员依法给予处分：

（一）未履行动物疫病监测、检测、评估职责或者伪造监测、检测、评估结果的；

（二）发生动物疫情时未及时进行诊断、调查的；

（三）接到染疫或者疑似染疫报告后，未及时按照国家规定采取措施、上报的；

（四）其他未依照本法规定履行职责的行为。

第九十一条　地方各级人民政府、有关部门及其工作人员瞒报、谎报、迟报、漏报或者授意他人瞒报、谎报、迟报动物疫情，或者阻碍他人报告动物疫情的，由上级人民政府或者有关部门责令改正，通报批评；对直接负责的主管人员和其他直接责任人员依法给予处分。

第九十二条　违反本法规定，有下列行为之一的，由县级以上地方人民政府农业农村主管部门责令限期改正，可以处一千元以下罚款；逾期不改正的，处一千元以上五千元以下罚款，由县级以上地方人民政府农业农村主管部门委托动物诊疗机构、无害化处理场所等代为处理，所需费用由违法行为人承担：

（一）对饲养的动物未按照动物疫病强制免疫计划或者免疫技术规范实施免疫接种的；

（二）对饲养的种用、乳用动物未按照国务院农业农村主管部门的要求定期开展疫病检测，或者经检测不合格而未按照规定处理的；

（三）对饲养的犬只未按照规定定期进行狂犬病免疫接种的；

（四）动物、动物产品的运载工具在装载前和卸载后未按照规定及时清洗、消毒的。

第九十三条　违反本法规定，对经强制免疫的动物未按照规定建立免疫档案，或者未按照规定加施畜禽标识的，依照《中华人民共和国畜牧法》的有关规定处罚。

第九十四条　违反本法规定，动物、动物产品的运载工具、垫料、包装物、容器等不符合国务院农业农村主管部门规定的动物防疫要求的，由县级以上地方人民政府农业农村主管部门责令改正，可以处五千元以下罚款；情节严重的，处五千元以上五万元以下罚款。

第九十五条　违反本法规定，对染疫动物及其排泄物、染疫动物产品或者被染疫动物、动物产品污染的运载工具、垫料、包装物、容器等未按照规定处置的，由县级以上地方人民政府农业农村主管部门责令限期处理；逾期不处理的，由县级以上地方人民政府农业农村主管部门委托有关单位代为处理，所需费用由违法行为人承担，处五千元以上五万元以下罚款。

造成环境污染或者生态破坏的，依照环境保护有关法律法规进行处罚。

第九十六条　违反本法规定，患有人畜共患传染病的人员，直接从事动物疫病监测、检测、检验检疫，动物诊疗以及易感染动物的饲养、屠宰、经营、隔离、运输等活动的，由县级以上地方人民政府农业农村或者野生动物保护主管部门责令改正；拒不改正的，处一千元以上一万元以下罚款；情节严重的，处一万元以上五万元以下罚款。

第九十七条　违反本法第二十九条规定，屠宰、经营、运输动物或者生产、经营、加工、贮藏、运输动物产品的，由县级以上地方人民政府农业农村主管部门责令改正、采取补救措施，没收违法所得、动物和动物产品，并处同类检疫合格动物、动物产品货值金额十五倍以上三十倍以下罚款；同类检疫合格动物、动物产品货值金额不足一万元的，并处五万元以上十五万元以下罚款；其中依法应当检疫而未检疫的，依照本法第一百条的规定处罚。

前款规定的违法行为人及其法定代表人（负责人）、直接负责的主管人员和其他直接责任人员，自处罚决定作出之日起五年内不得从事相关活动；构成犯罪的，终身不得从事屠宰、经营、运输动物或者生产、经营、加工、贮藏、运输动物产品等相关活动。

第九十八条　违反本法规定，有下列行为之一的，由县级以上地方人民政府农业农村主管部门责令改正，处三千元以上三万元以下罚款；情节严重的，责令停业整顿，并处三万元以上十万元以下罚款：

（一）开办动物饲养场和隔离场所、动物屠宰加工场所以及动物和动物产品无害化处理场所，未取得动物防疫条件合格证的；

（二）经营动物、动物产品的集贸市场不具备国务院农业农村主管部门规定的防疫条件的；

（三）未经备案从事动物运输的；

（四）未按照规定保存行程路线和托运人提供的动物名称、检疫证明编号、数量等信息的；

（五）未经检疫合格，向无规定动物疫病区输入动物、动物产品的；

（六）跨省、自治区、直辖市引进种用、乳用动物到达输入地后未按照规定进行隔离观察的；

（七）未按照规定处理或者随意弃置病死动物、病害动物产品的。

第九十九条　动物饲养场和隔离场所、动物屠宰加工场所以及动物和动物产品无害化处理场所，生产经营条件发生变化，不再符合本法第二十四条规定的动物防疫条件继续从事相关活动的，由县级以上地方人民政府农业农村主管部门给予警告，责令限期改正；逾期仍达不到规定条件的，吊销动物防疫条件合格证，并通报市场监督管理部门依法处理。

第一百条　违反本法规定，屠宰、经营、运输的动物未附有检疫证明，经营和运输的动物产品未附有检疫证明、检疫标志的，由县级以上地方人民政府农业农村主管部门责令改正，处同类检疫合格动物、动物产品货值金额一倍以下罚款；对货主以外的承运人处运输费用三倍以上五倍以下罚款，情节严重的，处五倍以上十倍以下罚款。

违反本法规定，用于科研、展示、演出和比赛等非食用性利用的动物未附有检疫证明的，由县级以上地方人民政府农业农村主管部门责令改正，处三千元以上一万元以下罚款。

第一百零一条　违反本法规定，将禁止或者限制调运的特定动物、动物产品由动物疫病高风险区调入低风险区的，由县级以上地方人民政府农业农村主管部门没收运输费用、违法运输的动物和动物产品，并处运输费用一倍以上五倍以下罚款。

第一百零二条　违反本法规定，通过道路跨省、自治区、直辖市运输动物，未经省、自治区、直辖市人民政府设立的指定通道入省境或者过省境的，由县级以上地方人民政府农业农村主管部门对运输人处五千元以上一万元以下罚款；情节严重的，处一万元以上五万元以下罚款。

第一百零三条　违反本法规定，转让、伪造或者变造检疫证明、检疫标志或者畜禽标识的，由县级以上地方人民政府农业农村主管部门没收违法所得和检疫证明、检疫标志、畜禽标识，并处五千元以上五万元以下罚款。

持有、使用伪造或者变造的检疫证明、检疫标志或者畜禽标识的，由县级以上人民政府农业农村主管部门没收检疫证明、检疫标志、畜禽标识和对应的动物、动物产品，并处三千元以上三万元以下罚款。

第一百零四条　违反本法规定，有下列行为之一的，由县级以上地方人民政府农业农村主管部门责令改正，处三千元以上三万元以下罚款：

（一）擅自发布动物疫情的；

（二）不遵守县级以上人民政府及其农业农村主管部门依法作出的有关控制动物疫病规定的；

（三）藏匿、转移、盗掘已被依法隔离、封存、处理的动物和动物产品的。

第一百零五条　违反本法规定，未取得动物诊疗许可证从事动物诊疗活动的，由县级以上地方人民政府农业农村主管部门责令停止诊疗活动，没收违法所得，并处违法所得一倍以上三倍以下罚款；违法所得不足三万元的，并处三千元以上三万元以下罚款。

动物诊疗机构违反本法规定，未按照规定实施卫生安全防护、消毒、隔离和处置诊疗废弃物的，由县级以上地方人民政府农业农村主管部门责令改正，处一千元以上一万元以下罚款；造成动物疫病扩散的，处一万元以上五万元以下罚款；情节严重的，吊销动物诊疗许可证。

第一百零六条　违反本法规定，未经执业兽医备案从事经营性动物诊疗活动的，由县级以上地方人民政府农业农村主管部门责令停止动物诊疗活动，没收违法所得，并处三千元以上三万元以下罚款；对其所在的动物诊疗机构处一万元以上五万元以下罚款。

执业兽医有下列行为之一的，由县级以上地方人民政府农业农村主管部门给予警告，责令暂停六个月以上一年以下动物诊疗活动；情节严重的，吊销执业兽医资格证书：

（一）违反有关动物诊疗的操作技术规范，造成或者可能造成动物疫病传播、流行的；

（二）使用不符合规定的兽药和兽医器械的；

（三）未按照当地人民政府或者农业农村主管部门要求参加动物疫病预防、控制和动物疫情扑灭活动的。

第一百零七条　违反本法规定，生产经营兽医器械，产品质量不符合要求的，由县级以上地方人民政府农业农村主管部门责令限期整改；情节严重的，责令停业整顿，并处二万元以上十万元以下罚款。

第一百零八条　违反本法规定，从事动物疫病研究、诊疗和动物饲养、屠宰、经营、隔离、运输，以及动物产品生产、经营、加工、贮藏、无害化处理等活动的单位和个人，有下列行为之一的，由县级以上地方人民政府农业农村主管部门责令改正，可以处一万元以下罚款；拒不改正的，处一万元以上五万元以下罚款，并可以责令停业整顿：

（一）发现动物染疫、疑似染疫未报告，或者未采取隔离等控制措施的；

（二）不如实提供与动物防疫有关的资料的；

（三）拒绝或者阻碍农业农村主管部门进行监督检查的；

（四）拒绝或者阻碍动物疫病预防控制机构进行动物疫病监测、检测、评估的；

（五）拒绝或者阻碍官方兽医依法履行职责的。

第一百零九条　违反本法规定，造成人畜共患传染病传播、流行的，依法从重给予处分、处罚。

违反本法规定，构成违反治安管理行为的，依法给予治安管理处罚；构成犯罪的，依法追究刑事责任。

违反本法规定，给他人人身、财产造成损害的，依法承担民事责任。

第十二章　附　则

第一百一十条　本法下列用语的含义：

（一）无规定动物疫病区，是指具有天然屏障或者采取人工措施，在一定期限内没有发生规定的一种或者几种动物疫病，并经验收合格的区域；

（二）无规定动物疫病生物安全隔离区，是指处于同一生物安全管理体系下，在一定期限内没有发生规定的一种或者几种动物疫病的若干动物饲养场及其辅助生产场所构成的，并经验收合格的特定小型区域；

（三）病死动物，是指染疫死亡、因病死亡、死因不明或者经检验检疫可能危害人体或者动物健康的死亡动物；

（四）病害动物产品，是指来源于病死动物的产品，或者经检验检疫可能危害人体或者动物健康的动物产品。

第一百一十一条 境外无规定动物疫病区和无规定动物疫病生物安全隔离区的无疫等效性评估，参照本法有关规定执行。

第一百一十二条 实验动物防疫有特殊要求的，按照实验动物管理的有关规定执行。

第一百一十三条 本法自2021年5月1日起施行。

附录4
中华人民共和国传染病防治法

第一章 总 则

第一条 为了预防、控制和消除传染病的发生与流行，保障人体健康和公共卫生，制定本法。

第二条 国家对传染病防治实行预防为主的方针，防治结合、分类管理、依靠科学、依靠群众。

第三条 本法规定的传染病分为甲类、乙类和丙类。

甲类传染病是指：鼠疫、霍乱。

乙类传染病是指：传染性非典型肺炎、艾滋病、病毒性肝炎、脊髓灰质炎、人感染高致病性禽流感、麻疹、流行性出血热、狂犬病、流行性乙型脑炎、登革热、炭疽、细菌性和阿米巴性痢疾、肺结核、伤寒和副伤寒、流行性脑脊髓膜炎、百日咳、白喉、新生儿破伤风、猩红热、布鲁氏菌病、淋病、梅毒、钩端螺旋体病、血吸虫病、疟疾。

丙类传染病是指：流行性感冒、流行性腮腺炎、风疹、急性出血性结膜炎、麻风病、流行性和地方性斑疹伤寒、黑热病、包虫病、丝虫病，除霍乱、细菌性和阿米巴性痢疾、伤寒和副伤寒以外的感染性腹泻病。

国务院卫生行政部门根据传染病暴发、流行情况和危害程度，可以决定增加、减少或者调整乙类、丙类传染病病种并予以公布。

第四条 对乙类传染病中传染性非典型肺炎、炭疽中的肺炭疽和人感染高致病性禽流感，采取本法所称甲类传染病的预防、控制措施。其他乙类传染病和突发原因不明的传染病需要采取本法所称甲类传染病的预防、控制措施的，由国务院卫生行政部门及时报经国务院批准后予以公布、实施。

需要解除依照前款规定采取的甲类传染病预防、控制措施的，由国务院卫生行政部门报经国务院批准后予以公布。

省、自治区、直辖市人民政府对本行政区域内常见、多发的其他地方性传染病，可以根据情况决定按照乙类或者丙类传染病管理并予以公布，报国务院卫生行政部门备案。

第五条 各级人民政府领导传染病防治工作。

县级以上人民政府制定传染病防治规划并组织实施，建立健全传染病防治的疾病预防控制、医疗救治和监督管理体系。

第六条 国务院卫生行政部门主管全国传染病防治及其监督管理工作。县级以上地方人民政府卫生行政部门负责本行政区域内的传染病防治及其监督管理工作。

县级以上人民政府其他部门在各自的职责范围内负责传染病防治工作。

军队的传染病防治工作，依照本法和国家有关规定办理，由中国人民解放军卫生主管部门实施监督管理。

第七条 各级疾病预防控制机构承担传染病监测、预测、流行病学调查、疫情报告以及其他预防、控制工作。

医疗机构承担与医疗救治有关的传染病防治工作和责任区域内的传染病预防工作。城市社区和农村基层医疗机构在疾病预防控制机构的指导下，承担城市社区、农村基层相应的传染病防治工作。

第八条　国家发展现代医学和中医药等传统医学，支持和鼓励开展传染病防治的科学研究，提高传染病防治的科学技术水平。

国家支持和鼓励开展传染病防治的国际合作。

第九条　国家支持和鼓励单位和个人参与传染病防治工作。各级人民政府应当完善有关制度，方便单位和个人参与防治传染病的宣传教育、疫情报告、志愿服务和捐赠活动。

居民委员会、村民委员会应当组织居民、村民参与社区、农村的传染病预防与控制活动。

第十条　国家开展预防传染病的健康教育。新闻媒体应当无偿开展传染病防治和公共卫生教育的公益宣传。

各级各类学校应当对学生进行健康知识和传染病预防知识的教育。

医学院校应当加强预防医学教育和科学研究，对在校学生以及其他与传染病防治相关人员进行预防医学教育和培训，为传染病防治工作提供技术支持。

疾病预防控制机构、医疗机构应当定期对其工作人员进行传染病防治知识、技能的培训。

第十一条　对在传染病防治工作中做出显著成绩和贡献的单位和个人，给予表彰和奖励。

对因参与传染病防治工作致病、致残、死亡的人员，按照有关规定给予补助、抚恤。

第十二条　在中华人民共和国领域内的一切单位和个人，必须接受疾病预防控制机构、医疗机构有关传染病的调查、检验、采集样本、隔离治疗等预防、控制措施，如实提供有关情况。疾病预防控制机构、医疗机构不得泄露涉及个人隐私的有关信息、资料。

卫生行政部门以及其他有关部门、疾病预防控制机构和医疗机构因违法实施行政管理或者预防、控制措施，侵犯单位和个人合法权益的，有关单位和个人可以依法申请行政复议或者提起诉讼。

第二章　传染病预防

第十三条　各级人民政府组织开展群众性卫生活动，进行预防传染病的健康教育，倡导文明健康的生活方式，提高公众对传染病的防治意识和应对能力，加强环境卫生建设，消除鼠害和蚊、蝇等病媒生物的危害。

各级人民政府农业、水利、林业行政部门按照职责分工负责指导和组织消除农田、湖区、河流、牧场、林区的鼠害与血吸虫危害，以及其他传播传染病的动物和病媒生物的危害。

铁路、交通、民用航空行政部门负责组织消除交通工具以及相关场所的鼠害和蚊、蝇等病媒生物的危害。

第十四条　地方各级人民政府应当有计划地建设和改造公共卫生设施，改善饮用水卫生条件，对污水、污物、粪便进行无害化处置。

第十五条　国家实行有计划的预防接种制度。国务院卫生行政部门和省、自治区、直辖市人民政府卫生行政部门，根据传染病预防、控制的需要，制定传染病预防接种规划并组织实施。用于预防接种的疫苗必须符合国家质量标准。

国家对儿童实行预防接种证制度。国家免疫规划项目的预防接种实行免费。医疗机构、疾病预防控制机构与儿童的监护人应当相互配合，保证儿童及时接受预防接种。具体办法由国务院制定。

第十六条　国家和社会应当关心、帮助传染病病人、病原携带者和疑似传染病病人，使其得到及时救治。任何单位和个人不得歧视传染病病人、病原携带者和疑似传染病病人。

传染病病人、病原携带者和疑似传染病病人，在治愈前或者在排除传染病嫌疑前，不得从事法律、行政法规和国务院卫生行政部门规定禁止从事的易使该传染病扩散的工作。

第十七条　国家建立传染病监测制度。

国务院卫生行政部门制定国家传染病监测规划和方案。省、自治区、直辖市人民政府卫生行政部门根据国家传染病监测规划和方案，制定本行政区域的传染病监测计划和工作方案。

各级疾病预防控制机构对传染病的发生、流行以及影响其发生、流行的因素，进行监测；对国外发生、国内尚未发生的传染病或者国内新发生的传染病，进行监测。

第十八条　各级疾病预防控制机构在传染病预防控制中履行下列职责：

（一）实施传染病预防控制规划、计划和方案；

（二）收集、分析和报告传染病监测信息，预测传染病的发生、流行趋势；

（三）开展对传染病疫情和突发公共卫生事件的流行病学调查、现场处理及其效果评价；

（四）开展传染病实验室检测、诊断、病原学鉴定；

（五）实施免疫规划，负责预防性生物制品的使用管理；

（六）开展健康教育、咨询，普及传染病防治知识；

（七）指导、培训下级疾病预防控制机构及其工作人员开展传染病监测工作；

（八）开展传染病防治应用性研究和卫生评价，提供技术咨询。

国家、省级疾病预防控制机构负责对传染病发生、流行以及分布进行监测，对重大传染病流行趋势进行预测，提出预防控制对策，参与并指导对暴发的疫情进行调查处理，开展传染病病原学鉴定，建立检测质量控制体系，开展应用性研究和卫生评价。

设区的市和县级疾病预防控制机构负责传染病预防控制规划、方案的落实，组织实施免疫、消毒、控制病媒生物的危害，普及传染病防治知识，负责本地区疫情和突发公共卫生事件监测、报告，开展流行病学调查和常见病原微生物检测。

第十九条　国家建立传染病预警制度。

国务院卫生行政部门和省、自治区、直辖市人民政府根据传染病发生、流行趋势的预测，及时发出传染病预警，根据情况予以公布。

第二十条　县级以上地方人民政府应当制定传染病预防、控制预案，报上一级人民政府备案。

传染病预防、控制预案应当包括以下主要内容：

（一）传染病预防控制指挥部的组成和相关部门的职责；

（二）传染病的监测、信息收集、分析、报告、通报制度；

（三）疾病预防控制机构、医疗机构在发生传染病疫情时的任务与职责；

（四）传染病暴发、流行情况的分级以及相应的应急工作方案；

（五）传染病预防、疫点疫区现场控制，应急设施、设备、救治药品和医疗器械以及其他物资和技术的储备与调用。

地方人民政府和疾病预防控制机构接到国务院卫生行政部门或者省、自治区、直辖市人民政府发出的传染病预警后，应当按照传染病预防、控制预案，采取相应的预防、控制措施。

第二十一条 医疗机构必须严格执行国务院卫生行政部门规定的管理制度、操作规范，防止传染病的医源性感染和医院感染。

医疗机构应当确定专门的部门或者人员，承担传染病疫情报告、本单位的传染病预防、控制以及责任区域内的传染病预防工作；承担医疗活动中与医院感染有关的危险因素监测、安全防护、消毒、隔离和医疗废物处置工作。

疾病预防控制机构应当指定专门人员负责对医疗机构内传染病预防工作进行指导、考核，开展流行病学调查。

第二十二条 疾病预防控制机构、医疗机构的实验室和从事病原微生物实验的单位，应当符合国家规定的条件和技术标准，建立严格的监督管理制度，对传染病病原体样本按照规定的措施实行严格监督管理，严防传染病病原体的实验室感染和病原微生物的扩散。

第二十三条 采供血机构、生物制品生产单位必须严格执行国家有关规定，保证血液、血液制品的质量。禁止非法采集血液或者组织他人出卖血液。

疾病预防控制机构、医疗机构使用血液和血液制品，必须遵守国家有关规定，防止因输入血液、使用血液制品引起经血液传播疾病的发生。

第二十四条 各级人民政府应当加强艾滋病的防治工作，采取预防、控制措施，防止艾滋病的传播。具体办法由国务院制定。

第二十五条 县级以上人民政府农业、林业行政部门以及其他有关部门，依据各自的职责负责与人畜共患传染病有关的动物传染病的防治管理工作。

与人畜共患传染病有关的野生动物、家畜家禽，经检疫合格后，方可出售、运输。

第二十六条 国家建立传染病菌种、毒种库。

对传染病菌种、毒种和传染病检测样本的采集、保藏、携带、运输和使用实行分类管理，建立健全严格的管理制度。

对可能导致甲类传染病传播的以及国务院卫生行政部门规定的菌种、毒种和传染病检测样本，确需采集、保藏、携带、运输和使用的，须经省级以上人民政府卫生行政部门批准。具体办法由国务院制定。

第二十七条 对被传染病病原体污染的污水、污物、场所和物品，有关单位和个人必须在疾病预防控制机构的指导下或者按照其提出的卫生要求，进行严格消毒处理；拒绝消毒处理的，由当地卫生行政部门或者疾病预防控制机构进行强制消毒处理。

第二十八条 在国家确认的自然疫源地计划兴建水利、交通、旅游、能源等大型建设项目的，应当事先由省级以上疾病预防控制机构对施工环境进行卫生调查。建设单位应当根据疾病预防控制机构的意见，采取必要的传染病预防、控制措施。施工期间，建设单位应当设专人负责工地上的卫生防疫工作。工程竣工后，疾病预防控制机构应当对可能发生的传染病进行监测。

第二十九条　用于传染病防治的消毒产品、饮用水供水单位供应的饮用水和涉及饮用水卫生安全的产品，应当符合国家卫生标准和卫生规范。

饮用水供水单位从事生产或者供应活动，应当依法取得卫生许可证。

生产用于传染病防治的消毒产品的单位和生产用于传染病防治的消毒产品，应当经省级以上人民政府卫生行政部门审批。具体办法由国务院制定。

第三章　疫情报告、通报和公布

第三十条　疾病预防控制机构、医疗机构和采供血机构及其执行职务的人员发现本法规定的传染病疫情或者发现其他传染病暴发、流行以及突发原因不明的传染病时，应当遵循疫情报告属地管理原则，按照国务院规定的或者国务院卫生行政部门规定的内容、程序、方式和时限报告。

军队医疗机构向社会公众提供医疗服务，发现前款规定的传染病疫情时，应当按照国务院卫生行政部门的规定报告。

第三十一条　任何单位和个人发现传染病病人或者疑似传染病病人时，应当及时向附近的疾病预防控制机构或者医疗机构报告。

第三十二条　港口、机场、铁路疾病预防控制机构以及国境卫生检疫机关发现甲类传染病病人、病原携带者、疑似传染病病人时，应当按照国家有关规定立即向国境口岸所在地的疾病预防控制机构或者所在地县级以上地方人民政府卫生行政部门报告并互相通报。

第三十三条　疾病预防控制机构应当主动收集、分析、调查、核实传染病疫情信息。接到甲类、乙类传染病疫情报告或者发现传染病暴发、流行时，应当立即报告当地卫生行政部门，由当地卫生行政部门立即报告当地人民政府，同时报告上级卫生行政部门和国务院卫生行政部门。

疾病预防控制机构应当设立或者指定专门的部门、人员负责传染病疫情信息管理工作，及时对疫情报告进行核实、分析。

第三十四条　县级以上地方人民政府卫生行政部门应当及时向本行政区域内的疾病预防控制机构和医疗机构通报传染病疫情以及监测、预警的相关信息。接到通报的疾病预防控制机构和医疗机构应当及时告知本单位的有关人员。

第三十五条　国务院卫生行政部门应当及时向国务院其他有关部门和各省、自治区、直辖市人民政府卫生行政部门通报全国传染病疫情以及监测、预警的相关信息。

毗邻的以及相关的地方人民政府卫生行政部门，应当及时互相通报本行政区域的传染病疫情以及监测、预警的相关信息。

县级以上人民政府有关部门发现传染病疫情时，应当及时向同级人民政府卫生行政部门通报。

中国人民解放军卫生主管部门发现传染病疫情时，应当向国务院卫生行政部门通报。

第三十六条　动物防疫机构和疾病预防控制机构，应当及时互相通报动物间和人间发生的人畜共患传染病疫情以及相关信息。

第三十七条　依照本法的规定负有传染病疫情报告职责的人民政府有关部门、疾病预防控制机构、医疗机构、采供血机构及其工作人员，不得隐瞒、谎报、缓报传染病疫情。

第三十八条 国家建立传染病疫情信息公布制度。

国务院卫生行政部门定期公布全国传染病疫情信息。省、自治区、直辖市人民政府卫生行政部门定期公布本行政区域的传染病疫情信息。

传染病暴发、流行时，国务院卫生行政部门负责向社会公布传染病疫情信息，并可以授权省、自治区、直辖市人民政府卫生行政部门向社会公布本行政区域的传染病疫情信息。

公布传染病疫情信息应当及时、准确。

第四章 疫情控制

第三十九条 医疗机构发现甲类传染病时，应当及时采取下列措施：

（一）对病人、病原携带者，予以隔离治疗，隔离期限根据医学检查结果确定；

（二）对疑似病人，确诊前在指定场所单独隔离治疗；

（三）对医疗机构内的病人、病原携带者、疑似病人的密切接触者，在指定场所进行医学观察和采取其他必要的预防措施。

拒绝隔离治疗或者隔离期未满擅自脱离隔离治疗的，可以由公安机关协助医疗机构采取强制隔离治疗措施。

医疗机构发现乙类或者丙类传染病病人，应当根据病情采取必要的治疗和控制传播措施。

医疗机构对本单位内被传染病病原体污染的场所、物品以及医疗废物，必须依照法律、法规的规定实施消毒和无害化处置。

第四十条 疾病预防控制机构发现传染病疫情或者接到传染病疫情报告时，应当及时采取下列措施：

（一）对传染病疫情进行流行病学调查，根据调查情况提出划定疫点、疫区的建议，对被污染的场所进行卫生处理，对密切接触者，在指定场所进行医学观察和采取其他必要的预防措施，并向卫生行政部门提出疫情控制方案；

（二）传染病暴发、流行时，对疫点、疫区进行卫生处理，向卫生行政部门提出疫情控制方案，并按照卫生行政部门的要求采取措施；

（三）指导下级疾病预防控制机构实施传染病预防、控制措施，组织、指导有关单位对传染病疫情的处理。

第四十一条 对已经发生甲类传染病病例的场所或者该场所内的特定区域的人员，所在地的县级以上地方人民政府可以实施隔离措施，并同时向上一级人民政府报告；接到报告的上级人民政府应当即时作出是否批准的决定。上级人民政府作出不予批准决定的，实施隔离措施的人民政府应当立即解除隔离措施。

在隔离期间，实施隔离措施的人民政府应当对被隔离人员提供生活保障；被隔离人员有工作单位的，所在单位不得停止支付其隔离期间的工作报酬。

隔离措施的解除，由原决定机关决定并宣布。

第四十二条 传染病暴发、流行时，县级以上地方人民政府应当立即组织力量，按照预防、控制预案进行防治，切断传染病的传播途径，必要时，报经上一级人民政府决定，可以采取下列紧急措施并予以公告：

（一）限制或者停止集市、影剧院演出或者其他人群聚集的活动；

（二）停工、停业、停课；

（三）封闭或者封存被传染病病原体污染的公共饮用水源、食品以及相关物品；

（四）控制或者扑杀染疫野生动物、家畜家禽；

（五）封闭可能造成传染病扩散的场所。

上级人民政府接到下级人民政府关于采取前款所列紧急措施的报告时，应当即时作出决定。

紧急措施的解除，由原决定机关决定并宣布。

第四十三条　甲类、乙类传染病暴发、流行时，县级以上地方人民政府报经上一级人民政府决定，可以宣布本行政区域部分或者全部为疫区；国务院可以决定并宣布跨省、自治区、直辖市的疫区。县级以上地方人民政府可以在疫区内采取本法第四十二条规定的紧急措施，并可以对出入疫区的人员、物资和交通工具实施卫生检疫。

省、自治区、直辖市人民政府可以决定对本行政区域内的甲类传染病疫区实施封锁；但是，封锁大、中城市的疫区或者封锁跨省、自治区、直辖市的疫区，以及封锁疫区导致中断干线交通或者封锁国境的，由国务院决定。

疫区封锁的解除，由原决定机关决定并宣布。

第四十四条　发生甲类传染病时，为了防止该传染病通过交通工具及其乘运的人员、物资传播，可以实施交通卫生检疫。具体办法由国务院制定。

第四十五条　传染病暴发、流行时，根据传染病疫情控制的需要，国务院有权在全国范围或者跨省、自治区、直辖市范围内，县级以上地方人民政府有权在本行政区域内紧急调集人员或者调用储备物资，临时征用房屋、交通工具以及相关设施、设备。

紧急调集人员的，应当按照规定给予合理报酬。临时征用房屋、交通工具以及相关设施、设备的，应当依法给予补偿；能返还的，应当及时返还。

第四十六条　患甲类传染病、炭疽死亡的，应当将尸体立即进行卫生处理，就近火化。患其他传染病死亡的，必要时，应当将尸体进行卫生处理后火化或者按照规定深埋。

为了查找传染病病因，医疗机构在必要时可以按照国务院卫生行政部门的规定，对传染病病人尸体或者疑似传染病病人尸体进行解剖查验，并应当告知死者家属。

第四十七条　疫区中被传染病病原体污染或者可能被传染病病原体污染的物品，经消毒可以使用的，应当在当地疾病预防控制机构的指导下，进行消毒处理后，方可使用、出售和运输。

第四十八条　发生传染病疫情时，疾病预防控制机构和省级以上人民政府卫生行政部门指派的其他与传染病有关的专业技术机构，可以进入传染病疫点、疫区进行调查、采集样本、技术分析和检验。

第四十九条　传染病暴发、流行时，药品和医疗器械生产、供应单位应当及时生产、供应防治传染病的药品和医疗器械。铁路、交通、民用航空经营单位必须优先运送处理传染病疫情的人员以及防治传染病的药品和医疗器械。县级以上人民政府有关部门应当做好组织协调工作。

第五章　医疗救治

第五十条　县级以上人民政府应当加强和完善传染病医疗救治服务网络的建设，指定具备传染病救治条件和能力的医疗机构承担传染病救治任务，或者根据传染病救治需要设置传染病医院。

第五十一条 医疗机构的基本标准、建筑设计和服务流程，应当符合预防传染病医院感染的要求。

医疗机构应当按照规定对使用的医疗器械进行消毒；对按照规定一次使用的医疗器具，应当在使用后予以销毁。

医疗机构应当按照国务院卫生行政部门规定的传染病诊断标准和治疗要求，采取相应措施，提高传染病医疗救治能力。

第五十二条 医疗机构应当对传染病病人或者疑似传染病病人提供医疗救护、现场救援和接诊治疗，书写病历记录以及其他有关资料，并妥善保管。

医疗机构应当实行传染病预检、分诊制度；对传染病病人、疑似传染病病人，应当引导至相对隔离的分诊点进行初诊。医疗机构不具备相应救治能力的，应当将患者及其病历记录复印件一并转至具备相应救治能力的医疗机构。具体办法由国务院卫生行政部门规定。

第六章 监督管理

第五十三条 县级以上人民政府卫生行政部门对传染病防治工作履行下列监督检查职责：

（一）对下级人民政府卫生行政部门履行本法规定的传染病防治职责进行监督检查；

（二）对疾病预防控制机构、医疗机构的传染病防治工作进行监督检查；

（三）对采供血机构的采供血活动进行监督检查；

（四）对用于传染病防治的消毒产品及其生产单位进行监督检查，并对饮用水供水单位从事生产或者供应活动以及涉及饮用水卫生安全的产品进行监督检查；

（五）对传染病菌种、毒种和传染病检测样本的采集、保藏、携带、运输、使用进行监督检查；

（六）对公共场所和有关单位的卫生条件和传染病预防、控制措施进行监督检查。

省级以上人民政府卫生行政部门负责组织对传染病防治重大事项的处理。

第五十四条 县级以上人民政府卫生行政部门在履行监督检查职责时，有权进入被检查单位和传染病疫情发生现场调查取证，查阅或者复制有关的资料和采集样本。被检查单位应当予以配合，不得拒绝、阻挠。

第五十五条 县级以上地方人民政府卫生行政部门在履行监督检查职责时，发现被传染病病原体污染的公共饮用水源、食品以及相关物品，如不及时采取控制措施可能导致传染病传播、流行的，可以采取封闭公共饮用水源、封存食品以及相关物品或者暂停销售的临时控制措施，并予以检验或者进行消毒。经检验，属于被污染的食品，应当予以销毁；对未被污染的食品或者经消毒后可以使用的物品，应当解除控制措施。

第五十六条 卫生行政部门工作人员依法执行职务时，应当不少于两人，并出示执法证件，填写卫生执法文书。

卫生执法文书经核对无误后，应当由卫生执法人员和当事人签名。当事人拒绝签名的，卫生执法人员应当注明情况。

第五十七条 卫生行政部门应当依法建立健全内部监督制度，对其工作人员依据法定职权和程序履行职责的情况进行监督。

上级卫生行政部门发现下级卫生行政部门不及时处理职责范围内的事项或者不履行职责的，应当责令纠正或者直接予以处理。

第五十八条   卫生行政部门及其工作人员履行职责，应当自觉接受社会和公民的监督。单位和个人有权向上级人民政府及其卫生行政部门举报违反本法的行为。接到举报的有关人民政府或者其卫生行政部门，应当及时调查处理。

第七章   保障措施

第五十九条   国家将传染病防治工作纳入国民经济和社会发展计划，县级以上地方人民政府将传染病防治工作纳入本行政区域的国民经济和社会发展计划。

第六十条   县级以上地方人民政府按照本级政府职责负责本行政区域内传染病预防、控制、监督工作的日常经费。

国务院卫生行政部门会同国务院有关部门，根据传染病流行趋势，确定全国传染病预防、控制、救治、监测、预测、预警、监督检查等项目。中央财政对困难地区实施重大传染病防治项目给予补助。

省、自治区、直辖市人民政府根据本行政区域内传染病流行趋势，在国务院卫生行政部门确定的项目范围内，确定传染病预防、控制、监督等项目，并保障项目的实施经费。

第六十一条   国家加强基层传染病防治体系建设，扶持贫困地区和少数民族地区的传染病防治工作。

地方各级人民政府应当保障城市社区、农村基层传染病预防工作的经费。

第六十二条   国家对患有特定传染病的困难人群实行医疗救助，减免医疗费用。具体办法由国务院卫生行政部门会同国务院财政部门等部门制定。

第六十三条   县级以上人民政府负责储备防治传染病的药品、医疗器械和其他物资，以备调用。

第六十四条   对从事传染病预防、医疗、科研、教学、现场处理疫情的人员，以及在生产、工作中接触传染病病原体的其他人员，有关单位应当按照国家规定，采取有效的卫生防护措施和医疗保健措施，并给予适当的津贴。

第八章   法律责任

第六十五条   地方各级人民政府未依照本法的规定履行报告职责，或者隐瞒、谎报、缓报传染病疫情，或者在传染病暴发、流行时，未及时组织救治、采取控制措施的，由上级人民政府责令改正，通报批评；造成传染病传播、流行或者其他严重后果的，对负有责任的主管人员，依法给予行政处分；构成犯罪的，依法追究刑事责任。

第六十六条   县级以上人民政府卫生行政部门违反本法规定，有下列情形之一的，由本级人民政府、上级人民政府卫生行政部门责令改正，通报批评；造成传染病传播、流行或者其他严重后果的，对负有责任的主管人员和其他直接责任人员，依法给予行政处分；构成犯罪的，依法追究刑事责任：

（一）未依法履行传染病疫情通报、报告或者公布职责，或者隐瞒、谎报、缓报传染病疫情的；

（二）发生或者可能发生传染病传播时未及时采取预防、控制措施的；

（三）未依法履行监督检查职责，或者发现违法行为不及时查处的；

（四）未及时调查、处理单位和个人对下级卫生行政部门不履行传染病防治职责的举报的；

（五）违反本法的其他失职、渎职行为。

第六十七条　县级以上人民政府有关部门未依照本法的规定履行传染病防治和保障职责的，由本级人民政府或者上级人民政府有关部门责令改正，通报批评；造成传染病传播、流行或者其他严重后果的，对负有责任的主管人员和其他直接责任人员，依法给予行政处分；构成犯罪的，依法追究刑事责任。

第六十八条　疾病预防控制机构违反本法规定，有下列情形之一的，由县级以上人民政府卫生行政部门责令限期改正，通报批评，给予警告；对负有责任的主管人员和其他直接责任人员，依法给予降级、撤职、开除的处分，并可以依法吊销有关责任人员的执业证书；构成犯罪的，依法追究刑事责任：

（一）未依法履行传染病监测职责的；

（二）未依法履行传染病疫情报告、通报职责，或者隐瞒、谎报、缓报传染病疫情的；

（三）未主动收集传染病疫情信息，或者对传染病疫情信息和疫情报告未及时进行分析、调查、核实的；

（四）发现传染病疫情时，未依据职责及时采取本法规定的措施的；

（五）故意泄露传染病病人、病原携带者、疑似传染病病人、密切接触者涉及个人隐私的有关信息、资料的。

第六十九条　医疗机构违反本法规定，有下列情形之一的，由县级以上人民政府卫生行政部门责令改正，通报批评，给予警告；造成传染病传播、流行或者其他严重后果的，对负有责任的主管人员和其他直接责任人员，依法给予降级、撤职、开除的处分，并可以依法吊销有关责任人员的执业证书；构成犯罪的，依法追究刑事责任：

（一）未按照规定承担本单位的传染病预防、控制工作、医院感染控制任务和责任区域内的传染病预防工作的；

（二）未按照规定报告传染病疫情，或者隐瞒、谎报、缓报传染病疫情的；

（三）发现传染病疫情时，未按照规定对传染病病人、疑似传染病病人提供医疗救护、现场救援、接诊、转诊的，或者拒绝接受转诊的；

（四）未按照规定对本单位内被传染病病原体污染的场所、物品以及医疗废物实施消毒或者无害化处置的；

（五）未按照规定对医疗器械进行消毒，或者对按照规定一次使用的医疗器具未予销毁，再次使用的；

（六）在医疗救治过程中未按照规定保管医学记录资料的；

（七）故意泄露传染病病人、病原携带者、疑似传染病病人、密切接触者涉及个人隐私的有关信息、资料的。

第七十条　采供血机构未按照规定报告传染病疫情，或者隐瞒、谎报、缓报传染病疫情，或者未执行国家有关规定，导致因输入血液引起经血液传播疾病发生的，由县级以上人民政府卫生行政部门责令改正，通报批评，给予警告；造成传染病传播、流行或者其他严重后果的，对负有责任的主管人员和其他直接责任人员，依法给予降级、撤职、开除的处分，并可以依法吊销采供血机构的执业许可证；构成犯罪的，依法追究刑事责任。

非法采集血液或者组织他人出卖血液的，由县级以上人民政府卫生行政部门予以取缔，没收违法所得，可以并处十万元以下的罚款；构成犯罪的，依法追究刑事责任。

第七十一条　国境卫生检疫机关、动物防疫机构未依法履行传染病疫情通报职责的，由有关部门在各自职责范围内责令改正，通报批评；造成传染病传播、流行或者其他严重后果的，对负有责任的主管人员和其他直接责任人员，依法给予降级、撤职、开除的处分；构成犯罪的，依法追究刑事责任。

第七十二条　铁路、交通、民用航空经营单位未依照本法的规定优先运送处理传染病疫情的人员以及防治传染病的药品和医疗器械的，由有关部门责令限期改正，给予警告；造成严重后果的，对负有责任的主管人员和其他直接责任人员，依法给予降级、撤职、开除的处分。

第七十三条　违反本法规定，有下列情形之一，导致或者可能导致传染病传播、流行的，由县级以上人民政府卫生行政部门责令限期改正，没收违法所得，可以并处五万元以下的罚款；已取得许可证的，原发证部门可以依法暂扣或者吊销许可证；构成犯罪的，依法追究刑事责任：

（一）饮用水供水单位供应的饮用水不符合国家卫生标准和卫生规范的；

（二）涉及饮用水卫生安全的产品不符合国家卫生标准和卫生规范的；

（三）用于传染病防治的消毒产品不符合国家卫生标准和卫生规范的；

（四）出售、运输疫区中被传染病病原体污染或者可能被传染病病原体污染的物品，未进行消毒处理的；

（五）生物制品生产单位生产的血液制品不符合国家质量标准的。

第七十四条　违反本法规定，有下列情形之一的，由县级以上地方人民政府卫生行政部门责令改正，通报批评，给予警告，已取得许可证的，可以依法暂扣或者吊销许可证；造成传染病传播、流行以及其他严重后果的，对负有责任的主管人员和其他直接责任人员，依法给予降级、撤职、开除的处分，并可以依法吊销有关责任人员的执业证书；构成犯罪的，依法追究刑事责任：

（一）疾病预防控制机构、医疗机构和从事病原微生物实验的单位，不符合国家规定的条件和技术标准，对传染病病原体样本未按照规定进行严格管理，造成实验室感染和病原微生物扩散的；

（二）违反国家有关规定，采集、保藏、携带、运输和使用传染病菌种、毒种和传染病检测样本的；

（三）疾病预防控制机构、医疗机构未执行国家有关规定，导致因输入血液、使用血液制品引起经血液传播疾病发生的。

第七十五条　未经检疫出售、运输与人畜共患传染病有关的野生动物、家畜家禽的，由县级以上地方人民政府畜牧兽医行政部门责令停止违法行为，并依法给予行政处罚。

第七十六条　在国家确认的自然疫源地兴建水利、交通、旅游、能源等大型建设项目，未经卫生调查进行施工的，或者未按照疾病预防控制机构的意见采取必要的传染病预防、控制措施的，由县级以上人民政府卫生行政部门责令限期改正，给予警告，处五千元以上三万元以下的罚款；逾期不改正的，处三万元以上十万元以下的罚款，并可以提请有关人民政府依据职责权限，责令停建、关闭。

第七十七条　单位和个人违反本法规定，导致传染病传播、流行，给他人人身、财产造成损害的，应当依法承担民事责任。

第九章　附　则

第七十八条　本法中下列用语的含义：

（一）传染病病人、疑似传染病病人：指根据国务院卫生行政部门发布的《中华人民共和国传染病防治法规定管理的传染病诊断标准》，符合传染病病人和疑似传染病病人诊断标准的人。

（二）病原携带者：指感染病原体无临床症状但能排出病原体的人。

（三）流行病学调查：指对人群中疾病或者健康状况的分布及其决定因素进行调查研究，提出疾病预防控制措施及保健对策。

（四）疫点：指病原体从传染源向周围播散的范围较小或者单个疫源地。

（五）疫区：指传染病在人群中暴发、流行，其病原体向周围播散时所能波及的地区。

（六）人畜共患传染病：指人与脊椎动物共同罹患的传染病，如鼠疫、狂犬病、血吸虫病等。

（七）自然疫源地：指某些可引起人类传染病的病原体在自然界的野生动物中长期存在和循环的地区。

（八）病媒生物：指能够将病原体从人或者其他动物传播给人的生物，如蚊、蝇、蚤类等。

（九）医源性感染：指在医学服务中，因病原体传播引起的感染。

（十）医院感染：指住院病人在医院内获得的感染，包括在住院期间发生的感染和在医院内获得出院后发生的感染，但不包括入院前已开始或者入院时已处于潜伏期的感染。医院工作人员在医院内获得的感染也属医院感染。

（十一）实验室感染：指从事实验室工作时，因接触病原体所致的感染。

（十二）菌种、毒种：指可能引起本法规定的传染病发生的细菌菌种、病毒毒种。

（十三）消毒：指用化学、物理、生物的方法杀灭或者消除环境中的病原微生物。

（十四）疾病预防控制机构：指从事疾病预防控制活动的疾病预防控制中心以及与上述机构业务活动相同的单位。

（十五）医疗机构：指按照《医疗机构管理条例》取得医疗机构执业许可证，从事疾病诊断、治疗活动的机构。

第七十九条　传染病防治中有关食品、药品、血液、水、医疗废物和病原微生物的管理以及动物防疫和国境卫生检疫，本法未规定的，分别适用其他有关法律、行政法规的规定。

第八十条　本法自2004年12月1日起施行。

附录5
重大动物疫情应急条例

第一章　总　则

第一条　为了迅速控制、扑灭重大动物疫情，保障养殖业生产安全，保护公众身体健康与生命安全，维护正常的社会秩序，根据《中华人民共和国动物防疫法》，制定本条例。

第二条　本条例所称重大动物疫情，是指高致病性禽流感等发病率或者死亡率高的动物疫病突然发生，迅速传播，给养殖业生产安全造成严重威胁、危害，以及可能对公众身体健康与生命安全造成危害的情形，包括特别重大动物疫情。

第三条　重大动物疫情应急工作应当坚持加强领导、密切配合，依靠科学、依法防治，群防群控、果断处置的方针，及时发现，快速反应，严格处理，减少损失。

第四条　重大动物疫情应急工作按照属地管理的原则，实行政府统一领导、部门分工负责，逐级建立责任制。

县级以上人民政府兽医主管部门具体负责组织重大动物疫情的监测、调查、控制、扑灭等应急工作。

县级以上人民政府林业主管部门、兽医主管部门按照职责分工，加强对陆生野生动物疫源疫病的监测。

县级以上人民政府其他有关部门在各自的职责范围内，做好重大动物疫情的应急工作。

第五条　出入境检验检疫机关应当及时收集境外重大动物疫情信息，加强进出境动物及其产品的检验检疫工作，防止动物疫病传入和传出。兽医主管部门要及时向出入境检验检疫机关通报国内重大动物疫情。

第六条　国家鼓励、支持开展重大动物疫情监测、预防、应急处理等有关技术的科学研究和国际交流与合作。

第七条　县级以上人民政府应当对参加重大动物疫情应急处理的人员给予适当补助，对作出贡献的人员给予表彰和奖励。

第八条　对不履行或者不按照规定履行重大动物疫情应急处理职责的行为，任何单位和个人有权检举控告。

第二章　应急准备

第九条　国务院兽医主管部门应当制定全国重大动物疫情应急预案，报国务院批准，并按照不同动物疫病病种及其流行特点和危害程度，分别制定实施方案，报国务院备案。

县级以上地方人民政府根据本地区的实际情况，制定本行政区域的重大动物疫情应急预案，报上一级人民政府兽医主管部门备案。县级以上地方人民政府兽医主管部门，应当按照不同动物疫病病种及其流行特点和危害程度，分别制定实施方案。

重大动物疫情应急预案及其实施方案应当根据疫情的发展变化和实施情况，及时修改、完善。

第十条　重大动物疫情应急预案主要包括下列内容：

（一）应急指挥部的职责、组成以及成员单位的分工；

（二）重大动物疫情的监测、信息收集、报告和通报；

（三）动物疫病的确认、重大动物疫情的分级和相应的应急处理工作方案；

（四）重大动物疫情疫源的追踪和流行病学调查分析；

（五）预防、控制、扑灭重大动物疫情所需资金的来源、物资和技术的储备与调度；

（六）重大动物疫情应急处理设施和专业队伍建设。

第十一条　国务院有关部门和县级以上地方人民政府及其有关部门，应当根据重大动物疫情应急预案的要求，确保应急处理所需的疫苗、药品、设施设备和防护用品等物资的储备。

第十二条　县级以上人民政府应当建立和完善重大动物疫情监测网络和预防控制体系，加强动物防疫基础设施和乡镇动物防疫组织建设，并保证其正常运行，提高对重大动物疫情的应急处理能力。

第十三条　县级以上地方人民政府根据重大动物疫情应急需要，可以成立应急预备队，在重大动物疫情应急指挥部的指挥下，具体承担疫情的控制和扑灭任务。

应急预备队由当地兽医行政管理人员、动物防疫工作人员、有关专家、执业兽医等组成；必要时，可以组织动员社会上有一定专业知识的人员参加。公安机关、中国人民武装警察部队应当依法协助其执行任务。

应急预备队应当定期进行技术培训和应急演练。

第十四条　县级以上人民政府及其兽医主管部门应当加强对重大动物疫情应急知识和重大动物疫病科普知识的宣传，增强全社会的重大动物疫情防范意识。

第三章　监测、报告和公布

第十五条　动物防疫监督机构负责重大动物疫情的监测，饲养、经营动物和生产、经营动物产品的单位和个人应当配合，不得拒绝和阻碍。

第十六条　从事动物隔离、疫情监测、疫病研究与诊疗、检验检疫以及动物饲养、屠宰加工、运输、经营等活动的有关单位和个人，发现动物出现群体发病或者死亡的，应当立即向所在地的县（市）动物防疫监督机构报告。

第十七条　县（市）动物防疫监督机构接到报告后，应当立即赶赴现场调查核实。初步认为属于重大动物疫情的，应当在2小时内将情况逐级报省、自治区、直辖市动物防疫监督机构，并同时报所在地人民政府兽医主管部门；兽医主管部门应当及时通报同级卫生主管部门。

省、自治区、直辖市动物防疫监督机构应当在接到报告后1小时内，向省、自治区、直辖市人民政府兽医主管部门和国务院兽医主管部门所属的动物防疫监督机构报告。

省、自治区、直辖市人民政府兽医主管部门应当在接到报告后1小时内报本级人民政府和国务院兽医主管部门。

重大动物疫情发生后，省、自治区、直辖市人民政府和国务院兽医主管部门应当在4小时内向国务院报告。

第十八条　重大动物疫情报告包括下列内容：

（一）疫情发生的时间、地点；

（二）染疫、疑似染疫动物种类和数量、同群动物数量、免疫情况、死亡数量、临床症状、病理变化、诊断情况；

（三）流行病学和疫源追踪情况；

（四）已采取的控制措施；

（五）疫情报告的单位、负责人、报告人及联系方式。

第十九条　重大动物疫情由省、自治区、直辖市人民政府兽医主管部门认定；必要时，由国务院兽医主管部门认定。

第二十条　重大动物疫情由国务院兽医主管部门按照国家规定的程序，及时准确公布；其他任何单位和个人不得公布重大动物疫情。

第二十一条　重大动物疫病应当由动物防疫监督机构采集病料。其他单位和个人采集病料的，应当具备以下条件：

（一）重大动物疫病病料采集目的、病原微生物的用途应当符合国务院兽医主管部门的规定；

（二）具有与采集病料相适应的动物病原微生物实验室条件；

（三）具有与采集病料所需要的生物安全防护水平相适应的设备，以及防止病原感染和扩散的有效措施。

从事重大动物疫病病原分离的，应当遵守国家有关生物安全管理规定，防止病原扩散。

第二十二条　国务院兽医主管部门应当及时向国务院有关部门和军队有关部门以及各省、自治区、直辖市人民政府兽医主管部门通报重大动物疫情的发生和处理情况。

第二十三条　发生重大动物疫情可能感染人群时，卫生主管部门应当对疫区内易受感染的人群进行监测，并采取相应的预防、控制措施。卫生主管部门和兽医主管部门应当及时相互通报情况。

第二十四条　有关单位和个人对重大动物疫情不得瞒报、谎报、迟报，不得授意他人瞒报、谎报、迟报，不得阻碍他人报告。

第二十五条　在重大动物疫情报告期间，有关动物防疫监督机构应当立即采取临时隔离控制措施；必要时，当地县级以上地方人民政府可以作出封锁决定并采取扑杀、销毁等措施。有关单位和个人应当执行。

第四章　应急处理

第二十六条　重大动物疫情发生后，国务院和有关地方人民政府设立的重大动物疫情应急指挥部统一领导、指挥重大动物疫情应急工作。

第二十七条　重大动物疫情发生后，县级以上地方人民政府兽医主管部门应当立即划定疫点、疫区和受威胁区，调查疫源，向本级人民政府提出启动重大动物疫情应急指挥系统、应急预案和对疫区实行封锁的建议，有关人民政府应当立即作出决定。

疫点、疫区和受威胁区的范围应当按照不同动物疫病病种及其流行特点和危害程度划定，具体划定标准由国务院兽医主管部门制定。

第二十八条　国家对重大动物疫情应急处理实行分级管理，按照应急预案确定的疫情等级，由有关人民政府采取相应的应急控制措施。

第二十九条　对疫点应当采取下列措施：

（一）扑杀并销毁染疫动物和易感染的动物及其产品；

（二）对病死的动物、动物排泄物、被污染饲料、垫料、污水进行无害化处理；

（三）对被污染的物品、用具、动物圈舍、场地进行严格消毒。

第三十条　对疫区应当采取下列措施：

（一）在疫区周围设置警示标志，在出入疫区的交通路口设置临时动物检疫消毒站，对出入的人员和车辆进行消毒；

（二）扑杀并销毁染疫和疑似染疫动物及其同群动物，销毁染疫和疑似染疫的动物产品，对其他易感染的动物实行圈养或者在指定地点放养，役用动物限制在疫区内使役；

（三）对易感染的动物进行监测，并按照国务院兽医主管部门的规定实施紧急免疫接种，必要时对易感染的动物进行扑杀；

（四）关闭动物及动物产品交易市场，禁止动物进出疫区和动物产品运出疫区；

（五）对动物圈舍、动物排泄物、垫料、污水和其他可能受污染的物品、场地，进行消毒或者无害化处理。

第三十一条　对受威胁区应当采取下列措施：

（一）对易感染的动物进行监测；

（二）对易感染的动物根据需要实施紧急免疫接种。

第三十二条　重大动物疫情应急处理中设置临时动物检疫消毒站以及采取隔离、扑杀、销毁、消毒、紧急免疫接种等控制、扑灭措施的，由有关重大动物疫情应急指挥部决定，有关单位和个人必须服从；拒不服从的，由公安机关协助执行。

第三十三条　国家对疫区、受威胁区内易感染的动物免费实施紧急免疫接种；对因采取扑杀、销毁等措施给当事人造成的已经证实的损失，给予合理补偿。紧急免疫接种和补偿所需费用，由中央财政和地方财政分担。

第三十四条　重大动物疫情应急指挥部根据应急处理需要，有权紧急调集人员、物资、运输工具以及相关设施、设备。

单位和个人的物资、运输工具以及相关设施、设备被征集使用的，有关人民政府应当及时归还并给予合理补偿。

第三十五条　重大动物疫情发生后，县级以上人民政府兽医主管部门应当及时提出疫点、疫区、受威胁区的处理方案，加强疫情监测、流行病学调查、疫源追踪工作，对染疫和疑似染疫动物及其同群动物和其他易感染动物的扑杀、销毁进行技术指导，并组织实施检验检疫、消毒、无害化处理和紧急免疫接种。

第三十六条　重大动物疫情应急处理中，县级以上人民政府有关部门应当在各自的职责范围内，做好重大动物疫情应急所需的物资紧急调度和运输、应急经费安排、疫区群众救济、人的疫病防治、肉食品供应、动物及其产品市场监管、出入境检验检疫和社会治安维护等工作。

中国人民解放军、中国人民武装警察部队应当支持配合驻地人民政府做好重大动物疫情的应急工作。

第三十七条　重大动物疫情应急处理中，乡镇人民政府、村民委员会、居民委员会应当组织力量，向村民、居民宣传动物疫病防治的相关知识，协助做好疫情信息的收集、报告和各项应急处理措施的落实工作。

第三十八条　重大动物疫情发生地的人民政府和毗邻地区的人民政府应当通力合作，相互配合，做好重大动物疫情的控制、扑灭工作。

第三十九条　有关人民政府及其有关部门对参加重大动物疫情应急处理的人员，应当采取必要的卫生防护和技术指导等措施。

第四十条　自疫区内最后一头（只）发病动物及其同群动物处理完毕起，经过一个潜伏期以上的监测，未出现新的病例的，彻底消毒后，经上一级动物防疫监督机构验收合格，由原发布封锁令的人民政府宣布解除封锁，撤销疫区；由原批准机关撤销在该疫区设立的临时动物检疫消毒站。

第四十一条　县级以上人民政府应当将重大动物疫情确认、疫区封锁、扑杀及其补偿、消毒、无害化处理、疫源追踪、疫情监测以及应急物资储备等应急经费列入本级财政预算。

第五章　法律责任

第四十二条　违反本条例规定，兽医主管部门及其所属的动物防疫监督机构有下列行为之一的，由本级人民政府或者上级人民政府有关部门责令立即改正、通报批评、给予警告；对主要负责人、负有责任的主管人员和其他责任人员，依法给予记大过、降级、撤职直至开除的行政处分；构成犯罪的，依法追究刑事责任：

（一）不履行疫情报告职责，瞒报、谎报、迟报或者授意他人瞒报、谎报、迟报，阻碍他人报告重大动物疫情的；

（二）在重大动物疫情报告期间，不采取临时隔离控制措施，导致动物疫情扩散的；

（三）不及时划定疫点、疫区和受威胁区，不及时向本级人民政府提出应急处理建议，或者不按照规定对疫点、疫区和受威胁区采取预防、控制、扑灭措施的；

（四）不向本级人民政府提出启动应急指挥系统、应急预案和对疫区的封锁建议的；

（五）对动物扑杀、销毁不进行技术指导或者指导不力，或者不组织实施检验检疫、消毒、无害化处理和紧急免疫接种的；

（六）其他不履行本条例规定的职责，导致动物疫病传播、流行，或者对养殖业生产安全和公众身体健康与生命安全造成严重危害的。

第四十三条　违反本条例规定，县级以上人民政府有关部门不履行应急处理职责，不执行对疫点、疫区和受威胁区采取的措施，或者对上级人民政府有关部门的疫情调查不予配合或者阻碍、拒绝的，由本级人民政府或者上级人民政府有关部门责令立即改正、通报批评、给予警告；对主要负责人、负有责任的主管人员和其他责任人员，依法给予记大过、降级、撤职直至开除的行政处分；构成犯罪的，依法追究刑事责任。

第四十四条　违反本条例规定，有关地方人民政府阻碍报告重大动物疫情，不履行应急处理职责，不按照规定对疫点、疫区和受威胁区采取预防、控制、扑灭措施，或者对上级人民政府有关部门的疫情调查不予配合或者阻碍、拒绝的，由上级人民政府责令立即改正、通报批评、给予警告；对政府主要领导人依法给予记大过、降级、撤职直至开除的行政处分；构成犯罪的，依法追究刑事责任。

第四十五条　截留、挪用重大动物疫情应急经费，或者侵占、挪用应急储备物资的，按照《财政违法行为处罚处分条例》的规定处理；构成犯罪的，依法追究刑事责任。

第四十六条 违反本条例规定，拒绝、阻碍动物防疫监督机构进行重大动物疫情监测，或者发现动物出现群体发病或者死亡，不向当地动物防疫监督机构报告的，由动物防疫监督机构给予警告，并处2000元以上5000元以下的罚款；构成犯罪的，依法追究刑事责任。

第四十七条 违反本条例规定，不符合相应条件采集重大动物疫病病料，或者在重大动物疫病病原分离时不遵守国家有关生物安全管理规定的，由动物防疫监督机构给予警告，并处5000元以下的罚款；构成犯罪的，依法追究刑事责任。

第四十八条 在重大动物疫情发生期间，哄抬物价、欺骗消费者，散布谣言、扰乱社会秩序和市场秩序的，由价格主管部门、工商行政管理部门或者公安机关依法给予行政处罚；构成犯罪的，依法追究刑事责任。

第六章 附 则

第四十九条 本条例自公布之日起施行。

附录6

中华人民共和国陆生野生动物保护实施条例

第一章　总　则

第一条　根据《中华人民共和国野生动物保护法》（以下简称《野生动物保护法》）的规定，制定本条例。

第二条　本条例所称陆生野生动物，是指依法受保护的珍贵、濒危、有益的和有重要经济、科学研究价值的陆生野生动物（以下简称野生动物）；所称野生动物产品，是指陆生野生动物的任何部分及其衍生物。

第三条　国务院林业行政主管部门主管全国陆生野生动物管理工作。

省、自治区、直辖市人民政府林业行政主管部门主管本行政区域内陆生野生动物管理工作。自治州、县和市人民政府陆生野生动物管理工作的行政主管部门，由省、自治区、直辖市人民政府确定。

第四条　县级以上各级人民政府有关主管部门应当鼓励、支持有关科研、教学单位开展野生动物科学研究工作。

第五条　野生动物行政主管部门有权对《野生动物保护法》和本条例的实施情况进行监督检查，被检查的单位和个人应当给予配合。

第二章　野生动物保护

第六条　县级以上地方各级人民政府应当开展保护野生动物的宣传教育，可以确定适当时间为保护野生动物宣传月、爱鸟周等，提高公民保护野生动物的意识。

第七条　国务院林业行政主管部门和省、自治区、直辖市人民政府林业行政主管部门，应当定期组织野生动物资源调查，建立资源档案，为制定野生动物资源保护发展方案、制定和调整国家和地方重点保护野生动物名录提供依据。

野生动物资源普查每十年进行一次。

第八条　县级以上各级人民政府野生动物行政主管部门，应当组织社会各方面力量，采取生物技术措施和工程技术措施，维护和改善野生动物生存环境，保护和发展野生动物资源。

禁止任何单位和个人破坏国家和地方重点保护野生动物的生息繁衍场所和生存条件。

第九条　任何单位和个人发现受伤、病弱、饥饿、受困、迷途的国家和地方重点保护野生动物时，应当及时报告当地野生动物行政主管部门，由其采取救护措施；也可以就近送具备救护条件的单位救护。救护单位应当立即报告野生动物行政主管部门，并按照国务院林业行政主管部门的规定办理。

第十条　有关单位和个人对国家和地方重点保护野生动物可能造成的危害，应当采取防范措施。因保护国家和地方重点保护野生动物受到损失的，可以向当地人民政府野生动物行政主管部门提出补偿要求。经调查属实并确实需要补偿的，由当地人民政府按照省、自治区、直辖市人民政府的有关规定给予补偿。

第三章　野生动物猎捕管理

第十一条　禁止猎捕、杀害国家重点保护野生动物。

有下列情形之一，需要猎捕国家重点保护野生动物的，必须申请特许猎捕证：

（一）为进行野生动物科学考察、资源调查，必须猎捕的；

（二）为驯养繁殖国家重点保护野生动物，必须从野外获取种源的；

（三）为承担省级以上科学研究项目或者国家医药生产任务，必须从野外获取国家重点保护野生动物的；

（四）为宣传、普及野生动物知识或者教学、展览的需要，必须从野外获取国家重点保护野生动物的；

（五）因国事活动的需要，必须从野外获取国家重点保护野生动物的；

（六）为调控国家重点保护野生动物种群数量和结构，经科学论证必须猎捕的；

（七）因其他特殊情况，必须捕捉、猎捕国家重点保护野生动物的。

第十二条　申请特许猎捕证的程序如下：

（一）需要捕捉国家一级保护野生动物的，必须附具申请人所在地和捕捉地的省、自治区、直辖市人民政府林业行政主管部门签署的意见，向国务院林业行政主管部门申请特许猎捕证；

（二）需要在本省、自治区、直辖市猎捕国家二级保护野生动物的，必须附具申请人所在地的县级人民政府野生动物行政主管部门签署的意见，向省、自治区、直辖市人民政府林业行政主管部门申请特许猎捕证；

（三）需要跨省、自治区、直辖市猎捕国家二级保护野生动物的，必须附具申请人所在地的省、自治区、直辖市人民政府林业行政主管部门签署的意见，向猎捕地的省、自治区、直辖市人民政府林业行政主管部门申请特许猎捕证。

动物园需要申请捕捉国家一级保护野生动物的，在向国务院林业行政主管部门申请特许猎捕证前，须经国务院建设行政主管部门审核同意；需要申请捕捉国家二级保护野生动物的，在向申请人所在地的省、自治区、直辖市人民政府林业行政主管部门申请特许猎捕证前，须经同级政府建设行政主管部门审核同意。

负责核发特许猎捕证的部门接到申请后，应当在3个月内作出批准或者不批准的决定。

第十三条　有下列情形之一的，不予发放特许猎捕证：

（一）申请猎捕者有条件以合法的非猎捕方式获得国家重点保护野生动物的种源、产品或者达到所需目的的；

（二）猎捕申请不符合国家有关规定或者申请使用的猎捕工具、方法以及猎捕时间、地点不当的；

（三）根据野生动物资源现状不宜捕捉、猎捕的。

第十四条　取得特许猎捕证的单位和个人，必须按照特许猎捕证规定的种类、数量、地点、期限、工具和方法进行猎捕，防止误伤野生动物或者破坏其生存环境。猎捕作业完成后，应当在10日内向猎捕地的县级人民政府野生动物行政主管部门申请查验。

县级人民政府野生动物行政主管部门对在本行政区域内猎捕国家重点保护野生动物的活动，应当进行监督检查，并及时向批准猎捕的机关报告监督检查结果。

第十五条　猎捕非国家重点保护野生动物的，必须持有狩猎证，并按照狩猎证规定的种类、数量、地点、期限、工具和方法进行猎捕。

狩猎证由省、自治区、直辖市人民政府林业行政主管部门按照国务院林业行政主管部门的规定印制，县级人民政府野生动物行政主管部门或者其授权的单位核发。

狩猎证每年验证1次。

第十六条　省、自治区、直辖市人民政府林业行政主管部门，应当根据本行政区域内非国家重点保护野生动物的资源现状，确定狩猎动物种类，并实行年度猎捕量限额管理。狩猎动物种类和年度猎捕量限额，由县级人民政府野生动物行政主管部门按照保护资源、永续利用的原则提出，经省、自治区、直辖市人民政府林业行政主管部门批准，报国务院林业行政主管部门备案。

第十七条　县级以上地方各级人民政府野生动物行政主管部门应当组织狩猎者有计划地开展狩猎活动。

在适合狩猎的区域建立固定狩猎场所的，必须经省、自治区、直辖市人民政府林业行政主管部门批准。

第十八条　禁止使用军用武器、汽枪、毒药、炸药、地枪、排铳、非人为直接操作并危害人畜安全的狩猎装置、夜间照明行猎、歼灭性围猎、火攻、烟熏以及县级以上各级人民政府或者其野生动物行政主管部门规定禁止使用的其他狩猎工具和方法狩猎。

第十九条　外国人在中国境内对国家重点保护野生动物进行野外考察、标本采集或者在野外拍摄电影、录像的，必须向国家重点保护野生动物所在地的省、自治区、直辖市人民政府林业行政主管部门提出申请，经其审核后，报国务院林业行政主管部门或者其授权的单位批准。

第二十条　外国人在中国境内狩猎，必须在国务院林业行政主管部门批准的对外国人开放的狩猎场所内进行，并遵守中国有关法律、法规的规定。

第四章　野生动物驯养繁殖管理

第二十一条　驯养繁殖国家重点保护野生动物的，应当持有驯养繁殖许可证。

国务院林业行政主管部门和省、自治区、直辖市人民政府林业行政主管部门可以根据实际情况和工作需要，委托同级有关部门审批或者核发国家重点保护野生动物驯养繁殖许可证。动物园驯养繁殖国家重点保护野生动物的，林业行政主管部门可以委托同级建设行政主管部门核发驯养繁殖许可证。

驯养繁殖许可证由国务院林业行政主管部门印制。

第二十二条　从国外或者外省、自治区、直辖市引进野生动物进行驯养繁殖的，应当采取适当措施，防止其逃至野外；需要将其放生于野外的，放生单位应当向所在省、自治区、直辖市人民政府林业行政主管部门提出申请，经省级以上人民政府林业行政主管部门指定的科研机构进行科学论证后，报国务院林业行政主管部门或者其授权的单位批准。

擅自将引进的野生动物放生于野外或者因管理不当使其逃至野外的，由野生动物行政主管部门责令限期捕回或者采取其他补救措施。

第二十三条　从国外引进的珍贵、濒危野生动物，经国务院林业行政主管部门核准，可以视为国家重点保护野生动物；从国外引进的其他野生动物，经省、自治区、直辖市人民政府林业行政主管部门核准，可以视为地方重点保护野生动物。

第五章　野生动物经营利用管理

第二十四条　收购驯养繁殖的国家重点保护野生动物或者其产品的单位，由省、自治区、直辖市人民政府林业行政主管部门商有关部门提出，经同级人民政府或者其授权的单位批准，凭批准文件向工商行政管理部门申请登记注册。

依照前款规定经核准登记的单位，不得收购未经批准出售的国家重点保护野生动物或者其产品。

第二十五条　经营利用非国家重点保护野生动物或者其产品的，应当向工商行政管理部门申请登记注册。

第二十六条　禁止在集贸市场出售、收购国家重点保护野生动物或者其产品。

持有狩猎证的单位和个人需要出售依法获得的非国家重点保护野生动物或者其产品的，应当按照狩猎证规定的种类、数量向经核准登记的单位出售，或者在当地人民政府有关部门指定的集贸市场出售。

第二十七条　县级以上各级人民政府野生动物行政主管部门和工商行政管理部门，应当对野生动物或者其产品的经营利用建立监督检查制度，加强对经营利用野生动物或者其产品的监督管理。

对进入集贸市场的野生动物或者其产品，由工商行政管理部门进行监督管理；在集贸市场以外经营野生动物或者其产品，由野生动物行政主管部门、工商行政管理部门或者其授权的单位进行监督管理。

第二十八条　运输、携带国家重点保护野生动物或者其产品出县境的，应当凭特许猎捕证、驯养繁殖许可证，向县级人民政府野生动物行政主管部门提出申请，报省、自治区、直辖市人民政府林业行政主管部门或者其授权的单位批准。动物园之间因繁殖动物，需要运输国家重点保护野生动物的，可以由省、自治区、直辖市人民政府林业行政主管部门授权同级建设行政主管部门审批。

第二十九条　出口国家重点保护野生动物或者其产品的，以及进出口中国参加的国际公约所限制进出口的野生动物或者其产品的，必须经进出口单位或者个人所在地的省、自治区、直辖市人民政府林业行政主管部门审核，报国务院林业行政主管部门或者国务院批准；属于贸易性进出口活动的，必须由具有有关商品进出口权的单位承担。

动物园因交换动物需要进出口前款所称野生动物的，国务院林业行政主管部门批准前或者国务院林业行政主管部门报请国务院批准前，应当经国务院建设行政主管部门审核同意。

第三十条　利用野生动物或者其产品举办出国展览等活动的经济收益，主要用于野生动物保护事业。

第六章　奖励和惩罚

第三十一条　有下列事迹之一的单位和个人，由县级以上人民政府或者其野生动物行政主管部门给予奖励：

（一）在野生动物资源调查、保护管理、宣传教育、开发利用方面有突出贡献的；

（二）严格执行野生动物保护法规，成绩显著的；

（三）拯救、保护和驯养繁殖珍贵、濒危野生动物取得显著成效的；

（四）发现违反野生动物保护法规行为，及时制止或者检举有功的；

（五）在查处破坏野生动物资源案件中有重要贡献的；

（六）在野生动物科学研究中取得重大成果或者在应用推广科研成果中取得显著效益的；

（七）在基层从事野生动物保护管理工作五年以上并取得显著成绩的；

（八）在野生动物保护管理工作中有其他特殊贡献的。

第三十二条　非法捕杀国家重点保护野生动物的，依照刑法有关规定追究刑事责任；情节显著轻微危害不大的，或者犯罪情节轻微不需要判处刑罚的，由野生动物行政主管部门没收猎获物、猎捕工具和违法所得，吊销特许猎捕证，并处以相当于猎获物价值10倍以下的罚款，没有猎获物的处1万元以下罚款。

第三十三条　违反野生动物保护法规，在禁猎区、禁猎期或者使用禁用的工具、方法猎捕非国家重点保护野生动物，依照《野生动物保护法》第三十二条的规定处以罚款的，按照下列规定执行：

（一）有猎获物的，处以相当于猎获物价值8倍以下的罚款；

（二）没有猎获物的，处2000元以下罚款。

第三十四条　违反野生动物保护法规，未取得狩猎证或者未按照狩猎证规定猎捕非国家重点保护野生动物，依照《野生动物保护法》第三十三条的规定处以罚款的，按照下列规定执行：

（一）有猎获物的，处以相当于猎获物价值5倍以下的罚款；

（二）没有猎获物的，处1000元以下罚款。

第三十五条　违反野生动物保护法规，在自然保护区、禁猎区破坏国家或者地方重点保护野生动物主要生息繁衍场所，依照《野生动物保护法》第三十四条的规定处以罚款的，按照相当于恢复原状所需费用3倍以下的标准执行。

在自然保护区、禁猎区破坏非国家或者地方重点保护野生动物主要生息繁衍场所的，由野生动物行政主管部门责令停止破坏行为，限期恢复原状，并处以恢复原状所需费用2倍以下的罚款。

第三十六条　违反野生动物保护法规，出售、收购、运输、携带国家或者地方重点保护野生动物或者其产品的，由工商行政管理部门或者其授权的野生动物行政主管部门没收实物和违法所得，可以并处相当于实物价值10倍以下的罚款。

第三十七条　伪造、倒卖、转让狩猎证或者驯养繁殖许可证，依照《野生动物保护法》第三十七条的规定处以罚款的，按照5000元以下的标准执行。伪造、倒卖、转让特许猎捕证或者允许进出口证明书，依照《野生动物保护法》第三十七条的规定处以罚款的，按照5万元以下的标准执行。

第三十八条　违反野生动物保护法规，未取得驯养繁殖许可证或者超越驯养繁殖许可证规定范围驯养繁殖国家重点保护野生动物的，由野生动物行政主管部门没收违法所得，处3000元以下罚款，可以并处没收野生动物、吊销驯养繁殖许可证。

第三十九条　外国人未经批准在中国境内对国家重点保护野生动物进行野外考察、标本采集或者在野外拍摄电影、录像的，由野生动物行政主管部门没收考察、拍摄的资料以及所获标本，可以并处5万元以下罚款。

第四十条　有下列行为之一，尚不构成犯罪，应当给予治安管理处罚的，由公安机关依照《中华人民共和国治安管理处罚法》的规定予以处罚：

（一）拒绝、阻碍野生动物行政管理人员依法执行职务的；

（二）偷窃、哄抢或者故意损坏野生动物保护仪器设备或者设施的；

（三）偷窃、哄抢、抢夺非国家重点保护野生动物或者其产品的；

（四）未经批准猎捕少量非国家重点保护野生动物的。

第四十一条　违反野生动物保护法规，被责令限期捕回而不捕的，被责令限期恢复原状而不恢复的，野生动物行政主管部门或者其授权的单位可以代为捕回或者恢复原状，由被责令限期捕回者或者被责令限期恢复原状者承担全部捕回或者恢复原状所需的费用。

第四十二条　违反野生动物保护法规，构成犯罪的，依法追究刑事责任。

第四十三条　依照野生动物保护法规没收的实物，按照国务院林业行政主管部门的规定处理。

第七章　附　则

第四十四条　本条例由国务院林业行政主管部门负责解释。

第四十五条　本条例自发布之日起施行。

附录 7

陆生野生动物疫源疫病监测防控管理办法

第一条 为了加强陆生野生动物疫源疫病监测防控管理，防范陆生野生动物疫病传播和扩散，维护公共卫生安全和生态安全，保护野生动物资源，根据《中华人民共和国野生动物保护法》、《重大动物疫情应急条例》等法律法规，制定本办法。

第二条 从事陆生野生动物疫源疫病监测防控活动，应当遵守本办法。

本办法所称陆生野生动物疫源是指携带危险性病原体，危及野生动物种群安全，或者可能向人类、饲养动物传播的陆生野生动物；本办法所称陆生野生动物疫病是指在陆生野生动物之间传播、流行，对陆生野生动物种群构成威胁或者可能传染给人类和饲养动物的传染性疾病。

第三条 国家林业局负责组织、指导、监督全国陆生野生动物疫源疫病监测防控工作。县级以上地方人民政府林业主管部门按照同级人民政府的规定，具体负责本行政区域内陆生野生动物疫源疫病监测防控的组织实施、监督和管理工作。

陆生野生动物疫源疫病监测防控实行统一领导，分级负责，属地管理。

第四条 国家林业局陆生野生动物疫源疫病监测机构按照国家林业局的规定负责全国陆生野生动物疫源疫病监测工作。

第五条 县级以上地方人民政府林业主管部门应当按照有关规定确立陆生野生动物疫源疫病监测防控机构，保障人员和经费，加强监测防控工作。

第六条 县级以上人民政府林业主管部门应当建立健全陆生野生动物疫源疫病监测防控体系，逐步提高陆生野生动物疫源疫病检测、预警和防控能力。

第七条 乡镇林业工作站、自然保护区、湿地公园、国有林场的工作人员和护林员、林业有害生物测报员等基层林业工作人员应当按照县级以上地方人民政府林业主管部门的要求，承担相应的陆生野生动物疫源疫病监测防控工作。

第八条 县级以上人民政府林业主管部门应当按照有关规定定期组织开展陆生野生动物疫源疫病调查，掌握疫病的基本情况和动态变化，为制定监测规划、预防方案提供依据。

第九条 省级以上人民政府林业主管部门应当组织有关单位和专家开展陆生野生动物发疫情预测预报、趋势分析等活动，评估疫情风险，对可能发生的陆生野生动物疫情，按照规定程序向同级人民政府报告预警信息和防控措施建议，并向有关部门通报。

第十条 县级以上人民政府林业主管部门应当按照有关规定和实际需要，在下列区域建立陆生野生动物疫源疫病监测站：

（一）陆生野生动物集中分布区；

（二）陆生野生动物迁徙通道；

（三）陆生野生动物驯养繁殖密集区及其产品集散地；

（四）陆生野生动物疫病传播风险较大的边境地区；

（五）其他容易发生陆生野生动物疫病的区域。

第十一条 陆生野生动物疫源疫病监测站，分为国家级陆生野生动物疫源疫病监测站和地方级陆生野生动物疫源疫病监测站。

国家级陆生野生动物疫源疫病监测站的设立，由国家林业局组织提出或者由所在地省、自治区、直辖市人民政府林业主管部门推荐，经国家林业局组织专家评审后批准公布。

地方级陆生野生动物疫源疫病监测站按照省、自治区、直辖市人民政府林业主管部门的规定设立和管理，并报国家林业局备案。

陆生野生动物疫源疫病监测站统一按照"××（省、自治区、直辖市）××（地名）××级（国家级、省级、市级、县级）陆生野生动物疫源疫病监测站"命名。

第十二条 陆生野生动物疫源疫病监测站应当配备专职监测员，明确监测范围、重点、巡查线路、监测点，开展陆生野生动物疫源疫病监测防控工作。

陆生野生动物疫源疫病监测站可以根据工作需要聘请兼职监测员。

监测员应当经过省级以上人民政府林业主管部门组织的专业技术培训；专职监测员应当经省级以上人民政府林业主管部门考核合格。

第十三条 陆生野生动物疫源疫病监测实行全面监测、突出重点的原则，并采取日常监测和专项监测相结合的工作制度。

日常监测以巡护、观测等方式，了解陆生野生动物种群数量和活动状况，掌握陆生野生动物异常情况，并对是否发生陆生野生动物疫病提出初步判断意见。

专项监测根据疫情防控形势需要，针对特定的陆生野生动物疫源种类、特定的陆生野生动物疫病、特定的重点区域进行巡护、观测和检测，掌握特定陆生野生动物疫源疫病变化情况，提出专项防控建议。

日常监测、专项监测情况应当按照有关规定逐级上报上级人民政府林业主管部门。

第十四条 日常监测根据陆生野生动物迁徙、活动规律和疫病发生规律等分别实行重点时期监测和非重点时期监测。

日常监测的重点时期和非重点时期，由省、自治区、直辖市人民政府林业主管部门根据本行政区域内陆生野生动物资源变化和疫病发生规律等情况确定并公布，报国家林业局备案。

重点时期内的陆生野生动物疫源疫病监测情况实行日报告制度；非重点时期的陆生野生动物疫源疫病监测情况实行周报告制度。但是发现异常情况的，应当按照有关规定及时报告。

第十五条 国家林业局根据陆生野生动物疫源疫病防控工作需要，经组织专家论证，制定并公布重点监测陆生野生动物疫病种类和疫源物种目录；省、自治区、直辖市人民政府林业主管部门可以制定本行政区域内重点监测陆生野生动物疫病种类和疫源物种补充目录。

县级以上人民政府林业主管部门应当根据前款规定的目录和本辖区内陆生野生动物疫病发生规律，划定本行政区域内陆生野生动物疫源疫病监测防控重点区域，并组织开展陆生野生动物重点疫病的专项监测。

第十六条 本办法第七条规定的基层林业工作人员发现陆生野生动物疑似因疫病引起的异常情况，应当立即向所在地县级以上地方人民政府林业主管部门或者陆生野生动物疫源疫病监测站报告；其他单位和个人发现陆生野生动物异常情况的，有权向当地林业主管部门或者陆生野生动物疫源疫病监测站报告。

第十七条　县级人民政府林业主管部门或者陆生野生动物疫源疫病监测站接到陆生野生动物疑似因疫病引起异常情况的报告后，应当及时采取现场隔离等措施，组织具备条件的机构和人员取样、检测、调查核实，并按照规定逐级上报到省、自治区、直辖市人民政府林业主管部门，同时报告同级人民政府，并通报兽医、卫生等有关主管部门。

第十八条　省、自治区、直辖市人民政府林业主管部门接到报告后，应当组织有关专家和人员对上报情况进行调查、分析和评估，对确需进一步采取防控措施的，按照规定报国家林业局和同级人民政府，并通报兽医、卫生等有关主管部门。

第十九条　国家林业局接到报告后，应当组织专家对上报情况进行会商和评估，指导有关省、自治区、直辖市人民政府林业主管部门采取科学的防控措施，按照有关规定向国务院报告，并通报国务院兽医、卫生等有关主管部门。

第二十条　县级以上人民政府林业主管部门应当制定突发陆生野生动物疫病应急预案，按照有关规定报同级人民政府批准或者备案。

陆生野生动物疫源疫病监测站应当按照不同陆生野生动物疫病及其流行特点和危害程度，分别制定实施方案。实施方案应当报所属林业主管部门备案。

陆生野生动物疫病应急预案及其实施方案应当根据疫病的发展变化和实施情况，及时修改、完善。

第二十一条　县级以上人民政府林业主管部门应当根据陆生野生动物疫源疫病监测防控工作需要和应急预案的要求，做好防护装备、消毒物品、野外工作等应急物资的储备。

第二十二条　发生重大陆生野生动物疫病时，所在地人民政府林业主管部门应当在人民政府的统一领导下及时启动应急预案，组织开展陆生野生动物疫病监测防控和疫病风险评估，提出疫情风险范围和防控措施建议，指导有关部门和单位做好事发地的封锁、隔离、消毒等防控工作。

第二十三条　在陆生野生动物疫源疫病监测防控中，发现重点保护陆生野生动物染病的，有关单位和个人应当按照野生动物保护法及其实施条例的规定予以救护。

处置重大陆生野生动物疫病过程中，应当避免猎捕陆生野生动物；特殊情况确需猎捕陆生野生动物的，应当按照有关法律法规的规定执行。

第二十四条　县级以上人民政府林业主管部门应当采取措施，鼓励和支持有关科研机构开展陆生野生动物疫源疫病科学研究。

需要采集陆生野生动物样品的，应当遵守有关法律法规的规定。

第二十五条　县级以上人民政府林业主管部门及其监测机构应当加强陆生野生动物疫源疫病监测防控的宣传教育，提高公民防范意识和能力。

第二十六条　陆生野生动物疫源疫病监测信息应当按照国家有关规定实行管理，任何单位和个人不得擅自公开。

第二十七条　林业主管部门、陆生野生动物疫源疫病监测站等相关单位的工作人员玩忽职守，造成陆生野生动物疫情处置延误，疫情传播、蔓延的，或者擅自公开有关监测信息、编造虚假监测信息，妨碍陆生野生动物疫源疫病监测工作的，依法给予处分；构成犯罪的，依法追究刑事责任。

第二十八条　本办法自2013年4月1日起施行。

附录 8
国家林业和草原局突发陆生野生动物疫情应急预案

1 总则

1.1 编制目的

指导和规范突发陆生野生动物疫情应急处置工作，及时应对和有效控制突发陆生野生动物疫情，最大限度地降低突发陆生野生动物疫情对陆生野生动物资源、公众生命健康的危害，维护生态安全、生物安全、公共卫生安全，保障社会经济稳定发展。

1.2 编制依据

依据《中华人民共和国野生动物保护法》《中华人民共和国突发事件应对法》《国家突发公共事件总体应急预案》《突发事件应急预案管理办法》和《陆生野生动物疫源疫病监测防控管理办法》等法律、法规，制定本预案。

1.3 适用范围

本预案为部门应急预案，适用于我国境内突然发生，对陆生野生动物资源和公众生命健康造成或者可能造成严重危害的陆生野生动物疫情的应急处置工作。

1.4 工作原则

（1）统一领导，分级管理。根据突发陆生野生动物疫情的性质、范围、危害程度和发展变化，对突发陆生野生动物疫情实行分级管理和动态调整。县级以上人民政府陆生野生动物保护主管部门在本级人民政府统一领导下，负责辖区内突发陆生野生动物疫情应急处置工作。

（2）快速反应，加强合作。各级陆生野生动物保护主管部门要依照有关法律、法规，建立和完善突发陆生野生动物疫情应急体系、应急反应机制和应急处置制度，提高突发陆生野生动物疫情应急处置能力。发生疫情时，在当地政府的领导下，各有关部门和单位要通力合作、资源共享、措施联动，快速有序应对突发陆生野生动物疫情。

（3）科学防控，区域联动。突发陆生野生动物疫情应急处置工作要充分尊重和依靠科学，要强化防范和处置突发陆生野生动物疫情的技术保障。要加强疫情发生地的应急监测和受威胁地区的日常监测，实行区域联动，做到勤监测、早发现、严控制，防止陆生野生动物疫情传播扩散。

（4）加强预防，群防群控。贯彻预防为主的方针，加强陆生野生动物疫源疫病监测防控知识的宣传，提高全社会防范突发陆生野生动物疫情的意识；落实各项防范措施，做好人员、技术、物资和设备的应急储备工作，并根据需要定期开展技术培训和应急演练。要广泛组织、动员公众参与突发陆生野生动物疫情的发现和报告，做到群防群控。

1.5 疫情分级

根据突发陆生野生动物疫情的种类、涉及范围、危害程度和疫情流行趋势等情况，将疫情划分为特别重大（Ⅰ级）、重大（Ⅱ级）、较大（Ⅲ级）和一般（Ⅳ级）四级。

1.5.1 疫情分级标准

1.5.1.1 有下列情形之一的，为特别重大陆生野生动物疫情（Ⅰ级）：

（1）陆生野生动物种群中暴发Ⅰ类陆生野生动物疫病引起的疫情，并呈大面积扩散趋势，且可能对生物安全、公共卫生安全和野生动物种群安全造成严重威胁；

（2）我国尚未发现的或者已消灭的动物疫病在陆生野生动物种群中发生，且可能存在扩散风险；

（3）全国2个以上省级行政区域内发生同种重大突发陆生野生动物疫情（Ⅱ级），并有证据表明其存在一定关联，且呈大面积扩散趋势；

（4）国家林业和草原局认定的其他情形。

1.5.1.2 有下列情形之一的，为重大陆生野生动物疫情（Ⅱ级）：

（1）陆生野生动物暴发Ⅱ类陆生野生动物疫病引起的疫情，并呈扩散趋势，且可能对生物安全、公共卫生安全和野生动物种群安全造成威胁；

（2）一个省（区、市）的2个以上地级行政区域内发生同种较大突发陆生野生动物疫情（Ⅲ级），并有证据表明其存在一定关联，且呈大面积扩散趋势；

（3）省（区、市）级人民政府陆生野生动物保护主管部门认定的其他情形。

1.5.1.3 有下列情形之一的，为较大陆生野生动物疫情（Ⅲ级）：

（1）陆生野生动物暴发Ⅲ类陆生野生动物疫病引起的疫情，并呈扩散趋势，且可能对生物安全、公共卫生安全和野生动物种群安全造成威胁；

（2）1个市（地、州、盟）的2个以上县级行政区域内发生同种一般陆生野生动物疫情（Ⅳ级），并有证据表明其存在一定关联，且呈大面积扩散趋势；

（3）市（地、州、盟）级人民政府陆生野生动物保护主管部门认定的其他情形。

1.5.1.4 有下列情形的，为一般陆生野生动物疫情（Ⅳ级）：

在一个县级行政区域内，发生Ⅰ、Ⅱ、Ⅲ类陆生野生动物疫病以外疫病引发的疫情，并呈流行扩散趋势。

2 组织指挥体系及职责

2.1 应急指挥机构

县级以上人民政府陆生野生动物保护主管部门，在本级人民政府统一领导下，加强组织领导，配备专业力量，负责组织、协调本辖区内突发陆生野生动物疫情的应急处置工作。

2.2 专家委员会

县级以上人民政府陆生野生动物保护主管部门根据本辖区内突发陆生野生动物疫情应急处置工作需要，组建专家委员会，为应急处置提供技术支持。

2.3 应急处置预备队

县级以上人民政府陆生野生动物保护主管部门根据突发陆生野生动物疫情应急处置工作需要，组织经验丰富的专业人员，组建应急处置预备队，做好参与本辖区或协助其他区域进行突发陆生野生动物疫情应急处置的准备。

3 监测、报告和确认

3.1 监测

国家林业和草原局建立健全统一的突发陆生野生动物异常情况监测、报告和预警网络体系，负责开展突发陆生野生动物异常情况的日常监测工作。

县级以上人民政府陆生野生动物保护主管部门要按照国家有关规定，结合本地区实际，组织开展陆生野生动物疫病监测工作。

3.2 报告

任何单位和个人应当向当地陆生野生动物疫源疫病监测机构或者陆生野生动物保护主管部门报告突发陆生野生动物异常情况及其隐患。

3.3 疫情调查和确认

县级以上人民政府陆生野生动物保护主管部门接到陆生野生动物异常情况报告或疑似陆生野生动物疫病报告后，应当组织专业技术人员进行现场调查、取样、报（送）具备相关资质的实验室进行检测，同时应做好现场封锁隔离、消毒和无害化处理等工作。确诊为某种疫病后，所在地县级以上人民政府陆生野生动物保护主管部门应组织专家进行会商评估，进行分级。

疑似特别重大、重大、较大、一般陆生野生动物疫情，分别由国家林业和草原局、省（区、市）级人民政府陆生野生动物保护主管部门、市（地、州、盟）级人民政府陆生野生动物保护主管部门、县（市、区、旗）级人民政府陆生野生动物保护主管部门组织调查和确认。

3.4 上报

认定为疑似陆生野生动物疫病的，接报单位应按照规定逐级上报到国家林业和草原局，同时报告本级人民政府，并通报兽医、卫生等有关主管部门，并由上一级人民政府陆生野生动物保护主管部门向辖区内受威胁地区发布预警信息。

认定为重大以上级别陆生野生动物疫情的，国家林业和草原局应当及时向国务院报告。

4 应急响应

4.1 应急响应的原则

从快从严，快速反应：发生突发陆生野生动物疫情时，县级以上人民政府陆生野生动物保护主管部门应按照疫情级别作出应急响应，快速有效开展应急处置工作。

尊重科学，有效反应：突发陆生野生动物疫情应急处置工作应在有效控制疫情发生范围的前提下，采取边处理、边调查、边核实的方式，开展流行病学调查，争取从源头控制疫情扩散。同时，要根据突发陆生野生动物疫情发生规律和可能发展趋势以及防控工作的需要，及时升高或降低应急响应级别。

保护优先，依法处置：应当避免捕杀陆生野生动物。特殊情况确需猎捕陆生野生动物时，应按照有关法律法规执行。

4.2 应急响应措施

4.2.1 突发特别重大陆生野生动物疫情（Ⅰ级）的应急响应

特别重大陆生野生动物疫情发生后，国家林业和草原局及时向国务院报告，启动本预案。

国家林业和草原局立即组织专家委员会分析评估，提出应急处置建议等，组织有关专家赴现场指导处置工作，将疫情和工作进展情况及时上报。

在国家林业和草原局的指导下，省（区、市）级人民政府陆生野生动物保护主管部门在本级政府的领导下，立即组织开展应急处置工作。

疫情发生的市（地、州、盟）级和县（市、区、旗）级人民政府陆生野生动物保护主管部门在本级人民政府领导下，开展疫情的应急处置工作。

4.2.2 突发重大陆生野生动物疫情（Ⅱ级）的应急响应

重大陆生野生动物疫情发生后，省（区、市）级人民政府陆生野生动物保护主管部门及时向省级人民政府报告，启动省（区、市）级疫情应急响应机制。

省（区、市）级人民政府陆生野生动物保护主管部门立即组织专家委员会分析评估，提出应急处置建议等，开展应急处置工作，将工作情况及时报告国家林业和草原局和本级人民政府。国家林业和草原局加强指导和监督，协助开展应急处置工作。

疫情发生的市（地、州、盟）级和县（市、区、旗）级人民政府陆生野生动物保护主管部门在本级人民政府领导下，开展疫情的应急处置工作。

4.2.3 突发较大野生动物疫情（Ⅲ级）的应急响应

较大陆生野生动物疫情发生后，市（地、州、盟）级人民政府陆生野生动物保护主管部门及时向本级人民政府报告，启动应急响应机制。

市（地、州、盟）级人民政府陆生野生动物保护主管部门立即组织开展应急处置工作，将工作情况及时报告上一级陆生野生动物保护主管部门，同时报送本级人民政府。省（区、市）级人民政府陆生野生动物保护主管部门应当加强指导和监督，协助开展应急处置工作。

疫情发生的县（市、区、旗）级人民政府陆生野生动物保护主管部门在本级人民政府领导下，开展疫情的应急处置工作。

4.2.4 突发一般陆生野生动物疫情（Ⅳ级）的应急响应

一般陆生野生动物疫情发生后，县（市、区、旗）级人民政府陆生野生动物保护主管部门及时向本级人民政府报告，启动应急响应机制。

疫情发生的县（市、区、旗）级人民政府陆生野生动物保护主管部门立即开展应急处置工作，将应急工作情况及时报告上一级陆生野生动物保护主管部门，同时报送本级人民政府。市（地、州、盟）人民政府陆生野生动物保护主管部门加强指导和监督，协助开展应急处置工作。

4.3 应急响应的终止

自疫情发生区域内最后一头（只）发病陆生野生动物及其他有关陆生野生动物和产品按规定处理完毕起，经过该疫病的至少一个最长潜伏期以上的监测，未出现新的病例时，启动应急响应的部门应当组织有关专家对疫情控制情况进行评估，提出终止应急响应的建议，按程序报批，并向上级主管部门报告。

5 善后处理

5.1 后期评估

突发陆生野生动物疫情扑灭后，承担应急响应工作的部门应当组织人员对突发陆生野生动物疫情应急处置工作进行评估。评估的内容主要包括：陆生野生动物资源状况、生境恢复情况，流行病学调查结果、溯源情况，疫情处置经过、采取的措施及效果评价，应急处置过程中存在的问题、取得的经验和建议。

评估报告报上级陆生野生动物保护主管部门和本级人民政府。

5.2 表彰

各级人民政府陆生野生动物保护主管部门可根据有关规定对在突发陆生野生动物疫情应急处置工作中作出突出贡献的集体和个人进行表彰。

5.3 责任

对在突发陆生野生动物疫情的监测、报告、调查、防控和处置过程中，有玩忽职守、失职、渎职等违纪违法行为的；对未经授权私自泄露相关野生动物异常情况信息的；对未经授权在突发陆生野生动物疫情现场私自开展样品采集的，依据国家有关规定追究当事人的责任。

5.4 抚恤和补助

县级以上人民政府陆生野生动物保护主管部门报请本级人民政府对因参与突发陆生野生动物疫情应急处置工作致病、致残、致死的人员，按照有关规定给予相应的抚恤和补助。

5.5 灾后恢复

突发陆生野生动物疫情扑灭后，县级以上人民政府陆生野生动物保护主管部门应采取有效措施促进陆生野生动物资源恢复。

6 保障措施

县级以上人民政府陆生野生动物保护主管部门应积极协调有关部门，做好突发陆生野生动物疫情应急处置的保障工作。

6.1 经费保障

各级人民政府陆生野生动物保护主管部门报请本级人民政府，建立陆生野生动物疫源疫病监测防控经费分级投入机制，纳入本级财政预算。

6.2 物资保障

按照计划建立应急物资储备，主要包括：消毒药剂药械、日常监测、样品采集、防护用品、交通及通信工具等。

因突发陆生野生动物疫情应急处置需要，可向本级人民政府或上级陆生野生动物保护主管部门申请应急物资紧急调运。

6.3 技术保障

建立陆生野生动物疫源疫病监测防控专家库，依托科研院校开展陆生野生动物疫病监测技术和装备、防治技术等研究，做好技术储备工作。

6.4 人员保障

各级人民政府陆生野生动物保护主管部门应保证陆生野生动物疫源疫病监测队伍的稳定。组建以专职监测人员为主的突发陆生野生动物疫情应急处置预备队，配备必要安全防护装备。

6.5 演练培训

各级人民政府陆生野生动物保护主管部门要定期组织开展有针对性的应急演练，定期组织监测、消毒、无害化处理等方面的专业培训。

6.6 科普宣传

坚持科学宣传，宣传科学的原则，积极正面宣传，及时应对疫情舆情，解疑释惑，第一时间发出权威解读和主流声音，科学宣传普及防控知识，做好防控宣传工作。

7　预案管理

应急预案要定期评估，根据突发陆生野生动物疫情的形势变化和实施中发现的问题进行修订。

县级以上人民政府陆生野生动物保护主管部门要组织制定本辖区突发陆生野生动物疫情应急预案和实施方案，并报上级主管部门和本级人民政府备案。

8　术语

疫源：指携带危险性病原体，危及陆生野生动物种群安全，或者可能向人类、饲养动物传播的陆生野生动物。

疫病：指在陆生野生动物之间传播、流行，对陆生野生动物种群构成威胁或者可能传染给人类和饲养动物的传染性疾病。

陆生野生动物疫情：指在一定区域，陆生野生动物突然发生疫病，且迅速传播，导致陆生野生动物发病率或者死亡率高，给陆生野生动物资源造成严重危害，具有重要经济社会影响，或者可能对饲养动物和人民身体健康与生命安全造成危害的事件。

暴发：指在一定区域，短时间内发生波及范围广泛、出现大量陆生野生动物患病或者死亡病例，其发病率远远超过常年的发病水平的现象。

我国尚未发现的动物疫病：指新发现的动物疫病，或者在其他国家和地区已经发现，在我国尚未发生过的动物疫病，如疯牛病、非洲马瘟等。

我国已消灭的动物疫病：指在我国曾发生过，但已扑灭净化的动物疫病，如牛瘟、牛肺疫等。

Ⅰ、Ⅱ、Ⅲ类陆生野生动物疫病：见林业行业标准《陆生野生动物疫病危害性等级划分》（LY/T 2360—2014）。

受威胁区：指疫病从发生地通过陆生野生动物活动或者人为因素等传播，可能造成疫情扩散蔓延的区域。

现场封锁隔离：指对陆生野生动物异常情况发生现场，为防止无关人员或者其他野生动物进入而采取的划定警戒线、人员看守等防止潜在疫病扩散蔓延的防控措施。

本预案有关表述中，"以上"含本数，"以下"不含本数。

9　实施时间

本预案自发布之日起实施。

附录9

陆生野生动物疫源疫病监测规范（试行）

第一章　总　则

第一条　为维护国家公共卫生安全、饲养动物卫生安全，保护野生动物资源，依据《中华人民共和国动物防疫法》和《重大动物疫情应急条例》等有关法律法规，特制定本规范。

第二条　本规范所称疫源是指携带并有可能向人类、饲养动物传播危险性病原体的陆生野生动物；本规范所称疫病是指在野生动物之间传播、流行，对野生动物种群构成威胁或可能传染给人类和饲养动物的传染性疾病。

陆生野生动物疫源疫病监测系指，在监测野生动物物种种群中发现行为异常或不正常死亡时，记录信息、科学取样、检验检测、报告结果、应急处理、发布疫情的全过程。

第三条　陆生野生动物疫源疫病监测的主要任务是，对野生动物疫源疫病进行严密监测，及时准确掌握野生动物疫源疫病发生及流行动态。

第四条　执行陆生野生动物疫源疫病监测任务的人员必须经过相关专业培训，合格后方能上岗。

第五条　县级以上林业主管部门负责陆生野生动物疫源疫病监测工作。国家陆生野生动物疫源疫病监测体系主要由以下机构组成。

（一）国家林业局野生动物疫源疫病监测总站，以下简称监测总站。

（二）省级野生动物疫源疫病监测管理机构，以下简称省级管理机构。

（三）国家级、省级和市县级监测站。

（四）技术支撑机构。

第六条　国家林业局根据监测工作需要，聘请有关专家组成国家林业局野生动物疫源疫病监测专家委员会。专家委员会负责提供技术咨询，进行技术指导。

第二章　疫源疫病监测

第七条　监测的陆生野生动物疫源疫病范围包括：

（一）作为储存宿主、携带者能向人或饲养动物传播造成严重危害病原体的野生动物。

（二）已知的野生动物与人类、饲养动物共患的重要疫病。

（三）对野生动物自身具有严重危害的疫病。

（四）在国外发生，有可能在我国发生的与野生动物密切相关的人或饲养动物的新的重要传染性疫病。

（五）突发性的未知重要疫病。

第八条　监测的疫源疫病主要种类包括：

（一）鸟类

细菌性传染病：巴氏杆菌病（禽霍乱）、肉毒梭菌中毒、沙门氏杆菌病、结核、丹毒等。

病毒性传染病：禽流感、冠状病毒感染、副黏病毒感染、禽痘、鸭瘟、新城疫、东部马脑炎、西尼罗河病毒感染、网状内皮增生病毒感染等。

衣原体病：禽衣原体病（鸟疫）等。

立克次氏体病：Q热病等。

（二）兽类

细菌性传染病：鼠疫、猪链球菌病、结核、野兔热、布鲁氏菌病、炭疽、巴氏杆菌病等。

病毒性传染病：流感、口蹄疫、副粘病毒感染、汉坦病毒感染、冠状病毒感染、狂犬病、犬瘟热、登革热、黄热病、马尔堡病毒感染、埃博拉病毒感染、西尼罗河病毒感染、猴B病毒感染等。

（三）其他可引起野生动物发病或死亡的不明原因的疫病。

（四）国家要求监测的疫源疫病。

第九条　监测的主要野生动物物种包括：

兽类（灵长类、有蹄类、啮齿类、食肉类和翼手类等）和鸟类，特别是候鸟等迁徙物种和珍贵濒危野生动物。

第十条　监测的主要区域包括：

（一）监测物种的集中分布区域，如：集中繁殖地、越冬地、夜栖地、取食地及迁徙中途停歇地等。

（二）监测物种与人和饲养动物密切接触的重点区域。

（三）曾经发生过重大疫病的区域及周边地区。

第十一条　监测方法

采取点面结合的监测方式，分线路巡查和定点观测两种方法开展监测工作。

（一）线路巡查。根据野生动物种类、习性及当地生境特点科学设立巡查线路，定期按路线进行巡查。

（二）定点观测。在野生动物种群聚集地或迁徙通道设立固定观测点进行定点观测。

各监测机构应向社会公布监测电话，一旦接到群众报告野生动物发生异常情况，应立即赶赴现场进行处理。

第十二条　监测强度

一般情况下，每7～15d一次路线巡查或定点观测。必要时，对重点路线的巡查和重点区域的定点观测一日一次。紧急情况下，要对重点区域和路线实行24小时监控。

第十三条　野外监测具体内容

（一）监测区域内和周边地区野生动物的种群动态和活动规律。

（二）监测区域内和周边地区野生动物的发病、非正常死亡情况。

（三）监测区域内和周边地区野生动物行为异常、外部形态特征异常变化，或种群数量严重波动等异常情况。

第十四条　野外监测人员应在监测工作结束后及时将监测情况填入监测记录表（见附件1）。

第三章　样本采集、保存、包装和检测

第十五条　陆生野生动物疫源疫病监测的样本采集原则：

（一）怀疑为重大动物疫情的应立即报告当地动物卫生防疫部门，由其组织开展取样；确认非重大疫病致死的，各级监测站点可根据自身条件组织取样。

（二）对于国家级或省级重点保护野生动物，紧急情况下实行死亡动物采样与报批同步；正常情况下，应在获得国家相关部门的行政许可后，根据国家有关要求确定具体采样方式和强度。

（三）对于非重点保护野生动物，采样强度可根据野生动物种群大小，结合疫源疫病调查的需要进行确定。

第十六条　陆生野生动物的捕捉，根据监测取样的需要，针对不同的野生动物特点，采用不同的方法进行。为了从业人员和野生动物的安全，野生动物的捕捉必须由专业人员进行。

第十七条　样本的采集强度

（一）病原检测样本必须采集不低于2～5个野生动物的样本，珍贵濒危野生动物不低于2个样本。

（二）非重点保护野生动物的血清学检测样本不低于30个有效样本，且必须保证每个样本有一个复制品。珍贵濒危野生动物根据具体情况决定。

第十八条　陆生野生动物疫源疫病监测样本的采集种类，根据监测疫病的种类可采集血液、组织或脏器、分泌物、排泄物、渗出物、肠内容物、粪便或羽毛等。

第十九条　陆生野生动物疫源疫病监测样本的采样方式包括：

（一）活体野生动物的非损伤采样方式，如拭子、粪便和血样的采集。

（二）活体野生动物和尸检野生动物的损伤采样方式，如脾、肺、肝、肾和脑等组织的采集。

国家重点保护野生动物、珍稀濒危野生动物活体原则上不采用损伤性采样方式。

第二十条　尸体采样必须在动物死亡后24小时内进行。

第二十一条　活体野生动物被采样后，根据情况及时将其放归自然生境或进行救护。

第二十二条　采样所用物品和死亡野生动物需进行消毒和无害化处理。

第二十三条　采样人员应认真填写野外样本采集记录表（见附件2）。

第二十四条　采集样本的处理

（一）血清样本：无菌采取的动物血样，将盛血容器放于37℃温箱1小时后，置于4℃冰箱内3～4小时，待血块凝固，经3000r/min离心15分钟后，吸取血清。

（二）拭子样本：进行某些特定病原检测时，通常采喉气管拭子或肛拭子。将棉拭子插入咽喉部或肛部，轻轻擦拭并慢慢旋转，沾上分泌物或排泄物，然后将样本端剪下，置于盛有含抗菌素的pH为7.0～7.4的样本保存溶液的冰盒容器中。保存溶液中的抗菌素种类和浓度视情况而定。

（三）组织样本：对死亡不久的病死野生动物应采取组织样本，所采组织样本尽可能取自具有典型性病变的部位并放于样本袋或平皿中。

（四）粪便样本：对于小型珍贵野生动物，可只采集新鲜粪便样本，置于内含有抗菌素的样本保存溶液的容器中。

（五）动物样本：对于小型的野生动物，可直接将病死或发病野生动物装入双层塑料袋内。

（六）非病毒性疫病样本：处理时，必须无菌操作，不能使用抗菌素。

第二十五条　样本的保存

样本应密封于防渗漏的容器中保存，如塑料袋或瓶。能在24小时内送到实验室的样本可在2~8℃条件下保存运输；否则，应冷冻后运输。长期保存应冷冻（最好-70℃或以下），并避免反复冻融。

第二十六条　样本的包装

（一）保存样本的容器应注意密封，容器外贴封条，封条由贴封人（单位）签字（盖章），并注明贴封日期。

（二）包装材料应防水、防破损、防外渗。必须在内包装的主容器和辅助包装之间填充充足的吸附材料，确保能够吸附主容器中所有的液体。多个主容器装入一个辅助包装时，必须将它们分别包裹。外包装强度应充分满足对于其容器、重量及预期使用方式的要求。

（三）如样本中可能含有高致病性病原微生物，包装材料上应当印有国务院卫生主管部门或者兽医主管部门规定的生物危险标识、警告用语和提示用语。

第二十七条　待检样本的运输应根据国家有关规定实施。

第二十八条　样本由国家指定的实验室或当地动物防疫机构进行检测。疑似高致病性病原微生物感染的样本，需由具有从事高致病性病原微生物实验活动资格的实验室检测。

第二十九条　样本移交至检测单位时，应与样本接受单位办理移交手续，填写《报检记录表》（见附件3），并关注实验结果，及时上报、归档。

第四章　防护措施

第三十条　野外防护。

（一）一般防护：

1. 采样之前应了解采样环境和气候条件，对可能造成的意外采取预防措施。对采样环境中具有危险性的野生动物有所了解，并采取相应保护措施。

2. 密切接触感染野生动物的人员，应注意洗手消毒。

3. 长期从业人员应进行相关疫病的免疫接种和定期的健康体检。

（二）特殊防护：采样人员在采样时配备相应的防护服、护目镜、N95口罩或标准手术用口罩、可消毒的橡胶手套和可消毒的胶靴等。

第三十一条　室内防护

（一）实验室设计和建造应满足中华人民共和国国家标准GB50346—2004《生物安全实验室建筑技术规范》和GB19489—2004《实验室生物安全通用要求》的有关规定。

（二）参与野生动物疫源分离的实验室，应严格执行《病原微生物实验室生物安全管理条例》和国务院卫生主管部门及兽医主管部门发布的病原微生物名录的规定；实验室入口处须贴上生物危险标志，内部显著位置须贴上有关的生物危险信息，负责人姓名和电话号码。

第五章　监测信息报告及处理

第三十二条　监测信息报告是指各级监测站点将监测工作中发现的野生动物行为异常和异常死亡情况、采样信息和疫情上报。监测信息处理是指对监测站点报告的监测信息进行分类汇总、分析，得出信息处理结果或疫病的传播扩散趋势分析报告的过程。

第三十三条 监测信息报告实行日报、月报、年报和快报制度。记录信息中有关技术术语和调查数据处理方法按照原林业部公布的《全国陆生野生动物资源调查与监测技术规程》（修订版）执行。

（一）日报（见附件4）是由监测总站根据监测工作需要，规定在某一时期内实行的每日零报告制度。各监测站点将当日日常巡查和定点观察中所获得的监测信息，每日向所在地的省级管理机构报告。省级管理机构统计汇总分析各监测站点的监测信息后，按规定时间及时向监测总站报告。监测总站根据各省级管理机构的日报信息统计汇总分析后，在规定时间内向国家林业局报告。

（二）月报（见附件5）是各监测站点将上月日常巡查和定点观察中所获得的信息，在每月的3日之前，向省级管理机构报告。省级管理机构汇总后于每月5日前，报告监测总站。监测总站将全国汇总分析结果于每月10日前报国家林业局。

（三）年报是各监测站点于每年1月5日前将上年全年工作总结、疫源疫病监测汇总年报表（见附件6），向省级管理机构报告。省级管理机构于每年1月10日前将全年工作总结、疫源疫病监测汇总年报表、疫源疫病分析，报监测总站；监测总站将各单位的监测总结和分析报告汇总后形成全国的监测工作总结和分析报告，于1月20日前报国家林业局。

第三十四条 突发（紧急）事件实行快报制度。

（一）各监测站点发现野生动物大量行为异常或异常死亡等情况时，必须立即组织两名或两名以上专业技术人员赶赴现场，进行流行病学现场调查和野外初步诊断，确认为疑似传染病疫情后立即向当地动物防疫部门报告，并在2小时内，将《监测信息快报》（见附件7）报送监测总站，并同时抄报省级管理机构和当地林业主管部门。

（二）省级管理机构在收到各监测站点《监测信息快报》后，应在2小时内汇总报送监测总站。监测总站接到《监测信息快报》后，应在2小时内向国家林业局报告。

第三十五条 病原鉴定机构收到送检样本应及时进行检测检验，并将结果和处理建议按有关规定及时通报相关业务主管部门和报检单位。

第三十六条 报检单位接到鉴定结果后，应将情况报省级管理机构；省级管理机构向监测总站报告。如确诊为传染病疫情，报检单位应在2小时内将情况向省级管理机构报告；省级管理机构应在1小时内向监测总站报告；监测总站应在1小时内向国家林业局报告。

第三十七条 监测总站对报告的疫情数据，在野生动物资源数据库、野生动物迁徙（移）数据库和野生动物疫源疫病数据库的支持下或经与有关专家会商，得出疫病传播扩散趋势分析报告。

第三十八条 监测总站和省级管理机构应逐步建设和完善相应的野生动物资源数据库、野生动物迁徙（移）数据库和野生动物疫源疫病数据库，建立监测信息处理平台。

第三十九条 遇有国内或周边国家发生重大疫情，监测总站应召集有关专家进行疫情发展趋势分析，并提出处理措施建议，报国家林业局。

第四十条 种群死亡率或种群带菌或带毒（病毒）率的计算。

种群死亡率是指在某一野生动物种群中，因某种疫病死亡个体数量占种群数量的百分率。种群死亡率=死亡个体数量/种群数量×100%

种群带菌（毒）率是指在某一野生动物种群中，经检测携带有某种疫病个体数量占种群数量的百分率。种群带菌（毒）率=带菌（毒）数量/种群数量×100%。

第六章　异常情况应急处理

第四十一条　发生野生动物异常，经现场初检疑似或不能排除疫病因素时，应对发生地点实行消毒并隔离封锁。异常动物尸体应作无害化处理。对感病的野生动物应根据保护级别采取扑杀或隔离救护措施。确诊为重大动物疫情的，应立即启动应急预案，现场封锁时间不短于21天。

第四十二条　发生野生动物异常情况后，应按要求及时逐级向上级监测管理机构上报相关信息。

第四十三条　无害化处理

无害化处理可选择深埋、焚化、焚烧等方法，饲料、粪便也可以发酵处理。在处理过程中，应防止病原扩散，涉及运输、装卸等环节要避免洒漏，对运输装卸工具要彻底消毒。

（一）深埋　深埋点应远离居民区、水源和交通要道，避开公众视野，清楚表示；坑的覆盖土层厚度应大于1.5米，坑底铺垫生石灰，覆盖土以前再撒一层生石灰。坑的位置和类型应有利于防洪。野生动物尸体置于坑中，浇油焚烧，然后用土覆盖，与周围持平。填土不要太实，以免尸腐产气造成气泡冒出和液体渗漏。饲料、污染物以及野生动物所产卵等置于坑中，喷洒消毒剂后掩埋。

（二）焚烧焚化　根据异常情况发生地实际情况，充分考虑到环境保护原则下，采用浇油焚烧或焚尸炉焚化等焚烧方法进行。

（三）发酵　应在指定地点堆积，20℃以上环境条件下密封发酵至少42天。

第七章　疫情发布

第四十四条　陆生野生动物疫情信息由国家林业局通报国家相关部门，依法予以发布。其他任何单位和个人不得以任何方式公布陆生野生动物疫情。

第八章　附　则

第四十五条　本规范适用于我国境内陆生野生动物疫源疫病监测工作。

第四十六条　本规范由国家林业局负责解释。

附件1:

编号：

野生动物疫病野外监测记录表

监测人： 监测日期： 年 月 日

监测站点								
监测区域						地理坐标		
生境特征								
种 类	种群数量	种群特征	异常情况记录					
			症状和数量			现场初步检查结论	是否取样	现场处理情况	异常动物处理
			症状	死亡数量	其他异常数量				
备 注								

负责人：

填表说明：

1. 在监测区域内所有监测到的野生动物情况都应填入该表。

2. 生境特征：按《全国陆生野生动物资源调查与监测技术规程》（修订版）执行。

3. 种群特征：指种群是否为迁徙以及年龄垂直结构。

4. 异常动物处理情况：对初步检查发现异常的野生动物进行掩埋、焚烧等处理措施。

5. 现场处理情况：是否采取消毒、隔离等现场处理措施。

附件2：

野外样本采集记录表

编号：

年 月 日 ― 年 月 日

动物种类			采样地点		地理坐标	
生境特征			迁徙/非迁徙			
样本类别						
样本数量						
样本编号						
包装种类						
野生动物来源情况	抓捕时间	抓捕地点	人工养殖时间	人工养殖地点	饲料、饮水来源	养殖区附近的其它动物	有无与家畜家禽接触史
野生动物免疫情况	有无接种过疫苗，接种的疫苗类型、时间及剂量					
与之密切接触的其它动物的免疫状况						
采样动物处理情况						
填表人： 负责人：						

填表说明：

1. 样本数量：即取样动物的数量。

2. 样本类别：为血液、组织或脏器、分泌物、排泄物、渗出物、肠内容物、粪便或羽毛等。

3. 包装种类：样本的包装材质，如eppendorf管、西林瓶、离心管、塑料袋等。

附件3：

报检记录表

监测站点				日　期	
异常地点				地理坐标	
野生动物名称	采样动物数	样本种类	样本数	样本编号	包装种类
异常动物/样本 接受单位			接受人签字		
现场检测结果					
备　　注					

填表说明：

1. 样本种类：为尸体、血液、组织或脏器、分泌物、排泄物、渗出物、肠内容物、粪便或羽毛等。

2. 包装种类：样本的包装材质，如eppendorf管、西林瓶、离心管、塑料袋等。

附件4:

野生动物疫源疫病监测日报表

编号:

填报单位:　　　　　　　　　　　　　　　　　　　　填报日期:　　　年　　月　　日

监测地点	地理坐标	生境描述	监测物种			异常数量		异常情况描述和初检结论	动物防疫现场检测		现场处理情况	异常动物处理情况	监测人
			种类	种群特征	种群数量	死亡	其它		单位名称	结论			

填表人:　　　　　　　　负责人:

填表说明:

1. 监测地点: 在日常巡查或定点观测中, 野生动物集中地或发现异常情况之地。要准确详细填写。

2. 种类: 要准确填写。

3. 异常数量: 死亡和其它的数量。

4. 地理坐标: 监测地点的GPS记录数据。

附件5：

野生动物疫源疫病监测信息（　　）月报表

填报单位：　　　　　　　　　　　　　　　　　　填报日期：　　年　月　日

发现日期	疫病名称或不明原因	监测站点	发生地	地理坐标	染病野生动物				异常动物处理	现场处理	控制效果	样本情况	确诊机构	监测人
					种类	种群数量	染病数	死亡数						
合计														

填表人：　　　　　　　　负责人：

填表说明：

1. 月报表为上月监测数据。

2. 发生地，以乡镇、林场为单位。

3. 备注：有无扩散感染至人或畜禽等其他需说明的情况。

附件6：

野生动物疫源疫病监测信息（　　）年报表

填报单位：　　　　　　　　　　　　　　　　　填报日期：　　年　月　日

项目 疫病名称	发生起数	发现时间	发生地	野生动物				异常动物和现场处理情况	控制效果	确诊机构	备注
				名称	种群数量	死亡数	染病数				

填表人：　　　　　　　　　负责人：

填表说明：

1. 疫区范围：落实到乡（镇）、林场。

2. 发现时间：第一时间发现疫病的时间。

附件7：

监测信息快报

编号：　　　　　　　　　　　　　　　　　　　　报告时间：　　年　月　日

监测单位				
发现时间				
发现地点			地理坐标	
异常野生动物				
种类名称	种群特征	种群数量	异常数量	死亡数量
症状描述				
初检结论				
异常动物和现场处理情况				
报检情况				
现场检验结果				
监测人		负责人		

填表人：　　　　　　　负责人：

填表说明：

1. 每例异常事件填报一份该表。

2. 同一地点，同一连续时间段发现（发生）的事件为1例。

3. 发现地点：尽可能写明发生地地址。

附录 10

野生动物检疫办法

为加强野生动物检疫管理，维护公共卫生安全，根据《中华人民共和国动物防疫法》《中华人民共和国野生动物保护法》，制定本办法。

一、因科研、药用、展示等特殊情形需要非食用性利用（以下简称"非食用性利用"）的野生动物，应当按照本办法以及《野生动物检疫规程》（附件1）的规定经检疫合格，方可利用。

人工捕获的野生动物，应当按照本办法以及《野生动物检疫规程》的规定经检疫合格，方可饲养、经营和运输。

二、《野生动物检疫规程》和《野生动物重点检疫病种名录》（附件2）由农业农村部会同国家林业和草原局制定并根据实际情况及时调整。

三、出售、运输非食用性利用野生动物的，应当提前三天向所在地县级动物卫生监督机构申报检疫。

饲养、出售、运输人工捕获野生动物的，应当在捕获后三天内向捕获地县级动物卫生监督机构申报检疫。

申报检疫的，应当提交《野生动物检疫申报单》（见附件3）以及《野生动物检疫规程》规定的其他材料，并对申报材料的真实性负责。

四、饲养、出售、运输野生动物单位的执业兽医或者动物防疫技术人员，应当协助官方兽医实施检疫，按照《野生动物检疫规程》要求，开展野生动物隔离观察、健康状况记录、临床检查等工作，填写人工捕获野生动物的《野生动物临床检查证书》（附件4）。

五、动物卫生监督机构接到申报后，应当及时对申报材料进行审查。申报材料齐全且符合要求的，予以受理，并指派官方兽医实施检疫，可以安排协检人员协助官方兽医到现场或者指定地点核实信息、开展临床健康检查；不予受理的，应当说明理由。

六、经检疫合格的野生动物，由官方兽医出具动物检疫证明。

经检疫不合格的野生动物，由官方兽医出具检疫处理通知单，按照有关规定处理。

七、取得野生动物人工繁育许可证、特许猎捕证或者狩猎证等证件以及出售、利用野生动物行政许可文件或专用标识的，依法应当检疫而未经检疫的野生动物，经补检符合下列条件的，由官方兽医出具动物检疫证明。

（一）提供《野生动物重点检疫病种名录》规定的实验室疫病检测报告，检测结果合格；

（二）临床检查健康。

八、县级人民政府野生动物保护主管部门应当定期向同级农业农村主管部门通报辖区野生动物饲养单位生产和疫病监测情况，及时提供发现的依法应当检疫而未经检疫的线索。

县级人民政府农业农村主管部门应当定期向同级野生动物保护主管部门通报检疫过程

中发现的疫病情况。

九、省级人民政府农业农村主管部门应当推动本地区动物疫病检测实验室建设，会同野生动物保护主管部门完善野生动物检疫技术支撑体系。

十、本办法所称野生动物，是指《中华人民共和国野生动物保护法》规定保护的陆生脊椎野生动物以及核准为国家重点保护的非原产我国的陆生脊椎野生动物。水生野生动物苗种的检疫参照水产苗种检疫有关规定执行。

本办法所称运输，是指运输、携带、寄递野生动物出县境的行为。

十一、向无规定动物疫病区运输相关易感野生动物的检疫，按照《动物检疫管理办法》有关规定执行。

十二、本办法自2023年5月1日起施行。

附件：1. 野生动物检疫规程

　　　 2. 野生动物重点检疫病种名录

　　　 3. 野生动物检疫申报单样式及填写说明

　　　 4. 野生动物临床检查证书

附件1

野生动物检疫规程

1. 适用范围

本规程规定了野生动物的检疫范围、检疫合格标准、检疫程序、检疫结果处理和检疫记录。

本规程适用于《野生动物重点检疫病种名录》涉及的野生动物的检疫。

《野生动物重点检疫病种名录》未涉及的非食用性利用和人工捕获陆生脊椎野生保护动物的检疫，参照本规程执行。

2. 检疫合格标准

2.1 已按规定取得野生动物人工繁育许可证、特许猎捕证或者狩猎证等证件以及出售、利用野生动物行政许可文件、专用标识或法律法规规定的合法来源证明。

2.2 野生动物的饲养场所为非封锁区，或者捕获县域内无封锁区，且场所或县域内未发现相关动物疫情。

2.3 按照规定隔离观察野生动物，未发现异常。

2.4 应当附具《野生动物临床检查证书》的野生动物，检查结果合格。

2.5 提供有关野生动物的高致病性禽流感、狂犬病、布鲁氏菌病、结核病、非洲猪瘟等实验室疫病检测报告，且检测结果合格。

2.6 临床检查健康。

3. 检疫程序

3.1 申报方式

申报检疫采取在申报点填报或者通过传真、电子数据交换等方式。鼓励使用动物检疫管理信息化系统申报检疫。

3.2 申报受理

3.2.1 申报野生动物检疫的，申报人应当向所在地县级动物卫生监督机构申报，如实填写检疫申报单并按下列规定提交材料：

3.2.1.1 野生动物的人工繁育许可证等证件复印件。

3.2.1.2 野生动物保护主管部门对出售、利用该批次野生动物的专用标识、行政许可文件或者法律法规规定的合法来源证明复印件。

3.2.1.3 《野生动物重点检疫病种名录》载明的非食用性利用野生动物应当按照2.5要求附具实验室疫病检测报告；其中难以实施采样检测的国家重点保护野生动物，可以不开展实验室疫病检测，并附具申报前30天的隔离观察记录；该名录之外的非食用性利用野生动物应当附具申报前30天的隔离观察记录。已实施免疫的野生动物还应当附具免疫情况。

3.2.1.4 用于展示的野生动物，展示后需要继续运输的，申报检疫时除按照3.2.1.2、3.2.1.3提交材料外，还应当提供上一次运输时附具的动物检疫证明以及该检疫证明出具以来的每日健康状况记录。

3.2.1.5 饲养、出售、运输人工捕获野生动物的，申报检疫时除按照3.2.1.2提交材料外，还应当提供野生动物的特许猎捕证、狩猎证等证件复印件。

3.2.2 动物卫生监督机构在接到检疫申报后，核查野生动物是否属于检疫范围，且申报检疫提交材料是否符合规定。受理检疫申报的，应当派官方兽医或者协检人员到现场或指定地点核实信息、开展临床健康检查；不予受理的，应当说明理由。

3.3 人工捕获野生动物隔离检查

3.3.1 人工捕获野生动物单位的执业兽医、动物防疫技术人员或者人工捕获野生动物的个人应当对野生动物的精神状况、外观、呼吸状态、运动状态、饮水饮食情况及排泄物状态等进行隔离观察，并做好每日隔离观察记录。隔离观察期不得少于30天。

3.3.2 隔离观察期间，应当按照《野生动物重点检疫病种名录》要求对该批次野生动物进行实验室疫病检测，并附具检测报告。

3.3.3 观察期满后，执业兽医或者动物防疫技术人员应当结合隔离观察、检测等情况作出综合判断，填写《野生动物临床检查证书》。

人工捕获野生动物的个人应当对野生动物健康状况作出判断，并在每日隔离观察记录上签字确认；不能作出判断的，应当请执业兽医或者动物防疫技术人员实施临床检查，填写《野生动物临床检查证书》。

3.3.4 官方兽医或者协检人员对人工捕获野生动物实施临床检查前，应当查验每日隔离观察记录、有关实验室疫病检测报告以及按规定需要附具的《野生动物临床检查证书》。

前述隔离观察记录、每日健康状况记录应当载明野生动物的每日精神状况、外观、呼吸状态、运动状态、饮水饮食情况及排泄物状态，由执业兽医或者动物防疫技术人员填写并签字。

3.4 临床检查

3.4.1 群体检查。从静态、动态和食态等方面进行检查。主要检查群体精神状况、外观、呼吸状态、运动状态、饮水饮食情况及排泄物状态等。

3.4.2 个体检查。检查个体精神状况、体温、呼吸，哺乳纲动物的皮肤、被毛、可视黏膜、胸廓、腹部、排泄动作及排泄物形状，鸟纲动物的羽毛、天然孔、冠、髯、爪、粪等，爬行纲动物的皮肤及其衍生物、天然孔、运动姿态、排泄物形状等，两栖纲动物的皮肤及黏液、天然孔、运动状态、排泄物形状。

3.5 实验室疫病检测

3.5.1 对临床检查发现异常情况，疑似患有《野生动物重点检疫病种名录》规定疫病的，应当进行实验室疫病检测。

3.5.2 实验室疫病检测报告应当由动物疫病预防控制机构、取得相关资质认定、国家认可机构认可或者符合省级农业农村主管部门规定条件的实验室出具。

4. 检疫结果处理

4.1 经检疫合格的，出具动物检疫证明。

4.2 经检疫不合格的，出具检疫处理通知单，并按照有关规定处理。

4.2.1 发现患有《野生动物重点检疫病种名录》规定动物疫病的，应当按照《中华人民共和国动物防疫法》《重大动物疫情应急条例》和《农业农村部关于做好动物疫情报告等有关工作的通知》（农医发〔2018〕22号）的有关规定处理；国务院野生动物保护主管部门对国家重点保护野生动物有特殊规定的，按照其规定处理。

4.2.2 发现野生动物病死或者患有重点检疫病种以外动物疫病的，应当按照国务院野生动物保护主管部门的规定处理。

4.3 野生动物装载前和卸载后，申报人或者承运人应当对运载工具、笼具等进行清洗、消毒。

5. 检疫记录

5.1 检疫申报单。申报人应当按照动物卫生监督机构的要求填写检疫申报单。

5.2 检疫工作记录。官方兽医应当填写检疫工作记录，详细登记申报人姓名、地址、检疫申报时间、检疫时间、检疫地点、检疫动物种类、数量及用途、检疫结果处理、动物检疫证明编号等。

5.3 检疫申报单、有关申报材料和检疫工作记录保存期限不得少于12个月。

附件2

野生动物重点检疫病种名录

检疫范围			重点疫病种
哺乳纲	灵长目	懒猴科、猴科、猩猩科、长臂猿科	结核病
	树鼩目	树鼩科	犬瘟热
	食肉目	犬科	狂犬病、犬瘟热、犬细小病毒病
		熊科	犬细小病毒病
		大熊猫科	犬瘟热、犬细小病毒病
		鼬科	犬瘟热、狂犬病
		灵猫科	狂犬病
		猫科	狂犬病、猫泛白细胞减少症（猫瘟）、高致病性禽流感、犬瘟热
	奇蹄目	马科	马传染性贫血、马鼻疽、马流感
	偶蹄目	猪科	口蹄疫、猪瘟、非洲猪瘟、猪繁殖与呼吸综合征
		骆驼科、麝科、鹿科	口蹄疫、布鲁氏菌病、结核病
		牛科	口蹄疫、布鲁氏菌病、结核病、炭疽、小反刍兽疫、牛传染性胸膜肺炎、绵羊痘和山羊痘
	兔形目	兔科、鼠兔科	兔出血症
鸟纲			高致病性禽流感、新城疫
两栖纲			两栖类蛙虹彩病毒病、蛙脑膜炎败血症

　　注：对有关易感动物申报检疫时或者临床检查前，应当附具7日内出具的高致病性禽流感、狂犬病、布鲁氏菌病、结核病、非洲猪瘟实验室疫病检测报告。检测方法分别见：《高致病性禽流感防治技术规范》、《高致病性禽流感诊断技术》（GB/T 18936）、《禽流感病毒RT-PCR试验方法》（NY/T 772）；《狂犬病防治技术规范》、《动物狂犬病病毒中和抗体检测技术》（GB/T 34739）；《布鲁氏菌病防治技术规范》、《动物布鲁氏菌病诊断技术》（GB/T 18646）；《牛结核病防治技术规范》、《动物结核病诊断技术》（GB/T 18645）；《非洲猪瘟诊断技术》（GB/T 18648）。

附件3

野生动物检疫申报单样式及填写说明

野生动物检疫申报单
（申报人填写）

编号：
申报人：
联系电话：
动物种类：
数量及单位：
来源：
用途：
启运地点：
启运时间：
到达地点：
野生动物人工繁育许可证等批准证明　□有　编号　　　□无
出售、利用野生动物行政许可文件（标识）　□有　编号　　　□无
申报检疫前　　　日内或者人工捕获后的健康状况

精神状态	□正常	□异常
外观状况	□正常	□异常
呼吸状态	□正常	□异常
运动状态	□正常	□异常
饮水饮食	□正常	□异常
排泄物形状	□正常	□异常

现申报检疫，并承诺本次申报填写的信息提交的材料均真实有效，证物相符。
申报人签字 （盖章）
申报时间　年　月　日

申报处理结果
（动物卫生监督机构填写）

□受理。拟派员于　年　月　日到
　　　实施检疫。
□不受理。
理由：

经办人：
年　　月　　日

（动物卫生监督机构留存）

检疫申报处理单
（动物卫生监督机构填写）

No.
申报时间：年　月　日

处理意见：
□受理。拟派员于　年　月　日
到　　　实施检疫。
□不受理。
理由：

经办人：
动物检疫专用章
年　　月　　日

联系电话：

（交申报人）

注：本申报单规格为210mm×70mm，其中左联长110mm，右联长100mm。

填写说明:

1. 适用范围

用于野生动物的检疫申报。

2. 项目的填写

申报人:个人申报的,填写个人姓名;单位申报的,填写单位名称。

联系电话:填写移动电话,无移动电话的,填写固定电话。

动物种类:写明动物的名称,如"野猪"、"丹顶鹤"等。

数量及单位:应以汉字填写,数量使用大写数字记录,如叁头、肆只、陆匹、壹佰羽。

来源:填写人工饲养、捕获等。

用途:按实际用途填写,如科研、药用、展示、饲养等。

启运地点:非食用性利用的野生动物填写饲养地的省、市、县名和饲养场所名称;人工捕获的野生动物填写隔离场地的省、市、县名和隔离场所名称。

启运时间:野生动物离开饲养、隔离场所的时间。

到达地点:填写到达地的省、市、县名,以及饲养、利用场所名称。

附件4

野生动物临床检查证书

接报时间：　年　月　日　　　　　　　　　　　　　　　　　　No.

申报人			联系人		电话	
动　物	种类		数量及单位（大写）			
	用途	□科研 □药用 □展示 □饲养 □其他＿＿＿＿＿＿＿（填写具体用途）				
实施地点	＿＿＿＿省 ＿＿＿市（州） ＿＿＿县（市、区）＿＿＿镇（乡、街道）＿＿＿（捕获地点）					
拟运地点	＿＿＿＿省 ＿＿＿市（州） ＿＿＿县（市、区）＿＿＿镇（乡、街道）＿＿＿（接收单位）					
野生动物特许猎捕证等批准证明	□有 编号□有　　　　□无		出售、利用野生动物行政许可文件（标识）	□有 编号□有　　　□无		
动物疫病发生情况	□6个月内没有发生相关疫病 □6个月内发生过相关疫病＿＿＿＿＿（填写疫病名称）					
30天隔离观察情况	□是　　□否　　健康		实验室疫病检测情况	□是□否 实施检测	结果□是□否 符合要求	
				检测病种：		
群体状况	□是　　□否　　临床健康		个体状况	□是□否 临床健康		
备　注						
检　查　结　论						
此（批）动物经临床检查＿＿＿＿＿＿（是否合格），自签发之时起24小时内有效，本人对作出的结论负责。执业兽医（动物防疫技术人员）签字　　　　签证时间：　年　月　日　时						

附录 11

病死陆生野生动物无害化处理管理办法

第一条　为加强病死陆生野生动物无害化处理管理，防范疫病传播，保护陆生野生动物，保障生物安全和公共卫生安全，根据《生物安全法》《野生动物保护法》《动物防疫法》，制定本办法。

第二条　本办法适用于野外环境发现的染疫或者疑似染疫死亡、因病死亡或者死因不明的陆生野生动物的收集、无害化处理及其监督管理活动。

发生重大陆生野生动物疫情时，应当根据疫情防控要求开展病死陆生野生动物无害化处理。

第三条　国家林业和草原局负责指导全国病死陆生野生动物无害化处理工作。

县级以上地方人民政府林业和草原主管部门负责本行政区域内病死陆生野生动物无害化处理的组织实施、监督和管理工作。

第四条　病死陆生野生动物无害化处理采取就地就近处理和委托有资质的专业机构处理相结合的方式。

零星死亡、经初检排除疫病的陆生野生动物，可就地就近采用深埋等方法处理；大规模死亡或者死因不明的，以及确诊为重大动物疫病和人兽共患病的陆生野生动物，应委托有资质的专业机构集中处理。

事发地位于边远和交通不便地区的，结合实际情况和风险评估结果，可以就地就近采用深埋等方法处理。

第五条　病死陆生野生动物无害化处理应当符合《病死陆生野生动物无害化处理技术规范》。

第六条　从事病死陆生野生动物无害化处理相关工作的人员，应当具备相关专业技能，掌握必要的安全防护和应急处置等知识。

第七条　病死陆生野生动物无害化处理应当符合安全生产、生态环境、动物防疫等相关法律法规和标准规范要求。

野外采取焚烧等方式开展无害化处理的，应当遵守森林草原防灭火有关规定。

第八条　县级以上人民政府林业和草原主管部门应当配合财政等部门出台病死陆生野生动物无害化处理财政补助、设备购置与运行补贴等政策。

第九条　开展病死陆生野生动物无害化处理的单位，应当建立工作台账，详细记录病死陆生野生动物的来源、种类、数量、处理时间、处理地点、处理方式等信息，并留存影像资料。工作台账及影像资料保存期不少于2年。

县级人民政府林业和草原主管部门负责收集汇总本行政区域内陆生野生动物无害化处理情况，并及时录入陆生野生动物疫源疫病监测防控信息管理系统。

第十条　各级林业和草原主管部门应当加强病死陆生野生动物无害化处理的宣传教育，定期对辖区内工作开展情况进行监督检查，督促落实各项工作措施。

任何单位和个人都有权向各级林业和草原主管部门举报违反本办法规定的行为。接到举报的部门应当及时依法调查处理。

第十一条　在病死陆生野生动物无害化处理工作中存在滥用职权、玩忽职守、徇私舞弊等情形的，由纪检监察机关依纪依法处理；涉嫌犯罪的，移送司法机关，依法追究刑事责任。

未按照本办法有关规定处理或者随意弃置病死陆生野生动物的，依法追究责任。

第十二条　对不适用《野生动物检疫办法》和本办法第二条规定，确需无害化处理的陆生野生动物，可参照本办法执行。

第十三条　本办法自公布之日起施行。

附件

病死陆生野生动物无害化处理技术规范

1 范围

本规范规定了病死陆生野生动物无害化处理的分类原则、处理前监管、处理的基本原则、处理方法、收集暂存和转运、资料台账和处理后的合理利用等。

本规范适用于野外环境发现的染疫或者疑似染疫死亡、因病死亡或者死因不明的陆生野生动物的无害化处理。

2 引用文件

GB 5085.3 危险废物鉴别标准 浸出毒性鉴别

GB 8978 污水综合排放标准

GB 16297 大气污染物综合排放标准

GB 18484 危险废物焚烧污染控制标准

GB 18597 危险废物贮存污染控制标准

GB 19217 医疗废物转运车技术要求

NY/T 884 生物有机肥

3 术语和定义

3.1 陆生野生动物

指在陆地生活的野生动物，包括哺乳类、鸟类、爬行类、大部分两栖类和部分无脊椎动物。本文件特指林业和草原部门主管的哺乳类、鸟类、爬行类和两栖类动物。

3.2 无害化处理

指用物理、化学、生物等方法处理病死陆生野生动物，消灭其所携带的病原体，消除危害的过程。

3.3 焚烧法

指在高温条件下，使病死陆生野生动物进行充分氧化反应或热解反应，或以其他方式烧毁碳化病死陆生野生动物的方法。

3.4 深埋法

指按照相关规定，将病死陆生野生动物投入深埋坑中并覆盖、消毒，处理病死陆生野生动物的方法。

3.5 化制法

指在密闭的高压容器内，通过向容器夹层或容器内通入高温饱和蒸汽，在干热、压力或蒸汽、压力的作用下，处理病死陆生野生动物的方法。

4 病死陆生野生动物的分类

4.1 按保护等级

（1）国家一级保护野生动物（含《濒危野生动植物种国际贸易公约》附录Ⅰ物种）；

（2）国家二级保护野生动物（含《濒危野生动植物种国际贸易公约》附录Ⅱ物种）；

（3）其他野生动物。

4.2 按死亡原因

（1）重大动物疫病和人兽共患病；

（2）其他动物疫病；

（3）非传染病性疾病；

（4）中毒；

（5）不明原因死亡。

5 无害化处理前的监管

开展无害化处理之前，应经有管理权限的林业和草原主管部门对陆生野生动物尸体来源、品种、数量进行审核，获得批准后，方可在其监督下实施无害化处理。

发现陆生野生动物染疫或者疑似染疫的，在报告同级林业和草原主管部门的同时，应通报同级人民政府农业农村主管部门确定死亡原因。

6 处理方法

6.1 焚烧法

6.1.1 适用对象

染疫或者疑似染疫死亡、因病死亡或者死因不明的陆生野生动物，以及其他适用于焚烧处理的陆生野生动物。

6.1.2 焚烧炉焚烧

6.1.2.1 技术要求

可视情况对病死陆生野生动物进行破碎等预处理。

将病死陆生野生动物或破碎产物，投至焚烧炉本体燃烧室，经充分氧化、热解，产生的高温烟气进入二次燃烧室继续燃烧，产生的炉渣经出渣机排出。

燃烧室温度应 ≥850℃。二次燃烧室出口烟气经余热利用系统、烟气净化系统处理，达到GB 16297要求后排放。

焚烧炉渣与除尘设备收集的焚烧飞灰应分别收集、贮存和运输。焚烧炉渣按一般固体废物处理或作资源化利用；焚烧飞灰和其他尾气净化装置收集的固体废物需按GB 5085.3要求作危险废物鉴定，如属于危险废物，则按GB 18484和GB 18597要求处理。

6.1.2.2 注意事项

严格控制焚烧进料频率和重量，使病死陆生野生动物或破碎产物能够充分与空气接触，保证完全燃烧。

燃烧室内应保持负压状态，避免焚烧过程中发生烟气泄漏。

6.1.3 堆积焚烧

6.1.3.1 选址要求

焚烧地点应远离公众，并位于平坦、开阔的地面上，没有建筑物、易燃物、架空电缆和浅地下管道或电缆。应避免在建筑、道路或人口密集区域的上风位置，以及降水径流可能污染的位置。

6.1.3.2 技术要求

尸体必须放置在一定数量的可燃支撑材料上，足以将其完全化为灰烬。材料的布置方式也必须允许足够的空气流向火中。不应使用汽油或其他高度挥发的可燃液体。应根据需要添加其他可燃材料，确保燃烧充分。当火熄灭后，应掩埋灰烬，对该区域进行消毒。

6.1.3.3 注意事项

只有在无法掩埋的情况下，才应考虑焚烧法。焚烧过程要安排专人在现场全过程监管，确保用火安全。在防火期内和可能存在火灾隐患的区域，要严格遵守当地森林草原防火有关要求。

6.2 深埋法

6.2.1 适用对象

因陆生野生动物疫情或自然灾害等突发事件致死的陆生野生动物的应急处理，以及边远和交通不便地区死亡陆生野生动物的处理。严禁用于患有炭疽等芽孢杆菌类疫病，以及牛海绵状脑病、痒病的染疫陆生野生动物尸体、组织的处理。

6.2.2 选址要求

应选择地势高燥，处于下风向的地点。应远离学校、公共场所、居民住宅区、村庄、动物饲养和屠宰场所、饮用水源地、河流等地区。

6.2.3 技术要求

深埋坑体容积以实际处理陆生野生动物尸体数量确定。

深埋坑底应高出地下水位1.5m以上，要防渗、防漏，坑底撒一层厚度为2～5cm的生石灰或漂白粉等消毒药，将病死陆生野生动物尸体或组织、器官等投入坑内，在其上撒一层厚度为2～5cm的生石灰或漂白粉等消毒药，覆盖距地表厚度不少于1.5m以上的覆土，再在其上撒一层厚度为2～5cm的生石灰或漂白粉等消毒药。

6.2.4 注意事项

深埋覆土不要太实，以免腐败产气造成气泡冒出和液体渗漏。

深埋后，在深埋处设置警示标识。

深埋后，第一周内应每日巡查1次，第二周起应每周巡查1次，连续巡查3个月，深埋坑塌陷处应及时加盖覆土。

深埋后，立即用氯制剂、漂白粉或生石灰等消毒药对深埋场所进行1次彻底消毒。第一周内应每日消毒1次，第二周起应每周消毒1次，连续消毒3周以上。

6.3 化制法

6.3.1 适用对象

不得用于患有炭疽等芽孢杆菌类疫病，以及牛海绵状脑病、痒病的染疫陆生野生动物尸体、组织和器官等的处理。其他适用对象同6.1.1。

6.3.2 干化法

6.3.2.1 技术要求

可视情况对病死陆生野生动物进行破碎等预处理。

陆生野生动物尸体或破碎产物输送入高温高压灭菌容器，处理物中心温度≥140℃，压力≥0.5MPa（绝对压力），时间≥4h（具体处理时间视处理物种类和体积大小而设定），加热烘干产生的热蒸汽经废气处理系统后排出，加热烘干产生的动物尸体残渣传输至压榨系统处理。

6.3.2.2 注意事项

搅拌系统的工作时间应以烘干剩余物基本不含水分为宜，根据处理物量的多少，适当延长或缩短搅拌时间。

应使用合理的污水处理系统，有效去除有机物、氨氮，达到GB 8978要求。

应使用合理的废气处理系统，有效吸收处理过程中动物尸体腐败产生的恶臭气体，达到GB 16297要求后排放。

高温高压灭菌容器操作人员应符合相关专业要求，持证上岗。处理结束后，需对墙面、地面及其相关工具进行彻底清洗消毒。

6.3.3 湿化法

6.3.3.1 技术要求

可视情况对病死陆生野生进行破碎预处理。

将陆生野生动物尸体或破碎产物送入高温高压容器，总质量不得超过容器总承受力的五分之四，处理物中心温度≥135℃，压力≥0.3MPa（绝对压力），处理时间≥30min（具体处理时间随处理物种类和体积大小而设定）。

高温高压结束后，对处理产物进行初次固液分离，固体物经破碎处理后，送入烘干系统，液体部分送入油水分离系统处理。

6.3.3.2 注意事项

高温高压容器操作人员应符合相关专业要求，持证上岗。

处理结束后，需对墙面、地面及其相关工具进行彻底清洗消毒。

冷凝排放水应冷却后排放，产生的废水应经污水处理系统处理，达到GB 8978要求。处理车间废气应通过安装自动喷淋消毒系统、排风系统和高效微粒空气过滤器（HEPA过滤器）等进行处理，达到GB 16297要求后排放。

6.4 发酵法

6.4.1 适用对象

因重大动物疫病及人兽共患病死亡的陆生野生动物尸体不得使用此种方式进行处理。其他适用对象同6.3.1。

6.4.2 技术要求

对陆生野生动物尸体进行解冻、破碎预处理。

将破碎后的陆生野生动物尸体投至发酵池或发酵机或其他可用设施中，添加稻壳、米糠、微生物等调整材料，将水分调至75%～85%开始混合发酵处理约72h。

经发酵后的陆生野生动物尸体在微生物的作用下产出的处理产物，应符合NY/T 884的要求制成有机肥料供使用。

处理过程中腐败产生的恶臭气体应使用通风系统或进入洗涤塔除臭系统进行处理，并搭配酸碱中和及消毒剂使用，符合GB 16297的要求后排放或回收。

6.4.3 注意事项

发酵时供给充足的空气，并且环境温度维持在50℃～75℃之间持续发酵3d，以便有利于微生物的分解。

若有血水滴漏，在处理结束后，需对施工环境和工具进行彻底清洗消毒。

使用的污水处理系统，应能有效去除有机物、氨氮，符合GB 8978的要求。

6.5 化学、物理消毒法

6.5.1 适用对象

适用于被病原微生物污染或疑似被污染的陆生野生动物皮张、鬃毛、角、蹄、骨骼和牙齿等的无害化处理。

6.5.2 盐酸食盐溶液消毒法

用2.5%盐酸溶液和15%食盐水溶液等量混合，将皮张浸泡在此溶液中，并使溶液温度保持在30℃左右，浸泡40h，1m²的皮张用10L消毒液（或按100mL25%食盐水溶液中加入盐酸1mL配制消毒液，在室温15℃条件下浸泡48h，皮张与消毒液之比为1∶4）。

浸泡后捞出沥干，放入2%（或1%）氢氧化钠溶液中，以中和皮张上的酸，再用水冲洗后晾干。

6.5.3 过氧乙酸消毒法

将皮张放入新鲜配制的2%过氧乙酸溶液中浸泡30min后，将皮张捞出，再用水冲洗后晾干。

6.5.4 碱盐溶液浸泡消毒法

将皮张浸入5%碱盐溶液（饱和盐水内加5%氢氧化钠）中，室温（18~25℃）浸泡24h，并随时加以搅拌。

取出皮张挂起，待碱盐溶液流净，放入5%盐酸溶液内浸泡，使皮张上的酸碱中和。

将皮张捞出，用水冲洗后晾干。

6.5.5 高压消毒法

将病死陆生野生动物的角、蹄、骨骼和牙齿放入高压锅内蒸煮至脱胶或脱脂时止。

6.5.6 煮沸消毒法

将鬃毛于沸水中煮沸2~2.5h。

6.5.7 消毒剂擦拭法

适用非传染性疾病致死的陆生野生动物的皮张、鬃毛、角、蹄、骨骼和牙齿的消毒。

用75%的酒精或者新洁尔灭溶液对动物的皮张、鬃毛、角、蹄、骨骼和牙齿进行反复擦拭，再用水反复冲洗后晾干。

7 收集、暂存和转运

7.1 收集

收集病死陆生野生动物的容器应符合密闭、防水、防渗、防破损、耐腐蚀等要求，并且容积、尺寸和数量应与需处理病死陆生野生动物尸体的体积、数量相匹配。

收集后应对容器进行密封。

7.2 暂存

采用冷冻或冷藏方式进行暂存，暂存场所应设置独立封闭的贮存区域，并且防渗、防漏、防鼠、防盗，易于清洗消毒。

暂存场所应设置明显警示标识。

应定期对暂存场所及周边环境进行清洗消毒。

7.3 转运

应选择符合GB 19217条件的车辆或专用封闭厢式运载车辆，并配备能够接入国家监管监控平台的车辆定位跟踪系统、车载终端。

车辆驶离暂存场所前，应对车轮及车厢外部进行消毒。

转运车辆应尽量避免进入人口密集区。

作业过程中如发生渗漏，应当妥善处理后再继续运输。

卸载后，应对转运车辆及相关工具等进行彻底清洗、消毒。

8 其他要求

8.1 人员防护

病死陆生野生动物的收集、暂存、转运、无害化处理操作的工作人员应经过专门培训，掌握相应的生物安全防护知识。

工作人员在操作过程中应穿戴防护服、口罩、护目镜、胶鞋及手套等防护用具。

工作人员应使用专用的收集工具、包装用品、转运工具、清洗工具、消毒器材等。

工作完毕后，应对一次性防护用品作销毁处理，对循环使用的防护用品消毒处理。

8.2 资料台账

暂存台账、接收台账和记录应包括病死陆生野生动物的来源、种类、数量、动物标识号、死亡原因、消毒方法、收集时间、经办人员等。

转运台账和记录应包括运输人员、联系方式、转运时间、车牌号、病死陆生野生动物的种类、数量、动物标识号、消毒方法、转运目的地以及经办人员等。

处理台账和记录应包括处理时间、处理方式、处理数量及操作人员等。

处理过程中应有相关专业人员全程跟踪监控，直至处理完成。

9 病死陆生野生动物的无害化处理后合理利用

病死陆生野生动物无害化处理后，经检测确定无病原微生物感染等生物安全风险后，按权限报请林业和草原主管部门批准后，可以制成剥制标本、假剥制标本、浸制标本和骨骼标本，或其他有价值的样品，用于宣传教育和科学研究。

附录 12

鸟类环志管理办法（试行）

第一条 为加强和规范鸟类环志活动，促进鸟类资源的保护与管理，根据国家有关规定，制定本办法。

第二条 凡开展鸟类环志活动的，应当遵守本办法。

本办法所称鸟类环志系指将国际通行的印有特殊标记的材料佩戴或植入鸟类身体对其进行标记，然后将鸟放归自然，通过再捕获、野外观察、无线电跟踪或卫星跟踪等方法获得鸟类生物学和生态学信息的科研活动。

第三条 国家鼓励自然保护区、科研机构、大中专院校、野生动物保护组织等单位结合科研项目及教学实践开展鸟类环志活动。

第四条 国家林业局主管全国鸟类环志管理工作。

县级以上林业行政主管部门负责辖区内鸟类环志管理工作。

第五条 全国鸟类环志中心是全国鸟类环志的技术管理机构，负责组织和指导全国鸟类环志活动。

第六条 全国鸟类环志中心的职责：

（一）负责编制全国鸟类环志规划和技术规程，并组织实施、指导和协调鸟类环志活动；

（二）监制和发放环志工具、标记物；

（三）收集和管理全国鸟类环志信息；

（四）制订全国鸟类环志培训计划，组织培训鸟类环志人员；

（五）开展国际合作与信息交流；

（六）承担国家林业局委托的其他工作。

第七条 在下列区域，县级以上林业行政主管部门可以建立鸟类环志站：

（一）重要的水禽湿地；

（二）鸟类集中的繁殖地、越冬地和迁徙停歇地；

（三）自然保护区；

（四）具备环志条件的其他区域。

第八条 鸟类环志站的职责：

（一）制订并组织实施辖区内鸟类环志计划，组织开展鸟类环志活动、掌握鸟类资源动态；

（二）汇总、上报鸟类环志记录及回收信息；

（三）普及鸟类环志知识；

（四）承担县级以上林业行政主管部门委托的其他鸟类调查、监测、培训、鉴定和研究工作。

第九条　建立鸟类环志站应具备下列条件：

（一）2名以上具有鸟类环志合格证书的工作人员；

（二）稳定的环志事业费；

（三）必要的办公设备、环志工具。

第十条　鸟类环志站的建立，由所在地林业行政主管部门提出申请，经省、自治区、直辖市林业行政主管部门审核同意后，报国家林业局批准。

第十一条　鸟类环志站的名称使用"地名+鸟类环志站"。

第十二条　国家鼓励与支持多渠道筹集资金开展鸟类环志工作。

鸟类环志工作是社会公益事业，其经费纳入事业经费预算。

第十三条　从事鸟类环志活动的人员，必须持有全国鸟类环志中心颁发的鸟类环志合格证书。鸟类环志合格证书由全国鸟类环志中心统一印制。

第十四条　全国鸟类环志中心按年度向国家林业局提交全国鸟类环志计划，经批准后实施鸟类环志的，不再另行办理特许猎捕证、狩猎证。

第十五条　开展鸟类环志活动，应当遵守国家有关鸟类环志的技术规程。

第十六条　开展鸟类环志活动，必须使用全国鸟类环志中心监制的鸟环或者其认可的其它标记物。

第十七条　国外组织或个人在中国境内开展鸟类环志活动的，应向全国鸟类环志中心提交环志活动申请及方案，报国家林业局批准后，由全国鸟类环志中心统一安排环志活动。

第十八条　鸟类环志站按年度向全国鸟类环志中心提交工作报告。

其它经批准开展鸟类环志活动的，应在环志活动结束后3个月内，向全国鸟类环志中心提交工作报告。

第十九条　禁止假借鸟类环志活动，非法猎捕鸟类。

第二十条　本办法由国家林业局负责解释。

第二十一条　本办法自发布之日起施行。

附录 13

国家重点保护野生动物名录

国家重点保护野生动物名录

中文名	学名	保护级别		备注
脊索动物门 CHORDATA				
哺乳纲 MAMMALIA				
灵长目#	**PRIMATES**			
懒猴科	**Lorisidae**			
蜂猴	*Nycticebus bengalensis*	一级		
倭蜂猴	*Nycticebus pygmaeus*	一级		
猴科	**Cercopithecidae**			
短尾猴	*Macaca arctoides*		二级	
熊猴	*Macaca assamensis*		二级	
台湾猴	*Macaca cyclopis*	一级		
北豚尾猴	*Macaca leonina*	一级		原名"豚尾猴"
白颊猕猴	*Macaca leucogenys*		二级	
猕猴	*Macaca mulatta*		二级	
藏南猕猴	*Macaca munzala*		二级	
藏酋猴	*Macaca thibetana*		二级	
喜山长尾叶猴	*Semnopithecus schistaceus*	一级		
印支灰叶猴	*Trachypithecus crepusculus*	一级		
黑叶猴	*Trachypithecus francoisi*	一级		
菲氏叶猴	*Trachypithecus phayrei*	一级		
戴帽叶猴	*Trachypithecus pileatus*	一级		
白头叶猴	*Trachypithecus leucocephalus*	一级		
肖氏乌叶猴	*Trachypithecus shortridgei*	一级		
滇金丝猴	*Rhinopithecus bieti*	一级		
黔金丝猴	*Rhinopithecus brelichi*	一级		
川金丝猴	*Rhinopithecus roxellana*	一级		
怒江金丝猴	*Rhinopithecus strykeri*	一级		
长臂猿科	**Hylobatidae**			
西白眉长臂猿	*Hoolock hoolock*	一级		
东白眉长臂猿	*Hoolock leuconedys*	一级		

续表

中文名	学名	保护级别	备注
高黎贡白眉长臂猿	*Hoolock tianxing*	一级	
白掌长臂猿	*Hylobates lar*	一级	
西黑冠长臂猿	*Nomascus concolor*	一级	
东黑冠长臂猿	*Nomascus nasutus*	一级	
海南长臂猿	*Nomascus hainanus*	一级	
北白颊长臂猿	*Nomascus leucogenys*	一级	
鳞甲目#	**PHOLIDOTA**		
鲮鲤科	**Manidae**		
印度穿山甲	*Manis crassicaudata*	一级	
马来穿山甲	*Manis javanica*	一级	
穿山甲	*Manis pentadactyla*	一级	
食肉目	**CARNIVORA**		
犬科	**Canidae**		
狼	*Canis lupus*	二级	
亚洲胡狼	*Canis aureus*	二级	
豺	*Cuon alpinus*	一级	
貉	*Nyctereutes procyonoides*	二级	仅限野外种群
沙狐	*Vulpes corsac*	二级	
藏狐	*Vulpes ferrilata*	二级	
赤狐	*Vulpes vulpes*	二级	
熊科#	**Ursidae**		
懒熊	*Melursus ursinus*	二级	
马来熊	*Helarctos malayanus*	一级	
棕熊	*Ursus arctos*	二级	
黑熊	*Ursus thibetanus*	二级	
大熊猫科#	**Ailuropodidae**		
大熊猫	*Ailuropoda melanoleuca*	一级	
小熊猫科#	**Ailuridae**		
小熊猫	*Ailurus fulgens*	二级	
鼬科	**Mustelidae**		
黄喉貂	*Martes flavigula*	二级	
石貂	*Martes foina*	二级	
紫貂	*Martes zibellina*	一级	
貂熊	*Gulo gulo*	一级	
*小爪水獭	*Aonyx cinerea*	二级	

续表

中文名	学名	保护级别		备注
*水獭	*Lutra lutra*		二级	
*江獭	*Lutrogale perspicillata*		二级	
灵猫科	**Viverridae**			
大斑灵猫	*Viverra megaspila*	一级		
大灵猫	*Viverra zibetha*	一级		
小灵猫	*Viverricula indica*	一级		
椰子猫	*Paradoxurus hermaphroditus*		二级	
熊狸	*Arctictis binturong*	一级		
小齿狸	*Arctogalidia trivirgata*	一级		
缟灵猫	*Chrotogale owstoni*	一级		
林狸科	**Prionodontidae**			
斑林狸	*Prionodon pardicolor*		二级	
猫科#	**Felidae**			
荒漠猫	*Felis bieti*	一级		
丛林猫	*Felis chaus*	一级		
草原斑猫	*Felis silvestris*		二级	
渔猫	*Felis viverrinus*		二级	
兔狲	*Otocolobus manul*		二级	
猞猁	*Lynx lynx*		二级	
云猫	*Pardofelis marmorata*		二级	
金猫	*Pardofelis temminckii*	一级		
豹猫	*Prionailurus bengalensis*		二级	
云豹	*Neofelis nebulosa*	一级		
豹	*Panthera pardus*	一级		
虎	*Panthera tigris*	一级		
雪豹	*Panthera uncia*	一级		
海狮科#	**Otariidae**			
*北海狗	*Callorhinus ursinus*		二级	
*北海狮	*Eumetopias jubatus*		二级	
海豹科#	**Phocidae**			
*西太平洋斑海豹	*Phoca largha*	一级		原名"斑海豹"
*髯海豹	*Erignathus barbatus*		二级	
*环海豹	*Pusa hispida*		二级	

中文名	学名	保护级别	备注
长鼻目#	**PROBOSCIDEA**		
象科	**Elephantidae**		
亚洲象	*Elephas maximus*	一级	
奇蹄目	**PERISSODACTYLA**		
马科	**Equidae**		
普氏野马	*Equus ferus*	一级	原名"野马"
蒙古野驴	*Equus hemionus*	一级	
藏野驴	*Equus kiang*	一级	原名"西藏野驴"
偶蹄目	**ARTIODACTYLA**		
骆驼科	**Camelidae**		原名"驼科"
野骆驼	*Camelus ferus*	一级	
鼷鹿科#	**Tragulidae**		
威氏鼷鹿	*Tragulus williamsoni*	一级	原名"鼷鹿"
麝科#	**Moschidae**		
安徽麝	*Moschus anhuiensis*	一级	
林麝	*Moschus berezovskii*	一级	
马麝	*Moschus chrysogaster*	一级	
黑麝	*Moschus fuscus*	一级	
喜马拉雅麝	*Moschus leucogaster*	一级	
原麝	*Moschus moschiferus*	一级	
鹿科	**Cervidae**		
獐	*Hydropotes inermis*	二级	原名"河麂"
黑麂	*Muntiacus crinifrons*	一级	
贡山麂	*Muntiacus gongshanensis*	二级	
海南麂	*Muntiacus nigripes*	二级	
豚鹿	*Axis porcinus*	一级	
水鹿	*Cervus equinus*	二级	
梅花鹿	*Cervus nippon*	一级	仅限野外种群
马鹿	*Cervus canadensis*	二级	仅限野外种群
西藏马鹿（包括白臀鹿）	*Cervus wallichii*（*C. w. macneilli*）	一级	
塔里木马鹿	*Cervus yarkandensis*	一级	仅限野外种群
坡鹿	*Panolia siamensis*	一级	
白唇鹿	*Przewalskium albirostris*	一级	
麋鹿	*Elaphurus davidianus*	一级	
毛冠鹿	*Elaphodus cephalophus*	二级	

中文名	学名	保护级别	备注
驼鹿	*Alces alces*	一级	
牛科	**Bovidae**		
野牛	*Bos gaurus*	一级	
爪哇野牛	*Bos javanicus*	一级	
野牦牛	*Bos mutus*	一级	
蒙原羚	*Procapra gutturosa*	一级	原名"黄羊"
藏原羚	*Procapra picticaudata*	二级	
普氏原羚	*Procapra przewalskii*	一级	
鹅喉羚	*Gazella subgutturosa*	二级	
藏羚	*Pantholops hodgsonii*	一级	
高鼻羚羊	*Saiga tatarica*	一级	
秦岭羚牛	*Budorcas bedfordi*	一级	
四川羚牛	*Budorcas tibetanus*	一级	
不丹羚牛	*Budorcas whitei*	一级	
贡山羚牛	*Budorcas taxicolor*	一级	
赤斑羚	*Naemorhedus baileyi*	一级	
长尾斑羚	*Naemorhedus caudatus*	二级	
缅甸斑羚	*Naemorhedus evansi*	二级	
喜马拉雅斑羚	*Naemorhedus goral*	一级	
中华斑羚	*Naemorhedus griseus*	二级	
塔尔羊	*Hemitragus jemlahicus*	一级	
北山羊	*Capra sibirica*	二级	
岩羊	*Pseudois nayaur*	二级	
阿尔泰盘羊	*Ovis ammon ammon*	二级	
哈萨克盘羊	*Ovis collium*	二级	
戈壁盘羊	*Ovis darwini*	二级	
西藏盘羊	*Ovis hodgsoni*	一级	
天山盘羊	*Ovis karelini*	二级	
帕米尔盘羊	*Ovis polii*	二级	
中华鬣羚	*Capricornis milneedwardsii*	二级	
红鬣羚	*Capricornis rubidus*	二级	
台湾鬣羚	*Capricornis swinhoei*	一级	
喜马拉雅鬣羚	*Capricornis thar*	一级	

续表

中文名	学名	保护级别	备注
啮齿目	**RODENTIA**		
河狸科#	**Castoridae**		
河狸	*Castor fiber*	一级	
松鼠科	**Sciuridae**		
巨松鼠	*Ratufa bicolor*	二级	
兔形目	**LAGOMORPHA**		
鼠兔科	**Ochotonidae**		
贺兰山鼠兔	*Ochotona argentata*	二级	
伊犁鼠兔	*Ochotona iliensis*	二级	
兔科	**Leporidae**		
粗毛兔	*Caprolagus hispidus*	二级	
海南兔	*Lepus hainanus*	二级	
雪兔	*Lepus timidus*	二级	
塔里木兔	*Lepus yarkandensis*	二级	
海牛目#	**SIRENIA**		
儒艮科	**Dugongidae**		
*儒艮	*Dugong dugon*	一级	
鲸目#	**CETACEA**		
露脊鲸科	**Balaenidae**		
*北太平洋露脊鲸	*Eubalaena japonica*	一级	
灰鲸科	**Eschrichtiidae**		
*灰鲸	*Eschrichtius robustus*	一级	
须鲸科	**Balaenopteridae**		
*蓝鲸	*Balaenoptera musculus*	一级	
*小须鲸	*Balaenoptera acutorostrata*	一级	
*塞鲸	*Balaenoptera borealis*	一级	
*布氏鲸	*Balaenoptera edeni*	一级	
*大村鲸	*Balaenoptera omurai*	一级	
*长须鲸	*Balaenoptera physalus*	一级	
*大翅鲸	*Megaptera novaeangliae*	一级	
白鱀豚科	**Lipotidae**		
*白鱀豚	*Lipotes vexillifer*	一级	
恒河豚科	**Platanistidae**		
*恒河豚	*Platanista gangetica*	一级	

中文名	学名	保护级别		备注
海豚科	**Delphinidae**			
*中华白海豚	*Sousa chinensis*	一级		
*糙齿海豚	*Steno bredanensis*		二级	
*热带点斑原海豚	*Stenella attenuata*		二级	
*条纹原海豚	*Stenella coeruleoalba*		二级	
*飞旋原海豚	*Stenella longirostris*		二级	
*长喙真海豚	*Delphinus capensis*		二级	
*真海豚	*Delphinus delphis*		二级	
*印太瓶鼻海豚	*Tursiops aduncus*		二级	
*瓶鼻海豚	*Tursiops truncatus*		二级	
*弗氏海豚	*Lagenodelphis hosei*		二级	
*里氏海豚	*Grampus griseus*		二级	
*太平洋斑纹海豚	*Lagenorhynchus obliquidens*		二级	
*瓜头鲸	*Peponocephala electra*		二级	
*虎鲸	*Orcinus orca*		二级	
*伪虎鲸	*Pseudorca crassidens*		二级	
*小虎鲸	*Feresa attenuata*		二级	
*短肢领航鲸	*Globicephala macrorhynchus*		二级	
鼠海豚科	**Phocoenidae**			
*长江江豚	*Neophocaena asiaeorientalis*	一级		
*东亚江豚	*Neophocaena sunameri*		二级	
*印太江豚	*Neophocaena phocaenoid*		二级	
抹香鲸科	**Physeteridae**			
*抹香鲸	*Physeter macrocephalus*	一级		
*小抹香鲸	*Kogia breviceps*		二级	
*侏抹香鲸	*Kogia sima*		二级	
喙鲸科	**Ziphidae**			
*鹅喙鲸	*Ziphius cavirostris*		二级	
*柏氏中喙鲸	*Mesoplodon densirostris*		二级	
*银杏齿中喙鲸	*Mesoplodon ginkgodens*		二级	
*小中喙鲸	*Mesoplodon peruvianus*		二级	
*贝氏喙鲸	*Berardius bairdii*		二级	
*朗氏喙鲸	*Indopacetus pacificus*		二级	

续表

中文名	学名	保护级别		备注
鸟纲 AVES				
鸡形目	**GALLIFORMES**			
雉科	**Phasianidae**			
环颈山鹧鸪	*Arborophila torqueola*		二级	
四川山鹧鸪	*Arborophila rufipectus*	一级		
红喉山鹧鸪	*Arborophila rufogularis*		二级	
白眉山鹧鸪	*Arborophila gingica*		二级	
白颊山鹧鸪	*Arborophila atrogularis*		二级	
褐胸山鹧鸪	*Arborophila brunneopectus*		二级	
红胸山鹧鸪	*Arborophila mandellii*		二级	
台湾山鹧鸪	*Arborophila crudigularis*		二级	
海南山鹧鸪	*Arborophila ardens*	一级		
绿脚树鹧鸪	*Tropicoperdix chloropus*		二级	
花尾榛鸡	*Tetrastes bonasia*		二级	
斑尾榛鸡	*Tetrastes sewerzowi*	一级		
镰翅鸡	*Falcipennis falcipennis*		二级	
松鸡	*Tetrao urogallus*		二级	
黑嘴松鸡	*Tetrao urogalloides*	一级		原名"细嘴松鸡"
黑琴鸡	*Lyrurus tetrix*	一级		
岩雷鸟	*Lagopus muta*		二级	
柳雷鸟	*Lagopus lagopus*		二级	
红喉雉鹑	*Tetraophasis obscurus*	一级		
黄喉雉鹑	*Tetraophasis szechenyii*	一级		
暗腹雪鸡	*Tetraogallus himalayensis*		二级	
藏雪鸡	*Tetraogallus tibetanus*		二级	
阿尔泰雪鸡	*Tetraogallus altaicus*		二级	
大石鸡	*Alectoris magna*		二级	
血雉	*Ithaginis cruentus*		二级	
黑头角雉	*Tragopan melanocephalus*	一级		
红胸角雉	*Tragopan satyra*	一级		
灰腹角雉	*Tragopan blythii*	一级		
红腹角雉	*Tragopan temminckii*		二级	
黄腹角雉	*Tragopan caboti*	一级		
勺鸡	*Pucrasia macrolopha*		二级	
棕尾虹雉	*Lophophorus impejanus*	一级		

中文名	学名	保护级别		备注
白尾梢虹雉	*Lophophorus sclateri*	一级		
绿尾虹雉	*Lophophorus lhuysii*	一级		
红原鸡	*Gallus gallus*		二级	原名"原鸡"
黑鹇	*Lophura leucomelanos*		二级	
白鹇	*Lophura nycthemera*		二级	
蓝腹鹇	*Lophura swinhoii*	一级		原名"蓝鹇"
白马鸡	*Crossoptilon crossoptilon*		二级	
藏马鸡	*Crossoptilon harmani*		二级	
褐马鸡	*Crossoptilon mantchuricum*	一级		
蓝马鸡	*Crossoptilon auritum*		二级	
白颈长尾雉	*Syrmaticus ellioti*	一级		
黑颈长尾雉	*Syrmaticus humiae*	一级		
黑长尾雉	*Syrmaticus mikado*	一级		
白冠长尾雉	*Syrmaticus reevesii*	一级		
红腹锦鸡	*Chrysolophus pictus*		二级	
白腹锦鸡	*Chrysolophus amherstiae*		二级	
灰孔雀雉	*Polyplectron bicalcaratum*	一级		
海南孔雀雉	*Polyplectron katsumatae*	一级		
绿孔雀	*Pavo muticus*	一级		
雁形目	**ANSERIFORMES**			
鸭科	**Anatidae**			
栗树鸭	*Dendrocygna javanica*		二级	
鸿雁	*Anser cygnoid*		二级	
白额雁	*Anser albifrons*		二级	
小白额雁	*Anser erythropus*		二级	
红胸黑雁	*Branta ruficollis*		二级	
疣鼻天鹅	*Cygnus olor*		二级	
小天鹅	*Cygnus columbianus*		二级	
大天鹅	*Cygnus cygnus*		二级	
鸳鸯	*Aix galericulata*		二级	
棉凫	*Nettapus coromandelianus*		二级	
花脸鸭	*Sibirionetta formosa*		二级	
云石斑鸭	*Marmaronetta angustirostris*		二级	
青头潜鸭	*Aythya baeri*	一级		
斑头秋沙鸭	*Mergellus albellus*		二级	

续表

中文名	学名	保护级别	备注
中华秋沙鸭	*Mergus squamatus*	一级	
白头硬尾鸭	*Oxyura leucocephala*	一级	
白翅栖鸭	*Cairina scutulata*	二级	
䴙䴘目	**PODICIPEDIFORMES**		
䴙䴘科	**Podicipedidae**		
赤颈䴙䴘	*Podiceps grisegena*	二级	
角䴙䴘	*Podiceps auritus*	二级	
黑颈䴙䴘	*Podiceps nigricollis*	二级	
鸽形目	**COLUMBIFORMES**		
鸠鸽科	**Columbidae**		
中亚鸽	*Columba eversmanni*	二级	
斑尾林鸽	*Columba palumbus*	二级	
紫林鸽	*Columba punicea*	二级	
斑尾鹃鸠	*Macropygia unchall*	二级	
菲律宾鹃鸠	*Macropygia tenuirostris*	二级	
小鹃鸠	*Macropygia ruficeps*	一级	原名"棕头鹃鸠"
橙胸绿鸠	*Treron bicinctus*	二级	
灰头绿鸠	*Treron pompadora*	二级	
厚嘴绿鸠	*Treron curvirostra*	二级	
黄脚绿鸠	*Treron phoenicopterus*	二级	
针尾绿鸠	*Treron apicauda*	二级	
楔尾绿鸠	*Treron sphenurus*	二级	
红翅绿鸠	*Treron sieboldii*	二级	
红顶绿鸠	*Treron formosae*	二级	
黑颏果鸠	*Ptilinopus leclancheri*	二级	
绿皇鸠	*Ducula aenea*	二级	
山皇鸠	*Ducula badia*	二级	
沙鸡目	**PTEROCLIFORMES**		
沙鸡科	**Pteroclidae**		
黑腹沙鸡	*Pterocles orientalis*	二级	
夜鹰目	**CAPRIMULGIFORMES**		
蛙口夜鹰科	**Podargidae**		
黑顶蛙口夜鹰	*Batrachostomus hodgsoni*	二级	
凤头雨燕科	**Hemiprocnidae**		
凤头雨燕	*Hemiprocne coronata*	二级	

中文名	学名	保护级别	备注
雨燕科	**Apodidae**		
爪哇金丝燕	*Aerodramus fuciphagus*	二级	
灰喉针尾雨燕	*Hirundapus cochinchinensis*	二级	
鹃形目	**CUCULIFORMES**		
杜鹃科	**Cuculidae**		
褐翅鸦鹃	*Centropus sinensis*	二级	
小鸦鹃	*Centropus bengalensis*	二级	
鸨形目#	**OTIDIFORMES**		
鸨科	**Otididae**		
大鸨	*Otis tarda*	一级	
波斑鸨	*Chlamydotis macqueenii*	一级	
小鸨	*Tetrax tetrax*	一级	
鹤形目	**GRUIFORMES**		
秧鸡科	**Rallidae**		
花田鸡	*Coturnicops exquisitus*	二级	
长脚秧鸡	*Crex crex*	二级	
棕背田鸡	*Zapornia bicolor*	二级	
姬田鸡	Zapornia parva	二级	
斑胁田鸡	*Zapornia paykullii*	二级	
紫水鸡	*Porphyrio porphyrio*	二级	
鹤科#	**Gruidae**		
白鹤	*Grus leucogeranus*	一级	
沙丘鹤	*Grus canadensis*	二级	
白枕鹤	*Grus vipio*	一级	
赤颈鹤	*Grus antigone*	一级	
蓑羽鹤	*Grus virgo*	二级	
丹顶鹤	*Grus japonensis*	一级	
灰鹤	*Grus grus*	二级	
白头鹤	*Grus monacha*	一级	
黑颈鹤	*Grus nigricollis*	一级	
鸻形目	**CHARADRIIFORMES**		
石鸻科	**Burhinidae**		
大石鸻	*Esacus recurvirostris*	二级	
鹮嘴鹬科	**Ibidorhynchidae**		
鹮嘴鹬	*Ibidorhyncha struthersii*	二级	

续表

中文名	学名	保护级别	备注
鸻科	**Charadriidae**		
黄颊麦鸡	*Vanellus gregarius*	二级	
水雉科	**Jacanidae**		
水雉	*Hydrophasianus chirurgus*	二级	
铜翅水雉	*Metopidius indicus*	二级	
鹬科	**Scolopacidae**		
林沙锥	*Gallinago nemoricola*	二级	
半蹼鹬	*Limnodromus semipalmatus*	二级	
小杓鹬	*Numenius minutus*	二级	
白腰杓鹬	*Numenius arquata*	二级	
大杓鹬	*Numenius madagascariensis*	二级	
小青脚鹬	*Tringa guttifer*	一级	
翻石鹬	*Arenaria interpres*	二级	
大滨鹬	*Calidris tenuirostris*	二级	
勺嘴鹬	*Calidris pygmeus*	一级	
阔嘴鹬	*Calidris falcinellus*	二级	
燕鸻科	**Glareolidae**		
灰燕鸻	*Glareola lactea*	二级	
鸥科	**Laridae**		
黑嘴鸥	*Saundersilarus saundersi*	一级	
小鸥	*Hydrocoloeus minutus*	二级	
遗鸥	*Ichthyaetus relictus*	一级	
大凤头燕鸥	*Thalasseus bergii*	二级	
中华凤头燕鸥	*Thalasseus bernsteini*	一级	原名"黑嘴端凤头燕鸥"
河燕鸥	*Sterna aurantia*	一级	原名"黄嘴河燕鸥"
黑腹燕鸥	*Sterna acuticauda*	二级	
黑浮鸥	*Chlidonias niger*	二级	
海雀科	**Alcidae**		
冠海雀	*Synthliboramphus wumizusume*	二级	
鹱形目	**PROCELLARIIFORMES**		
信天翁科	**Diomedeidae**		
黑脚信天翁	*Phoebastria nigripes*	一级	
短尾信天翁	*Phoebastria albatrus*	一级	

中文名	学名	保护级别	备注
鹳形目	**CICONIIFORMES**		
鹳科	**Ciconiidae**		
彩鹳	*Mycteria leucocephala*	一级	
黑鹳	*Ciconia nigra*	一级	
白鹳	*Ciconia ciconia*	一级	
东方白鹳	*Ciconia boyciana*	一级	
秃鹳	*Leptoptilos javanicus*	二级	
鲣鸟目	**SULIFORMES**		
军舰鸟科	**Fregatidae**		
白腹军舰鸟	*Fregata andrewsi*	一级	
黑腹军舰鸟	*Fregata minor*	二级	
白斑军舰鸟	*Fregata ariel*	二级	
鲣鸟科#	**Sulidae**		
蓝脸鲣鸟	*Sula dactylatra*	二级	
红脚鲣鸟	*Sula sula*	二级	
褐鲣鸟	*Sula leucogaster*	二级	
鸬鹚科	**Phalacrocoracidae**		
黑颈鸬鹚	*Microcarbo niger*	二级	
海鸬鹚	*Phalacrocorax pelagicus*	二级	
鹈形目	**PELECANIFORMES**		
鹮科	**Threskiornithidae**		
黑头白鹮	*Threskiornis melanocephalus*	一级	原名"白鹮"
白肩黑鹮	*Pseudibis davisoni*	一级	原名"黑鹮"
朱鹮	*Nipponia nippon*	一级	
彩鹮	*Plegadis falcinellus*	一级	
白琵鹭	*Platalea leucorodia*	二级	
黑脸琵鹭	*Platalea minor*	一级	
鹭科	**Ardeidae**		
小苇［鳽］	*Ixobrychus minutus*	二级	
海南［鳽］	*Gorsachius magnificus*	一级	原名"海南虎斑［鳽］"
栗头［鳽］	*Gorsachius goisagi*	二级	
黑冠［鳽］	*Gorsachius melanolophus*	二级	
白腹鹭	*Ardea insignis*	一级	
岩鹭	*Egretta sacra*	二级	
黄嘴白鹭	*Egretta eulophotes*	一级	

续表

中文名	学名	保护级别	备注
鹈鹕科#	**Pelecanidae**		
白鹈鹕	*Pelecanus onocrotalus*	一级	
斑嘴鹈鹕	*Pelecanus philippensis*	一级	
卷羽鹈鹕	*Pelecanus crispus*	一级	
鹰形目#	**ACCIPITRIFORMES**		
鹗科	**Pandionidae**		
鹗	*Pandion haliaetus*	二级	
鹰科	**Accipitridae**		
黑翅鸢	*Elanus caeruleus*	二级	
胡兀鹫	*Gypaetus barbatus*	一级	
白兀鹫	*Neophron percnopterus*	二级	
鹃头蜂鹰	*Pernis apivorus*	二级	
凤头蜂鹰	*Pernis ptilorhynchus*	二级	
褐冠鹃隼	*Aviceda jerdoni*	二级	
黑冠鹃隼	*Aviceda leuphotes*	二级	
兀鹫	*Gyps fulvus*	二级	
长嘴兀鹫	*Gyps indicus*	二级	
白背兀鹫	*Gyps bengalensis*	一级	原名"拟兀鹫"
高山兀鹫	*Gyps himalayensis*	二级	
黑兀鹫	*Sarcogyps calvus*	一级	
秃鹫	*Aegypius monachus*	一级	
蛇雕	*Spilornis cheela*	二级	
短趾雕	*Circaetus gallicus*	二级	
凤头鹰雕	*Nisaetus cirrhatus*	二级	
鹰雕	*Nisaetus nipalensis*	二级	
棕腹隼雕	*Lophotriorchis kienerii*	二级	
林雕	*Ictinaetus malaiensis*	二级	
乌雕	*Clanga clanga*	一级	
靴隼雕	*Hieraaetus pennatus*	二级	
草原雕	*Aquila nipalensis*	一级	
白肩雕	*Aquila heliaca*	一级	
金雕	Aquila chrysaetos	一级	
白腹隼雕	*Aquila fasciata*	二级	
凤头鹰	*Accipiter trivirgatus*	二级	
褐耳鹰	*Accipiter badius*	二级	

中文名	学名	保护级别		备注
赤腹鹰	*Accipiter soloensis*		二级	
日本松雀鹰	*Accipiter gularis*		二级	
松雀鹰	*Accipiter virgatus*		二级	
雀鹰	*Accipiter nisus*		二级	
苍鹰	*Accipiter gentilis*		二级	
白头鹞	*Circus aeruginosus*		二级	
白腹鹞	*Circus spilonotus*		二级	
白尾鹞	*Circus cyaneus*		二级	
草原鹞	*Circus macrourus*		二级	
鹊鹞	*Circus melanoleucos*		二级	
乌灰鹞	*Circus pygargus*		二级	
黑鸢	*Milvus migrans*		二级	
栗鸢	*Haliastur indus*		二级	
白腹海雕	*Haliaeetus leucogaster*	一级		
玉带海雕	*Haliaeetus leucoryphus*	一级		
白尾海雕	*Haliaeetus albicilla*	一级		
虎头海雕	*Haliaeetus pelagicus*	一级		
渔雕	*Ichthyophaga humilis*		二级	
白眼鵟鹰	*Butastur teesa*		二级	
棕翅鵟鹰	*Butastur liventer*		二级	
灰脸鵟鹰	*Butastur indicus*		二级	
毛脚鵟	*Buteo lagopus*		二级	
大鵟	*Buteo hemilasius*		二级	
普通鵟	*Buteo japonicus*		二级	
喜山鵟	*Buteo refectus*		二级	
欧亚鵟	*Buteo buteo*		二级	
棕尾鵟	*Buteo rufinus*		二级	
鸮形目#	**STRIGIFORMES**			
鸱鸮科	**Strigidae**			
黄嘴角鸮	*Otus spilocephalus*		二级	
领角鸮	*Otus lettia*		二级	
北领角鸮	*Otus semitorques*		二级	
纵纹角鸮	*Otus brucei*		二级	
西红角鸮	*Otus scops*		二级	
红角鸮	*Otus sunia*		二级	

中文名	学名	保护级别		备注
优雅角鸮	*Otus elegans*		二级	
雪鸮	*Bubo scandiacus*		二级	
雕鸮	*Bubo bubo*		二级	
林雕鸮	*Bubo nipalensis*		二级	
毛腿雕鸮	*Bubo blakistoni*	一级		
褐渔鸮	*Ketupa zeylonensis*		二级	
黄腿渔鸮	*Ketupa flavipes*		二级	
褐林鸮	*Strix leptogrammica*		二级	
灰林鸮	*Strix aluco*		二级	
长尾林鸮	*Strix uralensis*		二级	
四川林鸮	*Strix davidi*	一级		
乌林鸮	*Strix nebulosa*		二级	
猛鸮	*Surnia ulula*		二级	
花头鸺鹠	*Glaucidium passerinum*		二级	
领鸺鹠	*Glaucidium brodiei*		二级	
斑头鸺鹠	*Glaucidium cuculoides*		二级	
纵纹腹小鸮	*Athene noctua*		二级	
横斑腹小鸮	*Athene brama*		二级	
鬼鸮	*Aegolius funereus*		二级	
鹰鸮	*Ninox scutulata*		二级	
日本鹰鸮	*Ninox japonica*		二级	
长耳鸮	*Asio otus*		二级	
短耳鸮	*Asio flammeus*		二级	
草鸮科	**Tytonidae**			
仓鸮	*Tyto alba*		二级	
草鸮	*Tyto longimembris*		二级	
栗鸮	*Phodilus badius*		二级	
咬鹃目#	**TROGONIFORMES**			
咬鹃科	**Trogonidae**			
橙胸咬鹃	*Harpactes oreskios*		二级	
红头咬鹃	*Harpactes erythrocephalus*		二级	
红腹咬鹃	*Harpactes wardi*		二级	
犀鸟目	**BUCEROTIFORMES**			
犀鸟科#	**Bucerotidae**			
白喉犀鸟	*Anorrhinus austeni*	一级		

续表

中文名	学名	保护级别	备注
冠斑犀鸟	*Anthracoceros albirostris*	一级	
双角犀鸟	*Buceros bicornis*	一级	
棕颈犀鸟	*Aceros nipalensis*	一级	
花冠皱盔犀鸟	*Rhyticeros undulatus*	一级	
佛法僧目	**CORACIIFORMES**		
蜂虎科	**Meropidae**		
赤须蜂虎	*Nyctyornis amictus*	二级	
蓝须蜂虎	*Nyctyornis athertoni*	二级	
绿喉蜂虎	*Merops orientalis*	二级	
蓝颊蜂虎	*Merops persicus*	二级	
栗喉蜂虎	*Merops philippinus*	二级	
彩虹蜂虎	*Merops ornatus*	二级	
蓝喉蜂虎	*Merops viridis*	二级	
栗头蜂虎	*Merops leschenaultia*	二级	原名"黑胸蜂虎"
翠鸟科	**Alcedinidae**		
鹳嘴翡翠	*Pelargopsis capensis*	二级	原名"鹳嘴翠鸟"
白胸翡翠	*Halcyon smyrnensis*	二级	
蓝耳翠鸟	*Alcedo meninting*	二级	
斑头大翠鸟	*Alcedo hercules*	二级	
啄木鸟目	**PICIFORMES**		
啄木鸟科	**Picidae**		
白翅啄木鸟	*Dendrocopos leucopterus*	二级	
三趾啄木鸟	*Picoides tridactylus*	二级	
白腹黑啄木鸟	*Dryocopus javensis*	二级	
黑啄木鸟	*Dryocopus martius*	二级	
大黄冠啄木鸟	*Chrysophlegma flavinucha*	二级	
黄冠啄木鸟	*Picus chlorolophus*	二级	
红颈绿啄木鸟	*Picus rabieri*	二级	
大灰啄木鸟	*Mulleripicus pulverulentus*	二级	
隼形目#	**FALCONIFORMES**		
隼科	**Falconidae**		
红腿小隼	*Microhierax caerulescens*	二级	
白腿小隼	*Microhierax melanoleucus*	二级	
黄爪隼	*Falco naumanni*	二级	
红隼	*Falco tinnunculus*	二级	

续表

中文名	学名	保护级别		备注
西红脚隼	*Falco vespertinus*		二级	
红脚隼	*Falco amurensis*		二级	
灰背隼	*Falco columbarius*		二级	
燕隼	*Falco subbuteo*		二级	
猛隼	*Falco severus*		二级	
猎隼	*Falco cherrug*	一级		
矛隼	*Falco rusticolus*	一级		
游隼	*Falco peregrinus*		二级	
鹦形目#	**PSITTACIFORMES**			
鹦鹉科	**Psittacidae**			
短尾鹦鹉	*Loriculus vernalis*		二级	
蓝腰鹦鹉	*Psittinus cyanurus*		二级	
亚历山大鹦鹉	*Psittacula eupatria*		二级	
红领绿鹦鹉	*Psittacula krameri*		二级	
青头鹦鹉	*Psittacula himalayana*		二级	
灰头鹦鹉	*Psittacula finschii*		二级	
花头鹦鹉	*Psittacula roseata*		二级	
大紫胸鹦鹉	*Psittacula derbiana*		二级	
绯胸鹦鹉	*Psittacula alexandri*		二级	
雀形目	**PASSERIFORMES**			
八色鸫科#	**Pittidae**			
双辫八色鸫	*Pitta phayrei*		二级	
蓝枕八色鸫	*Pitta nipalensis*		二级	
蓝背八色鸫	*Pitta soror*		二级	
栗头八色鸫	*Pitta oatesi*		二级	
蓝八色鸫	*Pitta cyanea*		二级	
绿胸八色鸫	*Pitta sordida*		二级	
仙八色鸫	*Pitta nympha*		二级	
蓝翅八色鸫	*Pitta moluccensis*		二级	
阔嘴鸟科#	**Eurylaimidae**			
长尾阔嘴鸟	*Psarisomus dalhousiae*		二级	
银胸丝冠鸟	*Serilophus lunatus*		二级	
黄鹂科	**Oriolidae**			
鹊鹂	*Oriolus mellianus*		二级	

续表

中文名	学名	保护级别	备注
卷尾科	**Dicruridae**		
小盘尾	*Dicrurus remifer*	二级	
大盘尾	*Dicrurus paradiseus*	二级	
鸦科	**Corvidae**		
黑头噪鸦	*Perisoreus internigrans*	一级	
蓝绿鹊	*Cissa chinensis*	二级	
黄胸绿鹊	*Cissa hypoleuca*	二级	
黑尾地鸦	*Podoces hendersoni*	二级	
白尾地鸦	*Podoces biddulphi*	二级	
山雀科	**Paridae**		
白眉山雀	*Poecile superciliosus*	二级	
红腹山雀	*Poecile davidi*	二级	
百灵科	**Alaudidae**		
歌百灵	*Mirafra javanica*	二级	
蒙古百灵	*Melanocorypha mongolica*	二级	
云雀	*Alauda arvensis*	二级	
苇莺科	**Acrocephalidae**		
细纹苇莺	*Acrocephalus sorghophilus*	二级	
鹎科	**Pycnonotidae**		
台湾鹎	*Pycnonotus taivanus*	二级	
莺鹛科	**Sylviidae**		
金胸雀鹛	*Lioparus chrysotis*	二级	
宝兴鹛雀	*Moupinia poecilotis*	二级	
中华雀鹛	*Fulvetta striaticollis*	二级	
三趾鸦雀	*Cholornis paradoxus*	二级	
白眶鸦雀	*Sinosuthora conspicillata*	二级	
暗色鸦雀	*Sinosuthora zappeyi*	二级	
灰冠鸦雀	*Sinosuthora przewalskii*	一级	
短尾鸦雀	*Neosuthora davidiana*	二级	
震旦鸦雀	*Paradoxornis heudei*	二级	
绣眼鸟科	**Zosteropidae**		
红胁绣眼鸟	*Zosterops erythropleurus*	二级	
林鹛科	**Timaliidae**		
淡喉鹩鹛	*Spelaeornis kinneari*	二级	
弄岗穗鹛	*Stachyris nonggangensis*	二级	

中文名	学名	保护级别	备注
幽鹛科	**Pellorneidae**		
金额雀鹛	*Schoeniparus variegaticeps*	一级	
噪鹛科	**Leiothrichidae**		
大草鹛	*Babax waddelli*	二级	
棕草鹛	*Babax koslowi*	二级	
画眉	*Garrulax canorus*	二级	
海南画眉	*Garrulax owstoni*	二级	
台湾画眉	*Garrulax taewanus*	二级	
褐胸噪鹛	*Garrulax maesi*	二级	
黑额山噪鹛	*Garrulax sukatschewi*	一级	
斑背噪鹛	*Garrulax lunulatus*	二级	
白点噪鹛	*Garrulax bieti*	一级	
大噪鹛	*Garrulax maximus*	二级	
眼纹噪鹛	*Garrulax ocellatus*	二级	
黑喉噪鹛	*Garrulax chinensis*	二级	
蓝冠噪鹛	*Garrulax courtoisi*	一级	
棕噪鹛	*Garrulax berthemyi*	二级	
橙翅噪鹛	*Trochalopteron elliotii*	二级	
红翅噪鹛	*Trochalopteron formosum*	二级	
红尾噪鹛	*Trochalopteron milnei*	二级	
黑冠薮鹛	*Liocichla bugunorum*	一级	
灰胸薮鹛	*Liocichla omeiensis*	一级	
银耳相思鸟	*Leiothrix argentauris*	二级	
红嘴相思鸟	*Leiothrix lutea*	二级	
旋木雀科	**Certhiidae**		
四川旋木雀	*Certhia tianquanensis*	二级	
鸭科	**Sittidae**		
滇鸭	*Sitta yunnanensis*	二级	
巨鸭	*Sitta magna*	二级	
丽鸭	*Sitta formosa*	二级	
椋鸟科	**Sturnidae**		
鹩哥	*Gracula religiosa*	二级	
鸫科	**Turdidae**		
褐头鸫	*Turdus feae*	二级	
紫宽嘴鸫	*Cochoa purpurea*	二级	

中文名	学名	保护级别		备注
绿宽嘴鸫	*Cochoa viridis*		二级	
鹟科	**Muscicapidae**			
棕头歌鸲	*Larvivora ruficeps*	一级		
红喉歌鸲	*Calliope calliope*		二级	
黑喉歌鸲	*Calliope obscura*		二级	
金胸歌鸲	*Calliope pectardens*		二级	
蓝喉歌鸲	*Luscinia svecica*		二级	
新疆歌鸲	*Luscinia megarhynchos*		二级	
棕腹林鸲	*Tarsiger hyperythrus*		二级	
贺兰山红尾鸲	*Phoenicurus alaschanicus*		二级	
白喉石［䳭］	*Saxicola insignis*		二级	
白喉林鹟	*Cyornis brunneatus*		二级	
棕腹大仙鹟	*Niltava davidi*		二级	
大仙鹟	*Niltava grandis*		二级	
岩鹨科	**Prunellidae**			
贺兰山岩鹨	*Prunella koslowi*		二级	
朱鹀科	**Urocynchramidae**			
朱鹀	*Urocynchramus pylzowi*		二级	
燕雀科	**Fringillidae**			
褐头朱雀	*Carpodacus sillemi*		二级	
藏雀	*Carpodacus roborowskii*		二级	
北朱雀	*Carpodacus roseus*		二级	
红交嘴雀	*Loxia curvirostra*		二级	
鹀科	**Emberizidae**			
蓝鹀	*Emberiza siemsseni*		二级	
栗斑腹鹀	*Emberiza jankowskii*	一级		
黄胸鹀	*Emberiza aureola*	一级		
藏鹀	*Emberiza koslowi*		二级	
爬行纲 REPTILIA				
龟鳖目	**TESTUDINES**			
平胸龟科#	**Platysternidae**			
*平胸龟	*Platysternon megacephalum*		二级	仅限野外种群
陆龟科#	**Testudinidae**			
缅甸陆龟	*Indotestudo elongata*	一级		
凹甲陆龟	*Manouria impressa*	一级		

中文名	学名	保护级别	备注
四爪陆龟	*Testudo horsfieldii*	一级	
地龟科	**Geoemydidae**		
*欧氏摄龟	*Cyclemys oldhami*	二级	
*黑颈乌龟	*Mauremys nigricans*	二级	仅限野外种群
*乌龟	*Mauremys reevesii*	二级	仅限野外种群
*花龟	*Mauremys sinensis*	二级	仅限野外种群
*黄喉拟水龟	*Mauremys mutica*	二级	仅限野外种群
*闭壳龟属所有种	*Cuora spp.*	二级	仅限野外种群
*地龟	*Geoemyda spengleri*	二级	
*眼斑水龟	*Sacalia bealei*	二级	仅限野外种群
*四眼斑水龟	*Sacalia quadriocellata*	二级	仅限野外种群
海龟科#	**Cheloniidae**		
*红海龟	*Caretta caretta*	一级	原名"蠵龟"
*绿海龟	*Chelonia mydas*	一级	
*玳瑁	*Eretmochelys imbricata*	一级	
*太平洋丽龟	*Lepidochelys olivacea*	一级	
棱皮龟科#	**Dermochelyidae**		
*棱皮龟	*Dermochelys coriacea*	一级	
鳖科	**Trionychidae**		
*鼋	*Pelochelys cantorii*	一级	
*山瑞鳖	*Palea steindachneri*	二级	仅限野外种群
*斑鳖	*Rafetus swinhoei*	一级	
有鳞目	**SQUAMATA**		
壁虎科	**Gekkonidae**		
大壁虎	*Gekko gecko*	二级	
黑疣大壁虎	*Gekko reevesii*	二级	
球趾虎科	**Sphaerodactylidae**		
伊犁沙虎	*Teratoscincus scincus*	二级	
吐鲁番沙虎	*Teratoscincus roborowskii*	二级	
睑虎科#	**Eublepharidae**		
英德睑虎	*Goniurosaurus yingdeensis*	二级	
越南睑虎	*Goniurosaurus araneus*	二级	
霸王岭睑虎	*Goniurosaurus bawanglingensis*	二级	
海南睑虎	*Goniurosaurus hainanensis*	二级	
嘉道理睑虎	*Goniurosaurus kadoorieorum*	二级	

续表

中文名	学名	保护级别		备注
广西睑虎	*Goniurosaurus kwangsiensis*		二级	
荔波睑虎	*Goniurosaurus liboensis*		二级	
凭祥睑虎	*Goniurosaurus luii*		二级	
蒲氏睑虎	*Goniurosaurus zhelongi*		二级	
周氏睑虎	*Goniurosaurus zhoui*		二级	
鬣蜥科	**Agamidae**			
巴塘龙蜥	*Diploderma batangense*		二级	
短尾龙蜥	*Diploderma brevicandum*		二级	
侏龙蜥	*Diploderma drukdaypo*		二级	
滑腹龙蜥	*Diploderma laeviventre*		二级	
宜兰龙蜥	*Diploderma luei*		二级	
溪头龙蜥	*Diploderma makii*		二级	
帆背龙蜥	*Diploderma vela*		二级	
蜡皮蜥	*Leiolepis reevesii*		二级	
贵南沙蜥	*Phrynocephalus guinanensis*		二级	
大耳沙蜥	*Phrynocephalus mystaceus*	一级		
长鬣蜥	*Physignathus cocincinus*		二级	
蛇蜥科#	**Anguidae**			
细脆蛇蜥	*Ophisaurus gracilis*		二级	
海南脆蛇蜥	*Ophisaurus hainanensis*		二级	
脆蛇蜥	*Ophisaurus harti*		二级	
鳄蜥科	**Shinisauridae**			
鳄蜥	*Shinisaurus crocodilurus*	一级		
巨蜥科#	**Varanidae**			
孟加拉巨蜥	*Varanus bengalensis*	一级		
圆鼻巨蜥	*Varanus salvator*	一级		原名"巨蜥"
石龙子科	**Scincidae**			
桓仁滑蜥	*Scincella huanrenensis*		二级	
双足蜥科	**Dibamidae**			
香港双足蜥	*Dibamus bogadeki*		二级	
盲蛇科	**Typhlopidae**			
香港盲蛇	*Indotyphlops lazelli*		二级	
筒蛇科	**Cykindrophiidae**			
红尾筒蛇	*Cylindrophis ruffus*		二级	

续表

中文名	学名	保护级别	备注
闪鳞蛇科	**Xenopeltidae**		
闪鳞蛇	*Xenopeltis unicolor*	二级	
蚺科#	**Boidae**		
红沙蟒	*Eryx miliaris*	二级	
东方沙蟒	*Eryx tataricus*	二级	
蟒科#	**Pythonidae**		
蟒蛇	*Python bivittatus*	二级	原名"蟒"
闪皮蛇科	**Xenodermidae**		
井冈山脊蛇	*Achalinus jinggangensis*	二级	
游蛇科	**Colubridae**		
三索蛇	*Coelognathus radiatus*	二级	
团花锦蛇	*Elaphe davidi*	二级	
横斑锦蛇	*Euprepiophis perlaceus*	二级	
尖喙蛇	*Rhynchophis boulengeri*	二级	
西藏温泉蛇	*Thermophis baileyi*	一级	
香格里拉温泉蛇	*Thermophis shangrila*	一级	
四川温泉蛇	*Thermophis zhaoermii*	一级	
黑网乌梢蛇	*Zaocys carinatus*	二级	
瘰鳞蛇科	**Acrochordidae**		
*瘰鳞蛇	*Acrochordus granulatus*	二级	
眼镜蛇科	**Elapidae**		
眼镜王蛇	*Ophiophagus hannah*	二级	
*蓝灰扁尾海蛇	*Laticauda colubrina*	二级	
*扁尾海蛇	*Laticauda laticaudata*	二级	
*半环扁尾海蛇	*Laticauda semifasciata*	二级	
*龟头海蛇	*Emydocephalus ijimae*	二级	
*青环海蛇	*Hydrophis cyanocinctus*	二级	
*环纹海蛇	*Hydrophis fasciatus*	二级	
*黑头海蛇	*Hydrophis melanocephalus*	二级	
*淡灰海蛇	*Hydrophis ornatus*	二级	
*棘眦海蛇	*Hydrophis peronii*	二级	
*棘鳞海蛇	*Hydrophis stokesii*	二级	
*青灰海蛇	*Hydrophis caerulescens*	二级	
*平颏海蛇	*Hydrophis curtus*	二级	
*小头海蛇	*Hydrophis gracilis*	二级	

续表

中文名	学名	保护级别	备注
*长吻海蛇	*Hydrophis platurus*	二级	
*截吻海蛇	*Hydrophis jerdonii*	二级	
*海蝰	*Hydrophis viperinus*	二级	
蝰科	**Viperidae**		
泰国圆斑蝰	*Daboia siamensis*	二级	
蛇岛蝮	*Gloydius shedaoensis*	二级	
角原矛头蝮	*Protobothrops cornutus*	二级	
莽山烙铁头蛇	*Protobothrops mangshanensis*	一级	
极北蝰	*Vipera berus*	二级	
东方蝰	*Vipera renardi*	二级	
鳄目	**CROCODYLIA**		
鼍科#	**Alligatoridae**		
*扬子鳄	*Alligator sinensis*	一级	
两栖纲 AMPHIBIA			
蚓螈目	**GYMNOPHIONA**		
鱼螈科	**Ichthyophiidae**		
版纳鱼螈	*Ichthyophis bannanicus*	二级	
有尾目	**CAUDATA**		
小鲵科#	**Hynobiidae**		
*安吉小鲵	*Hynobius amjiensis*	一级	
*中国小鲵	*Hynobius chinensis*	一级	
*挂榜山小鲵	*Hynobius guabangshanensis*	一级	
*猫儿山小鲵	*Hynobius maoershansis*	一级	
*普雄原鲵	*Protohynobius puxiongensis*	一级	
*辽宁爪鲵	*Onychodactylus zhaoermii*	一级	
*吉林爪鲵	*Onychodactylus zhangyapingi*	二级	
*新疆北鲵	*Ranodon sibiricus*	二级	
*极北鲵	*Salamandrella keyserlingii*	二级	
*巫山巴鲵	*Liua shihi*	二级	
*秦巴巴鲵	*Liua tsinpaensis*	二级	
*黄斑拟小鲵	*Pseudohynobius flavomaculatus*	二级	
*贵州拟小鲵	*Pseudohynobius guizhouensis*	二级	
*金佛拟小鲵	*Pseudohynobius jinfo*	二级	
*宽阔水拟小鲵	*Pseudohynobius kuankuoshuiensis*	二级	
*水城拟小鲵	*Pseudohynobius shuichengensis*	二级	

续表

中文名	学名	保护级别		备注
*弱唇褶山溪鲵	*Batrachuperus cochranae*		二级	
*无斑山溪鲵	*Batrachuperus karlschmidti*		二级	
*龙洞山溪鲵	*Batrachuperus londongensis*		二级	
*山溪鲵	*Batrachuperus pinchonii*		二级	
*西藏山溪鲵	*Batrachuperus tibetanus*		二级	
*盐源山溪鲵	*Batrachuperus yenyuanensis*		二级	
*阿里山小鲵	*Hynobius arisanensis*		二级	
*台湾小鲵	*Hynobius formosanus*		二级	
*观雾小鲵	*Hynobius fuca*		二级	
*南湖小鲵	*Hynobius glacialis*		二级	
*东北小鲵	*Hynobius leechii*		二级	
*楚南小鲵	*Hynobius sonani*		二级	
*义乌小鲵	*Hynobius yiwuensis*		二级	
隐鳃鲵科	**Cryptobranchidae**			
*大鲵	*Andrias davidianus*		二级	仅限野外种群
蝾螈科	**Salamandroidae**			
*潮汕蝾螈	*Cynops orphicus*		二级	
*大凉螈	*Liangshantriton taliangensis*		二级	原名"大凉疣螈"
*贵州疣螈	*Tylototriton kweichowensis*		二级	
*川南疣螈	*Tylototriton pseudoverrucosus*		二级	
*丽色疣螈	*Tylototriton pulcherrima*		二级	
*红瘰疣螈	*Tylototriton shanjing*		二级	
*棕黑疣螈	*Tylototriton verrucosus*		二级	原名"细瘰疣螈"
*滇南疣螈	*Tylototriton yangi*		二级	
*安徽瑶螈	*Yaotriton anhuiensis*		二级	
*细痣瑶螈	*Yaotriton asperrimus*		二级	原名"细痣疣螈"
*宽脊瑶螈	*Yaotriton broadoridgus*		二级	
*大别瑶螈	*Yaotriton dabienicus*		二级	
*海南瑶螈	*Yaotriton hainanensis*		二级	
*浏阳瑶螈	*Yaotriton liuyangensis*		二级	
*莽山瑶螈	*Yaotriton lizhenchangi*		二级	
*文县瑶螈	*Yaotriton wenxianensis*		二级	
*蔡氏瑶螈	*Yaotriton ziegleri*		二级	
*镇海棘螈	*Echinotriton chinhaiensis*	一级		原名"镇海疣螈"
*琉球棘螈	*Echinotriton andersoni*		二级	

续表

中文名	学名	保护级别	备注
*高山棘螈	*Echinotriton maxiquadratus*	二级	
*橙脊瘰螈	*Paramesotriton aurantius*	二级	
*尾斑瘰螈	*Paramesotriton caudopunctatus*	二级	
*中国瘰螈	*Paramesotriton chinensis*	二级	
*越南瘰螈	*Paramesotriton deloustali*	二级	
*富钟瘰螈	*Paramesotriton fuzhongensis*	二级	
*广西瘰螈	*Paramesotriton guangxiensis*	二级	
*香港瘰螈	*Paramesotriton hongkongensis*	二级	
*无斑瘰螈	*Paramesotriton labiatus*	二级	
*龙里瘰螈	*Paramesotriton longliensis*	二级	
*茂兰瘰螈	*Paramesotriton maolanensis*	二级	
*七溪岭瘰螈	*Paramesotriton qixilingensis*	二级	
*武陵瘰螈	*Paramesotriton wulingensis*	二级	
*云雾瘰螈	*Paramesotriton yunwuensis*	二级	
*织金瘰螈	*Paramesotriton zhijinensis*	二级	
无尾目	**ANURA**		
角蟾科	**Megophryidae**		
抱龙角蟾	*Boulenophrys baolongensis*	二级	
凉北齿蟾	*Oreolalax liangbeiensis*	二级	
金顶齿突蟾	*Scutiger chintingensis*	二级	
九龙齿突蟾	*Scutiger jiulongensis*	二级	
木里齿突蟾	*Scutiger muliensis*	二级	
宁陕齿突蟾	*Scutiger ningshanensis*	二级	
平武齿突蟾	*Scutiger pingwuensis*	二级	
哀牢髭蟾	*Vibrissaphora ailaonica*	二级	
峨眉髭蟾	*Vibrissaphora boringii*	二级	
雷山髭蟾	*Vibrissaphora leishanensis*	二级	
原髭蟾	*Vibrissaphora promustache*	二级	
南澳岛角蟾	*Xenophrys insularis*	二级	
水城角蟾	*Xenophrys shuichengensis*	二级	
蟾蜍科	**Bufonidae**		
史氏蟾蜍	*Bufo stejnegeri*	二级	
鳞皮小蟾	*Parapelophryne scalpta*	二级	
乐东蟾蜍	*Qiongbufo ledongensis*	二级	
无棘溪蟾	*Torrentophryne aspinia*	二级	

续表

中文名	学名	保护级别	备注
叉舌蛙科	**Dicroglossidae**		
*虎纹蛙	*Hoplobatrachus chinensis*	二级	仅限野外种群
*脆皮大头蛙	*Limnonectes fragilis*	二级	
*叶氏肛刺蛙	*Yerana yei*	二级	
蛙科	**Ranidae**		
*海南湍蛙	*Amolops hainanensis*	二级	
*香港湍蛙	*Amolops hongkongensis*	二级	
*小腺蛙	*Glandirana minima*	二级	
*务川臭蛙	*Odorrana wuchuanensis*	二级	
树蛙科	**Rhacophoridae**		
巫溪树蛙	*Rhacophorus hongchibaensis*	二级	
老山树蛙	*Rhacophorus laoshan*	二级	
罗默刘树蛙	*Liuixalus romeri*	二级	
洪佛树蛙	*Rhacophorus hungfuensis*	二级	
文昌鱼纲 AMPHIOXI			
文昌鱼目	**AMPHIOXIFORMES**		
文昌鱼科#	**Branchiostomatidae**		
*厦门文昌鱼	*Branchiostoma belcheri*	二级	仅限野外种群。原名"文昌鱼"。
*青岛文昌鱼	*Branchiostoma tsingdauense*	二级	仅限野外种群
圆口纲 CYCLOSTOMATA			
七鳃鳗目	**PETROMYZONTIFORMES**		
七鳃鳗科#	**Petromyzontidae**		
*日本七鳃鳗	*Lampetra japonica*	二级	
*东北七鳃鳗	*Lampetra morii*	二级	
*雷氏七鳃鳗	*Lampetra reissneri*	二级	
软骨鱼纲 CHONDRICHTHYES			
鼠鲨目	**LAMNIFORMES**		
姥鲨科	**Cetorhinidae**		
*姥鲨	*Cetorhinus maximus*	二级	
鼠鲨科	**Lamnidae**		
*噬人鲨	*Carcharodon carcharias*	二级	
须鲨目	**ORECTOLOBIFORMES**		
鲸鲨科	**Rhincodontidae**		
*鲸鲨	*Rhincodon typus*	二级	

续表

中文名	学名	保护级别	备注
鲼目	**MYLIOBATIFORMES**		
魟科	**Dasyatidae**		
*黄魟	*Dasyatis bennettii*	二级	仅限陆封种群
硬骨鱼纲 OSTEICHTHYES			
鲟形目#	**ACIPENSERIFORMES**		
鲟科	**Acipenseridae**		
*中华鲟	*Acipenser sinensis*	一级	
*长江鲟	*Acipenser dabryanus*	一级	原名"达氏鲟"
*鳇	*Huso dauricus*	一级	仅限野外种群
*西伯利亚鲟	*Acipenser baerii*	二级	仅限野外种群
*裸腹鲟	*Acipenser nudiventris*	二级	仅限野外种群
*小体鲟	*Acipenser ruthenus*	二级	仅限野外种群
*施氏鲟	*Acipenser schrenckii*	二级	仅限野外种群
匙吻鲟科	**Polyodontidae**		
*白鲟	*Psephurus gladius*	一级	
鳗鲡目	**ANGUILLIFORMES**		
鳗鲡科	**Anguillidae**		
*花鳗鲡	*Anguilla marmorata*	二级	
鲱形目	**CLUPEIFORMES**		
鲱科	**Clupeidae**		
*鲥	*Tenualosa reevesii*	一级	
鲤形目	**CYPRINIFORMES**		
双孔鱼科	**Gyrinocheilidae**		
*双孔鱼	*Gyrinocheilus aymonieri*	二级	仅限野外种群
裸吻鱼科	**Psilorhynchidae**		
*平鳍裸吻鱼	*Psilorhynchus homaloptera*	二级	
亚口鱼科	**Catostomidae**		原名"胭脂鱼科"
*胭脂鱼	*Myxocyprinus asiaticus*	二级	仅限野外种群
鲤科	**Cyprinidae**		
*唐鱼	*Tanichthys albonubes*	二级	仅限野外种群
*稀有鮈鲫	*Gobiocypris rarus*	二级	仅限野外种群
*鯮	*Luciobrama macrocephalus*	二级	
*多鳞白鱼	*Anabarilius polylepis*	二级	
*山白鱼	*Anabarilius transmontanus*	二级	
*北方铜鱼	*Coreius septentrionalis*	一级	

续表

中文名	学名	保护级别		备注
*圆口铜鱼	*Coreius guichenoti*		二级	仅限野外种群
*大鼻吻鮈	*Rhinogobio nasutus*		二级	
*长鳍吻鮈	*Rhinogobio ventralis*		二级	
*平鳍鳅鮀	*Gobiobotia homalopteroidea*		二级	
*单纹似鱤	*Luciocyprinus langsoni*		二级	
*金线鲃属所有种	*Sinocyclocheilus spp.*		二级	
*四川白甲鱼	*Onychostoma angustistomata*		二级	
*多鳞白甲鱼	*Onychostoma macrolepis*		二级	仅限野外种群
*金沙鲈鲤	*Percocypris pingi*		二级	仅限野外种群
*花鲈鲤	*Percocypris regani*		二级	仅限野外种群
*后背鲈鲤	*Percocypris retrodorslis*		二级	仅限野外种群
*张氏鲈鲤	*Percocypris tchangi*		二级	仅限野外种群
*裸腹盲鲃	*Typhlobarbus nudiventris*		二级	
*角鱼	*Akrokolioplax bicornis*		二级	
*骨唇黄河鱼	*Chuanchia labiosa*		二级	
*极边扁咽齿鱼	*Platypharodon extremus*		二级	仅限野外种群
*细鳞裂腹鱼	*Schizothorax chongi*		二级	仅限野外种群
*巨须裂腹鱼	*Schizothorax macropogon*		二级	
*重口裂腹鱼	*Schizothorax davidi*		二级	仅限野外种群
*拉萨裂腹鱼	*Schizothorax waltoni*		二级	仅限野外种群
*塔里木裂腹鱼	*Schizothorax biddulphi*		二级	仅限野外种群
*大理裂腹鱼	*Schizothorax taliensis*		二级	仅限野外种群
*扁吻鱼	*Aspiorhynchus laticeps*	一级		原名"新疆大头鱼"
*厚唇裸重唇鱼	*Gymnodiptychus pachycheilus*		二级	仅限野外种群
*斑重唇鱼	*Diptychus maculatus*		二级	
*尖裸鲤	*Oxygymnocypris stewartii*		二级	仅限野外种群
*大头鲤	*Cyprinus pellegrini*		二级	仅限野外种群
*小鲤	*Cyprinus micristius*		二级	
*抚仙鲤	*Cyprinus fuxianensis*		二级	
*岩原鲤	*Procypris rabaudi*		二级	仅限野外种群
*乌原鲤	*Procypris merus*		二级	
*大鳞鲢	*Hypophthalmichthys harmandi*		二级	
鳅科	**Cobitidae**			
*红唇薄鳅	*Leptobotia rubrilabris*		二级	仅限野外种群
*黄线薄鳅	*Leptobotia flavolineata*		二级	

中文名	学名	保护级别		备注
*长薄鳅	*Leptobotia elongata*		二级	仅限野外种群
条鳅科	**Nemacheilidae**			
*无眼岭鳅	*Oreonectes anophthalmus*		二级	
*拟鲇高原鳅	*Triplophysa siluroides*		二级	仅限野外种群
*湘西盲高原鳅	*Triplophysa xiangxiensis*		二级	
*小头高原鳅	*Triphophysa minuta*		二级	
爬鳅科	**Balitoridae**			
*厚唇原吸鳅	*Protomyzon pachychilus*		二级	
鲇形目	**SILURIFORMES**			
鲿科	**Bagridae**			
*斑鳠	*Hemibagrus guttatus*		二级	仅限野外种群
鲇科	**Siluridae**			
*昆明鲇	*Silurus mento*		二级	
㔥科	**Pangasiidae**			
*长丝㔥	*Pangasius sanitwangsei*	一级		
钝头鮠科	**Amblycipitidae**			
*金氏䱀	*Liobagrus kingi*		二级	
鲱科	**Sisoridae**			
*长丝黑鲱	*Gagata dolichonema*		二级	
*青石爬鲱	*Euchiloglanis davidi*		二级	
*黑斑原鲱	*Glyptosternum maculatum*		二级	
*鮡	*Bagarius bagarius*		二级	
*红鮡	*Bagarius rutilus*		二级	
*巨鮡	*Bagarius yarrelli*		二级	
鲑形目	**SALMONIFORMES**			
鲑科	**Salmonidae**			
*细鳞鲑属所有种	*Brachymystax spp.*		二级	仅限野外种群
*川陕哲罗鲑	*Hucho bleekeri*	一级		
*哲罗鲑	*Hucho taimen*		二级	仅限野外种群
*石川氏哲罗鲑	*Hucho ishikawai*		二级	
*花羔红点鲑	*Salvelinus malma*		二级	仅限野外种群
*马苏大马哈鱼	*Oncorhynchus masou*		二级	
*北鲑	*Stenodus leucichthys*		二级	
*北极茴鱼	*Thymallus arcticus*		二级	仅限野外种群
*下游黑龙江茴鱼	*Thymallus tugarinae*		二级	仅限野外种群

续表

中文名	学名	保护级别		备注
*鸭绿江茴鱼	*Thymallus yaluensis*		二级	仅限野外种群
海龙鱼目	**SYNGNATHIFORMES**			
海龙鱼科	**Syngnathidae**			
*海马属所有种	*Hippocampus spp.*		二级	仅限野外种群
鲈形目	**PERCIFORMES**			
石首鱼科	**Sciaenidae**			
*黄唇鱼	*Bahaba taipingensis*	一级		
隆头鱼科	**Labridae**			
*波纹唇鱼	*Cheilinus undulatus*		二级	仅限野外种群
鲉形目	**SCORPAENIFORMES**			
杜父鱼科	**Cottidae**			
*松江鲈	*Trachidermus fasciatus*		二级	仅限野外种群。原名"松江鲈鱼"

半索动物门 HEMICHORDATA

肠鳃纲 ENTEROPNEUSTA

中文名	学名	保护级别		备注
柱头虫目	**BALANOGLOSSIDA**			
殖翼柱头虫科	**Ptychoderidae**			
*多鳃孔舌形虫	*Glossobalanus polybranchioporus*	一级		
*三崎柱头虫	*Balanoglossus misakiensis*		二级	
*短殖舌形虫	*Glossobalanus mortenseni*		二级	
*肉质柱头虫	*Balanoglossus carnosus*		二级	
*黄殖翼柱头虫	*Ptychodera flava*		二级	
史氏柱头虫科	**Spengeliidae**			
*青岛橡头虫	*Glandiceps qingdaoensis*		二级	
玉钩虫科	**Harrimaniidae**			
*黄岛长吻虫	*Saccoglossus hwangtauensis*	一级		

节肢动物门 ARTHROPODA

昆虫纲 INSECTA

中文名	学名	保护级别		备注
双尾目	**DIPLURA**			
铗虮科	**Japygidae**			
伟铗虮	*Atlasjapyx atlas*		二级	
䗛目	**PHASMATODEA**			
叶䗛科#	**Phyllidae**			
丽叶䗛	*Phyllium pulchrifolium*		二级	
中华叶䗛	*Phyllium sinensis*		二级	
泛叶䗛	*Phyllium celebicum*		二级	

中文名	学名	保护级别		备注
翔叶䗛	*Phyllium westwoodi*		二级	
东方叶䗛	*Phyllium siccifolium*		二级	
独龙叶䗛	*Phyllium drunganum*		二级	
同叶䗛	*Phyllium parum*		二级	
滇叶䗛	*Phyllium yunnanense*		二级	
藏叶䗛	*Phyllium tibetense*		二级	
珍叶䗛	*Phyllium rarum*		二级	
蜻蜓目	**ODONATA**			
箭蜓科	**Gomphidae**			
扭尾曦春蜓	*Heliogomphus retroflexus*		二级	原名"尖板曦箭蜓"
棘角蛇纹春蜓	*Ophiogomphus spinicornis*		二级	原名"宽纹北箭蜓"
缺翅目	**ZORAPTERA**			
缺翅虫科	**Zorotypidae**			
中华缺翅虫	*Zorotypus sinensis*		二级	
墨脱缺翅虫	Zorotypus medoensis		二级	
蛩蠊目	**GRYLLOBLATTODAE**			
蛩蠊科	**Grylloblattidae**			
中华蛩蠊	*Galloisiana sinensis*	一级		
陈氏西蛩蠊	*Grylloblattella cheni*	一级		
脉翅目	**NEUROPTERA**			
旌蛉科	**Nemopteridae**			
中华旌蛉	*Nemopistha sinica*		二级	
鞘翅目	**COLEOPTERA**			
步甲科	**Carabidae**			
拉步甲	*Carabus lafossei*		二级	
细胸大步甲	*Carabus osawai*		二级	
巫山大步甲	*Carabus ishizukai*		二级	
库班大步甲	*Carabus kubani*		二级	
桂北大步甲	*Carabus guibeicus*		二级	
贞大步甲	*Carabus penelope*		二级	
蓝鞘大步甲	*Carabus cyaneogigas*		二级	
滇川大步甲	*Carabus yunanensis*		二级	
硕步甲	*Carabus davidi*		二级	
两栖甲科	**Amphizoidae**			
中华两栖甲	*Amphizoa sinica*		二级	

续表

中文名	学名	保护级别	备注
长阎甲科	**Synteliidae**		
中华长阎甲	*Syntelia sinica*	二级	
大卫长阎甲	*Syntelia davidis*	二级	
玛氏长阎甲	*Syntelia mazuri*	二级	
臂金龟科	**Euchiridae**		
戴氏棕臂金龟	*Propomacrus davidi*	二级	
玛氏棕臂金龟	*Propomacrus muramotoae*	二级	
越南臂金龟	*Cheirotonus battareli*	二级	
福氏彩臂金龟	*Cheirotonus fujiokai*	二级	
格彩臂金龟	*Cheirotonus gestroi*	二级	
台湾长臂金龟	*Cheirotonus formosanus*	二级	
阳彩臂金龟	*Cheirotonus jansoni*	二级	
印度长臂金龟	*Cheirotonus macleayii*	二级	
昭沼氏长臂金龟	*Cheirotonus terunumai*	二级	
金龟科	**Scarabaeidae**		
艾氏泽蜣螂	*Scarabaeus erichsoni*	二级	
拜氏蜣螂	*Scarabaeus babori*	二级	
悍马巨蜣螂	*Heliocopris bucephalus*	二级	
上帝巨蜣螂	*Heliocopris dominus*	二级	
迈达斯巨蜣螂	*Heliocopris midas*	二级	
犀金龟科	**Dynastidae**		
戴叉犀金龟	*Trypoxylus davidis*	二级	原名"叉犀金龟"
粗尤犀金龟	*Eupatorus hardwickii*	二级	
细角尤犀金龟	*Eupatorus gracilicornis*	二级	
胫晓扁犀金龟	*Eophileurus tetraspermexitus*	二级	
锹甲科	**Lucanidae**		
安达刀锹甲	*Dorcus antaeus*	二级	
巨叉深山锹甲	*Lucanus hermani*	二级	
鳞翅目	**LEPIDOPTERA**		
凤蝶科	**Papilionidae**		
喙凤蝶	*Teinopalpus imperialism*	二级	
金斑喙凤蝶	*Teinopalpus aureus*	一级	
裳凤蝶	*Troides helena*	二级	
金裳凤蝶	*Troides aeacus*	二级	
荧光裳凤蝶	*Troides magellanus*	二级	

中文名	学名	保护级别	备注
鸟翼裳凤蝶	*Troides amphrysus*	二级	
珂裳凤蝶	*Troides criton*	二级	
楔纹裳凤蝶	*Troides cuneifera*	二级	
小斑裳凤蝶	*Troides haliphron*	二级	
多尾凤蝶	*Bhutanitis lidderdalii*	二级	
不丹尾凤蝶	*Bhutanitis ludlowi*	二级	
双尾褐凤蝶	*Bhutanitis mansfieldi*	二级	
玄裳尾凤蝶	*Bhutanitis nigrilima*	二级	
三尾褐凤蝶	*Bhutanitis thaidina*	二级	
玉龙尾凤蝶	*Bhutanitis yulongensisn*	二级	
丽斑尾凤蝶	*Bhutanitis pulchristriata*	二级	
锤尾凤蝶	*Losaria coon*	二级	
中华虎凤蝶	*Luehdorfia chinensis*	二级	
蛱蝶科	**Nymphalidae**		
最美紫蛱蝶	*Sasakia pulcherrima*	二级	
黑紫蛱蝶	*Sasakia funebris*	二级	
绢蝶科	**Parnassidae**		
阿波罗绢蝶	*Parnassius apollo*	二级	
君主娟蝶	*Parnassius imperator*	二级	
灰蝶科	**Lycaenidae**		
大斑霾灰蝶	*Maculinea arionides*	二级	
秀山霾灰蝶	*Phengaris xiushani*	二级	
蛛形纲 ARACHNIDA			
蜘蛛目	**ARANEAE**		
捕鸟蛛科	**Theraphosidae**		
海南塞勒蛛	*Cyriopagopus hainanus*	二级	
肢口纲 MEROSTOMATA			
剑尾目	**XIPHOSURA**		
鲎科#	**Tachypleidae**		
*中国鲎	*Tachypleus tridentatus*	二级	
*圆尾蝎鲎	*Carcinoscorpius rotundicauda*	二级	
软甲纲 MALACOSTRACA			
十足目	**DECAPODA**		
龙虾科	**Palinuridae**		
*锦绣龙虾	*Panulirus ornatus*	二级	仅限野外种群

中文名	学名	保护级别	备注
软体动物门 MOLLUSCA			
双壳纲 BIVALVIA			
珍珠贝目	**PTERIOIDA**		
珍珠贝科	**Pteriidae**		
*大珠母贝	*Pinctada maxima*	二级	仅限野外种群
帘蛤目	**VENEROIDA**		
砗磲科#	**Tridacnidae**		
*大砗磲	*Tridacna gigas*	一级	原名"库氏砗磲"
*无鳞砗磲	*Tridacna derasa*	二级	仅限野外种群
*鳞砗磲	*Tridacna squamosa*	二级	仅限野外种群
*长砗磲	*Tridacna maxima*	二级	仅限野外种群
*番红砗磲	*Tridacna crocea*	二级	仅限野外种群
*砗蚝	*Hippopus hippopus*	二级	仅限野外种群
蚌目	**UNIONIDA**		
珍珠蚌科	**Margaritanidae**		
*珠母珍珠蚌	*Margarritiana dahurica*	二级	仅限野外种群
蚌科	**Unionidae**		
*佛耳丽蚌	*Lamprotula mansuyi*	二级	
*绢丝丽蚌	*Lamprotula fibrosa*	二级	
*背瘤丽蚌	*Lamprotula leai*	二级	
*多瘤丽蚌	*Lamprotula polysticta*	二级	
*刻裂丽蚌	*Lamprotula scripta*	二级	
截蛏科	**Solecurtidae**		
*中国淡水蛏	*Novaculina chinensis*	二级	
*龙骨蛏蚌	*Solenaia carinatus*	二级	
头足纲 CEPHALOPODA			
鹦鹉螺目	**NAUTILIDA**		
鹦鹉螺科	**Nautilidae**		
*鹦鹉螺	*Nautilus pompilius*	一级	
腹足纲 GASTROPODA			
田螺科	**Viviparidae**		
*螺蛳	*Margarya melanioides*	二级	
蝾螺科	**Turbinidae**		
*夜光蝾螺	*Turbo marmoratus*	二级	

中文名	学名	保护级别	备注
宝贝科	**Cypraeidae**		
*虎斑宝贝	*Cypraea tigris*	二级	
冠螺科	**Cassididae**		
*唐冠螺	*Cassis cornuta*	二级	原名"冠螺"
法螺科	**Charoniidae**		
*法螺	*Charonia tritonis*	二级	
刺胞动物门 CNIDARIA			
珊瑚纲 ANTHOZOA			
角珊瑚目#	**ANTIPATHARIA**		
*角珊瑚目所有种	ANTIPATHARIA spp.	二级	
石珊瑚目#	**SCLERACTINIA**		
*石珊瑚目所有种	SCLERACTINIA spp.	二级	
苍珊瑚目	**HELIOPORACEA**		
苍珊瑚科#	**Helioporidae**		
*苍珊瑚科所有种	Helioporidae spp.	二级	
软珊瑚目	**ALCYONACEA**		
笙珊瑚科	**Tubiporidae**		
*笙珊瑚	*Tubipora musica*	二级	
红珊瑚科#	**Coralliidae**		
*红珊瑚科所有种	Coralliidae spp.	一级	
竹节柳珊瑚科	**Isididae**		
*粗糙竹节柳珊瑚	*Isis hippuris*	二级	
*细枝竹节柳珊瑚	*Isis minorbrachyblasta*	二级	
*网枝竹节柳珊瑚	*Isis reticulata*	二级	
水螅纲 HYDROZOA			
花裸螅目	**ANTHOATHECATA**		
多孔螅科#	**Milleporidae**		
*分叉多孔螅	*Millepora dichotoma*	二级	
*节块多孔螅	*Millepora exaesa*	二级	
*窝形多孔螅	*Millepora foveolata*	二级	
*错综多孔螅	*Millepora intricata*	二级	
*阔叶多孔螅	*Millepora latifolia*	二级	
*扁叶多孔螅	*Millepora platyphylla*	二级	
*娇嫩多孔螅	*Millepora tenera*	二级	

中文名	学名	保护级别	备注
柱星螅科#	**Stylasteridae**		
*无序双孔螅	*Distichopora irregularis*	二级	
*紫色双孔螅	*Distichopora violacea*	二级	
*佳丽刺柱螅	*Errina dabneyi*	二级	
*扇形柱星螅	*Stylaster flabelliformis*	二级	
*细巧柱星螅	*Stylaster gracilis*	二级	
*佳丽柱星螅	*Stylaster pulcher*	二级	
*艳红柱星螅	*Stylaster sanguineus*	二级	
*粗糙柱星螅	*Stylaster scabiosus*	二级	

*代表水生野生动物；#代表该分类单元所有种均列入名录

附录 14

人畜共患传染病名录

牛海绵状脑病、高致病性禽流感、狂犬病、炭疽、布鲁氏菌病、弓形虫病、棘球蚴病、钩端螺旋体病、沙门氏菌病、牛结核病、日本血吸虫病、日本脑炎（流行性乙型脑炎）、猪链球菌Ⅱ型感染、旋毛虫病、囊尾蚴病、马鼻疽、李氏杆菌病、类鼻疽、片形吸虫病、鹦鹉热、Q热、利什曼原虫病、尼帕病毒性脑炎、华支睾吸虫病

附录 15

一、二、三类动物疫病病种名录

一类动物疫病（11种）

口蹄疫、猪水疱病、非洲猪瘟、尼帕病毒性脑炎、非洲马瘟、牛海绵状脑病、牛瘟、牛传染性胸膜肺炎、痒病、小反刍兽疫、高致病性禽流感

二类动物疫病（37种）

多种动物共患病（7种）：狂犬病、布鲁氏菌病、炭疽、蓝舌病、日本脑炎、棘球蚴病、日本血吸虫病

牛病（3种）：牛结节性皮肤病、牛传染性鼻气管炎（传染性脓疱外阴阴道炎）、牛结核病

绵羊和山羊病（2种）：绵羊痘和山羊痘、山羊传染性胸膜肺炎

马病（2种）：马传染性贫血、马鼻疽

猪病（3种）：猪瘟、猪繁殖与呼吸综合征、猪流行性腹泻

禽病（3种）：新城疫、鸭瘟、小鹅瘟

兔病（1种）：兔出血症

蜜蜂病（2种）：美洲蜜蜂幼虫腐臭病、欧洲蜜蜂幼虫腐臭病

鱼类病（11种）：鲤春病毒血症、草鱼出血病、传染性脾肾坏死病、锦鲤疱疹病毒病、刺激隐核虫病、淡水鱼细菌性败血症、病毒性神经坏死病、传染性造血器官坏死病、流行性溃疡综合征、鲫造血器官坏死病、鲤水肿病

甲壳类病（3种）：白斑综合征、十足目虹彩病毒病、虾肝肠胞虫病

三类动物疫病（126种）

多种动物共患病（25种）：伪狂犬病、轮状病毒感染、产气荚膜梭菌病、大肠杆菌病、巴氏杆菌病、沙门氏菌病、李氏杆菌病、链球菌病、溶血性曼氏杆菌病、副结核病、类鼻疽、支原体病、衣原体病、附红细胞体病、Q热、钩端螺旋体病、东毕吸虫病、华支睾吸虫病、囊尾蚴病、片形吸虫病、旋毛虫病、血矛线虫病、弓形虫病、伊氏锥虫病、隐孢子虫病

牛病（10种）：牛病毒性腹泻、牛恶性卡他热、地方流行性牛白血病、牛流行热、牛冠状病毒感染、牛赤羽病、牛生殖道弯曲杆菌病、毛滴虫病、牛梨形虫病、牛无浆体病

绵羊和山羊病（7种）：山羊关节炎/脑炎、梅迪-维斯纳病、绵羊肺腺瘤病、羊传染性脓疱皮炎、干酪性淋巴结炎、羊梨形虫病、羊无浆体病

马病（8种）：马流行性淋巴管炎、马流感、马腺疫、马鼻肺炎、马病毒性动脉炎、马传染性子宫炎、马媾疫、马梨形虫病

猪病（13种）：猪细小病毒感染、猪丹毒、猪传染性胸膜肺炎、猪波氏菌病、猪圆环病毒病、格拉瑟病、猪传染性胃肠炎、猪流感、猪丁型冠状病毒感染、猪塞内卡病毒感染、仔猪红痢、猪痢疾、猪增生性肠病

禽病（21种）：禽传染性喉气管炎、禽传染性支气管炎、禽白血病、传染性法氏囊病、马立克病、禽痘、鸭病毒性肝炎、鸭浆膜炎、鸡球虫病、低致病性禽流感、禽网状内皮组织增殖病、鸡病毒性关节炎、禽传染性脑脊髓炎、鸡传染性鼻炎、禽坦布苏病毒感染、禽腺病毒感染、鸡传染性贫血、禽偏肺病毒感染、鸡红螨病、鸡坏死性肠炎、鸭呼肠孤病毒感染

兔病（2种）：兔波氏菌病、兔球虫病

蚕、蜂病（8种）：蚕多角体病、蚕白僵病、蚕微粒子病、蜂螨病、瓦螨病、亮热厉螨病、蜜蜂孢子虫病、白垩病

犬猫等动物病（10种）：水貂阿留申病、水貂病毒性肠炎、犬瘟热、犬细小病毒病、犬传染性肝炎、猫泛白细胞减少症、猫嵌杯病毒感染、猫传染性腹膜炎、犬巴贝斯虫病、利什曼原虫病

鱼类病（11种）：真鲷虹彩病毒病、传染性胰脏坏死病、牙鲆弹状病毒病、鱼爱德华氏菌病、链球菌病、细菌性肾病、杀鲑气单胞菌病、小瓜虫病、黏孢子虫病、三代虫病、指环虫病

甲壳类病（5种）：黄头病、桃拉综合征、传染性皮下和造血组织坏死病、急性肝胰腺坏死病、河蟹螺原体病

贝类病（3种）：鲍疱疹病毒病、奥尔森派琴虫病、牡蛎疱疹病毒病

两栖与爬行类病（3种）：两栖类蛙虹彩病毒病、鳖腮腺炎病、蛙脑膜炎败血症

FU

FU BIAO

第六篇

附 表

附表1

中国鸟环规格型号及适合鸟种

型号	内径（mm）	厚度（mm）	宽度（mm）	周径（mm）	开口（mm）	适用鸟种
A	2.0	0.5	4.5	6.3	2.5	家燕、金腰燕、毛脚燕、短嘴山椒鸟、棕背山椒鸟、黄眉[姬]鹟、白眉[姬]鹟、红喉[姬]鹟、红喉鹟[黄点颏]、黄眉[姬]鹟、方尾鹟、北灰鹟、斑胸鹟、稻田苇莺、山蓝仙鹟、棕腹仙鹟、灰蓝鹟、蓝喉歌鸲、蓝额红尾鸲、矛斑蝗莺、黑眉苇莺、灰脚柳莺、日本树莺、鳞头树莺、黄腰柳莺、棕腹柳莺、冠纹柳莺、黄眉柳莺、极北柳莺、金眶鹟莺、戴菊、红胁绣眼鸟、暗绿绣眼鸟、银喉[长尾]山雀、煤山雀、小鹀
B	2.5	0.5	5.0	7.9	2.8	金腰燕、白鹡鸰、山鹡鸰、黄鹡鸰、树鹨、棕眉山岩鹨、小云雀、云雀、小沙百灵、灰山椒鸟、鹀、寿带、红胁蓝尾鸲、红喉歌鸲（红点颏）、蓝歌鸲、北红尾鸲、斑背大苇莺、棕头鸦雀、扇尾沙锥、巨嘴蝗莺、小蝗莺、苍眉蝗莺、白腹蓝[姬]鹟、红喉鹟、棕头鸦雀、金翅雀、黄雀、普通朱雀、大山雀、黄腹山雀、沼泽山雀、杂色山雀、长尾雀、燕雀、芦鹀、三道眉草鹀、白眉鹀、黄腹鹀、白头鹀、灰头鹀、铁爪鹀、田鹀、栗鹀、黄喉鹀、红颈苇鹀、灰岩鹀、小鹀
C	3.0	0.5	5.0	9.4	3.0	棕三趾鹑、白额燕鸥、三趾鹬、阔嘴鹬、白腰草鹬、环颈鸻、剑鸻、燕鸻、蚁䴕、小斑啄木鸟、头棕眉山椒鸟、星头啄木鸟、白头鹎、蒙古沙百灵、凤头百灵、红喉歌鸲、田鹀、牛头伯劳、灰背伯劳、红尾伯劳、太平鸟、领岩鹨、栗腹歌鸲、栗背岩鹨、蓝背八色鸫、伯劳、赤红山椒鸟、白头鹀、蓝喉歌鸲、红喉歌鸲、栗腹矶鸫、栗鹀、矶鸫、淡脚树莺、厚嘴苇莺、大苇莺、东方大苇莺、北朱雀、蜡嘴雀、栗耳鹀
D	3.5	0.6	6.0	11.0	3.5	小田鸡、花田鸡、黑叉尾海燕、铁嘴沙鸻、林鹬、翻石鹬、勺嘴鹬、阔嘴鹬、红胸滨鹬、尖尾滨鹬、鹬、弯嘴滨鹬、黑腹滨鹬、灰瓣蹼鹬、白翅浮鸥、普通燕鸥、漂鹬、白喉针尾雨燕、楼燕、蚊䴕、背伯劳、灰伯劳、黑额伯劳、北棕腹鹀、白眉鹀、普通燕鸥、锡嘴雀
E	4.0	0.7	7.0	12.0	4.0	黄脚三趾鹑、斑胁田鸡、金眶鸻、灰斑鸻、彩鹬、红胸鸻、青脚鹬、泽鹬、翘嘴鹬、大滨鹬、鹬、红腹滨鹬、孤沙锥、斑尾塍鹬、斑尾塍鹬、小杓鹬、白背啄木鸟、大斑啄木鸟、灰背啄木鸟、白眉地鸫、鸟斑鹬、赤颈鸫、白腹鸫、楔尾伯劳、黑卷尾、黑枕黄鹂、楼燕、黑头蜡嘴雀
F	5.0	0.7	7.0	15.0	5.0	黄脚三趾鹑、白喉斑秧鸡、红胸田鸡、针尾沙锥、扇尾沙锥、孤沙锥、松雀鹰、黄脚隼、燕隼、燕鸻、普通夜鹰、四声杜鹃、棕腹杜鹃、大杜鹃、中杜鹃、鹰鹃、鹰杜鹃、白背啄木鸟、绿啄木鸟、灰头鸻、三宝鸟、白腰雨燕、黑枕黄鹂、发冠卷尾、灰椋鹟、斑鸫、白眉地鸫、紫啸鸫、灰鹬、灰翅地鸫、光背地鸫、虎斑地鸫、白眉地鸫、橙头地鸫

续表

型号	内径(mm)	厚度(mm)	宽度(mm)	周径(mm)	开口(mm)	适用鸟种
G	6.0	0.7	10.0	18.7	6.0	扁嘴海雀、绿鹭、黄苇鳽、水雉、凤头麦鸡、灰头麦鸡、栗背田鸡、蓝胸秧鸡、斑胁田鸡、花尾榛鸡、赤腹鹰、松雀鹰（雌）、红隼、红脚隼、燕隼、黑翅燕长脚鹬、反脚鹬、中杓鹬、林鹬、丘鹬、黑嘴鸥、红嘴鸥、白顶黑燕鸥、小鸦鹃、普通夜鹰、红角鸮、鹰鸮、大斑啄木鸟、蓝翡翠、松鸦、星鸦
H	7.0	0.7	10.0	22.0	6.4	白额鹱、紫背苇鳽、黄苇鳽、白胸苦恶鸟、黑水鸡、董鸡、山斑鸠、雀鹰（雌）、白腰杓鹬、红腰杓鹬、鹬、丘鹬、红角鸮、领角鸮、鹰鸮、纵纹腹小鸮、斑头鸺鹠、小鸦鹃
I	8.0	1.0	10.0	25.1	7.8	角䴙䴘、绿鹭、小白鹭、赤颈鸭、普通秋沙鸭、罗纹鸭、白头鹞、灰脸鵟鹰、白尾鹞、黑尾鸥、灰背隼、银鸥、山斑鸠、大嘴乌鸦
J	10.0	1.0	10.0	31.4	10.0	小䴙䴘、黄嘴白鹭、大白鹭、牛背鹭、夜鹭、苍鹭、草鹭、斑头秋沙鸭、针尾鸭、苍鹰、普通鵟（雄）、鹊鹞、灰背隼、短耳鸮、长耳鸮、赤麻鸭、林鹬、灰林鸮
K	12.0	1.0	13.0	37.6	12.0	白斑军舰鸟、赤颈䴙䴘、黑脸琵鹭、小白额雁、灰背鸥、苍鹰、普通鵟、栗树鸭、中华秋沙鸭、斑头鸺鹠、翘鼻麻鸭、翘嘴、长尾林鸮
L	14.0	1.0	13.0	44.0	15.0	信天翁、白鹳、白琵鹭、黑鹳、黑鹳、大鸨、毛脚鵟、大鵟、白肩雕、猎隼、长尾林鸮、褐林鸮、雕鸮、蜂鹰
M	18.0	1.0	13.0	56.5	20.0	凤头鹈鹕、短尾信天翁、黑脚信天翁、鸿鹕、灰鹤、蓑羽鹤、豆雁、斑头雁、鸿雁、红喉潜鸟、绿喉潜鸭、喉候鹬、乌雕、白尾海雕、草原雕、鱼鸥
N	22.0	1.0	15.0	69.0	21.5	斑头鸬鹚、黑颈鹤、白头鹤、丹顶鹤、东方白鹳、白枕鹤、小天鹅、灰雁、金雕、玉带海雕；
Q	26.0	1.0	15.0	81.6	25.0	疣鼻天鹅、大天鹅、斑嘴鹈鹕、卷羽鹈鹕、秃鹫
R	3.5	0.5	4.0	11.0	4.4	普通翠鸟、小杜鹃
S	6.0	0.6	6.0	18.7	6.0	鹰鹃、中杜鹃

附表2

鸟类环志证申请表

年　月　日

申请人姓名：　　　　　性别：　　　年龄：　　　身份证号码：	
工作单位：　　　　　　　　　　　　　　通信地址：	
邮编：　　　　　　　　　电话：　　　　　　　　　传真：	
环志目的：（包括：任务来源；可能的环志地点，环志时间，环志鸟种及数量等。）	
鸟类环志简历： 以往未参加过鸟类环志工作□； 从　　　年至　　　　年参加过鸟类环志，个人环志过鸟类　　　种，总计约　　只。	
推荐单位或个人意见：	
全国鸟类环志中心意见： 　　　　　　　　　　　　　　　　　　年　　月　　日（盖章）	
全国鸟类环志中心意见： 　　　　　　　　　　　　　　　　　　年　　月　　日（盖章）	

附表3

环志登记表

环志人员姓名：　　　环志证号码：　　　环志地点：（1）　　　（2）　　　（3）　　　（4）　　　（5）

环志时间　　年　月　日，第　　页，共　　页

环型与环号	种 名	鸟种编号	年龄	判别方法	性别	判别方法	环志时间年 月 日	环志地点	放飞时间	捕捉方法	鸟的状况	称　重鸟＝（袋＋鸟）－袋	量　测喙长	头喙	翅长	体长	尾长	跗跖	备 注
重捕																		

附表4

环志地点总表

环志人员姓名：
环志证号码：
环志日期：从　　年　　月　　日到　　年　　月　　日。环志地点数量：

环志地点（1）：名称：	地理坐标 ____° ____′ N, ____° ____′ E
最近城镇名称：	环志点到该城镇的直线距离：　　　KM
海拔高度：	
环志地点（2）：名称：	地理坐标 ____° ____′ N, ____° ____′ E
最近城镇名称：	环志点到该城镇的直线距离：　　　KM
海拔高度：	
环志地点（3）：名称：	地理坐标 ____° ____′ N, ____° ____′ E
最近城镇名称：	环志点到该城镇的直线距离：　　　KM
海拔高度：	
环志地点（4）：名称：	地理坐标 ____° ____′ N, ____° ____′ E
最近城镇名称：	环志点到该城镇的直线距离：　　　KM
海拔高度：	
环志地点（5）：名称：	地理坐标 ____° ____′ N, ____° ____′ E
最近城镇名称：	环志点到该城镇的直线距离：　　　KM
海拔高度：	
环志地点（6）：名称：	地理坐标 ____° ____′ N, ____° ____′ E
最近城镇名称：	环志点到该城镇的直线距离：　　　KM
海拔高度：	

附表5

环 志 回 收 通 知
Notification of Bird Banding Recovery

_____年（Year）_____月（Mon.）_____日（Day）

北京·万寿山·中国林业科学研究院
全国鸟类环志中心　北京 1928 信箱
邮政编码：100091
电话：010·62889530
传真：010·62889528
电子信箱：bird.hz@caf.ac.cn

The National Bird Banding Center of China
P.O.Box:1928
P.R.CHINA 100091
Tel: 86·010·62889530
Fax: 86·010·62889528
E-mail: bird.hz@caf.ac.cn

现回收到你处的环志鸟，具体情况如下：
（Now we recovered your banded bird, the details are as following:）

环号（Band No.）：　　　　　　　种类（Species）：

_____　　　_____

_____.

报告人（Recoverd by）：_____.

报告日期（Date Recovered）：_____年（Year）_____月（Mon.）_____日（Day）

回收地点（Where Recovered）：

_____ ° _____ ,

N, _____ ° _____ ' E

回收方式（How Recovered）：

回收鸟状况（Status）：

致　礼（Yours Sincerely）

全国鸟类环志中心主任（签名）
（Director of NBBC）

附表6

环 志 回 收 感 谢 信

编号：＿＿＿＿＿＿＿＿．

＿＿＿＿＿＿：

　　十分感谢您将环志回收鸟的信息报告给全国鸟类环志中心。您提供的环志回收信息将帮助我们鸟类环志人员进一步了解我国鸟类的生活及其活动状况。

　　鸟类是人类的朋友，保护鸟类资源是我们每一公民的神圣职责。鸟类环志是研究鸟类行为、数量变化、栖息地需要、活动规律等方面知识的重要手段。鸟类环志回收到的信息，可为我国政府及有关研究单位制定鸟类资源保护政策等提供重要依据。您以自己的实际行动为鸟类资源保护作出了贡献。

　　请核实您提供的下列信息，如果有误，请在表上更正并寄回全国鸟类环志中心。

回收信息：
环号：＿＿＿＿＿＿＿＿＿＿＿　回收人：＿＿＿＿＿＿＿＿＿　报告人：＿＿＿＿＿＿＿＿＿＿＿＿＿.
回收时间：＿＿＿＿＿＿＿＿＿　回收地点：＿＿＿＿＿＿＿＿＿（＿＿＿°＿＿＿′N，＿＿＿°＿＿＿′E）
回收方式：＿＿＿＿＿＿＿＿＿　回收鸟的状况＿＿＿＿＿＿＿＿＿＿＿＿＿＿＿＿＿＿＿＿＿＿＿＿.
回收鸟的处理情况：＿＿＿＿＿＿＿＿＿＿＿＿＿＿＿＿＿鸟环的处理情况＿＿＿＿＿＿＿＿＿＿＿.
环志信息：
环志人姓名：＿＿＿＿＿＿＿＿＿　通信地址：＿＿＿＿＿＿＿＿＿＿＿＿＿＿＿　邮编：＿＿＿＿＿＿.
鸟种名称：＿＿＿＿＿＿＿＿＿＿＿＿＿＿＿＿＿环志时间＿＿＿＿＿＿＿＿＿＿＿＿＿＿＿＿＿＿.
环志地点：＿＿＿＿＿＿＿＿＿＿＿＿＿＿＿＿＿（＿＿＿°＿＿＿′N，＿＿＿°＿＿＿′E）
环志目的：
其他情况：

如果您需要了解此环志鸟的详细情况，请与环志者直接联系。

再次对您表示感谢。

全国鸟类环志中心主任

年　　月　　日

附：全国鸟类环志中心的通信地址：
　　北京 1928 信箱
　　全国鸟类环志中心。
或：北京·万寿山·中国林业科学研究院
　　全国鸟类环志中心。
邮编：100091
电话：010－62889530，传真：010－62889528
电子信箱：bird.hz@caf.ac.cn

附表6-1

Appreciations for Bird's Recovery

National Bird Binding center of China
P.O.Box: 1928 Wan Shou Shan
Beijing , P.R. CHINA   100091
Tel: 86 • 010 • 62889530
Fax: 86 • 010 • 62889528
E-mail: bird.hz@caf.ac.cn

Dear_____:

Thank you for your letter in which you reported the finding of a band bird. We apprecitae your action in report this find which will contribute to our underdtanding of China birds.

Please check the details given below. If there are any discrepancies please amend and return it to us.

Finding details:

Bandno._____

Species:_____.

Recovered by: _____.

Where recovered:_____.

(_____° _____' N, _____° _____' E) •

Date recovered:_____.

How recovered:_____ .

Banding details:

Species:_____Sex:_____Age:_____.

Banded by:_____Address:_____.

Where banded:_____.

(_____° _____' N, _____° _____' E) •

Date banded:_____.

Why banded:_____.

_____.

Thank you for participating in the Bird Banding Programme of China. Please do not hesitate to contact us should you need to know more about the activities   of   the programme.

Yours sincerely

Director of NBBC

附表7

鸟类环志日志

环志人员：＿＿＿＿＿＿环志证编号：＿＿＿＿＿＿＿＿＿＿＿＿

环志地点：＿＿＿＿＿省＿＿＿＿＿市＿＿＿＿＿＿＿＿＿（＿＿＿°＿＿＿′N, ＿＿＿°＿＿＿′E）

环志日期：＿＿＿年＿＿＿月＿＿＿日＿＿＿网捕地点编号：＿＿＿＿＿＿＿＿＿＿＿＿＿＿＿

设网情况：　　　　　　　　　　　　　　网捕时间：

粘网数量	粘网规格（M）	孔径（MM）	总面积（M）

上午：首次张网＿＿＿＿＿收网时间：＿＿＿＿＿.　下午：首次张网＿＿＿＿＿收网时间：＿＿＿＿＿.

网捕期内不下雨的总时间：＿＿＿＿＿小时　网捕强度（粘网面积×无雨小时数）：＿＿＿＿＿.

植被/栖息地描述（在适宜的格内填写主要植物名称）：

最高植被层	最高层植被叶面密度投影			
	稠密（70%~100%）	中等密度（30%~70%）	稀疏（10%~30%）	很稀疏（≤10%）
高大乔木（>30m）				
中高乔木（10~30m）				
小乔木（5~10m）				
较高灌木（2~8m）				
低矮灌木（0~2m）				
草本植物				

天气情况：

风力：微 □；轻风 □；中等 □；强风 □　　　云量：无 □；薄 □；中等 □；浓云 □

阴影下温度（℃）：＿＿＿＿＿相对湿度（%）：＿＿＿＿＿降雨：小雨 □；中雨 □；大雨 □；降雪 □

地面积雪（CM）：无 □；<5 □；5~10 □；10~15 □；>15 □

月　相：0 □；1/4 □；1/2 □；3/4 □；全 □

日出时间：＿＿＿＿＿日落时间：＿＿＿＿＿其他：＿＿＿＿＿

影响捕捉的特殊情况（详细描述）：

（如附近有开花植物；长时间降雨；火烧；干旱；靠近市区；水源；上空有猛禽飞过；网中鸟惊叫等）

附表8

羽衣和鸟体外部描述表

年　　月　　日　　第　　页　　共　　页

鸟种：＿＿＿＿＿＿＿　年龄＿＿＿＿＿　别＿＿＿＿＿　环号＿＿＿＿＿＿＿＿＿＿＿＿．

捕捉地点：＿＿＿＿＿省＿＿＿＿市（县）＿＿＿＿＿捕捉方法＿＿＿＿＿鸟的状态＿＿＿＿＿＿．

环志日期＿＿＿＿＿＿＿　环志人员＿＿＿＿＿　环志许可证号码＿＿＿＿＿描述人＿＿＿＿＿．

喙：	眼：
上喙＿＿＿＿＿＿＿＿＿＿＿＿＿＿＿＿＿．	内虹膜＿＿＿＿＿＿＿＿＿＿＿＿＿＿＿＿．
下喙＿＿＿＿＿＿＿＿＿＿＿＿＿＿＿＿＿．	外虹膜＿＿＿＿＿＿＿＿＿＿＿＿＿＿＿＿．
蜡膜＿＿＿＿＿＿＿＿＿＿＿＿＿＿＿＿＿．	环眼皮＿＿＿＿＿＿＿＿＿＿＿＿＿＿＿＿．
嘴裂缘＿＿＿＿＿＿＿＿＿＿＿＿＿＿＿＿．	环眼毛＿＿＿＿＿＿＿＿＿＿＿＿＿＿＿＿．
腭＿＿＿＿＿＿＿＿＿＿＿＿＿＿＿＿＿＿．	一般＿＿＿＿＿＿＿＿＿＿＿＿＿＿＿＿＿．

*被翅羽覆盖

头和上背
眼先＿＿＿＿＿＿＿＿＿＿＿＿＿＿＿＿＿．
前头＿＿＿＿＿＿＿＿＿＿＿＿＿＿＿＿＿．
头顶＿＿＿＿＿＿＿＿＿＿＿＿＿＿＿＿＿．
耳羽＿＿＿＿＿＿＿＿＿＿＿＿＿＿＿＿＿．
枕＿＿＿＿＿＿＿＿＿＿＿＿＿＿＿＿＿＿．
翕＿＿＿＿＿＿＿＿＿＿＿＿＿＿＿＿＿＿．
肩＿＿＿＿＿＿＿＿＿＿＿＿＿＿＿＿＿＿．
其他表面特征＿＿＿＿＿＿＿＿＿＿＿＿＿．
背：
上背＿＿＿＿＿＿＿＿＿＿＿＿＿＿＿＿＿．
下背＿＿＿＿＿＿＿＿＿＿＿＿＿＿＿＿＿．
尾＿＿＿＿＿＿＿＿＿＿＿＿＿＿＿＿＿＿．
尾上覆羽＿＿＿＿＿＿＿＿＿＿＿＿＿＿＿．
尾上表面＿＿＿＿＿＿＿＿＿＿＿＿＿＿＿．
尾下覆羽＿＿＿＿＿＿＿＿＿＿＿＿＿＿＿．
尾下表面＿＿＿＿＿＿＿＿＿＿＿＿＿＿＿．

腿和足：	下部：
胫＿＿＿＿＿＿＿＿＿＿＿＿＿＿＿＿＿＿．	颏＿＿＿＿＿＿＿＿＿＿＿＿＿＿＿＿＿＿．
跗跖＿＿＿＿＿＿＿＿＿＿＿＿＿＿＿＿＿．	喉＿＿＿＿＿＿＿＿＿＿＿＿＿＿＿＿＿＿．
趾＿＿＿＿＿＿＿＿＿＿＿＿＿＿＿＿＿＿．	上胸＿＿＿＿＿＿＿＿＿＿＿＿＿＿＿＿＿．
爪＿＿＿＿＿＿＿＿＿＿＿＿＿＿＿＿＿＿．	下胸＿＿＿＿＿＿＿＿＿＿＿＿＿＿＿＿＿．
足下＿＿＿＿＿＿＿＿＿＿＿＿＿＿＿＿＿．	胁＿＿＿＿＿＿＿＿＿＿＿＿＿＿＿＿＿＿．
	腹＿＿＿＿＿＿＿＿＿＿＿＿＿＿＿＿＿＿．

翅上表面：
初级飞羽＿＿＿＿＿＿＿＿＿＿＿＿＿＿＿．
次级飞羽＿＿＿＿＿＿＿＿＿＿＿＿＿＿＿．
三级飞羽＿＿＿＿＿＿＿＿＿＿＿＿＿＿＿．
初级覆羽＿＿＿＿＿＿＿＿＿＿＿＿＿＿＿．
次级覆羽＿＿＿＿＿＿＿＿＿＿＿＿＿＿＿．
小翼羽＿＿＿＿＿＿＿＿＿＿＿＿＿＿＿＿．
中翼羽＿＿＿＿＿＿＿＿＿＿＿＿＿＿＿＿．
小覆羽＿＿＿＿＿＿＿＿＿＿＿＿＿＿＿＿．

翅下表面：
初级飞羽＿＿＿＿＿＿＿＿＿＿＿＿＿＿＿．
次级飞羽＿＿＿＿＿＿＿＿＿＿＿＿＿＿＿．
腋　羽＿＿＿＿＿＿＿＿＿＿＿＿＿＿＿＿．
翅下覆羽＿＿＿＿＿＿＿＿＿＿＿＿＿＿＿．

喙：

上喙 _____.

下喙 _____.

蜡膜 _____.

嘴裂缘 _____.

腭 _____.

眼：

内虹膜 _____.

外虹膜 _____.

环眼皮 _____.

环眼毛 _____.

一般特征 _____.

头和上嘴：

眼先 _____.

前头 _____.

头顶 _____.

耳羽 _____.

枕 _____.

翕 _____.

肩 _____.

其他特征 _____.

背：

上背 _____.

下背 _____.

腰 _____.

尾上覆羽 _____.

尾上表面 _____.

尾下覆羽 _____.

尾下表面 _____.

身体下部：

颏 _____.

喉 _____.

上胸 _____.

下胸 _____.

胁 _____.

腹 _____.

翅上表面：

初级飞羽 _____.

次级飞羽 _____.

三级飞羽 _____.

初级覆羽 _____.

次级覆羽 _____.

小翼羽 _____.

中覆羽 _____.

小覆羽 _____.

翅下表面：

初级飞羽 _____.

次级飞羽 _____.

腋羽 _____.

翅下覆羽 _____.

腿和足：

胫 _____.

跗跖 _____.

趾 _____.

爪 _____.

足下 _____.

备注： _____.

附表9

鸟类换羽记录表（类型1）

年　月　日　第　页　共　页

鸟种：_____ 年龄_____ 性别_____ 环号_____.

捕捉地点：_____省_____市（县）_____ 捕捉方法_____ 鸟的状态_____.

环志日期_____ 环志人员_____ 环志证号码_____ 描述人_____.

鸟体：

前头_____ ☐

眼先_____ ☐

颏_____ ☐

喉_____ ☐

上胸_____ ☐

下胸_____ ☐

胁_____ ☐

腹_____ ☐

尾下覆羽_____ ☐

*图中被翅羽覆盖

头顶_____ ☐

耳羽_____ ☐

枕_____ ☐

翕_____ ☐

肩羽_____ ☐

背_____ ☐

腰_____ ☐

尾上覆羽_____ ☐

右侧尾羽_____ ☐

左侧尾羽_____ ☐

翅膀正面：

小翼羽_____ ☐

初级覆羽_____ ☐

初级飞羽_____ ☐

右翅_____ ☐

左翅_____ ☐

小覆羽_____ ☐

中覆羽_____ ☐

大覆羽_____ ☐

_____ ☐

左翅_____ ☐

翅膀背面：

翅下覆羽_____ ☐

腋羽_____ ☐

备注：

记录代码：

翅和尾：0＝旧羽；1＝羽毛脱落或针状新羽；2＝新羽小于1/3生长；3＝新羽1/3～2/3生长；

4＝新羽2/3—全部生长，但还具蜡质羽鞘；5＝新羽完全生长。

体羽更换（包括翅膀覆羽）：O＝无换羽；S＝轻微换羽；A＝换羽；C＝换羽完成；

附表9-1

鸟 类 换 羽 记 录 表 （类型 2）

环志人：
环志证号码：

第 页 共 页
年 月 日

日期 年月日	环型与环号	种名	环志地点	初级飞羽	次级飞羽	尾	前头	头顶	耳羽	背与肩	腰	翅上覆羽	翅下覆羽	腹	胁	颏	初级覆羽	小翼覆羽	次级覆羽	中覆羽	小覆羽	翅下覆羽	腰羽	评论

附表10　各羽带或羽区及不同换羽阶段的代码

头体部	前头和眼先	forehead & lore
	头顶，冠	crown
	耳羽	ear covert
	后颈，枕部	nape
	翕和背	mantle & back
	肩	scapular
	腰	rump
	尾上覆羽	uppertail covert
	尾下覆羽	undertail covert
	腹	belly
	胁	flank
	上胸	upper breast
	下胸	lower breast
	喉	throat
	颏	chin
翅和尾	初级飞羽	primary
	次级和三级飞羽	secondary& tertial
	初级覆羽	primary covert
	次级覆羽	secondary Covert
	尾	tail
	小翼羽	alula
	翅上中覆羽	median upperwing covert
	翅上小覆羽	lesser upperwing covert
	翅下覆羽	underwing covert
	腋羽	axillary

换羽过程：

O = 无换羽

S = 轻微换羽

A = 换羽

C = 换羽完成

第七篇
附　图

附图1 换羽后正在生长的羽毛

（渔鸥，秋季迁徙前换羽。青海省青海湖）

右图：坚固而突出的龙骨（keel）是鸽子（pigeon）的骨架中最显著的部分。龙骨为鸟类发育完好的翼肌提供了大面积的附着处，使得飞行成为可能。

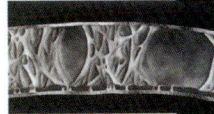

龙骨

上图：多数鸟类的骨骼是中空的，这是为了减轻重量以帮助飞行。图中雕（eagle）的中空翅骨以连结的支柱来加固，以补偿其硬度。

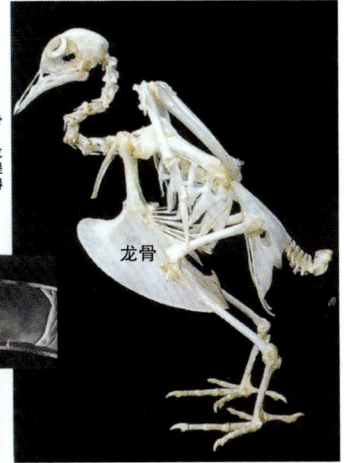

附图2 家鸽的骨骼

足部闭合机制
当鸟类蹲伏在栖木上，腿上的肌腱拉紧将脚固定住。

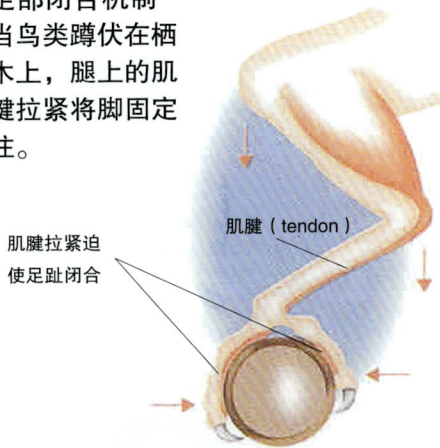

肌腱拉紧迫使足趾闭合

肌腱（tendon）

附图3 家鸽的骨骼及足部闭合机制

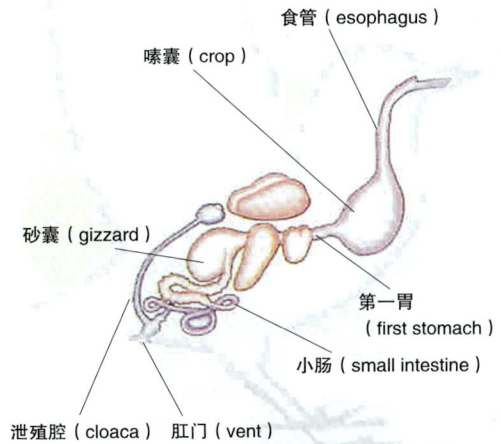

食管（esophagus）

嗉囊（crop）

砂囊（gizzard）

第一胃（first stomach）

小肠（small intestine）

泄殖腔（cloaca）　肛门（vent）

附图4 鸟类消化道模式图

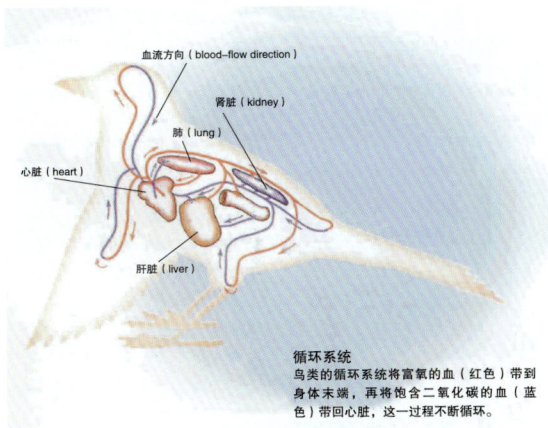

血流方向（blood-flow direction）

肾脏（kidney）

肺（lung）

心脏（heart）

肝脏（liver）

循环系统
鸟类的循环系统将富氧的血（红色）带到身体末端，再将饱含二氧化碳的血（蓝色）带回心脏，这一过程不断循环。

附图5 鸟类循环系统模式图

附图6 鸟类的繁殖周期

附图7 "看图识鸟"：秋冬季节水面上的鸟类

附图8 "看图识鸟"：秋冬季节水面上的鸟类

斑嘴（斑嘴鸭）　　　　　　　　斑头（斑头雁）　　　　　　　凤头（凤头潜鸭）

附图9　鸟的野外识别特征

附图10　红喉潜鸟

附图11　小䴙䴘

附图12　短尾信天翁

附图13　钩嘴圆尾鹱

附图14　黑叉尾海燕

附图15　短尾鹲

附图16　斑嘴鹈鹕

附图17　红脚鲣鸟

附图123　小鸦鹃

附图124　猛鸮

附图125　鸟与鸟环

示右腿绿色旗标和红色彩环

左腿金属环

示左腿带有编号的红色彩环

右腿金属环

示带有编号的红色颈环

附图126　彩色标记（引自俄罗斯鸟类环志中心）

附图127　带有彩色塑料环的黑嘴鸥

（日本山阶鸟类研究所提供）

附图128　带有无线电信号发射器的朱鹮

附图129　背负卫星信号发射器的天鹅

附图130 辽宁辽河口标记的黑嘴鸥

附图131 江苏盐城标记的黑嘴鸥

附图132 遗鸥

附图133 佩带橙色旗标的遗鸥雏鸟

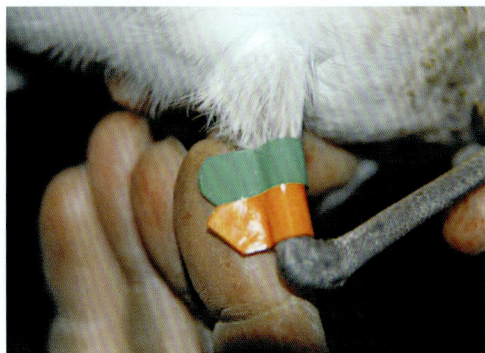

附图134 辽宁丹东彩色旗标组合

附图135 上海崇明东滩彩色旗标组合
（厦门大学 林清贤摄）

附图136 普通鸬鹚（青海湖鸬鹚岛）

附图137 在青海湖繁殖的斑头雁

附图138　雀鹰

附图139　松雀鹰

附图140　红胁蓝尾鸲

附图141　银喉长尾山雀东北亚种

附图142　煤山雀（郭玉民 摄）

附图143　北朱雀

附图144　田鹀

附图145 黄喉鹀
（郭玉民 摄）

附图146 灰头鹀
（郭玉民 摄）

附图147 中国鼩猬

附图148 东北刺猬

附图149 毛猬

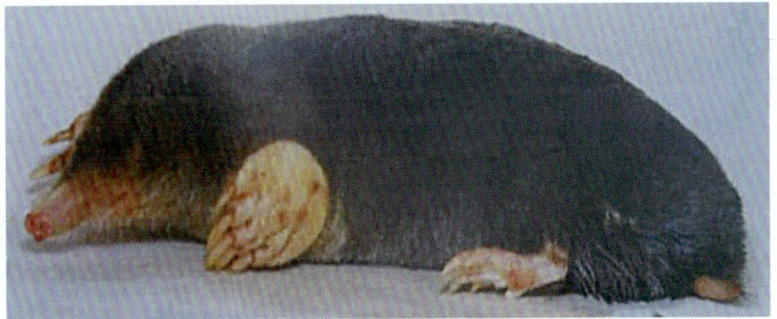

附图150 长吻鼩鼹

附图151 臭鼩

附图152 蹼足鼩

附图153　喜马拉雅水鼩

附图155　棕果蝠

附图154　黑齿鼩鼱（川鼩）

附图156　犬蝠

附图157　马铁菊头蝠

附图158　中菊头蝠

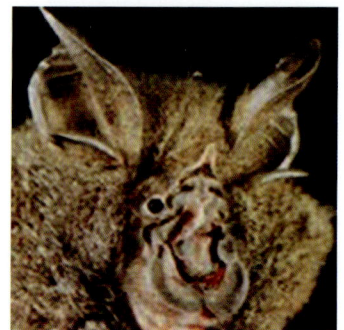

附图159　单角菊头蝠

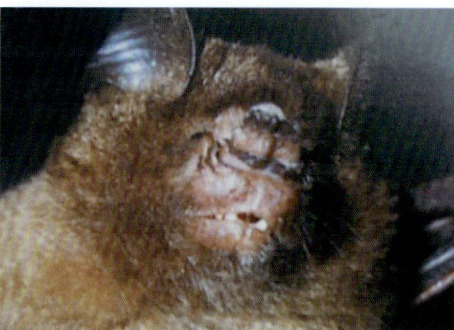

附图160　大蹄蝠

附图161　中华鼠耳蝠

附图162　长耳蝠

附图163 宽耳犬吻蝠

附图164 穿山甲

附图165 蜂猴

附图166 倭蜂猴

附图167 短尾猴

附图168 熊猴

附图169 台湾猴

附图170 北豚尾猴

附图171 白颊猕猴

附图172 猕猴

附图173　藏南猕猴

附图174　藏酋猴

附图175　喜山长尾叶猴

附图176　黑叶猴

附图177　菲氏叶猴

附图178　戴帽叶猴

附图179　白头叶猴

附图180　肖氏乌叶猴

附图181　滇金丝猴

附图182　黔金丝猴

附图183 川金丝猴

附图184 怒江金丝猴

附图185 西白眉长臂猿

附图186 高黎贡白眉长臂猿

附图187 白掌长臂猿

附图188 西黑冠长臂猿

附图189 东黑冠长臂猿

附图190 海南长臂猿

附图191 北白颊长臂猴

附图192　狼

附图193　豺

附图194　赤狐

附图195　马来熊

附图196　棕熊

附图197　黑熊

附图198　大熊猫

附图199　小熊猫

附图200　黄喉貂

附图201　小爪水獭

附图202　水獭

附图203　大斑灵猫

椰子狸 Paradoxurus hermaphroditus
别名：棕榈猫、花果狸、香猫、椰子猫、花白脸

附图204 椰子猫

附图205 熊狸

附图206 斑林狸

附图207 花面狸（又称果子狸）

附图208 丛林猫

附图209 猞猁

附图210 云猫

附图211 金猫

附图212 豹猫

附图213 云豹

附图214 豹

附图215 虎

附图216　黄腹鼬　　　　　附图217　鼬獾　　　　　　　附图218　猪獾

附图219　食蟹獴　　　　　附图220　巨松鼠　　　　　　附图221　红白鼯鼠

附图222　霜背大鼯鼠　　　　　　　附图223　银星竹鼠

附图224　长尾仓鼠　　　　　　　　附图225　大仓鼠

附图226　巢鼠

附图227　小家鼠

附图228　中华姬鼠

附图229　黑家鼠

附图230　黄胸鼠

附图231　马来豪猪

附图232　帚尾豪猪

附图233　云南兔

附图234　亚洲象

附图235　蒙古野驴

附图236　林麝

附图237　马麝

附图238　黑麝

附图239　黑麂

附图240　豚鹿

附图241　水鹿

附图242　梅花鹿

附图243　马鹿

附图244　坡鹿

附图245　白唇鹿

附图246　毛冠鹿

附图247　驼鹿

附图248　野牛

附图249　野牦牛

附图250 蒙原羚

附图251 普氏原羚

附图252 鹅喉羚

附图253 藏羚

附图254 赤斑羚

附图255 北山羊

附图256 岩羊

附图257 盘羊

附图258　中华鬣羚

附图259　野猪

附图260　双峰驼

附图261　小鼷鹿

附图262　小麂（黄麂）

附图263　赤麂

附图264　扭角羚